中国社会科学年鉴

中国社会科学院 年鉴 2014

YEARBOOK OF CHINESE ACADEMY OF SOCIAL SCIENCES

中国社会科学出版社

图书在版编目（CIP）数据

中国社会科学院年鉴．2014／王伟光主编．—北京：中国社会科学出版社，2015.12

ISBN 978-7-5161-7465-4

Ⅰ.①中… Ⅱ.①王… Ⅲ.①中国社会科学院—2014—年鉴
Ⅳ.①G322.22-54

中国版本图书馆 CIP 数据核字(2015)第 311977 号

出 版 人 赵剑英
特邀编辑 刘玉杰
图片设计 胡 斌
责任编辑 张靖晗
责任校对 林福国
责任印制 张雪娇

出 版 中国社会科学出版社
社 址 北京鼓楼西大街甲 158 号
邮 编 100720
网 址 http://www.csspw.cn
发 行 部 010-84083685
门 市 部 010-84029450
经 销 新华书店及其他书店

印刷装订 三河市东方印刷有限公司
版 次 2015 年 12 月第 1 版
印 次 2015 年 12 月第 1 次印刷

开 本 787×1092 1/16
印 张 51.5
插 页 20
字 数 1205 千字
定 价 258.00 元

编辑委员会

中国社会科学院年鉴（2014）

编 辑 说 明

一、《中国社会科学院年鉴》(以下简称《院年鉴》) 2014 年卷收录了中国社会科学院 2013 年的机构设置、科研和对外学术交流活动、行政后勤工作、党务工作等方面的情况，较为全面系统地反映了全院以哲学社会科学创新工程工作为中心的各项工作的发展进程，是了解中国社会科学院 2013 年工作全貌的、内容比较翔实的资料性参考书。

二、《院年鉴》2014 年卷共分为 “综合”“组织机构”“工作概况和学术活动”“科研成果”“学术人物”“规章制度”“统计资料” 和 “大事记” 八编。其中，第一编 “综合” 收录了中国社会科学院领导的《学习贯彻落实党的十八大精神　全面推进哲学社会科学创新工程——在中国社会科学院 2013 年度工作会议上的报告》《在中国社会科学院党的群众路线教育实践活动专题会议上的总结讲话》《在中国社会科学院党的群众路线教育实践活动专题报告会上的讲话》《中国特色社会主义是对科学社会主义的遵循和发展》《认真贯彻党组决定，将名优工程建设工作推向新阶段》等文章和中国社会科学院 2013 年度工作会议文件；第二编 “组织机构” 收录了中国社会科学院机构设置及负责人名单、中国社会科学院院级专业技术资格评审委员会名单、各研究所学术委员会及专业技术资格评审委员会名单；第三编 “工作概况和学术活动” 收录了《中国社会科学院 2013 年度创新工程工作概况》《中国社会科学院 2013 年度科研工作报告》、院属各单位的年度工作概况和主要学术活动，其中，科研机构的排序按新调整的学部顺序，文学哲学学部、历史学部、经济学部、社会政法学部、国际研究学部、马克思主义研究学部等六大学部的顺序排列；第四编“科研成果”收录了以科研机构为主的院属各单位的主要科研成果；第五编“学术人物”收录了“中国社会科学院博士学位研究生指导教师（2013 ~ 2014)”和“2013年度晋升正高级专业技术职务人员”情况；第六编“规章制度”收录了《中国社会科学院高级专业技术职务资格评审工作暂行办法》《中国社会科学院管理岗位人员交流办法（试行）》《中国社会科学院科研成果后期资助实施办法（试行)》《中国社会科学院创新工程学术期刊“五统一”监督管理办法》等；第七编“统计资料”收录了2013年度的主要统计资料；第八编“大事记”收录了中国社会科学院2013年度的主要事件和活动。卷首图片生动、系统地反映了中国社会科学院2013年度的重大活动、重要学术会议等。

在封面装帧和版式设计上,《院年鉴》2014年卷继续将院属各单位的工作概况和学术活动与图片资料集中编排，以突出科研机构的工作动态。

三、《院年鉴》2014年卷的编辑工作是在中国社会科学院领导的关心下、在《院年鉴》编委会的指导下、在全院各单位的帮助下完成的，我们对各方面的大力支持和密切合作表示衷心的感谢。

《中国社会科学院年鉴》编辑部

二〇一五年五月

↑ 2013 年 4 月 19 日，中共中央政治局就我国历史上的反腐倡廉进行第五次集体学习。 学习期间中共中央总书记习近平亲切会见中国社会科学院院长、党组书记王伟光等。中国社会科学院历史研究所研究员卜宪群、政治学研究所研究员房宁就学习主题进行讲解。

↑ 2013 年 2 月 4 日，中共中央政治局委员、国务委员刘延东在春节前夕看望了中国社会科学院学者杨绛。

↑ 2013 年 5 月 27 日，中共中央政治局委员、中宣部部长刘奇葆，中共中央委员、中宣部常务副部长雒树刚到中国社会科学院调研。

↑ 2013 年 4 月，中国社会科学院召开 2013 年度工作会议暨反腐倡廉建设工作会议。

↑ 2013 年 10 月，中国社会科学院召开创新工程工作会议。

↑ 2013 年 7 月，中国社会科学院召开党的群众路线教育实践活动动员大会。

↑ 2013 年 2 月，中国社会科学院召开学部委员大会。

↑ 2013 年 8 月，中国社会科学院召开传达学习全国宣传思想工作会议精神大会。

↑ 2013 年 11 月，中国社会科学院召开传达中国共产党第十八届中央委员会第三次会议精神和党的群众路线教育实践活动院党组专题民主生活会情况通报暨第三环节工作动员会。

↑ 2013 年 1 月，中国社会科学院召开“坚持和发展中国特色社会主义——学习习近平总书记在新进中央委员会委员、候补委员学习贯彻十八大精神研讨班上重要讲话”研讨会。

↑ 2013 年 11 月，中国社会科学院召开中国共产党第十八届中央委员会第三次会议专题报告会。

↑ 2013 年 5 月，中国社会科学院院长王伟光会见到访的希腊共和国总理安东尼斯·萨马拉斯。

↑ 2013 年 6 月，中国社会科学院院长王伟光会见到访的联合国秘书长潘基文。

↑ 2013 年 6 月，中国社会科学院副院长赵胜轩会见蒙古国科学院院长恩和图布星。

↑ 2013 年 6 月，中国社会科学院副院长李捷会见瑞典高等研究院院长比扬 · 威特洛克。

↑ 2013 年 9 月，中国社会科学院副院长张江到院部检查防火、安全工作情况。

↑ 2013 年 8 月，中国社会科学院副院长李扬会见第 67 届联合国大会主席武克・耶雷米奇。

↑ 2013 年 11 月，中国社会科学院副院长李培林会见前来北京出席“中国—欧洲就业与发展”演讲会的欧盟就业、社会事务和机会均等委员拉兹罗·安德。

↑ 2013 年 12 月，中央纪委驻中国社会科学院纪检组组长张英伟参加纪检监察第一党支部组织生活会。

↑ 2013 年 11 月，中国社会科学院秘书长高翔会见青海省委副秘书长张伟。

↑ 2013 年 2 月，中国社会科学院召开 2013 年春节团拜会。

↑ 2013 年 2 月，中国社会科学院经济学部 2013 年经济形势座谈会在北京召开。

↑ 2013 年 2 月，社会主义国际论坛（1）· 国际思想家论坛（7）“全球化进程中的社会主义思想文化建设”在北京召开。

↑ 2013 年 4 月，中国社会科学院 2013 年度“性别·经济·社会·发展”论坛暨课题研究成果报告会在北京召开。

↑ 2013 年 4 月，“中印合作：新机遇与新理念”学术研讨会在北京召开。

↑ 2013年4月，中国社会科学院马克思主义史学理论论坛首届学术研讨会“唯物史观与新中国史学发展”在北京召开。

↑ 2013 年 5 月，中国社会科学院全国居民调查网络成立暨 2013 年中国社会状况综合调查项目启动会在北京召开。

↑ 2013 年 5 月，中国社会科学论坛（2013 年·国际研究）“发展与转型：中国和拉丁美洲的共同议题”在北京召开。

↑ 2013 年 5 月，《居安思危·世界社会主义小丛书（第二辑）》《2012 ～ 2013 世界社会主义黄皮书》发布暨“帝国主义新特点和社会主义新实践”学术研讨会在北京召开。

↑ 2013 年 6 月，中国社会科学论坛“智库：面对变化中的世界”在北京举行。

↑ 2013 年 6 月，中国社会科学院召开纪念文学研究所建所 60 周年大会。

↑ 2013 年 6 月，尼日利亚农村发展战略研修班在北京举办。

↑ 2013 年 7 月，2013 年发展中国家农业发展与小额信贷官员研修班在北京举办。

↑ 2013 年 8 月，2013 中国人类发展报告“可持续与宜居城市——迈向生态文明”在北京发布。

↑ 2013 年 8 月，中国社会科学院经济发展问题国际青年学者研修班在北京举办。

↑ 2013 年 8 月，中国社会科学论坛（2013·经济学）“农民工市民化与更高质量的城镇化”在北京举行。

↑ 2013 年 8 月，中国社会科学院召开马克思主义经典著作青年读书班开班动员会。

↑ 2013 年 8 月，第六届中国—东盟智库战略对话论坛在广西壮族自治区南宁市举行。

↑ 2013 年 9 月，中国社会科学院院长王伟光与到访的约旦国王阿卜杜拉二世举行会谈。

↑ 2013 年 9 月，纪念毛泽东同志诞辰 120 周年暨《毛泽东读书十法》《毛泽东是怎样读二十四史的》《忧患百姓忧患党》《中华人民共和国史稿》出版座谈会在北京举行。

↑ 2013 年 9 月，长白山国际生态论坛在吉林省长白山举行。

↑ 2013 年 9 月，《上海合作组织发展报告（2013）》《中亚国家发展报告（2013）》成果发布会暨研讨会在北京召开。

↑ 2013 年 9 月，第四届东北亚智库论坛在吉林省长春市举行。

↑ 2013 年 10 月，“中国经济运行与政策国际论坛——新一轮改革大潮下的中国经济”在澳门特别行政区举行。

↑ 2013 年 9 月，中国社会科学院网站建设暨中国社会科学网学科频道建设座谈会在北京召开。

↑ 2013 年 10 月，“非洲的 54 个国家和一个联盟：一体化与基础设施国际研讨会”在北京召开。

↑ 2013 年 10 月，2013 年中国经济形势分析与预测秋季座谈会在北京召开。

↑ 2013 年 10 月，宁波市与中国社会科学院战略合作签约仪式暨学部委员学术考察座谈会在浙江省宁波市举行。

↑ 2013 年 10 月，《世界文学》创刊 60 周年纪念会在北京召开。

↑ 2013 年 10 月，“智慧城市建设”高层论坛暨“中国社会科学院城市信息集成与动态模拟实验室”发展座谈会在北京召开。

↑ 2013 年 10 月，《2013 中国中小城市绿皮书》发布会暨中小城市新型城镇化座谈会在北京召开。

← 2013 年 10 月，2013 亚欧经济论坛在北京举行。

→ 2013 年 10 月，“中国与伊朗关系的历史与现实”研讨会在北京召开。

← 2013 年 10 月，社会主义核心价值体系建设的衢州样本理论研讨会暨新书发布会在北京举行。

→ 2013 年 10 月，中国社会科学情报学会 2013 年学术年会在北京召开。

← 2013 年 10 月，第四届世界社会主义论坛“世界社会主义和左翼思潮的现状及发展趋势”在北京举行。

→ 2013 年 10 月，第三届中国科研信息化发展研讨会在北京召开。

← 2013 年 10 月，2013 年 ILAS-IOA 国际研讨会“中国和美洲：全球能源市场的合作伙伴”在北京召开。

→ 2013 年 11 月，气候变化绿皮书（2013 年）发布会暨低碳城镇化高峰论坛在北京举行。

← 2013 年 11 月，“一九四三：战后新格局的奠基”国际学术研讨会在北京召开。

→2013 年 11 月，第一届中国社会科学院科学社会主义论坛（2013）“科学社会主义与中国特色社会主义”在北京举办。

←2013 年 11 月，中国社会科学论坛（2013）国际马克思主义分论坛“社会主义与当代世界”在北京举行。

→2013 年 11 月，中国社会科学论坛“灾害、风险和城市：中国和欧洲的新经验”在北京举行。

← 2013 年 11 月，《企业社会责任蓝皮书（2013）》暨“责任云”发布会在北京召开。

→ 2013 年 11 月，中国社会科学论坛“中国西部民族地区发展与小康社会建设”在北京举行。

← 2013 年 11 月，中国社会科学论坛（2013 年 · 经济学）“城镇化加速发展背景下福祉测量及其政策应用”在北京举行。

→ 2013 年 11 月，中国社会科学论坛(2013)“国际视野下的中国发展道路”在北京举行。

← 2013 年 11 月，第五期 IEL 国际史诗学与口头传统研究讲习班在北京举行。

→ 2013 年 11 月，“中国海外投资国家风险评级”发布会在北京召开。

← 2013 年 12 月，中国社会科学院创新工程 2013 年科研成果发布会在北京举行。

→ 2013 年 12 月，毛泽东思想的继承与发展——中国社会科学院纪念毛泽东同志诞辰 120 周年学术研讨会在北京召开。

← 2013 年 12 月，中国社会科学院召开反腐倡廉蓝皮书发布会暨第七届廉政研究论坛。

→ 2013 年 12 月，第一届科学无神论论坛——纪念毛泽东《加强宗教问题的研究》批示 50 周年在北京举行。

← 2013 年 12 月，中国社会科学院召开哲学社会科学话语体系建设座谈会。

→ 2013 年 12 月，社会保障国际论坛暨《中国养老金发展报告 2013》发布式“中国社会保险经办服务体系改革与构建服务型政府”在北京举行。

《中国社会科学院年鉴》（2014年卷）
审稿人

刘跃进	汤晓青	陈众议	张伯江	王立民	郑筱筠
王 巍	卜宪群	赵笑洁	王建朗	张顺洪	李国强
周志怀	裴长洪	黄群慧	李 周	揣振宇	王国刚
李 平	张车伟	魏后凯	莫纪宏	陈泽宪	杨海蛟
王延中	方 勇	赵克斌	唐绪军	王苏粤	姚枝仲
李永全	江时学	杨 光	吴白乙	李向阳	孙海泉
李 薇	廖峥嵘	邓纯东	武 力	张树华	王卫东
胥锦成	晋保平	张冠梓	王 镭	段小燕	刘 红
崔建民	孙壮志	马 援	王 兵	邱伟立	孙 红
庄前生	赵剑英	王利民	魏长宝	安 蕾	谢寿光
杨沛超	荆林波	吴 敏	刘福庆	李传章	张世贤
田 嘉					

《中国社会科学院年鉴》（2014年卷）
供稿人

曹维平	莎日娜	李玲燕	祖生利	华 武	马新晶
李金花	巩 文	博明妹	李 斌	柴怡赟	朱剑利
陆晓芳	张永攀	刘 洋	尹茂祥	周 济	王 楠
卢宪英	刘尚超	夏 萌	刘戈平	薛 波	韩胜军
戴丽萍	连鹏灵	薛苏鹏	张锦贵	廖 凡	张 宁
孙 懿	刁鹏飞	杨晶晶	张 逸	张晨曲	李春姬
冯育民	崔 振	蔡雅洁	成 红	刘东山	朴光姬
郭 靓	陈宪奎	彭 华	刘 江	刘琨仑	池重阳
潘 娜	蒋岩桦	高 军	朱 晨	董文柱	毕争妍
张永棣	李卓然	于晓丹	曾 军	高中宁	冯秋颖
叶聪岚	范三国	赵晨硕	于红峰	熊 厚	周兴君
刘振喜	魏 进	陈 彪	朱华彬	侯丽敏	蔡继辉
柳 杨	匡卫群	孙 怡	张青松	王 锦	丁海川
赵晓军	何 蒂	王 超			

《中国社会科学院年鉴》（2006～2014年卷）
责编、统稿人

刘玉杰

目 录

第一编 综合

第二编 组织机构

第三编　工作概况和学术活动

第四编　科研成果

第五编　学术人物

第六编　规章制度

第七编　统计资料

第八编　大事记

2014 YEARBOOK OF THE CHINESE ACADEMY OF SOCIAL SCIENCES

CONTENTS

CHAPTER ONE　A COMPREHENSIVE SURVEY

CHAPTER TWO ORGANIZATIONAL COMPOSITION

CHAPTER THREE WORK AND ACADEMIC ACTIVITIES

CHAPTER FOUR SCIENTIFIC RESEARCH ACHIEVEMENTS

CHAPTER FIVE ACADEMIC FIGURES

CHAPTER SIX RULES AND REGULATIONS

CHAPTER SEVEN STATISTICS DATA

CHAPTER EIGHT CHRONICLE

第一编

综　合

ZONGHE

一　领导讲话

学习贯彻落实党的十八大精神 全面推进哲学社会科学创新工程

——在中国社会科学院2013年度工作会议上的报告

王伟光

（2013年4月27日）

现在，我代表党组做工作报告。

这次会议的主题是：高举中国特色社会主义伟大旗帜，以马克思列宁主义、毛泽东思想和中国特色社会主义理论体系为指导，深入贯彻落实党的十八大精神，深刻领会掌握十八大以来习近平同志一系列重要讲话精神，统一思想，提高认识，全面推进哲学社会科学创新工程，努力构建哲学社会科学创新体系，为繁荣发展哲学社会科学，坚持和发展中国特色社会主义作出贡献。

（一）2012年工作总结

2012年，在党中央正确领导下，在党组和各级领导班子带领下，全院同志锐意进取，共同努力，各项工作都迈上了新台阶。

——学习贯彻十八大精神，对坚持和发展中国特色社会主义有了新认识。

——坚持正确政治方向和学术导向，马克思主义坚强阵地建设取得新进展。

——扩大创新工程试点，哲学社会科学创新体系建设打开新局面。

——实施科研强院战略，成果产出和学术影响获得新提升。

——实施人才强院战略，队伍建设和人事管理呈现新面貌。

——实施“走出去”战略，国际学术交流合作跨出新步伐。

——实施管理强院战略，管理体制机制改革进入新阶段。

——提升理论学术传播能力，科研方法手段创新实现新突破。

——提高后勤保障能力，办院条件得到新改善。

——转变学风文风作风，党建工作迈上新台阶。

在全院共同努力下，在全体离退休同志的大力支持下，离退休干部工作也取得新成绩。

在充分肯定2012年成绩的同时，还要清醒地看到，我院工作还存在一些缺点和不足：为党和国家重大决策服务方面，能力和水平还要进一步提高；与课题立项规模和经费支持力度相比，精品力作相对较少；优秀学科带头人和管理人才还不够多，队伍建设亟待加强；理论脱离实际、虚夸浮躁、急功近利等现象不同程度地存在，改进学风、文风、作风的任务还很重；管理的科学化、制度化、规范化、精细化水平有待提高，政治纪律、工作纪律需要进一步加强；在改善办院条件，关心职工切身利益方面，还有不少实际困难需要克服；等等。以上问题，要在新的一年里努力加以解决。

（二）2013年工作思路和要求

2013年，要以全面贯彻落实党的十八大精神为总纲，统领和推进以实施创新工程为主线的各项工作。全院上下都要认真学习领会党的十八大精神和习近平同志一系列重要讲话精神，统一思想，提高认识；继续实施三大强院战略，全面推进创新工程试点工作，努力实现中央“三个定位”要求；树立良好学风，转变工作作风，改进文风，加强思想道德建设，奋力攀登学术和道德双高峰。

1.认真学习、深刻领会、扎实落实十八大精神

认真学习贯彻落实党的十八大精神是当前和今后一个时期全党全国的首要政治任务。我院作为党中央直接领导的思想文化和意识形态重要阵地，国家哲学社会科学研究机构，党和国家的思想库智囊团，要学习得更深入，理解得更准确，落实得更扎实。

贯彻落实党的十八大精神，既要认真学习十八大报告，还要深刻领会习近平同志的一系列重要讲话，准确把握新一届中央领导集体提出的新思想、新论断、新部署。习近平同志在十八大后的一系列重要讲话中，进一步阐发了党的十八大精神，对中国特色社会主义理论体系及其指导下的基本路线、基本纲领、基本经验、基本要求，作出了全面深刻的论述。党组对学习贯彻十八大精神和习近平同志重要讲话十分重视。陈奎元同志多次主持召开党组会议，带领党组成员进行集中学习。党组要求，所局级领导干部要发挥带头作用，并组织好所在单位的学习。全院各级党组织和全体科研人员，要集中时间，原原本本地认真研读十八大报告和习近平同志讲话，把文件和讲话精神学习好、领会好，让中央精神深入人心，转化为各项工作的行动指南和内在动力，跟上党和国家前进的步伐，更好地发挥理论先行的作用。

一是做好对党的十八大精神的研究和宣传，发挥好马克思主义重要阵地作用。要在全面、系统、深入学习领会十八大精神和习近平同志重要讲话精神基础上，发挥我院优势，做好研究和宣传工作。要从理论和学术视角阐述文件和讲话精神，宣传中国特色社会主义道路、中国特色社会主义理论体系、中国特色社会主义制度，使更多党员干部群众认识到，无论世情、国情、

党情发生怎样的变化，我们都必须始终坚持马克思列宁主义的指导地位，都必须坚持马克思列宁主义、毛泽东思想和中国特色社会主义理论体系一脉相承的精神实质。这是我们事业的主心骨。我院必须坚持正确的政治方向不动摇，在涉及党的基本政治路线和重大原则、重要方针政策问题上，必须立场坚定、观点鲜明、态度坚决，推出一批有价值的理论文章和研究成果，引领社会思潮，真正发挥马克思主义坚强阵地的作用。

二是围绕中心，服务大局，发挥好党和国家的思想库智囊团作用。中心和大局就是以习近平同志为总书记的党中央领导全党全国人民正在进行的中国特色社会主义建设事业。我院专家学者的大局观念和服务意识树立得越牢固，自觉性越高，我们的各项工作就与党中央的战略部署越吻合，我们的科研成果就能对促进国家经济社会发展和增进人民福祉作出更大的贡献。要围绕建设中国特色社会主义的重大理论和现实问题，围绕干部群众普遍关心的热点、难点问题，组织优势科研力量，进行深入研究和集体攻关，用高质量的研究成果，更好地为党和国家决策服务，为全面建成小康社会服务。

三是夯实基础，做好科研工作，发挥好哲学社会科学研究最高殿堂作用。以马克思主义为指导开展科学研究，是我院安身立命之本，任何时候都不能放松。科研搞得越好，就越能发挥好思想库智囊团作用。做好科研工作，就是要在理论研究、学术观点、学科体系、科研方法上不断创新。要根据国家经济社会发展和哲学社会科学发展需要，不断开辟新的研究领域，推出高质量研究成果，更好地发挥哲学社会科学认识世界、传承文明、创新理论、咨政育人、服务社会的重要作用。按照巩固、调整、发展的原则，加强传统学科建设，扶持新兴学科、交叉学科，优化学科布局。运用信息技术等先进手段，改进科研方法，加强文献资料整理和研究，筑牢研究工作的基础。

2.解放思想，振奋精神，深化改革，攻坚克难，全面推进创新工程

经过一年多创新工程试点，我院面貌发生了显著变化。科研条件改善了，学术环境优化了，体制机制转变了，管理工作加强了，科研成果增多了，院内人才留住了，院外人才想来了。全院上下思想统一，认识提高，积极性高涨，压力与动力加大，紧迫感增强，推进哲学社会科学繁荣发展和我院各项工作再上新台阶的信心更强，决心更大，干劲更足。成绩有目共睹，应当充分肯定。但是，存在的问题也不容忽视。例如，有些同志甚至有的领导同志对创新工程的内涵和实质认识尚不到位，思想发动还需深入；有的单位在科学管理方面还有欠缺，对制度、规定执行得还不认真，对推进体制机制改革有畏难情绪；制度有待继续完善，还没有形成系统规范的制度体系；精品成果还不够多，创新人才无论在质量上还是数量上都还远远不够；等等。对于这些问题，必须通过更加扎实有效的工作加以解决。

随着创新工程试点实践的推进，我们对创新工程的认识和对创新工程规律的把握都在逐步深化。当前，我院正处在发展的关键阶段，全院同志必须进一步提高对创新工程的认识，将其作为实现我院科研事业繁荣发展的必然途径和重要措施。创新工程是机遇工程。对于我院来说是一个千载难逢又会稍纵即逝的机会，一定要抓住机遇而不能丧失机遇，扭住创新工程不松手，一抓到底，抓紧抓好，抓出实效。创新工程是爬坡工程。我院正在通过创新工程努力攀登学术高峰，不进则退，不上则下，不可能一帆风顺，需要克服困难，咬定青山不放松，坚持不懈，爬山不止。创新工程是改革工程。怎样认识创新工程，怎样抓好创新工程，需要不断探索，不断实践，需要在体制机制上大胆尝试，大刀阔斧地改革。要敢于直面创新工程遇到的新情况、新问题、新矛盾。创新工程每推进一步，体制机制改革就要跟上一步，绝不能固步自封，停滞不前。创新工程是发展工程。实施创新工程是为了推动哲学社会科学大繁荣，推动我院事业大发展，一定要把发展的要求转化为推进创新工程的正确思路、得力措施和实际能力。创新工程是人才工程。创新工程成功与否，在最根本的意义上取决于人才，需要建立竞争激励机制，营造有利于一流创新型人才成长的氛围。创新工程是希望工程。开展创新工程试点时间不长，但已经初步取得了一系列政策突破和实践进展，得到了中央领导同志和国家有关部门的肯定和支持，得到了全院同志的拥护和认可。照目前这个态势发展下去，再干三五年，我院工作必将取得更大成绩。我们坚信，只要不折腾、不懈怠、不动摇、不松劲，我院的科研能力必将日益提高，影响力必将日益扩大，哲学社会科学必将迎来美好春天。

全面推进创新工程，要继续在统一思想、提高认识上下功夫。党组一直把统一思想、提高认识作为实施创新工程的重要前提，先后抓了数次思想大发动。现在，全院同志对于“为什么搞创新工程”、“什么是创新工程”已基本形成共识，但对于“怎样搞创新工程”还处于探索阶段，还需要统一认识，在实践中继续完善。实施哲学社会科学创新工程，是党中央作出的繁荣发展哲学社会科学的重大决策。从一定意义上讲，率先实施创新工程，也是我院主动请缨，并经中央同意的。我院作为任务主要承担单位，在政策、经费等方面得到了国家有关部门和中央财政的大力支持，科研条件大为改善，人才发展条件也有很大改善。面对中央的信任，面对决策部门的支持，面对学术界的审视，面对人民的期待和需求，是不是到了该我们拿出代表国家水准、具有世界影响、经得起实践和历史检验的优秀成果的时候了？如果不能交出满意答卷，没有真正拿得出手的创新成果，就无颜面对中央，无颜面对人民，无颜面对哲学社会科学界。这绝非危言耸听。全院同志一定要增强紧迫感、危机感和使命感，拿出不待扬鞭自奋蹄的劲头，保持蓬勃向上的朝气、昂扬进取的锐气、只争朝夕的豪气，在党和人民的事业中有更大作为，发挥更大作用。

要继续在推进体制机制创新上下功夫。体制机制创新是创新工程的重要保障。如果不对原有体制机制的弊端进行彻底改革，创新工程就无法推进。经过一年多试点，我院基本形成了五大创新制度，即报偿制度、准入制度、退出制度、配置制度、评价制度。报偿制度是创新工程的一个重要创新点，它肯定了科研人员的智力劳动付出，从制度上规定了科研经费支出相当一部分应该是科研人员智力劳动的成本支出；同时纠正了过去虚假报销的弊端，真正起到了规范和激励作用。决不能把实施创新工程错误地理解为平均地提高待遇。这样的糊涂认识，势必影响创新工程的大局和良性发展，影响来之不易的好局面。创新工程实行严格的准入制度，在院级课题、所级课题、国情调研项目和学科发展前沿报告年度综述项目结项，信息化建设项目结项，党的建设，治理“小金库”和党风廉政建设，规范津补贴，以中国特色社会主义理论体系研究中心名义在“三报一刊”发表文章，经费执行等方面规定刚性准入标准，凡是达不到准入条件的单位不能进入创新工程，已进入创新工程的单位，如果在年度考核时没有达到准入条件，来年就不能进入创新工程。创新工程是一个动态的过程，实行严格的退出制度，规定一定比例的少数人不进创新岗是退出制度的关键。所有创新岗要遵循公开公平公正透明原则，实行竞争竞聘。创新岗不是铁饭碗，今年进创新岗，明年如果完不成任务，就要退出；今年没进创新岗，明年如果符合条件，通过竞聘也可以进岗。创新工程改革了资源配置制度，实行科研经费年度总额拨付，加大了研究所对经费的支配权和自主权，有利于调动所的积极性；同时实行经费奖励制度，院里对考核评价优秀的创新单位增加其下一年度科研经费。创新工程完善了评价制度，制定了针对创新单位和创新岗位的评价考核办法，构建了以科研评价为重点的综合评价指标体系，把评价结果作为创新单位首席管理和领导班子年度考核和聘期考核的重要依据。当然，这些制度还需进一步完善、规范和定型化。

要继续在严格管理上下功夫。管理强院是我院繁荣发展的一个重要法宝，也是创新工程的重要保证。创新工程本质上是一场体制机制改革，但是好的体制机制更需要严格高效的管理来保证。如果管理不到位，即使好的体制机制也发挥不出应有的作用，改革目标也就难以实现。刘云山同志曾经指出，“必须坚持一手抓繁荣、一手抓管理，坚持事业发展到哪里、管理就要跟进到哪里，履职尽职、敢管善管，不断提高管理科学化水平”。当前，推进创新工程应当以管理为重要抓手，提高管理的系统性、整体性、协同性，重点抓落实，加强监督检查，以踏石留印、抓铁有痕的劲头抓下去，善始善终。各级领导干部要以身作则，把管理意识刻在心里，落实在行动上。管理工作要严格严格再严格，认真认真再认真，细致细致再细致，耐心耐心再耐心。

要继续在理论学术观点和人才建设创新上下功夫。实施创新工程说到底是为了多出成果、多出人才，这是衡量创新工程成败的根本标准。相比过去，现在科研成果多了，但是水平和质量还有待检验。人员引进了一些，但是否称得上人才，还要在实践中加以考察。我院必须在理论学术观点和人才建设创新上见成效，真正体现出实施创新工程与不实施创新工程不一样。为深入贯彻落实党的十八大精神，院里已经设立一批重大研究项目，探索新的科研组织方式和机制，力争推出一批立得住、叫得响的成果，推出一批在国内外学术界有重大影响的优秀人才。

3.切实端正学风、改进文风、转变作风，加强全院人员思想道德建设

今年，要把加强学风、文风、作风和思想道德建设作为一项重要工作。党组历来重视全院思想道德建设，认为攀登道德高峰和攀登学术高峰一样，都是我院义不容辞的责任和任务。重视思想道德建设，对于坚定理想信念，塑造正确的人生观、价值观、道德观，升华人生境界，具有十分重要的意义。成就真正的学问，离不开坚定的理想信念，离不开崇高的价值追求，离不开高尚的道德情操。今年，要以深化拓展学雷锋活动、大力弘扬雷锋精神为重点，继续办好道德论坛，把加强思想道德建设融入到我院发展的全过程，贯穿于科研、管理等各领域，体现在科研成果产出和人才培养等各方面，形成竞相攀登双高峰的良好局面。

要弘扬优良学风。大力弘扬理论联系实际的马克思主义学风，具体到我院，要树立五个意识。第一，树立学习意识。习近平同志强调，要在全党大兴学习之风，坚持学习、学习、再学习，坚持实践、实践、再实践，依靠学习和实践走向未来。我院专家学者都是专门从事研究工作的，天天和理论、书本打交道。在我院强调学习，一是突出强调学习马克思主义基本理论，学会用马克思主义世界观和方法论指导科学研究；二是突出强调向实践学习，向人民群众学习，从而正确认识我国发展起来后不断出现的新情况新问题，增强研究、解决重大理论和现实问题的本领。第二，树立服务意识。哲学社会科学要为人民服务，为中国特色社会主义服务，为实现党的路线服务。我们一定要以党和国家关注的重大问题为研究主攻方向，坚持以人民为中心的导向，努力让哲学社会科学成果满足理论和现实需要。第三，树立问题意识。哲学社会科学只有回答中国特色社会主义伟大实践中最现实的理论与实际问题，才能有所作为。我们一定要善于发现问题、提出问题、直面问题、研究问题、回答问题，从纷繁复杂的现象中找出事物的内在联系，把握事物运动的客观规律，揭示现象背后的深刻本质，探求事实和理论之真，积极推动问题的解决。第四，树立科学意识。我们一定要以科学的态度对待哲学社会科学研究工作，要秉承认真、严谨、求真的科学精神，精益求精，要拿出经得起实践和历史检验的科学结论，做学问、写文章要不唯书、不唯上、只唯实，言之成理，论之有据，扎实调研，缜密论证，符合逻辑，遵守学术规范，不哗众取宠，不迷信权威。第五，树立创新意识。繁荣发展哲学社会科学要坚持百花齐放、百家争鸣的方针，提倡不同观点和学派充分讨论，把创新精神贯穿科研全过程，兼收并蓄，博采众长，不断推进学科体系、学术观点、科研方法创新，推进实践基础上的理论创新，在中国特色社会主义事业中谱写新的理论学术篇章。

要树立良好的文风。哲学社会科学工作者的研究成果主要是以文章形式体现的，大家都会遇到文风问题。文风是学风的具体表现，反映的是理论水平和知识修养，体现的是工作作风和能力素质。不良文风不仅损害讲话者、为文者自身形象，而且禁锢思想，束缚思维，窒息人文精神。要抛弃假、空、旧、长的不良文风，积极提倡和树立务实求理、言之有物的良好文风，也就是作文要做到真、实、新、短。具体来说，发论文、作报告、写文章要有的放矢，言之有物，力求思想深刻，观点鲜明，重点突出，表述准确。提倡真，就是敢于追求真理，坚持真理，服从真理，敢于承认错误，随时修正错误，坚持理论观点与客观事实相符合。提倡实，主要是反对形式主义和假话、大话、空话、套话，倡导讲话、写文章要有实实在在的内容。提倡新，并不是要去刻意求新，甚至玩文字游戏，更不能背离马克思主义立场观点方法，背离党的路线方针政策去标新立异。提倡短，并不是说长文章一概不好，文章长短要视具体情况而定，宜短则短，宜长则长，要坚持形式服从内容，能用短文说清楚的就不要写长文。哲学社会科学研究确实需要抽象思维或者借助抽象的方法，但写出的文章是给人看的，应该把深奥的道理说明白，把复杂的问题说清楚。有个别人写的文章故弄玄虚、晦涩难懂，以为自己写的东西别人越是看不懂，越是证明自己有学问、有水平。殊不知，如果自己都没搞明白，无论怎么故作高深，也只能是“以其昏昏，使人昭昭”。

要转变工作作风。结合我院实际，就是要突出强调深入实践，深入群众，加强调查研究，特别要加强“接地气”，即接触最基层的实践和第一线的群众。毛泽东同志曾经说过：“没有满腔的热忱，没有眼睛向下的决心，没有求知的渴望，没有放下臭架子、甘当小学生的精神，是一定不能做，也一定做不好的。”须知，在现场调研得来的数据与在电脑上查找的资料不一样，在基层与调研对象拉家常与在办公室里谈话不一样，坐在农家板凳上或蹲在田间地头思考问题与坐在开着空调的会议室里思考问题不一样，调研能够发现在书房里看不到、听不到的问题，学到在办公室里学不到的新思想、新话语，提出在会议室里想不到的新思路、新对策。深入实践、深入群众是搞好理论研究的基础工作。开展科学研究必须深入基层，接触群众，努力掌握第一手资料和数据，重视对经济社会发展中重点难点问题的调研和分析。充分发挥国情调研基地作用，鼓励开展蹲点式调研，提倡对某一问题进行系统调查和长期跟踪。防止走形式、走过场，杜绝“雨过地皮湿、走马观花、蜻蜓点水”式调研，不搞“撒胡椒面”或“组团旅游”式调研。要多与调研对象进行直接的面对面的交流，真切地了解人民群众呼声和客观真实情况，做到言之有物、言之有理、言之有情。

转变工作作风，实践群众路线，就要大胆依靠、密切联系科研人员，把为科研服务、为科研人员服务作为检验各项工作的一项重要标准。党组成员要带头转变作风，深入科研一线，了解情况，解决问题。各级领导干部和职能部门，要善于与科研人员交朋友，做好科研人员思想政治工作，切实把思想政治工作贯穿于创新工程的每个环节和全过程，把全院的思想和行动统一到党组关于创新工程的决定和部署上来。要关心科研人员，努力解决他们的实际问题，改善科研和生活条件。转变工作作风，也要为全体人员服务，切实做好管理人员、工勤人员和离退休干部工作。

（三）全年工作安排

1.深入学习贯彻落实党的十八大精神

坚持用中国特色社会主义理论体系武装全院人员的头脑，增强道路自信、理论自信、制度自信。组织全院同志认真学习贯彻党的十八大精神和习近平同志的重要讲话，深刻领会以习近平同志为总书记的党中央提出的新要求、作出的新部署，坚持正确的政治方向和学术导向。抓好党委中心组学习，办好所局领导干部学习班，搞好处级干部培训。举办理论骨干和青年学者马克思主义经典著作和党中央重要精神学习班。组织召开系列研讨会、学习报告会，撰写学习宣传文章。利用院属报纸、期刊、网站、出版社、论坛等平台，加大学习宣传力度，推动兴起学习热潮。围绕党的十八大和中央提出的重大理论和现实问题，确立一批基础研究和应用对策研究重大重点课题，组织全院力量进行跨学科集体攻关，推出一批高水平研究成果。

2.全力加强马克思主义坚强阵地建设

完成好我院承担的马克思主义理论研究和建设工程任务。落实我院《加强马克思主义理论学科建设与理论研究实施方案（2009—2014）》和2013年工作计划。推动形成涵盖一、二、三级学科的马克思主义理论研究学科群。完成好以中国特色社会主义理论体系研究中心名义在重点报刊上发表理论宣传文章的任务，把任务完成情况作为相关单位能否进入创新工程的重要条件。抓好5个马克思主义论坛，加强院属学术期刊马克思主义研究专栏建设。完善马克思主义理论研究人才培养和成长机制，建设一支高素质马克思主义理论研究队伍。努力办好马克思主义研究院、中国特色社会主义理论体系研究中心、世界社会主义研究中心。

3.全面推进哲学社会科学创新工程

抓好思想再动员，进一步统一各级领导班子和全院干部职工的认识和行动。完善创新试点布局，推进研究单位、学术期刊、学部委员创新试点工作，研究制订职能部门和直属单位创新工程试点方案，力争下半年启动试点。完善创新工程项目资助体系，设立一批创新工程重大科研项目。修订完善院所两级创新项目评价考核指标体系。完善创新工程学者资助体系。加强创新工程综合协调办公室建设，更好发挥管理协调职能。深化科研、人事、财务管理体制机制改革和资源配置体制机制改革，梳理整合、修订完善已出台的规章制度，强化创新工程制度体系建设。加强对创新工程试点单位的督促检查。加快创新工程综合信息平台数据库建设并投入使用。加强和改进对创新单位的年度评价工作。

4.着力推出具有时代高度、代表国家水准的重大科研成果

整合全院乃至全国优势力量，启动一批具有全局意义的标志性研究项目，力争用5至10年时间，推出代表时代思想高度和学术水平的科研成果。实施系列学者资助计划。积极申报社科基金重大招标项目，加强对各类项目和课题的管理。研究制定学科发展规划，统筹推进学科建设和研究室建设。改革完善国情调研和国情考察制度，提高调研和考察质量。加强学部工作，充分发挥学部作用。落实2013年度学术成果出版资助项目。加强重大学术活动组织和学术会议管理，打造知名学术论坛品牌。加强对我院主管学术社团和非实体研究中心管理。做好第八届院优秀科研成果奖评选工作。规范各类科研成果发布活动，确保具有良好社会影响。

5.努力建设适应创新工程需要的高素质人才队伍

研究制定我院关于进一步加强党管人才工作的实施意见，提高党管人才工作科学化水平。贯彻落实院中长期人才发展规划纲要和人才强院战略方案，进一步完善适应创新工程需要的人才发展规划体系，推进实施系列人才计划。完善聘用制改革和人才引进政策，重点引进学术带头人和紧缺科研人才，推动全院人才资源总量稳步增长。创新人才使用、激励、评价工作机制。

推广职称评聘分开试点经验，出台职称管理办法。制定绩效工资分配办法及相关细则，做好报偿标准调整工作。加强领导班子和领导干部队伍建设，优化干部队伍结构，提高领导干部素质和能力。制定局级领导班子和领导干部考核、研究室主任聘期及考核、管理岗位人员交流、外派人员管理等办法。推动管理干部交流任职。办好研究生院。做好博士后培养工作。加强各类人才培训工作。规范院属企业领导干部管理。

6.不断提高对外学术交流质量和水平

从国家战略需求和我院科研事业发展需要出发，精心设计国际交流合作项目。执行好院级对外交流协议，实施重要出访来访项目。发起和举办一批具有国际影响的学术会议，办好中国社会科学论坛。实施与国际知名智库交流平台项目、国际合作研究项目、周边与发展中国家青年学者培训项目。实施对外学术翻译出版资助计划，加大优秀学术成果翻译出版资助力度，支持研究所出版外文学术刊物，向外推出学术精品。积极开展“学术外交”、“学术外宣”项目和活动。加强与台港澳地区学术交流与联系，认真落实重点交流项目。推荐专家学者参加国家派遣的团组出访交流，圆满完成党和国家安排的重要对外交流任务。

7.进一步增强学术传播能力

提高《中国社会科学报》办报质量，进一步扩大权威性和影响力。筹备并积极试刊英文版，争取尽早正式出版发行，有效发挥对中国学术走向世界的引领和推动作用。办好《中国社会科学》，做好英文版由季刊改双月刊准备工作。推进实施学术期刊创新工程试点，对已进入创新工程试点学术期刊进行年度评价。提高刊物学术水准，保持和扩大我院学术期刊整体优势。创新期刊管理体制机制，坚持走“五统一”管理创新之路。办好院属出版社，提高经济和社会效益。推进名馆建设工程，完善“总馆－分馆－所馆（资料室）”三级管理体制。做好经济学分馆筹备组建工作，以及古籍整理和数字化工作。完善图书采购总代理制，提高文献采购质量。推进创新工程信息化项目建设，建立健全信息网络安全监管机制。以创新工程综合考评指标体系为依据，以科研评价为重点，建设院级综合管理平台系统并投入使用。办好中国社会科学网中文、英文、法文频道。办好调查与数据信息中心，建立全院统一、互联、共享的数据库。筹建具有国际水准的国家重点实验室。统筹整合全院和哲学社会科学界学术期刊数字资源，推进国家哲学社会科学学术期刊数据库建设工作。完成科研成果和国情调研成果统一入库工作。

8.切实提高财务行政和后勤服务保障能力

落实2013年度科学事业费预算指标分配和使用，为创新工程和科研事业发展提供有力经费保障。深化财务管理体制机制改革，研究制定有关经费管理办法。完善研究经费年度总额拨付制度，适当提前科研经费拨付时间。抓好预决算工作，统筹规划财政资金使用，提高预算执行力。继续清理院属单位账户，发挥结算中心作用，扩大会计委派和代理制。做好相关单位绩效考评工作。开展财务内部审计，发挥财务监督作用。加强对学术期刊年度审计，建立年度审计制度。严格公费支出和专项资金管理，强化政府采购工作监督。完善科研用房、职工住房、单身公寓管理机制，做好全院办公用房调整工作。努力推进九合大厦的购置工作，进一步改善科研办公条件。积极为我院职工申请北京市政策性住房。做好创收收入的收缴和全院收入上解工作。出台院属企业管理办法，依法维护院属企业权益。加强国有资产管理和使用，充分发挥国有资产效益。做好现有房地产的清理管理工作。继续推进职工子女上学工作。做好物业、交通、会议、餐饮、医疗、文印、综管等各项服务工作。

9. 扎实推进各项基本建设项目

推进贡院东街科研与学术交流大楼建设工作，力争完成项目拆迁工作。做好东坝项目征地和建设工作，争取完成建设用地手续办理，获得项目建设立项批准。落实中心档案馆及科研附属用房翻改建工作，争取年底结构封顶。完成研究生院院党校专业楼、单身宿舍二期、第二学生食堂、综合服务用房、校园绿化等各项立项和建设任务。做好国际片办公区文物保护性修缮工作。完成院科研办公大楼、经济片办公楼加固维修改造和国家方志馆后期装修改造工作。落实 2013 年度院房屋修缮计划，完成跨年度结转房修项目及其他各项房修任务。

10. 全面加强党的建设

贯彻落实党组关于贯彻落实中央政治局八项规定的意见，着力端正学风、改进文风、转变作风。加强和改进调查研究工作。深入开展以为民务实清廉为主要内容的党的群众路线教育实践活动。开展作风建设年活动。开展道德建设主题实践活动，办好道德建设论坛。推动学雷锋活动常态化，建立学雷锋活动长效机制，增进全院同志思想共识和价值认同。坚持一头抓党委班子，一头抓基层党支部，加强各级领导班子建设。完善党务工作制度，提高党建工作科学化、规范化、制度化水平。深化惩防体系“六项格局”和预防腐败“三大行动”，严格执行党风廉政建设责任制。办好中国廉政研究中心。高度重视和切实做好老干部工作，改进离退休干部服务管理方法，落实好离退休干部政治待遇和生活待遇，提高离退休干部工作满意度。做好工青妇和统战工作。

同志们，我院正处在建设发展的黄金时期，全院同志要紧跟党和国家前进步伐，自觉站在国家经济社会发展前沿，以焕然一新的精神面貌和积极向上的工作状态，在实现中央“三个定位”要求方面取得更大的成绩，为坚持和发展中国特色社会主义作出新的贡献！

在中国社会科学院党的群众路线教育实践活动专题会议上的总结讲话

王伟光

（2013年8月13日）

经过全体与会同志和相关部门的共同努力，我院党的群众路线教育实践活动专题会议就要圆满结束了。这次会议，是教育实践活动第一阶段的总结会，是教育实践活动下一阶段工作的动员部署会，是实施哲学社会科学创新工程的经验交流会，是践行党的群众路线、改进院党组和机关职能部门工作作风的征求意见会，也是谋划我院未来建设和发展的开拓创新会。这次会议，对于我院贯彻落实中央重要文件和习近平总书记一系列重要讲话精神，明确教育实践活动的工作重点、基本要求、方式方法和努力方向，推进教育实践活动深入开展并取得实实在在的成效，对于进一步推进实施哲学社会科学创新工程，对于加强我院党的意识形态阵地建设，具有重要意义。下面，关于社科院群众路线教育实践工作，我讲四点意见。

（一）关于这次会议的评价

第一，这是一次主题鲜明、内容丰富的会议。这次会议的主题是深入学习贯彻习近平总书记一系列重要讲话精神，落实中央关于教育实践活动有关精神，切实搞好教育实践活动。同时，总结交流我院创新工程试点做法和经验，研究经过修订的创新工程规章制度，积极推进创新工程。

在这次会议上，大家结合社科院和所在单位工作实际，认真学习了习近平总书记一系列重要讲话、中央关于教育实践活动有关文件等学习材料。分组召开了征求对院党组意见和建议座谈会，为院党组召开教育实践活动民主生活会做了前期准备。同时，分组召开了征求对院职能部门工作和对研究所工作意见和建议座谈会。

会上，赵胜轩同志代表院党组回顾总结了社科院教育实践活动第一阶段的工作，深刻分析了群众提出的院党组和所局级主要领导干部存在的问题，对深入推进下一阶段教育实践活动提出明确要求。李扬同志就贯彻落实“进一步规范外事管理工作全国电视电话会议”精神和在教育实践活动中把加强外事管理作为重要整改内容等作了说明。

会议期间，办公厅、法学研究所／国际法研究所、政治学研究所、新闻与传播研究所、欧洲研究所、西亚非洲研究所、亚太与全球战略研究院、当代中国研究所等单位介绍了开展创新工程的做法和经验。文学研究所、工业经济研究所、拉丁美洲研究所、社会科学文献出版社、哲学研究所、近代史研究所、中国边疆史地研究中心、民族学与人类学研究所等单位就如何落实会议精神、搞好教育实践活动和进一步实施创新工程等问题作了交流发言。

大家反映，这次会议虽然时间比较短，但是节奏紧凑，内容丰富，研讨深入。

第二，这是一次统一思想、凝聚共识的会议。与会同志一致认为，习近平总书记一系列重要讲话思想深邃、论述深刻、语重心长，具有很强的现实性、针对性，是社科院深入开展教育实践活动的重要遵循。这次在全党深入开展教育实践活动，是中央继续深入推进党要管党、从严治党的重大举措，是推进中国特色社会主义伟大事业的重大部署，充分体现了新一届中央领导集体正视和解决党自身存在问题的政治勇气，充分体现了我们党加强作风建设、密切联系群众的坚定决心。大家认为，中央政治局率先开展教育实践活动，以身作则、率先垂范、直面问题，深入开展批评与自我批评，为全党和各级领导干部树立了榜样，也坚定了我院深入推进教育实践活动的信心和决心。大家表示，一定要结合我院实际，以这次教育实践活动为契机，坚持正确办院方向，做好各项工作，推动哲学社会科学事业的繁荣发展。

第三，这是一次实事求是、群策群力的会议。会议期间，院党组发动与会同志给院党组提出了许多好的意见和建议。院党组郑重向与会同志，并通过与会同志向全院转达，一定高度重视教育实践活动，做到认真贯彻中央决策部署，带头学习，带头调研，带头听取意见，带头整改落实。

会议期间，院党组也专门听取了全院对于职能部门工作的意见和建议：例如，职能部门遇事应多和研究所沟通和协调，积极帮助研究所解决问题；职能部门要加大对院党组决策的执行力度，深入实际，推动各项决策的落实；职能部门不要过于文牍化、程序化，要提高效率，注重效果；职能部门要切实减少会议、减少文件，克服形式主义；我院的科研管理，应当有更全面的考虑，贴近研究所的实际；加强对国际合作交流的规划和管理，优化资源配置，加强经费管理，有所为，有所不为；要根据变化的形势，对相关规章制度进行调整，以更好地适应当前我院科研工作，等等。大家提出的意见和建议非常中肯、实事求是，很有针对性。

对于研究所的工作，同志们指出，一些人思想懒惰，研究中怕吃苦，不深入调研，投机取巧，拈轻怕重，板凳怕坐十年冷，本身就是享乐主义的一种表现；要从提高科研管理水平出发，紧紧围绕党和国家工作大局，着重解决学术研究为了谁的问题，不断拿出党、国家和人民需要的高质量的研究成果等。

第四，这是一次开拓进取的会议。有的试点单位在做好管理人员进创新岗位的组织工作中，深入动员，统一认识，奠定坚实思想基础；周密安排，抓好细节，积极稳妥推进组织实施；明确目标，注重实效，确保全院中心任务的落实。有的试点单位以科研业绩指标体系为核心，在创新工程机制下不断改进考核制度。有的试点单位高度重视思想工作，加强针对性，找准着力点，增强思想工作的问题意识，围绕创新工程和科研工作，把稳定队伍，理顺情绪，调动积极性作为工作目标，把思想政治工作融入到创新工程之中。有的试点单位把创新工程作为凝聚人心的工程，践行党的群众路线的实践工程，创新办所理念，营造风清气正的科研氛围。有的试点单位统一管理，严格预算审查，保证创新工程经费合规使用。有的试点单位积极探索创新工程人员退出机制，配套完善人员退出后的增补机制、人员退出后的管理机制、人才的引进机制，开辟了一条人员能上能下、能进能出的新路子。有的试点单位以学术、决策、社会、国际四个方面的影响力作为创新岗位考核评价的基本导向，结合本学科的特征制定符合实际的量化指标考核体系，以科研管理平台建设推动创新工程管理规范化。有的试点单位形成了狠抓思想准备、狠抓行动准备、狠抓公开竞聘、狠抓进度推进、狠抓制度建设、狠抓长远建设的六个“狠抓”的工作思路，建立毫不放松思想政治建设、毫不放松机关作风建设的两个“毫不放松”的工作标准。

第五，这是一次厉行节约、勤俭精简的会议。这次会议坚决贯彻落实中央政治局关于改进工作作风、密切联系群众的“八项规定”精神，认真执行院党组落实“八项规定”的意见，切实改进了会风，精简了会议文件和简报，压缩了会议时间，严格落实了各项节约措施，坚决杜绝浪费现象，节俭办会，会场和房间不放水果和鲜花，会议安排自助餐，不安排聚餐，不上酒水和高档饮料，不发礼品，不发洗漱用品、拖鞋等。对此，大家都很赞成，希望今后的会议都应照此举办。

（二）关于开展党的群众路线教育实践活动

如何抓好教育实践活动，我提几点要求。第一，认真学习中央关于开展党的群众路线教育实践活动有关文件和习近平同志一系列重要讲话精神，提高对开展教育实践活动重要性的认识，提高贯彻党的群众路线的思想自觉和行动自觉。

院党组认为，一定要按照中央要求，把学习特别是党委中心组的学习放在首位。要通过学习提高认识，解决好思想自觉和行动自觉问题。搞好我院教育实践活动，关键在主要负责同志的思想自觉和行动自觉。思想自觉和行动自觉首先来自理论认识，思想自觉在前，行动自觉在后，有了思想自觉，才能行动自觉。思想自觉来自对贯彻党的群众路线重大意义的深刻认识。因此，必须首先从理论高度认识开展教育实践活动、贯彻落实党的群众路线的极端重要性。

从理论上看，我们必须吃透、把握五个基本观点。第一个观点：人民群众创造历史是马克思主义唯物史观的根本观点。教育实践活动完全符合马克思主义群众观。马克思主义唯物史观最重要的是三大观点，即生产的观点、阶级的观点和群众的观点。从群众中来、到群众中去，一切依靠群众、一切为了群众，是马克思主义的基本原理。人民群众创造历史是马克思主义唯物史观的根本观点。从理论上看，群众路线问题是马克思主义唯物史观的根本问题。按照马克思主义的说法，唯物史观与唯心史观的根本区别主要是两点：一是推动历史发展的最终原因到底是物质的还是精神的。在中外思想史上，不少人认为历史发展的动力是思想、天命、神，比如黑格尔认为是“理性”，是“理性的狡计”推动了历史发展；费尔巴哈认为是“爱”，是抽象的普遍的"爱"推动了历史的发展。也就是说，他们不是把历史的发展归结于物质和经济的原因，而是归结于观念和思想的原因。二是历史是人民创造的还是少数英雄人物创造的，即是坚持人民史观还是英雄史观。如果认为历史发展的最终原因是物质的、经济的，是由生产力决定的，那么就必然得出人民群众是物质财富和精神财富的真正创造者的结论。如果认为决定历史发展的根本原因是思想和观念，是少数英雄人物的个人品质、个人意志所决定的，那就必然得出少数英雄人物创造历史的结论。唯物史观关于这两个问题回答的基本观点，集中为一点，就是人民是历史的真正创造者。

上世纪 80 年代，在历史研究领域曾发生了一场很大的争论。有人认为，"人民群众是历史的创造者"或"人民群众是历史的主人"这个命题是不对的，说它不符合马克思主义，并非马克思主义基本原理。马克思、恩格斯说的是"人们自己制造他们的历史"，这里的"人们"泛指所有的人，既包括人民群众，也包括少数英雄人物。因此，"历史是人人的历史，所有人都参与了历史的创造"，不能说只有人民才是创造世界历史的动力，最后的结果是导致二元历史观，也就是说，既是人民创造历史，也是少数英雄人物创造历史。所谓二元历史观说到底，还是唯心史观。马克思主义唯物史观的根本观点就是人民群众创造历史，这是毫无疑义的。

第二个观点：一切从人民的利益出发是共产党人的根本宗旨。由人民群众是历史的创造者这一唯物史观的根本观点出发，可以得出一个结论，即共产党的根本宗旨是一切从人民的利益出发。共产党人没有本党的利益，没有一党的私利。在抗日战争、解放战争时期，共产党批评国民党是有私利的，共产党是没有本党私利的，共产党追求的只有一个利益，那就是人民群众的根本利益。一切从人民的利益出发，一切为了人民，这是共产党人奉行的根本宗旨。

第三个观点：群众路线是我们党的根本政治路线。人民群众是历史的创造者的历史观和共产党人的根本宗旨信念，决定了一切依靠人民、一切为了人民的群众路线是我们党的根本政治路线。我们党全部活动的目的是为了人民群众。无论是战争年代还是和平时期，我们党的一切行动必须依靠群众，我们党的一切成就来自群众。如果不依靠人民群众，我们党就不可能生存和发展，就不会有今天。

第四个观点：从群众中来，到群众中去，是我们党的根本认识路线。由人民群众是历史的真正创造者的历史观，必然得出一切从人民利益出发是我们党的根本宗旨，一切为了人民、一切依靠人民是我们党的根本政治路线的结论，也就决定了正确的认识只能是从群众中来、到群众中去。马克思主义认识论告诉我们，一切认识都是从实践中来的，实践是人们认识的源泉、动力和检验的最终标准。实践的观点是马克思主义认识论的根本观点。人的正确思想是从哪里来的？不是从天上掉下来的，也不是头脑里固有的，而是从实践中来的。实践不是空的，只能是人民群众的实践，所以必须从群众中来，到群众中去。党的群众路线决定了党的认识路线。毛泽东同志曾经说，我们共产党人要先当群众的学生，再当群众的先生。一切真正的智慧来自于群众，"群众是真正的英雄，而我们自己则往往是幼稚可笑的，不了解这一点，就不能得到起码的知识”。深入群众，调查研究，一切真知来自实践，来自群众。

第五个观点：密切联系群众，一刻也不能脱离群众，是我们党的根本作风。党的群众观点和群众路线决定了我们党的根本作风就是密切联系群众。离开这一条，就不是共产党，就不是共产党的学风、作风和文风。古今中外的历史也完全证明了这一点。中国古代有“水能载舟，亦能覆舟”等诸多提醒统治者重视人民群众力量的说法。但是，这些话是站在君为本的立场上和维护封建统治的立场上说的。我们党的根本作风是一刻也不能脱离群众、与群众水乳交融。

从唯物史观的根本观点到党的根本宗旨，从党的根本政治路线到党的根本认识路线，再到党的根本作风，构成中国共产党人完整的马克思主义的群众观。这就是这次党的群众路线教育实践活动的理论根据。如果从理论上把这个问题搞清楚、搞彻底，同志们就一定会提高思想自觉和行动自觉。希望大家深入学习马克思主义关于群众观的经典著作。

对于这次教育实践活动，把认识提到怎样一个高度都不算高。我们党从战争年代到社会主义建设时期，再到改革开放新时期，始终面临着巨大风险和挑战。不依靠群众，不密切联系群众，我们党就不能成功地抗拒风险，迎接挑战。习近平同志担任党的总书记以来，抓的一件大事，就是教育实践活动。这件事抓到根本上了，抓住了党的建设的根本问题。教育实践活动搞得好不好，能不能取得成效，关系到我们党执政基础和执政地位的巩固，也关系到我们国家的社会主义政权会不会改变颜色。如果我们党不解决群众路线问题，不解决密切联系群众的问题，不解决一切为了群众、一切依靠群众的问题，不解决从群众中来，到群众中去的问题，不解决向群众学习、甘当群众的学生这些基本问题，我们就会丢掉政权，丧失执政地位。如果教育实践活动真正取得实实在在的效果，将大大推进党的建设，也会使我们党在群众中的威信有极大的改善。就我院的实际来说，这次教育实践活动第一位的任务，就是提高院党组成员和所局主要负责同志两个层次的领导干部对贯彻落实群众路线、开展群众路线教育实践活动重要性和紧迫性的认识，进一步增强思想自觉和行动自觉。

现在看来，在我院领导干部特别是所局领导干部中，相当一部分人的头脑中还存在一些误区，影响到对教育实践活动的认识。有的同志认为，中国社科院是一个科研单位、学术单位，不存在严重的形式主义、官僚主义、享乐主义和奢靡之风等问题，或者有也不严重。有的同志说，我当的这个所长本来也算不上什么官，哪来什么官僚主义？我作为单位和部门的领导，本身也没管多少钱，就是贪污也贪不到哪里去，不会有太大问题。因此，对教育实践活动抱着无所谓、不重视的态度。从一定意义上说，这是比较具有普遍性的认识误区。有的同志认为，搞教育实践活动，开会多了，学习多了，影响科研工作，影响写文章，影响外出，影响出国。在全院教育实践活动动员大会后对院党组班子进行评议时，有人建议在教育实践活动期间，尽可能减少学习安排，这可能是认为学习影响科研了，影响出国了。有的同志认为，教育实践活动是走过场、走形式，解决不了什么实际问题，对付过去就算了，等等。这些错误认识导致对教育实践活动持有一种不负责任的态度。总之，如果领导干部思想上不重视，行动上不自觉，这次教育实践活动就很难取得实效。

这次全院所局主要领导干部教育实践活动专题会议，要首先解决提高认识的问题，即解决思想自觉和行动自觉的问题。对这次教育实践活动，不仅要从中国社科院的工作全局来认识，更重要的是要从全党工作大局的高度，从巩固党的执政地位的高度，从中国特色社会主义事业发展的高度来认识。因此，要安排一定时间，组织大家原原本本地学习中央文件和习近平总书记一系列重要讲话。习近平总书记的重要讲话，读跟不读不一样，学跟不学不一样。只要是认真学习了，就能够知道中央和习近平总书记在想什么，赞成什么反对什么，什么是对的什么是错的。否则，就会稀里糊涂地犯错误。院党组已经安排了两次集中学习和讨论。

各单位要把教育实践活动组织好，首先要把领导班子的学习组织好。赵胜轩同志已经代表院党组作了第一场专题报告。院党组要求院属各单位也要举办类似的专题报告会，由各单位一把手主讲，这是这次教育实践活动的规定动作，必须认真完成。必须提高认识，防止教育实践活动走过场，不能用会议落实会议，用文件落实文件，不能用官僚主义反对官僚主义，用形式主义反对形式主义。总之，不能用官僚主义、形式主义搞教育实践活动。

第二，找准痛点，查明病因，开对处方，对症下药，根治顽症，治病救人。

开展教育实践活动关键在改，要实实在在地解决在贯彻群众路线方面存在的主要问题。这次教育实践活动，要在深入学习的基础上，找准问题，查明病因，开对处方，对症下药，根治顽症，治病救人，按照中央要求，“照镜子、正衣冠、洗洗澡、治治病”。教育实践活动抓得好不好，最终要看是不是真正治了“病”，要看全院各级领导干部身上的“污泥”洗干净了没有，身上的“病”治好了没有。比如，在教育实践活动之前，患了“病毒性感冒”，活动结束的时候，不仅感冒没治好，反而转成了“肺炎”，这说明教育实践活动没搞好。所以，要找到病根，知道自己哪儿疼，因为什么原因疼，根据病因开出好方子，下好药。即便是顽症，也要想办法治好。能不能把教育实践活动搞好，取决于我们是不是按照中央精神，找准存在的问题，找准“病根”、“病因”。问题找准了，才能开好“药”，“药”开对了，才可以治好病。

群众对所局级领导干部提出了一些尖锐的批评。比如，有的单位公车配司机占用大量办公经费，公车私用，希望领导改一改；建议领导班子决策要公正、民主、透明，在人员使用、资源配置、职称评审、科研经费、外事经费、创新工程等方面要公开、公平、公正，不能任人唯亲；有的领导同志关于所里花钱的事从来没有上过会；有的领导同志把研究所作为自家的后花园，只为自己圈内人谋利益；要求领导同志多与群众打交道，了解群众心声，要沉下心来，和科研人员交朋友，不要光想着自己的事，要想着所里的事；批评有的同志以为自己快退休了，船到码头车到站，何必再费那个劲。在教育实践活动之初，有的群众提的意见对我震动很大，提出有的领导干部热衷于参加各种庆典、论坛、会议，跑来跑去拿出场费。

要找准问题，第一个环节就是发动群众，让群众分析一下我院到底存在什么问题，院党组的工作存在什么问题，所局领导班子存在什么问题。第二个环节是对提出的问题进行梳理分析，找准“穴位”，找准问题产生的原因。

这次教育实践活动“治病”的重点有三个，第一个重点是院党组，第二个重点是所局领导班子特别是主要负责同志，第三个重点是职能部门和直属单位。“治病”的重中之重是院党组。院党组要带头解决问题，从责任角度看，凡是全院的问题，都是院党组的问题，院党组的问题，就是院党组主要负责同志的问题，至少是负有领导责任的，要带头整改。所局级领导干部也要在自己职责范围内做出这样的承诺。所里存在的问题，就是所领导班子的问题，所领导班子的问题就是主要负责同志的问题。要敢于做这样的担当。

就社科院来讲，这次教育实践活动要解决的问题是什么呢？综合大家的意见，我认为，中央所说的形式主义、官僚主义、享乐主义和奢靡之风，社科院都不同程度地存在，只不过表现形式不一样。比如官僚主义、形式主义，在社科院主要表现为有些领导干部不深入群众、不深入科研一线、不能很好地为科研服务；调查研究不够、群众不同意见听得少；有的单位和个人不把党和国家关注的重大理论和现实问题作为科研的主攻方向，而是自拉自唱、自娱自乐、自我欣赏；在文风上，研究成果脱离实际，下笔千言，离题万里。比如享乐主义和奢靡之风，在我院主要不是表现在高档消费上，不是表现在去高档会所、接受高档消费卡上，而是表现在做学问、做工作时舍不得下苦功夫，拿不出头悬梁、锥刺股的刻苦精神去做科研、做文章、做工作，不深入实践、深入群众、吃透情况、接触地气，思想懒惰、贪图享乐、贪图舒服、贪图一鸣惊人、追逐个人名利上。

形式主义在科研工作方面，主要表现在学风上，表现为不重视理论联系实际，不把党、国家和人民关注的重大现实和长远问题作为主攻方向，表现为研究工作不够深入、不够科学严谨，表现为只看重数量而对质量不够重视。科研质量包括两方面含义，一方面是指科研选题是不是党、国家和人民关注的重大问题，是不是哲学社会科学领域的重大问题；一方面是指科研成果的质量如何，论文水平如何。数量和质量的关系，其实就是形式和内容的关系。数量多了，缺少内容，质量不够，就是形式主义。当然，只注意内容，不要形式，也不行。对于社科院而言，在学风、文风、作风上，形式主义的主要表现是不能为党和政府决策服务，为人民的利益服务，为人民鼓与呼，真正拿出经得起实践检验、党和人民满意的高质量高水平成果。

结合我院实际，我们要着重解决三个问题，即“为什么人”的问题，转变作风、学风、文风“三风”的问题，如何实现中央“三个定位”要求的问题。

首先，必须解决好为什么人的问题。为什么人的问题，是马克思主义群众观的根本问题。中国社科院的工作千头万绪，院党组和研究所党委首先要抓的就是为什么人的问题，也就是说，要解决中国社科院为什么存在，为什么人做科研工作，为什么人做哲学社会科学工作的问题。这就是刘云山同志所讲的“为了谁、依靠谁、我是谁”的问题？要明确你是中国社科院的科研人员，你是研究所的主要领导干部；要明确你是为了人民而做学问。

毛泽东同志曾经借用“皮之不存，毛将焉附”这句成语论述知识分子与人民大众的关系。

通俗地讲，毛长在皮上，皮都没有了，毛往哪里依附呢？我们科研人员就是附着在中国人民大众身上的“毛”，如果我们不为人民群众服务，还要我们干什么？为什么人的问题，就是马克思主义立场问题。坚持马克思主义立场，就会对人民产生深厚感情，对党产生深厚感情，就会知道什么样的政治方向和学术导向是正确的。因此，中国社会科学院的研究工作必须站在人民的立场上，为人民鼓与呼，为人民的利益发声，为党的事业发声。必须坚持正确的政治方向和学术导向，必须严格遵守政治纪律，不能跟中央唱反调，跟人民唱反调。比如，有的学者只为少数富人说话，不为广大工人农民说话，这就有立场问题了。有的学者言必称西，言必称洋，崇拜洋教条，甚至名词用语都照抄照搬外国的，这也是没有解决好为什么人的问题的表现。

为人民搞科研，有一个对人民负责和对党负责的一致性问题。对人民负责和对党负责是一致的，这就决定了我们要紧密地团结在以习近平同志为总书记的党中央周围，这与为人民谋利益是一致的。做学问要从党和国家的需要出发，以实际工作中亟待回答和解决的重大理论和现实问题，以经济社会发展中的全局性、前瞻性、战略性问题，以干部群众普遍关注的热点焦点难点问题为科研工作的主攻方向。

党的群众路线说到底就是为什么人、依靠什么人的问题。解决为什么人的问题，就必须解决：一是哲学社会科学研究要不要坚持、为什么坚持正确的政治方向和学术导向。二是哲学社会科学研究要不要坚持、为什么坚持以党、国家和人民关注的重大理论和现实问题为主攻方向。三是哲学社会科学研究要不要站在人民的立场上，对人民充满感情，为党的事业、为人民的事业服务。四是哲学社会科学研究要不要深入实践，深入一线，深入现实。五是哲学社会科学研究怎样解决质量第一的问题，如何推出高质量的经得起时间和实践检验的科研成果，等等。

解决了为什么人的问题，第二个就是“三风”问题。解决“三风”问题，首先是学风问题。要解决好为什么人的问题，必须联系实际，联系群众，不能脱离实际，脱离群众，这就是马克思主义学风。就哲学社会科学而言，学风主要包括两个方面的内容，一是联系实际和群众，一是科学严谨地做学问。其次是作风问题。对院党组来说，就是能不能时时刻刻想着科研一线，能不能带领职能部门和直属单位牢固树立为科研一线服务的意识。职能部门和直属单位，管理人员和后勤人员都是为科研、科研人员服务的。解决了这个问题，科研单位的文件就不会被压，科研单位提出的问题就会得到迅速答复。我们准备实打实地解决院党组和机关作风问题。第三是文风问题。所谓文风，就是我们写的文章、提交的报告，对实际工作有没有作用、有没有价值，党和政府的决策部门能不能看得懂，人民群众能不能看得懂。现在有些杂志刊登的文章充斥着公式、模型。我不反对把数学公式引入哲学，引入经济学，引入人文社会科学研究，但是，要适当。

解决为什么人的问题，解决“三风”问题，最终是为了解决好实现中央对我院“三个定位”要求的问题，就是努力把我院建设成为马克思主义的坚强阵地、党中央国务院重要的思想库和智囊团、我国哲学社会科学研究的最高殿堂。这是院党组和全院同志要集中解决的社科院发展的根本方向和基本任务问题。

第三，把“改”贯彻教育实践活动始终，边学边改，边整边改，建立起密切联系群众、落实党的群众路线的长效机制。院要有针对性地出台三个整改措施：一是解决好机关职能部门如何为科研服务、改进工作作风问题。准备出台一个意见，现在已完成初稿，正在讨论。二是解决好所局领导班子特别是主要负责同志的思想建设问题。三是解决好科研人员的主攻方向和学风问题。

（三）关于实施创新工程

大家对创新工程评价很高，充满期望。对于创新工程，还要进一步统一思想，提高认识。要充分认识到创新工程是机遇工程、爬坡工程、改革工程、发展工程、人才工程、希望工程，把“六大工程”的内涵吃透。

社科院创新工程主要推行了五项制度创新。第一是报偿制度。这是科研管理体制机制的一个重大改革，起到了解放科研生产力的激励作用，时间越久，它的激励机制作用越发显现。第二是准入制度。进创新工程，建立了严格的准入制度，规定了单位和个人进入创新工程的准入条件，达不到条件的不能进入创新工程。今年达到条件今年进，明年达不到条件就不能进。这次职能部门进入创新工程规定了严格的准入条件，就是完不成规定任务的单位和个人不能进入。即将公布实施的院党组关于践行群众路线、改进机关工作作风的意见中规定，将贯彻落实上级领导机关指示、院“三会”决议和院领导重要批示完成情况，作为机关作风建设的重要指标，与职能部门进入创新工程挂钩，实行机关职能部门管理失职“一票否决”制。院党组要求严格执行这一规定。各研究所也要认真查看自身是否符合准入条件。第三，退出制度。创新工程就是要打破干好干坏一个样的大锅饭，考核不合格的必须退出。年底进行考核评价时，要把落实退出机制作为工作重点。通过制度设计，实现能进能出、能上能下。第四，配置制度。把财权下放给所里，这是扩大研究所自主权的第一步。实行年度经费总额拨付制度，将来院里掌握的科研经费就是院负责的科研项目经费和少量管理经费，其余经费全部拨付所里。实行新的经费配置方法。第五，评价制度。院里正在积极探索符合中国社科院特点的评价体系。

五项制度的目的在于推进成果创新。成果创新主要体现在：一是政治方向和学术导向好；二是关注党、国家和人民关注的重大理论和现实问题；三是学科和学术观点有所突破；四是质量高，经得起检验。

关于如何抓好创新工程，提几项要求。第一，要抓好体制机制改革，特别要在退出机制创新上下功夫。第二，要注重出成果、出人才，特别要在党和人民需要的成果创新和人才创新上下功夫。成果创新和人才创新密不可分，通过引进人才和培养人才可以解决人才创新问题，从而实现成果创新。第三，要持续地发动群众，特别要在个别人的思想工作上下功夫。第四，加强领导，强化管理，特别要在精细化管理上下功夫。

下半年创新工程的主要任务是：一是要大力推进职能部门和直属单位进入创新工程的顺利实施。二是各单位要做好明年80%的人员全面进入创新工程的申报和准备工作。三是要做好年底创新工程的考核和评价工作。四是要修改完善各项制度。所局领导干部要结合教育实践活动，把这些工作抓紧抓好抓落实。

（四）关于加强党的意识形态工作

以习近平同志为总书记的党中央高度重视意识形态工作。繁荣发展哲学社会科学，其关键就是做好党的意识形态工作。社科院是党的意识形态的重要阵地，加强党的意识形态工作，就是要用党的意识形态来统领社科院的哲学社会科学研究工作。

中央文件指出："历史经验证明，经济工作搞不好要出大问题，意识形态工作搞不好也要出大问题。面对西方反华势力对我国进行西化分化和'颜色革命'的现实危险，面对当前意识形态领域的严峻挑战，各级党委和政府特别是主要领导同志要高度重视意识形态工作，牢牢掌握领导权和主动权。"这是极其重要的精神，必须深刻领会，坚决贯彻落实。关于意识形态工作，我强调几个问题。

第一，关于意识形态工作面临的时代背景和国内外形势。

一是要从中国特色社会主义所处的时代背景来看意识形态工作的重要性。我认为，目前我们所处的时代，就根本性质而言，仍然是马克思、恩格斯所判断的那样，是社会主义和资本主义两种意识形态，两种社会制度、两种前途、两种命运、两条道路、两种力量反复较量和进行博弈的时代。资本主义终究要走向灭亡，社会主义终究要逐步取代资本主义，仍然是不可改变的历史趋势。当然，在较量中有时我上你下，有时我下你上，我中有你，你中有我，有斗争，也有策略上的妥协和暂时的合作，既有对立，又有共同发展的共同点，呈现出一种极其复杂的胶着局面。总体上，资本主义走向衰落，但还是强势的；社会主义是代表人类发展方向的新生力量，但还处于弱势地位。敌强我弱的状态仍然是现在的主流。两种社会形态的较量必然在当代世界的意识形态领域反映出来。伴随衰退的总趋势，资本主义必然加大在意识形态领域与社会主义博弈的分量。争夺的重点，越发集中在意识形态问题上。朝鲜战争结束以后，以美国为首的西方敌对势力就判断，从军事上战胜中国是不可能的，只能走"和平演变"的道路，打一场没有硝烟的战争。从那时到现在，美国从来没有放弃过对中国实行西化分化的战略选择。对这些动向，我们必须高度警觉。

迄今为止，马克思主义所揭示的总的时代性质和历史趋势并没有改变，只不过经历了三个发展阶段，每个阶段都具有自己的阶段性特征。第一个阶段，是马克思恩格斯所处的自由竞争资本主义和工人运动、社会主义运动兴起阶段。第二个阶段，是列宁所处的垄断资本主义阶段，即帝国主义战争与无产阶级革命阶段。列宁认为该阶段的特征即时代主题是战争与革命。第一次世界大战，引发十月革命；第二次世界大战，引发一系列社会主义革命（包括中国革命），这些历史事实证明了列宁的判断是正确的。第三个阶段，就是上世纪七八十年代以来的阶段。1989 年“柏林墙”倒塌，1991 年苏东解体，“冷战”结束，形势发生了逆转。邓小平做出总的时代没有变，但有了新的阶段性特征的变化的判断。他关于和平与发展两大时代主题的判断符合第三个阶段性特征的变化。这个判断决定了中国特色社会主义的改革开放与和平发展的总的战略选择。

邓小平的判断是对今天资本主义与社会主义两大力量对比发生阶段性变化的科学分析，并不影响对总的时代性质的判断。我们主张尊重世界文明多样性、发展道路多样性，尊重和维护各国人民自主选择社会制度和发展道路的权利，相互借鉴，取长补短，推动人类文明进步。但不代表两种社会形态的矛盾较量就消失了。我们党也清醒认识到，和平与发展这两大课题至今一个都没有解决，天下仍很不太平，世界仍然很不安宁。这次金融危机说明资本主义内在矛盾依然存在、依然起作用、依然不可克服，只不过表现形式不同，资本主义必然在阵发性的经济危机中逐步走向衰落。总的历史时代并没有改变，马克思主义也没有过时。

两种社会形态、两条道路、两大力量的较量必然在意识形态领域表现出来，表现为社会主义的意识形态、价值取向与资本主义的意识形态、价值取向的激烈交锋和反复较量，这就决定了意识形态斗争的根本性质。而这种较量又同当今复杂的国家利益、民族利益的诉求，同当今复杂的民族、宗教问题，同全世界维护人类生存环境的共同要求纠结在一起，同求和平、求发展的利益争斗纠结在一起，往往为国与国、民族与民族、地区与地区、宗教与宗教之间的利益争夺所掩盖。资本主义意识形态为了掩盖其实质，往往又披上普世的、人权的、全人类的、中立的、抽象的外衣，让人们搞不清楚它的阶级本质。

二是要从一个半世纪以来世界历史进程看意识形态斗争的复杂性。纵观一个半世纪以来的世界历史进程，已经发生了四次重大转折，可以分前两次和后两次。前两次转折发生在 20 世纪前半叶。第一次转折发生在 20 世纪初叶，其标志是 1917 年爆发的俄国十月社会主义革命。第二次转折发生在 20 世纪中叶，其标志是 1945 年“二战”之后一系列国家社会主义革命的成功，形成了一个社会主义阵营。社会主义运动从兴起到发展，处于上升期，资本主义则经历了一系列经济危机和两次世界大战的折腾，步入缓冲下降期。

20 世纪八九十年代至今的 20 余年中，又接连发生了两次重大的世界性历史转折。第三次转折发生在 20 世纪末叶，其标志是 20 世纪 80 年代末 90 年代初的苏东剧变、社会主义阵营解体，世界社会主义运动陷入低谷。第四次转折发生在 21 世纪初叶，其标志是 2008 年爆发的国际金融危机。这对世界发展格局和中国特色社会主义事业的发展产生的影响，现在仍无法估量。中国特色社会主义的成功使世界社会主义运动呈低潮中起步之势。而美国金融危机却使一些西方国家陷入困境，美国一超独霸格局难以维持，资本主义整体实力趋向下降。

四次转折反映了社会主义不是直线性发展，而是曲折地、波浪式地、螺旋式地前进。这种前进过程充满了两种不同世界观、价值观的斗争，即意识形态的争夺。历史事实雄辩地证明了社会主义意识形态的科学性和生命力，也证明了资本主义意识形态的欺骗性、顽固性和不甘心退出历史舞台的反能量。

三是要从第一个社会主义国家苏联的解体、东欧一系列社会主义国家蜕变看意识形态斗争的严重性。2012 年 2 月 12 日，习近平总书记在广东调研时明确指出，“前苏联为什么解体，苏东为什么垮台，一个重要原因就是理想信念动摇了。前苏联全面否定苏联历史、苏共历史，否定列宁，否定斯大林，一路否定下去，搞历史虚无主义，思想搞乱了，各级党组织几乎没有任何作用”。2013 年 1 月 5 日，习近平同志在新进两委研讨班上明确指出：“苏联亡党亡国一个重要原因就是意识形态领域斗争十分激烈”，“思想搞乱了”。在意识形态领域，放弃马克思主义、放弃正确路线、放弃党的领导，让资产阶级意识形态长驱直入、潜移默化、蛊惑人心、占领阵地，致使党变质是最后导致苏东总崩盘的思想路线根子。

四是要从世界金融危机的爆发及其持续发酵看意识形态斗争的尖锐性。由美国次贷危机所引发的世界经济危机可以定论了，这是一场资本主义经济危机，进而引发了资本主义全面的政治危机、社会危机、意识形态危机，说到底是一场制度危机。这场危机，不仅使资本主义意识形态陷入危机，而且使资产阶级意识形态的反动性、落后性、欺骗性和两面性凸显出来，更加大了这场斗争的激烈性。

五是要从中国特色社会主义的新成就看意识形态斗争的艰巨性。形势的变化，一方面为我们党大力推进中国特色社会主义提供了有利的氛围、条件和机遇，另一方面也越发促使西方资本主义运用两手策略：在经济上利用我们、拉拢我们、捧杀我们；同时，在军事上加紧包围我们，在经济上加紧挤压我们，在意识形态领域加紧大力西化分化我们，使我们面临更加复杂严峻的考验。西方敌对势力越来越把注意力集中在意识形态渗透上，放在打一场没有硝烟的战争上。这个意图是再明显不过了。

第二，关于意识形态于我有利与不利局势的总判断。

国际金融危机所引发的世界格局的深刻变化，为加强和改进意识形态工作提供了有利的条件，当然也有不利的因素。

一方面，回顾上世纪八九十年代，第三次世界性的历史转折，社会主义陷入低谷，暂时处于劣势，资本主义反而上升，暂时显示优势。伴随力量对比格局的变化，意识形态领域内呈敌进我退之势。反社会主义、反马克思主义、反对共产党执政的声音甚嚣尘上。西方资本主义到处大力推销新自由主义理论，鼓噪一时，不可一世，导致国内反马克思主义、反社会主义、新自由主义、历史虚无主义、民主社会主义等错误思潮泛滥，沉渣泛起。

二十多年过去，这次金融风险造成的第四次世界历史性转折，一方面使资本主义遭遇前所未有的打击，陷入全面制度危机和衰退，资产阶级意识形态的集中表现——新自由主义宣告破产。即使在资本主义内部，对资本主义制度的批评之声，也不绝于耳。现在马克思的《资本论》、列宁的《帝国主义论》开始回到了西方许多人的书桌上。就连“意识形态终结论”者福山也悄然变了调子。西方民主制度还能不能维持下去？这些发人深省的问题是在资本主义阵营内部提出来的。另一方面，中国特色社会主义取得成功，并顶住金融风险，社会主义从低谷中走出来，批评新自由主义、批评资本主义的声音日渐增多，大声呼唤马克思主义、社会主义的声音越发强烈。坚持和发展马克思主义、坚持和发展中国特色社会主义、坚持和发展社会主义意识形态的底气更足了。

形势的变化一方面对我们党加强意识形态工作提供了极为有利的氛围、条件和机遇，另一方面这种形势也越发促使西方资本主义加大意识形态的攻击力度。以美国为首的西方国家在国际舆论上依然占据主导地位，仍然掌握文化霸权、媒体霸权，在意识形态领域加紧向我进攻。我们面临着更加严峻、复杂的考验。我们当前意识形态工作的主流是好的，但是形势依然十分严峻。我们要重视意识形态工作，一定要按照习近平总书记指示来掌握领导权。

第三，当前意识形态工作的主流态势和严峻形势。

当前，我国意识形态领域主流是好的，继续保持积极健康向上的良好态势，特别是党的十八大以来，中央采取一系列措施加强马克思主义在意识形态领域的指导地位，收到明显成效。然而也要清醒看到，意识形态领域的斗争是错综复杂的，并将是长期的。西方与我国在意识形态、社会制度、人权、民主等问题的对抗、对立十分突出，思想理论领域呈现十分复杂的胶着状态。境内外敌对势力对我施压促变的一贯立场没有改变，通过各种途径、运用各种手段，对我在发展上遏制、思想上渗透、形象上丑化，企图压我放弃马克思主义，改变政权性质，接受西方价值观念和制度模式。意识形态领域始终是渗透与反渗透的重要战场，对敌对势力的攻击任何时候都不可掉以轻心、不可疏于防范。加强党的意识形态工作的任务更加艰巨繁重。

第四，全面加强党的意识形态工作。

一是实行意识形态工作党委负责制，全面加强党的意识形态工作。毛泽东指出："掌握思想领导是掌握一切领导的第一位。"在当前各种思想、思潮和文化争鸣争锋非常激烈，形势十分复杂的情况下，必须实行意识形态工作党委责任制，主要负责人必须亲历亲为，为第一责任人。全面加强党的意识形态工作，坚持党对意识形态工作的领导，坚持马克思主义主流意识形态的指导，牢牢掌握意识形态工作的领导权、主动权，用马克思主义的、社会主义的、工人阶级的意识形态战胜反马克思主义的、资本主义的、资产阶级的意识形态，真正占领意识形态的制高点，这是中国特色社会主义事业、人民的事业、党的事业不被"颜色革命"颠覆的根本保证。

二是提高领导干部的马克思主义理论素养，是抓好党的意识形态工作的关键。毛泽东说："领导我们事业的核心力量是中国共产党，指导我们思想的理论基础是马克思主义。"这是巩固党执政地位、巩固社会主义的至理名言。要坚持两条，一是马克思主义，一是共产党领导。这两条归结为一条，就是坚持马克思主义执政党的坚强领导核心作用。这是意识形态的根本问题，也是党的意识形态工作坚持的政治底线。

坚持马克思主义指导，坚持马克思主义创新，坚持马克思主义政党建设，是意识形态工作的根本任务。必须下大气力，用硬功夫，长期坚持用中国化的马克思主义建设我院，武装我院干部和科研人员、工作人员。加强党的意识形态工作，关键是我院的各级领导干部。毛泽东讲："政治路线确定之后，干部就是决定的因素。"院党组要始终坚持用马克思主义世界观方法论武装我院领导干部，特别是主要领导干部，提高他们用马克思主义指导科研的能力，要头脑清醒，是非清楚，立场坚定，守住党和社会主义的意识形态阵地，战胜西方势力的意识形态进攻，保证中国特色社会主义不变向、不变色、不变味、不变质。

三是清醒地认识意识形态斗争的性质，展开积极思想斗争。意识形态斗争说到底就是工人阶级意识形态反对并最终战胜资产阶级意识形态的斗争，要深刻认识意识形态斗争的性质和严重性。在我国，虽然社会主要矛盾已经不是阶级斗争了，但不意味着阶级、阶级差别、阶级矛盾、阶级斗争没有了。一定范围内的阶级斗争，特别是意识形态领域内的斗争在有些时候、在一定条件下还是很激烈的。"树欲静而风不止"，这是不以我们的意志为转移的。离开阶级分析，就会分不清、辨不明、看不透国内外各种思潮较量的实质。要旗帜鲜明地用马克思主义立场观点方法，利用一切手段、方式，包括新媒体，组织力量，有力批驳西方"宪政民主"、"普世价值"、"公民社会"、"新闻自由"、新自由主义、历史虚无主义，以及各种错误观点和思潮。当然也绝不能回到"以阶级斗争为纲"的老路上去，切忌阶级斗争扩大化、绝对化、到处贴标签。

四是开展马克思主义基本原理和正确世界观、人生观、价值观、利益观的教育。在党员、干部、科研人员、工作人员，特别是青年人中，长期持久地开展正确的思想教育和舆论引导。对此，必须各级党委重视，一起动手，狠抓落实，"实干兴邦，空谈误国"，也包括思想教育，不能落空。

五是积极谋划和实施文化"走出去"战略，打破西方势力的意识形态围剿。着眼于打破美国等西方国家在国际舆论领域的话语霸权，突破其对我国"误读"和"歪曲"的文化屏障，破解所谓的"中国威胁论"、"中国崩溃论"、"中国责任论"等唱衰中国的论调，积极开展舆论斗争，营造于我有利的国际舆论环境。鼓励一批观点正、学问好的专家学者，从学术的角度，用西方人听得懂的语言、接受得了的方式，阐扬中国道路，揭示真理。

第五，抓好意识形态工作的基本要求。

一是增强政治定力。我们党一以贯之地、始终如一地坚持的，就是马克思主义世界观方法论，马克思主义立场、观点和方法。习近平总书记的一系列重要讲话通篇贯穿了马克思主义立场观点方法。只要掌握了马克思主义立场观点方法，我们就有了政治定力。

二是保持理论彻底。政治坚定来自于理论彻底。夏明翰有一首诗："砍头不要紧，只要主义真。杀了夏明翰，还有后来人。"夏明翰为什么不怕死？因为他从马克思主义理论出发坚信自己的理想信念是真理的。"砍头不要紧，只要主义真。"这种大无畏、不怕牺牲的精神来自于对马克思主义和共产主义理论的彻底的坚信。

三是独具辨别慧眼。只有具有马克思主义的望远镜和显微镜，才能分出是非。对于我们哲学社会科学工作者来说，掌握了马克思主义，就独具辨别慧眼。什么思潮是对的？什么思潮是错的？什么言论是对的？什么言论是错的？有了马克思主义显微镜和望远镜，我们就能辨别清楚。

四是遵守政治纪律。树立担当意识。对于错误的言论和思潮，要敢于担当，肩膀不能垮，不能缩手缩脚，丧失立场。

加强马克思主义阵地建设 占领哲学社会科学学术传播制高点

——在中国社会科学院2013年报刊出版馆网库名优工程建设工作会议上的讲话

王伟光

在全国宣传思想工作会议和党的十八届三中全会闭幕不久，我院专门召开报刊出版馆网库名优工程建设会议，肯定成绩，查找差距，全面推进我院哲学社会科学报刊出版馆网库名优工程建设，进一步加强马克思主义阵地建设、理论学术传播能力建设，增强理论学术传播水平，占领哲学社会科学学术制高点。这就是这次会议的指导思想、主题和目的。

今天讲三个问题。

（一）成绩与问题

这次是我院名优工程建设的第四次会议了。第一次会议于 2009 年 10 月 21 日在精品购物指南报社召开。会议主题是贯彻落实院工作会议和北戴河管理强院专题研讨会精神，推进报刊、出版、图书管理和网络管理体制机制改革创新，坚持正确政治方向，强化阵地意识，加大名刊名社名馆名网建设力度，占领哲学社会科学创新体系学术制高点，交流创建名刊名社名馆名网的措施、经验和体会。

第二次会议于 2010 年 11 月 30 日在中国社会科学杂志社召开。会议主题是贯彻落实院工作会议和北戴河暑期专题研讨会议精神，以加强管理、提高质量为重点，总结一年来报刊出版馆网名优工程工作的落实情况，推进报刊出版馆网名优创建工作。

第三次会议于 2011 年 12 月 7 日在社会科学文献出版社召开。会议主题是贯彻落实党的十七届六中全会精神，贯彻落实院工作会议和北戴河暑期专题工作会议精神，总结一年来报刊出版馆网库名优工程的落实情况，推进报刊出版馆网库在我院哲学社会科学创新工程中发挥应有作用。

经过四年的努力，我院名优工程建设工作取得了很大成绩。迄今为止，《中国社会科学报》已办成有相当影响的理论学术大报，创造了学术报刊史上的“社科速度”和“社科奇迹”。学术名刊建设取得显著进展。今年9月16日，我院70余种学术期刊，整体亮相首届期刊博览会，并荣获优秀组织奖、创新设计优秀奖。11月8日，全国哲学社会科学规划办公室发布国家社科基金资助学术期刊2013年度考核情况的通报，我院主办的《中国社会科学》和《数量经济技术经济研究》两个杂志，被考核为“优秀”期刊。我院出版社全部完成了转企改制工作，经济效益和社会效益明显增长，在国内外出版界的地位日益提高，影响不断扩大。根据南京大学人文社会科学评价中心发布的出版社学术影响力数据资料，中国社会科学出版社的综合学术影响力在全国588家出版社中位居前五之列。2013年8月30日，北京外国语大学文化走出去协同创新中心发布《2013年中国图书世界馆藏影响力报告》显示，中国社会科学出版社图书的世界影响力在全国588家出版社中位居第六。社会科学文献出版社在积极推动文化体制机制创新，打造一流的专业学术出版机构方面做出了突出成绩。2012年9月，社会科学文献出版社荣获中宣部、文化部、国家广电总局、新闻出版总署联合授予的“文化体制改革工作先进单位”称号。其他三家出版社也在精品出版和品牌建设方面取得了可喜的成绩。新闻出版广电总局对科研局2012年的图书质量专项检查工作给予了全国通报表扬。理顺中经传媒集团的领导管理关系，明确定位和职责。基本完成总馆—分馆—资料室的图书馆统一体系建设，法学分馆、民族学与人类学分馆、研究生院分馆、国际研究分馆和文学专业书库、哲学专业书库已挂牌成立，经济学分馆建设也在积极推进。数字化图书馆初见雏形。自开办以来，中国社会科学网以“国内最大、世界一流的哲学社会科学领域专业门户网站”为目标，以“高水平的马克思主义理论宣传网、国家级社会科学学术研究网”为定位，不断推进，开通了英文网，完成了与中国社会科学杂志社的整合，即将于2014年元旦改版上线运行。几十个院所网站，在各自学科领域享有较高的权威性和知名度。海量数据库建设从起步到现在迅速发展。陆续引进大型中外文数据库100余个，建设各类资源数据库200余个，其中中国哲学社会科学综合信息支持系统实现了140多万种中文电子图书的全文检索与利用。正在建设的古籍善本全文数据库，预计收录全院馆藏善本图书8000余种10万余册，其中不乏宋元珍稀版本。经全国哲学社会科学规划领导小组批准，由我院调查与数据信息中心承建，以“公益、开放、协同、权威”为定位的国家哲学社会科学期刊数据库于今年7月正式上线运行，计划用两年时间，建成一个国家级、公益性、开放型的哲学社会科学海量数据库。一批所级实验室日趋成熟。

当然，距离党和国家的要求，名优工程建设还存在不少问题：海量的哲学社会科学数据库尚未成型、刚刚起步；综合集成实验平台等待上马；综合管理平台正在试运行；学术期刊“五统一”改革需要巩固；学术报刊质量和影响力与社科院地位尚不相符；数字化图书馆、数字化社科院刚刚起步；出版社管理体制机制创新还需推进；社科网影响力远远不够；数据信息资源分散不统一，全院信息化建设多头管理、重复投入，经费使用效益不高还很突出；信息化管理体制机制改革亟须推进；统一有力的名优工程建设管理体系尚待建立……总而言之，名优工程建设工作亟待加强，管理创新亟待推进，信息化、数字化水平亟待提高，影响力、传播力亟待强化。名优工程建设工作一定要全力解决好这些问题。

（二）工作的着力点

下一步工作的主攻方向是：

第一，增强阵地意识，坚持正确的政治方向和学术导向，牢牢把握报刊出版馆网库的领导权、管理权和话语权。

习近平总书记在全国宣传思想工作会议上的讲话中强调，我们在集中精力进行经济建设的同时，一刻也不能放松和削弱意识形态工作。党校、干部学院、社会科学院、高校、理论学习中心组等都要把马克思主义作为必修课，成为马克思主义学习、研究、宣传的重要阵地。十八届三中全会通过的《中共中央关于全面深化改革若干重大问题的决定》指出："建设社会主义文化强国，增强国家文化软实力，必须坚持社会主义先进文化前进方向，坚持中国特色社会主义文化发展道路，培育和践行社会主义核心价值观，巩固马克思主义在意识形态领域的指导地位，巩固全党全国各族人民团结奋斗的共同思想基础。"全院同志，从事报刊出版馆网库工作的同志，必须要深入学习贯彻习近平总书记一系列重要讲话和党的十八大、十八届二中、三中全会精神，按照中央对我院"三个定位"的要求，树立阵地意识，扎实推进名优工程建设，用马克思主义的主流意识形态指导理论学术传播，占领理论学术传播阵地，切实做到守土有责、守土尽责，人在阵地在，坚守巩固发展阵地。

哲学社会科学是宣传思想文化工作的重要领域，我院报刊出版馆网库是党和国家重要的思想理论阵地和文化舆论资源，是发展和繁荣我国哲学社会科学极其重要的载体和平台，是我院重要的理论学术传播阵地，体现了我院的理论学术传播能力。它既有严谨的学术性或科学性，又不同程度地带有意识形态属性。要坚持科学性与意识形态性的统一、党性和人民性的统一，弘扬主旋律，传播正能量，突出理论学术特色，增强社会责任感，提高社会公信力，靠理论和学术的力量增强感染力、影响力和传播力。

要建设和巩固好这些阵地，必须始终坚持马克思主义的指导地位，坚持"二为"方向和"双百"方针，坚持正确的政治方向和学术导向，增强政治意识、大局意识、责任意识，坚持政治家和学问家办报、办刊、办出版社、办馆网库的原则，坚持党对媒体的领导权、管理权和话语权，自觉地为党和国家的决策服务，为中国特色社会主义事业服务，充分发挥哲学社会科学认识世界、传承文明、创新理论、咨政育人、服务社会的重要作用。

第二，增强机遇意识，加强理论学术传播信息化建设，实现报刊出版馆网库的数字化。

当今世界已进入信息化时代。信息化在重塑人类的经济、政治、文化、社会和生态新格局的同时，也对哲学社会科学提出了新的机遇和挑战。互联网、大数据和云计算等对哲学社会科学来说，不仅能够提供一系列新的研究方法和传播手段，而且还能催生新的科研思维方式和组织形式。哲学社会科学如果不适应信息化的大趋势，不占领信息化的制高点，就可能丧失地位、丧失未来。从研究方法、手段和组织形式创新的意义上说，我院名优工程建设，可以概括为一句话，就是努力实现哲学社会科学研究的信息化，建设数字化社科院。也就是建设数字化图书馆、中国社会科学网、哲学社会科学海量数据库、综合集成实验室研究平台、综合管理统一平台，实现科研方法和管理手段的现代化、信息资源的一体化。简而言之，就是一馆（数字化图书馆）、一网（社科网）、一库（数据库）、一室（综合集成实验室）、一平台（全院统一的综合管理平台），这是我院信息化建设的重点工程，必须抓紧、抓实，抓出进度、速度和实效来。这是贯彻党的十八大和十八届三中全会确定的创新驱动发展战略，建设哲学社会科学创新体系的必然要求，是推进我院创新工程的重大战略举措。

第三，增强质量意识，实现报刊出版馆网库的规范化、制度化和科学化，提高理论学术传播能力和水平。

我院的报刊出版馆网库是展示哲学社会科学学术成果的窗口，是全国哲学社会科学理论学术媒体重镇，是中外学术交流与合作的平台。加强学术规范建设，强化管理，提高质量，全面推进报刊出版馆网库的规范化、制度化和科学化建设，尤为重要。

报刊出版馆网库建设，质量第一。规范化、制度化、科学化建设，核心是解决好质量问题。质量问题，最重要的是把住三个关，一是政治质量关，一是学术质量关，一是文字质量关。把住政治关，前面已经讲了。把住学术质量关，要提高报刊出版馆网库的学术门槛，要打出理论学术精品，通过抓优秀栏目和重点图书选题，不断提升我院理论学术影响力。把住文字关，要严格遵守体例规范，抓好编辑校对印制工作，严格质量管理，不要出低层次的错误。把住质量，要建立规矩、程序和规定，用规范、制度才能管住质量，才能实现科学化管理。

提高质量，还要实施“引进来”和“走出去”战略，将国外有价值的理论学术成果选介进来，将中国的优秀理论学术成果推介出去，鼓励与国外知名报刊出版馆网库机构合作，进入国际主流学术交流传播渠道。

第四，增强创新意识，实现科研创新、人才创新和管理创新，提高报刊出版馆网库的权威性和影响力。

名优工程建设要贯彻落实“科研强院、人才强院、管理强院”三大战略，实施科研创新、人才创新和管理创新，靠“三大创新”强力推进名优工程建设工作。

名优工程建设要坚持走科研创新的道路。科研创新是名优工程之源，没有源哪里有水；科研创新是名优工程之米，没有米何以下锅。巩固马克思主义阵地建设，增加理论学术传播能力，根本在于科研创新。报刊出版馆网库建设要以科研创新为基础、为前提，以研究院所为根据地，以科研人员为主体，利用创新工程给科研工作带来的动力和契机，抓好重大科研选题和科研成果的产出，选好精品科研成果，切实把报刊出版馆网库作为我院科研成果的展示平台。

名优工程建设要坚持走人才创新的道路。巩固马克思主义阵地，增强理论学术传播能力，关键在人才培养，关键在队伍建设。在新媒介环境下，报刊出版馆网库工作人员仅仅具备采、编、写等基本编辑能力已远远不够了，媒介策划与运营、媒介内外部资源整合等经营管理能力的提高也是必不可少的。提高质量，必须提高报刊出版馆网库工作人员的能力。要紧紧抓住培养选拔人才、动员组织队伍等环节，创造有利于报刊出版馆网库人才顺利成长、队伍迅速壮大的良好环境和体制机制。

要将报刊出版馆网库人才队伍建设纳入“人才强院”战略。要开展对报刊出版馆网库人才资源的调研，促进报刊出版馆网库人才的优化配置和高效使用。通过调查研究，摸清人才的现状、具有的优势和存在的问题，依据现有岗位和工作需要，科学确定人才队伍规模和比例，保证各类人才个体素质良好，整体结构优化，使之与各类岗位的需求相适应，与名优工程建设任务相符合。在适当引进高层次人才的同时，盘活现有人才，通过有序流动、科学调配，营造人尽其才、人才辈出的良好氛围，实现人才资源效益的最大化。

要加强理论教育和业务培训，建设一支高素质、专业化的报刊出版馆网库人才队伍。唐代著名诗人杜甫在《偶题》一诗中说:“文章千古事，得失寸心知。作者皆殊列，名声岂浪垂。”奋斗在报刊出版馆网库岗位上的同志们从事的是艰巨、繁杂、细致的工作，不仅要甘为人梯，无私奉献，为作者文章拾遗补缺，润色修饰，而且要把好政治关、学术关、事实关、文字关，不愧为文明成果的鉴赏家，真理正义的传播者，承担着向社会提供优秀精神食粮的光荣使命。报刊出版馆网库战线上的同志们，要自觉加强理论学习和业务学习、道德修养和实践锻炼，全面提高思想政治素质和实际工作能力。

认真落实院“十二五”人才建设规划和信息化建设规划，对报刊出版、计算机、数据库、图书馆、网络等编辑和技术人员进行专门培训，实行科学合理的政策、措施，尽快造就一批报刊出版馆网库编辑、记者、计算机和网络工程师、数据分析师、业务管理者等专门人才。既要考虑当前人才培养问题，又要考虑长期培养问题，尽快形成一支既满足当前急需又能适应未来发展的业务精、素质高的专业人才队伍。要建立多渠道、网络化的培训体系，提高全院人员运用现代信息技术的能力，造就越来越多的既掌握专业技术，又有学术造诣的创新型人才，培养一大批编辑和研究相结合、记者与采编相结合、科研和管理相结合、运营和管理相结合的复合型人才，以此推动报刊出版馆网库和信息化工作迈上一个新台阶。

名优工程建设要坚持走管理创新的道路。报刊出版馆网库的体制机制改革创新要坚持“集中统一管理”原则。如何在制度创新、管理创新与技术创新同步推进的大环境下，处理好我院报刊出版馆网库和信息化建设中的各种关系，这是我院名优工程必须解决的重点和难点问题。今年 8 月以来，在党组的领导下，我院推进信息化体制机制改革，成立信息化管理办公室，强化了信息化建设的宏观指导和统筹协调，将图书馆与网络中心、调查与数据信息中心并轨，社科报与社科网并轨，将信息化基础设施建设及信息资源建设交由社科杂志社和院图书馆承担，院属各单位负责各自的信息化工作，形成信息化建设的三级管理体制，分工明确，关系理顺，有利于统筹整合全院信息数据资源，构建高端理论学术传播平台。我院报刊出版馆网库的建设要在坚持“九统一”，即统一领导、统一管理、统一经费、统一网站、统一机房、统一数据库、统一数字化图书馆、统一综合集成实验室平台、统一综合管理平台的原则基础上，以服务为中心，实行管理、运营、建设、服务四个职能相对分离，集中人力物力财力尽快建成数字化中国社会科学院。学术期刊坚决推行“五统一”的改革，即统一管理、统一经费、统一印制、统一发行、统一入库。典藏古籍整理要坚持统一登记、统一建档、统一数字化、统一联网、统一服务、统一管理。各出版社要加强统筹管理，适当分工，协同作战。数据库建设要统一管理、统一经费、统一机房、统一资源、统一入库、统一联网。社科网要在与社科杂志社统一整合的基础上实现全院一网，统一整合全院网络资源。图书馆建设要继续推行“总馆—分馆—资料室”三级管理体制的一体化体系建设和图书采购总代理制，整合资源，提高资源利用效率。总之，我院报刊出版馆网库要通过整合资源、提高质量、降低成本、改进服务，实现社会效益与经济效益、数量增长与品牌提升、当前利益与长远利益相一致，使报刊出版馆网库尽快步入高效益、高质量、高水平的科学发展道路。

建立激励约束机制，实行绩效考核奖惩办法，真正把报刊出版馆网库建设的成效与工作人员利益挂钩。要制定报刊出版馆网库评价标准，实行名优工程建设目标责任制，加强对名优工程建设的指导检查和考核评比。在新制定和修订的我院创新工程文件中，对准入和考核条件进行了细化和扩充，对创新单位、创新岗位、编辑和工程技术人员都提出了明确的、具体的要求。院相关职能部门和单位要严把准入关、竞聘关、检查关、考核关、退出关，该奖的奖，该罚的罚，该给的给，不该给的不给，该一票否决的坚决实行一票否决。只有这样，才能确保报刊出版馆网库工作的质量和水平得到全面提升，决不能干和不干一个样、干好和干坏一个样、进和不进创新工程一个样。

第五，增强责任意识，加强名优工程建设，全面提升理论学术传播力。

名优工程建设能否搞好，关键在于领导班子重视与否。在名优工程建设工作上，领导班子不能仅仅停留在伸手向上要钱、要人、要物上，要从党和国家工作大局出发，从社科院全局出发，提高认识，统一思想，明确责任，认真谋划，真抓实干，充分利用现代信息技术手段，着力提高我院理论学术传播和信息化应用及服务能力。

名优工程建设必须实行“班子工程”和“一把手工程”。院属各单位领导班子、主要负责同志要高度重视名优工程建设，专门开会研究，要有规划、有方案、有实际措施、有专人负责推进，有定期检查督办。

按照中央赋予我院“三个定位”的基本要求，我院的名优工程建设必须树立高度的信息安全和保密责任意识，构建分级授权的信息安全和保密管理体系，形成各单位一把手负总责、专人管理与全员参与的信息安全和保密管理体制。要完善我院信息安全与保密的相关制度，定期督促有关单位进行信息安全与保密检查，消除安全隐患，严格实行全方位、立体化的信息安全与保密责任制，以推动全院信息安全和保密保障体系建设。

（三）应注意的几个问题

第一，统一思想，提高认识，按照党组关于报刊出版馆网库名优工程建设系列决定精神办事。

思想统一，步调才能一致。关于报刊出版馆网库建设，院党组出台了一系列原则、规定和办法。各直属单位领导班子要认真学习、理解这些精神，一定要把思想认识统一到这些重要决定精神上来，按照党组的决定和部署，有条不紊地推进工作，不可想干什么就干什么，不想干就不干，不可另搞一套。

第二，制定一个好的发展规划和实施方案，稳扎稳打，逐步推进。

俗话说得好："预则成。"有谋划、有规划，且谋划好、规划好，才能成事。我院名优工程建设目标是什么、步骤是什么、怎么抓、分几步抓、每年抓点什么，一定要计划先行。这些年，我院在信息化建设上一方面取得了一定进展，另一方面也走了一些弯路，浪费了不少时间、钱财和人力，最重要的是丢了发展机遇。一定要抓好规划。各单位要按照院的要求，根据本单位的情况，制定一个五年发展规划和2014年具体实施方案。明确责任人，谁负责；明确工作队伍，哪些人干；明确路线图、时间表、任务书和责任状。要一步一个脚印地，扎扎实实地向前推，一步一成，步步事成。

第三，把全院资源整合起来，发挥整体效益。

我院名优工程建设存在管理分散、投入分散、资源分散三个突出问题。结果是各搞一摊，重复建设，形成一个一个信息孤岛，不仅全院统一的信息化体系发展不起来，而且谁也发展不起来。这么多年过去了，我院并没有形成统一的数据库、统一的机房、统一的实验室、统一的管理平台、统一的网络、统一的管理。明年全院要集中力量抓好资源整合统一，形成统一的一库一网一机房一室一平台。

一切数据资源必须统一入库。明年要抓到位、抓到底的第一件事是院一切数据资源，都要统一整理，进入院库。科研成果数据库的建设要从科研成果产出的源头抓起。科研局和创新办要精心组织，积极支持院图书馆的工作，从科研项目的立项、出版、发布、资金拨付进度以及数字化质量评审等环节统筹考虑，切实保证科研成果按时、按量数据化后进入我院科研成果数据库。要把数字化科研成果是否入库作为创新工程考评的重要指标。

第四，把工作重点放在数字资源内容建设上，而不是买设备上、购电脑等硬件建设上。

信息化建设包括两个方面内容，一是内容资源信息数据建设，这是为主的，这是重点；一是程序设备设施等软硬件建设，这是为内容信息资源数字建设服务的。路修好了，库修好了，没有东西在路上流动，没有东西放在库里，路和库就是浪费。全院信息化经费实行统一预算、统一投入。院负责全院性规划、硬件投入和资源整合，院属单位重点负责本单位资源建设，院实行后期资助。

第五，实行集中统一领导，全院一盘棋，不搞分散主义，不搞本位主义。

名优工程建设必须统一集中、统一管理、统一领导。各单位要树立全局意识、大局观念、整体理念，反对分散主义、本位主义。明年在统一管理问题上要实行以秘书长为主要协调人的全院名优工程和信息化建设协调机制，各位分管院领导、各个部门、各个单位都要支持并服从这个统一协调机制。

第六，坚持为科研服务、为科研人员服务、为繁荣发展哲学社会科学服务、为中国特色社会主义服务。

办好报刊出版馆网库，要解决好为什么服务、依靠什么的问题。一定要依靠研究院所、依靠科研人员、依靠报刊出版馆网库的工作人员，调动他们的积极性。要明确为科研院所、为研究人员、为繁荣发展哲学社会科学、为中国特色社会主义服务的方针。

同志们：

我院名优工程建设已经取得的成绩和经验值得肯定，但我们也要清醒地认识到，我们的报刊出版馆网库工作与党和国家的要求相比，与我院在全国哲学社会科学事业中的地位相比，与国内外宣传出版和信息化发展的前沿、趋势相比，还存在相当大的差距。我们必须痛定思痛，下定决心，迎头赶上，紧紧抓住实施哲学社会科学创新工程的契机，大力发扬求真务实和改革创新精神，不断推进名优工程建设工作，为繁荣发展哲学社会科学事业，实现中华民族伟大复兴的中国梦作出新的更大的贡献。

中国特色社会主义是对科学社会主义的遵循和发展

李 捷

(2013年12月)

党的十八大报告明确指出："中国特色社会主义，既坚持了科学社会主义基本原则，又根据时代条件赋予其鲜明的中国特色，以全新的视野深化了对共产党执政规律、社会主义建设规律、人类社会发展规律的认识，从理论和实践结合上系统回答了在中国这样人口多底子薄的东方大国建设什么样的社会主义、怎样建设社会主义这个根本问题，使我们国家快速发展起来，使我国人民生活水平快速提高起来。"

中国特色社会主义是对科学社会主义的遵循和发展。这种遵循和发展，是一个问题的两个方面，同时存在、相辅相成、缺一不可。那么，它在哪些方面既遵循了科学社会主义，又发展了科学社会主义呢？我认为至少有以下六个方面。

（一）遵循科学社会主义关于共产主义发展分阶段的基本观点，发展形成社会主义初级阶段理论，以及中国共产党在社会主义初级阶段的基本路线，为中国特色社会主义的创立发展奠定基石，提供了总依据和根本指导

按照马克思主义经典作家对共产主义社会的构想，按照物质文明和精神文明的发展程度，划分为低级阶段和高级阶段。其低级阶段，也就是后来被我们称作“社会主义社会”的发展阶段。但在科学社会主义从理论向实践、从一国向多国的发展中，在实践中又多次发生过高估和超越现阶段的问题。通过认真总结正反两个方面的经验教训，中国共产党逐步认识到社会主义社会也是需要分阶段发展的。首先提出这个问题的是毛泽东。他在总结“大跃进”严重超越阶段的教训中指出：“社会主义这个阶段，又可能分为两个阶段，第一个阶段是不发达的社会主义，第二个阶段是比较发达的社会主义。后一阶段可能比前一阶段需要更长的时间。经过后一阶段，到了物质产品、精神财富都极为丰富和人们的共产主义觉悟极大提高的时候，就可以进入共产主义社会了。”

在理论上认识这个问题，是一个进步。真正从理论与实践的结合上解决这个问题，还是中共十一届三中全会以后。我们逐步认识到，正确认识中国社会现在所处的历史阶段，是中国特色社会主义的首要问题，是制定和执行正确的路线和政策的总依据。由此奠定了邓小平理论的基石，也是中国特色社会主义理论体系的基石，即社会主义初级阶段理论。

这个理论告诉我们：中国正处于并将长期处于社会主义初级阶段。这个论断，包括两层含义。第一，我国社会已经是社会主义社会。我们必须坚持而不能离开社会主义。这就和否定社会主义道路的各种错误思潮划清了界限。第二，我国的社会主义社会还处在初级阶段。社会主义初级阶段，是在经济文化落后的中国建设社会主义现代化不可逾越的历史阶段。这就和各种超越阶段的错误思潮划清了界限。我国的社会主义建设，必须从我国的国情出发，走中国特色社会主义道路。

社会主义初级阶段理论的提出，还为我们解决现阶段的主要矛盾和主要任务指明了方向。在现阶段，我国社会的主要矛盾是人民日益增长的物质文化需要同落后的社会生产之间的矛盾。这就决定了社会主义的根本任务是解放和发展社会生产力，不断改善人民生活。由于国内的因素和国际的影响，阶级斗争还在一定范围内长期存在，在某种条件下还有可能激化，但已经不是主要矛盾。我国社会主义建设的根本任务，是进一步解放生产力，发展生产力，逐步实现社会主义现代化，并且为此而改革生产关系和上层建筑中不适应生产力发展的方面和环节。

从社会主义初级阶段理论出发，形成为中国共产党在社会主义初级阶段基本路线。这就是：领导和团结全国各族人民，以经济建设为中心，坚持四项基本原则，坚持改革开放，自力更生，

艰苦创业，为把我国建设成为富强民主文明和谐的社会主义现代化国家而奋斗。

这条基本路线告诉我们：第一，必须始终坚持以中国共产党为领导核心。第二，以经济建设为中心是兴国之要，是党和国家兴旺发达和长治久安的根本要求，必须毫不动摇地坚持发展是硬道理的战略思想。第三，经济建设必须以两轮驱动。坚持四项基本原则是立国之本，是党和国家生存发展的政治基石；坚持改革开放是强国之路，是党和国家发展进步的活力源泉。第四，立足现实、开辟未来，必须振奋和弘扬中国传统和中国精神，这就是“自力更生，艰苦创业”。第五，总任务是实现社会主义现代化和中华民族伟大复兴。

如今，中共十八大及其以后，进一步确定了“两个一百年”和实现中华民族伟大复兴中国梦的奋斗目标，强调要把共产主义远大理想同中国特色社会主义实践紧密结合起来，为凝聚中国力量、弘扬中国精神指明了方向。

（二）遵循历史唯物主义的基本观点，发展了科学社会主义需要在改革开放中不断坚持、发展和完善的观点，形成改革开放的基本国策，为中国特色社会主义的创立发展提供了强大动力

历史唯物主义和剩余价值学说，是科学社会主义的两大基石，今天仍然没有过时。按照历史唯物主义的基本观点，人类社会是按照内在规律分阶段从低级向高级不断发展进步的历史。其基本规律，就是生产力决定生产关系、经济基础决定上层建筑，它们之间的决定作用和反作用及其矛盾运动，决定着人类社会发展的基本方向。从这一基本原理出发，科学社会主义揭示了共产主义社会及作为其低级阶段的社会主义社会，在人类社会发展的历史过程中必然要代替资本主义社会的历史总趋势，揭示了作为刚刚脱胎于剥削阶级占统治地位的社会（即资本主义社会）的社会主义社会同样也要经过从低级到高级的矛盾运动，其基本动力仍然是生产力同生产关系、经济基础同上层建筑的矛盾。因此，社会主义社会本质上就是发展的，改革的。

从这一原理出发，毛泽东根据中国社会主义初步实践，总结提出了社会主义基本矛盾理论和正确处理人民内部矛盾学说，并积累了极其丰富的正反两方面的经验教训。中共十一届三中全会以后，中国共产党坚持和发展科学社会主义基本原理和毛泽东思想，进一步在理论上和实践上确立了改革开放的基本国策。从这一基本国策出发，我们把推动经济基础变革同推动上层建筑改革结合起来，不断推进政治体制改革，为改革开放和社会主义现代化建设提供制度保证和法制保障。通过 30 多年改革开放，极大地解放和发展了社会主义社会的生产力，使社会主义制度优越性在改革开放中不断焕发和释放出来。

中国共产党团结和带领中国各族人民进行社会主义革命、建设和改革的历史反复证明，中国共产党必须始终代表中国先进生产力的发展要求，有着严格的内在的规定性和客观标准。这就是邓小平提出的“三个有利于”的思想。即：各项工作都要把有利于发展社会主义社会的生产力，有利于增强社会主义国家的综合国力，有利于提高人民的生活水平，作为总的出发点

和检验标准，尊重劳动、尊重知识、尊重人才、尊重创造，让一切劳动、知识、技术、管理和资本的活力竞相迸发，让一切创造社会财富的源泉充分涌流，以造福于人民。

如今，在改革开放基本国策的强有力推动下，中国特色社会主义道路越走越宽广，其优越性和有效性正在为越来越多的人所公认。去年 12 月习近平总书记在中共中央政治局第二次集体学习时，总结改革开放的基本经验是：第一，改革开放是一场深刻革命，必须坚持正确方向，沿着正确道路推进。第二，改革开放是前无古人的崭新事业，必须坚持正确的方法论，摸着石头过河和加强顶层设计是辩证统一的，在不断实践探索中推进。第三，改革开放是一场深刻而全面的社会变革，是一个系统工程，必须坚持全面改革，在各项改革协同配合中推进。第四，稳定是改革发展的前提，必须坚持改革发展稳定的统一。要坚持把改革的力度、发展的速度和社会可承受的程度统一起来，把改善人民生活作为正确处理改革发展稳定关系的结合点。第五，改革开放是亿万人民自己的事业，必须坚持尊重人民首创精神，坚持在中国共产党领导下推进。他还强调，改革开放只有进行时没有完成时。改革开放中的矛盾只能用改革开放的办法来解决。党的十八届三中全会召开在即，这些论述对我们继续攻艰克难，突破利益固化藩篱，不断推进改革开放具有重要的指导意义。

（三）遵循资本主义条件下提出的剩余价值学说，发展了科学社会主义要实现从以往剥削制度占统治地位的社会向彻底消灭剥削的社会这一历史跨越的观点，形成社会主义本质理论

马克思主义剩余价值学说，揭示了资本主义的本质特征和基本矛盾运动规律，为科学社会主义的确立和发展奠定了坚实的基础。剩余价值学说，不但对认识资本主义本质、实现向社会主义的社会变革有指导作用，对社会主义社会实现公平正义和共同富裕同样具有指导作用。根据这一学说，社会主义代替资本主义，是从根本上克服资本主义内部固有矛盾的必然结果。作为共产主义第一阶段的社会主义社会，尽管不可避免地带有资本主义社会的痕迹，但为彻底铲除人剥削人的社会制度、为阶级消亡扫除了根本障碍，创造了基本条件。

但在社会主义从理论到实践、从一国到多国的发展过程中，往往会忽视这一过程的长期性、复杂性，屡屡出现在公有制和分配制度上追求公而又公、纯而又纯等偏向。经过正反两方面的经验教训，我们终于认识到，社会主义制度的建立是一次历史性的变革，为彻底铲除两极分化、最终消灭剥削打开了通道；但是这一过程是漫长的，是需要通过不断创造高于资本主义社会的物质文明成果、精神文明成果、制度文明成果来逐步实现的，任何企图一蹴而就的想法和做法，都是不切实际的。

正是在这一认识的基础上，形成了邓小平关于社会主义本质的重要论断："社会主义的本质，是解放生产力，发展生产力，消灭剥削，消除两极分化，最终达到共同富裕。"他还指出："共同富裕的构想是这样提出的：一部分地区有条件先发展起来，一部分地区发展慢点，先发展起来的地区带动后发展的地区，最终达到共同富裕。如果富的愈来愈富，穷的愈来愈穷，两极分

化就会产生，而社会主义制度就应该而且能够避免两极分化。”

这一理论揭示出一个真理：社会主义制度的发展和完善是一个长期的历史过程。在社会主义条件下，剥削现象的消亡，形式上的公平平等与事实上的不公平不平等的矛盾的消除，也是一个长期的历史过程。企图一蹴而就，只能是欲速则不达，反而会招致更严重的挫折。但因此放弃公平正义和共同富裕原则，同样不行。公平正义是中国特色社会主义的内在要求，共同富裕是中国特色社会主义的根本原则。要加紧建设对保障社会公平正义具有重大作用的制度，逐步建立以权利公平、机会公平、规则公平为主要内容的社会公平保障体系，努力营造公平的社会环境，保证人民平等参与、平等发展权利。要坚持社会主义基本经济制度和分配制度，调整国民收入分配格局，加大再分配调节力度，着力解决收入分配差距较大问题，使发展成果更多更公平地惠及全体人民，朝着共同富裕方向稳步前进。

（四）遵循科学社会主义关于建立公有制、实行按劳分配、坚持无产阶级领导、以工农联盟为基础结成最广泛的同盟军等基本观点，发展形成中国特色社会主义的国体、根本制度和基本制度，中国特色社会主义制度正在发展完善为完备的体系

马克思、恩格斯在批判旧世界的基础上，对未来社会主义社会的发展过程、发展方向、一般特征作了科学预测和设想，形成了上述论断。列宁领导下的建设实践和新中国的建设实践，都一再证明这些论断的科学性。与此同时，苏联和中国等国的实践从正反两方面都反复证明，社会主义没有固定的模式，更没有万世不变的观念。在从理论到实践、从一国到多国的展开中，社会主义理论必须与本国实际相结合，必须在实践中寻找最合适的实现方式。

在新中国成立之初就建立起了中国共产党领导的、以工农联盟为基础的、联合一切革命阶级结成最广泛的人民民主统一战线为纽带的人民民主专政的国体。这一国体的建立，使新中国有可能在对极少数敌对势力实行专政的同时，在人民内部实行最广泛的民主。在此基础上，逐步建立了人民代表大会这一根本政治制度和中国共产党领导的多党合作和政治协商制度、民族区域自治制度，以及以公有制为主体的社会主义经济制度。

历史反复证明，一个制度的真正确立往往要经过反复的过程，才能从确立到巩固，再发展到成熟，直至趋于完备和定型化。中共十一届三中全会后，通过拨乱反正，使在“文化大革命”中遭到严重破坏的国家体制重新恢复和完善起来，并以此为起点，开始了社会主义经济体制、政治体制、文化体制、社会管理体制的改革，形成和确立起中国特色社会主义制度。

中国是工人阶级领导的、以工农联盟为基础的人民民主专政的社会主义国家。这是共和国的国体，决定着政权的根本性质。人民民主是社会主义的生命，人民当家作主是社会主义民主政治的本质和核心。以此为核心，我们确立起中国特色社会主义制度体系。它可以分为三个层次。第一个层次，是人民代表大会制度的根本政治制度；第二个层次，是中国共产党领导的多党合作和政治协商制度、民族区域自治制度以及基层群众自治制度等基本政治制度，中国特

色社会主义法律体系，公有制为主体、多种所有制经济共同发展的基本经济制度；第三个层次，是建立在这些制度基础上的经济体制、政治体制、文化体制、社会体制、生态文明体制等各项具体制度。

中国特色社会主义制度，是中国发展进步的根本制度保障。它具有以下几个特点：第一，它把根本政治制度、基本政治制度同基本经济制度以及各方面体制机制等具体制度有机结合起来，形成一个比较完整的制度体系；第二，它把国家层面民主制度同基层民主制度有机结合起来，有利于调动政府和人民两个积极性；第三，它把党的领导、人民当家作主、依法治国有机结合起来，既符合中国国情，又有利于最大限度地发挥社会主义制度的优势性。

要看到，中国特色社会主义制度还不是尽善尽美、成熟定型的。党的十八大以来，以习近平为总书记的党中央把制度建设摆在突出位置，着力构建系统完备、科学规范、运行有效的制度体系，努力使各方面制度更加成熟更加定型。

（五）遵循科学社会主义和历史唯物主义关于既要建设高度发达的物质文明、又要建设高度发达的精神文明、合乎自然规律地改造和利用自然、并使人实现自由而全面发展等基本观点，发展形成中国特色社会主义建设五位一体总布局，发展形成充分体现发展为了人民、发展依靠人民、发展成果由人民共享的科学发展理念

科学社会主义既强调建设高度发达的物质文明的决定性作用，也强调建设高度发达的精神文明的关键作用，高度重视两个文明建设的辩证关系；既强调经济社会的进步发展，更强调人的自由而全面的发展；既强调能动地改造自然，更强调合乎自然规律地改造和利用自然。

正是从这些基本原理出发，中国共产党从革命战争时期起，就不但善于破坏一个旧世界，同样善于建设一个新世界。在根据地建设中，形成了毛泽东新民主主义经济建设思想。其中包括土地革命的总路线总政策，发展经济、保障供给的经济建设方针，关心群众生活、注意工作方法的群众工作方针，以及节制资本、平均地权、积极发展在无产阶级领导下的新民主主义共和国的国营经济和互助合作经济的新民主主义经济纲领。还在此基础上形成并实践了新民主主义的政治纲领和文化纲领。这些理论和实践，为新中国成立后顺利地实现社会主义革命和社会主义建设，积累了经验，创造了条件，准备了人才。

中共十一届三中全会以来，中国共产党总结了新中国成立以来经济社会发展和社会主义现代化建设中正反两方面经验教训，形成邓小平理论关于两个文明一起抓、两手都要硬的论点，形成“三个代表”重要思想关于社会主义社会是全面发展全面进步的社会、要着力促进人的全面发展、要促进人和自然的协调与和谐等论点，形成以人为本的科学发展观，强调走共同富裕道路，促进人的全面发展，做到发展为了人民、发展依靠人民、发展成果由人民共享。

正是在中国特色社会主义理论体系的不断发展完善的过程中，深化了中国共产党对共产党执政规律的认识、对社会主义发展规律的认识、对人类社会发展规律的认识，最终落脚到不

断深化对中国特色社会主义总布局的认识，增强了坚定不移走中国特色社会主义道路的理论自觉和行动自觉。按照“五位一体”总布局的要求，必须牢牢抓好党执政兴国的第一要务，始终代表中国先进生产力的发展要求，坚持以经济建设为中心，协调推进经济建设、政治建设、文化建设、社会建设、生态文明建设以及其他各方面建设。要按照这个总布局，促进现代化建设各方面相协调，促进生产关系与生产力、上层建筑与经济基础相协调，保证经济社会全面、协调、可持续发展，不断开拓生产发展、生活富裕、政治清明、社会和谐、生态良好的文明发展道路。

在建设物质文明和精神文明的过程中，始终有一个处理好当代社会主义同当代资本主义的关系问题。社会主义要赢得同资本主义相比较的优势，就必须大胆吸收和借鉴人类社会创造的一切文明成果，吸收和借鉴当今世界各国包括资本主义发达国家的一切反映现代社会化生产规律的先进经营方式、管理方法。国外的资金、资源、技术、人才以及作为有益补充的私营经济，都应当而且能够为社会主义所利用。国家政权在党和人民手中，又有强大的公有制经济，这样做不会损害社会主义，只会有利于社会主义的发展。

（六）遵循马克思主义社会再生产理论和列宁新经济政策的理论和实践，通过公有制基础上的有计划商品经济成功实践，最终形成发展社会主义市场经济理论和成功实践。中国特色社会主义理论体系也在这一实践中得到极大丰富和发展

马克思主义社会再生产理论揭示出在社会化大生产条件下社会再生产运动的一般规律，揭示出社会生产两大部类之间必须保持适当的比例关系，对如何处理好生产与消费、供给和需求之间的比例关系有着重要的启示。

列宁在社会主义建设实践中提出的“新经济政策”思想，对于利用资本主义的某些因素为社会主义建设服务来说，是一次大胆的尝试。列宁指出：“新经济政策的真正实质在于：第一，无产阶级国家准许小生产者有贸易自由；第二，对于大资本的生产资料，无产阶级国家采用资本主义经济学中叫做‘国家资本主义’的一系列原则。”

上述这些思想是启发中国共产党后来选择社会主义市场经济的理论依据和思想铺垫，但要真正从理论和实践的结合上弄懂搞清这个重大课题，还必须经过长期的实践。由于长期受到社会主义传统观念的束缚，我们在很长一段时间里一直认为社会主义必然要以计划经济为特征，市场经济是资本主义特有的东西，计划经济才是社会主义经济的基本特征。在当代社会主义同当代资本主义的关系上，更多地强调社会主义同资本主义相对立的一面，却忽视了两者之间还存在着大胆吸收和科学借鉴的一面。

毛泽东曾经在社会主义实践中提出过一些闪光的思想，如：“可以消灭了资本主义，又搞资本主义。”“我怀疑俄国新经济政策结束得早了，只搞了两年退却就转为进攻，到现在社会物资还不充足。”这和邓小平所说“社会主义究竟是个什么样子，苏联搞了很多年，也并没有完全搞清楚。可能列宁的思路比较好，搞了个新经济政策，但是后来苏联的模式僵化了”，有异

曲同工之妙。

中共十一届三中全会以来，随着改革开放实践的深入发展，我们逐步摆脱传统观念束缚，形成一系列新认识和新论断。中共十二大提出计划经济为主、市场调节为辅；十二届三中全会提出我国社会主义经济是公有制基础上的有计划商品经济；十三大提出社会主义有计划商品经济的体制应该是计划与市场内在统一的体制；十三届四中全会后，提出建立适应有计划商品经济发展的计划经济与市场调节相结合的经济体制和运行机制。直到1992年初邓小平南方谈话中进一步指出："计划多一点还是市场多一点，不是社会主义与资本主义的本质区别。计划经济不等于社会主义，资本主义也有计划；市场经济不等于资本主义，社会主义也有市场。计划和市场都是经济手段。"随后，中共十四大确立中国经济体制改革的目标是建立社会主义市场经济体制。

中国特色社会主义，最大的特色之一，就是社会主义市场经济的创建和发展完善。实践已经证明，建立和完善社会主义市场经济体制，是中国共产党对马克思主义和科学社会主义的历史性贡献。这些贡献集中地体现在以下四个方面：第一，社会主义市场经济体制是同社会主义基本制度结合在一起的。必须坚持公有制为主体、按劳分配为主体，同时又必须积极探索能够极大解放和发展社会生产力、充分发挥全社会发展积极性的体制机制。第二，既要充分发挥市场在资源配置中的决定性作用，推动建立现代产权制度和现代企业制度，同时又更好地发挥政府的作用，注重加强和完善国家对经济的宏观调控，克服市场自身存在的某些缺陷，促进国民经济充满活力、富有效率、健康运行。第三，毫不动摇地巩固和发展公有制经济、发挥国有经济主导作用，积极推行公有制多种有效实现形式，增强国有经济活力、控制力、影响力，同时又毫不动摇地鼓励、支持、引导非公有制经济发展，形成各种所有制经济平等竞争、相互促进新格局。第四，坚持和完善按劳分配为主体、多种分配方式并存的分配制度，既鼓励先进、促进发展，又注重社会公平、防止两极分化。我们相信，社会主义条件下的市场经济，应当也完全可能比资本主义条件下的市场经济运转得更好、更有自己的优势。

以上，我们从六个方面论述了中国特色社会主义对科学社会主义的遵循与发展。党的十八大报告所强调的中国特色社会主义的道路自信、理论自信、制度自信，也恰恰来自于这一方面。

当然，我们也清醒地看到，在实现中华民族伟大复兴中国梦的前进道路上还有很多挑战和风险。执政考验、改革开放考验、市场经济考验、外部环境考验，精神懈怠的危险，能力不足的危险，脱离群众的危险，消极腐败的危险，都将是长期的、复杂的、严峻的。我们要自信，决不能自满。只要始终坚持和不断发展中国特色社会主义，就一定能够团结一心、排除万难，实现中华民族伟大复兴中国梦，铸就中国特色社会主义事业的新辉煌。

（载《教学与研究》2013年第12期）

认真贯彻党组决定，将名优工程建设工作推向新阶段

高 翔

（2013年12月13日）

这次会议院党组高度重视，在家的院党组成员都出席会议，王伟光同志亲自作主旨讲话，胜轩同志亲自主持会议，充分体现报刊出版馆网库名优建设工作是“一把手工程”，是“班子工程”，院党组决心把我院学术阵地建设和学术传播工作推向一个新阶段，各单位也应如此。对一个严肃的科研机构来说，报刊出版馆网库工作不是边缘，不是辅助，而是阵地、是窗口、是旗帜、是未来。我们看一个科研机构的水平怎样、地位怎样、前途怎样，首先看科研成果、出版物怎么样，从科研成果、出版物可以看出这个机构是否占据了学术前沿；其次看图书资料建设怎么样，从图书资料可以看出这个机构的学术积淀、学术传统、学术基础；最后从信息化水平、网站水平、科研手段现代化水平可以看出这个机构的发展潜力、学术前景。我院报刊出版馆网库名优建设全院一盘棋，统一部署、统一规划，但要全院共同参与、分层负责，各司其职、各负其责。

伟光同志的讲话全面深刻，既是我院报刊出版馆网库名优工程建设工作的纲领性文献，也是动员令、路线图，我们一定要认真学习，一丝不苟地逐条贯彻落实。落实与落空，一字之差，天壤之别。下面，我就如何落实伟光同志的讲话精神，谈几点思路。

（一）以增强阵地建设为根本

按照院党组要求，要“坚持正确的政治方向和学术导向”。要解决为谁做学问，为谁搞学术传播的问题。我们的学术名优建设工程，归根到底，是要建设马克思主义理论学术阵地。这是出发点，也是落脚点。离开这一点搞名优，就和党组的意图南辕北辙，背道而驰。当然，我们讲阵地建设，有自己的特色，就是要用马克思主义指导学术研究的全过程，以科学研究的方式彰显马克思主义学术的强大生命力、感召力和影响力。

坚持以马克思主义为指导，必须立足当代、立足国情，以深入研究现实问题为主攻方向，为中国特色社会主义事业服务。所有学术刊物，都要积极、主动地引导学者投身到现代化建设中。和院党组对研究所的要求相一致，在编发学术文章中，以重大理论和实践问题为对象的论文应占一定比例，特别是以应用研究为主的，现实重大理论和实践问题所占比例应高于80%。

我们编发学术文章、出版图书不仅是学术选择，而且是政治选择，要坚持对党负责、对人民负责。这主要体现在四个方面：一是在大是大非问题上，必须同党中央保持高度一致；二是扶

持马克思主义学术，鼓励和支持学者用马克思主义的立场、观点和方法观察问题、解决问题，在理论和实践的双重探索中，把马克思主义学术推向前进；三是为推进中国特色社会主义伟大实践提供强大思想动力、智力支持和理论支撑；四是要勇于站在时代的风口浪尖上，以学术争鸣的方式对错误观点展开说理充分的批评，在学术争鸣和切磋砥砺中，明辨是非，统一思想，深化认识。

（二）以质量建设为中心

要不断提高学术质量，按照伟光同志要求，“增强质量意识，实现报刊出版馆网库的规范化、制度化和科学化”，从而在学术界充分发挥学术引领、思想引领的作用。我们要做到以下五点：一是健全制度，通过建立严格、公开的编审流程，确保学术的严肃性和公正性。各单位要从基础做起，从编辑正规化、制度化做起，实行交叉审稿、双向匿名审稿以及回避制度，实现在阳光下采编。二是坚持开门办报、开门办刊、开门办社、开门办馆、开门办网、开门办库，要在和学术界互动中把握学术前沿、发现人才、培育稿件。三是反对学术不端，杜绝人情稿、关系稿，要将科学研究作为千秋之事，坚持对历史负责，提倡献身学术、坐冷板凳，提倡一丝不苟做学问。四是狠抓编校质量，加大对图书、报刊质量审读，在编校质量上问题严重的，要退出创新工程，追究责任，对图书质量出现严重问题的出版社，要采取必要的处罚措施。五是要严明赏罚，建立健全报刊出版馆网库的综合评价制度和责任追究制度。图书馆（包括数据库）引入的资料，尤其是大型数据库，都要经过严格的学术评审，不能泥沙俱下。对院属网站每年都要进行质量评估，不达标者，下年度不予资助。

（三）以增强学术引领力为目标

我们的报刊出版馆网库都肩负着引领学术的职责。何为引领？就是指出学术发展的方向，引导学者朝这个方向迈进。我们的学术阵地实现引领的方式不是靠行政命令，而是靠自身的学术感召力和学术影响力，靠站在历史和时代的制高点上推出具有启迪性的科研成果。

中国社科院作为国家哲学社会科学的最高殿堂，承载着庄严的时代使命与历史责任。不发一篇差文章，只是我们的底线，不是我们的目标。展示国家学术形象，体现时代的思想深度和认识高度，是我们名优工程建设的真正目标。

学术媒体实现学术引领的基本途径有三个。一是提出具有启迪性的前沿性公共选题。二是培育和发布具有启迪性的优秀科研成果。三是将学者团结起来，组织起来，通过高层次的学术活动，推动学术的进步。

当前，我院学术媒体主编们要高度重视四个方面的问题。一是学科基础理论建设，这是一切学术进步的前提，也是掌握学术话语权的关键。二是不同学科的对话、交流与渗透，从多视域的角度和多学科的互动中寻找新的学术生长点。三是扶持新兴学科，拓展研究领域和研究视野。四是引导学者开展重大国情调研，立足当代、立足国情，从人民群众创造历史的伟大实践中汲取学术创新的智慧和源泉。

院属各单位负责同志要明白这样一个道理：要使我们的媒体确保一流的学术质量，避免“以己之昏昏，使人昭昭”，关键要建设一支讲政治、懂理论、通学术的优秀编辑队伍。主编的风格就是刊物的风格，有什么样的编辑就有什么样的刊物。各单位要高度重视编辑人才队伍建设，把真正优秀的人才放到编辑岗位上去，绝不能弱化编辑队伍的学术水平，绝不能把编辑部变成二流三流学者的俱乐部，如果那样，不但是对编辑工作的践踏，而且一定会毁了我们的刊物和阵地。各单位要加强编辑队伍的学术素养，主编、编辑要认真研究学术前沿，正确回答学术“从何处来，到何处去”的问题，要努力成为人文社会科学领域的思想家、学问家、社会活动家。

（四）以体制机制改革为抓手

2013 年，社科院名优工程的体制机制改革是从信息化入手的。社科院的名优工程建设要向前推进，归根结底要靠改革，墨守成规没有出路。2013 年我们在改革方面已经做了大量繁重工作，取得了显著成绩。一是院党组决定将中国社会科学网整体划拨到中国社会科学杂志社；二是院党组印发《中国社会科学院信息化体制机制改革方案》，将院计算机网络中心调整改革为院信息化建设管理部门，更名为中国社会科学院信息化管理办公室，将调查与数据信息中心与院图书馆整合；三是成立中国经营出版传媒集团管理委员会。这些大的体制机制改革涉及不少同志的工作岗位，但均顺利完成，没有出现风波，这得益于有关部门的领导和同志们顾全大局，得益于广大干部职工的理解和支持。与此同时，我们信息化工作还取得了一些具体成绩，例如，创新工程综合管理平台投入使用，初步实现创新工程科研成果管理自动化，这在中国社会科学院历史上还是第一次。当然，也要看到，发展没有止境，改革也没有止境。特别是在信息化建设上，我们要本着边建设、边运用、边完善的原则，打好持久战和攻坚战。

2014 年的改革要进一步深化，我重点强调以下几点。第一，各单位要按照伟光同志的要求，坚持统一领导、统一部署，绝不搞重复建设，绝不建设信息孤岛。要进一步加强“五统一”，进一步加强全院“一库”，凡是我院资助的研究成果，包括期刊、图书、数据库、调查成果、个人研究成果等，均要纳入院统一的海量数据库，否则，退出创新工程。第二，要建设一支高素质人才队伍，严把进人关，建立科学的准入机制和退出机制。各出版社、编辑部都要建立能上能下、能进能出的用人机制，不合格的人员要退出创新工程，必要时调离采编岗位。第三，加强全院综合管理平台建设，通过办公自动化降低管理成本，提高工作效率。第四，建设全院统一的投稿和编辑平台，通过统一的、严格的流程管理，规范编审层级，明确岗位责任，实现采编工作的规范化。第五，加强经费管理和监督，确保名优工程是廉洁工程。各单位对重大招标项目和内部经费使用要加强监管，要主动请求纪检部门介入，为我们事业的发展保驾护航。

同志们，报刊出版馆网库名优工程建设，关系到我院发展的大局，关系到我院的未来。希望大家深刻领会伟光同志重要讲话精神，深刻理解院党组的战略部署，一丝不苟地贯彻落实。我们前面的路还很漫长，但充满了希望。我相信，在院党组的领导下，全院同志齐心协力，艰苦奋斗，我院名优建设工程必将进入又好又快发展的新阶段。

二 中国社会科学院2013年度工作会议文件

中国社会科学院2012年工作总结

2012年是中国社会科学院哲学社会科学创新工程攻坚克难、奋力爬坡的重要之年。在党中央的正确领导下，在党组和各级领导班子的带领下，全院同志高举中国特色社会主义伟大旗帜，认真学习贯彻党的十八大和十七届六中全会精神，深入贯彻落实科学发展观，以改革创新精神，积极推进创新工程扩大试点，深化管理体制机制改革，构建哲学社会科学创新体系，经过全院同志的共同努力，各项工作都迈上了新台阶。

（一）把握正确的办院方向，马克思主义坚强阵地建设取得新进展

1．学习贯彻党的十八大精神，统一全院同志的思想和行动。围绕迎接十八大，学习贯彻、研究宣传十八大精神，部署和开展全院工作。开展以“走基层、知民情、懂社情，做好本职工作，迎接十八大胜利召开”为主题的党日活动，举办党建成果展，宣传国家和中国社会科学院各项事业取得的成就。严格程序和纪律，做好全院十八大代表的推选工作。组织党员干部职工收听收看十八大开幕大会的实况，及时传达学习十八大精神，举办全院所局主要领导干部十八大精神专题学习班。认真学习领会习近平同志一系列重要讲话精神。利用党委中心组学习会、报告会、座谈会、研讨会、辅导培训等形式，迅速兴起学习贯彻十八大精神的热潮，将全院同志的思想和行动统一到十八大精神和习近平同志重要讲话精神上来。围绕十八大报告提出的一系列新思想、新观点、新论断、新部署，设立了一批交办、重大、重点、国情调研课题，组织专家学者深入研究，努力推出高质量的研究成果和宣传文章。

2．加强理论武装，践行社会主义核心价值体系。以领导干部为重点，以提高思想政治素质为根本，推进马克思主义学习型党组织建设。举办2012年所局领导干部、青年骨干马克思主义经典著作读书班，举办马克思主义基础知识系列讲座等。印发《关于进一步加强和改进研究所党委中心组学习的意见》。举办院党校第38期干部进修班，推进党校工作科学化、规范化。关注干部职工思想动向，加强政治意识教育，增强政治敏锐性和政治鉴别力。学习贯彻《社会主义核心价值体系建设纲要》。开展“传承雷锋精神，参与志愿服务”系列教育活动，推动学

雷锋活动常态化、制度化。深化思想道德建设，举办以“道德建设从我做起”为主题的首届道德论坛。

3. 阐释和宣传中国特色社会主义理论体系以及党和国家的大政方针。院领导参与中央组织的十八大精神宣讲活动。专家学者应邀到机关、高校、企业、军队宣讲十八大精神。《中国社会科学报》、中国社会科学网、《社科党建》开设专刊、专版、专题、专栏等，大力宣传党的十八大精神，做好舆论引导工作。院属出版社策划出版一批学习宣传十八大精神的图书。参与中宣部组织编写的《从怎么看到怎么办》，深入回答当前干部群众关注的热点难点问题。院中国特色社会主义理论体系研究中心在中央“三报一刊”发表25篇理论文章，完成《从国际金融危机看西方新自由主义》和《西方“民主人权输出”的背后》课题。世界社会主义中心制作的《居安思危之三——俄罗斯人在诉说》受到中央有关部门的好评，《世界社会主义小丛书》取得良好的社会反响。

4. 开展马克思主义理论研究和学科建设。完成中央马克思主义理论研究和建设工程及中宣部交办的任务。中国社会科学院主管的7本马克思主义理论研究和建设工程重点教材编写出版工作稳步推进，《国际共产主义运动史》教材通过审核并出版。落实《加强马克思主义理论学科建设与理论研究实施方案（2009～2014）》，将其作为一项“长期工程、长远工程、基础工程、战略工程”抓好抓实。加强马克思主义理论队伍培养，推进马克思主义理论类别研究室建设，适当提高资助力度，拓宽资助范围。编写《马克思主义理论学科前沿研究报告》。深化马克思主义基础理论专题研究，把“经典作家专题摘编”推进到“基础理论专题研究”阶段。17个马克思主义专题摘编项目结项，其中《马恩列斯论西亚非洲》等5本已出版。启动当代西方新社会运动研究、当代西方社会文化思潮研究等项目，形成部分初步成果。加强马克思主义理论出版机构和宣传阵地建设，抓好院属学术期刊的马克思主义研究专栏建设。

（二）扩大创新工程试点，哲学社会科学创新体系建设打开新局面

1. 思想发动更加深入，全院同志对创新工程的认识进一步提高。举办北戴河创新工程工作交流会和密云所局级干部读书班，总结交流创新工程试点的经验和做法，思考和探索推进创新工程的方式方法。经过多轮思想发动，全院同志对“为什么搞创新工程”“什么是创新工程”“怎么搞创新工程”“推出什么样的创新工程”的认识逐步深化。随着创新工程的推开，牢骚少了，好评多了，空论少了，实干多了。

2. 创新制度体系逐步完善，管理逐渐向科学化、规范化、精细化方向发展。抓住制度创新的关键环节，推进与创新工程相关的制度建设。连续出台和修订30多项管理办法、实施细则和操作办法，初步形成智力报偿、竞聘退出、资源配置、学者资助、综合评价、经费管理、出版资助、智库强化、期刊改革、传播能力提升等10个方面的创新机制。目前，创新工程总体制度框架已经建立，制度覆盖面不断扩大，有关工作正在步入科学化、规范化、完善化的轨道。

3. 创新试点进展良好，创新实践正从外延式试点布局阶段转向内涵式质量提升阶段。按照“先行试点、突出重点，点面结合、稳妥推进”的原则，稳步扩大创新试点。2012 年有 17 家单位进入创新试点，3 家单位进行了扩大试点，目前创新试点单位总数达 29 个。创新实践的重心逐步转向“强管理，抓制度，提质量”。各试点单位积极落实签约任务，建立完善管理流程，积极推进创新项目的实施，继续深入推进科研、人事、财务等领域管理体制机制改革，狠抓各项改革举措落实，管理水平有了显著提高，保障了创新工程的顺利推进。

4. 创新成果不断涌现，中国社会科学院的阵地、智库、殿堂功能作用日益彰显。在发挥阵地功能方面，马克思主义研究力量进一步加强，学科布局、人才培养、项目实施等方面得到有力推动，世界社会主义研究中心、中国特色社会主义研究中心、哲学所马克思主义哲学学科的影响力正在不断提升。在发挥党和国家智库功能方面，新组建的四个新型战略研究院，围绕国家经济社会发展和国际战略中全局性、趋势性、综合性等重大问题开展科研攻关，报送信息的数量、质量和采用情况较过去都有了很大的提升。在学术殿堂建设方面，中国社会科学院通过创新工程积极推进具有传统优势的人文基础学科创新，做成了多年想做而又无法做到的事。

5. 创新条件更加优化，创新发展的政策支撑环境得到进一步改善。在创新工程启动和推进过程中，党组重视与有关部门的沟通协调，得到中央领导同志和国家有关部门的高度评价和大力支持，取得了一系列重大的政策突破和实践进展，为全院创新工程营造了更好环境。

创新工程给全院带来了积极变化，调动了科研人员和管理人员投身哲学社会科学事业的积极性和主动性，实现了科研和管理体制机制的转变，改善了科研条件、办公条件和生活条件，解放和发展了科研生产力。

（三）实施科研强院战略，成果产出和学术影响获得新提升

1. 围绕党和国家中心工作开展课题立项，推出一批高质量的研究成果。围绕当前经济、社会、政法、国际形势等热点难点问题，立项重点课题 66 项，交办委托课题 30 多项。清理历年院重大、重点课题，提高结项率。落实中央交办的任务，围绕我国经济体制、行政管理体制和社会管理体制改革、国际金融危机深层次原因及中国应对措施等问题进行专项研究，报送相关研究成果。协助国家有关部门落实“科学素质纲要”、社会科学名词审定工作。申报获批国家基金项目 121 项，年度立项数量和资助额度均创历年新高。做好“西藏历史与现状综合研究项目”和“西南边疆历史与现状综合研究项目”管理工作。全院共出版专著 374 部，发表学术论文 4583 篇，研究报告 1595 篇，译著 80 部，译文 234 篇。

2. 加强科研成果和信息报送，较好发挥思想库、智囊团的作用。发挥新成立的信息情报研究院的作用，建设高质量的信息报送平台。通过《要报》等渠道，向中央有关部门编报信息 1125 篇，获中央领导同志批示和上级部门采用 301 篇，报送信息的数量、质量和批示采用率均有大幅增加。加强互联网信息报送，《社科网讯》成为信息工作的新增长点。世界社会主义

中心编发《世界社会主义研究动态》108期，平均批复率高达40%。2012年，共收到中央国家机关有关部门、有关省份感谢信函26份，对中国社会科学院专家学者和部分研究所参与中央政治局集体学习服务，参加党和国家重要文件、法律和领导人讲话起草等工作中的突出表现，表示感谢，提出表扬。

3. 开展重大学术活动，提升中国社会科学院的学术影响力。围绕相关学科的重大理论和社会热点问题举办学术研讨会、报告会。与中宣部等部门合作，召开了纪念胡乔木同志诞辰100周年座谈会、《简明中国历史读本》出版座谈会。中国社会科学杂志社的“十八大精神与中国特色社会主义学术研讨会”，中国特色社会主义理论体系研究中心的“纪念《在延安文艺座谈会上的讲话》发表70周年学术研讨会”“深化‘走转改’理论与实践研讨会”，世界社会主义研究中心的“世界格局与社会结构和新自由主义与金融霸权学术研讨会”“第三届世界社会主义论坛”国际学术研讨会，文学研究所的“纪念毛泽东《在延安文艺座谈会上的讲话》发表70周年学术研讨会”，经济学科片的“2012年的经济形势座谈会”“土地制度改革与农村发展研讨会”，国际学科片的“第三届东北亚智库论坛”“第五届中国—东盟智库战略对话论坛”等学术会议，在学界引起较大反响。

4. 加强学部建设，充分发挥学部委员的作用。启动学部委员创新岗位和长城学者资助计划。25位学部委员、荣誉学部委员进入创新岗位。启动“长城学者资助计划”，13名学者进入首批“长城学者资助计划”项目。继续实施学科建设和青年科研启动基金项目，资助青年学者60人。

5. 贯彻“走转改”活动精神，加强国情调研项目的管理。全年立项国情调研项目116项，内容涵盖经济社会发展中的一批重大理论和现实热点问题。开展2012年度青年学者返乡国情调研活动。加强国情调研项目管理，结项率较往年有较大提高。通过《要报》和全国“两会”建议、提案等方式，报送、转达国情调研项目成果。出版《中国国情报告》和“国情调研丛书”。

6. 完善学术社团管理，进一步活跃学术气氛。院管学术社团开展了形式多样的学术活动，推动了学术研究、交流，扩大了社会影响。加强对非实体研究中心的管理，根据“控制、总量、严格审批”的原则，将全院非实体研究中心的总量控制在180个以内。开展非实体研究中心的年度评价工作，尝试建立评价指标体系。

7. 国史研究和地方志工作取得新进展。加强国史研究学科建设，稳步推进国史研究。完成《中华人民共和国史稿》序卷和第一至四卷的编辑出版宣传工作。落实第四次全国地方志工作会议精神，全面推进全国第二轮修志工作，开展《汶川特大地震抗震救灾志》的编纂工作。

（四）实施人才强院战略，队伍建设和人事管理呈现新面貌

1. 加强人才政策制度体系建设。整合院内人才工作，制定《创新工程人才建设体系实施意见》，统筹推进马克思主义理论人才、学术名家、领军人才、青年英才、支撑与管理人才队

伍发展，逐步构建具有中国社会科学院特色的人才制度体系。贯彻落实《关于进一步加强党管人才工作的意见》，健全人才工作机构，加强人才工作力量。筹备成立中国社会科学院人才研究中心，开展人才工作理论与实践研究，探索人才成长规律。

2. 做好干部选拔任用工作，建设德才兼备的干部队伍。完善干部选拔任用和管理机制，提升各级各类干部的选任质量。调整任免了 23 个单位的 48 名所局级干部，进一步优化年龄结构，提升专业素质。推进竞争性选拔干部改革，出台《公开招聘研究所所长办法（试行）》。全面推行五、六级管理岗位领导干部竞聘上岗。加大局处级干部交流任职力度，注重多岗位培养锻炼干部。实行新提拔所局领导干部试用期制度。加强对院属出版社领导人员的管理。

3. 加强高层次人才选拔工作，提升中国社会科学院专家学者的知名度、美誉度。统筹谋划中国社会科学院人才政策与国家人才政策的对接，提高中国社会科学院高层次人才在国家重大人才建设工程中的入选率。加强高层次人才选拔，继续做好向中组部、中宣部、人社部等部门的专家推荐工作。考古研究所白云翔等 32 人被推荐为 2012 年享受政府特殊津贴人选，经济研究所王诚等 5 人被推荐为全国新闻出版行业第三批领军人才候选人。

4. 落实干部选派工作，接收地方干部来中国社会科学院挂职。结合援藏、援疆、博士服务团等任务，选派 4 名干部分别到地方及国家信访局挂职锻炼。加强与援藏、援疆干部的沟通联系，关心其锻炼成长。西部和民族地区 2 名干部来中国社会科学院挂职锻炼。接收 8 名“西部之光”访问学者。完善西部人才“两会三环”培养机制，为访问学者开展学术交流提供便利条件。丰富访问学者的考核内容，探索培养效果追踪和考核机制。

5. 加强干部教育培训工作，提高干部学者的素质和能力。选派中国社会科学院领导干部和学术骨干 116 人参加中宣部、中央党校等部门的培训活动。完善统一培训制度，以开展全员创新工程培训为主要内容，举办各类培训班 18 个、20 期次，培训学员 1677 人次。参与实施人社部专业技术人才知识更新工程。做好推选国家公派出国留学工作。制定《优秀管理干部出国（境）研修培训实施方案》，首次推荐优秀管理干部出国参加研修。

6. 提升研究生院和博士后工作水平。加强研究生院师资队伍、课程、教材、校园建设，创造良好的育英树人氛围，提升教学质量。加强博士后流动站的整体建设规划，新设四个一级学科博士后科研流动站。完善全院博士后研究人员的考核管理办法，建立以质量为导向的人才培养机制。与全国博士后管理委员会共同设立《博士后文库》，资助出版具有较高学术水平的优秀成果。举办一系列博士后论坛，活跃博士后的学术研究氛围。

（五）实施“走出去”战略，国际学术交流合作跨出新步伐

1. 实践“学术外交”“学术外宣”，服务国家对外工作大局。发挥中国社会科学院国际学术交流平台的作用，成功举办德国总理默克尔大型演讲会，接待美国财政部长盖特纳等国外政要来中国社会科学院访问和交流。落实中国社会科学院承担的中俄友好、和平与发展委员会学

术交流分委会2012年度工作计划。参与“2012年伦敦书展中国主宾国活动”。加强与伊斯兰合作组织的交流，成功举办“中国与伊斯兰文明”国际研讨会。配合金砖国家领导人峰会、东亚领导人峰会、联合国可持续发展大会等重大外交活动，选派学者开展“二轨”交流，收到良好效果。在涉藏、涉疆、人权等方面，中国社会科学院学者参加相关出访代表团，出席对话会议等，在对外交流和斗争中发挥了突出作用。

2. 学术互访获得成功，推动对外交流合作。院领导分别带队出访古巴、希腊、西班牙等近30个国家，加强了与访问国合作伙伴机构的友好交流关系，与高端科研机构、高校及知名智库建立起新的合作渠道。接待国外合作伙伴代表团来访，探讨交流新领域、新方式。积极开展与台、港、澳的交流，发挥学术纽带作用，服务国家和平统一大业。全年来访项目190批581人次；出访项目1136批2056人次；派遣长期出访研修项目64人次；新签、续签4个合作交流协议和备忘录。

3. 办好国际学术会议论坛，争夺国际学术话语权。以“中国社会科学论坛”为平台，举办30个国际会议。“论坛”日益得到中外各界的关注和积极参与，成为促进中国了解世界、世界了解中国的重要窗口。中国社会科学杂志社和社会学研究所承办的两个“论坛”分别在俄罗斯和美国召开，实现了“论坛”走出国门。相关研究所举办了一系列专题国际会议。在中外学术界产生了良好反响。成功举办第一届“周边与发展中国家青年学者国际研修班”，加强中国社会科学院同相关周边及发展中国家的交流关系。实施“与国际知名智库交流平台项目”，首批选拔6位学者，派往国外高端智库开展调研工作。

4. 推动科研成果“走出去”，扩大中国社会科学院的国际学术影响力。对外学术翻译出版资助工作取得显著进展。资助《中国与世界经济》《中国社会科学》等外文学术期刊7份，资助学术著作翻译出版34本。中国社会科学杂志社以“一报一刊”为平台开展对外交流，与西方学术界展开平等的、有尊严的对话。院属出版社与国外著名出版机构建立合作关系，国际学术出版能力得到进一步彰显。中国社会科学网通过英文频道建设，以贴近西方的版式构架，向世界宣传中国的社科动态、成果和学术思想。

5. 稳步推进和实施国际合作研究项目，拓展对外学术交流新领域。在院级对外交流平台下，与俄罗斯、英国、法国、南非等国开展国际合作研究项目。“中国参与全球化及其对世界经济与政治的影响”“中俄生态政策比较研究”等项目进展顺利。“中俄社会结构比较研究”等项目结项，产生了高质量的研究成果。相关研究所还与外方合作伙伴共同在国际知名学术出版社出版项目成果，增强了中国学术在国际上的影响力和话语权。

（六）实施管理强院战略，管理体制机制改革进入新阶段

1. 深化科研管理体制机制改革。规范调整课题体系，制订《创新工程课题（项目）管理体系规范调整方案（暂行）》，积极构建具有中国社会科学院特点的课题（项目）管理体系。对

课题（项目）实行院所分级管理，实施不同的创新岗位配置与奖励办法。探索支持学者进行基础研究的有效机制，建立以基础研究学者为主要资助对象的“学者资助计划体系”。积极推进科研评价改革创新，制订一系列与创新工程对接的评价体系及其实施办法，努力探索符合哲学社会科学发展规律、适合中国社会科学院特点的科研评价体系。

2. 深化人事人才管理体制机制改革。完善以引进成熟人才为主的进人制度，出台《人才引进专家评审办法（试行）》等配套文件，引进81名各类人才。制定《应届毕业生的聘用办法（试行）》，探索人才引进新机制。完善创新岗位管理制度，出台《研究单位创新岗位管理人员聘用办法》《创新单位聘用编制外人员暂行规定》。完善创新工程人员考核评价制度，逐步形成符合不同单位类型、不同岗位特点的考核评价体系。探索职称制度改革，试行专业技术资格评审与岗位聘任相分离。完善创新工程收入分配制度，两次调整创新报偿、智力报偿发放标准。开展津补贴规范情况检查。

3. 深化行政管理体制机制改革。完善以常务副院长和秘书长为中心的日常工作运转体制，全年共召开党组会议18次，院务会议7次，院长办公会议31次，研究、部署各类重要工作670多项。制定规范“三会”会务工作的意见，提高“三会”制度化、规范化、科学化水平。坚持改革创新工作协调会议和督办工作例会制度，加强督办工作，提高执行力。发挥办公厅全院行政管理和日常运转的枢纽职责，做好各项日常管理工作。规范公文写作，开展公文写作培训，精简文件和简报。推进办公自动化，建设信息传输专网和信息群发电子平台。利用大厅的布展功能，举办一系列展览活动，发挥重要活动窗口作用。加强档案管理，推进档案管理系统的升级和数字化工作。巩固大院整治成果，较好解决多年来大院车辆停放无序、环境混乱的问题。加强保密工作，与国家保密局联合制定《社会科学研究工作国家秘密范围规定》。继续做好对外联络、安全保卫、信访维稳、定点扶贫、计划生育、综合治理等工作。加强院创新工程综合协调办公室建设，搞好创新工程日常管理和服务。

4. 深化计划财务管理体制机制改革。推进会计委派和会计代理制工作，21个院属单位实行了会计委派或会计代理制试点。加强会计核算和财务管理，发挥服务科研、规范核算作用，寓监督于服务之中。12个账户新纳入院结算中心网银系统。对已纳入账户的单位实行实时监控，提高财政资金的安全和使用效率。推进节能减排工作，开展节能宣传周活动。在科研大楼楼顶安装光伏发电设备并实现并网发电。加强资产管理信息化建设，首次将文物纳入院资产管理。盘活存量资产，实现存量资产的调整和优化配置。加强政府采购管理，避免固定资产的重置浪费。落实人防责任制，稳步推进人防工程的综合整治。

5. 深化对外学术交流管理体制机制改革。根据创新工程需要，修订对外学术交流项目管理规则，及时、有序开展项目审核。制订《关于创新工程经费用于对外学术交流的管理规定》。开发外事经费动态管理系统，在外事经费管理中引入绩效指标。加强对经费支出的及时监督和管理，增强外事经费使用的计划性。制订因公出国（境）人员审批管理办法，简化程序，明确职责。梳理和编写外事工作流程，更新对外学术交流项目指南，促进国际合作资源充分利用。

6. 深化报刊出版馆网库管理体制机制改革。中国社会科学杂志社积极探索学术报刊创办、运营体制，形成了报刊互动、良性发展的局面。启动创新工程学术期刊试点工作。完成第一批5种期刊的转企改制任务，启动第二批转企工作。院属出版社深化改革，进一步理清发展思路，确立新的发展战略。推进全院图书馆工作体制机制改革，完善总—分馆制和图书采购的总代理制。按照“五统一”的原则加强网络管理，建立健全院信息化工作协调会议制度，发挥对全院信息化建设的宏观指导职能。推进网络运行维护服务社会化工作，探索信息化建设经费使用改革。

7. 深化后勤管理体制机制改革。坚持“小管理、大服务、社会化”方向，巩固后勤社会化改革成果，积极有效地推进后勤服务规范化、科学化和制度化建设。修订完善后勤服务改革方案，解决改革中出现的新情况、新问题。院属企业强化内涵管理，提高服务水平，社会效益和经济效益良好。

（七）提升理论学术传播能力，科研方法手段创新实现新突破

1.《中国社会科学报》品牌效应日益显现。《中国社会科学报》由周二刊改为周三刊，资讯容量增加，时效性增强。江苏、四川、山东、北美记者站挂牌成立，实现了在广东、陕西和江苏地区落地印刷。《中国社会科学报》英文版筹备顺利。持续开展“走、转、改”活动，年轻的编辑记者深入现代化建设第一线，以学术的视角报道一个真实的中国。

2.“名刊”工程顺利推进。《中国社会科学》成功实现双月刊改月刊，刊物质量稳中有升，学术旗帜作用更加凸显。在各种期刊排名中，《中国社会科学》持续名列第一。学术期刊“统一印制、统一发行、统一入库”工作顺利推进，取得阶段性成果。

3. 学术出版进一步繁荣。院属出版社坚持学术出版道路，加强学术出版能力建设，实现了学术品位和经济效益双赢，呈现良好的发展势头。中国社会科学出版社狠抓重点图书的策划与组织，在专业图书出版方面保持了特点和优势。社会科学文献出版社重视优秀出版品牌建设，皮书内容质量全面提升。

4. 图书资料建设取得重要进展。推进全院古籍普查工作，加速引文数据库建设。国际研究分馆组建完毕并开始运行，经济研究分馆筹备工作启动。加强信息资源建设，加大电子资源采购和电子书建设力度。加强与科研人员的联系和互动，合理利用图书馆资源。推进图资管理信息化建设，完成图书馆自动化系统升级换代，启动统一资源发现系统搭建。

5. 网络信息化建设态势良好。中国社会科学网以建设国家级社会科学学术研究网为目标，不断提高办网水平，学术特色突出，影响日益扩大。抓好学术栏目建设，强化媒体意识，围绕社会热点问题，引领学术思潮和社会舆论。推进中国社会科学网新网络平台建设，建设多媒体演播室，开发手机报，实现外网视频直播。加强信息化硬件设置建设，网络中心3号机房项目

竣工。完成全院电子邮件系统升级换代和双链路改造。

6. 数据库和实验室建设取得突破。调查平台建设进展顺利，开展了中国经济社会状况及廉政建设调查等大型调查活动。新建所级实验室7个。国家重点实验室筹建取得进展。推进数据库标准体系建设，开展自有学术资源采集与整合。加强调查基础资料库建设，开发中国群体性事件地理信息系统。依托“中国社科智讯”平台，开展学术活动发布和专家访谈。加强大型数据库建设，国家哲学社会科学学术期刊数据库建设顺利推进。

（八）提高后勤保障能力，办院条件得到新改善

1. 办院经费得到充分保障。积极争取国家财政支持，全院经费预算连续两年实现了大跨越。围绕创新工程合理安排资金使用，做好资金保障工作。加强预算科学化、精细化管理，显著提高预算执行力。

2. 重大基本建设工程稳步推进。科研与学术交流大楼项目拆迁工作克服困难继续推进，东坝职工住宅项目基本完成地上建筑物搬迁工作，档案和科研辅助楼项目开工建设。西安文物标本楼翻改建项目竣工验收。研究生院第二期单身宿舍、党校办公楼、二期学生食堂工程立项。研究生院绿化工程取得显著成绩。国际片文物保护性修缮项目完成施工，环境整治工作已经展开。燕郊“中国学者之家”、北戴河和密云培训中心等建设项目取得阶段性成果。国家方志馆装修改造项目进展顺利。

3. 科研、办公和生活条件继续改善。加强办公用房管理，完成国际片日本研究所、拉丁美洲研究所、亚太与全球战略研究院办公用房调整工作，中冶大厦、中商大厦新办公场所即将投入使用，解决部分单位用房困难。加强科研办公用房有偿利用管理。后勤部门做好各项服务保障工作，改进服务方式方法，探索全院后勤服务工作的新思路、新举措。物业管理中心、交通服务中心、院部餐厅、会议服务部、医务室、社科文印严格质量管理，服务质量不断提高。社科博源、北戴河和密云等地培训中心实现正常经营，为全院提供了较好的服务保障。搞好综合治理，较好完成消防监控、植树、大院绿化美化、爱国卫生等任务。

（九）转变学风文风作风，党建工作迈上新台阶

1. 开展“基层组织建设年”活动，推动“创先争优”常态化、长效化。召开纪念建党91周年暨全院党的工作会议，表彰先进基层组织和工作在一线的优秀党员、优秀党务工作者。抓好“创先争优”总结工作，探索建立健全基层党组织和党员“创先争优”长效机制。抓好党委领导班子建设，27个研究所（直属单位）完成党委（机关党委）换届。开展所党委书记国情考察活动，召开首期所党委书记恳谈会。抓好基层组织建设年活动，分类推进党支部建设，开展“走进基层党支部、总结支部工作法”活动。

2. 深入推进“走转改”活动，学风文风作风建设得到加强。学习贯彻中央新出台的“改

进工作作风、密切联系群众的八项规定”，制定全院贯彻落实的意见。在干部学者中深入开展以马克思主义为指导、坚持求真务实的学风教育。持续开展“书记所长抓学风”专项管理活动。开展院直机关年度“文明窗口”评选表彰，办好监督机关作风建设热线电话和电子信箱。推动“走转改”活动和国情调研工作有机结合，建立健全蹲点调研等制度，推动研究人员深入基层、服务群众制度化、常态化。严格执行《科研人员学术道德自律准则》《期刊图书编辑人员行为规范》和《学术不端行为处理办法》。

3. 严明党的纪律，大力加强反腐倡廉建设。坚持惩防体系“六项工作格局”，深化预防腐败“三大行动”。通过多种形式教育干部学者坚持正确的政治方向，自觉担当坚持和发展马克思主义、推进理论创新的历史责任。严格执行中央纪委和中组部提出的换届纪律，严把十八大代表和中央国家机关党代表会议代表政治素质关。开展“法规纪律应知应记”系列教育活动，宣传一批勤廉典型的先进事迹。严格执行领导干部廉洁自律各项规定，处以上干部和研究室（编辑部）主任公开述纪并接受民主评议。完善“反腐倡廉信息管理系统”，全院局级干部试行述职述纪在线填报和电子归档。贯彻落实院党风廉政建设责任制，将反腐倡廉建设各项要求融入科研和管理各项工作中。加大信访核查力度，做好案件查办工作，积极追回5700多万元国有资产。廉政研究拓展深化，服务大局能力显著增强。举办第二部反腐倡廉蓝皮书发布会暨第六届廉政研究论坛。

4. 开展新形势下党的统一战线和群众工作，联系、服务党内外群众的作用有所加强。做好民主党派和无党派人士工作。工会组织开展文化体育活动和“送温暖”活动。坚持党建带团建，发挥共青团组织的生力军作用。举办第六届胡绳青年学术奖评奖活动。在妇女组织中开展党群共建、创先争优活动，组织符合全院女职工特点的系列文体活动。

5. 营造尊老敬老的氛围，形成共同关心离退休干部的新局面。加强离退休干部的思想政治建设和党支部建设。关爱老同志，提高生活待遇。加强和改进老年科研基金管理，为离退休科研人员老有所为创造条件。搭建切合老同志需求和特点的服务平台，使全院离退休人员老有所乐。强化两级管理，加强联系沟通，提高离退休干部的工作水平。

在充分肯定2012年成绩的同时，还要清醒地看到，全院工作还存在一些缺点和不足：为党和国家重大决策服务方面，能力和水平还要进一步提高；与课题立项规模和经费支持力度相比，精品力作相对较少；优秀学科带头人和管理人才还不够多，队伍建设亟待加强；理论脱离实际、虚夸浮躁、急功近利等现象不同程度地存在，改进学风、文风、作风的任务还很重；管理的科学化、制度化、规范化、精细化水平有待提高，政治纪律、工作纪律需要进一步加强；在改善办院条件，关心职工切身利益方面，还有不少实际困难需要克服，等等。以上问题，要在新的一年里努力加以解决。

中国社会科学院2013年工作要点

2013年工作的指导思想是：高举中国特色社会主义伟大旗帜，以马克思列宁主义、毛泽东思想和中国特色社会主义理论体系为指导，深入贯彻落实党的十八大精神和十八大以来习近平同志一系列重要讲话精神，统一思想，提高认识，全面推进哲学社会科学创新工程，努力构建哲学社会科学创新体系，为繁荣发展哲学社会科学，坚持和发展中国特色社会主义作出贡献。

（一）深入学习贯彻落实党的十八大精神

1. 组织全院同志认真学习贯彻党的十八大精神和习近平同志的重要讲话，深刻领会和把握以习近平同志为总书记的党中央提出的新要求、作出的新部署，坚持正确的政治方向和学术导向。抓好党委中心组学习，办好所局领导干部学习班，抓好处级干部培训。组织召开系列研讨会、学习报告会，撰写有针对性、有说服力的理论宣传文章。

2. 围绕党的十八大和中央提出的重大理论和现实问题，确立一批基础研究和应用对策研究重大重点课题，组织全院力量进行跨学科集体攻关，推出一批高水平的研究成果。

3. 利用院属报纸、期刊、网站、出版社、论坛等平台，加大对党的十八大精神和中央重大决策部署的学习宣传力度，推动兴起学习热潮。

4. 举办青年和理论骨干读书班，原原本本地研读马克思主义经典著作，研读党的理论创新成果。

（二）全力加强马克思主义坚强阵地建设

1. 落实院《加强马克思主义理论学科建设与理论研究实施方案（2009～2014）》和2013年工作计划。

2. 加强组织协调，认真完成全院承担的马克思主义理论研究和建设工程任务。

3. 努力办好马克思主义研究院、中国特色社会主义理论体系研究中心、世界社会主义研究中心和院属单位马克思主义理论类别研究室，发挥各类非实体马克思主义理论类别研究中心作用，支持设立新的马克思主义理论类别研究室。以马克思主义理论类别研究机构为依托，推动形成涵盖一、二、三级学科的马克思主义理论研究学科群。

4. 明确分工，提高质量，组织完成好以中国特色社会主义理论体系研究中心名义在重要报刊上发表理论宣传文章的任务。把任务完成情况作为相关单位能否进入创新工程的重要条件。

5. 办好马克思主义哲学论坛、政治经济学论坛、科学社会主义论坛、马克思主义史学理论论坛、马克思主义与国际问题论坛。加强院属学术期刊马克思主义研究专栏建设。做好“马克思主义经典作家专题摘编”“马克思主义专题研究文丛”《中国社会科学院马克思主义研究文集》《马克思主义理论学科前沿研究报告》等的编辑出版工作。

6. 完善马克思主义理论研究人才培养和成长机制，建设一支高素质的马克思主义理论研究队伍。

7. 改进和加强研究生院马克思主义基本理论课程教育。

（三）全面推进哲学社会科学创新工程

1. 抓好思想再动员工作，进一步统一各级领导班子和全院干部职工的认识和行动。

2. 完善创新试点布局，推进研究单位、学术期刊、学部委员创新试点工作。上半年就机关职能部门和直属单位进入创新工程进行专题调研，研究制订试点方案，力争下半年正式启动。

3. 完善创新工程项目资助体系，设立一批创新工程重大研究项目。对研究单位立项的创新项目进行跟踪检查。修订完善院所两级创新项目评价考核指标体系。

4. 深化科研、人事、财务管理体制机制改革和资源配置体制机制改革。完善创新工程学者资助体系。加强创新岗位考核，完善创新岗位人员进入、退出机制。

5. 完善创新工程报偿制度及经费管理体制，加强报偿经费管理。开展创新工程经费全面检查。

6. 完成 2013 年创新单位评价考核，制订 2014 年创新工程方案。修订完善创新工程评价考核指标体系。加强对创新试点单位的督促检查，加强和改进对创新单位的年度考核评价工作。

7. 梳理整合、修订完善已出台的规章制度，强化创新工程制度体系建设。

8. 以创新工程综合考评指标体系为依据，以科研评价为重点，加快创新工程综合信息平台建设并投入使用，对创新工程实施规范化、数字化管理，提高管理效能。

9. 加强创新工程综合协调办公室和创新工程管理队伍建设，更好地发挥管理协调职能，提高业务素质和政策水平。

（四）着力推出具有时代高度、代表国家水准的重大科研成果

1. 全面实施“学部委员创新岗位”“长城学者资助计划”“基础研究学者资助计划”“青年学者资助计划”等学者资助计划。

2. 组织全院专家学者积极申报国家社会科学基金重大招标项目，加强对国家社会科学基金重大项目和重大委托项目等各类项目和课题的管理及成果推介工作。推进国家社会科学基金重大特别委托项目“西藏历史与现状综合研究项目”“西南边疆历史与现状综合研究项目”的组织管理工作。

3. 组织好中央和国务院有关部门交办委托的研究、外宣等任务，做好院交办委托课题的立项、管理工作。

4. 研究制定学科发展规划，统筹推进学科建设和研究室建设，对学科建设和研究室建设经费使用情况进行调研，制定经费核算标准和管理办法。组织撰写 2013 年《学科年度新进展

综述》、2010 ～ 2012 年的《学科前沿研究报告》。

5. 改革完善国情调研和国情考察制度，提高调研和考察质量。加强国情调研重大项目、国情调研重点项目、国情调研基地项目、国情考察项目立项、实施和成果管理，推出一批具有决策参考价值和重要学术价值的精品力作。组织出版《中国国情调研报告》“国情调研丛书”。

6. 加强学部工作，充分发挥学部在学科建设、学术咨询、跨学科研究、重大学术活动组织、创新工程学术评价等方面的重要作用。联合相关媒体,做好学部委员的宣传推介工作。出版《中国社会科学院学部年鉴》。

7. 加强重大学术活动组织和学术会议管理，办好“中国社会科学院国际论坛”“中国经济论坛”“中国社会科学院史学理论研讨会”“中国社会科学论坛”“国学研究论坛”“世界社会主义论坛”等一些有影响的学术论坛，打造知名学术论坛品牌。

8. 加强对中国社会科学院主管学术社团和非实体研究中心的管理，完善非实体研究中心的评价指标体系和管理制度。修订《中国社会科学院社会团体管理办法》。召开学术社团和非实体研究中心工作会议。

9. 组织评选第八届院优秀科研成果奖。

10. 严格执行《关于举办科研成果发布活动的若干规定》，进一步规范各类科研成果发布活动，确保具有良好的社会影响。

（五）努力建设适应创新工程需要的高素质人才队伍

1. 研究制定《中国社会科学院关于进一步加强党管人才工作的实施意见》，完善相关人才配套政策，健全人才工作机制，提高党管人才工作的科学化水平。

2. 贯彻落实《中国社会科学院中长期人才发展规划纲要（2011 ～ 2020）》和《中国社会科学院人才强院战略方案》，进一步完善适应创新工程需要的人才发展规划体系。全面推进实施马克思主义理论人才造就计划、马克思主义理论后备人才培养计划、学部委员推展计划、高端人才延揽计划、领军人才扶持计划、长城学者资助计划、青年英才提升计划、管理人才培养计划和博士后培养计划。

3. 按照人社部统一部署，研究制定绩效工资分配办法及相关细则。根据创新工程试点总体进展情况，做好报偿标准调整工作。

4. 进一步规范津补贴的监督和管理，就院属各单位津补贴规范情况进行抽查。

5. 完善聘用制改革，改革和创新人才引进机制，重点引进学术带头人和紧缺科研人才。对院属各单位聘用合同签订、岗位说明书及岗位使用情况开展专项检查。研究建立岗位管理信息系统。

6. 激发现有人才队伍的活力，稳定和用好现有人才。创新人才评价体系、激励措施、用人机制，创造激发各类人才创新激情和活力的环境条件。

7. 依托国家和全院重大人才培养计划、重大科研和建设项目、重点学科和科研基地建设、国际学术交流与合作项目，积极推进创新团队建设。

8. 做好“文化名家”暨“四个一批”人才、国家百千万人才工程国家级人选等高层次人才推荐选拔工作。

9. 推进职称评审制度和专家遴选机制改革，研究出台高级专业技术职务评聘分开工作实施意见。做好国家高层次人才推荐选拔工作，探索建立与国家重大人才工程和学术荣誉制度相对接的遴选机制。

10. 加强领导班子和领导干部队伍建设，优化干部队伍结构，提高领导干部素质和能力。研究制定局级领导班子和领导干部考核、研究室主任聘期及考核、管理岗位人员交流、外派人员管理等办法。完善五、六级管理岗位领导人员选拔聘任办法。制定实施院属企业领导干部管理办法。加快推动管理干部交流任职。

11. 办好研究生院，进一步提高研究生培养质量。做好博士后培养工作，加强博士后学术交流，推出一批优秀博士后成果。

12. 做好全院统一教育培训工作。开展人才理论研究。加强出国留学管理，研究制定出国留学管理办法。

13. 就人员退出机制和事业单位纳入社会保障专题开展调研。

14. 加强人才引进评审工作力度，改善评审办法，增加评审次数。

（六）不断提高对外学术交流的质量和水平

1. 执行好院级对外交流协议，完善院级协议交流网络，认真组织实施重要出访来访项目，派遣重要团组出访，接待知名学者、重要科研机构代表团来访，为院属研究单位提供与国外开展学术交流的畅通渠道和高层平台。

2. 与国外知名学术机构、高端智库和重要国际组织合作，发起和举办一批具有国际影响的学术会议。办好中国社会科学论坛，推动中国学者与国际学术界开展平等的有尊严的对话。

3. 深化与国外知名学术机构、高端智库和重要国际组织的联系，开展国际合作研究项目，拓展对外交流合作渠道。实施与国际知名智库交流平台项目，完成首批派出计划。组织实施与周边和发展中国家高端智库交流项目。

4. 推出国外应急调研项目，针对国际突发事件和热点、焦点问题，组织高水平专家学者赴国外进行实地调研，及时提出对策建议。

5. 实施周边与发展中国家青年学者培训项目，适当扩大培训规模和参与范围，完善课程设置，提高培训效果。

6. 实施对外学术翻译出版资助计划，加大优秀学术成果翻译出版资助力度，向外推出学术精品。有重点地支持翻译引进国外高水平学术著作。支持研究所出版外文学术刊物。

7. 多渠道派遣科研人员长期出访研修和开展学术专题研究，提高从事国际学术交流的能力。开展管理干部和专业人员出国（境）培训项目，将其纳入国家外专局出国（境）培训工作整体计划。

8. 积极开展“学术外交”“学术外宣”项目和活动，精心组织国外政要、政府代表团及国际组织、高端智库代表团来访。安排推荐专家学者参加国家派遣的团组出访交流，圆满完成国家重要对外交流任务。

9. 加强与台、港、澳地区的学术联系，认真落实重点交流项目，丰富交流形式，深化交流内容，促进两岸四地青年学者的交流。

10. 完善创新工程国际交流合作项目的管理制度，制定相应管理办法和实施细则，规范项目申报、审核、监督和评估，提高国际交流合作管理水平。建设和完善外事管理的网络信息化平台。

11. 努力采取措施，积极扩大中国社会科学院在世界智库的影响，提升知名度。

（七）进一步增强学术传播能力

1. 提高《中国社会科学报》的办报质量，进一步扩大在哲学社会科学领域的权威性和影响力。继续筹备并积极试刊英文版，争取尽早正式出版并在世界范围内发行，有效发挥对中国学术走向世界的引领和推动作用。

2. 办好《中国社会科学》杂志，做好英文版由季刊改双月刊的准备工作。推进实施创新工程学术期刊试点，对已进入创新工程试点的学术期刊进行年度评价。提高刊物的学术水准，保持和扩大中国社会科学院学术期刊的整体优势。

3. 创新期刊（包括年鉴类、辑刊类）的管理体制机制，坚持走“统一管理、统一经费、统一印制、统一发行、统一入库”的管理创新之路。

4. 推进非公益性报刊的转企改制工作，举办学术期刊编辑部负责人培训班。

5. 办好出版社，提升核心竞争力，巩固在学术出版界的地位。加强学术出版资源的整合能力、学术出版的生产能力和学术产品的营销能力建设，提高经济和社会效益。

6. 完善创新工程学术出版资助项目申报和评审机制，落实2013年度学术成果资助项目。做好国家重大项目和创新工程学术著作的出版工作，推出高质量的学术精品。举办创新工程学术出版资助项目图书展。对已获得创新工程学术出版资助图书出版进度进行检查。

7. 推进名馆建设工程，完善“总馆—分馆—所馆（资料室）”三级管理体制，建立科学合理的运行机制，为创新工程提供可靠的信息资源保障。做好经济学分馆的筹备组建工作。

8. 做好古籍整理和数字化工作。加强音像资料编辑整理工作，重点做好音像资料的数字化工作，推进音像资料的数据库建设。

9. 完善图书采购总代理制，提高文献采购的质量。做好图书馆自动化系统应用工作，推进视频数据库检索平台建设。

10. 在乌克兰国家科学院和乌兹别克斯坦世界经济与外交大学建立“中国馆”。筹备在俄罗斯科学院举办的中国社会科学院图书展览及在中国社会科学院举办的俄罗斯科学院社会科学图书展览。

11. 推进创新工程信息化项目建设，加强基础网络和应用系统建设。完成全院基础网络硬件设备更新换代，为院级和院属信息化项目提供稳定、可靠、安全的运行环境。

12. 完善全院信息化建设协调制度，发挥计算机网络中心对中国社会科学网和中国社会科学院调查与数据信息中心的综合协调功能。

13. 统筹规划，建立健全信息网络安全监管机制。推进网络运行维护服务的社会化，探索信息化建设经费使用的改革。

14. 加强信息化人员的专业培训和专业技术人员的业务培训，提高职工的业务素质。

15. 办好中国社会科学网中文及英文、法文频道，努力建设成为在国内外有较高知名度和影响力的社会科学类专业网站。

16. 办好中国社会科学院调查与数据信息中心，扩大“中国社科智讯”品牌影响力，建立全院统一、互联、共享的数据库，打造全院统一的调查平台。建设全院统一的综合集成实验室。

17. 筹建具有国际水准的国家重点实验室综合集成平台，增设包括人文学科在内的实验室。

18. 完善数据库建设总体方案，建设全院统一的数据库。统筹整合全院以及哲学社会科学界的学术期刊数字资源，推进国家哲学社会科学学术期刊数据库建设工作。完成科研成果和国情调研成果的统一入库工作。

（八）切实提高财务行政和后勤服务保障能力

1. 落实2013年度科学事业费预算指标分配和用款计划，为创新工程和科研事业发展提供有力的经费保障。

2. 深化财务管理体制机制改革，加强财务制度建设，完善适应创新工程需要的财务管理工作，研究制定有关经费管理办法。

3. 完善研究经费年度总额拨付制度，进一步扩大研究所经费使用的自主权。创新单位年度总额拨付经费和创新工程经费于年内实现并轨。

4. 统筹规划财政资金使用，尽可能提前科研经费拨付时间。加强预决算管理，提高预算执行力。

5. 发挥结算中心作用，扩大会计委派和代理制。继续清理院属单位账户。

6. 做好相关单位的绩效考评工作，完善项目管理，发挥资金效益。开展财务内部审计，实现财务检查监督经常化、制度化。

7. 加强对创新工程经费使用情况的监督检查。加强对重点预算单位和重点预算项目的管理和审核。加强对学术期刊的年度审计，建立学术期刊经费年度审计制度。

8. 严格公费支出和专项资金的使用管理，强化政府采购工作监督。做好创收收入的收缴和全院收入的上解工作。

9. 完善科研用房、职工住房、单身公寓管理机制。清理全院房产资源，制定房产统一使用规划。做好全院办公用房的调整工作。加强全院职工住房信息化、科学化管理，积极为全院职工申请北京市政策性住房。

10. 加强国有资产管理和使用，充分发挥国有资产效益。制定和实施院属企业管理办法。建立院文物、图书资料、档案管理系统和资产管理系统。

11. 做好现有地产的清理管理及人防工程的维护管理工作。继续推进节能减排，建设资源节约型机关。

12. 院机关职能部门和直属单位要适应全面推进创新工程要求，进一步增强使命意识、服务意识，反对文牍主义，克服衙门作风，办实事、求实效，带头转变学风文风会风和工作作风。站在全院大局观察问题、思考问题、研究问题、解决问题，当好院党组、院领导的参谋和助手，发挥好全院行政工作运转的中枢功能。

13. 创新督查督办工作制度和工作方法，研究制定《院属单位落实完成院督办事项实施细则》和《院领导重要批示件落实步骤和督办管理办法》。

14. 创新全院档案管理机制，提高档案管理的规范化、科学化水平。推进院档案馆硬件、科研档案、专题档案、音像档案、档案数字化建设。

15. 进一步规范和细化文秘工作流程，形成日常办文与归档资料一体化的工作机制。

16. 加强信访和维稳工作，建立信访和维稳工作的联络员体制，完善信访和维稳突出问题和突发事件的应对机制。

17. 加强保密法规和保密纪律教育，消除失泄密隐患，杜绝失泄密事件发生，提高保密管理工作水平。

18. 完善院部车辆出入及停放管理，细化分区、分类、分时管理办法，提高院部车辆出入及停放管理水平。

19. 充实修订“中国社会科学院简介”，完成“中国社会科学院画册”和“中国社会科学院宣传片”的编辑制作工作。

20. 做好物业、交通、会议、餐饮、医疗、文印、综管等各项服务工作。办好院机关食堂，做好食堂扩大服务项目的筹备工作，完成经济片办公区物业接收工作。

21. 加强对全院后勤服务工作的协调指导，举办全院后勤服务工作专项培训班。

22. 着眼于长效机制建设，继续推进职工子女上学联系帮助工作。

（九）扎实推进各项重大工程项目

1. 推进贡院东街的院科研与学术交流大楼建设工作，力争完成项目拆迁工作。

2. 做好院东坝项目征地和建设工作，争取完成建设用地手续办理，获得项目建设立项批准。

3. 落实中心档案馆及科研附属用房翻改建工作，争取年底结构封顶。

4. 完成研究生院院党校楼、单身宿舍二期、第二学生食堂、综合服务用房、校园绿化等项目的立项和建设任务。

5. 做好国际片办公区文物保护性修缮工作。

6. 完成院科研办公大楼、经济片办公楼的加固维修改造和国家方志馆的后期装修改造工作。

7. 完成相关办公用房的购置工作。

8. 落实2013年度院房屋修缮计划，完成跨年度结转房修缮项目及其他各项房修缮任务。

（十）全面加强党的建设、反腐倡廉建设、道德建设和学风作风建设

1. 贯彻落实院党组关于贯彻落实中央政治局八项规定的意见，着力转变作风、端正学风、改进文风。

2. 加强和改进调查研究工作，院党组成员带头转变作风，每年安排时间深入实际开展调查研究，帮助基层单位和科研一线职工解决具体困难和问题，相关情况作为民主生活会和年终工作总结的重要内容。

3. 大力弘扬理论联系实际的马克思主义学风，加强全院学风建设，提倡追求真理、严谨求实的治学态度，开展积极健康的学术批评和学术争鸣。充分发挥院所学术道德委员会的职能，坚决反对学术不端行为。

4. 全面改进文风，发论文、作报告、写文章有的放矢，言之有物，力求思想深刻，观点鲜明，重点突出，表述准确，不讲空话、套话、假话。各级领导干部率先垂范，真正发挥示范带动作用，接受广大干部群众的监督。

5. 切实转变会风，减少会议数量，压缩会议规模，提高会议质量，降低会议成本。制订《举办全院重要会议会务工作规则》和《精简全院重大活动筹办工作管理办法》。

6. 坚持精简、务实、节约原则，严格各类会议材料、会议纪要、会议简报、工作文件、工作日报的内容、格式、篇幅、印制管理。

7. 开展以为民、务实、清廉为主要内容的党的群众路线教育实践活动，将该活动与全院开展的“走基层、转作风、改文风”活动、国情调研活动结合起来，精心组织，科学安排，力求实效。

8. 开展作风建设年活动，举办“践行八项规定，加强机关作风建设”研讨会。

9. 抓好思想道德建设，开展道德建设主题实践活动。深入推进社会主义核心价值体系教育，继续办好道德建设论坛。推动学雷锋活动常态化，建立学雷锋活动长效机制，增进全院同志思想共识和价值认同。

10. 深入开展党性教育、形势政策教育、国情教育、革命传统教育和党的历史教育，引导

党员干部和全院职工模范践行社会主义核心价值观，努力攀登学术和道德两个高峰。

11. 以加强研究所党委班子建设为重点，切实做好抓基层打基础工作。认真落实院党组关于“一头抓党委班子，一头抓基层党支部”的党的建设工作要求，认真抓好研究所党委班子建设,开展“党委书记谈党建”和“党委书记讲党课”活动。建立健全党委工作机制和议事制度。建立完善党委委员联系党支部制度。

12. 在修订完善两个《条例》的基础上，进一步完善《中国社会科学院党支部建设经费管理办法（试行)》。不断完善《关于进一步加强和改进研究所党委中心组学习的意见》《研究所党委书记目标责任考核办法》《党支部工作考核办法》《党务公开办法》等党务工作制度，进一步提高党建工作的科学化、规范化、制度化水平。

13. 发挥优势，整合力量，加强党建理论研究，推进党建理论创新。

14. 继续深化惩防体系“六项格局”和预防腐败“三大行动”，进一步提高反腐倡廉建设的科学化水平，做到干部清正，机构清廉，学术清明，为全面推进创新工程提供有力保障。

15. 严明政治纪律，加强政治纪律教育。严禁公开发表同中央决定相违背的言论、泄露党和国家的秘密、编造传播政治谣言以及参与各种非法组织活动。

16. 严格执行党风廉政建设责任制，建立健全制度执行监督和问责机制。把党风廉政建设情况纳入创新工程综合评价考核指标体系。

17. 开展廉政教育,增强干部学者的拒腐防变意识。推进廉政研究,办好中国廉政研究中心。

18. 高度重视和切实做好老干部工作、完善离退休干部工作的目标和工作措施，改进离退休干部服务管理方法，落实好离退休干部的政治待遇和生活待遇，积极解决离退休干部特别是老年特困群体的实际困难,进一步丰富离退休人员的生活,不断提高离退休干部工作的满意度。

19. 加强和改进对工青妇工作和统战工作的领导，做好工青妇和统战工作。

第二编

组织机构

ZUZHIJIGOU

一　中国社会科学院机构设置

中国社会科学院领导及其分工

（2013.1～2013.12）

院党组书记、副书记、成员

党组书记	陈奎元	（2013.01～2013.04）
	王伟光	（2013.04～　　　　）
党组副书记	王伟光	（2013.01～2013.04）
	赵胜轩	（2013.04～　　　　）
	李慎明	（2013.01～2013.06）
党组成员	高全立	（2013.01～2013.06）
	李　捷	（2012.04～　　　　）
	武　寅	（2013.01～2013.06）
	张　江	（2013.06～　　　　）
	李　扬	（2009.07～　　　　）
	李培林	（2013.06～　　　　）
	张英伟	（2013.09～　　　　）
	黄浩涛	（2006.10～2013.06）
	高　翔	（2013.06～　　　　）

院长、副院长

院　　长　陈奎元　（2013.01～2013.04）主持院全面工作，主持党组会议、院务会议，联系当代中国研究所。

王伟光　（2013.04～　　）主持院全面工作；主持党组会议、院务会议、院长办公会议；负责干部工作。

副院长

王伟光　(2013.01～2013.04）协助院长、党组书记负责全院工作，主持全院日常工作，主持院长办公会议，分管办公厅。

赵胜轩　(2013.04～2013.07）协助党组书记、院长工作，主管党的建设和思想政治工作，分管办公厅、直属机关党委和信息情报研究院。

(2013.07～2013.09）协助院长、党组书记工作；负责党务、思想政治、人事、维稳、创新工程综合协调、成果后期资助工作；分管人事教育局、离退休干部工作局、直属机关党委、创新工程综合协调办公室（人才交流中心）、基建工作办公室、信息情报研究院；主持改革创新协调会议。

(2013.09～　　）协助院长、党组书记工作；负责党务、思想政治、人事、维稳、创新工程综合协调；分管人事教育局、离退休干部工作局、直属机关党委、创新工程综合协调办公室（人才交流中心）、信息情报研究院；主持改革创新协调会议。

李慎明　(2013.01～2013.06）主持党建领导小组会议，主管国情调研工作、中央马克思主义理论与建设工程有关工作和院马克思主义理论研究与学科建设方案实施工作，负责中国特色社会主义理论体系研究中心、世界社会主义研究中心，分管研究生院，联系台湾研究所。

高全立　(2013.01～2013.06）主管全院干部人事、党务、思想政治和维稳工作、老干部工作，主持直属机关党委工作，负责邪教问题研究中心，分管人事教育局、离退休干部工作局。

李　捷　(2013.01～2013.07）负责当代中国研究所工作

(2013.07～2013.09）负责中央马克思主义理论与建设工程有关任务、院马克思主义理论研究与学科建设工程实施、国情调研、中央交办的重大理论研究和宣传工作；主持当代中国研究所全面工作；分管马克思主义研究院、中国特色社会主义理论体系研究中心、世界社会主义研究中心；协调亚太与全球战略研究院的综合研究；联系台湾研究所。

(2013.09～　　）负责中央马克思主义理论与建设工程有关任务、院马克思主义理论研究与学科建设工程实施、马克思主义学科博士培养基地的导师遴选和教学及研究生院马克思主义理论课的教学工作、国情调研、中央交办的重大理论研究和宣传工作；主持当代中国研究所全面工作；分管马克思主义研究院、中国特色社会主义理论体系研究中心、世界社会主义研究中心；协调亚太与全球战略研究院的综合研究；联系台湾研究所。

武　寅　(2013.01～2013.06) 主管科研工作、学会、图书资料和信息化建设工作，分管科研局/学部工作局、院图书馆（文献信息中心）和计算机网络中心。

张　江　(2013.06～2013.09) 负责行政后勤工作、文学学科建设、文学理论和文艺批评；分管办公厅、财务基建计划局、研究生院、服务中心、中国人文科学发展公司；协调社会发展战略研究院的综合研究；主持督办例会。

(2013.09～　　) 负责行政后勤工作、马克思主义学科博士培养基地工作、科研成果后期资助工作、文学学科建设、文学理论和文艺批评；分管办公厅、财务基建计划局、基建工作办公室、研究生院、服务中心、中国人文科学发展公司；协调社会发展战略研究院的综合研究；主持督办例会。

李　扬　(2013.01～2013.07) 主管外事和报刊出版工作，分管国际合作局、中国社会科学出版社、社会科学文献出版社、中国社会科学杂志社。

(2013.07～　　) 负责对外学术合作、报刊出版社改制、智库建设、博士后工作；分管国际合作局、中国社会科学出版社、社会科学文献出版社；协调财经战略研究院的综合研究。

李培林　(2013.06～2013.09) 负责科研、期刊改革、国内合作；分管科研局/学部工作局；协调院重大问题综合研究中心；联系地方社科院；联系中国地方志指导小组办公室。

(2013.09～　　) 负责科研、期刊改革、国内合作、科研成果后期资助工作；分管科研局/学部工作局；协调院重大问题综合研究中心；联系地方社科院；联系中国地方志指导小组办公室。

中央纪委驻院纪检组

纪检组长　张英伟　(2013.09～　) 负责全院党风廉政建设和纪检、监察、审计工作；分管监察局、直属机关纪委；联系科学工程审计局。

秘书长

秘　书　长　黄浩涛　(2013.01～2013.04) 协助常务副院长协调全院日常运转，主管全院行政后勤、基本建设、安全保密和扶贫工作，协助常务副院长分管办公厅，分管基建工作办公室、财务基建计划局、服务中心、中国人文科学发展公司、中国经济技术研究咨询有限公司。

(2013.04～2013.06) 协助常务副院长协调全院日常运转，主管全院行政后勤、基本建设、安全保密和扶贫工作，协助常务副院长分管办公厅和信息情报研究院，分管基建工作办公室、财务基建计划局、服务中心、中国人文科学发展公司、中国经济技术研究咨询有限公司。

高　翔　(2013.07～2013.10) 协助分管办公厅；负责报刊出版馆网库建设、图书资料和信息化建设；分管中国社会科学杂志社（中国社会科学报、中国社会科学网）、图书馆、网络中心（调查与数据信息中心）。

(2013.10～　) 协助分管办公厅、服务中心；负责报刊出版馆网库建设、图书资料和信息化建设；分管中国社会科学杂志社（中国社会科学报、中国社会科学网）、图书馆、网络中心（调查与数据信息中心）。

院长助理　郝时远

副秘书长　谭家林　晋保平

特约顾问

特约顾问　刘国光

备注：院领导分工以《中共中国社会科学院党组会议纪要》2013年第11号（2013年7月2日）、第19号（2013年9月22日）、第23号（2013年10月17日）、第22号（2013年10月10日）文为依据。

中国社会科学院职能部门

办公厅

主　　任　施鹤安
副 主 任　王树民　王卫东

科研局／学部工作局

局　　长　晋保平（兼）
副 局 长　朝　克　张国春

人事教育局

局　　长　张冠梓
副 局 长　刘晖春

国际合作局

局　　长　王　镭
副 局 长　周云帆

财务基建计划局

局　　长　段小燕
副 局 长　何燕生　何敬中

离退休干部工作局

局　　长　刘　红
副 局 长　崔向阳

监察局

局　　长　孙壮志（中央纪委驻中国社会科学院纪检组副组长）
副 局 长　吴海星

直属机关党委

书　　记　赵胜轩（兼）
常务副书记　崔建民
副 书 记　钱　伟　王晓霞

直属机关纪委

书　　记　王晓霞
副 书 记　李世茹

基建工作办公室

主　　任　谭家林（兼）
副 主 任　罗京辉（兼）　何敬中（兼）

创新工程综合协调办公室

主　　任　马　援
副 主 任　吴　敏

信息化管理办公室

主　　任　杨沛超
副 主 任　匡卫群　罗文东

中国社会科学院科研机构

（党委委员按姓氏笔画排列）

文学哲学学部

文学研究所

党委书记 刘跃进
所　　长 陆建德
副 所 长 刘跃进 杨 槐 高建平
党委委员 刘跃进 安德明 杨 槐 陆建德 高建平

民族文学研究所

党委书记 朝戈金
所　　长 朝戈金
副 所 长 汤晓青 尹虎彬
党委委员 尹虎彬 汤晓青 朝戈金

外国文学研究所

党委书记 党圣元
所　　长 陈众议
副 所 长 党圣元 董晓阳 吴晓都
党委委员 叶 隽 吴晓都 陈众议 党圣元 董晓阳

语言研究所

党委书记 蔡文兰
党委副书记 张伯江
所　　长 刘丹青
副 所 长 蔡文兰 张伯江
党委委员 李爱军 张伯江 曹广顺 蔡文兰 谭景春

哲学研究所

党委书记 吴尚民
所　　长 谢地坤
副 所 长 吴尚民 余 涌 孙伟平
党委委员 孙伟平 吴尚民 余 涌 张志强 单继刚 崔唯航 谢地坤

世界宗教研究所

党委书记 曹中建
所　　长 卓新平
副 所 长 曹中建 金 泽 郑筱筠
党委委员 卓新平 金 泽 曹中建 魏道儒

历史学部

考古研究所

党委书记　刘　政
所　　长　王　巍
副 所 长　刘　政　白云翔　陈星灿
党委委员　王　巍　白云翔　刘　政
　　　　　刘建国　李　港　陈星灿
　　　　　施劲松

历史研究所（含郭沫若纪念馆）

党委书记　闫　坤
所　　长　卜宪群
副 所 长　闫　坤　王震中　杨　珍
党委委员　卜宪群　王震中　闫　坤
　　　　　杨　珍　楼　劲

近代史研究所

党委书记　周溯源
所　　长　王建朗
副 所 长　周溯源　汪朝光　金以林
党委委员　王建朗　周溯源　汪朝光
　　　　　徐秀丽

世界历史研究所

党委书记　赵文洪
所　　长　张顺洪
副 所 长　赵文洪　任长海
党委委员　任长海　张顺洪　孟庆龙
　　　　　赵文洪　姜　南

中国边疆史地研究中心

党委书记　李国强
主　　任　邢广程
副 主 任　李国强　李大路
党委委员　邢广程　许建英　孙宏年
　　　　　李大路　李国强

台湾研究所

党委书记　余克礼
所　　长　周志怀
副 所 长　朱卫东　张冠华　谢　郁
党委委员　田贺民　朱卫东　余克礼
　　　　　张冠华　祝恒花　彭维学
　　　　　谢　郁

经济学部

经济研究所

党委书记　裴长洪
所　　长　裴长洪
副 所 长　张　平　刘兰兮　杨春学
党委委员　刘兰兮　杨元宏　裴长洪

工业经济研究所

党委书记　史　丹
所　　长　黄群慧
副 所 长　史　丹　黄速建　李维民
党委委员　史　丹　李海舰　李维民
　　　　　沈志渔　樊建勋　黄速建
　　　　　黄群慧

农村发展研究所

党委书记　潘晨光
所　　长　李　周
副 所 长　潘晨光　杜志雄　王　岚
党委委员　权兆能　杜志雄　李　周
　　　　　苑　鹏　潘晨光

财经战略研究院

党委书记　揣振宇
所　　长　高培勇
副 所 长　揣振宇　荆林波　林　旗
党委委员　王迎新　林　旗　杨志勇
　　　　　荆林波　高培勇　揣振宇

金融研究所

党委书记　王松奇
所　　长　王国刚
副 所 长　王松奇　殷剑峰
党委委员　王松奇　王国刚　殷剑峰
　　　　　郭金龙　刘戈平

数量经济与技术经济研究所

党委书记　何德旭
所　　长　李　平
副 所 长　何德旭　齐建国　李雪松
党委委员　齐建国　李　平　李雪松
　　　　　何德旭　张京利

人口与劳动经济研究所

党委书记　张车伟
所　　长　蔡　昉
副 所 长　张车伟　汪正鸣
党委委员　王跃生　张车伟　郑真真
　　　　　徐　进　蔡　昉

城市发展与环境研究所

党委书记　赵燕平
所　　长　潘家华
副 所 长　赵燕平　魏后凯
党委委员　刘志彦　李景国　赵燕平
　　　　　潘家华　魏后凯

社会政法学部

法学研究所

联合党委书记　陈　甦
所　　长　李　林
副 所 长　陈　甦　穆林霞　莫纪宏
党委委员　李　林　陈泽宪　陈　甦
　　　　　柳华文　穆林霞

国际法研究所

联合党委书记　陈　甦
所　　长　陈泽宪
党委委员　李　林　陈泽宪　陈　甦
　　　　　柳华文　穆林霞

（注：法学研究所、国际法研究所为联合党委）

政治学研究所

党委书记　赵岳红
所　　长　房　宁
副 所 长　赵岳红　杨海蛟
党委委员　刘广博　杨海蛟　周少来
　　　　　房　宁　赵岳红

民族学与人类学研究所

党委书记　张昌东
党委副书记　方　勇
所　　长　王延中
副 所 长　张昌东　方　勇
党委委员　张昌东　王延中　王希恩
　　　　　扎　洛　刘　泓

社会学研究所

党委书记　汪小熙
党委副书记　张　翼
所　　长　陈光金
副 所 长　汪小熙　张　翼　赵克斌
党委委员　王　颖　汪小熙　陈光金
　　　　　赵克斌　张　翼

社会发展战略研究院

临时党委书记　王苏粤
院　　长　李汉林
副 院 长　王苏粤　渠敬东

新闻与传播研究所

党委书记　赵天晓
所　　长　唐绪军
副 所 长　赵天晓
党委委员　赵天晓　黄双润　唐绪军

国际研究学部

世界经济与政治研究所

党委书记　陈国平
所　　长　张宇燕
副 所 长　陈国平
党委委员　王德迅　孙　杰　何　帆
　　　　　宋　泓　张宇燕　陈国平
　　　　　苑郑高

俄罗斯东欧中亚研究所

党委书记　李进峰
所　　长　李永全
副 所 长　李进峰　孙　力
党委委员　朱晓中　李进峰

欧洲研究所

党委书记　罗京辉
所　　长　周　弘
副 所 长　罗京辉　江时学　程卫东
党委委员　江时学　罗京辉　周　弘
　　　　　赵苏苏　程卫东

西亚非洲研究所

党委书记　王　正
所　　长　杨　光
副 所 长　王　正　张宏明
党委委员　王　正　王林聪　杨　光
　　　　　张宏明　潘　仓

拉丁美洲研究所

党委书记　郑秉文
所　　长　郑秉文
副 所 长　吴白乙　王立峰
党委委员　王立峰　刘维广　吴白乙
　　　　　郑秉文

亚太与全球战略研究院

党委书记　李向阳
副书记　韩　锋
院　　长　李向阳
副院长　韩　锋　李　文
党委委员　朴键一　李　文　李向阳
　　　　　赵江林　韩　锋

美国研究所

党委书记　孙海泉
所　　长　黄　平
副所长　孙海泉　倪　峰　刘　尊
党委委员　刘　尊　孙海泉　倪　峰
　　　　　姬　虹　黄　平

日本研究所

党委书记　高　洪
所　　长　李　薇
副所长　高　洪　杨伯江　王晓峰
党委委员　王晓峰　吕耀东　李　薇
　　　　　张季凤　高　洪

和平发展研究所

党委书记　杨　红
常务副所长　廖峥嵘

马克思主义研究学部

马克思主义研究院

党委书记　邓纯东
院　　长　邓纯东
副院长　张祖英　樊建新
党委委员　邓纯东　张祖英　徐文华

当代中国研究所

党组书记　李　捷
机关党委书记　王灵桂
所　　长　李　捷（兼）
副所长　张星星　武　力　王灵桂

信息情报研究院

党委书记　姜　辉
院　　长　张树华
副院长　姜　辉　曲永义
党委委员　朴光海　曲永义　姜　辉

中国社会科学院直属单位

中国社会科学院研究生院

党委书记　黄晓勇
院　　长　刘迎秋
副 院 长　黄晓勇　文学国　赵　芮
　　　　　王　兵
党委委员　文学国　刘迎秋　黄晓勇

中国社会科学院图书馆（调查与数据信息中心）

党委书记　庄前生
党委副书记　李春华
常务副馆长　何　涛
副 馆 长　庄前生　李春华　周世禄
　　　　　蒋　颖
党委委员　庄前生　刘振喜　杨沛超
　　　　　姜晓辉　黄长著

中国社会科学出版社

社　　长　赵剑英
总 编 辑　赵剑英
副总编辑　曹宏举

中国社会科学杂志社

总 编 辑　高　翔（兼）
副总编辑　王利民　余新华　李红岩
　　　　　孙　辉

社会科学文献出版社

社　　长　谢寿光
总 编 辑　杨　群
副 社 长　胡鹏光

计算机网络中心

党委书记　杨沛超
党委委员　杨沛超　匡卫群　罗文东

中国社会科学院直属公司

服务中心

主　　任　刘福庆

副主任　冯　林　蔡　林

中国人文科学发展公司

总经理　李传章

中国社会科学院代管单位

中国地方志指导小组办公室

党组书记　田　嘉

机关党委书记　田　嘉

二　中国社会科学院学部

主　席　团

主　　席　王伟光

成　　员　王伟光　李　扬　李培林　蔡　昉　郝时远
　　　　　江蓝生　刘庆柱　张蕴岭　程恩富　卓新平

文学哲学学部

主　　任　江蓝生
副 主 任　李景源

历史学部

主　　任　刘庆柱

经济学部

主　　任　李　扬
副 主 任　刘树成　吕　政

社会政法学部

主　　任　郝时远
副 主 任　景天魁

国际研究学部

主　　任　张蕴岭
副 主 任　周　弘

马克思主义研究学部

主　　任　程恩富

三　中国社会科学院第八届院级专业技术资格评审委员会

（按姓氏笔画排列）

研究系列正高级专业技术资格评审委员会

文学哲学学部文学研究系列正高级评审委员会

主　　任　江蓝生

委　　员　文日焕　尹虎彬　刘丹青　刘跃进　杨　义
　　　　　沈家煊　陆建德　陈众议　陈敏华　周启超
　　　　　党圣元　高建平　曹广顺　蒋　寅　朝戈金
　　　　　程朝翔

文学哲学学部哲学研究系列正高级评审委员会

主　　任　李景源

委　　员　卢国龙　李存山　余　涌　张志刚　卓新平
　　　　　金　泽　胡新和　谢地坤　魏道儒

历史学部研究系列正高级评审委员会

主　　任　刘庆柱

委　　员　卜宪群　王建朗　王震中　王　巍　厉　声
　　　　　白云翔　李国强　汪朝光　宋镇豪　张顺洪
　　　　　陈星灿　陈祖武　赵文洪　郝春文　俞金尧
　　　　　黄兴涛　崔志海

经济学部研究系列正高级评审委员会

主　任　李　扬
委　员　王国刚　吕　政　朱　玲　刘世锦　李　平
李　周　李雪松　何德旭　张车伟　张　平
张晓山　金　碚　荆林波　贾　康　高培勇
黄速建　蔡　昉　裴长洪　潘家华　潘晨光
魏后凯

社会政法学部研究系列正高级评审委员会

主　任　郝时远
委　员　王延中　王浦劬　冯　军　孙宪忠　李汉林
李　林　李培林　杨海蛟　何星亮　张冠梓
陈光金　陈泽宪　陈　甦　卓泽渊　房　宁
唐绪军　黄　行　渠敬东　朝　克　景天魁

国际研究学部研究系列正高级评审委员会

主　任　张蕴岭
委　员　江时学　李向阳　李安山　李　薇　杨　光
吴白乙　吴恩远　余永定　宋　泓　张宇燕
张宏明　季志业　周　弘　郑　羽　郑秉文
赵江林　倪　峰　高　洪　黄　平

马克思主义研究学部研究系列正高级评审委员会

主　任　程恩富

委　员　于　沛　尹韵公　邢广程　朱佳木　刘迎秋
　　　　孙伟平　李崇富　李慎明　辛向阳　张树华
　　　　武　力　胡乐明　侯惠勤　姜　辉　董正平

出版编辑系列正高级专业技术资格评审委员会

主　任　李　扬

委　员　王　诚　冯　时　刘世哲　汤晓青　孙　杰
　　　　麦　耘　李　河　李富强　沈志渔　张广兴
　　　　周五一　赵剑英　柯锦华　徐秀丽　高　翔
　　　　黄晓勇　曹宏举　彭　卫　谢寿光

翻译系列正高级专业技术资格评审委员会

主　任　黄长著

委　员　王柯平　朴键一　李永平　肖俊明　吴大辉
　　　　吴国平　余中先　张季风

图书资料系列正高级专业技术资格评审委员会

主　任　武　寅

委　员　王余光　王砚峰　白　烨　朱乃诚　杨沛超
　　　　陈　力　孟庆龙　赵嘉朱　姜晓辉　莫纪宏
　　　　倪晓建　蔡曙光

四 中国社会科学院院属各单位学术委员会及专业技术资格评审委员会

文学哲学学部

文学研究所

（一）学术委员会

主　　任　高建平
副 主 任　陆建德
委　　员　高建平　陆建德　吕　微
　　　　　蒋　寅　杨　义　包明德
　　　　　刘跃进　赵　园　刘扬忠
　　　　　胡　明　黎湘萍　安德明
　　　　　白　烨

（二）专业技术资格评审委员会

主　　任　陆建德
委　　员　陆建德　刘跃进　高建平
　　　　　蒋　寅　赵稀方　黎湘萍
　　　　　赵京华　孙　歌　安德明
　　　　　王达敏　郑永晓　程光炜
　　　　　叶　隽

民族文学研究所

（一）学术委员会

主　　任　朝戈金
委　　员　朝戈金　巴莫曲布嫫　尹虎彬
　　　　　汤晓青　阿地里·居玛吐尔地
　　　　　斯钦孟和　刘亚虎　吴晓东

（二）专业技术资格评审委员会

主　　任　朝戈金
委　　员　朝戈金　巴莫曲布嫫　尹虎彬
　　　　　汤晓青　阿地里·居玛吐尔地
　　　　　斯钦孟和　党圣元　董晓萍
　　　　　文日焕

外国文学研究所

（一）学术委员会

主　　任　陈众议
委　　员　陈众议　党圣元　董晓阳
　　　　　余中先　陈敏华　刘文飞
　　　　　史忠义　黄　梅　李永平
　　　　　周启超　吴晓都　傅　浩
　　　　　穆宏燕

（二）专业技术资格评审委员会

主　　任　陈众议
委　　员　陈众议　党圣元　吴晓都
　　　　　刘文飞　余中先　李永平
　　　　　陈敏华　周启超　程　巍

傅 浩 穆宏燕 程朝翔
夏忠宪

语言研究所

（一）学术委员会

主 任 沈家煊
副主任 曹广顺 刘丹青
委 员 蔡文兰 曹广顺 傅爱平
顾曰国 江蓝生 李爱军
刘丹青 麦 耘 沈家煊
谭景春 张伯江

（二）专业技术资格评审委员会

主 任 沈家煊
副主任 曹广顺 刘丹青
委 员 蔡文兰 曹广顺 傅爱平
顾曰国 黄天树 江蓝生
李爱军 刘丹青 麦 耘
沈家煊 谭景春 王洪君
张伯江

哲学研究所

（一）学术委员会

主 任 谢地坤
副主任 余 涌 孙伟平
委 员 甘绍平 李存山 李景源
孙 晶 王柯平 魏小萍
叶秀山 赵汀阳 周晓亮
朱葆伟 邹崇理 余 涌
孙伟平 谢地坤

（二）专业技术资格评审委员会

主 任 李景源
副主任 余 涌
委 员 李存山 孙伟平 王柯平
邹崇理 孙 晶 尚 杰
魏小萍 张 慎 李 河
丰子义 谢地坤 胡新和
李景源 余 涌

世界宗教研究所

（一）学术委员会

主 任 卓新平
副主任 金 泽
委 员 郑筱筠 魏道儒 王 卡
卢国龙 何劲松 邱永辉
曾传辉 黄夏年 陈进国
唐晓峰

（二）专业技术资格评审委员会

主 任 卓新平
委 员 金 泽 郑筱筠 魏道儒
王 卡 卢国龙 邱永辉
何劲松 尕藏加 王美秀
曾传辉 杨桂萍 张志刚

历史学部

考古研究所

（一）学术委员会

主　　任　王　巍

副 主 任　陈星灿

委　　员　王　巍　陈星灿　白云翔　刘庆柱　傅宪国　许　宏　朱岩石　杜金鹏　王仁湘　袁　靖　施劲松　冯　时　朱乃诚　赵　辉　宋镇豪

（二）专业技术资格评审委员会

主　　任　王　巍

副 主 任　白云翔　陈星灿

委　　员　王　巍　白云翔　陈星灿　杜金鹏　傅宪国　许　宏　朱岩石　赵志军　施劲松　冯　时　刘国祥　王震中　齐东方

历史研究所

（一）学术委员会

主　　任　陈祖武

副 主 任　卜宪群　宋镇豪

委　　员　卜宪群　万　明　王育成　王震中　余太山　吴玉贵　杨　珍　杨振红　张海燕　陈祖武　定宜庄　宋镇豪　黄正建　彭　卫　楼　劲

（二）专业技术资格评审委员会

主　　任　卜宪群

副 主 任　王震中

委　　员　卜宪群　万　明　王震中　孙　晓　吴玉贵　杨　珍　陈祖武　张海燕　李锦绣　宋镇豪　高　翔　黄正建　楼　劲　郝春文　彭　卫

近代史研究所

（一）学术委员会

主　　任　步　平

委　　员　步　平　牛大勇　王也扬　王建朗　刘小萌　张海鹏　李长莉　汪朝光　姜　涛　闻黎明　徐秀丽　耿云志　陶文钊　章百家　虞和平

（二）专业技术资格评审委员会

主　　任　王建朗

委　　员　王建朗　于化民　王也扬　王奇生　刘小萌　朱汉国　李长莉　步　平　汪朝光　郑大华　徐秀丽　崔志海　黄兴涛

世界历史研究所

（一）学术委员会

主　　任　张顺洪
副 主 任　赵文洪　张宏毅
委　　员　张顺洪　赵文洪　于　沛
　　　　　周荣耀　廖学盛　张宏毅
　　　　　何顺果　黄立茀　吴必康
　　　　　郭　方　徐建新　刘　军
　　　　　毕健康　张　丽　俞金尧

（二）专业技术资格评审委员会

主　　任　张顺洪
副 主 任　赵文洪
委　　员　武　寅　杨共乐　张顺洪
　　　　　赵文洪　吴必康　王晓菊
　　　　　刘　军　毕健康　易建平
　　　　　孟庆龙　刘　健　俞金尧
　　　　　徐建新

中国边疆史地研究中心

（一）学术委员会

主　　任　邢广程
副 主 任　李国强
委　　员　邢广程　李国强　于逢春
　　　　　李　方　李大龙　毕奥南
　　　　　孙宏年　许建英　吴楚克

（二）专业技术资格评审委员会

主　　任　邢广程
副 主 任　李国强
委　　员　邢广程　李国强　李　方
　　　　　李大龙　于逢春　毕奥南
　　　　　张　云　王东平　刘正寅

台湾研究所

（一）学术委员会

主　　任　周志怀
委　　员　周志怀　朱卫东　张冠华
　　　　　谢　郁　彭维学

（二）专业技术资格评审委员会

主　　任　周志怀
委　　员　周志怀　朱卫东　张冠华
　　　　　谢　郁　肖　磊　彭维学

经济学部

经济研究所

（一）学术委员会

主　　任　裴长洪
副 主 任　朱　玲　张　平
委　　员　裴长洪　吴太昌　刘树成
　　　　　朱　玲　王振中　张　平
　　　　　胡家勇　杨春学　刘兰兮
　　　　　王　诚　徐建青　魏　众
　　　　　张晓晶　刘霞辉　朱恒鹏

（二）专业技术资格评审委员会

主　　任　裴长洪
委　　员　裴长洪　朱　玲　张　平
　　　　　刘兰兮　杨春学　胡家勇
　　　　　魏　众　张晓晶　刘霞辉

朱恒鹏　赵学军　龙登高
陈彦斌

工业经济研究所

（一）学术委员会

主　　任　黄群慧
副 主 任　史　丹
委　　员　黄群慧　史　丹　黄速建
吕　政　金　碚　张其仔
李海舰　李　平　陈　耀
沈志渔　杜莹芬　吕　铁
罗仲伟　陈佳贵　刘世锦

（二）专业技术资格评审委员会

主　　任　黄群慧
副 主 任　史　丹
委　　员　黄群慧　史　丹　黄速建
金　碚　吕　政　吕　铁
李海舰　张其仔　杜莹芬
杨丹辉　余　菁　魏后凯
施建军

农村发展研究所

（一）学术委员会

主　　任　李　周
委　　员　李　周　张晓山　潘晨光
杜志雄　朱　钢　党国英
苑　鹏　吴国宝　刘建进
刘玉满　张　军　张元红
陈劲松　孙若梅　任常青

（二）专业技术资格评审委员会

主　　任　李　周
委　　员　李　周　张晓山　潘晨光
杜志雄　朱　钢　党国英
苑　鹏　吴国宝　张元红
王小映　孙若梅　任常青
宋洪远　辛　贤

财经战略研究院

（一）学术委员会

主　　任　高培勇
副 主 任　荆林波　宋　则
委　　员　高培勇　荆林波　宋　则
揣振宇　史　丹　王诚庆
冯　雷　夏杰长　杨志勇
张　斌　倪鹏飞　张群群
于立新　赵　瑾　汪德华

（二）专业技术资格评审委员会

主　　任　高培勇
委　　员　高培勇　揣振宇　荆林波
史　丹　夏杰长　杨志勇
王诚庆　冯　雷　于立新
张群群　倪鹏飞　朱　玲
贾　康

金融研究所

（一）学术委员会

主　　任　王松奇
委　　员　李　扬　王国刚　王松奇

郭金龙　王　力　高培勇
何德旭

（二）专业技术资格评审委员会

主　　任　王国刚
委　　员　李　杨　王国刚　王松奇
郭金龙　王　力　高培勇
韩朝华　李　健　张　杰

数量经济与技术经济研究所

（一）学术委员会

主　　任　李　平
副 主 任　何德旭　汪向东
委　　员　汪同三　何德旭　齐建国
李雪松　郑玉歆　李　军
李　平　张　晓　樊明太
赵京兴　汪向东　张昕竹
李金华　张　涛　王宏伟

（二）专业技术资格评审委员会

主　　任　李　平
副 主 任　何德旭
委　　员　王国成　齐建国　何德旭
张　晓　李　平　李　军
李金华　李雪松　汪向东
李志军　胥和平　赵国庆
葛新权

人口与劳动经济研究所

（一）学术委员会

主　　任　蔡　昉
副 主 任　张车伟　郑真真
委　　员　蔡　昉　张车伟　田雪原
王跃生　郑真真　张　翼
都　阳　张展新　王广州
王美艳　　高文书

（二）专业技术资格评审委员会

主　　任　蔡　昉
副 主 任　张车伟
委　　员　蔡　昉　张车伟　郑真真
王跃生　张展新　都　阳
王广州　王美艳　李雪松
胡　滨　辛　贤

城市发展与环境研究所

（一）学术委员会

主　　任　潘家华
副 主 任　魏后凯
委　　员　潘家华　魏后凯　宋迎昌
蒋健业　李景国　刘治彦
庄贵阳　梁本凡　李红玉
陈　迎　李宇军

（二）专业技术资格评审委员会

主　　任　潘家华
副 主 任　魏后凯
委　　员　潘家华　魏后凯　宋迎昌
李景国　梁本凡　李国庆
罗　勇　李　周　张车伟
肖金成　邹　骥

社会政法学部

法学研究所、国际法研究所

（一）学术委员会

主　　任　李　林

委　　员　陈　甦　陈泽宪　常纪文　冯　军　李　林　李明德　梁慧星　刘仁文　刘作翔　莫纪宏　沈　涓　孙宪忠　王敏远　熊秋红　徐立志　赵建文　张广兴　周汉华　邹海林

（二）专业技术资格评审委员会

主　　任　陈　甦

委　　员　陈　甦　李　林　陈泽宪　冯　军　刘作翔　莫纪宏　周汉华　田　禾　熊秋红　孙宪忠　李明德　薛宁兰　邹海林　沈　涓　朱晓青　叶　林　卓泽渊

政治学研究所

（一）学术委员会

主　　任　房　宁

副 主 任　杨海蛟

委　　员　房　宁　杨海蛟　史卫民　陈红太　周少来　张明澍　贠　杰　赵秀玲　李良栋

（二）专业技术资格评审委员会

主　　任　房　宁

副 主 任　杨海蛟

委　　员　房　宁　杨海蛟　史卫民　陈红太　赵秀玲　周庆智　张树华　王浦劬　韩冬雪

民族学与人类学研究所

（一）学术委员会

主　　任　王延中

委　　员　王延中　张昌东　黄　行　何星亮　王希恩　刘世哲　朱　伦　聂鸿音　刘正寅　周庆生　江　荻　赵明鸣　方素梅　龙远蔚　曾少聪

（二）专业技术资格评审委员会

主　　任　王延中

委　　员　王延中　方　勇　色　音　何星亮　刘正寅　管彦波　刘世哲　李云兵　刘　泓　张继焦　丁　宏　郑　堆　高丙中

社会学研究所

（一）学术委员会

主　　任　李培林

委　　员　陈光金　李培林　李春玲　景天魁　罗红光　王春光　王晓毅　王　颖　吴小英　夏传玲　杨宜音　张　翼

（二）专业技术资格评审委员会

主　　任　李培林

副 主 任　陈光金

委　　员　李培林　陈光金　李春玲　郗　阳　景天魁　罗红光　王春光　王晓毅　王　颖　夏传玲　谢立中　杨宜音　张　翼

新闻与传播研究所

（一）学术委员会

主　　任　唐绪军

副 主 任　宋小卫

委　　员　唐绪军　宋小卫　卜　卫　王怡红　时统宇　刘晓红　姜　飞

（二）专业技术资格评审委员会

主　　任　唐绪军

副 主 任　宋小卫

委　　员　唐绪军　宋小卫　卜　卫　时统宇　钱莲生　王怡红　郭镇之　胡智锋　彭　兰

社会发展战略研究院

（一）学术委员会

主　　任　李汉林

副 主 任　折晓叶

委　　员　李汉林　折晓叶　渠敬东　夏传玲　韩朝华　李路路　李国强

（二）专业技术资格评审委员会

主　　任　李汉林

副 主 任　李路路

委　　员　李汉林　黄群慧　渠敬东　折晓叶　应　星　王　颖　郭于华　李路路　张　静

国际研究学部

世界经济与政治研究所

(一) 学术委员会

主　　任　张宇燕
副 主 任　何　帆　孙　杰
委　　员　丁一凡　王德迅　孙　杰　何　帆　何新华　余永定　宋　泓　张　斌　张宇燕　李东燕　姚枝仲　贺力平　袁正清　高海红　鲁　桐

(二) 专业技术资格评审委员会

主　　任　张宇燕
副 主 任　何　帆　孙　杰
委　　员　牛　军　王德迅　冯晓明　孙　杰　何　帆　余永定　宋　泓　张宇燕　李东燕　邵　峰　袁正清　高海红　鲁　桐　雷　达

俄罗斯东欧中亚研究所

(一) 学术委员会

主　　任　吴恩远
副 主 任　朱晓中　赵常庆
委　　员　吴恩远　朱晓中　赵常庆　李静杰　马维先　季志业　李建民　郑　羽　潘德礼　冯育民　何　卫　田春生　季志业

(二) 专业技术资格评审委员会

主　　任　李永全
委　　员　李永全　郑　羽　孙　力　张盛发　朱晓中　常　玢　程亦军　吴宏伟　李中海　柳丰华　陈玉荣　陈新明　冯玉军

欧洲研究所

(一) 学术委员会

主　　任　周　弘
副 主 任　江时学
委　　员　周　弘　江时学　程卫东　吴　弦　沈雁南　裘元伦　张　浚　陈　新　田德文

(二) 专业技术资格评审委员会

主　　任　周　弘
副 主 任　江时学
委　　员　周　弘　江时学　程卫东　吴　弦　孔田平　田德文　朱立群　丁一凡　冯仲平

西亚非洲研究所

(一) 学术委员会

主　　任　杨　光
副 主 任　张宏明
委　　员　杨　光　张宏明　杨立华　王京烈　张晓东　王林聪　贺文萍　姚桂梅　李智彪　刘月琴　殷　罡

(二) 专业技术资格评审委员会

主　　任　杨　光
副 主 任　张宏明

委　　员　杨　光　张宏明　王　正
　　　　　贺文萍　李智彪　姚桂梅
　　　　　王林聪　安春英　李新烽
　　　　　牛新春　薛庆国

拉丁美洲研究所

（一）学术委员会

主　　任　吴白乙
副 主 任　吴国平
委　　员　吴白乙　吴国平　苏振兴
　　　　　郑秉文　宋晓平　柴　瑜
　　　　　刘纪新　贺双荣　袁东振
　　　　　张　凡　蔡同昌

（二）专业技术资格评审委员会

主　　任　吴白乙
委　　员　吴白乙　郑秉文　柴　瑜
　　　　　贺双荣　袁东振　张　凡
　　　　　刘维广　姚枝仲　王义桅

亚太与全球战略研究院

（一）学术委员会

主　　任　李向阳
委　　员　李向阳　王玉主　朴键一
　　　　　许利平　李　文　张　洁
　　　　　张蕴岭　周方银　赵江林
　　　　　韩　锋　孙士海

（二）专业技术资格评审委员会

主　　任　李向阳
委　　员　赵江林　朴键一　朴光姬
　　　　　李　文　李向阳　周小兵
　　　　　韩　锋　吴白乙　张燕生
　　　　　雷　达　时殷弘　张蕴岭

美国研究所

（一）学术委员会

主　　任　黄　平
委　　员　黄　平　倪　峰　周　琪
　　　　　赵　梅　王孜弘　姬　红
　　　　　胡国成　袁　征　张宇燕
　　　　　贺立平　金灿荣　孙　哲
　　　　　王　希

（二）专业技术资格评审委员会

主　　任　黄　平
副 主 任　倪　峰
委　　员　黄　平　倪　峰　胡国成
　　　　　周　琪　潘小松　赵　梅
　　　　　王孜弘　姬　虹　金灿荣
　　　　　孙　哲　贺力平

日本研究所

（一）学术委员会

主　　任　李　薇
副 主 任　高　洪
委　　员　李　薇　高　洪　王　伟
　　　　　崔世广　张季风　吕耀东
　　　　　杨伯江　徐　梅　吴怀中
　　　　　江瑞平　王新生

（二）专业技术资格评审委员会

主　　任　李　薇
委　　员　李　薇　高　洪　张季风
　　　　　崔世广　王　伟　杨伯江
　　　　　吕耀东　徐　梅　尚会鹏
　　　　　赵晋平　黄大慧

马克思主义研究学部

马克思主义研究院

（一）学术委员会

主　　任　程恩富

委　　员　程恩富　邓纯东　樊建新　张祖英　侯惠勤　李崇富　何秉孟　夏春涛　赵智奎　胡乐明　罗文东　刘淑春　冯颜利

（二）专业技术资格评审委员会

主　　任　程恩富

委　　员　程恩富　侯惠勤　樊建新　赵智奎　胡乐明　辛向阳　董正平　韦莉莉　姜　辉　武　力　高　翔

当代中国研究所

（一）学术委员会

主　　任　李　捷

副 主 任　张星星

委　　员　李　捷　张星星　丁　明　王灵桂　刘国新　宋月红　李　文　李　格　李正华　欧阳雪梅　武　力　罗燕明　郑有贵　黄　庆

顾　　问　朱佳木　程中原　田居俭　陈东林

（二）专业技术资格评审委员会

主　　任　朱佳木

副 主 任　张星星

委　　员　丁　明　于　沛　田居俭　有　林　朱佳木　刘国新　齐德学　李　文　李　格　李　捷　李正华　李路路　杨凤城　张启华　张星星　陈东林　武　力　罗燕明　房　宁　柳建辉　逄先知　宫　力　梁　柱　董志凯　程中原

中国社会科学院直属单位

中国社会科学院图书馆（调查与数据信息中心）

（一）学术委员会

主　　任　庄前生
副主任　蒋　颖
委　　员　庄前生　蒋　颖　杨沛超
　　　　　李春华　张树华　何培忠
　　　　　姜晓辉　黄长著　肖俊明
　　　　　赵嘉朱　梁俊兰　刘　霓
　　　　　刘振喜　杨雁斌　刘金利

（二）专业技术资格评审委员会

主　　任　李惠国
副主任　杨沛超
委　　员　李惠国　杨沛超　黄长著
　　　　　张树华　何培忠　肖俊明
　　　　　刘　霓　姜晓辉　杨雁斌
　　　　　赵嘉朱　梁俊兰　王立强
　　　　　张友云

中国社会科学出版社

（一）学术委员会

主　　任　赵剑英
委　　员　赵剑英　曹宏举　王　浩
　　　　　郭沂纹　陈　彪　卢小生
　　　　　郭晓鸿　王　茵　黄　平
　　　　　刘跃进　张政文

（二）专业技术资格评审委员会

主　　任　赵剑英
委　　员　赵剑英　曹宏举　王　浩
　　　　　陈　彪　冯春凤　郭沂纹
　　　　　任　明　卢小生　路育松
　　　　　陈众议　仰海峰

中国社会科学杂志社

学术委员会

主　　任　高　翔
委　　员　高　翔　王利民　余新华

第 三 编

工作概况和学术活动

GONGZUOGAIKUANG
HEXUESHUHUODONG

一　科研机构工作

文学哲学学部

文学研究所

（一）人员、机构等基本情况

1. 人员

截至 2013 年年底，文学研究所共有在职人员 129 人。其中，正高级职称人员 43 人，副高级职称人员 39 人，中级职称人员 29 人；高、中级职称人员占全体在职人员总数的 86%。

2. 机构

文学研究所设有：古代文学研究室、现代文学研究室、当代文学研究室、文艺理论研究室、民间文学研究室、比较文学研究室、台港澳文学与文化研究室、近代文学研究室、古典文献研究室、数字信息研究室、《文学评论》编辑部、《文学遗产》编辑部、《中国文学年鉴》编辑部、图书馆、办公室、科研处、人事处。

3. 科研中心

文学研究所所属科研中心有：世界华文文学研究中心、中国民俗文化研究中心、比较文学研究中心、马克思主义文艺与文化批评研究中心。

（二）科研工作

1. 科研成果统计

2013 年，文学研究所共完成专著 20 种，749.6 万字；论文 410 篇，502 万字；研究报告 6 篇，68.1 万字；译著 11 种，292.1 万字；编著 4 种，941 万字；教材 2 种，78.1 万字；论文集 16 种，590.6 万字。

2. 科研课题

（1）新立项课题。2013 年，文学研究所共有新立项课题 8 项。其中，国家社会科学基金课题 4 项："《五经正义》文学思想研究"（王秀臣主持），"法国吉美博物馆所藏伯希和档案整理与研究"（王楠主持），"民营戏剧文学创作现状之研究"（刘平主持），"唐宋诗词中的生态审美与中国文化精神"（王莹主持）；院国情调研课题 1 项："四川文学遗迹调研"（陆建德主持）；所重点课题 3 项："中国古代金银首饰"（扬之水主持），"文学史微观察"（李洁非主持），"访谈录：文学研究所的历史记忆"（黎湘萍主持）。

（2）结项课题。2013 年，文学研究所共有结项课题 18 项。其中，国家社会科学基金课题 3 项："元代双语文学现象与双语文学家研究"（杨镰主持），"《孔丛子》的文献价值与秦汉古书的学术传统研究"（孙少华主持），"南明诗史"（张晖主持）；院重点课题 3 项："民间文学的存在论"（户晓辉主持），"元词文献集成研究"（杨镰主持），"鲁迅日文藏书研究"（赵京华主持）；院青年科研启动基金课题 1 项："王维对宋词影响研究"（刘京臣主持）；院国情调研课题 1 项："四川文学遗迹调研"（陆建德主持）；所重点课题 10 项："清代旗人说唱文学研究"（李芳主持），"中国俗文学传统中的文学意识"（彭亚非主持），"网络文学生态论"（陈定家主持），"延安作家研究"（吕晴主持），"抗战文学与正面战场"（张中良主持），"抗战时期西南旅行记研究"（段美乔主持），"叶燮《原诗》疏证"（蒋寅主持），"战争与演剧：'抗战演剧'与演剧队研究（1937 ~ 1945）"（何吉贤主持），"弘光朝的社会、心理和意识形态"（李洁非主持），"16 ~ 20 世纪的龙与中国形象"（施爱东主持）。

（3）延续在研课题。2013 年，文学研究所共有延续在研课题 35 项。其中，国家社会科学基金课题 16 项："桐城派与清季民国学坛"（王达敏主持），"清代文人官年与实年丛考研究"（张剑主持），"中唐古文与儒学转型研究"（刘宁主持），"日常生活理论与当代审美意识形态研究"（金惠敏主持），"中国文学人类学理论与方法研究"（叶舒宪主持），"重回文学的历史现场：社会调查、文本细读与现当代文学中的农村视野"（何吉贤主持），"外交事件和中国现代文学民族话语的发生研究（1919 ~ 1932）"（冷川主持），"中国文学近代化转型史论"（王飚主持），"秦汉文学史"（刘跃进主持），"托·斯·艾略特戏剧创作研究"（陆建德主持），"家乡民俗学的理论与实践研究"（安德明主持），"宋代文学地图数字分析平台研究"（刘京臣主持），"《五经正义》文学思想研究"（王秀臣主持），"法国吉美博物馆所藏伯希和档案整理与研究"（王楠主持），"民营戏剧文学创作现状之研究"（刘平主持），"唐宋诗词中的生态审美与中国文化精神"（王莹主持）；院重点课题 1 项："现代日本与西域文化"（董炳月主持）；所重点课题 18 项："中国文学体系的近代化转型"（王飚主持），"吕碧城研究"（张奇慧主持），"左翼文学与文学史叙述"（萨支山主持），"蒙元文学群体与蒙元多元文化圈研究"（王筱芸主持），"《艳史》《隋史遗文》《隋唐演义》——明清易代之际对隋唐历史的文学解读"（石雷主持），"新时期初文坛名家致荒煤书信研究"（严平主持），"论戴震与纪昀"（杨子彦主持），"'解严'后台湾纪录片的美学发展与社会议题"（李晨主持），"童话形态学研究"（杨鹏主持），"中国民营话剧研究"（刘平主持），"毛泽东《在延安文艺座谈会上的讲话》文艺思想研究"（丁国旗主持），"北平指南：张恨水的城市体验与书写”（杨早主持），“晚唐齐梁诗风研究”（张一南主持），“《说文》段注经学研究成果辑评”（郜同麟主持），“温克尔曼的希腊艺术图景”（高艳萍主持），“中国古代金银首饰”（扬之水主持），“文学史微观察”（李洁非主持），“访谈录：文学研究所的历史记忆”（黎湘萍主持）。

3.获奖优秀科研成果

2013年，文学研究所获“第八届（2013年）中国社会科学院优秀科研成果奖”专著类二等奖1项：王达敏的《姚鼐与乾嘉学派》；论文类二等奖1项：范子烨的《拒斥与吸纳：论陶渊明与庐山佛教之关系》；专著类三等奖2项：张剑的《宋代家族与文学研究》，李洁非的《典型文坛》；论文类三等奖1项：施爱东的《灾难谣言的形态学分析——以5·12汶川地震的灾后谣言为例》；译著类三等奖1项：胡博的《拥抱战败——第二次世界大战后的日本》；古籍整理类三等奖1项：郑永晓的《黄庭坚全集辑校编年》（3册）；获文学研究所2012年优秀科研成果奖专著类一等奖5项：王达敏的《姚鼐与乾嘉学派》，张剑的《宋代家族与文学研究》，李洁非的《典型文坛》，赵京华的《日本后现代与知识左翼》，赵稀方的《后殖民理论》；文学研究所2012年优秀科研成果奖论文类一等奖3项：范子烨的《拒斥与吸纳：论陶渊明与庐山佛教之关系》，施爱东的《灾难谣言的形态学分析——以5·12汶川地震的灾后谣言为例》，蒋寅的《基于文化类型的文学史分期论》；文学研究所2012年优秀科研成果奖译著类一等奖1项：胡博的《拥抱战败——第二次世界大战后的日本》；文学研究所2012年优秀科研成果奖古籍整理类一等奖1项：郑永晓的《黄庭坚全集辑校编年》（3册）；文学研究所2012年优秀科研成果奖专著类优秀奖6项：扬之水的《终朝采蓝：古名物寻微》，刘方喜的《声情说：诗学思想之中国表述》，陈才智的《元白诗派研究》，彭亚非的《中国正统文学观念》，张大明的《中国象征主义百年史》，尹恭弘的《公安派的文化精神》；文学研究所2012年优秀科研成果奖论文类优秀奖3项：安德明的《非物质文化遗产保护：民俗学的两难选择》，杨镰的《元诗文献辨伪》，徐公持的《“诗妖”之研究》；文学研究所2012年优秀科研成果奖译著类优秀奖1项：钱中文的《巴赫金全集》（7卷）。

4.创新工程的实施和科研管理新举措

2013年，文学研究所又有古代文学团队加入创新工程，与已有的当代文学与当代理论批评、现代文学与台港澳文学形成三个创新团队，该团队设立创新岗位19人，首席研究员刘跃进、郑永晓、王达敏、范子烨、吴光兴、李玫。同时，《文学评论》获得首批国家社科基金资助并进入创新工程，该刊物设创新岗位7人，首席研究员陆建德。2013年，文学研究所的创新工程项目有：“马克思主义文学文化理论建设与文学批评工程”，首席研究员高建平、彭亚非；“当代西方美学、艺术与文化理论”，首席研究员金惠敏；“年度文集报告”，首席研究员李洁非；“五四与左翼文学研究”，首席研究员赵京华；“文化空间互动研究”，首席研究员赵稀方；“新文学的多元经验研究”，首席研究员董炳月；“基础史料编纂与研究”，首席研究员刘福春；“民间视角与经验研究”，首席研究员安德明；“文学经验与价值研究”，首席研究员黎湘萍；“中国经验的历史渊源与现代形态”，首席研究员孙歌；“先唐文学文献整理与研究”，首席研究员刘跃进；“唐宋元明文学文献整理与研究”，首席研究员郑永晓；“清代近代文学文献整理与研究”，首席研究员王达敏；“先唐文学经典研究与当代解读”，首席研究员范子烨；“唐宋文学转型及其经典化进程”，首席研究员吴光兴；“元明清戏曲小说与文学思想研究”，首席研究员李玫。

2013 年正值文学研究所建所 60 周年，该所组织编纂出版了《文学研究所所志》《岁月镕金》续编、《甲子春秋——我与文学所访谈录》《翰苑易知录——中国古代文学演讲集》和《樊骏先生纪念集》等五部著作。

（三）学术交流活动

1.学术活动

2013 年，文学研究所主办的学术会议有：

(1)2013 年 6 月 4 ～ 5 日，由中国社会科学院文学研究所、日本大东文化大学联合主办的“中国社会科学院文学研究所建所 60 周年・日本大东文化大学创立 90 周年‘东西方文化交流时代的中日文学、语言、教育、历史与思想’共同纪念国际学术研讨会”在北京举行。会议的主题是“东西方文化交流时代的中日文学、语言、教育、历史与思想”，研讨的主要问题有“中日古典文化的世界”“中日文化交流的历史”“语言、历史、文本”。

(2) 2013 年 9 月 14 ～ 15 日，由中国社会科学院文学研究所、中国社会科学院文学哲学学部主办的“世界视野下的中国文学国际研讨会暨中国社会科学院国学研究论坛”在北京举行。会议的主题是“国学传统与中国古代文学；中国现代文学与中外文学交流”，研讨的主要问题有“对古典文学研究范式的反思”“文学批评的当下性与文学研究的历史观照”“中国现代文学发展的中外传播、翻译实践和理论对话”。

(3) 2013 年 12 月 10 日，由中国社会科学院文学研究所主办的“唐弢先生诞辰百周年纪念暨作家生涯与文学史论学术研讨会”在北京举行。会议的主题是“纪念唐弢先生百年诞辰”，研讨的主要问题有“唐弢先生在文学创作、文学史写作、文论、史论诸领域取得的重要成绩”。

(4) 2013 年 12 月 18 日，由中国社会科学院文学研究所、国家广电总局电影局、中国电影家协会联合主办的“陈荒煤诞辰 100 周年纪念会暨《陈荒煤文集》首发式”在北京举行。会议的主题是“纪念陈荒煤先生百年诞辰”，研讨的主要问题有“陈荒煤先生在文学创作、文艺批评、电影创作、文艺领导者诸方面取得的重要成绩”。

2.国际学术交流与合作

2013 年，文学研究所共派遣出访 38 批 47 人次，接待来访 18 批 45 人次（其中，中国社会科学院邀请来访 2 批 2 人次）。与文学研究所开展学术交流的国家有：美国、加拿大、俄罗斯、德国、波兰、斯洛伐克、日本、韩国、新加坡等。

（1）2013 年 4 月 23 日，美国普林斯顿大学教授浦安迪在文学研究所作题为“中国古典小说中几种罕见多义的物体形象：眠鞋、猫狗、秋千架”的报告。

（2）2013 年 7 月 30 日，美国纽约大学比较文学系主任 Jacques Lezra 教授在文学研究所作题为“死亡语文学：文学研究在将来的末路”的报告。

（3）2013 年 8 月 13 日，美国加州大学尔湾分校教授潘大卫在文学研究所作题为“德国哲学家哈曼的语言思想与形而上学”的报告。

（4）2013 年 10 月 15 日，德国洪堡大学欧洲民族学研究所所长沃尔夫冈·卡舒巴教授在文学研究所作题为“城市遗产、城市文化与城市展望”的报告。

（5）2013 年 10 月 15 日，美国南卡罗来纳州立学院历史系教授、中国中古学会会长南恺时在文学研究所作题为“伟大的文明传统：孝子、《孝子传》与中国文化精神”的报告。

文学研究所“当代文学与文化论坛”讲座（纳入文学研究所 2013 年度创新工程）：

（1）2013 年 3 月 19 日，文学研究所邀请日本一桥大学教授松永正义在文学研究所作题为“东亚视野中的中国经验：以战后日本的台湾文学研究为观察点”的报告。

（2）2013 年 3 月 26 日，文学研究所邀请美国威斯康星州米瓦尔基大学教授柯提斯·卡特在文学研究所作题为“视觉诗”的报告。

（3）2013 年 5 月 14 日，文学研究所邀请文学研究所比较文学研究室主任孙歌研究员在文学研究所作题为“沟口雄三中国思想史研究的视角问题”的报告。

（4）2013 年 6 月 25 日，文学研究所邀请文学研究所现代文学研究室研究员赵园在文学研究所作题为“家族·伦理·家人父子”的报告。

（5）2013 年 8 月 23 日，文学研究所邀请华东师范大学中文系教授倪文尖在文学研究所作题为“‘主体’诞生，抑或‘新人’的转 / 危机？——铁凝《哦，香雪》再重读”的报告。

（6）2013 年 9 月 3 日，文学研究所邀请东京女子美术大学教授岛村辉在文学研究所作题为“与战争和法西斯抗争的变革主体之形成——小林多喜二遇害 80 周年祭”的报告。

（7）2013 年 11 月 22 日，文学研究所邀请中国人民大学文学院副教授姚丹在文学研究所作题为“为‘人民文学’的‘史诗性’开山——共和国早期冯雪峰的批评实践与理论贡献”的报告。

3.与中国香港、澳门特别行政区和中国台湾开展的学术交流

（1）2013 年 7 月 2 日，文学研究所举办“学术论坛”讲座，邀请香港大学教授王宏志作题为“天朝的译者：从‘阿耀事件’看通事在近代中英交往上的位置”的报告。

（2）2013 年 7 月 9 日，文学研究所举办“学术论坛”讲座，邀请台湾“清华大学”教授陈珏作题为“新汉学的学理和来龙去脉”的报告。

（3）2013 年 9 月 3 日，文学研究所举办“当代文学与文化论坛”讲座，邀请台湾著名作家郑鸿生作题为“台湾的认同问题与世代差异”的报告。

(4) 2013年9月10日，文学研究所举办“学术论坛”讲座，邀请台湾“清华大学”中文系教授朱晓海作题为“从谢朓《和伏武昌登孙权故城》看今本《文选》注的问题”的报告。

(四) 学术社团、期刊

1.社团

(1) 中国近代文学学会，会长王飚。

2013年9月20～23日,中国近代文学学会、河南大学文学院在河南省开封市联合主办“中国近代小说学术研讨会”。会议的主题是“中国近代小说研究的回顾与前瞻”，研讨的主要问题有“中国近代小说中的国家想象”“中国近代小说中的城市书写”“中国近代小说研究水平的提升”。中外专家学者50多人参加了会议。

(2) 中国当代文学研究会，会长白烨。

2013年6月1日，中国当代文学研究会、兰州大学文学院在甘肃省兰州市联合主办“雷达文学批评与文学思想研讨会”。会议的主题是“雷达的文学思想研讨；雷达的文学批评实践”。与会专家学者90多人。

(3) 中华文学史料学学会，会长刘跃进。

2013年10月23～24日，中华文学史料学学会近现代分会、新疆维吾尔自治区塔里木大学人文学院在新疆维吾尔自治区阿拉尔联合主办“西川论坛第三届‘民国历史文化与中国现代经典作家’学术研讨会”。会议的主题是“探究民国时期的历史文化对中国现代经典作家创作实践的影响”，研讨的主要问题有“解析民国时期历史文化与文学的互动关系”“引入民国历史文化的机制对重新审视现代文学的意义”“民国历史文化为再次进入现代文学文本提供了契机”。中外专家学者60多人参加了会议。

(4) 中国鲁迅研究会，会长杨义。

2013年9月22～25日，中国鲁迅研究会、上海鲁迅纪念馆、上海交通大学在上海市联合主办“中国鲁迅研究会第九届会员代表大会暨鲁迅与现代中国社会文化发展学术研讨会”。会议的主题是“选举中国鲁迅研究会新一届领导班子”，研讨的主要问题有“鲁迅与中国现代文学建设”“鲁迅与中国社会文化发展”。与会专家学者70多人。

(5) 中国中外文艺理论学会，会长高建平。

2013年8月16～17日，中国中外文艺理论学会、湖南师范大学文学院在湖南省长沙市联合主办“中国中外文艺理论学会第十届年会暨“文学理论研究与中国文化发展”学术研讨会。会议的主题是“21世纪中外文学理论的新发展、新趋向”，研讨的主要问题有“新形势下的文学理论研究”“中国文化大发展中的文学理论研究”“文学理论研究发展的新趋势”。中外专家学者100多人参加了会议。

(6) 中国现代文学研究会，会长温儒敏。

2.期刊

（1）《文学评论》（双月刊），主编陆建德。

2013年，《文学评论》共出版6期，共计240万字。该刊重点加强了“马克思主义文艺理论”专栏建设，新设置“当代新作批评”“现、当代文学史写作”“当代文艺思潮”栏目，为当代文化建设起到了向导和引领作用。该刊全年刊载的有代表性的文章有：徐子东的《“文革故事”与“后文革故事”——关于莫言的长篇小说〈蛙〉》，李扬的《〈白鹿原〉故事》，旷新年的《自然主义的沉浮》，王尧的《论中国当代文学史的“过渡状态”——以1975～1983年为中心》，陈晓明的《在历史的“阴面”写作——试论〈长恨歌〉隐含的时代意识》，赵毅衡的《演示叙述：一个符号学分析》，尤西林的《中国文学理论元理论百年嬗变》，胡疆锋的《知识制度与中国文论生产》，胡大雷的《从“谈说之术”到“文以气为主”——文气说溯源新探》，李春青的《略论“意境说”的理论归属问题》，赵勇的《本雅明的“讲演”与毛泽东的“讲话”》，李圣传的《从“积累说”到“积淀说”——李泽厚对黄药眠文艺美学思想的继承与发展》，解志熙的《也曾袭来唯美风——〈莎乐美〉在中国现代小说中的转生及其他》，李哲的《“分科”时域中的北京大学与“新文化运动”》，孙郁的《鲁迅与果戈里遗产的几个问题》，周维东的《解放区的天是明朗的天——延安时期的移民运动与“穷人乐”叙事》，于淑娟的《〈龙门子凝道记〉名义考论》，蒋寅的《袁枚性灵诗学的解构》，王兆鹏的《重回历史现场——辛弃疾生擒张安国始末考释》，范子烨的《“互文性”解构与音乐学透视——成公绥的〈啸史〉及啸史的相关问题》。

（2）《文学遗产》（双月刊），主编刘跃进。

2013年，《文学遗产》共出版6期，共计170万字。该刊全年刊载的有代表性的文章有：徐公持的《衰世文学未必衰——以魏晋南北朝文学为中心》，杜晓勤的《唐开成试诗变体与文宗朝党争之关系》，张健的《从分化的发展到综合的体例：重读罗根泽〈中国文学批评史〉》，李舜华的《从诗学到曲学：陈铎与明中期文学复古思潮的滥觞》，孙之梅的《程恩泽、祁寯藻澄怀园三次比邻与晚清黄诗“预热”》，王宏林的《论“四唐分期”的演进及其双重内涵》，朱刚的《“日常化”的意义及其局限 ——以欧阳修为中心》，潘务正的《翁方纲督学广东与岭南诗风的演变》，宋丽娟的《西人所编中国古典小说书目及其学术史意义》，赵敏俐的《读书仕进与精思著文——论汉代官僚士大夫与文人文学之关系》，查屏球的《盛唐诗人江南游历之风与李白独特的地理记忆——李白〈送王屋山人魏万还王屋并序〉考论》，陆胤的《清末“蒙学读本”的文体意识与“国文”学科之建构》，卞东波的《曾原一〈选诗演义〉与宋代“文选学”》，叶晔的《拐点在宋：从地志的文学化到文学的地志化》，吴正岚的《唐顺之校录〈医闾先生集〉的文学思想史意义》，矶部彰的《〈升平宝筏〉之研究》，陈桐生的《传播在战国文学发展中的地位》，刘成国的《宋代字说考论》。

（五）会议综述

中国社会科学院文学研究所建所60周年·日本大东文化大学创立90周年“东西方文化交流时代的中日文学、语言、教育、历史与思想”共同纪念国际学术研讨会

2013年6月4～5日，由中国社会科学院文学研究所、日本大东文化大学联合主办的中国社会科学院文学研究所建所60周年·日本大东文化大学创立90周年“东西方文化交流时代的中日文学、语言、教育、历史与思想”共同纪念国际学术研讨会在北京举行。来自中国社会科学院文学研究所、日本大东文化大学的学者及有关人员30多人参加了会议。

中国社会科学院文学研究所所长陆建德、日本大东文化大学校长太田政男共同主持了会议开幕式。中国社会科学院文学研究所副所长高建平研究员与大东文化大学文学研究科委员长门胁广文教授分别作了题为“什么是中国美学？”和“西洋文化与东洋文化、中国与日本——把中国的传统美学术语的讨论方法作为例子”的主题演讲。研讨会分三场进行，第一场为“中日古典文化的世界”，第二场为“中日文化交流的历史”，第三场为“语言、历史、文本”。与会学者围绕“东西方文化交流时代的中日文学、语言、教育、历史与思想”进行了充分的交流和讨论，为今后双方的学术交往打下了基础。

（曹维平）

世界视野下的中国文学国际研讨会暨中国社会科学院国学研究论坛

2013年9月14～15日，由中国社会科学院文学研究所、中国社会科学院文学哲学学部主办的“世界视野下的中国文学国际研讨会暨中国社会科学院国学研究论坛”在北京举行。来自中国、美国、加拿大、日本、韩国、新加坡等国高校和科研机构的40余位学者参加了会议。会议分“国学传统与中国古代文学”“中国现代文学与中外文学交流”两个主议题进行了讨论。讨论主要围绕“对古典文学研究范式的反思”“文学批评的当下性与文学研究的历史观照”“中国现代文学发展的中外传播、翻译实践和理论对话”等几个方面展开。

古典文学研究已有很成熟的方法论和相当长的学科积累，与会学者们不约而同地聚焦于古典文学研究范式的反思：整体理论框架、对于传统核心命题的重新阐释、尝试跨学科的方法。其中，北京大学傅刚、复旦大学陈引驰、南京大学张伯伟都指出了古典文学研究现有的“危机”，这危机很大程度上因新的理论意识进入传统研究学科而产生。张万民梳理了美国的中国古典文学研究的脉络。陈才智评述了1944年至今《琵琶行》的海内外研究成果。台湾“清华大学”

2013年9月，“世界视野下的中国文学国际研讨会暨中国社会科学院国学研究论坛”在北京举行。

的朱晓海重点讨论了从欧美视角研究中国文学的限制。赵敏俐以《中国诗歌通史》的编纂为例，讨论中国文学史观的反思和建构，应当以现代化的立场重新审视本民族的文化，共同构建新的全球文明。

此外，多位学者尝试将考古、图像、口述材料、田野调查等方式与诗文互证。王小盾从上古图文献来看孔子诗学中的礼仪政教的功能。范子烨在对成公绥的《啸赋》及啸史相关问题的梳理中提出了“互文性”解构和音乐学透视的方法。辽宁大学江帆介绍了满族“说部”的研究，讨论其叙事和历史背景。扬之水提交的是名物研究，她以实物与诗文中的名物相对照进行研究。陈飞重新从“内容体制”探讨唐代“策体”的转变以及这一内容体制的历史成因和意义。戴伟华通过强、弱势文学这一概念，从权力关系的话语进入唐代文学的阅读，试图重建古代文学研究新的话语结构和理论体系。蒋寅讨论的是袁枚《随园诗话》与清诗话写作的转型。

在现代以及当代文学领域，研究范围已然扩大至新的文学类型，比如杨鹏对国内动漫产业的体制分析。因社会运动而激发的相关写作，如保钓文学及其关怀，张重岗追溯了保钓文学与20世纪70年代美国及东亚局势变化的关系，以及在文学方面产生的影响。陈福民反思了中国当代长篇小说所呈现的经验碎片化、结构零散化、人物平面化以及趣味的娱乐化倾向，阐述了其症结在于整体观和历史观的缺失。孟繁华提出近年来中国文学中的一个重要变化，即随着城市化进程的加速，城市文学日趋成为主流，学术研究的关注点应从传统的农村/农民文学更多地转移到城市文学这一新的现象。与此相关，随着整体格局的变化，安德明提出需要反思民间文学的理论工作与具体实践之间的联系。陈晓明和李建军分别讨论了中国当代文学中的西方浪漫主义思潮及西方中心主义的影响。赵京华着眼于20世纪的历史语境，对周作人的民族国家意识的复杂性及其原因进行了分析。赵京华认为周作人并没有对现代“中国”的制度建构有深入的认知，因而只停留在对革命史叙述的政治抨击和道德裁断上。

会议的另一重要命题即在中外文化交流的框架中来理解中国现代文学的生成，而非仅局限在民族国家、单一文化传统之内。中国人民大学的程光炜和孙郁具体讨论了外国文学翻译与当代文学的关系等。王楠则通过法国吉美博物馆藏伯希和中文档案钩沉了罗振玉、王国维与伯希和在西北史地文献研究这一领域的交集。刘方喜提出“汉语文化共享体”这一概念。赵稀方从翻译角度来看《学衡派》对西学的翻译侧重于古希腊哲学和新人文主义，这与五四新文化运动的倡导者的视野是不同的。周瓒从两本当代中国诗选的英译讨论了中国诗歌在英语世界中的译介，以及当代中国诗歌与英语诗歌互相影响的关系。陆建德在中西比较的视野下提出应跳出单一作者观的窠臼，他认为应重审屈骚创作传统。

此外，加拿大阿尔伯塔大学梁丽芳介绍了四十年来亦即20世纪60年代以后，加拿大的中国文学研究的历史演变过程。新加坡国立大学金进从长时段（1919～1965）来讨论马华文学中南来作家的身份认同和转变。美国贝茨学院杨曙辉介绍了他长期以来从事的《三言》英译过程中的体会。

在会议的总结发言中，中国社会科学院文学研究所所长陆建德展望了未来的合作，提出除继续致力于以学术研究层面为主的对话外，也将在图书收藏、中国文学研究成果外译等各方面深入探索，使得文学研究所成为具有国际视野的中国文学研究平台。

（曹维平）

陈荒煤诞辰100周年纪念会暨《陈荒煤文集》首发式

2013年12月18日，由中国社会科学院文学研究所、国家新闻出版广播电影电视总局电影局、中国电影家协会联合主办的“陈荒煤诞辰100周年纪念会暨《陈荒煤文集》首发式”在北京举行。来自首都文学界、电影界的专家学者共100多人参加了会议。国家新闻出版广播电影电视总局副局长童刚、中国作家协会书记处书记李敬泽、中国社会科学院文学研究所所长陆建德、中国电影家协会秘书长饶曙光、中国电影资料馆副馆长张建勇代表主办单位致辞。电影艺术家于蓝，电影理论家罗艺军，电影导演黄健中，著名作家袁鹰、张抗抗，文学评论家白烨等先后发言，追忆和怀念陈荒煤在电影、文学等多个领域的重要贡献与卓越建树。

童刚、李敬泽在致辞中指出，陈荒煤是我国重要的革命文艺领导人，同时也是著名作家、文学评论家和电影理论家。他的文艺生涯和革命生涯是同时起步的。早在青年时期，在大革命风暴的影响下，他就走上了一个革命战士和左翼文艺战士的坚贞不渝的道路。从20世纪30年代到他逝世的90年代中期，他既在为共产主义理想奋斗的道路上积极进取、与时俱进，更为新中国的电影事业、文学事业的健康发展呕心沥血、殚精竭虑。他在努力开创社会主义电影事业和积极推进

2013年12月，“陈荒煤诞辰100周年纪念会暨《陈荒煤文集》首发式”在北京举行。

当代文学文化事业繁荣与发展等方面，都作出了不可磨灭的历史性贡献，并在长达半个世纪的文艺实践中，为社会主义文艺事业留下了宝贵的精神财富。

于蓝、罗艺军、黄健中在发言中认为，陈荒煤长期投身于新中国成立后的电影事业，不仅是新中国电影事业的领导者、开创者，而且在遵照艺术规律组织电影创作与生产，把行政手段与评论方式结合起来为电影事业的发展排难解纷，与电影艺术家、从业者广交朋友，充分尊重电影艺术创作的特性等方面，都作出了突出贡献，为当代电影事业的发展提供了重要经验。他在数十年如一日的领导工作中，体现出的思想高度、领导水平、组织能力普遍为人所称道，而他的人格魅力、亲民风格、博大胸怀，也至今令人难以忘怀。

袁鹰、张抗抗、白烨等在发言中认为，在中国现当代文学史上，陈荒煤是少有的贯穿两个时代又都作出了历史性贡献的文学家。他在现代时期创作的小说、散文、戏剧、报告文学等多样文体的文学作品，始终与时代同呼吸，同命运。新中国成立后，他在主要从事电影领导工作的同时，热切关注文学领域的新现象。新时期以后，更是以先行者的姿态，为文学理论思想上的拨乱反正，为文学创作上的推陈出新，为文学新人的崭露头角，摇旗呐喊，鸣锣开道，名副其实地扮演了一个开路者的角色。其理论批评成果、领导工作作风，都是中国特色的文学事业不可多得的重要经验。

（曹维平）

民族文学研究所

（一）人员、机构等基本情况

1.人员

截至2013年年底，民族文学研究所共有在职人员44人。其中，正高级职称人员11人，副高级职称人员11人，中级职称人员14人；高、中级职称人员占全体在职人员总数的82%。

2.机构

民族文学研究所设有：蒙古族文学研究室、藏族文学研究室、南方民族文学研究室、北方民族文学研究室、当代民族文学研究室、《民族文学研究》编辑部、图书资料室、办公室（含人事、科研管理、外事、财务）。

3.科研中心

民族文学研究所所属科研中心有：中国少数民族文学学会、蒙古文学学会、《江格尔》研究会、维吾尔历史文化研究会、中国少数民族语言与文化研究中心、口头传统研究中心、《格萨尔》研究中心。

（二）科研工作

1.科研成果统计

2013 年，民族文学研究所共完成专著 9 种，288.5 万字；论文 82 篇，86.1 万字；研究报告 11 篇，18.2 万字；学术资料 15 种，206.1 万字；古籍整理 5 种，239.0 万字；译文 7 篇，8.4 万字；学术普及读物 5 种，1.3 万字；一般文章 28 篇，16.5 万字；论文集 2 种，48.0 万字。

2.科研课题

（1）新立项课题。2013 年，民族文学研究所共有新立项课题 5 项。其中，国家社会科学基金重大委托课题 1 项："柯尔克孜族百科全书《玛纳斯》综合研究"（阿地里·居玛吐尔地主持）；国家社会科学基金青年课题 1 项："国家话语与民间文学的理论建构（1949 ~ 1966）"（毛巧晖主持）；院国情调研重点课题 1 项："少数民族口头传统当代传承方式调查"（阿地里·居玛吐尔地主持）；所级课题 2 项："《玛纳斯》艺人沙尔塔洪·卡德尔调查研究"（巴合多来提·木那孜力主持），"慈善夫人民间叙事的历史文献和当代文本"（李鹤主持）。

（2）结项课题。2013 年，民族文学研究所共有结项课题 22 项。其中，国家社会科学基金一般课题 2 项："突厥语民族英雄史诗结构与母题比较研究"（阿地里·居玛吐尔地主持），"哈萨克族爱情叙事诗调查研究"（黄中祥主持）；国家社会科学基金青年课题 2 项："本子故事田野研究"（纳钦主持），"口述与书写：满族说部传承研究"（高荷红主持）；院重点课题 2 项："朝鲜族文学史研究（移民初期～ 1945）"（张春植主持），"卡尔梅克民间韵文体文本及校注"（旦布尔加甫主持）；院重点国情调研课题 1 项："少数民族口头传统当代传承方式调查"（阿地里·居玛吐尔地主持）；院基础研究学者资助课题 1 项："蒙古族文学与民俗文化研究"（斯钦巴图主持）；院青年科研启动基金课题 3 项："国外蒙古史诗搜集、翻译、研究历史与现状"（玉兰主持），"试论清末民初蒙古族文学创作的世俗化特征"（包秀兰主持），"柏拉图笔下的荷马——柏拉图引《荷马史诗》考"（黄群主持）；院 B 类课题 3 项："藏族当代文学与民间叙事传统"（杨霞主持），"晚清民国旗人书面文学研究：1840 ~ 1949"（刘大先主持），"蚩尤神话研究"（吴晓东主持）；所级课题 8 项："荷马史诗中的冥府"（黄群主持），"德格竹庆寺'格萨尔'藏戏"（甲央齐珍主持），"《民间文学》（1955 ~ 1966）与少数民族民间学"（毛巧辉主持），"巴代小说创作研究"（周翔主持），"从史实到说唱——历史进程中的《少郎与岱夫》乌钦"（吴刚主持），"傣族歌手'章哈'（摩哈）传承研究"（屈永仙主持），"藏密坛城艺术的文化符号分析"（意娜主持），"石宝山歌会的文化空间与民俗内涵"（朱刚主持）。

（3）延续在研课题。2013 年，民族文学研究所共有延续在研课题 12 项。其中，国家社会科学基金重大委托课题 3 项："中国少数民族语言与文化研究"（朝戈金主持），"《格萨（斯）尔》抢救、保护与研究"（朝戈金主持），"鄂温克族濒危语言文化抢救性研究"（朝克主持）；国家社会科学基金一般课题 3 项："卡尔梅克民间故事及比较研究"（旦布尔加甫主持），"籍载与口传南方民族四大族源神话研究”（刘亚虎主持），“蒙古族佛经文学口头传统研究”（斯钦巴图主持）；国家社会科学基金青年课题1项：“晚清民国旗人书面文学现代演变研究：1840～1949”（刘大先主持）；院长学术基金2项：“中国民俗学前沿研究”（朝戈金主持），“中国非物质文化遗产保护的理论与实践”（刘魁立主持）；院重点学科建设工程1项，含3个学科：中国史诗学、中国各民族文学关系、民俗学（朝戈金、汤晓青、尹虎彬主持）；所级重点课题2项：“口承与书写：彝族史诗与族群叙事传统”（巴莫曲布嫫主持），“17世纪蒙古历史文学叙事研究”（孟根娜布其主持）。

3.获奖优秀科研成果

2013年，民族文学研究所获“第八届（2013年）中国社会科学院优秀科研成果奖”论文类二等奖1项：朝戈金的论文《从荷马到冉皮勒：反思国际史诗学术的范式转换》；论文类三等奖1项：尹虎彬的论文《史诗观念与史诗研究范式转移》；译著类三等奖1项：巴莫曲布嫫的译著《荷马诸问题》。

4.创新工程的实施和科研管理新举措

（1）进入创新工程的时间、创新工程项目

2013年1月，民族文学研究所与中国社会科学院签订创新工程协议书，进入院创新工程。2013年，民族文学研究所参加创新工程岗位的人数为37人（不含编制外聘用人员）。

2013年，民族文学研究所共有创新工程5项：“中国少数民族口头传统音影图文档案库”（首席研究员为巴莫曲布嫫），“少数民族文学创作与批评前沿”（首席研究员为汤晓青），“中国史诗学”（首席研究员为尹虎彬），“少数民族非物质文化遗产（口头文学类）濒危项目调查及采集”（首席研究员为阿地里·居玛吐尔地），“蒙、藏、维、哈等民族文学典籍整理与研究”（首席研究员为斯钦孟和）。

（2）在创新工程方面实施的新机制、新举措

2013年，民族文学研究所继续以档案库建设为核心，同时将“少数民族文学创作与批评前沿”“中国史诗学”“少数民族口头传统调查与资料搜集”和“蒙、藏、维、哈民族文学文献整理”研究项目并重。在总体设计上，本着“统筹规划，分段实施，逐步优化，打造品牌”的发展策略，采取逐步推进，重点突破，科学分解各项创新任务，不断增强少数民族文学资料和研究成果的丰富性、全面性、前瞻性、权威性和实用性。

在“中国少数民族口头传统音影图文档案库”项目上，该所将重心转移到完善建库制度设计与信息内容建设上，厘清原始事实数据，夯实数据资源基础；与此同时，在院数据中心的协助和指导下，按“专题库”进行数据模型设计和分类归档，分步启动专业元数据标准与著录规则的研制，切实推进该所特色资源数据库的应用性开发。

在“少数民族文学创作与批评前沿”项目上，该所从各种媒体上搜集资料，定期汇总和分析，为少数民族代表性作家的口述史积累资料，完成了2012年少数民族文学创作和批评前沿

报告和2012年少数民族文学研究综述和年鉴。

在“中国史诗学”项目上，该所提交《中国史诗学学科建设年度小结》和《学科发展前沿报告》，加强了史诗文本的搜集和整理等资料学建设，围绕中国史诗学学科建设开展跨学科交流对话，积极促进国际学术交流。

在“少数民族口头传统调查与资料搜集”项目上，该所人员分别赴新疆维吾尔自治区、四川省、甘肃省、云南省等地对维吾尔族、哈萨克族、羌族、东乡族、独龙族、怒族等民族的重要口头传统进行资料采录与搜集，搜集了一定数量的音影图文资料，撰写了调查报告8万字。

在“蒙、藏、维、哈民族文学文献整理”项目上，该所对蒙古、藏、维吾尔、哈萨克族传承上千年的文学文献进行普查、梳理、分类、注释和研究，形成《蒙、藏、维、哈民族文学文献整理·蒙古族文献分册》《蒙、藏、维、哈民族文学文献整理·哈萨克文学文献整理》《维吾尔古典文学文献整理和节选》等学术资料、专著共286万字。

在开展创新工程工作中，该所秉承优良的学术传统和丰富的学术资源积淀，利用较好的学术发展平台，建立并完善创新工程考核制度，加强了对院内职能部门的大事通报制度。在与国内外相关学术领域的接轨过程中，引进先进的学科经验，科学合理地进行民族文学档案库项目建设。

（三）学术交流活动

1.学术活动

2013年，民族文学研究所主办和承办的学术会议有：

(1) 2013年7月10日，由中国社会科学院《民族文学研究》编辑部与新疆师范大学文学院联合主办的“中国少数民族文学理论与批评高层论坛”在新疆维吾尔自治区乌鲁木齐市举行。论坛的主题是“中国少数民族文学理论与批评的建设及发展”。

(2)2013年8月12日，由全国《格萨（斯）尔》工作领导小组、中国社会科学院民族文学研究所、国际史诗学会和内蒙古自治区民委共同主办的“《格斯（萨）尔》与口传史诗国际研讨会”在内蒙古自治区赤峰市举行。会议研讨的主要问题有“口传史诗理论前沿与发展趋势”“口传史诗保护方法”“《格斯（萨）尔》保护与研究”“《格斯（萨）尔》重要学术成果”等。

2013年8月，“《格斯（萨）尔》与口传史诗国际研讨会”在内蒙古自治区赤峰市举行。

(3) 2013 年 11 月 28 ～ 29 日，由中国社会科学院文学哲学学部主办、民族文学研究所承办的“第五届 IEL 国际史诗学与口头传统研究讲习班”在北京举行。会议的主题是“数字文化遗产和口传史诗数字档案建设。”

(4) 2013 年 12 月 4 ～ 5 日，“2013 中美非物质文化遗产论坛暨指导委员会第二次工作会议”在北京举行。会议研讨的主要问题有“中美民俗学同行及研究机构之间定期召开会议，展示两国优秀的民俗学和非遗研究成果”“双方合作致力于出版具有前瞻性、革命性的理论成果，阶段性的学科发展报告等”“共同举办田野学校或工作坊，为青年学者和学生提供专业培训”“合作开展教师培训、学生培训，实施短期、长期的学术互访”“定期召开中美民俗学会领导之间的高端会议，共同打造民俗学一级学科的地位”。

(5) 2013 年 12 月 14 ～ 15 日，民族文学研究所主办、《民族文学研究》编辑部承办的“少数民族文学理论研究：总结与前瞻”研讨会在北京举行。会议研讨的主要问题有“民族文学与民族文化”“少数民族文学与社会生活”“民族文学批评新的范式与理念”“多民族文学史观完整话语体系的建构”“少数民族作家创作与翻译”“母语文学的研究与推广”“史诗学、故事学、传说学对于民族文学理论拓展的意义”等。

2. 国际学术交流与合作

2013 年，民族文学研究所共派遣出访 18 批 29 人次，接待来访 3 批 10 人次（其中，中国社会科学院邀请来访 1 批 2 人次）。与民族文学研究所开展学术交流的国家有：美国、法国、芬兰、匈牙利、摩洛哥、立陶宛、俄罗斯、澳大利亚、日本、韩国、阿塞拜疆、蒙古国、哈萨克斯坦等国家。

(1) 2013 年 2 月 27 日，民族文学研究所所长朝戈金、副所长尹虎彬等前往芬兰参加“史诗、数字文化遗产和方言——口头传统研究的数字文集和数据库”国际论坛。

(2) 2013 年 3 月 19 日，民族文学研究所所长朝戈金等前往日本千叶大学访问，并与千叶大学签订所级合作协议。

(3) 2013 年 4 月 25 日，民族文学研究所黄中祥前往哈萨克斯坦参加国际研讨会。

(4) 2013 年 5 月 19 日，民族文学研究所所长朝戈金前往美国参加中美非物质文化遗产会议。

(5) 2013 年 6 月 10 日，民族文学研究所所长朝戈金等前往俄罗斯科学院卡尔梅克人文研究所访问，并与之签订所级合作协议。

(6) 2013 年 8 月 5 日，民族文学研究所所长朝戈金等前往蒙古国参加“中亚史诗”国际研讨会。

(7) 2013 年 8 月 20 日，民族文学研究所刘畅前往澳大利亚昆士兰科技大学进修。

(8) 2013 年 9 月 2 日，民族文学研究所热依汗·卡德尔前往韩国启明大学访问。

(9) 2013 年 9 月 23 日，民族文学研究所汤晓青、莎日娜、意娜等前往匈牙利科学院访问。

(10) 2013 年 9 月 25 日，民族文学研究所巴莫曲布嫫、郭翠潇等前往美国参加文化遗产档案国际研讨会。

(11) 2013 年 10 月 27 日，民族文学研究所副所长尹虎彬等前往法国参加“数字遗产 2013 国际大会”。

2013 年，民族文学研究所签订的合作研究项目有 3 项，分别是：该所与匈牙利科学院民族所签订的“民俗学、口头传统、萨满教等领域的合作研究”协议，该所与日本千叶大学签订的合作协议，该所与俄罗斯科学院卡尔梅克人文研究所签订的合作协议。

3. 与中国香港、澳门特别行政区和中国台湾开展的学术交流

2013 年 5 月 24 日，民族文学研究所副所长尹虎彬前往台湾参加闽南民间戏剧国际学术研讨会。

（四）学术社团、期刊

1. 社团

(1) 中国少数民族文学学会，会长朝戈金。

2013 年 7 月 12 ～ 16 日，中国少数民族文学学会在伊犁师范学院举行“中国少数民族文学学会 2013 年会暨学术研讨会”。会议研讨的主要问题有“民族文学理论”“少数民族古代文学”“少数民族现当代文学理论与批评”“少数民族民间文学”等。

(2) 中国维吾尔历史文化研究会，会长吐鲁甫・巴拉提。

2013 年 9 月 23 ～ 25 日，中国维吾尔历史文化研究会在宁夏回族自治区银川市的北方民族大学举行了以“维吾尔非物质文化研究”为主题的中国维吾尔历史文化研究会第六届学术研讨会。

2013 年 12 月 3 日，中国维吾尔历史文化研究会和中国伊斯兰教协会、中国—阿拉伯友好协会、湖南省伊斯兰教协会等一起在湖南省长沙市举办了第五届中国国际穆斯林企业高峰论坛。

(3) 中国蒙古文学学会，会长吴团英。

(4) 中国《江格尔》研究会，会长朝戈金。

2. 期刊

《民族文学研究》（双月刊），主编汤晓青。

2013 年，《民族文学研究》共出版 6 期，共计 132 万字。

该刊全年刊载的有代表性的文章有：闫兴潘的《金章宗时期的翰林学士院与应制文学》，裴兴荣的《金末科举改革与奇古文风的演进》，刘城的《第一部全面深入研究金代散文的力作——评王永的〈金代散文研究〉》，施旭、陈珏的《文化话语研究与少数民族文学的新视野》等。

（五）会议综述

第五届IEL国际史诗学与口头传统研究讲习班

2013 年 11 月 28 ～ 29 日，由中国社会科学院文学哲学学部主办、民族文学研究所承办的第五届 IEL 国际史诗学与口头传统研究讲习班在北京举行。中国社会科学院民族文学研究所所长朝戈金、芬兰文学学会民俗档案馆馆长劳里・哈维拉提在开幕式上致辞。中国社会科学院民族文学研究所副所长尹虎彬主持开幕式。来自国内外的专家、学者围绕“数字文化遗产和口传史诗数字档案建设”这一主题，介绍了各自在史诗学与口头传统方面的研究情况，就相关语料库、数据库建设中取得的成就及存在的问题展开交流，并展望了该领域的未来前景。

拉脱维亚国立大学文学民俗学和艺术研究所博士阿尔迪斯・普特利斯认为，民间口头传统及故事可以在一定意义上证实一个民族、一个国家的存在。爱沙尼亚民俗档案馆研究员玛丽・萨弗介绍了爱沙尼亚人收集本国民间传说的经验。哈佛大学古典学系副教授戴维・埃尔默认为，史诗与民族国家的发展紧密联系在一起，对于民族、国家具有重大意义，是其集体身份认同的一种象征。史诗不仅仅代表着民族精神，它还代表着多种多样的文化现象。哈维拉提以芬兰民族史诗《卡勒瓦拉》语料、数据库的建设为例，讲述了计算机科学技术带来了口头传统研究尤其是语义学数据库的新发展，他表示将继续着力打造国际化的史诗研究平台。

与会专家指出，相关语料库和数据库的数字化工作依然存有诸多问题及缺憾。例如，非官方、非标准的语言如何进行收录和识别问题；有的语言本身语法变化较为复杂，声调、元音长短变化等电脑难以正确识别；在数字平台上，翻译方面仍然有难以解决的问题；提供文本翻译的过程中会有某些文化要素丧失等。与会专家认为，要解决这些问题，需要各方通力合作；要为史诗学、民俗学的数字化工作建立标准，如元数据、数据的储存及传送等。

（玉　兰）

外国文学研究所

（一）人员、机构等基本情况

1. 人员

截至 2013 年年底，外国文学研究所共有在职人员 93 人。其中，正高级职称人员 27 人，副高级职称人员 29 人，中级职称人员 25 人；高、中级职称人员占全体在职人员总数的 87%。

2. 机构

外国文学研究所设有：英美文学研究室、俄罗斯文学研究室、东南欧拉美文学研究室、中北欧文学研究室、东方文学研究室、文学理论研究室、《世界文学》编辑部、《外国文学评论》编辑部、科研处、办公室、网络数字资料室。

3.科研中心

外国文学研究所所属学术研究中心有：文学理论研究中心、马克思主义文艺思想研究中心。

（二）科研工作

1.科研成果统计

2013 年，外国文学研究所共完成专著 7 种，210.7 万字；论文 116 篇，138.44 万字；研究报告 1 篇，约 1.2 万字；译著 10 种，290.31 万字；译文 43 篇，338.9 万字；一般性文章 36 篇，17.28 万字；论文集 4 种，89 万字。

2.科研课题

（1）新立项课题。2013 年，外国文学研究所共有新立项课题 18 项。其中，国家社会科学基金重点课题 1 项："现代斯拉夫文论：轴心学说及其世界影响"（周启超主持）；国家社会科学基金后期资助课题 1 项："人在旅途：奈保尔研究"（石海军主持）；院青年科研启动基金课题 1 项："卡尔维诺寓言叙事的现代意味"（徐娜主持）；所重点课题 15 项："陀思妥耶夫斯基小说中人物的哲学内涵及其表现方法"（王景生主持），"艺术技巧叙事"（董小英主持），"雅姆诗歌研究"（陈树才主持），"歌德与浪漫主义"（贺骥主持），"《女房客》中的女画家"（周颖主持），"韩国儒家文化综述"（金成玉主持），"论莫泊桑的玄怪小说创作"（孙婷婷主持），"文艺复兴时期作家对古希腊、古罗马文化经典的发现、考据与再认识"（李征主持），"屠格涅夫与西方文化"（孔霞蔚主持），"当代德语小说与戏剧"（焦仲平主持），"当代德语文学动态研究"（杜新华主持），"浮世绘里的中国形象"（秦岚主持），"新世纪中国对匈牙利文学的接受"（舒孙乐主持），"浅析柏拉图与孔子音乐教育思想"（张娜主持）。

（2）结项课题。2013 年，外国文学研究所共有结项课题 23 项。其中，院国情考察课题 1 项："中外畅销书传播与接受调研报告"（陈众议主持）；院重点课题 3 项："斯特凡·格奥尔格研究"（杨宏芹主持），"英国文学批评观念的演变——从阿诺德到威廉姆斯"（徐德林主持），"伊朗小说发展史"（穆宏燕主持）；院青年科研启动基金课题 1 项："卡尔维诺寓言叙事的现代意味"（徐娜主持）；学者资助计划课题 3 项：基础研究学者资助计划项目 2 项（傅浩、周启超主持），青年学者资助计划项目（万海松主持）；特殊学科项目 1 项："梵文研究"（黄宝生主持）；所重点课题 14 项："陀思妥耶夫斯基小说中人物的哲学内涵及其表现方法"（王景生主持），"艺术技巧叙事"（董小英主持），"雅姆诗歌研究"（陈树才主持），"歌德与浪漫主义"（贺骥主持），"《女房客》中的女画家"（周颖主持），"韩国儒家文化综述"（金成玉主持），"论莫泊桑的玄怪小说创作"（孙婷婷主持），"文艺复兴时期作家对古希腊、古罗马文化经典的发现、考据与再认识"（李征主持），"屠格涅夫与西方文化"（孔霞蔚主持），"当代德语小说与戏剧"（焦仲平主持），"当代德语文学动态研究”（杜新华主持），“浮世绘里的中国形象”（秦岚主持），“新世纪中国对匈牙利文学的接受”（舒孙乐主持），“浅析柏拉图与孔子音乐教育思想”（张娜主持）。

（3）延续在研课题。2013年，外国文学研究所共有延续在研课题12项。其中，研究室建设课题6项（陈中梅、刘文飞、傅浩、周启超、李永平、穆宏燕主持）；重点学科研究课题3项：“西方现代文学学科”（陈中梅、刘文飞、李永平、傅浩主持），“东方古典文学学科”（穆宏燕主持），“外国文学理论学科”（周启超主持）；特殊学科研究课题1项：“古希腊文学”（陈中梅主持）；长城学者资助课题2项（黄梅、刘文飞主持）。

3.获奖优秀科研成果

2013年，外国文学研究所获“第八届（2013年）中国社会科学院优秀科研成果奖”专著类追加奖1项：陈众议的《西班牙文学》；译著类追加奖1项：王焕生的《埃斯库罗斯》卷和《米南德》卷；论文类二等奖1项：穆宏燕的《在卡夫山上追寻自我——奥尔罕·帕慕克的〈黑书〉解读》；论文类三等奖2项：陈中梅的《荷马诗论》，周启超的《在反思中深化文学理论研究——“后理论时代”文学研究的一个问题》；译著类三等奖1项：余中先的《奈瓦尔传》。

4.创新工程的实施和科研管理新举措

（1）进入创新工程的时间、创新工程项目及其首席研究员

2012年，外国文学研究所进入创新工程。2013年，外国文学研究所参加创新工程人员54人，其创新工程项目的名称及其首席研究员如下：“马克思主义文艺理论与外国文学批评：文学史体现的资本语境与诗性资源”（叶隽主持），“跨国资本主义时代的外国文学与国家认同：1898～1930的西方文学译介与‘世界主义’的兴衰”（程巍主持），“跨国资本主义时代的东方遭遇：资本驱动与异文化互动”（穆宏燕主持），“外国文学学术史研究工程·经典作家学术史研究”（涂卫群主持），“外国文学与批评：现状与发展趋势研究”（余中先主持），“梵文学科”（黄宝生主持），“古希腊文学学科”（陈中梅主持），“外国文学理论核心话语反思”（周启超主持），“文学与大国兴衰：俄罗斯经验与教训”（吴晓都主持），“跨国资本主义时代与现代性反思”（李永平主持）。

（2）创新工程的实施和科研组织管理新机制、新举措

2013年，外国文学研究所在已经开创的“跨国资本主义时代的外国文学与批评”“外国文学基础性工程”和“古典学与理论研究”三大创新领域内，对落实到具体的创新项目进行补充和完善。

在“跨国资本主义时代的外国文学与批评”项目下新增“外国文学理论核心话语反思”“文学与大国兴衰之俄罗斯经验与教训”和“文学与大国兴衰之日耳曼现代性反思”。

创新领域“跨国资本主义时代的外国文学与批评”下设六个研究类项目，即“马克思主义文艺理论与外国文学批评：文学史体现的资本语境与诗性资源”“跨国资本主义时代的外国文学与国家认同：1898～1930的西方文学译介与‘世界主义’的兴衰”“跨国资本主义时代的东

方遭遇：资本驱动与异文化互动”“文学与大国兴衰之俄罗斯经验与教训”“文学与大国兴衰之日耳曼现代性反思”和“外国文学理论核心话语反思”。

创新领域“外国文学基础性工程”下仍保持两个研究类项目，即“外国文学学术史研究工程·经典作家作品学术史研究”“外国文学与批评：现状与发展趋势研究”。

创新领域“古典学与理论研究”下，仍将保持“梵文学科”和“古希腊文学学科”两个学科类项目。

在增设项目的同时，该所也对已立项的创新项目进行了研究向度的完善。如在“马克思主义文艺理论与外国文学批评：文学史体现的资本语境与诗性资源”项目中，增设了法语文学及理论的向度，以期强调法国作为文学与理论大国的重要性；将创新项目“外国文学学术史研究工程·经典作家学术史研究”更名为“外国文学学术史研究工程·经典作家作品学术史研究”，增加了对于经典文学作品的学术史研究向度，将学术史研究从单一的经典作家，逐步扩展到了经典作品，并为今后向流派、思潮的学术史乃至学科史研究的方向发展继续筹划准备。

无论是由项目组进入创新工程变更为以全所形式进入，还是上述创新项目的补充和完善，都离不开创新岗位的增设和调整。外国文学研究所结合2013年的创新工程设计，及申请的创新项目的实际情况，增设创新岗位，由2012年的27人增至2013年的54人，包括了研究、采编和管理三个序列，同时对2012年已进入创新岗位的人员，进行了适当调整。

（三）学术交流活动

1.学术活动

2013年，外国文学研究所主办和承办的学术会议有：

(1) 2013年1月17日，由外国文学研究所马克思主义文艺思想研究中心主办的“新世纪马列文论研究”学术交流会在外国文学研究所召开。会议研讨的主要问题有“总结新世纪以来马列文论研究的动态”“探讨新形势下亟待研究的重要课题”“如何提高学术交流与合作的效率”。

(2) 2013年1月24日，外国文学研究所创新项目“马克思主义文艺理论与外国文学批评：文学史体现的资本语境与诗性资源”在外国文学研究所召开“资本语境中的知识、权力和观念”小型学术座谈会。

(3) 2013年2月21日，外国文学研究所“马克思主义文艺理论与外国文学批评：文学史体现的资本语境与诗性资源”创新项目组在外国文学研究所召开了“资本语境中的翻译、知识和观念”小型学术对话会。

(4) 2013年2月26日，由外国文学研究所“外国文学理论核心话语反思”创新工程项目组、外国文学研究所理论研究室及中国社会科学院文学理论研究中心举办的“作为人文科学的文学理论”学术研讨会在外国文学研究所召开。会议的主题是“文学理论在整个社会生活与文化系统中的位置”。

（5）2013年2月26日，外国文学研究所“大国崛起与大国文学：俄罗斯的经验与教训”创新团队在外国文学研究所举办项目启动会。

（6）2013年2月28日，外国文学研究所“马克思主义文艺理论与外国文学批评：文学史体现的资本语境与诗性资源”创新项目组在外国文学研究所召开了“资本语境中的语言、比较和侨易”小型学术对话会。

（7）2013年4月9日，北京大学比较文学与比较文化研究所所长严绍璗应中国社会科学院文学理论研究中心、外国文学研究所理论研究室、“外国文学理论核心话语反思”创新课题组的邀请，在外国文学研究所作了题为“比较文学与文化的发生学”的演讲。

（8）2013年4月22日，外国文学研究所“文学与大国兴衰之俄罗斯的经验与教训”创新项目组举办首次学术论坛，邀请俄苏文艺界著名学者、北京师范大学教授夏忠宪来外国文学研究所作题为“苏联文学研究反思”的报告。

（9）2013年5月16日，外国文学研究所“马克思主义文艺理论与外国文学批评：文学史体现的资本语境与诗性资源”创新项目组在外国文学研究所召开了“资本语境、中德关系与文化侨易”小型学术对话会。

（10）2013年6月13日，外国文学研究所“马克思主义文艺理论与外国文学批评：文学史体现的资本语境与诗性资源”课题组、中国德语文学研究会、中国歌德学会主办的“资本语境里的歌德时代与知识侨易”暨中国歌德学会年会、纪念冯至先生逝世二十周年学术研讨会在外国文学研究所举行。

（11）2013年6月25日，外国文学研究所古希腊文学学科召开了“秘索思与西方文化基本结构——‘引言诠释’”讲座暨学术研讨会。会议的主题是“Mythos词源考——兼论西方文化基本结构（BSWC）的展开及发展态势”。

（12）2013年6月25日，南开大学外国语学院西语系主任、博士生导师阎国栋教授应邀来外国文学研究所作题为“俄罗斯汉学的历史和现状”的学术报告。

（13）2013年8月19～21日，由中国外国文学学会外国文论与比较诗学研究分会、安徽师范大学文学院与安徽师范大学外国语学院共同主办，中国社会科学院文学理论研究中心、安徽师范大学中国诗学研究中心和安徽师范大学科研处共同协办的“比较诗学与当代文论”学术研讨会暨第六届“中国外国文学学会外国文论与比较诗学研究分会”年会在安徽省芜湖市召开。会议研讨的主要问题有“外国文论核心话语的反思”“中国诗学核心概念的现代转换”。

（14）2013年9月27～28日，外国文学研究所马克思主义文艺思想研究中心在北京举办了青年学者马克思主义经典理论学习研讨会。会议研讨的主要问题有“马克思主义对外国文学研究的指导作用”“加强和改进学风和文风建设”。

（15）2013年5月25～26日，外国文学研究所“外国文学学术史研究工程·经典作家作品学术史研究”项目组在北京召开了“经典作家、作品、批评三方关系研讨会”。

（16）2013年10月29日，外国文学研究所“外国文学学术史研究工程·经典作家作品学术史研究”项目组在外国文学研究所召开了“学术史研究方法研讨会”。

（17）2013年11月17～18日，外国文学研究所理论研究室在北京召开“外国文艺理论重点学科”建立十周年工作研讨会。

（18）2013年11月15～16日，由外国文学研究所、中国歌德学会、北京大学出版社共同主办的“侨易观念的意义与问题”小型学术讨论会在北京举行。会议研讨的主要问题有“精神观念与经济基础”“学科变易与文化交流”“作为思考方式的侨易观念”“文史镜像中的侨易个体”“资本语境与侨易视角”“侨易视域下的学人与学术”等。

（19）2013年12月12日，外国文学研究所“马克思主义文论与外国文学批评：文学史体现的资本语境与诗性资源”项目组举办了主题为“文学世界·资本语境·现代性”的小型学术讨论会。

2.国际学术交流与合作

2013年，外国文学研究所共派遣出访18批20人次，接待来访5批24人次（其中，中国社会科学院邀请来访3批22人次）。与外国文学研究所开展学术交流的国家有美国、英国、德国、俄罗斯、法国、奥地利、波兰、西班牙等国家。

（1）2013年4月14日至20日，外国文学研究所所长陈众议研究员、中北欧文学研究室主任李永平研究员和叶隽研究员对德国进行了学术和工作访问。

（2）2013年7月10日至8月1日，外国文学研究所长城学者黄梅赴英国访学，与英国学者进行学术交流，并查阅资料。

（3）2013年7月17～24日，外国文学研究所研究员周启超赴法国出席在巴黎第四大学举行的国际比较文学学会第二十届年会。

（4）2013年8月6日，应外国文学研究所“马克思主义文艺理论与外国文学批评”创新项目组邀请，日本关西大学外语学部教授沈国威顺访外国文学研究所，并作了题为“旧文学改良与新国语建构——重读胡适《文学改良刍议》”的专题学术讲座。

（5）2013年8月13日，俄罗斯著名诗人、翻译家、散文家、诗歌研究者、出版家马克西姆·阿麦林出席第四届青海湖国际诗歌节后，应外国文学研究所创新工程“文学与大国兴衰之俄罗斯经验与教训”项目组和俄罗斯文学研究室的邀请，来外国文学研究所访问，并作题为“当代俄罗斯诗歌”的讲座。

（6）2013年8月24～29日，外国文学研究所研究员周启超赴莫斯科出席“俄罗斯形式论学派100年国际学术研讨会”。

（7）2013年9月3～13日，外国文学研究所《世界文学》编辑部主任高兴编审应波兰罗兹大学语言文学系邀请，赴波兰进行学术访问。

（8）2013年9月5～12日，外国文学研究所研究员陈众议接受马德里自治大学东亚研究中心主任的邀请出访西班牙，参加了在马德里自治大学举办的“西班牙文学国际研讨会”。

(9) 2013年9月26～30日，外国文学研究所长城学者刘文飞研究员应奥地利维也纳大学的邀请，赴奥地利参加国际研讨会。

(10) 2012年9月至2013年10月,外国文学研究所副研究员杨宏芹赴德国进行学术访问。

(11) 2013年10月1～31日，外国文学研究所创新工程“跨国资本主义时代的东方遭遇：资本驱动与异文化互动”项目组成员宗笑飞赴西班牙访学。

(12) 2013年10月21日至11月2日，外国文学研究所研究员倪培耕赴美国参加“中国和美国的人文学科与中国学研究概况”圆桌讨论会议。

(13) 2013年10月31日至11月20日，外国文学研究所副研究员乔修峰赴英国爱丁堡大学查阅未刊手稿、书信、古籍等外文文献，收集最新科研成果。

(14) 2013年11月20～24日，外国文学研究所副所长吴晓都赴俄罗斯参加“中俄文化旅游论坛”及“俄罗斯中国旅游年闭幕式”等相关活动。

(15) 2013年11月24～31日，外国文学研究所研究员涂卫群应法国翻译实践与理论研究协会的邀请，参加“如何翻译普鲁斯特——译学问题与理论思辨”国际研讨会。

(16) 2013年12月1～5日，外国文学研究所研究员刘文飞应俄罗斯科学院俄罗斯文学研究所（普希金之家）所长巴格诺的邀请,参加在圣彼得堡举办的“圣彼得堡国际文化论坛”。

3.与中国香港、澳门特别行政区和中国台湾开展的学术交流

(1) 2013年4月23日，应外国文学研究所“外国文学理论核心话语反思”创新工程项目组的邀请，台湾大学外文系终身名誉教授、复旦大学中文系特聘讲座教授张汉良到外国文学研究所作了题为“从‘能指’/‘所指’的翻译谈‘轴心话语’”的学术讲座。

(2) 2013年5月28日至6月1日，应香港中文大学翻译研究中心的邀请，外国文学研究所研究员叶隽出席了“十九至二十世纪初翻译与东亚现代化”国际学术研讨会。

(3) 2013年6月7～9日，外国文学研究所博士姜南出席了由国际中国语言学学会和台湾师范大学华语文与科技研究中心联合主办的在台湾师范大学举行的国际中国语言学学会第21届年会。

(4) 2013年7月2日，应外国文学研究所“马克思主义文艺理论与外国文学批评”创新项目组的邀请，香港树仁大学历史学系博士区志坚顺访，并作了题为“倡明国粹、融化新知——东南大学课程与建构学风的关系”的专题学术讲座。

(5) 2013年10月15～21日，外国文学研究所研究员叶隽应台湾“国立中央大学”文学院的邀请，参加“2013年红楼梦暨明清文学文化国际研讨会”。

(6) 2013年11月26日,应外国文学研究所邀请,台湾“清华大学”人文社会学院院长、“中研院”院士黄一农教授来外国文学研究所做报告。

（四）学术社团、期刊

1.社团

中国外国文学学会，会长陈众议。

2013 年 5 月 8 ～ 10 日，由中国外国文学学会和南昌大学主办的“中国外国文学学会第十二届年会暨学术研讨会”在南昌大学召开。会议的主题是“21 世纪外国文学的发展趋势”。

2013 年 5 月，“中国外国文学学会第十二届年会暨学术研讨会”在江西省南昌市举行。

2.期刊

（1）《外国文学评论》（季刊），主编陈众议。

2013 年，《外国文学评论》共出版 4 期，共计 70 万字。该刊全年刊载的有代表性的文章有：郭芳云的《文字地图中的女王身体诗学：以〈错误的喜鹊〉为例》，陶久盛的《求爱战役〈戈波德克王〉的婚姻政治》，毛亮的《“疏离”与“参与”：梭罗与〈公民的不服从〉》，于雷的《一则基于〈乌鸦〉之谜的“推理故事”》，陈丽的《约翰·辛格与爱尔兰西部》，刘思远的《王权与表演》，欧荣的《“王，秉承鸿业”——论庞德在〈御座诗章〉中的以讹传讹》。

（2）《世界文学》（双月刊），主编余中先。

2013 年，《世界文学》共出版 6 期，共计 150 万字。该刊全年刊载的有代表性的文章有：日本吉本芭娜娜的小说选，俄罗斯青年作家小说选，西班牙胡安·马尔塞小说选，加拿大阿·麦克劳德小说选，韩国当代诗选，美国约·布罗斯基诗选，蒋蓝的《文学木马的纵横术》，涂卫群的《普鲁斯特的文学观与百年普学》。

（3）《外国文学动态》（双月刊），主编苏玲。

2013 年，《外国文学动态》共出版 6 期，共计 62 万字。该刊全年刊载的有代表性的文章有：秦岚的《2012 年日本文学概述》，王树福的《俄罗斯文学的东方幻象：佩列文小说中的中国形象》，姜丽的《天才的污点——诗人高特弗里德·本恩》，匡咏梅的《2012 年英文文学概述（非美国部分）》，申霞艳的《写作是思考生活的一种方式》，杨金才的《关于后“9·11”文学研究的几点思考》。

（五）会议综述

中国外国文学学会第十二届年会暨学术研讨会

2013 年 5 月 8 ～ 10 日，由中国外国文学学会和南昌大学主办的“中国外国文学学会第十二届年会暨学术研讨会”在南昌大学召开。大会的主题是“21世纪外国文学的发展趋势”。来自北京大学、清华大学、复旦大学、南昌大学、北京师范大学、四川大学、南京大学、中国社会科学院、人民文学出版社等高校、社科研究机构、出版社的二百多名专家学者出席了会议。会议共收到学术论文200多篇。中国外国文学学会副会长聂珍钊教授代表会长陈众议研究员致开幕词。年会采取大会主题发言与分组讨论相结合的形式进行。5月9日上午的大会由南昌大学教授刘婷、黎皓智主持。

北京大学教授申丹、中国社会科学院外国文学研究所研究员郭宏安、清华大学教授王宁、北京大学教授李毓榛、中国社会科学院外国文学研究所《世界文学》主编余中先教授、伊犁师范学院教授贺元秀、中国人民大学教授曾艳兵分别作了大会主题发言。申丹教授阐述了“隐性进程”与以往学界所关注的文本的深层意义的区别，说明“隐性进程”中的反讽与以往所关注的反讽之间的差异。郭宏安研究员从《基督教真谛》文本的阐释出发，指出此书的成就不在于教理的宣扬与论证，而在于它使基督教成为凡夫俗子得以亲近的对象，尤其是在文学方面，它成为浪漫主义文学的滥觞，成为浪漫主义文学批评理论的源泉。王宁教授针对美国文学理论家卡勒对当今西方文学理论的描述指出，在“后理论时代”，理论并没有死亡，只是不再具有以往那种所向披靡和无所不能的效应，但依然能够有效解释当下文学文化现象。李毓榛教授分析苏联本土作家与流亡海外作家的不同创作方式，指出苏联文学之所以深受读者喜爱是因其贴近生活和关心弱势群体。余中先教授从“反映当下生活”“女性作家的崛起”“传记与自传，战争的回忆”“用语法写作的外国人”等方面对21世纪10年的法国文学进行了客观的评介。贺元秀教授指出，由于翻译滞后，导致目前国内学者对中亚文学的研究不成体系，成为中亚文学研究的瓶颈。曾艳兵教授从“国际视域与中国立场”“符号游戏与人文关怀”“文化研究与文学回归”三个方面展开论述，探讨构成这种研究困境的缘由，以及走出这种困境的可能性路径。

华中师范大学教授聂珍钊、中国社会科学院外国文学研究所研究员侯玮红、复旦大学教授李征、江西师范大学教授傅修延、江西师范大学教授陶水平、南京师范大学教授张杰、南昌大学教授袁雪生、华中师范大学教授邹建军、沈阳师范大学教授马卫红、四川外国语大学教授胡安江分别作了大会主题发言。聂珍钊教授从文学的起源论出发，指出对文学的本质问题进行讨论与研究的必要性。侯玮红研究员提出，当代俄罗斯文学创作无论在内容主题上，还是在语言风格上都日益走向理性多元、兼收并蓄的发展道路。李征教授以日本小说《裂舌》中的情节描述为导入，认为小说主人公对另类生活的热衷既可视为主体向自我的一种回缩，也可视为对尼采强力意志困境的挑战。傅修延教授指出，后经典叙事学的勃兴标志着叙事学并非那种昙花一现的学科，跨学科趋势引发的观念变革与范式创新，还造成其他领域对叙事学乃至文学理论的“反哺”。张杰教授介绍自20世纪80年代以来苏俄文艺符号学在中国学界的影响，指出苏俄文艺符号学在中国的接受存在一个“中国化”的过程。邹建军教授以《中国诗歌》杂志为例，追溯了21世纪以来外国诗歌在中国的译介与传播。马卫红教授指出，俄罗斯诗歌进入一个多边实验、多方选择和多元竞争的时代，西方后现代文化理论的传入促使20世纪90年代诗歌发生重大转型——从苏联文化和文学模式到后现代文学模式的转型。

与会专家学者围绕21世纪外国文学国别文学发展的宏观描述、21世纪外国文学的主潮流与多样性、21世纪外国文学重要作家与作品研究、21世纪对传统文学经典的新诠释与新解读、21世纪外国文学理论与批评的新思潮与新流派、21世纪以来外国文学作品的翻译与翻译理论研究、21世纪以来外国文学作品在我国的出版与发行研究、21世纪以来外国文学作品在我国的流传与接受研究等多个目前国内外学术界关注的热门议题进行了深入的研究和讨论。

大会期间还召开了学会理事会，理事代表们就学会机构的完善以及今后的发展方向积极献言献策，为学会的长远发展提出许多建设性的意见。

（张　娜）

中德作家论坛

2013年9月1日，“中德作家论坛”在中国社会科学院学术报告厅召开。论坛由中国社会科学院外国文学研究所、德国柏林文学论坛、中国人民大学、中国对外翻译出版有限公司主办。共邀请了铁凝、莫言、贾平凹、劳马、刘震云、李洱、方方、毕飞宇、张悦然、徐则臣、金仁顺等十一位中国作家，尤迪特·库卡特（Judith Kuckart）、马塞尔·巴耶尔（Marcel Beyer）、罗伯特·辛德尔（Robert Schindel）、罗尔夫·拉佩特（Rolf Lappert）、米夏埃尔·伦茨（Michael Lentz）、舍尔克·法塔（Sherko Fatah）、安娜·魏登霍尔茨（Anna Weidenholzer）、福尔克尔·布劳恩（Volker Braun）、布克哈特·施皮嫩（Burkhard Spinnen）、乌尔苏拉·克雷歇尔（Ursula Krechel）等十位德国作家出席论坛。

开幕式上，中国作家协会主席铁凝、德国驻华大使馆文化教育参赞薄翰德、中国社会科学院外国文学研究所所长陈众议、德国柏林文学论坛主席乌尔里希·雅内茨基先后致辞。致辞之后，中国作家莫言与德国作家、诗人福尔克尔·布劳恩首先就“全球化时代的文学”主题展开对话：作为诺贝尔文学奖得主，莫言放眼世界，对作家的身份做了九种定义，并以自己在20世纪90年代写剧本赚钱的故事强调了作家在全球化时代的责任，“作家还是得有坚守，任世俗千变万化，八面来风，作家应该岿然不动，循着心中的方向前进”。与莫言同场对话的福尔克尔·布劳恩是德国2000年度毕希纳奖得主，从原德意志民主共和国到统一后的德国，他经历过的政治变迁为其作品增添了厚重的历史感，布劳恩在题为“大城市小说是全球化时代的乡村小说”的演讲中区分了文学态度和政治态度并由此引出文学应有其自由、不妥协的一面，并称文学为全球化背景下能够超越政治、地理边界沟通人心的唯一一种工具。贾平凹与罗尔夫·拉佩特、乌尔苏拉·克雷歇尔围绕“作家的责任与自由”展开对话：贾平凹以“一种责任与风度”为题例数古今中外的文人精神，借康德的“位我上者灿烂星空，道德律令在我胸中”一句对“这个时代"里作家的良知和责任表达了期许和坚守；罗尔夫·拉佩特则以"我是说故事的人，不是政治动荡的震动仪"为题直抒胸臆，借自己的作品内容和创作体验呼吁公众尊重作家独立的身份；创作了《上海，远在何方？》的乌尔苏拉·克雷谢尔作题为"文学必须坚持特殊性，服从独一无二性"的报告，表示文学需要坚守和特性。在主题为"家园与乡愁"的第三场讨论中，毕飞宇谈了自己没有家乡、没有"乡愁"的创作历史；米夏埃尔·伦茨对"故乡""作家责任"等问题给出了答卷式的回应，他将故乡比作一件需要更换、穿脱的大衣，立意巧妙；安娜·魏登霍尔策以略带感伤的语调陈述了全球化时代"乡愁"的消逝带来的焦虑和恐惧，她认为，文学具有了全球化时代下重塑家乡情感、帮助人们体味乡愁的功能。

9 月 2 日，中德作家继续在中国人民大学国学馆展开讨论，首先围绕"技术、交流与变化"这一主题，马塞尔·巴耶尔和尤迪特·库卡特分别表达了对全球化时代下随着资本、信息交流的加速导致文化解体的忧虑和文学出路在何处的疑问；刘震云重申了创作自由对作家的意义。在"侨移与艺术创造"主题下，金仁顺谈到自己的文学创作中隐含的"侨移"。有着类似的家族迁移背景的舍尔克·法塔则本着"跨国文学的代表者"的立场批评了文学作品中不自然的乡土化。80 后代表作家张悦然则围绕"Schwellen—angst（德语词，中文意为跨越门槛的恐惧）"这一德语词讲述了地理"侨移"对她文学创作乃至人生的影响。在"间离与理解"主题下，方方呼吁将对大时代下的个体生命的关注融入文学使命。布克哈特·施皮嫩面临全球化时代资本的流通成功和不同文化之间的沟通难度这一强烈反差给出了自己的解决办法——文学。李洱作了题为"文学的本土性与交流"的报告。在主题为"诗歌的艺术"的最后议题里，徐则臣、罗伯特·辛德尔和阎连科回归到文学本身，针对文学作品的创作、阅读和评论展开了对话。

此次"中德作家论坛"不但起到了向世界传递中国文化、文学影响的桥梁作用，也成为中德两国作家互相观察、了解的窗口。

（李玲燕）

语言研究所

（一）人员、机构等基本情况

1.人员

截至 2013 年年底，语言研究所共有在职人员 86 人。其中，正高级职称人员 27 人，副高级职称人员 26 人，中级职称人员 22 人；高、中级职称人员占全体在职人员总数的 87%。

2.机构

语言研究所设有：句法语义研究室、历史语言学研究一室、历史语言学研究二室、汉语方言研究室、语音研究室、应用语言学研究室、当代语言学研究室、词典编辑室、《中国语文》

编辑部、科研处、办公室（人事处）。

（二）科研工作

1．科研成果统计

2013 年，语言研究所共完成专著 3 种，54.4 万字；论文（含研究报告、译文）92 篇，138 万字；参编工具书 2 种，28 万字；论文集 4 种，149.7 万字。

2．科研课题

（1）新立项课题。2013 年，语言研究所共有新立项课题 20 项。其中，国家社会科学基金一般课题 2 项："方言自动处理系统功能扩展研究"（李蓝主持），"上古汉语闭口韵与非闭口韵通转关系研究"（孟蓬生主持）；国家社会科学基金青年课题 3 项："普通话婴幼儿声调范畴的建立机制研究"（高军主持），"基于语料库的汉语应答性成分语义和话语功能研究"（侯瑞芬主持），"类型学视野的疑问和焦点互动关系研究"（祁峰主持）；中国社会科学院与匈牙利科学院合作协议课题 1 项："自然语言信息结构的接口研究：句法、语义、语用、话语和韵律"（胡建华主持）；院国情调研课题 3 项："晋中南金石文字及戏曲小说文物遗存"（姚振武、王志平主持），"福建闽语使用者语言规范问题考察"（沈明、吴福祥主持），"内蒙古中部地区语言使用状况考察报告"（杨永龙、熊子瑜主持）；所级课题 11 项："当代汉语新词、新义、新用的追踪、整理和研究（2013 ～ 2014）"（李芸主持），"系统功能视角下的汉语语法（二期）"（杨国文主持），"福建连城四保话的古音痕迹及同音字汇"（李玉主持），"清代满语与汉语接触的文献学考察"（陈丹丹主持），"同素异序词分化的类型与模式"（肖晓晖主持），"河北方言复合人称代词指代关系探析"（刘靖主持），"现代汉语互文研究"（徐赳赳主持），"《当代语言学》核心术语英汉翻译对比研究"（张丽娟主持），"语文词典中医学条目的释义特点"（潘雪莲主持），"《现代汉语词典》（第六版）逆序电子版"（张弘主持），"《新华字典》资料整理"（王清利主持）。

（2）结项课题。2013 年，语言研究所共有结项课题 8 项。其中，国家社会科学基金课题 1 项："汉语'主句现象'与从句环境的类型学研究"（唐正大主持）；院重大课题 1 项："中文辞书编纂基础资源库"（赵长才主持）；院重点课题 2 项："语言库藏类型学"（刘丹青主持），"广西语言接触研究"（覃远雄主持）；院青年科研启动基金课题 1 项："'的'的词类地位的类型学研究"（完权主持）；院国情调研课题 3 项："晋中南金石文字及戏曲小说文物遗存"（姚振武、王志平主持），"福建闽语使用者语言规范问题考察"（沈明、吴福祥主持），"内蒙古中部地区语言使用状况考察报告"（杨永龙、熊子瑜主持）。

（3）延续在研课题。2013 年，语言研究所共有延续在研课题 9 项。其中，国家社会科学基金重大课题 1 项："汉语语言接触史研究"（曹广顺主持）；国家社会科学基金重点课题 1 项："语言接触和语言演变：汉语同阿尔泰语语言接触的历时与共时研究"（祖生利、周磊主持）；国家社会科学基金一般课题 5 项："侗台语中接触引发的语法演变的变异"（吴福祥主持），"主内定语和宾内定语的语义信息不对称研究”（张国宪主持），“基于句法语义互动关系的汉语形态句法研究”（张伯江主持），“汉语使成表达的类型学研究”（项开喜主持），“桂北平话语音历史层次及语言接触研究”（覃远雄主持）；国家社会科学基金青年课题2项：“汉语篇章的韵律特征和音系表达研究”（贾媛主持），“语义图视角下汉语不定代词、情态词和‘工具—伴随’介词的多功能性研究”（张定主持）。

3. 获奖优秀科研成果

2013年，语言研究所获“第八届（2013年）中国社会科学院优秀科研成果奖”二等奖1项：刘丹青的专著《语法调查研究手册》；三等奖3项：沈家煊的论文《汉语里的名词和动词》，方梅的论文《由背景化触发的两种句法结构——主语零形反指和描写性关系从句》，胡方的论文《论宁波方言和苏州方言前高元音的区别特征——兼谈高元音继续高化现象》。

4. 创新工程的实施和科研管理新举措

（1）创新项目名称及其首席研究员

2013年，语言研究所有“中国重点方言区域示范性调查研究”（首席研究员为李蓝）、“上古汉语语法、训诂、音韵、文字及文献的综合研究”（首席研究员为孟蓬生）、“辞书编纂的理论与实践”（首席研究员为谭景春）、“汉语语言资源数据库”（首席研究员为顾曰国）、“汉语口语的跨方言调查与理论分析”（首席研究员为刘丹青）5个研究项目获得院创新工程立项。

（2）创新工程的实施及科研组织管理新举措

2013年，语言研究所根据院创新工程办公室的文件要求，以院出台的相关管理规定为基础和依据，结合语言研究所实际，制订了7项创新工程暂行管理办法，包括《语言研究所创新岗位申报管理细则》《语言研究所创新项目立项管理细则》《语言研究所创新项目评价管理办法实施细则》《语言研究所创新项目档案管理办法》《语言研究所创新工程项目经费管理办法》《语言研究所创新工程固定资产管理规定》《语言研究所创新工程人事管理规定》及相关管理表格5种。

所创新办认真贯彻落实院创新办布置的各项任务要求，严格履行创新管理工作的职能，突出做好以下几项工作：

一是完成全所创新方案论证书的整合工作。语言研究所各分支学科的学科性质差异较大，各个研究项目的立意价值和阐述角度不易统一，创新办下了一定的功夫把各个学科、各个项目统合在现代语言学的背景下，体现出其间的特色与关联，使各个项目可以在统一的学术平台上合理地开展；在经费使用、人员配置等方面也做了协调工作。

二是进一步完善创新工程档案。院下发的大量创新工程文件，对于创新工程各项工作具有重要指导意义。该所创新办建立了完整的档案，对这些文件进行分类管理并按照工作任务及时下发传达。报送院部的语言研究所创新工程方案等材料、创新岗位聘任书等文件也都分别建立了档案。创新工程月报、季报、年报则都建立了电子档案。

三是完成院综合管理平台的学习培训和布置落实。2013年，院加强了对研究所的量化考核，推出综合管理平台，语言研究所在全所大会进行了动员和布置，落实全所科研人员填报工作，并派人参加培训学习。

四是完成期刊创新申报工作。根据院期刊“五统一”的要求，语言研究所完成了《方言》和《当代语言学》两种期刊作为编辑部申报创新工程的论证和申报工作。

五是完成创新岗位年终考核。根据院创新岗位考核要求，语言研究所对各创新项目年度成果的发表情况进行了摸底统计，完成了考核综合分析报告，制定了过渡期考核办法，并经所学术委员会审议通过，上报给院科研局和院创新工程管理办公室。

（三）学术交流活动

1. 学术活动

2013 年，语言研究所主办、承办、合办的重要学术会议主要有：

（1）2013 年 7 月 15 日至 8 月 9 日，由语言研究所与北京语言大学合办、北京语言大学承办的“中国语言学书院 2013 年核心课程研修班”在北京开课。研修班开设“语音学”“音系学Ⅰ”“句法学Ⅰ”“语义学Ⅰ”四门科目。来自全国高等院校语言学专业的青年教师和研究生 80 余人参加了研修班。

（2）2013 年 7 月 27 日，由语言研究所、北京语言大学、中国语言学院、商务印书馆联合主办的“2013 海内外中国语言学者联谊会——第五届学术论坛”在北京举行。论坛的主题是“中国的周边语言状况”。

（3）2013 年 8 月 1 ～ 21 日，由中国社会科学院语言研究所与中国人民大学合办、中国人民大学文学院承办的“第 11 届全国语言学暑期讲习班(CLSI 11)”在北京开课。讲习班共开设“句法学与语义学”“语音学与音系学”“历史语言学”“心理语言学与社会语言学”四门课程。来自全国高校和研究机构的青年教师和博士生百余人参加了讲习班。

（4）2013 年 8 月 22 ～ 24 日，由语言研究所主办、中国人民大学文学院承办的“汉语方言类型研讨会”在北京召开。来自全国的近 50 名专家学者参加了会议。会议的主题是“汉语声调类型研究”。

（5）2013 年 9 月 27 ～ 29 日，由语言研究所、山东大学文学与新闻传播学院联合举办的“方言学国际高端论坛暨庆祝《方言》杂志创刊 35 周年学术讨论会”在山东省济南市召开。来自海内外的 50 余位专家学者出席了会议。

（6）2013 年 10 月 12 ～ 13 日，由中国社会科学院语言研究所、华中师范大学语言与语言教育研究中心联合主办的“第七届汉语语法化问题国际学术讨论会”在湖北省武汉市召开。来自海内外高校和研究机构的 100 多位学者出席了会议。会议的主题是“语法化理论问题和语法化现象个案研究”。

（7）2013 年 10 月 17 ～ 20 日，由中国社会科学院语言研究所主办的“当代语言学第 5 届圆桌会议”在江苏省南京市召开。近30位专家学者参加了会议。会议的主题是“当代语言学的研究状况和发展趋势”。

（8）2013年11月13～15日，由中国社会科学院语言研究所主办的“汉语中的量化——语言理论与语言获得学术研讨会”在北京召开。来自中国、澳大利亚、法国、匈牙利等国的学者40人参加了会议。会议的主题是“以跨语言比较的视角，从儿童语言获得（以及二语获得）和语言学理论等方面探讨汉语（包括方言）中的量化问题”。

（9）2013年12月20～21日，由中国社会科学院语言研究所和北京语言大学合办的“第二届语言中的显著性与局部性国际研讨会”在北京召开。约30位专家学者出席会议。会议的主题是“语言中的显著性与局部性问题”。

2．国际学术交流与合作

2013年，语言研究所共审批办理因公出访手续37批次，实际出访60人次。出访目的以参加国际学术会议为主（44人次），其他还有学术访问或讲学（10人次）、合作研究（4人次）、博士论文项目（1人次）。出访国家和地区包括美国、韩国、日本、法国、荷兰、德国、匈牙利、加拿大、澳大利亚、英国、马来西亚。

2013年，语言研究所邀请和接待了来自法国、匈牙利、澳大利亚、加拿大、美国、荷兰、韩国、新加坡及中国香港和中国台湾的学者6批22人次，其中院级协议项目所承接的来访学者4人次。

（1）2013年3月14～16日，由中国社会科学院语言研究所、美国加州大学圣塔·芭芭拉分校东亚语言文化系联合举办的“第六届汉语史及西北方言中的语言接触专题研讨会”在美国加州召开。来自中国、美国、法国的近30位学者参加了会议。

（2）2013年11月29日至12月1日，由中国社会科学院语言研究所、常熟理工学院、南昌大学主办，常熟理工学院承办的“首届语言类型学国际研讨会暨第二届方言语音与语法论坛”在江苏省常熟市召开。来自中国、法国、德国、韩国、日本、斯洛伐克等国的学者共95人参加了会议。会议研讨的主要问题有“语言类型学和中国境内语言方言研究”“语音和语法研究”。

3．与中国香港、澳门特别行政区和中国台湾开展的学术交流

（1）2013年11月16～18日，由中国社会科学院语言研究所、北京大学、台湾“清华大学”联合举办的“第八届海峡两岸汉语语法史研讨会”在台湾召开。近40名来自海峡两岸三地的学者参加了会议。会议研讨的主要问题有“汉语语法现象的历史发展”“汉语语法史研究的理论与方法”等。

（2）2013年12月6～8日，由中国社会科学院语言研究所、北京大学语言学研究中心、台湾“清华大学”语言学研究所、香港城市大学和香港理工大学合办，香港理工大学承办的“第四届两岸三地现代汉语句法语义研讨会”在香港召开。20余位两岸三地的专家学者参加会议。会议的主题是“现代汉语句法、语义方面的若干重要问题”。

（四）学术社团、期刊

1．社团

（1）中国语言学会，会长沈家煊。

（2）全国汉语方言学会，会长刘丹青。

2013 年 11 月 22 ～ 25 日，由全国汉语方言学会、中国社会科学院语言研究所主办，安徽大学承办的“第七届官话方言国际学术研讨会”在安徽省合肥市召开。近 80 位方言学者参加了会议。会议研讨的主要问题有“官话方言的语音、词汇、语法等方面的问题”。

2013 年 12 月 13 ～ 16 日，由全国汉语方言学会、中国社会科学院语言研究所主办，暨南大学承办的“第十七届全国汉语方言学会学术年会”在广东省广州市召开。80 余位学者就汉语方言相关问题进行了探讨。此次年会还进行了全国汉语方言学会的换届选举，语言研究所刘丹青所长当选为新一届会长。

2．期刊

（1）《中国语文》（双月刊），主编沈家煊。

2013 年，《中国语文》共出版 6 期，共约 90 万字。该刊全年刊载的有代表性的文章有：陆丙甫、应学凤的《节律和形态里的前后不对称》，蒋静忠、潘海华的《“都”的语义分合及解释规则》，李宝伦的《“差不多”、副词都差不多吗？——“差不多”、否定词及梯级的相互作用》，詹卫东的《计算机句法结构分析需要什么样的词类知识——兼评近年来汉语词类研究的新进展》，李宇明的《词典收录字母词问题笔谈》，李运富的《佛缘复合词语的俗解异构》，汪维辉、胡波的《汉语史研究中的语料使用问题——兼论系词“是”发展成熟的时代》，邢向东的《陕西关中方言古帮组声母的唇齿化与汉语史上的重唇变轻唇》，张安生的《甘青河湟方言名词的格范畴》，马贝加、王倩的《试论汉语介词从“所为”到“处置”的演变》，赵长才的《中古译经“或 X”双音词的用法及演变过程》等。

（2）《方言》（季刊），主编麦耘。

2013 年，《方言》共出版 4 期，共约 60 万字。该刊全年刊载的有代表性的文章有：刘丹青的《方言语法调查研究的两大任务：语法库藏与显赫范畴》，梅祖麟的《否定词“不”“弗”在汉语方言里的分布及其演变》，贺巍的《汉语语法语音构造的相似性及其差别》，麦耘的《软腭辅音与硬腭过渡音的亲和性——一项语音演化研究》，胡安顺的《古二等韵在现代方言四呼中的分布》，李蓝、曹茜蕾的《汉语方言中的处置式和“把”字句（上、下）》，张惠英的《从临高话的名量结构说起》，徐丹的《甘肃唐汪话的语序》，李无未的《清末民初东北官话的语音特点》等。

（3）《当代语言学》（季刊），主编沈家煊、顾曰国。

2013 年，《当代语言学》共出版 4 期，共约 60 万字。该刊全年刊载的有代表性的文章有：沈家煊、乐耀的《词类的实验研究呼唤语法理论的更新》，顾曰国、张永伟的《静态图像库的信息检索与知识本体》，胡建华的《句法对称与名动均衡——从语义密度和传染性看实词》，黄居仁、李逸薇的《知识的系统与知识系统的建构：知识本体语言科学整合研究》，徐杰、田源的《“A 不 AB”与“AB 不 A”两种反复问句的统一处理及相关的句法问题》，吴建明的《人称“聚合结构”理论的汉语视角》，杨江、侯敏的《基于规则的汉语句子语义倾向计算》，吴庚堂的《量词浮游的动因》，彭国珍、杨晓东、赵逸亚的《国内外连动结构研究综述》等。

（五）会议综述

中国社会科学院国学研究论坛：上古汉语语法史研究

2013 年 11 月 20 ~ 21 日，由中国社会科学院文学哲学学部主办、中国社会科学院语言研究所承办的“中国社会科学院国学研究论坛：上古汉语语法史研究”学术研讨会在北京举行。来自中国、法国、美国、韩国、新加坡等国家的三十余位专家学者参加了会议。中国社会科学院学部委员、文学哲学学部主任江蓝生研究员出席论坛并致开幕词。研讨会由中国社会科学院语言研究所研究员曹广顺主持。

江蓝生指出，之所以要召开这次上古汉语语法史研究的学术研讨会，是因为学术发展到了一个新的阶段，改革开放以后，语言学研究也和其他学科一样取得了长足的发展和进步，现在，按照学术发展的规律，积累到一定的时候、一定的阶段，就要求有进一步的综合、整理、提高，正是因为有了这样的学术背景和时代要求，一些同人提出了要重写一部汉语语法史的想法。过去虽然已经有一些同类作品，但是很有必要把新时期以来的新材料、新观点、新的研究成果吸收到新的语法史研究当中来，所以，这个上古汉语语法史研讨会可以说就是为这个项目做一个启动。

2013 年 11 月，“中国社会科学院国学研究论坛：上古汉语语法史研究”学术研讨会在北京举行。

曹广顺介绍了研讨会的主旨及开展新语法史研究的意义，强调用新材料、新方法、新视角研究上古汉语的重要性。

中国传媒大学教授李佐丰、法国国家科研中心东亚语言研究所所长罗端教授、北京大学教授胡敕瑞和蒋绍愚、法国国家科研中心教授贝罗贝等五位学者先后报告了各自对上古汉语语法史研究的最新成果。

李佐丰报告的论文题目是《上古汉语中虚词“也”的产生和使用》。论文从“也”的产生、先哲谈“也”以及早期“也”的用法等三个方面进行了深入探讨。

关于古代汉语的语序类型问题长期以来一直受到学界的关注，并曾展开过讨论和争鸣，罗端报告的论文题目是《对古汉语否定句里代词宾语位置的进一步讨论》，对这个问题做了新的探讨。他通过对殷商甲骨文、两周金文及上古传世文献材料的分析，提出了一些新的观点和看法。

胡敕瑞报告的论文题目是《〈老子〉诸本的句末语气词》。论文选取《老子》九种不同的版本，详尽调查了出土和传世诸本句末语气词的使用情况。他认为，在出土材料不断被发现的今天，应大力倡导尽可能利用出土材料。

蒋绍愚以“先秦汉语的动宾关系和及物性”为题向大会作了报告。他还对一些动词在敦煌变文中带宾语的情况进行了考察。和先秦相比，这些及物动词在敦煌变文中带宾语的情况有较大变化。这说明同一个动词的动宾关系在不同时代是不同的。

贝罗贝报告的题目为《汉语是由综合型转为分析型语言的吗？》，论文从类型学的视角讨论了古代汉语和现代汉语的类型差异，并从多个参项探讨了古今汉语的类型转变。他提出了一种假设，认为在汉语发展史上存在从较多综合到较少综合（或称较少分析到较多分析）的类型变化，而且这种变化在不同的历史时期具有循环演变的倾向。

会议期间，围绕五位演讲者的主题报告和有关上古汉语语法的若干重要问题，与会学者展开了深入探讨，提出了许多很有价值的建议。

（赵长才）

哲学研究所

（一）人员、机构等基本情况

1. 人员

截至2013年年底，哲学研究所共有在职人员142人。其中，正高级职称人员50人，副高级职称人员44人，中级职称人员22人；高、中级职称人员占全体在职人员总数的82%。

2. 机构

哲学研究所设有：马克思主义哲学原理研究室、马克思主义哲学史研究室、马克思主义哲学中国化研究室、中国哲学研究室、西方哲学史研究室、现代外国哲学研究室、科学技术哲学研究室、伦理学研究室、逻辑学研究室、东方哲学研究室、哲学与文化研究室、美学研究室、《哲学研究》编辑部、《哲学动态》与《中国哲学年鉴》编辑部、《世界哲学》编辑部、图书资料室、办公室、科研处、人事处、老干部办公室。

3.科研中心

哲学研究所院属科研中心有：中国社会科学院文化研究中心、中国社会科学院社会发展研究中心、中国社会科学院东方文化研究中心、中国社会科学院应用伦理研究中心、中国社会科学院科学技术和社会研究中心、中国社会科学院世界文明比较研究中心。

（二）科研工作

1.科研成果统计

2013 年，哲学研究所共完成专著 22 种，540.2 万字；论文 262 篇，215.4 万字；研究报告 27 篇，37.4 万字；古籍整理 1 种，90 万字；译著 14 种，213.8 万字；译文 7 篇，9.28 万字；论文集 6 种，161.9 万字；皮书 2 种，78.7 万字。

2.科研课题

（1）新立项课题。2013 年，哲学研究所共有新立项课题 10 项。其中，国家社会科学基金课题 4 项："社会主义核心价值观研究"（孙伟平主持），"《道藏源流考》（再增订版）整理出版"（胡孚琛主持），"提高国民逻辑素质的理论与实践探索研究"（杜国平主持），"马克思辩证法的历史语境与当代视域"（李西祥主持）；院创新工程重大招标项目 1 项："中国特色社会主义的哲学依据研究"（李景源主持）；院马克思主义理论学科建设与理论研究课题 1 项："中国特色社会主义核心价值观研究"（崔唯航主持）；院贯彻落实十八大精神重大研究课题 2 项："马克思主义哲学中国化研究"（李景源主持），"文化产业发展对策研究"（张晓明主持）；院国情调研课题 1 项："衢州生态文明建设"（余涌主持）；院国情考察课题 1 项："文化安庆与社会主义文化建设新路径"（吴尚民主持）。

（2）结项课题。2013 年，哲学研究所共有结项课题 23 项。其中，国家社会科学基金课题 6 项："托马斯・阿奎那宗教伦理思想的人学解读"（刘素民主持），"技术化科学的哲学研究"（段伟文主持），"汉晋道教与方术民俗"（姜守诚主持），"建设社会主义核心价值体系研究"（孙伟平主持），"图像暨影像哲学研究"（尚杰主持），"德国哲学发展史"（谢地坤主持）；院重大课题 5 项："《黑格尔全集》翻译"（梁存秀主持），"马克思主义哲学中国化研究"（谢地坤主持），"当代西方形而上学问题研究"（江怡主持），"马克思主义哲学形态史"（吴元梁主持），"经济理论与社会发展"（孙春晨主持）；院重点课题 8 项："当代中国东方哲学研究"（孙晶主持），"科学、存在与政治"（孟强主持），"历史唯物主义的空间维度"（强乃社主持），"同时性与你——伽达默尔理解问题研究"（卢春红主持），"可能世界的名字"（刘新文主持），"宋代三《礼》学综合研究"（刘丰主持），"抽象、象征与符号——符号学马克思主义研究"（毕芙蓉主持），"从'南赣乡约'到'乡村建设运动'——中国近世儒学民间化转向的理论与实践"（马晓英主持）；院国情调研课题 3 项："振兴中医药事业调研"（谢地坤、陈其广主持），"社会主义核心价值体系建设有效性调研"（孙春晨主持），"衢州生态文明建设"（余涌主持）；院国情考察课题 1 项：

“文化安庆与社会主义文化建设新路径”（吴尚民主持）。

（3）延续在研课题。2013 年，哲学研究所共有延续在研课题 20 项。其中，国家社会科学基金课题 19 项：“注释、诠释与建构——四书学与宋明理学的发展”（陈静主持），“自由与希望：对康德实践哲学与美学的存在论阐释”（黄裕生主持），“科学知识社会学及其近期发展”（刘文旋主持），“一阶逻辑片段研究”（夏素敏主持），“马克思哲学：当代的挑战与回应”（鉴传今主持），“现象学视野中的科学——一种对自然主义的超越”（张昌盛主持），“20 世纪西方分析美学研究”（刘悦笛主持），“欧洲哲学的历史发展与中国哲学的机遇研究”（叶秀山主持），“1868 ~ 1945 年日本伦理学史”（龚颖主持），“柏拉图的知识论研究”（詹文杰主持），“三论宗哲学研究”（成建华主持），“自然语言信息处理的逻辑语义学研究”（邹崇理主持），“后社会建构论与存在论转向研究”（孟强主持），“中国近世儒学民间化转向的理论与实践研究”（马晓英主持），“可能世界的名字”（刘新文主持），“梵本《月喜疏》与早期胜论思想研究”（何欢欢主持），“世界文化多样性与构建和谐世界研究”（李河主持），“建国以来西方哲学中国化的重要问题及其影响”（谢地坤主持），“百年中国因明研究”（刘培育主持）；院重大 B 类课题 1 项：“社会伦理与社会发展”（余涌主持）。

3. 获奖优秀科研成果

2013 年，哲学研究所获“第八届（2013 年）中国社会科学院优秀科研成果奖”论文类一等奖 1 项：谢地坤的《中国的哲学现状、问题与任务》；专著类三等奖 3 项：王柯平的 *Chinese Way of Thinking*（《中国人的思维》），甘绍平的《人权伦理学》，李甦平的《韩国儒学史》；论文类三等奖 2 项：赵汀阳的《共在存在论：人际与心际》，张志强的《经、史、儒关系的重构与“批判儒学”之建立——以〈儒学五论〉为中心试论蒙文通“儒学”观念的特质》。

4. 创新工程的主要措施和工作安排

2011 年 9 月，哲学研究所的马克思主义哲学学科作为中国社会科学院哲学社会科学创新工程首批试点单位正式签约。2013 年，哲学研究所参加创新工程的人数为 78 人，首席管理为哲学研究所所长谢地坤、党委书记吴尚民。创新项目共有 16 项：“马克思主义哲学中国化、时代化、大众化文本研究与历史研究”（首席研究员为李景源），“创建马克思主义哲学中国化新形态”（首席研究员为孙伟平），“《新大众哲学》”（首席研究员为孙伟平），“中国农民哲学村调查”（首席研究员为单继刚），“全球化视野下的东方哲学研究”（首席研究员为孙晶），“中国语境中的西方哲学基础理论研究”（首席研究员为叶秀山、尚杰），“西方哲学经典著作翻译”（首席研究员为周晓亮），“学术交流‘走出去’战略启动和扩展”（首席研究员为谢地坤），“跨文化视野下的美学与美育研究”（首席研究员为王柯平），“逻辑学当代发展的创新研究”（首席研究员为邹崇理），“转型期道德建设的伦理学基础研究”（首席研究员为甘绍平），“中国哲学的近现代转型”（首席研究员为李存山），“儒释道三教关系研究”（首席研究员为张志强），“中国哲学史料选辑新编”（首席研究员为陈静），“当代哲学背景下的科技哲学理论创新与实践”（首席研究员为段伟文)，“文化发展的理论与现实问题研究”（首席研究员为张晓明)。

2013 年，哲学研究所在实施创新工程方面的新机制、新举措包括：

(1) 建立聘请学术顾问制度。根据中国社会科学院院长王伟光的指示精神，为达到汇集高端人才，共同促进哲学研究所和哲学学科发展和建设的目的，聘请了方立天、方克立、孙小礼、刘放桐、汝信、邢贲思、杨春贵、陈晏清、赵敦华、陶德麟、黄心川、陈先达、李锦全、楼宇烈、曾繁仁等 15 名国内哲学界的顶级学者为哲学所学术顾问。哲学所给每位学术顾问都颁发了聘书，定期向他们汇报所里工作，向他们咨询意见和建议。

(2) 将哲学研究所以往到年底给当年应退休人员统一办理退休手续的惯例改为到龄退休。同时，对在重要岗位的学科带头人和学术骨干实行退休返聘制度，统筹使用院里下拨给的“创新单位总额拨付经费”，从中列出专项经费用于聘用他们，以继续发挥其作用和稳定科研队伍。

(3) 筹办《东西哲学年鉴》。哲学研究所与德国柏林自由大学教授汉斯·菲戈尔，就哲学研究所与德国德古意特出版社合作出版《东西哲学年鉴》一事进行多次商谈，并取得突破性进展，拟签订合作出版合同。

（三）学术交流活动

1.学术活动

2013 年，哲学研究所主办和承办的学术会议有：

(1) 2013 年 4 月 24 日，哲学研究所主办的“马克思主义哲学和俄罗斯哲学”学术研讨会在北京市举行。会议研讨的主要问题有“十月革命和苏联社会主义的历史经验教训的现实性”“唯物史观的日常生活转向”等。

(2)2013 年 6 月 25 日，哲学研究所西方哲学史研究室与中国社会科学出版社联合主办的“纪念克尔凯郭尔诞辰 200 周年暨《克尔凯郭尔文集》（中文版）新书出版座谈会”在北京市举行。会议研讨的主要问题有“克尔凯郭尔哲学研究的意义和价值”“《克尔凯郭尔文集》出版的重要意义、研究中存在的问题”等。

(3) 2013 年 8 月 10 日，哲学研究所与中国辩证唯物主义研究会、中共中央党校哲学部、中国人民大学哲学院、中共青海省委党校共同主办的“马克思主义哲学与中国特色社会主义制度”理论研讨会在青海省西宁市举行。会议研讨的主要问题有“马克思主义哲学与中国特色社会主义制度中的重要理论和实践问题”等。

(4) 2013 年 10 月 9～10 日，哲学研究所科技哲学研究室主办的“经验与概念——麦克道尔与塞拉斯哲学研讨会”在北京市举行。会议研讨的主要问题有“麦克道尔的概念论、经验问题、意向问题”等。

(5) 2013 年 10 月 16 日，哲学研究所伦理学研究室主办、三明学院思想政治理论课教研部承办的“第三届人权与伦理学论坛”在福建省三明市举行。会议研讨的主要问题有“人权的建构”“人权的历史发展”“人权的普遍性与特殊性”“人权与人的尊严”“人权间的冲突与应对”“人权与国际政治关系”“人权与法律伦理”“人权与生命伦理”“人权与生态伦理”等。

（6）2013 年 10 月 19 日，哲学研究所和江西省社会科学院哲学研究所联合举办的“文化自觉与中国道路”学术研讨会暨第 24 届全国社科系统哲学大会在江西省南昌市举行。会议研讨的主要问题有“理论自信、道路自信、制度自信”“中国特色社会主义道路的理论逻辑与历史逻辑”“中国梦”“中国道路、中国精神、中国力量”“生态文明视域下的中国发展道路”“建设优秀传统文化的传承体系”“文化强国与哲学思维”等。

（7）2013 年 11 月 2 ～ 3 日，哲学研究所和山东大学哲学与社会发展学院共同主办的“全国青年哲学论坛（2013）暨中国社会科学院哲学研究所第五届青年学术论坛”在山东省济南市举行。会议的主题是“思想与时代：当代哲学前沿问题探讨”，研讨的主要问题有中国哲学、西方哲学、马克思主义哲学、东方哲学、科技哲学、伦理学、逻辑学、美学等研究领域的问题。

（8）2013 年 12 月 19 ～ 21 日，哲学研究所《哲学研究》编辑部、《哲学动态》编辑部和“青年哲学论坛”主办，复旦大学哲学学院承办的“第十届马克思主义哲学创新论坛”在上海市举行。会议的主题是“马克思主义与中国文化传统的现当代转化”，研讨的主要问题有“马克思主义、‘西学东渐’与中国文化传统的现当代转化”“中国道路与文化自觉”“中国道路与中国文化传统的现当代转化”“中国文化传统的现代转化与马克思主义中国化的独特性”等。

2. 国际学术交流与合作

2013 年，哲学研究所共派遣出访 17 批 31 人次，接待来访 8 批 24 人次（其中，中国社会科学院邀请来访 4 批 9 人次）。与哲学研究所开展学术交流的有俄罗斯、希腊、美国、英国、爱尔兰、瑞典、法国、德国、意大利、荷兰、捷克、丹麦、澳大利亚、斯洛伐克、越南、蒙古国、韩国、印度尼西亚、日本等国家。

（1）2013 年 3 月 30 日，哲学研究所李西祥与美国芝加哥洛约拉大学社会学系教授 Lauren Langman 在美国芝加哥就西方马克思主义的批判理论和辩证法理论进行学术交流。

（2）2013 年 4 月 1 日，哲学研究所谢地坤、王歌等与德国阿克塞尔·霍耐特在北京就正义的组织结构、批判理论的新进展等问题进行学术交流。

（3）2013 年 4 月 24 日，哲学研究所李景源、孙伟平、魏小萍等与俄罗斯科学院弗·戈·布洛夫、米·尼·格罗莫夫、弗·尼·谢夫切戈、阿·费·伊格夫列娃等在北京市就“十月革命和苏联社会主义的历史经验教训的现实性”“唯物史观的日常生活转向”等问题进行学术交流。

（4）2013 年 5 月 5 日，哲学研究所孙晶等与日本东京大学斋藤明在北京市就印度哲学与佛教学的最前沿问题进行学术交流。

（5）2013 年 6 月 10 日，哲学研究所章建刚与参加联合国教科文组织《文化多样性公约》缔约方大会第四届会议的学者在法国巴黎就文化多样性问题进行学术交流。

（6）2013 年 7 月 21 日，哲学研究所刘悦笛与参加第 19 届国际美学大会的学者在波兰就美学研究问题进行学术交流。

(7) 2013年8月2日，哲学研究所谢地坤、孙伟平、李景源等与参加第23届世界哲学大会的学者在希腊雅典就哲学研究中的一些基本问题进行学术交流。

(8) 2013年8月29日，哲学研究所孙晶、何欢欢与日本印度学佛教学会的学者在日本东京就印度佛教、梵文研究等问题进行学术交流。

(9) 2013年8月30日，哲学研究所詹文杰与美国普林斯顿大学John Cooper在美国普林斯顿就古希腊罗马哲学研究等问题进行学术交流。

(10) 2013年9月9日，哲学研究所魏小萍、单继刚等与斯德哥尔摩大学的相关学者就马克思主义哲学研究、社会福利状况等问题在瑞典进行学术交流。

(11) 2013年12月5日，哲学研究所章建刚与韩国国立外交院外交安保研究所相关学者在韩国首尔就韩中历史等问题进行学术交流。

3.与中国香港、澳门特别行政区和中国台湾开展的学术交流

(1) 2013年7月5日，哲学研究所张志强与台湾大学人文高等研究院的学者在台湾台北市就明清学术思想等问题进行学术交流。

(2) 2013年11月25日，哲学研究所任蜜林与台湾铭传大学两岸研究中心学者在台湾台北市就中国文化、中国崛起等问题进行学术交流。

(3) 2013年12月3日，哲学研究所周贵华与台湾政治大学哲学系和南华大学宗教学研究所相关学者在台湾台北市就佛学研究、印度学研究等问题进行学术交流。

(四) 学术社团、期刊

1.社团

(1) 中国辩证唯物主义研究会，会长王伟光。

2013年12月20～23日，中国辩证唯物主义研究会在深圳市举行“马克思主义哲学创新与当代中国改革”理论研讨会。会议的主题是“马克思主义哲学创新与当代中国改革”，研讨的主要问题有“马克思主义哲学创新”“当代中国改革”。与会专家学者120余人。

(2) 中国马克思主义哲学史学会，会长梁树发。

2013年7月15～18日，中国马克思主义哲学史学会在内蒙古自治区呼和浩特市举行“中国道路与马克思主义哲学研究”理论研讨会暨中国马克思主义哲学史学会2013年年会。会议的主题是“中国道路与马克思主义哲学研究”，研讨的主要问题有“中国道路、中国经验与中国梦的哲学问题”“中国道路、中国经验与马克思主义创新”“马克思主义哲学与当代中国发展中的问题”“生态文明建设”“中国化马克思主义与马克思主义哲学史”等。与会专家学者160余人。

(3) 中国哲学史学会，会长陈来。

2013年4月20～21日，中国哲学史学会在湖北省武汉市举行“中国哲学史研究的现状与前瞻学术研讨会第二次全体会议暨中国哲学史学会2013年年会”。会议的主题是“中国哲学史研究的现状与前瞻”，研讨的主要问题有王阳明哲学、中国哲学的研究方式、中国哲学史研究等。与会专家学者100余人。

(4) 中国现代外国哲学学会，会长江怡。

2013年4月13～14日，中国现代外国哲学学会中国俄罗斯哲学专业委员会在上海市举办全国第14届俄罗斯哲学研讨会。会议的主题是俄罗斯哲学，研讨的主要问题有“俄罗斯哲学与马克思主义”“俄罗斯哲学与社会现实”“俄罗斯哲学未来的发展方向”等。与会专家学者40余人。

(5) 中华全国外国哲学史学会，会长谢地坤。

2013年10月26～27日，中华全国外国哲学史学会、中国现代外国哲学学会在上海市举办“西方哲学：历史性与当代性”全国学术研讨会。会议的主题是“历史性与当代性”，研讨的主要问题有西方哲学史、西方哲学专题、启蒙精神及政治哲学、现象学、诠释学、德国哲学、法国哲学、分析哲学、英美知识论、经典实用主义和新实用主义等问题。与会专家学者150余人。

(6) 中国伦理学会，会长万俊人。

2013年10月12～13日，中国伦理学会在河北省石家庄市举行“中国伦理学会第八次全国会员代表大会暨学术讨论会”。会议的主题是“伦理治理与社会秩序”，研讨的主要问题有“伦理治理”“社会秩序”等。与会专家学者200余人。

(7) 中国逻辑学会，会长张家龙。

2013年6月22～23日，中国逻辑学会应用逻辑专业委员会在北京市举行学术年会。会议的主题是应用逻辑研究，研讨的主要问题有“应用逻辑基础理论研究”“应用逻辑在各个学科领域的理论研究”“应用逻辑在逻辑教学和社区管理中的应用研究”。与会专家学者50余人。

(8) 国际易学联合会，会长董光璧。

2013年9月14日，国际易学联合会易学与经济发展专家委员会（筹）在北京市举行“中国传统文化与生态文明建设高层论坛暨第五届易学应用与经济发展国际学术研讨会”。会议的主题是贯彻党的十八大会议重要精神：“把生态文明建设放在突出地位，融入经济建设、文化建设、社会建设各方面和全过程。努力建设美丽中国，实现中华民族永续发展”，研讨的主要问题有“中国传统文化”“生态文明”。与会专家学者200余人。

(9) 中华美学学会，会长汝信。

2.期刊

(1)《哲学研究》(月刊)，主编谢地坤。

2013年，《哲学研究》共出版12期，共计240万字。该刊全年刊载的有代表性的文章有：袁贵仁、杨耕的《马克思主义哲学：我们时代的真理和良心——纪念马克思逝世130周年》，赵敦华的《从自然状态到社会状态的历史过渡：从圣经的观点看》，林乐昌的《论张载对道家思想资源的借鉴与融通——以天道论为中心》，高兆明的《人道主义：谋划与生活——关于中国道德现状认识的方法论问题》，单继刚的《唯物辩证法和形式逻辑的关系——重评20世纪30年代、50年代的主要观点》，赵广明的《康德的"至善"与〈判断力批判〉的宗教哲学含义》，张汝伦的《海德格尔的实践哲学》，罗亚玲的《对话伦理学的语用学基础——兼论阿佩尔与哈贝马斯的先验语用学和普遍语用学之争》，王柯平的《柏拉图的"至真悲剧"喻说》，干春松的《贤能政治：儒家政治哲学的一个面向——以〈荀子〉的论述为例》，陶德麟的《略论文化建设中的传承与借鉴》，葛四友的《论柯恩对罗尔斯差别原则的"动机悖论"反驳》，吴晓明的《马克思的历史道路理论及其具体化承诺》，夏莹的《当代意识形态批判视野下的德国古典哲学——理解齐泽克思想的必要路径》，王福民的《马克思历史主体观的辩证旨趣》，甘绍平的《意志自由与神经科学的挑战》，叶险明的《关于资本主义与社会主义关系认识的方法论批判》，莫伟民的《德里达的"新国际"思想》，李存山的《张申府的"大客观"思想——兼论其对张岱年思想的影响》，包利民、张波波的《柏拉图的"第一朋友"——试析古典目的论的自我质疑》，杨大春的《现象性与物性》，方环非的《求真主义：知识、真与实践》，唐洲雁的《毛泽东：伟大的革命先行者》，蒉益民的《意识感受性与反物理主义》。

(2)《哲学动态》(月刊)，主编余涌。

2013年，《哲学动态》共出版12期，共计240万字。该刊全年刊载的有代表性的文章有：蔡方鹿、刘俊哲、金生杨的《巴蜀哲学对中国哲学发展的贡献》，单继刚的《人道主义与唯物史观的相容性分析——以20世纪80年代的人道主义讨论为背景》，韩庆祥、王海滨的《中国总问题："结构转型"与"力量转移"》，雅克·比岱的《马克思的〈资本论〉、阶级结构、世界体系和世界—国家》，邹广文的《当代哲学如何关注"中国问题"》，张曙光的《"学术理论"、"政治指导"和"意识形态"》，谢地坤的《市场经济条件下的中国商业道德的若干理论问题和实践问题》，李西祥的《作为能指逻辑的黑格尔辩证法——论齐泽克对黑格尔辩证法的拉康化阐释》，林剑的《文化研究的若干争议之辨》，王柯平的《"次好城邦"的混合政体》，王南湜的《"居中"的跨越性批判——柄谷行人关于马克思的"视差之见"》，于小晶、李建会的《探索认知的本质——评马克·罗兰兹的融合心灵说和认知的标志观》，卢春红的《〈纯粹理性批判〉中的空间概念》，龚颖的《接受与转化：近代日本伦理学史上的人格观念》，鲁鹏的《生产·关系·生产力——改革之能解放和发展生产力的一个解释》，黄克剑的《孔子"诗教"论略》，诺曼·莱文的《论马克思的政治学——对汪行福教授的回应》，孟强的《实像主义研究述评》，柄谷行人的《康德、黑格尔与马克思》，费多益的《情绪的哲学分析》，李河的《"解构论解释学"与解释学的范式转换》，周可的《马克思主义面临的当代挑战与社会理论的未来——访威廉·麦克布莱德教授》，蓝江的《语言哲学下的生命政治——当代马克思主义哲学与语言转向》，马寅卯的《舍斯托夫的存在哲学及其困境》。

(3)《世界哲学》(双月刊)，主编周晓亮。

2013 年，《世界哲学》共出版 6 期，共计 150 万字。该刊全年刊载的有代表性的文章有：叶秀山的《德国古典哲学的基本观念及其发展路线 ——在这种视野中关于“存在”的一些理解》，丁立群的《亚里士多德实践智慧思想及其复兴》，［加拿大］S. E. 汤普森的《什么是善：奥古斯丁论模仿统一的秩序是善》，欧阳谦的《“尚未存在”与“希望哲学”》，［美］S. 克里普克的《空名与虚构实体》，尚杰的《灵魂不灭暨哲学—宗教的同源性—— 读德里达的〈赐死〉》，［俄］B.M. 梅茹耶夫的《哲学视野中的文化》，单继刚的《什么是“马克思哲学”？》，孙宁的《谬误的本质：蒙塔古与桑塔亚那》，［美］J. 塞尔的《语言和社会本体论》，梁志学、刘立群的《黑格尔〈世界史哲学讲演录〉中文版前言》，［日］藤田正胜的《何谓思想间的“对话”？》，［加拿大］B. 林斯基的《罗素悖论的预言者——施罗德与策梅罗》，张志伟的《〈纯粹理性批判〉中的“对象之谜”——从现象学的视角看》，谢文郁的《偶态形而上学：问题的提出和展示》，［美］A. 伍德的《把结果论丢在后面》，聂敏里的《古典学的兴起及其现代意义》，张祥龙的《范式、家族相似和文化间性——库恩与维特根斯坦及儒家的比较》，廖申白的《亚里士多德的“努斯”作为目的性推理：一种解释》，［德］A. 霍耐特的《论我们自由的贫乏——黑格尔伦理学说的伟大与局限》，李章印的《为海德格尔的“形而上学”辩护—— 驳卡尔纳普》，叶秀山的《从“理智—理性”到“信仰”——克尔凯郭尔思路历程》，［英］ R. 斯特恩的《黑格尔的主奴辩证法是对唯我论的一种拒斥吗？》，居飞的《拉康的客体小 a：自身差异的客体》，［英］S. 富勒的《二十一世纪意识形态系谱的新左派和新右派——预防性和主动性原则》。

（4）《中国哲学史》（季刊），主编李存山。

2013 年，《中国哲学史》共出版 4 期，共计 100 万字。该刊全年刊载的有代表性的文章有：许家星的《朱子四书学形成新考》，唐明贵的《苏辙〈论语拾遗〉的诠释特色》，刘全志的《孔子眼中的舜“无为而治”新论》，林乐昌的《论“关学”概念的结构特征与方法意义》，刘增光的《从良知学到〈孝经〉学——阳明心学发展的一个侧面》，龚隽的《经史之间：印顺佛教经史研究与近代知识的转型》，孟庆楠的《匿简之际——以简帛〈五行〉篇为中心》，戴兆国的《儒家生命哲学的四重维度》，陈少明的《历史的寓言化——对〈庄子〉历史论述的一种解读》，匡钊的《专气、行气与食气——道家方士对“气”的不同理解及其后果》，张剑的《范浚的理学思想及其时代意义》，姜广辉、李有梁的《康有为的经学近代化改革及其失败》，王博的《西汉竹书〈老子〉与严遵〈老子指归〉》，沈顺福的《试论德性论的吊诡》，辛亚民的《张载易学“化”论缕析》，翟奎凤的《程朱论“敬以直内，义以方外”——兼谈理学对经学的选择性凸显及其自我建构》，黄明同的《阳明心学与白沙心学之异同——兼论明代心学之历史贡献》，孙尚扬的《从休谟—康德假说看徐光启倡导的竞争观念之意义》，李存山的《盘古传说不能作为中国哲学的萌芽》，宋志明的《“中国哲学合法性”解疑》，梁涛的《荀子对“孟子”性善论的批判》，郑万耕的《〈周易〉文化对中国哲学的贡献》，刘丰的《宋代礼学的新发展——以二程的礼学思想为中心》，张世亮的《以费知隐，重玄一实——方以智“质测”与“通几”之学的方法论特点》。

（五）会议综述

“正义的组织结构”学术报告会

2013 年 4 月 1 日，德国法兰克福学派批判理论的重要代表人物阿克塞尔·霍耐特应邀访问中国社会科学院哲学研究所，并在中国社会科学院学术报告厅做题为“正义的组织结构”的学术报告。报告会由中国社会科学院哲学研究所、歌德学院中国分院和上海交通大学联合举办。来自中国社会科学院哲学研究所、北京大学、清华大学等科研院所的科研人员、教师和研究生参加了报告会。报告会由中国社会科学院哲学研究所副所长孙伟平主持。中国社会科学院哲学研究所所长谢地坤、歌德学院中国分院院长安德思分别致辞。谢地坤向霍耐特颁发了中国社会科学院哲学研究所荣誉教授聘书。

2013 年 4 月，德国学者阿克塞尔·霍耐特在中国社会科学院作题为“正义的组织结构”的学术报告。

在报告中，霍耐特通过质疑传统正义论的三个要素（程序正义、分配公正、特定的国家集中制）来“重构”社会正义的机理和组织结构。社会正义要体现全体公民的公共意志，为公民提供“同等”自由的权利，个体解放是其主要成就。在分配正义中，“均等地满足主体需要的材料”构成了正义质料，个体自由并不能按照享受财富的逻辑来进行。人与人之间的交往为主体提供了实现自主自治的条件。主体在与其他人的关系中实现自治，这蕴含了一种对象结构，即承认关系要依赖于其他主体的参与，个体需要承认别人的需要、理想、信念等。因此，分配正义并非像均等享有商品式的分配。另外，施行正义的主体不能仅仅集中于法治国家，要重视民间组织在实现社会正义时发挥的协同作用。考虑到主体间性的形式是非常丰富的这一事实，不能全部通过国家行为才能分配正义质料，在家庭关系中通过情感认同，在劳工关系中通过报酬和权力来获得认同对个体而言十分重要。主体不仅需要在已成熟的法的关系中，而且应该在更为丰富的交互性社会关系中得到赏识、奖励和承认。

报告会前，中国社会科学院副院长李慎明、哲学研究所所长谢地坤分别接见霍耐特，并就双方感兴趣的问题进行了讨论。会后，霍耐特还与哲学研究所科研人员进行座谈，回答了报告中所涉及的问题及其他问题。

（高　颖）

第三届人权与伦理学论坛

2013 年 10 月 16 ～ 17 日，由中国社会科学院哲学研究所伦理学研究室主办、福建三明学院思想政治理论课教研部承办的“第三届人权与伦理学论坛”在福建省三明学院召开。与会专家学者围绕以下问题展开讨论，取得了丰硕成果。

第一，人权与道德。针对“人权是何种权利”这一问题，中国社会科学院哲学研究所研究员余涌指出，人权概念有两个共同点，一是人权的普遍性；二是人权从根本上讲是一种道德权利。三明学院教授郑丽珍从道德存在的目的和人权要求与主张的角度阐释了人权与道德之间的密切相关性。

第二，人权与文化。中国社会科学院哲学研究所研究员甘绍平主张，人权是一种人工道德，而非一种自然道理。中国社会科学院哲学研究所研究员孙春晨从人类学文化多样性的学术立场、人类学的整体观和人类学的“深描”方法三个角度阐释了人权研究的人类学维度。上海师范大学教授陈泽环则认为，当代社会主义核心价值观的提出和确立，为儒学发挥中华文明最重要根柢的功能提供了广阔价值空间。

第三，人权、尊严、义务。尊严概念是人权理论研究中一项不可或缺的内容，义务也是如此。中国人民大学教授龚群指出，环境正义与代际正义观念认为 ，正义同样是自由意志主体与无意志主体以及潜在意志主体之间的权利与义务关系。同时，权利与义务的相互性必须以承认关系为前提，在契约基础上发生的权利与义务的关系。

第四，人权与应用伦理学。中国社会科学院哲学研究所研究员王延光基于生命伦理学的视角，指出医疗科学技术的发展和应用构成了美国国家政治经济发展的重要因素和杠杆，却失去了卫生保健技术本身为病患服务的根本意义。中国社会科学院哲学研究所博士后张永义指出“保护的责任”与世界主义人权伦理就道德关怀的终极单元问题享有共同的价值基础 ，世界主义人权伦理为“保护的责任”提供了充分的道德辩护。

（柯　岩）

“文化自觉与中国道路”暨第24届全国社科系统哲学大会

2013 年 10 月 19 日，由中国社会科学院哲学研究所和江西省社会科学院哲学研究所联合举办的“文化自觉与中国道路”学术研讨会暨第 24 届全国社科系统哲学大会在江西省南昌市举行。研讨会以“文化自觉与中国道路”为主题，以推动哲学学科的建设和发展，促进社会主义文化事业大发展、大繁荣为目的。

江西省社会科学院院长梁勇认为，文化自觉主要指一个民族、国家和政党在文化上的自我觉醒。我们的文化自觉应当在马克思主义科学世界观和方法论的指导下，在学习和借鉴人类已有文明成果的基础之上，用贴近中国实际的理论研究去解读和阐释中国实践、中国道路，打造具有中国特色、中国风格、中国气派的哲学社会科学学术话语体系，从而为走好中国道路提供学理支撑。

中国社会科学院哲学研究所所长谢地坤指出，大会的主题不仅符合当前时代的要求，也充分体现了哲学社会科学工作者的历史使命，全国社科系统哲学大会至今已经连续进行了 24 年，这本身就表明了社科界哲学研究者对理论阵地的坚守，对信仰的维护，彰显了社科界哲学研究者的时代价值与历史传承。

会议集中讨论理论自信、道路自信、制度自信；中国特色社会主义道路的理论逻辑与历史逻辑；中国梦：中国道路、中国精神、中国力量；生态文明视域下的中国发展道路；建设优秀传统文化的传承体系；文化强国与哲学思维等重大问题。来自全国社科系统哲学所所长、专家、学者 50 余人出席了会议。研讨过程中，与会专家学者围绕会议主题进行了讨论，丰富了许多哲学课题的时代内涵。

（科研处）

世界宗教研究所

（一）人员、机构等基本情况

1. 人员

截至 2013 年年底，世界宗教研究所共有在职人员 75 人。其中，正高级职称人员 20 人，副高级职称人员 23 人，中级职称人员 23 人；高、中级职称人员占全体在职人员总数的 88%。

2. 机构

世界宗教研究所设有：马克思主义宗教观研究室、宗教学理论研究室、佛教研究室、伊斯兰教研究室、道教与中国民间宗教研究室、基督教研究室、当代宗教研究室、儒教研究室、宗教文化艺术研究室、《世界宗教研究》编辑部、《世界宗教文化》编辑部、资料室、办公室、科研处。

3. 科研中心

世界宗教研究所院属科研中心有：中国社会科学院基督教研究中心、中国社会科学院佛教研究中心、中国社会科学院道家与道教研究中心；所属科研中心有：儒教研究中心、巴哈伊教研究中心。

（二）科研工作

1. 科研成果统计

2013 年，世界宗教研究所共完成专著 15 种，595.8 万字；学术论文 79 篇，95.06 万字；

研究报告 1 篇，1.9 万字；译著 1 种，45 万字；工具书 1 种，181.9 万字；译文 1 篇，1.1 万字；一般文章 8 篇，1.64 万字；论文集 10 种，361.7 万字。

2. 科研课题

（1）新立项课题。2013 年，世界宗教研究所共有新立项课题 7 项。其中，国家社会科学基金一般课题 1 项："当代伊斯兰教新思想思潮研究"（王宇洁主持）；国家社会科学基金重点课题 2 项："梵蒂冈原传信部所藏中国天主教会档案文献编目（1622 ～ 1939 年）"（刘国鹏主持），"《剑桥基督教史》（九卷本）翻译"（卓新平主持）；国家社会科学基金重大课题 1 项："《剑桥基督教史》（九卷本）翻译与研究"（卓新平主持）；院国情调研课题 2 项："湖北省宗教文化与社会建设"（纪华传主持），"国情考察"（曹中建主持）；委托课题 1 项："太平天国与启示录"（周伟驰主持）。

（2）结项课题。2013 年，世界宗教研究所共有结项课题 12 项。其中，国家社会科学基金一般课题 4 项："道教碑刻集成"（吴受琚主持），"道教内丹学的理论体系及其现代意义"（戈国龙主持），"《智慧珍宝》——翻译、注释与研究"（王俊荣主持），"宗教学著作《西伯利亚埃文克人的宗教》（萨满教）翻译研究"（于静主持）；国家社会科学基金青年课题 4 项："民国时期中国伊斯兰教汉文译著思想研究"（马景主持），"中国传统儒学中的宗教性研究"（王健主持），"明清鼓山曹洞宗文献研究"（纪华传主持），"'理一分殊'——当代宗教多元现象与理论研究"（李林主持）；院重大国情调研课题 1 项："宁夏伊斯兰教调研"（王宇洁主持）；院青年科研启动基金课题 2 项："北京东岳庙碑文图录与释文"（林巧薇主持），"宗教复兴与地方传统——福建西部地区罗祖教发展现状调查"（陈进国主持）；院重大课题 1 项："福建明教（摩尼教）研究"（陈进国主持）。

（3）延续在研课题。2013 年，世界宗教研究所共有延续在研课题 11 项。其中，国家社会科学基金一般课题 3 项："敦煌道教文献图录编"（王卡主持），"犹太教通史"（黄陵渝主持），"东北道教史"（汪桂平主持）；国家社会科学基金青年课题 3 项："闽西罗祖教调查研究"（李志鸿主持），"安萨里《哲学家的矛盾》译介研究"（王希主持），"西方宗教心理学最新进展"（梁恒豪主持）；国家社会科学基金后期资助课题 1 项："清代佛教与政治文化"（周齐主持）；院重大课题 1 项："马克思主义宗教观基本理论研究"（曾传辉主持）；院重点课题 1 项："闽西罗祖教调查研究"（李志鸿主持）；西藏课题 1 项："政教合一制度及其对藏族社会的现实影响"（曾传辉主持）；创新工程——贯彻落实十八大精神重大研究项目 1 项："人文与社会学科基础研究"子课题——《当前我国宗教状况与宗教政策研究》（卓新平主持）。

3. 获奖优秀科研成果

2013 年，世界宗教研究所获"第八届（2013 年）中国社会科学院优秀科研成果奖"一等奖 1 项：金泽的专著《宗教人类学学说史纲要》；二等奖 1 项：杨健的专著《清王朝佛教事务管理》；三等奖 1 项：杨华明的论文《莫尔特曼的三位一体辩证法》。

4.创新工程的实施和科研管理新举措

2013年,世界宗教研究所有“六室两部”(佛教研究室、宗教学理论研究室、当代宗教研究室、宗教文化与艺术研究室、儒教研究室、基督教研究室、《世界宗教研究》编辑部、《世界宗教文化》编辑部)进入创新工程,全所参加创新工程的总人数为46人。

2013年,世界宗教研究所共有8个项目进入创新工程。全所创新工程首席管理为所长卓新平。8个项目及其首席研究员分别为:“东西方佛教思想发展史”(首席研究员为魏道儒);“当代宗教发展态势研究”(首席研究员为邱永辉);“中国宗教艺术现状研究”(首席研究员为何劲松);“宗教学理论创新”(首席研究员为金泽);“文庙的儒学共性与史地特性研究”(首席研究员为卢国龙);“基督宗教在中国”(首席研究员为卓新平);“以本土化、国际化为导向,打造世界一流的中国宗教研究期刊”(首席研究员为黄夏年);“我国周边国家——东南亚地区佛教研究”(首席研究员为郑筱筠)。

2013年,世界宗教研究所根据中国社会科学院对实施创新工程的相关要求,在马克思主义宗教观理论的指导下,世界宗教研究所结合该所的学术定位、研究职能和发展优势,制定和实施创新工程方案,积极构建新的学术管理平台和用人机制,推动体系创新和学科发展。

首先,在用人机制方面,该所围绕创新工程申报项目,积极聘用各类相关学者和人才,发挥人才优势,增强创新的力量。

其次,在管理层面,该所执行首席研究员对各项目负责、首席管理对全所创新工程负总责制,层层管理,落实到位,使得全所创新工程得以有效地开展。

在创新项目研究方面,全所紧紧围绕创新工程八大项目,以研究室为单位,开展各项目研究。

(三)学术交流活动

2013年9月,“2013中国宗教研究五十人论坛——宗教与文化多样性”在云南民族大学举行。

1.学术活动

2013年,世界宗教研究所主办和承办的规模较大的学术会议有:

(1)2013年5月7～8日,“东岳信仰与北京东岳庙学术研讨会”在北京召开。研讨会由中国社会科学院世界宗教研究所主办,北京东岳庙承办,北京市道教协会支持。会议的主题是“东岳信仰与北京东岳庙”,研讨的主要问题有“东岳信仰与道教神谱”“东岳信仰与封禅文化”“东岳信仰与山岳崇拜”“东岳信仰与地狱文化”“东岳信仰与当代道德建设”“东岳信仰的内涵与传播史”等。

（2）2013 年 6 月 8 ～ 9 日，“宗教与中华文化软实力”高层论坛暨 2013 年中国宗教学会年会在华侨大学召开。论坛由中国宗教学会、世界宗教研究所、华侨大学联合举办。会议研讨的主要问题有“宗教复兴与文化软实力”“海外华人宗教与文化软实力”“儒学复兴与宗教实践”“佛道教与文化”“社会转型与宗教管理”等。

（3）2013 年 6 月 21 日，第一届宗教社会学论坛——“宗教社会学 2013 北京论坛”在世界宗教研究所召开。会议的主题是“西方宗教社会学理论与中国宗教”，研讨的主要问题有“西方宗教社会学与中国信仰类型”“宗教性与认同 / 身份”“中国宗教及其测量”“多元的中国基督教”“中国宗教特征与另类的现代性”“当代宗教”“西方话语与中国宗教社会学研究”等。

（4）2013 年 9 月 2 日，由中国社会科学院文学哲学学部、中国宗教学会、世界宗教研究所、云南民族大学联合主办的“2013 中国宗教研究五十人论坛——宗教与文化多样性”在云南民族大学举行。

（5）2013 年 9 月 12 日，由中国社会科学院佛教研究中心、北京大学宗教学系、中国人民大学佛教与宗教学理论研究所联合主办的“净慧长老与生活禅”学术研讨会在北京大学举行。

（6）2013 年 9 月 17 ～ 19 日，由世界宗教研究所、中国道教协会道教文化研究所共同主办，江苏省道教协会、苏州市道教协会协办，吴中区道教协会、穹窿山上真观承办的“铁竹道人施道渊与江南道教研究”学术研讨会在江苏省苏州市举行。

（7）2013 年 9 月 19 ～ 22 日，“多元宗教与地方经验”暨第三届中国宗教人类学论坛在甘肃省兰州市召开。论坛由世界宗教研究所与兰州大学西北少数民族研究中心民族学研究院共同举办。会议研讨的主要问题有“宗教、理论与地方经验”“宗教、民族与社会生活”“伊斯兰、人类学与本土化”“信仰、历史与地方社会”“信仰、变迁与文化融合”“信仰、文本与地方经验”。

（8）2013 年 9 月 21 ～ 22 日，“马克思主义宗教观研讨会（2013）”在北京召开。研讨会由世界宗教研究所主办。会议的主题是“宗教研究范式和话语的反思与构建”，研讨的主要问题有“新中国成立以来我国宗教研究的范式或话语的反思和重建”“马克思主义宗教观对中国特色宗教学话语体系构建的重大作用和意义”等。

（9）2013 年 10 月 18 日，由世界宗教研究所、武汉市民族宗教事务委员会主办，中国社会科学院佛教研究中心、武汉市佛教协会、武汉归元禅寺协办的武汉归元佛教文化论坛——“佛教文化与强国战略”在湖北省武汉市召开。论坛的主题是“佛教文化与强国战略”，研讨的主要问题有“佛教与社会主义核心价值体系建设”“佛教与中华民族精神”“佛教与社会伦理及公民道德建设”“佛教与生态文明建设”“佛教文化的现代价值”“佛教思想与中国梦”“佛教与对外文化交流及中华文化走向世界”“佛教与文化自觉”等。

（10）2013 年 10 月 19 ～ 20 日，由世界宗教研究所主办的“宗教哲学 2013 北京论坛”（第三届宗教哲学论坛）在北京召开。论坛的主题是“宗教与哲学关键词”。

（11）2013年10月25～27日，世界宗教研究所主办了“第二届东南亚宗教研究论坛”。会议的主题是“东南亚宗教的复兴与变革”，研讨的主要问题有“东南亚宗教的复兴与变革”“中国与东南亚的宗教文化交流”“东南亚华人宗教的传承与变迁”“东南亚宗教与民族文化的互动”等。

（12）2013年11月3～4日，由中国社会科学院、中国宗教学会主办，世界宗教研究所承办的“中国社会科学论坛（2013·宗教学）——世界宗教与文明对话”在北京召开。会议研讨的主要问题有“世界宗教中的文明对话”“中国宗教在文明对话中的参与”“西方宗教的文明对话”“宗教与中西方对话”“宗教与文明对话的多样性”等。

（13）2013年11月22日，由中国社会科学院基督教研究中心、中国宗教学会主办，燕京神学院协办的“基督教与和谐社会建设”国际论坛在北京召开。会议研讨的主要问题有“和谐社会与基督教的理解”“基督教与中国文化”“宗教对话与经典研究”“基督教对和谐社会的可能贡献”“基督教的‘中国化’及其实现和谐的努力”“生态与社会和谐之共在”“对和谐的神学理解”等。

（14）2013年12月8日，由世界宗教研究所、中国宗教学会主办的“世界宗教与文化战略”研讨会在北京召开。会议研讨的主要问题有“宗教与文化战略”“中国传统文化与宗教”“宗教与中国社会”“基督教中国化研究”等。

（15）2013年12月23日，世界宗教研究所主办的“伊斯兰教与丝绸之路经济带”学术研讨会在北京召开。会议研讨的主要问题有“区域文化合作”“区域经济合作”“区域安全合作”。

（16）2013年12月26日，由中国社会科学院世界宗教研究所、中国宗教学会、甘肃省泾川县人民政府主办的“甘肃泾川佛教文化”学术研讨会在北京召开。会议的主题是“甘肃泾川佛教文化”。

（17）2013年12月27～29日，世界宗教研究所第九届青年学者论坛暨第三届博士后论坛在北京举行。论坛的主题是“宗教的复兴与变革”。

2.国际学术交流与合作

2013年，世界宗教研究所共派遣出访33批57人次，接待来访7批50人次。与世界宗教研究所开展学术交流的国家有印度、法国、斯里兰卡、德国、美国、澳大利亚、芬兰、英国、意大利、希腊、日本、尼泊尔、印度、俄罗斯等。

（1）2013年1月15日，美国南美以美大学（Southern Methodist University）博金斯学院教授温司卡（Sze—ka Wan）一行26人来中国社会科学院基督教研究中心访问。双方就中国宗教政策、中国基督教现状以及中美关系中的基督教等问题进行了讨论。世界宗教研究所所长卓新平等参加会见。

（2）2013年1月15～20日，世界宗教研究所研究员张总赴印度参加“佛教理论与阿底峡在汉藏地区形象比较研究”国际学术研讨会。

(3) 2013 年 1 月 16 日至 2 月 7 日，世界宗教研究所宗教艺术研究室博士后王敏庆赴法国巴黎进行交流访学。

(4) 2013 年 1 月 21 ~ 28 日，由世界宗教研究所高级佛学研究中心主任王志远为团长的 16 人代表团赴斯里兰卡参观学习。

(5) 2013 年 2 月 22 日，世界宗教研究所所长卓新平等会见韩国监理会神学大学校长朴钟天教授、牧园大学前校长李君镐教授等一行 6 人。韩方客人介绍了近年来韩国基督教学术研究的概况，卓新平所长介绍了世界宗教研究所基督教研究室和院基督教研究中心的研究和对外交往情况。双方还就进一步加强合作研究进行了磋商和交流，并初步达成了共识。

(6) 2013 年 3 月 19 日，世界宗教研究所副研究员周广荣赴美国华盛顿大学进行为期一年的外语研修，开展关于世界佛教思想史的研究工作。

(7) 2013 年 3 月 24 ~ 31 日，世界宗教研究所所长卓新平等赴澳大利亚进行关于“中国传统文化”的访问交流。

(8) 2013 年 3 月 28 日，中美“宗教心理学”座谈会在世界宗教研究所举行。

(9) 2013 年 4 月 11 ~ 14 日，世界宗教研究所所长卓新平赴德国参加德国中国研究中心 2013 年学术年会。

(10) 2013 年 5 月 3 ~ 10 日，世界宗教研究所研究员叶涛赴美国参加罗格斯大学“中国华北乡村的宗教与社会”专题讨论会。

(11) 2013 年 5 月 7 日，中法学者关于宗教研究的对话在世界宗教研究所举行。

(12) 2013 年 5 月 24 日，世界宗教研究所所长卓新平会见了来访的印度尼西亚国会相关部门负责人 Mohamad Sohibul Lman 一行。

(13) 2013 年 5 月 28 日，俄罗斯科学院远东研究所研究员、情报文献中心主任戈尔布诺娃来世界宗教研究所交流座谈。

(14) 2013 年 5 月 28 日，美国亚利桑那州立大学博士陈怀宇在世界宗教研究所作题为“从佛教学到佛教研究：一些回顾与反思”的学术报告。

(15) 2013 年 5 月 28 日，美国曼荷莲学院历史系教授、系主任霍莉 · 汉森博士在世界宗教研究所作题为“世界宗教与非洲进步的挑战”的学术报告。

(16) 2013 年 5 月 29 日至 6 月 2 日，世界宗教研究所研究员周齐作为德国埃尔朗根—纽伦堡大学国际人文研究中心的顾问委员，赴德国参加该中心举办的“符号阅读——中国历史上的预测学语言”学术研讨会。

(17) 2013 年 6 月 15 日至 7 月 3 日，世界宗教研究所副研究员唐晓峰赴芬兰图尔库参加中国民族出版社与荷兰博睿出版社共同举行的“当代中国宗教研究精选丛书”部分书籍的英文版发行仪式。

(18) 2013 年 6 月 27 日，世界宗教研究所副研究员唐晓峰赴芬兰赫尔辛基大学参加“中国与北欧学术论坛”及《中国当代宗教学丛书》首发式。

(19) 2013 年 6 月 30 日，世界宗教研究所研究员周齐作为德国埃尔朗根—纽伦堡大学国际人文研究中心的顾问委员，应邀参加“国际人文研究中心顾问委员会”年会。

(20) 2013 年 8 月 20 ~ 25 日，世界宗教研究所所长卓新平赴英国牛津大学参加宣道研究中心主办的“基督教信仰与当代中国社会思潮学术研讨会”。

(21) 2013 年 9 月 16 ~ 17 日，由世界宗教研究所、罗马第三大学、佩鲁贾外国人大学、意大利世界历史学会联合主办的“当代宗教：全球化与地方化”国际学术研讨会在罗马和佩鲁贾相继举行。世界宗教研究所 11 位学者参加了会议。

(22) 2013 年 10 月 1 日至 11 月 30 日，世界宗教研究所研究员张总应德国海德堡学术院的邀请，赴德国进行合作研究，参与雷德侯教授主持的中德合作“中国佛教石经”项目。

(23) 2013 年 10 月 2 ~ 6 日，世界宗教研究所所长卓新平作为中国代表团团长出席在希腊罗德岛召开的第 11 届“文明对话——世界公众论坛”。

(24) 2013 年 10 月 10 ~ 15 日，世界宗教研究所研究员叶涛应东京大学东洋文化研究所的邀请，参加在日本东京大学召开的“日本民俗学会第 65 届年会”。

(25) 2013 年 10 月 15 日，德国波鸿鲁尔大学宗教研究中心和埃尔朗根—纽伦堡大学国际人文研究中心 13 位教授到世界宗教研究所访问。德国波鸿鲁尔大学宗教研究中心主任 Volkhard Krech 教授作了题为“历史与全球视野下的宗教差异与神圣化过程”的讲座；德国波鸿鲁尔大学宗教研究中心教授 Marion Eggert 作了题为“韩国知识分子对西学的反应”的讲座。

(26) 2013 年 11 月 15 日至 12 月 15 日，世界宗教研究所研究员邱永辉赴印度尼赫鲁大学进行访问，收集印度教民族主义研究资料，实地考察“印度基金会”，与印度宗教学有关专家研讨印度教最近发展等问题。

(27) 2013 年 12 月 13 日，世界宗教研究所与俄罗斯外交部外交学院合作举行的“俄罗斯文化历史传统和俄罗斯与东亚国家的关系”座谈会在世界宗教研究所召开。

3. 与中国香港、澳门特别行政区和中国台湾开展的学术交流

(1) 2013 年 3 月 21 ~ 22 日，世界宗教研究所研究员王美秀赴台湾参加辅仁大学天主教学术研究院举办的“第一届天主教社会理论”学术研讨会。

(2) 2013 年 7 月 5 ~ 9 日，世界宗教研究所研究员叶涛参加台湾金门大学闽南文化研究所举办的“第二届海峡两岸民俗文化产业理论与实践”专题研讨会。

(3) 2013 年 7 月 9 ~ 13 日，世界宗教研究所所长卓新平赴香港参加香港汉语基督教文化研究所举办的“和谐共融：基督宗教在当代中国的社会作用”学术研讨会。

(4) 2013 年 7 月 10 ~ 14 日，世界宗教研究所博士李华伟赴香港中文大学参加“宗教、灵性资本与公民社会”学术研讨会。

(5)2013 年 8 月 23 ~ 26 日，世界宗教研究所副研究员嘉木扬·凯朝赴香港理工大学参加“第一届慈宗国际学术论坛”。

(6) 2013 年 10 月 22 ~ 23 日，“宗教与可持续社区”学术研讨会在澳门举行。会议由世界宗教研究所与巴哈伊教澳门总会联合主办，由设在香港大学的“全球文明研究中心”协办。

（四）学术社团、期刊

1.社团

中国宗教学会，会长卓新平。

2013 年 6 月 8 ~ 9 日，“宗教与中华文化软实力高层论坛暨 2013 年中国宗教学会年会”在福建省华侨大学召开。论坛由中国宗教学会、中国社会科学院世界宗教研究所、华侨大学联合举办。会议研讨的主要问题有“宗教复兴与文化软实力”“海外华人宗教与文化软实力”“儒学复兴与宗教实践”“佛道教与文化”“社会转型与宗教管理”“宗教学理论及相关研究”。年会还召开了中国宗教学会理事会议，讨论学会增补理事以及学会其他工作事宜。

2.期刊

(1)《世界宗教研究》(双月刊)，主编卓新平。

2013 年，《世界宗教研究》共出版 6 期，共计 180 万字。该刊全年刊载的有代表性的文章有：卓新平的《研究马克思主义宗教观 发展中国宗教学——纪念毛泽东主席关于开展宗教研究重要批示 50 周年》，毛胜的《论中国化的马克思主义宗教观的三种形态》，张志纲的《“基督教”中国化研究的三重视野》，金宜久的《马注的宇宙起源余光说》，黄夏年的《中国佛教的“戒德”思想研究》，梁工的《古代犹太教与早期基督教：希腊哲学观照下的两种释经理念》，林国平的《去巫化与正统化：民间信仰生存和发展之路——以福建民间信仰为例》，马占明的《艾布·曼苏尔·马图里迪与马图里迪教义学派初探》，高长江的《“四大门”崇信之精神分析》，李秋香的《论秦汉时期西王母信仰民俗的构建——兼论异地文化认同》。

(2)《世界宗教文化》(双月刊)，主编金泽。

2013 年，《世界宗教文化》共出版 6 期，共计 136 万字。该刊全年刊载的有代表性的文章有：金泽的《困惑的症结——反思宗教学方法论》，刘金光的《宗教事务管理法治化：成就、挑战与展望》，郑筱筠的《南传佛教与佤族社会生活之阶序逻辑——以云南临沧佤族为例》，刘骞的《全球化语境下的宗教认同与公民身份互动分析》，江灿腾的《当代台湾佛教史学论述及其思想诠释冲突》，张珣的《人类学视野下的台湾宗教与性别研究》，张训谋、雷丽华的《欧洲宗教与国家关系的历史演变》，丁敏的《当代台湾佛教文学研究的诠释建构者群像及其相关论述》，李维建的《撒哈拉以南非洲伊斯兰极端主义》，李文刚的《马里的伊斯兰教与民主化》，卢国龙的《儒学与中国的相互规定性》，林富士的《当代台湾本土宗教的文化史诠释——童乩仪式装扮的新探》，谢荣谦、雷春芳的《2010 年世界主要宗教群体规模和分布报告（一）》，徐龙飞的《19 世纪德国天主教社会训导理论之核心宗旨》，朱孝远的《宗教改革与德国领地国家的发展》，卓新平的《保护公民信仰自由，促进宗教服务社会》，林永胜、赖锡三的《当代台湾新儒学宗教向度的多元诠释与建构者：杨儒宾教授的研究特色和方法学的检讨》，何虎生、黄晓霓的《毛泽东宗教观及其当代价值》，朱振宇的《从“地上之城”到“世界帝国”——但丁对奥古斯丁政治思想的继承与修正》，孙帅的《加尔文与现代政治的秩序化》。

（3）《中国宗教研究年鉴（2011 ~ 2012）》，主编曹中建。

《中国宗教研究年鉴（2011 ~ 2012）》共180余万字。在栏目方面，特设“特稿及政策”“宗教政策”“研究综述”“实证研究报告”“年度论文”“年度推荐”“年度著作”“年度会议”“研究资料数据”“年度信息”等栏目，堪称近两年国内宗教研究的“百科全书”。该刊回顾了近两年宗教学研究领域内的成果概况，并加以数据统计和分析，力图真实地反映学术界的当前研究水平和未来发展趋势。

（五）会议综述

“宗教与中华文化软实力”高层论坛暨2013年中国宗教学会年会

2013年6月8日，“宗教与中华文化软实力”高层论坛暨2013年中国宗教学会年会在华侨大学召开。论坛由中国宗教学会、中国社会科学院世界宗教研究所、华侨大学联合举办。华侨大学副校长张禹东教授主持开幕式，中国宗教学会常务副会长、中国社会科学院世界宗教研究所党委书记曹中建、华侨大学校长贾益民、福建省民族与宗教事务厅副厅长林致知、中国伊斯兰教协会副秘书长张广林、中国道教协会副会长林舟、中国宗教杂志社副主编胡绍皆分别在开幕式上致辞。

中国宗教学会常务副会长曹中建在致辞中指出，我国宗教研究取得的长足进步，与中国宗教学会所做的大量工作是分不开的。自2011年中国宗教学会第六届理事会成立以来，中国宗教学会开展了大量工作，编辑出版了《中国宗教学（第四辑）》。中国宗教学会也召开了三次会议，三次会议均围绕宗教与文化战略这一主题展开讨论，取得了圆满的成效。华侨大学校长贾益民教授在致辞中回顾了华侨大学宗教学科的发展历程，指出开展海外华人华侨宗教文化研究对于提升中国文化软实力具有重要意义，开展海外华人华侨宗教研究也逐渐成为华侨大学宗教学研究的特色优势。

2013年6月，“宗教与中华文化软实力”高层论坛暨2013年中国宗教学会年会在福建省厦门市举行。

福建省民族与宗教事务厅副厅

长林致知在致辞中谈到宗教管理部门自身的思考、认识和态度。林致知认为，要认识到宗教文化及其软实力的现实意义与特征，指出宗教是文化、宗教有文化、宗教要文化，只有宗教在文化上与中国社会相适应，才是真正的相适应。

中国伊斯兰教协会副秘书长张广林在致辞中回顾了中国伊斯兰教协会在开展海外交流，让海外认识真正的中国伊斯兰教，提升中华软实力方面的重要作用。

中国道教协会副会长林舟在致辞中谈及福建道教的发展及其文化软实力。中国宗教杂志社副主编胡绍皆认为，要在大历史背景下认识中国宗教文化的重要性。

会议研讨的议题包括"宗教与中国传统文化""宗教与国家文化软实力""宗教与地域(区域)文化发展""宗教与台港澳文化""宗教与海外华人文化""目前我国宗教工作需要研究解决的重大理论与现实"。来自中国社会科学院世界宗教研究所、北京大学、中国人民大学、复旦大学、浙江大学、南京大学、四川大学、山东大学、厦门大学、西北大学、兰州大学、华侨大学、西北民族大学、新疆师范大学、首都师范大学、西南大学、上海社会科学院、江苏省委党校、吉林民族干部学校、内蒙古师范大学等科研机构的学者，来自福建省民族与宗教事务厅、福建省委统战部、中国道教协会、中国伊斯兰教协会等部门的领导，以及来自中国宗教杂志社、佛教在线等媒体的代表参加了会议。

会上，与会专家围绕"宗教复兴与文化软实力""海外华人宗教与文化软实力""儒学复兴与宗教实践""佛道教与文化""社会转型与宗教管理""宗教学理论及相关研究"展开研讨。年会还召开了中国宗教学会理事会议，讨论学会理事增补以及学会其他工作事宜。

这次会议，对于进一步发挥中国宗教学会的特殊作用，团结协调国内宗教研究"三支队伍"的力量，确定今后一个时期宗教研究的重点方向，配合党和政府实施涉及宗教问题的内外方针政策，发展兼备中国气派和国际水准的我国宗教学术研究事业，具有重要意义。

（李华伟）

2013中国宗教研究五十人论坛——宗教与文化的多样性

2013年9月2～3日，"2013中国宗教研究五十人论坛"在云南民族大学举行。论坛由中国社会科学院文学哲学学部、中国宗教学会、中国社会科学院世界宗教研究所、云南民族大学联合主办。来自中国社会科学院世界宗教研究所、国家宗教事务局宗教研究中心、云南民族大学、中国道教协会、山东大学、新疆社会科学院、西北民族大学、中国人民大学、上海大学、华东师范大学、浙江大学、陕西终南山宗教文化研究院、云南大学、云南师范大学、云南社会科学院、中共石家庄市委党校等全国各地的宗教学界知名学者以及云南民族大学的部分师生近百人参加了会议。代表们围绕"宗教与文化多样性"这一重大课题进行了研讨。

开幕式由中国社会科学院世界宗教研究所党委书记、中国宗教学会常务副会长曹中建主持，他指出，宗教作为文化的重要组成部分，在影响社会文化风格的同时，也被特定的社会文化所建构。在特定社会背景中研究宗教与多种文化形式相互影响与建构的关系是一个重大而深远的课题。此次会议的宗旨即是整合国内外理论成果，认真审视中国社会尤其是边疆民族地区蕴含的宗教文化资源，加深对"宗教与文化多样性"的理解和认识，进一步服务于社会主义精神文明和物质文明建设。总之，深刻认识宗教与文化多样性的内在互动关系，对社会主义和谐社会建设具有重要的理论与现实意义。

中国社会科学院学部委员、世界宗教研究所所长、中国宗教学会会长卓新平研究员，国家宗教事务局宗教研究中心原主任赵匡为，云南民族大学党委副书记、校长彭金辉教授先后致辞。卓新平在致辞中说，文化多样性在"全球化"的时代乃异彩纷呈、格外突出。从生态、社会的多样性进而论及文化的多样性，这里就涉及各种文化如何友好交往、和平共处的问题。其实，宗教的存在与交流也突出反映了文化多样性的现象，我们研究宗教就必须关注宗教的多样性存在及其多元文化意义。基于人的文明素质和多元文化共在的现实，我们理应认识到各宗教之间的和谐共在、和平共处乃是人类文明的表现，而我们与各种宗教和谐共存、良性互动、和平发展所表现的也是应有的一种文明姿态。所以，作为改革开放、与世界接轨、积极融入当代世界的中国人，就应该尊重宗教、理解宗教、保护人们的宗教信仰自由，这就是我们必须维护的社会文明理念及社会和谐形态。达到了这一点，也就能实现人类社会文化生态的和谐。

卓新平说，我们追求"国家兴旺""社会和谐"的进程，是在"多"中求"一"，以"多元一体"来呈现自我，以"多样统一"而与时俱进，这种"一体"或"统一"都立意在"中和"，其"和而不同"允许个性的张扬、差异性的存在；而其"不同而和"则展示了其文化的凝聚力及其共存、共在、共同发展的人生智慧。中华民族的"和合文化"是我们今天构建和谐社会、推进社会文化建设的思想基础和精神传承。在今天"全球化"多元文化的相遇及碰撞中，我们要立于不败之地就必须保持这种开拓、进取、创新之势。

中国人民大学哲学系宗教学系教授魏德东反思了现代中国宗教研究从批判性到理解性范式转化的过程，云南民族大学副校长张桥贵教授总结了云南多元宗教和谐共处的经验，四川大学道教与宗教文化研究所教授李刚解读了道教与中国老百姓的日常生活生老病死诸方面的关系，华东师范大学宗教与社会研究中心教授李向平分析了"公共信仰"的定义方式及其构成路径，浙江大学基督教与跨文化研究中心教授安伦提出了宗教多元和谐关系形成与构建的理论设想，国家宗教事务局宗教研究中心研究员赵匡为论述了文化建设中的宗教文化问题。

与会者还围绕"宗教与少数民族文化""当代宗教与中国社会文化变迁""宗教管理与文化建设""宗教与中国传统文化""多元宗教和谐相处""跨境民族地区宗教文化交流"等议题展开深入讨论。

（宗　研）

马克思主义宗教观研讨会（2013）

2013 年 9 月 21 ～ 22 日，“马克思主义宗教观研讨会（2013）”在北京召开。研讨会由中国社会科学院世界宗教研究所主办。代表们围绕“宗教研究范式和话语的反思与构建”这一主题，重点探究了“新中国成立以来我国宗教研究的范式或话语的反思和重建”“马克思主义宗教观对中国特色宗教学话语体系构建的重大作用和意义”等问题。

中国社会科学院学部委员、世界宗教研究所所长卓新平研究员在开幕词中指出，当前，中国宗教学的发展，马克思主义宗教观的发展，以及中国宗教与中国社会和谐关系的发展，都已经到了非常关键的时刻。宗教所是中国社会科学院最早建立马克思主义基本理论研究室的研究所之一，马克思主义宗教观研究室自成立以来也积极主动、特别活跃，以非常醒目的身影站在中国当代马克思主义宗教观研究的第一线。卓新平希望这种学术讨论或争鸣能够增进对马克思主义宗教观的正确理解，促进具有中国特色、中国气派、中国风骨的社会主义宗教理论体系和话语体系的完美构建，带动中国的宗教学术健康发展。

来自中共中央统战部、国家宗教事务局、中共中央党校、中共中央文献研究室、中央社会主义学院、四川省人民政府参事室、中国人民大学、中央民族大学、新疆师范大学、辽宁大学、黑龙江大学、南京大学、山西大学、湘潭大学、天津工业大学、重庆邮电大学、云南民族大学及中国社会科学院等单位的专家学者共 40 余人出席会议。

研讨会的论题主要包括“中国特色社会主义宗教理论体系建构”“中国宗教研究范式构建”“建国以来我国马克思主义宗教观研究范式的回顾和反思”“毛泽东思想活的灵魂与中国宗教学研究”“中国特色社会主义宗教理论的基本内容”“马克思主义宗教观教育”“宗教法治的理论渊源”“宗教研究中的立场问题”等。

（宗　研）

历史学部

考古研究所

（一）人员、机构等基本情况

1.人员

截至2013年年底，考古研究所共有在职人员153人。其中，正高级职称人员39人，副高级职称人员46人，中级职称人员45人；高、中级职称人员占全体在职人员总数的85%。

2.机构

考古研究所设有：史前考古研究室、夏商周考古研究室、汉唐考古研究室、边疆民族考古研究室、科技考古中心、文化遗产保护研究中心、考古编辑室（考古杂志社）、考古资料信息中心、办公室、科研处、人事处，另在西安设有研究室，洛阳和安阳设有工作站。

（二）科研工作

1．科研成果统计

2013年，考古研究所共完成中文专著6种，326.4万字；外文著作1种，25万字；论文125篇，141.4万字；译著2种，98.7万字；学术资料1种，70万字；论文集6种，345.9万字；年鉴1种，70万字。

2．科研课题

（1）新立项课题。2013年，考古研究所共有新立项课题8项。其中，国家社会科学基金一般课题1项："河南淅川下王岗2008～2010年考古发掘研究报告"（高江涛主持）；国家社会科学基金青年课题1项："殷墟遗址的动物考古学研究"（李志鹏主持）；国情考察课题1项："浙江文化遗产展示与利用之现状考察"（刘政主持）；国家科技支撑课题3项："中华文明形成过程中的资源、技术和生业研究"（赵志军主持），"中华文明起源过程中三大都邑性聚落综合研究"（陈星灿主持），"中华文明形成和早期发展的整体性研究"（王巍主持）；国家文物局文物保护领域科学和技术研究课题2项："襄阳地区两周时期青铜器多学科研究与保护"（常怀颖主持），"殷墟白陶的制作工艺与原料来源调查"（何毓灵主持）。

（2）结项课题。2013年，考古研究所共有结项课题3项。其中，院A类重大课题1项："新中国重大考古发现资料信息的抢救与整理"（巩文主持）；院重点课题1项："新疆拜城多冈墓地人群的种系、健康和饮食"（张君主持）；院B类重大课题1项："兴隆洼遗址的发掘与研究"（刘国祥主持）。

（3）延续在研课题。2013年，考古研究所共有延续在研课题8项。其中，国家社会科学基金课题4项:“殷墟孝民屯”（王学荣主持),“汉长安城遗址骨签考古研究”（刘庆柱主持),“宜川龙王辿——旧石器时代晚期遗址发掘报告”（王小庆主持),“辽代祖陵陵园考古发掘报告”（董新林主持）；院A类重大课题1项:“中亚古代冶金研究”（朱延平主持）；院重点课题3项:“新疆巴州古墓葬研究——和静县察吾乎沟、轮台县群巴克及且末县加瓦艾日克墓地”（丛德新主持),“唐代都城园林研究——长安太液池”（龚国强主持),“辽代祖陵遗址考古发掘报告”（董新林主持)。

3.获奖优秀成果

2013年，考古研究所获“第八届2013年中国社会科学院优秀科研成果奖”6项。其中，获二等奖2项，三等奖4项。

4.创新工程的主要措施和工作安排

(1）进入创新工程时间:2011年9月，考古研究所进入创新工程。

(2）参加创新工程的人数:2013年，考古研究所参加创新工程的人数为122人。

(3)创新工程项目的名称及首席管理、首席研究员。2013年,考古研究所创新工程项目如下:创新总额拨付项目14项:“商周青铜器的陶范铸造工艺”（项目负责人为刘煜),“临淄齐故城冶铸遗址调查研究”（项目负责人为白云翔),“丰镐遗址冯村北制骨作坊制骨工艺与制骨手工业研究”（项目负责人为李志鹏),“龙山时代到商代中原地区生态环境及植物利用——利用木炭分析”（项目负责人为王树芝),“考古遗址古环境及人地关系综合研究”（项目负责人为齐乌云),“从汉魏洛阳城到隋唐洛阳城的空间转移：以历史时期自然环境演化为视角”（项目负责人为王辉),“物理勘探在考古中的应用研究”（项目负责人为钟建),“古DNA技术的应用和人骨的综合研究”（项目负责人为张君、王明辉),“考古所馆藏文物精品集成”（项目负责人为朱乃诚),“考古基地建设”（项目负责人为李港),“中国文化遗产科学体系创新研究”（项目负责人为杜金鹏),“考古遗产空间资源结构性维系及价值挖掘研究”（项目负责人为王学荣),“实验室考古创新研究”（项目负责人为李存信),“文物修复技术研究”（项目负责人为王浩天)。

2013年，考古研究所由于实际工作需要还单独申报项目即田野考古特殊创新项目共计41项:“栽培大豆的起源和早期耕作技术研究”（项目负责人为赵志军),“中国家鸡起源及东北地区史前居民获取肉食资源方式研究”（项目负责人为袁靖),“黄河中游地区旧石器时代向新石器时代过渡的考古学研究”（项目负责人为王小庆),“长江中游地区史前城址的发掘与研究”（项目负责人为黄卫东),“河南灵宝铸鼎原庙底沟遗址群综合研究”（项目负责人为李新伟),“官亭盆地考古调查与聚落群研究”（项目负责人为叶茂林),“新砦遗址钻探与研究”（项目负责人为赵春青),“黄淮下游地区史前聚落考古研究”（项目负责人为梁中合),“岛屿考古——辽宁大连广鹿岛洪子东遗址的发掘与研究”（项目负责人为贾笑冰),“华南地区史前考古学文化谱系研究”（项目负责人为傅宪国),“二里头遗址发掘和研究”（项目负责人为许宏),“陶寺遗址发掘与研究”（项目负责人为何努），“殷墟手工业遗存的勘探与初步研究”（项目负责人为唐际根），“偃师商城遗址资料整理及报告编写”（项目负责人为谷飞），“丰镐遗址考古钻探与试掘”（项目负责人为徐良高），“汉长安城遗址考古发掘与研究”（项目负责人为刘振东），“含元殿西北官署区遗址考古发掘与研究”（项目负责人为龚国强），“洛阳汉魏故城遗址考古发掘与研究”（项目负责人为钱国祥），“隋唐洛阳城的考古发掘与研究”（项目负责人为石自社），“河北邺城遗址考古发掘与研究”（项目负责人为朱岩石），“辽上京城考古发掘和研究”（项目负责人为董新林），“西安秦汉上林苑遗址的考古与研究”（项目负责人为刘瑞），“苏州木渎古城址的发掘和研究”（项目负责人为唐锦琼），“唐宋扬州城遗址考古发掘与研究”（项目负责人为汪勃），“北朝石窟寺调查与研究”（项目负责人为李裕群），“古文字研究”（项目负责人为冯时），“巴蜀符号的整理与研究”（项目负责人为严志斌），“中亚考古”（项目负责人为王巍），“北庭古城综合考古研究”（项目负责人为巫新华），“新疆博尔塔拉河流域青铜文化研究——新疆温泉阿敦乔鲁遗址与墓葬”（项目负责人为丛德新），“丝绸之路古代文明”（项目负责人为陈凌），“海上丝绸之路的考古学研究”（项目负责人为姜波），“秦汉时期西南夷地区考古发掘与研究”（项目负责人为杨勇），“西藏阿里象泉河上游象雄时期墓地测绘与发掘”（项目负责人为仝涛），“蒙古族源考古研究”（项目负责人为刘国祥），“碳十四年代学研究和古人类食物状况研究”（项目负责人为张雪莲），“现代分析测试技术在考古学研究中的应用”（项目负责人为赵春燕），“古陶瓷产地和制作工艺研究”（项目负责人为王增林），“考古遥感与地理信息系统研究”（项目负责人为刘建国），“利用数字摄影及标准网格技术绘制新疆胡杨墩佛寺遗址壁画”（项目负责人为刘方），“重要遗址考古发掘资料整理和报告编写”（项目负责人为陈星灿、巩文）。

首席管理 2 人：王巍、刘政。

首席研究员（总编辑）27 人：白云翔、陈星灿、刘庆柱、冯时、杜金鹏、袁靖、刘国祥、朱乃诚、朱岩石、朱延平、许宏、李裕群、何努、张雪莲、赵志军、施劲松、钱国祥、徐良高、唐际根、梁中合、傅宪国、王学荣、董新林、刘建国、龚国强、丛德新、安家瑶、李新伟（安家瑶退休后李新伟递补）。

（4）在创新工程方面实施的新机制、新举措。2013 年，考古研究所根据院创新工程的有关规定，结合研究所实际情况，初步建立科研岗位工作业绩量化考核工作办法，全员实施岗位职责量化考核的测评和业务人员业绩量化考核。

由于进入创新岗位人员的工作性质各不相同，该所根据岗位的实际情况提出不同的考核标准。成果形式除了论文和专著外，还可以是田野发掘简报、实验报告、数据库、文物保护成果，以及应国家有关部门的需求而提供的关于文化遗产保护的政策性咨询和建议等创新工程评审委员会认可的各种形式。考虑到人文科学的特性以及考古学研究涉及众多自然科学的学科和其他人文社会科学的学科，工作内容、成果形式复杂多样等特殊性，该所在对成果进行考核评判时，审慎地制订成果量化标准。在符合“三个定位”的前提下，考核的核心标准为成果的创新性、学术价值及对考古学创新体系的贡献。

2013年，该所制订了《考古研究所科研岗位工作业绩量化考核工作办法》，并与《中国社会科学院考古研究所创新岗位考核办法》结合使用，在全所科研岗位中进行量化考核试行。

（三）学术交流活动

1.学术活动

2013年，考古研究所主办、合办的主要学术会议有：

（1）2013年1月28日，由中国社会科学院考古研究所聚落考古中心主办的“2012年度中国聚落考古新进展”专家座谈会在北京举行。来自中国社会科学院考古研究所、中国社会科学院历史研究所、北京大学考古文博学院、北京大学城市与环境学院、中国国家博物馆、北京联合大学应用文理学院、南京大学历史系、四川省文物考古研究院、陕西省考古研究院、安徽省文物考古研究所、郑州市文物考古研究院等10多个单位的30余位专家学者参加了座谈会。会议研讨的主要问题是“聚落考古的概念、研究对象、工作方法和技术”。

（2）2013年6月18～19日，由澳门民政总署、考古研究所、香港中文大学中国考古艺术研究中心与香港大学饶宗颐学术馆联合举办的“澳门黑沙史前轮轴机械及相关问题国际会议”在澳门召开。来自中国、英国、法国、俄罗斯等国的30多位专家学者参加会议。会议的主题是“中国新石器时代陶器、木器与轮轴机械加工的关系及东亚各地出土轴承石器的年代、类型及功能分析”。

（3）2013年8月，由中国社会科学院和上海市人民政府共同举办的“世界考古·上海论坛”在上海市召开。论坛的主题是“古代文明的比较研究”。

（4）2013年8月22日，由考古研究所和内蒙古文物考古研究所主办，赤峰市文化局、文物局协办，巴林左旗旗委、旗政府承办的“十至十二世纪东亚都城和帝陵考古与中国契丹辽文化国际学术研讨会”在内蒙古自治区巴林左旗召开。来自中国、日本、韩国、俄罗斯、加拿大、蒙古国等国的专家学者参加了会议。

（5）2013年10月15日，由中国社会科学院考古研究所与襄汾县文物旅游局共同举办的“天文与考古暨陶寺观象台考古发现10周年纪念学术研讨会”在山西省临汾市襄汾县举办。来自中国社会科学院考古研究所、中国科学院自然科学史研究所、国家天文台、安徽省考古研究所、成都文物考古研究院、辽阳师专等单位的26位专家学者参加了会议。

（6）2013年10月20日，由考古研究所、河南省文物局和三门峡市人民政府联合主办的首届“中国公众考古——仰韶论坛”在河南省三门峡市召开。

（7）2013年11月9～10日，由考古杂志社、郑州大学历史学院、郑州大学历史文化遗产保护研究中心联合主办的“多维视域下的当代考古学”学术研讨会在郑州大学召开。来自中国社会科学院考古研究所、北京大学考古文博学院、国家文物局文物出版社、科学出版社文物考古分社、河南省文物考古研究院、河南省博物院、郑州市文物局、郑州市文物考古研究院、南开大学历史文化学院考古杂志社、《文物》编辑部、《考古与文物》编辑部、《江汉考古》编辑部、《东南文化》编辑部、《农业考古》编辑部、《中原文物》编辑部、《华夏考古》编辑部、《中国国家博物馆馆刊》编辑部、郑州大学历史学院、郑州大学历史文化遗产保护研究中心等10余家单位的50余位专家学者参加了研讨会。

(8) 2013年10月28～29日，由考古研究所、中国殷商文化学会、河南省文物局和偃师市人民政府联合主办的“夏商都邑考古暨纪念偃师商城发现30周年国际学术研讨会”在河南省偃师市召开。来自中国、日本、美国的百余位专家学者参加了会议。会议的主题是“夏商都邑考古”。

(9) 2013年12月4日，由考古研究所主办的“2013年中国边疆考古论坛”在北京召开。会议研讨的主要问题有“当前边疆考古的新发现”“边疆考古的研究对象、目的、方法及意义”“边疆考古面临的诸多挑战”。

(10) 2013年12月21日，由中国社会科学院古代文明研究中心、安徽省文化厅、蚌埠市人民政府主办的“禹会村遗址与淮河流域文明研讨会”在安徽省蚌埠市召开。来自北京、天津、河南、山东、江苏、上海、浙江等省市的60余位专家学者参加了会议。

2.国际学术交流与合作

2013年，考古研究所共派遣出访49批80人次，接待来访30余批100余人次（其中，中国社会科学院邀请来访1批1人次）。与考古研究所开展学术交流的国家有美国、英国、法国、日本、韩国等。

出访

(1) 2013年1月4～10日，考古研究所许宏、石自社与日本山口大学人文学部的学者在日本就东亚诸国都城及都城制的比较史综合研究问题进行学术交流。

(2) 2013年1月18～26日，考古研究所王巍、陈星灿等与印度贝拿勒斯大学艺术学院的学者在印度就中外古代文明比较研究问题进行学术交流。

(3) 2013年2月11～18日，考古研究所朱岩石与日本筑波大学的学者在日本就“南北朝佛教考古为基础的研究项目”进行学术交流。

(4) 2013年3月1～5日，考古研究所袁靖、李志鹏等与日本冈山理科大学的学者在日本就“动物考古学研究”问题进行学术交流。

(5) 2013年3月13～15日，考古研究所陈星灿与联合国教科文组织国际中亚研究所的学者在土耳其就“国际中亚研究理事会第十五次会议”相关事宜进行学术交流。

(6) 2013年3月17日至4月14日，考古研究所陈星灿与法国高等研究实验学院第四系（历史和哲学科学）的学者在法国就“中国考古学研究的新发现与新进展”问题进行学术交流。

（7）2013 年 4 月 3 ～ 8 日，考古研究所赵志军和郭物与美国哈佛大学人类学系的学者在美国就“美洲考古学会第 78 届考古年会”相关事宜进行学术交流。

(8)2013 年 4 月 14 ～ 20 日,考古研究所李新伟与危地马拉旅游局相关人员在危地马拉就“古代文明对话：以过去为未来之窗”文明对话问题进行学术交流。

（9）2013 年 6 月 3 ～ 17 日，考古研究所袁靖与法国国家科学研究院东亚文明研究中心的学者在法国就中国动物考古学研究的新进展问题进行学术交流。

（10）2013 年 6 月 17 ～ 22 日，考古研究所赵志军与希腊赛萨洛尼基亚里士多德大学的学者在希腊就“希腊赛萨洛尼基植物考古国际学会第 16 届大会”相关问题进行学术交流。

（11）2013 年 6 月 18 ～ 21 日，考古研究所白云翔与韩国国立文化财研究所的学者在韩国就“东亚古代铁器文化研究”问题进行学术交流。

（12）2013 年 8 月 29 日至 10 月 10 日，考古研究所朱岩石、刘涛等与乌兹别克斯坦科学院考古研究所的学者在乌兹别克斯坦就中乌合作考古发掘工作进行学术交流。

（13）2013 年 9 月 4 ～ 10 日，考古研究所杜金鹏与韩国东亚文化遗产保护学会相关人员在韩国就“东亚文化遗产保护研究”问题进行学术交流。

（14）2013 年 9 月 19 ～ 23 日，考古研究所朱岩石、李裕群与日本京都大学人文科学研究所的学者在日本就“中国南北朝时代佛教文化及源流考古学研究”问题进行学术交流。

（15）2013 年 10 月 7 ～ 14 日，考古研究所白云翔、李裕群与乌兹别克斯坦科学院考古研究所的学者在乌兹别克斯坦就中乌合作考古发掘工作进行学术交流。

（16）2013 年 10 月 12 ～ 16 日，考古研究所陈星灿与联合国教科文组织亚太地区非物质文化遗产国际信息和网络中心相关人员在韩国就“国际中亚研究理事会国际专家会议和第十六次会议”相关事宜进行学术交流。

（17）2013 年 10 月 16 ～ 18 日，考古研究所赵志军与韩国文化财厅国立文化财研究所的学者在韩国就“第一届东亚农耕研究——从自然科学分析农耕的出现”问题进行学术交流。

（18）2013 年 10 月 28 日至 11 月 1 日，考古研究所董新林与韩国国立文化财研究所的学者在韩国就“2013 年亚洲考古学：2013 年国外考古调查与发掘成果”问题进行学术交流。

（19）2013 年 11 月 17 ～ 21 日，考古研究所白云翔、徐龙国与韩国东亚细亚文化财研究院的学者在韩国就“庆祝韩国东亚细亚文化财研究院成立十周年”相关事宜进行学术交流。

（20）2013 年 12 月 12 ～ 16 日，考古研究所龚国强与韩国僧伽大学的学者在韩国就“东亚佛教考古学研究现状”问题进行学术交流。

（21）2013 年 12 月 13 ～ 16 日，考古研究所王巍等与日本中国考古学会相关人员在日本就日本考古学会2013年度大会相关事宜进行学术交流。

签署的合作协议

2013年，考古研究所结项的国际合作研究项目有1项，即“考古所与日本冈山理科大学合作小珠山遗址进行动物考古学研究项目”；取得阶段性成果的国际合作研究项目有9项，分别是：“考古所与墨西哥国立人类学与历史学研究所学术交流协议项目”“考古所与乌兹别克斯坦科学院考古研究所合作考古调查与发掘项目”“考古所与俄罗斯科学院新西伯利亚分院考古研究所合作框架协议项目”“考古所与日本奈良县立橿原考古学研究所友好交流协议项目”“考古所与俄罗斯科学院考古研究所学术交流协议项目”“考古所与加拿大西蒙弗雷泽大学环境学院合作协议项目”“考古所与日本国立历史民俗博物馆学术交流协议项目”“考古所与英国阿伯丁大学学术交流协议项目”“考古所与加拿大不列颠哥伦比亚大学文学院合作研究、学术交流协议项目”。

3.与中国香港、澳门特别行政区和中国台湾开展的学术交流

（1）2013年2月18～23日，考古研究所袁靖与香港中文大学中国考古艺术研究中心的学者在香港就“中国古代家养黄牛和绵羊的动物考古学研究”问题进行学术交流。

（2）2013年2月18～27日，考古研究所唐际根、何毓灵等与台湾“中研院”历史语言研究所的学者在台湾就“安阳青铜器铸造与制骨作坊”相关议题进行学术交流。

（3）2013年2月18～25日，考古研究所朱乃诚、丛德新等与台湾“故宫博物院”相关人员在台湾就《商王武丁与后妇好——殷商盛世文化艺术特展》的撤展工作进行学术交流。

（4）2013年6月17～19日，考古研究所王巍与澳门民政总署有关人员在澳门就“澳门黑沙史前轮轴机械及相关问题国际会议”相关事宜进行学术交流。

（5）2013年9月4～9日，考古研究所李裕群与台湾财团法人佛光山文教基金会相关人员在台湾就“石窟寺源流概述”展览工作进行学术交流。

（6）2013年9月13～21日，考古研究所巫新华与财团法人佛光山文教基金会相关人员在台湾就《光照大千——丝绸之路的佛教艺术》文物展览工作进行学术交流。

（7）2013年10月16～18日，考古研究所庞小霞与香港中文大学中国考古艺术研究中心的学者在香港就“地下的中国——凤翥龙翔考”文物展览布展工作进行学术交流。

（8）2013年10月23～25日，考古研究所白云翔、朱乃诚等与香港中文大学中国考古艺术研究中心的学者在香港就“地下的中国——凤翥龙翔考”文物展览开幕式及相关学术活动进行学术交流。

（9）2013年11月22～24日，考古研究所冯时和刘一曼在台湾参加“第四届古文字与古代史国际学术研讨会——纪念董作宾逝世五十周年”会议。

（10）2013 年 12 月 15 ～ 22 日，考古研究所岳洪彬和刘忠伏与台湾“中研院”历史语言研究所的学者在台湾就安阳殷墟手工业作坊研究问题进行学术交流。

（四）学术社团、期刊

1. 社团

中国考古学会，理事长张忠培。

（1）2013 年 4 月，国家文物局主管，中国文物报社、中国考古学会主办“2012 年度全国十大考古新发现”评选工作并召开会议，参会人员 100 余人。

（2）2013 年 10 月 23 ～ 27 日，中国考古学会第十六次年会暨第六届会员代表大会在西安召开。会议的主题是“全球视野下的古代中国——以周秦汉唐为中心”。来自全国各地的考古学者就史前考古、商周考古、秦汉考古和隋唐考古等方面的问题进行了研讨。大会共收到论文 170 余篇。第六届会员代表大会选举产生理事 126 名，理事会选举王巍为理事长，童明康、赵辉、李季为副理事长，陈星灿为秘书长。出席年会的学者和代表共计 300 余人。

（3）2013 年 11 月，中国考古学会会同国家文物局，对江苏扬州隋炀帝墓发掘成果进行论证，并召开会议向社会发布。参会人员 40 余人。

2. 期刊

（1）《考古》（月刊），主编王巍。

2013 年，《考古》共出版 12 期，共约 180 万字。该刊全年刊载的有代表性的文章有：中国社会科学院考古研究所等的《河北邺城遗址赵彭城北朝佛寺与北吴庄佛教造像埋藏坑》《山西翼城县大河口西周墓地 M1 实验室考古简报》，南京博物院等的《江苏泗洪县顺山集新石器时代遗址》《江苏盱眙县大云山西汉江都王陵一号墓》《江苏盱眙县大云山西汉江都王陵东区陪葬墓》，中国社会科学院考古研究所安徽工作队等的《安徽蚌埠市禹会龙山文化遗址祭祀台基发掘简报》，安徽省文物考古研究所的《安徽铜陵县师姑墩遗址发掘简报》，福建博物院等的《福建漳平市奇和洞史前遗址发掘简报》，山东省文物考古研究所等的《山东沂水县纪王崮春秋墓》，安阳市文物考古研究所等的《河南滑县宋代古船的发掘》，郑州市文物考古研究院等的《河南新郑市华阳城遗址东周遗存的调查与发掘》，重庆市文化遗产研究院的《重庆潼南县千佛寺摩崖造像清理简报》，贵州省文物考古研究所等的《贵州遵义市海龙囤遗址》，陕西省考古研究院等的《陕西神木县石峁遗址》《汉元帝渭陵的考古调查、勘探简报》《陕西安塞县大佛寺石窟调查简报》，甘肃省文物考古研究所等的《甘肃张家川县马家塬战国墓地 M4 木棺实验室考古简报》，吐鲁番学研究院的《新疆吐鲁番市胜金店墓地发掘简报》，中国社会科学院考古研究所等的《新疆温泉县阿敦乔鲁遗址与墓地》。

(2)《考古学报》(季刊)，主编刘庆柱。

2013年，《考古学报》共出版4期，共约82万字。该刊全年刊载的有代表性的文章有：湖北省文物考古研究所等的《湖北郧西庹家湾遗址发掘报告》，四川大学历史文化学院考古系等的《河北鹿泉西龙贵汉代墓葬》，安徽省文物考古研究所等的《春秋钟离君柏墓发掘报告》，吉林省文物考古研究所的《吉林抚松新安遗址发掘报告》，黑龙江省文物考古研究所的《黑龙江友谊县凤林城址2000年发掘报告》。

（五）会议综述

世界考古·上海论坛

2013年8月，由中国社会科学院和上海市人民政府共同举办的“世界考古·上海论坛”在上海市召开。论坛的主题是“古代文明的比较研究”。论坛组委会主任、中国社会科学院院长王伟光，论坛组委会主任、上海市委副书记、市长杨雄出席论坛并致辞。英国剑桥大学前迪士尼考古学教授科林·伦福儒勋爵，国家文物局副局长、中国古迹遗址保护协会理事长童明康分别致辞。

论坛秘书长、中国社会科学院考古研究所所长王巍介绍了入选此次论坛的重大考古发现和重大研究成果的评选过程，论坛组委会副主任、中国社会科学院副院长李扬，上海市副市长翁铁慧向入选项目负责人颁发了入选证书。

全球范围内重大田野考古和研究成果评选是“世界考古·上海论坛”的重要组成部分，评选项目包括重大田野考古发现和重大考古研究成果两类，每一类评选不超过10项。重大田野考古发现和重大考古研究成果的推荐与评选每两年举行一次。发现和成果的推荐由“世界考古·上海论坛”咨询委员会负责，该委员会由来自世界45个国家和地区的咨询委员们组成。

首届“世界考古·上海论坛”共收到有效提名99项。这些项目的评审由“世界考古·上海论坛”评审委员会负责，评审委员会由来自17个不同国家和地区的学术权威和专家组成。依据严格优选和公平公正的最高准则，评选出10项重大田野考古发现、9项重大考古研究成果。重大田野考古发现有：(1) 危地马拉塞哇遗址的早期祭祀遗迹和玛雅文明起源；(2) 印度南部历史早期手工业暨贸易中心库都马纳遗址的考古发掘；(3) 乌拉尔最古老的冶金祭祀场所；(4) 埃及吉萨金字塔城聚落考古；(5) 寻找消失的文明：良渚古城考古新发现；(6) 秘鲁亚马逊河上游古代神庙的考古研究；(7) 土耳其东南哥贝克力石阵：巨石神庙和新石器革命；(8) 墨西哥特奥蒂瓦坎庙宇建筑所体现的世界观和社会史；(9) 石峁：公元前两千纪中国北方石城；(10) 追踪迈锡尼拉科尼亚的统治者：迈锡尼王国宫殿聚落的发掘。重大考古研究成果是：(1) 中国西南晚更新世—全新世过渡时期古老型人类的发现；(2) 复杂社会初始阶段规律性的差异；(3) 缔造社会不平等：君主制、奴隶制和帝制的根基；(4) 柬埔寨吴哥：巨型低密度城市化进程；(5)

南高加索库拉河流域新石器时代人地关系研究；(6) 吴哥文明的起源；(7) 美国西南古代村庄聚落的历史生态动力机制；(8) 秘鲁特鲁希略太阳神庙和月亮神庙的考古调查；(9) 中华文明探源工程研究。

论坛为期 5 天。来自海外的 70 余位著名考古学家和 100 余位来自国内研究机构和大学的一流考古学家参加了论坛相关活动。

(巩　文)

夏商都邑考古暨纪念偃师商城发现30周年国际学术研讨会

2013 年 10 月 28 ~ 29 日，由中国社会科学院考古研究所、中国殷商文化学会、河南省文物局和偃师市人民政府联合主办的“夏商都邑考古暨纪念偃师商城发现 30 周年国际学术研讨会”在河南省偃师市召开。

偃师商城遗址发现于 1983 年，是当年世界十七大发现之一，也是我国目前保存最为完整的早期都城遗址之一。偃师商城的城市结构、布局与营建过程对研究中华文明早期城市空间布局、宫室制度、早期池苑遗址复原等宏观的核心问题，有着不可替代的价值。

偃师商城遗址是继安阳殷墟、郑州商城、偃师二里头遗址之后夏商都邑考古的又一重大发现。1988 年，国务院公布该遗址为全国重点文物保护单位。1996 年启动的国家重大科研项目“夏商周断代工程”将其列为重点研究对象，认为其与郑州商城“是已知最早的商代都邑规模的遗址”。截至目前对其宫城 10 余年的持续发掘是中国考古史上首次对宫城的全面揭露，为研究商代乃至中国早期国家的宫室制度提供了前所未有的完整实例。

来自中国、日本、美国的百余位专家学者，齐聚河南偃师，纪念著名的偃师商城遗址发现 30 周年，以夏商都邑考古为中心议题展开研讨。

与会专家学者共提交论文 60 余篇，议题涉及夏商考古研究史、中原早期国家文明的结构和形成过程、夏商都邑布局与夏商文化分界以及中国早期铜玉礼器等制品的生产和消费、夏商时期的环境与动植物利用、三代王朝与周边青铜文化的互动等多个方面。

会议期间，代表们还参观考察了偃师商城宫殿区的发掘现场，偃师商城宫城保护展示工程，偃师商城博物馆和偃师商城考古与保护专题展。

(巩　文)

禹会村遗址与淮河流域文明研讨会

2013 年 12 月 21 日，由中国社会科学院古代文明研究中心、安徽省文化厅、蚌埠市人民政府主办的“禹会村遗址与淮河流域文明研讨会”在安徽省蚌埠市召开。来自北京、天津、河南、山东、江苏、上海、浙江等省市的 60 多名专家学者就禹会村遗址的重要发现和淮河文明等课题进行了研讨。

会议开幕式由安徽省文化厅副厅长李修松主持。蚌埠市市长白金明致欢迎词。中国考古学会理事长、中国社会科学院考古研究所所长王巍致辞。他指出，对中国古代文化的研究正逐渐受到国家与社会的广泛关注。2001 年，中华文明探源工程研究已经开始，这是自夏商周断代工程之后又一项由国家支持的多学科结合研究中国古代文明的重大科研项目。淮河流域地处黄河与长江之间，在中华文明形成过程中曾发挥重要作用。禹会村遗址的发掘对了解淮河流域龙山时期的文化面貌，探讨大禹传说，揭开历史悬疑，提供了重要资料，对探讨中华文明的形成过程也具有重要的学术价值。

北京大学教授严文明在讲话中充分肯定了禹会村遗址的重要性，希望继续发掘，能够发现其他重要的遗迹遗物，了解聚落整体面貌和演变过程。中国先秦史学会名誉会长、清华大学教授李学勤发来了贺信，认为禹会村的发现对于考证古史具有重要意义。

随后是《蚌埠禹会村》考古发掘报告的首发式。由中国社会科学院古代文明研究中心秘书长朱乃诚研究员主持。山东大学历史系文化学院教授栾丰实和安徽省文物考古研究所研究员吴卫红对《蚌埠禹会村》进行了点评。

与会代表实地考察了禹会村遗址，严文明、李伯谦、王巍等对遗址进行题词，充分肯定了禹会村遗址的重要性。

（巩　文）

历史研究所

（一）人员（未含郭沫若纪念馆）、机构等基本情况

1. 人员

截至 2013 年年底，历史研究所共有在职人员 131 人。其中，正高级职称人员 41 人，副高级职称人员 40 人，中级职称人员 36 人；高、中级职称人员占全体在职人员总数的 89%。

2. 机构

历史研究所设有：先秦史研究室、秦汉魏晋南北朝史研究室、隋唐宋辽金元史研究室、明史研究室、清史研究室、思想史研究室、中外关系史研究室、社会史研究室、文化史研究室、马克思主义史学理论与史学史研究室、历史地理研究室、《中国史研究》编辑部、图书馆、郭沫若纪念馆、办公室、科研处、人事处。

3. 科研中心

历史研究所共有院级非实体研究中心 4 个：中国社会科学院甲骨文殷商史研究中心、中国

社会科学院简帛研究中心、中国社会科学院敦煌学研究中心、中国社会科学院徽学研究中心；所级非实体研究中心 1 个：中国社会科学院历史研究所内陆欧亚学研究中心。

（二）科研工作

1．科研成果

2013 年，历史研究所共完成专著 12 种，639.3 万字；论文 209 篇，339.3 万字；学术资料 2 种，164.3 万字；古籍整理 7 种，2243 万字；译著 2 种，68.6 万字；译文 11 篇，17.6 万字；论文集 13 种，548.7 万字。

2．科研课题

（1）新立项课题。2013 年，历史研究所共有新立项课题 21 项。其中，国家社会科学基金课题 5 项："海岱早期文明的演进及其与中原的互动研究"（王震中主持），"中国礼学思想发展史研究"（王启发主持），"明代服饰研究"（赵连赏主持），"战国长城研究"（任会斌主持），"明代科举体制下的经学与地域研究"（陈时龙主持）；国家社会科学基金后期资助课题 3 项："明代山东海防研究"（张金奎主持），"商代地理环境研究"（张兴照主持），"明四夷馆鞑靼馆及《华夷译语》鞑靼'来文'研究"（乌云高娃主持）；院国情调研重点课题 1 项："山西地区唐宋元时期文物的现状及应用"（黄正建主持）；院国情调研考察活动课题 1 项："边疆地区历史与文化发展现状考察"（李锦绣主持）；所重点课题 8 项："齐长城研究"（任会斌主持），"以陈垣为中心的学者群体的史学实践"（汪润主持），"魏晋南北朝北方地区水上交通研究"（张兴照主持），"日本杏雨书屋藏敦煌文书（汉文非佛经部分）校录整理"（陈丽萍主持），"《辽史・百官志》考索"（林鹄主持），"马克思主义史学历史人物评价研究（1949 ～ 2009）"（高希中主持），"元儒王恽诗文事迹考"（蔡春娟主持），"契丹小篆整理"（康鹏主持）；所交办课题 3 项："《宋会要》分类复原研究"（江小涛主持），"中国历史年表修订"（刘荣军主持），"历史研究所学术论文选编"（楼劲主持）。

（2）结项课题。2013 年，历史研究所共有结项课题 25 项。其中，国家社会科学基金课题 1 项："中国古代城市地理信息系统"（成一农主持）；国家社会科学基金后期资助课题 3 项："明代山东海防研究"（张金奎主持），"商代地理环境研究"（张兴照主持），"明四夷馆鞑靼馆及《华夷译语》鞑靼'来文'研究"（乌云高娃主持）；院重点课题 5 项："贵霜史研究"（余太山主持），"六朝礼文化及其社会价值研究"（梁满仓主持），"明中期榆林长城与社会"（赵现海主持），"中国传统舆图绘制研究"（成一农主持），"正史突厥传所见非汉语专有名词编注"（贾衣肯主持）；院青年科研启动基金课题 3 项："《清朝续文献通考・经籍考》之特色与不足"（李立民主持），"从部族到官僚体制——论辽初中央集权之演变"（林鹄主持），"3 ～ 6 世纪北方地区水上交通研究"（张兴照主持）；院国情调研重点课题 1 项："山西地区唐宋元时期文物的现状及应用”（黄正建主持）；院国情调研考察活动课题1项：“边疆地区历史与文化发展现状考察”（李锦绣主持）；所重点课题8项：“齐长城研究”（任会斌主持），“以陈垣为中心的学者群体的史学实践”（汪润主持），“魏晋南北朝北方地区水上交通研究”（张兴照主持），“日本杏雨书屋藏敦煌文书（汉文非佛经部分）校录整理”（陈丽萍主持），“《辽史·百官志》考索”（林鹄主持），“马克思主义史学历史人物评价研究（1949～2009）”（高希中主持），“元儒王恽诗文事迹考”（蔡春娟主持），“契丹小篆整理”（康鹏主持）；所交办课题3项：“《宋会要》分类复原研究”（江小涛主持），“中国历史年表修订”（刘荣军主持），“历史研究所学术论文选编”（楼劲主持）。

（3）延续在研课题。2013年，历史研究所共有延续在研课题20项。其中，国家社会科学基金课题13项：“甲骨文合集三编”（宋镇豪主持），“黑水城出土元代财政经济文书研究”（张国旺主持），“中国土司制度史料编纂整理与研究”（李世愉主持），“魏晋南北朝谥法制度研究”（戴卫红主持），“北族政权研究再思考——以辽朝前期历史为例”（林鹄主持），“明清沿海地图研究”（孙靖国主持），“因俗而治：辽代五京体制研究”（康鹏主持），“长沙走马楼三国吴简簿书整理与研究”（凌文超主持），“海岱早期文明的演进及其与中原的互动研究”（王震中主持），“中国礼学思想发展史研究”（王启发主持），“明代服饰研究”（赵连赏主持），“战国长城研究”（任会斌主持），“明代科举体制下的经学与地域研究”（陈时龙主持）；院重大课题1项：“甲骨文合集三编”（宋镇豪主持）；院重点课题2项：“北魏开国史研究”（楼劲主持），“儒释道三教关系与中古思想”（张文修主持）；院青年科研启动基金课题2项：“中国土地制度史研究一百年”（徐歆毅主持），“近二三十年来散见秦汉魏晋简牍综合研究”（庄小霞主持）；院重大交办课题1项：“中国历史上的邪教及其政府对策”（赫治清主持）；院交办课题1项：“中国古代史名词审定”（卜宪群主持）。

3.获奖优秀科研成果

2013年，历史研究所共获“第八届（2013年）中国社会科学院优秀科研成果奖”二等奖2项：梁满仓的《魏晋南北朝五礼制度考论》（专著类），何龄修的《太子慈烺和北南两太子案》（论文类）；获“第八届（2013年）中国社会科学院优秀科研成果奖”三等奖5项：阿风的《明清时代妇女的地位与权利——以明清契约文书、诉讼档案为中心》（专著类），赵鹏的《殷墟甲骨文人名与断代的初步研究》（专著类），雷闻的《郊庙之外——隋唐国家祭祀与宗教》（专著类），万明的《白银货币化视角下的明代赋役改革》（论文类），刘晓的《元代怯薛轮值新论》（论文类）。

4.创新工程的实施和科研组织管理新举措

2013年是历史研究所整体进入创新工程的第二年，该所在2012年设立的17个创新工程项目的基础上，又新增了2项：“历代史论与思想史”（首席研究员为王启发），“中国古代的社会转型与文化融合——以唐中期迄元代为中心的研究”（首席研究员为陈高华）。

（三）学术交流活动

1．学术活动

2013 年，历史研究所主办和承办的学术会议有：

(1) 2013 年 4 月 19 日，由历史研究所主办的“纪念侯外庐先生诞辰 110 周年学术研讨会”在历史研究所召开。来自所内外相关学者以及侯外庐的亲属 60 余人参加了会议。

(2) 2013 年 4 月 26 日，由历史研究所与韩国成均馆大学联合主办的“第三届中韩学术年会”在历史研究所召开。年会的主题是“儒家文化和东亚社会”。来自中国、韩国的学者 50 余人参加了会议。

(3) 2013 年 5 月 8 日，历史研究所与中华书局联合主办的“顾颉刚先生诞辰 120 周年纪念会”在历史研究所召开。历史研究所的学者及顾颉刚的子女、亲友 40 余人参加了纪念会。

(4) 2013 年 8 月 27 ~ 30 日，由历史研究所与日本东方学会、湖南大学岳麓书院联合主办的“中国社会科学论坛：第五届中日学者中国古代史论坛”在岳麓书院举行。论坛的主题是“地域文化与古代社会”。来自中国、日本的学者 50 余人参加了论坛。

(5) 2013 年 11 月 6 ~ 8 日，由历史研究所主办、明史研究室承办的“新世纪明史研究的新热点与新进展学术研讨会”在北京召开。来自中国社会科学院、中国科学院及国内 20 余所科研机构、高校的 70 余名专家学者参加了会议。

(6) 2013 年 11 月 13 ~ 16 日，由中国社会科学院科研局、历史学部主办，历史研究所承办的“第十三届史学理论研讨会”在海南省三亚市召开。研讨会的主题是“马克思主义史学与人民群众”。来自中国社会科学院科研局、历史学部及史学片各研究所的专家学者参加了会议。

(7) 2013 年 11 月 14 日，由历史研究所主办、中国古文书研究班承办的“第二届中国古文书学研讨会”在历史研究所召开。研讨会的主题是“文本识读与历史研究”。来自历史研究所及所外的相关学者 40 余人参加了研讨会。

(8) 2013 年 12 月 13 ~ 16 日，由历史研究所、北京师范大学、香港理工大学联合主办的“第四届中国古文献与传统文化学术研讨会”在香港理工大学召开。研讨会的主要议题是“古代文献的编纂与流传”“文献与制度”“版本与辨伪”。来自中国、新加坡、韩国、日本、美国、加拿大、俄罗斯等国家的学者 50 余人参加了会议。

(9) 2013 年 12 月 25 日，由历史研究所主办的“2013 年学科前沿动态报告会”在历史研究所召开。历史研究所近 130 人参加了报告会。

2．国际学术交流与合作

2013 年，历史研究所共派遣出访 24 批 42 人次（其中，中国社会科学院交流协议出访 3 批 4 人次），接待来访 30 批 50 人次（其中，中国社会科学院邀请来访 4 批 5 人次）。与历史研究所开展学术交流的国家有日本、韩国、朝鲜、澳大利亚、美国、瑞士、荷兰、越南、俄罗斯、波兰、捷克等。

（1）2013年1月10日，韩国庆北大学东亚学术院教授金庆浩一行，应邀对历史研究所进行学术访问。

（2）2013年1月22日，朝鲜社会科学院民族文献研究所所长宋贤远、研究员金志豪等应邀对历史研究所进行学术访问。

（3）2013年5月9日，历史研究所明史研究室主任万明研究员应苏黎世大学亚欧研究所邀请，赴瑞士参加“十六至十八世纪中国与欧洲的景观文化交流的新思考国际学术研讨会”。

（4）2013年5月13日，历史研究所所长卜宪群研究员会见塔吉克斯坦科学院副院长奥里莫夫一行，所长助理、科研处处长楼劲研究员，中外关系史研究室主任李锦绣研究员等参加会见。

（5）2013年5月23日，历史研究所副所长王震中研究员等赴越南进行学术访问。

（6）2013年8月23日，历史研究所马克思主义史学理论与史学史研究室研究员孟彦弘等应邀赴日本参加“第七届中古史青年学者国际学术研讨会”。

（7）2013年8月30日，历史研究所秦汉魏晋南北朝史研究室副主任邬文玲副研究员应邀赴日本参加奈良大学举办的“东亚细亚木简学的确立学术研讨会”。

（8）2013年9月3日，历史研究所举办学术报告会，邀请日本龙谷大学教授、名古屋大学名誉教授江村治树主讲“春秋战国时期青铜货币研究的方法和目的”。

（9）2013年9月9日，日本大东文化大学助教小塚由博应邀到历史研究所进行访问，并作了题为“清初江南文人文化——以涨潮为例”的演讲。

（10）2013年9月26日，根据院级交流协议，历史研究所中外关系史研究室主任李锦绣研究员、研究员青格力赴波兰科学院和捷克科学院进行学术访问。

（11）2013年10月9日，历史研究所秦汉魏晋南北朝史研究室副主任邬文玲副研究员赴澳大利亚，参加中国社会科学院与澳大利亚人文科学院举办的“关于历史实践新方法双边学术研讨会”。

（12）2013年10月22日，历史研究所党委书记、副所长刘荣军会见捷克科学院东方学研究所所长李世佳。

（13）2013年10月24日，历史研究所隋唐宋辽金元史研究室雷闻研究员应邀赴日本，对专修大学东亚世界史研究中心进行学术访问。

（14）2013年10月29日，历史研究所隋唐宋辽金元史研究室主任黄正建研究员应邀赴日本，参加明治大学主办的“交响的古代学术研讨会”。

（15）2013年11月5日，美国中国中古史学会会长南恺时教授应邀访问历史研究所，并作了题为“孝子、《孝子传》与中国文化精神”的演讲。

（16）2013年11月10日，历史研究所文化史研究室主任孙晓研究员等应邀赴荷兰，对莱顿大学图书馆的中国古代汉籍收藏情况进行考察。

（17）2013 年 11 月 12 日，中国社会科学院学部委员陈祖武参加国务院参事室组成的访问团赴柬埔寨、泰国，分别访问了柬埔寨王家学院孔子学院和泰国朱拉隆功大学孔子学院。

（18）2013 年 12 月 3 日，历史研究所副所长王震中研究员、隋唐宋辽金元史研究室副主任关树东副研究员应邀赴日本，对大谷大学进行了学术访问。

（19）2013 年 12 月 12 日，历史研究所清史研究室副研究员李华川等应邀赴日本，对大东文化大学进行学术访问。

3．与中国香港、澳门特别行政区和中国台湾开展的学术交流

（1）2013 年 7 月 15 日，台湾佛光大学人文学院院长李纪祥教授应邀对历史研究所进行学术访问，与历史研究所签署所级双边交流协议，并作了题为“论‘西狩获麟’”的学术演讲。

（2）2013 年 9 月 1 日，历史研究所思想史研究室吴锐研究员应邀赴台湾，在佛光大学历史系围绕中国上古史与史学经典等问题进行交流。

（3）2013 年 10 月 1 日，历史研究所先秦史研究室副主任刘源研究员应邀赴台湾，在中正大学就甲骨文研究问题进行交流。

（4）2013 年 10 月 31 日，历史研究所秦汉魏晋南北朝史研究室主任杨振红研究员应邀赴香港，参加浸会大学饶宗颐国学院与清华大学出土文献研究与保护中心联合主办的“清华简与《诗经》研究国际论坛”。

（5）2013 年 11 月 21 日，历史研究所先秦史研究室副研究员赵鹏应邀赴台湾，参加“中研院”史语所举办的“第四届古文字与古代史学术研讨会”。

（6）2013 年 11 月 25 日，历史研究所所长卜宪群研究员率院青年学者代表团应邀赴台湾，对铭传大学进行学术访问。

（7）2013 年 12 月 1 日，历史研究所思想史研究室研究员吴锐应邀赴台湾，在台湾大学人文社会高等研究院围绕中国上古史和东亚文明史问题收集资料。

（8）2013 年 12 月 5 日，历史研究所明史研究室研究员阿风等应邀赴台湾，参加“中研院”明清研究推动委员会举办的“2013 年明清史研究学术研讨会”。

（9）2013 年 12 月 7 日，历史研究所所长卜宪群研究员应邀赴澳门，对澳门大学人文历史学院进行学术访问。

（10）2013 年 12 月 13 日，历史研究所与北京师范大学、香港理工大学共同主办的“第四届中国古文献与传统文化学术研讨会”在香港理工大学召开。历史研究所所长助理、科研处处长楼劲研究员等参加研讨会。

（四）学术社团、期刊

1．社团

（1）中国先秦史学会，会长宋镇豪。

2013 年 6 月 19 ~ 22 日，由陕西师范大学、中国社会科学院世界历史研究所、中国先秦史学会、荷兰莱顿大学联合主办的“早期国家政治制度国际学术研讨会”在陕西省西安市召开。来自中国、俄罗斯、波兰、荷兰、美国和英国等国家的 50 余位学者参加了会议。会议围绕早期文明与国家的诸多问题进行了探讨。

（2）中国殷商文化学会，会长王震中。

2013 年 10 月 28 ~ 29 日，由考古研究所、中国殷商文化学会、河南省文物局和偃师市人民政府联合主办的“夏商都邑考古暨纪念偃师商城发现 30 周年国际学术研讨会”在河南省偃师市召开。来自国内外考古研究和文物保护方面的专家学者百余人参加了会议。会议围绕夏商都邑考古这一主题进行了探讨。

（3）中国秦汉史研究会，会长王子今。

2013 年 9 月 15 日，由中国秦汉史研究会与《合肥通史》编委会共同主办的“秦汉魏晋时期江淮地域背景中的合肥史研究学术研讨会”在安徽省合肥市召开。来自中国社会科学院等相关研究领域的近 40 名专家学者参加了会议。会议围绕合肥县设立与秦汉时期合肥的都会地位、秦汉魏晋南北朝时期合肥地区历史兴衰等问题进行了研讨。

（4）中国魏晋南北朝史学会，会长李凭。

2013 年 10 月 19 日，由中国魏晋南北朝史学会、江苏省六朝史研究会、南京晓庄学院联合主办，《南京晓庄学院学报》编辑部承办的“六朝研究国际学术研讨会”在江苏省南京市召开。来自中国、韩国、美国、日本的学者 50 余人参加了研讨会。会议围绕六朝学术研究所涉及的政治、军事、地理、制度、考古、文献等方面的问题进行了讨论。

（5）中国明史学会，会长商传。

2013 年 8 月 19 ~ 21 日，由中国明史学会与山东省蓬莱市联合主办的“第十五届明史国际学术研讨会暨第五届戚继光国际学术研讨会”在山东省蓬莱市召开。来自中国、日本、韩国、法国的学者近 140 人参加了研讨会。会议围绕明代政治、经济、军事、社会、思想、文化、民族关系、对外关系等议题进行了研讨。

（6）中国中外关系史学会，会长丘进。

2013 年 10 月 19 ~ 20 日，由中国中外关系史学会和河北师范大学历史文化学院联合主办的“历史上中外文化的和谐与共生学术研讨会”在河北省石家庄市召开。与会的 80 多名学者围绕多元宗教与中华文明的融合互动、出土文物文献所见中外文化与艺术交流、“西学东渐”与“东学西渐”、中国与东亚文化圈、全球化视阈下的中国与世界、中华文明的自身交融等问题进行了讨论。

2. 期刊

（1）《中国史研究》（季刊），主编彭卫。

2013 年，《中国史研究》共出版 4 期，共计 100 万字。该刊全年刊载的有代表性的文章有：

[日] 渡边信一郎的《中国第一次古代帝国的形成——以龙山文化时期到汉代的聚落形态研究为视角》，晁福林的《从“民本”到“君本”——先秦时期专制王权观念的形成》，杨振红的《从秦“邦”、“内史”的演变看战国秦汉时期郡县制的发展》，李振宏的《汉代儒学的经学化进程》，夏炎的《中古野生动物资源的破坏——古代环境保护问题再认识》，陈爽的《出土墓志所见中古谱牒探迹》，曹家齐的《两宋朝廷与岭南之间的文书传递》，杨海英、任幸芳的《朝鲜王朝军队的中国训练师》，黄宽重的《“嘉定现象”的研究议题与资料》，范兆飞的《史料批评、文本解读与士族政治史研究——以〈魏晋三际的政治权力与家庭网络〉为中心》，万明的《明代浙江均平法考》，刘晓的《元代军事史三题》。

(2)《中国史研究动态》(双月刊)，主编刘洪波。

2013 年，《中国史研究动态》共出版 6 期，共计 81 万字。

（五）会议综述

第十三届史学理论研讨会

2013 年 11 月 13 日，由中国社会科学院科研局、历史学部主办，历史研究所承办的“第十三届史学理论研讨会”在海南省三亚市召开。研讨会的主题是“马克思主义史学与人民群众”。中国社会科学院副院长李捷出席研讨会，并发表了题为“唯物史观与中国梦实践”的讲话。

2013 年 11 月，“第十三届史学理论研讨会”在海南省三亚市召开。

李捷在讲话中，围绕习近平总书记提出的中华民族伟大复兴中国梦，从四个方面进行了阐述：(1) 坚持和发展唯物史观关于人民主体地位的观点，推动中国革命、建设、改革持续发展，为实现中国梦不断凝聚中国力量；(2) 坚持和发展唯物史观关于革命与改革、革命与建设要紧紧围绕解放和发展社会生产力这个核心、要集中反映社会生产力发展的客观要求的观点，在量与质的结合上为实现中国梦不断夯实物质基础；(3) 坚持和发展唯物史观关于工业化和现代化的观点，在坚持和发展社会主义制度的基础上，大胆吸收、借鉴各国现代化的成功经验，为实现中国梦不断发展中国道路；(4) 坚持和发展唯物史观关于人类社会历史发展总规律的观点，逐步实现社会公平正义、人民共同富裕，实现中国梦的物质文明和精神文明成果为人民所共享，造福全体人民。

李捷还结合十八届三中全会精神，强调了史学研究工作的重要性、史学理论研究与马克思主义唯物史观的辩证关系，以及史学工作者在改革的新形势下所肩负的重要责任。

来自中国社会科学院历史学部以及历史学科六个研究所的负责同志围绕“马克思主义史学与人民群众”这一主题进行了讨论。在会议发言中，中国社会科学院学部委员、历史学部主任刘庆柱对“马克思主义史学的科普与科学性问题”的阐述，引起了与会同志的共识和热议。学者们分别就“马克思主义与中国考古学”“史学如何走进民众”“马克思主义史学与人民群众”“关于加强世界历史知识普及工作的思考”“略论国情对中国发展道路的影响”等问题进行了探讨。

中国社会科学院学部委员、历史学部主任刘庆柱作了总结发言。

（博明妹）

中国社会科学论坛：第五届中日学者中国古代史论坛

2013年8月28～29日，由中国社会科学院历史研究所、日本东方学会、湖南大学岳麓书院共同主办的“中国社会科学论坛：第五届中日学者中国古代史论坛”在湖南大学岳麓书院举行。来自中日两国中国古代史研究领域的专家学者近50人参加了会议。会议的主题是“地域文化与古代社会”。

“中日学者中国古代史论坛”启动于2009年，至今已相继在中日两国举办了五届，为两国潜心研究中国古代史的学者搭建了一个制度化、高水平的学术交流和对话的平台，在国内外中国古代史研究领域产生了很大影响。中国社会科学院历史研究所所长卜宪群在论坛开幕式上指出，“中日学者中国古代史论坛”的特点在于它具有以下几个特点：(1) 连续性，即每年举办一届，每届设一个主题；(2) 前卫性，每届论坛的主题都是中国古代史研究领域的前沿问题，与会学者的研究具有很强的前瞻性；(3) 开放性，参加论坛的学者不局限于主办方的学者，中日两国各大学及相关研究机构的学者也踊跃参与其中，从而，为两国学者在中国古代史研究领域架起了一座平等的、能够产生学术互动的桥梁。

日本东方学会理事长兴膳宏、湖南大学岳麓书院院长朱汉民也在开幕式上致辞。他们指出，在公元1167年的一个秋天，著名学者朱熹来到岳麓书院与学者张栻展开了学术探讨，在中国理学史上留下了“朱张会讲”的佳话。希望在840多年后的今天，中日论坛也能够再次续写佳话；中日论坛不仅是中日学者进行学术交流的平台，也是中日两国人民不断加深了解和增进友谊的平台。

与会学者围绕“地域文化与古代社会”这一主题，分别从政治、经济、文化、宗教、民俗等多个层面进行了广泛而深入的探讨。中国社会科学院历史研究所所长助理楼劲研究员在闭幕式的学术总结发言中指出：区域历史文化研究成为近年中国古代史学界的热点，是与当代中国社会发展和学术发展联系在一起的重要事态。提交给论坛的26篇论文中，有不少都是从整体出发观察区域问题，旨在建构和揭示中国古代区域与整体的独特关系；特别是从区域地理、经济互动、区域文化和宗教、中心城市作用等方面展开的考察，集中代表了近年中国古代区域历史问题研究的前沿水平，也为中国古代史研究提供了新的研究视角。

日本东方学会东京支部长、山东大学教授池田知久代表日本东方学会分别向中国社会科学院历史研究所、湖南大学岳麓书院赠送了书籍，湖南大学岳麓书院也分别向中国社会科学院历史研究所和日本东方学会赠送了大型文献资料《岳麓书院秦简整理》。

（博明妹）

历史上中外文化的和谐与共生学术研讨会

2013年10月19～20日，由中国中外关系史学会和河北师范大学历史文化学院联合主办的“历史上中外文化的和谐与共生学术研讨会”在河北省石家庄市召开。来自中国社会科学院、中国人民大学、南开大学、敦煌研究院、中华书局等多家研究机构和高校的80余位专家学者参加了研讨会。

研讨会上，与会学者围绕“历史上中外文化的和谐与共生”这一主题，从多元宗教与中华文明的融合互动、出土文物文献所见中外文化与艺术交流、“西学东渐”与“东学西渐”、中国与东亚文化圈、全球化视阈下的中国与世界、中华文明的自身交融等方面的问题进行了探讨。

研讨会有以下几个特点：

（1）研究领域较为广泛，研究内容十分丰富。在时间和空间上反映出学术界对中外关系史整体上的重视和关注，对相关问题研究的深度和广度的不断拓展。

（2）高度关注现实问题，凸显历史研究的现实意义。与会学者在发言中，用翔实的史料再次论证了钓鱼岛主权自古以来属于中国，阐述了中国与琉球群岛的航路开辟、中国与琉球群岛的文化关系等问题。

（3）丝绸之路研究不断深入。与会学者围绕陆上和海上丝绸之路的问题进行了深入细致的探讨，提出了许多有价值的学术观点。其中包括：明代中国航海图——牛津大学馆藏《雪尔登中国地图》研究、敦煌民俗乐舞服饰图像研究、明代漳州青花瓷研究、15～16世纪中国与文莱海上贸易研究、晚明西洋望远镜传入中国研究、近代中国与欧洲茶叶贸易与茶文化研究等诸多内容。

（4）开辟新领域，研究新问题。学术研究贵在创新，研讨会上发表的论文研究视角宽泛而新颖，例如：明清时期中国与东南亚的燕窝贸易、古代印度药材的内传、敦煌写本《发病书》研究、晚清国人海外游记中的西方人类学展示，等等。

（5）宗教传播与宗教文化研究并重，客观揭示人类精神生态。传教士研究是中外关系史研究的一个热点，传教士的历史活动实际上反映了世界宗教传播的历史脉络，同时也是宗教文化现象的重要表现形式，具有重要的现实意义。例如，论文《康熙大帝、路易十四与天主教入华》，对比性地阐述了同时代的康熙大帝与法国国王路易十四对于传教的认知和开明的态度。

（历　研）

中国高青姜太公文化研究会成立暨姜太公与陈庄西周城址学术研讨会

2013年9月25日，由中国殷商文化学会、山东省高青县人民政府、山东理工大学《管子》学刊编辑部共同主办的“中国高青姜太公文化研究会成立暨姜太公与陈庄西周城址学术研讨会”在山东省高青县召开。会议同时进行了“姜太公文化研究会”成立揭牌仪式。来自国内相关研究机构、高校的数十名专家学者参加了研讨会。

研讨会上，与会专家学者围绕“姜太公和陈庄西周城址”这一主题展开讨论。针对姜太公的议题，与会学者从“姜太公与营丘”“姜太公与齐国”“姜太公与齐文化”“姜太公与周易”“姜太公与道家”“姜太公与《六韬》”“姜太公的军事思想”“姜太公与商周文化”等问题进行了系统研讨。而针对高青陈庄周城遗址的问题，与会学者则展开了观点相异的论证：山东省博物馆研究员王恩田认为，陈庄周城遗址或许就是中国最早的“天坛”遗址，因此有可能是齐国的初都营丘。山东大学历史文化学院教授任相宏认为，陈庄周城遗址规模较小，不太像人们生活居住的“都城”，而像是齐国贵族的墓地。山东省博物馆原副馆长王永波则对上述两种意见存疑。他认为，陈庄周城遗址未必是有意为之的高级别“天坛”；其众多墓葬有不少重叠相套，排列并不规则，亦不像陵园。中国社会科学院历史研究所研究员徐义华认为，按文献记载，齐国前五代国君归葬于周，因此遗址中的墓葬恐非诸侯级别。此遗址可能是西周时期为监视商人移民而建的小城。

研讨会的召开，必将对弘扬姜太公文化，推进相关学术领域的研究和交流起到积极的推进作用。虽然对陈庄周城遗址尚存诸多有待进一步研究的问题，但这一重要的考古发现，对进一步发掘、研究我国古代早期文明，提供了具有佐证意义的实物资料。

（历　研）

附：

郭沫若纪念馆

（一）人员、机构等基本情况

1.人员

截至 2013 年年底，郭沫若纪念馆共有在职人员 15 人。其中，正高级职称人员 1 人，副高级职称人员 2 人，中级职称人员 3 人；高、中级职称人员占全体在职人员总数的 40%。

2. 机构

郭沫若纪念馆设有：研究室、文物与陈列工作室、公众教育与资讯中心、办公室。

2013 年 9 月，中国社会科学院党组会议决定，郭沫若纪念馆从中国社会科学院历史研究所分立管理，现有内设机构、岗位设置及运营方式保持不变。

（二）科研工作

1. 科研成果统计

2013 年，郭沫若纪念馆共完成年鉴 1 种，45 万字；论文集 1 种，48 万字；专著 1 种，45 万字；论文 11 篇，8 万字。

2. 科研课题

2013 年，郭沫若纪念馆共有新立项课题 5 项，并于当年全部结项。这 5 项课题均为馆重点课题：“《郭沫若年谱长编》修订”（李晓虹主持），“《郭沫若全集》集外文校勘注释”（李斌主持），“郭沫若纪念馆馆藏名人信札整理”（梁雪松主持），“郭沫若纪念馆馆史资料编纂整理”（张宇主持），“郭沫若纪念馆安全工作手册”（付强主持）。

（三）学术交流、展览宣传活动

1. 专题展览、公众教育及宣传活动

2013 年，郭沫若纪念馆举办的讲座、展览及文化活动有：

（1）2013 年 1 月 22 ～ 30 日，郭沫若纪念馆举办的“纪念郭沫若诞辰 120 周年系列活动图片展”在中国社会科学院展出。

（2）2013 年清明节期间，郭沫若纪念馆与北京八家名人故居、纪念馆联盟共同举办“清明时节缅怀名人走进故居”系列文化活动。

（3）2013 年 5 月 18 日，郭沫若纪念馆与鲁迅博物馆等北京八家名人故居、纪念馆举办的“文化名人与中国梦”展览在北京举行了启动式。此后，应邀在南京市的东南大学、秦皇岛市的长城博物馆、福州市的海峡民间艺术馆举办巡展及讲座活动。

（4）2013 年 4 月至 9 月，郭沫若纪念馆与北京考古学会、西城区文物保护协会在郭沫若纪念馆共同举办了四场历史文化公益讲座。讲座题目分别为：“郭沫若甲骨学商史研究的巨大贡献”“殷墟——人类文明的宝库”“考古现场出土遗物的应急处理保护”“中国梦和当代中国”。

（5）2013 年 6 月 1 ～ 2 日，郭沫若纪念馆与北京八家名人故居、纪念馆联盟在劳动人民文化宫参加首都庆“六一”国际儿童节系列活动之“欢乐总动员”六一嘉年华现场宣传活动。“文化名人与文化创新展览”同时展出。

(6) 2013 年 6 月 8 日，郭沫若纪念馆与《中国作家》杂志社、北京人民广播电台“中华之声”栏目合作在郭沫若纪念馆举办“2013 年端午诗会”。

(7) 2013 年 9 月 27 日，郭沫若纪念馆与鲁迅博物馆等八家名人故居、纪念馆配合北京市西城区爱国主义宣传月推出的“访文化名人 看传统老宅 赏古树名木”展览开始在北京的八大名人故居、纪念馆中进行巡展。

(8) 2013 年 10 月 9 日，郭沫若纪念馆与中国社会科学院老干部工作局、秋韵诗社联合在郭沫若纪念馆举办了“2013 金秋重阳诗会”。

2. 国际学术交流与合作

2013 年，郭沫若纪念馆共派遣出访 2 批 5 人次，接待来访 8 批 80 人次。与郭沫若纪念馆开展学术交流、展览合作的国家有美国、巴基斯坦、德国、日本等。

2013 年 11 月，“中华名人展”开幕式在巴基斯坦伊斯兰共和国伊斯兰堡市举行。

(1) 2013 年 9 月 26 日至 10 月 5 日，应美中文化协会邀请，郭沫若纪念馆馆长崔民选一行赴美国旧金山、西雅图、盐湖城、洛杉矶等地与当地文化机构进行学术文化交流活动。

(2) 2013 年 11 月 11 ～ 18 日，在中国驻巴基斯坦大使馆、巴基斯坦驻中国大使馆以及巴基斯坦华人华商协会的大力帮助和支持下，应巴基斯坦自然历史博物馆的邀请，郭沫若纪念馆副馆长赵笑洁等参加了“中华名人展”代表团赴巴基斯坦进行的展览和博物馆交流座谈活动。

(四) 学术社团

中国郭沫若研究会，会长蔡震。

2013 年主要活动有：(1) 参与编辑《郭沫若研究年鉴 · 2012》。(2) 参与编辑《郭沫若与文化中国》学术论文集。

(五) 会议综述

新版《郭沫若全集》征求专家意见会议

2013 年 9 月 16 日，新版《郭沫若全集》征求专家意见会议在郭沫若纪念馆召开。《郭沫若全集》编委会办公室主任崔民选主持了会议，并通报了新版《郭沫若全集》作为中国社会科学院创新工程重大项目的申报情况。专家们围绕全集收录原则、编排方式、卷次安排、编辑体例、工作进度、工作任务、工作目标展开了讨论。

在讨论收录原则时，会议出现两种意见：第一种意见为尽可能收“全”，以为学界提供翔实的研究资料；第二种意见要求仔细甄别，将不合时宜及不能确定是否为郭沫若写作的公文政论等舍弃在外。在讨论编排方式时，参会人员也有不同看法，部分专家建议分文学、历史考古、综合、政论、题词楹联、译著等六大类；部分专家建议分“内编”“外编”“附编”三部分，郭沫若生前编定认可的作品收入“内编”，其余为“外编”，翻译作品为“附编”。在上述问题上，会议没有达成一致意见。

会议同意全集编撰分两阶段进行的工作安排，第一阶段的工作目标为确定卷次篇目与编辑体例，工作任务为基本搜集整理齐全 38 卷之外的散佚作品，提出取舍方案、编辑体例草案交编委会讨论通过。第二阶段的工作为确定篇目，进行注释并最终拿出文稿。会议还讨论了全集各部分专家组牵头人和编委会办公室人员的组成方案。

参加会议的有王世民、冯时、蔡震、郭平英、魏建等文学、考古领域的专家和社会科学文献出版社总编辑杨群、郭沫若纪念馆馆长崔民选及郭沫若纪念馆相关业务人员等 30 余人。

（李　斌）

近代史研究所

（一）人员、机构等基本情况

1. 人员

截至 2013 年年底，近代史研究所共有在职人员 127 人。其中，正高级职称人员 33 人，副高级职称人员 37 人，中级职称人员 36 人；高、中级职称人员占全体在职人员总数的 83%。

2. 机构

近代史研究所设有：政治史研究室、经济史研究室、思想史研究室、社会史研究室、马克思主义史学理论与文化史研究室、中外关系史研究室、革命史研究室、民国史研究室、台湾史研究室、《近代史资料》编译室、《近代史研究》编辑部、《抗日战争研究》编辑部、*Journal of Modern Chinese History*（《中国近代史》）编辑部、图书馆、中国近代史研究档案馆、信息化建设办公室、科研处、人事处、办公室。

（二）科研工作

1. 科研成果统计

2013 年，近代史研究所共完成专著 15 种，619.7 万字；论文 96 篇，176 万字；论文集 5 种，310 万字；学术资料 28 种，1074.2 万字；研究报告 4 篇，2.1 万字；学术普及读物 2 种，45 万字；译著 3 种，45 万字；一般文章 14 篇，7 万字。

2．科研课题

（1）新立项课题。2013 年，近代史研究所共有新立项课题 6 项。其中，国家社会科学基金课题 1 项："'康党'与戊戌时期的学术、政治纷争研究"（贾小叶主持）；院国情考察课题 1 项："历史类博物馆的教育功能与实践（江西部分）"（杜继东主持）；所重点课题 4 项："抗战时期名人报刊题词的搜辑与研究"（卞修跃主持），"1945 年至 1950 年中国大陆文化在台湾传播研究"（褚静涛主持），"近代同乡群体与同乡观念"（唐仕春主持），"台湾政治转型研究（1986 ~ 2000）"（汪小平主持）。

（2）结项课题。2013 年，近代史研究所共有结项课题 35 项。其中，国家社会科学基金课题 3 项："清代北京城区房屋契约研究"（张小林主持），"中日历史问题与中日关系"（步平主持），"阶级与封建：中国近代马克思主义话语论考"（赵利栋主持）；院重大课题 4 项："台湾历史研究"（张海鹏主持），"中华民族抗日战争史"（步平主持），"日据台湾时期鸦片政策研究"（李理主持），"中国地震历史文献整理"（金以林主持）；院重点课题 7 项："中法建交始末"（黄庆华主持），"1940 年代国共两党的组织与资源吸取"（黄道炫主持），"清末民初人伦礼俗之研究"（罗检秋主持），"近代中国城市公用事业研究"（杜丽红主持），"抗战时期影像史料数据库"（李学通主持），"晚清政治史研究的检讨：问题与前瞻"（刘俐娜主持），"中国近代民粹主义研究"（左玉河主持）；院国情考察课题 1 项："历史类博物馆的教育功能与实践（湖北部分）"（杜继东主持）；院青年科研启动基金课题 10 项："咸、同两朝政府与第二次鸦片战争赔款的偿付"（任智勇主持），"民国时期北京律师群体研究"（邱志红主持），"近代史研究所与中国近代史资料建设"（赵庆云主持），"冷战初期美国人的中国观"（吕迅主持），"抗战时期日本政府对中国留日学生政策研究"（徐志民主持），"陕甘宁边区的法制转向"（胡永恒主持），"1920 ~ 1950 年代无锡农村土地问题与土地改革"（张会芳主持），"日本对华新闻政策的形成"（高莹莹主持），"近代反孔批儒思潮的历史考察：从康有为到新文化人"（彭春凌主持），"近代中国的不吸纸烟运动"（刘文楠主持）；所重点课题 10 项："李敦白先生口述自传"（徐秀丽主持），"分水岭与转折点：中国，1949"（于化民主持），"山东抗日根据地创立与发展研究"（王士花主持），"中国近代史学理论家群体研究"（王也扬主持），"蔡孝乾与台湾中共地下党的兴亡"（杜继东主持），"近代史研究所离退休人员管理系统"（黄春生、刘丽主持），"我与近代史研究所（老专家口述）"（左玉河主持），"钓鱼岛与琉球归宿"（褚静涛主持），"宋斐如生平及其思想研究"（赵一顺主持），"中国现代社会调查与社会学学科的发展"（吕文浩主持）。

（3）延续在研课题。2013 年，近代史研究所共有在研课题 45 项。其中，国家社会科学基金课题 20 项："中国古代政治文化中的民主性因素及其现代价值研究"（耿云志主持），"近代中国社会结构研究”（姜涛主持），“20 世纪香港经济与社会文化”（刘蜀永主持），“清代满汉关系史”（刘小萌主持），“晚清华北村落研究”（王庆成主持），“资产阶级与中国近代社会”（虞和平主持），“20 世纪中国近代史研究的走向”（张海鹏主持），“近代国家与农民关系研究”（郑起东主持），“传统农村社会文化的近代变迁”（李长莉主持），“清朝嘉道财政与社会”（倪玉平主持），“晚清中法政治关系研究（1840 ~ 1911）”（葛夫平主持），“中华民国外交史1911 ~ 1949”（王建朗主持），“国民党党史馆藏中共党史资料的收集整理与研究”（金以林主持），“台湾中共地下党研究（1946 ~ 1957）”（杜继东主持），“近代中国准条约问题研究”（侯中军主持），“战后国共对美政策演变（1945 ~ 1949）”（吕迅主持），“域外资源与晚清语言运动：以圣经中译本为中心”（赵晓阳主持），“18 ~ 19 世纪学术家族之研究”（罗检秋主持），“中科院近代史研究所与马克思主义史学发展（1949 ~ 1966）”（赵庆云主持），“中国近代‘国学’构想的建立：章太炎与明治日本”（彭春凌主持）；院 A 类重大课题 4 项：“中华民国外交史”（王建朗主持），“中国近代思想通史”（耿云志主持），“英藏赫德档案的整理与研究”（王建朗主持），“中国近代民族复兴思潮研究”（郑大华主持）；院重点课题 3 项：“国共两党法制比较研究”（胡永恒主持），“荣禄与晚清政局研究（1894 ~ 1903）”（马忠文主持），“‘琉球处分’与出兵台湾”（李理主持）；院青年科研启动基金课题 4 项：“民国初期知识分子自杀现象研究”（沈巍主持），“革命与司法：国民革命中的司法党化”（李在全主持），“外资企业与中国早期现代化：近代开滦煤矿的外溢性影响研究”（云妍主持），“九・一八事变后中国的国际舆论宣传研究”（李珊主持）；所重点课题 14 项：“中国近代公民教育研究”（毕苑主持），“华北抗日根据地公粮征收中的政府与农民”（周祖文主持），“日本陆军体制的形成”（高士华主持），“中国近代货币供给及其经济效应 1873 ~ 1936”（蒋清宏主持），“民主革命先驱何天炯研究”（李长莉主持），“清末民初新式司法机构的筹设”（李在全主持），“晚清妇女‘守节’与‘失节’现象研究”（刘佳主持），“咸同时期之榷关与财政”（任智勇主持），“传教士与中国近代‘三农’”（赵晓阳主持），“中国近代思想史上的学衡派”（宋广波主持），“康党与戊戌时期的学术、政治纷争”（贾小叶主持），“奇崛与寻常：章乃器传论”（李玉刚主持），“苏联司法制度之变迁（1917 ~ 1960）”（唐仕春主持），“水安三的中国观察”（闻黎明主持）。

3. 获奖优秀科研成果

2013 年，近代史研究所入选国家新闻出版广电总局第四届“三个一百”原创图书出版工程 1 项：蔡美彪的专著《中华史纲》；获第八届（2013 年）中国社会科学院优秀科研成果奖一等奖 1 项：耿云志主编的专著《近代中国文化转型》（9 卷本）；获第八届（2013 年）中国社会科学院优秀科研成果奖二等奖 1 项：刘小萌的专著《清代北京旗人社会》；获第八届（2013 年）中国社会科学院优秀科研成果奖三等奖 3 项：金以林的专著《国民党高层的派系政治》，虞和平的论文《抗战后国家资本膨胀和垄断问题再研究》，曾业英的论文《蔡锷与小凤仙——兼谈史料辨伪和史事考证问题》。

4.创新工程的主要措施和工作安排

（1）进入创新工程的时间：2013年，近代史研究所进入创新工程。

（2）参加创新工程的人数：2013年，近代史研究所参加创新工程的人数为45人。

（3）创新工程项目的名称及首席研究员。

2013年，近代史研究所有创新工程项目17项："清末十年新政改革研究"（首席研究员为崔志海），"辛亥革命前后的满汉关系"（首席研究员为刘小萌），"中国现代化史"（首席研究员为马勇），"社会文化史新兴学科与近代社会文化研究"（首席研究员为李长莉），"1840～1950：中国近代国家观念演变与社会变迁互动"（首席研究员为雷颐），"中国近代思想概论"（首席研究员为耿云志），"抗战建国与民族复兴：20世纪30～40年代中国思想界研究"（首席研究员为郑大华），"民国时期中共党史资料的收集整理与研究"（首席研究员为金以林），"中共建国方略的形成与实践研究"（首席研究员为于化民），"近代中国与世界：1949年前后中国的对外关系研究"（首席研究员为栾景河），"戴高乐主义与法国对华关系之建立和发展"（首席研究员为黄庆华），"中国政府光复台湾史料汇编"（首席研究员为张海鹏），"台湾历史与现状研究"（首席研究员为李细珠），"口述历史理论研究与口述访谈"（首席研究员为左玉河），"近代影像史料整理与研究"（首席研究员为李学通），"《近代史研究》杂志"（首席研究员为徐秀丽），"中国近代史研究信息传播平台建设"（首席研究员为汪朝光）。

（4）在创新工程方面实施的新机制、新举措。

2013年，在实施创新任务过程中，近代史研究所的创新项目研究、学科建设、学术交流、文献资料建设、人才培养以及党建、行政管理等方面稳步推进，为在2014年及未来几年中取得更大的成就，奠定了良好的基础。2013年，搜集海外所藏近代中国珍稀资料，是近代史研究所近年来的工作重点之一。该年度除继续购进国民党党史馆所藏资料外，原台湾地区领导人严家淦档案的复制协议即将签署。在搜集美国、俄罗斯所藏资料方面也有所进展。美国哥伦比亚大学所藏顾维钧档案合作整理协议即将签订，俄罗斯相关档案馆所藏中国近代史资料的复制工作正在洽商中。此外，国内革命根据地档案的搜集工作也即将启动。邵毓麟日记原件于2013年已入藏近代史研究所。在制度创新与人才培养方面，出台了扶持青年学者的新措施：设立跨学科研究群。随着新兴学科和交叉学科的出现与发展，现有研究室的设置已不能相适应。为适应学术发展的新趋向，近代史研究所及时对学科进行调整，新组建了社会史研究室。

（三）学术交流活动

1．学术活动

2013年，近代史研究所参与组织、主办的学术会议有：

（1）2013年1月18日，国家出版基金资助项目、中国社会科学院重大课题研究成果《台湾史稿》出版发布会在北京举行。发布会由中国社会科学院科研局、江苏凤凰出版传媒集团主办，中国社会科学院近代史研究所、中国社会科学院台湾史研究中心和凤凰出版社承办。

（2）2013 年 6 月 15 日，由中国社会科学院国际合作局、日本明治大学主办，近代史研究所承办的第三届“中日交流与中日关系的历史考察”学术研讨会在北京举行。中日两国 30 余位学者参加了会议，会议的主题是“古代中国、日本和中日关系”“近代中国、日本和中日关系”。

（3）2013 年 6 月 25 ～ 27 日，由近代史研究所与台湾方面的财团法人中正文教基金会、政治大学历史学系、政治大学人文中心共同主办的“蒋介石与抗战时期的中国学术研讨会”在台湾举行。来自海峡两岸科研机构与高等院校的 30 多名专家学者参加了会议。会议的主题是“抗战时期的蒋介石”。

（4）2013 年 8 月 20 日，近代史研究所和中华书局在近代史所联合举行《顾维钧回忆录》出版座谈会。

（5）2013 年 8 月 24 ～ 26 日，由中国社会科学院近代史研究所与湖北大学主办、首都师范大学协办的“中国社会科学论坛——第五届中国近代社会史国际学术研讨会”在湖北省襄阳市举行。来自中国、日本、意大利等国的近百位学者参加了会议。会议的主题是“社会文化与近代中国社会转型”。

（6）2013 年 9 月 13 ～ 14 日，第三期“中国近代史论坛”在湖北省武汉市召开。会议由近代史研究所《近代史研究》编辑部与华中师范大学联合主办。来自国内院校和研究机构的 30 余名学者参加了会议。会议的主题是“中国近代民间组织与国家”。

（7）2013 年 9 月 14 ～ 16 日，由近代史研究所，美国哈佛大学，英国剑桥大学、牛津大学、日本日中关系史研究会日本组织委员会和西南大学等多家单位联合主办的第五届中日战争国际共同研究学术研讨会在重庆市召开。来自中国、美国、日本、英国、韩国、印度、澳大利亚、加拿大的专家学者 100 余人参加了会议。会议的主题是“第二次世界大战背景下的中日战争”。

（8）2013 年 9 月 28 ～ 29 日，由近代史研究所民国史研究室、加州大学伯克利分校东亚研究所共同主办的“民国时期的军事”国际学术会议在美国加州大学伯克利分校举行。双方学者 20 余人参加了会议。会议的主题是“民国时期的军事”。

（9）2013 年 10 月 11 ～ 14 日，由近代史研究所经济史研究室、杭州师范大学浙江省民国浙江史研究中心、香港中文大学崇基学院宗教与中国社会研究中心主办，浙江省民国浙江史研究中心承办的“中西交汇中的近代中国都市和乡村”国际学术研讨会在浙江省杭州市召开。来自海内外 26 家院校和科研机构的 60 余名专家学者参加了会议。会议的主题是“中西交汇中的近代中国都市和乡村”。

（10）2013 年 10 月 18 ～ 20 日，由近代史研究所、中华口述历史研究会、厦门市社会科学界联合会、厦门市社会科学院联合主办的“第二届两岸三地口述历史学术研讨会”在福建省厦门市举行。会议研讨的主要问题有“两岸三地口述历史的采集、运用和研究情况”“口述历史的学科规范、研究理论、实务经验”。

（11）2013年10月26～27日，由近代史研究所、四川大学历史文化学院联合主办的“第二届中华民国史高峰论坛”在四川省成都市举行。来自中国、日本的40多位专家学者参加了会议。会议研讨的主要问题有“北洋史之整体再思”“传承的北洋与北洋的传承”“北洋政治与权力”“中外关系视野中的北洋史”“经济、科技与北洋史”“传媒、舆论与北洋史”“政治文化维度中的北洋史”。

（12）2013年11月9～10日，由近代史研究所、福建师范大学中国基督教研究中心联合举办的“近现代基督教的中国化”国际学术研讨会在福建省武夷学院召开。共有来自中国、美国、加拿大等国的60余人参加了会议。会议的主题是“近现代基督教的中国化”。

（13）2013年11月16～17日，由近代史研究所《抗日战争研究》编辑部主办、中国社会科学出版社协办的“东亚秩序与近代中国”国际学术讨论会在北京召开。来自中国、日本、韩国的数十位专家学者出席了会议。会议的主题是“东亚秩序与近代中国”。

（14）2013年12月17日，近代史研究所主办的“纪念范文澜先生诞辰120周年、荣孟源先生诞辰100周年座谈会”在北京举行。数十位专家学者出席了座谈会。

（15）2013年12月18～19日，近代史研究所主办的“中国社会科学院近代史研究所第十五届青年学术讨论会”在北京举行。

2. 国际学术交流与合作

2013年，近代史研究所共派遣出访27批42人次，接待来访21批37人次。与近代史研究所开展学术交流的国家有英国、德国、美国、澳大利亚、俄罗斯、波兰、日本、韩国等。

（1）2013年2月20～25日，俄罗斯科学院召开“纪念斯大林格勒保卫战70周年：永恒的记忆和全景阐释”国际学术讨论会。近代史研究所中外史研究室主任栾景河研究员应邀参加会议。

（2）2013年3月1日，美国斯坦福大学胡佛研究院郭岱君、阮大仁、赖小刚、许治英来近代史研究所访问。

（3）2013年3月19～23日，美国斯坦福大学胡佛研究院林孝庭来近代史研究所访问。

（4）2013年5月7日，俄罗斯科学院东方学研究所所长纳乌姆金一行来近代史研究所访问。

（5）2013年6月9日，以王建朗所长为团长的近代史研究所代表团出访俄罗斯国家档案馆、俄罗斯科学院东方学研究所、俄罗斯外交学院等单位。

（6）2013年6月10～25日，法兰西学院教授魏丕信来近代史研究所访问。

（7）2013年7月30日，美国新泽西州罗文大学历史系教授王晴佳来近代史研究所作题为“筷子与筷子文化圈：一个新文化史的案例”的报告。

（8）2013年9月1～13日，波兰科学院教授施乐文、哲兹来近代史研究所进行学术访问。

（9）2013年11月13～27日，日本龙谷大学研究员、东洋文库研究部部长，中国中山大学亚太学院教授兼院长滨下武志来近代史研究所进行学术访问。

（10）2013 年 11 月 21 日至 12 月 5 日，德国海德堡大学汉学系教授鲁道夫·瓦格纳来近代史研究所进行学术访问。

（11）2013 年 10 月 20 日至 11 月 1 日，近代史研究所研究员左玉河应邀先后参加由夏威夷大学中国研究中心举办的“中国和美国的人文学科与中国学研究概况”圆桌论坛和由美国国家人文中心和北卡罗来那州州立大学孔子学院主办的“中国与世界：文明多样性和跨文化交流”学术研讨会。

（12）2013 年 11 月 22 日，近代史研究所研究员步平应邀赴俄罗斯科学院远东分院历史、考古、民族志研究所讲学。

3.与中国香港、澳门特别行政区和中国台湾开展的学术交流

（1）2013 年 1 月 1 日至 2 月 28 日，近代史研究所文化史研究室副研究员吕文浩赴台湾“中央大学”进行学术访问。

（2）2013 年 1 月 16 ～ 25 日，近代史研究所副所长金以林赴台湾“中研院”近代史研究所收集资料。

（3）2013 年 3 ～ 4 月，近代史研究所经济史研究室研究员赵晓阳和民国史研究室副研究员李玉刚赴台湾“中央大学”历史研究所进行学术访问。

（4）2013 年 3 月 18 日至 7 月 31 日，近代史研究所革命史研究室研究员黄道炫赴台湾东海大学授课。

（5）2013 年 3 月 19 日，台湾“中研院”近代史研究所研究员林泉忠来近代史研究所访问。

（6）2013 年 3 月 25 日至 4 月 4 日，近代史研究所研究员张海鹏应邀到台湾地方志编修及收藏单位进行观摩学习。

（7）2013 年 4 月 9 ～ 23 日，台湾“中研院”近代史研究所研究员赖慧敏来近代史研究所进行学术访问。

（8）2013 年 4 月 15 ～ 29 日，台湾“中研院”近代史研究所陈慈玉来近代史研究所进行学术演讲。

（9）2013年4月16～20日，台湾政治大学历史系教授刘祥光来近代史研究所进行学术访问。

（10）2013 年 4 月 29 日至 5 月 2 日，应台湾南华大学社会科学院邀请，近代史研究所研究员马勇赴台湾进行学术交流。

（11）2013年5月1～31日，近代史研究所副研究员陈开科赴台湾“中央大学”进行学术交流。

（12）2013 年 5 月 1 日至 6 月 30 日，近代史研究所研究员李长利、副研究员马忠文等赴台湾“中央大学”进行学术交流。

（13）2013 年 6 月 30 日至 8 月 30 日，近代史研究所副研究员邱志红、赵庆云赴台湾“中央大学”进行学术交流。

(14) 2013 年 6 月 23 日至 7 月 6 日，台湾“中研院”近代史研究所副所长吕妙芬来近代史研究所访问。

(15) 2013 年 8 月 8 ~ 28 日，近代史研究所研究员马勇应澳门中西创新学院的邀请赴澳门讲学。

(16) 2013 年 9 月 1 日至 10 月 31 日，近代史研究所台湾史研究室副研究员李理等赴台湾进行学术交流。

(17) 2013 年 9 月 9 日至 11 月 8 日，近代史研究所思想史研究室副研究员宋广波赴台湾政治大学进行学术交流。

(18) 2013 年 10 月 1 日至 11 月 30 日，台湾“中研院”近代史研究所邀请近代史研究所研究员杨天石赴台湾进行学术交流。

(19) 2013 年 10 月 20 日至 11 月 4 日，近代史研究所《抗日战争研究》编辑部编审高士华和台湾史研究室研究员李细珠赴台湾“中研院”近代史研究所进行学术访问。

(20) 2013 年 11 月 1 ~ 3 日，台湾“中研院”近代史研究所召开“国共关系与中日战争”学术研讨会，近代史研究所所长王建朗、副所长金以林应邀参加会议。

(21) 2013 年 12 月 1 ~ 31 日，近代史研究所研究员褚静涛应台湾世新大学邀请赴台湾进行学术交流。

(四) 学术社团、期刊

1. 社团

(1) 中国现代文化学会，会长耿云志。

① 2013 年 6 月 6 日，中国现代文化学会在中国社会科学院近代史研究所召开 2013 年度第一次工作会议。会长耿云志报告了学会近年来的主要工作。会议研究并讨论了学会今后五年的工作设想以及近期的主要工作。

② 2013 年 9 月 20 ~ 21 日，由中国现代文化学会社会文化研究会、首都师范大学历史学院中国近现代社会文化史研究中心主办的“首届全国青年学者社会文化史理论与方法学术研讨会”在北京召开。80 余位学者参加了会议。

③ 2013 年 12 月 15 日，中国现代文化学会所属分支机构胡适研究会在中国社会科学院近代史研究所举行了“纪念胡适先生 122 岁生日座谈会暨 2013 年度学术年会”。会议的主题是“如何推动胡适研究，如何推广胡适思想”。

(2) 中国中俄关系史研究会，会长李静杰。

2013 年 10 月 25 ~ 30 日，应中国中俄关系史研究会的邀请，俄罗斯阿穆尔国立大学青年教师代表团到北京进行了参观访问。代表团在京期间，先后访问了中国社会科学院外国文学研究所、近代史研究、考古研究所、世界历史研究所等，并与相关专家学者就 20 世纪俄罗斯文学、中俄关系的历史与现实问题、俄罗斯历史与20世纪哈尔滨俄侨文学等问题进行了交流。

（3）中国孙中山研究会，会长张海鹏。

（4）中国抗日战争史学会，会长步平。

① 2013年10月20～23日，由中国抗日战争史学会和中正文教基金会（中国台湾）联合主办、侵华日军南京大屠杀遇难同胞纪念馆和中国人民抗日战争纪念馆承办的“第四届海峡两岸抗日战争史学术研讨会”在江苏省南京市召开。来自国内30多家单位的近百名专家学者参加了研讨会。会议的主题是“抗日战争与中华民族的复兴”。

② 2013年11月30日至12月1日，由中国抗日战争史学会、杭州师范大学、国家图书馆出版社、《抗日战争研究》编辑部共同主办的“第一届抗日战争史青年学者研讨会”在浙江省杭州市召开。来自全国各地的60余位专家学者参加了会议。会议从政治、军事、经济、社会文化、大后方、外交等方面探讨了抗日战争及其各种相关问题。

（5）中国史学会，会长张海鹏。

① 2013年5月5日，中国史学会第八届理事会第五次会长会议在北京召开。秘书长王建朗汇报了2015年国际历史科学大会筹备工作进展情况，山东大学历史文化学院负责人汇报了山东方面筹备工作的具体进程。张海鹏就中国史学会召开代表大会及理事会换届问题提出设想。

② 2013年11月23～24日，“1943：战后新格局的奠基”国际学术研讨会在北京举行。研讨会由中国史学会、俄罗斯历史学会联合主办，中国社会科学院近代史研究所承办。来自中国、俄罗斯、美国、德国、奥地利的数十位专家学者参加了会议。

（6）中国社会科学院台湾史研究中心，理事长朱佳木，主任张海鹏。

2013年8月11～13日，由中国社会科学院台湾史研究中心与兰州大学历史文化学院、西北民族大学历史文化学院合办的“纪念康熙统一台湾330周年国际学术讨论会”在甘肃省兰州市召开。来自中国、日本、韩国的专家学者100余人出席了会议。

（7）近代史研究所近代社会文化研究中心，理事长虞和平，主任李长莉。

① 2013年9月24日，近代史研究所近代社会文化研究中心邀请台湾东华大学历史系副教授蒋竹山作题为“从新文化史到全球史：浅谈当代史学的几种趋势”的报告。

② 2013年11月12日，近代史研究所近代社会文化研究中心邀请美国加利福尼亚大学圣地亚哥校区历史系教授卢苇菁作题为“中国式的伴侣婚姻”的报告。

（8）近代史研究所近代思想研究中心，理事长耿云志，主任郑大华。

2013年9月8～9日，“蒋翊武先生就义100周年纪念大会暨学术研讨会”在湖南省常德市举行。会议由中国社会科学院中国近代思想研究中心、湖南省政协文史委、湖南省社会科学院、湖南省历史学会、湖南省辛亥革命史研究会联合主办，湖南文理学院、民革常德市委员会、湖南省蒋翊武研究会联合承办。来自全国各地的历史学专家、蒋翊武的后裔、湖南文理学院的师生代表等100余人参加了会议。会议就蒋翊武的生平事迹、军事思想、组织建设以及民主革命精神等内容进行了讨论。

2. 期刊

(1)《近代史研究》(双月刊)，主编徐秀丽。

2013年，《近代史研究》刊载的有代表性的文章有：李恭忠的《晚清的“共和”表述》，关晓红的《清季科举改章与停废科举》，朱浒的《投靠还是扩张？——从甲午战后两湖灾赈看盛宣怀实业活动之新布局》，秦方的《晚清女学的视觉呈现——以天津画报为中心的考察》，陈红民的《台湾时期蒋介石与陈诚关系探微（1949～1965）》，张太原的《20世纪30年代知识界言说中的“五四”》，鹿锡俊的《蒋介石对日德意三国同盟的反应》，王先明的《试论城乡背离化进程中的乡村危机——关于20世纪30年代中国乡村危机问题的辨析》，游海华的《苏区革命后赣闽边区地方公产处置研究》，刘一皋的《城市郊区土地改革中的界线划分与社会隔离——北京市海淀区巴沟村及其周边村庄研究》，杨剑利的《国家建构语境中的妇女解放——从历史到历史书写》，王东杰的《“文字起于声音”：近代中国字拼音化思想对一个传统训诂理论的继承式颠覆 》，唐仕春的《北洋时期的政治分立与司法统一》，黄伟英的《“地归原主”中的国家与乡村——土地革命后赣南社会状况分析》，刘诗古的《国家、农民与“工商业兼地主”：南昌县土改中的“清算”斗争》，隋淑英、陈芳的《战后初期日本对琉球的领土政策——兼论钓鱼岛问题 》，张永的《1929年朱毛之争与红军的权力结构演变》，彭春凌的《章太炎在台湾与明治日本思想的初遇——兼论戊戌后康、章政治主张之异同》，王建朗的《浅议二战后国际秩序设计的几个特点》，杨奎松的《公理与强权的博弈——从历史角度看战后国际秩序发展的前途与困扰》，汪朝光的《二战和抗战与中国国家利益最大化问题》，陶文钊的《冷战时期的中国与国际秩序》，赵志辉的《中国与战后国际秩序的构建》，罗志田的《革命的形成：清季十年的转折》(下)，季剑青的《“私产”抑或“国宝”：民国初年清室古物的处置与保存》。

(2)《抗日战争研究》(季刊)，主编高士华。

2013年，《抗日战争研究》刊载的有代表性的文章有：鹿锡俊的《蒋介石与战后国共相争中的日本人角色》，王春林的《国难中的九·一八纪念——以东北流亡民众为中心》，赵峥的《“党化”边疆：抗战时期的国民党西康党务活动（1938～1945）》，王建朗的《钓鱼岛三题》，邹铖的《冀中八路军1942年“五·一”反扫荡新探》，杨彦君的《掩盖与交易：二战后美军对石井四郎的调查》，羽根次郎的《“尖阁问题”内在的法理矛盾——旨在驳斥“固有领土”论》，汪朝光的《抗战胜利的喜悦与对日处置的纠结——由蒋介石日记观其战后对日处置的双面性》，刘利民的《日本越界侵渔与民国北京政府的应对（1924～1927）》，刘玉山的《论20世纪70年代台湾留美学生保钓运动发生的国际背景》，桑兵的《近代中日关系研究的史料与史学》，孙艳玲的《抗战时期苏联援助中共武器问题初探》，把增强的《抗战时期中共精兵简政中的编余人员安置——以华北抗日根据地政权简政为中心》，吉井文美的《日中战争下的开滦煤矿》，木越义则的《太平洋战争时期中国的对外贸易》等。

（3）*Journal of Modern Chinese History*（《中国近代史》）（半年刊），主编王建朗。

2013年，*Journal of Modern Chinese History*（《中国近代史》）刊载的有代表性的文章有：Deng Ye's "Proposal for Coalition Government and KMT—CCP Negotiations in the Later Stage of the Anti—Japanese War"（邓野的《抗战后期的国共关系——联合政府的提出与谈判》），Wu Jingping's "Revenue, Finance, and the Command Economy under the Nationalist Government during the Anti—Japanese War"（吴景平的《抗战时期国统区的财政、金融与统制经济》，Steven Phillips' "National Legitimacy and Overseas Chinese Mobilization"（菲利普·史蒂文的《国家合法性与海外华侨动员》），Liu Shih—ming's "Puppet Troops Revisited：A Case Study of the Northwestern Army during the Anti—Japanese War"（刘熙明的《"伪军"再探：以西北军系的活动为中心》），Wang Qisheng's "Rocks Rolling Downhill：The Continuity and Progress of the Chinese Revolution in the Twentieth Century"（王奇生的《高山滚石：20世纪中国革命的连续与递进》），Li Lifeng's "Mass Movements and Rural Governance in Communist China：1945 ~ 1976"（李里峰的《共产主义中国的群众运动与乡村治理：1945 ~ 1976》）；Xu Xiuli's "'One Day' and the Future：Popular Support for the Wartime CCP Bases as Reflected in the Call for Essays on 'One Day in Jizhong'"（徐秀丽的《"一日"与未来——从"冀中一日"征文看民众对中共根据地政权的支持》），Li Yuzhen's "Fighting for the Leadership of the Chinese Revolution：KMT Delegates' Three Visits to Moscow"（李玉贞的《围绕中国革命的领导权：国民党代表三次出使莫斯科》），Arif Dirlik's "Two Kinds of Time：Thoughts on Renaissance and Revolution"（德里克的《两个时代：对复兴和革命的思考》），Luo Zhitian's "Understanding 'the Grand Revolution' in Modern China"（罗志田的《近代中国革命需要更进一步的研究》），Timothy Cheek's "The Importance of Revolution as an Historical Topic"（齐慕实的《革命作为历史话题的重要性》），Peter Zarrow's "One, Two, Many Revolutions"（沙培德的《一次、两次、多次革命》），Yang Kuisong's "Revolutions in China：Historical Origins and Contemporary Relevance"（杨奎松的《中国革命的由来与告别革命之不易》），Huang Daoxuan's "Intellectuals and the Chinese Communist Revolution"（黄道炫的《知识精英与中共革命》）。

（五）会议综述

第三届"中日交流与中日关系的历史考察"研讨会

2013年6月15 ~ 16日，第三届"中日交流与中日关系的历史考察"学术研讨会在中国社会科学院近代史研究所举行。研讨会由中国社会科学院国际合作局、日本明治大学主办，近代史研究所承办。会议分为两个主题，分别是"古代中国、日本和中日关系"及"近代中国、日本和中日关系"。

（1）古代中国、日本和中日关系。在“古代中国、日本和中日关系”的讨论中，明治大学大学院井上和人教授在《东亚都城研究的视角——平城京、渤海上京龙泉府及唐长安城》一文中通过分析7～8世纪东亚世界隋、唐、日本和渤海国的都城形制的异同，指出其相关性不仅是文化影响层面因素所造成，同时也体现了当时国际形势下各国所处环境和紧张的外交关系。中国社会科学院考古研究所研究员白云翔在题为“中日交流八百年（公元前5世纪至公元3世纪）之路的考古学论述”的报告中依据考古发现及其研究成果，结合有关文献记述，侧重考察公元前5世纪到公元3世纪这八百年间中日交流的历史进程。

吉村武彦教授作了题为“大和王权与氏族——以对日本和中国的比较为视角”的报告。报告对比中日在姓、氏内容方面的差异，讨论了大和王权与氏族的问题。南开大学日本研究院教授李卓作了题为“大和时代——日本社会的原点”的报告。他认为，尽管历史上中国文化对日本产生过很大影响，但是作为日本社会、文化本质特征的要素早在大和时代就已经存在，并在大规模学习隋唐文化之前已经形成，它是由日本自身历史进程所决定的。

（2）近代中国、日本与中日关系。在“近代中国、日本和中日关系”的讨论中，日本明治大学文学部教授落合弘树作了题为“大久保利通的《北京谈判》和日本国内的评价”的报告。他的报告论述了留守政府的“征韩论”、大久保利通等少数人的“征台论”、时人对大久保利通“北京谈判”的评价以及日本国内舆论关于和战的观点。

中国社会科学院近代史研究所副研究员戴东阳提交了关于《辛亥鼎革时期伊集院彦吉对时局的观察及其对华政策主张》的论文，结合伊集院日记、《日本外交文书》和中方相关文献，以辛亥革命时期伊集院对局势的观察及相关政策主张为线索，深入考察伊集院在辛亥革命爆发后对华政策主张的发展变化及与日本外务省之间的互动。

日本明治大学兼任讲师伊势弘志所作的《历史认识与战争责任论的现在》的报告从和平宪法与修宪问题、“战争责任论”和“战后责任论”、从“责任主体”到“解决主体”、日中关系与历史学四个方面展开，指出作为历史教训，是有了“战争责任”才有“战后责任”。培养作为追究责任主体的、跨国境的有意识的结合是最终成为“解决主体”过程中的一个阶段。“历史责任的解决主体”首先要以沟通对话为起点，这是构建日中两国民间交流体系的基础。

中国社会科学院近代史研究所助理研究员徐志民的论文《论日本人对中国“抗日战争”的称谓》通过解析日本人对中国“抗日战争”的称谓，探寻不同历史时期日本人的中国观及其对“侵华战争”责任的复杂认识，从而为形成东亚“共有”的历史认识作了有益尝试。中国社会科学院近代史研究所研究员步平认为，找到中日双方接受的名词是很困难的，但是概念的具体内容、指涉、指向要搞清楚，每个战争名词都有它具体的指向。中国社会科学院近代史研究所研究员汪朝光也认为，名词都有自己特定的语境，如抗日战争、侵略战争本身就有定性的态度，我们要警惕将抗日战争的名称泛化。

（敖　凯　柴怡赟）

中国社会科学论坛——第五届中国近代社会史国际学术研讨会

2013 年 8 月 24 ~ 26 日，由中国社会科学院近代史研究所与湖北大学主办、首都师范大学协办的“中国社会科学论坛——第五届中国近代社会史国际学术研讨会”在湖北省襄阳市举行。研讨会的主题是“社会文化与近代中国社会转型”。来自中国、日本、意大利等国的近百位学者共提交了 76 篇论文，这些论文分别从不同的角度探讨近代中国社会变迁的多个领域与问题，尤其对中国近代社会文化史研究的学科建设、理论方法及其与西方新文化史的互动关联方面进行了深入交流。

（1）社会文化史研究理论的争鸣。自 1988 年以来，新兴的交叉学科——中国近代社会文化史不断发展壮大，尤其在理论建设上取得了越来越丰富的成果。这次会议上，中国社会科学院近代史研究所研究员刘志琴作了题为“从本土资源建树社会文化史理论”的主题报告，报告阐述了“从本土资源建树社会文化史理论”的必要性与重要性。她指出，传统的中国社会是礼俗社会，而中国的礼与俗在西方文化中找不到对应的词汇。因此，要在礼与俗的互动中把握中国社会的特色，借鉴中国传统的百姓日用之学，自主建立更具有解释力的理论体系。湖北大学中国思想文化史研究所所长郭莹的“社会文化史的学科定位”的主题报告认为，具有中国本土特色的社会文化史是“20 世纪西方‘新史学’——社会史发展的新阶段；是以大众文化为内涵的新文化史；是与历史人类学紧密结合的后现代史学”。首都师范大学中国近现代社会文化研究中心主任梁景和作了题为“生活质量：社会文化史研究的新概念”的主题报告，报告从文化史与社会学交叉的角度提出，“生活质量”可以成为社会文化史研究的新概念，而且这一概念与“社会生活”紧密联系在一起。中国社会科学院近代史研究所社会史研究中心主任李长莉在题为“中国社会文化史：25 年回顾与展望”的主题报告中回顾了 25 年来中国近代社会文化史研究的发展历程，回应了学界对社会文化史研究存在“非学科”“碎片化”“描述性”与“无意义”等不足的诘问，还提出该学科未来研究值得注意的四个思考角度，即“民间社会”“社会治理”“生活方式”与“价值系统”。左玉河的《突出成绩与发展瓶颈：20 年来的中国近代社会文化史研究》一文在反思中国大陆的社会文化史研究的基础上，提出该领域的研究尚未形成系统的研究理论与方法，面临着发展“瓶颈”问题，需要更具典范性的研究成果。

（2）女性问题：社会文化史研究的热点。集中探讨近代中国的女性问题，是会议的一大亮点。女性的婚姻、职业、境遇与生命等问题一直是社会史研究的热点问题。何晓明、姚珺在《二十世纪二十年代上海女性的婚恋观——以 1920 ~ 1929 年〈申报〉为中心》一文中认为，20 世纪 20 年代上海女性在一定程度上改变了旧式的婚姻观念，积极追求夫妻平等，注重维护自己的合法权益，不再被传统的节烈观束缚。余华林运用民国北平司法档案揭示了当时北平妇女在离婚诉讼中呈现出的既守旧、软弱又具有新思想的双重形象。

还有学者探讨了近代中国女子的殉夫现象、清末天津《大公报》“兴女学”话语的审视、

20世纪30年代杭州的废娼运动、潘光旦关于妇女的论述及其争议等有关女性的社会问题。

（3）日常生活：社会文化史研究的“富矿”。日常生活是社会文化史研究的核心内容之一。会议的参会论文在研究领域或主题上，除了学界相对熟悉的城市与乡村、婚姻与家庭、女性与性别、民间组织与团体、慈善与救济等领域外，又增加了社会交往、公共空间、民俗医疗与民间信仰等新的探索主题。在社会交往上，李君在《郑孝胥在上海的遗老生活及其社会交往》一文中梳理了郑孝胥在上海的遗老生活及其社会交往，张立程讨论了黄炎培的学人交际网络。在公共空间上，张忠在《戏院还是戏园——民国北京传统公共娱乐空间的更新》一文中认为，民国北京的新式戏院与老牌戏园各有所长，二者在空间分布上呈现出特有的文化聚集和关系网络。在民俗医疗上，欧阳恩良、闵文华考察了民国时期贵州民俗医疗的生态、观念、医师、药市、禁忌与外来影响。

（李俊领　柴怡赟）

第二届中华民国史高峰论坛

2013年10月25～27日，由中国社会科学院近代史研究所民国史研究室与四川大学历史文化学院合办的“第二届中华民国史高峰论坛”在四川省成都市召开。会议的主要议题为民国时期的北洋史研究。40余名学者参加了会议。会议的讨论既有对北洋时期及北洋史研究的总体概观，也有从政治、经济、外交、思想、文化、社会等不同角度的具体审视。

（1）北洋时期历史之整体再思。由于革命史话语长期在学界位居主流地位，北洋时期常常被视为“黑暗”年代，对其研究也在总体上处于被忽视、被压抑的状态。如何还北洋时期的历史以真实面目，以及如何从长时段的历史进程中去看待和评估这一时期，成为与会学者热议的话题。中国社会科学院近代史研究所汪朝光在《过渡年代：北洋时期的再认识》一文中认为，从传统与现代两方面理解，北京政府时期可谓新旧杂陈，旧中有新，新中有旧，或许可将其定位为近代中国的过渡年代，甚至可谓是中国数千年历史的过渡年代。陕西师范大学张华腾在《如何认识民初社会与民初社会发展道路？》一文中认为，长期以来学术主流对北洋军阀统治时期持否定态度，其实大有商榷的余地。这一时期在许多方面都体现了社会的进步和发展。

关于北洋史的总体研究状况，一些学者发表了自己的看法。唐启华说，北洋研究从过去的孤寂、饱受批评到逐渐壮大、得到肯定，令人欣慰。邱捷指出，北洋时期的研究若算上辛亥革命、五四运动、中国共产党成立及北伐战争等内容，其实既有研究并不算少，甚或可以说是非常多的。另外，史料缺乏也是重大阻碍，很多重要人物如徐世昌、冯国璋的材料，迄今无人整理或难以搜集。

（2）北洋时期的历史传承。在革命史的话语中，从晚清到民国的断裂往往被夸大，而其延续则多少被忽略。近些年来，二者之间的延续性得到了学界的重视。中山大学关晓红的《民国北京政府时期承前启后的制度建设》一文，从制度沿革的层面讨论北京政府时期所处的承前启后的地位。首都师范大学迟云飞提交的《从皇权政治、军阀政治到党治》一文，从政治模式的角度分析了近代中国的历史变迁。

（3）北洋时期的政治与权力。北洋时期，政权更迭频繁，强权大行其道，政治乱象纷出。是什么原因导致了这一时期特有的政治生态？纷繁芜杂的表象之下又潜藏着什么样的内在机理？与会学者对此进行了学理上的审思。华东师范大学许纪霖在《革命后的第二天：1912 ～ 1927 年中国“魏玛时期”的思想与政治》一文中关注北洋时期的政治秩序建构及演变问题。在他看来，辛亥革命虽终结了两千年的君主专制，但真正的难题在于“革命后的第二天”，即如何在革命之后建立新秩序，实现政治建国的问题。四川大学罗志田在《自议与代议：民初的政党尝试》一文中探讨了民初的代议制问题。

（4）中外关系视野中的北洋时期史。湖南师范大学历史文化学院李育民认为，不平等条约关系是西方列强强加给中国的不平等关系，构建这一关系的主导理论是传统国际法规则，但在这一过程中也传输了体现公理的进步规则。

北京大学历史系徐勇考察了近代中国“军阀”话语的形成以及革命史观对这一话语的影响。

（5）北洋时期的经济科技与社会。相较于北洋时期的政治，北洋时期的经济和社会发展往往呈现出更多的亮点。复旦大学历史系吴景平认为，北洋时期在近代中国银行史上非常重要。这一时期，北京政府延续了晚清较为宽松的民间资本银行准入政策，在金融方面出台的法规不下数十种，对于当时中国银行业的经营无疑是有利因素。华中师范大学历史系朱英考察了 20 世纪 20 年代戴季陶在商会改革及商会法修订过程中的理论与实践。中国社会科学院近代史研究所李学通根据新发现的资料考证了翁文灏与瑞典冒险家斯文赫定签订的西北科学考察协议。台湾东华大学人文学院廖大伟探讨了北京政府时期的上海史应该如何研究与撰写的问题。

(6)传媒舆论与北洋时期史。如何将专史与一般史加以会通，是史家应该认真思考的问题。南开大学历史系王先明在《20 世纪前期乡村危机的舆论聚焦——以〈东方杂志〉为例》一文中以《东方杂志》为中心，深入分析社会各界在面对乡村危机时体现出来的关怀及其中蕴含的历史价值和意义。四川大学刘世龙的《民国前期报纸广告的爱国话语》一文考察了民国前期的报刊广告与爱国话语。四川大学周鼎在《政治与暴力：北洋政府时期社会舆论对于集体暴力的思考》一文中关注了北洋政府时期社会舆论关于集体暴力的讨论。

(7)思想文化维度中的北洋时期史。中国社会科学院近代史研究所郑大华的《论〈醒狮周报〉撰稿人的构成、聚集与分化》一文，从社会史的角度考察了《醒狮周报》的撰稿人群体。四川大学历史文化学院王东杰的《民初“国语”讨论的政治维度》一文，关注了中国近代国语运动与政治思想的关系问题。四川大学查晓英在《从情绪差别走向武力对峙：以常乃悳为例》一文中，以常乃悳为例，探讨20世纪初期中国思想界的分裂与政治重组的关系以及当时知识分子群体的分化问题。四川大学徐跃的《新旧之间：弘一法师与民国时期的佛教》一文，讨论了弘一法师在中国近代佛教革新与保守之争中的思想倾向及其与新旧两派的关系。

（胡永恒　柴怡赟）

世界历史研究所

（一）人员、机构等基本情况

1.人员

截至2013年年底，世界历史研究所共有在职人员85人。其中，正高级职称人员21人，副高级职称人员22人（含副高资格3人），中级职称人员25人；高、中级职称人员占全体在职人员总数的80%。

2.机构

世界历史研究所设有：唯物史观与外国史学理论研究室/《史学理论研究》编辑部、世界古代中世纪史研究室、西欧北美史研究室、俄罗斯东欧史研究室、亚非拉美史研究室、世界史跨学科研究室、《世界历史》编辑部、图书资料室/世界历史数字化研究部、科研组织处、行政综合办公室。

3.科研中心

世界历史研究所院属研究中心有：中国社会科学院加拿大研究中心、中国社会科学院史学理论研究中心；所属研究中心有：中国社会科学院世界历史研究所日本历史与文化研究中心。

（二）科研工作

1.科研成果统计

2013年，世界历史研究所共完成专著8种，1666.3万字；论文55篇，77.74万字；研究报告2篇，2.62万字；译著5种，140.3万字；译文12篇，10.64万字；一般文章35篇，22.86万字。

2.科研课题

（1）新立项课题。2013年，世界历史研究所共有新立项课题13项。其中，国家社会科学基金一般课题2项："时间史研究"（俞金尧主持），"古埃及王权研究"（郭子林主持）；国家社会科学基金青年课题2项："20世纪巴勒斯坦民族国家构建研究"（姚惠娜主持），"18～19世纪日俄岛屿问题的历史研究"（李文明主持）；院国情考察课题2项："黄河上游地区人民对黄河生态环境的贡献"（赵文洪主持），"传统文化与产业开发：对江南古镇乌镇、西塘两地传统文化保护与旅游开发的考察”（任长海主持）；青年中心社会调研课题 1 项：“逐渐消逝的海岸线——海南‘一线海景房’开发现状调查与生态旅游的对策思考”（邢媛媛主持）；交办课题 1 项：“当前中国知识分子思想状况调研与分析”（张顺洪主持）；所级课题 5 项：“罗马化进程中的文化互动现象研究”（胡玉娟主持），“伊藤博文的政治思想及历史影响研究”（陈伟主持），“世界史研讨 / 论坛平台及整体网站建设”（郭远英主持），“同盟的外溢：美韩同盟与韩国的国家建设”（许亮主持），“从好奇到冲突：1701 年至 1905 年俄日两国的国民交往和国家关系”（邢媛媛主持）。

（2）结项课题。2013 年，世界历史研究所共有结项课题 18 项。其中，国家社会科学基金一般课题 1 项：“环境、瘟疫与人类社会历史发展研究”（王旭东主持）；院重点课题 5 项：“日本现代化进程中的政治稳定与危机管理”（张经纬主持），“西方史学的东方反思：后殖民史学研究”（张旭鹏主持），“冷战时期美国对华政策调整的国内因素研究（1949 ～ 1979）”（顾宁主持），“古代中朝移民史研究”（孙泓主持），“16 世纪英国的印刷媒介与社会变迁”（张炜主持）；院重大课题 1 项：“古代国家权力与宗教礼仪制度”（徐建新、刘健主持）；院青年课题 1 项：“近代西方术语的东传与翻译：中国对日本的影响”（李文明主持）；国情考察课题 2 项：“黄河上游地区人民对黄河生态环境的贡献”（赵文洪主持），“传统文化与产业开发：对江南古镇乌镇、西塘两地传统文化保护与旅游开发的考察”（任长海主持）；青年中心社会调研课题 1 项：“逐渐消逝的海岸线——海南‘一线海景房’开发现状调查与生态旅游的对策思考”（邢媛媛主持）；所课题 7 项：“古埃及托勒密王朝专制王权研究”（郭子林主持），“近代日本政治中的元老、宫中势力研究”（张艳茹主持），“中国与苏联和东欧国家关系研究”（黄立茀主持），“1917 ～ 1929 年苏联城市住房史”（张丹主持），“战前日本农业问题与政党内阁的农业政策”（文春美主持），“图解世界史”（王旭东主持），“世界史研讨 / 论坛平台及整体网站建设”（郭远英主持）。

（3）延续在研课题。2013 年，世界历史研究所共有延续在研课题 46 项。其中，国家社会科学基金重大课题 3 项；国家社会科学基金重点课题 1 项；国家社会科学基金一般课题 7 项；国家社会科学基金青年课题 4 项；院重大课题 2 项；院重点课题 3 项；院委托交办课题 2 项；所重点课题 11 项，所一般课题 13 项。

3. 获奖优秀科研成果

2013 年，世界历史研究所获“第八届（2013）中国社会科学院优秀科研成果奖”专著类三等奖 1 项：徐再荣的专著《全球环境问题与国际回应》；获“第八届（2013）中国社会科学院优秀科研成果奖”论文类二等奖 1 项：王晓菊的论文《俄罗斯远东的“犹太民族家园”》。

4. 创新工程的实施和科研管理新举措

2013 年，世界历史研究所有创新工程项目 3 项：“印度和中国边界问题档案文献整理与研究”（首席研究员为孟庆龙），“南非种族资本主义经济史研究”（首席研究员为刘兰），“近现代以来印度中央与地方关系研究”（首席研究员为宋丽萍）。通过竞聘，世界历史研究所共有 66 人进入创新工程，其中首席管理为 2 人，首席研究员为 13 人，长城学者 1 人。

世界历史研究所通过创新工程，把现有人才的培养与引进学术优秀人才结合起来，着力培养出若干马克思主义理论素养高、政治可靠、专业强、外文好并在国内外世界历史学界具有影响力的复合型领军人物；努力优化人才布局，造就若干学术领军人物；培养一大批理论素养高、史学功底扎实、外文基础好的学科带头人和科研骨干。

（三）学术交流活动

1．学术活动

2013年，世界历史研究所主办和承办的主要学术会议有：

（1）2012年12月23～25日，世界历史研究所主办的“2012年世界史论坛——世界历史与世界现实”学术研讨会在北京举行。会议研讨的主要问题有“中东变局”“社会稳定与变革”“二十世纪的世界历史学——重大学术争鸣”。

（2）2013年3月19日，世界历史研究所主办的“第四届马克思主义与世界史研究研讨会”在北京召开。会议的主题是“对唯物史观的再认识”。

（3）2013年4月27～28日，中国社会科学院世界历史研究所与武汉大学世界历史研究所联合主办的“中国世界史研究论坛第七届学术年会暨吴于廑学术思想研讨会”在武汉大学举行。会议研讨的主要问题有“缅怀吴先生的学问人生”“吴先生的学术思想及其影响探讨”和“世界史学术前沿动态的交流”。

（4）2013年5月4日，世界历史研究所主办的“非洲研究与国家战略需求”学术研讨会在北京举行。会议研讨的主要问题有“中国的非洲战略”“如何加强非洲研究”。

（5）2013年5月7日，世界历史研究所、中国社会科学院国际合作局、瑞典斯德哥尔摩大学城市史研究所联合主办的“中瑞学者对话：世界历史上的社会变革与社会稳定学术研讨会”在北京召开。会议的主题是“社会变革与社会稳定”。

（6）2013年5月17～19日，中国社会科学院史学理论研究中心、中国社会科学院世界历史研究所与上海师范大学人文与传播学院联合主办的“第十七届全国史学理论研讨会”在上海师范大学举行。会议研讨的主要问题有“20世纪的历史学和历史学家”“20世纪史学发展的主要流派”“20世纪史学发展中的重大理论问题和前沿问题”“中外马克思主义历史学派的理论成就”“20世纪中外著名历史学家研究”。

（7）2013年5月18～21日，世界历史研究所与江西省社会科学院联合主办的“第三届全国社会科学院世界历史研究联席研讨会”在江西省南昌市举行。会议的主题是“中国梦与世界发展史”，研讨的主要问题有“中国梦与世界历史发展进程”“‘中原梦’与中原文化”“海外华人的祖地寻根梦”“实现‘中国梦’对他国历史的借鉴”。

（8）2013年5月29日，世界历史研究所、法国驻华使馆、德国驻华使馆共同主办的“‘和解的策略，集体的记忆’——纪念《爱丽舍条约》签署50周年国际研讨会”在北京举行。会议研讨的主要问题有“德国与法国记忆的场所：一种由概念构成的历史”“日本与中国对中日战争记忆的异同：历史与历史认识”。

(9) 2013 年 6 月 15 日，世界历史研究所主办的“比较视阈下的亚洲国家：变革与稳定”学术研讨会在北京举行。会议研讨的主要问题有“亚洲国家现代化的比较与思考”“亚洲国家的经济与外交”“中东政治变革探讨”。

(10) 2013 年 6 月 19 ~ 21 日，世界历史研究所、陕西师范大学、中国先秦史学会、荷兰莱顿大学联合主办的“早期国家政治制度国际学术研讨会”在陕西省西安市举行。会议的主题是“早期国家的政治制度”。

(11) 2013 年 8 月 10 ~ 11 日，世界历史研究所主办、南开大学历史学院协办、内蒙古大学满洲里学院俄罗斯研究中心承办的“第九届全国青年世界史工作者代表学术研讨会”在内蒙古自治区满洲里市举行。会议的主题是“多维视域下的世界历史研究”。

(12) 2013 年 10 月 26 日，世界历史研究所和中国社会科学院历史学部联合主办的“第一届中国社会科学院历史学部期刊建设会议”在北京召开。会议的主题是“共同交流学术期刊办刊经验、商讨如何提高学术期刊影响力”。

(13) 2013 年 11 月 8 ~ 9 日，世界历史研究所主办的“伊朗历史与现实研讨小组年会暨伊朗社会变革与中伊战略关系学术研讨会”在北京举行。会议研讨的主要问题有“伊朗的古代世界与文明交往”“中东变局与伊朗外交”“伊朗问题与中国外交”“伊朗社会变革与社会稳定”。

2. 国际学术交流与合作

2013 年，世界历史研究所共派遣出访 31 批 43 人次，接待来访 20 批 31 人次（其中，中国社会科学院邀请来访 6 批 7 人次）。与世界历史研究所开展学术交流的国家有美国、俄罗斯、捷克、匈牙利、法国、瑞典、英国、日本、加拿大、韩国、希腊、意大利、保加利亚、比利时、乌兹别克斯坦、西班牙、波兰、德国、奥地利等。

出访

(1) 2013 年 3 月 4 日，世界历史研究所姜芃、陈启能应邀赴波兰密茨凯维奇大学，参加“暴力和神圣：理论挑战和未来前景”国际学术研讨会。

(2) 2013 年 3 月 25 日，世界历史研究所孟庆龙应邀赴英国牛津大学中国研究所，参加“历史与国际关系：亚洲、欧洲与英国”国际学术研讨会。

(3) 2013 年 5 月 8 日，世界历史研究所张顺洪应邀赴美国康涅狄格州维斯里安大学，参加 第二届“中美双边论坛”国际学术研讨会。

(4) 2013 年 7 月 9 日，世界历史研究所张旭鹏应邀赴比利时根特大学，参加“历史理论与历史哲学的未来”国际学术研讨会。

(5) 2013 年 8 月 8 日，世界历史研究所黄立茀、王晓菊、朱剑利应日本大阪经济法科大学邀请，赴日本大阪参加“第五届斯拉夫欧亚研究东亚国际学术大会”。

（6）2013年10月6日，世界历史研究所李锐、黄立茀、刘凡赴保加利亚科学院和匈牙利科学院进行学术交流。交流的题目是“苏联和东欧的社会变革与社会稳定研究”。

（7）2013年10月21日，世界历史研究所王晓菊应俄罗斯科学院社会政治学研究所邀请，赴俄罗斯参加“第五届欧亚大陆移民桥”国际学术研讨会。

（8）2013年10月29日，世界历史研究所徐建新应日本明治大学文学部的邀请，赴日本参加第四届“交响的古代”国际学术研讨会。

（9）2013年12月9日，世界历史研究所张顺洪应韩国经济人文社会研究会邀请，赴韩国参加“第七届韩中人文科学论坛”国际学术研讨会。

来访

（1）2013年3月12日，捷克科学院当代历史研究所所长奥德瑞奇·图马教授应邀访问世界历史研究所，与该所俄罗斯东欧研究室全体研究人员进行学术交流。

（2）2013年4月7～10日，日本东京大学副校长、东京大学东洋文化研究所教授羽田正应邀访问世界历史研究所。

（3）2013年5月9日，奥地利维也纳大学社会经济史研究所教授Peer Vries应邀访问世界历史研究所，在该所作题为“大分流与近代经济增长背后的动力”的学术报告。

（4）2013年6月10～15日，美国弗吉尼亚大学历史系教授阿兰·梅吉尔应邀访问世界历史研究所，在该所作题为“全球史的理论与方法”的学术报告。

（5）2013年9月6～21日，法国巴黎第一大学20世纪社会史研究中心主任米歇尔·比日耐教授应邀访问世界历史研究所，在该所作题为“19至20世纪法国社会运动史回顾”的学术报告。

（6）2013年9月14～26日，美国马里兰大学历史系教授詹姆斯A.亨瑞塔应邀访问世界历史研究所，在该所作题为“美国自由主义面面观”的学术报告。

（7）2013年10月28日至11月2日，匈牙利科学院历史研究所教授王俊逸和匈牙利考文纽斯大学教授、冷战研究中心主任贝克什·乔鲍访问世界历史研究所，在该所就“冷战时期中东欧国家在东西方关系形成与发展中的作用”问题进行学术交流。

（8）2013年11月9～15日，乌兹别克斯坦共和国科学院历史所教授里纳特应邀访问世界历史研究所，在该所作题为“1940年代到1980年代中亚的非官方伊斯兰教：依据档案文献”的学术报告。

（9）2013年11月25日，俄罗斯科学院历史所教授Y.R.彼得罗夫和D.B.帕夫罗夫应邀访问世界历史研究所，中俄学者从历史学家的视角，对中国特色社会主义理论与实践、俄罗斯政治经济转轨、周边国家关系等问题进行了学术交流。

（10）2013年12月3日，日本北海道大学斯拉夫研究中心副教授长绳宣博应邀访问世界历史研究所，并作了题为“作为民族孵化器的帝国：苏联为什么和平解体”的学术报告。

2013 年，世界历史研究所新签订的国际合作研究项目有 1 项，是世界历史研究所与匈牙利科学院历史所签订的合作协议，项目名称是“中东欧国家转型的历史与现实研究”。

3．与中国香港、澳门特别行政区和中国台湾开展的学术交流

2013 年 2 月 24 日，世界历史研究所赵文洪、任长海等赴台湾大学人文社会高等研究院参加“西方史学理论和方法交流”双边学术研讨会。

（四）学术社团、期刊

1．社团

（1）中国国际文化书院，院长张顺洪。

2013 年 1 月 17 日，中国国际文化书院、中国社会科学院老专家协会、中国社会科学院老干部局在北京联合举办“生态文明建设与美丽中国论坛”学术研讨会。会议的主题是“以学习贯彻十八大精神、建设生态文明社会为主旨”。与会专家学者 100 余人。

（2）中国世界古代中世纪史研究会，会长侯建新。

① 2013 年 4 月 14 ～ 15 日，中国世界古代中世纪史研究会、中国社会科学出版社和浙江师范大学在浙江师范大学联合举行“剑桥古代史、新编剑桥中世纪史翻译工程年度工作会议”。会议的主题是“剑桥古代史、新编剑桥中世纪史翻译工程年度工作会议”。与会专家学者 30 余人。

② 2013 年 10 月 19 ～ 20 日，中国世界古代中世纪史研究会世界古代史专业委员会和首都师范大学在北京联合举办“第十届中日韩三国学者古代欧洲史学术研讨会”。会议的主题是“古代西方世界中的城邦、帝国与文化认同”。与会专家学者 40 余人。

③ 2013 年 10 月 25 ～ 27 日，“2013 年中国世界古代中世纪史研究会古代史专业委员会年会暨学术研讨会”在郑州大学举行。会议研讨的主要问题有“马克思主义与古代世界研究”“古代史专业委员会换届工作”。与会专家学者 150 余人。

（3）中国非洲史研究会，会长李安山。

2013 年 5 月 17 ～ 18 日，中国非洲史研究会、中国非洲问题研究会、中国亚非学会、中国中东学会、中国亚非发展交流协会联合主办的“非统 / 非盟五十年与亚非合作”学术研讨会在天津职业技术师范大学举行。会议研讨的主要问题有“全球化与非洲区域一体化”“非洲动态与热点问题”“非统 / 非盟与非洲政治”“中非、亚非合作研究”。与会专家学者 100 余人。

（4）中国世界近代现代史研究会，会长闫照祥。

① 2013 年 5 月，中国世界近代现代史研究会近代史专业委员会在保定河北大学举行 2013 年中国世界近代现代史研究会近代史专业委员会学术研讨会”。会议的主题是“全球化的历史：理论、方法和案例”。与会专家学者 50 余人。

② 2013 年 7 月 19 ～ 22 日，中国世界近代现代史研究会和云南师范大学在云南省昆明市

联合举办“中国世界近代现代史研究会世界现代史专业委员会学术年会”。会议研讨的主要问题有“东南亚国家政治经济研究”“大国与东南亚、南亚关系研究”“东南亚、南亚民族与中国西南民族关系研究”“学科调整背景下世界史学科建设”。与会专家学者 60 余人。

③ 2013 年 10 月 18 ~ 20 日，中国世界近代现代史研究会在山东师范大学举行“世界现代史学术前沿与中国世界现代史学科建设学术研讨会”。会议研讨的主要问题有“世界现代史前沿与学科建设”“世界现代史专题研究”。与会专家学者 80 余人。

④ 2013 年 11 月 23 日，中国世界近代现代史研究会在杭州师范大学举行“2013 年中国世界近代现代史研究会近代史专业委员会年会暨学术研讨会”。会议研讨的主要问题有“世界近现代史上的城镇化”“现代性和文化的互动”“法国大革命史”“世界近代史教学探讨”。与会专家学者 150 余人。

（5）中国朝鲜史研究会，会长金成镐。

2013 年 7 月 8 ~ 9 日，中国朝鲜史研究会在北京大学举行“2013 年中国朝鲜史研究会年暨学术研讨会”。会议的主题是“近二十年来中外学界对古朝鲜的研究与课题”。与会专家学者 50 余人。

（6）中国中日关系史学会，会长武寅。

① 2013 年 7 月 23 日，中国中日关系史学会和黑龙江省社会科学院联合主办的“安倍政权与中日关系”学术研讨会在黑龙江省哈尔滨市举行。与会专家学者 30 余人。

② 2013 年 9 月 15 日，中国中日关系史学会和日本日中关系学会联合主办的“克服当前困难，恢复中日信赖关系”学术研讨会在日本东京举行。与会专家学者 120 余人。

（7）中国苏联东欧史研究，会长姚海。

2013 年 8 月 28 ~ 29 日，2013 年中国苏联东欧史研究会年会暨学术研讨会在北京外国语大学召开。会议的主题是“道路的选择——俄罗斯、东欧、中亚国家与区域发展的历史与现状”。与会专家学者 100 余人。

（8）中国法国史研究会，会长端木美。

2013 年 9 月 9 ~ 13 日，中国法国史研究会联合法国巴黎人文科学之家基金会、巴黎第一大学共同发起，2008 年瑞士弗里堡大学加盟，由华东师范大学、浙江大学共同承办的中法历史文化研讨班在上海举行。会议的主题是“全球史中的欧洲与中国”。与会专家学者 70 余人。

（9）中国第二次世界大战史研究会，会长胡德坤。

2013 年 11 月 7 ~ 8 日，中国第二次世界大战史研究会在北京市举行“开罗会议七十周年与中日钓鱼岛争端学术年会暨学术研讨会”。会议的主题是“开罗会议七十周年与中日钓鱼岛争端”，研讨的主要问题有“开罗会议与战后亚太国际新秩序”“中国与开罗会议”“开罗会议与对日本领土的处置规定”“开罗宣言的国际法解读”“开罗宣言与中日钓鱼岛争端”。与会专家学者 80 余人。

（10）中国日本史学会，会长汤重南。

① 2013 年 5 月 10 日，中国日本史学会主办的“历史与未来”公益文化大讲堂在江苏省南京市举行。讲座的主题是“关于日本战后改革不彻底性的思考”。与会专家学者 80 余人。

② 2013 年 12 月 20 ～ 21 日，中国日本史学会主办，北京大学历史系、北京大学日本研究中心承办的“百年诞辰纪念：周一良先生与中国的日本史研究研讨会”在北京大学举行。会议的主题是“评价周一良先生的日本史学术成就和贡献，推进我国的日本史研究”。与会专家学者 40 余人。

（11）中国拉丁美洲史研究会，会长王晓德。

（12）中国美国史研究会，会长王旭。

（13）中国英国史研究会，会长钱乘旦。

（14）中国德国史研究会，会长邢来顺。

2．期刊

（1）《世界历史》（双月刊），主编张顺洪。

2013 年，《世界历史》共出版 6 期，共计 150 万字。该刊全年刊载的有代表性的文章有：王加丰的《从西方宏大叙事变迁看当代宏大叙事走向》，付成双的《美国生态中心主义观念的形成及其影响》，崔丕的《美日对中国研制核武器的认识与对策》（1959 ～ 1969），侯建新的《抵抗权：欧洲封建主义的历史遗产》，李维的《卡莱基“泛欧”联合思想与美洲经验：借鉴与超越》，张弢的《欧洲中世纪执教资格的产生与演进》，费晟的《论淘金热与澳大利亚腹地的环境改造》，沈汉的《洞察资本主义经济形态成长的一扇窗口——轮工商业经济组织的历史》，高毅的《“托克维尔悖论”评析》，刘大明的《巴士底狱的传说与真相——“专制主义象征”的建构过程》，王晓德的《20 世纪二三十年代欧洲知识精英的美国观》，廖大珂的《世界的宁波：16 ～ 17 世纪欧洲地图中的宁波港》，刘小青的《“安东尼努斯敕令”新论》。

（2）《史学理论研究》（季刊），主编于沛。

2013 年，《史学理论研究》共出版四期，共计 89 万多字。该刊全年刊载的有代表性的文章有：濮灵的《试论延安时期中国化马克思主义史学的时代特征与学术风格》，李恒的《表象与本体——安克斯密特的历史表现理论》，张正萍的《亚当·斯密的历史叙述与其人性科学》，汤荣光的《马克思意识形态理论秉持唯物史观的实践意蕴》，李晓龙、温春来的《中国盐史研究的理论视野和研究取向》，程晶的《巴西环境史研究的发展、特点及其影响》，李玉君的《推进对中国历史上民族融合途径的认识：马克思提出的重要命题的启示》，侯建新的《新视角：资本主义起源再探讨》，初庆东、梁民愫的《论英国民俗学主义史学编纂的形成》，朱政惠的《美国史学者对中国史学的研究探要》，张剑平的《毛泽东的史学思想研究：纪念毛泽东诞辰 120 周年》，伍祖安、王晴佳的《比较视野下中国古代史学的特征》。

（五）会议综述

第十七届全国史学理论研讨会

2013年5月17～19日，第十七届全国史学理论研讨会在上海师范大学召开。会议由中国社会科学院史学理论研究中心、中国社会科学院世界历史研究所史学理论重点学科与上海师范大学人文与传播学院历史系联合组织，由上海师范大学人文与传播学院历史系承办。来自全国的相关科研机构和高校的100余位代表参加研讨会。会议共收到论文83篇。会议开幕式的主持人是上海师范大学人文与传播学院历史系副主任陈恒教授。中国社会科学院史学理论研究中心负责人于沛研究员、上海师范大学人文与传播学院院长苏智良教授先后致辞。会议闭幕式由上海师范大学人文与传播学院历史系教授裔昭印主持，于沛致闭幕词。

会议的主题是“20世纪的历史学与历史学家”。该主题是中国社会科学院世界历史研究所史学理论重点学科申请进入院创新工程的项目。以项目名称为主题召开研讨会，目的在于集全国史学理论工作者的智慧，为项目提供智力支持和创作灵感。在该主题下，参会学者围绕20世纪史学发展的主要流派、20世纪史学发展中的重大理论问题和前沿问题、中外马克思主义历史学派的理论成就以及20世纪中外著名历史学家研究等诸多论题展开研讨。其中如何在新的历史背景下坚持和发展唯物史观、如何在借鉴西方史学中坚持拿来主义、如何继承和发展中国传统史学的积极成果等论题，成为学者们热议的焦点。比如在讨论如何坚持和发展唯物史观的问题时，少数学者认为，唯物史观是马克思在19世纪提出来的理论体系，现已进入21世纪，它的许多方面已经过时，不必要再提坚持唯物史观对历史学的指导地位。而大部分学者都承认坚持唯物史观的重要性，但也大致有两种意见。其中，一部分学者提出“回到五老”的口号，认为应该充分研究以郭沫若、范文澜等老一辈马克思主义史学家的史学思想，总结他们的研究方法，作为当前我们从事史学研究的指导；一部分学者则提出“回到马克思”的口号，主张根据马恩的原典对唯物史观做出重新解读，并以新的解读为指导来解释历史和现实中的理论问题。

（吴　英）

“早期国家政治制度”国际学术研讨会

2013年6月19～22日，由陕西师范大学、中国社会科学院世界历史研究所、中国先秦史学会与荷兰莱顿大学联合举办，陕西师范大学历史文化学院承办的“早期国家政治制度”国际学术研讨会在陕西省西安市召开。来自中国、俄罗斯、波兰、荷兰、美国和英国的40余位专家学者参加了会议。

早期国家的政治制度问题是历史学、人类学、考古学和政治学等领域学者都关注的重要课题，通过相互交流研究方法，了解最新的研究成果，开展对比研究，有助于更准确地把握早期国家政治制度的特点、共性与发展规律。此次研讨会共收到论文30余篇，讨论的问题大致可以归纳为三个方面：一是关于国家的概念、内涵、形态及相关理论在不同地区的适用性的讨论；二是关于世界各地区早期国家的结构及其起源和演进过程的讨论；三是对世界各地相关考古资料及其所反映的社会形态的研究。

与会学者既关注理论探索，又注重实证研究。在理论探索方面，与会学者对国家、酋邦、民主等基本概念做了深入探究。在考古研究方面，外国学者介绍了也门、古代两河流域、非洲等地的情况，中国学者介绍了石峁、陶寺、二里头等地的考古发现，学者们还根据相关资料从聚落形态、社会结构等方面分析了古代早期国家的发展模式。

研讨会开阔了中国学者的研究视野：一方面，亚洲、非洲和拉丁美洲等地的一些非传统热点地区的早期国家和社会成为学者讨论的对象，加深了学者对世界早期历史的全方位认识；另一方面，会议对国家的起源、早期国家的结构和发展模式等问题都进行了充分的讨论，促进了学者们对早期国家的多角度观察。

目前，中国史学界与国外史学界的交流日益增多，但也存在着明显不足。在早期国家政治制度研究领域，引进相关理论和成果较多，而本土理论和成果输出较少；对国外文本成果吸收较多，而与国外学者直接交流和讨论较少。会上，中国学者与多国学者直接交流和讨论，在关注国外研究成果的同时，也向国外史学界介绍中国史学界的研究成果，展现了中国历史在世界历史发展进程中所拥有的重要意义。

（国洪更）

中国边疆史地研究中心

（一）人员、机构等基本情况

1.人员

截至2013年年底，中国边疆史地研究中心共有在职人员34人。其中，正高级职称人员10人，副高级职称人员9人，中级职称人员9人；高、中级职称人员占全体在职人员总数的82%。

2.机构

中国边疆史地研究中心设有：西北边疆研究室、东北与北部边疆研究室、西南边疆研究室、海疆研究室、疆域理论研究室（马克思主义与边疆理论研究室）、编辑部（主要编发《中国边疆史地研究》《中国边疆学》《边疆调研》等学术刊物）、综合处（含科研处）、网络信息与图书资料部。

3.科研中心

中国边疆史地研究中心设有两个非实体中心：新疆发展研究中心、中国社会科学院历史文化信息中心；设有中国边疆历史与社会研究云南工作站、中国边疆历史与社会研究东北工作站、中国边疆历史与社会研究新疆工作站、中国边疆历史与社会研究广西工作站；在海南省、西藏自治区建立了所级国情调研基地。

（二）科研工作

1. 科研成果统计

2013 年，中国边疆史地研究中心共完成专著 10 余种，约 300 万字；论文 41 篇，约 60 万字；学术普及读物 2 种，约 40 万字；研究报告 18 篇，约 40 万字。

2. 各类课题进展情况

2013 年，中国边疆史地研究中心有新立项创新工程项目 1 项：“中国边疆的安全稳定和发展”；创新工程重大招标项目 1 项：“对外关系、和谐边疆与我国战略定位研究”。

（三）学术交流活动

（1）2013 年 3 月 13 日，中国边疆史地研究中心举办了第一期“中国边疆学讲坛”，邀请中国社会科学院考古研究所原所长刘庆柱研究员作了题为“考古与边疆历史研究”的学术报告。

（2）2013 年 3 月 27 日，中国边疆史地研究中心举办第二期“中国边疆学讲坛”，邀请我国原驻俄罗斯大使、国务院发展研究中心欧亚社会发展研究所所长李凤林作了题为“中苏边界谈判的若干问题”的学术报告。

（3）2013 年 4 月 17 日，中国边疆史地研究中心举办第三期“中国边疆学讲坛”，邀请台北“中研院”近代史研究所研究员赖惠敏作了题为“清代库伦的商号”的学术报告。

（4）2013 年 5 月 7 日，中国边疆史地研究中心举办第四期“中国边疆学讲坛”，邀请中国社会科学院学部委员、国际研究学部主任张蕴岭研究员作了题为“如何认识周边关系与变局”的学术报告。

（5）2013 年 5 月 27 日，中国边疆史地研究中心举办第五期“中国边疆学讲坛”，邀请西藏自治区社会科学院党委书记车明怀研究员作了题为“关于边疆问题的深层思考”的学术报告。

（6）2013 年 10 月 24 日，中国边疆史地研究中心举办第六期“中国边疆学讲坛”，邀请台湾“中研院”近代史研究所研究员张启雄作了题为“海权发展与中外历史经验——‘航线共同体’整合概念的中国海洋发展战略”的学术报告。

（7）2013 年 10 月 24 日，中国边疆史地研究中心举办第七期“中国边疆学讲坛”，邀请兰州大学教授杨恕作了题为“对新疆分裂主义的基本分析”的学术报告。

（8）2013 年 11 月 6 日，中国边疆史地研究中心邀请新疆社会科学院研究员马品彦作了题为“新疆的民族与宗教问题”的学术报告。

(9) 2013 年 11 月 12 日，中国边疆史地研究中心举办第八期“中国边疆学讲坛”，邀请新疆维吾尔自治区党委宣传部副部长张可让作了题为“新疆意识形态历史演进及思想交锋”的学术报告。

(10) 2013 年 11 月 20 日，中国边疆史地研究中心邀请中山大学亚太研究院教授滨下武志作了题为“海洋研究与港口—腹地关系——以香港为例”的学术报告。

（四）国际学术交流与合作

1. 出访

2013 年，中国边疆史地研究中心科研人员出访 11 人次。

(1) 2013 年 4 月 24 ～ 28 日，中国边疆史地研究中心邢广程赴德国参加第十六届施朗根巴特对话。

(2) 2013 年 6 月 13 ～ 26 日，中国边疆史地研究中心罗静赴德国参加慕尼黑联邦国防军大学举办的关于塔里木河流域可持续发展的国际会议。

(3) 2013 年 6 月 16 ～ 24 日，中国边疆史地研究中心厉声、王义康、阿地力赴土耳其进行学术交流。

(4) 2013 年 7 月 10 ～ 25 日，中国边疆史地研究中心许建英赴土耳其伊斯坦布尔大学查阅研究土耳其历史与文化方面的资料。

(5) 2013 年 7 月 28 日至 8 月 5 日，中国边疆史地研究中心罗静赴日本参加北海道大学举办的第四届国际夏季培训班。

(6) 2013 年 9 月 14 ～ 20 日，中国边疆史地研究中心邢广程赴俄罗斯参加瓦尔代会议。

(7) 2013 年 10 月 1 ～ 8 日，中国边疆史地研究中心邢广程赴希腊参加罗德岛论坛。

(8) 2013 年 10 月 7 ～ 10 日，中国边疆史地研究中心罗静赴比利时参加布鲁塞尔会议。

(9) 2013 年 12 月 8 ～ 11 日，中国边疆史地研究中心邢广程赴新加坡参加南洋理工大学拉惹勒南国际研究院举办的国际会议。

2. 来访

2013 年，中国边疆史地研究中心共接待境外机构采访 38 次，来访的有美国、新加坡、韩国、日本、越南等国家的驻华大使馆相关人员及海外学者。

（五）期刊、信息化及其他

(1) 2013 年，《中国边疆史地研究》共出版 4 期，共约 88 万字。其中，“国家化视野下的中国西南边疆：历史与现状”研讨会专稿 11 篇、纪念中心成立 30 周年专稿 3 篇；专题论文 34 篇；新书评价 2 篇；动态与学术史 8 篇。

(2) 2013 年，期刊资料部门负责创新项目“中国边疆与周边关系研究”的子项目“《珲春副都统衙门档案》的涉外专题部分的数据库”建设，该子项目已按时完成；对中国边疆史地研究中心机构网站进行了部分改版，增加了“中国边疆学讲坛”栏目；共完成10万余元的图书、期刊采购量，共采购图书6种210册、中文期刊70种、港台期刊2种，共280余册。编目图书2种128册。

（六）会议综述

首届中国边疆学论坛暨中国社会科学院中国边疆史地研究中心成立30周年座谈会

2013年11月，中国社会科学院召开中国边疆史地研究中心成立30周年座谈会。

2013年11月14～15日，首届中国边疆学论坛暨中国社会科学院中国边疆史地研究中心成立30周年座谈会在北京举行。会议由中国社会科学院中国边疆史地研究中心、国家领土主权与海洋权益协同创新中心共同主办。来自全国各地有关边疆研究的90余位专家学者参加了会议。会议围绕中国边疆学前沿理论和中国边疆重大应用问题等展开了深入研讨。

中国社会科学院常务副院长赵胜轩出席会议并讲话。赵胜轩说，中国边疆史地研究中心成立以来的30年，是我国周边形势发生深刻变化的30年，是我国边疆地区经济社会发展取得显著成就的30年，也是边疆研究硕果累累的30年。中国边疆史地研究中心30年的发展表明，边疆研究是一个具有重大现实需要的领域，是一项可以大有作为的事业，是哲学社会科学发挥思想库和智囊团作用的一个重要方面。在历代治边政策、历代治边思想、藩属与朝贡体系、海疆领土问题、边疆民族与文化、当代边疆稳定与发展、边疆地区与周边关系等诸多方面，学者们发表了看法。与会学者认为，改革开放以来，中国边疆的内外形势发生了很多变化，中国边疆问题理论研究需要关注的领域和范围大大拓宽，因此应立足于中国边疆所面临的新情况、新问题和新挑战，努力构筑边疆研究学科体系，以中国边疆学为基本框架，全面、深入、客观地分析和审视中国边疆安全、稳定及发展问题，不断以创新性的研究成果，深化和繁荣边疆理论研究，切实维护我国领土完整以及边疆的稳定与发展，促进我国周边环境的和谐。

（科研处）

中国社会科学论坛——中国沿边开发开放与周边区域合作国际论坛

2013 年 11 月 28 ~ 29 日，中国社会科学论坛——中国沿边开发开放与周边区域合作国际论坛在黑龙江大学召开。论坛由中国社会科学院中国边疆史地研究中心和黑龙江大学共同举办。

开幕式上，黑龙江大学党委副书记曲科军、中国社会科学院国际合作局副局长周云帆和中国社会科学院中国边疆史地研究中心主任邢广程研究员分别致辞。曲科军介绍了黑龙江大学的基本概况，并结合党的十八大精神和习近平总书记在周边外交工作座谈会上的讲话精神进一步指出，无论从地理方位、自然环境还是相互关系看，周边对我国都具有极为重要的战略意义。目前，我国同周边国家的经贸联系更加紧密、互动空前密切，客观上要求我们的周边外交战略和工作必须与时俱进、更加主动，把周边外交工作做得更好。

论坛议题设置广泛，包括中国东北、西南、西北地区在开发开放过程中同周边国家和地区的合作，丝绸之路经济带与欧亚区域合作，俄罗斯远东开发对中俄区域合作的影响等。广西社会科学院党组书记、院长吕余生认为，广西在构建 21 世纪“海上丝绸之路”中具有多方面优势，如中国—东盟博览会为建设“海上丝绸之路”始发港奠定了良好的基础，泛北部湾经济合作论坛为“海上丝绸之路”建设提供了重要平台等。俄罗斯科学院远东历史考古与民族研究所所长拉林看好中俄区域经济合作的前景，但他认为，目前，俄罗斯方面并没有利用好中国发展所带来的益处。这主要是因为俄罗斯还没有深刻认识到中俄区域合作的重要性，内部协调不够，存在着经济结构不合理等问题。中国社会科学院中国边疆史地研究中心主任邢广程表示，2013 年中国在外交方面有很多亮点，如召开了周边外交工作座谈会，确定了今后 5 ~ 10 年周边外交工作的战略目标、基本方针、总体布局，明确了解决周边外交面临的重大问题的工作思路和实施方案等。此次国际论坛就是在这个大的背景下召开的。

与会学者达成广泛共识，即应进一步加强区域国际合作，加强各国之间的学术交流，互知才能达到互信。来自俄罗斯、哈萨克斯坦、乌兹别克斯坦、印度、越南、日本等周边国家的代表和来自国内沿边省份社会科学院和高校的 60 余位专家学者参加了论坛。

（科研处）

台湾研究所

（一）人员、机构等基本情况

1. 人员

截至 2013 年年底，台湾研究所共有在职人员 65 人。其中，正高级职称人员 14 人，副高级职称人员 15 人，中级职称人员 22 人；高、中级职称人员占全体在职人员总数的 71%。

2.机构

台湾研究所设有：台湾政治研究室、台湾经济研究室、台湾对外关系研究室、台湾人物研究室、台美关系研究室、综合研究室、资料研究室、科研合作处、办公室、人事处。

（二）科研工作

1.科研成果统计

2013年，台湾研究所共完成论文48篇，约40万字；研究报告120篇，55万字；学术交流影视资料10种，1400分钟。

2.科研课题

（1）新立项课题。2013年，台湾研究所共有新立项课题14项，为外交部、国务院台办、国务院侨办、商务部、国家旅游局、统战部等中央有关部门委托课题。

（2）结项课题。2013年，台湾研究所共有结项课题14项，为外交部、国务院台办、国务院侨办、商务部、国家旅游局、统战部等中央有关部门委托课题。

（三）学术交流活动

1.学术活动

2013年，台湾研究所主办的学术会议有：

（1）2013年4月6～11日，台湾研究所与台湾国民党智库内政组在云南省昆明市举办“岛内政局与两岸关系”学术研讨会。会议研讨的主要问题有“台湾政局”“核四公投”“两岸政治对话”“大陆对台新人事”。

（2）2013年6月19～20日，台湾研究所与两岸统合学会、中华文化发展促进会、财团法人21世纪基金会、台湾大学政治学系、香港中国评论通讯社主办的“北京会谈”两岸关系研讨会在北京召开。会议的主题是“强化认同互信、探索政治安排”，研讨的主要问题有“如何强化两岸认同与互信”“两岸政治安排与和平发展”“国民两党大陆政策”。

（3）2013年6月28～29日，由台湾维新基金会主办、台湾研究所协办的“两岸关系的发展与创新”学术研讨会在香港召开。会议研讨的主要问题有“两岸的差异与共识”“两岸经济交流的现状与展望”。

（4）2013年9月28日，台湾研究所与国务院侨办等单位在北京联合举办了“东海、南海涉台问题学术研讨会”。会议的主题是“台当局东海、南海问题政策”。

2.国际学术交流与合作

2013年，台湾研究所共派遣出访5批20人次，接待来访90批420人次。与台湾研究所开展学术交流的国家有美国、俄罗斯、英国、日本、德国、加拿大、澳大利亚、韩国、新加坡等。

（1）2013年2月16日，台湾研究所所长余克礼等与美国约翰斯·霍普金斯大学访问团就中美关系及两岸关系问题在台湾研究所进行交流。

（2）2013 年 3 月 10 日，台湾研究所副所长朱卫东与新加坡使馆副馆长张文喜等就当前台湾局势问题在台湾研究所进行探讨。

（3）2013 年 6 月 20 日，台湾研究所所长余克礼、副所长张冠华与菲律宾中国和平统一促进会访问团一行就两岸关系发展趋势问题在台湾研究所进行了交流。

（4）2013 年 9 月 5 日，台湾研究所所长余克礼、副所长张冠华、谢郁等与美国南加州中国和平统一促进会联盟访问团就台湾政局及两岸关系问题在台湾研究所进行探讨。

3.与中国台湾开展的学术交流

（1）2013 年 5 月 24 日，台湾研究所所长余克礼、副所长谢郁等与台湾无党联盟主席林炳坤、办公室成员尚毅夫、马俊义一行就台湾政局与两岸关系问题在台湾研究所进行交流。

（2）2013 年 6 月 11 日，台湾研究所所长余克礼与赖连金理事长率领的台湾中华资深记者协会访问团一行 20 余人就新形势下两岸关系发展前景等议题在台湾研究所进行交流。

（3）2013 年 9 月 25 日，台湾研究所所长余克礼及各研究室主任与台湾非营利组织大陆交流团一行 30 余人就台湾经济形势与两岸关系问题在台湾研究所进行交流。

（4）2013 年 10 月 30 日，台湾研究所副所长张冠华、政治室主任刘佳雁与台湾警察大学副教授许义宝等就两岸事务性合作及文教交流等议题在台湾研究所交换意见。

（5）2012 年 11 月 21 日，台湾研究所所长余克礼，副所长朱卫东、张冠华及政治室、经济室有关研究人员与台湾宜兰县长林聪贤就两岸经济文化交流问题在台湾研究所进行了交流。

（四）期刊

（1）《台湾研究》（双月刊），主编张冠华。

2013 年，《台湾研究》共出版 6 期，共计 69 万字。该刊全年刊载的有代表性的文章有：余克礼的《尽早开启政治对话协商，开创两岸关系和平发展新前景》，朱卫东的《海峡两岸关系的新态势与新趋向之观察》，张冠华的《关于开展两岸产业合作合理分工与布局的内涵探讨》，彭维学的《浅析民进党社会基础的现状与发展态势》，朱磊的《两岸金融合作新进展与前瞻》，汪曙申的《马英九当局两岸谈判政策评析》，王鸿志的《从台湾反核四社会运动探析政党政治与社会运动之关系》，伍俐斌的《浅析台对外渔业纠纷问题及台湾当局的应对策略》等。

（2）《台湾周刊》，主编朱卫东。

2013 年，《台湾周刊》共出版 50 期，共计 173 万字。该刊全年刊载的有代表性的文章有：金奕的《台生来大陆求学的现状及影响》，张华的《民进党“全代会”充满权斗不见反省》，陈咏江的《论民进党与“立法院”生态的关系》，陈桂清的《民进党 2014 年县市长选举布局拉开帷幕》，吕存诚的《对当前台美军事关系的观察》，胡本良的《国民党积极布局 2014 选战》等。

（五）会议综述

“北京会谈”两岸关系学术研讨会

2013 年 6 月 19～20 日，中国社会科学院台湾研究所与中华文化发展促进会、两岸统合学会、财团法人 21 世纪基金会、台湾大学政治学系及香港中国评论通讯社在北京合办“北京会谈”两岸关系学术研讨会。台湾 21 世纪基金会董事长高育仁、亚太和平研究基金会董事长赵春山、两岸统合学会理事长张亚中等参加会议。中国社会科学院台湾研究所所长余克礼主持会议。

会议围绕“强化认同互信、探索政治安排”的主题，就如何强化两岸认同与互信、两岸政治安排与和平发展、国民两党大陆政策等议题进行了深入交流。

（科研处）

经济学部

经济研究所

（一）人员、机构等基本情况

1.人员

截至 2013 年年底，经济研究所共有在职人员 138 人。其中，正高级职称人员 43 人，副高级职称人员 40 人，中级职称人员 22 人；高、中级职称人员占全体在职人员总数的 76%。

2.机构

经济研究所设有：政治经济学研究室、宏观经济学研究室、微观经济学（公共经济学）研究室、经济增长理论研究室、中国经济史研究室、中国现代经济史研究室、经济思想史（发展经济学）研究室、当代西方经济理论研究室、《经济研究》编辑部、《经济学动态》编辑部、《中国经济史研究》编辑部、《中国城市年鉴》编辑部、图书馆、办公室、科研处和人事处。

3.科研中心

经济研究所院属科研中心有：中国社会科学院上市公司研究中心、中国社会科学院全球契约研究中心、中国社会科学院欠发达经济研究中心、中国现代经济史研究中心、中国社会科学院民营经济研究中心；所属科研中心有：中国社会科学院经济研究所决策科学研究中心、中国社会科学院经济研究所经济转型与发展研究中心、中国社会科学院经济研究所公共政策研究中心。

（二）科研工作

1.科研成果统计

2013 年，经济研究所共完成专著 19 种，653.6 万字；论文 105 篇，102.01 万字；研究报告 17 篇，109.7 万字；学术资料 1 种，176 万字；古籍整理 1 种，31.3 万字；学术普及读物 3 种，1.49 万字；论文集 5 种，195.5 万字。

2.科研课题

（1）新立项课题。2013 年，经济研究所共有新立项课题 39 项。其中，国家社会科学基金课题 4 项："推动我国经济持续健康发展的基本要求、根本途径和政策选择研究"（张晓晶主持），"隋代经济史研究"（魏明孔主持），"中国城乡居民收入代际传递机制比较研究"（杨新铭主持），"阶梯定价理论及其应用研究"（方燕主持）；国家自然科学基金课题 1 项："突破中小企业发展瓶颈和释放新能量"（刘小玄主持）；国家软科学研究计划 1 项："中国区域协调发展战略经济效应评价”（于文浩主持）；院国情重大（推荐）课题1项：“农民工城市化案例调查”（魏众主持）；院国情调研重点课题7项：“农民工城市化案例调查”（魏众主持），“‘三网融合’背景下有线网络产业发展研究”（郭冠清主持），“大都市近郊农村的社会经济变化——以河北省保定市蔡家营村为调查对象”（魏明孔主持），“中型城市城乡建设一体化是助推经济增长的新动力——河北省宁晋县调查报告”（白丽健主持），“北京市山区乡镇农户增收调研——以北京市密云县高岭镇为个案”（姜长青主持），“我国连片特困地区加快发展的障碍与对策研究——以罗霄山片区中的江西革命老区为例”（陈雪娟主持），“中国乡村医生生存状况调查”（杜创主持）；院国情考察活动1项：“吉林省九台市经济社会发展现状考察”（裴长洪主持）；院国情调研重大课题第三批乡镇调研（第二期）5项：“广东省佛山市顺德区容桂镇中小企业经营状况调研”（郭路主持），“江苏省常州市孟河镇社会经济调研”（王砚峰主持），“江苏省淮安市河下古镇旅游产业调查——辉煌、衰落与复兴”（姚宇主持），“湖南省吉首市河溪镇国情调研”（李仁贵主持），“辽宁省朝阳市金融机构在新型农村养老保险建设中的作用”（金成武主持）；院马克思主义理论学科建设与理论研究课题1项：“完善社会主义市场经济体制研究”（胡家勇主持）；所重点课题10项：“完善社会主义市场经济体制研究”（胡家勇主持），“经济持续健康发展研究”（张晓晶主持），“民生保障研究”（朱恒鹏主持），“外来人口的城市融入研究”（魏众主持），“《资本论》及其手稿的经济危机理论研究”（裴小革主持），“宏观经济供给管理研究”（刘霞辉主持），“中国经济史研究系列之二”（魏明孔主持），“近年中国现代经济史研究的热点问题”（赵学军主持），“民国经济史料研究”（王砚峰主持），“当前宏观经济热点问题分析”（裴长洪主持）；研究室建设课题5项：“东部经济转型升级研究”（刘霞辉主持），“中国经济史研究系列之一”（魏明孔主持），“农民工市民化案例研究”（魏众主持），“行政后勤管理绩效与评核”（杨元宏主持），“人事制度的改革与创新”（张凡主持）；交办课题3项：“宏观形势跟踪分析与对策研究”（张晓晶主持），“全面深化体制改革研究”（张晓晶主持），“社会保障制度整合和可持续建设”（朱玲主持）。

（2）结项课题。2013年，经济研究所共有结项课题52项。其中，国家社会科学基金课题6项：“中国城乡市场长期发展研究”（陈争平主持），“提高宏观调控水平与保持经济平稳较快发展研究”（刘霞辉主持），“转变经济发展方式的创新劳动理论研究”（裴小革主持），“农民工市民化的障碍与途径研究”（王震主持），“城市化、集聚效应与可持续增长”（陈昌兵主持），“中国特色反贫困理论与实践研究”（闫坤主持）；国家自然科学基金课题1项：“基于微观调查数据的中国居民金融排斥研究”（唐寿宁主持）；院重大课题1项：“宏观分配格局的宏观和微观视角”（魏众主持）；院重点课题8项：“鸦片战争前的中国经济总量估值”（史志宏主持），“中国传统经济转型”（魏明孔主持），“政府内部激励机制研究”（陈健主持），“中国计划经济时期的金融研究”（赵学军主持），“西部绿洲传统农业发展与生态环境演变的历史考察”（苏金华主持），“中国经济发展方式转变、金融结构调整和金融宏观审慎监管改革”（张磊主持），“为何居民感受不到收入水平的提高”（姚宇主持），“建立扩充大内需长效机制——基于城市化发展方式分析”（陈昌兵主持）；院青年科研启动基金课题4项：“地方公共品供给机制研究及中外实践经验对比”（樊果主持），“不完全市场研究”（郭路主持），“利率市场化的影响研究”（王佳主持），“服务外包产业升级与制造业转型的耦合效应研究”（程蛟主持）；院国情调研重大、重大（推荐）课题3项：“国有资产现状与问题调研”（左大培、钟宏武主持），“无锡、保定农村调查：1998～2010年农业收支状况”（刘兰兮、赵学军主持），“沙洲坝村、叶坪村农地产权制度变迁与农村经济结构更新：基于土地使用权流转的考察”（陆梦龙主持）；院国情调研考察课题1项：“吉林省九台市经济社会发展现状考察”（裴长洪主持）；院国情调研重点课题12项：“内蒙古牧区乡村的社会保障状况”（姚宇主持），“经济结构调整中的文化产业发展——以河南安阳为例”（李成主持），“我国农民合作经济组织发展调查——山东省寿光市”（贾利主持），“新农村建设中的农村公共品供求研究——以刘营村为例”（樊果主持），“东北老工业基地企业经济调查——以鞍山钢铁集团公司为个案”（封越建主持），“走科学发展、绿色发展之路——关于陕西省柞水县发展旅游服务业的调研报告”（彤新春主持），“‘腾笼换鸟’战略与内地县域企业演化——江西省泰和县工业园区考察”（谢志刚、王瑶主持），“‘三网融合’背景下有线网络产业发展研究”（郭冠清主持），“大都市近郊农村的社会经济变化——以河北省保定市蔡家营村为调研对象”（魏明孔主持），“中型城市城乡建设一体化是助推经济增长的新动力——河北省宁晋县调查报告”（白丽健、刘彦平主持），“北京市山区乡镇农户增收调研——以北京市密云县高岭村为个案”（姜长青主持），“中国乡村医生生存状况调查”（杜创主持）；院国情调研重大课题乡镇调研课题5项：“苏北蚕桑第一镇的发展之路：江苏省新沂市合沟镇经济社会调研”（黄英伟主持），“福建莆田江口镇调研”（杨智勇主持），“江苏省靖江市东兴镇考查”（剧锦文主持），“生态型新农村建设之路——江西临川七里岗乡经济社会发展调研”（张妍主持），“河南省南阳市双龙镇调研报告”（李钢主持）；院青年学者发展基金课题3项：“现代奥地利学派企业组织演化理论研究”（谢志刚主持），“中国城乡收入差距代际传递机制研究”（杨新铭主持），“我国社会医疗保险干戈及其对居民健康行为的影响研究”（王震主持）；院基础研究课题4项：“企业权威关系研究”（赵农主持），“经济增长与和谐社会的国民福利”（赵志君主持），“中国近代合伙企业研究”（封越建主持），“中国企业劳动管理制度研究：由传统向现代的演化”（王小嘉主持）；院交办委托课题4项：“宏观形势跟踪分析与对策研究”（张晓晶主持），“全面深化体制改革研究”（张晓晶主持），“社会保障制度整合和可持续建设”（朱玲主持），“从经济理论到经济政策：宏观经济政策学研究”（张晓晶主持）。

（3）延续在研课题。2013年，经济研究所共有延续在研课题43项。其中，国家社会科学基金课题12项：“社会主义初级阶段基本经济制度研究”（裴长洪主持），“中国经济理论发展史——以传统经济范畴为中心”（叶坦主持），“中国古代农业、农村与农民研究”（李根蟠主持），“十九世纪上半期的中国经济总量估值研究”（史志宏主持），“农村非农就业问题调查研究”（隋福民主持)，“加快经济结构调整与促进经济自主协调发展研究”(张平主持)，“快速增长过程中的风险累积与防范：转变发展方式研究的存量视角”(张晓晶主持)，“中华人民共和国经济史（1958～1965)”(董志凯主持)，“中国城市化模式、演进机制和可持续发展研究”(张自然主持)，“推进社会主义民主政治建设的经济学分析”(刘剑雄主持)，“商业账簿整理与清代至民国时期社会经济史研究”(袁为鹏主持)，“非合理性行业收入差距的成因与测度研究”(武鹏主持)；国家社会科学基金学术期刊资助课题2项：“《经济研究》”(裴长洪主持)，“《中国经济史研究》”(刘兰兮主持)；国家社会科学基金中华学术外译课题1项：“中国区域经济差距和区域开发政策的研究”(于文浩主持)；国家自然科学基金课题3项：“劳动力市场表现、收入差距与贫困：对非正规就业的经验分析”(邓曲恒主持)，“突破中小企业发展瓶颈和释放新能量”(刘小玄主持)，“微观视角下我国公共养老金制度的性别影响研究”(金成武主持)；院重大、院重点课题3项：“中国近代经济史（1937～1949)”(王洛林主持)，“1966～1976中华人民共和国经济档案资料研究”(刘国光、董志凯主持)，“国家粮食安全战略制约下的农民自主发展研究”(安东建主持)；院国情调研重大课题1项：“中国乡镇调研”(刘树成、吴太昌主持)；院国情调研重大课题（乡镇）调研10项：“贫困山区的脱贫之路——贵州省威宁县麻乍乡调研”(程锦锥主持)，“大城市周边特色农业与农村经济组织发育——天津市蓟县出头岭镇经济发展调查”(杨新铭主持)，“湖北省麻城市福田河镇国情调研”(张自然主持)，“以工促农转型发展生态之路——山东省5莲县松柏镇调研”(彤新春主持)，“北京丰台区花乡流动人口就业与生活变动状况调查”(张毅主持)，“广东省东莞市沙田镇经济与社会发展调研”(尚列主持)，“湖南浏阳市官渡镇调研”(林跃勤主持)，“江苏省盐城市盐东镇调研”(罗仲伟主持)，“河南李店镇调研”(何伟主持)，“黄骅市回族乡调研”(谢谦主持)；院交办委托课题2项：“经济学名词审定”(王振中主持)，“1966～1976中华人民共和国经济档案资料研究”(刘国光、董志凯主持)；院学术名刊建设课题3项：“《经济研究》名刊建设”(王诚主持)，“《经济学动态》名刊建设”(周学主持)，“《中国经济史研究》名刊建设”(封越建主持)；重点学科建设课题5项：“政治经济学学科”(胡家勇主持)，“宏观经济学学科”(张晓晶主持)，“发展经济学学科”(魏众主持)，“中国经济史学科”(魏明孔主持)，“中国现代经济史学科”(徐建青主持)。

3.获奖优秀科研成果

2013年，经济研究所获“第八届（2013年）中国社会科学院优秀科研成果奖”专著类二等奖2项：张平、刘霞辉主编的专著《中国经济增长前沿》，刘小玄的专著《奠定中国市场经济的微观基础》；论文类二等奖1项：杨春学的论文《和谐社会的政治经济学基础》；专著类三等奖1项：裴长洪主编的专著《共和国贸易60年》；论文类三等奖2项：刘克祥的论文《近代农村钱庄的资本经营及其特征——近代农村钱庄探索之二》，赵志君、陈增敬的论文《大国模型与人民币汇率评估》；学术资料三等奖1项：封越建、王砚峰整理的学术资料《清代道光至宣统年间粮价表》。

4.创新工程的实施和科研管理新举措

2013 年，经济研究所共有 66 人进入创新工程岗位，共有所级创新工程项目 13 项，分别是："经济制度比较研究"（首席研究员为杨春学），"工业化、城镇化进程中农户经济的转型研究"（首席研究员为赵学军），"公共经济学研究室学科建设"（首席研究员为朱恒鹏），"中国收入分配政策与制度研究设计"（首席研究员为魏众），"企业创新和市场结构：经济结构的最优化路径"（首席研究员为吴延兵），"中国城市创新能力科学评价研究"（首席研究员为旷建伟），"中国宏观经济监测与政策研究"（首席研究员为张晓晶），"中国经济增长数据库与应用研究"（首席研究员为刘霞辉），"公有企业收益共享机制的国际比较"（首席研究员为朱玲），"我国初期工业化模式形成与路径探索：观念和实践"（首席研究员为徐建生），"再分配与公共福利的政治经济学"（首席研究员为陆梦龙），"经济危机相关理论及其历史作用研究"（首席研究员为裴小革），"中国传统经济再研究：以制度转型为视角"（首席研究员为魏明孔）。

（三）学术交流活动

1.学术活动

2013 年，经济研究所主办的学术会议主要有：

（1）2013 年 1 月 14 ~ 15 日，经济研究所与四川大学共同主办的"全国第七届马克思主义经济学发展与创新论坛"在四川省成都市举行。会议研讨的主要问题有"用科学的态度与方法推进马克思主义经济学发展与创新""关于马克思主义经济学若干理论问题的探讨""马克思主义经济学与中国经济改革""马克思主义经济学与中国经济创新"。

（2）2013 年 3 月 7 日，经济研究所、中国社会科学院中国现代经济史研究中心、中国社会科学院当代中国研究所、中南财经政法大学共同主办的"2013 年度中国现代经济史学科研究动态与前沿问题讨论会"在北京举行。会议研讨的主要问题有"中国现代经济史学科研究动态与前沿问题""社会主义市场经济的基本点问题""中国模式的不同视角""当代金融研究"。

（3）2013 年 4 月 20 日，《经济学动态》和四川师范大学经济与管理学院共同主办的"虚拟经济与实体经济之间关系学术研讨会"在四川省成都市举行。会议研讨的主要问题有"虚拟经济与实体经济之间的关系""投资情绪理论与金融研究方法创新""中国虚拟经济行业与实体经济运行""马克思主义危机理论与金融危机""电子商务"。

（4）2013 年 6 月 15 ~ 16 日，经济研究所主办，黑龙江大学经济与工商管理学院承办的"中国政治经济学第十五届年会"在黑龙江省哈尔滨市举行。会议研讨的主要问题有"深化改革的方向""政府和市场的关系""收入分配改革""所有制改革""垄断行业改革和民营经济发展"。

（5）2013 年 6 月 22 ~ 23 日，经济研究所、首都经济贸易大学、《经济研究》杂志社、《经济学动态》杂志社、香港经济导报社、中国经济实验研究院、特大城市经济社会发展研究院等单位联合主办的“中国经济增长与周期（2013）国际高峰论坛”在北京举行。会议研讨的主要问题有“宏观经济增速趋缓的原因及未来增长潜力”“经济增速趋缓背景下的宏观政策选择”“突破中等收入陷阱，实现经济发展转型与城镇化目标”。

2.国际学术交流与合作

2013年，经济研究所出访25批42人次，其中承担院级协议项目1项，福特个人长期进修项目1项，院中青年学者出国进修专业外语项目1项，所组团出访5项，其余为进行学术访问、参与合作研究及参加国际会议等。经济研究所学者主要赴爱尔兰、美国、日本、韩国、匈牙利、荷兰、芬兰、法国、英国、瑞士、乌克兰、印尼、德国、泰国、印度等国家进行访问。

2013年，经济研究所共有来访21批87人次。其中承担院级协议项目3项，所级协议项目1项，其余为使馆来访、接待顺访学者及接待媒体采访等。来访学者主要来自美国、日本、韩国、摩洛哥、阿尔及利亚、巴勒斯坦、也门、利比亚、毛里塔尼亚、埃及、突尼斯、新加坡、匈牙利、东帝汶、芬兰、土库曼斯坦、俄罗斯、澳大利亚、印度等国家。

（1）2013年6月2～7日，经济研究所宏观经济学研究室张磊等赴日本与日本大学日中管理学院教授就城市化与城市产业发展等问题进行了交流。

（2）2013年6月17～23日，经济研究所中国经济史研究室主任魏明孔研究员等与荷兰乌德勒支大学、阿姆斯特丹大学的专家学者在乌德勒支、阿姆斯特丹就经济史方面的问题进行交流。

（3）2013年8月4～9日，经济研究所政治经济学研究室副研究员陆梦龙等与英国牛津大学人口老龄化研究所的专家学者在该所就人口老龄化对社会经济发展的影响问题开展讨论。

（4）2013年9月22～26日，院学部委员朱玲研究员等前往基辅，与乌克兰科学院外事局局长、经济与预测研究所的专家就中乌两国的经济改革交换了看法，通报了各自的最新研究成果。

（5）2013年10月23～30日，经济研究所微观经济学研究室主任朱恒鹏研究员等与美中医药开发协会纽英伦分会的相关人员在美国进行学术讨论，主要就中国的医疗体制改革、中国药品市场状况、中国城镇化进程与医疗保障制度改革、美国的医疗制度等问题与美方进行了座谈交流。

（四）学术期刊

（1）《经济研究》（月刊），主编裴长洪。

2013年，《经济研究》共出版13期，共计438万字。该刊全年刊载的有代表性的文章有：鞠晓生、卢荻 、虞义华的《融资约束、营运资本管理与企业创新可持续性》，李树、陈刚的《环境管制与生产率增长——以APPCL2000的修订为例》，施锡铨、孙修勇的《考虑绩效因素的社会财富分配》，龚强 、张一林、余建宇的《激励、信息与食品安全规制》，龚关、胡关亮的《中国制造业资源配置效率与全要素生产率》，沈越的《论古典经济学的市民性质——马克思市民理论再探讨》，丰雷、蒋妍、叶剑平的《诱致性制度变迁还是强制性制度变迁？ ——中国农村土地调整的制度演进及地区差异研究》，裴长洪的《进口贸易结构与经济增长：规律与启示》。

(2)《经济学动态》(月刊)，主编杨春学。

2013 年,《经济学动态》共出版 12 期,共计 360 万字。该刊全年刊载的有代表性的文章有：刘雅南、邵宜航的《中国户籍制度下的城市化与结构转变》，裴长洪的《对未来经济发展取向和增长理念的若干分析——学习理解中央关于经济工作的新精神、新部署》，李扬的《中国经济发展新阶段的金融改革》，杨春学的《如何压缩贫富差距？ ——美国百年历史的经验与教训》，刘霞辉的《供给侧的宏观经济管理——中国视角》，卫兴华的《近两年关于国有经济的地位、作用和效率问题的争论与评析——结合十八届三中全会的〈决定〉进行分析》。

(3)《中国经济史研究》(季刊)，主编刘兰兮。

2013 年,《中国经济史研究》共出版 4 期,共计 120 万字。该刊全年刊载的有代表性的文章有：方行的《中国地主制经济的经济强制问题》，崔文生、刘巍的《近代中国的银行资本、货币量与货币化（1910 ~ 1936)》，赵德馨的《65 年的探索之路》，董志凯的《共和国经济是一条历史长河——60 余年经济发展中的继承、改革与建设》，武力的《“双轮驱动”：中国经济体制改革的最大成就》，萧国亮的《矢志不渝地探索中国经济发展的道路》，张晓山的《改革开放以来农村土地变革的法律、政策与实践回顾》，裴长洪的《中国对外贸易 65 年的基本线索：变革与增长》，赵学军的《华北农户借贷渠道变迁之管窥——基于“无锡保定农村调查”系列资料（1930 ~ 2010）的分析》。

（五）会议综述

“虚拟经济与实体经济之关系”学术研讨会

2013 年 4 月 20 日，由中国社会科学院经济研究所《经济学动态》杂志社和四川师范大学经济与管理学院联合主办的“虚拟经济与实体经济之关系”学术研讨会在四川省成都市召开。

辽宁大学王博博士认为，经典资产定价理论崇尚数量模型，假设过于严格，难以有效解释许多实际现象，应采取行为资产定价与经典资产定价范式的相互融合的研究方式。他提出了发展资产定价理论的研究方法的三个方向：首先将投资者情绪理论与市场微观结构理论相结合，构建基于 Fama、French（1992、1993、1996）和 Carhart（1997）的多因子定价模型，同时将投资者情绪加进去，用以解释股票市场衡截面收益和预测股票收益；其次将投资者情绪理论与非线性资产定价研究方式相结合，用进一步的分离牛、熊市使用二阶段的马尔可夫可转换模型来预测股票收益；最后是基于投资者情绪考虑政策、文化因素的资产定价研究范式，建立一个多学科交叉的基于投资者情绪的研究框架。

四川师范大学教授邝先慧根据系统结构理论，分别从产品均衡与市场均衡的角度分析虚拟经济与实体经济均衡性的内在关系，同时基于1998～2011年的面板数据，利用灰色关联分析构建计量模型并得出结论：从虚拟经济结构方面看，虚拟资产成交额与实体经济规模的关联度较强，其中，虚拟经济中的股票市场成交额与实体经济规模的关联程度最大，其次是债券和期货，最小的是基金和外汇；从实体经济结构方面看，工业、交通运输仓储业、批发零售业的增加值与虚拟经济成交总额的关系比较显著，而农业和建筑业与虚拟经济的关联性比较弱，说明目前我国农业和建筑业在资本市场的利用方面效率低下。

武汉大学教授曾国安对20世纪90年代以来中国虚拟经济行业与实体经济行业收入分配格局的变化、特征和影响进行了研究，从行业平均工资、行业就业人数和工资总额三个角度进行实证分析，同时考虑到实体经济中垄断行业收入分配的特殊性，分别从虚拟经济行业与实体经济行业全行业收入分配格局和虚拟经济行业与剔除了垄断行业之后的实体经济行业的收入分配格局两个方面进行论证，发现虚拟经济行业和实体经济行业的收入差距呈现出长期扩大的趋势；剔除实体经济行业中的垄断行业后，差距则更大。四川师范大学副教授陈霞则对从基于电子商务的虚拟经济角度，对电子零售商采纳代销直供模式的影响因素进行了研究。

武汉大学教授颜鹏飞、山东大学教授臧旭恒均认为，对于虚拟经济与实体经济之间的关系的研究，以金融危机为鉴，是一个需要持续关注和探讨的问题。结合美国的“制造业回归”之呼声和中国目前的经济及金融市场的发展状况，对这一问题的研究之意义就更为凸显。但与此同时，两位学者提出，目前国内外学界对虚拟经济的定义不明晰，没有统一的界定角度或划分标准。这是在进一步研究虚拟经济与实体经济之间的关系中亟须解决的基础性问题。

（经　科）

中国政治经济学论坛第十五届年会

2013年6月15～16日，由中国社会科学院经济研究所主办、黑龙江大学经济与工商管理学院承办的中国政治经济学论坛第十五届年会在黑龙江大学召开。会议的主题是“关键领域和重点环节改革”。会议收到国内研究机构和高校专家学者的论文120篇，入选71篇论文进行大会交流。与会专家学者80多人。会议就深化改革的方向、政府与市场关系、收入分配改革、所有制改革、垄断行业改革和民营经济发展等议题进行了广泛的讨论。

（1）关于深化改革的一般理论探讨。中国社会科学院经济研究所研究员胡家勇在论坛讲座上提出，原有改革的潜力已基本释放完毕，改革进入“深水区”，需要对权力和利益关系进行重大调整。推进改革有三个重点，一是切实转换政府职能，确保市场机制在资源配置中发挥基础性作用；二是构建各种所有制经济平等竞争、共同发展的制度环境；三是有效治理特殊利益集团对公共利益的损害和对改革的阻挠。

（2）对政府职能和政府改革的探讨。清华大学政治经济学研究中心教授蔡继明等认为，正确处理政府与市场的关系，政府必须从全能政府转向有限政府，从管制型政府转向调控型政府，从发展型政府转向服务型政府，从人治政府转向法治政府。

湖南科技大学博士唐志军认为，政府权力结构膨胀限制了市场机制作用的发挥，应强化市场型政府，避免市场化改革“异化”。在权力悖论的作用下，一国究竟是生成强化市场型政府还是萃取型政府取决于一国的权力结构。在权力失衡下，政府更可能变成萃取型政府。只有在权力结构均衡时，一国政府才有可能变成强化市场型政府。中国的渐进性转型导致了权力嵌入市场。

（3）对所有制改革的探讨。中国社会科学院经济研究所研究员杨春学以“所谓农村土地集体所有制‘产权不清’的真相”为题，分析了《宪法》和《土地管理法》中规定的农村土地“农民集体所有”，认为若无外部利益集团力量的介入，农村土地的产权结构是很清晰的。农村土地本身并不存在所谓“产权不清”“所有者虚置”的问题，是违背《宪法》的那些法规侵犯了土地集体所有制的产权结构，使征地权大于所有权，特殊利益集团从中获利。解决这一问题的出路在于践行习总书记之言“把权力关进制度的笼子”，重新修订《土地管理法》和《城市土地管理法》，使农民真正行使他们的土地所有权。

中共江苏省委党校教授孔陆泉认为，我国最成功的改革是对土地集体所有制范围内农民个人所有权的确认。集体的所有权由联合起来的个人共同行使，体现为公有制，具体占有、使用或消费时，所有权平等地落实到集体中的每一个个人身上，体现为个人所有制。

（4）对收入分配改革及相关问题的讨论。中国人民大学教授陈享光把收入分配过程分为微观收入分配和宏观收入调节，这两个过程都存在着公平与效率的协调统一。现阶段收入分配不公的微观根源在于生产条件在不同社会成员和不同部门之间的不公平分配，这也影响效率的提高。

吉林大学经济学院教授纪玉山等指出，众多经济体进入中等收入阶段后，在分配领域都容易表现出收入差距扩大的特征。收入差距扩大导致社会有效需求不足、产业结构升级动力缺失、抑制经济体技术创新。要实现经济的包容性增长，主要政策措施包括加快城市化进程，加强农村基础建设；强化政府的管理和服务职能，进一步完善收入分配制度；进一步加强产权制度改革，完善产权制度等。

（经　科）

第七届“中国经济增长与周期（2013）”国际高峰论坛

2013 年 6 月 22 ～ 23 日，由中国社会科学院经济研究所、首都经济贸易大学、《经济研究》杂志社、《经济学动态》杂志社、香港经济导报社、中国经济实验研究院、特大城市经济社会发展研究院等单位联合主办的第七届“中国经济增长与周期(2013)”国际高峰论坛在北京召开。200 多位来自国内外各高校、研究机构的专家学者参加了论坛。与会专家围绕“中国经济发展转型与宏观政策选择”这一主题，针对国内外宏观经济走势、经济发展转型、城镇化以及宏观政策选择等问题展开了讨论。

（1）宏观经济增速趋缓的原因及未来增长潜力。中国社会科学院学部委员刘树成将本轮经济的回升归纳为弱回升的特点。弱回升的原因主要有四大因素：一是国内外经济大环境、大背景因素；二是宏观调控政策因素；三是政府“换届效应”没有显现；四是市场波动因素。国家发改委宏观经济研究院研究员林兆木认为，当前经济增长放缓，符合经济规律。随着我国经济总量越来越大，受供给因素、国内外市场需求以及资源环境的承载能力等因素的影响，GDP 潜在增长率逐步下降是正常的。当前经济增速放缓，表明中国经济进入了结构转型期。

在讨论关于中长期经济增长的潜力问题时，林兆木认为，研究中国 GDP 潜在增长率，除了要考虑新增劳动力和劳动生产率提高这两个基本要素外，还要考虑国内外市场需求的容量以及资源环境的承载能力。随着能源、资源、土地、环境以及资金劳动力等要素成本的上升，依靠低要素成本、低资源成本、低环境成本的投资结构、产业结构和粗放型增长方式，已经不可能再持续下去，必须进行结构性调整。我国今后中长期 GDP 潜在增长率为 7% 到 8% 的判断比较符合实际。

（2）经济增速趋缓背景下的宏观政策选择。杨瑞龙强调了消费的重要性，认为应对当前经济的下滑，提升消费需求是关键，国内消费不足的主要原因是收入制度的不合理，只有通过收入分配体制改革才能提升消费需求。李文溥认为，“低消费”的国民经济结构失衡特征已成为下一阶段我国经济难以健康持续发展的主要原因。因此，应当适度控制从而减缓财政收入的增长速度；将因此减少的财政收入通过一定方式，例如减税或转移支付，转移给城乡居民尤其是城乡中低收入居民，不仅可调整政府部门与居民部门之间的收入分配关系，而且还可缩小居民部门内部不同收入组别间的收入差距。

杨圣明认为，构建合理的消费体制是加快建立扩大消费长效机制的一个体制保证和基础。30 多年来，中国从过去的高投资、低消费，走入了更低的消费、更高的投资，一个很重要的原因就是缺乏对消费体制的研究。因此必须改革目前的消费体制，理顺各种消费关系；建立国家、企业和个人多层次消费决策体系、主权体系；建立各种消费者组织；加强消费教育，引导消费，提倡文明消费；制定有关消费方面的法规。

（3）突破中等收入陷阱，实现经济发展转型和城镇化目标。关于中国能否跨越中等收入陷阱的讨论，大体上有三种意见：第一，中等收入陷阱本身是一个伪命题；第二，中国有可能跌入中等收入陷阱；第三，中国能够跨越中等收入陷阱。中国要实现可持续发展，必须实现经济发展转型。郎丽华、张连城认为，中国多年来没有成功实现经济转型的重要原因在于缺乏微观基础，即企业缺乏转变经济增长方式的内生动力，这源于我国的技术基础和制度基础。要实现经济发展转型，必须提高中国的全要素生产率。胡乃武认为，转变经济发展方式，要将经济增长转变到依靠科技进步，提高劳动者素质和优化经济结构上来。赖德胜认为，中国想要成功跨越中等收入陷阱就必须提高全要素生产率，经济增长必须转到依靠创新驱动的道路上来。

世界银行中国首席经济学家吴卓瑾分析了中国的城镇化问题，认为过去30多年中国的城镇化取得了显著的成绩。在城镇化的过程中，经济增长同时伴随经济改革，带动了农业、工业的大幅度增长，创造了大量的就业机会，促进了一、二、三次产业的快速增长，在减少贫困方面成绩斐然。未来中国城镇化发展的目标应该体现在以下几个方面：城镇化发展应该提升经济增长的效率或质量；增强社会的包容性；以环境的可持续发展为前提。

（经　科）

工业经济研究所

（一）人员、机构等基本情况

1.人员

截至2013年年底，工业经济研究所共有在职人员93人。其中，正高级职称人员25人，副高级职称人员23人，中级职称人员27人；高、中级职称人员占全体在职人员总数的81%。

2.机构

工业经济研究所设有：工业发展研究室、工业运行研究室、产业组织研究室、投资与市场研究室、能源经济研究室、资源与环境研究室、工业布局与区域经济研究室、企业管理研究室、企业制度研究室、中小企业研究室、财务与会计研究室、《中国工业经济》编辑部、《经济管理》编辑部、*China Economist*（《中国经济学人》）编辑部、经济管理出版社、办公室、科研处、集团联络处、信息网络室。

3.科研中心

工业经济研究所院属科研中心有：中国社会科学院管理科学与创新发展研究中心、中国社会科学院中国产业与企业竞争力研究中心、中国社会科学院中小企业研究中心、中国社会科学院西部发展研究中心、中国社会科学院食品药品产业发展与监管研究中心；所属科研中心有：

中国社会科学院能源经济研究中心、中国社会科学院国家经济发展与经济风险研究中心、中国社会科学院澳门产业发展研究中心、中国社会科学院茶产业发展研究中心。

（二）科研工作

1. 科研成果统计

2013 年，工业经济研究所共完成专著 22 种，641.9 万字；论文 141 篇，159.0 万字；研究报告 94 篇，803.6 万字；译著 1 种，75.6 万字；学术普及读物 2 种，95.1 万字；一般文章 36 篇，14.0 万字；论文集 5 种，963.9 万字；软件 1 套；音像资料 1 种，650 分钟。

2. 科研课题

（1）新立项课题。2013 年，工业经济研究所共有新立项课题 26 项。其中，国家自然科学基金课题 2 项："中国产业政策理论反思、微观机制解析与实施效果评估：基于中国钢铁行业的研究"（江飞涛主持），"纾解中小企业融资困境策略研究"（罗仲伟主持）；国家社会科学基金青年课题 1 项："新兴产业自主技术标准的导入与培育"（邓洲主持）；院创新工程重大招标课题 1 项："加快经济结构调整和经济发展方式转变的若干重大问题研究"（刘戒骄主持）；院马克思主义理论学科建设与理论研究课题 1 项："马克思主义价值创造理论在中国的新发展（王欣主持）；院国情调研重大推荐课题 1 项："外商投资产业转移现状、发展趋势及区域应对策略调研"（石碧华主持）；院国情调研重点课题 3 项："并购基金在中国的发展状况调查"（杜莹芬主持），"我国高耗能产业向低碳化转型升级的对策研究"（周维富主持），"创新型企业开放式创新模式考察"（王欣主持）；院国情调研考察课题 1 项："工业化与新型城镇化协调发展调研"（黄群慧主持）；企业国情调研课题 6 项："包头市新源稀土高新材料有限公司调研"（郭朝先主持），"长沙华时捷环保科技发展有限公司调研"（李鹏飞主持），"西昌琦洋投资（集团）有限公司调研"（黄阳华主持），"宝鸡富士特钛业集团公司调研"（张金昌主持），"北京育青食品开发有限公司调研"（方晓霞主持），"趣游科技集团有限公司调研"（葛健主持）；所重点课题 10 项："先进制造业发展规律与促进政策研究"（李晓华主持），"我国战略性新兴产业的集群培育和发展模式研究"（周维富主持），"主要国家产业结构演变历程和特色研究"（邓洲主持），"我国光伏产业的战略地位、困境与对策研究"（朱彤主持），"中国新城新区大规模建设之'谜'与健康发展研究"（叶振宇主持），"企业内部控制量化评价研究"（李春瑜主持），"中韩工业经济增长与能源消费关系比较研究"（胡文龙主持），"新型城镇化中的信息化建设研究"（葛健主持），"基于吸收能力的技术创新研究"（沈志渔主持），"国际产业发展新趋势对中国制造业发展的影响"（杨世伟主持）。

（2）结项课题。2013 年，工业经济研究所共有结项课题 33 项。其中，国家自然科学基金面上课题 1 项："中国企业总部迁移的动力机制及政策仿真应用研究"（白玫主持）；国家自然科学基金应急课题 1 项："中国低碳经济发展机制和政策创新研究"（史丹主持）；国家社会科学基金重大课题2项："构建区域创新体系战略研究"（黄速建主持），"产业竞争优势转型战略与全球分工模式的演变"（金碚主持）；国家社会科学基金重点课题2项："转轨体制下中国工业产能过剩、重复建设形成机理与治理政策研究"（李平、曹建海主持），"技术经济范式、部门创新系统与产业政策：发展战略性新兴产业问题研究"（吕铁主持）；国家社会科学基金一般课题1项："我国稀土产品出口政策体系研究"（杨丹辉主持）；院重大课题1项："改革新阶段中国国有企业的制度创新研究"（余菁主持）；院重点课题4项："中小企业网络创新问题研究"（罗仲伟主持），"国有企业内部控制与风险预警机制研究"（杜莹芬主持），"现代产业体系与新兴战略产业发展研究"（吕铁主持），"'十二五'中国区域产业结构调整和发展路径创新研究"（刘楷主持）；国情调研重点课题6项："废弃电器电子产品再生利用研究——以天津再生利用企业为研究对象"（丁毅主持），"我国小微企业融资方式、效果评价与公共政策研究"（黄阳华主持），"中国县域产业结构转型升级研究"（刘建丽主持），"产业技术创新生态系统国情调研"（肖红军主持），"劳动密集型产业集群转型升级研究——对福建省厦门市和泉州市的调查"（叶振宇主持），"中国工业经济运行质量典型地区调查——威海地区调研"（原磊主持）；国情考察课题1项："科研院所深化'走转改'活动的管理制度保障"（黄群慧主持）；企业国情调研课题1项："皇明太阳能企业调研"（李晓华主持）；院青年科研启动基金课题3项："投资者保护视角下的会计稳健性影响因素研究"（胡文龙主持），"技术赶超背景下的企业标准战略选择"（邓洲主持），"工业化国家产业竞争优势研究"（刘昶主持）；所重点课题10项："我国中小企业成长问题研究"（徐希燕主持），"建立淘汰落后产能退出机制研究——基于要素成本核算的视角"（邓洲主持），"资源性产品价格改革及其对主要工业行业的影响"（杨丹辉主持），"工业经济形势分析的理论框架构建"（原磊主持），"中小企业技术扩散政策的理论研究"（贺俊主持），"上市公司高管薪酬—业绩敏感性影响因素研究"（胡文龙主持），"劳动力素质升级对中国产业国际竞争力提升的影响"（李钢主持），"主要国家产业结构演变历程和特色研究"（邓洲主持），"中韩工业经济增长与能源消费关系比较研究"（胡文龙主持），"基于吸收能力的技术创新研究"（沈志渔主持）。

（3）延续在研课题。2013年，工业经济研究所共有延续在研课题39项。其中，国家自然科学基金青年课题2项："能源和水资源消耗总量约束下的中国重化工业转型升级动态CGE模型与政策研究"（李鹏飞主持），"中国能源消费周期波动研究：基于多部门动态随机一般均衡模型"（吴利学主持）；国家社会科学基金重大课题3项："中西部地区承接产业转移的条件、模式与政策支持体系研究——兼示范区建设规划方案设计"（陈耀主持），"重点产业结构调整和振兴规划研究——基于中国产业政策反思和重构的视角"（李平主持），"深入推进国有经济战略性调整研究"（黄群慧主持）；国家社会科学基金重点课题2项："产能过剩治理与投融资体制改革研究"（曹建海主持），"中国劳动力素质升级对产业竞争力提升与产业升级的影响"（李钢主持）；国家社会科学基金一般课题3项："经济全球化条件下的产业组织发展新趋势——基于全球生产网络框架的分析”（李晓华主持），“转型期中国企业人力资源管理变革——以知识型员工为例的研究”（周文斌主持），“物流成本及其对产业发展、价格水平影响研究”（刘勇主持）；国家社会科学基金青年课题4项：“商务模式与企业创新研究”（原磊主持），“国有企业跨国投资与政府监管问题研究”（刘建丽主持），“中国企业社会责任评价与推进机制研究”（肖红军主持），“生产要素成本上涨对我国产业转型升级影响研究”（叶振宇主持）；国家软科学重大课题1项：“产业技术创新生态系统研究”（王钦主持）；企业国情调研课题6项：“四川四海集团企业调研”（吕铁主持），“杭州西子联合控股集团考察”（刘光明主持），“大连煤网企业调研”（刘勇主持），“金凤科技新能源企业调研”（王钦主持），“栖霞建设企业国情调研项目”（余菁主持），“恒磁高科技企业调研项目”（张小宁主持）；院青年科研启动基金课题1项：“演化产业发展经济理论与政策研究”（黄阳华主持）；科研管理课题1项：“研究所研究生培养工作研究”（丁易主持）；信息化课题1项：“中国工业‘创新与发展’网站建设”（黄速建主持）；所重点课题15项：“我国工业技术创新的地区差异分析”（孙承平主持），“中小企业信息化建设研究”（葛健主持），“伦理文化与中国国有企业治理”（黄如金主持），“企业无边界发展研究”（李海舰主持），“工业和服务业互动发展研究”（刘勇主持），“中小企业信息化新模式与公共政策研究——以移动电子商务为例”（罗仲伟主持），“我国钢铁工业向低碳化转型升级的对策研究”（周维富主持），“产业分析理论与方法研究”（陈晓东主持），“地区对于投资的补贴性竞争行为及其影响研究”（江飞涛主持），“环境损失核算的理论与方法研究”（张艳芳主持），“转变能源发展方式的政策研究”（白玫主持），“主要发达国家人才发展战略比较研究”（刘湘丽主持），“政策转变下的我国装备制造业竞争力研究”（王燕梅主持），“中国汽车品牌价值管理与品牌建设理论与实践”（杨世伟主持），“赛博空间与赛博战略的结构”（葛健主持）。

3.获奖优秀科研成果

2013年，工业经济研究所获“第八届（2013年）中国社会科学院优秀科研成果奖”二等奖2项：陈佳贵、黄群慧、钟宏武、王延中等的研究报告《中国工业化进程报告——1995～2005年中国省域工业化水平评价与研究》，金碚的论文《资源环境管制与工业竞争力关系的理论研究》；三等奖1项：刘戒骄等的专著《公用事业：竞争、民营与监管》。

（三）学术交流活动

1.学术活动

2013年，工业经济研究所主办和承办的学术会议有：

（1）2013年5月和11月，“中韩产业论坛”在北京举行。论坛由韩国产业研究院北京代表处承办。论坛的主题是“中国城镇化进程以及新能源产业的发展问题”。

（2）2013年6月14日，“商业生态与平台战略：2013海尔商业模式创新全球论坛”在山东省青岛市举行。会议由中国企业管理研究会主办，海尔集团承办。会议研讨的主要问题有“组织变革与商业生态”“开放式创新”“社交媒体互动与营销”。

（3）2013 年 9 月 27 日，工业经济研究所与台湾工业技术研究院在北京举行座谈会。会议的主题是“新工业革命趋势下的管理创新与产业发展”。

（4）2013 年 11 月 8 ～ 9 日，中国企业管理研究会 2013 年年会在江西省景德镇市举行。年会的主题是“文化发展与管理创新”。

（5）2013 年 12 月 23 日，工业经济研究所举办“中国社会科学论坛——新工业革命与中国工业发展”研讨会。会议研讨的主要问题有“新工业革命的机遇与挑战”“中国工业发展转型”“企业改革与管理创新”“新兴产业发展与经济结构调整”。

2. 国际学术交流与合作

2013 年，工业经济研究所共出访 20 批 42 人次，来访 2 批 3 人次。横向交流 5 批 30 人次，包括使馆、顺访以及协议单位、非协议机构来访。

（四）学术社团、期刊

1. 社团

（1）中国工业经济学会，会长郑新立。

2013 年 11 月 2 日，由中国工业经济学会主办、浙江财经大学承办的中国工业经济学会 2013 年学术年会暨“深化经济体制改革与转变经济发展方式”研讨会在浙江财经大学召开。会议的主题是“深化经济体制改革与转变经济发展方式”，研讨的主要问题有“转变经济发展方式的体制与机制”“产业结构转型与升级”“技术创新与战略性新兴产业”“政府管制与反垄断”。

（2）中国企业管理研究会，会长陈佳贵。

2013 年 11 月 9 日，“文化发展与管理创新”学术研讨会暨中国企业管理研究会 2013 年年会在江西省景德镇市召开。会议的主题是“文化发展与管理创新”。

（3）中国区域经济学会，会长王洛林。

2013 年 9 月 14 日，中国区域经济学会 2013 年年会暨区域与城乡一体化学术研讨会在重庆市召开。年会由中国区域经济学会、重庆工商大学与重庆市大足区人民政府共同主办，由教育部人文社科重点研究基地重庆工商大学长江上游经济研究中心、成渝经济区城市群产业发展协同创新中心、西南财经大学成渝经济区发展研究院、重庆市区域经济学会承办。

2. 期刊

（1）《中国工业经济》（月刊），主编金碚。

2013 年，《中国工业经济》共出版 12 期，共计 330 万字。该刊全年刊载的有代表性的文章有：黄群慧、贺俊的《“第三次工业革命”与中国经济发展战略调整——技术经济范式转变的视角》，裴长洪的《全面提高开放型经济水平的理论探讨》，乔晓楠、杨成林的《去工业化的发生机制与经济绩效：一个分类比较研究》，金碚的《稳中求进的中国工业经济》，贾旭东、郝刚的《基于经典扎根理论的虚拟政府概念界定及组织模型构建》，黄群慧、余菁的《新时期的新思路：国有企业分类改革与治理》，李海舰、孙凤娥的《战略成本管理的思想突破与实践特征——基于比较分析的视角》，李文莲、夏健明的《基于“大数据”的商业模式创新》，张复明的《矿业收益的偏差性现象及其管理制度研究》，刘汉民、康丽群的《公司治理的路径演化和路径选择》，崔晓明等的《基于利益相关者的危机管理理论研究——来自 2008 ~ 2012 年危机管理成败案例的证据》。

（2）《经济管理》（月刊），主编金碚。

2013 年，《经济管理》共出版 12 期，共计 380 万字。该刊全年刊载的有代表性的文章有：徐二明、杨慧、吕源的《中国上市公司的组织冗余与公司慈善》，吴先明的《我国企业跨国并购中的逆向知识转移》，陈锦玉的《台湾居民旅游影响感知研究——以大陆赴台旅游为例》，方政、徐向艺的《金字塔结构、股权制衡与上市公司股价信息质量》，周杨的《高速铁路沿线旅游目的地协同发展及其实现路径研究》，陈佳贵的《管理学百年与中国管理学创新发展》，李燕萍、徐嘉的《新生代员工：心理和行为特征对组织社会化的影响》，陈怡安、杨河清的《海归回流对中国技术进步的影响效应实证》，杨桂菊的《战略创业视角的老字号企业持续成长路径——基于恒源祥的探索性案例分析》，陈维、吴世农的《我国创业板上市公司高管和大股东减持股份的动因及后果——从风险偏好转向风险规避的“偏好逆转”行为研究》，袁中许的《中国汽车产业的“动力与能力”追逐发展模式研究》，李世刚的《女性高管、过度投资与企业价值——来自中国资本市场的经验证据》，余凤龙、黄震方的《中国城镇化进程对农村居民旅游消费的影响》，陈珂、成博、杨胜刚的《我国外汇储备投资期限配置实证研究》，杨蕙馨、王海兵的《国际金融危机后中国制造业企业的成长策略》，何韧的《银企关系如何影响中小微企业贷款抵押？》，周文斌、张萍、蒋明雅的《中国企业新生代员工的敬业度研究——基于薪酬满意度视角》，黄苏萍、王涛、张国旺的《二元管理机制下的企业能力构建路径——基于劳务派遣跨界员工管理的视角》。

（3）*China Economist*（《中国经济学人》）（英文、双月刊），主编金碚。

2012 年，*China Economist* 共出版 6 期，共计 72 万字。该刊全年刊载的有代表性的文章有：李扬、张平、张晓晶、汪红驹的“China’s Macroeconomic Situation in 2013 with Predictions and Policy Recommendations for the Next Five Years”，刘鹤的“A Comparative Study of the Two Global Financial Crises”，金碚的“China’s Economic Growth Slower but Stainable”，许宪春、王宝滨、徐雄飞的“How China’s Fiscal Policy Contributes to Its Investment and Economic Growth：Experience and Lessons”，黄群慧、贺俊的“A Techno—Economic Paradigm Perspective on the‘Third Industrial Revolution’and China’s Strategies in Response”，张其仔、李颢的“How to Determine the Upgrading Opportunities for Industries：Theory，Method and Policy”。

（4）《中国经营报》（报纸，周刊），主编李佩钰。

（5）《精品购物指南》（报纸，周双刊），主编张书新。

（五）会议综述

中国工业经济学会2013年学术年会
暨“深化经济体制改革与转变经济发展方式”研讨会

2013年11月2日，由中国工业经济学会主办、浙江财经大学承办的中国工业经济学会2013年学术年会暨“深化经济体制改革与转变经济发展方式”研讨会在浙江财经大学召开。会议共收到论文140多篇。来自国内80多所高校和研究机构的专家学者出席了会议。会议围绕“深化经济体制改革与转变经济发展方式”这一主题，就“转变经济发展方式的体制与机制”“产业结构转型与升级”“技术创新与战略性新兴产业”“政府管制与反垄断”四个专题进行了交流与探讨。

2013年11月，中国工业经济学会2013年学术年会暨“深化经济体制改革与转变经济发展方式”研讨会在浙江省杭州市举行。

中国工业经济学会会长郑新立作了题为“全面认识和把握经济形势”的主题报告。对于中国经济发展方式转变，他提出了三个观点：一是目前中国仍然处于可以大有作为的战略机遇期，只要通过深化改革，把增长的潜力释放出来，经济增长仍然有很大的空间；二是促进经济可持续发展和实现经济发展方式转变主要是加快改革；三是当前的工作重心应该是扩大内需来调结构和稳增长。

中国工业经济学会理事长吕政作了题为“深化体制改革的难点”的主题报告。他指出，协调利益关系是深化改革的突出难点。改革政策重点归纳起来主要有如下几个方面：大幅度减少和规范行政审批，在减少和规范行政审批后构建科学的市场准入标准，重新调整中央与地方的财权和事权，处理好反垄断与坚持国有经济主导地位的关系，协调好结构调整过程中的利益关系，强化企业的社会责任，解决好城镇化进程中的新二元结构问题；改革社会保障体系。

中国社会科学院工业经济研究所所长金碚以“中国需要进行市场经济再学习”为题作了主旨发言。他指出，改革开放30多年来，中国经济体制改革主要是沿着产权和价格这两大主题来推进。但以产权和价格为核心的改革发展到今天又遇到了更现实更深刻的问题，改革持续推进遇到了诸多障碍，核心是政府、市场、社会三者之间的关系问题。在区域经济发展过程中，中国应像WTO规则一样建立反补贴政策，消除地区之间的恶性补贴竞争。长期来看，中国经济发展主要靠两个层面的政策：一是保持宏观经济稳定的宏观经济政策，二是保持公平竞争和全国统一市场的微观经济政策。

中国社会科学院工业经济研究所副研究员李钢、浙江财经大学经贸学院副教授茹玉骢等围绕“经济发展方式转变的体制机制”的主题进行了深入探讨。

浙江省政策研究室主任沈建明、东北财经大学经济学院教授张抗私等围绕“产业结构转型与升级”的主题进行了讨论。

对外经济贸易大学国际商学院博士林洲钰、南京邮电大学经济管理学院副教授岳中刚等围绕“技术创新与战略性新兴产业”的主题进行了探讨。

浙江财经大学校长王俊豪、西安邮电大学产业经济研究所教授陆伟刚、东北财经大学产业组织与企业组织研究中心研究员于左等围绕“政府管制与反垄断”的主题进行了分析和探讨。

（唐要家　王　岭）

中国区域经济学会2013年年会暨“区域与城乡一体化”学术研讨会

2013年9月14日，中国区域经济学会2013年年会暨“区域与城乡一体化”学术研讨会在重庆市召开。年会由中国区域经济学会、重庆工商大学与重庆市大足区人民政府共同主办，由教育部人文社科重点研究基地重庆工商大学长江上游经济研究中心、成渝经济区城市群产业发展协同创新中心、西南财经大学成渝经济区发展研究院、重庆市区域经济学会承办。大会共收到论文120篇。170余名专家学者出席了会议。

大会采取主题演讲和专题讨论的方式，设立了区域一体化与区域合作、城乡一体化与城乡统筹等分论坛，就区域与城乡一体化等区域经济学发展的前沿问题进行了交流与探讨。大会还特设了主题为“大足区在重庆城市新区发展中的功能定位研究”的圆桌会议，近50名专家学者从大足区的功能定位、旅游文化发展、产业布局、交通区域优势等多个方面，对大足区的经济发展进行了研讨。

中国社会科学院学部委员、工业经济研究所所长金碚研究员发表了题为“中国需要进行市场经济再学习”的主题演讲。他对中国经济自改革开放后30余年的发展历程，特别是加入WTO后10余年的发展情况进行了全面梳理。

国家发展和改革委员会国土开发与地区经济研究所所长肖金成研究员作了题为“川滇黔渝交界区的合作与长江上游经济区的构建”的主题演讲。他强调，长江上游经济区的构建有利于优化配置长江上游经济区的资源，加快川南、黔西北和滇东北贫困地区的发展，促进长江经济带的形成和发展。

重庆工商大学校长杨继瑞教授发表了题为“比较成本视野下的成渝经济区协同机构构建”的主题演讲。他强调，成渝经济区的构建应以比较成本学说为基础，根据优势互补、互惠互利的原则，按照区域内各地自然、经济等生产要素组合的不同特点，充分利用各地的优势，调整社会劳动及地域分工，促进区域市场的建立及完善，进而促进成渝经济区经济一体化的发展。

重庆市大足区常务副区长陈廷剑作了题为“新形势下大足区面临的机遇与挑战”的主题演讲。他指出，在空间布局上，大足区与四川省内江市、遂宁市形成了成渝经济区腹心地带的三大支点，与重庆市永川区、合川区构成了渝西地区的铁三角。目前大足区经济发展面临的主要挑战是，城市企业过小、城市集聚力和辐射带动力不足。促进大足的经济发展，需要实施工业强区和旅游新区的战略，使之成为成渝经济区的重要结点。

中国社会科学院城市发展与环境研究所副所长魏后凯研究员、中国社会科学院数量经济技术经济研究所所长李平研究员、西南财经大学副校长丁任重教授等围绕“城乡一体化与城乡统筹”的主题进行了深入探讨。

南开大学政府管理学院博士马先标、安徽财经大学财政与公共管理学院博士秦立建、武汉大学经济与管理学院教授吴传清等围绕“新型城镇化模式与实践”的主题进行了研究和探讨。

中国社会科学院工业经济研究所研究员陈耀和博士周洪霞、河南社会科学院院长喻新安研究员、东北师范大学经济学院教授支大林等围绕“区域发展与落后地区开发”的主题进行了探讨。

浙江理工大学区域经济研究所所长陆根尧教授、中国社会科学院工业经济研究所副研究员石碧华、重庆工商大学长江上游经济研究中心副主任杨文举教授等围绕“产业转移、产业升级与开发区建设”进行了深入探讨。

（杨继瑞　周立新）

农村发展研究所

（一）人员、机构等基本情况

1.人员

截至2013年年底，农村发展研究所共有在职人员76人。其中，正高级职称人员23人，副高级职称人员23人，中级职称人员21人；高、中级职称人员占全体在职人员总数的88%。

2.机构

农村发展研究所设有：农村宏观经济研究室、农村产业与区域经济研究室、农村经济组织与制度问题研究室、生态与环境经济研究室、农村贫困问题与发展金融研究室、农村政策研究室、小额信贷研究室、《中国农村观察》和《中国农村经济》杂志社、信息网络室、办公室、科研处。

3.科研中心

农村发展研究所院属科研中心有：中国社会科学院贫困问题研究中心、中国社会科学院生态环境经济研究中心；所属科研中心有：农村发展研究所社会问题研究中心、农村发展研究所合作经济研究中心、农村发展研究所畜牧业经济研究中心。

（二）科研工作

1.科研成果统计

2013 年，农村发展研究所共完成专著 24 种，703 万字；论文 108 篇，96 万字；研究报告 77 篇，272 万字。

2.科研课题

（1）新立项课题。2013 年，农村发展研究所共有新立项课题 20 项。其中，国家自然科学基金课题 1 项："城镇化背景下食品消费的演进路径研究"（胡冰川主持）；院国情调研基地课题 1 项："河南省新型城镇化引领与'三化'协调发展实践调研"（张军主持）；院国情调研重大课题 1 项："丹凤县竹林关镇扶贫模式创新机制调研"（于法稳主持）；院国情调研重点课题 1 项："我国粮食生产状况调研"（李周主持）；所 B 类课题 5 项："学术双周午餐会"（权兆能主持），"所规章制度汇编"（权兆能主持），"所内动态及双周要报编辑"（王代主持），"研究所国情考察项目"（权兆能主持），"北京青年农经学者论坛"（苑鹏主持）；其他部门与地方委托课题 11 项："扶贫开发工作考核指标修改完善"（吴国宝主持），"我国集体林产权制度配套改革效果评估与政策分析研究"（于法稳主持），"'母亲创业循环金'外部监测机构执行情况研究"（杜晓山主持），"土地综合整治促进城乡统筹发展作用研究"（崔红志主持），"农业科技成果转化资金项目推荐评价指标研究数据分析"（郜亮亮主持），"国家生态系统观测评估技术系统集成研究与示范（重点生态功能区生态补偿关键技术研究）"（谭秋成主持），"城镇化进程中的林地保护管理调研"（李周主持），"珠三角地区农村土地有效集约利用机制探索——以佛山为例"（党国英主持），"新时期农民阶级生活价值观研究"（廖永松主持），"农村改革试验区实验项目评估研究"（张晓山主持），"关于市场环境变化对中日洋葱贸易影响的研究"（曹斌主持）。

（2）结项课题。2013 年，农村发展研究所共有结项课题 14 项。其中，国家社会科学基金重大课题 1 项："城乡经济社会一体化新格局战略中的户籍制度与农地制度配套改革研究"（于建嵘主持）；院重点课题 2 项："我国水利建设人才支撑体系研究"（于法稳主持），"我国农村水土保持的可持续发展研究"（包晓斌主持）；国情调研重大课题 2 项："我国农村民主政治的创新机制与发展模式——党的领导、人民当家作主与依法治国在农村基层的实现途径与问题研究"（翁鸣主持），"丹凤县竹林关镇扶贫模式创新机制调研"（于法稳主持）；国情调研基地课题1项:“河南省新型城镇化引领与‘三化’协调发展实践调研”(张军主持);所B类课题5项:“学术双周午餐会”(权兆能主持),“所规章制度汇编”(权兆能主持),“所内动态及双周要报编辑”(王代主持),“研究所国情考察项目”(权兆能主持),“北京青年农经学者论坛”(苑鹏主持);中央领导及国家部委交办课题1项:“中国农产品进口战略与政策研究”(胡冰川主持);其他部门与地方委托课题2项:“关于农村合作组织的问题研究”(张晓山主持),“伙伴关系在中国干旱生态系统土地退化治理中的成功经验与政策借鉴”(李周主持)。

(3)延续在研课题。2013年,农村发展研究所共有延续在研课题12项。其中,国家社会科学基金课题1项:“我国非营利组织治理与规制问题研究”(卢宪英主持);国家自然科学基金课题2项:“基于质量安全的中国食品追溯体系供给主体纵向协作机制”(韩杨主持),“农地确权对农地流转市场影响的实证研究——兼论农地流转市场的交易成本及其变化”(郜亮亮主持);院重大课题2项:“农地产权与村级组织:城市化的视角”(陆雷主持),“中国粮食流通体制改革研究”(李成贵主持);院国情调研重大课题1项:“中国农村(村庄)国情调研”(张晓山、蔡昉主持);院国情调研重点课题1项:“我国粮食生产状况调研”(李周主持);其他部门与地方委托课题5项:“‘母亲创业循环金’外部监测机构执行情况研究”(杜晓山主持),“土地综合整治促进城乡统筹发展作用研究”(崔红志主持),“国家生态系统观测评估技术系统集成研究与示范(重点生态功能区生态补偿关键技术研究)”(谭秋成主持),“新时期农民阶级生活价值观研究”(廖永松主持),“农村改革试验区实验项目评估研究”(张晓山主持)。

3.获奖优秀科研成果

2013年,农村发展研究所获“第八届(2013年)中国社会科学院优秀科研成果奖”三等奖2项:苑鹏的论文《对公司领办的农民专业合作社的探讨——以北京圣泽林梨专业合作社为例》,廖永松的论文《灌溉水价改革对灌溉用水、粮食生产和农民收入的影响分析》。

4.创新工程的实施和科研管理新举措

2013年,农村发展研究所共有7个项目共51人进入创新工程。这7个项目分别是:“中国农产品安全战略研究”(首席研究员为张元红、杜志雄),“中国农民福利研究”(首席研究员为吴国宝),“社会转型背景下农村公共服务研究”(首席研究员为党国英),“中国城乡关系研究”(首席研究员为朱钢),“农业资源与农村生态保护研究”(首席研究员为孙若梅),“农产品市场和农村要素市场研究”(首席研究员为李国祥),“中国农产品安全战略研究”(首席研究员为张元红),“中国农村经济形势分析实验室”(首席研究员为于法稳)。

2013年,农村发展研究所着重在构建创新项目实施的保障体系方面下功夫,一是致力于管理机制、考核机制和激励机制的创新。管理机制方面,注重涵盖程序管理、目标管理和周期管理三个要点。考核机制力求严格、准确、简单,用在国内外知名学术期刊、核心期刊发表论文的数量和质量、国际会议宣读论文数量等硬指标来衡量和评价研究人员的水平,引导其努力方向,同时建立起政策影响评价和社会影响评价两套体系。激励机制的设计则侧重灵活、巧妙、有效三个要点。二是努力营造有利于一心一意谋创新、聚精会神求创新的环境。努力让研究人员意识到，理论创新不但是自身的责任，也是自身能力范围内的事情，要努力破除没有理论创新同样能够有需求的学术环境。开展了针对性强的研究方法培训，让更多研究人员具有应用规范研究方法的条件。此外，所里还加大了对创新相关联软件和硬件的投入，为研究人员开展创新研究提供了必要条件。三是不断完善管理制度。从2013年开始，该所对已有人事制度、考核制度、财务制度等各方面进行了系统梳理，并根据创新工程的需要进行了补充、修订和完善。

（三）学术交流活动

1.学术活动

2013年，农村发展研究所举办的主要学术会议有：

(1)2013年4月10日，由农村发展研究所和社会科学文献出版社共同举办的"《2012～2013年：中国农村经济形势分析与预测》出版发布暨研讨会"在北京召开。会议的主题是"2012年中国农村经济运行状况以及2013年基本走势"。来自中央政策研究室、国务院研究室、农业部、环境保护部、国家发改委、财政部、国家发改委城市和小城镇改革发展中心等部门的专家学者共90余人参加会议。

(2) 2013年7月22日，由华中师范大学、浙江大学、中国社会科学院农村发展研究所共同组建的"农村改革发展协同创新中心"揭牌仪式暨第一次理事会会议在北京举办。农业部、教育部、民政部、国家林业局、国务院扶贫办、国家信访局等部门的领导和相关人员出席了会议。

(3) 2013年8月27～28日，由四川省农业厅、中国社会科学院农村发展研究所、四川省社会科学院主办，中共崇州市委、崇州市人民政府承办的"新型农业经营体系和农业现代化座谈会暨第九届全国农经网络大会"在四川省崇州市召开。会议研讨的主要问题有"中国农业经营体系发展现状及问题""家庭农场""专业大户""农民专业合作社"。

(4) 2013年8月31日，由农村发展研究所联合中国人民大学农业与农村发展学院及农业部农村经济研究中心、中国科学院农业政策研究中心、中国农业大学经济管理学院、中国农业科学院农业经济与发展研究所共同发起的"北京青年农经学者论坛"在北京召开。

(5) 2013年9月27日，由农村发展研究所、中国社会科学院社会政策研究中心、北京农禾之家咨询服务中心主办的"农地制度改革与三农发展论坛"在北京召开。来自全国各地的政府官员、专家学者、媒体记者等各界代表200多人参加了论坛。

(6) 2013年10月16～17日，由农村发展研究所主办的"生态文明背景下现代农业发展国际研讨会"在北京召开。来自中国社会科学院农村发展研究所、北京林业大学、中国林业科学院、中国科学院、中国农业大学等相关高校和研究机构的学者，以及世界自然保护联盟、亚洲开发银行等国际组织驻华机构的代表80余人参加会议。

(7) 2013年11月20～23日，由中国社会科学院主办、农村发展研究所承办的"中国社会科学论坛（2013・经济学）——城镇化加速发展背景下福祉测量及其政策应用”在北京召开。来自中国社会科学院农村发展研究所、国家统计局、江苏省统计局、江苏省江阴市统计局、中国国际扶贫中心、农业部、华中科技大学、浙江财经大学、清华大学、中国人民大学、武汉大学、山东大学等相关政府部门、高校和研究机构的学者 50 余人参加了会议。

2. 国际学术交流与合作

2013 年，农村发展研究所共派遣出访 24 批 40 人次，接待来访 30 批 67 人次（其中，中国社会科学院邀请来访 1 批 1 人次）。与农村发展研究所开展学术交流的国家有韩国、日本、美国、法国、意大利、波兰等。

（1）2013 年 3 月 28 日，韩国农村经济研究院国际农业研究中心博士全炯振一行到农村发展研究所访问，就拟开展的合作课题与农村发展研究所所长李周等进行讨论。

（2）2013 年 4 月 24 日，澳大利亚阿德莱德大学教授华安德等一行到农村发展研究所访问，就“粮食安全、合作前景”等问题与学部委员张晓山、农村发展研究所所长李周等进行座谈。

（3）2013 年 5 月 13 ～ 19 日，应意大利国家农业经济研究所邀请，农村发展研究所所长李周等赴意大利考察环境与农产品。

（4）2013 年 5 月 13 日，法国人类进步基金会主席吴翰等一行到农村发展研究所访问，就“中国农业与农产品问题”与学部委员张晓山、农村发展研究所副所长杜志雄等进行座谈。

（5）2013 年 5 月 17 日，法国农业部代表团、法国驻华使馆等一行到农村发展研究所访问，就“中国农业研究与培训战略”“中、法加强合作的潜在机会”等问题与农村发展研究所副所长杜志雄等进行座谈。

（6）2013 年 5 月 29 日，美国农业与贸易政策研究所贸易与全球治理项目高级政策分析师 Shefali Sharma 到农村发展研究所访问，就“中国农业与食品体系中转型企业的角色”等问题与农村发展研究所副所长杜志雄等进行座谈。

（7）2013 年 6 月 3 日，美国农业与贸易政策研究所所长郝克明等与农村发展研究所副所长杜志雄等就“中国中长期粮食与食品市场趋势”等问题进行交流。

（8）2013 年 6 月 5 日，澳大利亚农业资源经济及科学局农业、渔业、林业部农业商品与贸易副秘书长、商品分析主管 Jammie Penm 到农村发展研究所访问，就“中国食品长期供需市场”问题与农村发展研究所副所长杜志雄进行座谈。

（9）2013 年 6 月 23 ～ 30 日，意大利国家农业经济研究所所长阿尔贝托・马内利等一行到农村发展研究所进行学术访问，与农村发展研究所所长李周等就“中意农业与生态合作项目前景、机遇”等问题进行座谈。

（10）2013 年 7 月 8 ～ 17 日，应澳大利亚国立大学克劳福德公共政策学院中国经济项目组邀请，农村发展研究所所长李周赴澳大利亚参加“2013 年中国要闻”学术活动及“2013 年澳大利亚中国经济学会会议”。

（11）2013 年 7 月 24 日，日本农林中金综合研究所副部长南武志研究员等以及日本农林中央金库有限公司北京代表处代表佐佐木慎吾到农村发展研究所访问。

（12）2013 年 8 月 18 ～ 24 日，应韩国农村经济研究院邀请，农村发展研究所副所长杜志雄等赴韩国就“韩国新农业政策”进行学术访问。

（13）2013 年 9 月 8 日至 10 月 18 日，农村发展研究所邀请美国西密西根大学地理系教授 Gregory Veeck 来所就“草原可持续发展”问题进行学术访问。

（14）2013 年 11 月 12 ～ 19 日，农村发展研究所副所长杜志雄等赴俄罗斯进行农产品与粮食安全战略和中俄农业合作方面的学术访问。

（15）2013 年 12 月 2 日，西班牙日报记者 Eduard Fernández 就“中共十八届三中全会农业与农村政策问题”采访了农村发展研究所副所长杜志雄。

3. 与中国香港、澳门特别行政区和中国台湾开展的学术交流

（1）2013 年 2 月 5 日，香港新城财经电台记者高亚雯就中央一号文件有关农村土地确权、土地流转、农村体制改革、大农户等新政内容采访了农村发展研究所副所长杜志雄。

（2）2013 年 9 月 23 ～ 28 日，农村发展研究所科研处处长任常青应台湾“中华经济研究院”邀请，赴台湾参加“两岸经济与社会发展新趋势”研讨会。

（四）学术社团、期刊

1. 社团

（1）中国国外农业经济研究会，会长杜志雄。

① 2013 年 6 月 18 ～ 19 日，中国国外农业经济研究会会长杜志雄等与 29 位尼日利亚学员座谈。杜志雄作了题为“中国的农业现代化与农村发展”的学术报告。

② 2013 年 7 月 25 日，中国国外农业经济研究会会长杜志雄等与来自十几个国家的 28 名学员就“中国农村发展经验”进行座谈。

③ 2013 年 8 月，中国国外农业经济研究会秘书长檀学文赴巴西里约热内卢参加第 35 届国际时间利用协会年会并发表学术报告。

④ 2013 年 8 月，中国国外农业经济研究会会长杜志雄率团访问韩国，并到多家现代农业企业和研究机构进行调研，商讨了研究会与韩方相关机构加强合作等事宜。

⑤ 2013 年 9 月 24 日，中国国外农业经济研究会会长杜志雄、副秘书长曹斌参加中国农业大学举办的“中日农业经营体系建设研讨会”。

⑥ 2013 年 12 月 7 日，中国国外农业经济研究会与浙江大学在浙江省杭州市联合举办“第五届水稻产业经济论坛暨粮食安全学术研讨会”。

⑦ 2013 年 12 月 28 日，中国国外农业经济研究会在北京组织召开“2013 年中国国外农业经济研究会年会暨学术研讨会”。

⑧ 2013 年 12 月，中国国外农业经济研究会会长杜志雄率团访问俄罗斯科学院，探讨了国际农业发展形势。

（2）中国城郊经济研究会，会长徐小青。

① 2013 年 6 月 28 ～ 29 日，中国城郊经济研究会在河北省邯郸市召开了“新农村建设实验基地专家咨询研讨会”。

② 2013 年 8 月 31 日至 9 月 1 日，中国城郊经济研究会与福建省厦门市发改委等在厦门市联合主办了“中国城镇化高峰论坛暨全国城郊经济六届三次年会”。

③ 2013 年 12 月 7 ～ 8 日，中国城郊经济研究会派员出席在广西壮族自治区崇左市召开的以“农村土地流转制度”为主题的广西第十五期发展论坛。

（3）中国林牧渔业经济学会，会长李周。

① 2013 年 3 月 20 日，中国林牧渔业经济学会下属肉牛经济专业委员会在北京召开“肉牛产业技术与经济研讨会”。

② 2013 年 4 月 20 日，中国林牧渔业经济学会下属林业经济专业委员会在北京召开换届会议。陈建成当选理事长，会议还选举了副理事长、常务理事、秘书长和副秘书长。

③ 2013 年 5 月 7 ～ 8 日，中国林牧渔业经济学会下属畜牧业经济专业委员会在北京举办了“首届全国蛋鸡产业技术与经济高峰论坛”，并召开常务理事会。

④ 2013 年 8 月 11 ～ 13 日，中国林牧渔业经济学会下属畜牧业经济专业委员会在新疆维吾尔自治区举办了“第十二次全国畜牧业经济高峰论坛”。

⑤ 2013 年 11 月 14 日，中国林牧渔业经济学会下属林业经济专业委员会在北京召开“庆祝十三届三中全会胜利召开”在京专家座谈会。

⑥ 2013 年 11 月 20 日，中国林牧渔业经济学会下属养猪经济专业委员会在北京召开“第六届全国养猪产业经济技术论坛”。

⑦ 2013 年 11 月 23 日，中国林牧渔业经济学会下属林业经济专业委员会在湖南省长沙市举办了“第七届中国林业技术经济理论与实践论坛”。

⑧2013 年 12 月 6 ～ 8 日，中国林牧渔业经济学会下属饲料经济专业委员会在上海召开“2013 年中国林牧渔业经济学会饲料经济专业委员会第十届学术交流大会”。

（4）中国西部开发促进会，会长赵霖。

2013 年 12 月 12 ～ 13 日，中国西部开发促进会在北京举办第一期西部中小微企业投融资培训班。

（5）中国县镇经济交流促进会，会长权兆能。

① 2013 年 3 月 29 日，中国县镇经济交流促进会在北京举办了互联网金融法律问题座谈会。

② 2013 年 7 月 4 ～ 6 日，中国县镇经济交流促进会联合其他两家单位在内蒙古自治区满洲里市举办了“北方国际科技博览会暨推动科技成果转化与科技经济融合研讨会”。

③ 2013年10月15日，中国县镇经济交流促进会协助中国扶贫基金会在北京举办“敢问路在何方——新时期金融扶贫论坛”。

④ 2013年10月31日至11月1日，中国县镇经济交流促进会在北京举办“2013年中国小额信贷高峰论坛”。

（6）中国生态经济学会，会长黄浩涛。

2013年8月17～20日，中国生态经济学会生态教育专业委员会在浙江省杭州市举办了“2013中国生态经济建设·杭州论坛”。

2.期刊

（1）《中国农村经济》（月刊），主编李周。

2013年，《中国农村经济》共出版12期，共212万字。该刊全年刊载的有代表性的文章有：张强的《中国城乡一体化发展的研究与探索》，曾福生、高鸣的《中国农业现代化、工业化和城镇化协调发展及其影响因素分析——基于现代农业视角》，彭小辉、史清华、朱喜的《不同收入的消费倾向一致吗？——基于全国农村固定观察点调查数据的分析》，林光华的《农户收入风险与预防性储蓄——基于江苏农村住户调查数据的分析》，青平、朱信凯、李万君、程娉婷的《产品伤害危机对竞争品牌的外溢效应分析——以农产品为例》，陈卫平的《社区支持农业情境下生产者建立消费者食品信任的策略：四川安龙村高家农户的案例研究》，郭庆海的《新型农业经营主体功能定位及成长的制度供给》，杨承训、杨承谕的《高端生态化：农业产业革命主旋律》，肖卫、肖琳子的《二元经济中的农业技术进步、粮食增产与农民增收——来自2001～2010年中国省级面板数据的经验证据》，彭代彦、郭更臣、颜军梅的《中国农业生产资料价格上涨原因的变结构协整分析》，张龙耀、杨军、张海宁的《金融发展、家庭创业与城乡居民收入——基于微观视角的经验分析》，李周的《中国农村发展的成就与挑战》，杜鑫的《劳动力转移、土地租赁与农业资本投入的联合决策分析》，向国成、曾小明、韩绍凤的《农村家庭异质性、转移就业与收入回报——基于匹配估计量的经验分析》。

（2）《中国农村观察》（双月刊），主编李周。

2013年，《中国农村观察》共出版6期，共106万字。该刊全年刊载的有代表性的文章有：谢琳、罗必良的《土地所有权认知与流转纠纷——基于村干部的问卷调查》，叶敬忠、王为径的《规训农业：反思现代农业技术》，陆文荣、卢汉龙的《部门下乡、资本下乡与农户再合作——基于村社自主性的视角》，郭晓鸣、廖祖君的《从还权到赋能：实现农村产权的合法有序流动——一个“两股一改”的温江样本》，张兵、刘丹、郑斌的《农村金融发展缓解了农村居民内部收入差距吗？——基于中国省级数据的面板门槛回归模型分析》，苑鹏的《中国特色的农民合作社制度的变异现象研究》，李祖佩的《项目进村与乡村治理重构——一项基于村庄本位的考察》，王超恩、符平、敬志勇的《农民工职业流动的代际差异及其影响因素》，田先红、陈玲的《地租怎样确定？——土地流转价格形成机制的社会学分析》。

（五）会议综述

2013年《农村绿皮书》发布会
暨中国农村经济形势分析与预测研讨会

2013 年 4 月 10 日，由中国社会科学院农村发展研究所、社会科学文献出版社主办的“2013 年《农村绿皮书》发布会暨中国农村经济形势分析与预测研讨会”在北京召开。研讨会的主题是“当前中国农业、农村经济形势与面临的主要问题”。

会议由中国社会科学院农村发展研究所所长李周主持。中国社会科学院副院长武寅出席会议并致辞。中国社会科学院农村发展研究所研究员朱钢就“2012 年中国农村经济运行状况以及 2013 年基本走势”作主题发言。来自中央政策研究室、国务院研究室、农业部、环境保护部、国家发改委、财政部、国家发改委城市和小城镇改革发展中心等部门的专家学者出席研讨会并作了专题发言。

（1）国家粮食安全。尽管粮食生产实现“九连增”，但粮食进口也不断增加，粮食自给率持续下降。未来粮食需求还会进一步较快增长，而粮食增产难度越来越大，粮食进口可能还会增加。在粮食自给率下降的情况下如何看待国家粮食安全，需要科学评判。会议的基本观点是：国家粮食安全是一个国家的战略，保障粮食安全应该是保障人们最基本的需要。具体说：

第一，我国粮食安全的界限，应当是人均占有粮食达到 395 公斤，这个水平不仅考虑了人们最基本的吃饭需求，还考虑了工业用粮等。

第二，保持粮食安全所需要自给率应该是满足人们基本食物消费的粮食自给率，而不是全社会粮食总消费的自给率。

第三，目前我国人均粮食占有量大大高于基本消费需求，各类粮食和食物都不存在市场短缺问题。

第四，保证国家粮食安全既要增加粮食产量，更要重视粮食综合生产能力的提高。

第五，保障国家粮食安全，要高度重视引导粮食的合理消费，抑制粮食消费需求的不合理增长。

（2）2013 年“三农”面临的新挑战。2013 年，农业农村发展的基础环境具有“三高一难”的特点，

2013 年 4 月，2013 年《农村绿皮书》发布会暨中国农村经济形势分析与预测研讨会在北京召开。

即粮食产量、农民收入增速高位运行、农业生产成本走高、农民外出务工增加较难。这些特点表明，2013 年“三农”工作的难度增大。必须实现“四个确保”，即确保粮食生产不调头、确保菜篮子产品供应不断档、确保农民收入不徘徊、确保农村好形势不逆转，推动农业农村经济持续健康发展，为宏观经济平稳运行和社会稳定提供坚实基础。

（3）从新形势下农业发展新特点来定位中国农业。中国农业的阶段性发展特点表现在以下几个方面：第一，目标要求多元化。例如，粮食有总量平衡问题、结构平衡问题、区域平衡问题、产销平衡问题、进出口平衡问题。第二，产业内需多样化。农、林、牧、渔都需要解决好，还要解决好生态环境的恢复和林业发展问题，这决定了中国农业发展的产业类型是多样化的。第三，农业特别是现代农业发展模式的差异化。第四，资源配置的均衡化。必须同时兼顾土地产出效率、劳动产出效率、资源配置效率，还要考虑提升农业综合生产能力、抗风险能力、可持续发展能力、国际竞争力。

总体上说，中国必须依靠自己的能力解决自己的吃饭问题。

（4）构建新型的农业经营体制机制。其重点是培育新的经营主体。培育新的经营主体包括几个方面：

第一，家庭农场的界定和定位。专家们认为，家庭农场是“家庭经营、规模适度、一业为主、节约生产”。家庭农场的前提和本质是家庭经营；规模适度是指适合夫妇经营、家庭内部的劳动力可以承受、家庭收入主要靠家庭农场获得的规模；一业为主是指 80% 的经营活动、收入的 80% 来自于某个产业；节约生产是指资源配置是节约型、专业型、标准化的。有的专家认为，农户自己配置基本的生产资料也是家庭农场的关键要素。

第二，如何扶持新的经营主体。一是财政补贴。需要研究目前的四项补贴中哪些对专业大户、家庭农场有特殊意义。二是金融保险，尤其是金融支持，需要一些特殊措施，比如抵押产品的创新、农业保险。三是解决新经营主体的用地设施问题。四是项目扶持，农业项目向新的经营主体倾斜。

第三，人才培养。从事农业的新的经营主体，收入要有保障，职业要有尊严，进入要有资格。职业农民要有从业资格。

第四，政府要有所作为。培育新的经营主体，政府要做两件事：一是土地制度深化改革，推进土地经营权的流转；二是构建社会化服务体系。

（5）粮食增产背后的环境问题（农村面临的主要环境问题）。支撑我国粮食“九连增”的一个重要因素是农用化学品的高投入，我国目前化肥使用量位居世界第一，但其中有 65% 作为污染物排入环境中，粮食生产“九连增”的环境代价很大。这实际上是发展和保护之间如何平衡的问题。治理农业农村污染的难度很大。一是问题复杂，其中粮食增产和面源污染治理的平衡非常困难；二是环保投入严重不足。

（朱　钢）

中国社会科学论坛（2013年·经济学）“城镇化加速发展背景下福祉测量及其政策应用”

2013 年 11 月 21 ～ 22 日，中国社会科学论坛（2013 年 · 经济学）“城镇化加速发展背景下福祉测量及其政策应用”在北京举行。论坛由中国社会科学院主办、中国社会科学院农村发展研究所承办。中国社会科学院副院长李扬出席开幕式并致辞。来自国内外的三十多位专家学者参加会议。国内代表主要来自中国社会科学院各研究所、北京大学、清华大学、中国人民大学、山东大学、武汉大学等高等院校和科研院所以及国家统计局等相关政府部门。国外代表分别来自英国、澳大利亚、不丹。

增进人民福祉是十八大提出的重要命题和任务。论坛针对此命题，依托中国社会科学院创新工程项目“中国农民福祉问题研究”中期成果而召开。论坛共设四个专题，分别讨论福祉测量与福祉指数、福祉维度（领域）、福祉测量指标以及福祉研究的政策应用。其中，进行了讨论的福祉领域主要包括经济福祉、社会联系、健康、时间利用（个人活动）等，福祉政策应用包括统计调查和测量、政策制定、政策和项目评估等。

在论坛上重点讨论的一些焦点问题包括以下几个方面：

（1）福祉测量的概念基础有从主观福祉向多维福祉转化的趋势，但是仍然存在一些基础性问题。一个问题是主观福祉所包含的指标范围和类型各异，尤其是不同主观指标存在质性、尺度等差别，如何将它们构建成一个统一的主观福祉指标；另一个问题是如何确立统一指标体系中的主观指标与客观指标的逻辑联系，例如是并列关系、层级关系还是二者兼而有之等。

（2）福祉指数的数据来源和标准无法统一，存在比较困难。福祉测量的数据来源主要分为抽样调查数据和官方统计数据两类。其中，前者存在调查方法一致性、抽样代表性以及成本问题，后者存在来源和口径不一致问题。还有一些指数不得不同时使用调查数据和统计数据。

（3）收入与幸福的关系作为一个重要议题不断被提及。收入与幸福感的不一致关系即著名的“伊斯特林悖论”，这在中国不同层面和不同群体的调查数据中都有所体现，包括城乡居民的比较，对评估农民增收以及其他社会发展政策的相对重要性有积极借鉴意义。

（4）社会联系对个人福祉的重要性。社会联系对个人福祉的重要性在多个主题发言以及多次评论和讨论中被反复提及，包括社会关系、婚姻质量、志愿者活动、与亲人的联系频率等。农村男性的光棍现象以及老年人的鳏寡问题也是值得重视的社会问题。

（5）年龄因素对主观福祉影响具有两重性。一方面，人口老龄化作为外部性社会因素对人口的幸福感有负面影响；另一方面，农村老年人可能由于预期的下降获得幸福感的提升。

（檀学文）

首届“北京青年农经学者论坛”会议

2013年8月31日至9月1日，首届“北京青年农经学者论坛”在中国社会科学院农村发展研究所召开。该论坛由中国社会科学院农村发展研究所、农业部农村经济研究中心、中国农业科学院农业经济与发展研究所、中国科学院农业政策研究中心、中国人民大学农业与农村发展学院与中国农业大学经济管理学院联合发起。论坛旨在通过作者陈述、同行点评、与会者互动等形式提升青年农经学者的研究信心和能力，为推进我国农业经济理论与政策研究水平的全面提升与青年人才的培养作出贡献。

论坛共收到论文100余篇。论坛执委会聘请专家从中遴选出46篇论文做大会发言。会议围绕农村要素市场、生产经营主体、农产品、城乡统筹发展、公共服务、气候变化等问题进行了广泛和深入的研讨。

论坛邀请中国科学院农业政策研究中心研究员黄季焜作题为“气候变化对社会经济的影响、适应和减缓”的主题报告，详细介绍了气候变化社会经济影响研究框架，农业部门的影响、适应和减缓，工业部门的影响、适应和减缓，代际贴现率等问题。论坛最后，中国社会科学院农村发展研究所所长李周作了总结发言，鼓励年轻学者做研究一定要有探索未知领域的精神；做研究一定要有问题、有假设、有方法、有严格对应的数据，四者缺一不可；做研究一定要深入实际。

（郜亮亮）

财经战略研究院

（一）人员、机构等基本情况

1.人员

截至2013年年底，财经战略研究院共有在职人员84人。其中，正高级职称人员21人，副高级职称人员20人，中级职称人员29人；高、中级职称人员占全体在职人员总数的83%。

2.机构

财经战略研究院设有：财政研究室、税收研究室、财政审计研究室、国际贸易与投资研究室、服务贸易与WTO研究室、流通产业研究室、旅游与休闲研究室、成本价格研究室、城市与房地产经济研究室、电子商务研究室、服务经济研究室、综合经济战略研究部等12个研究室（部），《财贸经济》编辑部、*China Finance & Economy* 编辑部、《财经论坛》编辑室、《专报》编辑室等4个编辑部（室），以及院长办公室、行政办公室、科研组织处、网络与信息资料室、学术交流办公室等5个行政、科研辅助部门。

3.科研中心

财经战略研究院有中国社会科学院院属研究中心4个：对外经贸国际金融研究中心、旅游研究中心、财税研究中心、城市与竞争力研究中心；有财经战略研究院院属研究中心2个：信用研究中心、服务经济与餐饮产业研究中心。

（二）科研工作

1．科研成果统计

2013年，财经战略研究院共完成专著6种，约142万字；论文187篇，约152万字；研究报告157篇/部，457万字；译著3种，约69.4万字；一般性文章116篇，约54.5万字。

2．科研课题

（1）新立项课题。2013年，财经战略研究院共有新立项课题26项。其中，国家社会科学基金重大课题1项："中国与周边国家互联互通问题研究"（史丹主持）；国家社会科学基金重点课题1项："重大技术进步和我国高新技术行业发展研究"（钟春平主持）；国家社会科学基金咨询课题1项："国家社科基金决策咨询点"（高培勇主持）；国家社会科学基金青年课题3项："新型城镇化背景下扩大服务消费的制度联动研究"（张颖熙主持），"我国财税政策的福利效应实证研究"（何辉主持），"我国服务业二元结构及其对城市居民收入分配的影响研究"（刘丹鹭主持）；国家自然科学基金青年课题1项："内生汇率传递下国际冲击对中国通货膨胀的动态影响"（汪川主持）；院国情调研重大课题1项："我国低碳试点城市发展现状问题与对策研究"（史丹主持）；院国情调研基地课题1项："宁夏内陆开放研究"（高培勇主持）；院国情调研重点课题3项："结构性减税政策的基层运行情况调研"（何代欣主持），"我国文化市场发展现状的调研——以上海、广州和西安为例"（李蕊主持），"我国国内旅游消费价格研究"（马聪玲主持）；院国情调研考察课题1项："苏州工业园区发展模式考察"（赵瑾主持）；院交办课题1项："财经形势与预测：跟踪分析"（揣振宇主持）；所重点课题6项："中国城市化可持续发展的制度缺陷与转型路径研究"（刘彦平主持），"预算管理理论演进研究"（张德勇主持），"流通理论发展研究——近年来流通理论最新成果考察"（依绍华主持），"服务经济思想史研究"（姚战琪主持），"马克思主义国际贸易理论研究"（夏先良主持），"战后西方税收理论发展及其对政策的影响——财产税的理论演变与实践发展"（滕祥志主持）；所青年基金课题6项："经济改革思潮与学术期刊的引领关系"（范建鏋主持），"中央政府决算审计与公共预算改革的实证研究"（赵早早主持），"后发大国战略性新兴产业发展雁型形态理论研究——基于中国光伏、风电产业发展的实证分析"（白旻主持），"可再生能源定价机制研究：国际比较与中国的选择"（冯永晟主持），"我国自然人移动现状及潜在利益研究"（陈昭主持），"互联网与产业融合研究"（黄浩主持）。

（2）结项课题。2013年，财经战略研究院共有结项课题22项。其中，国家社会科学基金重大课题3项："扩大内需的财税政策研究"（高培勇主持），"促进房地产市场稳健均衡发展对策研究”（倪鹏飞主持），“促进新能源产业发展的政策措施体系研究”（史丹主持）；国家社会科学基金青年课题1项：“关于新型农村合作医疗补偿方案的经验研究”（汪德华主持）；院重大课题1项：“‘十二五’期间扩大消费若干重大问题及政策研究”（荆林波主持）；院重点课题2项：“新能源价格补贴问题研究”（史丹主持），“扩大内需的长效机制研究”（依绍华主持）；院青年课题1项：“我国消费率波动下降的成因研究”（王雪峰主持）；院国情调研课题4项：“省管县改革背景下的地级市财政运行状况调研”（杨志勇主持），“中国服务贸易补贴绩效的调研及评价”（于立新主持），“以服务业促进农业现代化：模式、战略思路与实现路径”（李勇坚主持），“我国加工贸易转型升级研究——以重庆为例”（王迎新主持）；所重点课题6项：“马克思主义国际贸易理论研究”（冯雷主持），“流通理论发展研究”（宋则主持），“财政学发展史研究”（杨志勇主持），“战后西方税收理论发展及其对政策的影响”（张斌主持），“服务经济思想史研究”（夏杰长主持），“城市群规模的理论模型研究”（倪鹏飞主持）；所青年课题4项：“服务创新的理论演进、研究方法及前瞻”（王朝阳主持），“食品价格波动对低收入群体的福利影响研究”（王振霞主持），“服务业集聚与区域经济差异：基于生产率空间联系视角”（刘奕主持），“旅游产业用地研究”（金准主持）。

（3）延续在研课题。2013年，财经战略研究院共有延续在研课题6项，均为国家社会科学基金课题：“完善省以下财政体制、增强基层政府公共服务能力研究”（杨志勇主持），“‘十二五’时期加快发展现代服务业的区域对策研究”（刘奕主持），“服务经济理论与中国服务业发展改革研究”（江小涓主持），“健全现代文化市场体系研究”（荆林波主持），“中国结构性减税的方向、效应与对策研究”（夏杰长主持），“政府行为与中国经济增长：比较经济发展视角的解读”（付敏杰主持）。

3．获奖优秀科研成果

2013年，财经战略研究院获中国税务学会第六届优秀科研成果著作类一等奖1项：高培勇主编、张斌副主编的专著《个人所得税：迈向综合与分类相结合的脚步》；获中国税务学会第六届优秀科研成果论文类一等奖1项：高培勇等的论文《“十二五”时期的中国税制改革：背景分析、目标定位与重点项目》；获商务部商业经济优秀成果一等奖1项：荆林波、王雪峰的论文《消费率决定理论模型及应用研究》；获中国商业经济学会优秀学术论文三等奖1项：王雪峰的论文《我国流通理论研究进展评述》。

4．创新工程的实施和科研管理新举措

2013年，财经战略研究院按照党中央对中国社会科学院“三个定位”要求，遵照创新工程总体目标，以马克思主义为指导，坚持正确的政治方向和学术导向，从党和国家的工作大局出发，以我国经济改革与发展中的重大理论和现实问题为主攻方向，认真完成了各项年度创新任务，推出了一批代表国家水准、经得起历史和实践检验的科研成果。为建设“国家级学术型智库”，基本探索出了一条理论研究与党和国家决策有机结合及有效对接，为党中央、国务院

的财经战略决策服务的创新之路。

2013 年，财经战略研究院共有创新工程项目 17 项："新形势下中国能源安全战略问题研究"（项目负责人为史丹），"中国宏观经济运行的月度分析和年度报告"（项目负责人为刘迎秋），"中国走向贸易强国的'五外'和谐新战略"（项目负责人为杨圣明），"美日欧大国宏观经济政策的重大变化对我国经济影响的战略研究"（项目负责人为赵瑾），"深化经济体制改革总体规划战略研究"（项目负责人为高培勇），"中国旅游业发展战略研究（2012 ~ 2030）"（项目负责人为戴学锋），"中国中长期税制改革战略研究"（项目负责人为马珺），"我国服务贸易与货物贸易中长期协调发展战略研究"（项目负责人为于立新），"财经战略研究院出版系统创新研究"（项目负责人为王迎新），"加快外贸发展方式战略转变研究——进口贸易政策的战略调整"（项目负责人为冯雷），"服务业深度参与经济结构战略调整研究"（项目负责人为宋则），"科研管理服务支撑体系创新研究"（项目负责人为林旗），"中国中长期财政发展战略研究"（项目负责人为杨志勇），"物价稳定战略研究：以食品价格和食品政策为例"（项目负责人为张群群），"中国中长期贸易战略研究"（项目负责人为荆林波），"中国新型城市化：大国特征、结构效应与战略抉择"（项目负责人为倪鹏飞），"中国中长期服务经济发展战略研究"（项目负责人为夏杰长）。

（三）学术交流活动

1．学术活动

2013 年，财经战略研究院主办、承办和联合主办的学术会议主要有：

（1）2013 年 1 月 4 日，财经战略研究院举行成果发布会，发布《中国能源安全的国际环境》。

（2）2013 年 1 月 15 日，财经战略研究院党委书记揣振宇主持"双周财经论坛"，邀请军事科学院世界军事研究部原副部长、全国政协委员罗援少将作题为"我国周边安全环境及软实力建设"的讲座。

（3）2013 年 3 月 8 日，财经战略研究院副院长史丹主持"双周财经论坛"，财经战略研究院院长高培勇作题为"深化收入分配制度改革的纲领性文件——关于深化收入分配制度改革的若干意见解读"的讲座。

（4）2013 年 4 月 16 日，财经战略研究院举行授予意大利佛罗伦萨大学教授奎多·费拉里"中国社会科学院财经战略研究院荣誉研究员"称号仪式。财经战略研究院院长高培勇向奎多·费拉里教授颁发"荣誉研究员"证书并致辞。奎多·费拉里教授作题为"由人民币与美元的争议看中美经济关系——一位欧洲经济学家的思考"的学术演讲。

（5）2013 年 5 月 4 日，由财经战略研究院主办的"2013 财贸经济笔会"在财经战略研究院举行。

（6）2013 年 5 月 14 日，财经战略研究院副院长史丹主持"双周财经论坛"，邀请首旅集团董事长段强作题为"中国服务与心力资本"的报告。

（7）2013 年 5 月 19 日，财经战略研究院举行成果发布会，发布《中国城市竞争力报告 2013：建设可持续竞争力理想城市》。

（8）2013 年 6 月 4 日，财经战略研究院院长高培勇主持“双周财经论坛”，邀请住建部住房改革司司长倪虹作题为“住房改革”的报告。

（9）2013 年 6 月 12 日，财经战略研究院举办“双周财经论坛”，邀请国务院发展中心对外经济研究部部长隆国强作题为“中国比较优势的变化与对策”的报告。

（10）2013 年 6 月 28 日，财经战略研究院党委书记揣振宇主持“双周财经论坛”，邀请新西兰梅西大学经济金融学院荣誉教授斯瑞克塔・恰特吉作题为“中国和印度的经济转型：一些长期的制约”的演讲。

（11）2013 年 7 月 2 日，财经战略研究院党委书记揣振宇主持“双周财经论坛”，邀请中国社会科学院历史研究所所长卜宪群研究员作题为“廉政文化问题”的讲座。

（12）2013 年 7 月 3 日，《中国公共财政建设报告 2013（全国版）》和《中国公共财政建设报告 2013（地方版）》正式发布。

（13）2013 年 7 月 9 日，财经战略研究院党委书记揣振宇主持“双周财经论坛”，邀请商务部政策研究室副主任吴频作题为“商务工作与流通体系研究”的报告。

（14）2013 年 8 月 27 日，财经战略研究院举行成果发布会，发布《中国服务业发展报告 2013：中国区域服务业发展战略研究》。

（15）2013 年 8 月 31 日，由中国社会科学院、全国博士后管理委员会、中国博士后科学基金会共同主办，中国社会科学院博士后管理委员会、中国社会科学院财经战略研究院联合承办的“第二届中国财经科学博士后论坛——深化改革、创新发展”在北京举行。

（16）2013 年 9 月 14 日，由财经战略研究院、南京财经大学主办的“中国梦・财税改革高峰论坛”在江苏省南京市召开。

（17）2013 年 9 月 24 日，财经战略研究院副院长史丹主持“双周财经论坛”，邀请财政部财科所副所长苏明作题为“中国低碳发展与财政政策”的讲座。

（18）2013 年 9 月 27 日，财经战略研究院财政研究室主任杨志勇主持“双周财经论坛”，财经战略研究院税收研究室主任张斌等作题为“中国中长期税制改革的政治哲学基础”的讲座。

（19）2013 年 10 月 11 日，由中国社会科学院主办、财经战略研究院承办的“中国贸易、金融和创新国际化发展国际研讨会”在财经战略研究院召开。会议的主题是“中国的贸易开放、金融开放、创新国际化”。

（20）2013 年 10 月 22 日，由财经战略研究院、澳门万国控股集团联合主办的“中国经济运行与政策国际论坛”在澳门举行。会议的主题是“新一轮改革大潮下的中国经济”。

（21）2013 年 10 月 22 日，财经战略研究院举办“双周财经论坛”，邀请商务部政策研究室刘日红作题为“从上海自贸园区看进一步扩大开放问题”的报告。

（22）2013 年 10 月 25 日，财经战略研究院举办“双周财经论坛”，财经战略研究院服务贸易与 WTO 研究室冯远等作题为“新形势下中国贸易与投资开放新战略”的报告。

（23）2013 年 11 月 5 日，财经战略研究院院长高培勇主持“双周财经论坛”，财经战略研究院院长助理夏杰长等作相关学术机构科研考核情况报告。

（24）2013 年 11 月 12 日，财经战略研究院院长高培勇主持“双周财经论坛”，邀请国务院发展研究中心对外经济研究部部长隆国强作题为“上海自贸区相关问题”的报告。

（25）2013 年 11 月 26 日，财经战略研究院党委书记揣振宇主持“双周财经论坛”，邀请中国社会科学院学部委员、世界宗教研究所魏道儒作题为“禅学的性质与社会价值”的报告。

（26）2013 年 12 月 9 日，财经战略研究院举行成果发布会，发布《中国宏观经济运行报告（2013 ～ 2014)》。

（27）2013 年 12 月 18 日，财经战略研究院举行成果发布会，发布《中国住房发展报告(2013 ～ 2014)》。

（28）2013 年 12 月 26 日，财经战略研究院举行成果发布会，发布《中国经济体制改革报告 2013 ：把蓝图付诸实践》。

（29）2013 年 12 月 29 日，由财经战略研究院与山东财经大学联合主办的“财经战略年会 2013”在山东省济南市召开。年会的主题是“全面深化改革背景下的中国”。

2．国际学术交流与合作

2013 年，财经战略研究院共派遣出访 21 批 44 人次，接待来访 27 批 62 人次。与财经战略研究院开展国际交流的国家有：美国、加拿大、日本、韩国、澳大利亚等国家。

出访

（1）2013 年 7 月 8 日，财经战略研究院院长助理倪鹏飞赴美国出席“第十一届全球城市竞争力国际论坛”。

(2)2013 年 9 月 12 日,财经战略研究院服务贸易与 WTO 研究室研究员于立新等赴加拿大，就“中加服务贸易与货物贸易中长期协调发展战略研究”问题与加拿大温莎大学学者进行交流。

（3）2013 年 10 月 16 日，财经战略研究院副院长史丹研究员、院长助理夏杰长研究员等赴韩国参加“韩中服务贸易国际研讨会”。

（4）2013 年 10 月 25 日，财经战略研究院旅游研究室主任戴学锋研究员出访黑山共和国，对黑山共和国旅游情况进行考察。

（5）2013 年 11 月 18 日，财经战略研究院国际贸易与投资研究室主任冯雷研究员等赴澳大利亚参加“第四届中澳学术论坛”。

（6）2013 年 11 月 28 日，财经战略研究院副院长荆林波随中国社会科学院党组书记、院长王伟光出访澳大利亚、新西兰，进行学术交流。

（7）2013 年 12 月 8 日，应韩国成均馆大学邀请，财经战略研究院副院长荆林波出席“成均中国研究所成立一周年国际学术会议”。

国际会议

(1) 2013 年 6 月 28 日，由财经战略研究院主办、云南财经大学承办、韩国仁荷大学静石物流通商研究院协办的“中韩服务贸易论坛”在云南省昆明市举办。

(2) 2013 年 10 月 11 日，“中国社会科学论坛（2013 经济学）· 中国贸易、金融和创新国际化发展”召开。论坛由中国社会科学院主办、财经战略研究院承办。

与境外学术机构签订合作协议

(1) 2013 年 1 月，财经战略研究院院长高培勇与瑞典斯德哥尔摩大学商学院院长哈特曼签署“城市营销研究合作备忘录”。

(2) 2013 年 6 月，财经战略研究院院长高培勇与俄罗斯科学院经济研究所所长 P.C. 格林别尔克教授分别在北京和莫斯科签署“中国社会科学院财经战略研究院与俄罗斯科学院经济研究所学术研究合作备忘录”。

合作研究

2013 年，财经战略研究院与宁波诺丁汉大学合作研究课题“中国金融、贸易和创新国际化的未来发展”立项。经费由英国外交与联邦事务部“中国繁荣战略项目基金”资助。

3. 与中国香港、澳门特别行政区和中国台湾开展的学术交流

(1)2013 年 3 月 21 日，财经战略研究院院长高培勇赴香港出席由香港中华总商会举办的“解读两会论坛”。

(2) 2013 年 10 月 20 日，财经战略研究院税收研究室主任张斌研究员赴台湾参加“2013 海峡两岸租税学术研讨会第 28 次交流会”。

(3) 2013 年 10 月 22 日，“中国经济运行与政策国际论坛”在澳门科技大学召开。论坛由财经战略研究院与澳门万国控股集团共同主办。论坛的主题是“新一轮改革大潮下的中国经济”。

（四）学术社团、期刊

1. 社团

(1) 中国成本研究会，法人揣振宇。

2013 年，中国成本研究会召开第六届全体会员大会。大会选举产生了第六届理事会、常务理事会。大会一致通过由中投发展有限责任公司董事长、原财政部副部长张弘力担任中国成本研究会新任会长；一致通过由于增彪、王世定、卢中原、刘玉廷、张莉、陈毓圭、周明春、贾康、顾惠忠、高一斌、高培勇、揣振宇 12 人担任副会长，由高培勇兼任秘书长。

(2) 中国市场学会，会长喻晓松。

① 2013 年 4 月 19 日，由商务部研究院信用评级与认证中心、中国管理科学研究院诚信评价研究中心、中国市场学会信用工作委员会、中国信用建设促进会和中国经济网信用频道联合

举办的“第二届诚信中国节暨第十届中国诚信企业家大会”在北京召开。

② 2013 年 4 月 20 日，由中国市场学会、中国商报社主办的“第十四届中国商品交易市场发展论坛”在北京召开。

③ 2013 年 6 月 16 日，“中国市场学会第五届会员代表大会”在北京召开。会议审议和表决通过了《中国市场学会工作报告》《中国市场学会财务报告》《中国市场学会章程》；同时还审议、表决通过了《中国市场学会第五届理事会、常务理事会候选人（名单)》《中国市场学会理事会会长、副会长、秘书长（名单)》等。

④ 2013 年 7 月 19 日，由呼和浩特市人民政府与中国市场学会等单位主办的“第七届中国民族商品交易会”在内蒙古自治区呼和浩特市召开。

⑤ 2013 年 8 月 9 日，由中国市场学会、搜狐汽车等联合主办的“第十届中国汽车营销首脑风暴”在浙江省宁波市召开。

⑥ 2013 年 9 月 12 日，由中国市场学会、教育部考试中心联合主办的“社科奖第六届全国高校市场营销大赛新闻发布会暨首站‘名企名家进名校’公益论坛”在北京大学召开。

⑦ 2013 年 9 月 28 日，由中国市场学会服务质量专业委员会主办的“中国市场学会服务质量专业委员会成立大会首届中国服务质量年会暨中国服务质量联合推进工程启动仪式”在北京举行。

⑧ 2013 年 10 月 19 日，由中国市场学会保护企业合法权益专业委员会主办的“第七届中国企业权益保护与创新发展高峰论坛”在北京召开。

⑨ 2013 年 11 月 22 日，由中国市场学会、中国农业国际合作促进会主办的“第二届中国农牧营销年会暨中国农牧巅峰营销 2013 盛世论坛”在上海召开。

⑩ 2013 年 11 月 23 日，由中国市场学会和北京物资学院等联合举办的“第七届中国北京流通现代化论坛”在北京举行。

2. 期刊

《财贸经济》（月刊），主编高培勇。

2013 年，《财贸经济》共出版 13 期（含增刊 1 期），共约 285 万字。该刊全年刊载的有代表性的文章有：张卓元的《提出市场在资源配置中起决定性作用的重大意义》，高培勇的《财税改革：全面深化改革的突破口和主线索》，张晓山的《深化农村土地制度的改革 赋予农民更多财产权利》，朱玲的《构建适应市场经济运行的多层次养老保障体系》，王国刚的《扩大实体经济部门的金融权利、发挥市场机制的决定性作用》，荆林波的《构建国家治理体系、提高国家治理能力》，吴俊培、张斌的《积极财政政策挤入效应的实证分析》，王振宇等的《我国地方政府性债务风险识别和预警体系研究——基于辽宁的样本数据》，伏润民、缪小林的《我国公共财政安全监测预警机制构建——一个理论研究框架》，马骁等的《转移支付的区域分配及其对财政收入差异的调节效果》，吴晓求的《中国资本市场：从制度和规则角度的分析》，陶士贵、叶亚飞的《人民币境外存量的估算及其对我国货币供给量的影响——基于人民币跨境交易视角》，李耀华、魏果望的《“救命稻草”到“金融瘟疫”的跷跷板——中小企业联保贷款的案例与演化博弈分析》，李永平、胡金焱的《我国农村各类金融机构的交易费用比较——基于山东省的调查分析》，许和连、赵德昭的《外商直接投资、劳动力异质性与农村剩余劳动力转移——基于新古典一般均衡拓展模型的分析》，依绍华的《流通体制改革战略思路与对策研究》，罗立彬、孙俊新的《中国文化产品贸易与文化服务贸易竞争力：对比与趋势》，李伍荣、冯源的《〈国际服务贸易协定〉与〈服务贸易总协定〉的比较分析》，李扬等的《当前和未来五年中国宏观经济形势及对策分析》，霍景东、夏杰长的《离岸服务外包的影响因素：理论模型、实证研究与政策建议——基于20国的面板数据的分析》，李超、万海远的《贫民住区改造与主观幸福感——基于辽宁六市的抽样调查》，曾繁华、吴立军的《碳排放和能源约束下中国经济增长阻力研究——基于2020年减排目标的实证分析》，雷钦礼的《物价变动、家庭支出结构与中国城镇居民消费行为研究》，戴学锋的《旅游业低回报高投资之谜探析》，段军山、崔蒙雪的《国家统计能力的国际比较研究——基于世界银行统计能力公告牌（BBSC）数据库研究的经验证据》。

（五）会议综述

财经战略年会（2013）

2013年12月29日，由中国社会科学院财经战略研究院、山东财经大学联合主办的“财经战略年会（2013）”在山东省济南市召开。年会由一个主题论坛和四个分论坛组成。山东省委常委、常务副省长孙伟，中国社会科学院党组成员、副院长李扬出席开幕式并致辞。中国社会科学院学部委员、财经战略研究院院长高培勇主持开幕式。

孙伟指出，2013年以来，山东省认真贯彻落实中央一系列决策部署，坚持稳中求进工作总基调，积极作为，科学务实，全省经济社会发展总体平稳、稳中有进、稳中向好，主要预期目标圆满完成。全省正在深入学习贯彻党的十八大和十八届二中、三中全会精神，习近平总书记系列重要讲话和视察山东重要指示精神，扎实做好改革创新、转方式、调结构、保障和改善民生、创新社会治理等各项工作，推动经济文化强省建设取得新进展。希望各位专家学者为深化改革出谋划策，关心支持山东发展。

李扬指出，深入学习贯彻十八届三中全会精神将是我们当前和今后一个时期重要的政治任务。“财经战略年会（2013）”以“全面深化改革背景下的中国”为主题，紧紧围绕三中全会精神和国家财经重要问题进行深入探讨，对学习宣传全会精神，进一步明确改革思路、凝聚改革共识、形成改革方案，具有重要的现实意义。李扬希望财经战略研究院继续大力发扬理论联系实际的学风，继续发挥吃苦耐劳精神，多出成果，出好成果，始终站在国家经济发展战略的最前沿，发挥好思想库和智囊团的作用，为党和国家的重大决策服务，为国家经济社会发展服务，为繁荣发展我国哲学社会科学服务。

上午的主题论坛由山东财经大学党委书记、校长刘兴云主持，论坛的主题为“全面深化改革背景下的中国”。国家审计署副审计长石爱中，中国国际贸易促进委员会、中国国际商会副会长张伟，国家税务总局原副局长许善达，国务院发展研究中心原副主任、全国政协委员卢中原，国务院参事室特约研究员、国家统计局原总经济师兼新闻发言人姚景源，国务院参事室参事、第三世界科学院院士、中国科学院可持续发展战略研究组组长兼首席科学家牛文元出席论坛并作主旨发言。论坛上举行了“齐鲁财经战略研究院”揭牌仪式，李扬、高培勇、刘兴云共同为齐鲁财经战略研究院揭牌。

第一分论坛的主题是“探索政府与市场边界，求解经济改革核心问题”。第一分论坛分别由中国社会科学院学部委员金碚研究员和山东财经大学副校长綦好东教授主持。武汉大学原副校长吴俊培教授、中国人民大学经济学院院长杨瑞龙教授、山东省社会科学院副院长郑贵斌教授、山东大学经济研究院院长黄少安教授、中国社会科学院财经战略研究院院长助理夏杰长教授、中国社会科学院财经战略研究院学术委员会副主任宋则研究员、中国人民大学财政金融学院学术委员会主任朱青教授、南京大学经济学院副院长于津平教授等专家分别发表演讲。

第二分论坛的主题是“深化财税体制改革，筑牢国家治理基础”。第二分论坛分别由山东财经大学财政税务学院院长岳军教授和中央财经大学财税研究所副所长白彦锋教授主持。财政部财政科学研究所所长贾康研究员，中国税务报社总编辑刘佐研究员，四川省社会科学院党委副书记、院长侯水平研究员，广东财经大学副校长于海峰教授，山东省社会科学院副院长袁红英研究员，齐鲁证券研究所宏观策略研究部研究员刘启元研究员，中国社会科学院拉丁美洲研究所所长、中国社会科学院世界社保研究中心主任郑秉文教授，中国人民大学财政金融学院教授、山东大学特聘教授安体富，国家发展和改革委员会社会发展所所长杨宜勇研究员，吉林财经大学副校长杨春梅教授等专家分别发表演讲。

第三分论坛的主题是“有序推进城镇化，破解产能过剩困局”。第三分论坛分别由中国社会科学院财经战略研究院副院长荆林波研究员和中国社会科学院工业经济研究所党委书记史丹研究员主持。国务院发展研究中心发展战略和区域经济研究部部长侯永志研究员，国家发展和改革委员会国土开发与地区经济研究所副所长高国力研究员，中国社会科学院农村发展研究所宏观经济研究室主任党国英研究员，国家统计局中国经济景气监测中心副主任潘建成研究员，中国社会科学院财经战略研究院院长助理、城市与房地产研究室主任倪鹏飞研究员，中国社会科学院经济学部副主任、学部委员、财经战略研究院学术顾问委员会副主任吕政研究员，天津财经大学副校长于立教授，山东省宏观经济战略研究院院长刘冰教授，山东大学经济学院院长李长英教授，中国物流与采购联合会贺登才副会长等专家分别发表演讲。

第四分论坛的主题是“加强财经智库建设，提供新型决策支撑”。第四分论坛分别由中国社会科学院财经战略研究院党委书记揣振宇和中国社会科学院财经战略研究院税收研究室主任、齐鲁财经战略研究院院长张斌研究员主持。中国社会科学院学部委员、财经战略研究院院长高培勇教授，江西省社会科学院院长、党组副书记梁勇研究员，山东省社会科学院院长、党委副书记唐洲雁研究员，广西社会科学院院长吕余生研究员，中国社会科学院经济学部工作室主任张晓晶研究员，安徽省社会科学院副院长杨俊龙教授，海南省社会科学界联合会主席、党组书记赵康太教授，国务院发展研究中心社会发展研究部副部长李建伟研究员，中国社会科学院信息情报研究院副院长曲永义研究员，重庆社会科学院副院长张波研究员，山东财经大学副校长吴彬教授等专家分别发表演讲。

（科研处）

中国社会科学院财经战略研究院重大成果发布：《中国城市竞争力第11次报告》——新基准：建设可持续竞争力理想城市

2013年5月19日，由中国社会科学院财经战略研究院主办、社会科学文献出版社与中国社会科学院城市与竞争力研究中心承办的“中国社会科学院财经战略研究院重大成果《中国城市竞争力报告2013：建设可持续竞争力理想城市》发布会”在北京举行。中国社会科学院副院长、学部委员李扬，中国社会科学院财经战略研究院院长、学部委员高培勇，社会科学文献出版社副社长胡鹏光等出席会议。会议由中国社会科学院财经战略研究院副院长史丹主持。中国社会科学院财经战略研究院院长助理倪鹏飞等代表课题组对研究成果进行介绍。

课题组通过长期研究及实验，按照指标最小化原则，首次使用经济增长和经济密度两个指标，构建城市综合经济竞争力（当前短期竞争力）指数。使用宜居、宜商、和谐、生态、知识、全域、信息和文化等8个方面68个客观指标，构建城市可持续竞争力（未来长期竞争力）指数。同时，报告还确定了可持续竞争力的理想城市基准，具体包括：以人为本的宜居城市、创业至上的宜商城市、公平包容的和谐城市、环境友好的生态城市、创新驱动的知识城市、城乡一体的全域城市、交流便捷的信息城市及开放多元的文化城市。这套指标和基准同时也是新型城镇化的指标体系和目标基准。根据以上指标体系，报告首次全部使用全市客观数据（包括市辖县），对2012年中国两岸四地293个城市的综合经济竞争力和287个城市的可持续竞争力进行了实证研究。

报告建议，建设可持续竞争力理想城市，从国家层面应采取以下对策措施：(1) 实施均衡发展的经济社会战略，推动城市化与工业化均衡发展，推动服务业与制造业均衡发展，推动城乡均衡发展，推动城市经济、社会、生态均衡发展。(2) 建立城乡一体的市政管理体制，完善城镇的管理职能，建立城乡一体、以城主导的城市管理体制，革新公共管理理念，推进政府管理的人性化、高效化、制度化、奖惩化、竞争化，培育非政府组织，强化城市社区建设，强化城市危机应急机制。(3) 建立确保城市可持续发展的制度政策，深化财税体制、土地制度、户籍制度、就业制度和投融资体制改革，完善社会保障制度。(4) 构建提升城市可持续竞争力的长效机制，完善价格调节机制、生态补偿机制、土地占用机制、财政补贴机制和税收调节机制。

（科研处）

中国社会科学院财经战略研究院重大成果发布：2013年度全国版和地方版《中国公共财政建设报告》——中国公共财政建设的“路线图”与“考评卷”

作为主导中国财税体制改革进程的重要线索，公共财政建设正在由理论层面的探讨日益深入地转变为财税改革的实践操作。当前，中国已经步入全面和全力建设公共财政的时代。从2004年起，中国社会科学院财经战略研究院课题组一直致力于运用综合评价技术对中国公共财政建设的进展状况进行定量描述与评价的工作，其目的是建立能够标识公共财政建设前行方向的“路线图”和刻画公共财政建设既有进程的“考评卷”。经过多年研究，课题组构建了分别适用于全国和地方两个层面的公共财政建设指标体系。

2013年7月3日，2013年度全国版和地方版《中国公共财政建设报告》在北京发布。发布会由中国社会科学院学部委员、财经战略研究院院长高培勇教授主持。中国社会科学院财经战略研究院税收研究室主任张斌副研究员代表课题组对报告内容进行了介绍。

中国公共财政建设指标体系由中国公共财政建设综合指数、四大分项指数、十大因素指数、38个二级指标和88个具体评价指标构成。其中政府干预度、非营利化、收支集中度构成了基础环境分项；财政法治化、财政民主化、分权规范度构成了制度框架分项；财政均等化、可持续性、绩效改善度构成了运行绩效分项。国际化又称为辅助性分项，是对公共财政建设非常重要却无法列入上述分项的因素指标。2013报告年度中，中国公共财政建设综合指数的得分为67.53分，比2012报告年度的得分66.67分提高了0.86分，比2007报告年度的得分62.37分提高了5.16分。从总体上看，与评价的初始年份——2007年报告年度相比，6年来中国公共财政建设取得了显著的进展，年均增幅为0.86分。

中国地方公共财政建设指标体系，由综合指数、三大分项指数、七大因素指数和40个具体评价指标构成。其中政府干预度和收支集中度两个因素构成基础环境分项，财政法治化和财政民主化两个因素构成制度框架分项，财政均等化、可持续性和绩效改善度三个因素构成运行绩效分项。2013报告年度中，12个评价省份（吉林、山东、河南、河北、宁夏、湖北、安徽、广东、福建、陕西、四川、甘肃）综合指数的得分均在60 ~ 75分，其中得分最高的是吉林省，为73.35分；综合指数得分最低的是甘肃省，为62.23分。与2011报告年度相比，12个评价省份的得分均有不同程度的提高，各省份的相对排名也有所变化。从得分提高程度来看，广东的进步最快，增幅达到了7.31%；其次是河南和宁夏，分别达到了7.18%和7.13%。

（科研处）

中国贸易、金融和创新国际化发展国际研讨会

2013年10月11日，由中国社会科学院主办、中国社会科学院财经战略研究院承办的“中国贸易、金融和创新国际化发展国际研讨会”在北京召开。会议由中国社会科学院财经战略研究院副院长荆林波研究员和财经战略研究院国际贸易与投资研究室主任冯雷研究员分别主持。来自中国社会科学院、商务部国际贸易经济合作研究院、宁波诺丁汉大学、法兰西银行、浙江万里学院以及外国驻华使馆等单位的中外专家学者共50余人出席会议。会议围绕中国的贸易开放、金融开放和创新国际化三个主题进行了深入探讨与交流。

在讨论贸易开放问题时，商务部国际贸易经济合作研究院研究员李健作了题为“中国上海自贸区是外贸发展的重大利好”的发言，指出当前外贸转型升级中存在的问题包括：缺乏进一步开放改革的压力和动力；服务产业和服务贸易发展滞后；贸易方式没有突破，参与国际分工的水平仍然较低；缺乏金融、保险、融资等服务支持。中国社会科学院财经战略研究院研究员于立新认为，服务贸易可作为我国创新开放模式的战略突破口。在发展服务外包方面，我国在承接国际外包的同时，也需要重视国内对外发包市场；政府应规划和营造有利于服务外包的市场环境与生态环境,避免同质化竞争；发展服务外包与园区建设的关键是吸引和培养高端人才。

在讨论金融开放问题时，中国社会科学院金融研究所研究员刘煜辉就中国的资本项目开放、汇率、利率改革等问题进行了讨论，强调体制改革要注重微观基础，要纠正金融机构的市场行为。法兰西银行业务总干事Denis Beau作了题为“金融市场和金融稳定的国际化”的演讲，强调了金融国际化进程中的风险及其防范。宁波诺丁汉大学博士华秀萍发布了由其团队研发的中国金融开放指数，包括资本项目的开放指数、金融市场的开放指数以及金融服务指数等。

在讨论创新国际化问题时，中国社会科学院财经战略研究院国际贸易与投资研究室副主任夏先良研究员指出了我国当前所面临的挑战，包括：外国在华研发性投资规模较大，而我国财政性科技合作投入规模过小；我国创新体制过度集中，过分依赖政府，创新的企业主体地位没有确立，创新开放性、国际化程度偏低；我国还没有完全确立知识产权保护的基本社会制度，社会普遍不信任现有法律体制的公正性；我国宏观科研组织结构不合理，宏观管理水平偏低，还没有建立开放型国家创新体系。宁波诺丁汉大学教授Brian Hilton发布了由其团队研发的中国创新开放度指数，指出中国的创新开放度在2005～2011年间有了较大幅度的提高，仅在2007年有所降低，其他年份都保持了上涨的势头。

（科研处）

金融研究所

（一）人员、机构等基本情况

1. 人员

截至2013年年底，金融研究所共有在职人员46人。其中，正高级职称人员14人，副高级职称人员13人，中级职称人员18人；高、中级职称人员占全体在职人员总数的98%。

2. 机构

金融研究所设有：货币理论与货币政策研究室、金融市场研究室、结构金融研究室、国际金融与国际经济研究室、保险与社会保障研究室、法与金融研究室、银行研究室、公司金融研究室、金融实验研究室、《金融评论》编辑部、综合办公室。

3. 科研中心

金融研究所院属科研中心有：投融资研究中心、保险与经济发展研究中心、金融政策研究中心；所属科研中心有：房地产金融研究中心、财富管理研究中心、支付清算研究中心。

金融研究所院属科研基地有：中小银行研究基地、金融法律与金融监管研究基地、融资租赁研究基地、产业金融研究基地。

（二）科研工作

1. 科研成果统计

2013年，金融研究所共完成专著6种，116万字；论文141篇，84万字；研究报告35篇，510万字；教材1种，57万字；译著1种，18万字；论文集2种，65万字；一般文章824篇，220万字。

2. 科研课题

（1）新立项课题。2013年，金融研究所共有新立项课题46项。其中，国家社会科学基金课题5项："我国金融体系的系统性风险与金融监管改革研究"（胡滨主持），"量化宽松政策研究：理论、效应与中国选择"（何海峰主持），"金融危机后新兴经济体金融体系宏观审慎监管研究"（耿楠主持），"异质信念、卖空机制与企业定向增发行为研究"（徐枫主持），"国家社科基金决策咨询点"（殷剑峰主持）；国家自然科学基金课题1项："影子银行体系的宏观经济效应研究：基于货币视角"（周莉萍主持）；院交办课题1项："金融支持城镇化建设研究"（胡滨主持）；院国情调研课题3项："温州金融综合改革跟踪调研"（陈经伟主持），"我国证券市场创新机制调研"（张跃文主持），"'环保之乡'产业升级转型发展规划研究"（徐义国主持）；所重点课题9项："中国货币史导论"（周子衡主持），"宏观审慎政策实施工具研究综述（续）"（尹振涛主持），"中央银行的公开市场操作研究（续）"（周莉萍主持），"银行业危机理论与经验研究综述（续）”（李广子主持），“输入型通胀与中国实践：一个文献研究（续）”（费兆奇主持），“主权信用及其风险度量研究（续）”（蔡真主持），“债务危机传染机制研究综述”（郑联盛主持），“人民币资本项目可兑换研究”（林楠主持），“中国上市公司质量评价研究”（徐枫主持）；其他部门与地方委托课题 27 项：国家发改委课题“国外海洋强国建设海洋金融体系的比较研究”（杨涛主持），国务院南水北调办公室课题“南水北调发展规划前期工作研究”（殷剑峰主持），国家林业局课题“碳金融研究——从森林碳汇纳入国家碳排放交易体系的角度”（陈经伟主持），财政部课题“APEC 财长会金融体系支持区域实体经济发展议题研究”（杨涛主持），国家林业局课题“林业全面深化改革公共财政机制和政策研究”（王国刚主持），中国保监会课题“转型与发展：中国经济和中国保险业”（殷剑峰主持），中国人民银行课题“中国地区金融生态环境评价”（刘煜辉主持），中国人民银行课题“支付与清算市场监管体系的建立与完善”（杨涛主持），中国证监会课题“海外人民币离岸市场发展对国内金融市场影响研究”（胡志浩主持），中国银监会课题“财务公司发展模式及中国电财服务公司‘两个一流’建设研究”（黄国平主持），国家开发银行课题“新型城镇化重大政策研究”（王国刚主持），国家开发银行课题“开发性金融社会化、国际化理论基础”（胡滨主持），天津市课题“天津滨海新区综合配套改革试验区评估”（王国刚主持），上海市课题“上海商业医疗保险发展策略研究”（王国刚主持），上海市课题“国际贸易新协定跟踪研究”（何海峰主持），福建省课题“泉州金融业发展五年规划”（杨涛主持），广东省课题“广州南站商务区产业发展研究”（程炼主持），广东省课题“运用金融手段提高广东财政运行效益研究”（王国刚主持），北京市课题“北京科技金融创新发展问题与对策研究”（尹振涛主持），北京市课题“关于围绕长安街西延线发展轴打造石景山现代金融产业集聚区研究”（杨涛主持），北京市课题“北京经济技术开发区产业金融园区产业规划及发展战略研究”（杨涛主持），北京市课题“银行业金融机构支持新型城镇化建设问题研究”（胡滨主持），北京市课题“互联网金融发展研究”（曾刚主持），浙江省课题“农村金融租赁发展研究”（曾刚主持），浙江省课题“新技术革命下的转接清算组织创新与监管研究”（杨涛主持），福建省课题“中国新型城镇化及商业银行支持问题研究”（王国刚主持），福建省课题“影子银行体系及商业银行非信贷融资研究”（王国刚主持）。

（2）结项课题。2013 年，金融研究所共有结项课题 45 项。其中，院重点课题 1 项：“信贷与中国宏观经济波动”（彭兴韵主持）；院交办课题 1 项：“金融支持城镇化建设研究”（胡滨主持）；院国情调研课题 3 项：“温州金融综合改革跟踪调研”（陈经伟主持），“我国证券市场创新机制调研”（张跃文主持），“‘环保之乡’产业升级转型发展规划研究”（徐义国主持）；所重点课题 5 项：“宏观审慎政策实施工具研究综述”（尹振涛主持），“中央银行的公开市场操作研究”（周莉萍主持），“银行业危机理论与经验研究综述”（李广子主持），“输入型通胀与中国实践：一个文献研究”（费兆奇主持），“主权信用及其风险度量研究”（蔡真主持）；其他部门与地方委托课题 35 项：中国人民银行课题“新形势下中国货币条件的测度与衡量研究”（殷剑峰主持)，中国人民银行课题“实际利率及相关问题研究”(王国刚主持)，中国人民银行课题“量化宽松政策效应的实证研究”(何海峰主持)，中国人民银行课题“宏观审慎政策的理论基础研究”(胡滨主持)，中国人民银行课题“中国地区金融生态环境评价”(刘煜辉主持)，中国人民银行课题“支付与清算市场监管体系的建立与完善”(杨涛主持)，国家发改委课题“国外海洋强国建设海洋金融体系的比较研究”(杨涛主持)，国务院南水北调办公室课题“南水北调发展规划前期工作研究”(殷剑峰主持)，国家林业局课题“碳金融研究——从森林碳汇纳入国家碳排放交易体系的角度”(陈经伟主持)，财政部课题“APEC 财长会金融体系支持区域实体经济发展议题研究”(杨涛主持)，国家林业局课题“林业全面深化改革公共财政机制和政策研究”(王国刚主持)，中国证监会课题“海外人民币离岸市场发展对国内金融市场影响研究”(胡志浩主持)，中国银监会课题“财务公司发展模式及中国电财服务公司‘两个一流’建设研究”(黄国平主持)，国家开发银行课题“开发性金融在中小企业融资中的作用”(曾刚主持)，国家开发银行课题“海外投资的国际经验比较”(程炼主持)，国家开发银行课题“银行同业合作业务市场发展研究”(殷剑峰主持)，北京市课题“北京科技金融创新发展问题与对策研究”(尹振涛主持)，北京市课题“关于围绕长安街西延线发展轴打造石景山现代金融产业集聚区研究”(杨涛主持)，北京市课题“北京经济技术开发区产业金融园区产业规划及发展战略研究”(杨涛主持)，北京市课题“首都文化产业发展与金融创新体系建设研究”(徐义国主持)，北京市课题“朝阳区金融发展与区域竞争力研究”(殷剑峰主持)，北京市课题“地方政府融资模式研究”(王国刚主持)，天津市课题“天津滨海新区综合配套改革试验区评估”(王国刚主持)，上海市课题“上海商业医疗保险发展策略研究”(王国刚主持)，上海市课题“国际贸易新协定跟踪研究”(何海峰主持)，山东省课题“青岛全球财富中心发展战略研究”(殷剑峰主持)，内蒙古自治区课题“内蒙古地方金融发展与风险防范研究”(王力主持)，江苏省课题“宜兴环保产业升级转型发展的思路与对策研究”(王国刚主持)，浙江省课题“新技术革命下的转接清算组织创新与监管研究”(杨涛主持)，浙江省课题“温州市金融综合改革试验区建设 5 年规划”(陈经伟主持)，湖南省课题“衡阳建设大湘南区域性金融服务中心规划研究”(殷剑峰主持)，福建省课题“泉州金融业发展五年规划”(杨涛主持)，广东省课题“广州南站商务区产业发展研究”(程炼主持)，广东省课题“运用金融手段提高广东财政运行效益研究”(王国刚主持)，云南省课题“云南德宏州金融业发展规划前研究”(陈经伟主持)。

(3) 延续在研课题。2013 年，金融研究所共有延续在研课题 26 项。其中，国家社会科学基金课题 2 项：“利率市场化改革与利率调控政策研究”(王国刚主持)，“虚拟经济与实体经济协调发展研究”(殷剑峰主持)；国家自然科学课题 2 项：“社会网络：中国区域发展不平衡的政治经济学视角”(程炼主持)，“企业集团视角下的上市公司多元化行为研究”(李广子主持)；院重点课题 2 项：“国际金融危机跟踪研究：主权债务视角”(董裕平主持)，“中国货币法制史(铜钱卷)”（石俊志主持）；所重点课题 11 项：“《商业银行学》教材编写”（曾刚主持），“《现代保险理论》教材编写”（郭金龙主持），“金融衍生品研究”（王增武主持），“金融监管学基础理论研究及教材编写”（胡滨主持），“《公司金融学》教材编写”（张跃文主持），“《中英英汉保险小词典》编写”（郭金龙主持），“《货币经济学》教材编写”（彭兴韵主持），“《金融小辞典》编写”（程炼主持），“《投资证券学》教材编写”（尹中立主持），“《金融实证分析》教材编写”（刘煜辉主持），“《结构金融学》教材编写”（殷剑峰主持）；其他部门与地方委托课题 9 项：中国保监会课题“转型与发展：中国经济和中国保险业”（殷剑峰主持），中国人民银行课题“支付与清算市场监管体系的建立与完善”（杨涛主持），国家开发银行课题“新型城镇化重大政策研究”（王国刚主持），国家开发银行课题“开发性金融社会化、国际化理论基础”（胡滨主持），北京市课题“银行业金融机构支持新型城镇化建设问题研究”（胡滨主持），北京市课题“互联网金融发展研究”（曾刚主持），浙江省课题“农村金融租赁发展研究”（曾刚主持），福建省课题“中国新型城镇化及商业银行支持问题研究”（王国刚主持），福建省课题“影子银行体系及商业银行非信贷融资研究”（王国刚主持）。

3. 获奖优秀科研成果

2013 年，金融研究所获“第八届（2013 年）中国社会科学院优秀科研成果奖”论文类三等奖 2 项：王国刚的论文《中国银行体系中资金过剩的界定和成因分析》，殷剑峰的论文《美国居民低储蓄率之谜和美元的信用危机》；获第十五届孙冶方经济科学奖论文奖 1 项：王国刚的论文《城镇化：中国经济发展方式转变的重心所在》。

4. 创新工程的实施和科研管理新举措

2012 年 1 月 19 日，金融研究所正式进入院创新工程。2013 年，金融研究所有 27 人进入创新工程岗位。该所有 6 项创新工程项目，分别是：“基于动态随机一般均衡的中国宏观经济与货币政策分析”（首席研究员为彭兴韵），“保险理论创新与金融市场发展研究”（首席研究员为郭金龙），“全球化背景下的中国金融监管体制研究”（首席研究员为胡滨），“金融产品创新及其宏观效应研究”（首席研究员为殷剑峰），“小微企业融资：理论、实践与创新”（首席研究员为曾刚），“金融工程与金融实验”（首席研究员为刘煜辉）。

2013 年，金融研究所为配合创新工程的实施，先后修订、制定了相关规章制度，包括《金融研究所导向性刊物目录》《金融研究所科研人员考核办法》《金融研究所考勤管理规定》《金融研究所财务管理规定》《金融研究所总额拨付研究经费使用细则》等。

（三）学术交流活动

1. 学术活动

2013 年，金融研究所主办和承办的学术会议有：

（1）2013 年 1 月 19 日，金融研究所与特华博士后科研工作站联合主办的“特华金融论坛”

在北京市举行。会议研讨的主要问题为“保险资金如何助推经济、服务社会”。

（2）2013 年 4 月 16 日，金融研究所支付清算研究中心主办的“《中国支付清算发展报告(2013)》发布暨支付清算理论与政策高层论坛”在北京市举行。会议研讨的主要问题为“支付清算市场发展中的理论、实践与政策热点”。

（3）2013 年 4 月 25 日，金融研究所与韩国资本市场研究院联合主办的“新一届领导班子下的金融政策：韩国的创新金融与中国的科技金融”在韩国首尔市举行。会议研讨的主要问题有“创新金融发展”“科技金融发展”“中韩在金融领域的合作”。

（4）2013 年 6 月 21 日，金融研究所财富管理研究中心与中国社会科学院陆家嘴研究基地等联合主办的“2013 中国财富管理论坛暨《影子银行与银行的影子》新书发布会”在上海市举行。会议研讨的主要问题有“如何理解财富管理真正内涵”“如何构建财富管理市场监管新体系”“如何完善影子银行与‘银行的影子’理论及监管体系”。

（5）2013 年 7 月 20 日，金融研究所与日本野村综合研究所联合主办的“中日韩消费金融比较研究国际研讨会”在北京市举行。会议研讨的主要问题有“中日韩消费金融比较”“消费金融理论与实践”。

（6）2013 年 9 月 7 日，金融研究所与北京市朝阳区政府联合主办的“2013 北京 CBD 国际金融论坛”在北京市举行。会议研讨的主要问题有“深化金融改革创新”“促进经济结构转型升级”。

（7）2013 年 9 月 13 日，金融研究所与《银行家》杂志社联合主办的“2013 中国商业银行竞争力评价报告发布会”在北京市举行。会议研讨的主要问题有“中国商业银行竞争力评价方法与模型”“中国商业银行竞争力评价结果”。

（8）2013 年 9 月 16 日，金融研究所与中债资信评估有限责任公司联合主办的“地方政府评级合作签署仪式暨地方政府信用评级研讨会”在北京市举行。会议研讨的主要问题有“中国地方政府评级的评级方法和评级模型”“中国地区金融生态环境评价成果在地方政府评级中的运用”。

（9）2013 年 12 月 6 日，中国社会科学院和中国开发性金融促进会联合主办、金融研究所所等承办的“金融支持城乡发展一体化国际学术研讨会”在海南省海口市举行。会议研讨的主要问题有“开发性金融机构在推进城乡发展一体化中的作用”“开发性金融在解决中长期资金筹集使用的安排”。

（10）2013 年 12 月 17 日，中国社会科学院经济学部主办、金融研究所承办的“再平衡与结构调整：中国与世界”国际研讨会在北京市举行。会议研讨的主要问题有“中国和世界的失衡问题”“如何调整经济结构，深化经济、金融改革”。

（11）2013 年 12 月 19 日，金融研究所与中国社会科学院中小银行研究基地联合主办的“中国社会科学论坛：小微企业融资与普惠金融高层论坛”在北京市举行。会议研讨的主要问题有“如何建立适合我国国情的小微企业融资和普惠金融体系”“普惠金融对促进我国经济转型升级的意义”。

（12）2013年12月25日，金融研究所与社会科学文献出版社联合主办的《中国金融发展报告（2014）》发布会在北京市举行。会议研讨的主要问题有“中国金融的发展和运行”“中国金融体系改革现状分析”。

2.国际学术交流与合作

2013年，金融研究所共派遣出访10批12人次，接待来访14批43人次。与金融研究所开展学术交流的国家有美国、英国、法国、日本、澳大利亚、新西兰、韩国、希腊、挪威、印度尼西亚、越南、马来西亚等。

（1）2013年1月8日，金融研究所副所长殷剑峰与澳大利亚储备银行亚洲经济研究中心主任Patrick D'Arcy等在北京就中国银行业不良贷款等问题进行学术交流。

（2）2013年1月28日，金融研究所所长王国刚与国际货币基金组织亚太部的Steve Barnett等在北京就中国资本流动完全自由化对银行业、国内金融体系的影响等问题进行学术交流。

（3）2013年5月8日，金融研究所所长王国刚与韩国三星经济研究院院长朴起舜等在北京就人民币国际化、中韩两国资本账户开放等问题进行学术交流。

（4）2013年8月20日，金融研究所副所长殷剑峰与日本银行国际局局长外山晴之、日本银行驻北京首席代表福本智之等在北京就中国影子银行问题的成因、宏观调控措施及效果以及“安倍经济学”的内容及改革方向等问题进行学术交流。

（5）2013年9月6日，金融研究所副所长殷剑峰与英国金融服务中心的阿代尔·特纳在北京就当前中国银行及影子银行体系的风险情况、央行资产负债表情况以及中国下一步深化金融体系改革的政策措施等问题进行学术交流。

（6）2013年10月21日，金融研究所结构金融研究室主任何海峰、国际金融与国际经济研究室主任程炼与韩国友利投资与证券公司经济学家刘益先、韩国友利投资顾问公司高级分析师金伟在北京就中国经济增长与运行、利率与汇率改革、影子银行、人民币国际化、自由贸易区、地方政府债务等问题进行学术交流。

（7）2013年12月5日，金融研究所银行研究室主任曾刚与澳大利亚国际金融与监管中心Geoff Weir等在北京就中国金融业改革中的一些热点问题进行学术交流。

（8）2013年12月16日，金融研究所货币理论与政策研究室主任彭兴韵、国际金融与国际经济研究室主任程炼和保险研究室主任郭金龙与法兰西银行金融稳定办公室Laurent Clerc等在北京就欧洲央行的货币政策、欧洲与中国金融体系中的系统性风险、欧洲金融监管体系的改革等问题进行学术交流。

3.与中国香港、澳门特别行政区和中国台湾开展的学术交流

（1）2013年9月11日，金融研究所所长王国刚与台湾“中华经济研究院”第一研究所的吴明泽等在北京就国内金融改革等问题进行学术交流。

（2）2013 年 9 月 23 日，金融研究所国际金融与国际经济研究室主任程炼与台湾“中研院”的李壬癸等多位院士在台北“中研院”就两岸的经济与社会发展趋势问题进行学术交流。

（四）学术社团、期刊

《金融评论》（双月刊），主编王国刚。

2013 年，《金融评论》共出版 6 期，共计 90 万字。该刊全年刊载的有代表性的文章有：李扬的《新征程 新挑战》，张自然、陆明涛的《全要素生产率对中国地区经济增长与波动的影响》，张杰的《金融分析的制度范式：哲学观及其他》，张明的《人民币国际化：政策、进展、问题与前景》，阎建军的《国际基本医疗保障制度改革趋同：对“第三条道路”的解析》，王国刚的《以公司债为抓手，推进金融回归实体经济》，郭梅亮、徐璋勇、刘佳俊的《国有银行制度市场化路径：资产市场化与增量改革》，何德旭、钟震的《系统重要性金融机构与宏观审慎监管》，朱太辉的《货币供给的内外生争论迷局》，蔡真的《中国的资本回报率、实际利率与投资：基于行业数据的分析》，林楠的《汇率动态与总供求视角下人民币均衡实际汇率》，万志宏、曾刚的《中央银行沟通：理论、策略与效果》。

（五）会议综述

2013’特华金融论坛“保险资金：助推经济服务社会”

2013 年 1 月 19 日，2013’特华金融论坛“保险资金：助推经济服务社会”在北京举行。论坛由特华博士后科研工作站、中国社会科学院金融研究所主办，华安财产保险有限公司协办。三百余位专家学者参加了会议。

中国社会科学院学部委员、副院长李扬研究员主持论坛。在会上作主题发言的专家有：中国保监会副主席陈文辉、中国社会科学院金融研究所所长王国刚、华安财产保险股份有限公司独立董事余云辉和中国生产力学会会长王茂林等。

李扬着重介绍了十八大之后中国经济的重大变化。中国保险监督管理委员会副主席陈文辉就保险资金运用中的几个问题谈了自己的观点和看法。这些问题包括保险资金服务好主业的问题、保险资金运用合乎自身经济规律的问题、保险资金运用中的载体工具创新的问题和市场化改革条件下的保险资金运用监管问题等。中国社会科学院金融研究所所长王国刚阐述了保险资金运用与金融市场建设和金融体系改革的关系，认为金融服务实体经济的方式应该创新，而保险资金运用是其中的重要环节。实现保险资金有效运用，关键是在发债的环节上下功夫。中国生产力学会会长王茂林，从保险资金支持经济发展方式转型和服务于解决若干民生问题两方面阐述了自己的意见。特华博士后工作站学术总指导李茂生教授，着重讲了如何扩大保险资金来源的问题，认为政府有基本保障，同时大力发展商业保险，如医疗保险和养老保险，应该走商业保险为主、政府和慈善为辅的道路，这样商业保险才有发展的空间，也才有广阔的资金来源。在这一基础上才谈得上助推经济和服务社会等。中国保监会原副主席吴小平着重讲了保险资金运用中的三性即安全性、流动性和营利性之间的关系，认为保险资金运用应当以安全性为第一位。

（科研处）

地方政府评级合作签署仪式暨地方政府信用评级研讨会

2013 年 9 月 16 日，由中国社会科学院金融研究所与中债资信评估有限责任公司联合主办的“地方政府评级合作签署仪式暨地方政府信用评级研讨会”在北京市举行。中国社会科学院学部委员、副院长李扬和中债资信董事长冯光华出席会议并致辞。中国社会科学院金融研究所所长王国刚主持会议。

中国社会科学院金融研究所金融实验研究室主任刘煜辉研究员作题为“从地区金融生态到地方政府信用评级”的报告，并介绍了双方合作课题相关研究成果。中债资信评级总监钟用介绍了中债资信关于中国地方政府评级的评级方法和评级模型，以及中国地区金融生态环境评价成果在地方政府评级中的运用。在地方政府信用评级研讨会上，与会人员就地方政府债务风险管理及评级等热点问题进行了交流讨论。

来自中国人民银行、证监会、保监会等有关部门，交易商协会、债券市场主要投资机构、地方政府及融资平台公司代表及部分专家学者共计 80 余人出席了会议。

（科研处）

数量经济与技术经济研究所

（一）人员、机构等基本情况

1. 人员

截至 2013 年年底，数量经济与技术经济研究所共有在职人员 71 人。其中，正高级职称人员 24 人，副高级职称人员 21 人，中级职称人员 17 人；高、中级职称人员占全体在职人员总数的 87%。

2. 机构

数量经济与技术经济研究所设有：经济系统分析研究室、经济模型研究室、环境技术经济研究室、资源技术经济研究室、技术经济理论与方法研究室、数量经济理论与方法研究室、信息化与网络经济研究室、数量金融研究室、综合研究室、产业技术经济研究室、《数量经济技术经济研究》编辑部、网络信息中心、办公室、科研处。

3.科研中心

数量经济与技术经济研究所院属科研中心有：中国社会科学院综合集成与预测研究中心、中国社会科学院信息化中心、中国社会科学院技术创新与战略管理研究中心、中国社会科学院项目评估与战略规划研究咨询中心、中国社会科学院产业规制与竞争研究中心、中国社会科学院环境与发展研究中心、中国社会科学院中国循环经济与环境评估预测研究中心。

（二）科研工作

1.科研成果统计

2013 年，数量经济与技术经济研究所共完成专著 14 种，466 万字；学术论文 112 篇，108 万字；研究报告 26 篇，412.7 万字；一般文章 13 篇，5 万字；论文集 4 种，222.5 万字。

2.科研课题

（1）新立项课题。2013 年，数量经济与技术经济研究所共有新立项课题 17 项。其中，国家社会科学基金青年课题 3 项："跨区域碳减排的技术经济优化路径及政策研究"（张友国主持），"2013 ～ 2020 年我国潜在经济增长率研究"（娄峰主持），"国家安全视野下水资源管理制度体系研究"（王喜峰主持）；院重大国情调研基地课题 1 项："西部经济社会跨越式发展调研（甘肃基地）"（李群主持）；院国情考察课题 1 项："东北老工业基地振兴考察"（何德旭主持）；院学部委员资助课题 1 项（汪同三主持）；院长城学者资助课题 1 项（曾力生主持）；院基础学者资助课题 2 项（李群、蒋金荷主持）；所重点课题 9 项："中国人口结构与储蓄关系理论及实证研究"（李军主持），"跨区域碳减排的技术经济优化路径研究"（张友国主持），"实施创新驱动发展战略的宏微观体制机制研究"（蔡跃洲主持），"结构转型时期我国物价问题的量化分析"（张延群主持），"中国物质流分析与资源产出率测算"（彭绪庶主持），"中国个人所得税制度改革的微观模拟研究"（万相昱主持），"产业结构变动与低碳经济发展——基于北京投入产出表的实证研究"（刘建翠主持），"中国水资源的循环分析及效率测度"（王喜峰主持），"基于随机前沿与 DEA 方法的中国经济增长可持续性研究"（陈星星主持）。

（2）结项课题。2013 年，数量经济与技术经济研究所共有结项课题 14 项。其中，国家社会科学基金重点课题 1 项："系统性金融风险与宏观审慎监管研究"（何德旭主持）；院重大课题 1 项："战略性新兴产业发展背景下中国现代制造业体系的构建"（李金华主持）；院重点课题 3 项："新能源产业技术创新研究"（蔡跃洲主持），"可再生能源技术经济学评价理论与应用研究"（刘强主持），"全球化背景下中国信用评级体系的构建与发展研究"（胡洁主持）；院青年科研启动基金课题 4 项："小额贷款公司功能创新的差异化研究"（刘丹主持），"中小企业国际化效应研究"（董慧梅主持），"蓄滞洪区的民生和发展——以黄河蓄滞洪区为例"（王喜峰主持），"中国上市公司利润操纵问题研究"（陈星星主持）；院国情调研重大课题 1 项："西部经济社会跨越式发展调研(甘肃基地)”(李群主持)；院国情调研重点课题 3 项：“农产品电子商务调研”(汪向东主持)，“中国个人所得税制度改革效应的调研与分析”(张涛主持)，“村庄资源与环境管理问题调研”(刘强主持)；院国情考察课题 1 项：“东北老工业基地振兴”(何德旭主持)。

(3) 延续在研课题。2013 年，数量经济与技术经济研究所共有延续在研课题 5 项。其中，国家社会科学基金课题 3 项：“中国潜在经济增长率计算及结构转换路径研究”(李京文主持)，“垄断认定过程中的相关市场界定的方法比较与应用研究”(张昕竹主持)，国家社会科学基金青年课题“宏观经济组合预测方法研究及其应用平台开发”(张涛主持)；国家自然科学基金课题 2 项：“利用非线性定价促进能源节约的基础理论和实证研究”(张昕竹主持)，“中国战略性新兴产业的空间布局与发展路径”(李金华主持)。

3. 获奖优秀科研成果

2013 年，数量经济与技术经济研究所获“全国商务发展研究成果奖”论著类优秀奖 1 项：张友国的专著《中国对外贸易的环境成本：基于能耗视角的分析》；获 2013 年中国交通运输部“中国公路协会奖”研究报告二等奖 1 项：刘生龙的研究报告《交通运输的外部性测算理论与方法研究》；获中国社会科学院优秀科研成果奖三等奖 4 项：张延群的专著 *Cointegrated VAR and China's Monetary Policy*：*1979 ~ 2004*(《协整向量自回归模型与中国货币政策分析：1979 ~ 2004》)，娄峰、李雪松的论文《中国城镇居民消费需要的动态实证分析》，张友国的论文 *Structural Decomposition Analysis of Sources of Decarbonizing Economic Development in China*：*1992 ~ 2006*(《中国经济低碳化发展源泉的结构分解分析》)，李平、余根钱的论文《国际经济危机对我国经济冲击过程的系统回顾和思考》。

4. 创新工程的实施和科研管理新举措

2013 年，数量经济与技术经济研究所根据院统一安排，按照 30% 比例进入院创新工程。

该所参加创新工程人数为 31 人，其中，按照院规定 26 人进入创新岗位。含首席管理 2 人，分别为该所党委书记何德旭研究员、所长李平研究员。

该所设立创新项目 3 项，分别为：“经济预测与经济政策评价”(首席研究员为李雪松)，“科技战略与科技政策研究和评价”(首席研究员为齐建国)，“信息化测评体系创新研究和应用”(首席研究员为汪向东)。

该所所属期刊《数量经济技术经济研究》为国家社会科学基金首批资助期刊，直接进入创新工程，编辑部 4 人，首席为总编辑李金华。

2013 年，数量经济与技术经济研究所根据院创新工程的统一部署和有关要求，为保证全所创新工程工作的顺利进行，建立了所创新管理平台，统筹创新工作的服务与管理，先后出台了所创新项目信息报送制、创新项目联络人制、成果署名暂行办法、所重点申报条例、所级课题申报指南等。

（三）学术交流活动

1．学术活动

2013 年，数量经济与技术经济研究所主办和承办的学术会议有：

（1）2013 年 4 月 19 日至 5 月 16 日，数量经济与技术经济研究所“科技战略与科技政策研究”创新项目组首席研究员齐建国等参加科学技术部第一届战略性新兴产业发展专家咨询委员会会议。

（2）2013 年 4 月 26 日，中国社会科学院经济学部主办、数量经济与技术经济研究所承办的“中国经济形势分析与预测 2013 年春季座谈会”在北京召开。会上发布了中国社会科学院《中国经济形势分析与预测 2013 年春季报告》。

（3）2013 年 6 月 23 ～ 28 日，由数量经济与技术经济研究所所长李平、副所长齐建国带队，以创新项目“科技战略与科技政策研究”成员为主体的调研组赴广东深圳、广州、东莞等地，就战略性新兴产业的核心技术来源和企业创新能力问题，访谈了近 40 家企业，组织了多个座谈会。

（4）2013 年 7 月 10 日，数量经济与技术经济研究所经济模型研究室研究员沈利生作题为“重估中国资本存量”的学术讲座。

（5）2013 年 7 月 25 日，数量经济与技术经济研究所“经济预测与经济政策评价”创新项目组邀请财政部综合司副司长汪义达作题为“财政形势与财政政策”的讲座。

（6）2013 年 8 月 10 ～ 11 日，中国社会科学院国际合作局主办、数量经济与技术经济研究所承办的中国社会科学论坛“第二届全球能源安全智库论坛暨 2013 年会”在北京举行。

（7）2013 年 8 月 21 ～ 27 日，数量经济与技术经济研究所党委书记何德旭、所长李平带队，一行 9 人赴沈阳、哈尔滨进行东北老工业基地振兴考察活动。

（8）2013 年 9 月 13 日，数量经济与技术经济研究所“经济预测与经济政策评价”创新项目组邀请商务部部长助理兼外贸司司长王受文来数量经济与技术经济研究所作题为“中国外贸新形势：挑战及战略性问题”的讲座。

（9）2013 年 9 月 19 日，数量经济与技术经济研究所“信息化测评体系创新研究与应用”创新项目组召开“支付清算市场创新开放研讨会”。

（10）2013 年 10 月 9 日，复旦大学经济学院公共经济学系系主任、“千人计划”特聘专家张中祥教授来数量经济与技术经济研究所作题为“气候变化与国际贸易：聚焦碳泄露与碳排放边境调节”的报告。

（11）2013 年 10 月 14 日，中国社会科学院经济学部主办、数量经济与技术经济研究所承办的“中国经济形势分析与预测 2013 年秋季座谈会”在北京召开。

（12）2013 年 10 月 26 ～ 27 日，数量经济与技术经济研究所、中国技术经济学会、清华大学经济管理学院、重庆大学经济与工商管理学院、大理学院共同主办的“中国技术经济论坛 2013 · 大理”在大理学院举行。论坛的主题是“创新驱动发展战略的理论支撑与应用探讨”。

（13）2013 年 11 月 29 日，数量经济与技术经济研究所“经济预测与经济政策评价”创新项目组在北京举办系列专题讲座会，国家信息中心经济预测部主任、中央经济工作会议起草组成员祝宝良，中国人民银行调查统计司副司长王毅分别作题为“当前宏观经济走势与 2014 年宏观调控政策建议”“货币政策与资产膨胀”的学术讲座。

2．国际学术交流与合作

2013 年，数量经济与技术经济研究所共派遣出访 27 批 29 人次，接待来访 40 余批 110 余人次（其中，经中国社会科学院审批邀请来访 5 批次，5 人次）。与数量经济与技术经济研究所开展学术交流的有美国、加拿大、俄罗斯、英国、法国、德国、瑞士、日本、韩国、澳大利亚等国家以及国际能源署、世界银行等国际组织。

（1）2013 年 3 月 6 日，加拿大曼尼托巴大学统计系教授王立群博士来数量经济与技术经济研究所作题为“Statistical Inference in Econometric Models with Errors—in—variables or Panel Data”（“带误差变量或面板数据的经济计量模型中的统计推断”）的专题学术讲座。

（2）2013 年 6 月 19 日，德国杜塞尔多夫经济社会研究所政策模型研究部主任、卡尔斯鲁厄理工学院教授谭吉安博士来数量经济与技术经济研究所访问并作题为“Statistical Test for the Mathematical Theory of Democracy”（“民主数理理论的统计分析”）的学术讲座。

3. 与中国香港、澳门特别行政区和中国台湾开展的学术交流

2013 年，数量经济与技术经济研究所访问香港 1 批 1 人次，接待香港来访 3 批 7 人次，台湾学者来访 2 批 5 人次。

（四）学术社团、期刊

2013 年 10 月，中国数量经济学会 2013 年年会在武汉中南财经政法大学举行。

1．社团

中国数量经济学会，理事长李平。

2013 年 10 月 18 ～ 20 日，中国数量经济学会 2013 年年会在武汉中南财经政法大学举行。参会代表 500 余人。会议共收到论文 500 余篇。

2．期刊

《数量经济技术经济研究》（月刊），主编李平。

2013 年，《数量经济技术经济研究》共出版 12 期，共计 350 万字。该刊全年刊载的有代表性的文章有：李平、钟学义、王宏伟、郑世林的《中国生产率变化与经济增长源泉：1978 ～ 2010 年》，王红、齐建国、刘建翠的《循环经济协同效应：背景、内涵及作用机理》，张勇、古明明的《再谈中国技术进步的特殊性——中国体现式技术进步的重估》，郑世林、刘和旺的《中国政府推动高技术产业化投资效果的实证研究》，文余源的《FDI 溢出对高经济产出区的增长影响》，寇恩惠、刘柏惠的《城镇化进程中农民工就业稳定性及工资差距——基于分位数回归的分析》，张杰、吴润生、杨连星的《中国出口增长的二元边际分解与区域差异》，逯进、周惠民的《中国省域人力资本与经济增长耦合关系的实证分析》，张燕、谢建国、刘晴的《贸易自由化与中国国内工业行业的生产利润》，常进雄、杨坤的《提高劳动者的工资水平能否有效改善我国初次分配状况？》，封铁英、杨洲的《引入土地流转因素的新型农村社会养老保险基金预测》，范晓非、王千、高铁梅的《预期城乡收入差距及其对我国农村劳动力转移的影响》，张顺明、余军的《国有企业所得税与绩效目标的福利效应》，王磊、范超的《购买力平价与汇率背离原因研究》。

（五）会议综述

中国社会科学论坛——全球能源安全智库论坛2013年会

2013 年 8 月，“中国社会科学论坛——全球能源安全智库论坛 2013 年会”在中国社会科学院学术报告厅召开。

2013 年 8 月 10 ～ 11 日，由中国社会科学院国际合作局主办、数量经济与技术经济研究所承办的“中国社会科学论坛——全球能源安全智库论坛 2013 年会”在中国社会科学院学术报告厅召开。中国社会科学院副院长李扬、国家能源局总工程师杨昆、中海油国家电网能源研究院首席经济学家、副院长胡兆光，国家发改委能源所研究员姜克隽、中国海洋石油总公司能源经济研究院首席能源研究员陈卫东、GE 公司全球战略与规划部主任彼得 · 伊万、美国能源部中国办公室主任艾博特、国际能源署前署长、日本能源研究所特别顾问田中伸男、美国全球安全分析研究所所长拉夫特等分别到会并作了演讲。中央宣传部新闻局发函要求主要新闻单位对本次论坛的开幕与相关内容及时作出报道，新华社、中央电视台当晚《东方时空》节目、《人民日报》《光明日报》《经济日报》、中央人民广播电台和多家能源专业媒体对会议作了全方位的报道，论坛的举办在全国取得了广泛的影响，提高了中国社会科学院在能源安全研究领域的学术影响力。

与会专家一致认为，能源安全取决于我们的责任智慧和理性，只有建立在全球合作的基础上才会有共同的能源安全。全球能源安全智库论坛应该继续办下去，切实成为政界、学界、产业界和非政府组织交流互动的平台，为世界和中国的能源安全和可持续发展作出贡献。

论坛的主题报告《全球能源安全——框架与建议》认为，两次石油危机的经历表明，能源安全风险的根源仍然是人为因素。从能源资源总量来看，世界能源安全问题更多的是因为分布不均衡带来的对能源供应国的不放心。尽管从理论上讲，化石能源一定是可耗竭的，但是就目前情形来看，未来 20 ～ 30 年的时间内，传统能源资源储量还不至于成为能源安全的瓶颈。解决全球能源安全问题的关键还是在于相互之间的沟通、信任与合作，而不是谋求与国外能源供应脱钩，寻求自身的安全。加强全球能源安全，要充分发挥国际能源署等国际组织的作用，推动区域性能源消费市场的进一步融合，推动能源技术的国际合作。在加强全球合作的基础上，有效整合几个具有发展潜力的区域能源市场将有助于推动全球能源市场的良性发展。从基础条件看，东北亚、东南亚、中亚和北太平洋两岸具备发展区域性能源市场的条件。

（刘　强）

中国技术经济论坛

2013 年 10 月 26 ～ 27 日，由中国社会科学院数量经济与技术经济研究所、中国技术经济学会、清华大学经济管理学院、重庆大学经济与工商管理学院、大理学院共同主办的“中国技术经济论坛 2013 · 大理”在大理学院召开。论坛的主题是“创新驱动发展战略的理论支撑与应用探讨”。来自全国高等院校和科研机构的近百位专家学者参加了论坛。论坛围绕“技术经济理论与方法创新”“科技政策与创新发展战略”“战略性新兴产业发展与创新能力建设”“城镇化进程与产业发展”“技术创新与结构调整”等专题进行了研讨与交流。

会议在技术经济学科理论与方法创新研究方面，主要研讨了技术经济学发展评述、产业技术经济学前沿研究、技术经济学研究的理论创新、中国经济增长中的要素贡献度研究、基于技术经济分析的低碳产业类型和组合选择、技术商品交易、产业链利益分配、科技选择评价、创新战略、项目评价与技术管理等问题。战略性新兴产业是未来推进经济社会发展的主导型产业，涉及未来我国在世界经济竞争中的地位。科技政策与科技发展战略是国家发展科技的意志体现，是战略性新兴产业发展的重要动力。

在科技发展战略与科技政策、战略性新兴产业发展方面，与会专家主要研讨了我国科技政策实施效果的分析与评估、技术创新驱动经济发展的数理分析、中国创新效率研究、中国自主创新道路演化及特征、地区战略性新兴产业发展对策、企业创新能力及其影响因素、世界 500 强企业创新能力特点、中小企业知识产权战略等方面问题。

论坛还对产业结构调整、新型城镇化与创新能力建设等问题进行了研讨。会议代表们提交的论文涵盖农田水利市场化困境中的利益相关者与组织激励、西部地区技术创新、产业结构调整与绿色发展、新型城镇化视角下的农村电子商务发展模式、产业地区专业化强度的GIS分析、城镇化与产业结构调整的协调性分析、工业化、城镇化与农业现代化互动关系分析等。

（廖望科 韩胜军）

人口与劳动经济研究所

（一）人员、机构等基本情况

1.人员

截至2013年年底，人口与劳动经济研究所共有在职人员48人。其中，正高级职称人员12人，副高级职称人员15人，中级职称人员15人；高、中级职称人员占全体在职人员总数的88%。

2.机构

人口与劳动经济研究所设有：人口统计与分析研究室、人口与社会发展研究室、劳动与就业研究室、社会保障研究室、人口资源环境经济研究室、劳动关系研究室、人力资源研究室、《中国人口科学》杂志社、《中国人口年鉴》编辑部、信息室、办公室、科研处。

3.科研中心

人口与劳动经济研究所院属科研中心有：中国社会科学院人力资源研究中心、中国社会科学院劳动与社会保障研究中心、中国社会科学院老年科学研究中心；所属科研中心有：中国社会科学院人口与劳动经济研究所迁移研究中心。

（二）科研工作

1.科研成果统计

2013年，人口与劳动经济研究所共完成专著10种，约608万字；论文135篇，约160万字；研究报告1篇，29.3万字；论文集1种，15.3万字；一般性文章43篇，约14.3万字；教材1种，21万字。

2.科研课题

（1）新立项课题。2013年，人口与劳动经济研究所共有新立项课题8项。其中，国家社会科学基金课题3项：“社会转型初期家庭结构和代际关系变动研究”（王跃生主持），“中国人口—经济分布匹配性与区域均衡发展的路径选择”（蔡翼飞主持），“非正规劳动力市场中最低工资的实施效果研究”（贾朋主持）；院国情调研重大课题1项：“财富占有与收入分配现状及调整政策调研”（张车伟、高文书主持）；院国情调研重点课题1项：“居民房产和金融资产持有差距调查”（高文书主持）；所重点课题3项：“劳动关系运作实践中几个应关注的问题”（周晓光主持），“我国国民收入分配格局与地区差距变动”（蔡翼飞主持），“医疗费用和老龄化对经济增长的影响”（陈秋霖主持）；其他部门与地方委托课题1项：国家发展和改革委员会发展规划项目“‘十三五’期间就业与收入分配问题研究”（蔡昉主持）。

（2）结项课题。2013年，人口与劳动经济研究所共有结项课题11项。其中，国家社会科学基金重大课题1项：“未来5至10年我国就业形势和就业政策”（蔡昉主持）；国家社会科学基金青年课题2项：“城市收入差距的构成因素及变化”（王美艳主持），“环境库兹涅茨曲线形成的原因”（陆旸主持）；院重大课题1项：“劳动力市场转变与农民工就业问题研究”（都阳主持）；院重点课题1项：“农民工的家庭式迁移及相关问题研究”（张翼主持）；院国情调研重大课题1项：“应对大学生就业难的公共政策选择——人才储备制度调研”（蔡昉主持）；院国情调研重点课题2项：“宁波地区流动人口就业与收入问题追踪调查”（赵文主持），“城市青年就业保障政策调查研究”（程杰主持）；院国情考察课题1项：“西部地区居民生活考察”（张彦海主持）；所重点课题2项：“城市规模分布和经济发展：两者有规律可循吗？”（陆旸主持），“虚拟股份的激励作用和对收入分配的影响”（孙兆阳主持）。

（3）延续在研课题。2013年，人口与劳动经济研究所共有延续在研课题6项。其中，国家社会科学基金课题5项：“劳动报酬与劳动生产率增长的关系研究”（曲玥主持），“贫困地区通婚圈变动与男性婚配困难问题研究”（王磊主持），“农村劳动力流动与中国城乡居民收入差距”（高文书主持），“老龄化和城市化背景下的中国社会养老服务体系研究”（林宝主持），“社会性别视角下人口流动对我国人力资本发展的影响”（牛建林主持）；院重大课题1项：“中国城乡家庭结构状态变动及其影响因素分析”（王跃生主持）。

3.获奖优秀科研成果

2013年，人口与劳动经济研究所获“第八届（2013年）中国社会科学院优秀科研成果奖”专著类二等奖1项：蔡昉的《刘易斯转折点——中国经济发展新阶段》；论文类三等奖1项：王美艳的《教育回报与城乡教育资源配置》；获2013年国家卫生计生委计划生育家庭发展司和中国人口学会主办的“家庭发展理论与实践”征文一等奖1项：王磊的《第一代独生子女婚后居住模式——基于江苏省的经验研究》；获2013年中国劳动经济学年会年度优秀论文奖1项：王新梅的《中国养老金制度的名义和实际替代率——国际比较的视角》。

4.创新工程的实施和科研管理新举措

2013年，人口与劳动经济研究所进入院创新工程，首批入岗人数19人。设立创新项目3项：“人口结构变化的宏观经济影响研究”（郑真真主持），“中等收入阶段劳动力市场政策研究”（都阳主持），“中国快速人口老龄化的原因、后果及应对策略”（郑真真主持）。该所创新项目管理实行季度汇报，由项目负责人按期向首席管理汇报项目计划、科研进展、成果统计情况。在年终考核中，根据《人口与劳动经济研究所研究岗位综合绩效考核管理办法》，进行量化考核。

（三）学术交流活动

1.学术活动

2013 年，人口与劳动经济研究所主办和承办的学术会议有：

（1）2013 年 2 月 18 ～ 20 日，由中国社会科学院经济学部、科研局主办，人口与劳动经济研究所承办的“中国社会科学院经济学部 2013 年经济形势座谈会”在北京召开。会议研讨的主要问题有“宏观经济形势”“财政金融”“产业结构调整”“收入分配就业”“城镇化与生态文明”。

（2）2013 年 8 月 16 日，由中国社会科学院主办、人口与劳动经济研究所承办的“中国社会科学论坛（2013・经济学）：农民工市民化与更高质量的城镇化”在北京召开。会议研讨的主要问题有“机会公平、就业稳定与劳动力市场质量”“技能需求、技能提升与教育制度衔接”“户籍改革、公共服务均等化与包容性城市”“新市民、新消费者与新增长点”。

（3）2013 年 9 月 3 日，人口与劳动经济研究所主办的“人口老龄化相关研究：数据与分析方法”学术研讨会在北京召开。会议研讨的主要问题有“老龄人口数据的调查与分析”“老龄健康与影响因素”“人口老龄化及社会经济因素”“人口老龄化的社会经济影响”。

（4）2013 年 9 月 10 日，由中国社会科学院、全国博士后管理委员会和中国博士后科学基金会主办，人口与劳动经济研究所与浙江大学公共管理学院承办的“第八届中国博士后经济学论坛（2013）——挖掘人口红利”在浙江省杭州市召开。会议的主题是“挖掘人口红利”。

（5）2013 年 9 月 12 日，人口与劳动经济研究所和浙江大学公共管理学院合办的“第九届青年论坛”在浙江省杭州市召开。会议的主题是“从人口红利到制度红利”。

（6）2013 年 10 月 23 ～ 25 日，人口与劳动经济研究所、德国日本研究所和德国老年学研究中心合办的“健康老龄化：中、德、日的多学科研究”国际研讨会在北京召开。会议的主题是“健康老龄化”。

2.国际学术交流与合作

2013 年，人口与劳动经济研究所共派遣出访 24 批 36 人次，接待来访 35 批 67 人次（其中，中国社会科学院邀请来访 6 批 20 人次）。与人口与劳动经济研究所开展学术交流的国家有德国、日本、英国等。

（1）2013 年 2 月 2 ～ 7 日，人口与劳动经济研究所所长蔡昉率团赴爱尔兰参加中国社会科学院与欧盟联合召开的“2013 年中欧研讨会”。

（2）2013 年 5 月 29 日至 6 月 12 日，人口与劳动经济研究所党委书记张车伟、人力资源研究室主任高文书赴德国参加共青团中央组织的第二届“中德未来之桥”青年领导者研修交流营活动。

（3）2013 年 9 月 3 ～ 15 日，人口与劳动经济研究所人力资源研究室主任高文书赴澳大利亚与阿德莱德大学合作研究中国的城乡劳动力迁移和农民工社会保障问题。

3. 与中国香港、澳门特别行政区和中国台湾开展的学术交流

（1）2013 年 1 月 7 ～ 10 日，人口与劳动经济研究所党委书记张车伟等赴香港参加《中国人口科学》杂志社和香港科技大学人文社会科学院共同主办的“人口普查国际学术研讨会”。会议研讨的主要问题有“人口普查技术创新和数据质量评估”“劳动力供需变化对未来经济发展的影响”“低生育水平下的人口与可持续发展”“人口发展中存在的问题与应对措施”。

（2）2013 年 12 月 4 ～ 7 日，人口与劳动经济研究所所长蔡昉等赴香港参加香港中文大学主办的“中国家庭变迁、老龄化以及社会保障”研讨会。

（四）期刊

（1）《中国人口科学》（双月刊），主编蔡昉。

2013 年，《中国人口科学》共出版 6 期，共计 105 万字。该刊全年刊载的有代表性的文章有：朱玲的《“发展”的度量》，郑真真的《中国流动人口变迁及政策启示》，王广州的《独生子女死亡总量及变化趋势研究》，郭志刚的《中国人口生育水平低在何处——基于六普数据的分析》，李树茁、果臻的《当代中国人口性别结构的演变》，许庆等的《农村剩余劳动力尚未消耗完毕——来自省、县和农户数据的证据》，姚先国等的《工资集体协商制度的工资效应与员工异质性——对杭州市企业调查数据的分析》，辜胜阻等的《中国城镇化的转型方向和配套改革》，周长洪、陈友华的《带补偿生育的政策总和生育率测算模型及其应用》，李通屏等的《中国城镇化的消费效应研究》，王金营、李竞博的《连片贫困地区农村家庭贫困测度及其致贫原因分析——以燕山—太行山和黑龙港地区为例》，罗楚亮的《城镇居民住房不均等性的变化》，王军、王广州的《中国育龄人群的生育意愿及其影响估计》，周伟、米红的《中国失独家庭规模及扶助标准探讨》，解垩的《中国贫困及收入不平等变动的因素贡献率：1989 ～ 2011》，魏后凯、苏红键的《中国农业转移人口市民化进程研究》，纪雯雯、赖德胜的《中国残疾人劳动参与决策分析》，郑秉文的《中国社会保险经办服务体系的现状、问题及改革思路》，张力、吴开亚的《城市自由落户的地方公共财政压力分析》，胡桂华的《人口普查质量评估的三系统模型》。

（2）《中国人口年鉴》（年刊），主编张车伟。

《中国人口年鉴》2013 年卷秉承“收录广泛、资料浓缩、信息密集、内容权威”的一贯原则，全面、客观、翔实地反映中国人口及相关各项事业的发展情况以及相关领域的研究状况。

（3）《劳动经济研究》（双月刊），主编蔡昉。

2013 年，《劳动经济研究》共出版 1 期，共计 24 万字。该刊全年刊载的有代表性的文章有：Vandana Chandra、林毅夫、王燕的《领头龙现象：低收入国家赶超式发展的新机遇》，陆旸、蔡昉的《调整人口政策对中国长期潜在增长率的影响》，李实的《中国劳动力市场中的农民工状况》，王小鲁、万广华的《对中国城乡就业和城市化率的再估计》。

（五）会议综述

“人口普查”国际学术研讨会

2013 年 1 月 8 ～ 9 日，由中国社会科学院人口与劳动经济研究所《中国人口科学》杂志社和香港科技大学人文社会科学院共同主办的“人口普查”国际学术研讨会在香港召开。会议旨在从 2010 年第六次人口普查数据分析人口发展的规律与趋势，探讨人口变化对未来经济社会发展的影响。会议共收到论文 70 余篇。来自中国社会科学院、北京大学、复旦大学、浙江大学、香港科技大学、澳门大学、纽约州立大学等多所大学和研究机构的专家学者及统计局的代表 60 余人出席了会议。

人口问题关乎国计民生，涉及整个社会的方方面面，人口普查数据的质量直接影响对未来人口发展趋势的判断。第六次人口普查数据为分析和了解人口变动特征，及时发现和掌握人口发展态势提供了可能，专家学者使用该数据进行分析研究，对制定相关政策、解决人口和经济发展中的突出矛盾具有十分重要的意义。

针对近年来的低生育水平问题，有学者指出，第六次人口普查数据表明，中国多数省份生育水平已降至较低水平，生育水平在更替水平以上的人群约占全国育龄妇女的 11% ～ 14%，有近 1/3 的育龄妇女已经基本生育了两个孩子。第六次人口普查数据反映的低生育水平主要受一孩生育推迟和妇女孩次结构的影响，而农村非流动人口生育水平的下降则是值得关注的。

纵观几次人口普查的数据，有学者发现，当前人口死亡率的性别差异对中国人口性别结构的影响已经十分有限；人口年龄结构的加速老化对降低总人口性别比的作用开始显现；而 30 年来持续偏高的出生性别比是中国人口性别结构失衡的首要因素。目前，中国出生性别比偏高的问题表现出两个转变的新态势：城市出生性别比上升，乡村出生性别比下降；一孩性别比上升，二孩性别比下降。这对改善中国人口性别结构，综合治理出生性别比问题提出了新的挑战。

在人口流迁变动趋势与特点方面，有学者指出，2000 年以后，省内流动增长比省际流动更为迅速，人口加速向长江三角洲而非珠江三角洲聚集，同时回迁人口数量也有大幅增加。2005 年以后年龄别流动模式在年轻人中有所改变，女青年推迟了外出时间，男青年外出时间提前。从几次普查省际人口流动的变动趋势看，相邻两次普查间省际流动人口的流向和规模均存在较强的相关性，人口流动的模式是“渐变”而非“突变”。有学者在研究中发现，1990 年的省际人口流动的拟合参数在 2000 年仍然具有较强的解释力，但对 2010 年的人口流动解释力则大为下降。这进一步说明人口流迁的趋势和特点发生了变化。

专家学者们还就人口老龄化对劳动就业、城镇居民消费的影响等人口发展中存在的其他问题进行了分析与探讨。与会代表一致认为，经过 30 多年改革开放的中国，面临诸多的机遇与挑战，人口问题更是如此，借鉴其他国家和地区的经验，及时分析与把握人口问题，将对中国未来的改革和发展影响深远。

（朱　犁）

中国社会科学论坛（2013·经济学）——农民工市民化与更高质量的城镇化

2013年8月16日，由中国社会科学院主办、中国社会科学院人口与劳动经济研究所承办的“中国社会科学论坛（2013·经济学）——农民工市民化与更高质量的城镇化”在北京举办。参会的专家学者分别来自国务院发展研究中心、国家发展和改革委员会、中国社会科学院、亚洲开发银行、清华大学、美国社会科学研究学会、美国密歇根大学、美国华盛顿大学以及澳大利亚国立大学等国内外著名研究机构和高校。中国社会科学院副院长李扬致开幕词。

回顾我国30多年的经济发展历程，经济体制改革给我国带来了活跃的劳动力市场；市场经济的发展，贸易开放，使得中国经济以年均10%以上的速度在增长。按照人均收入水平4000～12 500美元的标准，我国已经迈入了中等高收入国家的行列。然而，在这一过程中，我国的城镇化程度要低于工业化。虽然我国城镇化过程是生产要素流动和集聚的过程，但是由于制度因素，流动的人口仅出现在以常住人口登记的城镇化率里面，却没有真正享受其流入城市的公共服务系统里。近几年我国农民工工资增长速度很快，工资对农民工转移出来的效应却已经开始递减，这就需要公共政策吸引农民工继续转移，同时减轻因工资过快上涨带来的负面效应。因此，进一步研究中国的城镇化，实现公共服务均等化是我国未来经济持续增长和跨越中等收入阶段的一个重要内容。

参会者就如何实现公共服务均等化、户籍制度改革等问题进行了讨论。讨论内容主要包含两大方面：一是如何测算户籍改革和基本公共服务一体化的成本和收益，进而合理安排资金，建立健全的法律，解决农民工城市融入问题；二是寻求适合中国特色的城市发展模式。现阶段，我国的城市化发展还是传统的空间规划，很多决策者在城市发展过程中采用了短期行为。因此，要实现我国未来经济的持续增长，今后的城镇化必须进行市民化和城镇化的融合。

论坛就实现城镇化、消除户籍制度以及下一步研究更高标准的城镇化内容达成了共识。

（向　晶）

第八届中国博士后经济学论坛（2013）——挖掘人口红利

2013年9月10日，由中国社会科学院博士后管理委员会、中国博士后科学基金会主办，中国社会科学院人口与劳动经济研究所和浙江大学公共管理学院承办的“第八届中国博士后经济学论坛（2013）——挖掘人口红利”在浙江大学举行。来自中国社会科学院、浙江大学、香港中文大学、北京师范大学等国内著名科研机构和高校的专家学者和青年博士后人员参加了会议。浙江大学公共政策研究院院长姚先国致开幕词。

会议的主题是“挖掘人口红利”。1978 ~ 2010 年，廉价的劳动力、高投资率和高储蓄下的“第一次人口红利”是我国高速经济增长的源泉。自 2012 年，我国劳动年龄人口达到峰值，以劳动年龄人口规模扩大为特征的“第一次人口红利”开始消失。挖掘保持我国经济持续增长的源泉，是此次论坛的主要内容。参会者们就我国现阶段的经济发展阶段遇到的问题，从研究方法、收入分配、代际公平、产业和人口集聚、劳动力市场发展等方面进行了讨论。

代表们对我国未来的经济增速放缓基本达成了共识。就如何提高我国资本、劳动力等的生产效率进行了讨论。从劳动力的角度看，学者们都指出，要通过提高我国人力资本投资来提高我国劳动生产效率。从产业结构的角度来看，要提高我国工业化水平，大力发展我国的第三产业。从社会保障服务体系来看，要完善我国最低工资制度、提高我国就业市场的正规化程度。从研究方法来看，就如何对人力资本进行估算，以及对我国经济发展规律进行研究也进行了充分的论证。

（向　晶）

城市发展与环境研究所

（一）人员、机构等基本情况

1. 人员

截至 2013 年年底，城市发展与环境研究所共有在职人员 39 人。其中，正高级职称人员 12 人，副高级职称人员 8 人，中级职称人员 11 人；高、中级职称人员占全体在职人员总数的 79%。

2. 机构

城市发展与环境研究所设有：城市经济研究室、城市规划研究室、城市与区域管理研究室、环境经济与管理研究室、土地经济与不动产研究室、可持续发展经济研究室、气候变化经济学研究室、《城市与环境研究》中英文期刊编辑部、办公室、科研处、人事处。

3. 科研中心

城市发展与环境研究所院属研究中心有 1 个：中国社会科学院可持续发展研究中心；所属研究中心有 2 个：城市政策与城市文化研究中心，人居环境研究中心；院重点实验室 2 个：气候变化经济系统模拟重点实验室，城市信息集成与动态模拟重点实验室；所级国情调研基地 2 个：中国社会科学院城市发展与环境研究所国情调研北京市东城区东四街道基地，中国社会科学院城市发展与环境研究所国情调研济源基地。城市发展与环境研究所还是中国社会科学院——中国气象局气候变化经济学模拟联合实验室和中国城市经济学会的挂靠管理单位。

（二）科研工作

1.科研成果统计

2013年,城市发展与环境研究所共完成专著5种,131.6万字；论文106篇,102万字；译著(中译外）1种，42.2万字；研究报告或编著6种，172万字；其他文章或对策报告42篇，13万字。

2.科研课题

（1）新立项课题。2013年，城市发展与环境研究所共有新立项课题21项。其中，国家社会科学基金课题3项:“城市生态文明的科学内涵与实践路径研究”（潘家华主持），“我国北方荒漠化态势与治理成效研究”（黄顺江主持），“中国西部农村电气化及分布式可再生能源发展的政策分析”（张莹主持）；院国情调研重大课题1项:“我国北方荒漠化态势与治理成效”（刘治彦主持）；院国情调研重点课题3项:“长三角地区典型案例城市居民绿色消费行为调查与问题分析”（廖茂林主持），“深圳和成都政府融资平台案例和经验调查”（黄育华主持），“新农村农户能源消费对比研究——基于天津市和河北省典型村调查”（王谋主持）；院国情考察课题1项:“西藏水电开发对拉萨、林芝等地的经济生活影响调研”（赵燕平主持）；院马克思主义理论研究项目1项:“马克思主义城乡融合发展理论及其现实意义”（李红玉主持）；所重点课题3项:“应对气候变化报告2013”（潘家华主持），“中国城市发展报告No.6”（魏后凯主持），“中国房地产发展报告No.10”（李景国主持）；其他部门与地方委托课题重要的有9项：国家发展和改革委员会委托课题“中国低碳城镇化问题研究”（潘家华主持），外交部委托课题“气候变局下中国角色被转换：定位、调整与谈判策略研究”（潘家华主持），国家发展和改革委员会委托课题“城市信息集成与动态模拟系统的构建与应用研究——以北京城市增长为例”（刘治彦主持），国家发展和改革委员会委托课题“图们江区域（珲春）国际合作区规划重点问题研究”（李庆主持),山东省住房和城乡建设厅委托课题“山东省城镇化发展战略研究”（宋迎昌主持），北京市发展和改革委员会委托课题“低碳城区评价技术导则”（庄贵阳主持），黄石市发展和改革委员会委托课题“黄石市生态立市产业强市总体规划”（魏后凯主持），贵州省贵安新区管委会委托课题“贵安新区发展战略研究”（魏后凯主持），齐齐哈尔市人民政府委托课题“齐齐哈尔市节能减排财政政策综合示范实施方案研究”（陈洪波主持）。

（2）结项课题。2013年，城市发展与环境研究所共有结项课题11项。其中，国家自然科学基金课题1项:“长三角城市密集区气候变化适应性及管理对策研究”（潘家华主持）；院重点课题2项：“中国住房保障政策评估及政策设计创新研究”（尚教蔚主持），“中国城镇规模效益比较研究”（王业强主持）；院国情调研重大课题1项:“我国北方荒漠化态势与治理成效”（刘治彦主持）；院国情调研重点课题3项：“长三角地区典型案例城市居民绿色消费行为调查与问题分析”（廖茂林主持），“深圳和成都政府融资平台案例和经验调查”（黄育华主持），“新农村农户能源消费对比研究——基于天津市和河北省典型村调查”（王谋主持）；院国情考察课题1

项："西藏水电开发对拉萨、林芝等地的经济生活影响调研"（赵燕平主持）；所重点课题3项："应对气候变化报告2013"（潘家华主持），"中国城市发展报告No.6"（魏后凯主持），"中国房地产发展报告No.10"（李景国主持）。

（3）延续在研课题。2013年，城市发展与环境研究所共有延续在研课题5项。其中，国家社会科学基金课题3项："中国新能源产业化发展的影响因素及其作用机理研究"（李萌主持），"建立多元化保障性住房供应体系研究"（李恩平主持），"2020年后国际气候制度谈判政治博弈及我国谈判战略与主要问题立场研究"（王谋主持）；国家自然科学基金课题2项："转移排放、碳关税对中美经济的影响及策略研究——基于CGE模型的实证分析"（潘家华主持），"气候变化适应治理机制：中国东西部地区案例比较研究"（郑艳主持）。

3.获奖优秀科研成果

2013年，城市发展与环境研究所获"第八届（2013年）中国社会科学院优秀科研成果奖"二等奖1项：潘家华、陈迎的论文《碳预算方案——一个公平、可持续的国际气候制度框架》，三等奖1项：魏后凯等的专著《中国产业集聚与集群发展战略》。

4.创新工程科研管理新举措

2013年1月1日，城市发展与环境研究所进入创新工程，17人进入创新岗位，共承担3项创新工程项目，其中院创新工程重大项目1项："中国特色社会主义城镇化研究"（首席研究员为梁本凡）；研究所创新工程项目2项："城镇化质量评估与提升路径研究"（首席研究员为魏后凯），"全球气候治理的国际政治经济分析"（首席研究员为陈迎）。

2013年，城市发展与环境研究所在创新工程方面实施的新举措主要有：

（1）将学科建设与研究室建设紧密结合，在经费安排、岗位设置、项目研究与学术交流等方面整体设计，协同发展。

（2）在院创新工程项目体系基础上，对于院属课题、基金课题、部委委托课题、研究所重点课题和其他一般性委托课题进行区别对待、分类管理，使科研项目管理更加规范、合理、科学。

（3）完善科研平台建设，引入中国城市经济学会，创办中文刊《城市与环境研究》和英文刊 *Chinese Journal of Urban and Environmental Studies*，加强原有研究中心和网站建设，逐渐建立调查、研究、交流、宣传一体化的完整科研平台体系。

（三）学术交流活动

1.学术活动

2013年，城市发展与环境研究所主办和承办的学术会议主要有：

（1）2013年4月25日，由城市发展与环境研究所和社会科学文献出版社联合主办的"2013年中国房地产高峰论坛暨《房地产蓝皮书》发布会"在北京召开。此次发布会向社会公开发布了由城市发展与环境研究所完成的《房地产蓝皮书No.10》，并邀集专家学者围绕"房地产市场调控”主题开展深入交流。

(2) 2013 年 7 月 30 日，由城市发展与环境研究所和社会科学文献出版社联合主办的“中国城市发展高峰论坛暨《城市蓝皮书 No.6》发布会”在北京召开。此次发布会向社会公开发布了由城市发展与环境研究所完成的《城市蓝皮书 No.6》，专家学者们围绕“农业转移人口市民化”主题开展深入交流。

(3) 2013 年 8 月 27 日，由联合国开发计划署驻华代表处主办、城市发展与环境研究所协办的“《中国人类发展报告 2013》发布会”在北京召开。此次论坛向社会公开发布了由联合国开发计划署和城市发展与环境研究所共同完成的《中国人类发展报告 2013》，并邀集国内外专家学者围绕“可持续和宜居城市：迈向生态文明”主题开展了深入交流。

(4) 2013 年 9 月 15 日，由中华人民共和国国家发展和改革委员会、中华人民共和国住房和城乡建设部等主办，天津市滨海新区政府、中国社会科学院可持续发展研究中心和联合国开发计划署联合承办的“第四届中国（天津滨海）国际生态城市论坛平行分论坛：可持续和宜居城市——迈向生态文明”在天津滨海新区召开。会议研讨的主要问题有“生态文明”“可持续发展”“宜居城市建设”。

(5) 2013 年 9 月 25 日，由城市发展与环境研究所主办的“转型期的城市化：国际经验与中国前景”国际研讨会在北京召开。会议研讨的主要问题有“新型城市化”“城市化的国际经验”“农业转移人口市民化”“城市转型与质量提升”。

(6) 2013 年 10 月 11 日，由中国社会科学院和日本学术振兴会联合主办、城市发展与环境研究所承办的“中国社会科学院中日学术论坛”在北京召开。论坛的主题是“生态文明：通往可持续发展的道路”。

(7) 2013 年 10 月 23 日，由城市发展与环境研究所主办的“智慧城市建设与城市运行模拟高层论坛暨中国社会科学院城市信息集成与动态模拟实验室发展座谈会”在北京召开。会议研讨的主要问题有“智慧城市”“城市运行动态模拟技术”。

(8) 2013 年 11 月 4 日，由城市发展与环境研究所与社会科学文献出版社联合主办的“气候变化绿皮书（2013 年）发布会暨低碳城镇化高峰论坛”在北京召开。2013 年度绿皮书以“聚焦低碳城镇化”为主题，在我国城乡一体化进程不断加快的背景下，展示“新型城镇化”在低碳实践领域的发展与应用。

(9) 2013 年 12 月 5 ~ 6 日，由中国社会科学院主办、城市发展与环境研究所和联合国亚洲及太平洋经济社会委员会东亚和东北亚办事处联合承办的“中国社会科学论坛：低碳城镇化与可持续基础设施”在北京召开。会议研讨的主要问题有“低碳城镇化的实践经验”“低碳城镇化的实现路径”。

(10) 2013 年 12 月 27 ~ 29 日，由中国城市经济学会、城市发展与环境研究所和湖北日报传媒集团联合主办的“中国城市经济学会年会暨城乡一体发展论坛”在湖北省武汉市召开。

此次论坛包括两个主要部分：中国城市经济学会年会与换届、城乡一体发展论坛。

2.国际学术交流与合作

2013 年，城市发展与环境研究所共派遣出访 31 批 37 人次，接待来访 7 批 33 人次。与城市发展与环境研究所开展学术交流的国家有：德国、荷兰、美国、波兰、韩国、新西兰、加拿大、芬兰、新加坡、俄罗斯、英国、瑞士、南非、埃塞俄比亚、马来西亚、厄瓜多尔、意大利、日本、泰国、巴西。

出访

（1）2013 年 6 月，城市发展与环境研究所副所长魏后凯应新加坡国立大学李光耀公共政策学院亚洲竞争力研究所邀请，出席“新加坡亚洲竞争力研讨会”，围绕“经济竞争力”“区域合作”等主题进行交流。

（2）2013 年 7 月，城市发展与环境研究所副研究员李萌赴英国参加诺丁汉大学“志奋领青年领导人”培训，围绕“城市环境治理”“可持续发展”等主题进行交流。

（3）2013 年 10 月，城市发展与环境研究所所长潘家华赴美国参加“可持续发展与 2015 后发展议程”研讨会，主要围绕“可持续发展”“应对气候变化国际合作”等主题进行学术交流。

来访

（1）2013 年 6 月 19 日，联合国秘书长潘基文为《2013 中国人类发展报告：可持续与宜居城市——迈向生态文明》一书的发布专门访问中国社会科学院，并会见了中国社会科学院院长王伟光和该书主编之一——城市发展与环境研究所所长潘家华。

（2）2013 年 6 月，联合国社会发展研究所所长 Sarah Cook 访问城市发展与环境研究所，并就“社会治理”“可持续发展”“低碳经济”等主题与该所所长潘家华进行了学术交流。

（3）2013 年 6 月，加拿大国际可持续发展研究院院长魏仲加一行访问城市发展与环境研究所，就“气候变化”“可持续发展”等主题与该所人员进行学术交流。

（4）2013 年 8 月 27 日，联合国开发计划署署长（联合国副秘书长）海伦·克拉克专程出席《2013 中国人类发展报告：可持续与宜居城市——迈向生态文明》发布会，并与城市发展与环境研究所所长潘家华进行了学术交流。

国际合作研究项目情况：

2013 年，城市发展与环境研究所新签订的国际合作研究项目有 1 项：澳大利亚社会科学院委托的“中澳沿海城市气候变化风险治理比较研究”（郑艳主持）；完成结项的国际合作研究项目有 1 项：联合国开发计划署委托的“可持续和宜居城市：中国人类发展报告 2011 ～ 2012”（潘家华主持）。

（四）学术期刊

2013 年，《城市与环境研究》中英文期刊编辑部组建。

（五）会议综述

第四届中国（天津滨海）国际生态城市论坛暨博览会之分论坛：可持续和宜居城市——迈向生态文明

中国（天津滨海）国际生态城市论坛暨博览会（以下简称“滨海论坛暨博览会”）由国家发展和改革委员会、住房和城乡建设部、天津市人民政府、中国国际经济交流中心共同主办，天津市滨海新区人民政府承办。

自2010年起，中国社会科学院城市发展与环境研究所作为滨海论坛暨博览会重要战略合作伙伴和支持单位，已连续三年成功承办其分论坛。2013年9月15日，由中国社会科学院可持续发展研究中心和联合国开发计划署共同承办的以“可持续和宜居城市——迈向生态文明”为主题的分论坛在天津滨海新区成功举行。

在中国城镇化进入一个重要的战略转型期的背景下，该分论坛秉承“生态城市创造和谐未来”的永久主题，紧紧围绕“生态城市与美好家园”这一年度主题，结合十八大报告提出的“大力推进建设生态文明，建设美丽中国”的具体要求和国家“十二五”规划的指导，探讨生态文明理念下的可持续和宜居城市发展思路和举措。

此次分论坛坚持专业性、学术性和实效性的特色，邀请国内外生态环保领域的知名专家学者分享和交流国内外在可持续和宜居城市以及生态文明建设方面的经验，探索适合中国国情的新型城镇化道路。论坛汇集来自联合国开发计划署和环境署、政府部门、科研院所和其他国际组织的多位知名专家学者，就“可持续发展和宜居城市”和“分享生态文明建设经验”两大主题展开讨论。分别从历史、经济、社会、环境保护、能源、适应气候变化等多角度、多方位探讨如何将生态文明理念和原则全面融入城镇化的全过程，如何借鉴国内外的成功经验，走集约、智能、绿色、低碳的新型城镇化道路，实现向可持续发展的全面转型。

（翁维力）

“转型期的城市化：国际经验与中国前景”国际研讨会

2013年9月25日，由中国社会科学院城市发展与环境研究所主办的“转型期的城市化：国际经验与中国前景”国际研讨会在北京市举行。中国社会科学院副院长李培林出席会议并致辞。来自中国社会科学院、国家发展和改革委员会、中国科学院及国内有关高校和美国、加拿大、日本、法国、德国、欧盟等的专家学者和新闻媒体人员150余人出席了研讨会。会议围绕“中国新型城市化”“城市化的国际经验”“农业转移人口的市民化”“城市转型与质量提升”等问题进行了探讨。

2013年9月25日，"转型期的城市化：国际经验与中国前景"国际研讨会在京举行。

中国社会科学院副院长李培林在致辞中指出，中国的城镇化和城镇发展取得了令人瞩目的成就，引起了世界的广泛关注。在城镇化率超过50%之后，中国由一个具有几千年农业文明的乡村型社会正式迈入以城市型社会为主体的城市时代。但是，在城镇化快速推进的同时，也存在诸多问题与不健康因素，城市化进程中的不可持续、不协调、质量不高问题日益突出，2.6亿农民工及其随迁家属未能平等享受城镇居民的基本公共服务，城镇规模体系"两极分化"现象严重，城镇化面临越来越严重的资源环境挑战。这些问题，既是中国城镇化健康发展面临的重大挑战，也是学术研究应该着重关注的焦点。

麦肯锡全球研究院中国问题研究专家、麦肯锡咨询公司资深董事Jonathan Woetzel提出，到2025年，现有移民（1.03亿）及未来新移民（2.43亿）占全部城镇人口的比重将达到40%。中国社会科学院城市发展与环境研究所副所长魏后凯指出，走中国特色社会主义新型城镇化道路，必须从中国国情出发，走以人为本、集约智能、绿色低碳、城乡一体、四化同步的中国特色新型城镇化道路。清华大学建筑学院城市规划系教授顾朝林指出，低收入大学生在城中村聚集是中国城市化进程特定阶段的现象，城中村为边缘人群提供了一个临时的庇护场所并为他们融入城市生活提供了一个跳板。中国社会科学院拉丁美洲研究所所长郑秉文则认为，对比拉美国家的经验教训，中国目前的"浅度城市化"则没有处理好"楼房化"与"市民化"的关系，不利于内需启动，不利于经济转型，不利于跨越"中等收入陷阱"。日本东京专修大学城市社会学教授大矢根淳分享了日本城镇化的进程和原因。多伦多大学社会学系教授、加拿大人口学会主席Eric Fong分析了北美城镇化率达到50%之后面临的各种问题及其应对策略。

此外，国家发展和改革委员会城市和小城镇改革发展中心主任李铁、国家发展和改革委员会国土开发与地区经济研究所所长肖金成、中国社会科学院人口与劳动经济研究所副所长张车伟、中国社会科学院欧洲研究所研究员田德文、美国芝加哥大学北京中心主任杨大利教授、中国社会科学院社会发展战略研究院副院长渠敬东、法国城市可持续发展战略咨询公司总裁Emmanuel Breffeil等分别以"中国城市化的主要障碍与改革路径""城市化与农民工市民化""欧洲国家城市化对中国的启示""就业与农民工市民化""城市化、土地征用与政府信任""项目制、土地财政与城镇化""和谐社会中的农村契约"为题发表了演讲。

（李学锋）

中国社会科学论坛（2013·经济学）暨低碳城镇化与可持续基础设施国际研讨会

2013年12月5～6日，“中国社会科学论坛（2013·经济学）暨低碳城镇化与可持续基础设施国际研讨会”在北京召开。研讨会由中国社会科学院城市发展与环境研究所与联合国亚洲及太平洋经济社会委员会东亚和东北亚办事处共同承办。来自中国社会科学院城市发展与环境研究所、联合国亚洲及太平洋经济社会委员会东亚和东北亚办事处、韩国首尔气候变化局、首尔研究所、韩国人居环境研究所、日本国立环境研究所、亚太全球变化研究所等机构的官员和学者出席研讨会并发表演讲。与会代表主要围绕“低碳城镇化的实践经验、实现路径”“如何建立区域内低碳城镇化建设的伙伴关系”“如何切实有效地推动低碳城镇化进程”等主题展开讨论。

（1）低碳城市发展应加强国际交流与合作。与会代表认为，东北亚6国的温室气体排放量约占全球排放总量的三分之一。中国和韩国均经历了温室气体排放的快速增长。而蒙古国、俄罗斯、朝鲜在经历了20世纪90年代的下降后，温室气体排放量也在逐年增长。并且，除日本外，其他东北亚国家经济增长的碳强度均高于OECD（经济合作与发展组织）国家。城市是主要的排放源，东北亚各国目前所处的城市化经济发展阶段的能源需求特征使得碳减排相对困难，因此，各国在城市发展中均面临着巨大的挑战。

（2）低碳城市发展应被纳入国家战略。来自韩国的专家认为，未来的低碳绿色城市应是智慧的，并具有强劲的竞争力，需在城市规划、能源利用、可再生能源发展等各方面全面统筹推进。来自日本的专家认为，为了实现到2050年温室气体应比基础情景减少60%～80%的目标，一方面需要依赖于可再生能源、节能领域技术革新和现有领先技术的推广；另一方面也依赖于全社会共同推进脱碳政策，包括排放权交易、税制改革和政策透明化。

（3）低碳城市评价工具为低碳城市发展提供技术支持。中国社会科学院城市与环境研究所研究员庄贵阳认为，中国低碳城市指标体系应尽快应用到五省八市乃至更广泛的地区，以支持中国低碳城市建设。世界资源研究所相关人员认为，城市温室气体减排测算能够有效准确地衡量城市温室气体减排目标的实现情况，城市温室气体减排测算为低碳城市发展计划的有效实施与评估奠定了基础。

（4）金融是低碳城市发展的一个重要领域。与会专家认为，低碳城镇化建设中有三个关键领域：建筑、交通、金融。低碳城镇化建设离不开资金支持。传统的融资方式和金融体系能否依旧为现在低碳城镇化发展提供服务是我们应该关注的话题。

（5）以人为本是低碳城市的核心。世界资源研究所的专家认为，可持续宜居城市是以人为本的城市。中国的城镇化发展应该是城镇化和低碳化相结合，是将城市绿化、水资源管理、低碳交通、公民社会、可持续消费、清洁可持续能源、绿色建筑和可持续的城市规划设计等各城市发展要素，相互协调统一的整合过程。

（禹 湘）

社会政法学部

法学研究所

（一）人员、机构等基本情况

1.人员

截至2013年年底，法学研究所共有在职人员101人。其中，正高级职称人员29人，副高级职称人员31人，中级职称人员25人；高、中级职称人员占全体在职人员总数的84%。

2.机构

法学研究所设有：法理学研究室、法制史研究室、宪法与行政法学研究室、刑法学研究室、诉讼法学研究室、民法学研究室、商法学研究室、经济法学研究室、知识产权法学研究室、传媒与信息法学研究室、社会法学研究室、法治国情调查研究室、《法学研究》编辑部、《环球法律评论》编辑部、院图书馆法学分馆、办公室、科研组织处、人事处（党委办公室）。

3.科研中心

法学研究所院属科研中心有：民主问题研究中心、人权研究中心、知识产权中心、台港澳法研究中心、文化法制研究中心；所属科研中心有：私法研究中心、公法研究中心、性别与法律研究中心、公益法研究中心、亚洲法研究中心、欧洲联盟法研究中心。

（二）科研工作

1.科研成果统计

2013年，法学研究所共完成专著35种，1 603.2万字；论文132篇，152.7万字；研究报告89篇，180.3万字；古籍整理2种，216.4万字；教材1种，116.2万字；译著3种，85.9万字；译文20篇，13万字；学术普及读物1种，30万字；论文集16种，746.6万字。

2.科研课题

（1）新立项课题。2013年，法学研究所共有新立项课题46项。其中，国家社会科学基金课题6项："可持续发展与中国民法典立法的价值取向"（渠涛主持），"版权资本运营法律问题研究"（杨延超主持），"秦汉刑事证据文明研究"（张琮军主持），"国际文化公约和规则对我维护文化安全与文化权益的借鉴与实用价值研究"（冯军主持），"依法治理网络谣言研究"（冯军主持)，“依法治理网络谣言研究”(周汉华主持)(注：这两个项目为国家社科基金特别委托项目，题目相同但主持人不同，由社科规划办分别委托，各自独立完成)；院交办委托课题2项：“惩处行贿行为法律制度研究”(刘仁文主持)，“全国可移动文物普查”(穆林霞主持)；院国情调研重大课题1项：“中国互联网安全的法律环境”(唐广良、管育鹰主持)；院国情调研重大(推荐)课题1项：“中国法治与社会发展国情调研(2013)”(田禾主持)；院国情调研重点课题3项：“全面推进依法治国进程中的重大理论与实践问题调研”(李林、李洪雷主持)，“法治视野下政府与企业的关系调研”(陈甦、席月民主持)，“新形势下反腐治权法律问题调研”(莫纪宏、穆林霞主持)；院国情考察活动1项：“新刑事诉讼法实施情况调查”(冀祥德主持)；院青年人文社会科学研究中心社会调研课题1项：“个人信息泄露及其法律保护现状调查”(姚佳主持)；院B类重大课题5项：“海洋权益法律问题研究”(陈甦主持)，“宪法修改研究”(李林主持)，“法治小康研究”(莫纪宏主持)，“深化司法体制改革研究”(冀祥德主持)，“法制改革问题研究”(李林主持)；所重点课题4项：“中国法律史学会2013年年会”(高汉成主持)，“研究所优秀科研成果奖励”(李林主持)，“学部委员宣传计划——人才强所”(穆林霞主持)，“科研成果填报与统计系统研发”(穆林霞主持)；中国法学会课题2项：“沈家本法律思想与清末法律改革成因得失研究”(孙家红主持)，“数字产业中的版权保护制度选择”(刘洁主持)；司法部国家法治与法学理论研究课题1项：“劳教废止后的制度衔接研究”(刘仁文主持)；其他部门与地方委托课题19项：中央机构编制委员会办公室课题“行政审批改革建议”(陈甦主持)，中央外宣办课题“我国互联网立法五年规划建设研究”(周汉华主持)，国务院法制办公室课题“立法后评估研究”(陈欣新主持)，国务院法制办公室课题“行政执法程序立法研究”(李洪雷主持)，国家发展和改革委员会课题“发展改革法治机关建设规划研究”(李林主持)，工业和信息化部课题“规范行业准入管理研究”(翟国强主持)，教育部课题“对他人行为之侵权责任”(窦海阳主持)，国家安全部课题“境外依法保护中国公民合法权益问题研究”(王敏远主持)，国家广播电影电视总局课题“广播影视国际公约研究”(王小梅主持)，国家广播电影电视总局课题“广播影视产品和服务进出口管理法律问题研究”(吴峻主持)，国家知识产权局课题“质押融资监管问题研究”(李明德主持)，国家林业局课题“农民林业权益维护法律问题”(孙宪忠主持)，北京市人民政府课题“北京工作居住证的个案分析”(周汉华主持)，北京市人民政府课题“行政复议审理范围和审查强度研究”(周汉华主持)，北京市人民政府课题“2013年北京市旅游法规研究”(渠涛主持)，广东省依法治省工作领导小组办公室课题“广东省法治政府建设的现状与经验”(田禾主持)，广东省依法治省工作领导小组办公室课题“保障司法公正的广东经验”(田禾主持)，浙江省高级人民法院课题“浙江法院阳光司法指数测评”(田禾主持)，云南省教育厅项目“边疆多民族地区基层法律实施的困境与对策研究”(刘作翔主持)。

(2)结项课题。2013年，法学研究所共有结项课题56项。其中，国家社会科学基金课题9项：“党的领导、人民当家作主与依法治国有机统一研究”(王家福主持)，“人权理论的当代发展研究”

（邱本主持），“关于‘子孙违反教令’的历史考察——一个微观法史学的尝试”（孙家红主持），“法律与社会理论”（胡水君主持），“法规、司法解释的合法性审查”（莫纪宏主持），“国有财产权的性质、行使、管理与保护法律制度”（孙宪忠主持），“国际文化公约和规则对我维护文化安全与文化权益的借鉴与实用价值研究”（冯军主持），“依法治理网络谣言研究”（冯军主持），“依法治理网络谣言研究”（周汉华主持）；院重大课题2项：“刑法改革与完善研究”（屈学武主持），“中国法治进程中权利冲突的立法及司法解决机制研究”（刘作翔主持）；院重点课题1项：“中国慈善事业立法研究”（薛宁兰主持）；院“马工程”专项课题1项：“列宁法治思想研究”（莫纪宏主持）；院交办委托课题1项：“全国可移动文物普查”（穆林霞主持）；院国情调研重大课题1项：“农民土地合作社及相关现代农业联合体制度创新的法律空间”（冉昊、郗伟明主持）；院国情调研重大（推荐）课题1项：“中国法治与社会发展国情调研（2013）”（田禾主持）；院国情调研重点课题4项：“西北回族法习惯调查”（徐立志主持），“全面推进依法治国进程中的重大理论与实践问题调研”（李林、李洪雷主持），“法治视野下政府与企业的关系调研”（陈甦、席月民主持），“新形势下反腐治权法律问题调研”（莫纪宏、穆林霞主持）；院国情考察活动1项：“新刑事诉讼法实施情况调查”（冀祥德主持）；院青年人文社会科学研究中心社会调研课题2项：“当前女性犯罪的结构和特征研究——对江西九江地区的实地调研”（樊彦芳主持），“个人信息泄露及其法律保护现状调查”（姚佳主持）；院B类重大课题5项：“海洋权益法律问题研究”（陈甦主持），“宪法修改研究”（李林主持），“法治小康研究”（莫纪宏主持），“深化司法体制改革研究”（冀祥德主持），“法制改革问题研究”（李林主持）；所重点课题4项：“中国法律史学会2013年年会”（高汉成主持），“研究所优秀科研成果奖励”（李林主持），“学部委员宣传计划——人才强所”（穆林霞主持），“科研成果填报与统计系统研发”（穆林霞主持）；其他部门与地方委托课题24项：全国人大常委会香港、澳门基本法委员会基本法研究项目“中央管治权与特区高度自治权关系平衡点的历史变迁”（高汉成主持），全国人大常委会香港、澳门基本法委员会基本法研究项目“港澳基本法修改的条件、时机和重点问题研究”（莫纪宏主持），全国人大常委会香港、澳门基本法委员会基本法研究项目“香港特别行政区司法权问题研究”（冉井富主持），全国人大常委会香港、澳门基本法委员会基本法研究项目“香港特别行政区的高度自治权（一）”（陈欣新主持），中央机构编制委员会办公室课题“行政审批改革建议”（陈甦主持），国家发展和改革委员会课题“经济体制改革促进条例制订研究”（周汉华主持），国家发展和改革委员会课题“发展改革法治机关建设规划研究”（李林主持），交通部课题“城市轨道交通法律制度研究”（谢海定主持），工业与信息化部课题“稀土资源立法研究”（陈甦主持），工业与信息化部课题“我国信息化法律体系研究”（周汉华主持），国土资源部课题“农村土地权利研究”（孙宪忠主持），环境保护部课题“环境立法与政策研究”（常纪文主持），国家广播电影电视总局课题“中外广播影视法律体系框架比较研究”（陈欣新主持），国家广播电影电视总局课题“广播影视综合管理手段的法律制度和机制研究”（李洪雷主持），国家知识产权局课题“国外知识产权环境研究报告内容更新（美国、东盟）”（李顺德主持），国家知识产权局课题“东南亚国家联盟知识产权环境研究”（李顺德主持），国家海洋局课题“无居民海岛集中统一管理研究”（刘楠来主持），国家保密局课题“保密法制理论研究”（李林主持），全国总工会课题“企业民主管理立法研究”（谢增毅主持），广东省人大常委会课题“权力监督的保障机制研究”（李林主持），广东省人大常委会课题“人民代表大会制度在广东的实践”（莫纪宏主持），成都市人民政府课题“成都市城乡统筹一体化法律问题研究”（孙宪忠主持），武汉经济开发区管委会课题“《经济技术开发区条例》修订研究”（丁一主持），宁波市人民政府课题“‘法治宁波’——实践与创新研究”（田禾主持）。

（3）延续在研课题。2013 年，法学研究所共有延续在研课题 55 项。其中，国家社会科学基金课题 16 项：“社会转型与近代中国刑法变革研究”（高汉成主持），“民法中的事实行为研究”（常鹏翱主持），“信赖意思原则研究”（冉昊主持），“我国医药卫生体制改革法律问题研究”（董文勇主持），“明清则例研究”（徐立志主持），“立体刑法学”（刘仁文主持），“中国现代法学与法学教育的创建与发展研究”（金英主持），“债权总则的建构：历史、功能与体系研究”（谢鸿飞主持），“斯拉夫法的历史发展及对社会主义法系形成的影响”（刘洪岩主持），“反垄断法法益立体保护研究”（金善明主持），“中国宪法实施的协调机制研究”（翟国强主持），“西法东渐的思想史逻辑研究”（支振锋主持），“世界刑事诉讼的四次革命”（冀祥德主持），“可持续发展与中国民法典立法的价值取向”（渠涛主持），“版权资本运营法律问题研究”（杨延超主持），“秦汉刑事证据文明研究”（张琮军主持）；院重大课题 4 项：“中国律学（多卷本）”（吴建璠主持），“全球化时代的国家主权问题研究”（信春鹰主持），“我国行政执法体制改革方向研究”（周汉华主持），“侵权责任法实施中的重大理论与实践问题”（于敏、谢鸿飞主持）；院重点课题 4 项：“中国社会法基本理论研究”（刘俊海、刘翠霄主持），“社会法体系与和谐社会构建”（常纪文主持），“不动产登记法律制度研究”（常鹏翱主持），“中国法律监督统一立法研究”（冀祥德主持）；院基础研究学者资助计划课题 2 项：“行刑程序与监督”（张绍彦主持），“未来 10 年知识产权保护政策及其发展方向研究”（唐广良主持）；院青年学者发展基金课题 2 项（黄金荣、冉井富分别主持）；中国法学会课题 6 项：“刑事诉讼法修正案后司法解释研究”（王敏远主持），“公共政策对婚姻行为与婚姻关系的影响研究”（薛宁兰主持），“叛逃罪的犯罪构成要件和量刑规范研究”（樊文主持），“法官在案件事实认定中的地位和作用”（季桥龙主持），“沈家本法律思想与清末法律改革成因得失研究”（孙家红主持），“数字产业中的版权保护制度选择”（刘洁主持）；其他部门与地方委托课题 21 项：中央外宣办课题“我国互联网立法五年规划建设研究”（周汉华主持），国务院法制办公室课题“立法后评估研究”（陈欣新主持），国务院法制办公室课题“行政执法程序立法研究”（李洪雷主持），司法部课题“债法基础理论与制度研究”（张广兴主持），司法部课题“中国特色社会主义法理学的构建：历史、方法与资源”（支振锋主持），司法部课题“劳动合同法实施效果实证研究”（谢增毅主持），工业和信息化部课题“规范行业准入管理研究”（翟国强主持），教育部课题“对他人行为之侵权责任”（窦海阳主持），国家安全部课题“境外依法保护中国公民合法权益问题研究”（王敏远主持），国家广播电影电视总局课题“广播影视国际公约研究”（王小梅主持），国家广播电影电视总局课题“广播影视产品和服务进出口管理法律问题研究”（吴峻主持），国家知识产权局课题“质押融资监管问题研究”（李明德主持），国家林业局课题“农民林业权益维护法律问题”（孙宪忠主持），国家科学技术名词审定委员会课题“法学名词规范化研究与发布”（李林主持），北京市人民政府课题“北京工作居住证的个案分析”（周汉华主持），北京市人民政府课题“行政复议审理范围和审查强度研究”（周汉华主持），北京市人民政府课题“2013 年北京市旅游法规研究”（渠涛主持），广东省依法治省工作领导小组办公室课题“广东省法治政府建设的现状与经验”（田禾主持），广东省依法治省工作领导小组办公室课题“保障司法公正的广东经验”（田禾主持），浙江省高级人民法院课题“浙江法院阳光司法指数测评”（田禾主持），云南省教育厅项目“边疆多民族地区基层法律实施的困境与对策研究”（刘作翔主持）。

3.获奖优秀科研成果

2013 年，法学研究所获“第八届（2013 年）中国社会科学院优秀科研成果奖”二等奖 1 项：孙宪忠的论文《中国民法继受潘德克顿法学：引进、衰落和复兴》；三等奖 3 项：陈甦主编的专著《当代中国法学研究》，周汉华的论文《电子政务法研究》，翟国强的论文《违宪判决的形态》。

4.创新工程的实施和科研管理新举措

2013 年 1 月 29 日，法学研究所与院签订创新单位责任协议书，正式进入院创新工程扩大试点。

2013 年，法学研究所参加创新工程共 64 人，占全所在编人员比例的 65%。其中研究岗位 51 个，编辑岗位 4 个，管理岗位 9 个。共设立 14 个创新工程研究所项目以及 1 个期刊创新项目，分别是：“完善我国法律体系与立法效果评估工程”（首席研究员为刘作翔），“改善和保障民生的民事权利机制研究”（首席研究员为孙宪忠），“建设创新型国家的知识产权法律制度保障”（首席研究员为李明德），“全面加强法治政府建设的战略研究”（首席研究员为周汉华），“社会稳定的刑事法治保障研究”（首席研究员为刘仁文），“中国国家法治指数研究”（首席研究员为田禾），“文化体制改革与文化发展的法治机制研究”（首席研究员为陈欣新），“社会法重大理论与实践问题研究”（首席研究员为薛宁兰），“中国特色社会主义法治发展道路与‘模式’问题”（首席研究员为胡水君），“依宪治国与中国政治发展重大问题研究”（首席研究员为莫纪宏），“人权保障原则下中国诉讼法的完善与实施”（首席研究员为王敏远），“社会管理创新的程序法治问题研究”（首席研究员为熊秋红），“中国商事法的结构模式与制度创新”（首席研究员为陈洁），“市场经济法治问题研究”（首席研究员为席月民），“《法学研究》期刊创新”（总编辑为张广兴）。管理岗位中，首席管理 2 人，业务主管 2 人，业务主办 4 人，业务协办 1 人。

2013 年，法学研究所在创新工程试点工作中实施的新机制、新举措主要有：

（1）加强对创新工程实施的督促检查，扎实推进各项研究工作。为扎实推进创新工程全面实施，法学研究所加强了对创新工程各项工作的督促和检查。在年初与各项目组签约时就在协议书中明确规定了每个岗位的研究任务；全年多次召开工作会议，传达院所要求，要求各项目组汇报进展情况，互相交流借鉴，以此督促各项目组扎实推进研究工作；全年编发了多期《创新工程简报》，及时向院汇报该所创新工程进展情况；组织技术力量独立开发了科研成果填报和统计系统，要求科研人员及时、准确填报科研成果，定期公布填报情况，督促科研人员完成科研任务。

（2）强调项目组科研成果数量要求、相关性标准和"重大创新贡献"。为提高科研成果质量，凸显创新工程的实效，法学研究所研究制定了《创新工程研究岗位成果量的基本要求》《创新成果相关性认定规则》，对不同的创新研究岗位提出了明确的科研成果数量要求，要求各创新工程项目组完成的创新科研成果应与申报项目时提交的项目方案具有密切相关性，以加强创新工程考核的导向性，体现创新工程实施之后与之前常规年度考核的不同。根据院里关于"重大创新贡献"的量化评价标准，要求各项目组在项目论证以及实际实施中争取作出"重大创新贡献"。

（3）进一步强化管理，提高科研管理和服务保障水平。2013 年，法学研究所首次设立创新管理岗位。为切实加强管理人才队伍建设，提高管理与服务保障水平，不断探索科研单位管理体制机制和服务方式方法的改革创新，依据《中国社会科学院哲学社会科学创新工程研究单位管理人员创新岗位聘用办法（试行）》，2013 年 3 月就制定了《管理岗位设置及管理工作实施方案》，对管理岗位的目标、主要任务、任职条件、聘用程序、考核等作出了详细规定。

（三）学术交流活动

1.学术活动

2013 年，法学研究所主办和承办的学术会议有：

（1）2013 年 1 月 19 日，由法学研究所主办的"全面推进依法治国理论研讨会"在法学所召开。来自最高人民法院、司法部、国家行政学院、北京大学、中国政法大学、武汉大学、复旦大学、西南政法大学、上海市社会科学界联合会以及中国社会科学院法学研究所的 30 余位专家学者参加了会议。会议研讨的主要问题有"依法治国的理论问题和基本概念""中国法治建设的发展目标、制度保障和路径设计"。

（2）2013 年 1 月 26 日，由法学研究所主办的"深化司法体制改革理论研讨会"在法学所召开。来自最高人民法院、最高人民检察院、司法部、中央党校、天津市高级人民法院、浙江省高级人民法院、北京大学、清华大学、中国人民大学、中国政法大学以及中国社会科学院法学研究所等单位的专家学者近 40 人参加了会议。会议研讨的主要问题有"深化司法体制改革的基础问题""依法独立行使职权""司法公开""深化司法体制改革的法治路径"。

(3) 2013 年 2 月 25 日，"2013 年《法治蓝皮书》发布暨中国法治发展与展望研讨会"在中国社会科学院召开。来自有关部委、法院、地方政府等数十家单位的嘉宾，以及中国社会科学院、中央党校、北京大学的专家学者参加了发布会。

(4) 2013 年 3 月 2 日，由法学研究所主办的首届"中国市场经济法治建设创新论坛"在法学所召开。来自工信部、中国银监会、京内外部分高校以及中国社会科学院法学研究所等单位的 40 余位专家学者参加了会议。会议研讨的主要问题有"市场经济法治建设的理念、重点和趋势""政府与市场关系的法治化""政府与企业关系的法治化""经济法研究的要点与走向"。

(5) 2013 年 3 月 22 ～ 23 日，由法学研究所和日本早稻田大学比较法研究所共同举办的"中日劳动与社会保障比较法"研讨会暨第五届中国社会法论坛在法学所举行。来自全国人大、中华全国总工会、国务院法制办等国家机关及全国部分法学院校从事社会法学研究的专家和学者、日本早稻田大学的社会法专家共计约 80 人出席了研讨会。会议研讨的主要问题有"非典型用工的劳动和社会保障法问题""性别视角下的劳动和社会保障法""养老保险和医疗保险法律问题""政府在社会保障中的义务和责任"。

(6) 2013 年 4 月 19 日，由法学研究所和韩国个人信息保护法学会主办，韩国互联网振兴院和韩国信息化振兴院协办的中韩个人信息保护法治圆桌论坛在法学所举行。会议的主题是"个人信息保护领域的若干重要前沿问题"。

(7) 2013 年 5 月 26 日，由法学研究所主办的中国商事法的结构模式与制度创新论坛在法学所召开。论坛的主题是"商法规范的解释与适用"，研讨的主要问题有"商法规范的解释论基础""商法规范的解释方法""商法规范的解释与适用标准""商法规范的解释在立法中的应用""商事司法的裁判方法"。

(8) 2013 年 6 月 5 ～ 7 日，由法学研究所《法学研究》编辑部与香港城市大学法律学院中国法与比较法研究中心联合举办的"转型期法治的中国特色"国际研讨会在香港城市大学举行。来自中国、美国、荷兰、澳大利亚等国家的学者近 40 人参加了会议。会议研讨的主要问题有"转型时期中国法治各方面的问题"。

(9) 2013 年 6 月 14 ～ 15 日，由中国社会科学院和芬兰科学院主办、法学研究所与芬方四机构联合承办的第五届中芬比较法国际研讨会在北京召开。会议的主题是"法治与经济社会发展"。来自芬兰赫尔辛基大学、拉普兰大学、图尔库大学、芬兰中国法与中国法律文化研究中心、中国人民大学、国家行政学院、中国政法大学以及法学研究所的 60 余位专家学者参加会议。

(10) 2013 年 6 月 18 日，由法学研究所公法研究中心与"依宪治国与中国政治发展重大理论与实践问题研究"创新项目组联合举办的"依宪治国的价值目标"理论研讨会在法学所举行。来自有关高校的专家学者 40 余人参加了会议。会议研讨的主要问题有"依宪治国的价值目标""依宪治国与依法治国的关系""依法治国的制度性要求"。

（11）2013 年 6 月 22 日，由中国社会科学院知识产权中心与中国知识产权培训中心联合举办的“互联网安全的法律环境”及相关问题研讨会在北京举行。来自最高人民检察院、公安部、工业和信息化部、中国互联网络信息中心、中国互联网协会及有关高校的专家学者 40 余人参加了会议。会议研讨的主要问题有“互联网安全的概念”“网络犯罪”“互联网纠纷自治机制”“互联网域名体系安全”“个人数据信息保护”。

（12）2013 年 7 月 27 ~ 28 日，由法学研究所、国际法研究所主办的“劳教制度改革的路径与方案研讨会”在北京举行。来自中央政法委、最高人民法院、北京市人民检察院、有关高校、科研机构和政法实务部门的 70 余位专家学者参加会议。会议研讨的主要问题有“废止劳教的具体路径、建议方案”“犯罪门槛下降对刑法和刑诉法带来的挑战”“剥夺人身自由的行政处罚与正当程序”“司法职权配置与制约”。

（13）2013 年 8 月 1 ~ 2 日，由法学研究所性别与法律研究中心主办的“司法公正与性别平等”研讨会暨“性别与法律研究网络”2013 年年会在云南省昆明市举行。来自 20 多家高校、研究机构以及律师事务所的 30 余位代表参加会议。会议研讨的主要问题有“司法人员社会性别培训的现状、挑战与对策”“司法实践与社会性别意识”“社会性别视角下的立法与司法”。

（14）2013 年 9 月 12 日，由韩国专利局和中国国家知识产权局主办，中国社会科学院知识产权中心和韩国知识产权研究院承办的“中韩知识产权活动和发展战略研讨会”在法学研究所举行。会议研讨的主要问题有“自由贸易期间中韩两国知识产权合作对经济的影响”“企业知识产权活动和专利管理政策”“中国专利活动和政策措施”“中国专利法修改”。

（15）2013 年 9 月 21 日，由法学研究所主办的“民主法治与中国传统”学术研讨会在法学所召开。来自有关高校、科研单位的 50 多位专家学者出席会议。会议研讨的主要问题有“中国法治的历史和文化根基”“法治现代转型及其乡土语境”“文化传统与现代治道”“法家法治与民主法治”。

（16）2013 年 10 月 26 ~ 27 日，由中国社会科学院知识产权中心和中国知识产权培训中心联合主办的“2013 知识产权上地论坛——中国知识产权法律修订相关问题研讨会”在北京举行。来自数十所院校的专家学者以及最高人民法院、国家知识产权局等单位的司法实务人员 100 余人参加会议。会议研讨的主要问题有“知识产权法律修订及法律实施情况”“知识产权法律适用相关问题”“著作权法修改相关问题”“专利法修改相关问题”“商标法修改相关问题”“其他知识产权相关问题”。

（17）2013 年 11 月 16 ~ 17 日，由中国社会科学院主办、法学研究所承办、联合国开发计划署协办的中国社会科学论坛暨“法治与反腐治权”国际研讨会在北京举行。来自中国、芬兰、法国、日本、新西兰、墨西哥、新加坡等十几个国家和地区的近 50 位专家学者参加会议。会议的主题是“法治与反腐治权”。

（18）2013 年 11 月 22 日，“创新与创意的法律移植——知识产权监管之中芬比较研究”

学术研讨会在法学所举行。会议研讨的主要问题有“著作权法与集体权利管理”“知识产权执法与创新政策”。

（19）2013 年 12 月 1 日，由法学研究所主办的“《大清新刑律》与中国近代法律继受”学术研讨会在法学所召开。来自有关高校与科研机构的近 40 名学者参加会议。会议的主题是“近代法律变革过程中《大清新刑律》和中国近代法律继受相关的问题”，研讨的主要问题有“法律继受中的文化冲突”“法律继受中的逻辑演进”“法律继受中的人物思潮”“法律继受中的制度变迁”。

（20）2013 年 12 月 9 日，由法学研究所、最高人民法院司法改革办公室、中国应用法学研究所共同主办的“法治中国与司法公开——浙江法院阳光司法指数新闻发布会暨司法公开研讨会”在最高人民法院第一法庭举行。

（21）2013 年 12 月 14 日，由法学研究所“社会管理创新的程序法治保障”创新工程项目组主办的“公民参与和监督司法”学术研讨会在北京召开。会议研讨的主要问题有“公民参与和监督司法的多重维度”“公民参与和监督司法的价值分析”“人民陪审制度的改革与完善”“公民参与和监督司法对相关制度的影响”。

（22）2013 年 12 月 19 日，由法学研究所刑事法学科主办的第十一届刑事法前沿论坛暨死刑改革路径与方案研讨会在北京召开。来自京内外二十余所高校的近 80 位专家学者参加论坛。论坛研讨的主要问题有“死刑制度的实体与程序”“死刑改革的路径与方案”。

（23）2013 年 12 月 28 ~ 29 日，由法学研究所、国际法研究所主办的“减少死刑与废止劳教后法制改革研讨会”在北京召开。来自全国人大、最高人民法院、最高人民检察院、中华全国律师协会等实务部门和部分高校、科研机构的专家和学者约 30 人参加会议。会议的主题是“劳教制度与死刑制度改革的诸多程序法、实体法问题”。

2. 国际学术交流与合作

2013 年，法学研究所共派遣出访 16 批 17 人次，接待来访 37 批 106 人次，接待境外访问学者 4 人。与法学研究所开展学术交流的国家有美国、芬兰、奥地利、瑞士、法国、荷兰、意大利、瑞典、俄罗斯、匈牙利、巴西、澳大利亚、印度尼西亚、日本等。

（1）2013 年 1 月 14 ~ 20 日，法学研究所科研处处长谢增毅副研究员赴芬兰，参加赫尔辛基大学主办的“国际劳动法在中国的实施——法律体系结构和文化逻辑”研讨会。

（2）2013 年 3 月 29 日至 4 月 17 日，法学研究所民法研究室研究员于敏、谢鸿飞赴奥地利维也纳参加欧洲侵权法年会。

（3）2013 年 4 月 13 ~ 17 日，法学研究所所长助理莫纪宏研究员赴巴西参加国际宪法学协会圆桌会议。会议的主题是“经济、社会和文化权”。

（4）2013 年 4 月 19 ~ 26 日，法学研究所诉讼法研究室副主任徐卉研究员应瑞士驻华大使馆的邀请，赴瑞士就中国的民事诉讼法修改及比较民事诉讼法学研究开展学术交流。

(5) 2013 年 6 月 1 日至 8 月 30 日，法学研究所法制史研究室孙家红副研究员赴法国里昂，参加法国远东学院组织的“明清法律的时空构建”国际合作项目研究工作。

(6) 2013 年 8 月 19 日至 11 月 8 日，法学研究所宪法与行政法研究室副主任翟国强副研究员应美国凯特琳基金会邀请，赴美国就各国宪法学研究及其研究方法问题进行学术访问。

(7) 2013 年 8 月 28 日至 10 月 14 日，法学研究所科研处处长谢增毅副研究员赴芬兰赫尔辛基大学,就“北欧与中国视角——全球化时代下的职工参与和集体协商”问题进行学术交流。

(8) 2013 年 9 月 6 日至 10 月 20 日，法学研究所诉讼法研究室副主任徐卉研究员应美国兰地萨妇女土地权利中心邀请，赴美国参加妇女土地权利访学项目，介绍我国在妇女土地权利保护方面的法律制度和实践。

(9) 2013 年 10 月 17 ~ 20 日，法学研究所副所长莫纪宏研究员应意大利欧洲大学研究所邀请，赴意大利佛罗伦萨参加“纪念尼科洛・马基雅维利《君主论》500 周年学术研讨会”。

(10) 2013 年 10 月 30 日至 11 月 6 日，法学研究所传媒与信息法研究室主任陈欣新研究员参加中国银监会代表团赴俄罗斯、匈牙利访问，考察、了解俄罗斯和匈牙利对金融领域的信息安全问题如何进行法律监管，以及在监管过程中遇到的问题和采取的对策做法。

(11) 2013 年 11 月 6 ~ 10 日，法学研究所诉讼法研究室主任熊秋红研究员赴美国弗吉尼亚大学，参加中美共同组织的中美人权对话。

(12) 2013 年 11 月 13 ~ 17 日，法学研究所研究员张绍彦应澳大利亚国立大学邀请，前往堪培拉参加澳大利亚国立大学——中华研究中心举办的刑诉法国际研讨会。

(13) 2013 年 11 月 26 日至 12 月 1 日，法学研究所宪法与行政法研究室主任周汉华研究员参加国务院新闻办公室团组，赴法国参加第二届世界民主论坛会议。

(14) 2013 年 12 月 1 ~ 7 日，法学研究所诉讼法研究室副主任徐卉研究员应印度尼西亚权利实践研究中心邀请，访问印度尼西亚立法机构，介绍我国在民事诉讼法方面的最新修改情况，并与印度尼西亚相关专家、学者就比较民事诉讼法与司法制度等问题进行交流。

(15) 2013 年 12 月 20 ~ 22 日，法学研究所研究员渠涛赴日本东京大学，参加中日韩三国共同举办的东亚民事法学国际研讨会。

3. 与中国香港、澳门特别行政区和中国台湾开展的学术交流

(1) 2013 年 5 月 4 ~ 8 日,法学研究所科研处处长谢增毅副研究员赴台湾政治大学法学院，参加“劳动市场变迁与社会安全制度——两岸劳动法与社会法的比较”研讨会。

(2) 2013 年 5 月 14 ~ 21 日，法学研究所《法学研究》副主编张广兴编审参加中国法学会组织的赴台湾访问团，就两岸法学研究及编辑出版工作进行学术交流。

(3) 2013 年 5 月 28 日至 6 月 1 日，法学研究所刑法研究室主任刘仁文研究员赴台湾，参加台湾玄奘大学和台湾大学举办的刑法研讨会。会议的主题是“贪污犯罪的刑法防治及现代风险社会中的刑法介入前置问题”。

(4) 2013 年 6 月 4 ～ 8 日，法学研究所所长李林研究员、《法学研究》副主编张广兴编审、宪法与行政法研究室主任周汉华研究员等赴香港城市大学，参加香港城市大学中国法与比较法研究中心举办的“转型期法治的中国特色”国际研讨会。

(5) 2013 年 7 月 7 ～ 10 日，法学研究所法治国情调研室副主任吕艳滨副研究员赴香港大学法律学院，参加第三届亚洲隐私权学术研讨会。

(6) 2013 年 10 月 2 ～ 6 日，法学研究所研究员王晓晔赴台湾政治大学法学院，参加“通讯传播法的管制革新——政策、法律与司法”学术研讨会。

(7) 2013 年 11 月 22 ～ 25 日，法学研究所研究员王晓晔赴台湾铭传大学法律学院，参加两岸国际财金法学学术研讨会。

(8) 2013 年 12 月 10 ～ 13 日，法学研究所副所长莫纪宏研究员受澳门法律及司法培训中心邀请，赴澳门参加“文化权利：文化及文化遗产的保护研讨会”。

（四）学术社团、期刊

1. 社团

中国法律史学会，会长杨一凡（换届前）、吴玉章（换届后）。

2013 年 10 月 9 ～ 11 日，中国法律史学会第九届会员代表大会暨 2013 年学术年会在浙江省杭州市举行。会议由中国法律史学会主办，杭州师范大学承办，中国计量学院法学院、浙江理工大学法政学院、浙江财经大学法学院协办。来自北京大学、清华大学、中国人民大学、南开大学、武汉大学、中国政法大学、华东政法大学、西南政法大学、西北政法大学、中南财经政法大学、沈阳师范大学以及杭州各高校等会员单位的代表及学者共 270 余人参加会议。会议的主题是“传统法智慧与移植法制本土化改良”。

大会选举产生了中国法律史学会第九届理事会和常务理事会，吴玉章、赵晓耕、霍存福、汪世荣、张中秋、侯欣一六位教授当选中国法律史学会新任执行会长，吴玉章担任会长，高汉成当选为秘书长。

2. 期刊

(1)《法学研究》(双月刊)，主编梁慧星。

2013 年，《法学研究》共出版 6 期，共计 215 万字。该刊全年刊载的有代表性的文章有：龙宗智的《检察机关办案方式的适度司法化改革》，黄泽敏、张继成的《案例指导制度下的法律推理及其规则》，解亘的《格式条款内容管制的规范体系》，凌斌的《规则选择的效率比较：以环保制度为例》，宋晓的《属人法的主义之争与中国道路》，崔国斌的《网络服务商共同侵权制度之重塑》，陈兴良的《故意杀人罪的手段残忍及其死刑裁量——以刑事指导案例为对象的研究》，刘飞的《行政诉讼类型制度的功能》，黎宏的《死缓限制减刑及其适用——以最高人民法院发布的两个指导案例为切入点》，傅廷中的《船舶优先权与海事赔偿责任限制的价值冲突与协调》。

(2)《环球法律评论》(双月刊),主编徐炳(第1～3期)、刘作翔(第4～6期)。

2013年,《环球法律评论》共出版6期,共计170万字。该刊全年刊载的有代表性的文章有:杨柳的《国际刑事法院检察官面临的政治与法律难题及其策略》,彭岳的《论反补贴税适当金额的确定》,侯佳儒的《民法基本原则解释:意思自治原理及其展开》,王进文的《中主抑或圣人——以人格与位格为中心维度的韩非君主理论》,魏磊杰的《全球化时代的法律帝国主义与"法治"话语霸权》,余盛峰的《全球信息化秩序下的法律革命》,邹海林的《私法规范文本解释之价值判断》,戚建刚的《"第三代"行政程序的学理解读》。

(五)会议综述

"中日劳动与社会保障比较法"研讨会暨第五届中国社会法论坛

2013年3月22～23日,由中国社会科学院法学研究所和日本早稻田大学比较法研究所共同举办的"中日劳动与社会保障比较法"研讨会暨第五届中国社会法论坛在北京举行。来自全国人大、中华全国总工会、国务院法制办等国家机关及全国部分法学院校从事社会法学研究的专家学者、日本早稻田大学的社会法专家共80余人出席了研讨会暨论坛。

研讨会分四个单元,分别研讨了"非典型用工的劳动和社会保障法问题""性别视角下的劳动和社会保障法""养老保险和医疗保险法律问题""政府在社会保障中的义务和责任"等议题。在第一单元,与会学者研讨了我国非正规就业劳动者的社会保险问题、日本非正规劳动者的劳动和社会保障现状与问题、家政人员工伤保险的问题与出路、中国劳务派遣的发展与法律规制等。在第二单元,学者们研讨了社会性别视角下的生育保险制度改革与完善、日本非正规劳动者的劳动和社会保障现状与问题、家政人员工伤保险的问题与出路、中国劳务派遣的发展与法律规制、从性别的角度看日本劳动和社会保障法、中国退休养老保险制度中的性别利益等。第三单元中,专家们研讨了日本养老保险和医疗保险的相关现状与课题、中国医疗保险管理服务

2013年3月,"中日劳动与社会保障比较法"研讨会暨第五届中国社会法论坛在北京举行。

制度二元社会化改革等。第四单元研讨了政府在社会保险中的义务和责任、社会保障制度的运营等。

与会学者认为，中国和日本国情不同，也有许多共同点。在探究中国特色劳动和社会保障法律制度体系时，既要紧紧围绕中国特有的问题展开，也可以适时借鉴日本经验。法学所所长李林研究员最后指出，未来社会法学研究需要解决三大问题：一是社会法的定位问题，即社会法是一个法域，还是一个部门法。二是社会保障是福利还是权利。三是要研究清楚社会法的学科性质，它究竟是公法、私法抑或其他性质的法。这些问题也引起了与会学者的进一步思考。

（科研处）

第五届中芬比较法国际研讨会

2013 年 6 月 14 ～ 15 日，由中国社会科学院和芬兰科学院主办的第五届中芬比较法国际研讨会在北京召开。会议的主题是“法治与经济社会发展”。来自芬兰赫尔辛基大学、拉普兰大学、图尔库大学、芬兰中国法与中国法律文化研究中心、中国人民大学、国家行政学院、中国政法大学、中国社会科学院法学研究所的 60 余位专家学者参加了会议。

研讨会共分为五个单元进行。中芬两国学者就“法治政府与信息公开”“基本权利的法治保障”“法治与经济发展”“法治与劳动保护”“法治与环境保护”等问题进行了深入交流与探讨。会议论题广泛、内容丰富，涉及宪法、行政法、经济法、民商法、知识产权法、劳动法、生态环境法等诸多领域，既有这些法律部门中各种重要问题的讨论，也有这些法律部门之间相互关联问题的讨论。讨论反映了法治与经济社会发展之间关系的复杂性、丰富性和综合性，进一步表明了法治与经济社会发展之间的互动机制，不是一个以简单的线性方程所能建构或解释的社会现象，而是由诸多因素以极为复杂的联系所建构的社会运行机制。与会者对许多问题展开了深入的讨论。例如，对于法治政府建设的讨论，既有对行政法发展原则的思辨分析，从而阐发公开、高效、独立等价值对于法治政府建设的意义；也有对法治政府建设现状与未来的历史学描述和机制性分析，从而阐释法治政府建设的应然路径；还有对信息公开在法治政府建设中重要意义与作用的研究与分析，阐释信息公开既是法治政府建设的一个重要内容，也是促进法治政府整体性建设的重要方法。再如，在法治与经济发展之间关系的讨论，既有经济法治对经济危机防范与管控方面的机制分析与经验介绍，也有生态建设的各种法治措施，还有公司在经济可持续发展中的角色与作用。又如，对于劳动法制度建设的讨论，则特别以职工参与的两国经验为重点，分析相关制度安排的实际效果与改进方法，为两国间的制度借鉴和经验交流，展现出一个非常有益的实例。与会人员一致认为，会议对法治与经济社会发展的分析与建议，不仅是以学术语言描述的愿望和理想，也是有深刻观察依据、深入分析基础和充分经验证明的具有现实性的实践方案与操作措施。

中芬比较法国际研讨会自2009年创办以来已经成为中芬两国法律学者交流思想、凝聚智慧的重要平台，迄今连续成功举办了五届。芬兰学者的知识与经验为中方学者提供了借鉴，有利于中方学者为中国的法治建设提出更有理论依据和经验证明的建议。

（科研处）

中国社会科学论坛暨“法治与反腐治权”国际研讨会

2013年11月，中国社会科学论坛暨“法治与反腐治权”国际研讨会在北京举行。

2013年11月16～17日，中国社会科学论坛暨“法治与反腐治权”国际研讨会在北京举行。研讨会由中国社会科学院主办，中国社会科学院法学研究所承办，联合国开发计划署协办。来自中国、芬兰、法国、日本、新西兰、墨西哥、新加坡等十几个国家的近50位专家学者参加会议。

中纪委驻中国社会科学院纪检组组长张英伟出席开幕式并致辞。他希望与会中外专家学者从理论研究与制度建设等方面提出真知灼见，在学术理论上取得更多成果，进一步推进和深化反腐领域的国际合作。

会上，中外学者围绕“法治与反腐治权”这一主题，从历史与现实、法律与文化、实体与程序、部门法与比较法等多个角度与层次对我国的反腐实践与域外反腐经验进行了深入探讨。会议重点讨论的议题包括：权力腐败与依法治权的制度建设、立法腐败的概念与形式、官员财产申报与公布制度、反腐治权与刑事法治、反腐案件中的侦查手段、证据运用与境外追赃机制、联合国反腐公约与我国反腐治权制度体系的完善、宪法法院在反腐中的作用、公司治理与反腐败等。此次论坛恰逢十八届三中全会刚刚召开，与会中外学者结合三中全会精神，对“推进法治中国建设、强化权力运行制约和监督体系、推进国家治理体系和治理能力现代化”等问题展开了讨论。中国社会科学院法学研究所副所长莫纪宏研究员认为，新一轮的法治反腐序幕刚刚揭开，如何利用法治思维和法治方式来反腐治权是摆在每一位专家学者面前的时代主题和紧迫任务。中国法学会副会长张文显教授表示：“如何将权力关进制度的笼子里，党的十八届三中全会指出了明确的思路，沿着这个思路走下去，中国依法治权、依法反腐的前景一定会很好。”

（科研处）

国际法研究所

（一）人员、机构等基本情况

1.人员

截至2013年年底，国际法研究所共有在职人员31人。其中，正高级职称人员7人，副高级职称人员10人，中级职称人员10人；高、中级职称人员占全体在职人员总数的87%。

2.机构

国际法研究所设有：国际公法研究室、国际私法研究室、国际经济法研究室、国际人权法研究室、科研与外事管理处、《国际法研究》编辑部；人事处、办公室和图书馆与法学研究所合署办公。

3.科研中心

国际法研究所所属科研中心有：国际刑法研究中心、海洋法与海洋事务研究中心、竞争法研究中心。

（二）科研工作

1.科研成果统计

2013年，国际法研究所共完成专著7种，347.7万字；译著3种，91.6万字；论文集2种，89.5万字；教材1种，40万字；论文61篇，88.9万字；一般文章19篇，4.9万字；译文8篇，22万字；研究报告40篇，215.5万字；立法意见4份，1.5万字。

2.科研课题

（1）新立项课题。2013年，国际法研究所共有新立项课题7项。其中，国家社会科学基金课题1项：“海外利益法律保护的中国模式研究”（刘敬东主持）；院国情调研重点课题4项：“海洋石油污染及其法律对策”（张文广主持），“中国海外投资法律风险与对策”（黄晋主持），“国际老年人权与中国养老调查”（李赞主持），“刑事司法协助在我国境外追逃中的功能与实效研究”（郝鲁怡主持）；院创新工程所级课题2项：“国际条约法律框架下中国权益保护之对策研究”（朱晓青主持），“国家人权行动计划与联合国核心人权公约研究”（柳华文主持）。

（2）结项课题。2013年，国际法研究所共有结项课题10项。其中，院重大课题1项：“WTO中的贸易与环境法律问题研究”（刘敬东主持）；院重点课题2项：“缔约权与《缔结条约程序法》的修改研究”（沈涓主持），“中国政府在美国诉讼的对策研究”（李庆明主持）；院国情调研重点课题4项：“海洋石油污染及其法律对策”（张文广主持），“中国海外投资法律风险与对策”（黄晋主持），“国际老年人权与中国养老调查”（李赞主持），“刑事司法协助在我国境外追逃中的功能与实效研究”（郝鲁怡主持）；院青年科研启动基金课题2项：“国际组织的豁免问题研究”

（李赞主持），“中国履行《残疾人权利公约》的义务：以精神和智力障碍人托养制度为重点”（曲相霏主持）；所重点课题 1 项：“中国国际经济法学科的新发展”（黄东黎主持）。

（3）延续在研课题。2013 年，国际法研究所共有延续在研课题 6 项。其中，国家社会科学基金课题 3 项：“中国接受国际人权条约个人申诉机制的挑战与机遇”（赵建文主持），“社区公民参与机制及其法治保障研究”（刘小妹主持），“国际人权民事诉讼中的国家豁免问题研究”（李庆明主持）；院创新工程所级课题 2 项：“我国参与联合国国家审议机制对策研究”（赵建文主持），“变化中的国际经贸规则与中国经济安全研究”（黄东黎主持）；院长城学者资助课题 1 项：“中国《涉外民事关系法律适用法》及其实施”（沈涓主持）。

3. 获奖优秀科研成果

2013 年，国际法研究所获中国社会科学院优秀科研成果奖二等奖 1 项：陈泽宪的专著《〈公民权利与政治权利国际公约〉的批准与实施》；获中国社会科学院优秀科研成果奖三等奖 1 项：廖凡的论文《经济全球化与国际经济法的新趋势》。

4. 创新工程的实施和科研管理新举措

2013 年，国际法研究所进入创新工程，该所共有 18 人进入创新工程，其中 15 人为研究人员，3 人为管理人员。

首席管理为陈泽宪；业务协办为陈立华、彭彪；创新项目共有以下四组：“我国参与联合国国家审议机制对策研究”（首席研究员为赵建文）；“变化中的国际经贸规则与中国经济安全研究”（首席研究员为黄东黎）；“国际条约法律框架下中国权益保护之对策研究”（首席研究员为朱晓青）；“我国国家人权行动计划与联合国核心人权公约研究”（首席研究员为柳华文）。

（三）学术交流活动

1. 学术活动

（1）2013 年 11 月 9 ～ 10 日，中国社会科学院主办、国际法研究所承办的中国社会科学论坛暨第十届国际法论坛·“全球化时代的国际法：新格局、新秩序与新发展”在北京举行。会议研讨的主要问题有“国际法与国内法的关系”“条约的解释与适用”“国际裁决的执行”“主权豁免”“国际责任”。

（2）2013 年 11 月 30 日，由国际法研究所国际刑法研究中心主办的“实体与程序：国际刑法的基本问题”学术研讨会在北京举行。会议研讨的主要问题有“国际刑事法院与国际刑法的管辖适用”“国际刑事实体法”“国际刑事程序法”“国际刑事量刑法”“国际刑事司法合作”。

2. 国际学术交流与合作

2013 年，国际法研究所共有 11 人次先后赴美国、英国、德国、瑞士、波兰、越南等国家进行学术访问和交流。

（1）2013 年 6 月 10 ～ 13 日，国际法研究所所长陈泽宪出席在瑞士和柏林举行的第十一届中德人权研讨会，并作题为“普遍定期审议机制：第一轮审议的经验与问题”的主旨发言。

(2) 2013 年 11 月 20 日，国际法研究所所长陈泽宪研究员在国际法研究所会见了来访的丹麦人权研究所法治项目部主任丽丝贝·伊尔卡亚一行。

(3) 2013 年 11 月 26 日，国际法研究所所长陈泽宪研究员在国际法研究所会见了来访的瑞士外交部人道安全司人权事务特使保罗·科勒大使一行。

3. 与中国香港、澳门特别行政区和中国台湾开展的学术交流

2013 年 2 月 28 日至 3 月 2 日，国际法研究所研究员柳华文参加在香港地区举行的“香港及内地廉政建设与管理”论坛，并作题为“《联合国反腐败公约》，履约审议机制及其意义”的发言。

（四）学术期刊

《国际法研究》，主编陈泽宪。

2013 年，《国际法研究》共出版两卷（第八卷、第九卷），共计 85.5 万字。该刊全年刊载的有代表性的文章有：何志鹏的《国际法的变与不变》；江国青的《全球治理与联合国的改革问题》；何力的《国际经济法律秩序的重构与中国的地位及作用》；许耀明的《国际私法之多元主义：从选法方法论与法源谈起》；蔡从燕的《政治风险的变化与我国对外投资政治风险保险制度的完善》；杨国华的《WTO 上诉机构的条约解释：以“双重救济案”为例》；[德] 克努特·皮斯勒著，张美榕译的《外国法的查明和适用：一个欧洲视角》；高晓力的《涉外民商事合同纠纷案件法律适用若干问题研究》；[德] 伦纳·库尔姆斯著，臧少虎、胡珊珊、王艺译的《欧元区的危机应对政策》；郝鲁怡的《资产没收与分享制度：美国法的考察》。

（五）会议综述

中国社会科学论坛暨第十届国际法论坛·“全球化时代的国际法：新格局、新秩序与新发展”国际研讨会

2013 年 11 月 9 ~ 10 日，中国社会科学论坛暨第十届国际法论坛·“全球化时代的国际法：新格局、新秩序与新发展”在北京举行。来自中国、美国、加拿大、德国、波兰、挪威、瑞典、芬兰、韩国、墨西哥等国的 70 余位代表出席论坛。

中国社会科学院法学研究所、国际法研究所联合党委书记陈甦教授主持开幕式。中国社会科学院国际法研究所所长陈泽宪教授在开幕式上致辞。陈泽宪指出，今年是国际法论坛十周年，是个值得特别纪念的日子。从 2004 年首届国际法论坛“中国的和平发展与国际法学术研讨会”至今，历届论坛都紧扣时代脉搏，围绕同时期国际法理论中的重点、热点、难点问题展开，充满了思想的碰撞与智慧的交锋。国际法论坛的十年，既是与时俱进的十年，亦是广交朋友的十

年。论坛从最初的国内论坛办为国际论坛，从所级论坛升格为中国社会科学论坛，与会代表遍布五洲，来自全国各地、全球各地的国际法学者、实务工作者通过“国际法论坛”这个平台结下了持久的学术友谊。论坛的主题“全球化时代的国际法：新格局、新秩序与新发展”，既包含对现实的反映，也包含对未来的探索。危机之后，利益分歧凸显，单边主义、地区协议给多边体制带来了压力。国际治理、软法之治、非政府组织等多元主体的参与显现了国际秩序与国际法趋新求变的态势。在全球化红利逐步被全球化成本掩盖的时代，多边法律体系何去何从、中国何去何从，是国际法学界不容忽视的课题。

中国政法大学校长黄进教授为论坛致辞。黄进高度肯定了“国际法论坛”对中国国际法学发展的贡献，认为该论坛所具有的持续性、开放性、优质性等优长已使其成为中国国际法学界一个具有品牌效应的学术平台。他认为，国际法研究应以问题为主线，打破学科、地域界限；应坚持以国际法的基础研究为主，避免流于表面、肤浅；国际法教育、研究要具有创新能力、走创新发展之路；超越东西、南北划分，研究人类世界的普遍规则；中国国际法学者应以高度的责任感和使命感，争取在世界国际法领域的话语权。

在为期两天的会议中，40 余位中外专家学者围绕会议主题作了专题发言。与会专家从国际公法、国际私法、国际经济法、国际人权法等多重视角，探讨了国际法与国内法的关系、条约的解释与适用、国际裁决的执行、主权豁免、国际责任、人权保障、海洋与极地地位、国际环境治理、国际组织的改革、国际刑事法院的管辖权、使用武力规则、金融监管、投资监管、贸易救济、公共健康与知识产权、海事扣船制度、国际航运制度、国际民商事裁判的准据法、公共秩序保留等议题，议题广泛、内容丰富。其中，既有对国际法整体走向的探讨，如“国际法与全球治理”，也有对各项具体制度的分析，如海事扣船制度；既有对传统制度的新解，如“《联合国宪章》与使用武力法的新发展”，也有对最新制度安排的解读，如“上海自贸区的金融监管创新”；既有法理思辨，如“强制性规则与公共政策”，也有案例解析，如“马绍尔第一群岛投资公司诉福船集团和中国政府案”；既有新概念，如“国家知情权”，也有新的制度构建，如“自贸区背景下的航运法制建设”；既有观点的碰撞，如世贸组织的争端解决机制仍是“熠熠生辉的宝石”还是已逐渐褪去光环，也有共识与共鸣，如《开罗宣言》的条约性质毋庸置疑、入世议定书与世贸协定的关系亟待解决等。专题发言后的评议与提问更将讨论引向深入。

（廖　凡）

“实体与程序：国际刑法的基本问题”学术研讨会

2013 年 11 月 30 日，由中国社会科学院国际法研究所国际刑法研究中心主办的“实体与程序：国际刑法的基本问题”学术研讨会在北京举行。来自北京大学、中国人民大学、中国政法大学、北京师范大学、北京外国语大学、中国青年政治学院、哈尔滨工业大学、中国社会科

2013 年 11 月，“实体与程序：国际刑法的基本问题研讨会”在北京举行。

学院国际法研究所和法学研究所等院校和科研机构的专家学者 40 余人出席了会议。会议由中国社会科学院国际法研究所国际刑法研究中心主任樊文主持。中国社会科学院国际法研究所所长、国际刑法学协会中国分会副主席、中国刑法学研究会常务副会长陈泽宪教授做会议主旨发言。陈泽宪指出，国际刑法学表现出明显的跨学科特征，因此需要来自各个学科的专家学者的交流与共同努力。在当今社会，国际刑法的理论和实践都出现了一些新情况、新问题值得注意和研究。国内外的专家学者应当携起手来，为国际刑法的不断完善和发展而不懈努力。

与会学者们围绕“国际刑事法院与国际刑法的管辖适用”“国际刑事实体法”“国际刑事程序法”“国际刑事量刑法和国际刑事司法合作”等主题进行了讨论。

在中国政法大学刑事司法学院教授于志刚的主持下，与会专家学者们在第一单元中研讨了国际刑事法院与国际刑法的管辖适用问题。中国人民大学法学院教授朱文奇通过对苏丹总统巴希尔和肯尼亚总统肯塔那与副总统鲁多案的介绍指出，国际刑事法院自 2002 年 7 月成立以来取得了不少进展，但是在追究个人尤其是国家领导人刑事责任这一方面则困难重重。其原因在于：一方面，国际刑法的目的是维护整个国际社会的共同利益，对某些被认为是对全人类的罪行的犯罪必须予以坚决追诉；但另一方面，如果一个国家领导人在其就任期间被起诉并审判，那该国的秩序和建设又如何得到保障？国际刑法总是处于这两者之间的困难的权衡取舍之中。中国政法大学刑事司法学院博士后杨柳介绍了国际刑事法院在非洲问题上所面临的困境：国际刑事法院调查和起诉的全部犯罪情势来自非洲，这一事实引发了非洲国家对国际刑事法院公正性的质疑；国际刑事司法与非洲人民传统的正义观念之间的冲突让法院深受来自非洲的各种政治压力。杨柳认为，国际刑事法院要改善其与非洲的关系，有必要采取更具有包容性的正义观念和更积极的外联等策略。北京师范大学刑事科学研究院讲师赵晨光则介绍了补充性原则与国际刑法的国内适用问题，并对补充性原则下中国与国际刑事法院的合作做了乐观的展望。中国政法大学诉讼法学院教授杨宇冠则从利比亚战争中国际刑事法院的一系列活动着眼，分析了国际刑事法院与我国国内法院管辖权之间合作、补充、冲突的相互关系，建议我国应当坚持从国情出发的同时，借鉴国际经验，通过联合国安理会加深与国际刑事法院的关系，并最终批准《国际刑事法院罗马规约》，以维护国家的利益，促进世界的和平与稳定。针对以上发言，中国社会科学院法学研究所诉讼法研究室主任、研究员熊秋红点评道，当前我国刑事诉讼法学界对国际刑事司法的普遍准则与证据规则的研究尚不够深入。以上发言，既有国际刑法实体法的内容，也有程序法的内容，给人以颇大的启迪。

会议的第二单元研讨国际刑法实体法问题，由中国青年政治学院教授林维主持。北京大学法学院教授王新介绍了罪刑法定原则在国际刑法中的确立和特点，并指出国际刑法在确认和适用罪刑法定原则时，并非简单地等同于国内刑法，其具有自己的特点，即包含普通法方式的某些灵活性特征。哈尔滨工业大学法学院教授宋健强分析了国际犯罪构成论体系，认为国内刑法学的“犯罪论体系”特别是“犯罪构成论体系”之争可以提供国际刑法体系思考的知识论基础，但不能也不应直接进行国际转化。照搬某个法系或国内体系直接解读国际刑法体系，无法使两者实现互动与双赢。北京外国语大学法学院教授王文华则介绍了国际金融反恐的现状，呼吁各国应当理性地对待国际金融反恐，调整和完善相应措施，尽可能减少对公民权利与金融自由的限制。

会议的第三单元由朱文奇教授主持，研讨国际刑事程序法问题。北京师范大学刑事科学研究院教授王秀梅介绍了“控辩均衡”原则的概念、渊源、内容以及在国际刑事辩护中的运用。北京师范大学刑事科学研究院教授史立梅介绍了国际刑事司法领域某些犯罪管辖权竞合的情形，并主张刑事被告人在这种情形下应受“一事不再理”原则的保护。中国人民大学法学院副教授魏晓娜则介绍了协商机制在前南国际刑事法庭与国际刑事法院中的运用，并分析了国际刑事司法引入协商机制的利弊与模式选择。

会议的第四单元为国际刑事量刑法和国际刑事司法合作，由王秀梅教授主持。北京师范大学刑事科学研究院教授黄风在国内案例的基础上，介绍并分析了刑事司法中的海外追赃问题，尤其是执行外国没收裁决的前提条件与中国面临的困境。北京大学法学院教授王世洲介绍了国际刑法中的起刑点问题，并与传统的起刑点进行了比较，认为国际刑事法院能够借此最大限度地维持住自己在国际政治司法制度中的地位，最大限度地便利国际刑事法院履行职责的需要，使之有可能在国际司法工作中发挥自己的作用。樊文副研究员论述了国际刑事司法中的量刑问题，对其概念、渊源、目的与运行机制做了深入的阐述。

（廖　凡）

政治学研究所

（一）人员、机构等基本情况

1. 人员

截至 2013 年年底，政治学研究所共有在职人员 43 人。其中，正高级职称人员 10 人，副高级职称人员 12 人，中级职称人员 16 人；高、中级职称人员占全体在职人员总数的 88%。

2.机构

政治学研究所设有：马克思主义政治学研究室、政治学理论研究室、政治制度研究室、行政学研究室、比较政治研究室、政治文化研究室、信息资料室、《政治学研究》编辑部、综合办公室。

3.科研中心

政治学研究所所属科研中心有：马克思主义政治学研究中心。

（二）科研工作

1.科研成果统计

2013年,政治学研究所共完成专著11种,289.5万字；论文66篇,75.6万字；研究报告2种,25.6万字；论文集2种，75.7万字；皮书2种，79.5万字；理论文章11篇，3万字。

2.科研课题

（1）新立项课题。2013年，政治学研究所共有立项课题5项。其中，国家社会科学基金课题1项:“新世纪以来我国政治思潮的演进及社会影响”（王炳权主持）；院国情调研重点课题2项:“社会转型期腐败与反腐败的政治学研究”（张云鹏主持),“城市化进程中的社会治理”（陈承新主持）；交办委托课题1项:“公职人员财产申报与公开制度”（房宁主持）；院青年中心社会调研课题1项:“县域企业家的政治参与与基层党政治理”（樊鹏主持)。

（2）结项课题。2013年，政治学研究所共有结项课题12项。其中，院重大课题1项:“中国公共产品供给体制机制研究”（周庆智主持）；国情调研重点课题2项:“党的科学、民主、依法执政创新案例调研”（陈红太、王红艳主持),“城市化进程中的社会治理”（陈承新主持)；院青年科研启动基金课题1项:“社会政治决策中信息的选择性接触”（郑建君主持）；交办委托课题5项：院领导交办课题“当前我国阶级阶层状况研究Ⅱ”（房宁主持),院廉政研究领导小组办公室课题“领导干部拒腐防变教育长效机制研究”（房宁主持),院廉政研究领导小组办公室课题“社会主义民主政治建设与反腐败问题研究”（房宁主持),中央政策研究室交办课题“‘底层知识分子’研究”（房宁主持),中组部交办课题“中国特色社会主义民主政治与西方民主政治根本区别研究”（房宁主持）；院青年中心社会调研课题2项:“有关基层公务员心理与行为特征的实证调查”（郑建君主持),“县域企业家的政治参与与基层党政治理”（樊鹏主持)；中国社会科学院院科研管理课题1项:“政治学所人才队伍建设研究”（张宁主持)。

（3）延续在研课题。2013年，政治学研究所共有延续在研课题11项。其中，国家社会科学基金课题3项:“加强社会主义民主政治建设”（房宁主持),“马克思主义政治理论中国化”（杨海蛟主持),“我国县级政府公共产品供给体制机制研究”（周庆智主持)；院重大课题3项:“12卷中国政治思想史Ⅱ”（白钢、史卫民主持),“马克思主义政治学理论研究”（王一程主持),“科学发展观视野下的乡村治理研究”（赵秀玲主持）；院重点课题1项:“完善和创新——地方人大制度研究”（冯钺主持）；院青年科研启动基金课题1项：“新世纪以来我国意识形态领域重要政治思潮研究”（王炳权主持）；青年学者发展基金课题1项：“政治转型中的社会稳定与治理——以俄罗斯为视角”（徐海燕主持）；交办委托课题2项：全国人大交办课题“香港立法会选举制度变革研究”（史卫民主持），国家名词委交办课题“政治学名词审定”（杨海蛟主持）。

3.获奖优秀科研成果

2013年，政治学研究所获“第八届（2013年）中国社会科学院优秀科研成果奖”三等奖2项：史卫民等的专著《中国村民委员会选举：历史与发展比较研究》（上、下），樊鹏的论文《中国社会结构与社会意识对国家稳定的影响》。

4.创新工程工作

2013年1月，政治学研究所整体进入创新工程，进入创新岗位31人，设立6个创新工程项目，分别为：“中国民主话语建构与传播策略研究”（首席研究员为张明澍），“民主政治建设与政治体制改革研究”（首席研究员为周庆智），“国外政治发展比较研究”（首席研究员为周少来），“中国基层民主创新研究”（首席研究员为陈红太），“中国地方政府绩效评估体系研究”（首席研究员为贠杰），“《政治学研究》学术期刊”（总编辑为杨海蛟）。

（三）学术交流活动

1.学术活动

2013年，政治学研究所主办和承办的学术会议有：

(1)2013年1月5～6日，由中国社会科学院政治学研究所《政治学研究》编辑部主办的“学习中共十八大报告关于政治学理论与现实问题学术研讨会”在云南省昆明市举行。会议研讨的主要问题有“深入学习领会党的十八大报告有关政治学的理论和现实的重要论断”“党的十八大精神对政治学研究的指导意义”“关于《政治学研究》具体办刊思路”。

(2) 2013年4月11～12日，由中国社会科学院政治学研究所、深圳大学联合主办的“中国风（Chian Style）2013论坛——民主建设与政治发展”在广东省深圳市举行。会议的主题是“民主政治与政治体制改革”。

(3) 2013年5月29日，由中国社会科学院政治学研究所与杭州市政府联合主办的“杭州创新实践研究北京座谈会”在北京举行。

(4) 2013年7月12～14日，由中国社会科学院政治学研究所《政治学研究》编辑部主办、河南师范大学和河南省中国特色社会主义理论体系研究中心共同承办的“中国当代政治文化建设学术研讨会”在河南省郑州市举行。会议研讨的主要问题有“政治文化的内涵、体系建构与研究现状”“当代中国对主流政治文化的认同”“中国当代政治文化建设的现实问题”。

(5) 2013年10月12～13日，受国务院台湾事务办公室委托，由中国社会科学院社会政法学部主办、政治学研究所承办的“海峡两岸社情民意调查的现状与发展学术研讨会”在北京举行。

（6）2013 年 11 月 2 ～ 3 日，由政治学研究所、政治学研究所创新工程“中国社会主义核心价值观的建设与传播课题组”联合主办的“社会主义核心价值观与民主的建设传播研讨会”在北京举行。会议研讨的主要问题有“正确处理社会主义核心价值观与民主建设传播中的若干关系”“社会主义核心价值观与民主建设传播中应注意的几个关键问题”“做好社会主义核心价值观与民主建设传播的几个着力点”。

（7）2013 年 12 月 21 日，由中国政治学会、中国社会科学院政治学研究所“中国民主话语建构与传播策略研究”创新项目组和南京财经大学联合举办的“中国特色社会主义协商民主”学术研讨会在江苏省南京市举行。会议研讨的主要问题有“中国特色社会主义协商民主的理论发展和政治价值”“中国特色社会主义协商民主的制度化与现代化建设”“人民政协是中国特色社会主义协商民主发展的重要渠道”“中国基层协商民主的实践与路径拓展”。

2. 国际学术交流与合作

2013 年，政治学研究所共派遣出访 7 批 10 人次，接待来访 37 批 91 人次（其中，中国社会科学院邀请来访 4 批 8 人次）。与政治学研究所开展学术交流的国家有美国、俄罗斯、德国、法国、波兰、加拿大、韩国、新加坡、日本、伊朗、越南、澳大利亚、菲律宾、伊朗、丹麦、塔吉克斯坦、巴基斯坦、印度。

（1）2013 年 1 月 7 日，政治学研究所所长房宁等会见韩国驻华使馆公使张元三，就韩国政治发展的有关问题以及朴槿惠总统任职对韩国历史及当代政治发展的意义等问题进行学术交流。

（2）2013 年 1 月 11 日，政治学研究所所长房宁、政治学理论研究室主任周少来等会见新加坡驻华使馆公参张文喜，就新加坡人民行动党党的建设经验、新加坡公务人员财产申报与公示制度、中国民主政治建设的发展趋势等问题进行学术交流。

（3）2013 年 1 月 13 ～ 22 日，政治学研究所所长房宁等赴菲律宾马尼拉就菲律宾政治发展问题进行调研。

（4）2013 年 1 月 18 日，政治学研究所政治学理论研究室主任周少来为越南共产党中央委员、民族委员会副主任农国俊等一行作了中国进行政治体制改革的总体情况的专题介绍。

（5）2013 年 3 月 22 日，政治学研究所行政学研究室主任贠杰在政治学研究所会见了日本瑞穗研究所三浦佑介研究员，双方从行政的视角对中国工业的产能过剩、投资过剩的问题进行学术交流。

（6）2013 年 5 月 30 日，政治学研究所政治文化研究室主任张明澍等在政治学研究所会见了美国驻华使馆官员龙世民、刘辉，双方就中国当前的政治文化、中国公民政治素质调查等话题进行学术交流。

（7）2013 年 6 月 9 日，政治学研究所史卫民、行政学研究室主任贠杰等在政治学研究所会见了巴基斯坦国家管理学院代表团，双方就公共政策在中国政治发展中的作用、中国社会科学院对中国公共政策制定的影响途径等问题进行学术交流。

（8）2013 年 6 月 22 ~ 29 日，美国德克萨斯 A&M 大学政治学系教授伍德来北京访问，并与政治学研究所的学者进行学术交流。

（9）2013 年 6 月 28 日，政治学研究所所长房宁、副所长赵岳红、副所长杨海蛟等在政治学研究所会见了日本东北大学教授大西仁、高田等，双方就日本东北大学与政治学系开展合作事宜进行交流。

（10）2013 年 8 月 12 日至 9 月 2 日，政治学研究所孙彩红赴澳大利亚就“澳大利亚政府管理、公共政策与公共行政改革问题”进行实地调研。

（11）2013 年 10 月 10 ~ 25 日，政治学研究所政治文化研究室副主任周庆智赴日本就中日两国地方治理比较研究进行学术交流。

（12）2013 年 10 月 20 ~ 29 日，政治学研究所副所长杨海蛟赴美国参加由美国夏威夷大学太平洋和亚洲学院中国研究中心、中国社会科学院世界文明研究中心共同举办的“中国和美国的人文学科和中国学研究概况”国际研讨会，美国北卡罗来纳州立大学孔子学院和中国社会科学院世界文明中心共同举办的“中国与世界：文明的多样性与跨文化研究”国际研讨会。

（13）2013 年 11 月 13 ~ 23 日，政治学研究所副所长杨海蛟、政治文化研究室主任张明澍等赴波兰与波兰科学院政治学所、克拉科夫大学政治学系、雅盖隆大学的专家学者进行了学术交流。

（14）2013 年 11 月 19 日至 12 月 14 日，印度社科理事会教授斯瓦米纳森来北京访问，就政治学因素下的人口理论等问题与中国社会科学院数量经济与技术经济研究所、社会学研究所、人口与劳动经济研究所、政治学研究所，北京大学，中国人口与发展研究中心的专家学者进行学术交流。

3. 与中国香港、澳门特别行政区和中国台湾开展的学术交流

2013 年，政治学研究所共派遣出访 5 批 15 人次，接待来访 7 批 49 人次。

（1）2013 年 1 月 24 日，政治学研究所政治学理论研究室主任周少来、马克思主义政治学研究所主任王炳权等与台湾政治大学教授寇健文、张致中在政治学研究所就台湾地区政治发展等问题进行学术交流。

（2）2013 年 2 月 27 日至 3 月 3 日，政治学研究所所长房宁、政治学理论研究室主任周少来等参加由香港廉政公署“廉政建设研究中心”、中国社会科学院“中国廉政研究中心”、北京大学“廉政建设研究中心”、北京师范大学“刑事法律科学研究院”在香港举办的“香港与内地廉政建设与管理”论坛。

（3）2013 年 7 月 6 日，台湾铭传大学两岸研究中心主任杨开煌教授等在政治学研究所作了题为“国民党、民进党两岸政策异同和台湾民意调查的发展与现状”的学术讲座。

（4）2013 年 7 月 28 日至 8 月 2 日，政治学研究所史卫民等赴台湾参加“大陆基层选举与公共治理：回顾、突破与展望学术研讨会”。

（5）2013 年 8 月 30 日，政治学研究所史卫民、政治学理论研究室主任周少来等与台湾大学政治学系教授张佑宗率领的台湾中流文教基金会一行在政治学研究所就中国政治学研究的重点问题进行学术交流。

（6）2013 年 9 月 4 ～ 9 日，政治学研究所所长房宁等赴台湾参加“发展中国家政治发展比较研讨会”，并赴台湾铭传大学、政治大学东亚研究所、金门技术学院进行学术交流。

（7）2013 年 10 月 21 ～ 26 日，政治学研究所所长房宁等赴澳门进行学术访问。

（8）2013 年 11 月 28 日，政治学研究所行政学研究室主任贠杰等与台湾大学政治学系学生参访团在政治学研究所就当前行政体制改革情况等问题进行学术交流。

（四）学术社团、期刊

1. 社团

（1）中国政治学会，会长李慎明。

① 2013 年 5 月 10 ～ 11 日，中国政治学会主办、中国社会科学院马克思主义理论建设领导小组办公室协办、湖南师范大学公共管理学院承办的中国政治学会 2013 年各省市秘书长和团体代表联系会议暨中国特色社会主义政治建设学术研讨会在湖南省长沙市举行。会议的主题是“中国特色社会主义政治建设”，研讨的主要问题有“推进政治建设必须坚持中国特色社会主义”“中国的政治制度建设”“中国的政治文化建设”“中国的国家建设”。

② 2013 年 10 月 12 ～ 13 日，中国政治学会在山东省济南市举行 2013 年年会暨社会主义核心价值体系与中国特色社会主义政治建设学术研讨会。会议的主题是“社会主义核心价值体系与中国特色社会主义政治建设”，研讨的主要问题有“当代中国社会主义核心价值体系建设”“中国特色社会主义政治发展”“中国特色社会主义公共政策与公共管理”。与会专家约200人。

（2）中国政策科学研究会，会长滕文生。

（3）中国红色文化研究会，会长刘润为。

2. 期刊

（1）《政治学研究》（双月刊），主编房宁。

2013 年，《政治学研究》共出版 6 期，共计 150 万字。该刊全年刊载的有代表性的文章有：周平的《多民族国家的国家认同问题分析》，徐元善、周定财的《我国乡镇政府政策执行力提升研究》，陈岳、孙龙、田野的《西方政治学在中国：近 30 年来学术翻译的发展与评析》，张师伟的《中国传统政治哲学的逻辑进程》，林尚立、徐勇等的《“当代中国政治学的任务和使命”笔谈》，师泽生、林毅的《试论毛泽东政治思想的理论品格》，颜德如、迟晓蕾的《“中国梦”对共同体价值的重塑及其政治意义》，佟德志的《人民的民主，还是资本的统治？——美国宪政民主理论与实践的一个认识误区》。

(2)《今日中国论坛》(月刊),总编辑蔡华。

(五)会议综述

"2013中国STYLE:民主建设与政治发展"国际学术研讨会

2013年4月,"2013中国STYLE:民主建设与政治发展"国际学术研讨会在深圳大学召开。

2013年4月11～12日,由中国社会科学院政治学研究所和深圳大学联合举办的"2013中国STYLE:民主建设与政治发展"国际学术研讨会在深圳大学召开。来自中国社会科学院、上海交通大学、香港浸会大学、加拿大阿尔伯塔大学、澳大利亚墨尔本理工大学、美国卡特中心等单位的40余位专家参加了会议。

会议共分六个单元进行:第一单元,中国社会科学院政治学研究所所长助理陈红太、加拿大阿尔伯塔大学中国学院院长侯秉东、深圳大学当代中国政治研究所所长黄卫平分别进行了主题发言。陈红太提出了中国政改过程中的政治体制行政化的现象。侯秉东介绍了加拿大联邦主义理论和实践。黄卫平就"关于废除领导干部终身制的重大政治意义"一题进行了发言。

第二单元,浙江乐清市人大常委会主任赵乐强介绍了乐清的协商民主实践经验。香港浸会大学教授赵心树介绍了香港地区"双直选"策略的问题。深圳市人力资源和社会保障局局长王敏介绍了深圳公务员制度的改革情况。中国社会科学院政治学研究所所长房宁指出中国改革开放三十多年以来取得重大成就的三方面原因:政府对宏观经济的调控与市场相结合、对人民权利的保障与政治稳定的结合、社会主义的精神价值。

第三单元,国防大学马克思主义研究所所长赵周贤围绕"权力结构理性化:中国政治体制改革的路径选择"发言。澳大利亚墨尔本理工大学商学院副院长杰弗瑞·斯托克介绍了责任制政府与澳大利亚的民主。

第四单元,中国社会科学院欧洲研究所赵晨介绍了民主赤字和欧盟的民主化之路问题。中国社会科学院政治学研究所张明澍提出中国当前需要以下形式的民主:德治优先于法治、重视实质和内容超过重视形式和程序、解决腐败和群众监督政府优先于保障公民自由和权利、协商优先于表决、中国自己的民主而不是外国的民主。

第五单元,中国现代国际关系研究院西亚非研究所所长牛新春介绍了当前中美关系意识形态的冲突问题。黎巴嫩论坛召集人爱思玲·伯恩将政治学研究延伸到了国际军事斗争的最前沿，论述了在叙利亚的信息战对国际和平社会的影响。上海交通大学国际与公共事务学院院长胡伟围绕“为什么要民主”“要什么样的民主”以及“怎样进行民主建设”专题阐述了中国民主政治的发展。

第六单元，美国卡特中心中国项目主任刘亚伟梳理了民主发展的进程和各种观点并提出中国政治体制改革应从“顶层设计”入手，昆士兰大学教授戴维·琼斯认为金融危机可以引起民主转型，深圳大学法学院副院长邹平学介绍了中国人大制度的实际状况。

（科研处）

中国政治学学会2013年年会暨“社会主义核心价值体系与中国特色社会主义政治建设”学术研讨会

2013年10月，中国政治学学会与山东大学政治学与公共管理学院联合举办的中国政治学学会2013年年会暨“社会主义核心价值体系与中国特色社会主义政治建设”学术研讨会在山东省济南市召开。来自全国各地政治学分会、各地方社会科学院以及全国多所大学的政治学系和国际政治系的代表约200人参加了会议。

2013年10月，中国政治学学会2013年年会暨“社会主义核心价值体系与中国特色社会主义政治建设”学术研讨会在山东省济南市召开。

（1）当代中国社会主义核心价值体系建设

关于社会主义核心价值体系重要性及其历史演变的讨论。社会主义核心价值体系是中国共产党在当代提出并不断完善的现代政治伦理观，是对有中国特色社会主义意识形态的本质表述，是为解决现阶段的社会问题而不断进行的又一理论创新成果。社会主义核心价值体系建设的本质要能够反映中国特色社会主义建设和发展的理想，要以此为中心重构当代中国的政治认同。构建社会主义核心价值体系不仅局限于构建人民的政治认同，而且从历史宏观层面来看，是构建更高政治文明的内在要求。

关于中国政治文化与社会主义核心价值体系关系的讨论。政治文化与社会主义核心价值体系紧密关联，要构建主流政治文化和社会核心价值体系，首先要善待并继承民族传统政治文化的优秀成果。不少学者提出有必要重新认识和评判儒家思想的现代意义。有学者从国际视角出发，通过对苏联解体前民众政治文化状态的数据介绍和分析，提出这一时期苏联民众表现出明显的政治冷漠、政治分歧以及对党的信心丧失，这是导致后期苏联出现政治动荡直至解体的重要因素。

关于构建社会主义核心价值观体系的合理路径选择。构建社会主义核心价值体系，需要正确有效的路径，这取决于如何在“中西古今”相互作用中吐故纳新、汲取精华，形成具有中国特色的社会主义政治文化与核心价值体系。

(2) 中国特色社会主义政治发展

从国内外政治转型看中国特色社会主义政治发展。从外部环境和世界政治转型方式的变化看，民主化和政治转型被视为一种渐进而温和的权力交接。从国内现代化发展与社会转型看，中国的现代化进程产生了回应型政治需求，今天的政治发展需要强化政治回应的及时性、主动性、整合性和包容性，注重宏观政治设计、时序选择和地方基层探索。

中国特色社会主义政治发展的路径选择。参会学者普遍认为，中国政治发展必须坚持客观务实地走自己的道路，这是中国政治发展的基本原则，也是逻辑起点。中国的政治发展要以最小成本实现政治发展效益的最大化目标，对此，学者们主要提出了三种路径选择。

首先，通过参与式民主推动政治发展。其次，通过各种形式的协商民主推动政治发展。最后，也有学者认为应当通过发展党内民主带动党际民主，建议从动力机制、制度机制和保障机制三方面加强和建立党内民主对党际民主的带动机制。

政治发展中的防腐倡廉与权力监督。参会学者就如何加强防腐倡廉与权力监督等议题，分别从历史发展、理论思考与制度建设等角度进行了深入研讨。

(3) 中国特色社会主义公共政策与公共管理

优化地方治理结构，提升公共政策水平。在中国的制度环境下，地方治理结构的特点在很大程度上决定着公共政策的产出能力和公共管理水平。

转变政府职能创新行政理念。中国特色社会主义公共政策和公共管理建设，需要积极转变政府职能，创新行政理念。参会学者认为，政府职能转变是一项系统的行政改革工程，它受到先进的理论和实践探索得来的经验两个层面的“双轮”驱动。

创新中国特色社会管理体系。加强和创新社会管理的主要动力来自于发展中出现的各种不平衡、不协调、不可持续等问题，社会管理创新的目标是要适应这一系列转变提出的新要求，通过加强和完善社会管理使人民共享改革成果。

（科研处）

民族学与人类学研究所

（一）人员、机构等基本情况

1.人员

截至2013年年底，民族学与人类学研究所共有在职人员153人。其中，正高级职称人员46人，副高级职称人员45人，中级职称人员46人；高、中级职称人员占全体在职人员总数的90%。

2.机构

2013年，民族学与人类学研究所进行了学科调整，并在原设的民族理论研究室、民族社会研究室、民族文化研究室、民族历史研究室 、南方语言研究室、北方语言研究室、语音学与计算语言学研究室、民族古文字研究室、世界民族研究室、民族经济研究室、影视人类学研究室、《民族研究》编辑部、《世界民族》编辑部、《民族语文》编辑部、图书馆、网络信息中心、办公室、科研处、人事处的基础上，新组建了新疆历史与发展研究室、藏学与西藏发展研究室、资源环境与生态人类学研究室。

3.科研中心

民族学与人类学研究所院属科研中心有：中国少数民族语言研究中心、西夏文化研究中心、海外华人研究中心、蒙古学研究中心、藏族历史文化研究中心；所属研究中心有：加拿大研究中心、羌学研究中心。

（二）科研工作

1.科研成果统计

2013年，民族学与人类学研究所共完成专著48种，1000万字；论文217篇，180万字；研究报告15篇，50万字；古籍整理1种，20万字；学术普及读物9种，54万字；论文集10种，260万字；影视作品1部8集，380分钟。

2.科研课题

（1）新立项课题。2013年，民族学与人类学研究所共有新立项课题10项。其中，国家社会科学基金特别委托课题1项："21世纪初中国少数民族地区经济社会发展综合调查"（王延中主持），其中包括16个子项目："喀什市经济社会发展调查"（王延中主持），"新疆维吾尔自治区和田地区墨玉县经济社会发展综合调查"（刘正寅主持），"新疆塔什库尔干塔吉克自治县塔吉克族经济社会发展综合调查"（赵明鸣、龙远蔚主持），"新疆和布克塞尔蒙古自治县社会经济文化综合调查"（曹道巴特尔主持），"云南省德宏州盈江县少数民族经济社会发展调查"（曾少聪主持)，“云南省大理市白族经济社会发展综合调查”（王锋主持)，“沧源佤族经济社会发展综合调查”（吴兴旺主持)，“丽江纳西族经济社会发展综合调查”（黄行、木仕华主持)，“镇宁布依族苗族自治县经济社会发展研究”（方素梅主持)，“苗族的经济社会发展综合调查——以贵州黔东南苗族侗族自治州首府凯里市为例”（张继焦主持)，“贵州省三都水族自治县经济社会发展综合调查”（张昌东、韦学纯主持)，“贵州台江县苗族经济社会发展综合调查”（李云兵、石茂明主持)，“裕固族聚集区经济社会发展综合调查”（王希恩主持)，“内蒙古鄂尔多斯市伊金霍洛旗经济社会发展综合调查”（色音主持)，“青海省互助土族自治县土族经济社会发展综合调查”（秦永章主持)，“内蒙古呼伦贝尔鄂温克族自治旗经济社会发展综合调查”（朱伦、包胜利主持)；国家社会科学基金一般课题1项：“非汉族群入主中原与官僚君主制的延续”（陈勇主持)；国家社会科学基金青年课题2项：“粟特语、吐火罗语与古代维吾尔语接触研究”（木再帕尔主持)，“藻敏瑶语汉借词的历史层次”（龙国贻主持)；国情调研课题6项：“长江源牧区的贫困和社会保障状况调查——以治多县为例”（刘小珉主持)，“流迁中的少数民族妇女状况调研——以西南少数民族妇女族际婚姻为例”（郑信哲主持)，“四川省凉山州藏区个案调查——以凉山州藏学会为例”（尹蔚彬主持)，“云南丽江纳西文化旅游发展现状调查研究”（木仕华主持)，“广西龙胜苗瑶族群特殊汉语方言的使用调查”（李云兵主持)，“面向信息处理的维吾尔语研究现状调查”（王海波主持)。

(2)结项课题。2013年，民族学与人类学研究所共有结项课题31项。其中，院重大课题3项：“中国少数民族地区发展三十年（1978～2008)”（吴兴旺主持)，“基于语音声学参数数据库统一平台的阿尔泰语系诸语言语音研究”（呼和主持)，“中国民族语言语法标注文本系列丛书”（江荻主持)；院重点课题2项：“国外萨满教研究通论”（孟慧英主持)，“《御制五体清文鉴》研究”（江桥主持)；国情调研课题8项：“新疆蒙古族地区蒙古语与哈萨克语、维吾尔语、汉语的互动状况与双语教育问题调查”（曹道巴特尔、木再帕尔主持)，“新疆游牧维族社会文化调查研究数据库”（王小霞主持)，“长江源牧区的贫困和社会保障状况调查——以治多县为例”（刘小珉主持)，“流迁中的少数民族妇女状况调研——以西南少数民族妇女族际婚姻为例”（郑信哲主持)，“四川省凉山州藏区个案调查——以凉山州藏学会为例”（尹蔚彬主持)，“云南丽江纳西文化旅游发展现状调查研究”（木仕华主持)，“广西龙胜苗瑶族群特殊汉语方言的使用调查”（李云兵主持)，“面向信息处理的维吾尔语研究现状调查”（王海波主持)；所重点课题18项：“自治州自治条例的制定与修订研究”（刘玲主持)，“瑶族语言研究”（李云兵主持)，“清代民族语言政策”（黄晓蕾主持)，“少数民族妇女与社会性别研究”（彭雪芳主持)，“蒙古语标准音辅音研究”（哈斯其木格主持）等。

3.获奖优秀科研成果

2013年，民族学与人类学研究所获“第八届（2013年）中国社会科学院优秀科研成果奖”一等奖1项：史金波的专著《西夏社会》；二等奖1项：王希恩的专著《全球化中的民族过程》；

三等奖 4 项：呼和的专著《蒙古语语音实验研究》，何星亮的专著《图腾与中国文化》，王延中的论文《中国社会保障制度改革发展的几个重大问题——对〈中国的社会保障报告〉的评论与建议》，卢梅的论文《国家权力扩张下的民族地方政治秩序建构——晚清康区改流中的制度性选择》；中国社会科学院古籍保护荣誉奖 2 项：2013 年中国社会科学院古籍普查工作优秀组织奖，2013 年中国社会科学院古籍普查工作模范带头奖。

4. 创新工程的实施和科研管理新举措

2013 年 1 月 29 日，民族学与人类学研究所进入院创新工程。

2013 年，民族学与人类学研究所创新工程项目有 18 项："当代中国民族政策热点问题评析和理论创新研究"（首席研究员为王希恩），"民族地区经济发展与民族关系研究"（首席研究员为龙远蔚），"民族政治学：民族问题与民族政策的国别研究及其经验教训借鉴"（首席研究员为朱伦），"民族志文献与中华民族形成和发展研究"（首席研究员为刘正寅），"少数民族与中国近代民族国家建构研究"（首席研究员为方素梅），"中华民族多元一体格局进程中的汉民族研究"（首席研究员为曾少聪），"民族地区稳定与发展调查研究"（首席研究员为何星亮），"中国少数民族非物质文化遗产调查研究"（首席研究员为色音），"城市民族问题调查研究"（首席研究员为张继焦），"21 世纪少数民族发展系列影像志——喜马拉雅山地民族的影像志研究"（首席研究员为庞涛），"中国少数民族实验室平台"（首席研究员为黄行），"中国少数民族语言有声资源库创建"（首席研究员为徐世璇），"中国少数民族古文字和古文献的信息处理"（首席研究员为聂鸿音），"中国民族语言语料工程及深度应用研究"（首席研究员为江荻），"北方少数民族语言实验研究"（首席研究员为呼和），"北方边境地区少数民族语言文字使用现状和发展趋势研究"（首席研究员为曹道巴特尔），"中国民族史学史纲要"（首席研究员为史金波）。

2013 年，民族学与人类学研究所进岗总人数为 75 人。

为了适应创新工程管理体制机制的新变化，民族学与人类学研究所进一步规范了相关的管理制度，先后制定了一批研究所的规章制度，其中包括《专业技术岗位科研论文量化评估办法》《创新工程项目立项程序规范》《博士后流动站管理工作暂行规定》《民族大调查项目管理办法》《民族大调查项目经费管理办法》《民族大调查项目调查工作规范》《创新项目预算执行进度管理办法》《西小院临时周转用房管理办法》《中国民族研究团体联合会等学会管理办法》《财务报销管理规定》《劳务费发放的规定》等。同时，组织编发《所长办公会议纪要》《所行政例会纪要》《所务会议纪要》和《民族学所通讯》等，及时向全所人员通报研究所管理的各类信息。

（三）学术交流活动

1. 学术活动

2013 年，民族学与人类学研究所主办或主要承办的学术活动有：

（1）2013 年，民族学与人类学研究所共举办 8 期"民族发展论坛"，演讲者及其演讲题目依次为：李林的“中国法治的现状、挑战与未来发展”，朱玲的“少数民族地区发展研究——藏区课题案例”，王希恩的“中国民族理论及当代发展”，葛延风的“完善社会政策，促进社会建设”，李周的“生态经济与少数民族地区发展”，魏后凯的“新时期中国西部大开发战略与政策”，房宁的“关于政治文明建设的若干思考”，厉声的“历史上中国边疆民族发展的环境与特点——兼述‘东突’分裂主义的理论来源”。

（2）2013年，民族学与人类学研究所参与主办和联合举办的学术会议明显增多，主要有“第三届西夏学国际学术论坛暨王静如先生学术思想研讨会”“蒙古族源与元朝帝陵综合研究”首届学术研讨会、“蒙古语族语言与地域文化研究国际学术研讨会”“比较视野下的民族与族群政治研究学术研讨会”“民族问题与民族政策研讨会”“多民族国家政治发展”学术研讨会、“中国民族理论研究热点问题研讨会”“汉民族学会2013年年会暨屯垦文化学术研讨会”“中国少数民族语言研究论坛”。

2.国际学术交流与合作

2013年，民族学与人类学研究所共有25批次50人出访，7批次54人来访。

（1）2013年7月21～27日，民族学与人类学研究所所长助理扎洛率团参加了在蒙古国首都乌兰巴托举办的第十三届国际藏学大会。

（2）2013年8月4～11日，应国际人类学与民族学联合会第17届世界大会组委会主席约翰·葛莱德赫尔的邀请，以民族学与人类学研究所所长王延中为团长的代表团赴英国曼彻斯特大学出席了国际人类学与民族学联合会第17届世界大会。

（3）2013年9月18～21日，由中国社会科学院西夏文化研究中心、宁夏大学西夏学研究院、中国人民大学国学院联合举办的第三届西夏学国际学术论坛暨王静如先生学术思想研讨会在中国社会科学院召开。来自中国、俄罗斯、日本、法国、德国等国家的120位专家学者参加了会议。

（4）2013年11月18～19日，由中国社会科学院民族学与人类学研究所和日本国立民族学博物馆联合主办、民族学与人类学研究所民族文化研究室和《民族研究》编辑部共同承办、中国社会科学出版社协办的“中日人类学民族学理论创新与田野调查”国际学术研讨会在北京召开。参加研讨会的中日代表共有40多人。会议研讨的主要问题有“人类学民族学理论创新与研究趋势”“亚洲视野中的社会与民族文化变迁”“历史人类学的实践与理论建构”“人类学的田野与实践”。

（5）2013年11月21～22日，由中国社会科学院主办，民族学与人类学研究所承办、中央民族大学经济学院协办的中国社会科学论坛（2013）——“中国西部民族地区发展与小康社会建设”在中国社会科学院召开。来自中国社会科学院、中央民族大学经济学院、新疆大学、云南农业大学、国家统计局宁夏调查总队、英国牛津大学、美国明尼苏达大学、美国宾夕法尼亚大学、美国弗吉尼亚大学、法国里昂大学、日本一桥大学、瑞典哥德堡大学的专家学者50余人参加了论坛。

(6) 2013 年 12 月 9 ~ 14 日，民族学与人类学研究所所长王延中等 6 位国内学者出席在意大利米兰比科卡大学召开的首届中国人类学会议。

（四）学术社团、期刊

1. 社团

(1) 中国民族研究团体联合会，会长王延中。

(2) 中国民族理论学会，会长陈改户。

(3) 中国民族史学会，会长罗贤佑。

(4) 中国民族学学会，会长郝时远。

(5) 中国民族语言学会，会长黄行。

(6) 中国世界民族学会，会长郝时远。

(7) 中国突厥语研究会，会长黄行。

(8) 中国民族古文字研究会，会长揣振宇。

(9) 中国西南民族研究会，会长何耀华。

2. 期刊

(1)《民族研究》(双月刊)，主编王延中。

2013 年，《民族研究》共出版 6 期，共计 108 万字。该刊全年刊载的有代表性的文章有：吕普生的《多民族国家中的少数群体权利保护：理论分歧与反思》，张丽君的《中国牧区生态移民可持续发展实践及对策研究》，何菊的《仪式容量：当代宗族裂变的新模式——以云南大理周城白族村段氏宗族为例》，钟焓的《晚期蒙古编年史所见唐兀惕哈屯形象及事迹的来源考析》等。

(2)《世界民族》(双月刊)，主编王延中。

2013 年，《世界民族》共出版 6 期，共计 85 万字，该刊全年刊载的有代表性的文章有：伍斌的《历史语境中的美国“熔炉论”析论》，王希恩的《从多元文化主义到多元一体主义的思考》，胡键的《资产阶级现代民族的形成与落后民族的解放——基于马克思恩格斯关于民族问题阐述的文本研究》等。

(3)《民族语文》(双月刊)，主编黄行。

2013 年，《民族语文》共出版 6 期，共计 72 万字。该刊全年刊载的有代表性的文章有：吴安其的《东亚太平洋语言的渊源关系》，刘丹青的《显赫范畴的典型范例：普米语的趋向范畴》，戴庆厦的《再论汉语和非汉语结合研究的方法论问题》等。

（五）会议综述

“21世纪初中国少数民族地区经济社会发展综合调查”项目启动工作会议

2013 年 3 月 18 日，由中国社会科学院民族学与人类学研究所承担并主持的国家社会科学基金特别委托项目和中国社会科学院创新工程重大专项“21 世纪中国少数民族地区经济社会发展综合调查”在中国社会科学院召开启动大会。中国社会科学院常务副院长王伟光，中国社会科学院副院长李捷、武寅、李扬，国家民委副主任丹珠昂奔，全国哲学社科规划办副主任姜培茂等出席会议。王伟光发表总结讲话。会议由中国社会科学院秘书长黄浩涛主持。

会上，中国社会科学院民族学与人类学研究所所长、项目首席专家王延中汇报了项目工作的整体规划与进展情况。王伟光等向项目指导委员会委员、专家委员会委员和项目子课题主持人颁发聘书。全国哲学社科规划办副主任姜培茂，中国社会科学院副院长李扬，中国藏学研究中心副总干事郑堆，中国社会科学院院长助理、学部主席团秘书长郝时远，中国社会科学院社会学研究所所长李培林等对项目提出了期望与指导意见。新疆维吾尔自治区民族事务委员会副主任张若璞、中国社会科学院财计局局长段小燕等发言；项目子课题主持人吴兴旺代表子项目主持人发言。

王伟光在讲话中指出，系统总结我国民族理论发展的经验教训，为全面贯彻落实党的民族政策，推动民族地区全面协调可持续发展建言献策，是该项目的目标和指导思想。项目要认真总结党的民族理论和民族政策，尤其改革开放以来，我国在处理民族问题上走出的一条中国特色的道路；要认真概括新中国成立以来，尤其改革开放以来，我国在处理民族问题方面取得的成就，以及少数民族经济社会发展的成就；要善于发现当前民族地区存在的问题，提出可供解决的对策建议。

王伟光希望项目组所有成员充分认识该项目的重要意义，在认真学习党的十八大精神及习近平总书记一系列讲话精神的基础上，运用马克思主义民族理论和方法做好调研等各项工作，统筹协调，精心组织，确保形成高质量的调研成果。

姜培茂表示，我国现有 1 亿多少数民族人口，民族地区的发展直接关系到 2020 年我国全面建成小康社会的大局和未来中国梦的实现。然而，民族地区发展的难点和问题也比较突出。这项调查对于全面摸清民族地区经济社会各领域的情况，帮助国家科学制定民族地区发展规划，具有重大意义。希望该项目最终能为党和国家决策提供更多数量丰富、内容准确的数据和案例支持。

李扬表示，此次调查可以说是新中国成立后第三次少数民族地区经济社会发展的综合性调查。在十八大召开后的新时期，它具有与前两次全然不同的特殊意义，如何帮助处在不同起点的民族地区同全国人民一道走向小康社会的共同目标，是此项调查应当发挥的作用。同时，在大数据时代下，作为全国哲学社会科学规划办推动哲学社会科学数据库建设的第二号项目，此次调查中的所有数据都应坚持高标准、严要求，具备足够的科学性。

“21 世纪初中国少数民族地区经济社会发展综合调查”由中国社会科学院院长陈奎元

担任项目总顾问，党组副书记、常务副院长王伟光担任学术指导委员会主任。项目计划于2013～2017年选择60～70个民族区域自治地方开展多学科综合调查。项目旨在回顾总结中国特色民族理论、民族政策的探索和形成过程，全面展示改革开放尤其是21世纪以来民族地区经济社会发展的辉煌成就，准确把握未来发展面临的困难与挑战，为实现民族地区跨越式发展和中华民族伟大复兴建言献策。

（孙　懿）

中国民族史学会第八届会员代表大会暨第十六次学术研讨会

2013年10月26～28日，为促进中国民族史研究事业的繁荣与发展，同时为纪念中国民族史学会成立三十周年，中国民族史学会和云南大学在云南省昆明市联合举办了中国民族史学会第八届会员代表大会暨第十六次学术研讨会。大会由云南大学人文学院历史系承办，中国民族史学会秘书处和云南历史系共同筹备。出席会议的代表共有150余人，来自20多个省、直辖市、自治区，分属10多个民族，共提交论文或论文摘要110余篇。

会议在云南大学科学馆开幕。开幕式由云南大学人文学院院长段炳昌教授主持。中国民族史学会副会长王希隆研究员致开幕词。云南大学校长林文勋教授致欢迎词。中国社会科学院民族学与人类学研究所党委书记张昌东代表学会主管单位讲话，常务副会长罗贤佑研究员代表学会讲话，秘书长刘正寅研究员代表学会第七届理事会和秘书处向大会作了工作报告。

大会包括两项议程：一是举行中国民族史学会第十六次学术研讨会即“历史视野下的边疆与民族”研讨会；二是进行学会理事会的换届工作，选举产生新一届即第八届理事会，并由新一届理事会选举产生新一届领导集体。

学术研讨采取大会学术报告与小组讨论相结合的形式。会议首先进行大会学术报告，由副会长黎小龙教授主持。学会顾问杜荣坤研究员、何耀华研究员、史金波研究员、周伟洲教授等老一辈专家学者先后发言，回顾了中国民族史学会成立三十年来的光荣艰辛历程，深切缅怀了翁独健、白寿彝等已故老一辈专家学者，高度评价了民族史学前辈们对中国民族史研究作出的重大贡献和他们对中国民族史学会的大力支持，分析总结了中国民族史研究的历史与现状，在肯定中国民族史研究取得丰硕成果的同时，也指出了存在的问题和不足，提出了解决问题的建议，对中国民族史研究事业的未来表达了殷切的期待与展望。

（彭丰文）

社会学研究所

（一）人员、机构等基本情况

1. 人员

截至 2013 年年底，社会学研究所共有在职人员 78 人。其中，正高级职称人员 15 人，副高级职称人员 28 人，中级职称人员 25 人；高、中级职称人员占全体在职人员总数的 87%。

2. 机构

社会学研究所设有：社会理论研究室、社会调查与方法研究室、家庭与性别研究室、组织与社区研究室、农村与产业社会学研究室、青少年与社会问题研究室、社会发展研究室、社会政策研究室、社会心理学研究室、社会人类学研究室、《社会学研究》编辑部、办公室、科研处。

3. 科研中心

社会学研究所院属科研中心有：社会政策研究中心、私营企业主群体研究中心、国情研究中心；所属科研中心有：社会调查中心、城市与社区发展研究中心、社会文化人类学中心、社会心理研究中心、农村环境与社会研究中心。

（二）科研工作

1. 科研成果统计

2013 年，社会学研究所共完成专著 11 种，385.4 万字；论文 106 篇，139.8 万字；译著 2 种，48.7 万字；译文 1 篇，2 万字；论文集 11 种，454.9 万字；研究报告 3 篇，85.6 万字；影视 3 种，200 分钟。

2. 科研课题

（1）新立项课题。2013 年，社会学研究所共有新立项课题 11 项。其中，国家社会科学基金重点课题 1 项："我国社会心态测量指标研究"（杨宜音主持）；国家社会科学基金一般课题 2 项："寻找和建构转型期中国的家庭政策体系"（马春华主持），"70 后、80 后、90 后代际文化差异与网络参与的关系研究"（赵联飞主持）；国家社会科学基金青年课题 2 项："梁漱溟与费孝通乡土重建思想比较研究"（张浩主持），"中等收入群体的发展趋势和消费模式研究"（朱迪主持）；院国情调研课题 6 项："灾后重建中社区动员机制研究"（罗红光主持），"'北粮南运'背景下的农村环境和水资源可持续利用"（王晓毅主持），"我国沿海地区企业社会责任状况调查"（杨典主持），"小族群民间信仰现状与变迁调查"（吴乔主持），"村庄公共事务决策机制研究"（张浩主持），"网络化养老的实作逻辑：以北京市月坛老龄协会和宁波市白云庄社区为例"（史云桐主持）。

（2）结项课题。2013 年，社会学研究所共有结项课题 10 项。其中，国家社会科学基金重大课题 2 项："中国特色社会工作理论和制度体系建设研究"（李培林主持），"普遍型社会福利体系的基础与设计研究"（景天魁主持）；国家社会科学基金青年课题 1 项："社会学研究方法新进展——近十年来结构方程模型的新发展"（赵锋主持）；院国情调研课题 6 项："灾后重建中社区动员机制研究"（罗红光主持），"'北粮南运'背景下的农村环境和水资源可持续利用"（王晓毅主持），"我国沿海地区企业社会责任状况调查"（杨典主持），"小族群民间信仰现状与变迁调查"（吴乔主持），"村庄公共事务决策机制研究"（张浩主持），"网络化养老的实作逻辑：以北京市月坛老龄协会和宁波市白云庄社区为例"（史云桐主持）；院交办课题 1 项："三河市'十有民生行动计划'状况调查"（李培林主持）。

（3）延续在研课题。2013 年，社会学研究所共有延续在研课题 12 项。其中，国家社会科学基金一般课题 12 项："中国城乡一体化进程中制度创新与资源和机会配置研究"（王春光主持），"中国社会中间阶层发展状况与趋势研究"（李春玲主持），"社会转型期家庭变迁理论研究"（吴小英主持），"个人与社会关系视角下的公共风险规避与应对"（王俊秀主持），"物质主义的结构分析及民众物质主义现状调查研究"（李原主持），"社会转型期的职业分类研究"（田丰主持）；国家社会科学基金青年课题 6 项："网络时代的社区参与和社区治理研究"（肖林主持），"草原生态退化的社会机制与治理模式研究"（荀丽丽主持），"要素市场的政商关系研究"（吕鹏主持），"农村社会资本影响老年健康的机制研究"（王晶主持），"群体情绪、群体认同与行动倾向的关系研究"（陈满琪主持），"人口变动对队列人口福利的影响及政策回应研究"（马妍主持）。

3. 获奖优秀科研成果

2013 年，社会学研究所获"第八届（2013 年）中国社会科学院优秀科研成果奖"专著类二等奖 1 项：景天魁的《底线公平：和谐社会的基础》；论文类三等奖 3 项：李培林、李炜的《农民工在中国转型中的经济地位和社会态度》，张翼的《当前中国中产阶层的政治态度》，杨宜音的《关系化还是类别化，中国人"我们"概念形成的社会心理机制探讨》。

4. 创新工程的实施和科研管理新举措

2013 年，社会学研究所全面进入中国社会科学院哲学社会科学创新工程。全所共有 63 人进入创新岗位，首席管理为李培林和汪小熙；共承担 1 个院级重大招标项目和 9 个所级研究项目。院级重大招标项目为"加强社会建设若干重大理论和实践问题研究"（首席研究员为陈光金）；9 个所级研究项目分别为："中国社会和谐稳定状况跟踪调查研究"（首席研究员为陈光金），"当代中国青年就业、生活及价值观追踪研究"（首席研究员为李春玲），"当代中国家庭结构和家庭关系变迁研究"（首席研究员为吴小英），"社会政策与社会管理创新研究"（首席研究员为王春光、景天魁），"社区建设与基层社会管理创新研究"（首席研究员为王颖），"当代中国社会心态状况研究"（首席研究员为杨宜音），"农村公共事务治理研究"（首席研究员为王晓毅），"当代中国社会变迁与文化认同研究"（首席研究员为罗红光），"社会学定性研究方法创新研究"（首席研究员为夏传玲）。《社会学研究》受到国家社会科学基金资助，编辑部成员也进入创新岗位，首席编辑为张翼。

（三）学术交流活动

1.学术活动

2013年，社会学研究所主办和承办的学术会议有：

（1）2013年1月7日，社会学研究所与社会科学文献出版社联合主办的《2012～2013社会心态蓝皮书》发布会在北京市举行。

（2）2013年5月25日，社会政法学部主办、社会政策研究中心承办的"第三届社会福利论坛"在北京市举行。会议的主题是"社会福利制度：分立与整合"。

（3）2013年7月19日，中国社会科学院、全国博士后管理委员会、中国博士后科学基金会主办，中国社会科学院博士后管理委员会、中国社会科学院社会学研究所和贵州省社会科学院联合承办的"第八届中国社会学博士后论坛（2013）"在贵州省贵阳市召开。论坛的主题是"全面建成小康社会：理论与实践"。

（4）2013年7月20日，社会学研究所主办的"中国、美国、俄罗斯社会发展与不平等学术研讨会"在贵州省贵阳市举行。会议的主题是"社会结构变迁比较研究：前景与挑战"。

（5）2013年11月9日，中国社会科学院主办、社会学研究所承办并与法国国家科研中心合作的"中国社会科学论坛（2013社会学）——"灾害、风险和城市：中国和欧洲的新经验"在北京举行。

2.国际学术交流与合作

2013年，社会学研究所共派遣出访36批58人次，接待来访10批32人次（其中，中国社会科学院邀请来访7批16人次，接待所级非协议来访3批16人次）。与社会学研究所开展学术交流的国家有美国、俄罗斯、波兰、捷克、澳大利亚、韩国、泰国、越南等。

（1）2013年2月28日，社会学研究所青少年与社会问题研究室副研究员田丰与日本东京大学东洋文化研究所的专家学者在日本进行学术交流活动。

（2）2013年3月1日至5月31日，社会学研究所社会政策研究室副研究员潘屹出访比利时，在欧盟委员会就业、社会事务和包容总司进行学术访问。

（3）2013年3月10～13日，社会学研究所社会政策研究室主任王春光研究员在新加坡南洋理工大学参加"多元共存和亚洲可持续性：多学科视角下的亚洲经验"国际会议。

（4）2013年3月19日，社会学研究所副所长张翼与日本大和证券海外投资人就"中国人口变化对经济的影响""人口如呈现负增长，是否会制约中国经济的发展"等问题在北京进行学术交流。

（5）2013年5月1日至7月2日，社会学研究所农村与产业社会学研究室主任王晓毅研究员在德国柏林自由大学进行学术访问。

（6）2013 年 6 月 11 ~ 30 日，社会学研究所社会心理学研究室主任杨宜音研究员赴芬兰于韦斯屈莱大学进行学术访问。

（7）2013 年 6 月 20 ~ 30 日，社会学研究所“社会学定性研究方法”创新项目组研究员夏传玲等与荷兰阿姆斯特丹大学、莱顿大学、鹿特丹大学、格罗宁根大学、瓦格宁根大学和荷兰皇家艺术与科学学院的 20 余位专家学者，就“荷兰定性研究方法的前沿进展和定性研究课程教学”等问题在荷兰进行调研和访谈。

（8）2013 年 7 月 24 ~ 26 日，社会学研究所青少年与社会问题研究室主任李春玲研究员等与韩国首尔国立大学亚洲中心主任 Myungkoe Kang 教授等，在韩国首尔参加该中心举办的“东亚年轻一代的希望与苦恼”工作坊。

（9）2013 年 7 月 29 日至 8 月 8 日，中国社会科学院学部委员景天魁研究员、社会学研究所社会发展研究室副研究员刁鹏飞与多伦多大学社会学系教授方伟晶在加拿大多伦多大学开展学术交流活动。

（10）2013 年 8 月 4 ~ 11 日，社会学研究所社会人类学研究室副研究员鲍江与国际人类学与民族学联合会影视人类学委员会主席 Metje Postma 等参加在英国曼彻斯特举行的国际人类学与民族学联合会第十七届世界大会。

（11）2013 年 9 月 4 ~ 7 日，社会学研究所青少年与社会问题研究室主任李春玲研究员与新加坡国立大学东亚研究所的专家学者在新加坡参加“中国的城市化：挑战与前景”国际研讨会。

（12）2013 年 9 月 15 ~ 25 日，社会学研究所副所长陈光金带队，与匈牙利科学院社会学研究所、捷克科学院社会学研究所的相关学者就“社会结构、社会不平等、社会意识、城市化”等方面的问题在匈牙利和捷克进行学术访问。

（13）2013 年 9 月 15 ~ 28 日，社会学研究所副所长张翼带队赴美国芝加哥大学社会学系，与《美国社会学评论》相关学者和负责人在美国芝加哥大学就“社会学期刊职业化与中美社会学发展”方面的问题进行学术交流。

（14）2013 年 9 月 15 ~ 30 日，社会学研究所社会政策研究室主任王春光带队赴法国巴黎政治学院国际研究中心，与该中心的专家学者在法国巴黎进行学术交流。

（15）2013 年 10 月 10 ~ 12 日，社会学研究所研究员景天魁与韩国首尔大学社会福利研究所相关人员在韩国参加“社会福利教育体系的问题与挑战：韩国、中国和日本的案例”国际研讨会。

（16）2013 年 10 月 13 ~ 18 日，社会学研究所社会心理学研究室主任杨宜音研究员等与澳门基金会相关学者在葡萄牙里斯本参加澳门基金会主办的“大陆、澳门与全球化：过去和未来”学术研讨会。

（17）2013 年 10 月 29 日至 11 月 2 日，社会学研究所家庭与性别研究室副研究员马春华与韩国健康和社会福利研究所的专家学者在韩国参加“家庭政策比较研究：韩国、中国、日本和新加坡”国际学术会议。

(18) 2013 年 11 月 3 ~ 5 日，社会学研究所副所长张翼与韩国成均馆大学成均中国研究所的专家学者在韩国参加“China 3.0 时代的中国与韩国”国际学术会议。

(19) 2013 年 11 月 27 日至 12 月 6 日，社会学研究所所长陈光金等应澳大利亚悉尼大学中国研究中心主任戴维·古德曼教授的邀请，执行中国社会科学院与澳大利亚社会科学院的合作研究项目“改善私营企业主社会政治权利的公共治理政策研究”并赴悉尼大学访问。

(20) 2013 年 12 月 3 ~ 6 日，社会学研究所社会政策研究室主任王春光研究员与新加坡南洋理工大学人文与社会科学学院的专家学者参加“变换的身份认同：当代中国的个体、社会与国家”国际会议。

(21) 2013 年,社会学研究所新签订的国际合作研究项目有 1 项,是“中俄青年比较研究”。

3. 与中国香港、澳门特别行政区和中国台湾开展的学术交流

2013 年 4 月 15 ~ 17 日，社会学研究所社会政策研究室研究员王春光等与香港教育学院副院长、香港教育学院大中华研究中心副主任莫家豪教授在香港教育学院参加“大中华地区的流动人口与城市治理：挑战与政策应对”研讨会。

（四）学术社团、期刊

1. 社团

(1) 中国社会学会，会长宋林飞。

2013 年 7 月 20 ~ 21 日，“中国社会学会 2013 年学术年会”在贵州省贵阳市举行。年会的主题是“美丽中国：城镇化与社会发展”。

(2) 中国社会心理学会，会长杨宜音。

2013 年 12 月 7 ~ 8 日，中国社会心理学会在湖北省武汉市举行“首届文化心理学高峰论坛暨 2013 中国社会心理学会年会、湖北省心理学会年会”。会议的主题是“当代语境下的中国心理学”。来自全国各地的 400 多名专家学者出席了年会。

2. 期刊

(1)《社会学研究》(双月刊)，主编李培林。

2013 年，《社会学研究》共出版 6 期，共计 144 万字。该刊全年刊载的有代表性的文章有：赵小平、王乐实的《NGO 的生态关系研究——以自我提升型价值观为视角》，姚华的《NGO 与政府合作中的自主性何以可能？——以上海 YMCA 为个案》，高学德、翟学伟的《政府信任的城乡比较》，胡安宁、周怡的《再议儒家文化对一般信任的负效应——一项基于 2007 年中国居民调查数据的考察》，陈涛的《人造社会还是自然社会——涂尔干对社会契约论的批判》，吕小康、汪新建的《因果判定与躯体化：精神病学标准化的医学社会学反思》，於嘉、谢宇的《社会变迁与初婚影响因素的变化》，许琪、于健宁、邱泽奇的《子女因素对离婚风险的影响》，严霞、王宁的《“公款吃喝”的隐性制度化——一个中国县级政府的个案研究》，刘明兴、张冬、钱滔、章奇的《地方政府的非正式权力结构及其经济影响》，陈家建、边慧敏、邓湘树的《科层结构与政策执行》，何艳玲、钟佩的《熟悉的陌生人：行动精英间关系与业主共同行动》。

（2）《青年研究》（双月刊），主编单光鼐。

2013 年，《青年研究》共出版 6 期，共计 90 万字。该刊全年刊载的有代表性的文章有：李荣彬等的《新生代农民工市民化水平的现状及影响因素分析——基于我国 106 个城市调查数据的实证研究》，陈丽澧等的《低经济地位大学生对“富二代”的印象及其影响因素的实证研究》，刘影、张小山的《城市初中生的主观幸福感及其影响因素——基于对武汉市 526 名初中生的问卷调查》，周建芳等的《流动儿童与本地儿童学校融合比较研究——基于社会融合的理论视角》，魏莉莉、马和民的《提升国家竞争潜力亟需变革家庭教养方式——基于上海市 90 后青少年成就动机的实证研究》，周皓的《家庭社会经济地位、教育期望、亲子交流与儿童发展》，杨菊华等的《北京市青年流动人口行为适应比较研究》，孙可敬的《流动性与空巢化：我国乡村小学教育的现状及变迁——基于豫北 AZ 村的解读》，田志鹏等的《社会转型时期大学生职业声望评价——以北京大学本科生调查为例》，苗国等的《高校毕业生“史上最难就业季”与全球性青年失业问题再探讨——比较制度框架下的跨国定量研究》，王曙光、海乃一新的《抗病毒治疗：族群青年本土经验质疑 BCC 模式》，孙沛东的《相亲角与“白发相亲”——以知青父母的集体性焦虑为视角》。

（五）会议综述

第八届中国社会学博士后论坛（2013）

2013 年 7 月 19 日，“第八届中国社会学博士后论坛（2013）”在贵州省贵阳市举行。论坛由中国社会科学院、全国博士后管理委员会、中国博士后科学基金会主办，中国社会科学院博士后管理委员会、中国社会科学院社会学研究所和贵州省社会科学院联合承办。论坛的主题是“全面建成小康社会：理论与实践”，下设“城市：机遇与挑战”“乡村：困境与出路”“社会管理创新探索”“群体与认同”四个议题，从不同角度对我国全面建成小康社会情况进行回顾、梳理，并对这些领域研究中的新发现进行交流与探讨。

开幕式由中国社会科学院博士后管理委员会秘书长胡滨主持。中国社会科学院社会学研究所副所长张翼、全国博士后管委会办公室副主任刘连军、贵州省社会科学院院长吴大华出席开幕式并致辞。

张翼认为，此次论坛的主题是“全面建成小康社会：理论与实践”，这个主题具有鲜明的时代特征。他从政策层面和学术研究层面回顾了我国对小康社会进行的探索。强调全面建设和建成小康社会的过程，实际上也就是我国工业化、城市化的社会转型和现代化过程。纵观世界发达国家的有关研究，都是在社会转型的背景下描述由经济发展所带来的政治、文化与社会的变迁。同时，对全面建成小康社会的研究，要避免面面俱到式的泛泛而论。要选择一些有针对性的问题，进行深入细致的研究。比如农民工的社会融合问题、群体性事件的治理问题、大众消费问题、中等收入群体问题、老龄化问题、教育公平问题，等等。一方面在理论上要有所发展，另一方面要能够提出一些有价值的可操作的政策建议。

张翼最后表示，我国现代化建设进入新的发展阶段，新的实践向我国哲学社会科学界提出了新的要求和期待，时代发展赋予我国哲学社会科学界新的使命和责任，让我们共同努力，把握时代机遇，更加广泛深入地开展加强和创新社会管理问题的研究，为实现全面建成小康社会的战略目标作出我们应有的贡献！

论坛邀请了贵州省社会学会会长李建军教授、中国人民大学经济研究所所长毛振华教授、中国社会科学院社会学研究所青少年与社会问题研究室主任李春玲研究员等分别就“创新社会管理的‘贵州经验’”“改革是破解当前宏观经济困局的关键”“教育机会增长与城乡教育不平等”等专题作了主题演讲。来自全国各省、直辖市、自治区高校和科研单位博士后流动站的70余位社会学领域的专家和博士后参加了论坛。

（黄丽娜）

中国社会学会2013年学术年会

2013年7月，中国社会学会2013年学术年会在贵州省贵阳市举行。

2013年7月20～21日，中国社会学会2013年学术年会在贵州省贵阳市举行。会议的主题为“美丽中国：城镇化与社会发展”。中国社会科学院副院长李培林和贵州省人民政府副省长何力等领导出席会议开幕式并致辞。中国社会学会名誉会长郑杭生及中国社会学会领导参加年会。年会由中国社会学会主办，贵州省社会科学院、贵州省社会学学会承办，贵州大学、贵州师范大学、贵州民族大学、贵州财经大学、贵州师范学院、安顺学院、贵阳学院等协办。来自全国31个省、直辖市、自治区以及香港特别行政区的近千名代表参加了年会。

李培林代表中国社会科学院对年会的召开表示祝贺。他指出，此次学术年会以“美丽中国：城镇化与社会发展”为主题，意义非常重大。近些年来，城镇化问题一直是党中央、国务院关注的重点问题之一。现在，中国的城镇化水平已经超过52%，按照国际城镇化的经验，只要中国的发展得以持续，则在今后一个相当长的历史时期，城镇化率仍会保持较高的增长态势。中国城镇化水平的提升和社会转型，既意味着巨大的机遇，也蕴含着巨大的挑战。在我国从乡土中国向城镇中国转变的过程中，社会学研究的议题和范式也必然会发生很大的变化。

在开幕式上，中国社会学会名誉会长郑杭生和韩国社会学会会长郑镇星也分别致辞。清华大学社会科学学院院长李强教授以“社会学研究与我国城镇化建设”为题，北京大学社会学系主任谢立中以“我国当前的收入分配问题”为题分别作了大会主题演讲。

年会围绕主题，设立了“从美丽山地到美丽中国——山区社会与文化发展研究”“性别发展与美丽中国建设”“中国梦与中国西部社会发展”“中国梦：生活方式视角”“城镇化中的美好乡村建设”“中国特色新型城镇化道路与政策”“城镇化发展战略与中国的城市化发展道路”“社会建设的理论与实践——从城镇化到城乡一体化”“城镇化与城乡统筹”“新型城市化与地方社会发展”“新型城镇化进程中的社会管理”“城镇化与中国体育发展”“城市化进程中的流动人口服务与管理问题探索”“流动人口与城市融合”“新时期的中国农村发展”“移民与社会发展”“ 社区建设的新挑战：继承与发展”“社会学视野中的科学与技术”“社会网暨社会资本研究”“民族地区社会建设与社会管理”“社会组织与社会管理创新”等41个论坛。这些论坛主题涉及领域广泛，内容丰富，具有重要的现实意义和学术意义。与会的社会学者从多种不同视角，对建设美丽中国、加快城镇化进程、科学促进社会发展的诸多方面展开了深入研讨。

（李　乐）

社会发展战略研究院

（一）人员、机构等基本情况

1.人员

截至2013年年底，社会发展战略研究院共有在职人员11人。其中，正高级职称人员4人，副高级职称人员3人，中级职称人员1人；高、中级职称人员占全体在职人员总数的73%。

2.机构

社会发展战略研究院设有：发展战略与政策研究室、社会建设与管理研究室、组织与制度变迁研究室、社会责任与公共服务研究室、综合办公室。

3.科研中心

社会发展战略研究院院属科研中心有：中国社会科学院社会景气研究中心。

（二）科研工作

1. 科研成果统计

2013 年，社会发展战略研究院共完成专著 10 种，230 余万字；论文 30 篇，52 万字；研究报告 6 篇，61 万字；译著 1 种，15 万字；教材 1 种，55 万字。

2. 科研课题

（1）新立项课题。2013 年，社会发展战略研究院共有新立项课题 10 项。其中，国家社会科学基金课题 2 项："涂尔干的道德教育思想与职业伦理及公民道德的社会建设"（渠敬东主持），"城乡一体化进程中的县域治理机制研究"（艾云主持）；所级创新工程课题 2 项："社会建设中的发展议题"（渠敬东主持），"社会发展中的社会包容和社会保护研究"（沈红主持）；所重点国情调研课题 1 项："甘南州公共服务状况调研"（王苏粤主持）；交办委托课题 2 项："马克思主义发展观与中国社会发展经验研究"（渠敬东主持），"社会转型期的社会参与研究"（葛道顺主持）；博士后基金特别资助课题 1 项："城镇化进程中乡村社区治理结构转型与重建研究"（艾云主持）；博士后基金面上资助课题 2 项："当前环境群体性事件的内在机理及其应对模式的比较研究"（程启军主持），"制度与文化相关联的社会信用体系研究"（沈毅主持）。

（2）结项课题。2013 年，社会发展战略研究院共有结项课题 4 项。其中，所级创新工程课题 2 项："社会建设中的发展议题"（渠敬东主持），"社会发展中的社会包容和社会保护研究"（沈红主持）；所重点国情调研课题 1 项："甘南州公共服务状况调研"（王苏粤主持）；交办委托课题 1 项："社会转型期的社会参与研究"（葛道顺主持）。

（3）延续在研课题。2013 年，社会发展战略研究院共有延续在研课题 3 项。其中，国家社会科学基金课题"中国发展道路研究"（李扬主持）子课题 1 项："中国社会发展经验研究"（李汉林主持）；国家社会科学基金青年课题 1 项："城市化进程中农村社区的秩序重建与组织再造研究"（吴莹主持）；博士后基金面上资助课题 1 项："县域城市化的动力机制与治理模式研究：以成都为例"（艾云主持）。

3. 获奖优秀科研成果

2013 年，社会发展战略研究院获"第八届（2013 年）中国社会科学院优秀科研成果奖"专著类三等奖 1 项：沈红的专著《结构与主体：激荡的文化社区石门坎》；论文类三等奖 1 项：折晓叶的论文《合作与非对抗性抵制——弱者的"韧武器"》。

4. 创新工程的实施和科研管理新举措

2013 年 1 月 29 日，社会发展战略研究院进入院创新工程。

2013 年，社会发展战略研究院进入创新岗位人员 12 人，其中，编制内人员 10 人，编制外人员 2 人。

2013 年，社会发展战略研究院创新工程项目有 2 个："社会建设中的发展议题"（首席研究员为渠敬东），“社会发展中的社会包容和社会保护研究”（首席研究员为沈红）。

2013 年，社会发展战略研究院在创新工程方面实施的新机制、新举措有：

（1）人才管理创新：在创新岗位人员管理方面，建立了可监控、可考评的“过程”和“目标”管理制度，将岗位任务、科研成果落实到个人。创新项目组打破研究室的界线，由首席管理、首席研究员组成的考评小组根据研究项目的研究需求、创新岗位的设置，确定创新人员，打破研究领域的界线，体现多视角、多领域的研究，让科研成果更具应用性和对策性。

（2）建立可持续发展的人才梯队：按照“人才强院”要求，社会发展战略研究院制定了学科带头人建设规划，通过组织形式多样的学术活动，开展国情调研和“走转改”等活动，提高科研人员与管理人员业务素质和政治觉悟，通过老专家的“传帮带”，引领年轻科研人员迈上新台阶。

（3）科研方法创新：社会发展战略研究院一方面强调从社会发展的重大理论和现实议题出发，展开有针对性的学术研究，另一方面则在结构分析、机制分析和历史分析等方法上进行尝试。一是以社会发展研究延长了当前社会发展问题的分析为线索，将六十年或三十年中国社会发生发展过程作结构性的客观描述和分析，并从机制分析入手，讨论发展政策的实施过程和具体效果。二是从中国总体社会结构出发，将社会发展过程中的各种要素、关系和机制纳入到总体结构之中来考察中国社会整体发展和变迁的轨迹。三是以社会学具有“中国化”视角解读中国社会发展，开展中国发展经验研究，特别着重理解中国社会发展的经验特质，对学科发展和创新具有较大的推动作用。

（4）科研评价体系创新：根据中国社会科学院关于创新工程科研评价管理的各项办法，社会发展战略研究院结合自身实际制定并组织实施了系列科研评价管理规定，对项目进行严格的科学评价与跟踪管理，实行立项评价、中期评价和结项评价，评价结果与创新人员的评价紧密挂钩，实行评价奖励淘汰机制。

（三）学术交流活动

1. 学术活动

2013 年，社会发展战略研究院主办和承办的学术会议有：

（1）2013 年 10 月 13 ～ 15 日，由国际社会科学理事会主办、社会发展战略研究院承办的第二届“世界社会科学论坛”分论坛“互联网与社会参与”在加拿大蒙特利尔召开。论坛的主题是“互联网对社会参与的促进和影响作用”。

（2）2013 年 11 月 14 日，由中国社会科学院工业经济研究所、社会发展战略研究院和社会科学文献出版社共同举办，中国社会科学院经济学部企业社会责任研究中心承办，正德至远社会责任机构协办的“《企业社会责任蓝皮书（2013）》暨‘责任云’发布会”在北京举行。会议发布了《中国企业社会责任研究报告（2013）》。

(3) 2013 年 11 月 20 日，社会发展战略研究院与中国社会科学院社会景气研究中心联合主办的“包容性社会发展研讨会”在北京举行。会议研讨的主要问题有“社会包容”“包容性增长”“包容性增长机制”。来自中国社会科学院社会学研究所、研究生院，中国人事科学院，民政部政策研究中心，东北财经大学等高校和科研单位的专家学者 60 余人参加了会议。

2013 年 11 月，“包容性社会发展研讨会”在北京举行。

(4) 2013 年 12 月 25 日，社会发展战略研究院主办的“《中国社会发展年度报告（2013）》新闻发布会”在北京举行。会议发布了《中国社会发展年度报告（2013）》。

2. 国际学术交流与合作

2013 年，社会发展战略研究院共派遣出访 5 批 7 人次；接待来访 7 批 10 人次；与社会发展战略研究院开展学术交流的国家有德国、英国、美国、南非、加拿大、巴西、日本等。

(1) 2013 年 1 月，社会发展战略研究院院长李汉林赴德国杜赛尔多夫与汉克基金会相关负责人商讨合作事宜。

(2) 2013 年 2 月，社会发展战略研究院院长李汉林作为国际社会科学理事会执委会执委，代表中国社会科学院赴英国参加国际社科理事会执委会第 115 次会议。会后，李汉林与英国剑桥大学相关负责人会面，并进行学术交流。

(3) 2013 年 4 月，英国伦敦国王学院 Anna Boermel 与社会发展战略研究院科研人员举办了题为“人类学研究的几点思考”的学术讨论会。

(4) 2013 年 6 月，德国 Karlsruhe 大学教授 Dr.Tangyan 来社会发展战略研究院访问，与该院院长李汉林就 2014 年的合作事宜进行交流，并作题为“工作质量指数及其政治含义”的学术报告。

(5) 2013 年 10 月，社会发展战略研究院院长李汉林作为国际社会科学理事会执委会执委，代表中国社会科学院赴加拿大蒙特利尔参加国际社会科学理事会召开的“第 29 届国际社会科学理事会会议”和“第二届世界社会科学论坛：社会变迁与数字时代”，并与参会各国社会学专家进行交流。

3. 与中国香港、澳门特别行政区和中国台湾开展的学术交流

2013 年 9 月，社会发展战略研究院党委书记王苏粤、组织与制度变迁研究室主任沈红随中国社会科学院副院长李扬带领的学术访问团赴台湾参加“两岸经济与社会发展新趋势”研讨会。

（四）学术期刊

《社会发展研究》，主编李汉林。

2013 年,《社会发展研究》共出版 1 期,共计 35.8 万字。该刊分为“专题研讨”“研究论文”和“书评”三个栏目，分别展示社会发展的重大理论和现实问题的研究成果。

（五）会议综述

第二届“世界社会科学论坛”分论坛：“互联网与社会参与”

2013 年 10 月 13 ~ 15 日，第二届“世界社会科学论坛”在加拿大蒙特利尔市举行。论坛以“社会变迁与数字时代”为题，讨论了数字科技对社会生活各个方面的改变，以及对社会科学研究理论和方法的影响。应国际社科理事会的邀请，中国社会科学院社会发展战略研究院承办了其中一个分论坛——“互联网与社会参与”。

数字技术改变了人们的社会交往方式。人们坐在电脑前通过移动鼠标和浏览网页的方式就能够获取信息、展开互动，这不仅改变了大脑的思考方式、大大缩短了人们对某一事物的持续关注时间，而且改变了人际交往方式和人们对自我的认知。

社会参与是数字技术对社会作用的一个重要维度和表现。从互联网与社会参与的角度来探讨新技术的社会变迁作用，有助于我们分析新媒体作为一种平台所促成的虚拟互动的特点，如高参与性、自我性、个性化选择、主体性互动、大众化集群等，以及新媒体作为一种手段对现实世界中的社会参与和交往的影响。

“互联网与社会参与”分论坛围绕互联网时代社会参与的特点、问题和趋势开展了 10 个专题报告，报告紧扣数字技术这一当代热点和会议主题，从社会参与、集体行动、信息传播等多个方面提供了思考的维度，吸引了各个领域的优秀学者参与讨论和交流。来自美国、加拿大、法国、南非、日本等国的 30 余位学者参加了论坛。

（张晨曲）

《中国社会发展年度报告（2013）》新闻发布会

2013 年 12 月 25 日，由中国社会科学院社会发展战略研究院与中国社会科学出版社共同举办的《中国社会发展年度报告（2013）》新闻发布会在北京召开。中国社会科学院副院长李培林、中国社会科学出版社总编辑赵剑英出席会议并致辞。中国社会科学院社会发展战略研究院院长李汉林对《中国社会发展年度报告（2013）》作整体介绍并发布《中国社会景气报告（2013）》。发布会由中国社会科学院社会发展战略研究院副院长渠敬东主持。来自国内的 40 余家媒体参加了发布会。

2013 年 12 月，《中国社会发展年度报告（2013）》新闻发布会在北京召开。

（1）《中国社会景气研究报告（2013）》对社会景气与社会信心的数据分析表明：

2013 年，我国的社会景气指数为 62.8（满分为 100，下同），与 2012 年（62.2）相比略有提升；2013 年，我国的社会信心指数为 77.4，比 2012 年的社会信心指数提升 2.4 个分值，这表明公众对国家未来三年社会发展的预期良好，信心充足。

2013 年的调查发现，中国的社会发展可能也已经到了一个“拐点”，从社会发展的基本需求即低收入阶段提高到了社会发展更高层次需求的中等收入阶段。在这个社会发展的新阶段里，公众的诉求可能更多地会关注自身权益的保护，关注自己与周围社会群体生活质量的提高，强调社会公平正义的实现以及对公共事务参与表达出强烈的意愿。

（2）《中国城市居民生活质量研究报告（2013）》调查研究表明：

中国城市居民生活不断提高，对未来生活充满信心。城市居民生活质量满意度得分为 64.18，城市居民生活质量信心度得分为 75.33。公众生活需求结构正发生着重大转型，公众更加注重追求个人价值实现，注重社会发展的公平正义，注重社会参与、尊崇社会道德等更高层次的生活需求。

此外，公众对个人生活现状的满意度低于对社会质量的满意度，对个人未来生活改善的信心度高于社会质量改善的信心度。这些现象提出了社会制度改革和发展的要求，并且具有良好的改革基础。如从生活领域来看，近两年公众对自我成就的满意度和信心度均低于其他领域，表明公众的生活诉求发生变化。这正呼吁一个开放、包容、和谐、公平的社会结构，一个能最大限度地照顾到大多数人利益的社会制度安排，实践公平正义、公正透明、惩恶扬善、机会均等、平等参与，形成有利于公众的成长发展和健康生活的社会系统。

（3）《中国城市基本公共服务包容性研究报告（2013）》从满意度、信心指数和实施效果三个维度评估了中国目前城市基本公共服务主要领域（基础设施、公共安全、社会保障、医疗卫生、教育水平、环境保护）的包容性状况，报告表明：

公众对各类基本公共服务的满意度、信心指数和实施效果评价较高，公众对于基本公共服务的六个领域均比较满意。其中，对基础设施的满意度最高（71.2），而对环境保护的满意度最低（53.8）。与 2012 年相比，进步最为明显的是医疗卫生（从 58.8 上升到 64.2），环境保护和公共安全则略有下降。公众对大多数基本公共服务的前景预测较为乐观，基础设施的信心指数达到了

90.4，对环境保护的信心欠佳，信心指数跌破 60。公众对基本公共服务实施效果的评价为 68.2。

（4）《社会管理绩效评估研究报告（2013）》认为，社会管理的根本目的是“维护社会秩序、促进社会和谐、保障人民安居乐业”，因此，社会管理绩效评估也就是对当前民生和社会秩序状况进行评估。该报告对 2013 年度社会管理绩效的基本状况评估表明：

基于被调查者的主观感受和评价，社会管理绩效的平均得分为 60.1，其三个维度的得分从高到低依次是微观个人福祉（61.7）、中观群体关系（59.9）和宏观基础秩序（58.6）。在被调查者看来，社会管理绩效是微观层面稍微好于中观层面，中观层面又稍微好于宏观层面。

在宏观基础秩序的主观评价上，目前最为严峻的问题是“社会是非标准模糊”和“社会信任危机”，这是急剧社会变迁所必然带来的道德失范表现；同时，“社会公平公正”和“社会风气”问题也较为突出。

在中观群体关系的主观评价上，“穷人”与“富人”的关系问题最为突出，其负面评价比例远高于其他类型的群体关系；而在其他类型的群体关系中，对“干部与群众的关系”的评价相对差一些。

在微观个人福祉的主观评价上，大多数被调查者表达出了身心疲惫之感，其不满意度的比例要远高于其他民生指标，这在很大程度上反映出了当前较大的社会负担和心理压力；同时，在家庭经济、住房方面，超过 1/4 被调查者表达了不满态度。

（5）《中国政府社会责任研究报告（2013）》将政府社会责任分为经济发展责任、社会发展责任、环境保护责任和治理责任四个方面，该报告表明：

公众对经济发展水平满意度最高，对环境质量满意度较低，对政府治理责任的满意度提升较快。54.2% 的受访者对经济发展水平表示满意，仅有 26.7% 的受访者对环境质量表示满意；超过四成（41.2%）的受访者对“政府忠于职守，对老百姓负责”表示满意，比 2012 年提升 12.2%。

政府社会责任满意指数为 59.8，处于满意度一般的区间（40 ~ 60 分）。具体来看，社会发展责任的满意指数最高（61.9），经济发展责任受物价水平满意度低的影响，导致满意指数较低（57.1）。环境保护责任满意指数为 59.3，治理责任满意指数为 58.5。

政府社会责任信心指数为 77.4，公众对未来三年政府社会责任履行充满信心。具体来看，社会发展责任信心指数最高（79.4），经济发展责任、环境保护责任和政府治理责任的信心指数分别为 76.6、76.7 和 78.1 分。

（6）《中国城市居民政府信任研究（2013）》从对政府职能部门的信任和对各级政府的信任两个角度来研究城市居民对政府的信任问题。数据分析表明：

城市居民对政府大部分职能部门和各级政府是比较信任的。城市居民对政府各个职能部门的信任评价是不同的。对公安局 / 派出所、法院、工商 / 税务部门、社会保障部门这 4 个部门的信任比例稍高；对信访部门和城管部门的信任评价低于前述 4 个部门。对各级政府的信任方面，城市居民对中央政府和省、市政府的信任高达 74.5% 和 63.4%，对县区政府的信任达到 46.4%。

公众对一些政府职能部门的信任还有待进一步提高。提高政府的执政能力，增强公众社会参与的意识，营造良好的社会氛围，逐步建立以权利公平、机会公平、规则公平、分配公平为主要内容的社会公平保障体系，这些都有助于政府信任的提高。

(7)《中国公众参与与政府评价研究（2013)》研究表明：

公众对政府评价整体上升。与2012年相比，公众对政府的评价基本上都有所上升。特别是在有关“公共服务成效”的评价上，持有正面评价的比例都有3到8个百分点的大幅上升。在其他方面上也都出现了1到2个百分点的小幅上升。公共服务评价得分的提高，应与近年来政策的民生转向有很大关系。总体而言，那些公众对政府评价较高的市区中，认为社会和谐的比例也较高。这进一步揭示出，公众的社会感受与其对政府的评价有着非常高的相关程度。

(8)《中国民众的环境满意度研究（2013)》研究表明：

目前我国的环境满意度总体得分为59.53，民众对城市绿化最满意，得分为68.36。其次是生活垃圾处理，为62.47，自来水质量为60.03；得分最低的是空气质量一项，仅为52.19。

在环境质量信心度方面，同样对城市绿化信心最高，但是对环境质量整体改善信心不足。

(9)《我国城市社会包容状况（2013)》分析表明：

2013年，我国城市总体社会包容度为66分，与2012年相比保持稳健态势。其中，27%的城市居民认为社会包容状态良好，50.6%的城市居民的评价尚可，22.4%的城市居民认为社会包容状况欠佳。

城市居民对公共服务评价的满意度上升，基础设施建设等工作有力促进了社会包容性发展。城市居民对教育、医疗和基础设施的满意度分别达到67.4、63.8和70.8，较2012年均有较大幅度增长。

社会包容的五个方面构成中，社区参与指数最高，达到68.6；公共服务、社会安全网的评价分别为67.6和66，得分高出总体社会包容度。

（张晨曲）

新闻与传播研究所

（一）人员、机构等基本情况

1.人员

截至2013年年底，新闻与传播研究所共有在职人员43人。其中，正高级职称人员9人，副高级职称人员11人，中级职称人员16人；高、中级职称人员占全体在职人员总数的84%。

2.机构

新闻与传播研究所设有：马克思主义新闻学研究室、传播学研究室、网络学研究室、媒介研究室、信息室、编辑室（含《中国新闻年鉴》编辑部和《新闻与传播研究》编辑部）、综合办公室。

3.科研中心

新闻与传播研究所所属非实体研究中心有：媒介传播与青少年发展研究中心、中国传媒集团研究中心、传媒发展研究中心、世界传媒研究中心、传媒调查中心、广播影视研究中心。

（二）科研工作

1.科研成果统计

2013 年，新闻与传播研究所共完成专著 5 种，151 万字；论文 59 篇，50.4 万字；研究报告 22 篇，32.3 万字；教材 1 种，5.2 万字；论文集 3 种，80.1 万字；蓝皮书 1 种，40 万字；研究报告集 1 种，52 万字；综述类文章 3 篇，4.1 万字；一般文章 24 篇，4.9 万字；编辑出版学术期刊 12 期，144 万字；编辑出版年鉴 1 册，160 万字，刊发照片 120 幅。

2.科研课题

（1）新立项课题。2013 年，新闻与传播研究所共有新立项课题 6 项。其中，院国情调研重点课题 2 项："三网融合背景下地方媒体的发展态势调研"（张放主持），"主流网络媒体舆论引导国情调研"（孟威主持）；院国情考察课题 1 项："我国新媒体产业基地发展状况考察"（赵天晓、杨瑞明主持）；院马克思主义理论学科建设与理论研究课题 1 项："新形势下媒介国际传播与话语权竞争"（冷凇主持）；中国社会科学院与澳大利亚社会科学院合作研究课题 1 项："传媒与社区发展：中澳比较研究"（姜飞主持）；全国科学技术名词审定委员会委托课题 1 项："新闻学与传播学名词审定"（唐绪军主持）。

（2）结项课题。2013 年，新闻与传播研究所共有结项课题 18 项。其中，院重点课题 5 项："中国民营传媒业发展报告"（唐绪军主持），"全球传播时代民族文化危机与国家文化政策"（张满丽主持），"海外中文网络发展及舆情研究"（刘瑞生主持），"新媒体时代的舆论引导研究"（雷霞主持），"国际电视节目模式输入与本土化策略研究"（张建珍主持）；院青年科研启动基金课题 1 项："传统媒体数字版权保护的难点及其解决途径"（朱鸿军主持）；院国情调研重点课题 3 项："中国新闻工作者职业素养现状调研"（唐绪军主持），"三网融合背景下地方媒体的发展态势调研"（张放主持），"主流网络媒体舆论引导国情调研"（孟威主持）；院国情考察课题 2 项："流动工人社区的文化生活和文化建设"（赵天晓主持）；"我国新媒体产业基地发展状况考察"（赵天晓、杨瑞明主持）；所重大课题 2 项："欧美发达国家新媒体法制监督和伦理约束"（孟威主持），"社会化媒体对舆论导向与信息传播的影响力研究"（谢明主持）；所重点课题 5 项："胡锦涛同志新闻宣传思想的理论创新"（孟威主持），"世界传媒研究中心：午餐学术沙龙"（姜飞主持），"新媒体影响下的电视民生新闻发展趋势"（冷凇主持），"中国电影发展的'第三条道路'——中国电影模仿'韩国模式'与'好莱坞模式'之反思"（张建珍主持），"国外媒介、信息产业的判例研究”（张放主持）。

（3）延续在研课题。2013 年，新闻与传播研究所共有延续在研课题 8 项。其中，国家社会科学基金课题 2 项：“普世价值的传播与中国话语权研究”（张丹主持），“台湾政治转型与新闻传播制度变迁”（向芬主持）；院重大课题 1 项：“媒介融合环境下的国际传播体系建构研究”（殷乐主持）；院重点课题 3 项：“抵制电视节目低俗化研究”（时统宇主持），“传播学理论动态研究”（王怡红主持），“中国网络广告发展与文化传播安全研究”（王凤翔主持）；院亚洲研究课题 1 项：“新媒介环境下印度传媒业的发展态势与媒介政策”（张放主持）；所重大课题 1 项：“理论新闻传播学基础研究”（宋小卫主持）。

3. 获奖优秀科研成果

2013 年，新闻与传播研究所获“第八届中国社会科学院优秀科研成果奖”专著类三等奖 1 项：宋小卫的《媒介消费之讼——中国内地案例重述与释解》；获“第八届全国广播电视学术著作奖”一等奖 1 项：殷乐的《电视娱乐：传播形态与社会影响研究》；获“第四届优秀皮书类”二等奖 1 项：唐绪军主编的《中国新媒体发展报告（2012）》。

4. 创新工程的实施和科研管理新举措

2013 年年初，新闻与传播研究所部分进入院创新工程，进入创新岗位的人数为 13 人。研究所创新工程以“变革中的新闻与传播：实践探索与理论构建”为总题目，先期设立 3 个分项目，项目一：“转型期新闻传播发展趋势研究”（首席研究员为宋小卫）；项目二：“中国特色传播与社会发展研究”（首席研究员为卜卫）；项目三：“全球化时代跨文化传播的理论研究与实践应用”（首席研究员为姜飞）。

（三）学术交流活动

1. 学术活动

2013 年 5 月，中国舆情调查实验室“舆情调查系统”推介暨首次调查成果发布会在北京举行。

2013 年，新闻与传播研究所主办和承办的学术会议有：

（1）2013 年 2 月 27 日，新闻与传播研究所副所长唐绪军和院调查与数据信息中心主任何涛在新闻与传播研究所揭牌，宣告了“中国社会科学院中国舆情调查实验室”正式成立。“中国舆情调查实验室”是新闻与传播研究所创新工程的子项目之一，由该所与院调查与数据信息中心联合设立。

（2）2013 年 5 月 8 ～ 10 日，新闻与传播研究所组织召开了 2013 年年度工作会议。会议深入学习宣传党的十八大和习近平总书记系列重要讲话精神，全面贯彻落实院 2013 年年度院工作会议暨反腐倡廉建设工作会议精神，研究讨论新闻所创新工程下一步的工作。

（3）2013 年 5 月 22 日，新闻与传播研究所创新工程项目中国舆情调查实验室和院调查与数据信息中心联合主办的“中国社会科学院中国舆情调查实验室‘舆情调查系统’推介暨首次调查成果发布会”在北京举行。

（4）2013 年 6 月 25 日，新闻与传播研究所与社会科学文献出版社联合主办的“《中国新媒体发展报告（2013 卷）》发布暨新媒体发展研讨会”在北京举行。《中国新媒体发展报告》是国内第一部全面关注中国新媒体发展的系列年度报告，由中国社会科学院新闻与传播研究所主持编撰。《中国新媒体发展报告（2013 卷）》全面盘点中国新媒体现状，解读新媒体发展大势。

（5）2013 年 9 月 25 日，新闻与传播研究所主办的“新闻学与传播学名词审定委员会成立大会”在北京举行。会议研讨的主要内容有“阐释学科名词工作的意义”“介绍名词工作的经验”“讲解名词工作的原则与方法”。

（6）2013 年 10 月 3 ～ 4 日，瑞典隆德大学东南亚研究中心、新闻与传播研究所联合主办的双边研讨会“信息传播技术与中国发展：数字鸿沟、赋权战略以及发展话语”在瑞典隆德大学举行。会议研讨的主要内容有“关于瑞典的发展传播实践”“中国情境下的信息传播技术与发展”“信息传播技术与中国农村发展”“中国的信息传播技术与社会组织（NGOs）发展”“信息传播技术与教育”。

（7）2013 年 10 月 26 日，新闻与传播研究所主办的“变革中的新闻与传播：实践探索与理论构建学术研讨会”在北京举行，以此庆祝新闻与传播研究所建所 35 周年。会议同时公布了“全国新闻传播学 2012 年度优秀论文遴选”结果。

（8）2013 年 12 月 12 日，新闻与传播研究所主办的“品道午餐学术沙龙”第 44 期在该所举行。沙龙的主题是“最新民意研究：澳门全民意公众咨询方案之实践”。主讲人为来自中国澳门的张荣显博士。

2. 国际学术交流与合作

2013 年，新闻与传播研究所共派遣出访 10 批 10 人次，接待来访 1 批 1 人次。与新闻与传播研究所开展学术交流的国家有日本、瑞典、澳大利亚、德国等。

（1）2013 年 3 月 10 日至 5 月 20 日，瑞典隆德大学东南亚研究中心教授玛丽娜 · 斯文森来新闻与传播研究所访问，与该所研究人员一起从事有关中国数字社会的研究。

（2）2013 年 6 月 13 ～ 24 日，新闻与传播研究所研究员卜卫应邀参加由英国牛津大学互联网研究所举办的“中国互联网研究国际研讨会”。

（3）2013 年 6 月 24 ～ 29 日，新闻与传播研究所研究员卜卫应邀参加由爱尔兰都柏林大学主办的“国际媒介与传播研究年会”。

(4) 2013 年 10 月 1 ~ 8 日，新闻与传播研究所所长唐绪军赴瑞典和丹麦访问。其间，在瑞典隆德大学参加信息传播技术与发展的中瑞双边研讨会，访问丹麦哥本哈根大学，与传播学系商谈双边合作事宜。

(5) 2013 年 10 月 1 ~ 15 日，新闻与传播研究所研究员卜卫赴瑞典隆德大学参加信息传播技术与发展的中瑞双边研讨会。

(6) 2013 年 11 月 11 ~ 13 日，新闻与传播研究所研究员卜卫应邀赴泰国出席亚太区域关于预防和消除校园性别暴力的圆桌会议。

(7) 2013 年 12 月 2 ~ 7 日，新闻与传播研究所研究员卜卫应邀出席澳大利亚悉尼科技大学中国研究中心主办的“媒介、传播与社会变迁”国际研讨会。

(8) 2013 年 12 月 13 ~ 23 日，新闻与传播研究所研究员姜飞赴澳大利亚悉尼与澳大利亚麦考瑞大学郭琴教授开展“传媒与社区发展：中澳比较研究”课题调研。

(9) 2013 年 12 月 14 ~ 21 日，新闻与传播研究所党委书记、副所长赵天晓应邀参加由中共中央对外宣传办公室组织的第三届中德媒体对话，赴德国访问。

3. 与中国香港、澳门特别行政区和中国台湾开展的学术交流

2013 年 2 月 28 日至 3 月 5 日，新闻与传播研究所研究员卜卫应邀参加香港中文大学新闻与传播学院“青少年与网络游戏”博士论文答辩，并在香港中文大学新闻与传播学院作有关流动工人文化与传播的学术讲座。

（四）学术社团、期刊

1. 期刊

(1)《新闻与传播研究》(月刊)，主编唐绪军。

2013 年，《新闻与传播研究》由双月刊改为月刊，共出版 12 期，刊发论文 109 篇，共计 163 万字。该刊进一步明确办刊理念“透视新闻、解析传播、专注研究”；对封面、开本、版式等进行了重新设计；组建了匿名审稿专家库；制定了《本刊来稿格式及引文注释规范》，进一步加强了期刊的学术规范；首次开展了《新闻与传播研究》年度优秀论文评选活动，评选出 2012 年度优秀论文 10 篇。该刊全年刊载的有代表性的文章有：童兵的《关于当前新闻传播几个理论问题的思考》，刘于思的《从单位组织到话题参与：记者职业群体微博客社会网络的形成机制研究》，尹连根、刘晓燕的《“姿态性融合”：中国报业转型的实证研究》，沈阳、刘朝阳等的《微公益传播的动员模式研究》，郭镇之、郭云强的《晚清电子传播的引进：兼析“权”“利”之争》，张志安的《新闻生产过程的自我审查研究——以“毒奶粉”事件的报道为个案》，袁光锋的《“解放”与“翻身”：政治话语的传播与观念的形成》，姜华的《从良心自由到出版自由——西方近代早期新闻出版自由理念的形成及演变》，马志浩、崔波的《人际传播对风险感知的影响：以转基因食品为个案》，单波的《中西新闻比较的问题与方法》，吴飞的《与他人共在：超越“我们”/“你们”的二元思维》。

2013年，该刊成为国家社会科学基金资助期刊。

(2)《中国新闻年鉴》(年刊)，主编钱莲生。

《中国新闻年鉴》(2013年卷)是该刊连续出版的第32卷。该卷共设“要文”“典章”“综述”“概况：中央主要新闻媒体(社团)”“概况：地方新闻事业”等20个栏目。该卷特别选摘了《国家“十二五”时期文化改革发展规划纲要》，刊发了中宣部新闻局提供的《中国共产党第十八次全国代表大会新闻报道工作综述》。“综述”栏目新增了《中国广播电视研究2012年综述》和《中国网络新媒体研究2012年综述》。“专论”栏目摘选了新闻界主要领导及权威人士关于新闻事业转型发展、新闻传播、经营管理、国际传播等方面的专门论述，特辟了“走转改”专题。“新论”栏目刊发了2012年度全国新闻传播学优秀论文遴选活动的成果，其中，学术类10篇：黄旦的《耳目喉舌：旧知识与新交往——基于戊戌变法前后报刊的考察》，陆晔的《媒介使用、媒介评价、社会交往与中国社会思潮的三种意见趋势》，喻国明、宋美杰的《中国传媒经济研究的“学术地图”——基于共引分析方法的研究探索》，曾繁旭、黄广生的《网络意见领袖社区的构成、联动及其政策影响：以微博为例》，张放的《网络人际传播中印象形成机制的实证研究》，彭兰的《从“大众门户”到“个人门户”网络传播模式的关键变革》，童清艳、钮鸣鸣的《“触媒”时代受众自治的“纸媒”社会化媒体特征》，胡泳的《我们需要什么样的网络意见领袖？》，夏倩芳、王艳的《公众眼中的广播电视公共服务：现状评价及未来期待》，马少华的《对一场关于微博说理功能的论争的分析》；行业类2篇：鞠靖的《深度报道生产方式的新变化——深度报道记者QQ群初探》，吴叔平的《节目测评标准的效用与局限》。该活动是由中国社会科学院新闻与传播研究所依托国家哲学社会科学学术期刊数据库，联合中国社会科学院调查与数据信息中心，在全国范围内首次开展的。

2013年，《中国新闻年鉴(2012)》获得中国出版协会年鉴工作委员会第七届年鉴编校质量检查评比一等奖。

(五) 会议综述

《中国新媒体发展报告(2013)》发布会

2013年6月25日，中国社会科学院新闻与传播研究所、社会科学文献出版社在中国社会科学院学术报告厅联合发布了新媒体蓝皮书《中国新媒体发展报告(2013)》。

《中国新媒体发展报告》是国内第一本全面关注中国新媒体发展的系列年度报告，此次是第四年度发布最新的新媒体调查和研究成果。

会议由发布会和新媒体发展研讨会两部分组成。发布仪式上，中国社会科学院新闻与传播研究所党委副书记、副所长赵天晓致辞。中国社会科学院新闻与传播研究所副所长、《中国新媒体发展报告（2013）》主编唐绪军作主题报告。

唐绪军在主题报告中介绍了《中国新媒体发展报告（2013）》的总体结构，报告分为总报告、热点篇、专题篇、传播篇和产业篇五部分，全面盘点中国新媒体现状，解读新媒体发展大势，探析新媒体的革命性影响。报告概括了当前中国新媒体发展的六大态势，盘点了移动互联网、微信、微博客、大数据与云计算、社交媒体、三网融合、宽带中国、智慧城市与物联网、移动应用 App、OTT TV 等十大热点，全面解析了中国新媒体的传播社会影响。提出，2012 年以来，移动化和融合化成为中国新媒体发展与变革的主旋律。在移动互联网和网络融合大势的促推下，中国新媒体用户持续增长、普及程度进一步提高，新媒体应用不断推陈出新、产业日趋活跃，新媒体的社会化水平日益提升、频频引发热点。

新媒体发展研讨会上，与会专家总结了 2013 年中国新媒体发展的现状和面临的挑战，分析了中国新媒体发展过程中的热点和难点问题，展望了 2013 年中国新媒体发展趋势。

《中国新媒体发展报告（2013）》收入了数十位作者撰写的分报告，深入探讨了中国微博发展态势与用户特征、网络媒体新闻传播、谣言传播特征、网络政治参与、网络反腐态势、社交媒体的政治性应用、移动网络信息安全、报业数字化、网络广告、网络文化、意见领袖特征、宽带中国示范工程等重要问题，梳理数字电视、电子书、IPTV、手机电视、数字报纸等新媒体产业的发展概况。报告认为，功能不断延展的新媒体与社会的融合在深化，成为建设“美丽中国”和实现“中国梦”的积极推动力量。

（黄楚新）

新闻学与传播学名词审定委员会成立大会

2013 年 9 月，新闻学与传播学名词审定委员会成立大会在北京举行。

2013 年 9 月 25 日，新闻学与传播学名词审定委员会在北京中国社会科学院新闻与传播研究所召开成立大会。出席大会的有：全国科学技术名词审定委员会副主任刘青、中国社会科学院科研局副局长朝克、中国社会科学院新闻与传播研究所所长唐绪军及新闻学与传播学名词审定委员会的专家学者共 30 余人。在成立大会上，中国社会科学院朝克副局长、全国名词委刘青副主任、审定室主任邬江分别发言，阐释了学科名词工作的意义，介绍了名词工作的经验，讲解了名词工作的原则与方法等。全国名词委副主任刘青向到场的18位委员及其代表颁发了聘书。

新闻学与传播学名词审定委员会由来自全国多所高校和科研机构的19位专家学者组成，其中主要有中国人民大学新闻学院教授陈力丹、彭兰、副教授刘海龙，清华大学新闻与传播学院教授李彬、崔保国，中国传媒大学广告学院教授黄升民，浙江大学传媒与国际文化学院教授吴飞，南京大学新闻传播学院副教授胡翼青、王辰瑶，深圳大学传播学院教授何道宽，温州医学院组织传播研究所教授胡河宁，中国社会科学院新闻与传播所研究员唐绪军、王怡红、宋小卫、卜卫等。该委员会由唐绪军任主任，王怡红、宋小卫任副主任。

1985年，我国成立了全国科学技术名词审定委员会。它是经国务院授权，代表国家进行科技名词审定和公布的权威机构。全国名词委成立以来，已按学科组建了90个名词审定委员会，公布了近100种名词。新闻学与传播学名词审定是国家系统工程的一部分，名词审定工作涉及该学科名词体系的建构，基本名词的收集、定名与定义的撰写等。

（王怡红）

“变革中的新闻与传播：实践探索与理论构建”学术研讨会

2013年10月26日，中国社会科学院新闻与传播研究所在北京举办“变革中的新闻与传播：实践探索与理论构建”学术研讨会，庆祝中国社会科学院新闻与传播研究所建所35周年。会议同时公布了“全国新闻传播学2012年度优秀论文遴选”结果。中国社会科学院党组书记、院长王伟光出席并致辞。来自全国各地的二十多家高校新闻传播学院院长、副院长以及国内知名新闻传播学者、业界以及媒体代表百余人参加了研讨会。研讨会由中国社会科学院新闻与传播研究所党委书记、副所长赵天晓主持。

王伟光在致辞中指出，随着现代信息传播技术的飞速发展，中国新闻传播业及其学术研究也面临着前所未有的大变局与大挑战。这些大变局与大挑战已经并且仍将在新闻传播的实践和理论两个方面生成问题、提供机遇、激发热情、触动灵感。中国的新闻传播学研究应在全面深化改革开放的伟大进程中，肩负起自己的光荣使命，展现开拓创新的理论勇气、破解难题的中华智慧和造福人民的责任担当。他提出了“树立问题意识、秉持科学态度、倡扬创新精神、保持导向自觉”四项要求与大家共勉。

中国社会科学院新闻与传播研究所所长唐绪军介绍了该所实施哲学社会科学创新工程的进展情况。一年多来，该所组织编撰出版了《马克思主义新闻传播史论的研究历程——中国学界文选（第一卷1980～1989）》《中国新闻传播的发展——现状与趋势报告（2012～2013）》《中国新媒体发展报告（2013）》《新闻记者培训教材（2013）》《品道午餐学术沙龙演讲集（第一辑）》等著作。与相关单位联合成立了中国舆情调查实验室、全球影视与文化软实力实验室、中国跨文化传播研究与实践基地。为我国新闻传播研究事业作出了新贡献。

在随后举行的学术论坛上，国内著名新闻传播学专家喻国明、陈力丹、郭镇之、孟建、雷跃捷、胡舒立、范东升、李良荣等分别从“变局与应对——新闻业与新闻学的发展趋势”“问题与范式——传播学研究面临的挑战”“传播与边界——国际传播与‘软实力’”“冲击与调适——新媒体与社会发展”四个主题，探讨了当今世界尤其是我国新闻传播中出现的热点与难点问题。

（1）变局与应对——新闻业与新闻学的发展趋势。《华夏时报》总编吕平波根据自身的办报经验，认为“专业、多元、职业”是大变革时代报业的生存和发展之路。财新传媒总编、中山大学传播与设计学院院长胡舒立总结了传媒变局中财新网新媒体实践的经验。清华大学新闻与传播学院教授郭镇之提倡通过制度建设、逆向思维策略来挖掘广播事业的潜力。中央电视台总编室市场评估部主任徐立军根据央视2013年发布的《中国电视观众现状报告》提出了中国电视新闻的观众在选择偏好与收视行为习惯方面发生的九个非常有意思的变化。华南理工大学新闻传播学院院长苏宏元提出传统媒体的新出路。

复旦大学新闻学院教授童兵、汕头大学长江新闻与传播学院教授魏永征、中国传媒大学传播研究院院长雷跃捷教授、重庆大学新闻学院院长董天策教授、中国人民大学新闻学院教授杨保军分别就各自关心的新闻学问题展开了论述。童兵对现有的马克思主义新闻学提出了三点异议。魏永征认为，“新闻侵权”或“媒介侵权”是中国特有的概念，但不能成为法律的概念。雷跃捷对习近平同志“8·19”讲话中所提到的宣传思想工作要“因势而谋、应势而动、顺势而为”进行了解读。董天策认为，政府新闻学的提出是新闻学研究有强烈学科意识的一种典型体现，它的缺陷在于缺少非常明晰的学科定位。

（2）问题与范式——传播学研究面临的挑战。中国人民大学新闻学院副院长喻国明教授认为，当传播学研究走到舞台的中央时，研究逻辑、研究风格和研究责任担当就应和过去在边缘化状态的时候有很大不同，在研究范式方面要有新的认识和把握。中国社会科学院新闻与传播研究所研究员卜卫认为，发展传播学应建立在“发展项目实践”的基础上；新时期发展传播学研究面临着挑战；国内目前的发展传播学研究不是说与社会发展现实完全没有关系，而是要具体到与哪个阶层的实践和经验相联系。天津师范大学新闻传播学院院长刘卫东教授强调，在国家形象传播的建设方面，我国媒体在观念层面做得还不够，没有把中国最优秀的理念提炼出来。北京大学新闻与传播学院前院长龚文庠教授谈了信息公开和传播伦理之间的联系。南京大学新闻与传播学院院长助理胡翼青副教授以杜威传播观被建构与仪式化为切入点来透视美国文化研究。中国人民大学新闻学院副教授刘海龙提出，一般认为中国大陆的传播研究开始于1978年，但这种说法忽略了20世纪初期社会学和新闻学传统对传播的关注与研究。北京师范大学文学院传播系主任毛峰教授觉得中西高端对接的全球文明将引导全球合理秩序的建构。上海交通大学媒体与设计学院教授姜进章分析了大数据与思想市场交汇时的媒体转型选择。上海大学影视学院张咏华教授分析了西方新马克思主义学派的城市社会学家代表人物卡斯特尔的社会理论中的传媒转型观点。

(3) 传播与边界——国际传播与“软实力”。河北大学新闻传播学院院长白贵教授发现在民族宗教报道方面呈现单一性、亮相式和不均衡三方面的问题。中国外文局对外传播研究中心传播战略研究室副主任王眉教授，谈了西方在华新媒体传播的五大策略。北京大学新闻与传播学院教授关世杰考察了当今各类汉英词典对中华特色价值观“恕”的英译问题。首都师范大学科德学院影视传播系主任张炜认为，影视产品对中国文化的传播有得天独厚的优势，与欧美甚至日本、韩国相比，我国的影视产品之所以没有比较优势，价值观定位存在问题是重要原因。深圳大学传播学院院长吴予敏教授主要探讨城市传播研究的基本维度、基本价值尺度、公共性和本土意识问题。四川外语学院国际传播学院院长严功军教授认为，国内的国际传播研究应该从整体比较泛研究过渡到分板块、分区域的更细致、更有针对性的研究。武汉大学新闻传播学院副院长单波教授对2012年西方跨文化传播研究进展进行了述评。北京大学新闻与传播学院王异虹副教授提出了“国内报道也是国际报道”的观点。

(4) 冲击与调适——新媒体与社会发展。中国人民大学新闻学院教授陈力丹分析了新媒体发展对社会结构的五大影响。汕头大学长江新闻与传播学院院长范东升教授坚持报业数字化趋势已不可逆转。复旦大学新闻学院教授李良荣认为，以互联网为代表的新一轮传播革命的本质意义，是将宪法赋予公民的自由表达的权利转化为自由表达的权力。深圳大学传播学院教授何道宽介绍了世界级新媒介研究专家莱文森对媒介、新媒介、新新媒介的不同划分。中国互联网实验室董事长方兴东博士认为，当前我国舆情状况各方面都不满意的核心原因是政府过度监管。上海交通大学人文艺术研究院副院长谢耘耕教授通过对2011年、2012年热度靠前的30起公共事件的7584条微博热帖的研究发现：微博传播中，关键节点决定信息的流量和流向，对舆论的走势有着重要影响。厦门大学人文学院教授黄鸣奋谈的是“数码化视野中的新闻游戏”。中国传媒大学传播研究院教授张开希望通过媒介赋权，能使得民众的行为成为我们社会发展的有效助力。重庆工商大学文学与新闻学院蔡敏教授认为，我国新媒体教育人才培养速度跟不上新媒体的发展速度。

（朱鸿军）

国际研究学部

世界经济与政治研究所

（一）人员、机构等基本情况

1. 人员

截至2013年年底，世界经济与政治研究所共有在职人员121人。其中，正高级职称人员28人，副高级职称人员34人，中级职称人员37人；高、中级职称人员占全体在职人员总数的82%。

2. 机构

世界经济与政治研究所设有：全球宏观经济研究室、国际金融研究室、国际贸易研究室、国际投资研究室、经济发展研究室、公司治理与产业政策研究室、世界能源研究室、国际政治理论研究室、国际战略研究室、国际政治经济学研究室、全球治理研究室、马克思主义世界政治经济理论研究室、《世界经济》编辑部、《世界经济与政治》编辑部、《国际经济评论》编辑部、《中国与世界经济》（英文）编辑部、《世界经济年鉴》编辑部、党委办公室、所长办公室、科研处、人事处、办公室、杂志社、资料信息室。

3. 科研中心

世界经济与政治研究所所属非实体研究中心有：国际金融研究中心、全球并购研究中心、世界经济史研究中心、公司治理研究中心、发展研究中心、美国战略与经济研究中心。

全国性学术团体有：中国世界经济学会、新兴经济体研究会。

（二）科研工作

1. 科研成果统计

2013年，世界经济与政治研究所共完成专著17种，540.3万字；论文81篇，85.9万字；理论文章9篇，2.06万字；研究报告127篇，145.5万字；译著1种，13万字；学术普及读物8种，188.4万字；工具书1种，110万字；论文集2种，98.7万字。

2. 科研课题

（1）新立项课题。2013年，世界经济与政治研究所共有新立项课题9项。其中，国家社会科学基金课题5项："老龄化背景下的人力资本投资对中国长期经济增长的影响研究"（梁润主持），"低碳经济下金砖国家产业发展与经济增长模式研究"（马涛主持），"亚太区域一体化美国路线图与亚洲路线图的竞争性和相容性及中国对策研究"（东艳主持），"低碳城市建设的非技术创新系统研究"（蒋尉主持），"苏联1932～1933年饥荒问题与当代乌俄两国关系研究"

（李燕主持）；院创新重大课题 1 项：“新兴经济体与国际经济新秩序”（姚枝仲主持）；院重点课题（马工程）1 项：“诘难与辩驳：西方主流经济学家与马克思的思想交锋”（欧阳向英主持）；国情考察课题 2 项：“考察新疆哈密、库尔勒和黑龙江伊春等地调整产业结构、转变经济发展方式情况”（陈国平主持），“中国影子银行体系调研”（高海红主持）。

（2）结项课题。2013 年，世界经济与政治研究所共有结项课题 14 项。其中，国家社会科学基金课题 2 项：“冷战后大国的核战略、防扩散战略的调整与核不扩散体制危机的解决思路”（邵峰主持），“金融危机后新兴经济体参与全球经济治理的挑战及我国对策研究”（徐秀军主持）；国情考察课题 2 项：“考察新疆哈密、库尔勒和黑龙江伊春等地调整产业结构、转变经济发展方式情况”（陈国平主持），“中国影子银行体系调研”（高海红主持）；院重大课题 3 项：“苏联 1932 ～ 1933 年饥荒问题与当代乌俄两国关系研究”（李燕主持），“俄罗斯国有企业改革的路径与后果”（陈国平主持），“中国对外直接投资适度规模与结构研究”（李众敏主持）；院重点课题 1 项：“中国与联合国——中国多边外交战略探讨”（李东燕主持）；院青年科研启动基金课题 1 项：“中国国际关系理论中的全球化与全球主义研究”（但兴悟主持）；所重点课题 5 项：“世界经济与政治研究所电子期刊项目”（姚枝仲主持），“资本市场与绿色融资——日美模式对我国的启示”（田慧芳主持），“人民币汇率变动对企业绩效的影响”（吴国鼎主持），“劳动力市场分割与中国劳动力迁移——从国际比较看中国的户籍改革”（宋锦主持），“中西方政治理念的碰撞与融合——以宪政话语为例”（彭成义主持）。

（3）延续在研课题。2013 年，世界经济与政治研究所共有延续在研课题 14 项。其中，国家社会科学基金课题 7 项：“未来十年世界经济格局演变趋势及我国发展战略调整研究”（张宇燕主持），“我国对外金融资产负债失衡与金融调整研究”（肖立晟主持），“金融危机后我国国际贸易摩擦治理路径的有效性研究”（李春顶主持），“二十国集团面临的全球治理重点问题研究”（高海红主持），“国际组织分析的社会学路径研究”（袁正清主持），“美国主权债务可持续性与中国外汇储备管理研究”（王永中主持），“日本的战略文化与中日战略互惠关系的建构”（卢国学主持）；院重大（马工程）课题 1 项：“马克思主义世界政治经济基础理论研究”（欧阳向英主持）；国家自然科学基金课题 1 项：“G20 主要经济体短期 GDP 和 CPI 走势预测”（何新华主持）；所重点课题 5 项：“中国的印度洋战略区安全构想”（主父笑飞主持），“泛太平洋战略经济伙伴关系协定与中国的对策”（张琳主持），“中国出口的专业化之路及其影响因素”（高凌云主持），“中国对外金融资产负债失衡与金融调整”（肖立晟主持），“后起国家走向制造强国的产业路径研究：中国产业可持续发展的一项国际比较”（李毅主持）。

3. 获奖优秀科研成果

2013 年，世界经济与政治研究所获“第八届（2013 年）中国社会科学院优秀科研成果奖”二等奖 1 项：张宇燕、李增刚的专著《国际经济政治学》；三等奖 4 项：高海红的论文《最优货币区：对东亚国家的经验研究》、东艳的论文《深度一体化、外国直接投资与发展中国家的自由贸易区战略》、李少军的专著《国际关系学研究方法》、李国学的论文《资产专用性投资与全球生产网络的收益分配》。

此外，该所田丰的《中国与WTO争端解决机制：评估和展望》获得商务部颁发的“2012～2013年度全国商务发展研究成果奖”三等奖。

4.创新工程的主要举措和工作安排

2013年，世界经济与政治研究所共设创新项目10个，创新岗位74个。其中，首席管理2个，首席研究员10个，长城学者1个。所长张宇燕、所党委书记陈国平为首席管理，孙杰为长城学者，10个创新工程项目分别是：“国际货币金融改革与中国的政策选择”（首席研究员为高海红），“国际视角下的中国贸易结构转型研究”（首席研究员为宋泓），“中国的对外投资战略”（首席研究员为姚枝仲），“世界经济预测与政策模拟”（首席研究员为张斌），“中国参与全球治理的战略环境与战略选择”（首席研究员为李东燕），“扩大中国学界世界经济与国际政治研究成果国际影响力的创新计划”（首席研究员为邵滨鸿），“公司治理国际比较研究”（首席研究员为鲁桐），“中国能源安全的国际地缘战略研究”（首席研究员为徐小杰），“包容型增长与结构转型——新兴经济体的政策选择”（首席研究员为涂勤），“全球政治与安全领域的热点问题与中国的战略选择”（首席研究员为邵峰）。

2013年，该所创新工程的主要举措有：(1）通过创新工程的实施，形成了集体讨论、“团队作战”的新气象，各创新项目陆续推出了一系列社会影响力越来越大的“拳头产品”。世界经济与政治研究所全球宏观经济研究室定期对外发布《中国外部经济环境季报》《全球智库半月谈》《一周财经要闻》；国际投资研究室推出了《跨境资本流动季度报告》《中国对外投资季度报告》，并在2013年首次发布了《国家风险报告》；国际金融研究室发布了《中国影子银行体系发展状况研究报告》，编制了人民币国际化套利指数，并发布《国际金融市场季报》；国际贸易研究室发布了《2012年中国对外贸易发展报告》；世界能源研究室发布了《世界能源中国展望》；国际政治研究室定期发布《全球热点问题预测》《全球政治观点争鸣》《全球治理简报》等。(2）2013年，世界经济与政治研究所率先实行了对科研人员的量化考核机制。该机制全面考察了科研人员完成创新工程任务的情况、科研成果发表情况、学术活动等，涵盖了科研人员在各个方面的主要工作量，能较为准确地衡量各个科研人员对世界经济与政治研究所科研影响力的业绩贡献。2013年，世界经济与政治研究所根据院里的量化考核要求，对世界经济与政治研究所的量化考核方案进一步作了修改并完善，并在年终考核的时候试行推广，取得了较好的效果。

（三）学术交流活动

1.学术活动

2013年，世界经济与政治研究所主办和承办的重要学术会议有：

（1）2013 年 4 月 25 日，世界经济与政治研究所举办“金砖国家智库圆桌会议”。会议主要研讨德班峰会的成果及金砖国家未来的合作。

（2）2013 年 5 月 23 日，由中国社会科学院主办、世界经济与政治研究所承办的“中国社会科学论坛：中国与中东欧国家——新阶段、新机遇”国际研讨会在中国社会科学院举行。会议就中国和中东欧国家的未来经济合作问题进行了展望。

2013 年 10 月，第四届国际政治经济学论坛暨“新型大国关系与全球治理”研讨会在广东省广州市召开。

（3）2013 年 6 月 17 ～ 18 日，由中国社会科学院主办，中国社会科学院国际合作局和世界经济与政治研究所承办的“中国社会科学论坛：智库——面对变化中的世界”高端智库国际论坛在北京召开。会议围绕智库功能和作用及当前共同关注的重大问题进行了研讨。

（4）2013 年 8 月 29 日，世界经济与政治研究所所长张宇燕研究员主持第一期“钱俊瑞—浦山讲座”，由学部委员余永定研究员主讲“总供给曲线的推导”。

（5）2013 年 9 月 13 日，世界经济与政治研究所和东盟与中日韩宏观经济研究办公室主办“中国经济与财税金融改革”研讨会。会议就中国与地区宏观经济形势、中国的财税改革和区域资本流动等问题进行了研讨。

（6）2013 年 10 月 12 日，世界经济与政治研究所全球治理研究室和《世界经济与政治》编辑部共同主办“全球治理：制度设计与热点议题”研讨会。会议的主题是“世界经济与政治中的全球治理”。

（7）2013 年 10 月 18 ～ 19 日，世界经济与政治研究所与广东外语外贸大学广东国际战略研究院联合主办、中国国际文化交流中心协办的第四届国际政治经济学论坛暨“新型大国关系与全球治理”研讨会在广东省广州市召开。

（8）2013 年 10 月 28 ～ 29 日，由中国社会科学院主办，中国社会科学院世界经济与政治研究所承办，布鲁塞尔欧洲和全球经济实验室、亚欧基金会、亚洲开发银行研究所、贝塔斯曼基金会、韩国高丽大学、法国国际经济研究中心、德国基尔世界经济研究所合办的“亚欧经济论坛”在中国社会科学院举行。论坛的主题是“亚洲和欧洲经济的挑战与前景”。

（9）2013 年 12 月 23 日，中国社会科学院国际研究学部、世界经济与政治研究所和《国际经济评论》编辑部共同召开“中国发展战略机遇期的国际环境”学术研讨会。

（10）2013 年 12 月 25 日，世界经济与政治研究所和社会科学文献出版社共同主办的“2014 年《世界经济黄皮书》《国际形势黄皮书》发布暨世界经济与国际形势报告会”在中国社会科学院举行。

2. 国际学术交流与合作

2013 年，世界经济与政治研究所共派遣出访 113 批 147 人次，长期进修 4 人；来访 306 批 600 多人次。其中，来访外国学者 11 批 13 人次，来世界经济与政治研究所交流的外国学者、使馆官员等 238 批 496 人。举办国际会议 12 次，接待外宾 106 人，组织学术演讲会 40 次。与世界经济与政治研究所开展学术交流的国家有：美国、加拿大、比利时、英国、法国、德国、瑞典、挪威、西班牙、奥地利、罗马尼亚、波兰、塞尔维亚、匈牙利、捷克、俄罗斯、意大利、瑞士、荷兰、泰国、新加坡、印度尼西亚、马来西亚、菲律宾、日本、韩国、印度、新加坡、土耳其、越南、泰国、柬埔寨、斯里兰卡、尼泊尔、阿联酋、伊朗、南非、苏丹、摩洛哥、布隆迪、利比里亚、新西兰、澳大利亚、巴西、阿根廷。

重要对外学术交流活动主要有：

(1) 2013 年 1 月 7 ~ 23 日，世界经济与政治研究所所长张宇燕研究员率团赴伊朗、南非、苏丹进行学术访问。

(2) 2013 年 1 月 20 ~ 23 日，世界经济与政治研究所副所长何帆研究员应邀参加在比利时布鲁塞尔召开的“亚欧经济论坛”。

(3) 2013 年 1 月 22 日，世界经济与政治研究所研究员余永定会见英国前司法部长、工党金融发言人 Lord Davidson 一行，探讨人民币国际化等相关话题。

(4) 2013 年 1 月 27 ~ 31 日，世界经济与政治研究所所长助理宋泓研究员应邀参加在日内瓦召开的联合国贸发会议——“投资、创新与创业促进生产能力建设和可持续发展”多年期专家会第一次会议。

(5) 2013 年 1 月 28 日，世界经济与政治研究所全球宏观经济研究室与国际货币基金组织北京代表处联合举办“结构转型与宏观经济政策”研讨会，就发布“关于转型期的宏观经济政策”报告讨论相关问题。

(6) 2013 年 1 月 29 日，世界经济与政治研究所所长张宇燕研究员会见美国洛克菲勒基金会主席 Dr. Judith Rodin 一行，并召开研讨会，共同研讨“建设灵活性”问题以及中国遇到的主要风险及应对策略等问题。

(7) 2013 年 2 月 1 日，世界经济与政治研究所所长张宇燕研究员等会见加拿大财政部副部长 Jean Boivin 一行，双方就 G20 相关议题进行研讨。

(8) 2013 年 3 月 7 日，世界经济与政治研究所所长张宇燕研究员等陪同中国社会科学院秘书长黄浩涛会见沙特石油公司副总裁一行。

(9) 2013 年 3 月 14 日，世界经济与政治研究所研究员余永定会见丹麦驻华大使 Friis Arne Petersen 一行。双方就中国金融改革的现状和前景、人民币自由化等问题进行交流。

(10) 2013 年 3 月 21 日，世界经济与政治研究所所长张宇燕研究员会见巴西《经济价值报》

总编克劳迪娅·萨法特莱。双方就中国经济发展目标和改革前景等问题进行交流。

（11）2013 年 4 月 2 日，世界经济与政治研究所所长张宇燕研究员会见韩国高等教育财团理事长朴仁国一行。双方就“韩国高等教育财团中国讲座系列”商谈相关事宜。

（12）2013 年 4 月 10 日，世界经济与政治研究所与美国彼得森国际经济研究所代表团一行召开圆桌会议。世界经济与政治研究所党委书记陈国平致欢迎词，余永定研究员主持会议。

（13）2013 年 4 月 14 ~ 17 日，世界经济与政治研究所所长助理姚枝仲研究员应邀赴纽约联合国总部参加由联合国大会主席办公室主办的专题辩论“联合国和全球经济治理”和由中华能源基金委员会、联合国社会理事部、中国常驻联合国代表团联合主办的“中国可持续发展之路论坛”。

（14）2013 年 4 月 20 ~ 30 日，世界经济与政治研究所研究员余永定作为外交部外交咨询委员会委员，应邀参加由外交部外交政策咨询委员会委员组成的调研小组赴西班牙、德国、比利时（欧盟）、法国开展欧债问题专题调研。

（15）2013 年 5 月 6 日，世界经济与政治研究所所长张宇燕研究员会见俄罗斯科学院东方研究所所长瑙姆金一行。双方就共同关心的国际热点问题、美国与中东的关系、未来的双方合作等问题进行交流。

（16）2013 年 5 月 16 日，世界经济与政治研究所所长张宇燕会见日本大和综研株式会社副理事长川村雄介一行。双方就亚洲金融合作以及双方未来的合作事宜进行交流。

（17）2013 年 5 月 16 日，世界经济与政治研究所副所长何帆研究员等会见美国国际战略研究中心经济学家 Matthew Googman 一行。双方就 G20 等问题进行了交流。

（18）2013 年 6 月 12 ~ 15 日，世界经济与政治研究所副所长何帆研究员应邀参加在日本东京召开的亚洲智库峰会。会议的主题是“亚洲世纪把握机遇和处理威胁：智库的角色”。

（19）2013 年 6 月 13 日，世界经济与政治研究所全球治理研究室副主任黄薇副研究员等参加澳大利亚驻华大使馆举办的小型午宴，就中国在 20 国集团中所扮演的角色、建议 20 国集团当前的首要任务等话题进行讨论。

（20）2013 年 7 月 19 日，世界经济与政治研究所全球治理研究室副主任黄薇副研究员等会见 OECD 北京办公室高级顾问何伊兰等。双方就 OECD 与中国的合作交换意见。

（21）2013 年 7 月 30 日至 8 月 10 日，世界经济与政治研究所所长张宇燕研究员、所长助理姚枝仲研究员、国际金融研究室主任高海红研究员参加外交部经贸小组访问团，赴美国华盛顿、纽约、休斯敦、洛杉矶进行学术访问。

（22）2013 年 10 月 8 ~ 12 日，世界经济与政治研究所世界能源研究室主任徐小杰研究员、国际金融研究室副主任刘东民副研究员应英国学术院邀请赴伦敦参加“新兴大国走向世界”国际研讨会。

（23）2013 年 12 月 5 日，世界经济与政治研究所副所长何帆研究员等会见芬兰国会议员、国会未来委员会主席佩维·利波宁一行。双方就中国的对外投资政策、反腐败政策和芬兰国会未来委员会的发展情况进行交流。

国际合作研究项目主要有：

(1) 中国社会科学院与荷兰皇家科学院、荷兰研究组织和中华人民共和国科技部、中国科学院等中荷七个机构就共同开展的联合科学专题研究项目“农业与食品：怎样为世界提供食物？”进行联合招标。世界经济与政治研究所经济发展研究室主任涂勤研究员与荷兰合作方提交的“在中国组织小规模高附加值的食品生产者：合作、信任与农村发展”合作研究课题申请获得批准和资助。

(2) 世界经济与政治研究所国际投资研究室副研究员韩冰与欧盟合作研究项目签约，合作课题的名称为“促进全球责任研究与社会和科学创新”。

3.与中国香港、澳门特别行政区和中国台湾开展的学术交流

(1) 2013年1月6～8日，应香港中华总商会会长杨钊的邀请，世界经济与政治研究所余永定研究员赴香港参加“中总论坛”，并以“十八大后中国宏观经济的策略及形势”为主题发表演讲。

(2) 2013年4月2～7日，世界经济与政治研究所国际金融研究室主任高海红研究员、国际投资研究室主任张明副研究员应国际治理改革中心、Chatham House和新经济思想研究所邀请，赴中国香港参加“人民币国际化和对国际货币体系改革的影响”国际研讨会和“新经济思维研究所2013年度会议”。

(3) 2013年4月3～8日，世界经济与政治研究所研究员余永定应新经济思维研究所、香港智库经纶国际经济研究院和国际治理创新中心的邀请，参加香港召开的“新经济思维研究所年度全体会议”。

(4) 2013年4月22～25日，世界经济与政治研究所世界能源研究室主任徐小杰研究员应英国石油理事会邀请赴香港参加“首次亚洲油气大会”。

(5) 2013年7月16日，世界经济与政治研究所全球宏观经济研究室主任张斌研究员会见香港大和资本市场的经济学家唐俊杰,就有关中国金融体制和汇率改革的观点和看法交换意见。

(6) 2013年7月17日，世界经济与政治研究所国际贸易研究室主任东艳副研究员等会见香港大和资本市场的经济学家唐俊杰。双方就有关中国经济的问题进行了交流。

(7) 2013年8月19日，世界经济与政治研究所全球宏观经济研究室主任张斌研究员会见香港浸会大学工商管理学院院长张仁良一行。双方就人民币国际化、资本账户开放、汇率改革以及利率改革等问题进行学术讨论。

(8) 2013年9月2日，世界经济与政治研究所所长助理宋泓研究员就全球自贸区建设的相关问题接受香港《环球财富》记者采访。

(9) 2013年9月24日,世界经济与政治研究所研究员余永定会见台湾《天下》杂志创办人、董事长兼发行人殷允芃和总主笔萧富元。双方讨论了中国未来经济等问题。

（10）2013 年 10 月 17 日，世界经济与政治研究所研究员余永定会见香港科技大学教授陈方正。双方就世界宏观经济和中国经济发展情况进行了交流。

（四）学术社团、期刊

1. 社团

（1）中国世界经济学会，会长张宇燕。

① 2013 年 7 月 21 日，中国世界经济学会、对外经济贸易大学、《国际经济评论》编辑部联合主办的“第五届中国国际商务发展论坛”在对外经贸大学召开。会议的主题为“新形势下的开放与国际商务发展”。

② 2013 年 8 月 21 日，中国世界经济学会、辽宁大学转型国家经济政治研究中心、复旦大学新兴市场经济研究中心、《国际经济评论》编辑部联合主办的“俄罗斯创新国家战略与政策”学术研讨会在辽宁大学召开。会议研讨的主要问题有“俄罗斯国家经济发展战略创新的基础、内涵及前景”“转型国家经济发展模式的调整与创新”“全球经济艰难复苏背景下的转型国家经济形势”。

③ 2013 年 9 月 21 日，中国世界经济学会、常州大学、《国际经济评论》编辑部联合主办的“我国中小企业‘走出去’经验、教训与策略”研讨会在常州大学召开。

④ 2013 年 10 月 19 日，中国世界经济学会、南开大学、《国际经济评论》编辑部联合主办的“第四届国际投资论坛”在南开大学召开。会议的主题为“全球视角下的中国企业对外直接投资”。

⑤ 2013 年 10 月 26 日，中国世界经济学会、辽宁大学、《国际经济评论》编辑部联合主办的“中国世界经济学会 2013 年博士生论坛”在辽宁大学召开。会议的主题为“东亚如何重构经济合作与政治互信的未来”。

⑥ 2013 年 11 月 9 ~ 10 日，中国世界经济学会、中山大学岭南(大学)学院、《国际经济评论》编辑部联合主办的“中国世界经济学会十届第三次理事会议暨中国世界经济学会 2013 年年会”在中山大学召开。会议研讨的主要问题有“世界经济理论与现实问题”“地区与国别”“国际金融”“国际贸易”“国际投资”“结构转型的国际经验借鉴”。

⑦ 2013 年 11 月 9 ~ 10 日，中国世界经济学会、中山大学岭南（大学）学院、《国际经济评论》编辑部联合主办的“中国世界经济学会 2013 年中青年论坛”在中山大学召开。

⑧ 2013 年 12 月 6 日，中国世界经济学会、《国际经济评论》编辑部、中国银行间市场交易商协会、《金融市场研究》编辑部联合主办的“全面深化改革、健全金融体系”主题研讨会在北京召开。

（2）新兴经济体研究会，会长张宇燕。

2013 年 11 月 10 ~ 11 日，由新兴经济体研究会、中国国际文化交流中心、广东工业大学联合主办的“2013 新兴经济体研究会年会暨 2013 新兴经济体发展与合作论坛”在广东省广州市召开。会议的主题为“新兴经济体发展与广东对外经贸合作新机遇”。

2. 期刊

（1）《世界经济》（月刊），主编张宇燕。

2013 年，《世界经济》共出版 12 期，共计 220 万字。该刊全年刊载的有代表性的论文有：陈勇兵、陈宇媚、周世民的《中国国内市场整合程度的演变：基于要素价格均等化的分析》，张成思、姜筱欣、袁摇江的《资本轮动、行业潮涌与中国通货膨胀形成机制》，姚余栋、李宏瑾的《中国货币政策传导信贷渠道的经验研究：总量融资结构的新证据》，梅冬州、杨友才、龚六堂的《货币升值与贸易顺差：基于金融加速器效应的研究》，徐建炜、田丰的《中国行业层面实际有效汇率测算：2000 ~ 2009》，王晋斌、李南的《中国的货币政策是否存在非对称损失偏好》，王雪珂、姚洋的《两国相对生产率与巴拉萨—萨缪尔森效应：一个经验检验》，范言慧、席丹、殷琳的《繁荣与衰落：中国房地产业扩张与“荷兰病”》，谢建国、张炳男的《人口结构变化与经常项目收支调整：基于跨国面板数据的研究》，茅锐、张斌的《中国的出口竞争力：现象、原因与变化趋势》。

（2）《世界经济与政治》（月刊），主编张宇燕。

2013 年，《世界经济与政治》共出版 12 期，共计 216 万字。该刊全年刊载的有代表性的文章有：张文木的《“天堂很远，中国却很近”——中国与周边国家和地区的地缘政治》，朱立群、聂文娟的《从结构—施动者角度看实践施动——兼论中国参与国际体系的能动性问题》，周琪的《新世纪以来的美国对外援助》，祁怀高、石源华的《中国的周边安全挑战与大周边外交战略》，王军的《观念政治视野下的网络空间国家安全》，朱锋的《中美战略竞争与东亚安全秩序的未来》，秦亚青的《全球治理失灵与秩序理念的重建》，何帆、冯维江、徐进的《全球治理机制面临的挑战及中国的对策》，杨洁勉的《中国走向全球强国的外交理论准备——阶段性使命和建构性重点》，庞珣的《新兴援助国的“兴”与“新”——垂直范式与水平范式的实证比较研究》，刘江永的《国际格局演变与中国周边安全》，任晓的《论东亚“共生体系”原理——对外关系思想和制度研究之一》，唐世平、王凯、杨珊的《理解国际安全战略中的“系统效应”——以中苏同盟破裂的多重影响为例》，苏长和的《共生型国际体系的可能——在一个多极世界中如何构建新型大国关系》，陈志敏的《多极世界的治理模式》，周方银的《美国的亚太同盟体系与中国的应对》，吴志成、何睿的《国家有限权力与全球有效治理》。

2013 年，该刊获国家新闻出版广电总局颁发的第三届中国出版政府奖期刊奖提名奖。

（3）*China & World Economy*（《中国与世界经济》）（英文双月刊），主编余永定。

2013 年，《中国与世界经济》（*China & World Economy*）共出版 6 期，共计 56 万字。该刊全年刊载的有代表性的文章有：“International Financial Adjustment for China：A Financial

Valuation Approach" / Luke Deer, Ligang Song（卢克·迪尔、宋立刚的《中国的国际金融调整：财务估价方法》），"Population Change and Resulting Slowdown in Potential GDP Growth in China" / Fang Cai, Yang Lu（蔡昉、陆扬的《中国的人口变化以及导致的潜在 GDP 增长放缓》），"China' s Labor Transition and the Future of China' s Rural Wages and Employment" / Qiang Li, Jikun Huang, Renfu Luo, Chengfang Liu（李强、黄季锟、罗仁福、刘成芳的《中国的劳动力转移和今后农村工资和雇佣的情况》），"Meeting the Health—Care Needs of the Rural Elderly：The Unique Role of Village Doctors" /Kimberly Singer Babiarz, Hongmei Yi, Renfu Luo（金柏莉·辛格巴比、易红梅、罗仁福的《满足中国乡村年老者的卫生保健需求：乡村医生的独特角色》），"Hot Money Flows, Commodity Price Cycles and Financial Repression in the USA and China：The Consequences of Near—zero US Interest Rates" /Ronald McKinnon,（罗纳德·麦金龙的《美国和中国的热钱流动、商品价格周期和金融抑制：美国近零利率的后果》），"Intraregional Cross—holding of Reserve Currencies：A Proposal for Asia to Deal with the Global Reserve Risks" / Gang Fan, Bijun Wang, Yiping Huang,（樊纲、王碧珺、黄益平的《储备货币的区域内交叉持有：关于亚洲处理全球储备风险的提案》），"Business Cycle in China since the Lehman Crisis：Interaction among Macroeconomic Policy, Economic Growth and Inflation" /C. H. Kwan,（关志雄的《自雷曼危机之后的中国经济周期：宏观经济政策，经济增长和通货膨胀之间的互动》），"Renminbi Nominal Effective Exchange Rate for Third Market Competition：An Approach Based on Disaggregated Trade Data" /Qiyuan Xu, Panpan Yang, Yue Liu,（徐奇渊、杨盼盼、刘悦的《产生第三市场竞争效应的人民币有效汇率指数：基于细分贸易数据的方法》），"Strategic Asset Allocation for China' s Foreign Reserves：A Copula Approach" /Zhichao Zhang, Fan Zhang, Zhuang Zhang,（张志超、张帆、张庄的《中国外汇储备的战略资产配备：相关函数方法》），"Do Poor Rural Households Produce Less Grain than Non—poor Rural Households?" /Ling Ma, Xiaoyun Liu, Xian Xin,（马玲、刘小芸、辛贤的《贫穷的农村家庭的产出比非贫穷的农村家庭少吗？》）。

（4）《国际经济评论》（双月刊），主编张宇燕。

2013 年，《国际经济评论》共出版 6 期，共计 110 万字。全年刊载的有代表性的文章有：黄益平的《对外直接投资的"中国故事"》，何帆的《中国对外投资的特征与风险》，王勋的《金融抑制与发展中国家对外直接投资》，王碧珺的《被误读的官方数据——揭示真实的中国对外直接投资模式》，宋泓的《国际产业格局的变化和调整》，张明、王碧珺、陈博、潘圆圆的《国际收支平衡新常态正在形成——2012 年第 4 季度中国跨境资本流动报告》，崔凡、赵忠秀的《当前国际投资体制的新特点与中国的战略》，"中国 2020"课题组的《2020：中国在世界的定位》，李建民的《普京新时期远东开发的定位和目标》，张斌、胡志浩的《世界需要建立新的全球金融规则》，黄海洲、周诚君的《中国对外开放在新形势下的战略布局》，张蕴岭的《寻求崛起中国与世界的良性互动》，刘仕国、吴海英的《全球价值链和增加值贸易：经济影响、政策启示和统计挑战》，高海红、陈思翀的《安倍经济学经济增长战略的目标、内容和评价》，张斌的《外汇储备的资产属性、改革方案与还汇于民》，王信的《从欧元区经济调整看中国的新机遇》，姚枝仲的《如何应对中美双边投资协定的实质性谈判》，周方银的《东亚二元格局与地区秩序的未来》。

(5)《世界经济年鉴》2013 年卷（年刊），主编陈国平。

《世界经济年鉴》2013 年卷由世界经济年鉴编辑委员会于 2014 年 1 月出版发行。全书共 137.6 万字，16 开精装。全书分为 9 个部分：①总论；②全球概览；③年度热点；④专题报告；⑤国别（地区）经济（亚洲、欧洲、非洲、美洲、大洋洲）；⑥研究前沿；⑦最新动态；⑧中国经济之窗；⑨世界经济统计汇编。

（五）会议综述

中国社会科学论坛“智库：面对变化中的世界”国际研讨会

2013 年 6 月 17 ~ 18 日，中国社会科学论坛“智库：面对变化中的世界”国际研讨会在北京召开。会议由中国社会科学院主办，中国社会科学院国际合作局和世界经济与政治研究所承办。中国社会科学院院长王伟光、联合国教科文组织助理总干事皮拉尔·阿尔瓦雷斯·拉索、国际社会科学理事会主席奥利弗·希萨娜出席开幕式并致辞。中国社会科学院副院长李扬主持开幕式。全国人大外事委员会主任委员傅莹出席了欢迎晚宴。财政部副部长朱光耀出席会议并作了主题发言。来自国内外的 80 多位专家学者围绕“智库的多样性及其特点”“智库的影响力及其衡量”“经济增长模式的转变与创新”“发展的包容性与可持续性”“变化世界中的全球治理”等议题进行了探讨。

朱光耀指出，中国的智库才刚刚起步，需要作很多的努力，然而，中国的智库已经有了良好的开始，也看到了良好的成果。中国的智库也和世界各国的智库进行了合作。金砖国家领导人会议决定要建立金砖开发银行的建议来自于智库，这也显示政府层面以及智库层面的协调，通过这种共同的努力我们就可以促进全球和平与发展的事业。

中国社会科学院院长王伟光指出，全球秩序的未来、中国的对外战略、中国的经济改革、中国的转型发展、中国的民主与法治建设、中国的社会管理、文化建设、生态文明建设等八个中国智库需要回答和拿出解决方案的问题，也是中国社会科学院正在努力研究的课题。

他还指出，中国智库的发展面临历史性的机遇，中国政府重视智库的发展，这也是时代的需要。世界格局正在发生深刻变化，中国与外部环境正在互动发展，中国国内经济社会也面临一系列前所未有的变化和问题。正确理解和应对外部环境的变动、中国与外国环境之间的关系以及中国自身发展所面临的问题对于世界和平与发展，对于实现中国梦和中华民族伟大复兴具有至关重要的意义。

联合国科教文组织助理总干事皮拉尔·阿尔瓦雷斯·拉索指出，智库之所以称为智库，是因为它们在现代社会中有着特殊的使命和职责。制定议程是为了解决现实的社会问题，满足人们的需求。智库需要很好地解决价值观、政治和哲学理念的关系。联合国教科文组织在价值观和知识方面也要作出贡献，推动社会的转变和文化的对话。

国际社会科学理事会主席、南非人文科学理事会主席奥利弗·希萨娜也分析了智库存在的新的历史背景。她认为，1980 年以后，新兴国家对于全球 GDP 的贡献递增，金砖国家对全球 GDP 的贡献不断提高。金砖国家的智库可以做很多事情：分享自己的经验来减少贫困与不平等、鼓励相互借鉴与支持、设定议程着重实现可持续的人类发展、推动和支持全球领导来解决世界上收入和财富不均等方面的问题等。

中国社会科学院学部委员、世界经济与政治研究所余永定阐述了智库的两个责任，首先从正面要给政府提建议；另外还有一个责任是：如果政府已经作出了一些决定，智库要关注这些决定的落实情况与成效。

在谈到各国智库的共性与个性时，中国社会科学院副院长李扬认为，智库最主要的共性是都是提供理念、观念以及知识，由于种种原因，智库的形式、经营方式的差距也很大，组织形式上差异也很大，所以智库的多样性也是非常明显的。李扬介绍了作为中国智库代表的中国社会科学院的历史、研究成果以及影响决策的路径方式，对未来的发展进行了展望。

中国社会科学院世界经济与政治研究所所长张宇燕介绍了世界经济与政治研究所的历史、研究室分布、研究成果的传播和发表、学会等社会联系、智库定位、资金来源等相关问题。

（任　琳）

第四届国际政治经济学论坛暨“新型大国关系与全球治理”研讨会

2013 年 10 月 18 ~ 19 日，由中国社会科学院世界经济与政治研究所和广东外语外贸大学广东国际战略研究院联合主办、中国国际文化交流中心协办的“第四届国际政治经济学论坛暨‘新型大国关系与全球治理’研讨会”在广东省广州市召开。100 多位专家学者出席了论坛。中国社会科学院世界经济与政治研究所所长张宇燕研究员，广东外语外贸大学党委书记、广东国际战略研究院常务副院长隋广军教授到会致辞。广东外语外贸大学副校长何传添教授和张宇燕教授分别主持了第一单元和第二单元的研讨会。

从“两强对峙”到“一超多强”，再到构筑新型大国关系，大国对抗或合作的博弈历程很大程度上决定着全球治理的方向与水平。与会嘉宾的演讲和分组讨论聚焦于新型大国关系与全球治理的概念与理论、全球治理的现状与未来、新型大国关系与全球经济治理的关系、新型大国关系与“中国梦”等话题。中国国际问题研究所全球治理研究中心教授王毅、吉林大学经济学院教授李晓、辽宁大学党委书记程伟教授、国际关系学院党委书记刘慧教授、北京大学国际关系学院教授王正毅、国务院发展研究中心研究员丁一凡、广东国际战略研究院教授李青、中国社会科学院世界经济与政治研究所研究员宋泓等，分别就美国霸权消长、新兴市场崛起、世界体系演变、国际格局分化等问题作了主题演讲，从多维度剖析了新型大国关系与全球治理的理论逻辑与现实演变。

当下，美国“重返亚太”和“再平衡”战略的实施，不仅造成亚太地区的军事安全问题突出，也让本地区经济合作的局面出现变数。“发展和创新中美新型大国关系”已经超越双边关系，成为具备区域乃至世界性影响的重大议题。在分组讨论中，与会学者们对于在新形势下如何创新中美关系，为全球治理创造良好氛围并建构基础性的制度安排这一专题充分交换了意见。

构筑新型大国关系，创新全球治理，已经成为时代新的重大课题和要求。世界各国应携手共进，走向合作治理的征程。为此，大国尤其应当勇于承担国际责任，带头化解分歧，增进互信。此次论坛上，中国学者发出了自己的声音，其建立新型大国关系和全球治理的见解，丰富了本领域的研究，也为政府决策提供了有价值的参考意见。

（冯维江）

“亚欧经济论坛：亚洲和欧洲经济的挑战与前景”研讨会

2013 年 10 月 28 ~ 29 日，由中国社会科学院主办、中国社会科学院世界经济与政治研究所承办的“亚欧经济论坛：亚洲和欧洲经济的挑战与前景”研讨会在北京召开。研讨会的合办机构还包括布鲁塞尔欧洲和全球经济实验室、亚欧基金会、亚洲开发银行研究所、贝塔斯曼基金会、韩国高丽大学、法国国际经济研究中心、德国基尔世界经济研究所。来自欧美、亚洲多个国家政府部门、著名智库、大学以及国际权威经济组织的 80 多位官员和专家学者参加了会议。中国社会科学院副院长李扬出席开幕式并作了主题讲话。中国社会科学院世界经济与政治研究所所长张宇燕研究员、副所长何帆研究员主持论坛。参会的主要嘉宾包括布鲁塞尔欧洲与全球经济实验室主管 Guntram Wolff、法国经济政策规划委员会主任 Jean Pisani—Ferry、亚洲开发银行研究所所长河合正弘等。

在谈到世界经济形势时，李扬指出，从 2007 年至今，全球金融危机仍未完全过去，目前已进入了新的发展阶段。这一新阶段的基本特征是，世界经济不断下滑的趋势得到了有效遏制，各国纷纷开始针对引发危机的深层原因进行改革，但改革将面临比前一阶段更大的困难。克服困难不仅需要各国独自的努力，同时也需要国际社会共同努力。

从 2011 年开始，国际社会出现了一系列的新的治理形式，比如 TPP、TTIP、加拿大和欧洲的自由贸易区等。一套新的规则正在形成，而且这套新的规则的倾向性非常清楚。面对这样一些挑战，中国政府采取了非常积极的态度，一方面国内推进改革，另一方面在上海建立自由贸易区，开始实行各种新的规则。上海自由贸易区的实践也表明了中国进一步改革开放的决心。

欧债危机给欧洲和世界都敲响了一记警钟。与会各国专家就如何防范金融风险、进一步改善欧洲经济状况进行了反思。

法国经济政策制定总委员长让·皮萨尼·费里主要谈了如何理解全球相互依存的问题。他说，20 国集团峰会在 2008 年和 2009 年取得了一些进展，但是全球协调的质量和效率自 2009 年之后有所下降。围绕全球相互依存问题，他主要介绍了两种观点：第一，经济的开放性更多注重于资本的流动，溢出效应是有限的。一个国家的政策溢出效应对另外一个国家的影响是有限的。第二，资本的流动并不是更加直接的，增长的流动会更加直接。

除了发达经济体的主权债务危机和欧元区的议题外，与会专家学者还就“货币和汇率政策”“WTO 新议程和区域贸易协商”以及“中国经济前景”等议题进行了广泛研讨。

（任　琳）

俄罗斯东欧中亚研究所

（一）人员、机构等基本情况

1.人员

截至 2013 年年底，俄罗斯东欧中亚研究所共有在职人员 93 人。其中，正高级职称人员 26 人，副高级职称人员 27 人，中级职称人员 22 人；高、中级职称人员占全体在职人员总数的 81%。

2.机构

俄罗斯东欧中亚研究所设有：俄罗斯政治社会文化室、俄罗斯经济室、俄罗斯外交室、中亚室、战略研究室、乌克兰室、东欧室、苏联室、《俄罗斯中亚东欧研究》编辑部、《俄罗斯东欧中亚市场》编辑部、国际研究分馆、科研处、办公室。

（二）科研工作

1.科研成果统计

2013 年，俄罗斯东欧中亚研究所共完成专著 16 种，489.9 万字；论文 166 篇，153 万字；研究报告 79 篇，30.6 万字；一般文章 104 篇，50.24 万字；工具书 1 种，212 万字。

2.科研课题

（1）新立项课题。2013 年，俄罗斯东欧中亚研究所共有新立项课题 37 项。其中，国家社会科学基金重大课题 1 项：“中俄关系通史”（李静杰主持）；国家社会科学基金青年课题 1 项：“欧洲危机下苏联外交的变革与大国身份的重构(1938 ～ 1941)”(梁强主持)；院重点课题 2 项：

"俄罗斯发展报告（2013 年）"（李永全主持），"中俄边境地区合作——以绥芬河口岸为例"（李永全主持）；所后期资助课题 32 项："上海合作组织发展报告（2013 年）"（李进峰主持），"中亚国家发展报告（2013 年）"（孙力主持），"苏联历史几个争论焦点的真相"（吴恩远主持），"中东欧转轨二十年"（朱晓中主持），"区域经济发展：俄罗斯的探索与实践"（高际香主持），"吉尔吉斯斯坦独立后的政治经济发展"（张宁主持），"金融转型——俄罗斯与中东欧国家的逻辑与现实"（王志远主持）等。

（2）结项课题。2013 年，俄罗斯东欧中亚研究所共有结项课题 33 项。其中，院重点课题 1 项："俄罗斯东欧中亚国家发展报告（2012）"（李永全主持）；所重点课题 32 项："上海合作组织发展报告（2013 年）"（李进峰主持），"中亚国家发展报告（2013 年）"（孙力主持），"苏联历史几个争论焦点的真相"（吴恩远主持），"中东欧转轨二十年"（朱晓中主持），"区域经济发展：俄罗斯的探索与实践"（高际香主持），"吉尔吉斯斯坦独立后的政治经济发展"（张宁主持），"金融转型——俄罗斯与中东欧国家的逻辑与现实"（王志远主持）等。

（3）延续在研课题。2013 年，俄罗斯东欧中亚研究所共有延续在研课题 9 项。其中，国家社会科学基金课题 3 项："中俄关系通史（六卷本）"（李静杰主持），"低碳经济时代中美发展清洁能源的合作与冲突及我国对策研究"（徐洪峰主持），"上海合作组织的农业合作与我西部粮食安全研究"（张宁主持）；国家项目 1 项："20 世纪俄罗斯历史档案文集"（李静杰主持）；院重大课题 1 项："中亚民族传统社会结构与传统文化研究"（吴宏伟主持）；院重点课题 1 项："俄罗斯政治转轨——以国家治理的战略选择为视角"（庞大鹏主持）；所重点课题 3 项："当代俄罗斯黑海战略研究"（刘丹主持），"外高加索三国对外政策与实践"（吕萍主持），"隔阂与偏见：俄罗斯犹太民族问题研究"（于卓超主持）。

3. 获奖优秀科研成果

2013 年，俄罗斯东欧中亚研究所获"第八届（2013 年）中国社会科学院优秀科研成果奖"专著类二等奖 1 项：郑羽主编的专著《普京八年俄罗斯的复兴之路》；论文类二等奖 1 项：张盛发的论文《中长铁路归还中国的历史考察》；三等奖 1 项：朱晓中的论文《转轨九问》。

4. 创新工程的实施和科研管理新举措

2013 年，俄罗斯东欧中亚研究所有创新工程项目 1 项："俄罗斯东欧中亚转型研究"（首席研究员为李永全、李进峰），其中子项目 9 个："普京新时期俄罗斯的政治稳定与国家治理"（首席研究员为潘德礼），"俄罗斯经济现代化：进程、问题、前景"（首席研究员为程亦军），"全球背景下的中俄关系（2012 ~ 2018）"（首席研究员为郑羽），"中亚国家政治和社会稳定及其发展趋势"（首席研究员为吴宏伟），"转型前的俄罗斯：改革与剧变（1985 ~ 1991 年）"（首席研究员为张盛发），"中东欧与欧洲的分与合——当代东西欧关系研究"（首席研究员为朱晓中），"俄罗斯主导下的独联体一体化"（首席研究员为薛福岐），"中乌战略伙伴关系研究"（首席研究员为何卫），"苏联执政党最后十年"（首席研究员为李永全）。

（三）学术交流活动

1.出访

2013年，俄罗斯东欧中亚研究所共有出访23批35人次。俄罗斯东欧中亚研究所学者与外国专家学者及驻华使节共进行了40场次的学术交流和访谈活动，交流主题广泛涉及中俄关系与合作、中亚地区形势、中国与中亚国家在各领域的合作、上海合作组织、阿富汗形势、中国与欧盟关系等问题。与俄罗斯东欧中亚研究所开展交流的国家有瑞典、乌兹别克斯坦、韩国、日本、吉尔吉斯斯坦、新加坡、英国、蒙古国、俄罗斯、罗马尼亚、塔吉克斯坦、美国、波兰、保加利亚、匈牙利等。

(1)2013年2月1～8日,俄罗斯东欧中亚研究所所长李永全应邀赴俄罗斯参加学术会议。

(2)2013年5月29日至6月3日,俄罗斯东欧中亚研究所所长李永全应邀赴俄罗斯参加“中亚形势国际会议”。

(3) 2013年6月16～22日，俄罗斯东欧中亚研究所李进峰、郑羽等赴俄罗斯参加俄罗斯科学院远东研究所举行的国际会议。

(4) 2013年7月15～30日，俄罗斯东欧中亚研究所朱晓中应国务院欧亚社会发展研究中心欧亚社会发展所邀请，赴克罗地亚、罗马尼亚和土耳其进行学术访问。

2.来访

2013年，俄罗斯东欧中亚研究所共与3所境外研究机构签署合作协议，建立了科研学术合作关系。俄罗斯东欧中亚研究所根据院协议和所协议共接待俄罗斯学者5人次。

(1) 2013年1月22日，俄罗斯东欧中亚研究所与阿塞拜疆总统战略研究中心签署《合作备忘录》。

(2) 2013年2月21日，俄罗斯东欧中亚研究所与哈萨克斯坦科学教育部东方学研究所签署《中国社会科学院俄罗斯东欧中亚研究所与哈萨克斯坦共和国教育科学部 Р.Б.苏列伊梅诺夫东方学研究所合作备忘录》。

(3) 2013年5月24日，俄罗斯东欧中亚研究所与俄罗斯科学院远东研究所学术信息与文献处续签合作协议。

(4) 2013年10月24日，俄罗斯东欧中亚研究所与哈萨克斯坦创新经济研究所签署《学术合作备忘录》。

3.国际会议

(1) 2013年2月25日，中国社会科学院国际合作局和塔吉克斯坦驻华使馆主办、俄罗斯东欧中亚研究所承办的“庆祝中国与塔吉克斯坦首次高级会晤二十周年——中塔关系：历史、现状和前景”会议在北京召开。来自学术界、企业界和中外媒体的代表近70人参加了会议。会议研讨的主要问题有“中塔关系”“中塔在政治、经济和人文领域中的合作”“中塔关系的未

2013 年 2 月，“庆祝中国与塔吉克斯坦首次高级会晤二十周年——中塔关系：历史、现状和前景”会议在北京召开。

来发展前景”。

（2）2013 年 5 月 6 日，俄罗斯东欧中亚研究所与阿塞拜疆驻华使馆共同举办“中国与阿塞拜疆：历史、现状与未来——纪念阿塞拜疆人民领袖阿利耶夫诞辰 90 年研讨会”，同时举办了“阿利耶夫图片展”。50 余位中外专家学者参加了会议。

（3）2013 年 5 月 8 日，俄罗斯东欧中亚研究所与乌兹别克斯坦世界经济与外交大学共同举办“中国与乌兹别克斯坦：历史、现状与未来”研讨会。50 余位中外代表参加了会议。

（4）2013 年 6 月 19 日，俄罗斯东欧中亚研究所与哈萨克斯坦驻华使馆共同举办“哈萨克斯坦 2050 战略及中哈关系”研讨会。

（5）2013 年 10 月 23 ～ 24 日，中国社会科学院主办、俄罗斯东欧中亚研究所承办的“中国社会科学论坛·第三届中亚论坛——中国与中亚：新起点新动力”在北京召开。来自哈萨克斯坦、吉尔吉斯斯坦、乌兹别克斯坦、塔吉克斯坦的学者和国内相关专家学者参加了会议。会议研讨的主要问题有“中国与中亚国家关系”“中亚安全形势”“上海合作组织”“丝绸之路经济带”。

2013 年 10 月，“中国社会科学论坛·第三届中亚论坛——中国与中亚：新起点新动力”在北京召开。

（四）学术社团、期刊

1. 社团

中国俄罗斯东欧中亚学会，会长李静杰。

2013 年 9 月 21 ～ 22 日，由中国俄罗斯东欧中亚学会与中俄人文合作协同创新中心、黑龙江大学俄语学院、黑龙江大学俄罗斯研究院联合举办的首届当代俄罗斯学“俄罗斯与中国：文明对话”国际学术会议在黑龙江省哈尔滨市召开。会议研讨的主要问题有“俄罗斯学的发展”“中俄关系发展的机遇”。

2.期刊

（1）《俄罗斯东欧中亚研究》（双月刊），主编李永全。

2013 年，《俄罗斯东欧中亚研究》刊载的有代表性的文章有：李永全的《俄罗斯从稳定走向复兴——2012 年俄罗斯复兴之路述评》，张弘的《政党政治与政治稳定——乌克兰案例研究》，苏畅的《中亚国家政治风险量化分析》，中国现代国际关系研究院课题组的《普京复任后的俄罗斯内外政策调整》，龚兵的《俄联邦民法典现代化之路》，高歌的《对中东欧国家发展道路的再思考》，许华的《俄罗斯国家形象与软实力》，张梅的《试论斯拉夫主义的俄罗斯民族自觉意识》，徐刚的《东欧国家跨界民族问题探析：以匈牙利族人为例》，韩克敌的《民族问题苏联之殇——再谈苏联解体的原因》，靳会新的《大众传媒在俄罗斯政治生活中的作用》，肖斌的《中亚国家的粮食安全指数及评估》，富景筠的《后危机时代俄罗斯与亚洲国家的经济关系——基于俄罗斯经济发展战略调整的分析》，郭晓琼的《竞争与合作：对欧亚联盟与上海合作组织关系的思考》，郭力的《俄罗斯东部地区经济发展中的区位因素分析》，钮菊生、潘晓珍的《俄罗斯新一轮远东开发的动因与前景分析》，李新的《俄罗斯经济制度的历史特性及其改革周期》，姜振军的《俄罗斯食品安全形势及其保障措施分析》，张红侠的《中俄经贸合作：回顾与展望》，郑羽的《普京政府对朝鲜半岛及朝核危机的政策》，顾志红的《论俄罗斯的和解战略》，王一诺的《中东欧国家与俄罗斯关系中的四个现实问题》，王海滨的《21 世纪初期俄罗斯的亚太平衡战略》。

（2）《俄罗斯东欧中亚市场》（月刊），主编常玢。

2013 年，《俄罗斯东欧中亚市场》刊载的有代表性的文章有：刘艳萍的《俄罗斯远东地区参与亚太经济一体化的进程、制约因素与前景》，李建民的《2012 年俄罗斯经济形势分析》，李福川的《俄罗斯转型经验：合理分配是社会稳定的基础》，张聪明的《石油收益的分配机制：中俄比较》，王志远的《主权财富基金——中国与俄罗斯的不同》，梁瑞的《加入 WTO 背景下俄罗斯对外贸易制度的演变》，刘爽的《俄罗斯远东开发进程与中俄合作》，戚文海的《俄罗斯提升自主创新能力政策的路线图：演进轨迹、绩效评价及未来走向》，陈思旭的《西伯利亚联邦区吸引外资现状分析》，谢继文的《俄罗斯“荷兰病”现象研究》；刘乾的《俄罗斯天然气出口战略的调整及其对中俄合作的影响》，王四海、闵游的《“页岩气革命”与俄罗斯油气战略重心东移》，孙靖帮、付华蓉的《跨越式发展中的新疆与中亚五国经贸合作》，尤立杰、朱倩的《哈、乌、土三国能源投资环境评价》，马兴超、韩娇、刘彦君的《新时期东北亚金融合作的趋势、发展路径及中国战略》，余鑫的《俄罗斯参与大图们江区域合作开发研究》，尚宇红的《2001 ~ 2011 年中国与中东欧国家货物贸易结构分析》，郭学兰的《中俄反垄断法比较研究》，李钦、段秀芳、许云霞的《俄、白、哈经济一体化的内部分歧、挑战及发展前景》，张杰、张洋的《浅析中哈油气资源合作及其对中国西部大开发的影响》。

（五）会议综述

“庆祝中华人民共和国和塔吉克斯坦共和国建立战略伙伴关系一周年”学术研讨会

2013年5月30日，由中国社会科学院国际合作局和塔吉克斯坦科学院主办、中国社会科学院俄罗斯东欧中亚研究所承办的“庆祝中华人民共和国和塔吉克斯坦共和国建立战略伙伴关系一周年”学术研讨会在北京举行。中国社会科学院副院长李培林出席会议并致辞。

李培林在致辞中说，中塔两国山水相连，自古以来关系密切。塔吉克斯坦是中国的好邻居、好伙伴，中塔同为上海合作组织成员国，两国关系有着坚实的法律基础、政治基础、经济基础和安全基础。中塔之间没有任何矛盾冲突，政治互信不断加深，且都肩负着加快自身发展、实现民族振兴的历史重任。一年前，中塔两国元首共同宣布两国正式建立战略伙伴关系，这对于两国加强合作具有重要意义。未来，如何进一步深化两国关系，如何更好地发挥上海合作组织的作用，如何让中国的“丝绸之路经济带”建设更多惠及周边伙伴，如何共同防范和抵御外部威胁，这些问题都值得我们深入研究。

塔吉克斯坦驻华大使拉希德·阿利莫夫发来书面致辞。他表示，今年是中塔两国关系发展史上的重要一年。在安全领域，中塔联手打击三股势力，开展有效的合作；在国际领域，两国在联合国等多边场合都具有相近或相同的立场；过去二十年，中塔经济合作不断深化，在贸易、投资、天然气管道建设等诸多领域，均取得了丰硕的成果。中国国家主席习近平提出建设“丝绸之路经济带”的设想，不仅有利于区域经济发展，在全球层面也具有重要意义。塔吉克斯坦愿意全面支持这一倡议，并为此做一些工作。

研讨会上，来自中国和塔吉克斯坦的专家学者就中塔战略伙伴关系、中塔经贸合作、上海合作组织以及中塔学术交流合作等议题进行了研讨。

中国社会科学院俄罗斯东欧中亚研究所所长李永全认为，2013年5月，中塔两国建立战略伙伴关系，是20余年来中塔两国关系发展的逻辑结果。20余年来，中塔两国关系发展顺利。两国的经济合作不仅有速度、有数量，也有质量。随着美军撤出阿富汗时间的临近，中塔在安全领域的合作将更加具有现实意义。

塔吉克斯坦专家不仅对中国的发展成就给予高度评价，还对多年来中国给予塔吉克斯坦发展建设的帮助表示感谢。“许多塔吉克斯坦人亲眼所见，数以千计的中国专家在塔吉克斯坦以极大的热情投入各种项目建设，更可贵的是，他们总是毫无保留地将自身经验传授给塔吉克斯坦同行。”一位塔方专家说。

在谈到经济领域合作时，塔吉克斯坦总统战略研究中心主任霍利克纳扎洛夫表示，塔吉克斯坦目前在资源勘探和开发方面，具有较大需求，希望与中国进一步扩大合作。此外，在粮食安全、水电、交通运输（尤其是过境运输）、移民等领域，中塔之间也极具合作潜力。

（冯育民）

“俄罗斯与中国：文明对话”国际学术会议

2013年9月21日，由中俄人文合作协同创新中心、黑龙江大学俄语学院、黑龙江大学俄罗斯研究院和中国俄罗斯东欧中亚学会共同举办的首届当代俄罗斯学“俄罗斯与中国：文明对话”国际学术会议在黑龙江省哈尔滨市召开。

中国社会科学院学部委员、中国俄罗斯东欧中亚学会会长、中俄人文合作协同创新中心特聘首席专家李静杰研究员，国务院发展研究中心欧亚社会发展研究所所长、前中国驻俄罗斯大使、中俄人文合作协同创新中心特聘首席专家李凤林研究员，俄罗斯联邦驻沈阳总领事谢尔盖·尤里耶维奇·巴尔托夫（白德福），俄罗斯科学院东方学研究所中国室主任、《中国精神文明大典》百科全书主编、俄罗斯联邦国家奖金获得者科布泽夫，黑龙江大学校长、中俄人文合作协同创新中心特聘首席专家张政文教授，黑龙江大学副校长、中俄人文合作协同创新中心特聘首席专家丁立群教授，黑龙江大学俄语学院院长、普京奖获得者、国家级教学名师邓军教授，黑龙江大学俄罗斯研究院院长郭力教授出席会议并分别致辞。

黑龙江大学校长张政文指出，黑龙江大学作为中国高等教育领域具有鲜明对俄办学特色的高校，正与国内外诸多同人一道，着力建设中国对俄战略实施的重要智库。

白德福总领事在致辞中强调，在俄中关系现已成为大国合作典范的背景下，俄罗斯远东地区与中国东北三省应在今后开展更为深广、积极、高效务实的区域合作和文化教育交流。

参加会议的有来自国务院发展研究中心欧亚社会发展研究所、中国社会科学院、黑龙江大学、北京师范大学、华东师范大学、吉林大学、南开大学、上海外国语大学、广东外语外贸大学、解放军外国语学院、大连外国语大学、中国传媒大学、国防科技大学以及俄罗斯科学院东方学研究所、俄罗斯科学院远东分院历史考古民族研究所、俄罗斯科学院远东分院经济研究所、俄罗斯国立经贸大学、远东联邦大学、布拉戈维申斯克国立师范大学等国内外30余所大学和科研机构的80余位中外俄罗斯学家和汉学家。会议围绕“俄罗斯与中国：文明对话”这一主题，就当前中俄政治和经贸关系以及新普京时代俄罗斯语言、文学、法律、教育、社会等方面的最新变化等议题进行了探讨，取得了丰硕的成果。

会议主要体现了以下三个特点：一是会议层次性高。与会的很多学者多是具有十余年甚至几十年的研究经历，在俄罗斯学界很有建树。中俄两国的国家智库——中国社会科学院和俄罗斯科学院的许多知名专家参会，充分体现了会议的高标准和高水平。二是会议对话性强。会上，中俄两国学者互动热烈，交流频繁，有效激发了俄罗斯学的学术活力。三是会议议题务求实效。众多学者的发言直面当下问题，而且多是当前中俄两国关系中的迫切问题。会议问题意识浓厚，注重学术合作的实效性。

与会专家学者对会议成果达成共识。会议的召开丰富了俄罗斯学的理论研究成果和实践发展经验，必将进一步推进国内俄罗斯学的发展，为中俄两国全面战略协作伙伴关系的提升做出新的贡献。

（冯育民）

欧洲研究所

（一）人员、机构等基本情况

1.人员

截至 2013 年年底，欧洲研究所共有在职人员 50 人。其中，正高级职称人员 14 人，副高级职称人员 11 人，中级职称人员 16 人；高、中级职称人员占全体在职人员总数的 82%。

2.机构

欧洲研究所设有：经济研究室、欧盟法研究室、社会文化研究室、欧洲政治研究室、科技政策研究室、中东欧研究室、《欧洲研究》编辑部、图资信息室、办公室。中国欧洲学会秘书处挂靠在欧洲研究所。

（二）科研工作

1.科研成果统计

2013 年，欧洲研究所共完成专著 10 种，336.7 万字；译著 1 种，117.2 万字；论文 24 篇，16.8 万字。

2.科研课题

（1）新立项课题。2013 年，欧洲研究所共有新立项课题 3 项。其中，国家社会科学基金课题 1 项：“海洋争端国际仲裁的新发展与中国对策研究”（刘衡主持）；国情调研课题 1 项：“宁夏内陆开放型经济实验区考察”（孔田平主持）；所重点课题 1 项：“欧洲发展蓝皮书（2013 ~ 2014）”（周弘主持）。

（2）结项课题。2013 年，欧洲研究所共有结项课题 2 项。其中，国情调研课题 1 项：“宁夏内陆开放型经济实验区考察”（孔田平主持）；院青年科研启动基金课题 1 项：“欧盟航空碳税的法律分析”（刘衡主持）。

3.创新工程的实施和科研管理新举措

2013 年，欧洲研究所进入中国社会科学院创新工程。

该所参加创新工程的人数为 31 人。该所创新工程项目的名称及其首席管理、首席研究员为：项目名称“欧洲转型与世界格局”，首席管理为罗京辉、周弘，首席研究员为程卫东、陈新、田德文。

该所在创新工程方面实施的新机制、新举措如下：

（1）坚持每月召开一次创新工程例会，由首席管理主持，各研究课题主持人汇报研究动态及进度，交流研究资料信息。

（2）《创新工程简报》刊登创新工程阶段性研究成果。

（3）在所网站开设“创新工程”专栏，刊载创新工程简讯及成果。

（三）学术交流活动

1.学术活动

2013 年，欧洲研究所主办的重要会议有：

（1）2013 年 1 月 17 日，中国社会科学院国际研究学部和《欧洲研究》编辑部在北京联合主办“认识变化中的欧洲”国际会议。会议的主题是“如何认识变化中的欧洲”，研讨的主要问题有“如何认识欧洲的联合”“如何认识危机中的欧洲”“如何认识欧洲的未来”“如何认识欧盟的对外战略”“如何认识中国崛起环境下的中、欧、美、俄关系”。

（2）2013 年 4 月 2 日，欧洲研究所在北京举办“欧洲研究所大使论坛：新形势下的中欧关系”。论坛的主题是“新形势下的中欧关系”。

（3）2013 年 5 月 10 ～ 11 日，欧洲研究所、中国欧洲学会中东欧研究分会联合主办“中国和中东欧国家关系政策论坛”（第二届）。会议研讨的主要问题有“中东欧国家转型”“中国和中东欧国家政治、经济、文化关系”。

（4）2013 年 7 月 28 日，欧洲研究所主办、首都师范大学历史学院承办的“中国欧洲学会欧洲一体化史分会研讨会”在北京举行。会议的主题是“冷战结束以来欧洲一体化进程：回顾与展望”。

（5）2013 年 9 月 21 ～ 22 日，南京大学历史学系、英国驻上海总领事馆、中国欧洲学会英国研究分会、上海外国语大学英国研究中心和北京外国语大学英国研究中心在南京联合举办“中国英国史与英国研究国际讨论会”。会议的主题是“英国政治、经济、社会、文化和历史等领域中的问题”。

（6）2013 年 10 月 24 ～ 25 日，欧洲研究所、中国欧洲学会中东欧研究分会在北京举办“第三届中国和中东欧国家关系政策论坛”。会议研讨的主要问题有“中国和中东欧合作出现的新变化和新问题”“中国和中东欧农业合作”“中国在中东欧的基础设施建设”“中国和中东欧合作的发展前景”。

（7）2013 年 11 月 5 日，欧洲研究所经济研究室、欧盟法研究室与《欧洲研究》编辑部在北京联合举办“欧美关系：进展与前景”学术研讨会。会议的主题是“欧美关系的新发展及其未来前景”，研讨的主要问题有“欧美经济贸易政策调整与双方关系出现的新变化”“美欧启动《跨大西洋贸易与投资伙伴关系协定》（TTIP）的谈判对全球贸易规则乃至经济体系产生的影响”“从WTO贸易争端、北极治理等视角如何看待欧美关系的新变化”。

（8）2013年11月12～15日，欧洲研究所“欧洲一体化演进过程中的制度变革”与“欧洲社会模式的调整及其影响”两个子模块课题组在石家庄联合举办“转型中的欧洲政治体制与社会政策”学术研讨会。会议的主题是“转型中的欧洲政治体制与社会政策”。

（9）2013年11月20日，欧洲研究所意大利研究中心在北京举办“2013～2014年意大利政治经济形势与展望”研讨会。会议的主题是“意大利观察：2013～2014年度意大利政治经济形势与展望”。

2. 国际学术交流与合作

2013年，欧洲研究所共派遣出访41人次，接待来访46人次。与欧洲研究所开展学术交流的国家有英国、德国、美国、法国等。

（1）2013年3月26日，“欧洲所大使论坛”邀请法国驻华大使白林就“当前的中法关系和法国经济状况”发表演讲。

（2）2013年4月7日，欧洲研究所所长周弘等参加在越南河内举办的“中瑞越社会福利比较学术研讨会”。

（3）2013年4月16日，英国伦敦政治经济学院副校长、著名政治学学者Paul Kelly教授访问欧洲研究所，并作了题为“英国联合政府与欧盟”的讲座。

（4）2013年4月18日，德国驻华大使施名贤博士、德国宝马基金会柏林办公室论坛负责人Ilsabe Von Campenhausen、宝马基金会中国代表崔峤访问欧洲研究所，与欧洲研究所所长周弘、研究员顾俊礼等就未来宝马基金会与中国社会科学院及欧洲研究所的合作事宜进行了会谈。

2013年3月，“欧洲所大使论坛”邀请法国驻华大使白林就“当前的中法关系和法国经济状况”发表演讲。

（5）2013年5月7～9日，应西班牙伊比利亚美洲学会邀请，欧洲研究所研究员张敏参加在西班牙马德里召开的“全球可持续发展高峰会议”。

（6）2013年5月12～16日，应波兰信息和投资促进局的邀请，欧洲研究所研究员陈新赴波兰卡托维茨参加第五届欧洲经济大会。

（7）2013年5月16～21日，应中国国际问题研究所的邀请，欧洲研究所研究员陈新在波兰华沙参加由该所与波兰国际问题研究所联合举办的第二届中国—中欧智库圆桌会议。

（8）2013 年 5 月 29 日，欧洲研究所在北京举办“大使论坛”，匈牙利驻华大使库绍伊·山多尔在“大使论坛”发表了题为“中国与欧盟以及中国和中东欧国家关系”的主题演讲。

（9）2013 年 6 月，欧洲研究所与匈牙利安道尔知识中心签署了合作协议，双方拟在组织国际学术会议、派人互访、共同培养研究生等领域开展长期合作。

（10）2013 年 6 月 2 ～ 15 日，欧洲研究所执行了 2013 年度中国与罗马尼亚政府间科技合作项目“中国与罗马尼亚可再生能源政策对话——经验分享与合作”。欧洲研究所党委书记罗京辉率团到罗马尼亚科学院进行交流访问。

（11）2013 年 6 月 9 日，欧洲研究所研究员田德文、陈新赴比利时等国进行学术访问。

（12）2013 年 6 月 10 日，阿登纳基金会邀请欧洲研究所所长周弘参加“与中国智库领导人和欧洲问题专家对话项目”。

（13）2013 年 7 月 3 日，德国联邦议会议员、德国基民盟议会党团副主席米歇尔·福克斯博士在欧洲研究所发表题为“中欧经贸关系：最新走势与挑战”的演讲。

（14）2013 年 7 月 3 ～ 5 日，荷兰阿姆斯特丹自由大学邀请欧洲研究所所长周弘参加题为“未来中国和欧洲工作、护理和福利”研讨会。

（15）2013 年 9 月 12 日，华沙大学欧洲研究中心教授 Bogdan Góralczyk 来欧洲研究所作题为“从中欧视角看欧盟未来”的主题演讲。

（16）2013 年 10 月 10 日，德国波茨坦大学经济与社会学院教授、国际政治专业杂志《世界趋势研究》主编莱蒙德·克雷默教授访问欧洲研究所，并作题为“欧洲的德国：一个新的霸权？”的演讲。

（17）2013 年 10 月 18 日，欧洲研究所所长周弘、研究员陈新赴匈牙利、捷克、波兰，就“危机后的世界及中东欧国家发展现状”进行考察调研。

（18）2013 年 10 月 21 日，欧洲研究所副所长江时学赴巴西参加“全球治理：各自的视角”国际研讨会。

（19）2013 年 11 月 21 ～ 22 日，欧洲研究所研究员陈新参加在波兰华沙召开的“后危机时代的欧盟—中国贸易和经济关系”国际研讨会。

（20）2013 年 11 月 25 ～ 26 日，欧洲研究所副所长程卫东应邀参加在比利时布鲁塞尔举行的“中欧战略关系”圆桌对话及第三届中欧论坛。

（21）2013 年 11 月 25 日，欧洲研究所研究员孔田平、李靖堃等赴南欧就“南欧视角下的欧洲未来与中欧关系”问题作调研访谈。

（22）2013 年 12 月，欧洲研究所与意大利都灵大学中国研究中心达成合作协议，双方将在开展学术研究、组织国际学术会议、派人互访、共同培养研究生等领域开展长期合作。

(23) 2013 年 12 月 5 ~ 6 日，应新西兰惠灵顿维多利亚大学拉美研究所邀请，欧洲研究所副所长江时学赴新西兰参加关于拉美和中国关系的国际研讨会。

（四）学术社团、期刊

1. 社团

中国欧洲学会，会长周弘。

① 2013 年 10 月 14 日，中国欧洲学会与台湾欧盟研究会在台北市共同举办第三届海峡两岸欧洲研究研讨会。

② 2013 年 11 月 9 ~ 10 日，中国欧洲学会主办、复旦大学欧洲问题研究中心承办的“未来十年的中欧关系——中国欧洲学会第九届年会（2013 年）”在上海复旦大学召开。

③ 2013 年 12 月 14 日，中国欧洲学会与武汉大学主办的“欧盟决策机制与中欧关系研讨会”在武汉大学召开。

（1）中国欧洲学会德国研究分会：

① 2013 年 3 月，德国议会基民盟 / 基社盟议会党团干事长 Manfred Grund 议员在北京作题为“德国大选及中德关系”的报告。

② 2013 年 7 月，德国议会基民盟 / 基社盟议会党团副主席米歇尔 · 福克斯博士在北京作题为“中欧经贸关系：最新走势与挑战”的报告。

（2）中国欧洲学会法国研究分会：

① 2013 年 5 月 10 日，法国研究分会邀请外交部欧洲司司长、中国欧洲学会法国研究分会副会长刘海星就中法关系形势发表演讲。

②从 2013 年 10 月开始，中国欧洲学会法国研究分会与中国国际广播电台等单位合作举办纪念“中法建交 50 周年”十大事件评选活动。

（3）中国欧洲学会英国研究分会：

① 2013 年 1 月 4 日，中国欧洲学会英国研究分会副会长刘绯、秘书长江时学赴上海市参加上海外国语大学英国研究中心主办的教育部国际司区域和国别研究培育基地英国研究“五年规划”草案专家咨询会暨“中英人文交流与文化外交”高层论坛。

② 2013 年 9 月 20 ~ 23 日，由中国欧洲学会英国研究分会、英国驻上海领事馆等主办的“英国史国际学术研讨会”在南京大学举行。会议研讨的主要问题有“英国史研究的新进展及新趋势”“英国与东南亚国家的关系”“英国海权思想和海洋战略当前英国的社会问题”“英国政治、经济和对外关系领域的重大问题”。

（4）中国欧洲学会意大利研究分会：

2013 年 11 月 20 日，中国欧洲学会意大利研究分会召开了“意大利观察：2013 ~ 2014 年度意大利政治经济形势与展望”研讨会。

（5）中国欧洲学会中东欧研究分会：

① 2013 年 5 月 10 ～ 11 日，由中国欧洲学会中东欧研究分会主办的中国和中东欧国家关系政策论坛（第二届）在北京召开。会议研讨的主要问题有“中东欧国家转型”“中国和中东欧国家政治、经济、文化关系”。

② 2013 年 10 月 24 ～ 25 日，由中国欧洲学会中东欧研究分会、欧洲研究所联合主办的第三届中国和中东欧国家关系政策论坛在北京召开。会议研讨的主要问题有“中国和中东欧合作出现的新变化和新问题”“中国和中东欧农业合作”“中国在中东欧的基础设施建设”“中国和中东欧合作的发展前景”。

（6）中国欧洲学会欧洲法律研究分会：

2013 年 5 月 24 ～ 27 日，中国欧洲学会欧洲法律研究分会叶斌和刘衡赴湖南省长沙市参加了中国国际法学会 2013 年学术年会。年会由中国国际法学会主办，湖南师范大学法学院承办。年会的主题是“当代国际法——和平、发展、合作、共赢”。来自全国各高校、科研机构和有关实务部门的近三百名专家学者参加了会议。

（7）中国欧洲学会欧洲政治分会：

2013 年 11 月 12 ～ 15 日，中国欧洲学会欧洲政治分会“转型中的欧洲政治体制与社会政策”学术研讨会在河北省石家庄市举行。会议研讨的主要问题有“转型中的欧洲政治体制”“欧洲社会政策”。

（8）中国欧洲学会欧洲一体化史分会：

2013 年 7 月 28 日，中国欧洲学会欧洲一体化史分会研讨会在北京召开。会议的主题是“冷战结束以来欧洲一体化进程：回顾与展望”。

（9）中国欧洲学会欧洲经济分会：

2013 年 10 月 12 日，中国欧洲学会欧洲经济分会、吉林大学欧洲研究所和吉林大学经济学院主办“欧洲经济复苏与可持续发展学术研讨会”。会议研讨的主要问题有“欧洲经济发展的前景预测”“欧洲债务危机的影响”“欧盟金融监管”“欧盟小微金融”“欧盟的碳交易”。

2. 期刊

《欧洲研究》（双月刊），主编周弘。

2013 年，《欧洲研究》共出版 6 期，共计 140 万字。该刊全年刊载的有代表性的文章有：“欧洲转型与世界格局”课题组的《欧洲转型：趋势、危机与调整》，周弘等的《欧美关系：进展与前景》，林德山的《经济危机对欧洲政党及政党结构的影响》，陈志敏、彭重周的《比较欧盟成员国与中国的关系发展：一项初步的尝试》，张海冰的《从欧债危机应对看全球经济治理的新趋势》。

2013 年，该刊获得了第二批国家社会科学基金学术期刊资助。

（五）会议综述

欧洲研究所大使论坛：新形势下的中欧关系

2013年4月，"欧洲研究所大使论坛：新形势下的中欧关系"在北京举行。

2013 年 4 月 2 日，由中国社会科学院欧洲研究所主办的"欧洲研究所大使论坛：新形势下的中欧关系"在北京举行。

中华人民共和国外交部副部长宋涛在论坛上发表了题为"构建互尊互鉴、全面合作、共同繁荣的中欧新型伙伴关系"的演讲。20 多位欧洲国家的驻华使节和 40 多名国内欧洲问题专家学者出席了论坛。

宋涛说，为更好地适应新形势和新需求，中欧双方有必要不断更新合作理念，创新合作形式。去年，中国与中东欧 16 国之间的合作取得了良好效果。中方将根据双方意愿，进一步加强与欧洲其他国家的合作，推动中欧整体关系在更高水平上实现更快发展。他特别指出，中欧应妥善管控和处理好分歧，避免影响双方关系大局。当前中欧之间一个突出问题是欧盟执意对中国光伏产品等展开"双反"调查，这不仅影响中欧关系的良好氛围，也不利于欧洲应对主权债务危机。希望欧方高度重视中方关切，通过平等对话和友好协商，妥善处理有关问题。过去一年多来，中欧关系保持了稳中有进的良好势头，中欧在政治、经贸和人文领域逐步确立了三大合作交流机制，形成了良好的合作态势，取得了丰硕的合作成果，中欧关系的基础更加坚实。

在"大使论坛"的第二单元，国内学者与多个欧盟成员国驻华大使及外交官进行了面对面的讨论，就中欧关系等问题进行了交流。双方对这种沟通和磋商的形式表示赞赏。

（科研处）

欧洲一体化史分会

2013 年 7 月 28 日，由中国社会科学院欧洲研究所主办、首都师范大学历史学院承办的"欧洲一体化史分会"在北京举行。

参加会议的有北京大学、中国社会科学院、外交学院、北京外国语大学、中国政法大学、南开大学、现代国际关系研究院、荷兰莱顿大学等国内外高校和科研院所的 20 余位学者。

会议的主题是“冷战结束以来欧洲一体化进程：回顾与展望”。与会专家学者们就有关欧洲一体化进程以及相关历史情况进行了研讨。学者们的发言、讨论并不拘泥于“冷战结束后”的欧洲一体化的研究，而是扩展到20世纪整个欧洲一体化的思想来源、发展道路和模式以及欧洲民族国家与一体化的关系等内容。

（1）欧洲一体化发展的现状与未来的走向。“二战”结束后，欧洲启动了一体化的进程，经过六十多年的发展历程，其中经历了政治、经济、法律、外交方面的整合。与会学者回顾了欧洲一体化的历史进程，并对未来欧洲一体化发展、欧盟的走向进行了判断。

（2）欧洲一体化史研究的方法。与会学者就欧洲一体化研究的历史与现状，特别是欧洲一体化研究的方法发表了各自的观点。

（3）欧洲民族国家与欧洲一体化的互动关系。学者们还就欧洲国家与一体化的互动关系，特别是欧洲大国对欧洲一体化发展的作用提出了自己的观点。

此外，与会学者还就欧盟框架下的法律、政党政策，欧洲一体化思想史，欧洲一体化对国际关系格局的影响等方面发表了自己的意见。

（科研处）

“欧美关系：进展与前景”学术研讨会

2013年11月5日，由中国社会科学院欧洲研究所经济研究室、欧盟法研究室与《欧洲研究》编辑部共同举办的“欧美关系：进展与前景”学术研讨会在北京举行。

参加会议的有中国社会科学院、现代国际关系研究院、北京外国语大学、上海社会科学院、上海国际问题研究院、南开大学、武汉大学、吉林大学等国内高校和科研机构的20余位专家学者。中国社会科学院欧洲研究所副所长江时学研究员致辞并作了主旨发言。

与会专家学者分别从经济、法律和国际关系的视角探讨了欧美关系的新发展及其未来前景，重点讨论了欧美经济贸易政策调整与双方关系出现的新变化，尤其是美欧启动《跨大西洋贸易与投资伙伴关系协定》（TTIP）的谈判对全球贸易规则乃至经济体系产生的影响；从WTO贸易争端、北极治理等视角讨论了如何看待欧美关系的新变化等。

与会者提出，TTIP协定的谈判，在战后欧美关系史上具有标志性意义，它对世界经济和中国具有双重影响，中国对此应予以充分重视。

（科研处）

“欧盟决策机制与中欧关系”研讨会

2013年12月14日，《欧洲研究》编辑部与武汉大学主办的“欧盟决策机制与中欧关系”研讨会在湖北省武汉市举行。

与会专家围绕“欧盟决策机制”与“中欧关系”两个核心议题，分别从欧洲智库与欧盟对华政策、欧盟决策机制对中欧贸易摩擦的影响、欧盟对外决策的政治文化、欧盟决策的理论与模式、TTIP对中欧关系的影响、中欧文化关系、中欧法律关系、中国与南欧关系、欧盟碳排放机制与中欧绿色合作、中欧光伏争端等视角进行了理论探讨和案例分析。

来自中国社会科学院欧洲研究所、《欧洲研究》编辑部、武汉大学政治与公共管理学院、武汉大学欧洲问题研究中心、中国人民大学欧洲问题研究中心、中华人民共和国商务部、中央党校国际战略研究所、四川大学经济学院、华东政法大学政治学研究所、同济大学德国问题研究所等的20余名专家参加了会议。

研讨会由中国社会科学院《欧洲研究》编辑部与武汉大学政治与公共管理学院主办。

（科研处）

西亚非洲研究所

（一）人员、机构等基本情况

1.人员

截至2013年年底，西亚非洲研究所共有在职人员57人。其中，正高级职称人员14人，副高级职称人员19人，中级职称人员12人；高、中级职称人员占全体在职人员总数的79%。

2.机构

西亚非洲研究所设有：中东研究室、非洲研究室、国际关系研究室、社会文化研究室、《西亚非洲》编辑室、图书资料室、办公室、科研处、人事处。

3.科研中心

西亚非洲研究所院属科研中心有：海湾研究中心；所属科研中心有：南非研究中心。

（二）科研工作

1.科研成果统计

2013年，西亚非洲研究所共完成专著7种，294.4万字；论文109篇，119.9万字；研究报告50篇，60.2万字。

2.科研课题

（1）新立项课题。2013年，西亚非洲研究所共有新立项课题1项，即“马工程”项目：“马克思主义与西亚非洲国家发展道路问题研究”（杨光、王正、张宏明主持）。

（2）结项课题。2013年，西亚非洲研究所共有结项课题3项。其中，所重点课题1项：“欧佩克石油政策及其对国际油价的影响”（刘冬主持）；国情调研课题1项：“中国涉非企业履行社会责任情况调研”（张宏明主持）；国情考察课题1项：“‘大湘西’经济社会发展考察”（王正主持）。

（3）延续在研课题。2013年，西亚非洲研究所共有延续在研课题7项，即所重点课题：“从南非流动劳工制度看发展中国家劳动力转移比较研究”（刘乃亚主持），“中东和平与以色列安全战略”（余国庆主持），“九十年代的非洲冲突处理——案例研究”（詹世明主持），“当代中东经济发展”（杨光主持），“南部非洲经济发展报告”（陈玉来主持），“非洲资本市场研究”（李智彪主持），“中非利用外资比较研究”（朴英姬主持）。

3.创新工程的实施和科研管理新举措

（1）进入创新工程的时间：2012年1月1日，西亚非洲研究所进入院创新工程。

（2）参加创新工程的人数：2013年，西亚非洲研究所有34人进入创新工程。

（3）创新工程项目的名称及其首席管理、首席研究员：2013年，西亚非洲研究所创新工程的首席管理为杨光、王正。全所共有创新工程项目6项：“中东热点问题与中国应对之策研究”（首席研究员为王林聪），“中国对中东战略和大国与中东关系研究”（首席研究员为王京烈），“大国在非洲的博弈与中国的应对方略研究”（首席研究员为张宏明），“中国对非洲产业投资合作研究”（首席研究员为姚桂梅），“中国在非洲的‘软实力’研究”（首席研究员为贺文萍），“中东国家与中国经贸及能源关系”（首席研究员为杨光）。

（4）在创新工程方面实施的新机制、新举措：在学科建设方面，西亚非洲研究所的工作重点是，“中东热点问题与中国应对之策研究”“中国对中东战略和大国与中东关系”等6个项目进入创新工程，并按计划开展工作。

在科研方法和手段创新方面，西亚非洲研究所的工作重点是：以创新工程推动智库建设，以重点课题推动学科建设。从多层面开展工作，扩大应用研究成果的传播范围和影响力。

在发挥思想库智囊团功能方面，西亚非洲研究所的工作重点是：创办《西亚非洲问题信息专报》，刊载西亚非洲热点问题应用对策研究成果，报送院领导和外交部、商务部、中联部等中央和政府部门的有关单位，供其决策参考。所网站开办“中东研究论坛”和“非洲研究论坛”两个专栏，发表适合于公众阅读的原创性应用性研究成果，为扩大该所在社会和学界的影响力发挥了积极作用。所刊《西亚非洲》更加注重论文的学术性和原创性。

在组织保障方面，西亚非洲研究所根据院关于“管理强院”的新要求，及时建章立制并对原有的规章制度进行修订，确保研究所的管理制度建设跟上院改革和创新工程的步伐。成立创新工程办公室和创新工程考核小组。

各创新工程项目组严格按照相关规定，详细制定了全年工作计划，研究和调研等工作严格按照计划执行。年度创新项目和创新岗位人员的考核等级纳入年度考核评等划优体系。创新项目和创新岗位人员、创新项目聘用编外人员重点考核创新任务完成情况。

加强人才建设，引进年富力强，并在学界崭露头角的人才，其中包括急缺的小语种人才。

科研处增强了力量，领导职务由正高级专业技术职务的人员承担。全所研究和管理队伍建设，正在朝着学历层次更高、年龄结构更加年轻化、教育和专业背景更加多样化的方向前进。

（三）学术交流活动

1. 学术活动

2013年，西亚非洲研究所的学术交流活动主要有：

（1）2013年3月1日，西亚非洲研究所举办了“中国外交新思维——‘西进战略’学术研讨会”。

（2）2013年8月27日，西亚非洲研究所邀请中国政府前非洲事务特别代表、津巴布韦大选中国政府观察团团长刘贵今大使作专题报告。

（3）2013年9月13日，西亚非洲研究所举办了“叙利亚危机的前景和影响”研讨会。

（4）2013年10月24～25日，由西亚非洲研究所、约翰·霍普金斯大学高等国际研究院、威尔逊中心、世界合作基金会联合主办的“非洲的54个国家和一个联盟：一体化与基础设施”国际研讨会在北京召开。会议研讨的主要问题有“非洲的和平与安全”“非洲的基础设施与一体化”“新技术与非洲发展”。

（5）2013年11月17日，西亚非洲研究所举办了“2013年中东形势发展回顾与展望”研讨会。

（6）2013年12月8日，西亚非洲研究所召开了“中东变局与地区安全”学术研讨会。

2. 国际学术交流与合作

2013年，西亚非洲研究所共派遣出访26批33人次，接待来访50批70人次。与西亚非洲研究所开展学术交流的国家有美国、英国、加拿大、瑞典、比利时、意大利、德国、荷兰、伊朗、匈牙利、土耳其、南非、印度、以色列、卡塔尔、坦桑尼亚、肯尼亚、摩洛哥、突尼斯、安哥拉、赞比亚、埃塞俄比亚、南非等。许多学者在重要国际会议上发表演讲或用英文在国外发表研究成果。有来自以色列、土耳其、伊朗、埃塞俄比亚、法国、英国、加拿大、美国、意大利、南非、俄罗斯、荷兰等国家的驻华使馆官员及外国学者来所访问、作主题演讲。

该所学者主持和参与的与荷兰国际亚洲研究所的合作研究课题结项，获得荷兰教育部和荷兰皇家科学院好评，双方新的合作研究课题正式启动。该所学者顺利完成中非合作论坛联合研究交流计划委托的3个国际调研和国际会议项目。

（四）学术社团、期刊

1. 社团

中国中东学会，会长杨光。

（1）2013年4月9日，西亚非洲研究所与中国中东学会联合举办学术报告会，特邀商务部西亚非洲司副司长曹甲昌作题为“西亚北非国家经济形势及其与中国的关系”的学术报告。来自北京地区的相关研究机构的专家学者共计60余人出席了报告会。

（2）2013 年 5 月 17 ~ 18 日，由中国中东学会与中国亚非学会、中国非洲史研究会、中国非洲问题研究会、中国亚非发展交流协会共同举办的“非统 / 非盟五十年与亚非合作研讨会”在天津举行。来自五个学会的中东、非洲问题专家学者近百人参加会议。会议研讨的主要问题有“全球化与非洲区域一体化”“非洲动态与热点问题”“非统 / 非盟与非洲政治”“中非、亚非合作研究”。

（3）2013 年 5 月 26 日，中国中东学会与上海国际问题研究院在上海共同举办“新形势下中国的中东外交及与中东国家的关系”研讨会。来自全国各地的 30 余位专家学者参加了研讨会。会议研讨的主要问题有“中国中东外交面临的内外环境变化”“未来五年中国中东外交的总体目标、战略重点与政策难点”“未来五年中国中东外交新思路及政策建议”。

（4）2013 年 7 月 12 日，由中国—阿拉伯国家博览会组委会和中国中东学会主办的“2013 年中国—阿拉伯国家博览会理论研讨会”在北京举行。来自全国各地的近百名专家学者出席了研讨会。会议的主题是“新形势下中阿务实合作的路径选择”。

（5）2013 年 8 月 11 日，中国中东学会 2013 年年会暨中国、美国、中东国家关系发展趋势学术研讨会在内蒙古民族大学举行。会议由中国中东学会、内蒙古民族大学、中国社会科学院西亚非洲研究所“中国对中东战略和大国与中东关系”创新工程项目组联合举办。来自全国各地的近 60 名中东问题专家学者出席了会议。会议研讨的主要问题有“美国中东政策面临的困境”“中国、美国、中东国家互动关系的特点和趋势”“中东地缘政治新变化对中美与中东关系的影响”“美国能源独立进程对中美与中东关系的影响”。

2. 期刊

《西亚非洲》（双月刊），主编杨光。

2013 年，《西亚非洲》共出版 6 期，共计 160 万字。该刊全年刊载的有代表性的文章有：杨光的《国际油气市场结构变化及其对中国与西亚油气输出国关系的影响》，程涛的《以政治和经济优势应对中非关系的新形势和新挑战》，刘鸿武和卢凌宇的《“中国梦”与“非洲梦”：中非命运共同体的构建》，杨立华的《非洲联盟十年：引领和推动非洲一体化进程》，哈全安、张楚楚的《从选举政治到广场政治：埃及穆巴拉克时代的民众政治参与》，王猛的《后威权时代的埃及民主政治建构：回顾、反思与展望》，黄民兴的《从民族国家构建的视角析当代中东国家的社会整合》，李智彪的《非洲经济增长动力探析》，王京烈的《中东地区安全与大国干涉的影响》，李文刚的《中非关系中的“软实力”问题》。

（五）会议综述

“中国与伊朗关系的历史与现实”国际学术研讨会

2013 年 10 月 15 ~ 16 日，由中国社会科学院与伊朗伊斯兰文化联络组织主办、中国社会科学院西亚非洲研究所与海湾研究中心承办的“中国与伊朗关系的历史与现实”国际学术研讨会在北京召开。伊朗专家团、伊朗驻华使馆及来自中国社会科学院、外交部、北京大学、宁夏社会科学院、西北大学中东研究所、云南大学国际关系研究院、复旦大学、西南大学、河南师范大学等国内研究机构的近50位专家学者参加会议。中国社会科学院副院长李培林、伊朗专家团团长穆罕默德·里萨·德赫什里、中国前外交部副部长杨福昌、中国社会科学院国际合作局副局长周云帆、伊朗驻华大使馆文化参赞侯赛因·贾利万德、中国社会科学院西亚非洲研究所所长杨光出席开幕式。

李培林在致辞中说，中国和伊朗都是世界文明古国，两国有很多共同点。双方不仅在诸多国际和地区问题上拥有相同或相似的看法，而且面临共同的发展任务，肩负民族伟大复兴的历史重任。中国社会科学院一直十分重视加强与国际智库和学者之间的交流，并积极促进我国与不同国家及其人民间的学术、人文思想的交流。通过此次会议，通过不同智库、学者之间的交流与合作，必将增进中国和伊朗人民间的了解和互信，并对今后中伊关系乃至世界文明间的对话产生积极影响。

研讨会上，与会中伊双方的专家学者围绕“中国与伊朗关系的历史与现实”这一主题，从“历史上中国与伊朗的友好交往”“中国与伊朗文化关系新发展”“当前中国与伊朗经贸关系”三个方面进行了研讨。

（科研处）

“中非智库论坛”第三届会议

2013年10月21～22日，由浙江师范大学主办、中国社会科学院西亚非洲研究所协办的“中非智库论坛”第三届会议在北京举行。来自中国和30多个非洲国家及国际组织的两百多名政府官员、智库领袖、著名学者、媒体代表等出席会议。国务委员杨洁篪出席论坛开幕式并讲话。杨洁篪指出，中非智库论坛为中非智库学者间交流搭建了机制化平台。“中非智库10+10合作伙伴计划”的启动将进一步提升双方智库交流与合作水平。希望双方智库学者抓住中非关系快速发展的有利时机，增强使命意识，把握时代特性，加强对中非关系和涉非、涉华研究，为中非关系发展提供智力支撑，同时在国际上争取更多话语权，更好地服务双方关系发展需要。

会议以“中非关系的提升与中非软实力建设”为主题，下设“中非关系的提升：动力、方向与举措”“为了发展的软实力：中非自主价值观构建”“中国的非洲研究与非洲的中国研究：合作与创新”三个分论坛。会议总结过去十余年中非关系的成就，分析当前中非关系面临的问题和挑战，展望未来十年中非关系的发展前景与创新空间。

论坛还启动了外交部“中非智库10+10合作伙伴计划”，讨论通过并发布了《中非智库10+10合作伙伴计划倡议书》。

（科研处）

“中国社会科学论坛（2014年·国际问题）——中东经济发展的挑战与前景”国际研讨会

2013年12月，“中国社会科学论坛（2014年·国际问题）——中东经济发展的挑战与前景”国际研讨会在北京举行。

2013年12月11日，由中国社会科学院主办、西亚非洲研究所承办的“中国社会科学论坛（2014年·国际问题）——中东经济发展的挑战与前景”国际研讨会在北京举行。来自中国、俄罗斯、土耳其、日本、苏丹、埃及的专家学者40余人参加了会议。会议围绕“世界经济与中东国家”“中东国家经济发展战略”两个议题进行了讨论。

与会专家学者从不同视角分析了中东政治动荡的原因和影响。大家一致认为，经济、民生问题是阿拉伯国家动乱发生的原因之一，埃及政权更迭在很大程度上也是因为新政权未能满足人民的民生诉求。

会议认为，动荡使中东地区进入一个较长时段的转型期，尽管面临很多问题，但前途是光明的，关键的问题是实现和平稳定，找到适合自身的发展道路。这次会议也对推动中东经济研究、学科建设和促进双边经贸合作等方面问题起到积极促进作用。

（科研处）

拉丁美洲研究所

（一）人员、机构等基本情况

1.人员

截至2013年年底，拉丁美洲研究所共有在职人员55人。其中，正高级职称人员13人，副高级职称人员15人，中级职称人员13人；高、中级职称人员占全体在职人员总数的75%。

2.机构

拉丁美洲研究所设有：经济研究室、政治研究室、国际关系研究室、社会和文化研究室、马克思主义理论与拉美问题研究室、《拉丁美洲研究》编辑部、综合行政办公室。

3.科研中心

拉丁美洲研究所设有院属研究中心1个：中国社会科学院国际社会保障研究中心；所属研

究中心 4 个：墨西哥研究中心、中美洲和加勒比研究中心、古巴研究中心、巴西研究中心。

（二）科研工作

1. 科研成果统计

2013 年，拉丁美洲研究所共完成专著 4 种，175.3 万字；译作 8 种，210.6 万字；论文 108 篇，133.05 万字；研究报告 63 篇，40.29 万字；其他文章 182 篇，133.24 万字。

2. 科研课题

（1）新立项课题。2013 年，拉丁美洲研究所共有新立项课题 4 项。其中，院国情调研重点课题 1 项：“中国社会保障经办服务体系现状及其改革前景”（房连泉主持）；院皮书课题 1 项：“拉丁美洲和加勒比发展报告 2012 ～ 2013”（吴白乙主持）；院“马工程”课题 1 项：“马克思主义拉丁美洲问题理论研究：拉丁美洲社会主义思潮”（张凡主持）；院青年科研启动基金课题 1 项：“中国与古巴的政治文化在宪法中的对比”（刘凡平主持）。

（2）结项课题。2013 年，拉丁美洲研究所共有结项课题 10 项。其中，院重大课题 1 项：“拉美国家经济走势与中拉经贸合作的路径选择”（苏振兴主持）；院国情调研重点课题 1 项：“中国基本养老保险基金管理现状”（房连泉主持）；院皮书课题 1 项：“拉丁美洲和加勒比发展报告 2012 ～ 2013”（吴白乙主持）；院交办课题 1 项：“《剑桥拉美史》第九卷”（张森根主持）；院重点课题 1 项：“拉美国家的法治与政治——司法改革的视角”（杨建民主持）；院监察局交办课题 2 项：“巴西反腐机制建设及成效评估”（周志伟主持），“阿根廷反腐败体制机制建设的经验与启示”（袁东振主持）；院青年科研启动基金课题 1 项：“中国与古巴的政治文化在宪法中的对比”（刘凡平主持）；人力资源和社会保障部失业保险司委托课题 1 项：“东部 7 省市扩大失业保险基金支出范围试点政策评估”（郑秉文主持）；人力资源和社会保障部养老保险司委托课题 1 项：“深化中国养老保险制度改革顶层设计”（郑秉文主持）。

（3）延续在研课题。2013 年，拉丁美洲研究所共有延续在研课题 9 项。其中，商务部委托课题 1 项：“中哥官方联合可行性研究”（柴瑜主持）；国家开发银行规划局委托课题 1 项：“拉美竞争政策研究”（柴瑜主持）；农业部委托课题 1 项：“农业法制建设与政策调研”（柴瑜主持）；人力资源和社会保障部失业保险司委托课题 1 项：“东部 7 省市扩大失业保险基金支出范围试点政策评估”（郑秉文主持）；人力资源和社会保障部养老保险司委托课题 1 项：“深化中国养老保险制度改革顶层设计”（郑秉文主持）；国家开发银行委托课题 1 项：“乌拉圭国家经济社会综合领域规划合作咨询研究”（吴白乙主持）；科技部委托课题 1 项：“气候变化与国家安全战略的关键技术研究：巴西、墨西哥等拉美国家应对气候变化的国内政策和立法、决策及国际策略深度分析”（贺双荣主持）；国家开发银行委托课题 1 项：“哥斯达黎加经济特区研究”（柴瑜主持）；国家海洋局海洋发展战略研究所委托课题 1 项：“海洋新疆域的概念与内涵研究”（吴国平主持）。

3.获奖优秀科研成果

2013 年 1 月，拉丁美洲研究所获所级优秀科研成果奖一等奖 3 项：郑秉文的论文《拉美“增长性贫困”与社会保障的减困功能国际比较的背景》，刘纪新的论文《拉美社会凝聚：一个新的政策理念》，张凡的论文《拉丁美洲：政治发展与社会凝聚》；获所级优秀科研成果奖二等奖 4 项：刘承军的论文《“解放神学”死亡了吗？》，袁东振的论文《可治理性和社会凝聚：拉美国家的经验》，宋晓平的论文《从马蒂到卡斯特罗：古巴革命的实践与思想轨迹》，贺双荣的论文《哥本哈根世界气候变化大会：巴西的谈判地位、利益诉求和谈判策略》；获所级优秀科研成果奖三等奖 4 项：宋霞的论文《影响巴西竞争力的深层原因：国家创新体系的矛盾性和脆弱性》，谢文泽的论文《拉美地区产业结构的国际比较》，吴国平的论文《拉美国家的财政政策与社会凝聚》，杨建民的论文《美国“促进民主”的拉美政策辨析》。

4.创新工程的实施和科研管理新举措

2013 年 1 月 1 日，拉丁美洲研究所正式签约进入中国社会科学院创新工程。该所首席管理为郑秉文。2013 年，拉丁美洲研究所共有创新工程项目 7 项：“中等收入陷阱”（首席研究员为郑秉文），“拉美投资贸易环境”（首席研究员为柴瑜），“中国战略机遇期拉美的地位与作用”（首席研究员为吴白乙），“拉美社会治理的经验与挑战”（首席研究员为郑秉文），“拉美政治转型”（首席研究员为袁东振），“巴西崛起及国际战略选择”（首席研究员为吴国平），“中拉关系及对拉战略研究”（首席研究员为贺双荣）。

根据中国社会科学院关于创新工程的岗位编制规定和拉丁美洲研究所在编人员结构以及该所创新岗位设置原则，该所创新领导小组拟定 2013 年拉丁美洲研究所创新工程在编人员的创新岗位共计 33 个（2012 年已聘任 20 人，2013 年新聘任 13 人），符合中国社会科学院规定的 60% 入岗比例。其中包括首席研究员 6 人（其中 1 人既是首席管理又是首席研究员），执行研究员 13 人，研究助理 8 人，业务主管 1 人，业务主办 3 人，业务协办 2 人。聘编制外创新岗位人员 8 人。

2013 年，拉丁美洲研究所在创新工程方面实施的新举措和新机制：

（1）科研管理创新。

第一，结合拉美黄皮书写作分工对科研人员进行重新调整，保证每个科研人员的研究领域都有相对固定的学科和固定国别（简称“双定”）。

第二，在“双定”的基础上，开展国别跟踪研究，进一步实现对拉美地区 33 个国家的动态跟踪研究。通过组织定期撰写调研报告，确保对这一地区国别重大事件和突发事件的及时把握，为随机提供有价值的分析报告和决策参考夯实基础。

第三，结合中国社会科学院创新工程年度考核要求，及时对拉丁美洲研究所的年度科研成果量化考核办法进行修订，使其更完善、更科学并更符合所情及科研人员的发展要求。

第四，在研究室、学科建设上，一是探索“创新工程”与“两建”工作相结合，以创新工程促进学科发展和研究室建设，以科研成绩保障“创新工程”质量；二是“内引外联”，将“创新工程”与博士后及对外交流活动进一步对接。三是将创新工程与实验室建设相结合，以挂靠研究室办公的“世界社会保障研究中心”为依托，在院调查与数据信息中心的支持下，建立社会保障实验室，并将拉美社会问题研究纳入其中，着手设计拉美社会指标数据库，开展相应的数量分析，定期发布相关动态信息、分析报告，形成了一定的品牌效应和社会影响力。

第五，对研究所优秀科研成果评奖机制的改革，2012年底，拉丁美洲研究所优秀成果评奖中，正式采用社会（第三方）评奖机制，为改进科研人员自我评价和研究所评定的传统做法，增加社会（第三方）评价的权重，提高选优的客观性和权威性，增加评选的社会评价成分是改革、创新学术研究管理机制的有益探索，是落实院里管理体制机制改革创新的一个举措。

（2）促进成果发布形式和学术交流平台的创新。拉丁美洲研究所创新成果的发布和交流平台，对于社会和学术影响较大的重大成果，该所联合中国社会科学院调查与数据信息中心，进行院内联合发布。2013年，该所重点发布了《跨越中等收入陷阱：巴西的经验教训》《转型中的机遇：中拉合作前景的多视角分析》《拉丁美洲和加勒比发展报告（2012～2013）》三部成果，这种联合形式有效地发挥了扩大学术影响的作用。

2013年3～4月，该所与中国社会科学网合作推出《拉美焦点对话》多媒体视频采访，引起较好的社会反响。

（3）在创新工程的推动下，2013年，该所主办的重要国际会议进一步形成自身的品牌效应，国际知名度得到更大的提升。

（4）对外学术网络继续扩大，学术影响力进一步提高。2013年，该所代表团出访巴西等拉丁美洲国家，与巴西智库瓦加斯基金会建立合作关系，并首次组织翻译和在巴发布合作葡语版研究成果《中等收入陷阱：巴西与中国的视角Ⅰ、Ⅱ》。

该所与国内高校、金融机构等也建立学术网络，已先后和西南科技大学拉丁美洲研究院、浙江外国语学院拉丁美洲研究所、天津外国语大学等大专院校的拉丁美洲研究机构建立长期合作关系。

（5）拉丁美洲研究所在创新工程方面实施了新机制，根据创新工程建设发展需要，对该所科研外事等方面现有规章制度进行修订。这些规章制度的建立和完善，对创新工程的发展起到保障作用，也对科研人员起到了激励作用。

（三）学术交流活动

1.学术活动

2013年，拉丁美洲研究所主办和承办的主要学术会议有：

（1）2013年1月10日，拉丁美洲研究所国际关系研究室和政治研究室在北京联合举办“委内瑞拉形势”研讨会。

（2）2013年3月5日，拉丁美洲研究所国际关系研究室和政治研究室在北京联合举办“后查韦斯时代委内瑞拉政治变局及其国际影响”研讨会。

(3) 2013年3月5日，拉丁美洲研究所在北京接受中国社会科学网的主题为“墨西哥革命制度党的‘前世今生’的视频采访”。

(4) 2013年3月26日，拉丁美洲研究所中美洲和加勒比研究中心在北京主办“气候变化对竞争力的影响：哥斯达黎加案例”座谈会。

(5) 2013年4月4日，拉丁美洲研究所在北京接受中国社会科学网的主题为“委内瑞拉如何走过‘后查韦斯时代’的视频采访”。

(6) 2013年4月12日，拉丁美洲研究所创新工程《中拉关系及对拉战略研究》子项目组和国际关系研究室在北京举行了题为“拉美国际关系的研究方法”的讲座。

(7) 2013年5月6日，拉丁美洲研究所与巴西热图里奥·瓦加斯基金会经济研究所在北京联合举办“跨越中等收入陷阱：中国与巴西的共同任务”国际研讨会暨《跨越中等收入陷阱：巴西的经验教训》发布式。

(8) 2013年5月23日，拉丁美洲研究所在北京举办《拉丁美洲和加勒比发展报告(2012～2013)》发布式暨拉美形势研讨会。

(9) 2013年6月24日，拉丁美洲研究所在北京举办拉美研究第一届博士后论坛：“拉美养老金改革对中国养老保险基金投资体制改革的启示”国际研讨会暨《拉美养老金改革：面临的平衡与挑战》发布式。

(10) 2012年6月28日，拉丁美洲研究所创新工程中的“拉美陷入‘中等收入陷阱’的经验与教训”子项目课题组与该所巴西中心在北京联合举办“巴西经济与‘中等收入陷阱’研讨会暨《中等收入陷阱：来自拉丁美洲的案例分析》”发布式。

(11) 2013年7月25日，拉丁美洲研究所邀请外交部拉美司司长沈智良等在北京就习近平主席访问拉美三国等议题与该所学者座谈。

(12) 2013年9月26日，拉丁美洲研究所在北京主办“当代中国的拉丁美洲研究”项目学科发展报告讨论会。

(13) 2013年10月10日，拉丁美洲研究所副研究员杨建民在北京主持院重点课题“拉美国家的法治与政治——司法改革的视角”的报告会暨结项会。

(14) 2013年11月14日，拉丁美洲研究所古巴研究中心邀请中国驻古巴大使张拓在北京发表演讲。

(15)2013年11月14～18日，拉丁美洲研究所巴西研究中心在湖北省武汉市举行主题为“巴西崛起及国际化战略安排”的调研座谈会。

(16) 2013年11月25～26日，拉丁美洲研究所古巴研究中心与拉丁美洲研究所综合理论研究室、《拉丁美洲研究》编辑部在北京主办“古巴变革与世界社会主义发展”研讨会。

(17) 2013年11月25日，拉丁美洲研究所墨西哥研究中心在天津举办“墨西哥中心系列报告会”。

(18) 2013 年 11 月 25 ~ 27 日，拉丁美洲研究所墨西哥研究中心与南开大学在天津联合主办“拉美热点问题论坛”。

(19) 2013 年 11 月 26 日，拉丁美洲研究所中美洲和加勒比研究中心在北京主办“中美洲和加勒比热点问题”研讨会。

2. 国际学术交流与合作

2013 年，拉丁美洲研究所共举办 4 次较大规模的国际会议；接待来访外宾 54 批近 360 人次；接受海外媒体采访 2 批；出访 17 批 26 人次，其中 2 批 9 人次为执行创新工程项目；长期出国进修人员 2 人，回国 4 人。该所各项协议进展顺利，并与拉美国家学术机构建立新的合作关系。

(1) 2013 年 3 月 26 日，哥斯达黎加环境和能源部部长雷内・卡斯特罗・萨拉萨尔来拉丁美洲研究所发表题为“气候变化对竞争力的影响：哥斯达黎加案例”的演讲。

(2) 2013 年 4 月 12 日，拉丁美洲研究所与委内瑞拉驻华使馆共同举办“《从第一行开始——查韦斯随笔》中文版首发式暨研讨会”。

(3) 2013 年 5 月 7 日，拉丁美洲研究所承办的“中国社会科学论坛(2013 年・国际研究)——发展与转型：中国和拉丁美洲的共同议题”在北京举行。会议发布了拉丁美洲研究所创新工程研究成果《转型中的机遇：中拉合作前景的多视角分析》、拉美开发银行主编的《面向发展的公共财政：加强收入与支出之间的联系》（中文版）、OECD 发展中心和联合国拉美经委会主编的《2013 年拉丁美洲经济展望：面向结构调整的中小企业政策》（中文版）等三本著作。

(4) 2013 年 7 月 18 日，拉丁美洲研究所与玻利维亚驻华使馆共同举办“《第一位印第安总统——埃沃・莫拉莱斯传》中文版首发式暨研讨会”。

(5) 2013 年 10 月 15 日，拉丁美洲研究所与美国美洲协会在北京举办“中国和美洲：全球能源市场的合作伙伴”国际研讨会。

(6) 2013 年 11 月 13 日，美国国务院主管西半球事务的助理国务卿罗伯塔・雅各布森一行来拉丁美洲研究所，与该所学者和来自国家发展和改革委员会、中国国际问题研究基金会、北京大学、外交学院的专家学者进行座谈，就美对拉政策、中拉关系、拉美地区形势等交换看法。

(7) 2013 年 12 月 2 日，拉丁美洲研究所和委内瑞拉驻华大使馆共同举办“委内瑞拉的石油政策”专题报告会。委内瑞拉公使阿尔贝尔托作了主题报告。

（四）学术社团、期刊

1. 社团

中国拉丁美洲学会，会长李捷。

(1) 2013 年 10 月 16 日，由中国拉丁美洲学会和中国社会科学院拉丁美洲研究所主办的“国际变局中的拉美：形势与对策”学术研讨会暨拉美学会换届工作会议在北京举行。来自全国各地的专家学者等150人出席了会议。会议共收到论文61篇，内容涉及拉美地区的政治、经济、社会和国际关系领域的新变化及其影响。

（2）2013年10月16日，中国拉丁美洲学会在北京举行了换届工作会议。会议由中国拉丁美洲学会副会长吴白乙主持，会长苏振兴作第六届中国拉美学会工作报告。常务副会长郑秉文作了关于第七届学会领导、常务理事和理事拟任人选的说明及关于中国拉美学会设立四个分会（古巴、巴西、墨西哥、中美洲和加勒比）和拟任分会会长人选的说明。全体会员选举了新一届学会领导集体。第九届、第十届全国人民代表大会常务委员会副委员长、中国拉丁美洲友好协会会长成思危继续担任第七届中国拉美学会荣誉会长，文化部部长蔡武、国务院侨务办公室主任裘援平等10人担任学会顾问，中国社会科学院党组成员、副院长李捷研究员当选为学会新一届会长。

2.期刊

《拉丁美洲研究》（双月刊），主编郑秉文。

2013年，《拉丁美洲研究》共出版6期，共计96万字。该刊全年刊载的有代表性的文章有：张慧玲的《2012年拉美和加勒比地区形势回顾与展望》，柴瑜、乔丽荣的《拉美小额信贷发展进程中的主体、目标及其互动模式分析》，贺双荣的《太平洋联盟的建立、发展及其地缘政治影响》，何塞·加布里埃尔·帕尔玛的《资本项目开放为何必然导致拉美金融危机频发》，岳云霞的《中拉经贸合作潜力与环境研究》，徐世澄的《古巴社会主义的文化理论和实践》，张凡的《20世纪90年代以来巴西外交理念的演化》，刘承军的《作为拉美大陆文化特征的“团结精神”与人民式的“全球化”》，柴瑜、李圣刚的《拉美国家金融开放度研究》，江时学的《中拉关系五问》，袁东振的《政治变迁与拉美左翼的变动趋势》，张昆生的《努力推动中拉关系在更高水平向前发展》，苏振兴的《拉丁美洲经济：从衰退到繁荣》，宋晓平的《古巴经济模式更新的几个问题》，贺双荣的《巴西气候变化政策的演变及其影响因素》。

（五）会议综述

“跨越中等收入陷阱：中国与巴西的共同任务”国际研讨会暨《跨越中等收入陷阱：巴西的经验教训》发布式

2013年5月6日，“跨越中等收入陷阱：中国与巴西的共同任务”国际研讨会暨《跨越中等收入陷阱：巴西的经验教训》发布式在北京召开。会议由中国社会科学院拉丁美洲研究所与巴西热图里奥·瓦加斯基金会经济研究所联合举办。部分拉美国家驻华使节，外交部、中联部等政府机构官员，新华社等媒体记者共130余人出席了研讨会。

作为《跨越中等收入陷阱：巴西的经验教训》一书的主编之一，郑秉文首先介绍了这一重

2013 年 5 月，“跨越中等收入陷阱：中国与巴西的共同任务”国际研讨会暨《跨越中等收入陷阱：巴西的经验教训》发布式在北京举行。

要学术成果诞生的背景和过程。他指出，在中国社会科学院创新工程的总体框架下，2011 年 11 月，拉丁美洲研究所制定了创新工程项目“拉美经济社会转型综合研究”,其中“拉美陷入中等收入陷阱的经验与教训”占有重要地位。该书的出版既是中国社会科学院拉丁美洲研究所落实创新工程的一项重要举措，也是中国社会科学院拉丁美洲研究所和巴西瓦加斯基金会巴西经济研究所历经一年完成的一项重要国际合作的典范。

瓦加斯基金会的研究员费尔南多·韦洛索、利亚·瓦尔斯·佩雷拉、费尔南多·奥兰达·巴尔博萨·菲略分别从营商环境、对外贸易与投资、收入不平等三方面介绍了巴西跨越中等收入陷阱面临的问题与挑战。齐传钧博士对此作了点评。他认为，跨越中等收入陷阱是中巴的共同任务，而为了跨越中等收入陷阱，中巴两国既要脚踏实地通过深化改革解决内部体制性问题，不断提升资源配置效率，增强竞争力；同时还要基于对能源和技术新变化的认识，适时调整经济发展战略，在未来的全球生产体系中争得一席之地。

中国社会科学院拉丁美洲研究所博士张勇、张盈华、高庆波依次从供需结构、社会政策和劳动力因素三方面对巴西落入中等收入陷阱的原因和出路作了分析和解读，巴西瓦加斯基金会经济研究所研究员利亚·瓦尔斯·佩雷拉对上述三位中方学者的发言进行了评论。

中国社会科学院拉丁美洲研究所巴西研究中心主任陈笃庆作了总结发言。他对中巴双方此次联合开展中等收入陷阱问题的研究项目给予高度评价，并强调此次研讨会的举办为未来更广泛领域的进一步合作奠定了基础，使中巴两国学者在学术交流中实现双赢。

（齐传钧）

中国社会科学论坛（2013年·国际问题）
——发展与转型：中国和拉丁美洲的共同议题

2013 年 5 月 7 日，“中国社会科学论坛（2013 年·国际研究）——发展与转型：中国和拉丁美洲的共同议题”在北京举行。会议由中国社会科学院主办，拉美开发银行（CAF）和中国社会科学院拉丁美洲研究所联合承办。拉美开发银行执行主席恩里克·加西亚率团出席了会议。参会人员包括联合国拉美经委会、中国外交部、商务部等有关部门的官员、拉美国家驻华使节、国内外高校和学术机构学者、企业家和记者等两百余人。

中国社会科学院拉丁美洲研究所所长郑秉文主持开幕式。文化部部长蔡武、中国社会科学院国际问题研究学部主任张蕴岭应邀出席会议并在开幕式上致辞。在开幕式上致辞的还有拉美开发银行执行主席恩里克·加西亚、中国进出口银行首席经济学家王建业和联合国拉美经委会经济合作与发展组织发展中心主任马利奥·佩西尼。

在开幕式上伊比利亚美洲峰会秘书长恩里克·伊格莱西亚斯就“国际新格局下的中国与拉丁美洲的关系”发表主旨演讲，对国际新格局的前景进行了展望，并对中国在国际新格局中的作用进行了分析。

智利前外交部部长亚历杭德罗·福克斯莱、中国社会科学院拉丁美洲研究所副所长吴白乙、巴西里约热内卢联邦大学巴西—中国研究所所长安娜·雅瓜里贝等就中国与拉丁美洲经贸发展等问题发言。中国银行首席经济学家曹远征、联合国拉美经委会一体化和国际贸易部主任奥斯瓦尔多·罗萨莱斯、西班牙对外银行新兴国家市场部首席经济学家阿丽西亚·埃雷罗进行评论。

拉美开发银行社会经济研究部主任巴勃罗·桑吉内蒂、财政部财科所外国财政室主任吕旺实和哥伦比亚前财政部长安东尼奥·奥坎波等就公共预算与财政政策的作用等问题发言。中国社会科学院财经战略研究院税收研究室副主任马珺进行了评论。

OECD（经济合作与发展组织）发展中心研究员何塞·拉蒙·佩雷拉、中国社会科学院民营经济研究中心主任刘迎秋、拉美开发银行中小微型企业促进部主任曼努埃尔·马拉雷特等专家学者就如何提高公共政策的效能、推进中小企业发展等问题发言。中国社会科学院工业经济研究所研究员张承耀进行了评论。

研讨会上，中国社会科学院拉丁美洲研究所发布了2012年创新工程研究成果《转型中的机遇——中拉合作前景的多视角分析》；拉美开发银行发布了其年度经济发展报告《面向发展的公共财政：加强收入与支出之间的联系》（中文版）；同时发布的还有经济合作组织发展中心的《2013年拉丁美洲经济展望：面向结构调整的中小企业政策》（中文版）。

（袁东振）

“中国和美洲：全球能源市场的合作伙伴”
2013年度国际研讨会

2013年10月15日，“中国和美洲：全球能源市场的合作伙伴”2013年度国际研讨会在北京举行。会议由中国社会科学院拉丁美洲研究所和美国美洲协会主办，CAF（拉美开发银行）和Vera &Carvajal联合协办。来自国内外政界、学界、企业界和媒体的200余人参加了会议。

开幕式由中国社会科学院拉丁美洲研究所副所长吴白乙主持。吴白乙和美国美洲协会副会长林恩·沃尔克分别在开幕式上致辞。墨西哥驻华大使胡利安·本图拉和中国前驻墨西哥大使曾钢分别就“墨西哥的能源改革”和“中墨能源合作的前景”发表了演讲。

会议共分为三个主题单元。第一单元的主题是“当前世界能源格局及其变化”，该单元由美国美洲协会副会长林恩·沃尔克主持。中国社会科学院研究生院院长、国际能源与安全研究中心主任黄晓勇，中国社会科学院世界经济与政治研究所研究员徐小杰和卡内基—清华全球政治研究中心中拉关系项目主任马特·费尔钦等围绕当前世界能源格局、全球能源安全与地区稳定以及中国与拉美能源合作等问题进行了深入讨论。

第二单元围绕“当前格局下的拉美能源形势”主题展开，该单元由智利前驻华大使费尔南多·雷耶斯·马塔主持。秘鲁驻华大使贡萨洛·古铁雷斯、墨西哥 Vera &Carvajal 创始合伙人路易斯·贝拉·莫拉莱斯、中国社会科学院拉丁美洲研究所副研究员孙洪波等就当前中拉能源合作战略模式、秘鲁和委内瑞拉的能源产业现状与挑战、墨西哥的能源改革等问题进行了讨论。

第三单元以“油页岩气开发前景与未来全球能源供应”为主题，该单元由中国社会科学院拉丁美洲研究所研究员吴国平主持。中海油研究院首席研究员陈卫东、大成律师事务所高级合伙人杨贵生、国务院发展研究中心世界经济研究所副所长丁一凡、中国社会科学院美国研究所副研究员何兴强分别就全球能源转型的机遇与挑战、“页岩气革命”和美国能源的新发展、中国企业并购美国油页岩气矿案例等问题进行了深入讨论。

闭幕式上，中国社会科学院拉丁美洲研究所研究员吴国平对会议进行了总结。他认为，中国与美洲完全可以成为能源市场的合作伙伴，在合作过程中如何把不利因素变成有利因素、把有利因素更加向前推进是当下双方应该共同关注的重点。

（王　飞）

亚太与全球战略研究院

（一）人员、机构等基本情况

1.人员

截至2013年年底，亚太与全球战略研究院共有在职人员59人。其中，正高级职称人员11人，副高级职称人员16人，中级职称人员24人；高、中级职称人员占全体在职人员总数的86%。

2.机构

亚太与全球战略研究院设有：亚太政治研究室、国际经济关系研究室、亚太安全与外交研究室、亚太社会文化研究室、区域合作研究室、中国周边与全球战略研究室、大国关系研究室、新兴经济体研究室、全球治理研究室、周边环境监测实验室、《当代亚太》编辑部、《南亚研究》编辑部、英文期刊编辑部（筹建中）、网络与资料室、科研处、行政办公室。

3. 科研中心

亚太与全球战略研究院牵头成立或挂靠的全国性社团组织有：中国亚洲太平洋学会、中国南亚学会；由亚太与全球战略研究院管理或代管的研究中心有：南亚文化研究中心、澳大利亚—新西兰—南太平洋研究中心、亚太经济合作组织与东亚研究中心、地区安全研究中心、东北亚研究中心、东南亚研究中心。

（二）科研工作

1. 科研成果统计

2013 年，亚太与全球战略研究院共完成专著 11 种，326.3 万字；论文 122 篇，138.8 万字；研究报告 112 篇，42.4 万字；译著 1 种，30.7 万字；学术普及读物 40 篇，9.7 万字。

2. 科研课题

（1）新立项课题。2013 年，亚太与全球战略研究院共有新立项课题 1 项，即国家开发银行委托课题“亚洲国家发展思路研究”（李向阳主持）。

（2）结项课题。2013 年，亚太与全球战略研究院共有结项课题 1 项，即国家开发银行委托课题“亚洲国家发展思路研究”（李向阳主持）。

（3）延续在研课题。2013 年，亚太与全球战略研究院共有延续在研课题 2 项，即院重点课题：“列国志・朝鲜”（朴键一主持），“中国—东盟非传统安全合作研究”（张洁主持）。

3. 获奖优秀科研成果

2013 年，亚太与全球战略研究院获“第八届（2013 年）中国社会科学院优秀科研成果奖”论文类三等奖 2 项：李向阳的论文《国际经济规则的实施机制》，周方银的论文《三大主义式论文可以休矣》；所级优秀成果奖 9 项，其中，一等奖 4 项：李向阳的论文《国际经济规则的实施机制》，周方银的论文《三大主义式论文可以休矣》，钟飞腾的论文《管理投资自由化：美国应对日本的直接投资》，李文等的专著《东亚社会运动》；二等奖 2 项：许利平等的专著《当代东南亚伊斯兰发展与挑战》，朱凤岚的论文《“韩日大陆架协定”及其对东海划界的启示》；优秀奖 2 项：高程的论文《中澳双边贸易中的不对称相互依赖分析》，董向荣的论文《不对称同盟与韩国的反美主义》。

4. 创新工程的实施和科研管理新举措

（1）2013 年 1 月 29 日，亚太与全球战略研究院再次签约创新工程。

（2）该院参加创新工程的总人数为 44 人，首席管理为李向阳。创新工程项目的名称及其首席研究员为：“中国周边环境与战略”（首席研究员为李向阳），“中国周边政治与安全环境研究”（首席研究员为朴键一），“中国周边经济与社会文化环境研究”（首席研究员为赵江林），“地区合作与区域治理研究”（首席研究员为王玉主），“中国周边战略研究”（首席研究员为周方银），“大国崛起中的文化战略”（首席研究员为李文），“中国周边实验室及网络”（首席研究员为韩锋），

"科研行政管理"（首席研究员为朴光姬）。

（3）在创新工程方面实施的新机制、新举措。2013年，亚太与全球战略研究院创新工程科研管理主要采取的新举措，首先是进一步完善2012年制定并通过的《创新岗位年度业绩量化考核办法》；其次是通过院科研管理平台加强对科研成果的管理，为科研人员业绩的进一步量化考核打下基础。再次，在以下几方面继续完善创新工程的举措。

①人才的培养。建立一支高水平的人才队伍是办好一流研究机构的基础。亚太与全球战略研究院的科研、科辅与管理人员队伍整体呈现出高学历和年轻化特征，为培养一支适应国际战略研究队伍提供了良好的条件。该院采取的具体措施包括：第一，在职称评定、干部任用、创新岗位竞聘方面打破资历约束，为青年人员发展创造条件。第二，通过规则引导青年科研人员树立良好的学风。以创新工程为手段，建立优胜劣汰机制，为青年科研人员注入强大的工作动力。第三，为青年研究人员出访、进修、参加国内外学术会议创造条件。

②学科建设。该院的学科建设划分为三类：一是延续原有的学科建设任务，如亚太政治、亚太安全外交和亚太社会文化等；二是既要继承原有优势，又要承担起新的学科建设任务，在原有以亚太与周边研究为主的学科中注入全球战略研究的任务，如国际经济关系、区域合作、中国周边与全球战略研究等；三是组建新的研究室，如新兴经济体研究室、大国关系研究室、全球治理研究室等，其主要任务是开展应用对策性研究，促进具有一定跨学科特征的新兴学科发展。经过2012～2013年的运行，初步呈现出能够基本完成创新工程任务需要的学科格局。

③科研方法和手段的创新。第一，把量化研究方法引入国际战略研究之内，克服长期以来只做定性研究的缺陷。亚太与全球战略研究院设置的中国周边环境监测实验室就是一个具体举措。通过数据库建设与（分领域）环境监测指标体制的构建，为该院从事战略研究提供新的研究手段和工具。第二，为科研人员开展实地调查创造条件，以提高科研成果的质量。第三，开展跨学科研究。该院的定位是从事综合性研究，尤其是热点跟踪更需要多学科的共同研究。为此，该院计划组织相对稳定的项目组，抽调不同学科的人员参加；同时发挥跨学科研究室的功能。

④思想库智囊团功能的发挥。为了落实亚太与全球战略研究院的定位和目标，该院的科研成果必须要体现"四个影响力"的要求。一是学术影响力。以学术论文和专著为代表的成果是学术型智库的基础，也是保证科研人员能够从事综合性、长期性对策研究的前提条件。办出一流的学术刊物也是学术影响力的一个重要标志。二是决策影响力。作为党中央、国务院的智库，研究成果主要服务于党和国家的决策，因此加强与信息研究院的合作，通过《中国社会科学院要报》系统报送对策类成果是主要途径。同时，研究院内部设置相对固定的应急研究团队，对重大突发性问题进行及时深入跟踪研究。三是社会影响力。宣传党和国家的对外方针政策，引导公众对国际问题的客观理性认识是该院的重要职责。一方面，研究人员要通过媒体对重要国际问题进行分析和解读；另一方面，研究院通过自身的定期与不定期出版物，如网站、"皮书"、研究报告对社会发布自己的研究成果。四是国际影响力。作为国际问题研究的智库，该院要

树立中国意识与世界眼光，其研究成果既要服务于国内决策需要，又要致力于影响国际舆论，扩大我国的国际话语权。除了加强与国外同行的学术交流，该院计划创办英文期刊 *Journal of China's Foreign Policy*，反映中国学者的研究成果和立场。

（三）学术交流活动

1.学术活动

2013 年，亚太与全球战略研究院主办和承办的学术会议有：

（1）2013 年 3 月 28 日，由中国社会科学院亚太与全球战略研究院与云南财经大学印度洋地区研究中心共同举办的第三届“印度洋安全局势与中国”圆桌专题研讨会在北京召开。来自北京大学、上海社会科学院、复旦大学、中国现代国际关系研究院、中国国际问题研究所、上海国际问题研究院、中国国际关系学院、北京航空航天大学、中国传媒大学、华东师范大学、北京第二外国语学院、新华社等单位的专家参加了会议。

（2）2013 年 4 月 17 ~ 18 日，由中国社会科学院和印度社科理事会主办、中国社会科学院亚太与全球战略研究院承办的“中印合作：新机遇与新理念”学术研讨会在北京召开。来自中国和印度的 30 余位专家学者参加了会议。

（3）2013 年 5 月 10 日，亚太与全球战略研究院的《当代亚太》《南亚研究》编辑部共同组织了“国际经济与关系：学术刊物与作者的互动”座谈会。《外交评论》《国际政治科学》《国际经济评论》、*Chinese Journal of International Politics* 等国际问题刊物负责人、与刊物互动较多的院外专家学者参加会议。

（4）2013 年 5 月 17 日，由亚太与全球战略研究院主办的“未来 10 年周边国家对中国认知变化趋势”学术研讨会在北京召开。会议的主题是“未来 10 年周边国家对中国的认知变化及造成认知差异的原因及影响因素”。

（5）2013 年 5 月 22 日，由亚太与全球战略研究院与四川大学南亚研究所合办的“印度‘东向’政策与中国‘西进’战略”国内研讨会在四川省成都市召开。会议的主题是“当前中印关系进入全面转型时期的中印对外经济政策、地区安全”。

（6）2013 年 6 月 6 日，“中国—南亚智库论坛”在云南省昆明市举行。会议由中国社会科学院、云南省人民政府主办，亚太与全球战略研究院与云南省社会科学院承办。来自中国、印度等国的 100 余名官员、学者参加会议。会议的主题是“中国和南亚区域的进一步发展”。

（7）2013 年 9 月 2 日，亚太与全球战略研究院举办“10+3 互联互通：通向一体化的东亚”国际学术研讨会。来自中国、日本、韩国、柬埔寨、马来西亚、菲律宾、新加坡、泰国、越南等国的政府部门和研究机构的近 50 名专家学者参加会议。会议的主题是“10+3 互联互通和地区合作”。

（8）2013 年 9 月 14 日，由亚太与全球战略研究院主办，日本庆应义塾大学东亚研究所、日本九州大学韩国研究中心协办的“新型大国关系与东亚国际秩序”国际学术研讨会在北京举行。会议研讨的主要问题有“中美日新领导人上台以来的对外政策”“中美日关系的发展态势”“今后的东亚国际秩序”。

（9）2013 年 10 月 18 ～ 20 日，由亚太与全球战略研究院、中国华侨大学、中国东南亚学会和泰国国家研究院、泰中经济文化协会联袂主办的“第二届中泰战略研讨会”在华侨大学举行。100 多位来自中泰两国的学者专家和政府官员参加会议。

（10）2013 年 12 月 18 日，由中国社会科学院主办、亚太与全球战略研究院承办的中国社会科学论坛（2013 年国际研究）在北京召开。论坛的主题是“亚洲新兴经济体的发展、潜力与前景”。来自中国社会科学院、国务院发展研究中心、发改委外经所、商务部贸研院、复旦大学、对外经贸大学、辽宁大学、亚洲开发银行以及日本、韩国、印尼、越南等国的 40 名官员专家学者参加会议。会议研讨的主要问题有“世界经济中的亚洲新兴经济体：增长议题”“亚洲新兴经济体的案例分析：可持续增长前景”“中国可持续增长和亚洲经济共同体建设”。

（11）2013 年 12 月 21 日，由亚太与全球战略研究院主办、《当代亚太》编辑部承办的“中国崛起与亚太国际问题研究”青年论坛在北京举行。来自中国社会科学院、清华大学、中国人民大学、外交学院、中共中央党校、南京大学、南开大学、复旦大学等单位的 30 余名专家学者参加会议。

（12）2013 年 12 月 26 日，由亚太与全球战略研究院和社会科学文献出版社联合主办的 2014 年《亚太蓝皮书》发布会暨中国周边环境与战略学术研讨会在中国社会科学院举行。来自中国社会科学院、中共中央党校、北京大学、中国现代国际关系研究院、中国上海合作组织研究中心、人民日报社国际部的专家学者参加研讨会。

（13）2013 年 12 月 27 日，中国社会科学院地区安全研究中心、亚太与全球战略研究院在北京联合召开“新型大国关系与中国周边安全形势”研讨会。来自国际问题研究所、现代国际关系研究院、军事科学院、海军学术研究所、中国社会科学院日本研究所、内蒙古社会科学院等机构的 20 余位专家参加了会议。会议研讨的主要问题有“新型大国关系的构想与实践”“大国在亚太地区的博弈”“2013 年中国周边的主要热点问题”。

2. 国际学术交流与合作

2013 年，亚太与全球战略研究院共派遣出访 64 批 82 人次，接待来访 69 批 98 人次。与亚太与全球战略研究院开展学术交流的国家和地区有：日本、韩国、美国、新加坡、印度尼西亚、泰国、越南、老挝、柬埔寨、马来西亚、印度、巴基斯坦、新西兰、澳大利亚、俄罗斯、德国等国家。

（1）2013 年 6 月 2 ～ 10 日，亚太与全球战略研究院副院长李文、研究员周方银等到老挝社会科学院、中国驻老挝使馆等进行了学术访问。

（2）2013 年 10 月 2 ～ 6 日，亚太与全球战略研究院院长李向阳、科研处处长朴光姬等参加了在蒙古国乌兰巴托举行的中蒙俄论坛。会议的主题是“绿色发展：21 世纪合作的主要方向”。

(3) 2013 年 10 月 21 ～ 27 日，亚太与全球战略研究院副研究员董向荣等到韩国启明大学、首尔大学和其他学术机构进行了访问。

(4) 2013 年 12 月 11 ～ 22 日，亚太与全球战略研究院副院长韩锋、副研究员贾都强等赴澳大利亚悉尼、墨尔本和堪培拉进行学术访问。

(5)2013年12月14～22日,亚太与全球战略研究院副研究员张洁等赴柬埔寨进行学术访问。

(四) 学术社团、期刊

1. 社团

(1) 中国亚洲太平洋学会，会长张蕴岭。

2013 年 12 月 6 ～ 8 日，中国亚洲太平洋学会年会在暨南大学召开。来自全国各高校和研究机构的 100 名学会代表参加会议。会议研讨的主要问题有“新时间的地区形势及大国关系变化”“中国的安全环境”“亚太区域合作”“中国的国际投资所面临的新情况以及策略”。

(2) 中国南亚学会，会长孙士海。

2013 年 10 月 28 日，中国南亚学会 2013 年年会在云南省昆明市召开。会议由中国南亚学会、云南省社会科学院东南亚南亚研究院、云南省政协港澳台侨和外事委员会、云南大学联合主办，由云南省社会科学院南亚研究所和云南省南亚学会共同承办。来自全国各地南亚研究学界的 150 余名专家学会参加了会议。会议研讨的主要问题有“当前中国与南亚国家关系的特点和未来发展方向”“中印边界问题”“印度经济”“大国的南亚战略与南亚国际关系”“南亚的政治、安全、社会形势及发展前景”。

2. 期刊

(1)《当代亚太》(双月刊)，主编李向阳。

2013 年，《当代亚太》共出版 6 期，共计 90 万字。该刊全年刊载的有代表性的文章有：周方银的《中美新型大国关系的动力、路径与前景》，刘丰的《中国周边战略的目标、手段及其匹配》，孙溯源的《美国 TPP 战略的三重效应》，王明国的《制度复杂性与东亚一体化研究》，王金强的《制度变革与政策选择——基于国际公共资源分配问题的理论分析》，刘中伟、沈家文的《美国亚太贸易战略新趋势：基于对〈美韩自由贸易协定〉的研究视角》，杨倩如的《双重视野下的“古代东亚国际体系”研究——在中外关系史与国际政治学之间》，王玉主的《小国集团的能动性——东盟区域合作战略研究》，喻常森的《东盟国家对中国崛起的认识与政策反应》，刘世强的《霸权依赖与后冷战时期美国的战略困境》，王树春、万青松的《论新型中俄关系的未来走向：结伴还是结盟？》,毛维准的《国际责任行为的逻辑变迁：信念、责任与关怀》,沈铭辉的《美国的区域合作战略》,刘宏的《跨国网络与全球治理：东亚政治经济发展新趋势》,刘建华的《美国亚太政策的交替演变及其动因探析：基于长时段周期视角的考察》。

(2)《南亚研究》(季刊)，主编李向阳。

2013年，《南亚研究》共出版4期，共计68万字。该刊全年刊载的有代表性的文章有：姜景奎的《宗教对印度文化战略的影响》，刘曙雄的《南亚近现代穆斯林主流意识》，汪金国、张吉军的《论后塔利班时代阿富汗的政治发展——从政治文化维度的探讨》，申玉辉的《论美国对阿战略对阿富汗毒品问题的影响》，赵斌的《印度气候政治的变化机制——基于双层互动的系统分析》，朱翠萍的《感知威胁、建构威胁与美印海洋战略延伸》，司乐如的《印度的安全保护主义与中国》，杜晓蓉、谭孟莎的《中国和印度国家石油公司的非洲投资战略比较》，闫伟的《国际安全合作视域下的阿富汗安全重建》，宋德星、孔刚的《欧盟的印度洋安全战略与实践——以"阿塔兰特"行动为例》，曾祥裕、张春燕的《印度对外联合海军演习的发展趋势及战略影响》，韦健锋的《印度介入南海问题——中国视角下的地区安全思考》，赵江林的《对当前中印经济关系的评估——兼论中印新型经济合作关系的确立》，陈羽的《印度产业升级的路径依赖和路径创新——基于新制度经济学视角的探讨》，吴兆礼的《中印边界问题的缘起、谈判进程与未来出路》。

（五）会议综述

"中印合作：新机遇与新理念"学术研讨会

2013年4月17～18日，由中国社会科学院和印度社科理事会主办、中国社会科学院亚太与全球战略研究院承办的"中印合作：新机遇与新理念"学术研讨会在中国社会科学院举行。

中国社会科学院副院长李扬在会议前会见了印度驻华大使馆公使、副馆长巴拉·巴斯卡以及印度社科理事会主席索拉特一行。双方就加强两国社会科学领域的学术交流与合作问题交换了看法。会见结束后，李扬、巴拉·巴斯卡、索拉特和亚太与全球战略研究院院长李向阳共同出席了研讨会开幕式并分别致辞。

李扬在致辞中表示，过去的十年是中印关系大发展的十年，两国不仅建立了面向和平与繁荣的战略合作伙伴关系，而且在各个层面的双边互动都有了进展。他相信，随着两国在经贸、人文、科技等领域合作的进一步深化，中印关系将会稳步向前发展。中国社会科学院与印度社科理事会之间的交流与合作，将为两国加深理解与深化合作提供强有力的智力支持。印度驻华大使馆公使巴拉·巴斯卡和印度社科理事会主席索拉特也表示，印中关系近年来取得了长足发展，两国的合作具有广阔的前景。

中印双方的专家学者围绕"中印战略关系的现状与趋势""中国与印度的经贸合作""中国与印度的区域与次区域合作""中国与印度的人文交流与合作""中国与印度在发展议题上的合作"等问题进行了深入探讨。

（邢　伟）

中国社会科学论坛（2013年·国际研究）
——“亚洲新兴经济体的发展、潜力与前景”国际学术研讨会

2013 年 12 月 18 日，由中国社会科学院主办、中国社会科学院亚太与全球战略研究院承办的中国社会科学论坛（2013 年 · 国际研究）——“亚洲新兴经济体的发展、潜力与前景”国际学术研讨会在北京召开。会议的主题是“亚洲新兴经济体的发展、潜力与前景”。来自中国社会科学院、国务院发展研究中心、发改委外经所、商务部贸研院、复旦大学、对外经贸大学、辽宁大学、亚洲开发银行以及日本、韩国、印尼、越南等国的 30 多名官员及专家学者参加会议。会议围绕“世界经济中的亚洲新兴经济体：增长议题”“亚洲新兴经济体的案例分析：可持续增长前景”“中国可持续增长和亚洲经济共同体建设”等议题展开研讨。

与会学者表示，新兴经济体的高速发展有力地推动了低迷的全球经济，为世界经济增长做出重大贡献。而近些年来，由于全球经济环境不断变化以及新兴经济体自身的一些结构性问题，导致其经济增长速度放缓。

学者们普遍认为，当前全球投资、贸易疲软，随着发达国家的扩张性政策开始收紧，新兴经济体的国际资本会流出，新兴经济体需要审慎的监管机制。虽然在亚洲金融危机以来，新兴经济体国家在资本监管方面取得一些进展，但仍然需要继续推动国际货币体系改革，对内进行结构性调整，达到内外平衡。尤其是世界经济的总体复苏并无法掩盖其复苏的脆弱性，尽管发达经济体的经济低速增长和不确定性通过贸易、金融、投资等渠道对新兴经济体继续产生影响，但是归根结底是新兴经济体内部结构性问题始终制约了它们的中长期可持续发展前景。

亚洲开发银行驻华经济专家 Niny Khor 认为，自由贸易的蓬勃发展是亚洲新兴经济体的最大特点。他指出，虽然亚洲的自由贸易协定不断增加，但亚洲不同国家之间的开放程度很不均衡，而且也存在泰国、越南等国家企业对自由贸易协定没有充分利用的现象。亚洲不同新兴经济体的增长前景与外部约束究竟有何区别，来自不同国家的学者对印度、印尼、中国、俄罗斯、越南等国别案例进行了讨论。有学者认为，亚洲未来面临的最大挑战，仍旧是各国自身的内部调整。有学者表示，要提升贸易自由化水平，促进投资便利化，加强基础设施的互联互通，改善双边投资效率等。还有学者提出，应提高服务业的竞争性和开放度，让服务业成为制造业发展的有益助力。

（邢　伟）

美国研究所

（一）人员、机构等基本情况

1.人员

2013 年，美国研究所共有在职人员 57 人。其中，正高级职称人员 14 人，副高级职称人员 15 人，中级职称人员 19 人；高、中级职称人员占全体在职人员总数的 84%。

2.机构

美国研究所设有：美国外交研究室、美国政治研究室、美国经济研究室、美国社会文化研究室、美国战略研究室、《美国研究》编辑部、图书馆和行政办公室。

3.科研中心

美国研究所院属科研中心有：中国社会科学院世界政治研究中心；所属科研中心有：中华美国学会、中国社会科学院军备控制与防扩散研究中心、中国社会科学院台港澳研究中心。

（二）科研工作

1.科研成果统计

2013 年，美国研究所共完成专著 9 种，译著 1 种，338.5 万字；核心期刊论文 14 篇，其他论文 74 篇，88.9 万字；其他各类文章 128 篇，43.16 万字。

2.科研课题

(1)新立项课题。2013 年,美国研究所共有新立项课题 4 项。其中,院"马工程"项目 1 项:"'中国梦'与'美国梦'的比较研究"（黄平主持）；国家社会科学基金青年课题 1 项："美国国会涉华关键议员行为研究"(刁大明主持)；创新工程学者资助项目 1 项:"海明威书信翻译和研究"(潘小松主持)；创新工程青年学者资助项目 1 项:"亚太地区安全结构及其对中美关系影响"(仇朝兵主持)。

(2) 结项课题。2013 年，美国研究所共有结项课题 8 项。其中，院重大课题 1 项："美国新华侨华人与中国发展"（姬虹主持）；院重点课题 3 项："利益与立场：美国与中国南海问题"(何维保主持)，"美国媒体与美国国际话语权"（张国庆主持)，"亚太多边框架下的中美关系"(魏红霞主持）；院国情考察课题 1 项："甘肃对外开放条件与风险调查"（黄平主持）；院国情调研课题 1 项："甘肃对外开放条件与风险调查——以酒泉市为例"（王孜弘主持）；院青年学者发展基金课题 1 项（学者资助计划，无课题名称）（樊吉社主持）；所重点课题 1 项："政党政治因素与美国最高法院"（刘辉主持）。

(3) 延续在研课题。2013 年，美国研究所共有延续在研课题 4 项。其中，国家社会科学基金一般课题 1 项："美国亚太政策的基本目标及可能采取的政策手段研究"（周琪主持）；国家社会科学基金出版资助课题1项:"学术期刊《美国研究》"(赵梅主持);科技部横向课题1项:"美国气候政策"(赵行姝主持);院重点课题1项:"从'鹰式接触'到'六方会谈'——21世纪以来美国对朝鲜政策的战略研究"(李枏主持)。

3.获奖优秀科研成果

2013年,美国研究所获"第八届(2013年)中国社会科学院优秀科研成果奖"二等奖1项:周琪的专著《美国的政治腐败与反腐败》;三等奖2项:倪峰的论文《美国大战略的沿革及思考》,姬虹的专著《美国新移民研究(1965至今)》。

4.创新工程的实施和科研管理新举措

2013年,美国研究所创新岗位增至36个(其中含2名首席管理),新增岗位15个,占到全所科研人员的60%,共有5个创新项目组进入创新工程,基本涵盖了美国研究所的主要研究领域。5个创新项目包括:"美国全球战略的基本逻辑"(首席研究员为周琪),"美国全球战略的调整及走向"(首席研究员为倪峰),"美国对华战略发展趋势"(首席研究员为王荣军),"美国综合国力变化与国际比较"(首席研究员为袁征),"中国对外直接投资涉美政治风险"(首席研究员为王孜弘)。

美国研究所在实施创新工程方面的具体举措如下:

(1)促进科研管理改革,带动全所进入创新工程状态。

(2)坚持制度创新,建立激励机制。

(3)加强科研队伍建设,大力培养青年科研人才。

(4)建立美国研究所为主导的美国研究平台。

(5)强化财务报销审批制度,严格管理科研经费支出。

(三)学术交流活动

1.学术会议

2013年,美国研究所组织召开的学术会议主要有:

(1)2013年3月5日,外交部美大司调研小组访问美国所,就"中美安全问题"与美国所相关研究人员举行"战略圆桌"研讨会。

(2)2013年4月16日,中国社会科学院学部委员、国际研究学部主任张蕴岭研究员应邀参加美国研究所战略圆桌会议,并作题为"如何认识周边关系与变局"的学术讲座。

(3)2013年7月22日,美国研究所主办的《美国蓝皮书(2013)》发布会暨奥巴马第二任期内政外交走向以及中美关系前景专题学术研讨会在北京召开。

(4)2013年8月23~25日,美国研究所研究员樊吉社、副研究员罗振兴等赴上海参加复旦大学国际问题研究院主办的"首届美国研究全国青年论坛"。

(5)2013年9月11日,美国研究所所长黄平出席上海社会科学院举办的"东北亚地缘政

2013 年 12 月，“美国军控政策年度回顾与评估研讨会”在北京召开。

治环境的三位变化与我国的综合方略”开题会。

(6) 2013 年 10 月 17 ～ 18 日，“新型大国关系”国际学术研讨会在华盛顿举行。会议由中国社会科学院、美中关系全国委员会和约翰·霍普金斯大学国际问题高等研究院联合举办。会议研讨的主要问题有“新型大国关系理念”“当前影响中美外交政策和中美关系的主要国内因素”“新型大国关系中的经济和政治事务”“新型大国关系中的安全和外交事务”“推进新型大国关系的可行步骤”。

(7) 2013 年 11 月 20 ～ 21 日，美国研究所与美国夏威夷亚太安全研究中心在北京联合举办“中美构建战略互信”双边学术研讨会。会议研讨的主要问题有“目前中美战略互信现状”“建构战略互信的一般规律”“中美反海盗合作”“中美互信关系中的第三方因素”。

(8) 2013 年 12 月 16 ～ 17 日，美国研究所、中华美国学会与海南改革研究院等单位在海南省海口市联合举办了“中国周边海洋争端及美国因素”学会年会。全国各地专家学者 100 余人参加了会议。

(9) 2013 年 12 月 20 日，美国研究所、军备控制与不扩散研究中心主办的“美国军控政策年度回顾与评估研讨会”在北京召开。会议的主题是“中美关系中的军控问题、朝核问题和伊核问题”。

(10) 2013 年 12 月 27 日，美国研究所和世界政治学会联合举办的 2013 中国企业海外风险管理论坛在北京召开。论坛的主题是“第三方制裁与中国企业海外风险”。

2. 国际学术交流与合作

2013 年，美国研究所共派遣出访 25 批 36 人次，来访 36 批 125 人次。与美国研究所开展学术交流的国家有：美国、瑞典、瑞士、法国、日本、新加坡、缅甸等。

(1) 2013 年 1 月 9 日，美国研究所所长黄平会见美国布鲁金斯学会约翰·桑顿中心主任李侃如，双方探讨了中美关系走势等议题。

(2) 2013 年 2 月 5 ～ 8 日，美国研究所所长黄平应日本国际文化会馆邀请，赴日本东京参加“亚洲领导力项目”论坛，并在早稻田大学作题为“中日韩互信关系的建立”的演讲。

(3) 2013 年 2 月 23 日，美国研究所研究员王荣军参加外交学会团组，赴美国执行“青年决策项目”，先后访问华盛顿、纽约、兰开斯特、哈里斯堡等地，对美国的政治、社会文化传统进行调研。

（4）2013 年 3 年 13 日，美国研究所所长黄平应联合国社会发展研究所和瑞典高等研究院的邀请出访瑞士和瑞典，参加在瑞士日内瓦举行的联合国社会发展研究所理事会会议，并与瑞典高等研究院院长、国际社会学会会长比杨·维特洛克商谈合作事宜。

（5）2013 年 4 月 9 日，美国战略与国际问题研究中心外交和国家安全基辛格讲座教授史蒂芬·弗拉纳根到美国研究所访问，与美国研究所副所长倪峰、刘尊及美国研究所科研人员探讨跨大西洋尤其是中东和阿富汗的安全问题。

（6）2013 年 4 月 27 日，美国研究所研究员周琪赴缅甸进行学术交流。

（7）2013 年 5 月 5 ~ 8 日，美国研究所所长黄平应美国外交政策全国委员会的邀请，赴美国纽约出席“中美关系与台湾问题”双边研讨会，就中美关系、两岸关系和东北亚安全等议题与美方进行交流。

（8）2013 年 5 月 30 日，美国研究所研究员周琪赴新加坡参加国际会议。

（9）2013 年 6 月 11 ~ 14 日，美国研究所所长黄平赴美国华盛顿，出席中共中央党校和阿斯平战略所联合举办的中美学术论坛，并发表题为“中美在能源、环境及气候变化等全球性非传统安全领域的互动”的演讲。

（10）2013 年 7 月 2 ~ 11 日，美国研究所所长黄平陪同中国社会科学院副院长李扬出访日内瓦联合国社会发展研究所、世界贸易组织总部、全法经济学会年会、英国学术院和伦敦经济学院，并与上述机构相关负责人和学者座谈。

（11）2013 年 8 月 21 ~ 22 日，美国研究所所长黄平赴法国出席国际跨文化研究所会议。

（12）2013 年 9 月 10 日，美国政治学会会长彼得·卡赞斯坦教授应邀到美国研究所访问，并作题为“奥巴马对外政策的根源”的学术演讲。

（13）2013 年 9 月 17 日，美国研究所所长黄平会见美国夏威夷安全中心教授斯莱特里，双方商讨合作召开中美关系研讨会的有关事宜。

（14）2013 年 9 月 17 日，美国研究所所长黄平出席中国社会科学院院长王伟光与约旦国王阿卜杜拉二世访华代表团圆桌研讨会。

（15）2013 年 9 月 25 日，美国百人会一行 5 人到美国研究所访问，并以“中美关系与中国外交政策”为题，与美国研究所科研人员进行座谈。美国研究所副所长倪峰主持会议。

（16）2013 年 10 月 3 日，美国研究所所长黄平赴美国参加“中美对话：核心价值与世界秩序”研讨会。

（17）2013 年 10 月 16 日，美国研究所所长黄平、研究员王荣军等赴华盛顿参加“新型大国关系”学术研讨会。

（18）2013 年 10 月 27 日，美国研究所所长黄平等组团赴法国参加第三届中法思想论坛。

（19）2013 年 12 月 1 日，美国研究所研究员周琪通过中国社会科学院与国际知名智库交流平台项目，赴美国进行学术访问。

(20) 2013年12月15日，美国研究所副研究员王欢通过中国社会科学院与国际知名智库交流平台项目，赴美国进行学术访问。

3.与中国香港、澳门特别行政区和中国台湾开展的学术交流

(1) 2013年7月24日，美国研究所所长黄平赴台湾出席“第二届亚太区域发展与城市治理论坛”。

(2)2013年9月23～26日,美国研究所所长黄平赴香港作题为“2020年的世界”的专题讲座。

(3) 2013年10月20～23日，中国社会科学院美国研究所台港澳研究中心主任黄平陪同中国社会科学院院长王伟光到访澳门特别行政区特区政府办公室，就澳门进一步贯彻实施“一国两制”与澳门的繁荣与稳定专题，与中央驻澳门办公室研究室人员座谈。

(4) 2013年12月2日，美国研究所研究员樊吉社赴香港参加联合国对朝制裁研讨会。

(四) 学术社团、期刊

1.社团

(1) 中华美国学会，会长黄平。

(2) 中国社会科学院世界政治研究中心，主任黄平。

(3) 中国社会科学院台港澳研究中心，主任黄平。

(4) 军备控制与防扩散研究中心，主任刘尊。

2.学术期刊

2013年,《美国研究》共出版4期,共计64万字。该刊全年刊载的有代表性的文章有：孙哲、徐洪峰的《奥巴马政府战略重心东移对美俄关系的影响》，刘子奎的《论冷战后的美国防扩散政策》,李海东的《美国与欧亚安全制度的构建——北约东扩战略与“亚太再平衡”战略对比》,汪晓风的《中美关系中的网络安全问题》，袁征的《美国民众对中国崛起的认知》等。

(五) 会议综述

“美国的气候与能源”学术报告会

2013年3月19日，美国塔夫茨大学弗莱彻学院教授葛凯丽访问中国社会科学院美国研究所，并以“美国的气候与能源”为题作学术报告。

葛凯丽教授指出，当前美国决策层面临的一个最大的变化就是美国国内页岩气的大发展。美国天然气储量在过去5年间增加了一倍多，这在很大程度上归功于新技术。当前，页岩气产量约占美国天然气生产的50%，导致美国本土的天然气价格大幅下跌至每英热单位（BTU）2美元多的历史新低。低廉、充足的天然气给美国带来巨大的好处：其一，与页岩气生产相关的产业蓬勃发展，给美国创造了大量就业岗位。其二，美国的能源安全得以增强，能源进口的依赖度有所降低，可望在2025年至2030年间实现技术上的能源独立。其三，低廉的天然气价格为制造业带来了更多的竞争优势，制造业开始回流美国，恢复竞争力。其四，温室气体排放开始降低，因为美国国内开始普遍使用天然气来代替煤炭发电。其五，美国能源趋向自给令政府决策层更加自信——当然也导致美国政府降低了提高能源效率的压力或紧迫感。就负面影响而言，页岩气开发过程中所使用的水力压裂技术可能会带来水体污染、空气污染、地质破坏等诸多环境风险。美国环境保护署目前仍在对页岩气开采造成的环境污染进行评估，结果将于2014年公布。美国的一些地区则已经开始审慎监管页岩气开发。

葛凯丽教授介绍了奥巴马在第一任期内通过美国环保署利用《清洁空气法案》控制温室气体排放的有力措施。奥巴马曾签署为发电厂制定的汞排放标准，该标准提高了煤电厂的成本，遏制了汞的排放量，降低了温室气体排放。奥巴马政府颁布的针对机动车排放的燃料经济标准，则大大提高了美国的汽车燃料效率。此外，奥巴马政府还制定了电器效率标准、建筑物效率标准等有助于减排的标准。美国总统科技顾问委员会也曾建议奥巴马总统仿照国防部的《四年评估报告》进行四年一次的能源评估，为美国能源发展提供中短期的路线图。

葛凯丽教授最后谈及美国国会的立法动向。当前，美国国会开始提议通过征收碳税来控制碳排放，但葛凯丽教授认为美国征收碳税的可能性极小。

（赵行姝）

《美国蓝皮书（2013年）》发布会
暨奥巴马第二任期内政外交走向与中美关系研讨会

2013年7月22日，《美国蓝皮书（2013年）》发布会暨奥巴马第二任期内政外交走向与中美关系研讨会在北京召开。《美国蓝皮书（2013年）》展望奥巴马政府第二任期的内外施政，对2012年年中以来美国内政外交各方面的情况进行了系统的梳理和分析。

2013年7月，《美国蓝皮书（2013年）》发布会暨奥巴马第二任期内政外交走向与中美关系研讨会在北京召开。

《美国蓝皮书（2013年）》认为，美国面临的核心挑战仍主要来自内部，在对外政策领域，其连续性将大于变化。反观奥巴马第一任期的施政，从美方的角度来看，在美国总体实力相对不济、国际局势复杂多变的情况下，奥巴马通过所谓“巧实力”外交，维系了美国的霸权地位。在亚太地区，美国的“再平衡战略”将有可能成为未来美国战略资源配置的一个持续性特征。关于中东事务，“阿拉伯之春”的发展轨迹，巴以和平进程，美国与以色列、伊朗和叙利亚的关系，都将占有突出的地位。在叙利亚和伊朗问题上，美国政府到底采取什么政策将在美国战略界引发激烈的辩论，但总统和行政部门将按照既定的思路推进，奥巴马不太可能让美国在这一地区再次卷入大规模军事对抗和冲突，他很可能将会寻求与伊朗进行谈判来将事态尽可能置于可控的范围内。关于反恐，美国会加快从阿富汗撤军的步伐，同时继续将中东地区及阿富汗、巴基斯坦视为反恐重点，也关注恐怖主义向毗邻地区如撒哈拉以南非洲扩散，奥巴马政府将继续采用特种部队、无人机等低调介入的方式进行各种反恐行动。美国与欧洲将继续保持积极、合作的关系，合作的着眼点主要将放在伊朗问题、中东事务、金融问题、就新的跨大西洋自由贸易协定开展谈判等方面。美国与俄罗斯的关系则不会一帆风顺。与拉丁美洲的关系，奥巴马政府将会继续释放出许多非常积极的言辞和说法，但与其他地区相比，这一地区在美国外交中仍将处于边缘地位。

近年来，由于中美两国实力差距的逐步缩小以及美国战略重心转向亚太，“中美关系处在一个新节点上”，呈现出复杂的特征。未来中美关系很可能继续呈现总体基本稳定，同时竞争面增大的态势。两国关系真正步入良性发展轨道，根本出路在于双方共同构建新型大国关系。对此，中方前瞻性地提出了中美建立新型大国关系的主张，并初步得到了美方的积极回应。

建设新型大国关系是对现有国际关系理论的一种超越，尤其需要两国继续寻求利益交汇点，扩大利益合作面，相互尊重对方核心利益和重大关切，把亚太地区变成两国合作的广阔平台，加强亚太地区事务的磋商、沟通与合作，建立危机管控、伤害管控机制，不要让突发事件包括第三方因素影响两国整体关系。

（科研处）

第二届中国企业海外风险管理论坛

2013 年 12 月 27 日，以“国际因素与对外投资风险”为主题的第二届中国企业海外风险管理论坛在北京召开。会议主要讨论了以下几方面内容：

（1）十八大以来我国海外投资的新形势和新阶段。准确判断当前我国海外投资的现状，确定我国当前海外投资所处的阶段，认清我国海外投资面临的形势，是决策的重要出发点。与会专家在这个问题上提出以下观点：第一，从对外投资发展的速度和规模来看，我国已进入世界投资大国的行列，但仍未进入世界投资强国的行列。第二，从对外开放的阶段来看，中国正处于对外投资与引进外资齐头并进的阶段。第三，从对外投资推动力看，中国对外投资正在从“政府推动型投资”向“企业自主型投资”转型。第四，从对外投资的风险来看，中国海外投资风险的重点正在从商业风险向非商业风险特别是政治风险转移。

（2）理性认识我国海外投资面临的问题和风险。当前我国的海外投资，一方面，面临着与西方跨国公司在海外投资所遇到类似问题和风险；另一方面，我国的海外投资，尤其是国有企业的海外投资，还面临着西方发达国家的歧视性对待、投资准入受到一定程度的限制等诸多问题。在诸多问题和风险中，中国政府和企业应高度关注以下几个方面问题：第一，民营企业风险意识不强，预计将成为“走出去”风险高发的企业类别。第二，国有企业和主权基金则因身份特殊，正在遭遇不断增多的法律风险和政治风险。第三，国际因素特别是第三方因素造成的风险在显著增大。第四，恐怖主义、绑架勒索、人员袭击等安全风险较为严重。第五，劳工风险、环境责任风险和流行病风险也比较突出。

（3）客观理解我国海外投资面临的问题和风险的成因。我国企业在海外投资遭遇到的普遍问题和风险，一些与企业在中国养成的经营习惯和文化以及中国政府推行的部分政策有关，一些源于东道国的投资环境和商业环境变化、政策和法律变化、战争、动乱、社会骚乱、恐怖主义等，另一些来自国际因素。

（4）科学界定政府和企业在海外风险管理中的作用。政府和企业在海外投资和风险管理中的作用应从以下几个方面加以科学界定：第一，企业和个人是对外投资的主体，自主决策，自担风险。第二，市场应在海外投资中发挥决定性作用。第三，政府的作用和功能应逐步转变为为海外投资和风险管理提供法律和制度支撑，发挥更好的服务职能。

（5）密切关注国际因素，正确应对第三方制裁。国际因素是我国海外投资风险的重要来源之一，需要密切关注，尤其美国在制裁伊朗时对中国等国实施的第三方制裁，需要中国政府和企业加以正确应对。

（6）高效管理对外投资风险，提高海外投资效益。总的来看，近些年来我国海外投资赶上了较好的时机，中国企业也抓住了这些难得的机遇。如何紧紧把握战略机遇期，高效管理对外投资风险，提高海外投资的质量和效益，是当前和未来较长一段时期中国政府和企业的重点。

（罗振兴）

日本研究所

（一）人员、机构等基本情况

1. 人员

截至2013年年底，日本研究所共有在职人员51人。其中，正高级职称人员13人，副高级职称人员14人，中级职称人员15人；高、中级职称人员占全体在职人员总数的82%。

2. 机构

日本研究所设有：日本政治研究室、日本外交研究室、日本经济研究室、日本社会研究室、日本文化研究室、《日本学刊》编辑部、网资室、办公室。

3.科研中心

日本研究所所属科研中心有：日本政治研究中心、中日经济研究中心、日本社会文化研究中心、中日关系研究中心。

（二）科研工作

1.科研成果统计

2013年，日本研究所共完成专著8种，278.6万字；论文62篇；研究报告52篇；译著2种，79.2万字；论文集1种，90万字。

2.科研课题

（1）新立项课题。2013年，日本研究所共有新立项课题6项。其中，院国情调研（推荐重大）课题1项："日本对华产业转移的趋势考察"（李薇、徐梅主持）；院交办委托课题2项："中日关系专题研究"（李薇、高洪主持），"中日舆论调查"（李薇主持）；所重点课题3项："学科前沿报告及研讨会"（研究室主任主持），"日本战略研究报告"（杨伯江主持），"日本政局年度热点、焦点问题分析研究"（李薇主持）。

（2）结项课题。2013年，日本研究所共有结项课题7项。其中，院重点课题2项："日本应对和化解对外经贸摩擦的经验与教训"（徐梅主持），"二战后日本社会发展与社会阶层变动"（王伟主持）；院国情调研（推荐重大）课题1项："日本对华产业转移的趋势考察"（李薇、徐梅主持）；院交办委托课题2项："中日关系专题研究"（李薇、高洪主持），"中日舆论调查"（李薇主持）；所重点课题2项："学科前沿报告及研讨会"（研究室主任主持），"日本政局年度热点、焦点问题分析研究"（李薇主持）。

（3）延续在研课题。2013年，日本研究所共有延续在研课题1项，即所重点课题："日本战略研究报告"（杨伯江主持）。

3.创新工程情况

2013年，日本研究所参加创新工程的人数为17人；创新工程项目名称是："日本的国家战略研究"；日本研究所创新工程首席管理为李薇、高洪；创新工程项目4项："日本海洋战略研究"（首席研究员为吕耀东），"日本国家能源战略研究"（首席研究员为张季风），"日本的文化软实力战略研究"（首席研究员为崔世广），"日本老龄化社会应对战略研究"（首席研究员为王伟）。

（三）学术交流活动

1.学术活动

2013年，日本研究所主办和承办的学术会议有：

（1）2013年3月12日，日本研究所主办的"赵全胜学术报告会"在北京市举行。会议研讨的主要问题是“美国对亚太战略的转型”。

（2）2013 年 4 月 9 日，日本研究所主办的“余永定学术报告会”在北京市举行。会议研讨的主要问题是“对中日经济现状的分析”。

（3）2013 年 4 月 23 日，日本研究所主办的“张蕴岭学术报告会”在北京市举行。会议研讨的主要问题是“国际形势分析报告”。

（4）2013 年 4 月 23 日，日本研究所主办的“2013 日本蓝皮书新闻发布会暨日本热点问题座谈会”在北京市举行。

（5）2013 年 5 月 21 日，日本研究所主办的“2013 日本经济蓝皮书新闻发布会”在北京市举行。

（6）2013 年 10 月 31 日，日本研究所主办的“‘对日战略报告’内部研讨会”在北京市举行。

2. 国际学术交流与合作

2013 年，日本研究所共派遣出访 20 批 27 人次，接待来访 109 批 214 人次。与日本研究所开展学术交流的国家有日本、韩国、美国等。

（1）2013 年 1 月 28 日，中国社会科学院与中日友好协会在北京主办了“中日邦交正常化 40 周年”国际学术研讨会。

（2）2013 年 2 月 26 日，日本研究所在北京主办了美国学者 Reinhard Drifte（杜浩）演讲会“钓鱼岛领土争端：起源于 2010 年和 2012 年的危机”。

（3）2013 年 3 月 2 日，日本研究所与日本东京财团在北京主办了“世界格局中的中日美关系”国际学术研讨会。

2013 年 11 月，“首届中日东海论坛”在北京举行。

（4）2013 年 9 月 24 日，日本研究所在北京主办了“前原诚司演讲会”。

（5）2013 年 10 月 25 日，日本研究所在北京主办了“中国社科论坛：继承条约精神、构筑新型关系——纪念《中日和平友好条约》签订 35 周年”国际学术研讨会。

（6）2013 年 11 月 9 日，日本研究所与全国日本经济学会在北京联合主办了“加强能源合作，开创东北亚经济一体化新局面”学术研讨会。

（7）2013 年 11 月 19 日，日本研究所与日本东京财团在北京联合主办了“首届中日东海论坛”。

（8）2013 年 12 月 13 日，日本研究所与韩国东北亚历史财团在北京联合主办了“中日韩合作研讨会”。

（四）学术社团、期刊

1. 社团

（1）中华日本学会，会长武寅。

① 2013 年 1 月 10 日，由日本研究所、中华日本学会主办、《日本学刊》编辑部承办的第四届《日本学刊》优秀论文隅谷奖揭晓。

② 2013 年 1 月 28 日，中华日本学会与中国社会科学院、中日友好协会、中国社会科学院日本研究所等单位联合召开了“中日邦交正常化四十年回顾与展望——求同存异面向未来”学术研讨会。政府部门、研究机构、大专院校的 120 多位专家学者参加会议。会议就中日邦交正常化以来的中日友好交流的历史进行了回顾，对存在的问题进行了分析，对如何打开中日关系僵局进行了探讨。

（2）全国日本经济学会，会长王洛林。

① 2013 年 4 月 13 日，日本研究所与北京大学、商务部研究院联合主办“中日经济关系的现状与展望”研讨会。北京大学、中国社会科学院日本研究所、商务部对外经贸研究所、中国人民大学、外交学院等大学和科研机构的研究人员 50 多人出席会议。会议研讨的主要问题有“日本经济”“中日经济关系”“区域经济合作”。

② 2013 年 10 月 26 ~ 27 日，全国日本经济学会与中华日本学会、辽宁大学在辽宁省丹东市联合召开了“中华日本学会、全国日本经济学会 2013 年年会暨学术研讨会”。全国日本经济学会常务理事、理事以及会员 150 多人参加了会议。会议研讨的主要问题有“安倍经济学的经济效果与前景”“中日韩自贸区谈判、TPP 谈判、RCEP 谈判等区域合作热点问题”。

③ 2013 年 11 月 9 日，日本研究所与全国日本经济学会联合主办“加强能源合作，开创东北亚经济一体化新局面”学术研讨会。国家能源局代表、发改委能源研究所、河北大学、南开大学、黑龙江省社会科学院、中国社会科学院日本研究所、国家发改委、国务院发展研究中心等单位的学者 70 余人参加了会议。会议研讨的主要问题有“日本能源战略”“东北亚能源合作”“中日能源合作与竞争”。

2. 期刊

《日本学刊》（双月刊），主编李薇。

2013 年，《日本学刊》共出版 6 期，共计 90 万字。该刊全年刊载的有代表性的文章有：吕耀东的《“日本梦”解构》，李文、吴限的《日本修宪进程加速原因解析》，杨伯江的《美国战略调整背景下日本“全面正常化”走向探析》，吴怀中的《日本政治变动及其对华影响——一种结构、生态与政策的演化视角》，朱建荣的《辨析日本关于钓鱼岛主权主张的结构性缺陷》，张季风的《重新审视日本“失去的二十年”》，徐平的《战后日本经济发展阶段考察——兼谈赶超经济的体制性缺陷》，李卓的《日本社会秩序稳定的历史文化因素——兼谈日本的国民性》。

（五）会议综述

《日本蓝皮书（2013）》新闻发布会暨日本形势研讨会

2013 年 4 月 26 日，《日本蓝皮书（2013）》新闻发布会暨日本形势研讨会在北京召开。《日本蓝皮书（2013）》由中华日本学会、中国社会科学院日本研究所和社会科学文献出版社合作推出。《日本蓝皮书（2013）》主编、中国社会科学院日本研究所所长李薇，社会科学文献出版社社长谢寿光以及蓝皮书作者代表在会上发言，并回答了记者的提问。来自北京、天津的日本研究学者代表、中日媒体记者等 60 余人参加了会议。

《日本蓝皮书（2013）》以日本民主党执政终结、自民党重新上台以及中日钓鱼岛主权争端为中心，对 2012 年日本的政治、外交、经济、社会文化进行了回顾与展望，特别是对钓鱼岛主权归属的历史依据，钓鱼岛主权争端的来龙去脉、法律问题，钓鱼岛争端下的日本外交、军事及中日经济关系等问题进行了述评。

蓝皮书指出，2012 年，日本民主党应对内政外交重大问题决策不力，终在年末的众议院选举中遭遇惨败，执政仅三年的民主党政府黯然下台。日本自民党重掌政权，安倍晋三再度就任首相。相对于内政乱局，日本在安全领域强势进取，借助美国“重返亚太”机遇和日美同盟强化防卫力量，扩大地缘政治影响，并全面提升东盟战略地位。

蓝皮书认为，2012 年，日本经济高开低走，其借灾后重建实现复苏希望化作泡影，对外贸易赤字亦创战后新高，摆脱通缩、调整能源政策等诸多难题尚待解决。日本人口少子化、老龄化程度进一步加剧。2012 年通过的儿童、雇用、医疗护理、年金等相关法案，标志着社会保障与税制一体化改革走向深入，但日本经济、社会发展的低迷态势并未扭转。

蓝皮书指出，2012 年是中日邦交正常化 40 周年，但因石原慎太郎“购岛”、野田内阁“国有化”引发的钓鱼岛主权争端，严重损害了中日政治互信与现实合作，导致两国关系急剧恶化，陷入“邦交正常化 40 年来最严峻的局面”，双边贸易额自 2009 年以来首次减少，也对日本政治、经济构成直接冲击。

蓝皮书认为，安倍政府将以 7 月赢得参议院选举、实现长期执政为核心目标。选前将以经济、民生议题为政策重点，选后将着手修宪、行使集体自卫权等政治、安全议题。但前景并不乐观，奥巴马第二任期对日政策走向、日本经济走势是两大主要变数。日本对华将着眼经济利益、谋求改善关系，但在钓鱼岛问题上不会放弃现有立场，同时将谋求更为“有效的应对措施”。

蓝皮书指出，“安倍经济学”将加大财政投入、金融量化宽松、增长战略作为三大政策支柱。随着世界经济转暖，日本国内消费需求将会赶在 2014 年提高消费税率之前集中释放。2013 年度日本经济有望短暂复苏。

（林 昶）

《日本经济蓝皮书（2013）》新闻发布会

2013 年 5 月 21 日，中国社会科学院日本研究所、全国日本经济学会与社会科学文献出版社联合召开《日本经济蓝皮书（2013）》新闻发布会。

《日本经济蓝皮书（2013）》作为国内唯一一部分析日本经济与中日经贸关系的“皮书”，自 2008 年问世以来受到各界好评。中国社会科学院日本研究所所长李薇主持会议。全国日本经济学会会长王洛林等有关部门负责人到会致辞。

《日本经济蓝皮书（2013）》回顾并展望了 2012 ～ 2013 年度日本宏观经济的运行状况，指出 2012 年受欧债危机的拖累，世界经济下滑，日本经济曾一度陷入技术型衰退。再加上日本挑起的购岛闹剧，导致对华出口骤降，致使经济复苏未取得预期效果。2013 年在“安倍经济学”即无限度量化宽松政策和大规模公共投资的刺激下，日本经济总体形势好于上一年。

蓝皮书指出，钓鱼岛主权争端对中日经济关系造成严重影响，双边贸易出现负增长，相互投资受阻、双边财金合作也不同程度受挫，中日韩自贸区谈判年内未能如期举行，同时也对世界经济造成负面影响。如果中日关系不进一步恶化，2013 年随着世界经济、日本经济的缓慢复苏和中国经济的持续高速增长，中日经贸合作可望回归正常轨道。2013 年的中日经贸关系，有可能在以下几个方面实现新发展：东亚区域合作进程有望加速、地方层面经贸合作面临机遇、绿色节能环保合作大有可为、服务贸易交流合作开拓新领域、现代农业物流合作潜力显著。

蓝皮书强调，从传统收益上看，日本依然希望通过中日韩 FTA 的签署，从中国和韩国的经济高速发展中获取经济利益；但从非传统收益上看，对主导权、国家安全、利益集团等方面的考量，使日本不得不重视 TPP 的签署。日本今后的战略依然是采取中日韩 FTA 和 TPP 同步走的策略。如果必须在中日韩 FTA 与 TPP 之间作出选择，日本可能优先选择 TPP。

《日本经济蓝皮书（2013）》由全国日本经济学会和中国社会科学院日本研究所组织编写。作者既有国内科研机构、大学等从事日本经济研究的专家学者、官员，也有日本 JETRO、著名大学和智库的权威人士和经济学家。他们对当前日本经济以及中日经济合作的发展动态进行了多角度、全景式的深度分析。特别是对 40 年来的中日经济合作、日本参与 TPP、中日韩自贸区谈判、日本电子以及钢铁等制造业所面临的挑战等进行了重点分析。

（叶　琳）

“参议院选举后日本内政外交走向”学术研讨会

2013 年 7 月，自民党取得参议院选举的“压倒性”胜利，安倍长期执政的可能性增加。在“重塑日本”的旗帜下，日本内外政策正经历着一场重大变革。以此为背景，中国社会科学院日本研究所于 7 月 23 日举行了“参议院选举后日本内政外交走向”专项研讨会。中国社会科学院日本研究所政治室、外交室、经济室、社会室、文化室和《日本学刊》编辑部的有关人员参加了会议。会议围绕参议院选情、修宪、经济政策、对华政策及中日关系等问题深入研讨。

参议院“大考”过关后，安倍内阁以推动日本政治、外交、经济、社会全面振兴为目标，全力落实积极进取的内外政策。其成效及走向，对日本，对周边乃至国际社会都将具有重要影响。这其中，当前中国学者的关注焦点是安倍的对华政策会有哪些新的变化，中日关系又将走向何方。

在外交方面，21 世纪日本“最重要的课题”是对华关系。日本在追求“正常国家”的同时亟待给自己在亚洲找到新的定位，而对华关系则处在日本内政外交链条的重要位置上。参议院选举后，日本国内政局的制约因素将有所缓解，对华政策调整空间在增大，调整需求在增强，但对华决策难度亦在持续增加。安倍政权很可能会选择一条“软硬兼施”的“政经分离”路线。

第二次安倍内阁诞生以来,对外政策的关键词之一是以“价值观外交”为理念开展对华“环绕外交”。日本正在弥补战略上的“短板”，其“价值观外交”既以意识形态为载体，又展现为地缘政治层面的“包围”方式。在强化日美同盟的基础上，日本欲以“价值观外交”来拓展外交的新“地平线”。同时,日本出于自身利益诉求,将崛起中的中国作为其“价值观外交”的“靶心”之一。与会专家认为，在当今世界大多数国家谋求区域合作的潮流中，若日本固守冷战思维，构筑所谓的“自由繁荣之弧”，既不利于东亚区域合作的大局，更有悖于世界多数国家谋求和平稳定、合作共赢的良好愿望。

当前，安倍在历史问题上的错误言行使其国际形象大打折扣。倘若安倍及其内阁成员为了偏狭的历史观和特定的政治目的执意参拜靖国神社的话，将会使日本遭受新一轮的“国家信任危机”；在钓鱼岛问题上，日本坚持不存在主权争议和不开展相关谈判。但随着该问题的激化，日本继续坚持“两不”立场将面临更大的困难与风险；日本实施“再生战略”,客观上需要“借力”中国。在中日经济关系方面，安倍经济政策也将会对中日经贸合作及中国经济产生影响，因此值得重点关注；安倍政权对华总体形势依旧严峻，但亦存在改善政治关系的需求。有鉴于此，我方此时应“战略上藐视,战术上重视”,应继续关注日本对华政策新走势,注意做好对日工作。

（张　勇）

“中国社会科学论坛：继承条约精神、构筑新型关系——纪念《中日和平友好条约》签订35周年”国际学术研讨会

2013 年 10 月 25 日，中国社会科学院日本研究所主办的“中国社会科学论坛：继承条约精神、构筑新型关系——纪念《中日和平友好条约》签订 35 周年”国际学术研讨会在北京举行。来自中日两国的数十位知名学者和权威专家参加了研讨会。

会议期间，中华日本学会会长武寅、原中国驻日大使徐敦信、日本综合研究所国际战略研

2013 年 10 月，“中国社会科学论坛：继承条约精神、构筑新型关系——纪念《中日和平友好条约》签订 35 周年”国际学术研讨会在北京举行。

究所理事长田中均分别发表讲话。与会的专家学者们围绕“回顾条约与总结历史”“评估当今与展望未来”两大中心议题进行了交流，探讨了新形势下发展两国关系的相关问题。

大多数代表认为，缔结《中日和平友好条约》为两国关系开创了新的局面，不仅造福于两国人民，也为地区和平与发展作出了重大贡献。同时，35 年来的中日关系也经历了许多波折和考验。对于一时难以解决的问题，双方在维护两国关系大局的前提下，做到了求同存异、良性互动、共谋发展。

冷战结束后，中日关系进入新的调整阶段。与会学者认为，当前中日关系的复杂局面是由多种因素决定的，其中既有国际环境变化等外部原因的影响，也有中日双方自身变化带来的新挑战。例如，中国在规模与速度上突飞猛进地发展，日本“总体保守化”“右倾化”趋势造成的负面影响，以及美国亚太战略调整等都是不可忽视的决定性要素。有中方专家指出，中国方面从战略高度出发，政府和民间一直积极推动中日关系的健康稳定发展。但从日本官方基本立场看，对华合作并非基于根本上的认同，在“合作”的同时，对华政策中“戒备”与“防范”的一面持续走强。在此背景下，日本政府“购买”钓鱼岛，对其实施“国有化”的错误做法，少数政治家发表否认侵略战争历史罪行的言行，直接引发两国关系震荡与紧张，极大地损害了两国间的战略互信，严重破坏了《中日和平友好条约》所体现的原则精神。

2013 年是两国关系历程中值得纪念的年份，中日能否在全面、客观地回顾历史的基础上，从战略高度、全球视野的广度上勾画未来蓝图？能否通过不懈努力超越障碍，最终达成并维持一个相对稳定、健康发展的关系框架？面对这些令人焦灼的疑问，很多与会的中日专家给出了积极、肯定答案。大家认为，中日双方将通过多回合、多层面的博弈与磨合，逐步认知彼此战略底线与承受力，为构建新关系框架找到切实可行的平衡基点。

两国与会者一致认为，中日两国要面向未来、构筑良性发展的双边关系。为此，中日两国需要双方努力，相向而行。值此 35 周年之际，从事两国关系研究的专家、学者更应深刻领会《中日和平友好条约》的精神实质，针对当前中日关系的总体形势和焦点问题展开深入沟通，探寻使两国关系尽快恢复到正常发展轨道的良策，为两国构建面向未来的新型关系提供智力支持，发挥积极的建设性作用。

（高　洪）

和平发展研究所

（一）人员、机构等基本情况

中国社会科学院和平发展研究所成立于2013年12月，是中国社会科学院的直属研究机构。

和平发展研究所的宗旨是：开展国内外学术交流，促进学术繁荣，努力为中国和世界和平发展事业作出贡献。

和平发展研究所的主要任务是围绕涉及中国及世界和平发展的一系列重大现实问题开展研究，重点关注世界政经大势、各国发展战略、大国竞争与合作以及国家安全等领域的新趋势、新变化、新挑战，致力于打造一流水准的研究成果，为党和国家决策提供服务。

和平发展研究所的业务范围包括承接党政部门、企事业单位研究课题，提供信息、咨询、研究和决策服务；开展国内外学术交流；主办相关学术刊物。

和平发展研究所设有：发展政治室、经济室、安全室、人物室、信息资料室、综合办公室。

（二）会议综述

中国社会科学院和平发展研究所成立大会

2013年12月28日，中国社会科学院召开和平发展研究所成立大会。中国社会科学院副院长李捷出席大会并代表党组作了讲话。

李捷表示，和平与发展是人类崇高事业。求和平、谋发展、促合作、图共赢是时代潮流。走和平发展道路是我们党根据时代发展潮流和我国根本利益作出的战略抉择。当前我国面临对外维护国家主权、安全发展利益，对内维护政治稳定的双重压力，各种可以预测和难以预测的风险因素明显增多。加强和平发展问题研究是历史的需要、人民的需要、时代的需要，也是更好贯彻落实十八届三中全会精神的需要，责任重大、大有可为。

李捷表示，希望和平发展研究所建设成为以马克思主义为指导的形势、政策和战略问题研究基地和学术交流中心；坚持高标准、高站位，形成权威、严肃、客观、理性的声音，争取早日在国际学术界占有一席之地；同时努力造就一支政治坚定、业务精湛、学风扎实、境界高尚，能够致力于促进和平发展事业的科研人才队伍，使和平发展研究后继有人、可持续发展。

中华人民共和国外交部前部长李肇星作为中国社会科学院和平发展研究所名誉所长给大会发来贺信。北京大学国际战略研究院院长王缉思代表与会各界来宾在会上致辞。

中国社会科学院所属的各院所代表出席了成立大会。

中共中央对外联络部、求是杂志社、外交部、国家发改委、财政部、新华社、国务院发展研究中心、国防大学、军事科学院、海军军事学术研究所、中国国际问题研究所、中国现代国际关系研究院、中国国际问题研究基金会、中国国际战略研究基金会、北京大学、清华大学、中国人民大学、北京外国语大学、对外经济贸易大学、南开大学等单位有关部门的领导和专家应邀参加了成立大会。

（和平所）

马克思主义研究学部

马克思主义研究院

（一）人员、研究机构等基本情况

1.人员

截至 2013 年年底，马克思主义研究院共有在职人员 134 人。其中，正高级职称人员 29 人，副高级职称人员 34 人，中级职称人员 60 人；高、中级职称人员占全体在职人员总数的 92%。

2.机构

马克思主义研究院设有：马克思主义原理研究部（下设马克思主义基本原理研究室、马克思恩格斯思想研究室、列宁斯大林思想研究室、思想政治教育研究室）、马克思主义中国化研究部（下设毛泽东思想研究室、中国特色社会主义理论体系研究室、党建党史研究室、马克思主义无神论研究室）、马克思主义发展研究部（下设马克思主义发展史研究室、经济与社会建设研究室、政治与国际战略研究室、文化与意识形态建设研究室）、国际共产主义运动研究部（下设国际共产主义运动史研究室、当代世界社会主义研究室、当代世界资本主义研究室）、国外马克思主义研究部（下设国外左翼思想研究室、国外共产党理论研究室、西方马克思主义研究室）、期刊网络中心（下设《马克思主义研究》编辑部、《国际思想评论》编辑部、《马克思主义文摘》编辑部、《马克思主义理论研究与学科建设年鉴》编辑部、网络室）、办公室、科研处、人事处。

3.科研中心

马克思主义研究院院属科研中心有：中国社会科学院马克思主义经济社会发展研究中心、中国社会科学院科学与无神论研究中心、中国社会科学院国家文化安全与意识形态建设研究中心。

（二）科研工作

1.科研成果统计

2013 年，马克思主义研究院共完成专著 22 种，654 万字；论文 235 篇，191 万字；译文 2 篇，1.6 万字；译著 1 种，28.9 万字；普及读物 7 种，105 万字；年鉴 1 种，92 万字；论文集 11 种，309 万字；理论文章 7 篇，2.5 万字。

2.科研课题

（1）新立项课题。2013 年，马克思主义研究院共有新立项课题 11 项。其中，国家社会科学基金课题 5 项：“正义视阈中的共同富裕思想研究”（贾可卿主持），“新历史条件下的共同富裕实现路径研究”（张建刚主持），“美国垄断资产阶级统治全球手段研究”（王静主持），“改进工作作风密切联系群众研究”（邓纯东主持），“当前国际政治思潮的基本状况与特点研究”（邓纯东主持）；国情调研课题6项：“坚持和完善按劳分配为主体、多种分配方式并存的分配制度问题调研”（重点项目，赵智奎主持），“关于当前‘社会领域’思想政治工作状况的调研”（重点项目，李春华主持），“城市社区组织在社会管理中的地位和作用的调查”（重点项目，庞晓明主持），“基层文化建设与国家意识形态安全”（重点项目，李瑞琴主持），“下岗工人（家庭）思想生活状况及其阶级归属——以辽宁丹东等东北中等城市为例”（重点项目，秦益成主持），“沿海发达地区民企党的建设情况调研”（院基地项目，金民卿主持）。

（2）结项课题。2013年，马克思主义研究院共有结项课题21项。其中，国家社会科学基金课题8项：“马克思主义执政理论的历史发展与实践运用研究”（罗文东主持），“用社会主义核心价值体系引领多样化社会思潮研究”（侯惠勤主持），“中国特色社会主义理论体系若干重大问题研究”（罗文东主持），“当代国外马克思主义经济学前沿问题研究”（胡乐明主持），“文化生产力与人类文明的跃迁”（李春华主持），“马克思主义民主集中制思想与当代中国政治发展研究”（辛向阳主持），“互联网条件下马克思主义的传播与发展新趋势研究”（谭扬芳主持），“中国基本公共服务均等化的变迁与逻辑研究”（刘志昌主持）；院重大课题1项：“马克思主义中国化的基本经验及规律性认识”（赵智奎主持）；院重点课题3项：“当前思想政治教育重大问题研究”（余斌、李春华主持），“马克思主义中国化的逻辑进程分析”（金民卿主持），“中国特色社会主义国际影响力研究”（李建国主持）；国情调研课题7项：“党的执政能力建设和先进性建设状况调查”（重大项目，侯惠勤主持），“坚持和完善按劳分配为主体、多种分配方式并存的分配制度问题调研”（重点项目，赵智奎主持），“关于当前‘社会领域’思想政治工作状况的调研”（重点项目，李春华主持），“城市社区组织在社会管理中的地位和作用的调查”（重点项目，庞晓明主持），“基层文化建设与国家意识形态安全”（重点项目，李瑞琴主持），“下岗工人（家庭）思想生活状况及其阶级归属——以辽宁丹东等东北中等城市为例”（重点项目，秦益成主持），“沿海发达地区民企党的建设情况调研”（院基地项目，金民卿主持）；院青年科研启动基金课题2项：“改革开放以来农村集体经济的发展历程和经验研究”（龚云主持），“20世纪90年代以来意大利共产主义政党的发展”（李凯旋主持）。

（3）延续在研课题。2013年，马克思主义研究院共有延续在研课题31项。其中，院重点课题1项：“马克思主义辩证法的当代探索”（陈慧平主持）；院青年科研启动基金课题30项：“近年来国外马克思主义若干重大前沿问题研究”（郑一明主持），“国外马克思主义重要公正思想研究”（冯颜利主持），“全球化背景下民族国家的定位及其走向”（张晓敏主持），“改革开放以来我国新闻政策研究”（郭志法主持），“劳动者权益保护的政治经济学分析”（胡乐明主持），“马克思主义服务思想研究”（汪世锦主持），“当代国外剩余价值理论和剥削问题研究”（韩冬筠主持），“中俄学者关于斯大林模式的评析”（杨朴伟主持），“第三批判中的先天综合判断”（王晓红主持)，“马克思早期作品中共产主义思想研究”（朱亦一主持)，“美国金融危机下中国投资转移与产业转移研究”（余斌主持)，“西方马克思主义社会发展理论研究”（谭扬芳主持)，“土地流转新形势下土地对农业的约束研究”(崔云主持)，“当代资本主义职工持股制度的发展研究”（牛政科主持)，“从历史渊源上看社会民主主义的本质”（沈阳主持)，“论美国的对华战略对台海关系的影响”（汪海鹰主持)，“马克思主义文化范畴与中国传统文化观的比较研究”（任丽梅主持)，“城市基层民主发展研究——对湖北省、北京市的调查与分析”（刘志昌主持)，“马克思、列宁的方法论与经验主义比较研究”（唐芳芳主持)，“分享制的国际比较”（王珍主持)，“老挝人民革命党对社会主义发展阶段认识的深化”（刘玥主持)，“金融危机爆发以来法国共产党的新动态”（遇荟主持)，“马克思主义无神论与大学教育”（黄艳红主持)，“环境政治中的政府职能与民众意识教育”（梁海峰主持)，“改革开放条件下国民素质现代化研究”（于晓雷主持)，“建国初期人民法庭研究”（孟庆友主持)，“媒体政治经济学研究”（刘子旭主持)，“后危机时代浙商经济再发展的探析——政治经济学视角的观察与思考”（王艳阳主持)，“西方自由主义政治经济学货币学说的历史反思”（刘道一主持)，“科学无神论与当代文化建设”（杨俊峰主持)。

3.获奖优秀科研成果

2013 年，马克思主义研究院获中国社会科学院 2012 年度优秀对策信息组织奖；获“第八届（2013 年）中国社会科学院优秀科研成果奖”三等奖 5 项：赵智奎的专著《改革开放 30 年思想史》，冯颜利的专著《全球发展的公正性：问题与解答》，程恩富的论文《现代马克思主义政治经济学的四大理论假设》，胡乐明、刘志明、张建刚的论文《国家资本主义与“中国模式”》，侯惠勤的论文《试论马克思主义理论的“内在紧张”》。

4．创新工程的实施和科研管理新举措

从 2013 年 1 月，马克思主义研究院开始进入创新工程。该院进入创新岗的人员数为 51 人，占在编实有人员比例的 37.2%。

2013 年，马克思主义研究院创新工程共设有研究项目 12 个，分别为：“整体视野中的马克思主义基本原理研究”（首席研究员为程恩富)，“社会主义国家主流意识形态建设与我国意识形态安全研究”（首席研究员为侯惠勤)，“马克思主义中国化思想通史研究”（首席研究员为金民卿)，“社会主义核心价值体系引领社会思潮研究”（首席研究员为赵智奎)，“马克思主义历史发展与社会主义文明建设研究”（首席研究员为罗文东)，“国外马克思主义研究的若干前沿问题”（首席研究员为冯颜利)，“国外对中国特色社会主义的研究及其启示”（首席研究员为潘金娥)，“金融危机背景下资本主义的变化与马克思主义时代化”（首席研究员为吕薇洲)，“经济危机与经济周期的马克思主义研究”（首席研究员为胡乐明)，“马克思主义本土化的国际经验与启示”（首席研究员为刘淑春)，“中国特色社会主义基本理论、基本路线、基本纲领、基本经验、基本要求研究”（首席研究员为辛向阳)，“现代资本主义再认识与国家资本主义批判研究”（首席研究员为余斌）。

2013年，马克思主义研究院实施创新工程以来，根据以往科研管理的经验和容易产生的问题，提出要严格加强科研过程管理。

(1)在过去课题制的科研活动中，无论短期课题，还是中长期课题，往往都存在过程管理不够，处于“放羊状态”，到最后快结项时才临时突击的情况，导致高质量的成果少。总结这一经验教训，该院明确，对创新项目要狠抓过程管理。为防止出现科研过程松懈的情况，该院规定：

第一，不定期召开创新项目进展汇报会。由院长（首席管理）听取各创新项目进展情况的汇报，对项目中好的做法进行总结和推广，对进展慢的项目和一些不好的做法进行督促。同时，对项目的阶段性成果进行讲评，提出要求，以此作为对青年研究人员治学方法、良好学风的培训方式。

第二，创新项目按月提交活动、成果、进展简报。为贯彻“厉行节约”的精神，简报采用电子版形式，报马克思主义研究院领导和科研处。同时简报要求放到“马克思主义研究网”专设的“创新工程项目简报”板块中，接受全院和院外人员的监督。

第三，严格年度考核。该院制定了《马克思主义研究院创新项目和创新岗位考核办法》，明确了考核程序和有关规定；为便于考核，统一制作了《马克思主义研究院创新工程项目年度考核报告书》。每个项目年底须提交年度考核报告书，严格按《马克思主义研究院创新项目和创新岗位考核办法》的规定进行考核。

(2)将确保成果质量作为管理工作最重要的任务，贯穿创新项目管理的全过程。

无论对于创新工程，还是对于科研单位、科研人员来说，成果质量是生命线。因此，在创新项目管理的整个过程中，始终强调抓成果质量。

第一，要求成果的内容要有现实性、针对性、实用性，即使是基础研究项目的成果也要为服务现实提供学理支撑。那种玄而又玄、虚头巴脑、不知所云的成果不允许出现。

第二，所有成果，在原有学科领域必须要有新思想、新观点、新对策，防止简单重复、炒冷饭。科研处对项目成果验收时，要与该学科原有的成果进行对比，检查是否存在简单重复、低水平重复现象。

第三，成果文风要通俗易懂、简明扼要，防止生僻晦涩。科研人员写的文章、提交的报告，要对推动实践发展有作用、有价值，党和政府的决策部门要能看得懂，人民群众要能看得懂。不要写别人看不懂的文章。反对故弄虚玄，反对将简明问题复杂化。

第四，每年搞一次年度成果展览、展示。通过展览、展示，对项目的进度、成果的质量进行督促，同时各个项目之间进行比较，促进成果质量的提高。

第五，创新项目成果如申报中国社会科学院出版资助，不能只有专家的推荐意见，还要求由科研处请同行专家进行匿名通讯评审，学术委员会根据专家的鉴定意见决定是否推荐申报出版资助。

（三）学术交流活动

1.学术活动

（1）2013 年 2 月 28 日至 3 月 1 日，由中国社会科学院马克思主义研究学部、马克思主义研究院、国家文化安全与意识形态建设研究中心和老挝国家社会科学院、越南社会科学院哲学所共同主办的“首届社会主义国际论坛暨第七届国际思想家论坛”在北京召开。会议的主题是“全球化进程中的社会主义思想文化建设”。

（2）2013 年 8 月 16 日，由中国社会科学院马克思主义研究院与吉林大学马克思主义学院主办的“第四届马克思主义中国化论坛”在吉林省长春市召开。会议的主题是“毛泽东与马克思主义中国化”。

（3）2013 年 10 月 26 ～ 27 日，由中国社会科学院马克思主义研究院与广西师范学院、广西马克思主义理论研究和建设工程广西师范学院研究基地联合主办的“2013 年全国思想政治教育学术研讨会”在广西壮族自治区南宁市举行。会议的主题是“贯彻落实习近平总书记 8·19 重要讲话精神”。

2013 年 10 月，“2013 年全国思想政治教育学术研讨会”在广西壮族自治区南宁市举行。

（4）2013 年 11 月 2 ～ 3 日，由中国社会科学院马克思主义研究学部、马克思主义研究院和四川大学联合主办的“第六届全国马克思主义院长论坛”在四川省成都市举行。

（5）2013 年 11 月 16 ～ 17 日，由中国社会科学院学部主席团主办，马克思主义研究学部、马克思主义研究院联合承办的“中国社会科学论坛（2013 年·国际马克思主义）——社会主义与当代世界”在北京举行。会议的主题是“社会主义与当代世界”。

（6）2013 年 11 月 26 日，由中国经济规律研究会、中华外国经济学说研究会、中国社会科学院经济社会发展研究中心联合主办的“庆贺刘国光九十华诞暨完善社会主义市场经济体制研讨会”在北京举行。

（7）2013 年 12 月 22 日，由中国经济社会发展智库理事会、北京大学马克思主义学院、中国社会科学院经济社会发展研究中心和中国社会主义经济规律研究会联合主办的“中国经济社会发展智库第 7 届高层论坛”在北京举行。会议的主题是“财富与收入分配的理论与政策”。

此外，2013 年，马克思主义研究院共举办中外马克思主义报告会（马克思主义研究院学术报告会）2 场，马克思主义系列学术研讨会 47 场。

2.国际学术交流与合作

2013 年，马克思主义研究院完成对外合作交流活动 29 批次，其中出访 10 批次 24 人次，接待来访 17 批次。选派专家赴中联部做对外报告 2 次。组织国外学者报告会 7 次。此外，举办“中国社会科学论坛”1次，主办其他国际研讨会1次。

(1) 2013年2月21日，葡萄牙共产党代表团到访马克思主义研究院，双方就“当代资本主义发展状况”“社会主义理论实践及发展模式”等问题进行了交流。

(2)2013年2月28日至3月1日，中国社会科学院马克思主义研究学部、马克思主义研究院、老挝国家社会科学院、越南社会科学院哲学所共同主办的“首届社会主义国际论坛”在北京举行。

(3) 2013年3月18～28日，马克思主义研究院研究员程恩富赴俄罗斯参加“莫斯科经济论坛”并作题为“政府治理在经济发展中的作用”的报告。

(4) 2013年4月22日至5月2日，马克思主义研究院研究员邓纯东赴美国加州参加第七届“生态文明国际论坛”，并在论坛上作题为“生态文化建设是生态文明建设的基础”的报告。

(5) 2013年4月25～27日，印度农业经济学家代表团到访马克思主义研究院，与马克思主义研究院的学者交流中国、印度“三农”问题。

(6) 2013年4月28日，意大利共产党人党书记处成员、国际部主任福斯托·索里尼及其助手弗朗切斯科·马里乔到访马克思主义研究院，与马克思主义研究院学者就“国际共产主义运动面临的问题与对策”专题进行了交流。

(7) 2013年5月21～30日，马克思主义研究院研究员程恩富赴巴西弗洛里亚诺波利斯市圣卡塔琳娜联邦大学参加“不平等与世界资本主义：分析、政策和行动——世界政治经济学学会第八届论坛”，致开幕词并作主题演讲。

(8) 2013年9月22～29日，马克思主义研究院研究员邓纯东应邀出访德国左翼政党，出席了“马克思理论对左派政策的重要性”的一系列圆桌会议和研讨会。

(9) 2013年11月16～17日，中国社会科学院主办、马克思主义研究学部和马克思主义研究院联合承办的“中国社会科学论坛（2013年·国际马克思主义）——社会主义与当代世界”在北京举行。

（四）学术社团、期刊

1.社团

(1) 中国历史唯物主义学会，会长李崇富。

2013年7月13～15日，中国历史唯物主义学会在贵州省贵阳市举行全国“历史唯物主义与民族复兴之路”理论研讨会。会议的主题是“历史唯物主义与民族复兴之路”，研讨的主要问题有“对中华民族伟大复兴‘中国梦’内涵的深入解读”“中国特色社会主义的道路、理论体系和制度的系统阐发”“毛泽东开创马克思主义中国化的理论贡献和历史功绩”。与会专家学者90人。

(2) 中华外国经济学说研究会，会长程恩富。

2013年11月9日，中华外国经济学说研究会在重庆举行“中华外国经济学说研究会第21

届学术研讨会”。会议的主题是“外国经济学说与当代中国经济”。与会专家学者 150 人。

（3）中国经济规律研究会，会长程恩富。

2013 年 4 月 20 ～ 21 日，中国经济规律研究会在福建省福州市举行了“中国经济规律研究会第 23 届年会暨第 2 届全国马克思主义经济学论坛”。会议的主题是“体制改革、创新驱动与结构调整”，研讨的主要问题有“全面深化经济体制改革，实施创新驱动战略和加快产业结构转型升级”。与会专家学者 150 人。

（4）中国无神论学会，理事长朱晓明。

2013 年 8 月 18 ～ 19 日，中国无神论学会在北京举行第四届会员代表大会暨 2013 年学术年会。

会议选举产生了中国无神论学会第四届理事会，中国藏学研究中心原党组书记朱晓明研究员当选理事长。

年会的主题为“科学无神论事业继往开来的历史使命”，研讨的主要问题有“科学无神论事业与‘中国梦’的实现”“科学无神论体系及学科建设”“无神论教育与马克思主义在意识形态领域的指导地位”“无神论世界观对于维护党的先进性和纯洁性的意义”“无神论研究和宣传教育的方法及路径”“自然科学成就与科学精神和无神论思想的发展”等。与会专家学者 80 人。

2. 期刊

（1）《马克思主义研究》（月刊），主编程恩富。

2013 年，《马克思主义研究》共出版 12 期，共计 320 万字。该刊全年刊载的有代表性的文章有：李崇富的《增强坚持和完善我国基本经济制度的坚定性和自觉性》，侯惠勤的《科学的经典　真理的旗帜——读〈共产党宣言〉》，顾海良的《马克思主义发展史研究的若干问题》，黄楠森的《关于马克思主义哲学的创新问题》，梁柱的《方法论在毛泽东思想中的重要地位》，田心铭的《〈从家庭、私有制和国家的起源〉看马克思恩格斯文明思想》，高建生的《科学发展观促进当代中国马克思主义发展创新的重大启迪》，颜鹏飞的《〈资本论〉及其手稿再研究的新进展》，袁银传的《凝练社会主义核心价值观的基本依据》，何干强的《论公有制在社会主义基本经济制度中的最低限度》，骆郁廷的《思想政治教育的本质在于思想掌握群众》，汪信砚的《马克思主义哲学在中国的传播与马克思主义哲学中国化》，黄明理的《泛道德化批判论析》，张志丹的《弱化与强化：马克思资本道德批判的两个层面与当代思考》，余丽的《从互联网霸权看西方大国的战略实质和目标》，贾根良的《经济民族主义与马克思主义：比较与启示》，孙要良的《生态文明建设与唯物史观的创新空间》等。

（2）《国际思想评论》（英文季刊），主编程恩富、[美] 大卫·斯维卡特、[法] 托尼·安德烈阿尼。

2013 年，《国际思想评论》共出版 4 期，共计 36 万字。该刊全年刊载的有代表性的文章有：[英] 保罗·科克肖特、凯伦·雷诺德的《信息技术——中国与世界通向直接民主的工具》，[法] 雷米·赫雷拉的《新古典主义经济的幻觉与新自由主义政治的现实：批评政治经济学的“单一思想体系”》，[加拿大] 利奥·潘尼奇、萨姆·金丁的《中国对全球资本主义的整合》，[埃及] 萨缪尔·阿明的《当代世界的先驱：巴黎公社(1871)与太平天国(1851 ～ 1864)》,[巴西] 迭戈·卡玛林哈·洛佩兹、伊利泽·萨拉·得·艾拉乌侯的《马克思与马芮尼论绝对与相对剩余价值》，[以色列] 伊舍·兰达的《真正的要求还是真理的要求？——评阿兰·巴迪欧的尼采式共产主义》，[希腊] 斯塔夫罗斯·德·马夫罗迪阿斯的《发展与危机：希腊资本主义的动荡历程》，张新宁的《“占领华尔街”运动一周年：收获、失去与前景》，宋丽丹的《透视经济危机下全球青年抗议浪潮》，蒯正明的《美国基金会“慈善”的内幕》，郑萍的《日本 2009 至 2012 年毛泽东研究述评》，[美] 威廉·鲁卡斯的《当代印度中部的原始积累、共产主义思想和毛主义的实践》，[美] 杰里·哈里斯的《绿色资本主义能够建设成为可持续的社会吗？》，[美] 大卫·施瓦茨曼的《大转向与 21 世纪太阳能社会主义的前景》，[美] 维克托·沃利斯的《寻求人民生态环保团体的支持》，[法] 丹尼尔·弗里特的《21 世纪的中国：当前与未来》。

(3)《马克思主义文摘》(月刊)，主编程恩富。

2013 年，《马克思主义文摘》共出版 12 期，共计 180 万字。该刊全年刊载的有代表性的文章有：习近平的《意识形态工作是党的一项极端重要的工作》，刘奇葆的《加强中国特色社会主义和中国梦研究阐释》，王伟光的《为什么人的问题是哲学社会科学研究的根本问题》，李捷的《毛泽东的历史功绩和历史地位》，程恩富的《四个层面加快完善社会主义市场经济体制》，李崇富的《增强坚持和完善我国基本经济制度的坚定性和自觉性》，侯惠勤的《引导中国梦成为中国特色社会主义的精神动力》，张海鹏、李国强的《琉球问题也可再议》，陈志尚的《马克思的人权观》，卫建林的《危机后还是后危机》，杨晓青的《宪政与人民民主制度之比较研究》，卫兴华的《分清共同富裕的几个不同层次》，夏小林的《走向欧美模式的“顶层设计”误国误民》，[美] 约瑟夫·格雷戈里·马奥尼的《一个西方学者眼中的“中国梦”》，[美] 安德鲁·埃里克森等的《西方夸大了中国军费增长》，[美] 沈大伟的《中美应建立“竞争式共存关系”》，[印] 普拉卡什·卡拉特的《论民主集中制》。

(4)《科学与无神论》(双月刊)，主编杜继文。

2013 年，《科学与无神论》共出版 6 期，共计 76 万字。该刊全年刊载的有代表性的文章有：朱维群的《我们为什么要坚持无神论》，朱晓明的《开创科学无神论研究的新局面》，文丁的《让什么主宰中国命运：是鬼神信仰还是科学理性？》，田心铭的《“无神”是马克思主义一切理论的前提》，加润国的《试析有关马克思主义宗教观的几种观点》和《党对宗教的工作的成绩、问题和对策——纪念中央 19 号文件印发 30 周年》，杨明伟的《只有坚信科学唯物论，才能坚持科学无神论》，杜继文的《恭喜关于“教育与宗教相分离”调研中的新成果》，田心铭的《宗教教义宣传不得进校园——试论“实行教育与宗教相分离”的一项基本要求》，中国社会科学院科学与无神论研究中心的《应当重视当代中国大学生信教不断升温的现象》，习五一的《宗教神学应当进入大学校园吗？》，刁五一、韩琪的《坚持教育与宗教相分离的原则》，左鹏的《科学与宗教的融合与分离——与大学生谈有的科学家为什么信教》，李志英的《大学生星座观调查》，杨俊峰的《加强科学无神论学科建设，抵御校园文化传教》，贠培基的《〈老子〉的无神论思想浅见》，张英珊译的《唯物主义的历史》和《宗教的荒谬》，孙倩的《谁该成为现代文明的基石和主导》和《科学与宗教是冲突的还是调和的？》，黄超的《论美国排华运动的宗教意识形态根源》，陈永革的《从"呼喊派"到"全能神"：论当前"类基督教"的邪教蜕变现象》，陈青萍的《构建防范膜拜团体活动的社会预警模式》。

（五）会议综述

首届社会主义国际论坛暨第七届国际思想家论坛

2013年2月28日至3月1日，由中国社会科学院马克思主义研究学部、马克思主义研究院、国家文化安全与意识形态建设研究中心，老挝国家社会科学院，越南社会科学院哲学所共同主办的"首届社会主义国际论坛"在中国社会科学院召开。论坛的主题为"全球化进程中的社会主义思想文化建设"。

来自越南、老挝、朝鲜、古巴等国的科研、教学单位和中国社会科学院、上海社会科学院、吉林大学、清华大学等国内科研教学单位的60余位专家学者出席了论坛。中国社会科学院副院长李慎明出席会议并讲话。中国社会科学院马克思主义研究学部主任、马克思主义研究院院长程恩富和古巴共和国驻华大使白诗德分别在开幕式上致辞。中国社会科学院国家文化安全与意识形态建设研究中心主任侯惠勤、老挝国家社会科学院副院长坎蓬·本纳迪、越南社会科学院哲学所所长范文德、朝鲜金日成综合大学哲学学部副教授金龙镇、中国社会科学院荣誉学部委员徐世澄、吉林大学马克思主义学院院长韩喜平等近20位国内外相关领域的知名学者在会上发言。中国社会科学院马克思主义研究院党委书记、副院长邓纯东主持了开幕式，副院长樊建新致闭幕词。

论坛分五个专题进行研讨，包括：社会主义思想文化建设、社会主义文化安全、社会主义文化理论创新、弘扬民族文化特色、促进文化交流与融合。围绕上述主题，与会学者展开了深入交流和讨论。

李慎明在讲话中指出，在社会主义思想文化建设领域，社会主义国家之间有着很多共同的语言和共同感兴趣的话题。从历史上看，西方文化对非西方文化的殖民或霸权方式有四种：军事、政治、经济与文化。当前，以美国为首的新帝国主义集团继续综合使用这四种手段，尤其值得注意的是运用文化手段或"软实力"，对广大发展中国家特别是对社会主义国家推行美式"普世价值观"，进而获取全球文化和话语霸权。社会主义国家之间在文化建设领域的团结合作与互相支持显得尤为重要。他指出，社会主义国家在提升经济力和军事力这两种“硬实力”的同时，必须大力加强政治价值观、文化力、自主科技创新力等安全“软实力”的建设，使国家安全建设获得协调发展和整体跃升。

程恩富在致辞中提出，中国文化安全面临的挑战主要来自两个方面：一是西方文化价值观的霸权思想和意识形态的渗透；二是国内经济政治文化社会变革所产生的问题。以美国为首的西方国家把自己的文化价值观作为主导文化，对发展中国家进行文化覆盖，宣传资产阶级意识形态。当前，意识形态的对立表面上看是被弱化了，实质上是采用了新的隐蔽形式。前苏联和东欧演变的一个重要原因，就是西方思想文化的渗透，即所谓的“静悄悄的文化输出”，这是对社会主义国家的“软化战争”。因此，坚持民族文化的主体地位，维护民族文化自身的独特性，保障国家文化主权的完整性和自主性，是每一个民族国家的合法权利，当然也是社会主义国家的合法权利。

邓纯东在开幕式主持词中提出，社会主义的产生、兴起和发展，是人类历史的重大事件，极大地改变了人类社会的面貌，推动了人类历史的进程，为人类追求更美好的未来开辟了崭新的道路。虽然，社会主义从产生以来，就一直受到各种反动势力的抵制和谩骂，遭受了多次的曲折和失败，但由于它代表了人类社会前进的方向，体现了人类对未来美好社会的崇高追求，因而得以顽强地活跃在这个世界上，坚定地走向未来。中国共产党人在探索、实践社会主义方面已经历了九十多年复杂曲折的历程。这个历程中，我们党获得的最重要的体会就是：一定要把马克思主义的原理、科学社会主义的原则，与本国的具体情况、具体实践相结合，走适合本国历史文化传统、经济政治现状的路子。正是按照这样的认识，我们党经过几代人的努力，付出了许多的代价，找到了中国特色社会主义道路。事实上，在当今世界，社会主义从理论到实践，都有不同的内容与方式。作为马克思主义理论研究机构，我们充分意识到，在对这些不同的内容和方式予以尊重的同时，加强各有关国家研究机构间的交流，总结各国社会主义实践的经验与规律，探讨世界社会主义理论与实践面临的问题，对于科学社会主义理论的发展和世界社会主义事业的进步，都是必要和具有积极意义的。

侯惠勤教授在主旨报告中提出，促进社会主义文化建设大发展、大繁荣应包含两大价值追求：一是增进社会共识，坚定中国特色社会主义的共同理想；二是丰富精神生活，促进人的自由全面发展。当前，人们的思想观念、道德意识、价值取向越来越呈现出多样性、多层次性，因此需要通过社会主义核心价值体系来加以引导。人民至上、劳动优先、共同富裕等是社会主义核心价值观的基本构成和首要价值，自由、民主、公正、人权等只有以此为依据才能有别于资产阶级核心价值观而为社会主义价值体系所包容。他认为，社会利益的分化和多样，个人利益的确立和彰显，价值多元与是非善恶界限的模糊等，使得共同理想的培育倍加困难，意识形态也就失去了其坚实的基础。防止物质至上主义对于理想信念的解构，保持共产党人对于共产主义的坚定信仰，已经成为摆在我们面前的严峻挑战。

与会各国学者一致认为，在经济全球化、文化多元化的新时代条件下，团结社会主义国家的广大学者，加强马克思主义和社会主义理论研究和对实践经验的总结，加强学术交流，增进沟通和理解，进而相互学习和借鉴，必将对各国推进社会主义建设具有重要的现实意义。与会各国学者对此次研讨会给予了高度评价，认为这是一次具有开创意义的研讨会，首次把世界上五个社会主义国家的马克思主义者聚集在一起，共同探讨社会主义的理论与实践问题，增进了学者们对社会主义发展模式的多样性的了解，有益于增强社会主义国家之间的信任与友谊。

（潘金娥）

中国社会科学院第一届科学社会主义论坛

2013 年 11 月 1 日，由中国社会科学院马克思主义理论建设与理论研究工作领导小组和中国社会科学院马克思主义研究院主办的“中国社会科学院第一届科学社会主义论坛”在北京召开。这次论坛的主题是“科学社会主义与中国特色社会主义”。论坛主席、中国社会科学院院长王伟光作了书面讲话，中国社会科学院副院长李捷出席论坛并作了主旨报告。来自朝鲜、越南、古巴、俄罗斯、保加利亚、白俄罗斯、美国、法国、英国、意大利等 17 个国家的 30 多位国外专家学者，来自中国社会科学院、中共中央党校、中央编译局、北京大学、清华大学、中国人民大学、北京师范大学、武汉大学等单位的 40 多位国内专家学者参加了会议。论坛分别由中国社会科学院马克思主义研究院院长、党委书记邓纯东和中国社会科学院国家文化安全与意识形态建设研究中心主任侯惠勤教授主持。中国社会科学院学部委员李崇富教授作论坛总结发言。

与会学者围绕论坛主题展开讨论，并就科学社会主义的基本原则与理论发展、科学社会主义与中国特色社会主义的关系、毛泽东思想与科学社会主义的关系、无产阶级国际主义与社会主义爱国主义的关系、中国特色社会主义的理论与实践等问题进行了深入研讨。

王伟光在题为“当代中国坚持和发展科学社会主义的三大基本问题”的书面讲话中指出，关于科学社会主义的基本原则问题，理论界正在深入研究中，由于研究的角度不同，具体的概括和表述也会有差异，但基本的精神具有一致性。他列举了几个科学社会主义必须坚持的重要原则。第一，必须坚持唯物史观和剩余价值理论。第二，必须坚持“两个必然”“两个彻底决裂”“两个决不会”的辩证统一。“两个必然”让我们坚定对未来的理想信念，“两个决不会”使我们正确面对现实，“两个彻底决裂”带给我们前进的勇气。第三，必须坚持科学社会主义的阶段论。第四，必须坚持科学社会主义的阶级分析方法。

他指出，坚持科学社会主义是历史的选择、人民的选择，是中国特色社会主义的内在要求，是解决中国现实问题的必然要求，是应对当今复杂多变的国际局势的要求。

李捷在报告中指出，中国特色社会主义是对科学社会主义的遵循和发展。这种遵循和发展体现在六个方面：一是遵循和发展科学社会主义关于共产主义发展分阶段的基本观点，形成社会主义初级阶段理论，以及中国共产党在社会主义初级阶段的基本路线，为中国特色社会主义的创立和发展奠定基石，提供了总依据和根本指导；二是遵循历史唯物主义的基本观点，发展了科学社会主义需要在改革开放中不断坚持、发展和完善的观点，形成改革开放的基本国策，为中国特色社会主义的创立和发展提供了强大动力；三是遵循马克思主义经典作家在资本主义条件下提出的剩余价值学说，发展了科学社会主义要实现从以往的剥削制度占统治地位的社会向彻底消灭剥削的社会这一历史性跨越的观点，形成社会主义本质理论；四是遵循和发展科学社会主义关于建立公有制、实行按劳分配、坚持无产阶级领导、以工农联盟为基础结成最广泛的同盟军等基本观点，形成中国特色社会主义的国体、根本制度和基本制度，中国特色社会主义制度正在发展完善为完备的体系；五是遵循和发展科学社会主义和历史唯物主义关于既要建设高度发达的物质文明、又要建设高度发达的精神文明、合乎自然规律地改造和利用自然、并使人实现自由而全面发展等基本观点，形成中国特色社会主义建设“五位一体”总布局，形成充分体现发展为了人民、发展依靠人民、发展成果由人民共享的科学发展理念；六是遵循马克思主义社会再生产理论和列宁新经济政策的理论和实践，通过自身在公有制基础上的有计划的商品经济的成功实践，最终形成发展社会主义市场经济的理论并获得成功实践。中国特色社会主义理论体系也在这一实践中得到不断丰富和发展。

（任　洁）

第六届全国马克思主义院长论坛

2013 年 11 月 2 ～ 3 日，由中国社会科学院马克思主义研究学部和马克思主义研究院主办、四川大学马克思主义学院承办的“第六届全国马克思主义院长论坛”在四川大学举行。中国社会科学院马克思主义研究院院长、党委书记邓纯东致开幕词，四川省社会科学界联合会副主席唐永进、四川大学党委副书记徐兰分别致辞。中国社会科学院马克思主义研究学部主任、学部委员程恩富作主题报告。四川大学马克思主义学院院长蒋永穆主持了开幕式。中国社会科学院马克思主义研究院中国化研究部副主任金民卿在闭幕式上作总结发言。来自中国社会科学院、清华大学、北京大学、北京师范大学、吉林大学、东南大学、山东大学、电子科技大学、中国农业大学等马克思主义教学和研究机构的 120 多位专家学者出席论坛。与会学者围绕“马克思主义与当代中国”的主题，针对马克思主义与当代中国发展、马克思主义与中国特色社会主义理论体系、马克思主义与中国特色社会主义道路、马克思主义与中国特色社会主义制度、马克思主义与中国特色政治发展道路、马克思主义与社会主义文化强国建设、马克思主义与加强社会建设、马克思主义与推进生态文明建设、马克思主义与党的建设、马克思主义与世界社会主义等重要议题展开了广泛深入的研讨。

邓纯东在致辞中提出，学习研究和贯彻落实习近平同志重要讲话，巩固马克思主义的指导地位，要作好以下几点：第一，必须改变“一手软，一手硬”的工作局面。我们过去在思想政治教育工作和经济建设关系的问题上既有成功的经验，也有沉痛的教训。目前“一手软”的状况在一些党组织、一些地方和单位中仍然存在。贯彻总书记讲话精神，必须高度重视党的意识形态工作，巩固全党全国人民团结奋斗的思想基础。第二，必须弘扬党组织群众、宣传群众的优良传统。必须旗帜鲜明地坚持对全党、全社会、全体人民进行马克思主义的正面教育，这是我们党实现对人民有效引导，对党的事业有效领导非常成功的方法。第三，必须加强马克思主义的宣传教育工作。研究马克思主义的目的是要用科学的理论武装全党，武装人民，推动建设有中国特色的社会主义伟大事业。我们理论界有责任把马克思主义的科学理论、马克思主义中国化的成果、社会主义核心价值体系尽可能多地覆盖全体人群，教育和引导人民。第四，必须加强思想理论文化工作的队伍建设。马克思主义理论的宣传教育要通过我们理论工作者，包括教学研究工作者利用课堂、报刊、论坛等进行传播。因此，巩固马克思主义指导地位，必须大力加强队伍建设，促进从业人员思想政治素质的不断提高。

与会学者一致表示，在新的历史条件下，当代中国的马克思主义学者，必须坚定理想信念，坚决维护马克思主义的指导地位，不断推进马克思主义中国化的理论创新，发展中国特色社会主义理论体系，为推进中国特色社会主义伟大事业、实现中华民族伟大复兴的中国梦作出应有的贡献。这是历史赋予每一位马克思主义理论工作者的神圣职责。

（于晓雷）

中国社会科学论坛（2013年·国际马克思主义）——社会主义与当代世界

2013 年 11 月 16 ~ 17 日，由中国社会科学院学部主席团主办，中国社会科学院马克思主义研究学部、马克思主义研究院联合承办的“中国社会科学论坛（2013 年 ·国际马克思主义）——社会主义与当代世界”在北京召开。来自美国、俄罗斯、法国、加拿大、日本、古巴、土耳其等国和中国社会科学院、中联部、中国现代国际关系研究院、清华大学、北京师范大学、中央民族大学、北京语言大学、首都师范大学、上海财经大学、南开大学等高校、科研单位的近百位专家学者出席了论坛。中国社会科学院副院长李捷、中国社会科学院马克思主义研究院院长邓纯东分别致辞。中国社会科学院马克思主义研究学部主任、《国际思想评论》英文季刊主编程恩富主持开幕式。

李捷在题为“迎接时代挑战，推进马克思主义理论的不断创新发展”的致辞中，强调在经济全球化的今天，社会主义的前途和当代世界经济社会发展息息相关。全球金融危机后，世界经济发展仍处于不稳定不确定中，新自由主义的经济、政治、文化模式陷入僵局。在此背景下，共同研讨 21 世纪马克思主义的发展与社会主义的新动向，具有重大的理论和现实意义。马克思主义具有与时俱进的理论品质，其时代化、本土化、大众化，必须紧密结合本国社会主义改革开放实践和世界社会主义实践，勇立时代潮头、解答时代问题、应对时代挑战，才能不断发展创新。中国特色社会主义是对科学社会主义的遵循和发展，还在发展和完善之中，尽管还面临着诸多风险和挑战，但实践已经证明并将继续证明，它是实现中华民族伟大复兴中国梦的最佳选择和必由之路。我们正处于一个前所未有的大调整、大碰撞、大变动、大发展的时代，要充分作好应对未来的准备，就必须时刻保持马克思主义的理论清醒和理论自觉，不断推动马克思主义的理论创新、实践创新、学科创新、话语体系创新。

邓纯东在欢迎词中说，中国共产党十八届三中全会刚刚闭幕几天，这次全会审议通过并已全文公布了《中共中央关于全面深化改革若干重大问题的决定》，对新的历史起点上我国全面深化改革作出了总体性部署，是新时期中国全面深化改革的纲领性文件。这个决定对于中国特色社会主义各方面体制机制的完善，确保中国特色社会主义事业持续健康发展，作出了顶层设计和规划。在这样的历史时刻，来自世界各地的学者齐聚一堂，共同探讨马克思主义、社会主义与当代世界问题，一定会有着重要的理论价值与实践上的积极意义。

此次论坛汇集了全球各学科领域有影响力的知名学者，围绕主题“社会主义与当代世界”，共同研讨 21 世纪马克思主义的发展与社会主义的新动向。美国马萨诸塞大学安默斯特分校经济系教授大卫·科茨，美国加州州立大学奇科分校经济系教授迈克·佩罗曼，美国纽约城市大学教授、《科学与社会》主编大卫·莱伯曼，美国杜克大学文学、宗教与批判理论教授肯尼思·苏林，美国《明尼苏达评论》主编哲奈尔·华生，巴黎高等社会科学院与巴黎美国大学教授、《社会主义研究》主编伊琳·科伯恩，俄罗斯圣彼得堡国立农业大学校长、经济学教授维克多·阿列克西耶维奇·叶菲莫夫，俄罗斯圣彼得堡国立农业大学教授弗拉基米尔·米哈伊洛维奇·扎兹诺宾，日本东北大学经济与管理研究生院教授守建二，德国卢森堡基金会特聘研究员英格尔·索尔泰，日本东京大学荣誉教授、中国科学院大学人文学院教授佐佐木力，中国社会科学院马克思主义研究院研究员樊建新、胡乐明、金民卿、刘淑春、冯颜利、辛向阳、余斌等国内外相关领域的知名学者在会上作了主题发言。论坛还围绕批判思想与当代世界、对全球化资本主义的批判与抵抗、马克思主义的发展与实践三个专题进行了交流和研讨。

（周　淼）

当代中国研究所

（一）人员、机构等基本情况

1. 人员

截至 2013 年年底，当代中国研究所共有在职人员 94 人。其中，正高级职称人员 8 人，副高级职称人员 16 人，中级职称人员 16 人；高、中级职称人员占全体在职人员总数的 43%。

2. 机构

当代中国研究所设有：办公室、科研办公室、第一研究室（政治史研究室）、第二研究室（经济史研究室）、第三研究室（文化史研究室）、第四研究室（社会史研究室）、第五研究室（外交史及港澳台史研究室）、第六研究室（理论研究室）。其中办公室下辖秘书档案处、人事保卫处、财务处、行政管理处和老干部工作处等 5 个处级单位，负责管理服务中心。科研办公室下辖学术处、宣传教育处、图书资料室、信息中心和《当代中国史研究》编辑部等 5 个处级单位。

3. 科研中心

当代中国研究所所属科研中心有：陈云与当代中国研究中心、当代中国政治与行政制度史研究中心、当代中国文化建设与发展史研究中心、“一国两制”史研究中心、新中国历史经验研究中心。

（二）科研工作

1. 科研成果统计

2013 年，当代中国研究所共完成专著 10 种，343.2 万字；学术论文 130 篇，146.1 万字；研究报告 5 篇，4.1 万字；学术资料 1 种，2.2 万字；一般文章 27 篇，9.25 万字；论文集 1 种，58.4 万字；影视 2 种，540 分钟。

2. 科研课题

（1）结项课题。2013 年，当代中国研究所共有结项课题 11 项。其中，国家社会科学基金课题 2 项：“中国共产党领导下历次文字改革的历史经验研究”（王爱云主持），“中国信访制度史研究”（吴超主持）；院重点课题 4 项：“中国当代政治史论稿”（李正华主持），“20 世纪 50 年代文化建设研究”（刘国新主持），“中国当代社会史研究现状与学科体系”（李文主持），“中国当代史史料整理与研究”（宋月红主持）；院青年科研启动基金课题 4 项：“基于本体技术构建国史主题词表研究”（孙辉主持），“县乡干部群体构成研究：以河南省中县为个案”（冯军旗主持），“新中国成立初期的宗教改革研究”（魏立帅主持），“后农业税时代‘老、山、边、穷’地区乡镇政权与社会治理——以狼牙山镇为例”（常旭主持）；北京市社会科学基金课题 1 项：

“北京市城乡文化一体化现状及对策研究”（曹守亮主持）。

（2）延续在研课题。2013 年，当代中国研究所共有延续在研课题 14 项。其中，国家社会科学基金课题 6 项：“中华人民共和国史研究的理论与方法”（朱佳木主持），“新中国成立 60 年基本经验研究”（朱佳木主持），“中国产业结构演变中的大国因素（1949 ~ 2010）”（武力主持），“中国当代社会史的理论与方法研究”（李文主持），“马克思主义理论研究和建设工程·中华人民共和国史教材编写”（程中原主持），“中国社会主义道路的探索和毛泽东思想的发展”（田居俭主持）；院交办课题 2 项：“建设社会主义新农村与加强农村基层党风廉政建设”（宋月红主持），“中国特色反腐倡廉道路研究”（张星星主持）；马工程课题 1 项：“党和国家领导人论中华人民共和国史”（张星星主持）；院青年科研启动基金课题 3 项：“新中国成立以来调控五次物价波动的考察”（王蕾主持），“1966 ~ 1976 年中国社会史研究述评”（徐轶杰主持），“国史题材电视纪录片发展现状”（潘娜主持）；北京市社会科学基金课题 2 项：“当代中国国家安全的理论与实践——1949 ~ 2004 年国家安全战略分析”（刘国新主持），“新中国成立以来北京的科技发展”（张蒙主持）。

3. 获奖优秀科研成果

2013 年，当代中国研究所获“第八届（2013 年）中国社会科学院优秀科研成果奖”专著类二等奖 1 项：宋月红的专著《中央驻藏代表张经武与西藏》；论文类三等奖 1 项：李文的论文《陈云、马寅初与中国二十世纪五十年代的计划生育——兼谈毛泽东的人口观》。

4. 创新工程的实施和科研管理新举措

（1）进入创新工程的时间：2013 年 1 月 1 日。

（2）参加创新工程的人数。2013 年 1 月 1 日至 7 月 31 日：聘至创新岗位人员总数为 70 人（编制内）；2013 年 8 月 1 日 至 12 月 31 日：聘至创新岗位人员总数为 71 人（编制内）；聘用编制外人员 4 人。

（3）创新工程项目的名称及其首席研究员。首席管理为王灵桂；创新项目一“中华人民共和国史编年”（首席研究员为武力）；创新项目二“中华人民共和国政治史研究”（首席研究员为李正华）；创新项目三“中华人民共和国经济史研究”（首席研究员为郑有贵）；创新项目四“中华人民共和国文化史研究”（首席研究员为欧阳雪梅）；创新项目五“中华人民共和国社会史研究”（首席研究员为李文）；创新项目六“中华人民共和国外交史研究”（首席研究员为黄庆）；创新项目七“中华人民共和国史研究的理论与方法”（首席研究员为宋月红）；创新项目八“中华人民共和国史宣传与传播”（首席研究员为张星星）。

（4）在创新工程方面实施的新机制、新举措。

第一，结合当代中国研究所的实际，制定切实可行的《当代中国研究所研究岗位年度业绩量化考核暂行办法》。依据《中国社会科学院工作人员考核办法（试行）》，为准确、全面、综合地反映该所研究人员的工作实绩和成果质量，进一步提高科研人员的主动性和创新能力，为研究人员年度业绩考核和创新工程的动态管理提供参考依据，根据国史学科研究的特殊性和该所研究人员的具体情况，在充分调研的基础上，制订并实施了《当代中国研究所研究岗位年度业绩量化考核暂行办法》，对全所科研人员进行年终考核，配合了创新工程的顺利实施和完成。

第二，组织外语培训，加强人才培养。根据中国社会科学院副院长、当代中国研究所所长李捷的指示，该所立足于努力培养一支业务精、外语好、政治方向对头，能够在国际学术舞台上直接表达中国声音、中国立场、中国诉求的外向型国史人才队伍。该所于2013年下半年组织9位45岁以下具有博士学位的科研人员到北京外国语大学进行外语培训。此举不仅有效提升了科研人员的外语水平，而且增强了与国外同行交流的能力。

第三，制定《当代中国研究所青年学术论坛资助暂行办法》，鼓励青年学者提高学术水平和科研创新能力。根据中国社会科学院"三个定位"及当代中国研究所"三步走"发展战略对科研人员特别是青年科研人员的研究水平提出的全新要求，为促使青年科研人员拓展学术视野、提高学术水平，该所积极开拓渠道，为青年科研人员提供锻炼的平台和机会，并从制度创新上为青年科研人员提供充分施展才华的制度保证。该所制定了《当代中国研究所青年学术论坛资助暂行办法》，对规范青年学术资助并对其不断发展完善起到了积极作用。

第四，加大青年学者科研能力的培养力度，增加所内青年学者学术交流机会，2013年，该所先后举办了三次"当代中国研究所青年学术论坛"。

（三）学术交流活动

1.学术活动

2013年，当代中国研究所主办和承办的学术会议有：

(1) 2013年6月26～27日，当代中国研究所主办的"当代中国史研究述评国际研讨会"在北京举行。会议的主题是"当代中国史研究述评"。

(2) 2013年6月28日，当代中国研究所主办的"中俄关系及其国内国际因素学术研讨会"在北京举行。会议的主题是"中俄关系及其国内国际因素"。

(3) 2013年9月9日，当代中国研究所、中国社会科学院世界社会主义中心、江苏中远助学帮老基金会联合主办的"纪念毛泽东同志诞辰120周年暨《毛泽东读书十法》等四部图书出版座谈会"在北京举行。会议的主题是"纪念毛泽东同志诞辰120周年"。

(4) 当代中国研究所主办的"国史讲座"共15讲：

①2013年2月25日，当代中国研究所主办的"国史讲座"第78讲在北京举行。该讲座由《中华人民共和国史稿》副主编李力安作题为"研究编写《中华人民共和国史稿》的立场、观点、方法"的学术报告。

②2013年2月25日，当代中国研究所主办的"国史讲座"第79讲在北京举行。该讲座由《中华人民共和国史稿》副主编有林作题为"对《中华人民共和国史稿》涉及的几个问题的进一步

思考”的学术报告。

③ 2013 年 2 月 26 日，当代中国研究所主办的“国史讲座”第 80 讲在北京举行。该讲座由北京大学原副校长梁柱作题为“国史研究要处理好历史与现实之间的融通与导向作用”的学术报告。

④ 2013 年 2 月 26 日，当代中国研究所主办的“国史讲座”第 81 讲在北京举行。该讲座由中国人民大学教授周新城作题为“从苏联向资本主义演变的教训来看国史研究”的学术报告。

⑤ 2013 年 2 月 27 日，当代中国研究所主办的“国史讲座”第 82 讲在北京举行。该讲座由《中华人民共和国史稿》序卷主编、当代中国研究所研究员田居俭作题为“《中华人民共和国史稿》序卷的立意和谋篇”的学术报告。

⑥ 2013 年 2 月 27 日，当代中国研究所主办的“国史讲座”第 83 讲在北京举行。该讲座由《中华人民共和国史稿》第一卷主编、当代中国研究所研究员刘国新作题为“成功源于坚守——撰写《中华人民共和国史稿》第一卷的经验体会”的学术报告。

⑦ 2013 年 2 月 28 日，当代中国研究所主办的“国史讲座”第 84 讲在北京举行。该讲座由《中华人民共和国史稿》第二卷主编、中共中央党史研究室原副主任张启华作题为“《中华人民共和国史稿》第二卷撰写中对几个问题的思考”的学术报告。

⑧ 2013 年 2 月 28 日，当代中国研究所主办的“国史讲座”第 85 讲在北京举行。该讲座由《中华人民共和国史稿》第三卷主编、当代中国研究所研究员程中原作题为“参与《中华人民共和国史稿》第三卷编写工作的一些体会”的学术报告。

⑨ 2013 年 3 月 1 日，当代中国研究所主办的“国史讲座”第 86 讲在北京举行。该讲座由《中华人民共和国史稿》第四卷主编张星星作题为“改革开放与中国特色社会主义的初创——《中华人民共和国史稿》第四卷编纂工作体会”的学术报告。

⑩ 2013 年 3 月 15 日，当代中国研究所主办的“国史讲座”第 87 讲在北京举行。该讲座由上海社会科学院党委书记潘世伟研究员作题为“上海创新驱动，转型发展的思路与对策”的学术报告。

⑪ 2013 年 3 月 22 日，当代中国研究所主办的“国史讲座”第 88 讲在北京举行。该讲座由中国船舶工业集团公司原总经理陈小津作题为“中国船舶工业的发展历程和启示”的学术报告。

⑫ 2013 年 3 月 29 日，当代中国研究所主办的“国史讲座”第 89 讲在北京举行。该讲座由中央党史研究室原副主任沙健孙研究员作题为“马克思《给维・伊・查苏利奇的复信》(1881 年 3 月 8 日)、列宁《论我国革命——评尼・苏汉诺夫的札记》”的学术报告。

⑬ 2013 年 4 月 12 日，当代中国研究所主办的“国史讲座”第 90 讲在北京举行。该讲座由中央党史研究室原副主任沙健孙研究员作题为“马克思《不列颠在印度的统治》(1853 年)、《不列颠在印度的统治未来结果》(1853 年)、列宁《民族和殖民地问题提纲初稿》(1920 年 6 月 5 日)、《民族和殖民地问题委员会的报告》(1920 年 7 月 26 日)”的学术报告。

⑭2013 年 5 月 8 日，当代中国研究所主办的“国史讲座”第 91 讲在北京举行。该讲座由中国社会科学院副院长李扬研究员作题为“当代国际金融危机格局及演变”的学术报告。

⑮2013 年 6 月 21 日，当代中国研究所主办的“国史讲座”第 92 讲在北京举行。该讲座由美国国会图书馆亚洲部主任邵东方作题为“北美东亚图书馆关于中国文献的收藏及特藏”的学术报告。

2. 国际学术交流与合作

2013 年，当代中国研究所共派遣出访 7 批 26 人次，接待来访 7 批 59 人次。与当代中国研究所开展学术交流的国家有美国、俄罗斯、瑞典等国家。

出访：

（1）2013 年 5 月 20 ～ 28 日，中国社会科学院副院长、当代中国研究所所长李捷率领中国社会科学院代表团访问芬兰、瑞典、土耳其三国，先后访问了芬兰科学院、赫尔辛基大学、芬兰社会保障研究所、芬兰国家健康与福利研究所，瑞典皇家文史学院、斯德哥尔摩大学中文系和社会工作系、乌普萨拉大学皇家高级研究学院，伊斯兰历史文化和艺术研究中心、土耳其国际战略研究机构、土耳其政治经济与社会研究基金会和土耳其外交部战略研究中心，并应土耳其国际战略研究机构的邀请作题为“当代中国的发展与未来走向”的学术演讲，对习近平总书记提出的“中国梦”理念作了阐发。

（2）2013 年 11 月 1 ～ 10 日，当代中国研究所副所长张星星率团赴美国进行学术访问。访问期间，代表团先后与哥伦比亚大学、普林斯顿大学、乔治・华盛顿大学、哈佛大学、波士顿大学、斯坦福大学、加州大学伯克利分校及美国国会图书馆、布鲁金斯学会约翰・桑顿中国中心等有关机构和人员进行了座谈交流，参观了美国国家档案馆、美国历史博物馆、西点军校、麻省理工学院等机构，重点对美国的当代中国研究情况及相关图书、文献、档案、资料收藏和数字化情况进行了学术考察。

（3）2013 年 8 月 30 日至 9 月 7 日，当代中国研究所副所长武力率团赴澳大利亚、新西兰进行学术访问。访问期间，代表团先后对澳大利亚悉尼大学、澳大利亚国家图书馆、莫纳什大学、墨尔本大学，新西兰惠灵顿维多利亚大学、奥克兰大学等高等院校和研究机构进行了学术访问，并分别同上述机构的中国问题研究学者就当前中国当代史研究中的若干问题进行了交流和探讨。

（4）2013 年 10 月 15 ～ 25 日，当代中国研究所政治史研究室主任李正华率团赴英国进行为期 10 天的学术访问。该代表团先后访问了曼彻斯特大学、赫尔大学、牛津大学、伦敦大学亚非学院、伦敦大学国王学院、伦敦政治经济学院和剑桥大学等，同有关当代中国研究的机构和学者进行了交流；考察了英国国家档案馆、剑桥大学丘吉尔档案中心和曼彻斯特大学图书馆、伦敦政治经济学院图书馆、伦敦大学亚院等。

（5）2013 年 10 月 18 ～ 27 日，当代中国研究所理论研究室副主任王爱云等赴俄罗斯开展了该所与俄罗斯科学院远东所合作协议框架下的学术交流活动。访问期间，代表团先后访问了俄罗斯科学院远东研究所、莫斯科大学亚非学院、圣彼得堡大学等机构，考察了俄罗斯当代历史博物馆、莫斯科中俄文化交流中心等，在了解俄罗斯有关中国的档案资料及其利用、俄罗斯的当代中国问题研究以及俄罗斯的大国梦等方面取得较大收获。

来访：

（1）俄罗斯。自 2001 年起，当代中国研究所与俄罗斯科学院远东研究所就签订了双边学术交流协议，每年互派学者开展学术交流，多年来保持了非常好的合作关系。2013 年，继续接待根据协议来访的俄方学者，安排该所学者与他们进行学术交流。接待了受中国现代国际关系研究院委托的以俄罗斯战略研究所副所长康斯坦丁·科卡廖夫为团长的代表团，并就“中俄双边关系、国际热点问题及中共十八大成果”等议题进行了座谈。接待了受北京行政学院委托的俄罗斯代表团，并就“改革开放之前的俄中关系”等问题进行了座谈。

（2）其他国家。2013 年，当代中国研究所接待了以瑞典高等研究院院长比扬·威特洛克为团长的访华代表团；接待了美国驻华使馆政治处官员龙世民来该所访问，并就“中国梦理论、中国特色社会主义道路”等问题进行了座谈。

3. 与中国香港、澳门特别行政区和中国台湾开展的学术交流

2013 年 5 月 26 日至 6 月 2 日，当代中国研究所办公室主任郭华率团赴台湾考察，对台湾岛内关于中国当代史研究的档案资料情况有了进一步的了解。

（四）学术社团、期刊

1. 社团

中华人民共和国国史学会，会长陈奎元，常务副会长朱佳木。

（1）2013 年 1 月 31 日，中华人民共和国国史学会常务副会长朱佳木主持召开了中华人民共和国国史学会第四届理事会第五次常务理事会议。会议听取并同意该学会办公室关于 2012 年工作情况的汇报和关于 2013 年工作安排的设想。

（2）2013 年 6 月 23 ～ 24 日，中华人民共和国国史学会与当代中国研究所、中国延安干部学院、陈云纪念馆等单位在陕西省延安市联合举办“第七届陈云与当代中国学术研讨会”。会议的主题是“陈云的党建思想与全面提高党的建设科学化水平”。90 多位专家学者参加了会议。

（3）2013 年 7 月 18 ～ 23 日，中华人民共和国国史学会与中国地方志指导小组办公室在北京联合主办“第四期中华人民共和国史高级研修班”。来自全国 20 个省、区、市和新疆生产建设兵团，以及部分高校和国家有关单位的史志学术骨干 80 余人参加了研修班。

（4）2013 年 9 月 24 ～ 25 日，中华人民共和国国史学会与当代中国研究所联合举办“第十三届国史学术年会”。会议的主题是“中国特色社会主义与毛泽东的奠基和探索”。来自全国各地的 90 多位专家学者参加了会议。

（5）2013 年 10 月 22 日，中华人民共和国国史学会与当代中国研究所、中国社会科学院马克思主义研究学部在北京联合举办“纪念毛泽东同志诞辰 120 周年学术座谈会”。

2.学术期刊

《当代中国史研究》（双月刊），主编张星星。

2013 年，《当代中国史研究》共出版 6 期，共计 150 多万字。该刊增设“国家社科基金研究成果”“国情调研”等新栏目，刊载《学习贯彻中共十八大精神笔谈》《〈中华人民共和国史稿〉笔谈》《纪念毛泽东诞辰 120 周年》等专题文章。该刊全年刊载的有代表性的文章有：李捷的《党的十八大与中国未来发展方向》，朱佳木的《中国特色社会主义是科学社会主义理论逻辑和中国社会发展历史逻辑的统一》，张启华的《正确看待改革开放前后历史的辩证关系》，李正华的《对毛泽东探索新中国农村发展道路的认识》，张勉励的《毛泽东在 1949 年三大外交决策中的形势判断——以中美苏三方文献档案对比研究为视角》，高正礼的《邓小平“争论”与“不争论”思想研究》，李文的《新时期以来农户的兼业化发展及其原因分析》，黄俊凌的《20 世纪 50 年代台湾当局维护南沙群岛主权的斗争》，郭渊的《20 世纪 90 年代南海地缘形势与中国对南海主权的维护》，孟涛的《关于朝鲜战争中美军实施细菌战的再考察》，张彦伟的《美国“大规模报复”战略与中苏关系交恶》，戴茂林的《“毛泽东让高岗查刘少奇档案”一说辨析》，黄瑶的《谈邱会作回忆录中关于罗瑞卿的一些说法》等。

（五）会议综述

第七届陈云与当代中国学术研讨会

2013 年 6 月 23 ～ 24 日，由当代中国研究所和中国延安干部学院、陈云纪念馆、中华人民共和国国史学会等单位联合举办的主题为“陈云的党建思想与全面提高党的建设科学化水平”的“第七届陈云与当代中国学术研讨会”在陕西省延安市举行。全国政协副主席陈元，中国社会科学院副院长、当代中国研究所所长、国史学会副会长李捷，中国社会科学院原副院长、当代中国研究所原所长、国史学会常务副会长朱佳木，中纪委驻中国社会科学院纪检组原组长王庭大，陕西省政协副主席祝作利等出席开幕式并讲话。国家安全部原部长、国史学会顾问许永跃，陕西省委常委、延安市委书记姚引良，中共上海市委宣传部副部长朱英磊，陈云纪念馆馆长徐建平以及陈云的子女、亲属和来自全国各地的 90 多位专家学者出席了会议。开幕式由中国延安干部学院常务副院长陈燕楠主持。

与会学者指出，陈云在延安工作战斗了 8 年，其中 7 年担任中共中央组织部部长，十一届三中全会后他还长期担任中纪委第一书记。他在 70 多年的革命生涯中，对党的建设提出过全面、系统、深刻和具有深远意义的思想，这些思想是毛泽东思想和建设中国特色社会主义理论的重要组成部分。

与会学者表示，“第七届陈云与当代中国学术研讨会”选择在革命圣地延安举办，并以“陈云的党建思想与全面提高党的建设科学化水平”为主题，现实意义和象征意义都十分鲜明。这不仅因为延安时代是党的建设伟大工程的开端，而且因为党的十八大精神在很大程度上正是对延安精神的继承、发扬和光大；不仅因为陈云曾在延安时期担任了七年中央组织部部长，而且因为陈云的执政党党建思想正是在延安时代孕育和形成的。把陈云自延安时期到新中国成立再到改革开放时期的论述贯通起来，就会看到陈云所说的执政党党风，并不仅仅指党的作风，同时也指党的思想、党的纪律；所说的要抓紧执政党党风问题，也主要不是指办案，更多的是指对党员特别是党的各级领导干部在思想上、纪律上、作风上的从严要求。

闭幕式上，朱佳木致闭幕词，当代中国研究所副所长、国史学会秘书长张星星作学术总结，同时举行了当代所向中国延安干部学院赠书仪式。

（国　实）

纪念毛泽东同志诞辰120周年暨《毛泽东读书十法》等四部图书出版座谈会

2013 年 9 月 9 日，“纪念毛泽东同志诞辰 120 周年暨《毛泽东读书十法》《毛泽东是怎样读二十四史的》《忧患百姓忧患党》《中华人民共和国史稿》出版座谈会”在人民大会堂举行。座谈会由中国社会科学院当代中国研究所、中国社会科学院世界社会主义研究中心和江苏中远助学帮老基金会等单位联合举办。王稼祥夫人朱仲丽，中央组织部原部长张全景，中国社会科学院原副院长李慎明，求是杂志社原总编辑有林，中共中央办公厅老干部局原局长、《毛泽东读书十法》的作者徐中远同志等出席座谈会并讲话。中国社会科学院副院长、当代中国研究所所长李捷在会上致辞。当代中国研究所副所长张星星主持会议。

与会学者指出，毛泽东是伟大的马克思主义者，是伟大的无产阶级革命家、战略家和理论家，他为我们党和中国人民解放军的创立和发展，为中国各族人民解放事业的胜利，为中华人民共和国的缔造和我国社会主义事业的发展，建立了永远不可磨灭的功勋。他为世界被压迫民族的解放和人类进步事业作出了重大贡献。他是影响深远的中华民族空前的民族英雄。毛泽东对新中国的伟大贡献，特别是对社会主义现代化和中国特色社会主义作出了历史性贡献。

与会学者强调，毛泽东还为科学社会主义在中国的运用和发展作出了重大贡献。突破社会主义无矛盾、无冲突的思想框框，形成社会主义基本矛盾和人民内部矛盾的学说；突破社会主义建设必须以重轻农为序的思想框框，形成具有中国特点的以农轻重为序、充分发挥两个积极性、两条腿走路的社会主义现代化理论；突破社会主义阵营必须以苏联为中心的思想框框，形成独立自主地搞建设、独立自主地搞国防、独立自主地搞尖端技术、独立自主地搞外交、独立自主地进行道路探索的思想。

中国人民解放军总后勤部政委刘源，中共中央党校原常务副校长、全国党建研究会会长虞云耀，中央文献研究室原主任滕文生，湖南省委原书记王茂林，湖北省委原书记贾志杰，中央办公厅原副主任毛林坤，以及毛泽东身边工作人员和来自学术界、理论界的100多位专家学者出席会议。

（国　实）

中国特色社会主义与毛泽东的奠基和探索——第十三届国史学术年会

2013年9月24～25日，在深入贯彻党的十八大精神特别是习近平总书记一系列重要论述之际，在隆重纪念毛泽东同志诞辰120周年之时，当代中国研究所与中华人民共和国国史学会联合举办“中国特色社会主义与毛泽东的奠基和探索——第十三届国史学术年会”。此次年会恰逢其时，具有特别重要的意义。全国政协原副主席、中国社会科学院原院长、中华人民共和国国史学会会长陈奎元，中国社会科学院原副院长兼当代中国研究所原所长、国史学会常务副会长朱佳木出席开幕式。

中国社会科学院副院长、当代中国研究所所长、国史学会副会长李捷致开幕词。中共中央组织部原部长、国史学会顾问张全景，中共中央文献研究室原主任逄先知出席开幕式并讲话。

与会学者指出，党的十八大精神，就是坚持和发展中国特色社会主义。中国特色社会主义，是科学社会主义理论逻辑与中国社会发展进步历史逻辑的高度统一。它是从中国近代以来为民族独立、人民解放不断奋斗不断求索中萌发的，是以新中国的创立和巩固、社会主义革命的成功与社会主义根本制度的确立、适合中国国情的社会主义建设道路的艰辛探索为起点、为根基的。而这一切的基本前提，都是由中国共产党在毛泽东领导下带领全国各族人民经过流血牺牲、艰苦奋斗得来的。忘记了这些历史，就意味着背叛。我们要充分发挥好党史、国史对于坚持和发展中国特色社会主义、把党和国家各项事业继续推向前进的教科书、必修课的作用，使广大干部群众世代不忘、永远铭记毛泽东的历史地位和伟大贡献。这正是我们举办这次国史年会的重大意义。

2013年9月，“中国特色社会主义与毛泽东的奠基和探索”——“第十三届国史学术年会”在北京召开。

当代中国研究所副所长、国史学会秘书长张星星主持开幕式并作会议学术总结。出席学术研讨会的还有，中共中央文献研究室原主任滕文生，中共中央党校原常务副校长虞云耀，中共中央党史研究室原副主任沙健孙，中共中央党史研究室原副主任、国史学会副会长张启华，北京大学原副校长梁柱，当代中国研究所副所长武力、王灵桂，以及来自全国各地的 90 多位专家学者。

（国　实）

附：

当代中国出版社

2013 年，当代中国出版社继续推进以部门项目制为主体的配套改革，编辑队伍进一步扩大，品牌建设持续增强，出书品种有所增加，“双效益”进一步提高。

2013 年，该社将《中华人民共和国史稿》宣传、推广工作作为重点。1 月，该社与人民出版社共同组织的《中华人民共和国史稿》主编讲谈会在北京国际展览中心举行，该书主要负责人李力安、有林、李捷、张星星及统稿组主要成员梁柱、周新成等向媒体和读者介绍了该书的内容和写作情况。《中华人民共和国史稿》出版后，中共中央文献研究室主任冷溶、中共中央党史研究室主任欧阳淞、中国社会科学院院长王伟光、中国社会科学院副院长李捷、原中顾委秘书长李力安等纷纷撰文推荐。该社在人民出版社举行的“十八届三中全会文件及学习材料发行工作会”上重点介绍该书。经有关专家推荐评议，中央国家机关工委与国家新闻出版广电总局共同确定《中华人民共和国史稿》入选中央国家机关“强素质 作表率”读书活动 2013 年下半年推荐书目。

一批国史题材的图书在社会上产生影响，其中《中华人民共和国史稿》《中国道路的奠基与开创》获得 2013 年度国家出版基金项目资助；《大国之道》被中宣部和国家新闻出版广电总局评为“第五届优秀通俗理论读物”；《中国道路的奠基与开创》被列入中宣部和国家新闻出版广电总局“学习宣传贯彻党的十八大精神”主题出版；《黄克诚传》入选国家新闻出版广电总局组织的第四届“三个一百”原创图书出版工程；《我的人生哲学》等三种图书入选全国图书馆推荐书目；《新中国行政体制的初创》入选首都出版发行联盟“三个一百”原创图书。

该社还出版了《当代中国的历史发展与党在社会主义初级阶段的基本路线》《三线风云：中国三线建设文选》《旌勇里国史讲座（第三辑）》《当代贵州城市发展》《当代中国城市发展丛书·泰州》等。国史类普及读物《陈赓大将与哈军工》《庭院深深钓鱼台：我给江青当秘书》《开国大事件》《指点江山：毛泽东诗词故事》《向周恩来学沟通艺术》《一封终于发出的信：我和我的父亲陶铸母亲曾志》等。时政类图书《互利：政治的智慧》、《中国梦：未来国家战略与中国崛起》等。2013 年该社出版图书 195 种（含重印书 43 种），完成造货码洋 5795 万元。

2013 年，当代中国出版社在做好一般图书出版的同时，还作了以下几方面的工作：一是积极全方位拓展电子书销售，现已经同北大方正、当当网、卓越网、京东网开展电子书销售业务。二是主动加强与中国社会科学院、当代中国研究所的联系，使出版社的工作进一步配合和服务于院、所的科研工作，尤其是积极配合和参与当代中国研究所“三步走”发展战略，在数据库建设、口述史整理出版和国史资料的收集等方面“想实招，干实事”。三是注重自身建设，编辑部由 3 个扩大为 5 个，充实了宣传部门人员，社员工培训、学习已经形成制度化，支部换届工作如期完成，出版社被西城区社保局、区总工会、区工商联评为“和谐劳动关系单位”；被北京市国税局、地税局确定为“纳税信用 A 级企业”。

在当代中国研究所领导的支持、帮助下，在全社职工的共同努力下，当代中国出版社 2013 年的社会影响进一步扩大。

信息情报研究院

（一）人员、机构等基本情况

1. 人员

截至 2013 年年底，信息情报研究院共有在职人员 34 人。其中，正高级职称人员 9 人，副高级职称人员 9 人，中级职称人员 12 人；高、中级职称人员占全体在职人员总数的 88%。

2. 机构

信息情报研究院设有：国内编研部、国际编研部、综合研究部、期刊编辑部、综合事务部。

3. 科研中心

信息情报研究院院属科研中心有：国际中国学研究中心；所属科研中心有：当代理论思潮研究中心。

（二）科研工作

1. 科研成果统计

2013 年，信息情报研究院共完成专著 2 种，60 万字；论文集 4 种，140 万字；译文集 1 种，30 万字；论文 30 篇，25 万字；研究报告 8 篇，5 万字；译文 14 篇，20 万字。

2. 科研课题

结项课题。2013 年，信息情报研究院共有结项课题 3 项。其中，国家社会科学基金课题 1 项：“新科技革命和全球化条件下西方工人阶级的变化与社会主义运动”（姜辉主持）；院“马工程”建设课题 1 项：“马克思主义经典作家论资本主义危机”（姜辉主持）；院重点课题 1 项：“社会科学知识转移研究——影响因素与实现机制”（梁俊兰主持）。

3. 获奖优秀科研成果

2013 年，信息情报研究院获“第八届（2013 年）中国社会科学院优秀科研成果奖”专著类三等奖 1 项：刘霓等的专著《国外中国女性研究——文献与数据分析》；译著类三等奖 2 项：姜辉等的译著《欧洲社会主义百年史》，张树华等的译著《普京文集（2002 ~ 2008）》。

4. 创新工程的实施和科研管理新举措

2013 年，信息情报研究院参加创新工程的人数为 28 人，首席管理 2 名（姜辉、张树华），首席研究员 2 名（肖俊明、梁俊兰），总编辑 3 名（曲永义、黄永光、张静），业务主管 1 名（赵岚）。2013 年，信息情报研究院创新工程的总目标是：按照中国社会科学院党组提出的职责和任务，努力把信息情报研究院建设成为全院向党中央和国务院报送决策参考信息的重要平台，国内国际重要思想理论与战略决策的信息库，全院各领域重要科研成果应用于实践与决策的主渠道。2013 年，信息情报研究院努力加强信息报送工作，不断深化情报分析与研究，着力建设四个平台：应用对策研究与信息报送平台，重要思想理论研究与信息报送平台，国外中国学研究与信息报送平台，网络信息的收集、分析与报送平台。

（三）学术交流活动

2013 年，信息情报研究院主办的学术会议有：

（1）2013 年 3 月 26 日，信息情报研究院《国外社会科学》编辑部与南开大学外国语学院共同主办的“关注国外学术前沿，推进‘名刊名栏’建设”研讨会在天津市举行。

（2）2013 年 5 月 19 日，信息情报研究院和山东社会科学院联合主办的“民主的历史与现实的政治”学术研讨会在山东省济南市举行。会议研讨的主要问题有“国际民主议程转向与中国学界的责任”“民主的历史、优劣及样式”“对‘自由民主’的批判、反思与重构”“突破西方民主话语霸权与中国政治发展道路”“国际视野中观察中国政治面临的问题与对策”等。

（3）2013 年 6 月 16 ~ 18 日，信息情报研究院与安徽省社会科学院联合主办、《国外社会科学》编辑部与《江淮论坛》杂志社共同承办的“学术期刊发展与理论创新论坛”在安徽省合肥市举行。会议研讨的主要问题有“当前国内人文社会科学学术期刊发展现状以及在推进理论创新中的作用”“新形势下学术期刊的发展规律”等。

（4）2013 年 7 月 11 日，信息情报研究院《社科网讯》编辑部赴天津市社会科学院舆情研究所调研。天津市社会科学院副院长钟会兵、舆情研究所所长王来华及信息情报研究院《社科网讯》全体同志进行工作交流。会议研讨的主要问题有“网络信息对决策的影响”“当前网络舆情传播的态势”“网络谣言的引导与控制”“舆情研究的理论发展”等。

（5）2013 年 8 月 16 日，信息情报研究院主办的“网络舆情研究与政府决策服务”专题研讨会在北京市举行。会议研讨的主要问题有“网络舆情与政府决策”“网络舆情与民意表达”“信息资源利用与网络舆情调查”。

（6）2013 年 11 月 7 ~ 8 日，中国社会科学院主办、信息情报研究院和国际中国学研究中心承办的“国际视野下的中国发展道路”国际学术研讨会在北京市召开。会议研讨的主要问题有“国际视野下的中国治理模式与政治实践”“全球治理背景下中国发展道路的机遇与挑战”“中国国家形象与文化软实力建设”“各国中国研究的历史与现状”“中国研究的知识与方法”“中西文化的相遇与相互建构”等。

2013 年，信息情报研究院以国际中国学研究中心为平台，以学科经费为支撑，努力拓展与院外学术机构和政策机构的联系，包括以“国际中国研究讲坛”形式不定期邀请外国学者来中心作报告，到访的学者来自法国、波兰、日本、韩国等。

（四）学术期刊

（1）《国外社会科学》（双月刊），主编张树华。

2013 年，《国外社会科学》共出版 6 期，共计 156 万字。该刊全年刊载的有代表性的文章有：汪行福的《社会统治与意识形态的关系——西方马克思主义的两种解释路向》，王凤才的《哲学的现实性》，孔明安的《霸权逻辑及其普遍性之争——简析后马克思主义视域中的普遍性与本质主义之争》，张淑兰的《印度社会科学的研究特征》，钟晓华的《社会空间和社会变迁——转型期城市研究的“社会—空间转向”》，刘杉的《2012 年西方当代中国研究热点回顾》，黄建洪、金太军的《当代西方行政改革——整体态势及其启示》，张树华的《世界格局的变化与民主议程的转向》，杨光斌的《超越自由民主：“治理民主”通论》，辛向阳的《民主的辩证法：马克思主义创始人的民主思想》，周少来的《如何研究东亚政治的历史演进？——分析架构和问题意识的探析》，张飞岸的《民主化理论的反思与重建》，周利敏的《非结构式减灾：西方减灾的最新趋势及实践反思》，肃草的《西方民主测量的局限性和迷惑性：概述与分析》，明辉、李霞的《美国法学院与现代法理学谱系》。

（2）《第欧根尼》（半年刊），主编肖俊明。

2013 年，《第欧根尼》共出版 2 期，共计 30 万字。该刊全年刊载的有代表性的文章有：桑亚·奥沙著、萧俊明译的《非洲思想的构成：分析性和辩护》，刘易斯·R. 戈登著、李红霞译的《文化哲学中的黑色存在》，理查德·舒斯特曼著、杜鹃译的《身体与艺术》，莱恩·博伊德·怀特等著、贺慧玲译的《艺术史与翻译》，阿莱什·埃里亚韦茨著、萧俊明译的《艺术与美学：从现代到当代》，柯蒂斯·L. 卡特著、杜鹃译的《哲学与艺术：美学的景观变化》，弗雷德·多尔迈尔著、萧俊明译的《让人类人性化：人文科学的全球意义》。

（五）会议综述

“民主的历史与现实的政治”研讨会

2013 年 5 月 19 日，中国社会科学院信息情报研究院和山东社会科学院联合主办了“民主的历史与现实的政治”学术研讨会。来自中国社会科学院、中国人民大学、山东社会科学院等单位的40多位专家学者参加了会议。会议代表围绕“国际民主议程转向与中国学界的责任”“民主的历史、优劣及样式”“对‘自由民主’的批判、反思与重构”“突破西方民主话语霸权与中国政治发展道路”“国际视野中观察中国政治面临的问题与对策”等几个方面的问题进行了探讨。

在研讨会的基础上，《国外社会科学》杂志遴选了部分优秀论文，特别策划了同主题栏目，刊发于该刊2013年第4期。其中，张树华研究员的《世界格局的变化与民主议程的转向》，杨光斌教授的《超越自由民主：“治理民主”通论》，辛向阳研究员的《民主的辩证法：马克思主义创始人的民主思想》，周少来研究员的《如何研究东亚政治的历史演进？——分析架构和问题意识的探析》，陈家喜教授的《国际干预与民主转型——基于“阿拉伯之春”的经验观察》等论文从不同的视角对民主进行了深度剖析。

（肖俊明）

“国际视野下的中国发展道路”国际学术研讨会

2013年11月7～8日，由中国社会科学院主办、中国社会科学院信息情报研究院和中国社会科学院国际中国学研究中心承办的“国际视野下的中国发展道路”国际学术研讨会在北京召开。来自中国、日本、韩国、俄罗斯、丹麦等国的各大院校和研究机构的近80位学者参加了会议。与会学者们围绕“国际视野下的中国治理模式与政治实践”“全球治理背景下中国发展道路的机遇与挑战”“中国国家形象与文化软实力建设”“各国中国研究的历史与现状”“中国研究的知识与方法”“中西文化的相遇与相互建构”等8个单元的课题展开了深入研讨。

学者们提交的近50篇学术论文，大致集中在“中国政治文明和国家治理的发展经验”“中国国家形象和软实力建设”“国际中国研究近来所取得的知识成果和展现的方法论启示”三个方面议题。

当代中国政治文明的发展经验和未来图景，是与会学者最为关注的议题。中国社会科学院政治学研究所所长房宁研究员指出，系统地总结中国民主政治发展的经验，既是对继续发展和完善中国民主政治的一种需要，同时也是对外部关注中国民主政治的一种回应。此外，多数学者认为，参照西方国家及东亚各国的民主经验，探索中国自身的民主发展之路是中国政治道路发展的必然趋向。

中国社会科学院政治学研究所研究员周少来提出，中国的体制改革，在过去三十多年的实践经验中，逐渐摸索出一种“行政政策取向型”的改革路径和治理模式。最大的优势在于它可以避免政治基本架构突变带来的剧烈动荡，降低改革的政治和社会成本，保证改革在积极稳妥的适应性政策“试错”实践中，可以反复试点和及时调整。未来，中国民主发展的基本路径是，积极发展党内民主、落实人民代表大会制度、健全社会主义协商民主制度、完善巩固基层民主。韩国首尔大学教授赵英男提出，根据东亚国家现代化建设的经验，在国家发展过程中往往呈现四个比较普遍的特点，即经济优先、柔性集权、政府领导下社会对政府的配合，与上述相配合的意识形态建设。中国的民主发展道路应该参照东亚经验走出自己的道路。深圳大学当代中国政治研究所黄卫平、张万坤认为，历史反复表明中国共产党恰恰是世界上最具有危机转化能力的政党，总是能够化生存危机为历史转机，将执政危机变改革契机。十八届三中全会标志着改革开放进入了“顶层设计”和“摸着石头过河”相结合的新阶段，或者说“渐进理性”决策发展的新阶段。俄罗斯科学院东方研究所教授涅维金提出，中国改革的伟大成就，与中国充分借鉴欧洲现代化发展的经验有关，也同中国政府自身独特的政治—社会治理方式有关。

与政治文明建设相呼应的，是国家治理体制的建设。武汉大学政治与公共管理学院副教授刘杉指出，“治理”这一概念对于中国今天的发展有着极其重要的意义，它是一个超越了社会的政治经济制度、强调社会多元利益能够得到兼容和合作、促进社会整体的良性发展的概念。中共中央党校国际战略研究所教授李云龙提出，在发展人权方面，改革开放以来，中国政府实际上一直采取了扩大社会和个人自由的政策，但是，中国政府并没有为了自由而自由，没有简单地取消一切社会控制，而是不断完善社会管理，在扩大社会的自由空间和个人自由权利的同时，保持正常的社会秩序，维护了社会稳定。政府主导人权渐进性发展是中国的独特经验。

中国应积极参与全球治理，是与会学者另一重要共识。俄罗斯科学院东方研究所教授达乌罗夫就对中国建设“新丝绸之路”的构想提出了高度评价，同时也指出实现这一构想需要关注的政治、经济方面的挑战。中国社会科学院世界经济与政治研究所副研究员冯维江则对全球治理的某些不良趋势提出担忧。他指出，1997 年以来，在全球治理方面存在一种苗头或隐患，就是全球治理的碎片化，国家和文明之间互相建立一个跟自己完全不同的他者，再对他者进行抵制，于是产生了全球化的碎片化，金融危机是导致此种碎片化的重要催生因素。但即便如此，他认为，中国还是应该积极通过参与全球治理来维持和平发展的总环境、提高自身竞争力，同时也能促进中国国家软实力的提升。

（刘　霓）

二　院职能部门及党务部门工作

办 公 厅

2013年，办公厅在中国社会科学院党组的带领下，紧密围绕创新工程任务，履职尽责，不断提高服务水平，充分发挥枢纽作用，积极开展各项工作，圆满完成任务。

（一）认真学习贯彻中央精神和院创新工程精神

深入学习党的十八大、习近平总书记系列重要讲话、十八届三中全会、中央“八项规定”、群众路线教育实践活动等中央重要文件精神，学习领会全院暑期会议、院工作会议、创新工程文件等精神，学习领会院厅2013年改革创新工作要点，不断提高政治素质、理论水平和业务能力。

坚决贯彻执行中央“八项规定”和院党组实施意见，结合办公厅实际工作，认真落实《院党组关于贯彻落实〈十八届中央政治局关于改进工作作风、密切联系群众的八项规定〉的意见》，制定《举办全院重要会议的会务工作规则》和《精简全院重大活动筹办工作的管理办法》，在2013年度院工作会议、院暑期专题会议、院“六名”工作经验交流会等重大会议和活动中，按照务实、从简、节约原则作好会务工作。端正学风，改进文风，起草文稿力求短、实、新，避免长、假、空，做到言之有物、思想深刻、观点鲜明、重点突出、表述准确。转变工作作风，开展管理干部国情调研活动，深入了解国情民意；开展“督查督办工作制度与工作方法创新调研”活动，听取各单位对加强和改进督办工作的意见和建议。积极参与群众路线教育实践活动，根据院属各单位对办公厅工作的意见和建议，积极整改，创新工作方法。

（二）不断提高重大活动、会务筹备水平，加大督办工作力度

按照《关于规范院党组会议、院务会议、院长办公会议有关会务工作的意见》和《会务组织工作责任分解表》的要求，以“准确、负责、高效、规范”的原则，作好院党组会议、院务会议、院长办公会议（“三会”）的组织筹办工作。2013年，筹办“三会”共计65次，其中，党组会25次，院务会21次，院长办公会14次，专题会议5次。撰写并印发或上报会议纪要65期。

探索会务量化、细化办法，规范会务工作流程，不断提高会务组织服务的水平。圆满完成2013年度院工作会议、院暑期专题会议、院“六名”工作经验交流会、创新工程工作会议的

筹备工作。同时还顺利完成了接待中央领导同志来院视察，料理两位原院领导丧事等工作。接待国管局调研组、辽宁省委、北京市政府领导、中央对外宣传办公室领导、中国农业科学院等的调研和来访。负责全院传达中央精神和文件会议的组织工作。承担了院领导调研活动的组织安排工作。承担院改革创新工作协调会议的集体会务工作。组织了院职能部门和部分直属单位业务知识考试活动。

初步建立了一整套督办工作机制。就《院属单位落实完成院督办事项实施细则（初稿）》和《院领导重要批示件的落实步骤和督办管理办法（初稿）》广泛听取意见建议，起草“督查督办工作制度与工作方法创新调研”报告。围绕院重要会议精神的贯彻落实、院“三会”决定事项、院年度工作要点、改革创新工作要点、创新工程组织工作要点、院领导重要批示件、院领导交办的其他任务，创新督办方式，加大督办力度。

（三）提高文稿起草水平，规范公文运转程序

按照院里的部署，积极完成各种文稿的起草任务，不断提高文稿起草的质量，做到务实求理、言之有物。2013 年的文稿主要有五类：以党组或院名义上报中央的各类报告、汇报、意见和建议，院内重要文件，以院领导名义在中央媒体上发表的文章，院领导在各种场合的重要讲话和致辞，整理院领导讲话，总计 90 余篇。

做好公文的有效运转，建立数字化处理制度。积极探索并初步形成日常办文与归档资料一体化的工作模式。从文件（包括机要文件）收发开始，到批办、传阅、办理，再到反馈，最后存档，各个环节都认真、及时、高效。在日常工作中，认真审核各单位上报的文件和以院名义向外报送的文件，对不合格、不规范的文件采取退文处理，推动各单位公文办理的规范化建设。认真作好机要交换、信函邮品收发、报刊征订分发等工作。继续改进完善全院机要通信工作，加强院机要收发室和报刊收发室的业务管理。

（四）档案管理工作创新开展，保密工作严格落实

组织实施完善全院档案统一管理工作。起草《完善全院档案统一管理实施方案》，就院档案馆布局和建设、科研档案建设、名人档案建设、声像档案建设开展院内外调研，加快推进完善全院档案统一管理工作。起草完成《中国社会科学院科学研究课题档案管理办法（试行）》《中国社会科学院声像档案管理办法（试行）》《中国社会科学院著名人物档案管理办法（试行）》，对相关档案工作的管理部门及职责，相关文件材料的形成、归档、管理和利用等进行了明确规定；提出全院档案统一管理的工作思路。组织开展了科研档案、院领导档案、办公厅声像档案整理工作。完成 2012 年度院直机关档案接收和保管工作。

严格落实各项保密工作。组织开展保密工作“调查研究年”活动，完成全院保密普查工作。通过保密普查，摸清了全院涉密工作底数，建立了全院保密工作数据库；通过对各单位保密工作情况进行检查和调研，完成全院保密普查情况调研报告、保密法制宣传教育情况调研报告及

全院开展保密工作综合调研报告，提出进一步加强和改进全院保密工作的措施。严格执行涉密文件资料管理规定，组织做好机要工作。认真学习《涉密文件信息资料保密管理规定》，规范工作程序和岗位职责要求，完善全院机要文件收发、流转、清退、归档和销毁管理机制。选编印发《港台报刊动态》300余期，建立机档处每日接收资料目录送阅制度，编印《中国社会科学院所局主要领导干部学习班学习材料汇编》《学习党的十八大精神资料选编》，为所局主要领导干部学习班、暑期会议、“8·26”会议、安全形势报告会、十八届三中全会征求意见等活动提供涉密文件资料服务和保密保障工作。

（五）联络接待、新闻宣传发挥示范作用，《院年鉴》编辑任务圆满完成

联络接待工作有序开展。结合院联络接待工作的实际情况，制定了厉行勤俭节约的创新举措，创新签署协议方式，推动了联络接待工作的发展。编辑了可对外提供的《中国社会科学院创新工程资料汇编》，结合全院推进创新工程的新形势，充实修订了《中国社会科学院简介》，并完成《中国社会科学院宣传画册》和《中国社会科学院宣传片》的编辑和制作工作。更好地发挥对地方社会科学院启动哲学社会科学创新工程的推动和示范作用。完成了大量院领导、副秘书长、厅领导及相关所局领导和专家出席地方党政机关、社会科学院重要活动的协调、联络、陪同工作。2013年，与院有关部门相互配合，共接待国家和地方党政机关、社会团体和地方社会科学院来访人员26次。

结合新闻宣传工作的需要，修订《中国社会科学院新闻宣传工作管理办法》。加强与中宣部新闻局、国新办新闻局和新闻媒体的联系合作，充分利用和发挥新闻媒体的作用，对全院重大工作部署、重要活动、重要科研成果及时予以报道。完善和加强与《中国社会科学报》、中国社会科学网、《中国经营报》《精品购物指南》等院属媒体的协调联络工作，保证院内重要活动顺利报道和信息渠道的畅通。继续办好《中国社会科学院重要活动影像资料》，积极做好全院重大活动摄影、摄像工作的协调、组织和管理，以及相关资料的收集、保存和整理工作。严格遵守政治纪律、宣传纪律，按时完成全院新闻宣传情况统计工作。

转变作风，改进《院年鉴》编辑工作。深入到供稿单位征稿，密切联系各供稿单位。调整《院年鉴》体例，使《院年鉴》既能更加客观、准确、全面、系统地反映全院以创新工程工作为中心的各项工作的发展进程，又能突出全院发展的新特点和新变化，从而更好地为全院的发展建设服务。圆满完成了《中国社会科学院年鉴》（2013年卷）的编辑出版工作和《中国社会科学院文献汇编》（2004年）、《中国社会科学院2005年文献汇编目录》《中国社会科学院2006年文献汇编目录》等院史编撰出版工作。

（六）切实稳妥完成值班、安全保卫、信访维稳等工作

圆满完成2013年节假日及日常夜间值班工作，假日值班期间，组织对院属各单位在岗值班情况进行抽检。创新各类简报的编辑方法，停印《工作日报》，精简《双周要报》，建立开放

的信息化平台，群发《中国社会科学院近期主要工作信息》，提高工作效率，节约工作成本。完成中办网络、中宣部宣传信息网、国办政府专网网络维护工作和三套保密网络在值班室终端整合工作。认真作好《所局现职领导干部离京审批备案》工作。2013 年，共编辑《双周要报》52 期，编辑《中国社会科学院近期主要工作信息》24 期，编辑刊登大屏幕信息 71 期，更换信息橱窗 46 期，撰写《中国社会科学院大事记》。

防火安全工作紧抓不懈。按照国务院办公厅《关于集中开展安全生产大检查的通知》要求，深入开展安全检查，严格落实整改措施。对照《消检、电检现场检测存在问题及隐患告知书》的内容，对有关单位进行消防检测并制定整改方案，逐条明确整改责任，商定整改时限，持续跟踪督促检查。认真落实北京市防火安全委员会关于《机关团体企业事业单位消防安全排查整治标准》的相关规定，深入开展打基础、除隐患、创平安百日专项行动。深化落实《全民消防宣传教育纲要》，增加消防宣传的深度、层次和频次，将宣传重点从培养安全意识向传授消防知识转变。

切实抓好单位内部治安及综合治理工作，积极完成各项安全保卫工作任务。继续完善院部车辆出入及停放管理，细化分区、分类、分时管理办法。明确保卫干部、保安人员和停车场管理人员的管理分工，建立快速灵活的工作机制，及时解决各种问题，提高院部车辆管理水平。结合《首都文保系统社会治安打击整治百日行动专项工作方案》的要求，扎实推进全院平安单位创建活动，加强内部安全防范措施的落实，严格执行出入验证、会客登记、节日值班、昼夜巡查等安全管理制度，严密防范不法人员混入内部实施违法犯罪活动。提前谋划、周密部署、精心组织、认真作好院工作会议、暑期专题会议、中央领导同志来院考察、希腊总理等重要外宾来院演讲访问以及重要学术会议、重大活动的安全警卫工作，圆满完成安全警卫任务。做好来宾接待、出入证件办理等日常安全管理工作。认真筹办和组织全院专兼职保卫干部业务培训并收到预期效果。加强保安队伍管理，重新制定了《保安队管理细则》，推出《优秀保安员奖励办法》，建立每周一次的保安讲评制度。

落实中央文件精神，实行院信访与维稳工作的一体化管理，建立各所局相关处室负责人参加的信访维稳工作联络员体制，完善协调会议处理信访与维稳方面突出问题和突发事件的应对机制。认真贯彻“谁主管，谁负责”的领导岗位责任制，进一步明确院信访工作分级管理职责。建立定期听取院属各单位工作意见交流机制，增强服务能力。抓紧信访内容的调研，把问题解决在初始状态。

（七）内部管理更加细化，综合服务水平继续提高

编制完成厅内各处室定岗定责工作，各项职责落实到人，建立日常工作的考核管理机制，实施工作目标管理，为行政岗位进入创新工程奠定工作基础。以党的群众路线教育实践活动为契机，建立定期听取院领导和院属各单位对办公厅工作的意见建议的交流机制，不断提高工作

质量，增强服务能力。在厅内全面推进网络电子化办公，完善办公网平台，各类文件均形成电子文档并分类管理，初步实行网上阅文，网络共享，利用办公网络、短信平台、电子邮件等方式，提高办文办事的效率。

顺利完成创新工程实施工作，认真完成人才引进工作，组织编辑全院2013版电话号码簿，积极开展厅工会、厅党总支工作，严格指纹考勤管理，及时更新办公用品及办公设备，加大力度调配好固定资产。圆满完成了全年人口和计生各项工作任务。筹办第三期全院综合科技统计培训班，组织开展全院团体无偿献血工作，超额完成献血任务。

科研局/学部工作局

2013年是全面推进创新工程试点之年，是创新工程科研管理体制机制改革各项举措全面实施之年。科研局/学部工作局在院党组的正确领导下，认真学习贯彻党的十八大，十八届二中、三中全会精神以及十八大以来中央领导同志的一系列重要讲话精神，深入贯彻落实院工作会议精神，按照院党组的统一部署，全面推进创新工程各项工作，较好地完成了各项科研管理工作任务。

（一）按照创新工程的总体部署和要求，深入推进创新工程全面试点工作

根据院实施创新工程的统一部署，扎实推进2013年创新工程全面试点工作，及时总结、协调、指导创新工程中有关科研方面的工作，解决试点中出现的有关问题。

积极配合院有关部门，组织创新工程试点单位进行2013年综合评价工作，审核全院36个研究单位2013年的科研成果。根据创新单位的准入条件，对研究单位每年关注重大理论和现实问题的研究项目和研究经费比重，以应用为主的研究单位《要报》发稿数量，院重大、重点研究课题，国情调研项目，创新工程研究项目等全部项目（课题）的结项率，《学科年度新进展综述》及《学科前沿研究报告（2010～2012)》完成情况，名刊建设经费，学术期刊试点，学会、非实体研究中心检查结果等工作进行准入资格审查。根据创新岗位准入条件，对科研人员在核心期刊发表论文等研究工作完成情况进行准入资格审查。

（二）紧密围绕贯彻落实十八大和十八届二中、三中全会精神，开展创新工程重大项目研究，探索创新工程重大项目研究新机制

围绕贯彻党的十八大精神以及十八大以来习近平同志的一系列重要讲话精神，紧密结合全院实施创新工程的目标和任务，制定《贯彻落实十八大精神重大研究项目指南》作为2013年度研究项目指南的补充，采取招标、委托等方式，组织落实8项创新工程重大研究项目。为及时在党中央、国务院高度关注的、涉及国家经济社会发展全局的重大课题方面拿出重要创新成果，由院领导牵头，在整合创新工程项目、社科基金项目和国情调研重大项目的基础上，提出“贯

彻落实十八大精神重大研究项目（院领导主抓）”四个方向共23个子项目，依托学部和研究所，调动各方积极性开展研究，更好地为中央决策服务。

为深入研究十八届三中全会提出的重大改革问题，编制贯彻落实十八届三中全会决定院直管研究选题18项，研究所研究领域补充指南共65项，作为《中国社会科学院2014年度创新工程研究项目指南》的补充，纳入创新工程工作任务，迅速组织相关研究力量开展研究。

（三）改革完善课题指南制度，加强课题指南对全院科研工作方向的导向功能

新的《研究领域指南》包括“创新工程重大研究问题（院党组交办）”“创新工程重大研究任务招标指南”和“研究所创新工程研究领域指南”三部分。改革后的《研究领域指南》突出了对党和国家关注的重大问题研究的导向功能，进一步扩大研究单位的科研自主权，为重大问题的研究指出一个研究范围，使研究单位的研究工作更有针对性、选择性和主动性。

以院发布的年度研究领域指南为标准，围绕为党和国家大局服务这一中心工作，根据全院36个研究单位的研究性质，对研究单位分类提出研究任务要求，以现实应用研究为主的研究单位（25个）、以为现实服务的基础研究为主的研究单位（8个）和基础研究单位（3个），每年关于重大现实理论和实际问题的研究项目、研究经费均要达到各自的比例要求。

（四）广泛深入调研，逐步健全完善创新工程科研管理制度

针对创新工程实施中的新情况、新问题，进一步修改完善各项科研管理规章制度。先后修订了《中国社会科学院创新工程资助学术会议管理办法》《中国社会科学院皮书类成果发布管理办法（试行）》《2013年创新工程学术期刊试点考核办法》《中国社会科学院创新工程学术期刊实施办法》《中国社会科学院创新工程项目（课题）管理体系规范调整方案》《中国社会科学院创新工程“学者资助计划”管理办法》《中国社会科学院创新工程学术出版资助管理办法》《中国社会科学院交办委托课题管理办法》等十多项管理规定；制定出台了《中国社会科学院科研成果后期资助实施办法（试行）》《中国社会科学院创新工程年鉴管理规定（试行）》《中国社会科学院皮书资助暂行规定（试行）》《中国社会科学院图书质量管理办法》《中国社会科学院学术期刊编校质量管理办法》《中国社会科学院学术道德委员会章程》《中国社会科学院学术出版资助评审委员会章程》等办法。

为深入了解研究单位在实施创新工程中遇到的问题，科研局组织专门调研组，围绕创新工程科研管理体制机制、科研规划、项目管理、经费管理、科研评价等议题，到各研究单位与所领导、科研管理人员、科研人员座谈，征求改进工作的意见建议。同时，科研局围绕社会科学院系统哲学社会科学创新体系建设这一主题，先后到上海市、浙江省、广东省、深圳市、广州市等地社会科学院，就新形势下社会科学院的目标定位、智库建设、科研评价体系建设、科研管理体制机制改革等内容，与有关部门的负责同志座谈，交流实施创新工程的经验和做法。

（五）紧密围绕服务党和国家大局，努力完成各项交办委托工作任务

为了更好地发挥思想库、智囊团的作用，努力完成党中央、国务院领导同志和院党组交办委托的科研任务，2013 年，全院完成交办委托课题立项 40 项。

围绕外交专题项目研究，组织历史、社会政法、国际等学部的专家撰写多篇有针对性的理论、对策文章，陆续在《人民日报》等相关平面、网络媒体发表，有力推动了国家的外交工作。围绕有关“维稳反恐应急研究”项目，组织中国边疆史地研究中心、民族学与人类学研究所、政治学研究所、俄罗斯东欧中亚研究所的学者撰写文章，多篇刊登在院《要报》报送中央有关部门，取得很好的效果。协助国家文物局落实第一次全国可移动文物普查工作，启动全院可移动文物普查。按照全国社科规划办《关于开展全国社科规划管理工作调研活动的通知》的要求，科研局 / 学部工作局牵头对全院的研究队伍、研究机构、重点学科、研究项目、科研成果、经费投入等基本情况进行摸底调查，并就进一步加强和改进国家社科基金管理工作提出了意见和建议。

（六）完善国家社科基金配套资助制度，做好国家社科基金项目的申报和管理工作

院鼓励各单位以创新工程研究项目为基础，申报相近的国家基金项目，承担国家基金项目不受承担创新工程项目数量的限制，并给予资助总额 20% 比例的间接成本补偿。2013 年，全院申报国家社科基金年度项目 249 项，获资助 79 项；完成两批重大招标项目的投标工作，共立重大项目 6 项，重大转重点项目 3 项；后期资助项目立项 14 项；入选成果文库 5 项；交办委托项目立项 3 项；另有三个项目经专家评估后获得滚动资助。2013 年，全院共获得国家社科基金资助总额 4106 万元（不含期刊）；国家社科基金课题结项 33 项，成果入选《社科基金成果要报》13 篇。国家社科基金重大委托项目进展良好，“少数民族语言文化调查研究”项目通过了年度专家评估，重新获得 200 万元的滚动资助。

2013 年，组织、联系院知名专家参加社科基金年度项目通讯评审 397 人次，参加会议评审 33 人；新增 34 人被聘为全国哲学社会科学学科评审组专家。

（七）研究制定国情调研工作改革方案，加强和改进国情调研项目的管理工作

完善国情调研立项制度，做好立项工作。2013 年，国情调研项目共立项 120 项，其中重大项目 6 项，基地项目 4 项，重大（推荐）项目 6 项，重点项目 64 项，研究所考察活动 29 项，按系统考察活动 11 项，交办项目 1 项。做好 2014 年度国情调研重大项目选题征集工作，并就加强和改进国情调研工作进行调研。

为加强国情调研成果管理，发挥调研成果作用，继续鼓励国情调研项目成果通过《要报》和“两会”建议、提案等方式报送中央有关部门，发挥思想库、智囊团作用。围绕文化发展、生态文明、城乡建设、金融安全四个主题，组织相关国情调研成果，推出《中国国情调研报告（第

二辑)》，组织《生态移民与发展转型——宁夏生态移民发展战略研究》等 8 种调研成果，并编入《中国社会科学院国情调研丛书》。

（八）加强基础研究的资助力度，全面组织实施学者资助计划

全面实施“学部委员资助计划”“长城学者资助计划”“基础研究学者资助计划”“青年学者资助计划”，增补长城学者，启动“基础研究学者资助计划”“青年学者资助计划”立项工作。2013 年，共有 7 位学部委员（荣誉学部委员）、4 位长城学者候选人、24 位基础研究学者候选人、9 位青年学者候选人通过资格审核，经院学者资助计划评审委员会评审，院务会议批准，最终有 7 位学部委员（荣誉学部委员）、4 位长城学者、21 位基础研究学者、8 位青年学者入选学者资助计划。

（九）精心组织第八届院优秀科研成果奖评奖工作，遴选学术精品

按计划推进第八届（2013 年）中国社会科学院优秀科研成果奖评选工作进入院评奖阶段。根据评奖成果的特点，共组织 8 个系列的院评奖委员会，对全院各单位推荐的 179 项科研成果进行了评审，经院务会议审定后，共评出获奖成果 127 项，其中，一等奖 4 项，二等奖 33 项，三等奖 89 项，特别奖 1 项。

（十）探索建立创新工程重大研究成果评审和发布机制，集中展示全院实施创新工程取得的成就

研究制订《中国社会科学院创新工程重大研究成果发布办法》《中国社会科学院创新工程重大研究成果发布评审办法》，对院属各单位推荐成果的遴选、评审、发布等环节作出明确规定，探索建立创新工程重大研究成果发布机制。为展示社会科学院创新工程的重大研究成果，根据院领导的统一部署，积极推进创新工程重大研究成果的发布工作。组织召开创新工程重大研究成果发布评审会议，从院属各单位推荐的成果中，评选出基础研究的重大理论与现实问题研究的成果 16 项，按类别分四次向社会发布。与办公厅协作，利用国务院新闻发布办公室的平台，向媒体发布社会科学院的研究成果。

（十一）整合资源，提高质量，改进服务，全面推进学术期刊“五统一”工作

根据《中国社会科学院创新工程学术期刊试点实施办法》，院学术期刊实行“统一管理、统一经费、统一印制、统一发行、统一入库”。2013 年，除社科杂志社外，所有院资助学术期刊已经全部纳入“五统一”。在经费管理方面，对于获得国家社科基金资助的 39 家期刊，实施社科基金基础上的全额资助。未获得国家社科基金资助的，按照创新工程学术期刊同类标准进行核算，由院里实施全额资助。学术期刊财务实行收支两条线，出版社统一代理学术期刊发行，发行收入按比例返还研究所。全院 80% 的学术期刊实现了统一用纸，纸张质量、印制质量总

体上有很大提升。出版社与各排版厂、印厂、邮局等对接，实现了统一管理、统一寄送、统一结算，为各编辑部节省了大量人力物力。在宣传推广方面，努力打造中国社会科学院学术期刊方阵的整体形象，院属 70 种学术期刊在国家哲学社会科学学术期刊数据库上线展示。

（十二）完善创新工程学术出版资助管理机制，加强图书出版质量监督检查

为加强对创新工程学术出版资助项目的评审和管理，成立院学术出版资助评审委员会，审核资助项目的学术质量和学术规范，提出资助意见和建议。院学术出版资助评审委员会实行末位淘汰制审核，按得票数淘汰不低于20%的项目。2013 年受理一般资助项目 249 项，资助 178 项；受理大型学术出版资助项目 32 项，资助 15 项，延续资助项目 12 项。2013 年，学术出版资助经费共计 5892 万余元。

出台《中国社会科学院皮书资助暂行规定（试行）》和《中国社会科学院皮书类成果发布管理办法（试行）》，对皮书项目的准入立项、结项验收按照创新工程项目要求管理，建立更加严格的皮书出版责任机制。启动年鉴工程，出台《中国社会科学院创新工程年鉴管理规定（试行）》，对年鉴实行“五统一”管理，加大对年鉴资助力度，首批资助 10 种年鉴，资助经费 267.263 万元。

组织 2013 年图书质量评审，抽查院属出版社出版的图书 30 种，合格率达 90%。审核下发各出版社书号近 4000 个，调阅三审档案 3000 多种，审核出存在问题的图书 100 多部，有效地把好图书出版关。组织院属出版社积极申报“第三届中国政府出版奖”，共有 4 种图书获图书奖，3 种图书获提名奖；1 种期刊获期刊奖，2 种期刊获提名奖；社会科学文献出版社获先进出版单位称号。

（十三）以项目研究、学术研讨、人才培养为依托，与院外单位和部门开展院际科研合作

与办公厅等部门配合，先后与贵州省、甘肃省、西藏自治区签署了战略合作框架协议。继续组织院知名专家学者参加广州论坛、军地高端战略论坛、长白山国际生态论坛等，为地方经济社会文化建设建言献策。积极响应贵州、新疆、西藏、云南、甘肃、山东等省级社会科学院与中国社会科学院开展科研合作的要求，在地方重大问题研究、人才培养、科研资源共享等方面给予地方社会科学院力所能及的帮助和支持。其中，与西藏自治区政府合作研究的重大项目已经取得实质性进展。

（十四）规范和加强学术社团和非实体研究中心管理

围绕社团管理工作中的经验教训、如何改进年检工作等内容，召开院属社团工作座谈会，征求加强和改进社团管理工作的意见建议。组织全院社团参加民政部 2013 年度检查，组织部分社团参加全国性社团评估工作。对院属 90 个社团共拨付 2013 年度经费 118.4 万元。

进一步加强院对非实体研究中心的管理，完善非实体研究中心年度评价工作，逐一审查2012年度评价材料，采集数据形成一览表。依据《中国社会科学院非实体研究中心管理办法（暂行）》，根据院长办公会议精神确定的“总量控制、严格审批”原则，为非实体研究中心办理成立、变更、撤销等有关手续。

（十五）围绕重大理论和现实问题，积极组织和支持各研究单位开展学术研讨活动

2013年12月，“城乡发展一体化”国际研讨会在北京举行。

支持各学部、研究所和专业学会开展学术研讨，审核批复108项全院大型（50人以上规模）学术活动计划；批复创新工程资助学术会议33项。围绕相关学科的重大理论和社会热点问题组织召开学术研讨会、报告会。举办“国学研究论坛”“2013中国宗教研究五十人论坛——宗教与文化多样性学术研讨会”“第十三届史学理论研讨会”，分季度召开中国宏观经济形势分析会，“《中国经济学年鉴（2012）》发布会暨贯彻落实十八届三中全会精神讨论会”“海峡两岸生态文明建设与民族发展学术研讨会”“海峡两岸社情民意调查的现状与发展学术研讨会”“东亚经济转型国际学术研讨会”“第六届中国—东盟智库战略对话论坛暨第二届沿边地区发展高层论坛”“首届社会主义国际论坛”“纪念毛泽东同志诞辰120周年学术座谈会”“中国经济规律研究会第23届年会暨第2届全国马克思主义经济学论坛”“中外马克思主义学术报告会”“第六届全国马克思主义院长论坛”等学术活动。此外，积极支持各学部、研究所开展国内外学术交流，并推出一批有重要影响的学术成果。

（十六）充分发挥学部委员学术咨询作用，提升学部的知名度和社会影响力，积极推进学部工作

2013年中国社会科学院学部在院党组的领导下，坚持正确的政治方向和学术导向，积极参与院重大学术活动的咨询和评审工作，充分发挥学部的学术咨询和学术指导功能。根据学部领导指示和学部工作安排，2013年院党组成员和学部委员赴浙江宁波进行学术考察活动。考察期间，中国社会科学院与宁波市社会科学院举行了“中国社会科学院学部委员宁波工作站”揭牌仪式，正式成立“中国社会科学院学部委员宁波工作站”。组织学部委员到江苏、云南进

行学术休假活动。中国社会科学院与中央电视台合作，在中央电视台科教频道《大家》栏目中，宣传院学部委员和荣誉学部委员。出台《中国社会科学院关于学部活动组织管理工作的规定》，健全学部委员增选工作制度，使学部工作更加符合创新工程的要求。组织编撰《学部委员专题文集》和《中国社会科学院学部年鉴》。

（十七）加强科研局自身建设

根据创新工程全面实施的工作需要以及院科研工作的新特点，按照院党组要求，科研局对内设机构进行调整，新成立科研合作处，负责与院外单位的科研合作事宜；新成立社团与中心管理处，负责社会科学院学术社团与非实体研究中心的管理；成果出版与期刊管理处划分为成果与出版管理处和期刊与年鉴管理处；原有的6个学部工作室合并成立学部办公室兼学部主席团办公室。调整后，科研局内设机构为：综合处、科研规划处、项目管理处、成果与出版管理处、期刊与年鉴管理处、社团与中心管理处、科研合作处、学部办公室（学部主席团办公室），共8个处室。科研局名称不变，对内加挂“学部工作局”牌子；核定的领导职数、编制数、岗位总数、岗位结构不变。

根据院党组统一部署，认真组织开展党的群众路线教育实践活动，深入查找科研局“四风”方面存在的突出问题，研究制定整改方案，进一步促进科研管理工作。完成2013年度《社会科学管理与评论》和《学术动态》两刊编辑出版工作。做好科研局“科研管理信息化系统建设”。

人事教育局

2013年，人事教育局认真学习贯彻落实党的十八大和十八届三中全会精神，按照中央及中国社会科学院关于人事人才工作的指示要求，紧紧抓住进入创新工程的重大战略机遇，深度推进全院人事制度改革。在实际工作中，注重继承与创新相结合，党建与业务工作相益彰，学习与实践相促进，不断创新工作思维方法，积极主动探索人事改革新途径，进一步完善人事管理机制，健全人事人才工作制度，构建现代化、复合型“大人才”培养管理体系，取得了较好的效果。

（一）加快创新工程人事制度改革

1. 完善创新工程人事管理体系

为贯彻落实中国社会科学院中长期人才发展规划纲要和人才强院战略方案，进一步完善适应创新工程需要的人才发展规划体系，研究起草《中国社会科学院哲学社会科学创新工程人才建设体系实施意见》，推进实施系列人才计划。针对创新工程实施过程中遇到的实际情况，对《中国社会科学院人才引进办法》《中国社会科学院专家评审办法》《中国社会科学院哲学社会科学创新工程编制外人员聘用办法》《中国社会科学院哲学社会科学创新工程研究单位管理人员创新岗位聘用办法》等文件进行修订；制定了《中国社会科学院职能部门与部分直属单位创新工程实施方案（试行）》。

2. 推动机构编制和岗位设置管理

（1）稳慎推进院所属事业单位分类。根据中央国家机关所属事业单位分类工作有关部署，中国社会科学院开展了所属事业单位的分类工作。起草了《关于中国社会科学院所属事业单位分类意向的报告》及《关于我院事业单位分类工作开展情况的报告》等材料并报送中央编办，初步完成中国社会科学院所属事业单位的分类工作，为下一步事业单位改革打下了坚实基础。

（2）优化院信息化管理体制机制。根据中国社会科学院信息化体制机制改革工作部署，对院相关单位的机构职能、定位及人员编制等进行调整。一是将中国社会科学网从院网络中心分离，合并到中国社会科学杂志社；二是将调查与数据信息中心与院图书馆合并，组建中国社会科学院图书馆（调查与数据信息中心）；三是将原院网络中心职能和机构进行拆分，组建院信息化管理办公室，专门承担管理职能。

（3）健全院新闻出版传媒事业管理体制机制。为贯彻落实全国宣传思想工作会议精神，院党组研究决定健全“中国经营出版传媒集团的管理体制机制”。院委派管理委员会对经济管理出版社、中国经营报和精品购物指南实行直接管理。制定了《关于加强经济管理出版社、中国经营报社、精品购物指南报社管理的决定》和《中国经营出版传媒集团管理委员会规则》《中国经营出版传媒集团管理委员会名单》等制度性文件，加强了对院属出版传媒单位和国有资产的管理。

（4）推动编制内部合理调整。根据中国社会科学院近年学科调整及事业发展的需要，对院属单位空编、超编和编制需求情况进行梳理，从院服务中心等单位调整出部分编制有计划地划转急需编制的科研单位使用。调整方案已多次与中央编办、财政部等部门沟通，待批复后正式向院属有关单位下达批复。

（5）成立新的“中国社会科学院创新工程综合协调办公室”。为保障创新工程协调办公室功能的发挥，根据院党组会议决议，将原“人才交流培训中心”与“创新工程综合协调办公室”合并，并对调整后的“创新工程综合协调办公室”下达了《关于核定创新工程综合协调办公室机构编制及岗位等情况的通知》。

3. 完善人才引进相关政策

（1）落实公开招聘制度。认真贯彻中央有关规定，在选人用人方面全面落实公开招聘制度。一是加强了对各个环节的监督，要求所属单位严格按规定开展公开招聘工作，同时形成专题报告报送院审查。二是不定时、不定期列席部分单位招聘现场，现场监督检查院属单位公开招聘情况，同时学习了解先进经验。三是加强对从人社部渠道引进京外在职人才的考察工作监督力度，参与了2名京外干部的考察工作，进一步保障京外引进人才的质量。四是深入贯彻中央组织部等部门《关于纠正公务员考录和国有企事业单位招聘中不正之风的实施意见》，积极开展公开招聘自查工作，及时总结经验，纠正院属单位招聘工作中的不正之风。

（2）完善人才引进专家评审机制。根据院各单位引进人才的需求，一是调整了评审进度，将首次评审提前至3月，基本满足各单位引进优秀毕业生的需求。二是增加了评审次数，在上年2次的基础上，将评审次数调整至3次。三是改进了评审组别设置和专家抽取规则，提高了评审工作效率和科学化水平。四是丰富了评审材料，增加了“招聘岗位职责”“工作任务”“任职条件”“学科类别”等内容。五是研究设计了中国社会科学院人才引进公开招聘平台，进一步简化工作流程，提高工作效率。2013年组织开展人才引进院级专家评审3次，组织专家123人次，评审参评人员100名。全年计划引进人员140人（已通过评审引进97人，待评审43人）。

（3）拓展回国人员就业落户渠道。2013年通过与人社部专业技术人员管理司多次沟通，拓展了从人社部办理留学回国人员进京就业落户的新渠道。

（4）其他安置工作。2013年共办理干部配偶因夫妻两地分居户口进京手续22人；落实4名军转干部安置工作；全年共办理院内交流手续38名，调出、辞职手续20名，推荐院工作人员借调院外单位4名，参与4名局级干部的调入考察工作。

4.规范聘用制及岗位管理

（1）加强对新进人员管理和考核。为保证院聘用毕业生制度与人社部有关规定的统一，人事教育局研究出台了《关于进一步做好毕业生聘用和管理的若干意见》，严格了首个聘期的管理，强化了对首个聘期考核不合格人员的退出机制。同时修订了院新进人员服务协议书，进一步强化了聘用制及合同管理的重要作用。

（2）建立院新进人员绿卡制度。中国社会科学院原有的人员名册大多自1977年建院使用至今，纸张破损严重。2013年人事教育局重新设计制作了人员信息登记簿，建立了新进人员绿卡制度，进一步规范了院新进人员档案管理工作。

（3）开展岗位设置及退出机制调研活动。根据人社部有关要求，全面考察各单位聘用制及岗位设置管理工作开展情况，审核了院属56个单位的聘用制工作自查报告及全体人员聘用合同，抽选西亚非洲研究所、世界历史研究所等单位进行现场调研。

为解决中国社会科学院人员“能进不能出”的难题，人事教育局就事业单位人员退出机制开展国情考察活动。一方面，组织与中国科学院、上海社会科学院等单位的座谈活动，充分了解同类单位的有关情况；另一方面，前往国家养老保险改革试点省份广东省开展专题调研，与广东省人社厅、广东社会科学院、深圳市社会科学院等单位进行专题座谈，学习对方好的经验和做法，结合中国社会科学院实际，研究健全中国社会科学院人员管理和退出机制的途径。

（4）修订并编印全院岗位说明书。根据院工作会议部署，按照院聘用制改革及岗位设置管理后续工作安排，完成了《中国社会科学院岗位说明书（2012版）》的编印工作，将全院52个单位约4000名岗位说明书分类编辑成册。

（5）完成全院首次专业技术人员分级微调工作。根据院务会议审议结果，向院属单位下达《关于专业技术二级岗位人员聘用的批复》。此外，对院属有关单位岗位核定、调整及个案问题共 20 余件进行研究，提写请示报经领导批示同意后，做好相关落实工作。妥善解决了遗留多年的历史难题 4 件，涉及人员 6 人。

（二）加强领导班子和干部队伍建设

1. 完备干部选拔任用的制度建设

研究制定《关于加强院属单位领导班子建设的若干规定》，对领导干部行为准则提出具体要求；修订《中国社会科学院五六级管理岗位领导人员选拔聘任办法（试行）》，进一步改进干部竞争性选拔工作；出台《中国社会科学院管理岗位人员交流办法》，促进管理干部交流培养，鼓励管理干部多岗位锻炼；研究制定《研究室主任聘期管理办法（试行）》，加强对研究室主任的聘期管理；研究制定《挂职干部管理办法》和《关于提高挂职干部生活补贴的说明》，规范对挂职干部人员的选派、管理与考核，保障挂职人员的合法权益。

2. 选优配强领导班子和领导干部

配合中央考察组做好院领导班子人选的考察等工作，配合做好全国人大代表、政协委员换届有关工作。根据院党组部署，2013 年对部分单位所局领导干部进行了考察和调整，共调整任免 32 个单位 68 名所局级干部，其中提任正局级 12 人、副局级 16 人、免职 11 人。截至 11 月，全院审批、备案处级干部及所（局）长助理、研究室正副主任和科级以下干部共 285 人，其中选聘处级干部 79 人（正处级 41 人，副处级 38 人），免职 29 人（正处级 17 人，副处级 12 人），选聘所（局）长助理 2 人，聘任研究室主任、副主任 96 人（主任 43 人，副主任 53 人），解聘研究室主任、副主任 27 人（主任 16 人，副主任 11 人）。全院共有 11 名处级干部进行了轮岗交流（所局内部交流 9 人，所局之间交流 2 人；平级交流 9 人，提拔交流 2 人）。

3. 切实做好中管干部有关工作

2013 年，人事教育局配合中组部做好对中央管理干部各项工作的落实工作。根据中组部的文件要求，办理社会科学院中管干部个人有关事项报告表填报情况的相关事宜，并向中组部上报中国社会科学院中管干部个人事项报告表；向中组部报送中国社会科学院 3 名中管干部因私出国请示备案材料；协助中组部核查中国社会科学院 2012 年度备案审核同意中管干部因私出国（境）人员情况及中管干部在企业兼职（任职）情况；此外，办理 4 人次干部社团任职、3 名干部退休手续工作和 2 名干部的丧事。

4. 圆满完成挂职干部选派与接收任务

根据中央有关文件要求，2013 年选派了日本研究所、数量经济与技术经济研究所和院图书馆 3 位同志为第七批援藏干部；选派世界历史研究所 1 位博士为内蒙古自治区博士服务团成员；根据中央组织部要求，选派当代中国研究所 1 位干部为西部地区、老工业基地和革命老区挂职干部；选派离退休干部工作局 1 位干部作为第九批中青年干部在国家信访局挂职锻炼。按照相关规定，接收鄂尔多斯市政协副主席、市体育局副局长和甘肃省社会科学院副院长到社会科学院办公厅、网络中心、科研局等单位挂职锻炼。

（三）加大职称评审制度和专家遴选机制改革

1.改革创新专业技术职称评审工作

（1）推进“评聘合一”为主的评审管理办法。为解决全院专业技术职称评聘压力大、任务重的难题，拓宽科研专业人员发展空间，2013 年院稳步推进了以“评聘合一”为主体、资格评审为辅助的职称评聘双轨制改革，制定并印发了《中国社会科学院高级专业技术职务资格评审工作暂行办法》及《关于社会科学院 2013 年专业技术职务评审工作的实施意见》，启动了 2013 年专业技术职务评审工作和高级专业技术职务资格评审申报工作。

（2）推行新的评审时间。认真听取研究所及科研人员关于调整职称评审时间的建议，积极主动做好时间调整方案设计和政策衔接工作。自 2013 年起，将全院职称评审时间从往年的第四季度调整至第二季度，使评审时间安排更趋合理化，提高了评审质量。

（3）研究制定专业技术职务评审工作管理办法。根据人社部有关规定和社会科学院实际，梳理了社会科学院历年职称评审文件，经反复讨论修改，起草了《中国社会科学院专业技术职务评审工作管理办法（试行）》及相关规定。

（4）圆满完成 2013 年职称评审工作。在职称评聘双轨运行机制下，向院 18 个开展资格评审工作的单位下达正高资格评审名额 34 个、副高资格评审名额 49 个。2013 年，按照统一标准、统一程序，全院评审通过 164 人的专业技术职务或资格。

（5）积极开展职称评价标准研究工作。起草了《关于开展院出版编辑系列高级专业技术职务任职资格评审标准研究的请示》，启动职称评价标准研究工作。组织开展“我国哲学社会科学高层次人才队伍建设情况”项目调研。围绕专业技术人员管理研究这一主题，组织开展“‘四个一批’青年人才专项国情考察项目”调研。研究制定《关于中国社会科学院出版社专业人员职称评审的有关意见》，明确院属出版社高级专业技术职务资格评审比例、名额、起点参评标准等有关政策。

2.切实打造哲学社会科学人才高地

（1）做好各项高层次人才推荐选拔工作。根据相关部委要求，推荐秘书长高翔、人口与劳动经济研究所蔡昉等 14 人为国家特支计划首批哲学社会科学领军人才人选；推荐法学研究所莫纪宏等 8 人入选国家百千万人才工程。推荐世界经济与政治研究所张明入选国家“万人计划”首批青年拔尖人才；推荐考古研究所刘煜、经济研究所吴延兵为第十三届中国青年科技奖候选人。

（2）组织召开“2013 年中国社会科学院人才工作暨国家荣誉获得者表彰会”。会议对全院人才工作进行总体部署，同时对 2012 ~ 2013 年荣获国家重要荣誉称号的高层次专家进行表彰。

（3）编印《中国社会科学院国家荣誉获得者名录（1984 ~ 2013）》。整理、编纂、印制

《中国社会科学院国家荣誉获得者名录（1984 ~ 2013）》，共计 14.5 万字。《名录》刊录了自 1984 年至 2011 年间社会科学院 1785 位国家荣誉获得者名单，以及 2012 ~ 2013 年 56 位国家荣誉获得者简介，是对中国社会科学院人才工作及高层次人才队伍建设成效的全面总结和回顾。

3. 切实提升专家学者的辐射影响力

（1）发挥专家学术特长，提供决策咨询服务。根据有关部委要求，推荐李培林、王巍同志担任新一届国务院学位委员会组成人员；向人社部推荐武寅、李扬等 20 位专家为百千万人才工程国家级人选评审专家数据库人选；向国家新闻出版广电总局推荐法学研究所李林等 14 人作为当前意识形态领域新情况专题培训的授课专家；向北京市委组织部推荐邓纯东、樊建新为北京市思想政治工作高级专业职务任职资格评审委员会委员库成员人选；向人社部推荐莫纪宏、孙宪忠参加工程技术人员职称制度改革风险评估座谈会；向中组部推荐社会学所樊平在第二期乡镇长示范培训班作“统筹城乡发展推进城镇化建设”专题辅导。

（2）组织活动，做好专家服务工作。根据中组部要求，组织近 40 名中央联系专家参加 2013 年院士专家新春联谊会，同时，对全院 64 位中央联系专家进行新春慰问；组织推荐景天魁等 5 位专家参加中办、国办春节团拜会；联系落实中宣部部长刘奇葆看望慰问中国社会科学院专家汝信的有关事宜。

（3）培养西部地区哲学社会科学领军人才。根据中组部相关要求，中国社会科学院顺利完成 2012 ~ 2013 年“西部之光”访问学者培养工作；按其下达的任务，落实接收 6 名“西部之光”访问学者来院开展研修工作。

（四）加强薪酬报偿与核查工作

1. 完善薪酬报偿管理工作

根据院长办公会议要求，对院创新工程薪酬管理办法和报偿管理办法，以及报偿发放相关规定进行完善和修订，修订后形成《薪酬管理办法》《报偿管理办法》《报偿发放规定》三个文件，年内通过文件汇编方式下发院属各单位。

2. 规范津补贴的监督和管理

（1）津补贴清理核查工作。根据人社部、财政部相关要求，在相关职能局的积极配合下，完成全院 42 个院属单位津贴补贴清理核查测算工作，按要求及时向人社部、财政部上报社会科学院津贴补贴清理核查测算数据。

（2）院属企业工资收入监督检查工作。2013 年 1 月，按人社部、财政部、审计署和国资委四部委相关要求，对全院 6 家院属企业工资内外收入情况进行监督检查，并及时将自查报告和复查后的填报数据上报。4 月初，按人社部等四部委要求，再次对院 6 家院属企业工资内外收入情况进行复查，并按要求完成院属企业工资内外收入自查和数据填报的上报工作。

（五）加强教育培训和出国留学管理工作

1. 落实中央各类干部培训、选学及科研骨干研修

按照中组部 2013 年调训计划和有关文件精神，组织开展省部级、所局级干部培训需求调研，制定社会科学院领导干部参加中央干部调训计划。截至 11 月，共落实 2 位院领导参加中央党校省部级干部学习贯彻习近平总书记系列讲话精神培训班，2 人参加中央党校局级干部进修班，1 人参加中央党校第 13 期中青年干部培训二班，2 人参加中央国家机关分校局级干部进修班，27 人参加中国井冈山、延安干部学院"厅局级干部加强党性修养专题培训班"。参加中国延安干部学院"第 1 期骨干教师培训班"、全国组织干部学院"人事部门负责人任职培训班"、中组部"加强和改进新形势下组工干部教育培训工作研究班"以及"教学管理工作研讨班"各 1 人。

2013 年共推荐 31 人，实际 28 人参加中组部司局级干部选学；组织 18 名具有正高级职称的研究人员分 6 期参加哲学社会科学科研骨干研修班；9 人参加中组部两院院士和中央联系专家班；2 人参加新闻出版领军人才能力建设高级研修班学习；18 人参加中宣部、教育部哲学社会科学教学科研骨干研修班；2 人参加人社部第四期国际职员后备人员培训班；3 人参加中央单位军转干部行政管理培训班。

2. 积极完成院内统一培训工作

为做好 2013 年的统一培训工作，人事教育局起草了《中国社会科学院 2013 年干部统一培训计划》，计划先后经院干部教育培训工作领导小组会议和院务会议审议通过后，印发院属各单位执行。按照计划，2013 年已组织培训班 17 个，共培训 1500 余人。举办了 2013 年新入院人员培训班，来自院属 44 个单位的 130 余名新入院人员参加培训。

3. 推动社会科学院优秀人才"走出去"

（1）出台出国留学管理办法。为了进一步加强出国留学管理制度，在调查研究社会科学院及高校和相关科研院所出国管理情况的基础上，起草了《中国社会科学院公派留学管理办法（暂行）》，已经院务会审议通过，印发院属各单位执行。

（2）组织实施院优秀管理干部出国研修。为加大对管理干部的培养力度，提高管理干部的整体素质，2013 年继续选派 2 名管理干部分别在澳大利亚昆士兰科技大学、爱尔兰都柏林大学研修 3 个月。

（3）组织实施国家公派出国项目的申报工作。2013 年，全院共推荐 31 人参与面上项目、国际区域问题研究项目、中美富布赖特项目、高水平大学研究生项目、哈佛博士后项目、德国 DAAD 博士后项目等国家公派出国项目的申报。经专家评审，录取 8 人。

4. 积极参与实施人社部专业技术人才知识更新工程

经人社部评审，中国社会科学院申报的"电子商务创新与发展""现代物流经济""文博事业发展与旅游产业开发"3 个高级研修项目选题获得批准，共获得国家财政资助 60 万元。

与中国社会科学院财经战略研究院和研究生院共同讨论制定了研修实施方案，并参与举办了3个研修班，全国各地相关领域的150余名专业技术人员及副处级以上干部参加了培训。

5.认真做好在职继续教育工作

为落实管理强院战略，培养一批复合型、现代化管理人才，人事教育局和研究生院继续联合招收和培养公共管理硕士专业研究生。2013年共推荐13人参加MPA全国统一联考；根据有关精神，推荐院属3个单位的4名同志参加2013年人力资源和社会保障系统双证公共管理硕士（MPA）研究生考试，并报送有关推荐材料。

6.积极开展博士后工作培训

（1）举办“中国博士后科学基金申请专题培训会”。院博士后管委会办公室和博士后联谊会联合共同举办“中国博士后科学基金申请专题培训会”。

（2）组织参加“2012年中国博士后科学基金业务培训班”。组织工业经济研究所、哲学研究所、亚太与全球战略研究院等单位的博士后管理人员赴江西参加了“2013年中国博士后科学基金业务培训班”。

（六）加大人才工作专题调研和人才理论研究

1.加强干部人才队伍规划工作

按照院领导要求，结合社会科学院群众路线教育实践活动，研究制定《中国社会科学院关于加强院属单位领导班子建设的若干规定》及其实施方案，对所局领导选拔任用、违纪处理、贯彻民主集中制、严肃党内生活、所局务公开、请销假制度、社会兼职、经费和公车管理等问题作出了全面规定。研究制定《关于加强所局领导干部队伍建设的若干意见》，提出改革所局领导干部选拔、使用、培养和管理机制的工作设想。结合中宣部调研任务，在全院开展宣传思想文化系统领导班子和干部队伍建设以及高层次人才培养工作专题调研，选取19家有代表性的研究所、直属单位和职能部门主要负责人开展座谈交流或者进行书面调研，形成《中国社会科学院关于加强干部队伍建设和高层次人才培养情况的调研报告》和《关于加强哲学社会科学高层次人才培养工作的若干看法和建议》，报送中宣部后以调研简报全文编发，同时主要内容在《要报》刊发。开展院内人才状况调研工作，制定《中国社会科学院人才状况专题调研方案》。研究提出加强新形势下人才队伍建设的对策措施，包括全院人才总体形势评估、近年来人才引进和流失情况变化趋势分析、创新工程人事改革政策的落实情况以及院内外单位人才竞争力排行等。

2.深入开展人才理论研究

按照《人才强院战略实施方案》和2011年院长办公会议决定，积极筹备成立院人才研究中心。研究制定人才研究中心成立方案，起草人才研究中心章程，准备将中心纳入中组部全国人才研究基地建设规划。起草《人口大国—人才大国—人才强国》专题报告，分析和阐述了当前我国人才工作存在的主要问题和困难、需要处理好的若干关系以及应对新一轮人才国际竞争的举措等。组织院属单位相关专家学者，开展“具有国际竞争力的人才制度优势”研究，完成14篇研究报告。启动“中国特色社会主义人才理论”子课题研究工作，组建研究队伍，拟写研究提纲。

3.联合招收人才学博士后

为加强人才学科建设与研究队伍建设，根据中组部人才局提议，依托人口与劳动经济研究所博士后流动站，共同开展人才学博士后培养工作。

（七）加强博士后管理工作

1.完成《中国社会科学博士后文库》相关工作

2013年2月，组织召开第二批《中国社会科学博士后文库》（简称《文库》）评审会。共选出47部优秀书稿入选《文库》。

2013年9月，第八届中国博士后经济学论坛（2013）“挖掘人口红利”在浙江省杭州市召开。

2.完成博士后学术论坛

2013年全年举办了7个博士后学术论坛。分别为：第二届全国民族学与人类学博士后论坛“民族地区社会转型与可持续发展”、第一届拉美研究博士后论坛“拉美养老金改革对中国养老保险基金投资体制改革的启示”、第八届中国社会学博士后论坛（2013）“全面建成小康社会：理论与实践”、第二届中国财经科学博士后论坛、第八届中国博士后经济学论坛“挖掘人口红利”、第二届中国博士后文化发展论坛“中国梦语境下的文化发展”、首届全国马克思主义理论博士后论坛“纪念毛泽东诞辰120周年，不断推进马克思主义中国化”。

3.切实完善博士后基础性建设

（1）增设博士后科研流动站。根据人社部及全国博管会相关规定，经研究所申请，院博士后管委会批准拉丁美洲研究所增设政治学一级学科博士后科研流动站；批准西亚非洲研究所设立政治学、理论经济学两个一级学科博士后科研流动站；批准院研究生院设立应用经济学、工商管理两个一级学科博士后科研流动站。

到2013年，全院已设立了16个一级学科博士后科研流动站，覆盖全院全部一级学科博士点。具有博士后招收资格的单位37个。

（2）新设博士后科研工作站。经人社部、全国博管会审批，中国社会科学出版社、社会科学文献出版社被批准设立博士后科研工作站。

4.落实博士后进出站工作

召开院博士后管委会工作会议，确定2013年博士后招收计划。根据会议精神，院博管办向各研究所下拨了2013年博士后招收指标（计划招收人数较2012年增加11.5%），并公布了中国社会科学院2013年新增及调整博士后合作导师名单。截至10月底，全院共招收博士后进站224人，办理博士后出站148人。截至2013年，中国社会科学院共计出站博士后1363人，其中留院工作216人，目前在站986人。

5.进一步健全制度建设

根据中国社会科学院2012年改革工作要点的部署以及院创新工程目标任务要求，研究制定《中国社会科学院博士后总体建设规划（2013～2015）》和《中国社会科学院博士后研究人员考核办法》两个文件。

6.落实中国博士后科学基金申报工作

2013年，中国社会科学院共获得中国博士后科学基金资助1032万元。其中，60位博士后获得第53批中国博士后科学基金面上资助；48位博士后获得第54批面上资助。26人获“第六批中国博士后科学基金特别资助”。

7.组织开展博士后人才引荐与挂职工作

为进一步增加博士后人才的就业机会，中国社会科学院组织了8名博士后参加“2012年天津博士后人才与项目引荐会”；10余名博士后参加“中国（北京）博士后人才交流与科技项目洽谈会”。为进一步加强博士后人员的实践能力，先后组织了广西钦州、贵州毕节试验区、四川成都温江区、北京市东城区和北京市属党政机关挂职活动。

（八）完成上级交办的各项工作任务

1.完成中宣部交办的任务

完成中宣部交办的宣传思想文化系统事业单位（社科理论、文化艺术）改革中落实党管干部原则研究任务。调研形成的意见建议为中组部研究制定《事业单位领导人员管理暂行规定》稿提供了有益参考。

2.完成中组部交办的任务

报送《中国社会科学院2012年度干部监督情况报告》和中国社会科学院干部教育培训工作情况；配合中组部组织协调第四批全国干部学习培训教材编写工作；按其要求，参与编写组织工作改革创新案例和科学发展观最新案例；按照中组部人才局要求，提供世界主要国家支持本国欠发达地区人才队伍建设的研究资料；受其委托，筹备“千人计划”实施效果评估工作；并推荐3名专家参加知识分子问题座谈会，提供政策咨询服务。

3. 完成上级部门相关文件征求意见反馈工作

向中央人才工作协调小组办公室反馈《2013 年人才工作要点》（征求意见稿）和《中国社会科学院人才工作职责》稿的修改意见，报送《中国社会科学院关于贯彻落实国家人才发展规划和党管人才工作意见的有关情况报告》，向中组部人才局报送《中国社会科学院上半年落实〈中共中央党的建设工作领导小组 2013 年工作要点〉有关人才工作任务进展情况的报告》，向中宣部干部局反馈《2013 年宣传思想文化人才工作要点》（征求意见稿）的修改意见。

（九）加强人事干部自身建设

1. 深入学习贯彻落实党的十八大和十八届三中全会精神

按照院党组的要求，多次召开人事教育局党员干部大会，深入学习落实党的十八大精神。通过深入的学习思考和研究，始终牢牢把握十八大的精神，准确领会院党组的重大战略部署和人事工作的重点，进一步明确人事教育局在全面推进社会科学院创新工程过程中所担负的职责任务和使命。以改革创新精神深化院人事制度改革，完善人才培养管理体系，科学谋划各项改革创新任务，不断提高人事人才管理工作水平。

2. 深入开展党的群众路线教育实践活动

根据中央和院党组的部署要求，在院第四督导组的精心指导下，推动教育实践活动深入开展。按照边学边改、边查边改的要求，研究制定《人事教育局关于加强和改进工作作风的实施细则》，进一步细化贯彻落实八项规定、改进机关作风的具体措施。

3. 加强人事干部队伍建设

加强全院人事干部队伍能力建设，开办“才思讲坛”系列业务交流活动，围绕“关于世界人才发展的几个新动态”“创新工程机制下的岗位、人员与业绩考核”“在雪域高原谱写忠诚乐章”等主题开展交流研讨。

4. 加强人事教育局网站建设

人事教育局网站全新改版上线。研究制定《人事教育局加强网站信息报送的工作方案》，组建信息联络员队伍，开展信息报送专题培训。

国际合作局

2013 年，国际合作局认真学习贯彻党的十八大精神，深入开展党的群众路线教育实践活动，坚持服务科研、服务大局的工作方针，积极拓展对外交流渠道，提升合作水平，进一步完善外事管理体制机制，实施“走出去”战略取得新的进展。

国际合作局全年审批出访项目 1123 批，1913 人次；邀请来访项目 167 批，516 人次；横向来访 282 批，1036 人次。办理护照 412 份，签证 1102 份。派遣长期出访研修项目 43 人次。

新签、续签 18 个对外交流合作协议和备忘录。

2013 年，国际合作局主要开展了如下几方面工作：

（一）认真组织和安排社会科学院重大对外交流活动

（1）中国社会科学院重要代表团成功出访，推动对外交流合作迈上新台阶。王伟光院长率院代表团出访墨西哥，在习近平主席和墨西哥总统见证下，与墨西哥国立自治大学校长签署社会科学院与该校合作协议，搭建了中墨开展人文学术交流的重要平台；出访秘鲁时，与秘鲁全国科技委员会签署双方学术交流协议，建立了社会科学院与该国首个交流渠道。赵胜轩副院长率社会科学院代表团出访西班牙和巴西，与西班牙国家研究委员会、马德里自治大学就深化合作达成重要共识，与拉美及巴西最大智库瓦加斯基金会签署双方学术交流协议。副院长李捷、李扬，秘书长黄浩涛等分别率团出访芬兰、瑞典、土耳其，瑞士、法国、英国，匈牙利、波兰、意大利等国家，与访问国高端科研、高教组织及知名智库等启动机制性交流，达成开展研究合作重要意向。

（2）国外领导人及重要人士慕名来访，中国社会科学院国际知名度和影响力进一步提升。2013 年 9 月，约旦国王阿卜杜拉二世访问社会科学院，王伟光院长主持召开院学者与约旦国王访华代表团圆桌研讨会，双方就中约双边关系与合作、推动巴以和平进程、叙利亚局势等共同关心的问题进行了深入交流。2013 年，接待了希腊总理安东尼斯·萨马拉斯，联合国大会主席，联合国秘书长潘基文，世界合作基金会主席普罗迪，世界经济论坛主席施瓦布，欧盟就业与社会事务委员拉兹罗·安德，芬兰议会议长埃罗·海内卢奥马，古巴科技环境部部长埃尔瓦·罗莎·佩雷斯等来院访问和交流。

（3）接待中国社会科学院国外重要合作伙伴机构代表团来访，进一步夯实合作基础。一年来，越南社会科学院、蒙古国科学院、塔吉克斯坦科学院、印度社科研究理事会、英国人文科学研究理事会、英国经济社会研究理事会、英国爱丁堡皇家学会、德国科学基金会、德国莱布尼茨科学联合会、法国人文之家、瑞典高等研究院、波兰科学院等机构领导人率领的代表团访问中国社会科学院，表达了拓展交流的意愿，形成了一系列新的合作意向。

（二）创新工程重点对外交流项目亮点纷呈，“走出去”呈现可喜态势

（1）“中国社会科学论坛”（以下简称“论坛”）及系列国际研讨会向世界传播中国学术、发出中国声音。2013 年，中国社会科学院研究所及所属单位踊跃申报和承办“论坛”，全年在“论坛”平台下，共举办国际会议 33 个。其中，社科杂志社和美国所承办的两个“论坛”会议分别在澳大利亚和美国举办，“论坛”在国内外的知名度和品牌效应进一步增强。国际合作局与中国社会科学出版社合作，于 2013 年推出“论坛”系列会议文集，积累和传播会议成果，打造“论坛”持续影响力。

2013年9月，中国社会科学院院长王伟光与世界经济论坛主席施瓦布在辽宁省大连市签署了中国社会科学院与世界经济论坛关于开展科研合作与学术交流的谅解备忘录。

2013年，全院立项举办的国际会议约100个。国际合作局在院级对外合作机制下重点支持举办了一系列专题国际会议。如“首届社会主义国际论坛暨第七届国际思想论坛”“第二届中美学术高层论坛——比较视域中的启蒙”“跨越中等收入陷阱——中国和巴西的视角研讨会”“中印合作：新机遇与新理念研讨会”“中国与伊朗关系的历史与未来研讨会”“全球金融危机背景下中国与欧盟的经济社会可持续发展研讨会”“中瑞（典）世界历史上的社会变革与社会稳定研讨会”“第五届中芬比较法国际研讨会”等。这些专题国际会议层次高、研讨深入，得到与会者的高度评价，产生良好反响。

（2）“周边及发展中国家青年学者培训”项目良好收效日趋凸显。2013年8月，国际合作局与研究生院合作，成功举办第二届“周边与发展中国家青年学者国际研修班”。研修班以经济发展为主题，来自俄罗斯、蒙古国、柬埔寨、尼泊尔、印度尼西亚等22个国家的30位学者参加培训班。此次参加研修班学员的范围从周边国家扩展到古巴、墨西哥、巴西等拉美国家，以及白俄罗斯、阿塞拜疆等欧亚国家。社会科学院知名学者为研修班授课。课程设计进一步优化，增加了有关中国传统文化的内容。学员们还走出课堂，与相关研究所进行座谈，并实地考察了河北省。广大学员对项目给予高度评价，称赞培训为其感知中国、理解中国提供了宝贵机会。此项目正在相关周边及发展中国家形成深受欢迎和关注的品牌，也逐步成为社会科学院与其加深交流与合作的重要桥梁和纽带。

（3）智库交流进一步密切和深化。2013年6月，中国社会科学院在京举办“智库：面对变化中的世界”国际研讨会。王伟光院长、李扬副院长出席会议并做演讲。来自亚、欧、美10余个国家知名智库及国际组织的代表参加。会议取得圆满成功，在国际智库界引起积极、热烈反响。12月，按照中俄友好、和平与发展委员会学术交流分委会工作计划，中国社会科学院派出中国智库专家代表团访问俄罗斯，使中俄智库交流进一步纳入机制化轨道。10月，中国社会科学院在安卡拉与土耳其战略研究中心共同举办第二届“中土对话”，就中土关系、东亚崛起、中东局势等进行深层交流。5月，中国社会科学院在华盛顿与美国布鲁金斯学会、加纳大学共同举办“中美非三边对话会”，围绕中美非三边关系面临的挑战与机遇展开深入研讨。此外，在中国社会科学院“与国际知名智库交流平台项目”下，中国社会科学院继续选派优秀学者到欧美及俄罗斯高端智库开展长期调研访问。2012～2013年已选派2批10余位学者。

派遣人员除了完成预先设定的专题研究任务，还切近了解国外智库的组织运行与研究动态，并积极开展学术外宣。

（4）国际合作研究项目扎实推进。2013 年，在院级对外交流平台下，中国社会科学院与俄罗斯、荷兰、芬兰、法国、英国、意大利、匈牙利、澳大利亚、日本等国家，启动或继续实施国际合作研究项目。执行中的主要项目包括：“中东欧转型的历史与现实研究”项目（世界历史所承担）、“自然语言信息结构的接口研究：句法、语义、语用、话语和韵律”项目（语言所承担）、“民俗学、口头传统、萨满教领域的合作研究”项目（民文所承担）、“中俄生态政策比较研究”项目（城环所承担）、“中国的全球化及其对世界经济与政治的影响”项目（世经政所承担）、“远东地区政治进程中的中俄民族关系”项目（近代史所承担）、“创新与创意的法律移植：知识产权治理的中芬比较法研究”项目（法学所承担）、“全球化时代的职工参与与集体协商：北欧和中国的视角”项目（法学所承担）等。2013 年结项的“中国与欧洲生物质能开发对比研究：可持续发展之路”项目（城环所承担）、“水资源对地区经济、社会与环境的影响分析”项目（工经所承担）等，都产生了高质量的研究成果；相关研究所还与外方合作伙伴共同在国际知名学术出版社出版了项目成果，通过开展合作研究项目增强了中国学术在国际上的影响力和话语权。此外，在中国社会科学院与法国科研中心合作协议框架下，社会学研究所与法国科研中心下属经济政治跨学科研究中心在成功开展合作研究的基础上，联合创建“中法后西方社会学与田野研究实验室”，成为中国社会科学院与海外合作建立的第一个联合实验室。

（5）开展国外应急调研项目。针对国际上的突发事件和热点、焦点问题，国际合作局资助国际学部研究所赴日本、柬埔寨、澳大利亚等国进行实地调研，获得第一手资料，作出客观分析判断，及时提供对策建议，更好发挥中国社会科学院的智库功能。

（6）对外学术翻译出版资助形式多样、力度加大。2013 年，在创新工程出版资助计划下，中国社会科学院对外学术翻译出版资助工作进一步推进。全年开展了两轮对外学术翻译出版资助项目的申报、评审工作。在学术期刊资助方面，《中国与世界经济》《中国经济学人》《中国考古学》《国际思想评论》《第欧根尼》《中国财政与经济研究》等 6 份原有外文学术期刊，继续得到资助，总额计 175 万元；此外，《城市与环境研究》《欧亚学刊》《世界政治经济学研究》《中国经济学精粹》《文学评论选刊》5 种新外文期刊，得到资助 1 期试刊，总额计 50 万元。学术著作翻译出版，批准资助共 25 种，总额计 261 万元。

（7）出国（境）培训项目取得圆满成功。开展社会科学院管理干部和专业人员出国（境）培训项目，是创新工程中推进“走出去”战略的重要举措，对中国社会科学院加强哲学社会科学创新体系建设、深入实施“三大强院”战略具有重要意义。2013 年 3 月，国家外专局批准中国社会科学院申报的 2013 年度出国（境）培训计划，并给予培训经费总额 30% 的资助。7 月、10 月，中国社会科学院按计划分别派出培训团组赴英国、德国，围绕“人文社会科学学术成果编辑出版与国际传播”和“社会科学科研管理”开展为期 21 天的培训，47 位中国社会科学院专家、学者参加培训。

（三）积极实践“学术外交”“学术外宣”，服务国家对外工作大局

（1）为了贯彻落实全国宣传思想工作会议和中央领导同志讲话精神，社会科学院提出要充分发挥自身在功能定位、交流资源、学科建设、人才队伍等方面的独特优势，在已有工作基础上，大力推进实施“走出去”战略，努力将社会科学院建设成为国家学术外宣基地，在党和国家的大外宣工作格局中发挥应有作用，作出更大贡献。11 月 26 日，应王伟光院长之邀，中央外宣办主任蔡名照来中国社会科学院调研座谈。王伟光院长、赵胜轩副院长等出席，李扬副院长以“发挥中国社会科学院独特优势，建设国家学术外宣基地”为题介绍了中国社会科学院实施“走出去”战略的主要情况及工作设想。座谈中，双方围绕人文社会科学在国家大外宣格局中发挥更大作用进行了深入探讨，同意采取切实步骤加强战略协作，并由双方有关职能部门具体细化落实。

（2）与乌兹别克斯坦世界经济与外交大学合作设立的“中国馆”正式揭牌。为了提升工作效果和水平，国务院新闻办从 2012 年开始，有选择地在一些国家建立专门收藏中国出版物的“中国馆”。鉴于中国社会科学院在学术资源及人文社科出版方面具有的特殊优势，国务院新闻办与社会科学院合作，开展在外设立“中国馆”工作。2013 年 12 月，双方合作在乌兹别克斯坦世界经济与外交大学设立的“中国馆”正式揭牌。

（3）中国社会科学院选派学者在文化多样性、社会治理、国际经贸、气候变化乃至人权、涉疆、涉藏等诸多领域，承担了国家各部门委派的对外工作任务。受商务部委托，社会科学院研究生院承办非洲国家经济与社会发展总统顾问研讨班、尼日利亚农村发展战略研修班、发展中国家农业发展与小额信贷官员研修班等。应中联部邀请，院学者承担了一系列培训课程讲授任务。

（四）积极开展与台、港、澳学术交流

（1）对台港澳地区学术交流活跃。2013 年，中国社会科学院学者访问台湾 114 批 213 人次，访问香港 62 批 109 人次，访问澳门 33 批 70 人次。台湾人员来访 12 批 72 人次，港澳人员来访 2 批 24 人次。

（2）以学术为抓手，扩展和深化对台学术交流。发挥社会科学院学术优势，与台湾学术机构联合召开八场高水准的学术研讨会，交流内容涉及历史、经济、民族、政治等多个领域。“纪念康熙统一台湾 330 周年学术讨论会”和“海峡两岸社情民意调查的现状与发展学术研讨会”纳入国台办年度对台交流重点项目中。2013 年 9 月，李扬副院长赴台出席“两岸经济与社会发展新趋势研讨会”并发表题为“中国经济发展进入新阶段”的主旨演讲，获得广泛好评。中国社会科学院重启与台湾中国大陆研究学会的合作和交流，组织文史哲学者代表团赴台参加会议。

（3）贯彻“一国两制”方针，积极开拓渠道，加强与港澳的学术交流。2013 年 10 月，王伟光院长应邀赴澳门出席“中国经济运行与政策国际论坛”并致辞，访澳期间还与中央人民政

府驻澳门联络办公室就展开澳门经济社会发展实地调研达成共识。李扬副院长应香港中文大学邀请赴港做题为“十八大后的中国经济发展”的演讲，其间与香港中文大学签署了学术交流协议书，深化了社会科学院与香港高校的合作关系。中国社会科学院廉政研究中心代表团赴港出席“香港及内地廉政建设与管理论坛”并与香港廉政公署续签了合作意向书。

中国社会科学院还接待了香港中联办教育科技部组织的香港高校校长国庆访京团。

（五）推进体制机制改革，提高国际交流合作管理水平

（1）根据创新工程项目管理需要，修订相应管理办法。根据院统一部署，国际合作局对制订的《中国社会科学院设立“中国社会科学论坛”实施方案》《中国社会科学院哲学社会科学创新工程学术出版资助管理办法》《中国社会科学院学术著作翻译出版资助实施细则（试行）》《关于中国社会科学院哲学社会科学创新工程学术出版资助（外文期刊资助）立项申请工作的通知》《院创新工程“与国际知名智库交流平台项目”计划（试行）》《关于中国社会科学院创新工程“与国际知名智库交流平台项目”派出人员与创新工程关系的规定（试行）》《关于创新工程经费用于对外学术交流的管理规定》等进行修订，经院长办公会议审议通过后印发全院执行。

（2）制定和执行《中国社会科学院关于进一步规范因公临时出国管理的规定》。根据中共中央办公厅、国务院办公厅转发的《外交部、中央外办、中央组织部、财政部关于进一步规范省部级以下国家工作人员因公临时出国的意见》，国际合作局拟定《中国社会科学院关于进一步规范因公临时出国管理的规定》，经院务会议审议通过印发院属各单位执行。规定对规范安排因公临时出国团组、务实节俭安排出访活动、实行因公临时出国信息公开与成果共享制度等，提出了具体明确的要求。

（3）编写和印发《对外学术交流规定汇编》《对外学术交流工作流程汇编》和《院级国际合作交流项目指南》。梳理和汇编社会科学院外事管理各项规章制度和工作流程，为全院外事干部开展管理工作提供参考，提高管理工作的规范性和效率。印发《院级国际交流合作项目指南》，为研究所和广大研究人员提供更为全面、翔实的对外交流项目信息，促进中国社会科学院的国际合作资源得到更加充分的利用。

（4）对创新工程经费用于对外学术交流认真审核管理。2013 年，15 个研究所提出了创新工程经费用于对外学术交流的专项申请。国际合作局依据《关于创新工程经费用于对外学术交流的管理规定》，认真审核，经科研局、财计局会签后，逐一给予书面回复，做到规则明确、程序规范。

（六）加强外事干部队伍建设

（1）深入开展党的群众路线教育实践活动。认真落实中央和院党组关于开展党的群众路线教育实践活动的各项要求，认真学习文件、广泛征求意见、普遍开展谈心、认真进行对照检查。

（2）规范领导班子工作机制，落实民主决策制度。坚持重大问题集体讨论、集体决策，发扬民主，自觉接受群众监督。

（3）开展外事干部培训和国情调研工作。国际合作局于 8 月在北戴河举办“2013 年全院外事工作培训班”；以“城镇化建设”为主题，于 10 月和 11 月组织院属单位外事管理干部分别赴甘肃、青海和贵州、广西进行国情调研。

（4）修订国际合作局保密工作规定。根据 2013 年社会科学院保密工作的总体要求，结合“国际合作局 2013 年保密工作要点”安排，对《国际合作局关于涉密计算机使用和管理规定》《国际合作局涉密文件信息资料管理办法》《国际合作局关于密码电报的管理规定》《国际合作局保密电话管理规定》《国际合作局网站安全管理规定》五项制度规定进行了修订，并新制订《国际合作局 IEL—A3 加密卡使用管理办法》《国际合作局涉密纸质文件管理办法》。各项规定印发各处室执行，外事保密工作进一步规范化。

财务基建计划局

2013 年，财务基建计划局深入贯彻党的十八大和十八届三中全会关于“全面深化改革若干重大问题的决定”，认真落实党的群众路线教育实践活动要求。以三中全会精神为动力，以院工作会议精神为指导，以创新工程为契机，进一步改进工作作风，研究探索创新工程保障工作，不断提高工作质量和服务水平，积极落实社会科学院后勤管理体制机制改革，为中国社会科学院创新工程及科研各项工作提供较好的保障。

（一）财务管理

（1）积极争取财政资金支持，保障创新工程顺利实施。2013 年，财政部核定中国社会科学院科学事业费 160 477 万元，核定住房改革支出 6670 万元。根据院党组批准的 2013 年度预算分配方案，下达预算和决算批复。2013 年全院经费预算持续增长，为全院科研事业发展提供了坚实的基础，保证了创新工程的稳步推进。

（2）做好预算决算编制申报，研究落实创新工程经费。根据中国社会科学创新工程的工作要求，为细化落实创新经费预算，反复测算创新工程支出项目、标准和经费需求，包括智力报偿和创新报偿，测算创新工程近几年发展的需求。“一上”时注意做好基础资料信息的加工和整理，逐个检查规范项目申报文本，完整反映全院经费需求；“二上”时注意全面完整地编制收支预算，仔细核对每项收支内容和数据，真实准确地反映中国社会科学院的预算整体状况。预算绩效管理工作获得财政部的通报表彰。

在编制决算时，注意各环节的工作，审核工作力度和分析方法不断改进，从全院总体到院属各单位直至个人，从历年对比、本年现状到下年趋势，分别用结构法、对比法、趋势法等对各种指标进行分析，整体反映会计核算、财务管理、经费使用效益和科研发展成果，中国社会科学院部门决算连续九年获得财政部的评比表彰。

(3) 深化财务体制机制改革，强化财务监管力度。继续实行会计委派和会计代理，实行财务管理体制机制改革。2013 年，对信息情报研究院、中咨公司、三河之家实行了会计代理，至 2013 年底，共有 23 个单位实行了会计委派或会计代理制试点。委派和代理会计，承担着从预算编制、经费收支、会计核算、决算报表、财务管理等全部财务工作，起到了坚持制度、服务科研、规范核算的作用。

结算中心归集资金全年实现利息收入 610 万元，取得了较好的经济效益。2013 年有 9 个账户新纳入院网银系统，应纳入结算中心的账户数为 214 个，实际已纳入结算中心的账户数为 198 个，完成率为 93%。

(4) 提高预算执行管理能力，深入开展经费检查。根据财政部关于加强预算执行管理的有关规定，经过全面测算，编制中国社会科学院预算执行计划。按照预算执行计划，定期检查、分析院属各单位预算执行情况。

按照《中国社会科学院财务内部审计管理办法（试行)》的规定，以及院领导指示，针对制度建设、预算管理、收支管理等工作开展了一系列的专项检查。对全院 43 个创新单位的经费使用情况进行了专项检查，其中财计局组织检查 31 个单位。10 月份对全院 60 个刊物经费使用情况进行了审计，对 14 个五类单位的收入情况进行了核查。就部分单位的医药费支出进行了检查。按照规范创新工程文件规定的有关要求，修订了中国社会科学院经费管理办法和实施细则，制定了总额拨付管理办法和劳务费发放若干规定。

(5) 规范预算申报程序，进一步加强业务培训。根据前两年实际工作中发现的创新工程预算申报格式不一、内容不规范、标准混乱等情况，为方便单位申报、规范预算审核、严格预算执行，2013 年从试点到推开，将全部创新工程项目预算都通过项目预算编制审核系统进行申报，38 个单位共申报备案项目 394 个。

按照国管局的统一安排，举办了中国社会科学院 2013 年的会计人员继续教育培训班，有 120 余人参加了培训。

(6)认真履行财务管理职责，树立服务至上意识。院机关财务较好地完成了院机关全年 3.24 亿元资金的会计核算。完成了在职职工 412 人住房公积金的重新核定工作及为 70 人次办理了住房公积金支取、销户、调入调出等手续。审核、汇总 44 个基层工会预算、决算报表，连续两年被中央国家机关工会联合会评为一等奖。

（二）房地产管理

(1) 深入调研，做好科研办公用房调整保障工作。完成院属单位办公用房的调整、分配工作。一是完成了科研大楼院领导办公室和 12 个单位办公用房调整维修，涉及用房 100 余间。

二是制定租用中冶大厦办公用房分配方案，完成了人口与劳动经济研究所、金融研究所、政治学研究所、城市发展与环境研究所搬迁。三是正在实施院图书馆楼人事教育处、创新办等 6 个单位搬迁。四是组织实施科研楼东段装修腾空用房工作，涉及 315 个房间 20 余个单位。

按照中办、国办《关于党政机关停止新建楼堂管所和清理办公用房的通知》要求及院领导批示，对全院办公用房情况进行调查摸底，按要求向中办、国办报送了全院办公用房使用情况。继续做好全院科研办公用房的小修抢修工作。2013 年完成报批、下达小修项目 35 项。遵照院领导的指示，完成了梓峰大厦和泰达时代中心写字楼续租工作，并已签订房屋租赁合同。向国管局申请办理科研楼、经济片办公楼装修批复函；办理了经济片办公楼装修立项手续；草拟向国家发展改革委呈报的关于购买九合大厦的申请报告。

（2）积极努力，做好全院职工住房保障工作。为院住房不达标学部委员、荣誉学部委员配售经适房。全院有 154 位学部和荣誉学部委员，其中 72 位委员住房不达标。财计局制订《配售办法》及工作计划，2013 年这项工作进展顺利，已完成参加配售人员名单公示。做好职工住宅上市审核工作。2013 年共办理职工住宅上市 96 套，为住社会科学院产权房的住户建档 30 户，处理超标住户 27 户，收取超标款 39 万元，收取欠交物业费、供暖费 1.6 万元。

做好全院单身宿舍、人才周转房、博士后公寓等保障性住房的分配和管理工作。严格按照规定分配使用，为新进人员办理单身宿舍和引进人才、博士后用房入住手续；在有关单位的积极配合下，对超期使用单身宿舍的人员进行劝退。2013 年共清理单身宿舍 62 套，133 人。加强研究生院新校园单身公寓管理，制定单身公寓管理规定和安全规定，建立使用档案，安装门禁系统。与党校办理了 43 套单身公寓的移交手续；对院属单位使用机动住房情况进行了普查。

积极努力，继续做好院 2007 年出售住宅产权证的办理工作。2013 年办理了海淀区阜南 2 号楼房产证 27 套、石景山区住宅房产证 54 套，解决了部分老大难问题。完成了海淀、西城和通州广通住宅小区 17 套“经适房”配售任务，帮助办理了产权手续和公积金贷款业务。做好职工住房补贴审核工作。职工住房补贴严格按照调查、建档、公示、审核程序发放。发放前逐人逐项进行审核。2013 年核发 31 个单位 406 人，补贴金额约 367 万元。例行发放无房按月补贴 1798 人，补贴金额约 990 万元。

（3）加强物业管理，提高住宅小区服务质量和水平。完成了老旧住宅小区节能及综合整治申报工作。按照国管局要求，申报整治住宅楼面积 15.2 万平方米，经费约 4.2 亿元。对老旧小区抗震能力进行了检测，对老旧小区整治进行了初步设计，向国管局呈报老旧小区节能及综合整治申请函，太阳宫、车公庄、昌运宫、干面住宅小区已批准立项；完成了平房节能及综合整治申报工作，社会科学院平房面积近 6400 平方米，申报经费 1500 余万元。调整了太阳宫等 4 个小区物业。组织实施太阳宫 17、18、19 号楼电梯更换。为改善住宅小区居住环境，经与太阳宫乡政府协调，向当地政府申请经费 80 余万元，由乡政府组织对小区进行绿化和整治改造。实施地东大街 45 号院平房供暖“油改电”工程。经协调，物业向当地政府申请实施电采暖改造工程，为住户购置52台1700瓦电暖器，保证施工期间住户采暖。

审核支付年度物业费1631万元；职工供暖费1096万元，办公区供暖费911万元，商品房供暖费307万元，住外单位宿舍供暖费135万元，合计3945万元。

（4）加大节能工作力度，提升节能意识。开展以“践行节能低碳，建设美丽家园”为主题的节能宣传周活动。组织完成了院部供热计量和节能诊断方案设计；向国管局申请供热计量改造经费170余万元；完成了网络机房精密空调节能改造，全年节电约8万千瓦；完成了职工食堂冷库节能改造；申请节能灯1万余支，院属单位全部采用节能灯照明。定期统计、汇总，向国管局呈报社会科学院耗能报表；完成了院公共机构基本信息统计填报工作；拟订了全院节电、节水工作措施和节能工作“八不准”。

（三）国有资产管理

（1）完善资产平台系统，加强资产动态管理。为了更好地发挥资产管理平台的作用，2012年年底对全院资产平台进行第二次升级，经过2013年的试运行取得较好的效果，改进后的资产平台资产入账信息更为全面、准确。根据《事业单位财务规则》，同时也为了使中国社会科学院资产管理平台更好地与财政部、国管局的决算系统衔接，2013年对资产管理平台系统进行了分类代码升级，便于各单位编报资产决算报表及资产的日常管理。为掌握院属单位使用办公设备的情况，合理配备资产，依据资产管理平台对院属各单位的主要办公设备存量情况进行了统计，并以此统计数据作为各单位新购办公设备的依据，避免资产闲置浪费。

（2）建设文物管理平台，加强文物管理。为提高中国社会科学院文化遗产管理水平，全面掌握和科学评价社会科学院文物资源情况，健全文物保护体系，保障文物安全，2013年完成了《中国社会科学院文物图书资料档案管理系统》的建设工作，已投入试运行，现有5个研究所分别录入了图书、文物、服饰、艺术品等各类藏品，同时根据试运行中遇到的问题，不断对系统进行修改、完善。

（3）履行资产管理职能，严控资产增加与处置。2013年经审核入账的院直机关增加的资产约800件，总价值64万元。资产处置中，严格审批，坚持做到所有资产公开处置。2013年，全院处置资产（包括报废、调拨、拆除）总价值3500万元，拆除房屋面积2013.04平方米。在公务用车方面严格遵守各项规章制度，严把公车处置、购置关口，坚决贯彻落实“处置一辆，更新一辆，不增加本单位公车数量”的原则。2013年购置部级领导专车6辆，研究所一般公务用车6辆，完成3辆领导专车的划转手续。根据国家机关事务管理局2012年资产量化管理绩效考评指标审核结果，专门发出通知清查院直机关各部门的办公设备。

（4）严格执行制度，规范政府采购行为。政府采购法颁布十年以来，政府采购行为不断规范、完善。为使院属各预算单位能够及时掌握相关政策，及时转发了财政部、国管局等有关文件。为了督促各单位按政府采购相关法律法规进行采购，将政府采购与资产管理相结合，在资产入账审核时，纳入政府采购范围的资产，必须提供政府采购验收单、合同等凭证，才能予以通过审核。同时严格执行台式机、打印机的批量采购程序，做到未经主管部门批准，一律不得进行网上竞价等采购方式。2013 年全院采购台式计算机 371 台，价值 150 万元；打印机 117 台，价值 13 万元。在工程招标方面，2013 年主要组织完成了《中国社会科学院西坝河北里 17、18、19 号楼电梯更换项目》竞争性谈判及《郭沫若纪念馆监控系统视频升级改造》的定点采购。组织协调相关研究所的研究人员完成国管局委托课题《国有资产安全完整与党的执政能力》。

（四）企业管理

（1）抓好资产经营管理，依法维护合法权益。2013 年收缴院房产租赁项目收入 1281 万元。与北京玉颜坊美容美发中心续签《房屋租赁合同》。负责保障 11 处院管房产租赁项目能够顺利的履约执行。撰写完成关于“中国社会科学院房产租赁经营项目概要”的报告。

（2）强化企业管理，注重基础工作。按时完成向财政部、国资委等上级行政主管部门报送社会科学院所属企业国有资产汇总的统计报表（年报、月报）和向院企业管理委员会报送社会科学院企业财务、经营状况的分析报告工作。依照中国社会科学出版社、社会科学文献出版社、方志出版社、精品购物指南报社等四家单位的申请，经汇总审核，完成向财政部报送《中国社会科学院关于有关企业申报 2013 年度文化产业发展专项资金的初审报告》工作。依照院“创新工程”有关精神，探索建立“企业巡查制度”，强化对企业的常态监督管理。重点清理未按规定申报财务决算的企业名单，经过三个多月的初步核查，发现各类瞒报或漏报的企业达 32 家。

（五）人防管理

（1）完善组织机构，落实人防责任。2013 年，人防委完成改选工作，使组织机构更加完善。按照中央国家机关人防办印发的关于签订《2013 年中央国家机关人民防空工作责任书》的通知精神，中国社会科学院人防委与中央国家机关人防办签订了《2013 年中央国家机关人民防空工作责任书》。为层层落实人防工作责任制，人防办分别与院属各人防工程管理和使用单位续签《中国社会科学院地下空间使用管理委托书》。

（2）整合现有资源，加强人防管理。根据局创新工程实施方案的工作精神，对内部资源进行整合，普通地下室划归人防办进行对口管理，实现对院地下空间的统一管理。2013 年院人防办管理的人防工程为 28 处，普通地下室 32 处，合计地下空间共 60 处，面积 45 270 平方米。与中央国家机关人防办的数据信息进行核对，就普通地下室的安全管理和综合整治问题进行研讨，计划在 2014 年纳入人防办的统一规划和管理，确保院地下空间的使用安全。

（3）开展综合整治，加强安全管理。为加强院地下空间安全管理，实行人防工程日常安全巡视检查计划，检查人员坚持定期检查，对不符合使用规定的地下空间下发限期整改通知书。

从 2011 年 9 月开始至 2013 年年底，院共清退违规使用的人防工程 3 处。为保证地下空间安全度过汛期，督促各使用单位制定防汛应急预案，并要求人防办的同志 24 小时通信畅通，发现问题尽快到达现场。

（4）注重基础管理，履行协作组职责。中国社会科学院人防办是中央国家机关人防第五协作组的组长单位，人防办积极组织协作组活动，传达中央国家机关人防办工作精神和指示，与中央国家机关人防办的同志共同完成协作组本年度人防工作目标管理及责任制考核工作。整理中央国家机关人防办对社会科学院人防工程的普查资料。按照中央国家机关人防办的要求，人防资料和文件实行专人管理，分类管理，涉密文件按照人防保密制度进行管理，做到文件完整，不泄密。

离退休干部工作局

2013 年，离退休干部工作局深入学习贯彻党的十八大精神、十八届二中全会、三中全会精神和习近平总书记系列重要讲话精神，认真开展党的群众路线教育实践活动，按照王伟光院长提出的“四个一样”“四个一流”的标准，坚持“三用、四能”的工作要求，围绕中心，服务大局，紧密结合全院离退休人员的实际，扎实开展各项工作。在全院上下的共同努力下，离退休干部工作取得了较好的成绩，老同志满意度进一步提高。

（一）学习贯彻十八大精神和习近平总书记关于实现中国梦的系列重要论述，开展以“中国梦”为主题的系列活动，离退休党支部建设和离退休干部思想政治建设得到进一步加强

（1）落实中组部《关于在离退休干部中开展“同心共筑中国梦”活动的通知》文件精神。院属各单位组织老同志学习十八大精神和习近平总书记关于实现中国梦的系列重要论述。各离退休党支部围绕主题开展了专题报告会、学习讨论会、观看《苏联亡党亡国 20 年祭》教育录像片、参观考察等活动，组织老同志参加“中国梦”征文征诗活动，引导老同志坚定理想信念，发挥自身优势，为实现中国梦贡献智慧和力量。

（2）结合时事和热点问题举办形势报告会。先后邀请国际学部主任张蕴岭、副院长李培林分别作“学习两会精神辅导报告”“我国当前的民生建设”等形势报告会。同时，创新报告会的形式，把与老专家协会联合举办的“海洋强国战略论坛”作为形势报告会，多位专家学者围绕主题多角度深度解读，取得了较好的效果。还组织离退休干部代表参加中组部老干部局举办的形势报告会。

（3）举办纪念建党 92 周年暨“同心共筑中国梦”座谈会。部分老专家学者和离退休党支部书记畅谈对“中国梦”的感受和体会，表示要努力为早日实现中国梦贡献力量。

（4）与首都图书馆联合创办以传递正能量、共圆“中国梦”为宗旨的“社科讲堂”。每月组织院有较高学术造诣的知名离退休专家学者，面向北京市民传播、普及哲学社会科学知识，弘扬人文精神。

（5）开展“同心共筑中国梦、老有所为展风采”征文和“同心共筑中国梦”征诗活动。编印《同心共筑中国梦》征文集和《畅想中国梦》诗词集。

（6）与秋韵诗社共同在郭沫若纪念馆举办2013金秋重阳“中国梦”诗会，共庆第一个老年节。

（7）举办离退休党支部书记培训班。组织支部书记学习了十八大精神、习近平总书记系列重要讲话和全国宣传思想工作会议精神，了解了院党的群众路线教育实践活动和实施创新工程以来人事制度改革情况，以及离退休干部工作局的主要工作情况，听取了刘红局长的培训动员报告，进一步提高了认识，统一了思想，明确了任务，交流了经验，表示要努力做好支部工作，全力支持全院哲学社会科学创新工程。

（二）落实和提高老同志的生活待遇，着力帮扶特困老同志

（1）关心老同志的生活。元旦、春节期间走访看望老同志172人。先后组织了344人次赴贵州、山东、云南健康休养。全年门诊服务老同志7280人次，到各宿舍小区巡诊348人次，为相关老同志外出活动提供医疗保障服务。考察京郊部分养老机构。做好与合同医院的联系和协调工作，缓解老同志看病难、住院难的问题。

（2）落实和提高老同志的生活待遇。在院党组、院领导的高度重视和有关部门的支持下，提高了离退休人员长征基金补助标准，65岁以下每月增加150元，65岁以上每月增加100元。全年发放和调整长征基金补助标准12 929人次，补助总额32 806 050元。发放老红军补助9人21 600元。发放离休干部护理费489人1 193 600元。发放高龄补助770人次1 171 400元。

2013年5月，中国社会科学院召开2013年度离退休干部工作会议。中国社会科学院院长、党组书记王伟光等为第五届离退休人员优秀科研成果奖获奖人员颁奖。

（3）帮扶老空困卧老同志。进行了全院老空困卧老同志调查统计工作。国庆节期间，走访慰问了150位特困老同志。全年发放生活困难和医疗困难补助349人998 100元(包括院长基金补助37人529 000元)。

（三）完善老年科研管理，为离退休科研人员老有所为搭建新的平台

（1）加强老年科研管理。结合创新工程的实施，完善老年科研基金管理制度。完成2013年老年科研

基金课题立项、出版资助项目及第五届离退休人员科研成果奖评审工作，通过了立项课题 45 项，出版资助 46 项，评选出一等奖 5 项、二等奖 15 项、三等奖 23 项。完成了 2014 年老年科研课题立项、出版资助项目评审组织工作，通过了立项课题 40 项，资助出版 55 项。创办《中国社会科学院老年科研简报》，加强了出版资助的后期管理。2013 年院离退休专家学者科研成果共计 644 项，其中著作类 194 项，论文类 450 项。

（2）扩大老年科研成果的决策影响力和社会影响力。围绕十八大精神，与老专家协会联合举办“生态文明建设与美丽中国”“中国复兴面临的国际环境”“海洋强国战略”“中国特色城镇化建设”等学术论坛和研讨会。“社科讲堂”先后邀请荣誉学部委员、世历所张椿年研究员，农发所王松霈研究员以及文学所曾镇南研究员、历史所商传研究员分别作题为“走向海洋，强国之道——西方海洋大国的发展历程”“生态经济协调发展”“鲁迅与林语堂的幽默观”和“永乐大帝”的讲座，向民众普及社科知识。

（四）加强老有所乐平台建设，促进离退休人员文化养老健康发展

（1）搭建老有所乐平台。根据中央八项规定，按照“热烈、祥和、鼓劲、节俭”的原则，承办了全院春节团拜会组织工作。举办第 25 届老年运动会和离退休人员绘画班、书法班。编印了《社科老人谈快乐》文集。

（2）加强规范化管理和基础设施建设。修改完善了老年文体协会和宿舍区离退休干部活动站的规章制度，举办了老年文体骨干培训班，与服务中心物业管理中心联合召开宿舍区活动站与物业工作站工作交流座谈会。调整了钓鱼协会、皂君庙宿舍区活动站领导班子。协调财计局扩建塔院宿舍区离退休干部活动站，调配农光里宿舍楼地下室，增加老同志活动场地，为宿舍区活动站添置必要的办公用品及活动设施。

（3）以丰富多彩的活动展示老同志的风采。各老年文体协会有 300 多人经常参加活动。秋韵诗社、合唱团等文体协会定期开展活动。各宿舍区老干部活动站开展形式多样的娱乐健身和座谈会等活动。

（五）认真履行岗位职责，做好院直机关离退休人员服务管理工作

做好院直机关 430 名离退休人员服务工作。协助 13 个机关离退休支部开展活动，改选部分党支部，组织了 12 个支部的集体祝寿活动。探望因病住院或在家中调养的离退休人员，做好老同志就医和医药费报销以及料理后事等服务工作。组织开展春、秋游活动。

（六）齐抓共管，加强离退休干部工作人员队伍建设，不断提高老同志满意率

（1）召开全院离退休干部工作会议。王伟光等院领导出席会议。副院长高全立在肯定成绩的同时，提出要以更高的标准、更严的要求，不断总结工作，提高工作质量。

（2）举办全院离退休干部工作人员培训班。副院长、党组副书记赵胜轩强调“要以高度的

责任感、怀着深厚的感情、以过硬的本领、以扎实的作风做好离退休干部工作”。通过培训学习、政策业务知识讲解、工作人员之间的交流，增强了工作人员的责任感，提高了政策业务水平，增进了相互了解，提升了工作人员的整体素质。

(3) 进行了离退休干部工作达标考核工作。在老同志满意度测评、听取工作汇报、检查工作记录、数据库建设等情况的基础上，结合该局各联系片对联系单位的日常了解，各职能处室的工作评价等情况，对全院40个单位进行投票排序，经局务会讨论，提交院离退休干部工作领导小组审议通过，确定考古所等10个单位为2013年度离退休干部工作先进单位，文学所等30个单位为达标单位。

(4) 加强离退休干部工作局自身建设。学习贯彻院领导“四个一样”和“四个一流”的工作要求。通过进入创新工程和开展党的群众路线教育活动，改进工作作风，提高服务质量。严格规范管理，完善离退休干部工作规章制度，严格执行财务制度和考勤管理。加强处室建设，保持办公环境整洁，文明礼貌，热情服务老同志。学习科研处被评为院直机关单位2013年度“文明窗口”。及时通过《中国老年报》《中国社会科学报（社会科学院专刊）》、院网和局网站宣传报道局重要工作和活动。还开展了江苏、上海养老情况调研工作。

（七）创新工程的主要措施和工作安排

2013年7月，离退休干部工作局进入创新工程，有17人参加创新工程，局长刘红为首席管理。主要措施和工作安排如下：

(1) 深入贯彻落实党的十八大精神，加强离退休人员思想政治建设和党支部建设。组织离退休人员认真学习十八大报告和习近平总书记系列重要讲话精神及中央重大决策部署。加强离退休人员思想教育工作，共同做好离退休人员思想教育工作，引导全院离退休人员理解、支持院创新工程的实施。加强离退休党支部建设，充分发挥离退休党支部的桥梁和纽带作用。定期组织形势报告会，开展“同心共筑中国梦，老有所为展风采”征文、征诗、座谈会等系列活动。

(2) 落实离退休人员政治待遇和生活待遇。坚持重大节日和老同志重病期间的走访慰问、电话询问制度。按时发放长征基金、高龄补助、离休干部护理费。做好春节、国庆节老同志生活和医疗困难补助工作。

(3) 充分发挥老同志的特点和优势，使老同志老有所乐，老有所为。管好用好宣传好老年科研基金。引导和推动老年文化学术团体开展活动。加强老年协会、宿舍区活动站管理，根据老同志的需求，积极创新，开展更加丰富多彩的活动。

(4) 加强自身建设，提高离退休工作水平。加强思想政治建设，加强业务能力建设和作风建设。严格贯彻落实中央八项规定，努力提高执行政策、运用政策和处理具体问题的能力和水平，成为离退休干部工作的行家里手。

直属机关党委

2013年，直属机关党委高举中国特色社会主义伟大旗帜，以邓小平理论、“三个代表”重要思想和科学发展观为指导，认真学习贯彻党的十八大精神和十八届二中、三中全会精神，深入开展党的群众路线教育实践活动，进一步加强党委领导班子建设和基层党组织建设，开拓创新，不断提高党建工作科学化水平，为推进哲学社会科学创新工程，促进全院各项事业发展，提供坚强的政治、思想和组织保证。

（一）认真学习贯彻党的十八大和十八届二中、三中全会精神及习近平总书记系列重要讲话精神

中国社会科学院党组高度重视学习宣传贯彻党的十八大和十八届二中、三中全会精神及习近平总书记系列重要讲话精神，多次召开党组中心组学习会议，研究部署全院学习贯彻工作，王伟光同志就学习贯彻工作提出明确要求。

（1）认真完成院党组中心组学习的组织和宣传工作。直属机关党委根据中央文件精神和院党组要求，协助制定院党组中心组2013年理论学习具体安排，向中央国家机关工委多次报送院党组中心组学习情况报告，认真做好院党组中心组学习的总结、报送和宣传工作。党组中心组学习习近平总书记系列重要讲话精神的经验和做法获得中宣部和中央国家机关党工委的高度肯定，有关学习情况汇报获得中宣部常务副部长雒树刚批示，并被工委确定为中央国家机关部门党组中心组学习经验交流会发言材料。

（2）成功举办所局级主要领导干部专题学习班。2013年5月28～30日，组织全院80多名所局主要领导干部参加学习贯彻十八大精神和习近平总书记重要讲话精神专题培训班，院党组成员集体驻会指导。王伟光院长作动员报告，赵胜轩副院长作总结讲话。与会同志认真学习文件精神，就如何加强智库建设、推进哲学社会科学创新工程，努力把中国社会科学院建设成党中央国务院的理论阵地、重要思想库和智囊团进行深入研讨，统一了思想和认识。2013年12月，分四批组织全院220名所局级干部参加学习贯彻习近平总书记系列重要讲话精神培训班，王伟光及党组成员依次做辅导报告，进

2013年5月，中国社会科学院召开所局主要领导干部专题学习班。

一步在所局干部中增强了运用马克思主义指导哲学社会科学研究的自觉性和使命感。

(3) 主动做好中央精神宣传和舆情报送工作。一是十八届三中全会结束后，党组迅速向全院所局干部传达三中全会精神，并组织专题辅导报告会，由参与三中全会文件起草工作的学部委员讲解三中全会精神。二是加强舆情报送工作，在十八届三中全会闭幕、中央国家工委召开动员部署会后，分别向中央办公厅、中宣部和中央国家机关工委等部门报送有关舆情特别是全院干部职工的有关认识、反应以及全院贯彻落实的部署情况和举措。三是成立学习贯彻党的十八届三中全会精神宣讲团，从院属有关单位抽调 14 位专家学者组成宣讲团，围绕全会提出的全面深化改革的新观点、新论断、新举措，在全院深入开展学习宣讲活动。四是组织座谈会、研讨会及主题征文活动，将学习贯彻习近平总书记系列重要讲话精神引向深入。

(4) 积极举办加强党性教育系列报告会和培训班。加强理想信念教育是十八大以来习近平总书记系列重要讲话精神突出的重点，直属机关党委组织了以党性教育为主题的系列机关报告会。一是为贯彻落实习近平总书记关于中国梦的重要讲话精神，按照中央开展“中国梦”宣传教育活动的有关要求，邀请航天英雄杨利伟、刘洋来院作“学习航天精神，共筑中国梦想”主题报告。二是邀请李捷为机关干部作了“怎样做一个合格的共产党员”的报告。三是邀请相关部委领导为全院干部作国家安全形势报告。四是举办入党积极分子培训班、马克思主义经典著作青年读书班、组织党员干部观看教育影片等。在引导全院党员干部坚定理想信念、加强党性修养、统一思想认识方面起到了良好效果。

（二）扎实推进党的群众路线教育实践活动

自 2013 年 6 月开展党的群众路线教育实践活动以来，根据中央的统一部署和要求，在院党组的直接领导下，直属机关党委较好完成院党的群众路线教育实践活动的组织与实施工作。

(1) 教育实践活动准备充分。院党组高度重视党的群众路线教育实践活动，在中央工作会议召开后的第二天，召开党组会议，学习中央文件，部署全院开展教育实践活动各项工作。直属机关党委按照中央文件精神，根据党组的要求，迅速制定了《中国社会科学院关于深入开展党的群众路线教育实践活动实施方案》，得到中央第 20 督导组的高度肯定。院里成立了 6 个督导组，负责联系全院 56 个单位，加强对教育实践活动的督导检查。

(2)思想动员广泛深入。2013 年 7 月 10 日，召开全院党的群众路线教育实践活动动员大会，王伟光发表重要讲话，对全院教育实践活动作出全面部署，提出明确要求。2013 年 7 月 26 日，组织召开全院党的群众路线教育实践活动专题报告会，赵胜轩向全院所局主要领导干部和机关职能部门副处级以上干部共 200 多人作专题辅导报告。2013 年 7 月 30 日，组织召开中国社会科学院“党的群众路线理论与实践”研讨会。2013 年 8 月 11 ~ 13 日，与办公厅共同在北戴河组织院党的群众路线教育实践活动专题会议，党组成员和所局主要领导干部参加会议，深入学习中央文件精神，深化教育实践活动，推进创新工程。

（3）民主生活会保证质量。院党组高度重视院属单位专题民主生活会，党组成员分工审阅各单位领导班子和成员的对照检查材料。督导组按照院党组要求，对所局班子和成员的对照检查材料认真把关，院属各单位也按照党组成员和督导组要求，反复打磨对照检查材料，认真组织召开专题民主生活会。截至2013年12月2日，院属56个单位的党委领导班子全部召开了党的群众路线教育实践活动专题民主生活会。

（4）整改落实建章立制初见成效。院党组高度注重建章立制，推动教育实践活动整改落实取得实效。一是注重建章立制。建立健全新的制度、修订完善已有制度、废止不适用的制度，形成科学合理、系统完善、相互配套的制度体系。先后针对加强领导班子建设、党的意识形态工作、作风建设、智库建设工作出台8项规章制度，为巩固教育实践活动成果提供制度机制保障。二是开展专项整治。重点针对文山会海、以重大理论和现实问题为科研主攻方向的自觉性不强的问题、学风不端问题、文风不正问题、职能部门作风不良问题、违规使用创新工程研究经费问题开展专项整治，并作为教育实践活动整改落实的重中之重，统筹推进、督促落实。三是制定整改方案。按照中央部署，以落实中央八项规定为突破口，针对“四风”问题，积极推进制度机制创新，共确立8大项43个整改任务，明确了整改责任人和责任单位，限定了整改时间，体现了党组力抓整改落实的坚定决心。院属各单位也根据党组要求，认真落实整改，扎实做好每个环节的工作，确保教育实践活动取得实效。

（三）加强研究所党委班子建设和基层党的建设

围绕实施创新工程加强和改进党建工作，以加强研究所党委班子为重点，认真落实院党组关于“一头抓党委班子，一头抓基层党支部”的党建工作要求，建立健全党委工作考核机制，开展“党委书记谈党建”和“党委书记讲党课”活动，进一步加强党委班子建设工作。

（1）加强对党委领导班子的考核工作。完成党建工作任务是全院各单位进入创新工程重要准入条件。为完成好这项工作，直属机关党委建立了三个方面的考核机制，一是考核党委班子议事制度执行情况，年底要求各单位报送《党委工作手册》；二是考核党委中心组学习情况，将学习十八大精神、二中全会和三中全会精神列入中心组学习内容，要求各单位及时组织学习，领导成员要报送理论文章；三是考察党委班子召开民主生活会情况，年底要报送民主生活会会议记录。通过几项考核，有力地推动了所局领导班子自身建设。

（2）做好所局领导干部民主测评工作。按照党的群众路线教育实践活动要求，在党员干部中对所局领导班子进行民主评议工作。直属机关党委认真汇总了全院56个所局单位和180位所局干部的民主评议情况，为院党组全面了解院属单位领导班子状况，了解干部作风，对部分好评率较低的干部进行提醒谈话提供了参考，对所局领导干部转变工作作风起到了有力的推动作用。

（3）继续做好研究所党委和纪委换届工作。2013年，有4个单位完成党委和纪委换届工作，有3个单位完成了增补党委委员工作。直属机关党委换届工作联络组认真行使各项职责，确保换届选举工作顺利进行。

(4) 积极开展主题党日活动。为配合院实施创新工程，在全院基层党组织中开展以“学习贯彻党的十八大精神和习近平同志重要讲话精神，为创新工程做贡献”为主题的党日活动。院属各单位以党支部为单位，结合本单位实际工作扎实开展了主题党日活动，部分单位还报送了活动简报，按照全院党员数据，划拨 147 万元党支部建设经费支持各单位开展活动。部署各单位建立党员信息库工作，逐步实现党员数据信息化管理。目前，各单位党员信息库已基本建立。

（四）推动职能部门作风转变，帮助解决职工困难

(1) 推动职能部门作风转变。落实中央八项规定要求，转变职能部门工作作风，一是开展院直机关 2010 ~ 2012 年度院“文明窗口”评选工作；二是在院工作会期间，认真完成机关作风建设群众评议工作，为机关反对“四风”、转变作风奠定了良好群众基础；三是继续办好监督机关作风建设热线电话和电子邮箱，做好相关信访工作。

(2) 帮助职工排忧解难。关心老党员和生活困难党员。2013 年，开展了春节前和“七一”期间的两次慰问党员活动，共慰问党员 125 名，慰问金额达到 11 万元。其中王伟光院长在春节前夕陪同马凯同志走访慰问了经济研究所老党员恽希良，中央国家机关工委通过直属机关党委为外国文学研究所冯钟璞同志送去了慰问金。关心困难职工实际生活，开展送温暖活动，院工会通过多种方式，向院困难职工发放慰问金、申请特困补助、申请“阳光助学金”共 18 万元，开展慰问单身母亲和有残疾子女职工家庭活动，把组织的温暖送到干部职工的心坎上。

（五）深入开展工青妇和统一战线工作

(1) 认真做好社会科学院民主党派和无党派人士工作。在党组统一部署下，协助做好中国社会科学院党外全国政协委员换届工作，共推选出社会科学院 13 位党外人士作为第 12 届全国政协委员。组织召开了社会科学院全国人大代表、政协委员座谈会。编印“两会”提案集，组织中国社会科学院民主党派和无党派人士赴广东省珠江三角洲开展国情调研等。

(2) 切实关心职工生活，丰富文体活动。院工会共组织 4 批近 200 名干部职工赴外地参加了疗养；举办全院羽毛球团体赛、门球比赛、保龄球比赛、乒乓球团体赛和围棋个人比赛等，丰富了广大职工的文化体育生活；组织完成工会会员登记和会员证发放工作，全院 57 个工会共登记会员 4789 人；完成全院妇女干部培训工作，继续做好女职工秋季专项体检工作。

(3) 充分发挥共青团组织生力军作用。院团委、院青年中心以服务青年成长成才为重点，发挥青年在创新工程中的生力军作用，不断开创青年工作新局面。组织青年学者开展“根在基层”国情考察项目；组织院青年开展“寻找青年毛泽东在北京的足迹”活动；与全国青联合作，共同举办以“社会视角下的可持续发展”为主题的第二届“中德未来之桥”青年领导者交流营活动；举办“我的中国梦”第五届社科青年篮球联赛。

（六）重视直属机关党委自身建设，积极开展党建理论研究

（1）抓好自身理论学习。为加强思想政治建设，提高干部的政治素养和理论素养，2013年直属机关党委内部组织了10余次集体学习。为学深悟透中央精神，将院党组提出的抓学习落到实处，领导班子采取平时学与集中学相结合、读讲话与看文件相结合、自学与交流相结合的方式组织大家学习，要求大家在学习中，紧密结合工作、深入思考和研究实际问题，保证了良好学习效果。

（2）积极参与党建理论课题研究。积极组织院科研力量参与党建课题研究，完成全国党建研究会课题子课题《基层党建创新研究》。直属机关党委同志完成的交办课题《坚定中国特色社会主义道路自信、理论自信和制度自信》获全国党建研究会机关专委会2013年度成果一等奖；《关于以科学发展观为指导的机关基层党建创新问题研究》获得中央国家机关党建研究会2013年度成果一等奖。

（3）积极参加党建征文活动。按照全国党建研究会关于“毛泽东建党思想暨党的群众路线研究”征文要求，院推荐的两篇关于毛泽东党建思想的论文入选为会议交流论文。向中央国家机关工委报送“全国纪念毛泽东同志诞辰120周年学术研讨会论文”，并有两篇论文入选。

（七）直属机关党委创新工程工作

2013年7月，直属机关党委按照《中国社会科学院职能部门和部分单位创新工程实施方案（试行）》的文件要求，直属机关党委顺利完成了竞聘工作。按照院创新办审批结果，2013年度直属机关党委共有18位同志进入创新工程，其中常务副书记崔建民同志为首席管理。进入创新工作的半年来，直属机关党委按照本单位创新工程方案的具体目标任务，各处室认真落实创新工程的各项工作任务，以改革创新精神加强和改进自身的思想、组织、作风、制度和反腐倡廉建设，努力提高自身党建科学化水平。

监察局 直属机关纪委

2013年，监察局、直属机关纪委坚决贯彻党的十八大、十八届三中全会和中央纪委二次全会精神，将弘扬优良学风文风与工作作风并重，突出执纪监督职责，发挥反腐倡廉智库作用，为全面推进哲学社会科学创新工程提供纪律保障。

（一）严明政治纪律，党风作风学风建设成效明显

（1）坚决贯彻中央反腐倡廉建设决策部署。深入学习贯彻中央关于反腐倡廉建设的重要部署，严守政治纪律，在政治上同以习近平同志为总书记的党中央保持高度一致。学习贯彻全国宣传思想工作会议和中央《关于当前意识形态领域情况的通报》精神，强化干部学者政治意识、

大局意识、责任意识、忧患意识，教育引导干部学者在重大政治原则问题上坚守正确立场。积极参加院教育实践活动督导工作，对联系单位的教育实践活动动员、对照检查材料、专题民主生活会等进行把关，在要求院属单位领导班子认真查摆“四风”方面存在的突出问题并进行及时整改的同时，着力纠正学风、文风、会风及领导作风存在的问题。

（2）加强学风作风及廉洁自律教育。以维护政治纪律、优良作风建设及事业单位工作人员行为规范为主题，在领导干部、科研人员和管理人员中分类开展“法规纪律应知应记”廉政教育。开展“一书一片”从政道德教育，组织全院党员干部特别是领导干部认真学习《领导干部从政道德启示录》和《失德之害——领导干部从政道德警示录》。协助人事教育局组织“新入院人员学术道德宣誓”，副院长、党组副书记赵胜轩带领全院150余名新入院人员宣读学术道德誓词。编辑出版了《营造圣洁学术殿堂》学风建设文集，为各单位交流、改进、创新学风建设工作提供了依据和示范。抓住元旦、中秋、国庆等重要节点，向200多名局级以上领导干部群发《水调歌头·新春话勤廉》《清廉庆双节》等廉政短信，向全院发出严禁公款吃喝、送礼送月饼、购买印制贺年卡等通知，有效遏制公款浪费之风。动员部署会员卡专项清退活动，院属56个单位142名专兼职纪检监察干部做出“零持有”报告。

（3）严把政治方向和学术导向。把维护政治纪律，坚持正确的政治方向和学术导向作为首要任务。在创新项目申请、创新岗位聘用、创新项目评价、创新单位和创新岗位考核中，坚持政治纪律标准。在选题立项、成果评奖、职称评定、干部选任、岗位竞聘、评先选优、学术会议、报刊图书出版，严格政治方向和学术导向把关。协调有关部门加强政治纪律、外事纪律、保密纪律教育和管理，消除政治违纪隐患。一年来，社会科学院管理的平台未发生政治违纪案件。

（二）服务创新工程大局，反腐倡廉保障作用凸显

（1）保障创新工程改革举措有效落实。把坚持正确政治方向、学风作风建设、落实党风廉政建设责任制、合规使用经费等纳入创新工程准入条件、综合考评和业务知识考试，对创新单位进行准入审核和综合评价，对未完成年度反腐倡廉建设分解任务、发生严重违反“八项规定”及学术不端问题的单位提出监督检查意见。王伟光院长担任院党风廉政建设领导小组组长，将年度反腐倡廉建设专项检查和“三项经费”整改督查合并进行。院党风廉政建设领导小组听取

2013年12月，中国社会科学院召开党风廉政建设领导小组会议。

牵头单位年度任务落实和保障创新工程的情况汇报，8位党组成员带队检查部分单位落实责任制情况，院属56个单位开展年度反腐倡廉任务自查。在1300余名干部学者中进行反腐倡廉建设问卷调查，检查结果作为创新单位2014年准入审核的重要依据。

（2）开展创新工程“三项经费”检查。为严格规范创新工程研究经费使用和管理，在党组领导下，开展创新工程“三项经费”检查。“三项经费”检查领导小组办公室设在监察局。对院属43个二级预算单位创新工程研究经费、全院66个期刊经费和“两个报偿”及津补贴等情况进行了全面检查。

（3）抓好制度机制的完善执行。坚持把维护政治纪律、学风作风建设、干部廉洁自律等要求融入创新工程制度中，对创新工程制度进行廉洁性评估。研究制定了《学术期刊“五统一”监督管理办法》，推动社会科学院学术期刊实行“统一管理、统一经费、统一印制、统一发行、统一入库”。完善院反腐败领导体制和工作机制，调整充实院党风廉政建设领导小组成员。

（三）完善制度机制，监督执纪综合水平逐步提升

（1）坚持执行“三谈两述一报告”制度。协助驻院纪检组对2名新任党组成员和17名新任局级领导干部进行廉政谈话，对4名正局级干部进行提醒谈话。全院200余名所局领导干部就遵守和维护政治纪律、学风和工作作风、遵守廉洁自律规定、规范决策和管理、落实党风廉政建设责任制等情况公开述职述纪。

（2）强化对重点领域的监督检查。现场监督院人才引进专家评审和高级职称评审30余场，对院密云绿化基地和北戴河培训中心翻改建等21个重点基建和信息化建设项目招投标进行现场监督，及时发现并有效规避了招投标环节的一些问题。切实发挥审计监督作用。完成2个研究所财务收支审计、2名局级领导干部经济责任审计以及7项专项审计任务。

（3）加大信访监督和案件查办力度。坚持有信必办、有贪必肃、有案必查，保持查办违纪违法问题的高压态势。2013年共受理来信来访51件，已办结46件，追回外欠房租款100余万元，避免国有资金损失224万元。院所两级纪检监察组织协调配合，靠前预判化解苗头性倾向性问题。

（四）深入开展廉政研究，反腐倡廉智库影响不断扩大

（1）深入开展理论与对策研究。落实中央交办任务，中国社会科学院中国廉政研究中心两位知名专家在中央政治局第五次集体学习上就“我国历史上的反腐倡廉”做专题讲解。开展“落实党的十八大精神”重大专题研究，形成系列《要报》13篇。组织10多个研究所50余名专家学者赴5个省（自治区、直辖市）及审计署、农业部开展“惩防体系建设特色经验”国情调研，撰写调研报告40余篇。实施全国惩防体系建设绩效问卷调查，发放回收调查问卷1016份，委托社会学研究所入户访问了7388位城乡居民，中央纪委领导同志对测评报告给予批示和肯定。开展世界各国反腐败体制机制、我国廉政文化等专题研究。跟进创新工程开展科研经费管理、期刊“五统一”监督管理等制度研究。

(2) 拓宽廉政研究合作交流渠道。院中国廉政研究中心在四川省社会科学院挂牌成立调研基地，与香港廉政公署廉政建设研究中心合办“香港及内地廉政建设与管理论坛”，组织考察澳门廉政建设，拓宽了合作交流渠道。举办第三部反腐倡廉蓝皮书发布会暨第七届廉政研究论坛，出版《中国社会科学院廉政研究论坛文集》、首部《反腐倡廉蓝皮书（英文版）》、《王阳明廉政思想与行为》等 5 部著作。一些专家学者和专职纪检干部接受中央新闻单位和网站采访，解读党的十八大以来的反腐决策和实践成效，廉政研究的决策影响力、学术话语权、社会知名度不断提升。

（五）结合教育实践活动，加强纪检监察队伍自身建设

(1) 贯彻落实“八项规定”精神。中央“八项规定”出台后，监察局、直属机关纪委紧密联系实际制定了贯彻落实办法，采取一系列措施加强作风建设。如：发文办会力求精简、务求实效，连续两年将院反腐倡廉建设会议与院工作会合并召开，压缩会期，精简文件，不打条幅、不摆鲜花、不发文具，节约了会议经费。调研时多安排到农村基层的访谈活动，直接到农户家中了解情况，谢绝地方纪委的宴请和礼品。领导班子严格执行议事规则和决策程序，重大事项决策、重要干部选任、重要工作安排、大额经费使用等都坚持上会集体决策，日常工作及时公开，接受干部群众监督。

(2) 深入开展党的群众路线教育实践活动。领导班子组织开展 4 次集体学习，认真查摆出调研不够深入、联系基层不够紧密、厉行节约观念不牢、调查研究吃苦精神不够、纪检监察工作需要解决“接地气”问题等“四风”方面存在的主要问题，深入剖析了产生问题的原因，务实提出了坚持领导班子理论中心组学习制度、以制度形式固化贯彻八项规定的经验做法、畅通与研究所信息沟通渠道、发挥研究所纪委作用、完善创新工程监督检查长效机制、严格控制一般性经费支出等 6 个方面 34 项整改措施，确保教育实践活动取得实效。

(3) 推进全院特别是基层纪检监察组织建设。举办 2013 年院纪委书记培训班，对院属单位纪委书记和院纪检监察机关全体干部进行专题培训，强化所局纪检监察组织特别是纪委书记的政治意识、责任意识和履职能力。开展院属单位纪检监察干部信息调查统计工作，建立了院属单位纪检监察干部基本信息数据库，分析掌握二级单位纪检监察组织建设基本状况。组织部分院属单位纪委书记座谈会，围绕落实“三转”要求，强化基层纪检监察组织执纪监督作用。

（六）启动实施创新工程，推动纪检监察工作创新发展

根据院党组对实施创新工程的统一部署和《院职能部门和部分直属单位创新工程实施方案（试行）的通知》要求，监察局、直属机关纪委于 2013 年 6 月 19 日正式向院创新办提交《关于实施创新工程的申请》。按照《关于对全院创新工程经费及相关经费使用情况开展综合检查的通知》要求，针对检查内容，逐项进行自查，符合相关规定要求。根据《院哲学社会科学创新工程实施意见（2011 ~ 2015 年）（试行）》和《院职能部门和部分直属单位创新工程实施方

案（试行）》的要求，结合实际制定了《监察局、直属机关纪委创新工程方案》和《2013 年改革创新工作要点》，明确了总体发展目标和工作规划、2013 年创新任务和主要工作、创新岗位设置、岗位竞聘与考核、组织领导等内容。监察局、直属机关纪委于 7 月开展了 2013 年下半年创新岗位竞聘工作。经过公布岗位设置方案、动员部署、报名申请、资格审核、竞聘等规定程序，监察局局长孙壮志、直属机关纪委书记吴海星以首席管理身份与拟聘人签约。其中，首席管理 2 人，业务主管一档 3 人，业务主管二档 3 人，业务主办一档 5 人，业务主办二档 3 人。11 月 18 日至 27 日组织进行了进入创新工程后首次评价考核工作。2013 年，除对全体工作人员完成年度工作和创新任务进行考核外，监察局、直属机关纪委结合创新工程评价考核，对各室日常工作、交办任务的完成情况及室主任的管理责任进行了综合测评。

基建工作办公室

2013 年，基建工作办公室根据院党组及院领导指示，落实了年度内基建项目及房修任务等工作。

（一）基建工作

1. 基建项目情况

（1）科研与学术交流大楼项目。2013 年 8 月 7 日，院领导批准同意，拆迁工作方式由社会科学院和东城区组建联合指挥部共同负责拆迁，调整为在联合指挥部领导下，以东城区政府（东城区房管局）为主导，委托专业拆迁公司进行拆迁。8 月 14 日，召开拆迁工作表彰会，院属 18 个单位抽调拆迁的 38 名同志回原单位工作。截至年底，拆迁公司介入后搬迁 21 户；整个项目共拆迁 225 户，完成拆迁总量的 89.4%，还剩余 25 户产籍户。

（2）东坝职工住宅建设项目。按照社会科学院与北京市土地储备整理中心朝阳分中心签订的《土地开发建设补偿合同》和《补充协议》要求，分别于 2013 年 2 月 4 日和 11 月 5 日缴齐了土地开发建设补偿费用。11 月 1 日，发文社科基建字〔2013〕9 号至国管局，办理项目延期。11 月 5 日，发文社科基建字〔2013〕12 号至国管局，申请办理建设立项。11 月 11 日，发文社科基建字〔2013〕10 号至北京市住房和城乡建设委员会，申请将项目列入住建委重点督办工程。并与朝阳区政府进行了深层次沟通，开始着力推进办理土地划拨手续。

（3）中心档案馆及科研附属用房翻改建项目。2013 年 3 月 15 日，项目开工建设，年底完成了局部结构封顶。

2. 协助其他单位项目建设情况

（1）研究生院单身宿舍二期建设项目。2013 年 8 月 10 日，项目开工建设，年底完成了结构 4 层施工。

(2) 研究生院第二食堂及教学科研附属用房项目。发文社科基建字〔2013〕3号，下达项目中央预算内基本建设投资1000万元。发文社科基建字〔2013〕5号，批复同意研究生院增加教学科研附属用房项目5000平方米，增加投资2750万元。

(3)社会科学院党校专业楼。发文社科基建字〔2013〕8号，核准初步设计概算为5026.9万元。

3.修缮项目情况

全年共推进各类房修项目8个。其中，已竣工项目6个。(1) 院科研楼电梯改造；(2) 国际片院落环境整治；(3) 中国社会科学出版社西楼改造；(4) 通州博士后公寓修缮；(5) 东总布胡同19号院地下室防水；(6) 通州单身宿舍改造。正在推进房修项目2个。(1) 院科研大楼维修工作。完成了装修工程、消防工程和空调工程的招标工作。开始协调东段楼内职能所局腾房。(2) 配电增容项目。获得了京电设计院提供的实质性两路供电路由方案。

4.其他

完成了2012年基建决算、2013年基建计划和2014年基建预算工作，并配合审计部门完成了相应审计工作。

（二）内部建设

1.网络信息建设

2013年8月14～16日，在河北香河举办了基建项目管理信息系统培训班，院属有关单位基建工作负责人和经办人共40人参加培训。2013年11月26日，信息化管理办公室召开基建项目管理信息系统结项会议，会议审议通过了项目验收。

2.基建业务培训

2013年5月21～24日，在栗林山庄举办了基本建设和房修项目关键环节管理控制培训班，培训了工程项目建设程序的必要性和自觉性、概预算控制及造价审核、建筑材料及设备的政府采购和招投标相关规定、建设施工阶段的洽商及相关程序控制和竣工后决算验收阶段的管控等内容。院属有关单位基建工作负责人、具体工作人员以及基建办全体人员共50人参加了培训。

3.组织活动

根据直属机关党委要求，自2013年7月初开始，至12月底，落实了党的群众路线教育实践活动三个阶段内容，全体党员参加了活动。

创新工程综合协调办公室

根据中国社会科学院党组决定，中国社会科学院创新工程办公室于2013年7月与院人才交流培训中心合并，成为党组直接领导的、服务于全院创新工程建设的专门职能机构，并同其他职能部门、直属单位一起进入创新工程。开展创新试点工作以来，创新办认真履行党组赋予的创新工程“总规划、总协调、总督办、总检查”的工作职责，以“善规划、强管理，抓制度、提质量”为工作目标，努力发挥规划协调、跟踪督办、参谋助手作用，扎实工作，开拓创新，团结奋进，较好地完成了2013年创新方案提出的各项工作任务，为推动全院创新工程有序实施、顺利运行发挥了积极作用。

（一）主要工作任务完成情况

（1）协调推进2013年度创新单位试点工作。根据党组2014年度创新工程组织工作要点，院创新工程办公室负责牵头协调推进2013年度创新单位试点相关工作。2013年，创新办认真落实党组各项决议及相关制度安排，会同相关职能部门共完成3批次，43家研究单位、16家职能部门和直属单位创新试点的资格审查、方案审核、单位签约及试点推进工作，规划推进创新单位2013年度评价考核工作及2014年度方案申报工作，协调解决创新单位提出的各类问题，全年共收转处理院属各单位呈报件250个，及时向院领导、相关部门报告反馈信息，研究提出工作建议，全院创新工程稳定有序推进。

（2）组织完成创新工程制度清理修订工作。2013年5月以来，创新办会同相关职能部门对全院创新工程试点以来建立的规章制度进行了全面梳理，先后3次编印创新工程制度文件汇编，为院局级干部学习班、北戴河暑期工作会议、创新工程工作会议提供了150余万字的学习材料。经过院职能部门近半年的工作，将创新工程相关制度从108项压缩到40余项，根据实践需要出台15项新的制度规定。经过文件清理修订，创新工程制度框架基本确立，科学化规范化水平进一步提升。

（3）牵头推进创新单位评价考核指标体系建设。在对2012年评价考核工作进行总结分析的基础上，创新办会同相关职能部门对既有的评价办法进行了较大幅度改革，提出了针对创新单位、创新岗位分级分类评价考核的新的指标体系，建立了以科研成果质量考核为核心的研究单位科研绩效评价办法。该指标体系于2013年年底在科研单位评价考核工作中试行。

（4）牵头推进创新工程综合管理系统平台建设。2013年7月以来，创新办会同人文公司、院图书馆评价中心以及相关职能部门，积极推进创新工程综合管理系统平台建设，将创新工程全流程管理纳入系统平台，完成了1期研发并投入使用，科研成果统计、单位评价工作正常展开，2期研发工作也已启动。

（5）积极发挥创新工程窗口桥梁纽带作用。按照院党组和院相关部门安排，创新办积极开展创新工程的院外宣传工作，先后10余次参与上级主管部门、院外兄弟单位、新闻机构的交流、宣传工作，在全国社会科学院长联席会上对中国社会科学院创新工程作了较为全面的介绍阐述，为中央纪委、新华社等单位提交了相关报告和说明材料，为宣传院创新工程成果，营造有利的政策舆论环境发挥了积极作用。全年共编发创新工程简报8期，为院工作会议、暑期工作会议组织编印经验交流材料24篇，较好地发挥了创新工程窗口、桥梁、纽带作用。

(6) 认真完成督办交办任务。创新办作为院《创新工程组织工作要点》的主要督办单位，全年共督办27项任务。2013年7月，会同人事教育局、财务基建计划局、院监察部门组织开展了对全院创新单位经费使用情况的自查和重点检查工作，为年底全院经费综合检查提供了依据。2013年9月，完成创新工程工作人员培训；11月，完成2期创新工程系统平台管理员培训。12月，会同办公厅完成职能部门直属单位工作人员创新工程业务知识考试。

(7) 切实履行参谋助手职责。2013年，创新办针对创新工程工作中的难点、焦点问题进行了调研，提出了对策建议。针对研究单位、杂志社、图书馆等院直属单位、院评价中心等新成立单位聘用编制外人员经费管理问题，会同人事教育局、财务基建计划局等部门提出相应的工作方案，经院务会议审议通过。针对创新工程出台文件繁多、准入要求分散、零乱的状况，对创新单位、岗位准入条件进行了统一梳理并收入文件汇编，使创新工程准入条件进一步明晰。为总结新建战略研究院的经验做法，探索下一步改革创新的思路途径，创新办先后4次到相关研究院开展调研，完成2万余字的调研报告，供党组决策参考。

(8) 做好人事代理服务工作。提供国家人事代理服务工作方面的法律、法规和政策规定的咨询服务，解决了一些政策性的疑难或遗留问题，办理人事代理资格年审，向14家院属或相关单位部分编制外人员提供人事代理服务，完成院属单位聘用的编制外人员人事档案材料补充、健全事宜，管理流动人员人事档案700多份。

（二）自身建设情况

创新工程办公室作为一个新机构，人手紧、任务重，自进入创新工程以来，创新办领导班子紧紧依靠全体同志，发挥全办人员主动性、积极性，边履行职责，边开展自身建设，边学边干边总结，推动了总体工作效能的提升。

认真开展党的群众路线教育活动。根据全院统一部署，创新办逐项落实群众路线教育活动相关安排，在思想动员、征求意见、查摆问题、谈心谈话、民主生活会、整改提高等环节中，不折不扣地落实党组要求。在征求意见环节中，利用全院创新工程工作人员培训之机进行了意见征集，逐条进行分析对照，提出改进措施，有针对性地进行回应和答复。在民主生活会期间，进行多层次范围广泛的谈心谈话，召开了全体党员参加的扩大的民主生活会，开展了认真的批评和自我批评，领导班子成员和处以上干部提交了分析整改报告。

认真落实本部门创新工作要求。自院统一部署职能部门进入创新工程以来，创新办一方面协调推进各单位创新试点工作，一方面认真开展本部门的推进落实工作，在创新方案制定、创新岗位竞聘等环节，认真谋划，发扬民主，深入开展思想政治工作，保证了创新办在本部门试点中没有出现工作纰漏。在创新试点实践中，注重加强工作的宏观规划和微观管理，建立工作路线图、时间表，对工作任务进行精细化分解，落实个人负责制，保证了各项工作任务的落实。

切实加强工作作风建设。创新办不断加强领导班子和工作人员作风建设，特别是在人员紧张、任务繁重的局面下，突出抓团结作风、战斗作风，为给北戴河工作会议、创新工程工作会议准备文件材料，全体同志积极工作，保证了党组交办任务圆满完成。

信息化管理办公室（计算机网络中心）

2013 年，中国社会科学院信息化体制机制发生重大改革。2013 年 8 月 22 日，第 280 次院党组会通过了《中国社会科学院信息化体制机制改革方案》，将计算机网络中心调整改革为院信息化建设管理部门，更名为中国社会科学院信息化管理办公室，将调查与数据信息中心及原网络中心负责的网络建设运维等职能划归院图书馆。上述改革于 2013 年 9 月完成，故 2013 年的工作以 9 月为界，分为计算机网络中心和信息化管理办公室两部分。

（一）计算机网络中心工作（2013年1月至9月）

（1）完成群众路线教育实践活动第一阶段任务。

（2）对信息化项目进行管理。完成 9 个 2009 年以来院属单位信息化项目和 3 个 2012 年创新工程信息化项目的结项验收,完成 9 个 2013 年创新工程信息化项目的评审立项和过程监管。

（3）实施创新工程。按照创新工程的要求，制订了网络中心创新工程实施方案，组织了创新岗位竞聘，按时进入创新工程；对《创新工程信息化项目管理实施细则》作了修订。

（4）完善网络基础设施建设。实施了院网出口由静态地址改为动态地址、出口带宽及学科片链路带宽扩容；对院外 6 个学科片网络老旧设备进行了更新换代。

（5）推进综合管理平台建设。3 ～ 5 月，网络中心和人文公司组织三家公司对已有办公系统进行调研，三家形成各自方案，经向院领导及职能局相关负责人演示汇报后，从中选择中科软作为合作伙伴。之后由网络中心、人文公司和中科软三方人员组成调研小组，对各局办公流程和技术需求作进一步调研，并将 2013 年建设目标调整为形成大平台的技术需求说明书和先期建设创新工程综合管理系统。

（6）院信息化专项经费管理。2013 年信息化专项经费 2800 万元。截至 9 月底，划拨院职机关及各研究所项目经费和工作经费 2242.8 万元；另划拨院属单位 2013 年创新工程信息化项目经费 283 万元。

（7）完成了全院信息化工作经费使用情况调研工作。

（8）完成正版软件安装。协同财计局完成了全院正版 office 软件的摸底调查，与人文公司完成院部 20 多家单位、1000 余用户端的安装。

(9)推进信息系统等级保护工作。完成院邮件系统和社科网新平台系统等保测评和定级备案，完成研究生院网络及教学管理系统定级备案；配合院保密办完成全院信息系统年度安全检查。

（10）落实院党组关于信息化体制机制改革方案,完成网络中心机构改组和人员分离工作。

（二）信息化管理办公室工作（2013年9月至12月底）

（1）完成群众路线教育实践活动第二、三阶段任务。

（2）推进落实信息化体制机制改革的方案，继续完成网络中心机构改组和人员分离工作；落实职能划分、财产交接工作；完成信息办党支部成立工作。

（3）继续推进信息化项目管理。组织了“院创新工程综合管理系统需求分析”项目的立项评审；完成了3个2009年以来院属单位信息化项目结项验收；对“创新工程综合管理系统一期建设项目”“中国社科网改版项目”“社科网流媒体系统建设项目”等提出初审意见；对在建信息化项目进行年度检查。

（4）抓紧制度建设。再次修订《创新工程信息化项目管理实施细则》，制订《信息化管理办公室管理工作细则》和《院重大信息化项目管理办法》，起草了《关于我院信息化体制机制改革后相关机构调整与职能划分等情况的通知》并由办公厅印发院属各单位。

（5）信息化专项经费管理。2013年9月至12月底，向院属单位划拨信息化项目经费及工作经费557.2万元。

（6）组织无线网建设问题的政策调研，形成调研报告报院里。

（7）组织全院科研信息化培训。全院各职能局、直属单位、研究所从事信息化建设的分管领导及专业人员参加培训。

（8）参与第三届中国科研信息化发展研讨会的筹备、大会发言和会议主持工作；参与全院“六名”会议筹备工作。

（9）完成国情调研任务，赴重庆对重庆社会科学院及重庆邮电大学的信息化建设情况进行了调研。

（10）配合创新工程考试，完成50道题出题工作。

中国社会科学评价中心

（一）人员、机构等基本情况

2013年12月26日，中国社会科学评价中心正式成立。中国社会科学评价中心直属中国社会科学院，由中国社会科学杂志社和中国社会科学院图书馆联合负责建设和管理。

中国社会科学评价中心实行主任负责制，设名誉主任、主任、常务副主任、副主任。名誉主任为中国社会科学院院长、党组书记、学部主席团主席王伟光；主任为中国社会科学院秘书长、党组成员、中国社会科学杂志社总编辑高翔；常务副主任为庄前生，副主任为王利民、何涛。

学术指导委员会主任为王伟光，副主任为张江、高翔、庄前生。

中国社会科学评价中心设有机构（含智库）评价组、期刊评价组、项目评价组、数据支持组和评价服务组。

截至2013年12月31日，中国社会科学评价中心有在编研究人员11人，聘用研究人员15人。

（二）中国社会科学评价中心职责

中国社会科学评价中心的主要职责是：构建中国社会科学权威评价体系，引领我国学术研究朝着正确的方向发展；搭建国际化学术交流平台，参与全球学术评价标准的制定，掌握学术评价话语权；根据中国社会科学院创新工程与科研管理的需要，在院创新办的指导下参与科研绩效评价体系的设计与实施。

（三）中国社会科学评价中心主要任务

中国社会科学评价中心主要任务是：对中国社会科学院创新工程科研成果、人文社会科学期刊进行分析评价，提供相关报告；举办“全国社会科学评价论坛”，发布“中国社会科学综合评价年度报告”系列评价报告；发布《全球智库评价排行榜》等。

（四）会议综述

中国社会科学评价中心成立揭牌仪式

2013年12月26日，中国社会科学评价中心成立揭牌仪式在北京举行。中国社会科学院院长王伟光，副院长赵胜轩、张江，秘书长高翔出席仪式。王伟光、赵胜轩为中心揭牌。王伟光作重要讲话。高翔主持会议。王伟光首先对中国社会科学评价中心的成立表示祝贺。他表示，要不断推出评价中心的新品牌。这些品牌包括：一是全国的哲学社会科学期刊评价；二是中国社会科学院创新工程科研成果评价；三是全世界智库评价排行榜；四是哲学社会科学学科发展评价；五是哲学社会科学优秀论文排行评价；六是哲学社会科学图书排行评价。

为做好品牌建设，王伟光强调，一定要加强学科建设，尤其是要加强文献计量学学科建设；要建设一支又红又专的评价人才队伍；要做好研究，以研究为基础；要真正形成一个客观、公正、能够坚持正确政治方向和学术导向的哲学社会科学评价体系。

（评价中心）

三　院直属单位工作

中国社会科学院研究生院

（一）人员、机构等基本情况

1.人员

截至2013年年底，研究生院共有在职人员145人，其中，正高级职称人员18人，副高级职称人员17人，中级职称人员36人；高、中级职称人员占全院在职人员总数的49%。

2.机构

研究生院设院办公室、校友会办公室、党委办公室/人事处、教务处、网络中心、招生与就业处、研究生工作处、财务处、学位办公室、外事处、总务处、保卫处、基建处、图书馆、学报编辑部、马克思主义理论与基础课教学部、外语教研室、政府政策系与公共管理系、综合协调办公室、工商管理硕士（MBA）教育中心、公共管理硕士（MPA）教育中心、社会工作硕士（MSW）教育中心、税务硕士（MT）教育中心、金融硕士（MF）教育中心、文物与博物馆硕士（MCHM）教育中心、法律硕士教育中心、马克思主义学院、继续教育学院、国际文化教育中心、研苑物业服务中心、东盟学院、深圳研究院等33个部门。

截至2013年年底，研究生院固定资产9 666.19万元，全年教育经费投入30 477万元，其中，财政补助14 160.85万元，上级补助1 877.32万元，事业收入13 924.21万元，其他收入514.62万元。

截至2013年年底，研究生院在校生2963人。其中，中国内地博士研究生1110人，硕士研究生1757人；在籍港澳台学生60人，其中博士研究生57人，硕士研究生3人；外国留学生36人，其中博士研究生31人，硕士研究生5人。

（二）招生录取及教学管理工作

1.招生录取工作

2013年，研究生院硕士研究生的报名人数为1496人，录取总数为725 人。其中，学术型硕士生173人，专业学位硕士生552人（其中公共管理硕士60名、工商管理硕士157名、金融硕士53名、税务硕士43名、社会工作硕士49名、文物与博物馆硕士45名、法律硕士145名）。

博士研究生的报名人数为 1777 人，录取人数为 338 人。硕士、博士录取总数为 1063 人，创历史新高。

在招生工作中，研究生院积极把好招生各个关口，做好重点监控。一是把好报名登记关。报名登记关是每年招生考试工作的基础，保证不乱不差，不丢不漏，准确无误。二是把好考试关。在组织研究生入学考试时，进行周密部署，详细安排，使每个监考人员以高度负责的态度对待考试，保证不出差错，不泄密。监考人员选择对工作一贯认真负责的同志，组织监考纪律的学习，加强监督。三是把好阅卷复试关。根据教育部和北京市招生办的有关文件精神，宣传阅卷复试的方针、政策和原则，组织开展封闭阅卷工作，确保阅卷工作公正合理。四是把好研究生录取关。严格把握当前录取工作的具体政策和规定，严格按照教育部规定办事，坚决杜绝一切违法乱纪行为，严禁一切不正之风。

2. 教学与教学管理工作

2013 年，研究生院共开设课程 60 门，其中包括公共课 19 门，学部专业基础课 9 门，选修课 32 门。各系及专业学位教育中心开设课程 751 门。

通过学生问卷调查、院领导听课、学术秘书听课、学生座谈会等方式，对研究生院院内开设的公共课、专业基础课和选修课进行了教学质量评估。共评估了 84 门课程、273 位老师，并评选出 4 人获教学突出贡献奖、1 人获优秀教学奖。

2013 年，研究生院评聘了 57 位课程助理，并分别于 3 月和 9 月组织召开了“课程助理培训会”，明确课程助理岗位职责，组织课程助理学习多媒体讲台操作，保证为授课教师做好服务。同时，还认真做好学术秘书审核备案工作，督促教学研究部学术秘书做好学部专业基础课开设，审核各学部秘书上报学部专业基础课教学计划，督促学术秘书对其负责的学部专业基础课听课 3 次以上，填写学术秘书听课记录表。

2013 年，研究生院还整理编印《学术讲座荟萃》（第 80 ~ 86 辑）并在校园网上登载。自 2005 年启动《中国社会科学院研究生重点教材工程》以来，经过各教学系推荐、教学研究部初审，教材编审委员会投票、并经重点教材工程领导小组审查，共批准 101 部教材立项。其中撤项 4 部，实际立项 97 部，退编 3 部，实际剩余 94 部。截至 2013 年底，已经出版 43 部，提交出版社 17 部，剩余 34 部正在编写中。

2013 级新生入学后，按照科协文件提出的“全覆盖、制度化、重实效”等精神的要求，根据中国社会科学院科研局相关部署，在研究生院科学道德和学风建设宣讲教育工作小组的领导下，于 11 月 28 日举办科学道德和学风建设宣讲活动。

3. 学位授予与学科专业设置工作

经 2013 年 6 月研究生院学位评定委员会第九届四次会议审议决定，授予 299 人博士学位，授予 176 人硕士学位，授予 51 人同等学力申请硕士学位，授予 533 人专业硕士学位。至 2013 年，研究生院共授予博士学位 3873 人、硕士学位 7332 人。

在学科建设方面，研究生院设置6个学科门类，15个博士学位一级学科、17个硕士学位一级学科，103个博士学位二级学科（含13个自主设置的博士学位二级学科）、109个硕士学位二级学科（含13个自主设置的硕士学位二级学科）。

4.优秀博士学位论文评选工作

2013年，研究生院评选表彰了八篇“2013年研究生院优秀博士学位论文”的作者、导师及相关教学系。“研究生院优秀博士学位论文”评选工作始于2004年，十年来共有63篇博士学位论文被评为“研究生院优秀博士学位论文”。

2013年，研究生院推荐3篇博士学位论文参评北京市优秀博士学位论文，推荐9篇博士学位论文参评2013年全国优秀博士学位论文。

（三）研究生教育管理工作

1.日常教育及社团管理工作

2013年，研究生院进一步抓好研究生党、团组织建设，健全、完善管理制度，建立研究生院奖助学体系，加强对研究生会工作的领导，开展团员评优等丰富多彩的主题活动。2013年，研究生院加强校园文化建设力度，充分利用校刊、广播台、宣传栏等宣传阵地，坚持正确的舆论引导，积极开展人文社会科学、自然科学系列学术讲座、学术沙龙，营造良好的学术氛围。举办了“笃学大讲堂”“中国梦·中国青年科学营”专题讲座等一系列高端学术讲座。同时还组织了校园歌手大赛、师生羽毛球交流赛、“中国梦”主题征文、“新生杯”系列体育活动、元旦联欢晚会、毕业生晚会等各类学生活动。

在研究生社团管理工作中，研究生院坚持“大力扶持理论学习型社团、热情鼓励学术科技型社团、积极倡导志愿服务型社团、正确引导兴趣爱好型社团”的原则，制定社团管理办法，加大协调指导、宏观管理的力度，根据活动的频率和效果，将其纳入研究生院奖学金评定和研究生评优体系。支持求实学会、国际问题沙龙、经济前沿问题沙龙、辩论社、桥牌协会、舞蹈协会、排球协会、瑜伽协会、武术协会、青年志愿者协会等19个社团开展各类学生活动。

研究生院还大力支持研究生会积极开展各种学术、文娱、体育活动，培养研究生干部甘于奉献的精神、团队合作的意识和组织协调的能力，使其真正实现自我管理、自我服务、自我完善。

2.研究生就业指导工作

2013年，研究生院开展了一系列针对毕业生的就业指导活动。广泛开展职业素质测评活动，加强与院外专业培训机构合作，免费为毕业生开办了为期8天的“公务员考试辅导培训班”。针对应届毕业生缺少职业经验、缺乏求职知识的问题，充分利用北京高校毕业生就业指导中心的资源，举办了简历制作、面试技巧、求职英语、职业office等就业指导讲座4场，广泛开展了人性化、个性化的日常就业指导与服务，为毕业生提供就业政策、就业知识、就业技巧等方面的指导咨询。2013年，研究生院毕业生总体就业率为85.88%，其中65.2%留京就业。

（四）继续教育与专业硕士学位教育工作

1.继续教育工作

2013 年，研究生院继续教育学院共招生 863 人，其中在职硕士课程班总计招生 541 人（含自主招生 93 人），在职博士课程班总计招生 322 人。

2013 年，研究生院认真学习国家新政策，积极寻找、开拓其他项目，不断完善培训管理制度，不断加强对培训流程的学习与提升执行力，不断探索继续教育、培训新思路，如积极筹备网络课堂、外语课程班等。

2.专业硕士学位教育

（1）公共管理硕士（MPA）教育工作。2013 年，研究生院 MPA 教育中心录取单证 MPA 研究生 43 人，录取双证招生人数 60 人。开展干部培训，与国电集团、天津滨海新区组织部、重庆市北碚区委党校等多家机构开展合作，并开发课程百余门，课程方案 20 余个。

（2）工商管理硕士（MBA）教育工作。2013 年，MBA 教育中心荣获新华网颁发的“2013 中国高端品牌 MBA 院校”荣誉证书，成功举办了香港公开大学年会等活动。招生工作通过开展公开课、项目说明会、现场确认服务及考前讲座等系列活动全面助力社科 MBA 项目品牌提升，取得了良好的效果。在国际合作与交流方面，组织了 MBA 学生首次赴美访学活动，向台湾暨南大学和荷兰蒂尔堡大学派遣了多名交换生。

2013 年，MBA 教育中心上传各类稿件 700 余篇，更新全职教师、特邀教授、特聘导师简历共 130 多篇，内网上传学生管理系统通知 100 余篇。

（3）社会工作硕士（MSW）教育工作。2013 年，MSW 教育中心共招生 49 人，共有 57 名学生通过论文答辩，顺利毕业。MSW 教育中心在学科建设方面，设置社会政策、社区发展、社会工作理论与实践、社会组织管理、社会行政管理、民族社会工作等内容。2013 年，MSW 教育中心导师人数由 28 位增至 34 位，新增 11 家社工实习基地，完成 2014 年度社工实验室的项目申报，开展 20 余场社会工作学术与实务讲座。

在国际学术交流方面，MSW 教育中心派送了 5 位老师参加社会工作教育协会举办的美国“萨提亚家庭治疗模式临床培训课程”。启动了与罗格斯大学的博士生交流项目。与芬兰 6 所大学签订了交流与合作协议，启动与芬兰社会工作教育协会合作计划。赴法国考察，与法国 3 所大学签署合作协议。

（4）金融硕士（MF）教育工作。2013 年，MF 教育中心招生 53 人。MF 教育中心不断探索加强学科建设的有效途径，制订了《金融硕士教育中心学科建设五年规划方案(2013 ～ 2018)》以及《金融硕士教育中心学科建设 2013 ～ 2014 年度实施方案》《金融硕士教育中心学业奖学金实施细则》及《金融硕士教育中心新生奖学金实施细则》等制度。

（5）税务硕士（MT）教育工作。2013 年，MT 教育中心招生 43 人。MT 教育中心主要开展了如下工作：安排学生实习，组织学位评定委员会，组织学生参加德勤税务精英挑战赛论文大赛（获"最优秀论文奖"），与北税协、中财讯等单位合作举办多期行业研修班，组织学位论文写作专题讲座，组织学位论文开题工作，组织学生前往实习基地参观学习，组织就业指导和帮助等。

(6)文物与博物馆硕士(MCHM)教育工作。2013年,MCHM教育中心共招收研究生45名，其中文物鉴定与修复方向20名，博物馆管理方向14名，故宫学方向11名，共占同年全国文博专硕研究生总数的1/6。

2013年，MCHM教育中心继续巩固和加强了同故宫博物院，中国社会科学院考古所、历史所，全国政协文史馆的战略合作关系，并与首都博物馆新建立战略合作关系，同国家文物局、上海市博物馆、河南省博物院、浙江省博物馆进行了高层交流，与陕西历史博物馆、辽宁省博物馆、殷墟博物馆建立沟通交流机制。

(7) 法律硕士教育中心。2013年，法律硕士教育中心共招收研究生218人，毕业214人，在校生总计为655人。法律硕士教育中心全年累计排课80余门，在研究生院教学管理网络平台上为学生开课、选课和录入成绩分别达2.6万人次，组织安排70余名教师授课2200课时。举办了10期"社科法律人"高级学术论坛暨"社科法硕"学术交流活动。

（五）科研工作

1.科研成果统计

2013年，研究生院完成专著3部，84.6万字；学术论文24篇，19.96万字；研究报告3篇，78.88万字；译著2部，25万字；译文2篇，2.5万字；教材4部，148万字。

2.科研课题

(1)新立项课题。2013年,研究生院共有新立项课题1项,即中国社会科学院国情考察课题："不同区域地方财政与义务教育均等化比较分析"（黄晓勇主持）。

(2) 结项课题。2013年，研究生院共有结项课题16项。其中，院重点课题1项："民间组织与深化行政管理体制改革"（黄晓勇主持）；院国情考察课题1项："不同区域地方财政与义务教育均等化比较分析"（黄晓勇主持）；院青年科研启动基金课题1项："我国就业中的性别歧视——从女性主义的视角来分析"（延缘主持）；研究生院后期资助个人自选课题14项："教育公平：政府责任与财政制度"（张菀洺主持），"论打造浙江经济升级版的实质、主题及其路径选择"（刘迎秋主持），"政府绩效管理过程反思"（董礼胜主持），"宏观与微观双重视角下中国福利制度的路径选择"（赵一红主持），"危机影响下国际服务贸易发展趋势及中国的路径选择"（李为人主持），"山片蟠桃的无鬼论及神佛批判"（李晓东主持），"蔡元培的北大改制与现代大学院系体制的形成"（金英主持），"基于关联数据的知识发现应用体系研究"（李楠主持），"列夫·古米廖夫的欧亚主义学说及其对当代影响"（粟瑞雪主持），"制度压力和组织同构——企业社会工作促进企业履行社会责任机制研究”(何辉主持),“容闳和沈葆桢留学教育思想的比较”(朱孔京主持),“从图书馆学发展的角度看图书馆职称制度改革的必要性”(袁宝龙主持);其他部门与地方委托课题1项:民政部委托课题“社会工作和志愿者在民生与社会中功能作用研究”(赵一红主持)。

(3)延续在研课题。2013年,研究生院共有延续在研课题5项。其中,国家社会科学基金课题4项:“抓住和用好本世纪第二个十年我国发展重要战略机遇期的若干重大问题研究——面向未来的我国大国经济发展战略”(重大招标项目,刘迎秋主持),“国家电子政务网络建设与提升政府公共服务和管理能力研究”(重点项目,董礼胜主持),“私募股权基金监管制度研究”(一般项目,文学国主持),“我国民间组织与公共服务供给的实证研究”(青年项目,蔡礼强主持);院重点课题1项:“民间组织与公共治理模式转型”(蔡礼强、潘晨光主持)。

3.获奖优秀科研成果

2013年,研究生院获“中国社会科学院财经战略研究院优秀科研成果奖”专著类一等奖1项:刘迎秋等的专著《浙江经验与中国发展——科学发展观与和谐社会建设在浙江》;获农村发展研究所优秀科研成果奖论文类三等奖1项:张菀洺的论文《政府公共服务供给效率的经济学分析》。

(六)国际与地区学术交流与合作

2013年,研究生院教职工出访10批次,人员涉及16人。出访目的国及地区包括瑞士、美国、芬兰、比利时、法国、德国、荷兰以及中国台湾等。还组织了学生团出访,其中包括MBA组团赴台5人,MBA美国游学团。共有8名学生利用国家留学基金委的奖学金项目,分别赴荷兰、德国、英国、法国、加拿大、澳大利亚、美国留学。另外,研究生院有1名学生成功申请中美富布赖特项目,2名学生被提名申请中美哈佛燕京项目。2013年,援外培训项目共邀请到来自非洲、亚洲、拉丁美洲、大洋洲19个国家63名官员和学者来华参加研修活动。全年国际语言部各培训项目共培训各类人员总计364人,组织国家级BFT考试及北京市BETS考试,共计667人参加。国际化人才培养工作分别在政府和企业各完成1个项目,共培训企业管理人员、党政干部64人。

(七)研究生院图书馆概况

研究生院图书馆建筑面积10 700平方米,馆藏总量约为36万册,其中,中文图书28万册,外文图书4万多册,中外文过刊近4万册,形成了以人文和社会科学文献为主体,兼有自然科学技术文献等多种类型、多种载体的综合性馆藏体系。

2013年,中外文新书入藏总量为14 844册,其中中文图书14 299册,外文图书545册。全年订购中文期刊986种,外文期刊94种,报纸93种,加工入库期刊合订本1600册。全年共接收来自 62 个机构或个人的赠书 3919 种 4631 册，其中机构捐赠 1722 种 2127 册，个人捐赠 2197 种 2504 册。共接待读者 20 227 人次，较 2012 年增加了 4 万多人次。全年借还书总量为 128 120 册次。

2013 年，笃学讲堂共举办各类学术讲座 22 场，图书馆电子资源和服务讲座 15 次，配合研究生院其他部门组织各类典礼和相关活动 12 场。笃学讲堂周末影院累计播放电影 35 场，观影人数 1800 多人次。

2013 年，研究生院图书馆共举办各类讲座和培训 16 次，其中进行新生入学教育 2 次，举办“BALIS 馆际互借和原文传递检索与应用”4 期和“BALIS/CALIS 融合系统的应用”讲座 2 期，邀请数据库商针对 JSTOR、WESTLAW、EPS、WIND、CEIC、国学宝典、读秀百链等各类数据库和 Note Express 文献管理软件使用讲座 8 次。

（八）学术期刊

《中国社会科学院研究生院学报》（双月刊），主编文学国。

2013 年，《中国社会科学院研究生院学报》共出版 6 期。该刊全年刊载的有代表性的文章有：张海鹏的《关于治学与学风的几点感想》，叶秀山的《关于“自由”与“必然”——研讨黑格尔哲学断想》，周泓的《黑格尔世界史观、民族史观对辩证唯物史观、阶级史观的理论启示》，张斌峰、闫斌的《“化学去势”立法探讨：争议与鉴借》，马勇的《五口通商与中国社会转型》，夏杰长、张晓兵的《生产性服务业推动制造业升级战略意义、实现路径与政策措施》，郭叶波、魏后凯的《中国城镇化质量评价研究述评》，罗文东的《论社会主义的核心价值与核心价值观》，黄群慧的《中央企业在国家创新体系中的功能定位研究》，蔡昉的《“中国梦”的经济学解析》，刘作翔的《从自然权利走向法定权利——人体捐献器官移植中的分配正义问题》，邓琳君、吴大华的《风险社会语境下环境犯罪的立法思考》。

（九）创新工程工作

2013 年 7 月，研究生院进入中国社会科学院创新工程，105 人通过竞聘进入创新岗位，其中首席管理为黄晓勇，首席教授为董礼胜、张波、吕静、赵俊。研究生院共实施了“教学培养与学生管理”“中国发展道路理论的实践与传播”“行政支持与后勤保障系统”“新校园基本建设管理暨二期工程建设”“公共管理一级学科建设”等五个创新项目。

（十）会议综述

研究生院2013年度系秘书工作会议

2013 年 5 月 16 日，研究生院“2013 年度系秘书工作会议”在国家税务总局党校（扬州）召开。

副院长文学国、王兵，院长助理俞燕民，院属各职能部门负责人，各教学系秘书及各专业学位负责人等近 50 人参加了会议。研究生院各职能部门负责人分别通报了工作情况。各教学系参会秘书就教学培养、成绩报送、奖助学金管理、招生工作、网络环境和带宽、学位论文答辩和评阅、硕导遴选、博导遴选等各方面问题展开了讨论，相关的研究生院各职能部门及分管院领导分别对系秘书们提出的问题进行了解答。

（周兴君）

非洲国家经济与社会发展总统顾问研讨班结业典礼

2013 年 5 月 23 日，由商务部主办、中国社会科学院研究生院承办的“非洲国家经济与社会发展总统顾问研讨班”结业典礼在中国社会科学院举行。中国社会科学院党组副书记、副院长赵胜轩，研究生院党委书记黄晓勇教授出席结业典礼并致辞。来自南非的副总统办公室主任布萨尼・恩格卡维尼作为非洲官员代表致辞。结业典礼上，赵胜轩代表中国社会科学院向圆满完成研讨任务的非洲各国官员表示祝贺。黄晓勇全面总结并回顾了研讨班所举办的各项重要研讨活动。该研讨班共邀请到来自 8 个非洲国家的 15 名部长级资政官员和内阁高级幕僚来华共同讨论。

布萨尼・恩格卡维尼代表研讨班全体非洲官员向参与研讨班活动的所有教职员工表示感谢。他归纳了研讨期间的几点重要收获：第一，非洲需对自己国家的未来发展负责，做各自国家发展变革的主人公；第二，非洲须向中国学习，将自己本国的发展经验与他国发展的成功经验结合起来，探索出一条适合国家长期发展的道路；第三，非洲需建立起强有力的机构加强中非间的学术交流，加强彼此间的研究与合作，持之以恒，进一步推进和优化双方的经济利益的创新合作。

（周兴君）

研究生院2013届研究生毕业典礼

2013 年 7 月 12 日，研究生院 2013 届研究生毕业典礼在中国社会科学院研究生院举行。中国社会科学院党组书记、院长王伟光教授，中国社会科学院党组成员、副院长李扬教授，中国社会科学院党组成员、副院长张江，中国社会科学院研究生院院长刘迎秋教授，副院长文学国、赵芮、王兵等出席毕业典礼，教学系（所）领导、导师代表、毕业生及其部分亲属参加了典礼。典礼由中国社会科学院研究生院党委书记、副院长黄晓勇主持。

文学国宣读了 2013 年获得博士学位和硕士学位人员名单，并向获得学位的同学表示祝贺。

赵芮宣读《关于表彰 2012 ~ 2013 学年度优秀研究生、优秀研究生干部的决定》和荣获北京市优秀毕业生荣誉称号同学名单。经过严格的遴选和评定，2013 年共有王翼等 370 名毕业生获得优秀研究生称号，云天骄等 152 名毕业生获得优秀研究生干部称号，刘凯等 40 名毕业生被北京市教育委员会授予“北京市普通高等学校优秀毕业生”称号。

毕业研究生代表郝世坤、外国留学毕业研究生代表俞永植、导师代表黄群慧教授分别发言。

中国社会科学院党组书记、院长王伟光教授发表题为“以创新之举促教育发展，以弥坚之志谱人生华章”的重要讲话。他指出，在研究生培养过程中应当始终贯彻改革创新的思路，在教育理念、培养模式、管理机制方面不断创新。

（周兴君）

研究生院2013～2014学年开学典礼

2013 年 9 月 10 日，研究生院 2013 ～ 2014 学年开学典礼在研究生院举行。中国社会科学院党组副书记、副院长赵胜轩，中国社会科学院党组成员、副院长张江，中国社会科学院办公厅主任施鹤安，中国社会科学院研究生院党委书记、院长、博士生导师黄晓勇教授，中国社会科学院考古研究所所长、研究生院教授委员会执委、博士生导师王巍教授，中国社会科学院数量经济与技术经济研究所所长、博士生导师李平教授，中国社会科学院民族文学研究所党委书记、所长、博士生导师朝戈金教授，中国社会科学院当代中国研究所副所长、博士生导师张星星教授，中国社会科学院博士后管理委员会秘书长、博士生导师胡滨教授，中国社会科学院研究生院副院长赵芮、王兵，院长助理俞燕民出席典礼，典礼由研究生院副院长、博士生导师文学国教授主持。2013 年，研究生院共招收博士和硕士研究生 1063 人，其中博士生 338 人，硕士生 725 人。

副院长赵芮教授宣读了《关于表彰 2012 ～ 2013 学年优秀教学奖获奖教师的决定》《关于表彰 2012 年优秀博士学位论文的决定》和《关于对 2013 年我院研究生优秀论文进行奖励的决定》，各位领导分别向优秀教学奖获奖教师代表、优秀博士学位论文指导教师和作者代表及优秀学术论文作者代表颁发荣誉证书。2013 年共有 5 名教师获得优秀教学奖，8 名博士分获优秀博士学位论文一、二、三等奖，24 篇学术论文分别获得优秀学术论文一、二、三等奖。

中国社会科学院党组副书记、副院长赵胜轩发表了题为“胸怀梦想 心系国家 砥砺图强 奋发有为”的演讲。在讲话中，他指出，哲学社会科学将迎来大繁荣、大发展的历史机遇，作为社科学子要把自己的人生理想融入到国家和民族事业发展的滚滚洪流中，奋发向上、勇往直前，在实现中华民族复兴伟大中国梦的精神中放飞自己的青春梦想。

（周兴君）

研究生院建院35周年座谈会暨校史馆揭幕仪式

2013 年 12 月 23 日，研究生院召开建院 35 周年座谈会。中国社会科学院院长、党组书记

2013 年 12 月，中国社会科学院研究生学院举行庆祝建院 35 周年暨校史馆揭幕仪式。

王伟光，中国社会科学院副院长、党组成员张江，中国社会科学院副秘书长、科研局局长晋保平，中国社会科学院学部委员方克立，中国社会科学院部分职能局领导，房山区政府、高教园区管委会领导，北京理工大学、北京工商大学等兄弟院校代表，中国社会科学院研究生院院长、党委书记黄晓勇，副院长王兵、马跃华，院长助理俞燕民、翁建敏，离退休老干部、校友、职工代表、学生代表等 60 余人参加了座谈会。座谈会由研究生院副院长文学国主持。

座谈会上，黄晓勇全面回顾了研究生院 35 年来的奋斗历程和辉煌成就。他说，研究生院将继续按照“集中办院、按所设系、分片教学、统一管理”的办学模式，坚持正确的办学方向，优化科研、人事等资源配置，深入各项体制机制改革，为实现“把中国社会科学院研究生院办成一流的人文社会科学人才培养基地”的目标而不懈奋斗。

王伟光向研究生院提出几点要求：一是认真学习和贯彻落实党的十八大以来，习近平总书记系列重要讲话精神；二是始终坚持正确的政治方向和办学导向；三是始终坚持把党和国家关注的重大理论和现实问题作为教学重要内容；四是始终坚持深化改革和开拓创新；五是始终坚持抓好教学、管理两支队伍建设。他表示，中国社会科学院党组将一如既往地高度重视和大力支持研究生院的工作，努力培养大批又红又专的高层次哲学社会科学后备人才。

座谈会上，房山区三化两区咨询委员会副主任高培军，离退休老干部、学生代表及其他与会者发言，他们表示，研究生院建校 35 年来取得了骄人的成就，衷心祝愿研究生院越办越好，为中国繁荣发展哲学社会科学培育更多优秀人才。

（周兴君）

中国社会科学院图书馆（调查与数据信息中心）

（一）人员、机构等基本情况

1. 人员

截至 2013 年年底，中国社会科学院图书馆（调查与数据信息中心）（简称“院图书馆”）共有在职人员 109 人。其中，正高级职称人员 7 人，副高级职称人员 33 人，中级职称人员 41 人；

高、中级职称人员占全体在职人员总数的74%。

2.机构

院图书馆设有采编部、典藏部、期刊部、古籍特藏部、参考咨询部、国际书刊交流部、文献计量学研究室、数据网络部、内网部、网络安全部、办公室、科研业务处、人事处（党办）。

3.科研中心

院图书馆下设两个研究中心，分别是：中国社会科学评价中心，中国社会科学院互联网发展研究中心。

（二）院图书馆工作

1.深化体制机制改革

（1）认真贯彻落实中国社会科学院党组决定，改革管理体制机制，转变图书馆职能。2013年8月28日，中国社会科学院党组印发了《中国社会科学院信息化体制机制改革方案》，将调查与数据信息中心及网络中心机房等硬件设备划归院图书馆，赋予院图书馆主要职能是："统筹全院数字化图书馆、数据库和综合集成实验室平台建设、综合管理平台建设，负责网络（含内网即综合管理平台、保密网）的维护与服务。"

在管理体制上，院图书馆和调查与数据信息中心为一个机构、两块牌子，实行统一领导，重大问题由图书馆党委会决定，保持调查与数据信息中心的相对独立性。院图书馆认真贯彻执行院党组的决定，完成了机构、人员、财务与资产的整合，加强了统一领导和统一管理。撤销了图书馆原网络系统部、音像部，增设数据网络部、内网部和网络安全部。

（2）积极做好业务协调、指导工作，在全院图书馆三级管理体制中发挥总馆的龙头作用。

①开展分馆、所馆（资料室）业务培训。2013年4月，院图书馆组织召开全院系统22位编目工作人员西文编目培训班，邀请国内知名编目专家系统讲授西文图书编目规则、西文著录格式。2013年3月，院图书馆协助国际研究分馆举办了新员工培训，介绍了采编流程、典藏规则、图书馆自动化系统等业务知识。

②联合分馆、所馆（资料室）共同举办研讨会。2013年6～8月，院图书馆联合数据商分别与法学分馆、民族学与人类学分馆、经济学研究所图书馆举办了"中国社会科学院图书馆数字资源系列研讨会"。2013年7月，院图书馆协助国际研究分馆举办"专业图书馆创新研讨会"，邀请加拿大不列颠哥伦比亚大学亚洲图书馆中文馆员刘静作题为"学术图书馆的变革"的专题报告。

③推进经济学分馆筹建工作。在财计局和院图书馆的共同协调下，着力解决了馆舍调整和改造问题。2013年，经济学分馆的房屋分配已经完成，馆舍改造方案已经确定，待基建改造完成后，经济学分馆可组建完毕。

④配合分馆、所馆（资料室）完成创新工程任务。2013年，世界历史研究所获得了创新

工程专项购书经费 180 万元。院图书馆承担了该所创新工程专项购书全部工作，发出英文、法文、德文、俄文、日文等图书订单近 2000 种，完成 1020 种到馆外文图书的编目加工工作。

（3）加强沟通协调，进一步完善图书采购总代理制。图书采购总代理制是全院文献资源采购制度的一项变革。为了逐步完善该项制度，使其更好地为全院科研工作服务，院图书馆与人文公司领导建立了沟通制度，多次组织召开座谈会，及时有效解决了全院出国人员自购图书报账问题、编制国内外出版图书书目等图书采购中遇到的各种问题。

2013 年 1 月，全院图书馆馆长联席会议召开，院图书馆、人文公司和各研究所分馆、所馆（资料室）负责人交换意见，统一认识，研究探讨进一步完善图书采购总代理制的思路、措施，取得了很好的效果。

2. 图书馆业务工作健康发展

（1）提高资源采购质量。院图书馆各业务部门积极落实馆党委“提高资源采购质量”的要求。文献计量学研究室开展对期刊、图书和出版社评价，为期刊订阅、图书采购、典藏流通、用户导读服务提供参考依据。采编部开展读者需求调研，向 7 个院属研究单位发放读者调查问卷，到哲学研究所等研究单位召开读者座谈会；以提高馆藏质量为核心，制定新的资源建设方针，改进资源采集办法；加强进出口出版物审读制度建设和队伍建设；保障创新工程项目亟须的文献资源，开通科研急需用书“绿色通道”。

截至 2013 年年底，到馆的中文普通图书 13 994 册，外文图书 6842 册，中文期刊 1424 种，外文期刊 875 种，外文报纸 111 种，港台报纸 18 种，中文报纸 120 种，地方志 2006 册，学位论文约 32 000 册。还接受中文赠书 1200 多册，外文赠书 848 册。

（2）加大数字资源采购力度。2013 年，继续加大对电子资源经费投入力度。全年共引进数据库 64 笔，新增“大成老旧期刊数据库”“SAGE 研究方法在线”“ANNUAL REVIEW”“中东欧多语种电子期刊数据库（CEEOL）”等 14 个数据库。

（3）向院内外单位提供专题咨询服务。院图书馆参考咨询部为历史研究所承接的国家社科基金重大招标项目“历代土司资料汇编”提供专题文献服务，为该研究项目在该数据库中检索、整理了诸多文献资料。2013 年，共提供专题咨询服务 12 人次，共计约 620 条书目、95 条论文题录、推荐 13 个数据库、专题资料汇编 1110 页、专题报告 1 篇（约 8000 字）。

（4）广泛开展资源推介服务。典藏流通部、采编部在《国外社会科学》杂志开辟专栏，推荐图书馆新入藏的外文图书 20 余种，编译外文新书通报约 2.3 万字。参考咨询部联合“读秀”开展了为期一个月的免费实名认证推广活动，代读者注册实名认证账户共约 243 人。文献计量学研究室通过引文数据库建设，丰富图书馆数字资源建设内容，为学界提供相应的引文检索认证服务，接待论文作者 118 人次，提供 109 份认证报告。

（5）提升图书馆自动化系统的服务性能。2012 年 6 月，院图书馆正式启用了 Aleph500 图书馆自动化系统，在保证该系统基本功能正常运行的前提下，进行了系统改造，提升了服务性能。在OPAC系统嵌入了联图（中外文）图书拓展信息服务系统（联图XOPAC），解决随书光盘的管理和使用问题，受到读者欢迎。

(6) 完成了统一资源发现系统的搭建。院图书馆在引进Aleph500自动化系统同时，还引进了Primo资源发现与服务系统。该系统提供统一资源发现服务、资源导航服务、链接解析服务、内容聚合与个性化服务以及后台统计分析功能，可以更好地提升图书馆的服务水平。经过一年多的努力，院图书馆已经完成该系统的数据迁移、功能测试、系统配置等，系统目前运行正常，实现预期目标。

(7) 优质服务受到读者肯定。2013年，院图书馆书目检索中心、典藏流通部、阅览室共接待读者22 880人次，借还图书59 833册，其中借书29 897册，还书29 936册。全年接受参考咨询服务1492件，收到文献传递请求59件，完成38件，代检代查19人次（25件），扫描文献1038页。

3.加快推进哲学社会科学海量数据库和综合集成实验室平台建设

(1) 国家哲学社会科学学术期刊数据库建设。2013年，在对国内外同类型数据库深入调研的基础上，完成13篇调研分析报告，明确了数据库建设的准确定位与战略发展方向。同时，整理、完善了科研机构信息3898条，研究人员信息8588条。完成334种3129本学术期刊，合计5.37万篇、42.4万页论文，41.2万条引文数据的加工和5.69万个PDF文件、84.76万个SWF文件的转换。

2013年7月16日，数据库正式上线。截至12月26日，期刊数据库的Alexa全球排名为1 167 963位，国内排名为46 765位。数据库注册用户数9096人，论文在线阅读量为116 136次，论文下载量为116 632次，总浏览量1 441 938次，总访客数319 657人，日平均浏览量8792次。截至12月30日，数据库已与468家期刊（含352种核心期刊）编辑部签订作品使用协议。

(2) 哲学社会科学海量数据库建设。在实际调研和专家指导基础上，初步完成海量数据库规划和架构设计方案，数据库建设取得阶段性进展。

完成了国际研究数据子库需求说明、数据标准制定、页面设计和指标数据查询系统等功能模块开发及相关数据入库等工作；完成了国情调研数据子库需求调研、功能模块设计、架构搭建、数据收集、分类和数据加工标准等工作；完成了博士后文献数据库一期建设；完成了科研成果数据子库的相关规划、工作分解及功能设计。完成了“中国口传史诗百年回顾展”的规划、设计、架构搭建，收集整理了相关数据。初步完成了历史研究数据库中4个专题库的建设。

此外，完成了考古研究系统平台初步设计，社会人类学数码博物馆规划，群体性事件数据库一期建设，社会保障数据库建设需求修改，国际文学伦理学批评研究信息平台初步建设，马克思主义研究数据子库页面功能设置，资产评估数据子库一期，自然灾害数据子库页面频道设置及数据展示形式，图片、音视频、图书、方志等数据库的规划和数据标准规范等工作。

截至2013年11月8日，哲学社会科学海量数据库共完成5600本图书、4.65万张图片、

7600 条各国大事记、24.8T 音视频数据、1036 篇研究报告、380 余万条指标数据、370.85 万条调查数据、25.1G 各类网络采集数据及 4.3G 其他文本信息的数据整合和加工检测。

（3）综合集成实验室平台建设。初步构建了以仿真模拟实验为主体、专项研究为骨干、现代信息技术手段为支撑、重大经济社会问题研究为导向的多元化实验平台建设框架，为综合集成实验室整体建设的推进奠定了坚实基础。

与全院 19 个研究机构合作建成 27 个专项实验室，并与院外 4 个科研单位达成实验室战略合作，涉及经济、社会政法、国际、文学、历史、军事等领域。各个实验室已推出的科研成果包括：《要报》58 篇、数据分析报告 138 篇、模型 2 个、指数 7 个、论文 360 篇等。

（4）社会状况综合调查项目情况。2013 年 5 月 4 日，中国社会科学院全国居民调查网络成立暨 2013 年中国社会状况综合调查项目启动会召开。中国社会科学院全国居民调查网络是与全国不同省市 33 所高校和科研机构合作建设的社会调查执行平台。

2013 年进行了调查平台的相关建设工作。结合 2013 年网络调查项目的特殊需求，完善计算机辅助网络调查系统（CAWI）。借助计算机辅助电话访问（CATI）系统，完成了各类入户面访调查的问卷电话复核工作。基本完成计算机辅助面访调查系统（CAPI）的研发，并完成了相关 SSU 数据的收集工作。

2013 年执行了“2013 年中国社会状况综合调查（CSS）项目”“中国社区建设与基层群众自治调查”“2013 年大学生就业、生活和价值观调查项目”“2013 中国舆情指数调查”“海淀区卫生系统职工和服务对象满意度调查”等调查项目。

4. 为全院网络建设提供技术支撑和安全保障

2013 年 8 月，全院进行了信息化机构的调整，原网络中心业务工作整体划拨到图书馆，18 位技术人员到院图书馆工作。院图书馆新组建了内网部和网络安全部。

（1）完成创新项目和有关工程。根据 2013 年原网络中心创新工作要点，加强和完善网络基础设施建设，对老旧设备进行按需更新替换；对与院部互联的各学科片链路进行了带宽扩容，共完成了 9 条互联链路的扩容工作，由扩容前的 98M 升级扩容至 190M；完成流控设备更换、3 号机房验收、DMZ 区和 DMZ2 防火墙更换、科研楼东段网络布线改造工作；就院统一存储系统（二期）建设项目进行前期调研和技术交流；进行中国社会科学网发布系统建设工程实施、培训、验收等工作；开展保密网调研工作及综合管理平台相关工作。

（2）全院网站支持。承担全院各所局 81 个网站的日常维护工作。2013 年度共协助全院 20 多个网站更改网站页面共计 50 余次。在网站发布平台上新建社科网中文版、社科网英文版、社科网法文版，中国社会科学院官网等 12 个站点，并对以上新建站点进行站点分发、域名指向，防火墙策略修改后实现站点的内、外网对外正常发布。新建 38 个网站发布系统用户，并为新建用户制作平台登录介质，以及开通以上用户的 WCM 系统权限。修改 45 个用户的 WCM 内容管理系统权限及互动社区系统登录入口权限。注销 5 个用户 WCM 内容管理系统登录入口权限。

（3）上网认证系统维护。上网认证系统为中国社会科学院网络管理的重要服务系统，全院及学科片用户的日常网络使用都需先登录该系统后才能访问网络。2013 年为全院所局单位共创建上网账号共 1705 个，注销账号 989 个，重置密码 259 个，查询处理账号问题 300 多次。

（4）网络基础运维保障。开展网络基础运维保障，及时有效地保障了全院网络畅通。为包括离退休干部局、办公厅等 40 余个所局单位解答各类网络相关问题 300 多次，其中，前往故障地点进行解决的情况 40 余次。2013 年 11 月 10 日起实施网络巡检工作，进一步保障了网络运营维护。

（5）机房管理及机房设备托管。负责 3 个计算机中心机房和辅助设施等 5 大系统的运维和管理。2013 年，完成设备托管工作共有 17 次，涉及服务器等网络设备 98 台。

（6）域名系统及认证系统维护。对全院 DNS 系统应用服务器进行系统运行维护工作，2013 年共新增 89 条记录，删除 5 条记录，修改 7 条记录。主动与域名即将到期的相关单位联系，通知其续费事宜，并做好相关记录。对全院 CA 和 RA 认证服务器的正常运行维护工作，负责 USB KEY 的制作及解锁工作，目前共制作 160 个 KEY。

（7）保证邮件系统畅通稳定。为有效保障全院邮件系统的安全稳定运行，坚持实施邮件日常巡检工作。2013 年对邮件系统软、硬件巡检共计 229 次，新注册邮箱用户 441 人。除了对操作系统加固外，在用户应用方面进行了登录验证码安全加固、密码强度安全加固、登录 IP 安全提示、自动转发安全提示、SSL 传输加密等安全加固。12 月底前，印制系列邮件系统宣传册，发放至用户手中。

（8）网络会议、网站安全保障。2013 年 4 月，保障了全院 2013 年度工作会议暨反腐倡廉建设工作会议视频的正常顺利转播，未出现任何问题。

2013 年 12 月，保障了全院 2013 年报刊出版馆网库名优工程建设工作经验交流会视频在内网进行顺利直播。

还承担了“两会”、国庆长假期间的网站及网络安全保障工作、十八届三中全会网站安全重点保障工作。

（三）科研工作

1. 科研成果统计

2013 年，院图书馆共完成专著 4 种，111.3 万字；论文 50 篇，35.2 万字；译文 10 篇，1.4 万字；一般文章 10 篇，2.2 万字。

院图书馆编辑出版了《中华信息科学论坛》2013 年第一卷（创刊号），27.9 万字。

2. 科研课题

（1）新立项课题。2013 年，院图书馆共有新立项课题 1 项，即国家社会科学基金青年课题：“研究型图书馆电子资源优先策略研究”（孔青青主持）。

（2）结项课题。2013 年，院图书馆共有结项课题 18 项。其中，院重大课题 2 项：“数字图书馆理论、实践与中国社会科学院数字图书馆建设”（杨沛超主持），“人文社科核心期刊的统计与分析”（姜晓辉主持）；院 B 类课题 1 项：“数字化参考咨询服务研究”（顾红主持）；院国情考察活动 2 项：“关于开展涉及我边境地区的非法移民问题的调研——以云南河口为例”（黄超峰主持），“名馆建设考察——以四川省图书馆与博物馆特色馆藏与制度建设为例”（赵嘉朱主持）；院基础课题 1 项：“亚太地区图书情报网络发展面临的主要问题”（刘振喜主持）；院科研管理课题 2 项：“引文在社会科学评价中的作用”（刘振喜主持），“中国社会科学院图书馆科研业务处的功能与定位”（李广立主持）；所重点课题 10 项：“中文电子书发展现状与馆藏策略”（黄丽婷主持），“西文电子期刊与纸本期刊的馆藏建设研究”（包凌主持），“国内外文献计量学理论研究与应用现状的比较分析”（耿海英主持），“中国社会科学院图书馆利用 google 的方案构想”（于力主持），“人文社会科学评审专家遴选方法”（任全娥主持），“图书馆参考咨询服务创新研究”（顾红主持），“中华信息科学论坛”（杨雁斌主持），“基于信息技术的图书馆创新服务研究”（王玉巧主持），“网络环境下过刊收藏原则及对策”（张杰主持），“新编目规则 RDA 标准与理念对我馆编目工作的影响及对策”（杨华主持）。

（3）延续在研课题。2013 年，院图书馆共有延续在研课题 14 项。其中，国家社科基金青年课题 2 项：“人文社会科学成果评价体系设计与实证分析”（任全娥主持），“我国科学院系统图书馆数字资源利用状况与发展趋势研究”（苏金燕主持）；院长委托课题 1 项：“汉英新词语词典”（黄长著主持）；院重大课题 1 项：“世界语言大辞典”（黄长著主持）；院 B 类课题 1 项：“中国人文社科计量指标的统计与分析”（尹国其主持）；院重点课题 1 项：“我国社会科学基金产出论文及影响力分析报告（1999 ～ 2009 年）”（周霞主持）；院青年科研启动基金课题 2 项：“美国革命时期效忠派的组成与动机”（孙洁琼主持），“中国古代方志舆图研究”（高文娟主持）；所重点课题 6 项：“‘走出去’战略与我院学者国际论文统计分析”（刘振喜主持），“我馆外文主要文种古旧图书与民国图书调查统计与整理保护研究”（杜玉梅主持），“院图书馆国际资源交换平台构建与应用模式研究”（多家喻主持），“图书馆危机管理研究”（魏进主持），“院图书馆岗位设置及考核办法研究”（赵慧主持），“论图书馆行政管理规章制度的建设”（王清君主持）。

3. 获奖优秀科研成果

2013 年，院图书馆共获奖五项。其中，获第八届中国社会科学院优秀科研成果奖论文类二等奖一项：黄长著的《全球化背景下的世界诸语言：使用及分布格局的变化》。

获得中国社会科学情报学会 2013 年学术年会优秀论文一等奖一项：任全娥、余倩的《国外社会科学成果评价研究的知识图谱分析》；获得中国社会科学情报学会 2013 年学术年会优秀论文二等奖两项：余倩、郝若扬的《国内人文社会科学博硕士学位论文定量分析——基于 CHSSCD 的计量研究》，周霞、郝若杨的《我国社科领域基金论文产出的文献计量分析》；中国社会科学情报学会 2013 年学术年会优秀论文三等奖一项：张丽康的《新疆维吾尔自治区公共图书馆民族传统文化在“文化共享工程”中统计数字论证分析》。

4.创新工程的实施和科研管理新举措

2013 年院图书馆分两批次整体进入创新工程。2013 年院图书馆共有 67 人参加创新岗位。

2013 年，院图书馆党委书记、副馆长庄前生被聘为创新工程首席管理。图书馆创新工程项目及其首席研究员（主任馆员）有：“人文社会科学评价研究与服务”（首席研究员为任全娥），“中国社会科学院古籍整理保护暨数字化”（主任馆员为赵嘉朱），“图书馆管理创新”（主任馆员为刘振喜），“图书馆服务创新”（主任馆员为王玉巧），“中国社会科学院近代中文报刊（1894 ~ 1949）普查登记与整理保护”（主任馆员为张杰），“中国社会科学院近代图书（包括晚清、民国时期）普查登记与整理保护”（主任馆员为蒋颖），“中国社会科学院近代外文图书（1549 ~ 1949）普查登记与整理保护”（主任馆员为黄长著），“馆藏中国社会科学院发展历程音像资料（1986 年～ 2013 年）数字化”（主任馆员为王爱群），“中国社会科学成果国际传播”（主任馆员为刘金利）。

2013 年院图书馆在创新工程方面实施的新机制、新举措主要是：

第一，推进“中国社会科学院古籍整理保护暨数字化”工作，提前完成全院古籍普查登记工作，做好古籍善本数字化前期准备。古籍普查登记工作于 2013 年 12 月完成。院图书馆于 2013 年举办了“古籍版本鉴定实践班”和“全院古籍普查登记提高班”。在院图书馆和有关分馆、所馆（资料室）的共同努力下，全院古籍普查工作提前 6 个月完成。共收到全院 14 家古籍收藏单位的古籍普查数据 97 169 条。院图书馆及民族学与人类学分馆、哲学书库、文学书库、语言研究所阅览室的明版古籍与钞本的甄别与鉴定工作已完成，对 6200 余部古籍做了甄别与鉴定。完成 7 家单位古籍普查登记档案册编辑工作，共计 5 部 7 册，约 595 万字。在院领导的支持和有关职能部门的努力下，制定了古籍善本数字化加工车间的改造方案；进行了古籍扫描试验；进一步完善了古籍数字化工作方案。此外，院内 9 家古籍收藏单位共置换各类古籍函套 11 余万个，为全院古籍保护与科学管理打下良好基础。

第二，图书馆管理创新。为落实院党组关于“纸本图书零增长”的指示，实施了“三线典藏计划”。2013 年 7 月，“三线典藏计划”正式启动，有序推进。截至 2013 年 12 月底，经过典藏流通部和全馆其他部门的协作配合，已按计划完成了经济类、文化教育类、历史类、语言类、文学类（文学类完成 95% 以上）图书的整理工作，具体包括一、二线书库的剔书，藏书址数据的变更，三线图书的排序、码放，多余复本的剔除，以上各类新书区图书的筛选、上架；各线之间图书的运送、装卸等。

第三，图书馆服务创新，更新服务理念，开展送书上门试点服务。2013 年，院图书馆首批送书上门读者 193 人，陆续拜访 62 人次，借书 13 人次 66 册，还书 4 人次 15 册。

第四，创新数字资源用户培训模式。院图书馆举办 CEIC、WILEY、EBSCO、SCI、JSTOR 等数据库的网络在线培训、全球性热点问题在线讨论；召开数字资源北京用户座谈会；

联合 SAGE、TAYLOR & FRANCIS 等知名出版社开展期刊投稿等相关主题的研讨会，对国际期刊投稿技巧与策略以及数据库使用技巧等进行研讨和交流；建立数字使用培训视频库，开展到所服务，与院属研究机构合作举办数据库使用培训活动，提高研究人员信息素养。

（四）学术交流活动

1. 学术活动

2013 年，院图书馆主办和承办的学术会议有四项。

（1）2013 年 2 月 21 日，中国社会科学院学部委员黄长著研究员应邀做“学术规范、治学方法与学术进步”主题讲座。

（2）2013 年 6 月 28 日，院图书馆主办的院 A 类重大课题“数字图书馆理论、实践与中国社会科学院数字图书馆的建设”课题结项报告会在院图书馆举行。

（3）2013 年 7 月 24 日，中国社会科学院文献计量与科学评价研究中心、院图书馆文献计量学研究室主办的“2012 版中国人文社会科学综合性核心期刊评审专家研讨会”在院图书馆召开。

（4）2013 年 12 月 30 日，院图书馆主办的“院重大课题‘人文社科核心期刊的统计与分析’结项报告会”在院图书馆召开。

2. 国际学术交流与合作

2013 年，院图书馆共派遣出访 8 批 15 人次，接待来访 3 批 8 人次（其中，中国社会科学院邀请来访 3 批 8 人次）。与院图书馆开展学术交流的国家和地区有巴西、俄罗斯、乌兹别克斯坦、韩国、英国等国家。

（1）2013 年 5 月 21 ～ 30 日，院图书馆党委书记、副馆长庄前生等赴巴西圣卡塔琳娜州联邦大学参加“不平等与世界资本主义：分析、对策及行动——世界政治经济学学会第八届论坛”。

（2）2013 年 5 月 19 ～ 28 日，院图书馆副馆长蒋颖率中国社会科学院图书馆代表团访问俄罗斯科学院并举办中国社会科学图书展览。

（3）2013 年 12 月 16 ～ 19 日，院图书馆党委书记、副馆长庄前生随院代表团访问乌兹别克斯坦世界经济与外交大学，同国务院新闻办公室的有关领导，举行“中国馆”协议签署及开馆仪式。该馆是目前中国在海外开设的第五家“中国馆”，也是中国社会科学院在海外设立的第一家“中国馆”。

（4）2013 年 12 月 9 ～ 12 日，院图书馆党委副书记、副馆长李春华应邀参加在韩国首尔举行的第七届中韩人文科学论坛。该论坛由中国社会科学院信息情报研究院与韩方共同举办。

（5）2013 年 1 月 19 日至 6 月 16 日，院图书馆助理研究员魏进作为全院优秀管理干部出国研修培训项目首位执行人，赴英国苏格兰爱丁堡大学进行研修。

3. 与中国香港、澳门特别行政区和中国台湾开展的学术交流

2013 年 8 月 20 日，院图书馆党委书记、副馆长庄前生与来访的香港中文大学副校长张妙清举行座谈，就中文学术出版评价等问题进行学术交流，双方就期刊评价工作以及全球华文期刊评价的实现路径等多个问题达成了初步的合作意向。

4.对外学术交流其他成果

（1）积极推进“中国馆”建设。在2012年度与乌克兰国家科学院图书馆成功举办中国社会科学图书展览的基础上，2013年院图书馆分别与乌兹别克斯坦世界经济与外交大学和乌克兰科学院合作，启动并完成了“中国馆”及开馆仪式的准备工作。院图书馆国际书刊交流部根据乌兹别克斯坦世界经济与外交大学图书馆的实际需要，为其精心挑选了2300余种图书；根据乌克兰科学院图书馆的实际需要，为其挑选了1700余种图书。两批图书均通过国务院新闻办公室审核，完成采购和MARC数据加工工作，已运送到两机构。

2013年12月18日，由中国国务院新闻办、中国社会科学院和乌兹别克斯坦世界经济与外交大学合作设立的乌兹别克斯坦世界经济与外交大学“中国馆”举行揭牌仪式。

（2）开展国际书刊交换工作。院图书馆已与20多个国家和地区的40多家科研机构或大学的图书馆建立了书刊交换关系。2013年，国际书刊交流部向境外共分发中文期刊92种、3000册，接收国外交换期刊34种300多册，接收国外交换入藏图书848册。同时，拓展了2家国外交换单位。

（3）实施“中国之窗”项目。院图书馆是国务院新闻办公室“中国之窗”项目5个成员馆之一。按照国务院新闻办公室分工安排，以向国外研究机构和学术机构图书馆赠送图书为主。院图书馆在文献的选择上坚持“以我为主”，即院内学者的著作要达到三分之一以上，重点宣传传播我院优秀科研成果，扩大中国社会科学院的学术影响，以学术外宣促进国家的文化外宣，开拓学术外宣新模式。2013年，通过该项目向国外14家图书馆挑选外宣图书2800余册，已获国务院新闻办公室认可，进入图书采购环节。

（五）学术社团

中国社会科学情报学会，理事长黄长著。

2013年10月22～23日，中国社会科学情报学会在北京举行“中国社会科学情报学会2013年学术年会”。会议的主题是“知识、服务、创新——创新驱动环境下的图书情报工作”。

（六）会议综述

全院古籍普查及数字化工程工作会议

2013年10月12日，中国社会科学院秘书长、全院古籍普查及数字化工作领导小组组长高翔在院图书馆主持召开全院古籍普查及数字化工作会议。院图书馆、语言研究所、历史研究所、近代史研究所、宗教研究所、经济研究所、法学研究所、民族学与人类学研究所等单位的负责人参加了会议。中国社会科学院图书馆副馆长李春华主持会议并传达了2013年10月8日中国社会科学院院长办公会议主要内容。

高翔传达了中国社会科学院党组对全院古籍普查登记工作的要求。高翔强调，做好古籍普查登记工作的意义重大，提出古籍普查登记完成后，应大力推进古籍数字化建设。

高翔通报了全院古籍普查登记进展情况。截至10月上旬，全院古籍普查登记工作整体情况良好：语言所完成98%，244部；民族所完成98%，3980部；院图书馆完成85%，10084部；考古所完成65%，2280部；法学所完成35%，638部；近代史所完成25%，2218部；经济所完成3%，277部；历史所因置换2.5万函套未完成而没呈交数据；宗教所没有呈交数据。哲学所、文学所、杂志社、边疆中心4家单位已经全部完成。

高翔对全院古籍普查登记下阶段工作提出六点要求。一是各单位在普查中如果发现珍贵古籍，一定要妥善保管，不得损毁与丢失。二是普查登记过程中，各单位必须保证古籍的安全，不许有遗失、漏登与瞒报情况。三是12月20日，各单位要验收完毕，图书馆汇报验收情况，秘书长将带院古籍工程领导小组进行复查和抽查。四是院图书馆要确保已经完成的单位100%准确完成，各单位要保质保量地完成，经得起院领导小组的抽查与复查。五是关于清查过程中追缴外借古籍的问题，无法追回的，把情况汇总报院图书馆，包括书名、版本、借书者姓名、借阅时间等信息。然后由图书馆上报院务会研究决定处理办法。六是院图书馆要注意收集各单位在古籍普查过程中的困难和要求，以及古籍保护方面的需求，院党组将帮助各单位改善藏书条件。

全院古籍普查及数字化工作领导小组办公室副主任、院图书馆古籍特藏部主任赵嘉朱在会上强调，请各单位及时报送普查登记数据。在普查中要做到开卷普查，确保数据准确无误。

（刘振喜）

中国社会科学出版社

（一）认真贯彻党中央精神，深入开展党的群众路线教育实践活动

2013年，中国社会科学出版社认真贯彻落实党的十八大和十八届二中、三中全会精神和习近平总书记系列重要讲话精神，及时传达中宣部、新闻出版总署及社会科学院有关出版工作的一系列指示和会议精神，把学习贯彻中央各项方针政策、努力提高干部职工的政治理论水平和政治素养放在首位，将深入学习有关精神与社科出版社学科建设联系起来，力求准确把握国家政策的导向和趋势，认真挖掘和发现新选题、新任务，进行有针对性的出版立项。

在党的群众路线教育实践活动中认真开展学习教育、查摆问题活动，开展批评与自我批评，整改落实、建章立制。坚决贯彻落实中共中央、国务院制止奢侈浪费的“八项规定”，制定了《中国社会科学出版社关于贯彻落实“八项规定”的实施办法》。认真查摆“四风”问题，制定了《关

于进一步加强和改进出版社青年工作的若干意见》《领导干部密切联系群众制度》《校对科改革方案和编印发整体协调办法》等，狠抓整改措施的落实。

（二）各项出版战略顺利推进

1.专业化、精品化取得新突破

2013年，中国社会科学出版社申报获批多项国家级重点出版项目。承担全国社科规划办《国家哲学社会科学成果文库》8项，承担“国家社科基金后期资助项目”两批共47项，获得2014国家出版基金资助2项，“国家古籍整理出版资助项目”1项；获国家新闻出版广电总局“十二五”时期国家重点图书出版规划增补3种，累计35种。获得国家“十二五”少数民族语言文字出版规划增补1种。承担国家新闻出版广电总局深入学习宣传贯彻党的十八大精神重点出版物，入选2种。申报获批中国社会科学院创新工程大型出版项目资助：2013年获批13项，资助金额2000万元。

2013年，重大项目的编辑出版进展顺利。中国哲学社会科学学科发展报告项目，学术史系列出版了《当代中国逻辑学研究》《当代中国古代文学研究》等5种，法学系列出版13种，学科前沿研究报告出版18种。《剑桥古代史》《新编剑桥中世纪史》(29卷)完成大部分翻译工作，《剑桥基督教史》系列启动。完成国家重大出版项目《中华人民共和国国家历史地图集》(第一册)的出版。《苏联通史》(8卷)、《中国政治思想通史》(13卷)、《世界佛教通史》正在编辑中。《中国社会科学院学部委员专题文集》出版51卷。启动“中国社会科学年鉴发展工程”，成立年鉴分社，制定《中国社会科学年鉴印制方案》《年鉴管理办法》《年鉴工程发展规划》，出版了《中国哲学年鉴》《马克思主义理论研究与学科建设年鉴》等10余种。《理解中国》丛书陆续出版，成立了《理解中国》丛书编委会，并召开第一次工作会议。“全国少数民族经济社会发展调研报告系列”正在顺利推进。

2.国际化迈上新台阶

“走出去”图书的数量和质量显著提高。2013年，与国外出版社共签订32种图书的版权输出与合作出版合同。“学科发展报告”丛书陆续签约,《中国古代社会生活史》(宋辽西夏金卷)入选剑桥大学出版社《中国文库》，日文版《简明中国历史读本》《简明中国历史知识手册》出版后，全面、客观介绍当代中国的《理解中国》丛书（英文版）第一辑也已与世界著名出版机构——德国施普林格出版集团签订合作出版协议。

积极申报各种资助项目。获国家新闻出版广电总局“经典中国”项目、国家社科基金“中华外译”项目和中国社会科学院创新工程外译项目的资助13项，重大项目资助330万元。做好外版图书的引进和版权维护工作，引进、续约版权共45项。

3.数字化迈出新步伐

数字出版业务拓展成绩显著，形成“三化”“多品”“多式”的发展格局。数字出版大项目立项成功。策划“中国近代影像资料数据库”项目，获得财政部文资办文化产业发展专项资金支持 1000 万元，已经进入启动阶段。“三化”（办公管理系统、生产管理系统和全部图书的数字化）迈出第一步，数字平台建设方面取得很大进展。完成了全社办公管理系统（OA）的建设，实现全社统一的信息发布平台和行政办公平台。积极策划数字产品，出版社图书资源建设“中国社会科学文库”产品数据库完成一期建设，已经有 6 家图书馆订购该产品。加强网站、图书频道、微博微信平台建设。完成社网站的改版工作，完善英文版网站。承办中国社会科学网图书频道。完成出版社微博微信平台的搭建。

4. 大众化稳步推进

大众分社市场化选题开拓有新进展，出版新书 243 种，其中公务员考试参考书 212 种。分社 2013 年发货码洋为 1430 万元，扣去 2012 年所发图书退货，实现有效发货码洋 1 272.5 万元，发货超过 5000 册的有 5 个，累计发货超过万册的有 6 个品种。

（三）精品图书品牌影响力进一步增强

2013 年，学术影响力、品牌影响力在已有基础上得到进一步提升。教育部公布的第六届高等学校科学研究优秀成果奖，中国社会科学出版社出版的图书获 37 项，在全国出版社中排名第二。中国出版政府奖（原国家图书奖）揭晓，中国社会科学出版社获得 3 个正式奖和 1 个提名奖，与中华书局、科学出版集团并列业界第一。承担全国社科规划办《国家哲学社会科学成果文库》、“国家社科基金后期资助项目”的质量和数量再创新高，连续两年在全国各出版社中排名首位。国家社科基金中华学术外译项目有 6 项入选，在申报的出版社中也名列前茅。第四届“三个一百”原创图书出版工程入选 1 种（《中国古代政教关系史》）。中华优秀出版物奖（原中国图书奖）获 1 项大奖（《中国经学思想史》）。第二届全国百种优秀民族图书评选，中国社会科学出版社有 2 项（《二十世纪的中国民族问题》《中国民族器乐的历史与形态》）入围。《汉学字典》获 2013 年“儒莲奖”。《金融大崩溃》获中国版协“最佳引进图书”奖。

（四）推进转企改制，提高出版效益

2013 年，中国社会科学出版社共立项选题 2513 个，与 2012 年同期相比，增加了 13%，出书 1937 种，比 2012 年增加 34%。生产码洋比 2012 年增长 78%，回款比 2012 年同期增加 18%。2013 年累计收款比 2012 年同期增加 35%。在建立和完善现代企业制度方面，一是继续修改完善一系列规章制度，出台新的《职工休假与请假管理办法》和《考勤工作管理办法》，实施考勤打卡制度；进一步完善出版中心、出版部等部门的岗位目标责任制方案；二是启动薪酬体系和绩效考核机制改革，对企业法人治理结构和薪酬体系等进行分析诊断，厘清组织架构，制定岗位设置、形成绩效管理考核机制、确定新的企业薪酬体系等，完成出版社转企改制总体改革方案。在加强后勤保障能力建设方面，西楼装修完成并投入使用，样书库、三年新出图书馆配室、精品图书展览室、社史室和书稿档案室、学术报告厅、大会议室陆续建成，完成地下车库建设、职工食堂改造、后院地面修整等。

在人才队伍建设方面，全年共引进 29 人，离职 9 人，退休 11 人，总体人员略有增加；截至 2013 年 12 月，中国社会科学出版社共有在职职工 164 人，返聘 23 人。离退休人员 125 人，其中离休 14 人，退休 111 人。在职职工中，博士 21 人，硕士 45 人，本科 57 人，大专及以下 41 人；正高职称 19 人，副高 17 人，中级 44 人；中国社会科学出版社聘用 82 人。2013 年，加强对新员工和编辑的培训；与院研究生院签订实习基地协议，制定了实习生管理办法；申请获批博士后科研工作站。社长赵剑英入选“国家百千万人才工程”并被授予“有突出贡献中青年专家”荣誉称号。

（五）会议综述

1. 中国社会科学出版社第二届专家委员会聘任仪式暨学术出版座谈会

2013 年 1 月 30 日，中国社会科学出版社第二届专家委员会聘任仪式暨学术出版座谈会召开。中国社会科学院副院长李慎明、李捷、李扬作为专家委员会委员出席会议并讲话。中国社会科学出版社社长兼总编辑赵剑英致欢迎词并向与会学者汇报社科出版社 2012 年工作情况和 2013 年工作重点。全社将着力推动图书生产的专业化、精品化、数字化、国际化和大众化，把中国社会科学出版社办成国内外一流权威的学术出版社，充分发挥专家学者的作用，实施学者办社，开放办社，共谋发展的战略。

中国社会科学院原副院长汝信，北京市人大常委会副主任、首都师范大学校长刘新成，院长助理、社会科学院学部主席团秘书长郝时远，院副秘书长、中国社会科学杂志社总编辑高翔，中国社会科学院学部委员张卓元，中国社会科学院学部委员、社会学研究所所长李培林以及北京外国语大学校长韩震等专家委员会委员参加仪式并发言。中国社会科学出版社副总编辑曹宏举主持会议。

会议共聘请了 63 位在人文社会科学研究领域取得重要学术成就、具有较高学术声望和较大学术影响的知名学者担任出版社专家委员会委员，涵盖文学、历史、哲学、宗教、经济、政法、社会、国际问题等多个学科领域。其中既有中国社会科学院学部委员、研究员，又有来自北京大学、清华大学、中国人民大学、北京师范大学、中央编译局、中共中央党校等机构和高校的著名学者。

会议还讨论通过了《中国社会科学出版社专家委员会章程》。此次为第二届专家委员会聘任仪式，本届委员任期 3 年。专家委员会主要提供以下指导与帮助：中国社会科学出版社发展战略及重大决策咨询；年度重点选题规划咨询；重大科研成果出版项目与优秀书稿推荐；优秀图书评选与重点书稿审读；个人著作优先出版等。

2.《理解中国》丛书编委会成立暨第一次工作会议

2013 年 8 月 1 日，《理解中国》丛书编委会成立暨第一次工作会议召开。中国社会科学院院长王伟光，副院长李捷、李培林，院副秘书长、科研局局长晋保平等出席会议并讲话。中国社会科学院副院长李扬主持会议。中国社会科学出版社社长兼总编辑赵剑英汇报丛书的基本情况。

王伟光在讲话中，首先肯定了《理解中国》丛书的重大意义。他说，丛书作为中国文化“走出去”战略的重要工程是非常必要的，对让世界了解中国共产党领导的中国特色社会主义的成功战略和经验，占领国际学术制高点和话语权具有重要意义。

赵剑英汇报了《理解中国》丛书的有关情况。该丛书由中国社会科学出版社策划，旨在从学术的视角系统阐释中国道路、中国理论、中国制度等基本内涵，研究和回答我国改革开放和中国特色社会主义的重大问题，让世界了解并理解中国。为此，中国社会科学出版社组织了两次编作者座谈会，进一步完善落实丛书的策划与编撰方案。鉴于该丛书的重要性，中国社会科学院院长办公会决定，丛书编撰由院统筹管理，成立《理解中国》丛书编委会。

会议主要讨论了丛书的写作要求和风格，确定选题与审稿流程，讨论确定丛书编委会成员和主要作者。副院长李捷、李扬、李培林及与会的各位专家学者分别就上述问题和出版计划等提出意见建议。部分作者还在会上汇报了写作进展情况。

参加这次会议的编委会成员和部分作者，有中国社会科学院法学研究所所长李林、政治学研究所所长房宁、考古研究所所长王巍、世界宗教研究所所长卓新平、外国文学研究所所长陈众议、欧洲研究所所长周弘、财经战略研究院院长高培勇、城市发展与环境研究所所长潘家华、人口与劳动经济研究所党委书记张车伟等。

3.首届中国学术出版论坛暨中国社会科学出版社建社35周年座谈会

2013 年 11 月 26 日，首届中国社会科学学术出版论坛暨中国社会科学出版社建社 35 周年座谈会在京召开。会议围绕如何学习贯彻党的十八届三中全会精神，更好地做好学术出版，充分发挥学术出版在文化强国建设中的作用展开深入研讨。中国社会科学院院长王伟光，国家新闻出版广电总局副局长、国家版权局副局长阎晓宏，中国社会科学院副院长李扬、李培林，中国社会科学院秘书长高翔出席会议并讲话。

王伟光在讲话中重点谈了在新的历史条件下，如何繁荣发展学术出版事业，以及学术出版在社会主义文化强国战略中的作用。他指出，第一，要做与时代同步的中国学术出版。当前，中国学术出版正逢绝佳的发展良机，如何继续推进中国学术出版发展，加快国家文化软实力建设，践行社会主义文化强国战略，是时代赋予社科出版人的使命与担当。第二，思想是中国学术出版之魂。学术出版的核心价值在于传播人类思想理论创新成果，一个国家和民族的思想界和出版业的活跃程度都集中反映在学术出版的发展水平上。中国哲学社会科学学术出版必须把握并体现中国特色社会主义文化的精髓，凸显思想性，为践行社会主义文化强国战略提供卓越的学术精品和思想精品。第三，哲学社会科学学术出版在社会主义文化强国战略中具有重要使

2013 年 11 月，首届中国社会科学学术出版论坛暨中国社会科学出版社建社 35 周年座谈会在北京举行。

命：一要组织策划更多的马克思主义中国化、时代化、大众化成果；二要推出更多研究阐发和普及社会主义核心价值观的研究成果；三要提出深入阐释研究中国特色社会主义道路理论体系和制度的著作；四要主动服务于哲学社会科学创新工程，策划更多体现哲学社会科学研究方法和理论创新的成果；五要积极参与“走出去”战略，将更多的哲学社会科学优秀成果推向国际学术舞台，自觉担当起提升中国文化软实力和国际学术话语权的重要使命；六要确定发展目标，积极打造学术出版重镇。

阎晓宏在讲话中表示，三中全会之后，我国将迎来一个新的发展时期，这个时期特别需要有一个精神来引领社会，而这种精神只能是马克思主义和中国特色社会主义理论。在这样的时代背景下，中国社会科学出版社责任重大。他勉励出版单位要始终摆正出版社与作者的关系，坚持作者第一，出版第二；要坚持导向第一，社会效益第一，把社会效益与经济效益相统一；同时要挖掘出更多有质量、有分量的好作品。

李扬在讲话中指出，中国社会科学出版社建社 35 年来，在经历了市场化改革、机构班子调整和出版业态剧烈变化之后，能有今天的成绩可喜可贺。他勉励出版社今后要继续坚持正确的学术导向；坚持以学术为主的出版方向；要积极实施“走出去”战略，推动中国学术出版的国际化；要做好应对数字化变革的充分准备；同时要继续深入推动管理体制机制的改革。

李培林在讲话中强调，中国社会科学出版社 35 年的发展历史，就是我国改革开放以来的一部学术史。当前，我国纸质出版业在网络和电子出版物迅猛发展的势头中，正面临巨大挑战。希望各出版社要有忧患意识，以壮士断腕的精神，深化改革，开拓新的发展空间，同时坚守“学术”这个特色和灵魂，再创新的辉煌。

高翔在讲话中指出，35 年来，中国社会科学出版社始终高举学术出版的大旗，努力将出版社建成马克思主义理论学术的重要阵地，成为中国学术走向世界的重要桥梁，在改革开放的宏伟学术进程中写下了浓墨重彩的一笔。他勉励出版社继续探索开拓马克思主义学术出版的新路径；打造社会主义优秀成果的高端发布平台；推动中国学术“走出去”，将中国的道路自信、理论自信和制度自信以学术方式传向世界。

中国社会科学出版社社长兼总编辑赵剑英致欢迎词。他说，中国社会科学出版社建社 35

年来，伴随我国改革开放的不断深化，经历了市场经济、文化产业、转企改制、信息革命和数字出版等诸多深刻的实践变革，几代社科出版人艰苦创业、艰辛探索学术出版社会效益和经济效益相统一的发展之路，取得了可喜的成绩，形成了深厚的学术出版传统，树立起了响亮的学术出版品牌，成为一家国内权威、国际知名的哲学社会科学学术出版机构。他表示，在党的十八届三中全会开启的新一轮全面深化改革的伟大历史时期，我们要积极探索主业基础上产业的多元化，发展新型业态，把社科社打造成为主业突出，基础牢固，业态多元，股权结构开放多元的，按照现代企业制度治理，富有竞争力的新型文化企业。为我国学术出版事业，为文化强国建设作出自己应有的贡献。

中国社会科学院学部委员汝信、张海鹏、张卓元、黄宝生，中国科技出版集团总裁柳建尧，商务印书馆总经理于殿利，中宣部全国社科规划办副主任杨庆存等领导和专家学者分别讲话。会议由中国社会科学出版社副总编辑曹宏举主持。

中国社会科学院原院领导、院长助理、副秘书长，中宣部、国家新闻出版广电总局、国务院新闻办有关领导，中共中央党校、中国社会科学院、北京大学、清华大学、中国人民大学、北京师范大学、北京外国语大学、上海市社科联、江苏省社科联、故宫博物院等单位的专家学者，以及国内外知名出版机构的领导和同人等 150 人参加会议。

4.院2013年报刊出版馆网库名优工程建设工作会议

2013 年 12 月 13 日，中国社会科学院“2013 年报刊出版馆网库名优工程建设工作会议”在中国社会科学出版社召开。中国社会科学院院长王伟光出席会议并讲话。中国社会科学院副院长赵胜轩主持会议。副院长李扬、李培林，中央纪委驻院纪检组组长张英伟、院秘书长高翔出席会议。

中国社会科学出版社社长兼总编辑赵剑英报告了社科出版社名优工程建设成果，并重点就学习贯彻党的十八届三中全会精神，做专做精做强学术出版，建设国内一流、国际知名的学术出版社发表讲话。

会议当天，网库六大学术平台通过图片展板、实体书、电脑、电子触屏等多媒体形式展示了各自名优工程建设成果，并在社科杂志社的技术支持下首次实现会议的网络视频直播。

中国社会科学杂志社

（一）人员、机构等基本情况

1.人员

截至 2013 年年底，中国社会科学杂志社共有编制内在职人员 59 人。其中，正高级职称人员 12 人，副高级职称人员 12 人，中级职称人员 24 人；高、中级职称人员占全体在职人员总数的 81%。另有聘用制人员 256 人。

2.机构

中国社会科学杂志社的处级机构有 16 个。其中采编业务部门 9 个，分别为研究室、马克思主义部、哲学社会科学部、文学部、史学部、国际部、《中国社会科学报》编辑中心、《中国社会科学报》新闻中心、中国社会科学网；采编辅助部门 4 个，分别为总编室、网络部、战略合作部、事业发展中心；行政管理部门 3 个，分别为办公室、人事处（党委）、财务资产部。

2013 年 7 月，中国社会科学网整体划归中国社会科学杂志社。

（二）中国社会科学杂志社创新工程

1.进入创新工程的人员和项目

2011 年 7 月 1 日，中国社会科学杂志社进入创新工程。2013 年 7 月以前，经中国社会科学院批准，中国社会科学杂志社 135 人进入 2013 年创新工程，其中编制内人员 45 人，聘用制 90 人。2013 年 7 月中国社会科学网划归杂志社后，杂志社 2013 年哲学社会科学创新工程编制内 45 个岗位，聘用制 160 个岗位。

2013 年，中国社会科学杂志社的创新工程项目有：《中国社会科学报》（含《中国社会科学》），首席管理为高翔（2013 年 1 ～ 7 月）、王利民（2013 年 8 ～ 12 月）；中国社会科学网，首席管理为周溯源（2013 年 7 ～ 12 月）。

2.2013年社科杂志社在创新工程方面实施的新机制、新举措

（1）体制机制创新。继续推进以建立“大部制”为主线的机构改革，调整和优化部门设置，加强采编力量和采编流程。继续推行以编制内外一体化和绩效考核、优胜劣汰为基础的用人机制改革，建立能上能下、能进能出的人才管理体制，调动采编人员的积极性和主动性。实施以报刊网编辑一体化、编辑工作无纸化为中心的编辑体制改革，提高工作效率，确保采编质量。加速实现从单一的期刊编辑出版单位向报、刊、网一体化的现代学术传媒集群转变。

社科网成功地整体划归杂志社，实现了工作、人员、资产的平稳交接，网站改版工作进展顺利。

（2）创新平台机构设置。杂志社于 2011 年实施“大部制”改革，2012 年进一步深化“大部制”改革后，在总人数基本稳定的情况下，《中国社会科学》改月刊、《中国社会科学报》改周三刊等创新工程项目进展顺利。2013 年落实“进一步办好《中国社会科学报》”创新项目，坚持正确的办报方向，不断开拓创新；筹办《中国社会科学报》英文版工作取得重大发展，初步形成了比较科学、合理的采编规范和采编流程；国内外记者站有序运行，持续巩固并扩大，已形成一个全方位、多层面的新闻采遍网络；继续巩固《中国社会科学》成功改月刊的成果，学术质量进一步稳中提升；圆满完成社科网划归杂志社工作，成功将“一报一刊一网”创新工程项目进一步深化并巩固发展。

（三）报刊编辑工作

1.《中国社会科学报》（周一、三、五刊），总编辑高翔

2013 年，《中国社会科学报》全年共出版 144 期，每周 40 个版，每月 96 万字。2013 年，《中国社会科学报》继续坚持正确的政治导向和学术方向，围绕十八届三中全会，先后组织刊发了《十八届三中全会与奋进的中国》等系列特别报道以及《现代化进程中的中国梦》《生态文明与美丽中国》《中国共产党与中国梦》等系列特别策划文章。围绕马克思逝世 130 周年，刊发了以“永远的马克思”为主题的特别策划。围绕毛泽东同志诞辰 120 周年，组织系列文章，特别刊出李捷的《毛泽东探索中国特色社会主义道路的成绩不容抹杀》《毛泽东对中华民族至少有五大贡献》等文章。

2013 年，《中国社会科学报》主动发挥主流媒体的正能量作用，针对网络媒体上的混乱状况，重点刊发了孙经先的《“饿死三千万”不是事实》，严实的《王小石究竟动了谁的奶酪》，荣维木的《中国抗战史真的需要重写吗》，“独家报道”《微博舆论场 走大道别走钢丝》，李殿仁的《微博：宣传思想文化的新阵地》等文章，体现了主流媒体的阵地作用。

2.《中国社会科学》（月刊），主编高翔

2013 年，《中国社会科学》共出版 12 期，约 300 万字，总发稿 135 篇。其中，马克思主义文章 23 篇，经济学文章 24 篇，哲学文章 17 篇，法学文章 17 篇，社会学文章 16 篇，历史学文章 16 篇，文学文章 13 篇，语言学文章 3 篇，公共管理学文章 2 篇，政治学文章 2 篇，国际关系文章 2 篇。该刊全年刊载的有代表性的文章有：卫建林、朱佳木、孙谦、江必新、骆郁廷、韩庆祥的《十八大精神与中国特色社会主义》，万俊人、潘家华、吕忠梅、王晓毅、邹逸麟的《生态文明与“美丽中国”》，王伟光的《毛泽东是中国特色社会主义的伟大奠基者、探索者和先行者》，李崇富的《马克思主义国家观和国家认同问题》，中国金融 40 人论坛课题组的《加快推进新型城镇化：对若干重大体制改革问题的认识与政策建议》，李昕、徐滇庆的《中国外贸依存度和失衡度的重新估算——全球生产链中的增加值贸易》，孙秀林、周飞舟的《土地财政与分税制：一个实证解释》，尹文耀、姚引妹、李芬的《生育水平评估与生育政策调整——基于中国大陆分省生育水平现状的分析》，凌斌的《当代中国法治实践中的“法民关系”》等。

3.《历史研究》（双月刊），主编高翔

2013 年，《历史研究》共出版 6 期，共计 185 万字。该刊全年刊载的有代表性的文章有：《当代史学思潮与流派系列反思・全球史》，《当代史学思潮与流派系列反思・环境史》，《历史视域下的毛泽东与毛泽东思想》，王瑞来的《范吕解仇公案再探讨》，葛兆光的《“聊为友谊的比赛”——从陈垣与胡适的争论说到早期中国佛教史研究的现代典范》，郑师渠的《中共建立“民主的联合战线”与中国思想界的两场论争（1922 ~ 1924）》，李育民的《晚清时期条约关系观念的演变》，徐前进的《卢梭的病：医学与史学的综合解读》，王广坤的《十九世纪英国强制接种天花疫苗引发的争端》，王晓德的《布丰的“美洲退化论”及其影响》等。

4.《中国社会科学文摘》（月刊），主编高翔

2013年，《中国社会科学文摘》共出版12期，共计288万字。该刊全年刊载的有代表性的文章有：滕世华的《政府理论之跨学科研究趋势》，李稻葵、徐欣、江红平的《中国经济国民投资率的福利经济学分析》，乔纳森·卡勒著，生安锋译的《当今文学理论的发展走向》，孙宪忠的《我国民法立法的体系化与科学化》，李宏弢的《华文社科学术期刊的国际化与中国话语的生成》，李扬等的《未来五年中国宏观经济形势及对策》，韩东育的《日本对外战争的隐秘逻辑（1592～1945）》，何萍的《1949年以来中国马克思主义哲学史的书写》，陶德麟的《文化建设：马克思主义视域中的传承与借鉴》，中国社会科学院社会发展战略研究院“社会发展与社会态度研究”课题组的《社会发展的核心理念及其评估》，何民捷的《站在历史和时代制高点上做学问——访中国社会科学院秘书长高翔》，欧阳淞的《党史研究著述的基本原则》。

5.《中国社会科学内部文稿》（双月刊），主编孙麾

2013年，《中国社会科学内部文稿》共出版6期，总发稿86篇。该刊全年刊载的有代表性的文章有：王伟光的《论当前关系我国发展大局的十个重大理论与现实关系问题》，陈学明、金瑶梅的《福山对中国发展模式评论的实质》，石源华、祁怀高的《未来十年中国周边环境的新挑战与周边外交新战略》，杨小康（扎西邓珠）的《境外藏人历史与现状调查》，刘亚平的《风险视野下的食品安全监管：以食品生产许可制度为例的分析》，王水雄的《基层政权内卷化：一次乡镇人代会的台前幕后》，于海青的《当前美国保守派与自由派学者围绕社会不平等的大论战》，赵美玲、倪明胜的《网络政治传播的内在逻辑与实践反思——兼论中国网络政治实践的研究路径》，林燕平的《西北农村基层组织严重弱化——以土地引发的矛盾为例剖析》，涂成林的《公共政策的质量评估与优化路径研究——以上海、北京、广州汽车限购措施为例》。

6. *Social Sciences in China*（《中国社会科学》英文版，季刊），主编高翔

2013年，*Social Sciences in China* 共发表论文49篇。该刊全年刊载的有代表性的文章有：Han Qingxiang and Zhang Jian，“The Inherent Logic and Development Tendency of the Practice of Building Socialism with Chinese Characteristics：A Structural Analytical Framework for the Questions of ‘Where Did China Come from’ and ‘Where Should China Go?’”；Liu Junqiang, Xiong Moulin and Su Yang，“National Happiness at a Time of Economic Growth：A Tracking Study Based on CGSS”；Jin Chongji，“On the Fate of Traditional Culture in Modern China”；“Wu Xiaoming，“Spiritual Construction in Contemporary China and Its Ideological Resources”等。

7.《国际社会科学杂志》（中文版）（季刊），主编王利民

2013年，《国际社会科学杂志》（中文版）共出版4期，共计54.8万字。该刊全年刊载的有代表性的文章有：约翰·格里姆的《宗教在激活生态意识中的作用》，莱昂纳尔·欧巴迪亚的《政治生态学与佛教：一种自相矛盾的关系》，斯特凡·斯克里姆夏尔的《未来的终结：黑格尔与深时的政治生态学》，刘然的《用中国传统政治学概念分析环境自主治理的可行性》，玛利亚·费雷拉的《岂容视人命如草芥！朝不保夕在海地的统治》，赫尔南·奎瓦斯·巴伦苏埃拉、伊莎贝尔·佩雷斯·查莫拉的《智利艾滋病治理：权力/知识、患者—用户组织及生物公民的形成》，埃米利亚诺·萨奇的《生命政治的悖论：人口群体与安全机制》，陈映芳的《流动群体的互助网络及其道德秩序》。

8. 中国社会科学网，总编辑周溯源

2013 年 6 月前，中国社会科学网完善十八大专题，成功报道“两会”，开通新平台，重点制定了《社科网五定方案》（定任务、定目标、定人员、定岗位、定经费），新增了法文频道，建成多媒体演播室，取得良好成绩。

2013 年 6 月 19 日，中国社会科学院党组决定将中国社会科学网划归中国社会科学杂志社，中国社会科学网部署改版工作。12 月 31 日，新版中国社会科学网正式上线。新版在设计上遵循频道化原则，在内容呈现上遵循专题化原则，强化了图片与视频功能。开设资讯、学科、综合和社区 4 大版块、54 个频道、1300 多个子栏目。资料检索与下载、读者服务等功能愈加强大。新版社科网开办了论坛、博客、微博，开通了安卓和 iPad 等移动客户端，吸引学者开设交互式自媒体平台。截至 2013 年年底，人文社区已有注册会员 500 多人，20 多位著名学者入驻，发帖近 5000 篇。

（四）科研工作

1. 科研成果统计

2013 年，中国社会科学杂志社科研成果主要有专著 1 部，51.5 万字；译著 2 部，56.5 万字；学术论文 31 篇，34 万字；研究报告 3 篇，7.0 万字；译文 2 篇，2 万字；一般文章 8 篇，3.2 万字。

2. 科研课题

（1）新立项课题。2013 年，中国社会科学杂志社共有新立项课题 9 项。其中，院国情考察课题 1 项：“内蒙古牧区生态文明建设”（高翔主持）；社重点集体课题 6 项：“1949 年以来我国启蒙问题研究专题论文集”（柯锦华主持），“改革开放以来中国法学研究的脉络与发展趋势——以《中国社会科学》刊载法学类文章为线索”（赵磊主持），“当代学术界思想状况与理论倾向——中国社会科学杂志社万名学者大调查”（王广主持），“中国利用外资问题学术史梳理”（梁华主持），“自媒体时代的新闻传播研究”（原正军主持），“社会科学的传播方式和影响力研究”（孟育建主持）；交办委托课题 2 项：“如何巩固壮大主流思想舆论，增强主流媒体的传播力公信力影响力”（高翔主持），“坚定党员干部中国特色社会主义道路、理论、制度自信研究”（高翔主持）。

（2）结项课题。2013 年，中国社会科学杂志社共完成课题结项 8 项。其中，院国情考察课题 1 项：“内蒙古牧区生态文明建设”（高翔主持）；社重点集体课题 3 项：“1949 年以来我国启蒙问题学术史梳理及专题研究”（柯锦华主持），“中国社会科学杂志社‘一报五刊’学术评价报告”（郑成宏主持），“中国社会科学杂志社工作手册（2012年版）”（魏长宝主持）；社重点个人课题4项：“欧洲学术期刊数字化出版现状”（褚国飞主持），“知青运动中的兵团体制——以内蒙古生产建设兵团为例”（冯小双主持），“新媒体的知识产权保护策略”（张芝梅主持），“德国古典美学中的教化观念”（何兰芳主持）。

（3）延续在研课题。2013年，中国社会科学杂志社共有延续在研课题17项。其中，国家社科基金课题2项：“历史唯物主义世界观的当代阐释”（王海锋主持），“近代外国在华直接投资与中外竞争研究”（梁华主持）；院青年科研启动基金课题9项：“建构主义哲学与德国当代哲学思潮”（莫斌主持），“中国古代英雄传奇故事类型研究”（李琳主持），“从赛义德的思想来源试析后马克思思潮的理论定位”（郑飞主持），“族群冲突的理性主义解释”（焦兵主持），“新时期先秦史的跨学科研究”（晁天义主持），“欧洲学术期刊数字化出版现状”（褚国飞主持），“绿色政治谱系中的民主理论”（刘倩主持），“《资本论》与历史唯物主义”（王海锋主持），“系统论视角下的民间外交——以中苏友好协会为例的研究”（张萍主持）；社重点集体课题5项：“当代中国史学（1949～2014）”（李红岩主持），“中国学术的思想高度——基于马克思主义的视角”（孙麾主持），“新时期以来文学研究的理论与方法”（王兆胜主持），“新兴大国合作及其对全球治理结构变革的影响”（林跃勤主持），“民国以来中国社会学的思想传统”（刘亚秋主持）；交办委托课题1项：“上山下乡运动与知青共同体研究”（高翔主持）。

3.科研组织管理新举措

为落实院“哲学社会科学创新工程”关于课题管理的实施办法，2013年7月19日，中国社会科学杂志社修订和公布了“社重点课题资助管理办法”。修订后的管理办法加强了对课题进度和成果质量的约束，增加了个人学术成果的后期资助办法，旨在倡导严谨、务实的学风，提高我社科研课题的质量和水平。

（五）学术交流活动

1.学术会议

2013年中国社会科学杂志社主办的学术会议有：

（1）2013年1月19日，中国社会科学杂志社和首都师范大学共同主办的“第二届中国语言学研究方法与方法论问题学术研讨会”在北京召开。

（2）2013年3月22日，中国社会科学杂志社主办的“学术期刊与学术发展高层研讨会”在北京召开。

（3）2013年5月9～11日，中国社会科学杂志社和美国维思里安大学联合主办的“第二届中美学术高层论坛”在美国维思里安大学召开。

(4)2013年5月27～28日，中国社会科学杂志社和德国波恩大学应用政治研究院联合主办、中山市人民政府和暨南大学共同承办的“首届中德学术高层论坛”在广东省中山市召开。

（5）2013 年 6 月 15 ～ 16 日，中国社会科学杂志社和西南政法大学共同主办的“从传统到现在——启蒙与近代以来中国法治进程”学术研讨会在重庆召开。

(6)2013 年 6 月 29 ～ 30 日，中国社会科学杂志社、《哲学研究》杂志社、《马克思主义与现实》杂志社、《中国人民大学学报》联合主办的“马克思思想资源中的社会公正”学术研讨会在厦门大学召开。

（7）2013 年 8 月 16 ～ 18 日，中国社会科学杂志社和吉林大学联合举办的“第七届中国社会科学前沿论坛”在吉林省延吉市召开。

（8）2013 年 9 月 18 日，中国社会科学杂志社主办、悉尼大学中国研究中心承办的“中国社会科学论坛（2013）——第二届世界华文学术名刊高层论坛”在澳大利亚悉尼召开。

（9）2013 年 10 月 11 ～ 12 日，中国社会科学杂志社、中国社会科学院拉美所、巴西圣保罗州立大学、智利安德烈斯·贝略大学和阿根廷国立科尔多瓦大学联合主办的“第二届中拉学术高层论坛”在北京召开。

（10）2013 年 10 月 18 日，中国社会科学杂志社《历史研究》编辑部主办的“历史视域中的毛泽东和毛泽东思想”学术研讨会在北京召开。

（11）2013 年 10 月 26 ～ 27 日，中国社会科学杂志社和北京大学哲学系联合主办的“第十三届马克思哲学论坛”在北京召开。

（12）2013 年 10 月 27 日，中国社会科学杂志社和南开大学联合主办的“国际学科前沿论坛——全球发展、国际合作与中国角色”在天津召开。

（13）2013 年 11 月 1 ～ 3 日，中国社会科学杂志社、陕西师范大学西北历史环境与经济社会发展研究院、陕西师范大学历史文化学院联合主办的“第七届历史学前沿论坛”在陕西省西安市召开。

（14）2013 年 11 月 22 ～ 26 日，中国社会科学杂志社和西安电子科技大学联合主办的“思想中的时代——中国思想创新论坛”在陕西省西安市召开。

（15）2013 年 11 月 29 日至 12 月 1 日，中国社会科学杂志社、江苏省社会科学院联合主办，江海学刊杂志社、江南大学承办的“第二届全国人文社会科学期刊高层论坛”在江苏省无锡市召开。

2. 国际学术交流与合作

2013 年，中国社会科学杂志社共进行国际学术交流活动 13 次。与中国社会科学杂志社开展学术交流的国家有美国、秘鲁、墨西哥、澳大利亚、新西兰、俄罗斯、乌克兰、英国、德国、意大利、巴西、智利、阿根廷等。

（1）2013 年 4 月 6 ～ 16 日，中国社会科学杂志社马克思主义部副主任李放赴美参加由中国编辑学会组织的“（2013）美国国际电子传媒会展”。

(2) 2013年4月24日，泰勒弗朗西斯集团亚太区负责人乐楚·桑斯特来社拜访，就《中国社会科学》（英文版）与该公司的合作问题进行交流。

(3)2013年5月2～15日，院副秘书长、杂志社总编辑高翔随院长、党组书记王伟光赴秘鲁、墨西哥、美国交流。访问了秘鲁全国科学、技术与技术创新委员会，秘鲁国立圣马科斯大学，墨西哥学院，美国芝加哥大学，代表团成员还出席了由中国社会科学杂志社与美国维思里安大学联合举办的“第二届中美学术高层论坛”，王伟光院长出席会议并发表演讲。会后，高翔副秘书长考察了设在华盛顿特区的中国社会科学杂志社北美报道中心。

(4) 2013年5月8～20日，中国社会科学杂志社副总编辑王利民带队赴美国参加由中国社会科学杂志社与美国维思里安大学联合举办的“第二届中美学术高层论坛”。会议的主题是“比较视阈下的启蒙”。

(5) 2013年5月27～28日，由中国社会科学杂志社和德国波恩大学应用政治研究院联合主办、中山市人民政府和暨南大学共同承办的“首届中德学术高层论坛”在广东省中山市举行。会议的主题是“气候变化与全球治理”。

(6) 2013年6月19日，宾夕法尼亚大学国际关系项目副主任、智库与公民社会项目主任詹姆斯·麦甘博士（James G.McGann，Ph.D.）来社访问，副总编辑王利民会见，双方就双边合作等问题进行了交流。

(7)2013年8月6日，中国社会科学杂志社与德国歌德学院北京分院在社科大讲堂举办“气候风暴”学术沙龙，副总编辑周溯源、王利民参加。到场的中方学者有中国科学院物理研究所理论物理学家李淼，中国社会科学院哲学研究所研究员杨通进，广州大学教授曾大兴；到场的德方学者是德国自由作家英果·舒尔策（Ingo Schulze），同时，会议远程连线《气候文化》主编、韦顿赫德克大学和汉诺威莱布尼茨大学政治心理学教授哈拉尔德·韦尔策（Harald Welzer）。中德两国学者、作家从哲学、文学、社会、文化等角度共同探讨全球气候问题。

(8)2013年9月13～22日，中国社会科学杂志社副总编辑王利民带队赴新西兰、澳大利亚，参加由中国社会科学杂志社主办、悉尼大学中国研究中心承办的“中国社会科学论坛(2013)——第二届世界华文学术名刊高层论坛”在悉尼举行。来自中国、美国、澳大利亚、新西兰等国家的华文学术名刊代表、海外中国学研究专家30余人参加会议。会议的主题是“多元文化时代学术期刊的评价标准与学术使命”。

(9) 2013年9月23日至10月3日，中国社会科学杂志社副总编辑李红岩赴意大利参加由国际期刊联盟主办的第39届世界期刊大会。

(10) 2013年9月24日至10月3日，中国社会科学杂志社副总编辑余新华带队赴俄罗斯、乌克兰进行学术访问。访问交流团正式访问了俄罗斯科学院远东研究所、圣彼德堡大学东方系、乌克兰国家科学院等学术机构，听取了俄罗斯、乌克兰学者对本国学术出版的情况介绍以及对中国社会发展的认识与看法，并就俄罗斯、乌克兰学界现状、俄罗斯、乌克兰学术出版模式，中国学术在俄罗斯、乌克兰的影响力，各国学术评价体系对接等问题与两国学者进行了交流。

（11）2013 年 10 月 11 ～ 12 日，由中国社会科学杂志社、中国社会科学院拉丁美洲研究所、巴西圣保罗州立大学孔子学院、智利安德烈斯·贝略大学中国研究中心、阿根廷科尔多瓦国立大学社会与文化研究中心联合主办，中国社会科学杂志社承办的“第二届中拉学术高层论坛”在北京举行。论坛的主题是“城镇化：公平正义与社会政策——来自中国拉美国际经验的比较”。来自中国、巴西、阿根廷、智利等多国大学和研究机构的 30 余名专家学者参加会议。

3. 与中国香港、澳门特别行政区和中国台湾开展的学术交流

（1）2013 年 1 月 2 ～ 6 日，院副秘书长、中国社会科学杂志社总编辑高翔等赴澳门参加由澳门基金会、中国社会科学杂志社及广东省社会科学界联合会于澳门举办的“第三届澳门人文社会科学研究优秀成果评奖”颁奖典礼及相关学术讲座。

（2）2013 年 4 月 22 ～ 27 日，中国社会科学杂志社副总编辑王利民赴澳门参加澳门理工学院举办的新版《澳门理工学报》编委会全体会议。

（3）2013 年 10 月 9 ～ 15 日，中国社会科学杂志社副总编辑周溯源赴台湾参加台湾中兴大学国际政治研究所与极忠文教基金会共同举办的“2013 年孙文论坛”，会议的主题是“孙中山先生的政治思想与实践”。

（六）会议综述

第二届中美学术高层论坛

自 18 世纪欧洲启蒙运动开启人类社会的现代化历史进程以来，传统与启蒙、传统与现代的关系始终是探索现代性不可回避的重大理论关切。2013 年 5 月 9 ～ 11 日，由中国社会科学杂志社与美国维思里安大学联合举办的“第二届中美学术高层论坛”在美国维思里安大学举行。中美两国学者围绕“比较视阈下的启蒙”这一主题展开了学术探讨与思想交流。中国社会科学院院长、学部主席团主席王伟光出席会议并发表演讲。

出席论坛的还有中国社会科学院副秘书长、中国社会科学杂志社总编辑高翔研究员，美国维思里安大学校长迈克尔·罗斯教授（Michael Roth），华中师范大学党委书记马敏教授，中国社会科学院世界历史研究所所长张顺洪研究员，清华大学教授陈来，天津师范大学教授马德普，武汉大学教授吴根友，北京大学教授韩水法，南京大学教授张光芒，复旦大学教授丁耘，中国社会科学杂志社编审王利民、柯锦华、孙麾，美国斯坦福大学教授海登·怀特，美国芝加哥大学教授苏源熙、弗朗西斯·弗格森，美国哥伦比亚大学教授艾可·比尔格来米，美国纽约大学教授兹维·本—杜尔，美国维思里安大学教授舒衡哲、伊桑·克莱恩伯格等近 30 位国内外专家学者。

（1）关于启蒙与东西方文明对话。在启蒙的历史价值，启蒙的中国经验和研究意义方面，王伟光认为，启蒙高扬文艺复兴时期反封建、反神学、反迷信、反教会的旗帜，为资产阶级政治革命提供了思想理论武器；它倡导民主、平等、自由的观念，为欧洲发展、北美独立，以及西方社会进步提供了重要的理论支持和思想引领；它所倡导的一系列具有启迪意义的社会政治原则、价值观念，至今仍发挥着广泛的影响，仍是人们向封建专制、独裁统治、愚昧势力宣战的思想武器。但是，资产阶级启蒙思想的本质决定了它不可能转化为全人类的共同价值，不可能适用于世界上所有的民族和国家。启蒙思想、启蒙运动，能给人们提供的只是历史的启迪，而不是解决问题的现成方案。关于启蒙的中国经验，王伟光认为，中国人从鸦片战争以后半个多世纪的反复探索中明白：中国的发展，不但要继承启蒙思想的精华，而且要努力探索自己的解放道路，而不能一味照搬西方那样的资本主义“启蒙”模式。正是在这一特殊的背景下，马克思主义和中国共产党登上了中国历史的舞台，选择了中国特色的前进方向和正确道路。

他认为，我们应积极总结和归纳启蒙运动以来的思想成果，在对话中求同存异，在互惠中取长补短，最终建构起更加开放、更加包容、更加合乎人类发展趋势的现代思想体系。

（2）关于对启蒙概念的理解。海登·怀特认为，虽然关于启蒙运动观念的黑格尔式的阐述在整个19世纪产生了深刻的影响，在历史学家中风靡一时的却是另外的观念，即美学观念或审美主义观念。舒衡哲认为，在欧洲背景下，“知识就是力量”先于18世纪的法国启蒙思想。这里，思想和精神还没有被彻底分开，信仰和不确定性仍在科学智慧的伟大发明中徘徊。韩水法认为，欧洲启蒙运动所达成的共识可以概括为一句话：在自然知识和人类事务等一切领域，理性乃是最高原则。启蒙对理性本身的持续认识，包括探索、发现和营造。

弗格森认为，欧洲启蒙运动最卓越的特点之一就是对宗教的质疑。激进启蒙运动最激进的方面不是拒绝宗教或简单地将宗教作为对立面加以驳斥。相反，激进启蒙运动从分析圣经内容的能力中获得特殊的灵感，从对非教规资源的分析中获得强烈的理性要求。

吴根友表示，现代中国思想史研究中对现代西方“启蒙”观念的理解、运用，从一个侧面反映了“启蒙”观念在现代世界历史中的多义性与差异性。

（3）关于启蒙与中国。马敏认为，近代中国虽然没有近代欧洲那样比较完整的启蒙运动，但也的确经历了自己的思想启蒙过程。其中，与工业化潮流和资本主义兴起密切相关的重商思潮，即为中国近代思想启蒙过程中一股不容忽视的思想潮流。孙麾认为，近代中国的启蒙，大致经历了从科学技术启蒙到政治文化制度启蒙，再到思想启蒙的历史过程。张顺洪认为，仍在进行的启蒙运动涉及中国最广大人民群众的思想改造和社会实践活动，无疑是中国历史上最伟大的运动，其意义不仅属于中国，也属于世界。

参加论坛的学者来自哲学、史学、文学、社会学、政治学等众多学科，这使论坛的讨论不但具有跨文化对话的性质，而且具有多学科对话的特色。

（褚国飞）

首届中德学术高层论坛（2013）

2013年5月27～28日，首届中德学术高层论坛在广东省中山市举行。论坛由中国社会科学杂志社和德国波恩大学应用政治研究院联合主办，中山市人民政府和暨南大学共同承办。来自国内外的30余位专家学者围绕“气候变化与全球治理”这一主题展开了深入研讨。

中国社会科学院城市发展与环境研究所所长潘家华认为，“气候变化与全球治理”这个主题对全球治理，尤其是对包括全球气候在内的全球可持续性发展意义重大。

潘家华在题为“中国城镇化进程中的碳预算管理”的报告中从政府碳预算的角度阐述了低碳经济发展的机遇与挑战。波恩大学全球研究中心主任辜学武认为，目前各国政府对于如何实现低碳经济的思路都是以政府治理为主。然而，碳预算在某种程度上是不可知的，个人消费模式和企业生产方式是决定低碳经济能否实现的首要因素。政府应通过资金和机制引导市场，促进企业和个人的生产、消费低碳化。

希尔德斯海姆大学社会学教授玛丽安娜·柯诺亚认为，气候问题应自下而上思考，重视公民对环境的责任，引导公民参与，最终使国家干预和公民参与达到平衡。

中国人民大学社会与人口学院教授洪大用认为，政府干预和市场激励都需要社会基础。公民参与是政府气候政策有效实施和激励企业改变生产行为的重要基础。从中国政府目前提出的宏观政策、生态文明建设政策框架和政策取向，以及工业化、城镇化过程中更为严格的环境保护政策来看，政府无疑将在未来的气候治理中发挥更大作用。

波恩大学语言、媒体和音乐学院教授卡娅·提姆介绍了德国汽车排放标准和垃圾分类情况。她以此为例提出，气候治理仅靠公民自觉自愿还不够，政府行政法规的约束也十分必要。

波恩大学政治学与社会学学院教授佛勒克·克罗能拜尔格在发言中谈到，中德两国都是生产型和出口型大国，特别关注资源的可持续性，但两国在能源政策的选择上存在差异，如核电在国家能源结构中的作用等。

在全球气候治理过程中，中国与德国以及欧洲间能否开展合作、如何合作，辜学武提出，中国与欧盟注定要成为伙伴，努力争取全球气候变化管理的第二承诺期、建立后京都时代的气候管理制度对双方来说是必需也是必然的选择。

北京大学马克思主义学院教授郇庆治表示，在全球气候治理中，未来应对气候问题的结构到底是怎样的，还需要进一步探究。

波恩大学政治学与社会学学院教授弗朗克·戴克介绍了欧洲的经验：欧洲在20世纪80年代后在环保工作上取得成功主要有三个原因：一是当时环境方面的问题是可见的，群众参与度很高；二是当时环境方面的问题是可以通过新技术来解决的，经济界都积极参与；三是经济结构改革做得较好。如今，中国遇到的情况与欧洲类似，且与全球挑战融合在一起，中国有条件通过国内环境问题的解决来促进全球环境问题的解决。

（刘潇潇　冯爱琴）

第七届中国社会科学前沿论坛“生态文明与美丽中国”

2013 年 8 月 16 ～ 18 日，围绕“生态文明与美丽中国”这一主题，由中国社会科学杂志社和吉林大学联合主办、吉林大学承办的“第七届中国社会科学前沿论坛”在吉林省延吉市召开。中国社会科学院院长王伟光出席论坛并作主题讲话。

论坛开幕式由中国社会科学院秘书长、中国社会科学杂志社总编辑高翔主持。吉林大学党委书记陈德文，中共延边州政府常务副州长于晓峰致辞。来自中国社会科学院、吉林大学、中山大学、华中科技大学、西北大学、陕西师范大学、西南大学、黑龙江大学、江苏师范大学、湖南省社会科学院和吉林省社会科学院等全国近 40 所高校和科研机构的主要负责人和学科带头人参加论坛。

王伟光代表中国社会科学院党组向论坛的召开表示祝贺。他在讲话中从自然历史进程中的生态文明、超越资本主义的社会主义生态文明和构建中国特色的社会主义生态文明三个方面阐述了生态文明建设的若干重大问题。

王伟光强调，建设中国特色的社会主义生态文明，努力建设美丽中国，是一项艰苦卓绝的伟大事业，需要全体中国人民的共同奋斗。哲学社会科学工作者作为社会主义现代化建设的重要力量，要将自己的研究和美丽中国的建设紧紧联系在一起，在人民群众的火热实践中，在实现中华民族伟大复兴的进程中，发挥出自身独特的作用。

西北大学校长方光华教授认为，生态文明建设已经成为关乎人类未来生存与发展的全球性课题。中国要在生态文明建设上有所作为，应当从中国具体国情出发，主动顺应时代潮流，在广泛汲取西方生态建设成果的基础上，充分发掘中国传统生态智慧，努力探索中国生态文明建设的可能道路，为中国经济社会的可持续发展和人类文明作出应有的贡献。

2013 年 8 月，第七届中国社会科学前沿论坛“生态文明与美丽中国”在吉林省延吉市召开。

西南大学党委书记黄蓉生教授认为，实现社会主义生态文明建设的价值追求，关键在于将“和谐共生”的理念转化为具体实践，在遵循人、自然、社会和谐发展这一客观规律的基础上追求物质与精神财富的创造和积累，用生态文明的力量托起青山秀水的美丽中国。华中科技大学党委副书记欧阳康教授认为，要将生态文明观念真正树立起来并成为全社会的共识，尤其是转化为各界的行动，还有很多工作要做，其中最重要的思想前提就是要走出生态问题上的认识误区，实现诸多观念变革。江苏师范大学校长任平教授认为，生态建设、生态支持与生态文明是构筑美丽中国的三个基石。

陕西师范大学党委书记甘晖教授认为，生态伦理教育突破了传统德育的人际范围，赋予了现代德育新的内涵，也使德育的过程和人的道德更加完整，德育的社会责任和人的文明化程度得以拓展和深化。

与会学者还围绕会议主题就低碳经济发展、生态文明的日常生活化、美丽中国与法制建设、美丽中国的伦理支撑及海洋生态文明与海洋强国建设等一系列问题进行了深入讨论。

（曾　江　王　宙）

第二届世界华文学术名刊高层论坛

2013 年 9 月 18 日，由中国社会科学杂志社主办、悉尼大学中国研究中心承办的中国社会科学论坛（2013）——“第二届世界华文学术名刊高层论坛”在澳大利亚悉尼举行。来自中国、美国、澳大利亚、新西兰等国家的华文学术名刊代表、海外中国学研究专家 30 余人齐聚悉尼大学，围绕“多元文化时代学术期刊的评价标准与学术使命”这一主题进行交流研讨。中国社会科学杂志社副总编辑王利民、悉尼大学中国研究中心主任凯瑞·布朗（Kerry Brown）出席开幕式并致辞。开幕式由悉尼大学中国研究中心学术主任古德曼教授（David Gooodman）主持。

王利民在致辞中说，当前期刊电子化特别是数据库建设日新月异，这给期刊尤其是给名刊带来了前所未有的挑战。但另一方面，数据库竞争也加剧了名刊的并购需求和期刊的两极化发展，给名刊带来新的发展机遇。期刊的版权管理及其并购已成为期刊业发展的新的重要增长点。

针对当前学术期刊评价体系存在“外行评价内行”的问题，华文学术期刊负责人纷纷指出，期刊评价体系要重视学术因素，而不应通过外行单纯的量化指标进行评定分级。

有与会代表认为，当前，以源于文献计量学背景的某些统计为依据的数量分析系统大有取代传统期刊评价体系的趋向。用这类分析系统评价期刊的权威性，有相当多的合理性，其价值不容否定，但其局限性也不少，缺陷不容忽视。

《厦门大学学报》主编陈嘉明、副主编洪俊峰提出，在完善学术期刊评价体系过程中，应结合定量与定性分析方法。在实施过程中要注意三点：一是专业性学术期刊与综合性学术期刊分别对待；二是进一步优化和完善量化评价指标体系；三是学术期刊评价指标体系的改进、完善乃至重构，应着眼于学术因素。

《澳门理工学报》副总编辑陈志雄认为，中国人文社会科学学术期刊在国际化进程中，必须“辩证地处理好文化全球化与文化本土化的关系，在形成中国话语权的基础上实现华文学术期刊的国际化才是顺应时代的文化观照”。

《中山大学学报》主编吴承学则提出，建立中国学术期刊的学术自信，才是当下学术期刊国际化的正确途径。中国学术期刊只有清晰认识到目前国际学术评价体系的严峻现实，充分了解中国学术的优长和发展需求，在立足本土文化的基础之上，逐渐形成具有国际学术影响力和竞争力的、属于中国自己的学术评价体系和交流平台，才能真正实现与国际学界平等的学术对话。

《澳门理工学报》总编辑刘泽生指出，世界华文学术期刊的发展需要华人学界的共同努力。21世纪，随着中国国力的增强和全球化进程的加速，海外华人的华文学术事业出现了新的曙光，为华文学术期刊，尤其是华文人文社会科学学术期刊的发展带来了新的希望。

（郑成宏）

第二届中拉学术高层论坛

2013年10月11～12日，第二届中拉学术高层论坛“城镇化：公平正义与社会政策——来自中国拉美国际经验的比较”在京举行。中国社会科学院秘书长、中国社会科学杂志社总编辑高翔，中国社会科学院拉丁美洲研究所所长郑秉文，以及来自中国、巴西、阿根廷、智利等多国大学和研究机构的30余位专家学者参会。与会者从经济学、公共管理学、社会学、法学、历史学等学科角度，对城镇化进程中的诸多热点与难点问题进行了讨论。

高翔在开幕式上指出，中国和拉美地区国家同属第三世界，有着相似的历史和发展经历。中国和拉美地区的现代化变革，不但推动和促进了本地区的繁荣和进步，而且为信息化、全球化时代的世界历史发展提供了重要的参考借鉴和源源不断的发展动力。作为现代化重要内容的城镇化，是中拉地区、国家和人民不容回避的重大理论和现实课题。推动中国城镇化的健康快速发展，需要从世界城市整体发展史视野出发，多学科多视角考察中国拉美城镇化的理论和实践逻辑。

国务院发展研究中心农村经济研究部副部长、研究员刘守英认为，当前中国城镇化进程出现了不平衡、不协调的问题，如土地城镇化快于人口城镇化，城市发展过于依赖土地征用和土地出让，“城市病”在各类城市的局部区域加剧等。未来10～20年，中国城镇化仍将处于快速发展期，城镇化是主导中国经济增长的重要力量之一。中国社会科学院城市发展与环境研究所副所长、研究员魏后凯认为，近年来，中国城镇化规模格局出现一定程度的比例失调。一方面，大城市数量和人口比重不断增加，一些超大型城市规模急剧膨胀；另一方面，中小城市数量和人口比重减少，中西部一些小城市（镇）甚至出现相对衰退迹象，城镇体系中缺乏中小城市的有力支撑。巴西圣保罗州立大学国际关系教授图罗·维杰瓦尼介绍了拉美国家城镇化的状况，并对当前遇到的问题进行了阐述：“一些拉美国家在20世纪80年代就已基本实现了城镇化。

目前，这些国家主要问题不是如何使人口由农村转移到城市的问题，而是如何提高市民就业率、收入水平、教育水平以及减少贫民窟等‘城市内部’问题。”

郑秉文认为，丰富城镇化发展的内涵，是今后中国城镇化发展的一个重要政策趋向。关键是提高城镇化质量，促进公平正义及社会政策的配合协调问题，目的是造福百姓和富裕农民。

巴西圣保罗州立大学经济学系教授马科斯以巴西为例，分析了拉美目前城镇化中存在的社会不公问题。他说，巴西早在20世纪80年代就基本完成了城镇化进程，建立了较为完整的产业结构。然而，高城镇化率的背后是收入分配两极分化严重、“贫民窟”和边缘化城市群集聚、城市交通过度拥堵、地方性暴力等隐性问题。马科斯认为，反思这些问题所折射出的现实矛盾，对于促进社会不同阶层平等、有效地享有社会公共服务，意义重大。

阿根廷科尔多瓦国立大学历史系助教古斯塔沃·桑迪兰认为，中国目前仍处于快速城镇化进程中，城乡收入不平等及不同地区间的收入差别等是当前需要解决的重要问题。他表示，城镇化不是终点，实现社会的公平正义才是目标。

智利前驻华大使费尔南多·雷耶斯·马塔认为，由于80%的拉美人民都在城市拥有财产，因此，拉美国家城镇化目前的首要目标是争取更高质量的生活，增强市民的存在感与认同感。2010年，在参展上海世博会之后，一些拉美国家更加注重城市的文化内涵与市民的身份认同。如建立城市间良好的合作关系，加强城市归属感及合作性；加强城市文化独特性建设，拯救市民认同危机；塑造洁净的城市自然和人文环境；实现大中小城市和谐共存等。

中山大学政治与公共事务管理学院副院长岳经纶阐述了城镇化、社会政策与地域社会公民身份的建构。他表示，由于城乡二元社会经济结构和户籍制度影响，加之地方政府主导社会福利与公共服务，我国社会公民身份的发展具有显著的地域色彩，“城—乡”“本地—外地”的双重二元分割是当今我国社会公民身份分割的基本特征。岳经纶认为，这种情况既不利于形成统一的社会公民身份，又阻碍了国家的城镇化进程。

（林跃勤　白　乐）

历史视域下的毛泽东与毛泽东思想学术研讨会

为纪念毛泽东同志诞辰120周年，深刻理解习近平总书记关于毛泽东思想的一系列重要论述，2013年10月18日，由中国社会科学杂志社《历史研究》编辑部主办的“历史视域下的毛泽东与毛泽东思想”学术研讨会在北京举行。中国社会科学院秘书长、中国社会科学杂志社总编辑高翔，中国社会科学院原副院长朱佳木，国防大学马克思主义研究所原所长黄宏，北京大学原副校长梁柱，中共中央党校党史教研部教授陈雪薇以及来自全国毛泽东及毛泽东思想研究领域的专家学者40余人出席会议。中共中央党史研究室主任欧阳淞、中国社会科学院原副院长李慎明也向研讨会发来论文。会议由中国社会科学杂志社副总编辑周溯源主持。

高翔在致辞中表示，毛泽东同志是伟大的马克思主义者，无产阶级革命家、战略家和理论家，中国共产党、中国人民解放军和中华人民共和国的主要缔造者。毛泽东同志为民族的独立、国家的统一和人民的解放建立了不朽的功勋，没有毛泽东的历史贡献，中国人民至少还要在黑暗中摸索很长时间。在中国综合国力和世界影响力空前增强、举国上下为实现中国梦而众志成城的今天，我们纪念毛泽东诞辰120周年，不仅要表达对历史的刻骨铭记，对毛泽东同志的深切缅怀，更要挖掘毛泽东思想的当代价值及其对中国特色社会主义事业的长期指导意义，继续沿着毛泽东同志开辟的社会主义建设道路奋勇前进，努力实现“两个一百年”的奋斗目标。

高翔指出，毛泽东是马克思主义中国化的开创者，是探索中国特色社会主义道路的先行者，应正确认识毛泽东与毛泽东思想。我们绝不能因为毛泽东同志晚年所犯下的错误对他进行全盘否定，更不能因此否定毛泽东思想。相反，我们必须毫不动摇地维护毛泽东同志的历史地位，毫不动摇地坚持毛泽东思想的指导地位。坚持毛泽东思想，就是要用毛泽东思想贯彻始终的立场、观点和方法指导中国特色社会主义建设新的实践，着眼于新的思考、新的发展，永葆毛泽东思想的青春与活力。只有这样，我们才能在建设中国特色社会主义道路上不断推进马克思主义中国化，实现新的飞跃。

欧阳淞在提交的论文中指出，中国特色社会主义理论体系对毛泽东思想的继承和发展，不仅包括对毛泽东思想活的灵魂即实事求是、群众路线、独立自主的继承、运用和发展，也包括对探索中正确的经验总结和理论认识的继承和发展。

李慎明在论文中表达了自己的观点，他认为，目前国际垄断资本基于其搞垮苏共和苏联的“经验”，在竭力贩卖“历史虚无主义”之时，把主要矛头集中放在攻击毛泽东和毛泽东思想上，这是国内外敌对势力企图在近期甚至近几年围剿、演变、颠覆社会主义中国战略部署十分重要的组成，是其“软实力”“巧实力”十分重要的组成。对此，我们必须高度重视并认真应对。

与会者认为，将毛泽东和毛泽东思想置于历史的长河中，用学术的眼光去考察，不仅有助于客观地评价毛泽东和毛泽东思想，深刻理解毛泽东对中国社会的影响，也有助于进一步总结经验教训，深入挖掘毛泽东的精神遗产和思想资源，这对于中国共产党在21世纪铸造新的辉煌，具有特别重要的意义。

也有学者站在多学科、多侧面的角度对毛泽东的历史贡献进行了解读。如黄宏认为，古往今来，治水传统与华夏文明相生相伴，在中国历史上治水的英雄无数，但居功最伟者，当为毛泽东。他带领全国人民所进行的大兴水利建设的理论和实践，就是最为雄辩的证明。“一定要把淮河修好”，毛泽东的题词和整治淮河的伟大实践，充分表现了我们党把人民利益置于一切利益之上，全心全意为人民服务的宗旨和情怀，它对全国水利建设具有巨大的示范作用。以治淮工程为标志，新中国由此开始了一场向大自然宣战、兴修水利、治理江河的人民战争。新中国成立后，毛泽东第一次出京巡视，就视察了黄河，发出了“要把黄河的事情办好”的号召，使黄河真正成为中华文明的母亲河。

出席会议的还有来自中国延安干部学院、广州大学、中共中央党校国际战略研究所、中共中央文献研究室等单位的学者。会上，学者还围绕如何从历史视域下看毛泽东的功绩和错误、毛泽东对什么是社会主义问题的探索及其贡献、毛泽东的文化建设思想及其时代价值、毛泽东与中共党史研究等问题进行了深入探讨。

（薛　倩）

社会科学文献出版社

2013 年，在国家文化体制改革不断推进、数字技术迅猛发展、国内外出版竞争加剧的背景下，社会科学文献出版社在院党组的正确领导下，认真贯彻十八大、十八届三中全会特别是习近平总书记一系列重要讲话精神，积极开展群众路线教育实践活动，以高度的政治责任感、良好的精神状态和扎实的工作作风，不断深化体制机制创新，努力推动各项出版业务稳步增长。

（一）2013年度经营概况

1. 生产经营各项指标保持较快增长

2013 年，社会科学文献出版社延续了近年来平稳快速的发展态势，全年共出版图书 1407 种，其中新书 1214 种，再版重印 193 种，分别比 2012 年增长 14%、11.79% 和 29%；统一印制发行院学术期刊 65 种。

全年发排总字数 5.11 亿字，同比增长 10%；造货码洋 2.61 亿元，增长 15%；总印数 486 万册，增长 21%。

全年发货总码洋 1.85 亿元，同比增长 24%；退货总码洋 2294 万元，较上年下降 10.3%；库存总码洋 2.67 亿元。

全年现金流入 2.3 亿元，流出 2.2 亿元。全年总收入 1.6 亿元（含税），增长 13%；实现利税 3492 万元，其中利润 1772 万元，增长 7%。员工收入同步增长，发展成果惠及全社员工。

2. 资产规模不断扩大

2013 年办公用房面积达到 6 873.7 平方米，其中新增购买及租用办公用房 832.81 平方米；新增台式电脑 58 台，笔记本电脑 13 台，服务器 6 台，打印传真一体机 8 台；更新公务车 4 辆。到 2013 年年底，该社总资产 1.9 亿元，其中办公用房 6255 万元，市值 1.87 亿元，实现了国有资产的快速增值。

（二）2013年度主要工作及业绩

1. 积极推进学术出版规范建设，整合学术出版资源，为院创新工程服务

（1）逐步推进实施学术出版规范，皮书、集刊以及重点学术图书严格按学术出版规范进行

编辑出版。同时，社长谢寿光还作为全国范围《学术著作出版规范》系列行业标准起草工作的总牵头人，积极参与该系列标准起草工作，目前该标准已经准备向国家新闻出版标准委员会报送。

（2）2013年，社会科学文献出版社进一步加大与院内创新工程的对接，承担院内大型学术出版项目（含延续性项目）11项，“中国社会科学院文库”及一般资助项目72项，“博士后文库”13项，“老年学者文库”22项。2013年共完成出版院创新工程项目136种（240卷）。

（3）皮书研创与出版迈入新阶段。皮书品种数量保持稳定增长，内容质量和影响力有了较大提升。出台《关于严格控制皮书内容重复率的规定》等措施，切实提高皮书的原创性。同时，进一步完善皮书评价指标体系，建立皮书评价专家库和评价结果数据库，基本实现皮书评价规范化，为皮书的研创和编辑出版提供了基础支持。随着《中国社会科学院皮书资助规定（试行）》和《院外皮书进入院创新工程管理暂行办法》颁布实施，院内29个单位编撰的40种皮书纳入院创新工程资助项目，首批35种院外皮书进入“中国社会科学院创新工程学术出版项目”。第十四次全国皮书年会成功召开，会议围绕“皮书研创与智库建设”展开了讨论，进一步明确了提升皮书质量、发挥智库作用的方向。

（4）新版《列国志》工程正式启动。2013年9月，新版《列国志》编辑委员会第一次会议召开，李培林副院长主持会议，王伟光院长、李扬副院长出席会议并提出指导性意见。新版《法国》卷已经正式出版。

（5）《中国史话》二期工程开始实施。2013年1月，大型中华历史知识普及丛书《中国史话》首批200种图书的出版座谈会在北京举行。时任全国政协副主席、中国社会科学院院长陈奎元，常务副院长王伟光，新闻出版总署邬书林副署长，中国社会科学院副院长李捷等有关部门领导以及参与该丛书写作的作者代表出席了座谈会。2013年9月，召开了二期第一次编委会会议，原副院长武寅主持会议，李捷副院长出席会议。

（6）院学术期刊“统一印制、统一发行”稳步推进，宣传推广平台作用逐步显现。全年承接了65种期刊的“统一印制、统一发行”工作，在纸质期刊近些年逐年下滑的大市场环境下，发挥规模效益，销售收入超过1300万元，比2012年增加100万元。

（7）集刊工作顺利开展。11月中旬，文献社在杭州主办了第二届人文社会科学集刊年会，会议以“学术集刊与学术规范”为主题，对集刊的编辑出版规范、评价机制等内容进行了讨论。此次年会还发布了《集刊编撰出版手册》（简版），中国集刊网和投稿系统也正式上线。2013年，文献社共出版集刊95种，其中29种首批进入该社重点集刊目录，有10种进入刚刚发布的2014～2015年CSSCI集刊名录。

2.按需印刷助力传统生产模式转型

通过一年的摸索、尝试，按需印刷生产流程逐步完善，并实现了按需印刷和传统工艺的无缝对接。2013年该社与按需印刷生产企业签订了战略合作协议，使得一本起印成为可能。2013年，文献社共有70种、160多卷图书采用了POD的生产方式。

3. 国际出版与学术传播风生水起

（1）2013 年度与 BRILL、Springer 等国外著名出版公司合作出版外文图书 66 种，其中英文 46 种，日文 10 种，俄文 8 种，韩文 2 种。18 种图书获得新闻出版总署的“经典中国”项目资助，8 种图书获全国哲学社会科学规划办公室的“中华学术外译”项目资助，17 种图书获得院创新工程中译外项目资助。该年度已获得 780 余万元的翻译资助。

（2）独立组团参加了美国亚洲研究学会年会、伦敦书展、法兰克福书展以及俄罗斯书展并举行了新书发布会，组织社会科学院学者参加各种国际学术会议，到世界知名高校访问，与国际知名学者交流各自的研究成果，国际学术交流平台建设成效显著。2013 年，文献社共 41 人、50 人次出访 13 个国家和地区，进行学术出版业务合作、交流，在世界各地宣传我院形象，推广中国学者的研究成果。

（3）通过社版权引进平台，引进国外优秀学术图书 106 种。

4. 市场营销转型不断深入

（1）纸质图书销售取得突破。在整体图书市场尤其是实体书店零售下滑严重的情况下，全社纸质图书的销售取得新的突破。全社图书销售收入 7 839.4 万元，其中，市场营销中心实现销售收入 6 052.88 万元，首次突破 6000 万元。

（2）渠道分类营销日益细化和专业化。在稳固新华渠道、馆配渠道的基础上，2013 年重点开拓网络书店、实体书店、机场书店等零售渠道以及系统采购渠道。2013 年，文献社在各大客户的销售占有率和销售排名都稳步增长，馆配占有率稳定在前十位。终端营销和读者服务模式日渐成熟。

（3）重点图书的分类营销模式基本成熟。在以《陈独秀全传》为代表的学术畅销书和以《甲骨文》为代表的译著的支撑下，门店书营销取得较大的增长，2013 年发货码洋前 30 位的新书发货总码洋同比增长 36.5%。

（4）新的营销方式的探索取得一定进展。社交化媒体营销全面展开，出版社网站、微博、微信营销取得成效；年初成立视频中心，加强对影像资料的管理，同时开始创作视频产品，开展内容营销。

（5）品牌形象进一步提升。2013 年举办社科文献大讲堂、皮书发布会、研讨会、学术沙龙等 170 多场，组织会议营销 50 多场，完成各类广告发布近 200 版，发布书评书讯 500 余篇；社科文献大讲堂先后在中国人民大学、中国金融博物院等举办，扩大了这一品牌的影响力；《社科文献出版社 VI》完成并实施；皮书年会、中国学术出版年会等会议的规模、规格、质量和影响力进一步扩大与提升；以《陈独秀全传》为代表的学术畅销书入选 2013 年度深圳读书月年度十大好书、经济观察报年度十大好书、新京报年度入围好书等各类榜单 20 多次；并再一次获得馆配十佳出版社称号。

5.信息化与数字出版工作取得丰硕成绩

（1）信息化建设方面，完成了社新版网站群、中国集刊网的建设和上线运行，其中官网点击量名列出版社前二十强；皮书评价数据库建设完成并投入使用；信息标准化工作、数据仓库建设、媒体监测系统建设工作全面启动；硬件设备方面，采纳了服务器虚拟化解决方案，优化了服务器的使用效率。

（2）数字出版方面，内容资源管理平台、皮书数据库三期、列国志数据库平台初步建成，已经进入系统全面测试阶段和资源入库阶段，为2014年全面投入使用奠定了坚实的基础。

（3）制度建设方面，文献社修订了《出版社信息管理办法》《电子书经营与服务管理办法》，制定了《数据库营销工作手册》《非销售人员销售数字产品的奖励决定》等。

（4）数字产品营销方面，2013年实现皮书数据库产品试用客户超过600家，营销体系初步成型，销售收入330余万元，实现销售任务60%的增长比例，创下历史新高。2013年组织了“首届出版社数字产品营销论坛”，召集了国内数字出版领军的13家出版社和研究机构，进一步确立了文献社数字出版和营销强社品牌，在业内扩大了影响力，受到社会关注和好评。

（三）评优获奖情况

2013年，文献社在院内和业内各种评奖评优活动中取得如下成绩：

2013年初，文献社荣获“中国社会科学院2010～2012年度先进集体”荣誉称号；文献社荣获第三届中国出版政府奖“先进出版单位奖”，《超越人口红利》获中国出版政府奖图书奖，《当代中国民生》《子弟书全集》获图书奖提名奖；皮书数据库获网络出版物奖提名奖。另外，《中华史纲》等4部著作入选第四届“三个一百”原创图书出版工程，2种图书获得国家出版基金资助，6种图书入选国家哲学社会科学成果文库，14种图书入选国家社科基金后期资助项目，15个项目通过增补列入“十二五”国家出版规划。此外，文献社策划的“中国梦与中国发展道路研究丛书‘走出去’暨国际学术交流平台建设”项目，入选“新闻出版改革发展项目库”，并获得“文化产业发展专项资金项目”1000万元的资助。当年新书中，《陈独秀全传》和“甲骨文”系列图书多次登上各类推荐榜单，大大提升了文献社的市场影响力。

文献社被中国企业联合会信息工作委员会评为“2012～2013年度信息工作先进集体”，社长谢寿光被评为“2013年度信息工作先进个人”，文献社也成为全国出版行业首次获此荣誉的单位。同时，在中国出版协会和中国新闻出版研究院主办的第七届全国新闻出版业网站年会中，文献社官网被评为优秀门户网站，中国皮书网被评为最具商业价值网站，社长谢寿光荣获创新人物奖。

此外，《人民日报》从全国580余家出版社推出11位“中国出版掌门人”，谢寿光社长获此殊荣，并在专访中描绘了社科文献社的“中国学术出版梦”。

（四）会议综述

2013年中国学术出版年会

为探索数字时代的学术出版的发展道路，繁荣学术出版、服务中国学术，2013年1月8日，由社会科学文献出版社与中国新闻出版研究院、百道网、出版商务周报社联合主办的“2013中国学术出版年会暨社会科学文献出版社经销商大会”在北京举行。会议的主题是“数字环境下的学术出版与营销”。来自中国新闻出版研究院、商务印书馆、百道网、中国人民大学图书馆、万圣书园、当当网、台湾两岸华文出版品与物流协会等多家出版发行单位的领军人物、全国各地20多个省市的图书经销商代表、在京出版业媒体记者及出版专业师生代表近200人参加会议。代表们共同探讨了数字时代下学术出版产业的发展问题。

会议认为，学术出版承载思想传播、传承的功能，处于整个出版产业链的顶端，学术出版水平的高低，很大程度上决定了一个国家和地区出版业的发展水平。因此，要努力构建并切实实施人文社会科学评价体系和学术出版规范，着力提升学术出版专业门槛，培育、吸纳大批具有深厚学术造诣、又懂专业出版的复合型人才。

（柳　杨）

第十四次全国皮书年会

2013年8月24日，由中国社会科学院主办，甘肃省社会科学院、社会科学文献出版社承办的“第十四次全国皮书年会”在甘肃省兰州市召开。来自全国各地社会科学院、高校和政府研究机构的300余名皮书课题组主编、专家、学者围绕主题“皮书研创与智库建设”展开了深入讨论。国家新闻出版广电总局副局长邬书林出席并作专题学术报告，甘肃省委常委、省委宣传部部长连辑，中国社会科学院副院长李扬出席并讲话，中国社会科学院副院长李培林出席。

连辑对年会在兰州召开表示祝贺。他指出，智库能为政府决策提供科学依据，是国家软实力的重要组成部分，希望大家共同努力，壮大皮书队伍，加强智库式软实力平台建设，使政府决策更具前瞻性和科学性。

李扬高度肯定了举办皮书年会以及皮书出版的意义。他指出，皮书作为中国哲学社会科学的优秀研究成果，对中国社会科学院发挥党和国家“思想库”“智囊团”的功能起到了积极作用。希望社科单位高度重视皮书系列的研创出版，为党和国家大局以及中国特色社会主义建设服务。

会议分别从“智库建设与皮书研创”“皮书研创与地方智库创新”“高校智库功能与皮书研创”“智库影响力与皮书研创”“文化大繁荣与智库影响力”等方面展开深入探讨和交流。

（柳　杨）

第二届人文社会科学集刊年会

2013年11月，第二届人文社会科学集刊年会“学术集刊与学术规范”在浙江省杭州市举行。

2013年11月16日，由中国社会科学院社会科学文献出版社主办，杭州市社会科学院与杭州师范大学社科联承办的“第二届人文社会科学集刊年会”在浙江省杭州市召开。会议的主题为“学术集刊与学术规范”。中国社会科学院副院长、学部委员李培林，副秘书长、科研局局长晋保平，杭州市社会科学院主席辛薇，杭州师范大学副校长何俊，社会科学文献出版社社长谢寿光、总编辑杨群，以及来自全国各地的人文社会科学学者、集刊主编100余人参加了会议。会议开幕式由晋保平主持。李培林在开幕式讲话中指出：第二届人文社会科学集刊年会的召开具有开创性的意义，对于推动学术发展具有重大作用。

来自全国各地的专家学者就学术集刊与学术规范，包括学术集刊编撰、出版规范，如何提升学术集刊质量，集刊的电子化，评价标准等主题进行了讨论。此外，社会科学文献出版社还就集刊海外推广渠道及经验做了介绍，并邀请斯普林格出版社、牛津大学出版社编辑进行了经验分享。

（柳　杨）

四　院直属公司工作

服务中心

2013 年，服务中心认真贯彻院年度工作会议的要求和《服务中心 2013 年工作要点》，紧紧围绕全院中心工作，完成了各项工作任务。

（一）人员、机构等基本情况

1.人员

截至 2013 年年底，服务中心共有在职人员 124 人。其中，局级人员 3 人，处级人员 25 人，科级人员 35 人，工勤岗位人员 55 人，专业技术人员 4 人。

2.机构

服务中心设有：办公室、党务人事处、业务管理处、综合管理处、行政管理处、服务监管处、物业管理中心、交通服务中心、服务保障中心。

（二）创新工程的实施

（1）进入创新工程的时间：2013 年 7 月。

（2）2013 年服务中心参加创新工程的人数：106 人。

（3）2013 年服务中心首席管理为刘福庆。

（三）后勤服务工作

（1）服务中心机关各处室认真抓好指纹考勤管理工作；按照院办公厅的统一要求，加强公文管理和档案管理；认真落实督办工作制度；加强干部和职工队伍建设和人事管理工作；做好财务工作；完成了资产管理工作。

（2）物业管理中心 2013 年扩大了服务范围，相继接收了经济片、民族所办公区和院部立体车库的物业管理工作；对所管理使用的电梯等基础设施进行了安全检测；对宿舍小区管线、房屋设备老旧情况进行全面排查，并拍摄存档；投入 262 万元，对部分宿舍小区的屋顶、路面、消防泵、上下水管道进行了修缮和更新改造；完成了史学片拖欠电费清理和部分单位结算及劲松九区宿舍地下室承租人违法建房的拆除工作。

2013年5月，中国社会科学院举办会务服务培训班。

（3）交通服务中心更换了车辆加油卡；对全国“两会”上会车辆进行检修；邀请局领导、专家授课，组织全院交通法规大讲堂；完成了车辆更新工作。全年共出车4万余台次，安全行驶150余万公里，做到了安全无重大责任事故。

（4）院机关食堂推出了自己的盒饭品牌和配套服务及晚餐服务、下午5点出售各类加工食品服务；落实中央国家机关“文明用餐、反对浪费”的要求，开展“文明用餐”光盘行动。全年共接待就餐人员50万人次。

（5）会议服务部在服务质量上下功夫，全年接待会议1811次，与会46 808人次，做到了会议服务安全无差错。

（6）医务室全年门诊14 042人次，抢救急诊病人8人次，院各类会议医疗保障11次，未发生医疗事故及差错；3月份为全院622人进行体检，收录体检资料622份；为预防禽流感，免费为院直机关发放口罩1100个。

（7）社科文印部全年共印制各类文件、简报等材料82余万册，顺利完成了印刷服务任务。

（8）综合管理处举办了两期安全责任意识为主题的培训班；接收了立体车库消防管理；完成了消防监控、植树、大院绿化美化、爱国卫生、院领导办公室保洁，以及城乡手拉手、共建文明新村等各项任务。安排院领导和所局领导86人参加植树活动，植树500余棵。

（9）行政管理处注重古建筑的文物保护和防火工作，先后出台安全防火等八项管理规定、三项应急预案。举办了两次“11•9”消防安全知识讲座。积极配合院基建办完成国际片环境整治、绿化及配套工程，监控系统和烟感报警设备更换等工作。

（四）专业培训工作

（1）2013年5月14～16日，服务中心在密云绿化基地举办了全院会务服务专业培训班，院属各单位的接待服务人员共60余人参加了培训。

（2）2013年6月6日，服务中心在院第1报告厅举办“车辆保险与理赔专题讲座”，特邀请人保财险高级讲师张存成老师授课。各所局办公室主任、车管干部、全院公务车驾驶员和私家车驾驶员参加了培训。

中国人文科学发展公司

2013 年，中国人文科学发展公司（以下简称“人文公司”）认真学习贯彻党的十八大精神，进一步加强现代企业制度建设，提高公司运作的制度化、规范化和科学化水平，圆满完成了 25 项改革创新工作任务和经营上缴任务，经营管理工作上了一个新台阶，各项事业健康发展。

（一）继续推进图书采购总代理制度，确保完成采购任务，积极提升服务质量和效益，拓展图书采购新领域

在这方面主要做了以下工作：(1) 在院图书馆和各所图书馆的配合下，积极采取措施，相互合作，完成了全年图书采购任务，为我院科研工作提供了有力保障。(2) 努力拓展经营渠道，在为图书代理单位服务的同时，积极开辟新的市场，争取更多的效益。(3) 在政治上把好关口，在进口书刊和数据库的业务上，发挥院审读小组成员的作用，严把审读关，保障进口书刊和数据资源的政治方向。

（二）积极主动参与院各类信息化项目，理顺各种关系，拓展信息化项目新空间

在这方面主要做了以下工作：(1)承接和完成了院创新工程评价体系一期工程、社科网改版、正版软件安装、院网络管理服务外包等项目，完成效果较好。(2) 配合院里进行的信息化机构和管理体制改革，主动与财务基建计划局、信息化管理办公室和院图书馆等部门协调沟通，理顺各种工作关系，主动服务。(3) 由人文公司开发的院指纹考勤系统经过三年的试运行，正式通过了办公厅、人事教育局和财务基建计划局等部门的联合验收。

（三）人文公司所属企事业单位强化经营管理，提高经济和社会效益，认真完成经营目标和上缴任务

在这方面主要做了以下工作：(1) 玉泉营建材市场（社科光大经贸公司）、双业科兴物业中心、安信捷办公用品中心、社科博源宾馆、北京人文科工系统集成技术有限公司等人文公司所属企业强化内部经营管理，取得较好效益。(2) 所属企业加大对外对内协调力度，顺利完成了经营目标和上缴任务。(3) 中国经济技术研究咨询有限公司公司完成股权回收以后，结合社会科学成果开发中心这个平台，在院地院企合作方面，利用我院品牌优势，在公司经营战略的转移方面初步走出了一条新路，使创新工程的部分成果得到了转化，探索了利用院外资源获取经营效益的新路径。

（四）认真落实院“三会”决定事项，重点抓好密云、北戴河翻改建工程，同时抓好燕郊“中国学者之家”的相关工作

在院领导的大力支持和各职能局的全力配合下，院里调动有限的资金并申请国家财政支持，

对密云绿化基地和北戴河培训中心旧楼进行翻改建。为此，人文公司成立了基本建设领导小组，认真落实院领导关于“如期工程、优质工程、文明工程、廉洁工程、安全工程”的要求，全力以赴，积极争取当地政府支持，圆满完成了基本建设任务。两个培训基地在住宿条件差和人员不足的情况下，认真做好院里的服务保障工作，先后完成全院所局主要领导读书班、纪检书记培训班，国际合作局、老干部工作局会议和院领导读书班及 2013 年暑期会议的接待任务。按照院里的安排，人文公司负责燕郊“中国学者之家”项目建设。该项目是社会科学院、知名公司与地方合作的一种探索。按照院长办公会议确定的“产权归我、委托建设、共同经营”开发原则，根据项目定位和操作模式，组建自己的管理团队。该项目于 9 月 2 日举行了奠基仪式。

（五）加强领导班子和中层经营管理干部队伍建设，积极落实公司整改方案，认真完善制度，在公司规范制度、科学管理上迈出新步伐

在这方面主要做了以下工作：(1) 在院党组的领导下，前后两次调整了公司领导班子，年初竞争上岗补充了三位副总经理，7 月份再次对班子进行调整，同时组织全体聘用人员，竞聘了 5 名部门经理（主任）助理，充实了公司中层经营骨干队伍。(2) 加强监督管理和审计工作，在公司管理规范化制度化方面有所改进。结合党的群众路线教育实践活动，公司在建设长效机制等方面出台了 6 个文本：公司长远发展方面有《公司中长期发展规划》；基建方面有《密云绿化基地，北戴河培训中心翻改建工程重大事项管理办法》；财务监督方面有《公司财务管理规定》，《公司财务监管条例》；文化建设方面有《关于加强企业文化建设的实施意见》；人才队伍建设方面有《加强骨干队伍建设的实施意见》等。(3) 加强和推进党建工作，积极发挥工会、妇工委、共青团的作用。8 月份，公司在院直属机关党委、纪委的帮助下，对公司党总支进行了改选，选举出了书记、副书记和纪检组长。同时改选了工会组织，选出了工会主席，宣布了妇工委主任，成立了公司第一届共青团支部，增强了员工的归属感。

（六）创新工程的主要措施和工作安排

院里决定，人文公司参照院直属单位做法，于 2013 年 7 月份进入院创新工程，进入创新工程的人数为 18 人，其中首席 1 人，为公司总经理李传章。按照院党组的统一要求，公司围绕院创新工程开展工作，制定并实施了七大类共计 25 项改革创新工作新举措：(1) 贯彻院党组的要求，按照《公司法》等法律，在建立现代企业制度方面取得进步，认真谋划好公司的长远发展战略。(2) 在图书采购总代理、信息化项目建设等方面推进改革，提高服务保障。(3) 强化所属企业经营理念，加强核心竞争力建设，提高经济效益。(4) 调整经营战略，积极转化创新工程新成果，使其成为公司效益新的增长点。(5) 认真完成院里交办的各项基本建设任务。(6) 加强领导班子建设、干部队伍建设和内部各项管理制度建设，制定经营目标责任制。(7) 加强党建等工作，坚持以人为本，营造团结向上、和谐发展的公司文化环境。

中国经营出版传媒集团

2009年，中国社会科学院批准中国社会科学院工业经济研究所组建成立中国经营出版传媒集团，集团下辖经济管理出版社、《中国经营报》社及其主办的《精品购物指南》报社，并批准中国社会科学院工业经济研究所设“集团联络处”，负责处理中国经营出版传媒集团的日常办公事务。

2013年9月30日，中国社会科学院党组会议决定，中国经营出版传媒集团划归中国社会科学院直接管理。中国社会科学院成立中国经营出版传媒集团管理委员会，由院领导(副院长)、院各相关职能厅局主要领导、工业经济研究所主要领导及经济管理出版社、《中国经营报》社和《精品购物指南》报社的主要领导组成，院领导（副院长）任主任。成立了中国共产党中国社会科学院中国经营出版传媒集团机关党委，由院党组成员（副院长）任党委书记，办公室设在中国共产党中国社会科学院机关党委。

中国经营出版传媒集团为法人联合体，由经济管理出版社、《中国经营报》社和《精品购物指南》报社等法人实体单位组成。

附：

经济管理出版社

2013年，经济管理出版社在出版工作中推出一批立足中国特色社会主义经济改革，系统阐释中国特色社会主义道路的优秀成果，充分挖掘经济管理理论，突出经济管理实践的图书，完成了年度工作计划。2013年，经济管理出版社出版图书575种（经济类415种），其中新出图书528种（经济类382种），总印数209万册（其中经济类147万册），发行图书290万册。报批国家“十二五”重点出版增补项目2项，承担院创新工程项目17项（86种图书），45种图书获得省部级奖项。

1.坚持正确的出版方向，加强图书的选题和质量管理

经济管理出版社坚持正确的出版导向，在政治上严格把关，以邓小平理论、“三个代表”重要思想和科学发展观为指导，深入学习和贯彻落实习近平总书记系列讲话精神，以实现“中国梦”，建设社会主义文化强国，增强国家文化软实力为己任，坚持社会主义先进文化前进方向，坚持中国特色社会主义文化发展道路，坚持以人民为中心的工作导向；认真贯彻执行党和国家的各项出版方针、政策和规定，对图书的选题和内容严格把关；严格执行重大选题申报制度，对属于申报范围的选题，严格履行申报备案程序；努力打造优秀学术著作的出版平台，创造良好的社会效益和经济效益。

在出版工作中，出版社始终把社会效益放在所有工作的第一位，对图书的政治内容、思想内容、学术水平和文字质量严格把关，使图书质量得到有力保障。

2.明确品牌定位，以实现中国社会科学院创新工程基本目标为工作方向，努力打造“经管出版”品牌，为学术出版搭建良好平台

经济管理出版社在选题策划方面坚持学术出版特色，为出版学术精品、打造经济管理出版社的学术品牌奠定了坚实的基础。

随着文化体制改革的不断深入，面对越来越激烈的竞争形势，经济管理出版社进一步明确自己的定位和目标，即发挥学术专业出版的品牌优势，依托中国社会科学院经济学部和工业经济研究所等，为深入贯彻落实科学发展观，实施科研强院、人才强院、管理强院战略，促进中国社会科学院的发展贡献力量，已经逐渐成为国内有品牌影响力的专业学术出版单位。

2013 年，经济管理出版社的出版工作在坚持面向中国社会科学院经济学部和相关研究所，为院创新工程成果和经济类、管理类学术著作提供出版服务的同时，也为国家有关部委的专家、各大专院校的教师、地方社会科学院和科研机构的研究人员搭建一个高水平的学术著作出版平台。在出版大量高质量学术精品的同时，通过召开新书发布会、研讨会和进行媒体推介等多种形式将这些优秀成果向国内外宣传推广，取得了很好的社会反响。

3.承担国家级重点项目出版，积极参与中国社会科学院创新工程，做好学术出版工作

2013 年，经济管理出版社策划并申报的“中国特色现代农业建设路径系列丛书”“中国大国经济发展战略丛书”两个大型系列出版项目入选国家“十二五”规划重点图书出版物增补名单，国家出版基金项目“中国特色社会主义经济发展道路”（9 本）系列丛书完成出版。

在积极参与创新工程过程中，经济管理出版社陆续编辑出版了《中国社会科学博士后文库》(20 种)《中国社会科学院学部委员与荣誉学部委员文集 2012》《全球产业演进与中国竞争优势》《中国企业自主创新政策研究》《中等收入陷阱：巴西的经验与教训》《中国经济体制改革报告 2013》《构建区域创新体系战略研究》《全球电信运营企业发展报告（2012 ~ 2013)》《创新型企业研发支撑体系模式研究》《中国养老金发展报告 2013》等院重点项目，同时也推出了其他优秀学术著作，如:《中国经济可持续增长机制研究》《组织认知对免疫行为和组织健康影响机制》《转型中的中国国有企业制度》《中国老年保障体系研究》等。

4.优化图书选题结构，精品化、系列化、成套化取得成果

2013 年，经济管理出版社在已有精品套系的基础上，又推出了“中国管理实务与案例系列”“国际经济比较研究系列”“当代中国区域发展丛书”“产业经济学文库”“中国管理思想精粹”“中国企业社会责任文库”等系列丛书，为进一步打造学术品牌奠定了良好的基础，受到了学界的广泛好评。

经济管理出版社还从战略的高度出发，在进行深入分析研究和充分占有翔实的第一手资料的基础上推出一批权威研究报告。这些报告包括《中国工业发展报告》《中国产业发展报告》《中国创新型企业发展报告》《中国可持续消费研究报告》《中国企业品牌竞争力指数报告》《中国服务经济报告》《中国社会网络与社会资本研究报告》《中国创业风险投资报告》《全球信息技术报告》《中国企业社会责任报告》等，这些报告每年连续出版，其中，《中国工业发展报告》已连续出版 18 年，《中国创新型企业发展报告》已连续出版 8 年，形成了很好的品牌效应。

经济管理出版社还组织翻译出版了一批经济管理类经典读物，如“能源经济经典译丛”“汉译管理学世界名著丛书”“汉译工商管理经典教材丛书”等。

5. 加强经营管理和队伍建设

为了进一步提高出版社的竞争力，打造国内一流的学术出版社，经济管理出版社从经营管理思路到人才队伍培养上都进行了创新，社会效益和经济效益明显上升，收到良好的效果。

在经营管理方面，经济管理出版社不断深化内部改革和创新，为适应出版行业激烈的竞争环境，积极探索出版社改革创新和发展的新路径；通过内部人事和分配制度改革，建立了有效的激励约束机制，改善了经营管理，极大地调动了职工的工作积极性；坚持贯彻“学术为本，质量立社”的原则，严格规范学术出版体例，努力完善以质量为中心的出版流程管理。

在队伍建设方面，出版社通过组织各项专业培训打造了一支具备专业素质和工作经验的人才队伍，建立了良好的编辑、出版、营销人才的工作平台；依托院内学者组建了一支以国内科研机构、大学的学术带头人为主的作者队伍和翻译队伍，建立了完整、高效的图书选题策划、编辑、出版、营销工作流程，提供了最优质的出版服务。

五　院代管单位工作

中国地方志指导小组办公室

（一）人员、机构等基本情况

截至2013年年底，中国地方志指导小组办公室共有在职人员49人。其中，35人为参照公务员法管理人员，5人为事业编制人员。

中国地方志指导小组办公室为参照公务员法管理的事业单位，设有秘书处、联络处、年鉴处（《中国地方志年鉴》编辑部）、方志理论研究室、方志期刊指导处（《中国地方志》编辑部）、人事处等6个处室和1个直属事业单位——方志出版社。2013年，中国地方志指导小组办公室增挂国家方志馆牌子，合署办公。

（二）组织召开重要会议

1.全国省级方志工作机构主任会议

2013年4月12～13日，中国地方志指导小组办公室主办的全国省级方志工作机构主任会议在河南省郑州市召开。会议的主题是交流各地各单位学习宣传贯彻十八大精神的情况，总结地方志工作经验，审视当前地方志工作存在的问题，进一步提升地方志事业发展水平。中国社会科学院原副院长、中国地方志指导小组常务副组长朱佳木出席会议并作题为“注意防止倾向性问题，巩固和发展地方志事业大好形势”的讲话。来自全国31个省（自治区、直辖市）以及新疆生产建设兵团、解放军、武警部队、15个副省级城市方志工作机构的主要负责人100余人参加会议，澳门特别行政区政府社会文化司官员及《澳门志》编修人员列席会议。

2. 中国地方志指导小组换届并召开五届一次会议

2013年12月6日，经国务院同意，中国地方志指导小组开展了换届工作，组成了第五届中国地方志指导小组，组长由中国社会科学院党组书记、院长王伟光担任，常务副组长由中国社会科学院党组成员、副院长李培林担任。国务院副秘书长江小涓、军事科学院副院长任海泉、国家档案局局长杨冬权任副组长，来自国家各部委、学术机构、高等院校以及指导小组办公室的共27人为指导小组成员。

2013年12月20日，中国地方志指导小组五届一次会议在北京召开。中国社会科学院党组书记、院长，中国地方志指导小组组长王伟光出席会议并讲话。中国社会科学院党组成员、副院长，中国地方志指导小组常务副组长李培林主持会议，传达中共中央政治局委员、国务院副总理刘延东的重要指示；受国务院副秘书长、中国地方志指导小组副组长江小涓委托，宣读第五届中国地方志指导小组组成人员名单，介绍第五届中国地方志指导小组组建经过。中国地方志指导小组副组长任海泉、杨冬权以及指导小组成员和成员代表共 29 人参加会议。

（三）学术研讨与专项课题研究工作

1. 第三届中国地方志学术年会暨两岸四地方志文献学术研讨会

2013 年 10 月 9 ~ 10 日，中国地方志指导小组办公室、中国地方志学会主办，广东省人民政府地方志办公室承办，东莞市人民政府协办的第三届中国地方志学术年会暨两岸四地方志文献学术研讨会在东莞召开。中国社会科学院原副院长、中国地方志指导小组常务副组长、中国地方志学会会长朱佳木出席开幕式并作题为“做好地方志工作必须开展地方志学术研究”的致辞。中国地方志指导小组成员、中国地方志指导小组办公室党组书记、中国地方志学会常务副会长田嘉主持开幕式并作会议总结。年会的主题是“方志文献编修与研究”。研讨会采取以文与会的形式，共收到 126 位作者的 108 篇论文。来自中国大陆、香港、澳门、台湾修志机构与方志收藏机构、学术研究机构的专家学者，以及全国部分省级方志工作机构、广东省市级方志工作机构负责人 150 余人参加交流。

2. 2013年新方志理论研讨会

2013 年 10 月 21 ~ 22 日，2013 年新方志理论研讨会在武汉召开。研讨会的主题是方志基础理论与新编地方志政治部类的编修理论。来自全国方志界和高等院校的专家学者及修志工作者 50 余人参加会议。

3. 专项课题研究工作

2013 年 10 月，《第二届中国地方志学术年会论文选集》出版。该论文集 45 万字，选录了 72 篇第二届中国地方志学术年会参会论文。12 月，《〈中国地方志〉优秀论文选编（1981 ~ 2001）》出版。该论文集精选优秀论文 675 篇。

（四）培训工作

1. 全国地方志系统口述史专题培训班

2013 年 6 月 13 ~ 18 日，指导小组办公室与中华现代文化学会口述历史专业委员会（中华口述历史研究会）在北京联合举办了全国地方志系统口述史专题培训班。中华口述历史研究会常务副会长、扬州大学副校长周新国，中华口述历史研究会副秘书长、温州大学口述历史研究所所长杨祥银等 9 位专家分别就“中国大陆口述历史的若干问题”“当代西方口述史学的现状与发展趋势”“中国口述历史的理论方法、操作规程与学科建设”“口述历史的实务与写作——以台湾保险发展历史为例”“口述历史资料与二轮方志纂修”“访谈口述的准备、过程与访谈资料的整理加工”“我做口述史的实践与体会”“见微知著：弘扬多元社群认同的口述历史理论与实践”“知青口述史访谈的方法与经验”等9个专题对口述史史料，口述史理论方法、学科建设、实务操作及其与地方志工作的关系等方面作了专门讲授。来自各省（自治区、直辖市）地方志办公室（编纂委员会）、新疆生产建设兵团史志系统以及国务院有关部委局史志机构的业务人员130余人参加培训。

2.中华人民共和国史高级研修班

2013年7月18～23日，指导小组办公室与中华人民共和国国史学会在北京联合举办了第四期“中华人民共和国史高级研修班”。中国地方志指导小组常务副组长、中华人民共和国国史学会常务副会长朱佳木，中央党史研究室原副主任、中华人民共和国国史学会副会长张启华，军事科学院军事历史和百科研究部部长曲爱国，中共中央党校国际战略研究所原所长、中国国际关系学会副会长宫力，当代中国研究所副所长、中华人民共和国国史学会秘书长张星星，当代中国研究所副所长武力分别就“中华人民共和国史研究的基本理论问题”“毛泽东对社会主义建设道路的艰辛探索”“新中国成立后人民解放军现代化建设的历史回顾”“战略机遇期与中国和平发展道路”“中华人民共和国史研究热点问题探析”“中国发展道路形成的历史分析”6个专题进行讲授。来自全国20个省（自治区、直辖市）和新疆生产建设兵团，以及部分高校和国家有关单位的史志学术骨干80余人参加研修班学习。

3.2013年全国第二轮修志工作主编培训班

2013年8月13～18日，指导小组办公室在银川主办了2013年全国第二轮修志工作主编培训班。来自复旦大学、中国社会科学院当代中国研究所、中国煤炭学会史志工作委员会、广东省人民政府地方志办公室、四川省地方志编纂委员会、澳门理工学院的6位专家围绕省级志书和专业志编纂问题进行了培训。来自省级志书和全国第二轮修志工作试点单位志书编纂负责人、主编、副主编和主要编纂人员140余人参加培训。

4.全国地方志工作机构新任负责人培训班

2013年9月22～28日，指导小组办公室在秦皇岛举办了全国地方志工作机构新任负责人培训班。来自全国省、市、县三级地方志工作机构新任负责人80余人参加培训。

（五）全国地方志系统统计与二轮修志试点工作

为全面、准确地掌握全国新编地方志工作成果和地方志资源的新进展、新情况，更好地为地方志事业发展提供系统的咨询和服务，指导小组办公室开展了2012年度全国地方志系统统计工作。截至2012年年底，全国共出版志书约1348部（含西藏），其中省级志书197部、市级志书108部、县级志书1043部。2012年年鉴累计出版2757种18 970部，其中省、市、县三级年鉴约1736种12 762部，专业年鉴1021种6208部。全国省、市、县三级地方志系统网站建设继续稳步推进。截至2012年年底，共建设网站762个，其中省级网站25个、地市级

189个、县级548个；建成并投入使用的省级方志馆13个、市级57个、县级198个，共计268个。

为进一步推动第二轮修志工作健康有序地开展，在总结第二轮修志试点单位工作经验的基础上，指导小组办公室针对全国第二轮修志工作试点单位进行了业务指导，同时推进试点单位的申报工作。2013年11月28～29日，试点单位志书《天津市北辰区志（1979～2009)》蓝本评审暨修志业务培训举行。2013年12月30日，试点单位志书浙江省《海盐县志(1986～2005)》出版首发。

（六）《中国地方志》工作

根据中国社会科学院“学术名刊建设”的总体要求，《中国地方志》通过加强方志理论研究和重点栏目建设等措施，不断增强期刊的理论和学术水平；通过加强人物访谈和口述历史等采编工作，丰富了稿件内容，增强了期刊的可读性。全年共编辑出版《中国地方志》12期、《方志期刊信息》4期。《中国地方志》在2013年被列入中国社会科学院《中国人文社会科学核心期刊要览》来源期刊。

为改进和加强地方志工作的信息化建设，指导小组办公室进行了《中国地方志》期刊网的升级改造工作，并于2013年7月1日正式上线运行。升级改造后的期刊网在原有基础上增加了方志论坛、省级方志期刊优秀论文推荐、专家库、方志人园地、学科建设、新闻宣传、在线投稿等内容和功能，对于推动方志理论研究，加快方志期刊数字化建设、专家数据库建设，发布修志要闻信息以及新闻宣传工作等提供了技术支持。

（七）年鉴工作

1.《地方综合年鉴编纂教程》编写会议

为推动年鉴理论研究，提高年鉴编纂质量，指导小组办公室启动了《地方志综合年鉴编纂教程》的编写工作。2013年3月21～22日，《地方综合年鉴编纂教程》编写第一次会议在北京召开。2013年6月19～20日，《地方综合年鉴编纂教程》编写第二次会议在北京召开。来自地方志工作机构、高等院校和出版社的19位年鉴专家学者参加会议。

2.《中国地方志年鉴2013》

2013年11月，中国地方志指导小组办公室主办、《中国地方志年鉴》编辑部编纂的《中国地方志年鉴2013》出版。该年鉴全面系统记述了2012年全国及各省（自治区、直辖市)、市（地、州、盟)、县（市、区、旗）三级地方志编纂委员会（办公室)、新疆生产建设兵团志办公室、武警部队编研办公室、国务院有关部委局史志机构等地区、部门（行业）地方志工作的基本情况。

（八）《汶川特大地震抗震救灾志》编纂工作

经过近五年时间的辛勤努力，《汶川特大地震抗震救灾志》编纂工作基本结束，进入终审验收阶段。2013 年 2 月 22 日，《汶川特大地震抗震救灾志》编纂委员会办公室协助终审验收小组在北京组织召开全志第一阶段终审验收工作会议。12 月，以通讯形式履行第二阶段终审验收程序，终审验收小组成员一致同意全志通过终审。

（九）《方志百科全书》与学科建设工作

根据 2012 年年底召开的《方志学学科建设规划》研讨会的精神，指导小组办公室于 2013 年 3 月和 10 月先后专门征求了部分方志专家和学者的意见，并组织有关人员先后两次对规划稿进行了全面、系统的修改。2013 年 7 月 5 日，《方志百科全书》条目审读第一次会议召开，指导小组办公室党组书记、《方志百科全书》编委会副主任田嘉等出席会议，并对涉及指导小组及其办公室的条目进行了研讨。为保证编纂质量，指导小组办公室对全书的分支“工作管理”和“大事年表”等内容进行了审核，并在北京召开《方志百科全书》审读会议，北京市地方志编委会常务副主任、《方志百科全书》编委会副主任、主编段柄仁等与方志专家一起，对送审稿进行了讨论修改。

（十）学术交流与基地建设工作

1.朱佳木率团赴中国台湾及澳门、香港进行学术交流

2013 年 3 月 25 日至 4 月 3 日，应中华两岸人民文经交流促进会会长萧梦梅邀请，中国社会科学院原副院长、中国地方志指导小组常务副组长、中国地方志学会会长朱佳木率团赴台湾进行学术交流。其间访问了“国史馆”台湾文献馆、台北市文献委员会、宜兰县史馆、台湾政治大学文学院、“中国统一联盟”，分别就地方志编修、利用和旧志收藏、整理情况进行了座谈。在访台前后，代表团还访问了澳门和香港特别行政区，受到澳门特首崔世安的接见，并分别拜会了澳门特区社会文化司和中央驻澳门及香港特区联络办官员，双方就促进港、澳地方志编修问题进行了座谈。

2.与美国哈佛大学哈佛文理学院燕京图书馆的项目合作备忘录签署

2013 年 10 月，指导小组办公室与美国哈佛大学哈佛文理学院燕京图书馆就哈佛大学哈佛文理学院燕京图书馆馆藏善本中国地方志数字化事宜达成共识，签署项目合作备忘录。该项目的签署，对于加强同国外方志收藏机构的交流与合作，促进方志理论研究，弘扬方志文化，有重要的现实与文化意义。

3. 中国地方志国际交流宁波中心成立

2013 年 2 月 18 日，指导小组办公室印发《关于同意设立中国地方志国际交流宁波中心的批复》，同意在宁波设立中国地方志国际交流宁波中心。中心的主要任务是海外藏地方志、家谱以及有关地方历史文献的征集保存、整理编纂和数字化工作；开展海内外史志交流活动，定期或不定期举办国际学术研讨会和学术沙龙；引进和邀请高层次人才，组织开展方志理论与应用方面的专项课题研究；组织开展专项培训，建立方志文献研究生实习培养基地；创建学术交

流与研究的平台，创办中外史志文献研究学术刊物；加强与海外相关专业机构的合作，促进与相关专业机构的交流，完善面向社会的公共咨询服务。该中心是指导小组办公室在宁波市人民政府地方志办公室设立的非实体学术交流机构，中心的业务工作由指导小组办公室负责指导和监督。

（十一）中国地方志学会工作

2013 年 11 月 5 ～ 7 日，中国地方志学会城市区志专业委员会第三次会员代表大会暨 2013 年学术年会在浙江省杭州市召开。会议的主题为“如何提高城市区志的学术品位和文化价值”。主要内容包括城市区志专业委员会换届、工作经验交流、学术理论研讨。来自 21 个省（自治区、直辖市）的 18 个设区市和 37 个市辖区方志工作机构代表、论文作者以及各省（自治区、直辖市）方志工作机构市、县区志指导处负责人近 120 人参加会议。

（十二）国家方志馆建设及志书征集工作

2013 年 11 月，国家方志馆的装修改造工程基本完成。12 月初，指导小组办公室整体入驻国家方志馆。12 月 24 日下午，中国社会科学院党组书记、院长，中国地方志指导小组组长王伟光，中国社会科学院党组成员、副院长，中国地方志指导小组常务副组长李培林为国家方志馆揭牌。

年内，开展了国家方志馆展览的前期工作；在秦皇岛市设立了国家方志馆秦皇岛分馆，在秦皇岛市方志馆增挂牌子，作为特色志书收藏展示、文化学术交流的场馆和窗口；继续征集各地志鉴类书籍，丰富国家方志馆馆藏。

（十三）党的群众路线教育实践活动和机关内部建设工作

1.党的群众路线教育实践活动开展工作

指导小组办公室根据党中央和中国社会科学院党组的总体要求，于 2013 年 7 月 15 日召开党的群众路线教育实践活动动员大会，布置开展以为民、务实、清廉为主要内容的党的群众路线教育实践活动；印发了《中国地方志指导小组办公室党的群众路线教育实践活动实施方案》，成立了指导小组办公室党的群众路线教育实践活动领导小组。在教育实践活动中，着力抓好以下四个环节：一是认真组织学习教育；二是广泛征求意见，认真开展对照检查；三是查摆问题，开展批评；四是立行立改，建章立制。

按照中央八项规定和中国社会科学院党组关于贯彻落实中央八项规定的意见，指导小组办公室着力抓好会风和工作作风的转变，严格控制会议规模，取消会议宴请、考察等活动，会议现场不摆鲜花，会议代表合影也只是作为资料保存，不印发会议代表；努力提高会议质量，讲求实效，讲话尽量简短；举办全国地方志工作机构负责人培训班向少数民族地区、经济欠发达地区倾斜；领导班子成员带头在住宿、交通工具乘坐等方面降低标准。取消年终总结会全办聚餐；各地方志工作机构负责人来京汇报工作严格按照国家标准接待；严格控制办公用品购买标准等，取得明显实效。针对查找出来的问题，认真制定整改方案，在内部管理体制机制，领导班子议事、决策、学习机制，岗位目标责任制，会议和接待标准等方面形成制度，并长期坚持整改，使党的群众路线教育实践活动真正建立起长效机制。

2. 机关内部建设

一是进一步加强党建工作。指导小组办公室2013年共组织召开5次党组会议，认真落实院党组的各项工作部署，研究布置指导小组办公室各项重要工作。办公室机关党委认真组织全体党员职工学习党的十八大和十八届二中、三中全会精神，学习习近平总书记的一系列重要讲话，组织协调各支部开展活动。二是做好公务员管理、干部任免和职称评审工作。三是重视老干部工作。坚持老干部工作专人负责制，组织开展老干部生日和重阳节慰问、老干部秋游活动，组织老干部参加院老干部运动会、老干部支部书记培训等。

（十四）方志出版社工作

作为一家从事方志出版的专门出版社，方志出版社根据出版社的现状和全国出版行业的发展趋势，确定了“方圆天下、志书今古”的理念，“志书精品、社科奇葩”的定位，“团结立社、制度治社、质量强社、效益兴社”的方针。在借鉴其他出版社先进管理经验的基础上，结合自身实际，制定和修改了一系列管理制度。目前，出版社各项工作正有条不紊地逐步展开，呈现出良好的发展势头。全年共出版图书380种，其中志书170种、年鉴178种、其他社科类图书32种。《汶川特大地震抗震救灾志》入选“十二五”国家重点图书出版规划。

第四编

科研成果

KEYANCHENGGUO

2013年主要科研成果

文学哲学学部

文学研究所

《美学的当代转型：文化、城市、艺术》
高建平（研究员）
专著 345 千字
河北大学出版社 2013 年 10 月

该书描述了中国美学正在进行的一场深刻转型，即中国美学的“中国化”。日常生活被审美化，艺术边界变得模糊，城市、生态、图像等话题给美学带来挑战。在这样的时代，如何做美学？要复兴什么样的美学？如何建立城市美学而不是城市学，建立生态美学而不是生态学？如何对图像进行美学的分析，而不仅仅对图像的泛滥与媒介的后果进行描述和预测？这些都是该书试图探讨的问题。

《全球对话主义——21 世纪的文化政治学》
金惠敏（研究员）
专著 125 千字
新星出版社 2013 年 2 月

全球化研究是二十多年来国际学术界的一大热点，牵涉着人文社会科学诸多领域，著述林立，学说繁杂，而从哲学角度对全球化进行研究和概括的著作并不多见。该书将“全球性”作为一个扬弃了现代性和后现代性的新的哲学范畴，认为“全球性”将带来“世界文学”的终结，并同时出现一种“全球文化”。但是，全球文化并不是单一文化，而是永远处在一种“对话”的过程中，是为“全球对话主义”。“对话”包含了对自身的超越，因而具有全球性和抽象性，而“对话”也同时假定了参与对话者的不可通约性，“对话”由此得以持续。该书坚信，“全球对话主义”将是一种新的全球意识形态，包括中国在内的国际社会需要这样一种理论，一种眼界，一种胸怀，或者，一种态度。

《审美生产主义：消费时代马克思美学的经济哲学重构》
刘方喜（研究员）
专著 385 千字
社会科学文献出版社 2013 年 5 月

作为美学与经济学在哲学层面的交叉研究，该书从马克思政治经济学中概括出“审美生产主义”理论。从现实的角度看，该书研究的主要对象是在全球化进程中的当代西方消费社会的转型，而在此转型中，全球范围内的社会冲突和生态冲突日趋尖锐，西方主流意识形态和方法论发生了转型。从价值论的角度看，该书所批判的西方主流意识形态是消费主义。从方法论的角度来看，试图超越消费主义、文化主义、社会学主义、“关系”唯心主义及去经济哲学化等理论倾向，同时重构马克思的经济哲学与“关系”唯物主义。在“生产者—产品—消费者”的分析框架中，该书强调，存在于艺术自由的精神生产中的自由的人与自然的关系，跟和谐的人与人的社会关系，是相互规定的。在全球化消费时代对马克思美学的经济哲学重构，具有极其广泛的意义。

《批判的文化经济学：马克思理论的当代重构》

刘方喜（研究员）

专著 345 千字

河北大学出版社 2013 年 3 月

该书面对当今社会包括文艺在内的文化与经济日趋交融的状况，从文艺学与经济学交叉研究的角度，通过对马克思政治经济学批判相关理论的研究，辩证、全面地探讨文艺与经济双向交融对文艺、经济各自发展所产生的积极和消极影响，进而探索文艺与经济在相互交融中如何趋利避害、协调发展。

《唐宋国花与中国文化》

王莹（副研究员）

专著 235 千字

河南人民出版社 2013 年 6 月

该书从唐宋诗词“国花”意象切入，以探究中国文化精神传统的全新角度，通过对“国花”意象不同内涵的分析、梳理、研究和发掘，结合大的文化背景进行深入研究，努力揭示中国文化精神的形成及其在文学作品中精神的外化呈现，窥视中国文化精神追求的本质特征和其沧桑厚重的文化底蕴，透视中国文化世代相传的对崇高精神、理想人格、美好心灵的执着追求。

《百代之中——中唐的诗歌史意义》

蒋寅（研究员）

专著 223 千字

北京大学出版社 2013 年 5 月

自清人叶燮提出中唐乃百代之中以来，经同光体诗人及陈寅恪等学者的发挥，中唐作为中国历史的一个中轴，对社会、政治、经济、人文、艺术等多方面的深远影响已被学者们注意。该书试图从中唐文化和文学的历史转折中的细小变异，来探讨中唐的诗歌史意义。书中各章所论确实多出自远距离的观察，与研究清代诗歌与诗学所产生的想法有关。虽然讨论的是不同作家的不同问题，但绝不是零星的、毫无关联的个案研究。所有重大的文学转折都酝酿于细小的变异，所有细微变化的累积都会导致文学风貌的改观。该书为读者呈现的，即是中唐诗人在诗歌转折时期的重要表现以及在整个中国文学史上承前启后的意义。

《八世纪诗风——探索唐诗史上“沈宋的世纪”（705—805）》

吴光兴（研究员）

专著 950千字
社会科学文献出版社 2013年11月

该书论述了公元705年至公元805年的唐代文学史，以“律诗之建制”为起点、“元和诗变”的爆发为终点。这是哺育了王维、杜甫、白居易等数代诗人的唐代文学的鼎盛时代。该书指出，这一文学史百年，是唐人心目中“沈宋的世纪”，而作为后来“崛起的典型”，大历、贞元时代逐渐兴起的“尊崇李杜”的文学新思潮则扮演着“八世纪诗风”的“终结者”角色。“沈宋”“李杜”的典范交接，亦成为唐中期、后期文学演变的历史性枢纽。该书对以“李杜”为典范、以“盛唐”为中心、将唐诗史分为初唐、盛唐、中唐、晚唐四阶段的经典化的“四唐说”唐诗史观形成颠覆，对于“四唐说”之下因袭千年的文学史常识具有挑战意义。

《鲁迅文化血脉还原》
杨义（研究员）
专著 320千字
安徽教育出版社 2013年7月

该书通过“重读鲁迅小说与本国文学之关系”“鲁迅诸子观的复合形态还原”等章节，找寻鲁迅与传统文化的血脉关系。离开传统文化，鲁迅不会是那个伟大的鲁迅，鲁迅正是在对传统文化的继承和批判中完成了由传统到现代的转变。该书总结了鲁迅承续中国文化的三方面构成：逆向承续、深层承续、建设性承续。逆向承续是对既有的、难以适应新时代的文化血脉进行自我批判；深层承续则是力图建构使得文化既不落后世界又不失去固有血脉的框架；而建设性承续则是将中国文化打造为既具有海纳百川的多样性又兼具西方外来文明的优质的中国文化实体。

《龙床：明六帝纪》
李洁非（助理研究员）
专著 428千字
人民文学出版社 2013年1月

该书是一部生动有趣的明代帝王“本纪”，为明代的六个皇帝作传：“另类”朱元璋，是独夫却不是民贼；篡位者朱棣，用一生给自己造了座假牌坊；“韦小宝”朱厚照，一个人格发育障碍的皇帝；朱厚熜，靠语言、心理控制权力的专家；朱由校，名正言顺的亡国之君；朱由检，被绑上道德战车的殉国者。作者以大开大阖、跌宕起伏的笔墨，叙述这些皇帝平生中的典型事件与行为。从朱元璋到朱由检，六个皇帝个性奇崛，各有其独具特色的统治铁腕或人格痼疾，透过居于明朝三百年历史始与终的这六个人和在他们的作用下国家政治体制、政策措施的确立、实施及流变，该书清晰地描绘出明代并中国两千年以来帝制的内在肌理，呈现出不同时期形态各异的国家政治面貌。

《黑洞：弘光纪事》
李洁非（助理研究员）
专著 343千字
人民文学出版社 2013年1月

该书将仅存一年的南明弘光朝作为对象，从一个个历史谜案与死结中，搜寻素材，追踪探迹，导出历史的真相，回到历史的现场。作者秉承“史传叙事其表，思悟认知其里”的宗旨，从军事、经济、政治、文化、人事诸方面展开论述，描写了明末上自皇朝政体的崩解下至整个知识分子（文官）阶层的思想觉醒的状貌，涉及当时明、清、大顺三朝鼎立的非常历史时段下的国情民情、文臣武将、新兴的士绅阶层的种种表现，梳理出历史表象后面的深刻内涵。

《心性诗学的再生》

张重岗（副研究员）

专著 263 千字

中国社会科学出版社 2013 年 7 月

该书沿着两个相关联的方向展开叙述和思考：一是以徐复观为契机的思想对话；二是中国现代诗学的认同、转向和可能性。作者把其视作作为方法的诗学思考，它探寻的是何谓中国人、何谓中国社会、何谓中国历史文化的问题。这一点与书中所论知识人的本意有相契合之处，徐复观对此解析甚透，他在政治与学术、历史与文化之间游走，最终还是落定在了价值和主体重构上。他以独有的“东方的忧郁”，为没有精神属籍的人们在人性根源处作了再普通不过的提示。诗学，在这里不只涉及对历史的解释，还关系到人性的理解、社会的重建。所谓方法，也不仅仅指的是批评话语、论述程序和技术手段，更是指向价值的领域、生命的世界。

《中国现当代文学论争中的理论问题》

钱中文（研究员）　刘方喜（研究员）

吴子林（副研究员）

专著 350 千字

台北秀威公司 2013 年 6 月

该书主要对我国近百年来在文学理论界不断引起争论的一些问题，进行初步的梳理与探讨，侧重选择一些与当前文论建设十分密切的问题进行研究。其中，有长期发生论争的文学观念问题、诗歌传统与继承问题、雅俗之争问题，也有近期发生的语言与图像、世界与民族、文学理论与“文化研究”之争。该书史论结合，在比较丰富的史料基础上，力图对所提出的问题，描述其文化、历史源起；同时以论为主，在当前全球化文化发展的语境中，以文化建设的现代性的需求为依归，贯穿文学的自律、他律以及它们相互之间的协调与不协调甚至越界现象的思想，对问题给以新的阐释。在观点与心得的表述中，描述文学理论发展中所出现的某些新变化与趋势，参与当前文论的建设。

《〈红楼梦〉眉本研究》

刘世德（研究员）

专著 700 千字

社会科学文献出版社 2013 年 1 月

该书的研究对象“眉本”，是 2006 年新发现的《红楼梦》残抄本。依据“眉庵”题记，作者称其为“眉庵藏本”，简称“眉本”。该书是第一部研究《红楼梦》眉本的专著，以古籍文献版本研究的专业方法，对眉本进行了全面、深入、细致的研究，考证了《红楼梦》眉本的真伪，并从纸、墨等判断眉本抄写的年代为清嘉庆年间。同时引导读者从各种细节对《红楼梦》眉本进行鉴赏性解读。

《大家茅盾》

桑逢康（研究员）

专著 505 千字

人民文学出版社 2013年8月

茅盾的文学活动，总是与时代同步，与社会和人生相结合，因而使得他的创作从整体来看具有“史诗”的品格，规模宏大又精细入微。该书对现代文学巨匠茅盾作了全景式的扫描，重在作品分析，包括全部长篇、中篇、短篇小说以及大量散文和唯一的一个剧本。通过对其艺术成就与风格特点的阐释，帮助读者走近茅盾、认识茅盾。

《岁月熔金（一编）——文学研究所50年记事》

文学研究所集体

纪念文集 380千字

中国社会科学出版社 2013年6月

半个世纪以来的沧桑岁月、几代学者献身学术的精神风貌、非常年代里的众生百相、历经风雨后的人生感悟、大师们的音容笑貌……该书在不同的程度、从不同的侧面记录和描述了中国社会科学院文学研究所50年的跋涉，显示出文学研究所民主和谐的工作氛围和实事求是的学术传统。

《岁月熔金（二编）——文学研究所60年记事》

文学研究所集体

纪念文集 298千字

中国社会科学出版社 2013年6月

六十年间，文学研究所的几代学者遵循老所长何其芳倡导的“谦虚的、刻苦的、实事求是的工作作风”，以敏锐的思想、坚定的立场和宽阔的学术视野，取得了引以为傲的辉煌成绩。岁月中我们也不无可议之处，很多人受过伤害，感到委屈。但无论如何，大家还是那样热爱文学所，这里已不单单是托身之所，更是精神的家园。

《甲子春秋：我与文学所六十年》

文学研究所集体

纪念文集 420千字

社会科学文献出版社 2013年6月

该书是为了纪念中国社会科学院文学研究所建所六十年所编著。该书以访谈“亲历者”为原则，内容包括了被访者在文学所不同时期的工作、学术、生活、同事等各个方面。对于过去较少被人们忆及的文学所“文革”时期的经历，一些被访问的老同志也坦然面对，畅所欲言，为研究这段历史留下了宝贵资料。

《翰苑易知录——中国古代文学演讲集》

文学研究所集体

论文集 413千字

社会科学文献出版社 2013年6月

中国文学，是华夏各民族心灵的反映。中国古代文学史上的屈原、李白、杜甫、苏轼、曹雪芹等之所以受到后人的广泛尊重与爱戴，最重要的原因就在于，他们把自己一腔的理想、抱负与国家、人民的诉求联系在一起，贴近生活、贴近人民，使得他们的作品真实地反映了各自时代的风貌，反映了人民的追求与抗争，具有深刻的人民性和现实感。该书汇集了对这些古代优秀作品进行精心解读阐释的文字，其中包括《楚歌声中的屈原》《漫谈盛唐山水田园诗歌——以王维为中心》《“四大奇书”与〈三国志演义〉》《宋代都市文化与宋词中的文学风景》等文章。

民族文学研究所

《〈山海经〉语境重建与神话解读》

吴晓东（副研究员）

专著 343 千字

中国社会科学出版社 2013 年 4 月

该书以《山海经》之《山经》中所隐藏的四面环海景象以及《大荒经》中隐藏的二十八座定位山和二十八宿的对应两大规律，分别重建了《山经》与《大荒经》的叙事语境，指出《山经》是一个脱胎于社祭祭词的文本，具有浓厚的口头传统特点，而《大荒经》是观测者站在观象台上以四周的山为定位参照对四周的天文、地理与历史进行的实景与想象性描述。在此前提下，该书作者将《山海经》中零散的神话记载置于这两大语境中加以关联式的解读。

《〈蒙古秘史〉叙事艺术研究》（蒙古文）

孟根娜布其（助理研究员）

专著 220 千字

内蒙古教育出版社 2013 年 10 月

该书从叙事学的角度对《蒙古秘史》的写作材料、叙事视点、叙事时间、叙事结构等诸多方面对《蒙古秘史》叙事模式作较为系统的整理探讨，综合归纳，力图发现《蒙古秘史》中未被发现的叙事奥妙，以丰富《蒙古秘史》研究。首先，通过对《蒙古秘史》写作材料的选择与加工方式等方面的分析，认为它为后世的叙事文学提供了极为丰富的经验，堪为蒙古族叙事文学的典范之作。其次，使用“视点”概念，通过与之相关的叙事者（谁说）、叙事立场（站在怎样的立场）、叙事角度（运用了怎样的观察角度）等三个方面对《蒙古秘史》的叙事进行了分析。然后，从叙事时距（叙事速度）、叙事时序两方面考察《蒙古秘史》的叙事时间模式。最后，把《蒙古秘史》的叙事结构分为外形结构和深层结构两个方面，并对它们进行了探讨。

《中国少数民族神话共性问题探讨》

王宪昭（研究员）　郭翠潇（助理研究员）

屈永仙（助理研究员）

专著 310 千字

中央民族大学出版社 2013 年 7 月

该书以少数民族神话多种类型中的共性现象为对象，将少数民族神话“母题”与“共性”有机结合起来，从多个角度阐释了少数民族多民族的关联性，通过南方民族、北方民族、汉族与少数民族神话等不同的比较视角，较系统地分析了多民族神话中表现出的基本特征。书中首先对神话“母题”“共性”等概念，从内涵上作出界定，提取出少数民族神话共性母题的基本类型。然后对相关类型进行较为系统的对比分析，探讨了创世神话、人类起源神话的共生母题、洪水神话中的多民族同出一源母题以及神话母题的同源多流等问题。书中还通过少数民族神话母题共性情况分布地域调查和统计分析，阐释了民族神话中地域与语言的影响关系、固有的同源关系、交往与融合关系等，充分解释了神话中多民族文化共性，并在大量分析的基础上提出了少数民族神话宏观研究的一些新观点。

《叙事作为行动：少数民族文学的文化记忆问题》

刘大先（副研究员）

论文 10 千字

《南方文坛》2013 年第 1 期

该文以 21 世纪以来少数民族文学出现的追溯族群渊源、彰显被正史系统遮蔽的族群过去的暗角、挖掘被无视和忽略的族群经历的现象为观察对象，反思“重写历史”的话语范式，提出“文化记忆”的思考框架，并结合哈布瓦赫、勒高夫、阿斯曼等人关于历史与记忆的论述，具体分析了回族的张承志、鄂温克族的乌热尔图、台湾卑南作家巴代的写作从虚构到非虚构的转型，揭示了少数民族话语的文化自觉意识的形成。少数民族文学的文化记忆指向不同的文化身份 / 认同，因而也就构成了参差多样的社会历史本貌，折射了我们社会质素各异的象征、符号与行动，其叙事本身具有实践功能，能够参与到当代文化建设中来。

《苏格拉底与摩吕草——柏拉图〈普罗塔戈拉〉引荷马史诗考》

黄群（笔名：贺方婴）（副研究员）

论文 16 千字

《哲学与文化》（台湾）第 474 期 2013 年 11 月

该文以《普罗塔戈拉》开场的苏格拉底引用荷马史诗暗喻阿尔喀比亚德为例，通过还原、比较荷马史诗在不同语境中的具体意涵，力图推进对柏拉图对话作品与史诗传统之关系的理解。该文认为，柏拉图在《普罗塔戈拉》中开场即引入荷马的诗句显得意味深长：一方面，他告诫雅典青年人不要因异邦新派智术师的引诱迷失了灵魂；另一方面，他还暗示，哲人苏格拉底在城邦中施教实际面临两类对手：古老的叙事诗人荷马与新派的智术师。柏拉图让苏格拉底以奥德修斯的面目进入智术师的巢穴，从而苏格拉底与智术师的论战始终处在《奥德赛》的冥府叙事框架之中，更确切地说，发生在荷马史诗的场景之中，而苏格拉底与智术师的关系，显得像是荷马史诗里的奥德修斯与冥府中的各色幽灵的关系，因而，解经者对柏拉图哲学的理解应返回到荷马史诗的语境中，重新理解哲学与诗的关系，重新审视诗与哲学之争这一重大思想史论题。

外国文学研究所

《歌德学术史研究》

叶隽（研究员）

专著 300 千字

译林出版社 2013 年 8 月

该书以时间为序、问题为线，从歌德学研究入手做直面历史的知识考古与智性发微，辨章学术，考镜源流，记录众多学者、大家以生命和智慧构建的知识系统和范式体系。它以梳理德国学术内部的学术史脉络为背景，探讨歌德学迁变过程中的若干重大研究范式变形，在德国思想史、学术史的双重视域中理解歌德学研究的意义。该书还梳理了中国的歌德学学术史研究成果，强调中国学者的主体意识、对话意识和跨学科意识。

《开放与恪守：当代文论研究态势之反思》

周启超（研究员）

专著 360 千字

河北人民出版社 2013 年 10 月

该书介绍了当代文学理论的生态境况是怎样的、她的发育有没有“年轮”为印记、她是如何在跨学科中发育、在跨文化中旅行的。在对这些问题的追问中，该书作者引入对国外文学理论现状的检阅与国内文学理论态势的反思，引入对“开放的艺术作品”与“在对话中生成的文本”“作为意义生成器的艺术文本”与“文本的生产性”这类文学作品／文本理论的梳理，引入以雅各布森、穆卡若夫斯基、英伽登为标志的现代斯拉夫文论进行分析。

《当代俄罗斯小说研究》

侯玮红（研究员）

专著 250 千字

中国社会科学出版社 2013 年 10 月

该书是国内对苏联解体以来的当代俄罗斯小说进行全面分析研究的第一部专著，其涉及年代之久、作家之多、作品之繁在当代俄罗斯批评界也属少见。该书在梳理当代俄罗斯文学发展概况的基础上，对俄罗斯小说进行了题材和风格上的归纳，并结合历史沿革和今日文本着重对现实主义小说、后现代主义小说和后现实主义小说进行了细致深入的剖析。

《变革中的 20 世纪希伯来文学》

钟志清（研究员）

专著 442 千字

中国社会科学出版社 2013 年 3 月

1782 年之后的三四十年间，德国的启蒙运动造就了现代希伯来文学的诞生，从 1820 年到 1860 年，随着加利西亚启蒙运动的兴起，希伯来文学中心从德国转移到了加利西亚，在 1881 年之前又逐渐东进到俄国。从 19 世纪 90 年代到俄国十月革命时期，现代希伯来文学创作在欧洲形成了一个小高峰。该书探讨的正是在 19 世纪与 20 世纪之交转移到巴勒斯坦、在巴勒斯坦衍生发展、处于不断变革之中的近百年希伯来文学。

《泰坦尼克号上的“中国佬”：种族主义想象力》

程巍（研究员）

专著 250 千字

漓江出版社 2013 年 11 月

泰坦尼克号上有没有中国人呢？如果有中国人，他们都是谁，在这次海难中的表现如何？如果没有中国人，为什么当时的国内外媒体都报道有中国人，并且在卡梅隆的电影《泰坦尼克号》中也出现有中国人？该书作者查阅各种历史文献，从文化学的角度，深入解析西方社会虚构泰坦尼克号上中国人“卑劣逃生经历”，丑化中国人的种种原因。该书对新闻报道中的虚构进行了聚焦式的解读，既生动有趣，又言之有理有据。

《评莫言》

陈众议（研究员）

论文 12 千字

《东吴学术》2013 年第 1 期

该文认为，莫言获得诺贝尔文学奖，可

谓是国人盼星星盼月亮盼来的。这期盼中既有“走向世界”、争取了解和被了解的急切，也有不甘寂寞和底气不足、价值标准阙如等诸多原因与复杂情感。然而，当金灿灿的奖牌伴随着西方文人与媒体的噪杂声果真“哐啷”一下落在莫言头上时，人们的复杂情感比之前更复杂了。该文尽可能客观、公允地评论了莫言及他的创作。

《评贾平凹的〈带灯〉及其他》

陈众议（研究员）

论文 12 千字

《当代作家评论》2013 年第 3 期

《带灯》是一部写给未来的小说。首先，它展现的是一卷令人心酸且行将消失的图景：一个管辖着数十个村寨的大镇在一天天失去传统，人们像断线的风筝随风飘荡。问题是“不识庐山真面目，只缘身在此山中”，我们的“在场”使我们对这一现实视而不见。“高速公路没有修进秦岭，秦岭混沌着，云遮雾罩。高速公路修进秦岭，华阳坪那个小金窑就迅速地长，长成大矿区。大矿区现在热闹得很，有十万人，每日里仍还有劳力和资金往那里潮。这年代人都发了疯似的要富裕，这年代是开发的年代。”这是《带灯》的开场白，该文认为它所对应的真实早被当作“司空见惯浑闲事”而被我们熟视无睹了。可见我们的“在场”是必须加引号的。唯有贾平凹的在场才是真正的在场！

《MYTHOS 词源考——兼论西方文化基本结构的形成及其展开态势》

陈中梅（研究员）

论文 200 千字

上海文艺出版社《文学》2013 年春夏卷 / 秋冬卷

该文细致考察了秘索思（mythos）“失而复得”的历史演变过程，揭示了它藏而不露的元概念属性，得出了西方文化的基本结构是由秘索思和逻格斯（logos）这两个基质成分搭建而成的结论。西方思想家们并不明晰知晓自身文化元概念层面上的基质特征，该文追溯了导致上述“忽略”的原因，对同样旨在探寻西方文化基本结构且长期通行中西方学界的“逻格斯中心主义”“两希文明论”和海德格尔的“存在—神—逻辑学机制”（Onto-Theo-Logie Verfassung）等范式性主流观点提出了质疑。

《俄罗斯文学中的“女性记忆”和“遗孀文学”》

刘文飞（研究员）

论文 30 千字

《俄罗斯研究》2013 年第 3 期

该文认为，俄国文学中的“女性记忆”是一个饶有兴味的文学史话题，一批杰出的俄国女性作家自“白银时代”登上文坛，逐渐成长为俄国文学的重要组成部分。除抒情诗、戏剧和短篇小说等文学体裁，俄国女性写作者的创作优势也体现在回忆录的写作上。在整个 20 世纪，俄国女性文学回忆录传统大放异彩，结出了累累硕果，而《曼德施塔姆夫人回忆录》在这一体裁中无疑也占有一个重要位置。这部回忆录的写作和发表、内容和风格、传播和影响均具有十分典型的意义，在一定程度上概括地体现出了“女性记忆”在俄国文学中的作用和意义、功能和影响。可以说，它是20世纪俄语文学中所谓“遗孀文学”最典型的体现之一，同时也构成一段生动、珍贵的文学断代野史。

《梵学论集》

黄宝生（研究员）

论文集 400千字

中国社会科学出版社 2013年1月

该书收录了中国社会科学院学部委员黄宝生研究员关于梵学研究的论文29篇，分为三个部分：印度古代文学研究，包括文学批评和文学理论研究；中印文学、文化比较以及古代印度文学、佛学对中国的影响；古代印度文学、佛经中译本的序言。

语言研究所

《什么是句法学》

张伯江（研究员）

专著 190千字

上海外语教育出版社 2013年8月

句法学是现代语言学的中心学科。现代句法学涉及范围较广，该书介绍了句法学的理论追求、基本单位、句子的结构、语法角色和语法关系、句法与大脑和认知以及社会交际的关系等问题，几乎涵盖了现代句法学的所有重要方面。尽管目前句法学不同学派之间观点有分歧，但该书介绍的大多是不同学派共同认可的基本概念，这样可以帮助读者没有偏颇地了解句法学基本的核心内容。该书一个重要特色是，尽量多地涉及不同语言的实例，以便读者了解世界语言的多样性；同时较多地结合汉语的实例讨论普通句法现象，以帮助读者自觉地把汉语放到世界语言变异的范围内来认识。

《安徽黄山汤口方言》

刘祥柏（副研究员）

专著 125千字

方志出版社 2013年12月

安徽黄山汤口方言属于徽语，是汉语方言中复杂难懂且调查研究成果较少的方言之一。该书在实地调查的基础上，详细记录并描写了黄山汤口方言的语音系统（包括音系、连读变调和小称音变）、常用词汇4000多条，能反映语法特点的例句100多条和长篇标音语料，并系统研究了语音演变规律和结构规律。

《安徽歙县大谷运方言》

陈丽（副编审）

专著 229千字

方志出版社 2013年12月

安徽歙县大谷运方言属于徽语，是汉语方言中复杂难懂且调查研究成果较少的方言之一。该书在实地调查的基础上，详细记录并描写了歙县大谷运方言的语音系统（包括音系、连读变调等）、常用词汇4000多条，能反映语法特点的例句100多条和长篇标音语料，并系统研究了语音演变规律和结构规律。

《词类的试验研究呼唤语法理论的更新》

沈家煊（研究员）乐耀（博士）

论文 20千字

《当代语言学》2013 年第 3 期

该文介绍了与汉语词类有关的一组儿童感知实验和一组成人脑成像实验，说明对实验结果要做出合理的解释和正确的结论有待词类理论的更新。就名词和动词的区别而言，需要建立“名动分立”和“名动包含”两种词类模式。不仅语法理论可以用来对实验研究的结果做出相应的解释并得到相关实验研究的验证，实验研究也在呼唤语法理论的更新，从而反过来使实验研究得到改进和深化。

《显赫范畴的典型范例：普米语的趋向范畴》

刘丹青（研究员）

论文 15 千字

《民族语文》2013 年第 3 期

该文用刘丹青提出的语言库藏类型学和显赫范畴的观念，讨论普米语（兼及羌语支）主要用前缀表达的趋向范畴。该文指出，用显赫范畴的五条指标来看，普米语的趋向范畴全面符合，是显赫范畴的典型范例。这五个指标是：(1) 语法化程度高或功能强大；(2) 具有向其他范畴的扩张力；(3) 具有该语法形式的原型范畴或核心范畴的地位；(4) 富有类推性、能产性和使用强制性；(5) 心理上可及性高，容易激活。普米语趋向范畴的情况也基本反映了羌语支趋向范畴的整体状况。

《软腭辅音与硬腭过渡音的亲和性——一项语音演化研究》

麦耘（研究员）

论文 20 千字

《方言》2013 年第 3 期

汉语方言的材料表明，软腭辅音与硬腭过渡音具有亲和性，例如 k- 等声母后面泛起生 -i- 介音比其他声母更常见。该文用语音实验证明从软腭辅音到元音之间的自然过渡音是 -i-。软腭声母与 -i- 介音的纽带正是 -i-，即自然的过渡音转化成介音（一种具音位性的过渡音）。该文还据此对汉语语音史上的两种现象提出了新的解释。这是从演化语言学“自然变异—音系选择”的角度进行的研究。

Emotional McGurk Effect—— A Cross-Cultural Investigation on Emotion Expression under Vocal and Facial Conflict（《情感的 McGurk 效应——音视频冲突情况下的情感表达的跨文化研究》）

李爱军（研究员） 方强（助理研究员）

贾媛（副研究员） 党建武（教授）

论文 10 千字

M. Sun et al.（Eds.）：*CCL and NLP-NABD 2013*, LNAI 8202 Springer, Heidelberg, 2013.10

该文采用 Brunswikian 透镜模型，从多模态跨文化角度对情感语音交互中的编码和解码机制进行研究。该文主要关注音视频通道情感冲突（conflicting AV）的情感传递，从心理认知角度来揭示情感解码过程与情感传递模态以及交际双方的语言文化背景的关系。感知实验发现：(1) 听辨人对有冲突的情感刺激的解码，会主要依赖某一个通道，且与情感类型相关。(2) 尽管情感的解码有跨文化的普遍心理因素，但是感知实验依然说明情感解码受到交际双方的语言文化背景的影响。(3) 中日两种语言中都出现了情感McGurk效应，即一种面部表情与另外一种情感的声音情感整合，会被感知为第三种情感的现象。具有较高唤醒度的情感，如高兴、生气等，面部表情对情感的感知贡献更大，具有较低唤醒度的情感，如害怕、难过等；声音通道对情感的感知贡献更大。情感McGurk效应也与交际双方的语言文化背景相关。

《助动词在汉语口语中的虚化》

方梅（研究员）

论文 15千字

《木村英树还历记念·中国语文法论丛》（日本）白帝社 2013年5月

该文认为，在汉语口语里，情态助动词可以发生位置游移，出现在句首主语之前或者句末。表现为：(1) 只有那些用在其典型句法位置就具备认识情态意义的助动词才会发生位置游移。(2) 位置游移后，它所表达的对命题的信度会随之发生改变。前置时信度强化，后置时信度弱化。(3) 助动词发生位置游移之后，其句法属性向饰句副词转化。一旦虚化成饰句副词，还可获得言域的解读。

《上古汉语动结式的发展及相关研究方法的检讨》

姚振武（研究员）

论文 20千字

《古汉语研究》2013年第4期

该文认为，汉语动词（包括及物动词）绝大多数都具有不及物的用法。因此上古汉语表“动结”范畴的结构，其下字完全可以向这种用法看齐，从而构成“动结式”。汉语的动结式西周时即已出现，东周以降数量日益增多，形式也不断丰富。该文还讨论了太田辰夫和梅祖麟观点中可能存在的方法论缺陷。

《句法对象与名动均衡》

胡建华（研究员）

论文 20千字

《当代语言学》2013年第1期

该文从句法对称和词质均衡的角度来考察名动对立，用语义密度和传染性两个维度来说明名动的特性。该文指出，从语义密度上看，汉语的名动对立自然是存在的，但从传染性上看这一名动对立又常常趋于中和。因此在这个意义上说，汉语实词的动词性不突出，名词性也不突出，而是形容词性突出。形容词是一个自身含有名动对立特征的词类，也就是说形容词内在的特性是名动双性，是名动特性对立中和的结果，所以其特征可以表征为 [+N, +V]。通过对汉语名动对立的研究，该文认为：(1) 任何语言都有名动的分类，不存在汉语无词类的问题；名动之分在不同语言所表现出的不同仅在于对立性的大小；名词和动词的特性在同一个语言中要保持一种“质”的均衡。(2) 名动分类体现了一种抽象的、内化了的范畴化知识。名动对立是造句法之根本，即句子生成之“道”。这一知识可以通过形态标记来表征，也可以通过分布来验证或检验，但这一知识不等于形态和分布。

哲学研究所

《李景源自选集》

李景源（研究员）

论文集 399 千字

学习出版社 2013 年 1 月

该自选集收录了作者自改革开放以来的部分代表作，集中讨论了“马克思的实践”“实践与马克思主义认识论”“实践与马克思主义中国化”等一系列重要的理论问题，充分反映出真理标准大讨论和科学实践观对改革开放以来中国的哲学研究特别是马克思主义哲学研究的深刻影响，同时也反映出作者的实践理念的精神自觉。

《德国古典哲学的基本观念及其发展路线》

叶秀山（研究员）

论文 13 千字

《世界哲学》2013 年第 1 期

该文从对康德“知识论转向”的意义分析入手，讨论了费希特、谢林和黑格尔在康德开辟的哲学方向上的努力，重新审视了德国古典哲学从“存在论”到“知识论”的发展脉络，指出德国古典哲学并未放弃传统的“存在”问题，而是深化和发展了这个问题。在德国古典哲学中，“存在”不再满足于成为空洞无内容的抽象概念，而是要成为具有“规定性”的哲学范畴。这条路线的梳理打通了德国哲学从古典到现代的内在发展理路。

《流变与会通：中西诗乐美学释论》

王柯平（研究员）

专著 307 千字

北京大学出版社 2013 年 1 月

该书旨在探寻中西诗乐与美学思想的历史渊源及其流变，同时表明其运思方式和研究方法的会通特征。该书内容包括孔子与柏拉图论乐，墨子与荀子的乐辩，朱熹的道德化诗学观，《明诗》篇三议题，禅悟与空灵之境，创造性转化与生生之德，模仿论与模写说辨析，境界“为探其本”的深层意味，《摩罗诗力说》与摩罗式崇高诗学，方东美的文化理想观与跨文化探索，挪用与创构中的文化诗学等。

《第一哲学的支点》

赵汀阳（研究员）

专著 260 千字

生活·读书·新知三联书店 2013 年 2 月

所谓第一哲学，即哲学的哲学，或称元哲学。这是哲学的根基，西方哲学把形而上学作为第一哲学。在西方哲学史上，第一哲学的核心概念，公认有笛卡尔的“思”和黑格尔的“存在”，该书提出并论证，哲学还需要“行”作为支点，现代哲学要从“思”的问题转向“行”的问题，从反思物的世界转向反思事的世界，事的世界就是人创作出来的生活，接续了作者一贯的主张——哲学旨在讨论关于可能生活。

《通向〈资本论〉之路》

魏小萍（研究员）

专著 330 千字

中国社会科学出版社 2013 年 2 月

该书借助于《马克思恩格斯全集》（历史考证版）第二部分“马克思的《资本论》

及其政治经济学手稿”的出版，为人们阅读和理解马克思的政治经济学批判理论提供了原文献资料这一机遇，以马克思的原文本为基础，对马克思政治经济学批判理论前《资本论》的发展历程和研究思路进行了研究，并结合当下人们对马克思劳动价值论提出的挑战以及当今社会现实的新发展，对马克思的研究思路和核心概念进行了具体的分析和深入的发掘。

《〈中观心论〉及其古注〈思择焰〉研究》

何欢欢（助理研究员）

专著 739 千字

中国社会科学出版社 2013 年 3 月

该书以《中观心论》及其古注《思择焰》批判数论派、胜论派、吠檀多派的三品为研究对象，完成了梵本藏译的校勘与首个汉译，并在此基础上分析了以清辩为代表的佛教中观派对三大派外道学说的客观叙述与有效批判，展现了印度古代哲学的主要理论形态与思想纷争。

《印度吠檀多哲学史》（上卷）

孙晶（研究员）

专著 450 千字

中国社会科学出版社 2013 年 5 月

该书是对印度古代最大的正统派哲学派别的全面研究。该书主要依据对大量梵文文献的研究，同时还参考了大量英文和日文以及中文的学术资料；该书的主要内容包括“正统派哲学的思想始源：吠陀”“正统派哲学的思想始源：奥义书”“《薄伽梵歌》的哲学思想”“吠檀多哲学的根本经典：《梵经》”“乔荼波陀与《圣教论》”“商羯罗的哲学思想”“罗摩奴阇的限定不二论”“摩陀婆的二元论”“筏罗婆的哲学”“16 世纪不二一元论派的动向”等。

《中国知识分子的马克思哲学》

单继刚（研究员）

专著 230 千字

中国社会科学出版社 2013 年 5 月

该书对百年来中国知识分子传播的“马克思哲学”进行了梳理与分析，重点关注马克思哲学遭遇的翻译、理解、解释与表述，以及在此基础上形成的不同理论形态。书中讨论了社会进化论、唯物史观、辩证唯物主义与历史唯物主义、人道主义、实践唯物主义五种理论形态，研究的主要问题包括：马克思哲学与进化论的关系，进化与革命的关系，进化与社会发展阶段的关系，唯物史观与经济史观的关系，唯物史观与社会学的关系，辩证法与形式逻辑的关系，辩证唯物主义与历史唯物主义的关系，人道主义与历史唯物主义的关系，实践唯物主义与历史唯物主义的关系等。通过对这些问题的研究，该书概括出马克思哲学的研究对象、主要内容和基本特征，进而支持了马克思哲学的“唯物史观”（历史唯物主义）解读模式。

《春归合早——诗与哲学之间的王国维》

张建军（副研究员）

专著 210 千字

北京大学出版社 2013 年 11 月

王国维对于西方近代文化的自由思想和批判精神深有所契，又将这思想与精神应用于国学的研究，他是中国近代最重要的启蒙思想家之一。该书以上述认识为基础，考察王国维的人生态度，追寻他的哲学沉思，分析他的艺术批评，解读他的诗词创作，并从这些方面的互相参证中，呈现其思想与学术的近代精神，还原一个作为思想家而不仅是国学家的王国维。该书认为，唯有如此，才能真正理解王国维在我国近代文化史上的意义，才能真正领略《红楼梦评论》与《人间词话》的魅力。

《沉醉之路——变异的柏格森》

尚杰（研究员）

专著 310 千字

人民出版社 2013 年 12 月

该书不是一部解释柏格森思想的著作，而是一部跨越学科界限的研究性著作。该书从整个 20 世纪法国哲学发展的高度重新审视柏格森，并分析他的思想在 21 世纪初重新登上历史舞台的深刻原因。该书内容涉及众多 20 世纪著名西方哲学家的思想，例如胡塞尔、海德格尔、萨特、巴塔耶、德里达等。在此基础上，该书以柏格森最著名的“绵延”概念为引线，穿梭到不同领域的共同哲学，编织出一幅具有“哲学社会学”性质的思想画卷。除了纯粹哲学问题，该书涉及的领域还包括文学艺术、影像世界、政治伦理、互联网等。

《市场经济条件下的中国商业道德的若干理论问题和实践问题》

谢地坤（研究员）

论文 15 千字

《哲学动态》2013 年第 4 期

该文对西方国家和中国历史上对商业道德的认识进行了梳理，认为一是可以加快完善社会主义市场经济体制的建设，既遵循市场经济的基本规律，又严格约束行政权力对市场的过度干预；二是保持经济发展的合理速度，优化资源供给，保护生态环境质量的约束；三是下决心改革分配制度，缩小社会各阶层的收入差距，真正体现社会主义共同富裕的优越性；四是加强法制建设和精神文明建设，尤其注重法规制定的合理、合情及其在实践中的执行，加强舆论引导、道德教育的作用，使得社会各个领域得到全面协调发展。在这样的大前提下，市场经济与商业道德或许可以形成一种相互制约、相互协调、相互促进的良好互动关系。

《从科学活动论到对科学的审度》

段伟文（研究员）

论文 13 千字

《中国人民大学学报》2013 年第 6 期

该文认为，科学活动论是科学哲学与本土实践旨趣相结合的产物，其作用不仅在于超越“科学化的哲学”范式，还为中国的科学哲学发展勾勒出开放性的问题域。基于中国哲学与文化观念的互补方法论思想对科学的审度提供了基本的方法论。通过对“科学的客观性”与“它被社会承认的相对性”的虚假对立分析，可以看到当代科学哲学中认识论的独断主义与相对主义的局限性，进而从社会认识论和可接受的科学出发，探讨从辩护到审度的可能路径。

《信仰何谓？——再读〈畏惧与颤栗〉》

王齐（研究员）

论文 10 千字

《世界哲学》2013 年第 6 期

该文围绕克尔凯郭尔假名著作《畏惧与颤栗》中对信仰的批判性分析，试图解析信仰在后启蒙时代的意义。真正的信仰在“此世”，它是“单一者”与“绝对”在“激情”之下所建立的绝对关联，并将“辩证性”表现为个体“隐蔽的内心性”。该文最后论证，唯有理性才能引领信仰走上正途。

《意志自由与神经科学的挑战》

甘绍平（研究员）

论文 20 千字

《哲学研究》2013 年第 8 期

该文指出，随着神经科学的发展以及相应的实验技术的精细化，意志自由的问题越来越受到国际自然科学与人文社会科学界的重视，认可意志自由的现实存在的哲学家与持质疑态度的神经科学家之间形成了严重的对立。该文以这场作为自然科学与人文社会科学的共同焦点的争论为背景，从对李贝特实验的解析出发，批驳了将包括自主决断等复杂的精神活动在内的人的所有行为均还原为大脑的物理化学反应机制的“神经过程决定论”及“生物主义的还原论”；基于“精神活动依赖于生理学意义上的物质基础，但并不等同于这一物质基础”以及“行为的原因不同于行为的理由”等理据，论证了人的意志自由、人的自主决断的客观真实的存在，揭示了这种开放性的决断并非取决于因果先定的大脑活动，而是具有着不受自然界因果必然性支配的特征，从而得出了我们固然不可能主张所谓本体论上的二元论（即认为存在着一种独立于任何物质基础的精神世界），但却难以回避和取消认识论、方法论意义上的二元论的结论。

《张申府的“大客观”思想——兼论其对张岱年思想的影响》

李存山（研究员）

论文 12 千字

《哲学研究》2013 年第 10 期

该文对我国现代著名哲学家张申府的“大客观”思想进行了深入研究。“纯客观主义”，即在客观的基础上把“是”与“应该”、科学与道德统之于“纯客观”，基于此，张申府提出了儒家的“仁”与西方近代以来的“科学法”的结合。张申府的思想对张岱年产生了重要影响，张岱年一生所持守的“基本认识”，与张申府最初所提出的把“是”与“应该”、科学与道德结合起来的“大客观”思想是一致的。

世界宗教研究所

《马克思主义宗教观研究（2011）》

曾传辉（研究员）主编

论文集 390 千字

社会科学文献出版社 2013 年 7 月

该书主要围绕马克思主义宗教观中国化这一主题进行了多角度的深入探讨，分别从基本理论、经典解读、中国化进程、与传统文化的互动、国外情况评介及本学科研究综述等方面，既有理论思辨和史实考证，又联系实际，具有学术价值和现实意义。

《马克思主义宗教观研究（2012）》

曾传辉（研究员）主编

论文集 500 千字

社会科学文献出版社 2013 年 12 月

该论文集收录了 2012 年马克思主义宗教观研究领域里具有代表性的原创论文近 20 篇。这些论文的内容涉及宗教文化话语、基本理论阐发、思想演化进程、热点现实问题讨论、高校宗教观教育，以及该学科前沿研究报告等方面。

《中国宗教与文化战略》

卓新平（研究员）

专著 281 千字

社会科学文献出版社 2013 年 11 月

当前，推动社会建设和文化建设，已不可能回避宗教问题，因此，思考宗教问题也自然应该与文化战略的构设结合起来。我们需要直接面对的就是信仰、宗教与文化的意义及其关联，弄清宗教在信仰领域的真实定位，从科学发展观的视阈来梳理宗教与中国社会文化的关系，推动宗教的和谐发展及与社会的和谐，使宗教不仅能够积极适应当今社会，而且还可为我们的社会作出独特贡献。该书主要包括信仰理解、文化理解、宗教理解、“全球化”与当代中国宗教、“全球化”的宗教与中国政教关系、立足文化战略来正确认识宗教问题、全球化的宗教与中国文化战略、重视宗教在中国对外战略中的积极作用、对中国宗教现状及其发展的思考、中国宗教理解与宗教理论的发展前景、中国宗教与社会和谐等内容。

《中国三阶教史——一个佛教史上湮灭的教派》

张总（研究员）

专著 788 千字

社会科学文献出版社 2013 年 3 月

该书详细地探讨了自北朝至隋代三阶教创立与初禁的史实，分析了唐代三阶教屡禁屡起的现象和原因。其间，纠正了一些前人研究中的讹误，补充了许多新发现的史料，提出了不少富有启发性的作者的独到见解，有些对当今佛教的发展也具有借鉴的意义。书中，作者梳理了三阶教历代传承的谱系与著名人物行实，三阶教的基本教义、僧俗信徒的修行实践，以及三阶教的主要典籍等。

《古代中国民众的精神世界及社会运动》

马西沙（研究员）

论文集 350 千字

中国社会科学出版社 2013 年 8 月

该书作者数十年来致力于明清民间宗教史和思想史的研究，有多种专著和论文问世。该文集是作者研究的精华，展现了中国明清底层社会的生活状态和民众心理，广大人民群众与统治者之间的矛盾和斗争。

《印度宗教与佛教》

李建欣（编审）

论文集 400 千字

宗教文化出版社 2013 年 10 月

该书为作者关于印度宗教与佛教研究的论文集。全书分三大部分：第一部分为论文；

第二部分为短章；第三部分为书评。全书内容涉及以下几方面：印度瑜伽哲学思想的发展及重要概念、行法、重要经典如《奥义书》等的思想；印度耆那教的哲学思想；佛教在印度兴起的思想文化背景；中国禅学的印度渊源初论；佛教与当代西方环境伦理学的对话。

《改革开放以来的中国基督教及研究》

唐晓峰（副研究员）

专著 300 千字

宗教文化出版社 2013 年 7 月

该书由上、中、下三篇构成。上篇主要涉及改革开放以来的中国基督教，主要谈及教会实体的发展、文化主体性发展。中篇主要涉及改革开放以来中国大陆基督教现状研究，包括 20 世纪 80 年代大陆学界中国基督教现状研究及启示、20 世纪 90 年代至 2008 年大陆学界中国基督教现状研究及特征，2009 年以来的中国基督教现状研究。下篇主要涉及中国社会文化发展中的基督教，包括基督教在中国社会发展中应有的地位和作用、基督教在中国社会发展中发挥作用的途径。

《世俗化与当代英国基督宗教》

孙艳燕（副研究员）

专著 440 千字

社会科学文献出版社 2013 年 12 月

“世俗化”是当今西方特别是欧洲社会的普遍现象，于 20 世纪 60 年代以后呈现出加速发展的趋势。在世俗化背景下，基督宗教的发展在可被称为其大本营的欧洲出现了很多与以往不同的特点。该书以英国为标本，具体分析当代英国基督宗教在世俗化的巨大冲击下所表现出的各方面的衰落趋势、导致英国世俗化的原因，以及英国基督教会内外对世俗化的回应。该书还根据作者在英国城市伯明翰及其周边地区进行的实地调研，透过基层基督教会的视角解析世俗化与当代英国基督宗教的发展状况，并揭示英国基督教会内部的多元性。

《东正教与俄罗斯社会》

张雅平（研究员）

专著 280 千字

社会科学文献出版社 2013 年 11 月

该书试图勾勒东正教会在俄罗斯千年史上显、隐、起、伏的命运，在各个历史时期的具体背景中考察、梳理、分析和评述东正教与社会的关联和作用，阐述东正教会在俄罗斯今天的状况。

《宗教蓝皮书 · 中国宗教报告（2013）》

金泽（研究员） 邱永辉（研究员）

编著 350 千字

社会科学文献出版社 2013 年 9 月

该书由“总报告”“各大宗教报告”“热点报告”“专题报告”等组成。

“总报告”从理论研究和实证报告两个层面，探讨了中国宗教在中国社会发展和全球文化战略中的定位与作用。“各大宗教报告”总结了中国各大宗教在 2012 年积极健康的发展态势，重点探讨了 2013 年度中国各大宗教的发展状况与面临的突出问题，并从学术的角度提出了建设性意见。“热点报告”特别关注宗教治理问题。报告从国家宗教事务局2012年的主要工作、宗教治理体现的新理念和基本原则以及年度治理工作中存在的问题和未来走向等几个方面，对2012年国家宗教事务局的宗教治理工作进行了综述和总结。“专题报告”指出宗教政策不当是导致宗教生态失衡的主要原因，因而建议，在各宗教面临如何面对并回应现代化、世俗化、城市化冲击的社会转型时期，管理者应当在宗教生态走向多元和谐中，探索自己的定位和作用。

《太平天国与启示录》

周伟驰（研究员）

专著 433 千字

中国社会科学出版社 2013 年 6 月

该书从近代西方基督教全球传教史的视野重新探讨了太平天国意识形态的基督教来源，揭示了太平天国与千禧年主义和末世论的密切关系，尤其是洪秀全和启示录神学、洪仁玕和新教传教士“基督教文明观”的关系。全书共分“由宗教革命引起的宗教战争”“别样的基督教”“太平天国与启示录”“千禧年主义及其中传”“一个基督教国家的现代化方案”等五章。

《内蒙古佛教与寺院教育》

嘉木扬·凯朝（研究员）

专著 443 千字

中国社会科学出版社 2013 年 4 月

佛教传入蒙古族地区后，与蒙古族地区的原生性宗教经历了调适、互渗、融合的过程，并形成了蒙古族地区特有的佛教文化和寺院教育体系。该书以蒙、藏、汉、日、巴利、梵文等第一手文献资料为研究基础，结合田野调查、个案分析的方法，对蒙古族地区佛教文化和寺院教育体系的历史脉络、发展演变、内涵特质、功能作用以及社会影响等方面进行了展示和剖析。

《追踪与溯源：当今世界伊斯兰教热点问题》

吴云贵（研究员）

专著 337 千字

中国社会科学出版社 2013 年 1 月

该书为中国社会科学院荣誉学部委员吴云贵有关当今世界伊斯兰教热点问题的专题论文集。该书集中探讨了当代伊斯兰教复兴运动、伊斯兰教与国际政治、伊斯兰教法等国际社会广泛关注的热门话题。

《苏非主义在中国》

金宜久（研究员）

专著 441 千字

社会科学文献出版社 2013 年 4 月

该书共分四章内容：第一章导言部分，除了对苏非主义做一概略性的介绍外，主要说明苏非主义自兴起以来的大致发展过程，苏非主义在中国的传播，以及该书各章的基本安排；第二章探讨汉文经堂教育与苏非主义的关系问题；第三章探讨汉文伊斯兰教著述与苏非主义的关系；第四章探讨中国伊斯兰教的道门与苏非主义的关系。

《中国宗教学（第四辑）》

中国宗教学会秘书处 编

编著 350 千字

宗教文化出版社 2013年1月

该书主要内容包括“试析马来西亚的宗教及宗教政策”“慈善与伊斯兰社会简论”“倡导宗教和谐发挥积极作用——由中新宗教文化展引发的思考”“西方萨满教研究的几个阶段性特点”和“试论萨满教在公众环境保护中的作用——以北方民族萨满教为例”等。

《东南亚宗教与社会发展研究》

郑筱筠（研究员）

专著 430千字

中国社会科学出版社 2013年1月

东南亚地区的地理位置使东南亚各国在世界政治、经济、文化、军事格局中的地位非常重要。美国调整自己的全球发展战略，高调重返亚太，其他国家也纷纷调整自己的发展战略，凸显自己在东南亚地区的影响力。因此，中国更需要从国际发展战略的世界格局角度来看待东南亚社会的发展。由于东南亚地区宗教多样性非常突出，世界性宗教基督教、伊斯兰教、佛教等在不同的国家和地区有着不同的作用和影响，因此，研究宗教在东南亚社会、政治、经济、文化发展中的地位和作用就显得非常必要。该书以“东南亚宗教与区域社会发展”为主题，聚集国内外学界和宗教界专门研究东南亚宗教的学者，汇集了大家的最新成果，从宗教与东南亚地区社会结构、社会发展之间的关系入手，深度探讨了宗教在当代东南亚社会、政治、经济和文化变迁中的作用，以期为我国社会和文化发展战略提供重要的参考和建议。

历史学部

考古研究所

《商代青铜器铭文研究》

严志斌（副研究员）

专著 615千字

上海古籍出版社 2013年3月

该书对存世的5454件商代青铜器铭文进行了全面的梳理，运用考古学方法将零散的数据系统化，以断代分期为先导，确立了明确的时空框架，使立论建立在科学的基础上。该书选题涉及层面繁多，讨论了相应时间段中铭文的字形字体、语法及商代的族氏、职官、诸妇、诸子的金文称谓所反映的商代社会结构、宗法制度、族氏关系、方国地理等问题，有综述，有辨析，其中不乏独到的新见。如中商器铭的甄别、复合族氏之宗氏与支族的辨识、诸妇称谓中父族与夫族名号的区分，以及商代金文的语言学研究等。

《蚌埠禹会村》

中国社会科学院考古研究所

专著 730千字

科学出版社 2013年11月

该书汇集了安徽省蚌埠市禹会村遗址2006年勘察、钻探和2007年、2011年发掘的全部资料，并公布了多学科测试研究的新成果，是淮河中游地区龙山文化阶段发掘规模大、研究领域广泛的考古发掘和研究报告。禹会村遗址以特征明显的祭祀遗迹和遗物，显现了其重要学术价值，遗址中经过人工堆筑铺垫的大型祭祀台基、专属的祭祀通道、不同类型的祭祀坑、简易工棚建筑和祭祀器具等，对考证具有地域之争的涂山地望、解读“禹会诸侯”事件有重要意义。禹会村遗址的考古资料，不仅填补了龙山文化的地域性空白，而且确立了龙山文化一个新的地方类型——禹会村类型。

《秦汉城邑考古学研究》

徐龙国（副研究员）

专著 530千字

中国社会科学出版社 2013年5月

秦汉城邑是指秦汉时期的都城、郡国城及县、邑、道城，此外，还包括秦汉王朝周边地区一些少数族的城邑。该书收集了经考古调查与发掘的630多座秦汉城址资料，并将它们进行分区、分级研究。分区主要依据当时的行政区划，兼及自然地理及今日政区划分；分级既考虑当时的郡县制和郡国体制，也考虑到城邑沿用造成的等级差异。为了便于微观观察和宏观把握，书中对单一城址，重点考察其历史沿革、形制布局及文化内涵；对整个时代的城邑，重点研究它们的分布规律、特点以及区域性差异。在分区、分级研究的基础上，对秦汉城邑与秦汉政治体制、社会生活、人口、环境等方面的关系进行了进一步探讨。最后，对城邑的发展历程做了纵向考察，研究了中国古代城邑与文明产生发展进程的关系，以及秦汉城邑在中国城市发展史上的历史地位等问题。

《偃师商城（第一卷）》

中国社会科学院考古研究所

专著 1263千字

科学出版社 2013年9月

该书涵盖了1983年至2008年期间偃师商城遗址（宫城除外）的全部勘探和发掘资料，以历年勘探、发掘资料介绍为索引，对所有资料分内容进行了全面介绍，主要包括：城墙勘探、解剖，城门发掘，建筑遗迹，墓葬发掘，城址西南角二号府库的勘探和发掘，城址东北部生活区、作坊区的勘探和发掘，以及出土遗物介绍和偃师商城商文化分期等。该书的出版使读者能够对早商都城偃师商城的情况有一个系统、全面的了解，为我国古代历史特别是商代历史的研究提供基础资料。

《昂昂溪考古文集》

中国社会科学院考古研究所

专著 510千字

中国社会科学出版社 2013年12月

《昂昂溪考古文集》包括两部分，第一部分是“纪念梁思永先生发掘昂昂溪遗址80周年暨昂昂溪考古学术研讨会”（2010年9月在黑龙江省齐齐哈尔市昂昂溪召开）的论文，包括学习、纪念梁思永先生和研究中国东北及黄河流域史前考古的文章。第二部分为“昂昂溪考古资料”，是已发表的昂昂溪境内田野考古的文献资料。除中文资料外，尚有10篇英、俄、日文资料的汉译。这些文献集中地体现了80多年来在昂昂溪境内所开展的考古工作的主要收获，特别是以往中国考古界对这部分外文资料了解有限，而在今天看来它们仍具有十分重要的学术价值。所以，该书为昂昂溪考古提供了较为全面的科研资料。

《安徽蚌埠市禹会龙山文化遗址祭祀台基发掘简报》

中国社会科学院考古研究所安徽工作队

蚌埠市博物馆

研究报告　18千字

《考古》2013年第1期

2007～2011年进行大规模发掘的禹会遗址，是淮河流域一处重要的龙山文化晚期遗址，具有特殊的文化迹象、复杂的文化内涵和独特的器物组合。该遗址发现了一处大型礼仪性建筑基址，表明这里并非单纯的居住遗址。丰富的出土遗物对探索中原、黄河下游、苏北和环太湖以及长江中游等地区龙山时代文化的交流与融合，提供了十分重要的实物资料。结合相关自然科学的测试和研究，该遗址的考古资料对于探索涂山地望、大禹文化和淮河文明也具有重要的学术意义。

历史研究所

《水经注城邑考》

曲英杰（研究员）

专著　800千字

中国社会科学出版社　2013年7月

该书结合相关文献及考古资料对《水经注》所述百余座城邑的地理方位、形制布局、演变历程及其所临水道迁移等予以考述，对各方面资料较为充分的，如姑藏城、历城、郿城、平城、龙城、襄阳城、宛城、成都城、江州城、江陵城、番禺城、南昌城等，编绘推测复原了示意图。

《终极之典——中古丧葬制度研究》（上、下册）

吴丽娱（研究员）

专著　720千字

中华书局　2012年12月

该书以中古丧葬制度作为主题，分为上、下两册，上册论述皇帝丧葬礼仪，下册讨论官员丧葬礼仪。以探讨问题为基础，将专题与系统论述相结合，进行动态性的研究。在皇帝丧礼方面，首先从讨论《贞观礼》的国恤出发，论证唐初凶礼的北朝渊源以及南北制度的结合问题。继而对唐后期作为皇帝丧礼依据的《大唐元陵仪注》一书制作方式、礼制来源等作了细致考察，亦对已经完全佚失的《崇丰二陵集礼》一书的成书背景和内容作了分析推测。在此基础上，结合皇帝丧礼的实际举办，讨论了唐宋之际在皇帝葬礼和即位程式中，吉凶转换方式的变化。皇帝丧礼的中心问题是皇帝制度与国家的关系问题。该书认为，帝丧中“以日易月”的“公除”权制和三年丧为表里的两种丧制，说明了它们与儒家礼仪和宗教仪式的关系，分析了它们代表国家制度与皇帝家礼的公私两重意义。该书还对皇帝丧礼过程中的某些程式及特色，皇（太）后、太子服制和皇后祔庙中的变化及社会政治因素、山陵使的设置及组织作用等问题进行了发掘，并借助敦煌书仪对皇帝和皇家丧礼中奉慰仪进行讨论，说明凶礼奉慰仪相对吉礼起居朝参的特殊意义。该书还结合天一阁明本《天圣令》中的《丧葬令》开展对官员丧葬制度的研究，论证了官员丧礼制度的内容、发展及唐宋之间的特色与演变。

《先秦文化史》

王贵民（研究员）

专著 600千字

上海人民出版社 2013年7月

该书分上、下两编，论述了商和两周文化的发展演变历史。依照学界的一般共识，该书把文化分为物质、制度、精神三大类进行了论述。这三类在各历史阶段有不同的侧重，如上编对制度文化探讨较多，下编对思想、艺术等文化则多施笔墨。该书以古代社会结构、制度为基础，揭示了商和西周族落组织的同一渊源、二者社会性质的一体性，在主要文化事象上坚持前后相继；古老社会结构的分解，随之而来的是社会思想文化异彩纷呈，其变革肇端于春秋中后期，这就是文化史发展变革基于社会变革的唯物主义原理。该书广泛吸取史学、考古学界等领域的诸多发现和最新研究成果，提出了自己的思考、见解，诸如："聚落"一词可以在古文献里找到雏形；在思想文化领域有诸多思考，例如：对民本主义的丰富、民主思想的存在、墨家名称的由来、法家崛起与遽衰、"制天命"思想与当时生产实践的关系，以及将考古成果纳入文化史轨道等方面的论述，都具有一定的前沿性。

《秦、三晋纪年兵器研究》

苏辉（助理研究员）

专著 310千字

上海古籍出版社 2013年10月

该书综合运用多学科方法，对秦、三晋的纪年兵器进行了研究探讨。首先，从器形出发，进行考古类型学分析，分别考察它们各自的演变序列，为编年打下坚实的基础。其次，对文字的释读，前人的研究成果颇多，需要辨析的问题也不少，作者对一些聚讼纷纭的意见作出评断，并提出自己的见解。最后，根据器形、铭文内容来划归国属。

《商周时期青铜豆整理与研究》

张翀（助理研究员）

专著 260千字

线装书局 2012年12月

该书是对铜器单一器种的整理与研究。该书从铜器器类中的小型器物研究入手，展开与其他器类的关系研究，借助铜豆的数量及埋藏情况讨论商周礼制问题。豆不过是铜器的小宗，虽然在等级或功用上不及鼎、簋，但也不失为上层贵族使用之物，有以小见大之功。该书对器种搜集可谓力求搜罗必尽。作者力求通过器物而能见人，考察商周社会文化的情状。

《唐代衣食住行（插图珍藏本）》

黄正建（研究员）

专著 150千字

中华书局 2013年4月

该书综合介绍唐代的衣食住行，不仅详细介绍了衣食住行中的一系列具体问题，比如胡饼是什么，半臂是什么，绳床是什么，步辇是什么等，而且详细解释了引起衣食住行变化的社会环境，研究不同阶层、不同集团在衣食住行方面的差别和衣食住行所具有的地域性、民族性及其互相交流，以及衣食住行中体现出来的礼仪和习俗。

《秦汉日常秩序中的社会与行政关系初探——关于“自言”一词的解读》

卜宪群（研究员）刘杨

论文 13 千字

《文史哲》2013 年第 4 期

秦汉国家的日常秩序包括行政和社会秩序两个层面。从现有的材料和研究看，秦汉日常秩序中的社会秩序较之先秦时期，与国家间有了更多、更紧密的联系；日常秩序中的行政秩序，较之先秦，规范更为细密。文献和简牍中普遍出现的“自言”一词，就是我们解读秦汉国家日常秩序的一个很好视角。“自言”一词出现于春秋战国之际，这并非偶然，而是当时社会变化的产物。秦汉时期，除了语词性的“自言”外，“自言”还构成了当时日常秩序中的一种规范性用词，涉及面广泛。从“自言”的起源、内容、形态、主体等层面，考察秦汉日常秩序下的社会与国家关系，可明晰秦汉国家属于专制主义中央集权官僚制的行政管理方式。整个社会是以官僚行政为基本特征运转的，并不存在很多自治的空间。社会秩序与行政秩序是一元的而非二元的，至少在大多数情况下是一元的。

《明代均平法考》

万明（研究员）

论文 28 千字

《中国史研究》2013 年第 2 期

该文根据现藏于日本尊经阁的海内孤本《钦依两浙均平录》，以国家与社会互动为视角，对明代均平法改革内容与主旨进行了探讨。均平法主要是针对里甲正役三办，包括上供物料和地方官府公费的改革。该文认为，当时，明代里甲正役已形成一种以役的方式出现的贡、赋、役的混合体，具有多元混杂的特质，因此可将改革定位于赋役——财政改革；在浙江全省统一征收均平银后，在役的层面，役以银代，官为雇役，国家劳役制走向衰亡，役部分转入了赋；在财政的层面，以实物派征和人力征调为主的财政结构发生了转变，形成了以白银货币收支为主要形态的新的地方财政体制；通过对浙江全省均平银的统计分析，指出：三办中开销最大的不是以往认为的上供物料，而是地方官府公费。最后的结论是：改革具有社会基础，是以士大夫为中介，以国家法令形式进行的制度变迁，带有社会转型特征，表明了明代是现代货币财政和财政管理的开端。

《程朱理学官僚与清初社会重建——基于学术思想史与社会史结合的考察》

朱昌荣（副研究员）

论文 26 千字

《历史研究》2013 年第 4 期

清初程朱理学是清史研究中的一个重要内容，对其在清初的基本情形作出切合历史实际的考察，具有学术价值。概括来讲，该文有三方面特点：一是选题新。过去关于清初学术乃至思想的研究，多限于学术思想演变的内在理路探讨，诸如从陆王心学如何转向程朱理学，乃至清初程朱理学一统与官方意识形态的重建上，恰恰忽略了清初程朱理学尤其是程朱理学官僚在清初社会重建中所提出的诸多观念及其相关的政治实践。就此而论，该文所论内容具有创新性。二是视角、方法独特。该文不再局限于就学术思想论学术思想，而是跳出其中的拘囿，聚焦于清初学术思想史与社会史的互动关系，借此较为全面地考察清初社会秩序的重建历程，其研究方法与新文化史若合符节。三是新见迭出。无论是提出“理学官僚”这一概念，借此有别于一般的理学家，进而凸显理学官僚在清初社会重建中的作用，还是这些理学官僚的意识观念及其政治实践的具体剖析，无不紧扣清初社会重建这一中心，在细加辨正、论析的基础上，均提出了诸多平实可信的创见，对于重新厘定清初社会重建历程多有裨益。

《元代军事史三题——〈元典章〉中出现的私走小路军、保甲丁壮军与通事军》

刘晓（研究员）

论文 20 千字

《中国史研究》2013 年第 3 期

该文认为，元朝军队的士兵征集体系非常庞杂，在对南宋作战期间，因战争规模大、持续时间长，元朝政府需要不断地以各种方式扩大兵源，由此涌现出以士兵征集来源为名目的诸多军种，私走小路军、保甲丁壮军与通事军即属其列，《元典章》对此有较详尽的记载。其中，私走小路军主要由被抓获的走私商人组建而成。起初，元朝政府对越境走私尤其是私贩马匹的处罚非常严厉，违犯者往往会处以极刑。后因对宋作战需要，元朝政府开始赦免此类人，让其免死从军。这些人因长年越境走私，对江南地理与风土民情较为熟悉，非常适合深入南方作战。保甲丁壮军主要由宋元襄樊边界等地的屯田户组建而成。这些屯田户起初被编为保甲，平时屯田，战时出征，后来随军南下参加灭宋战争，南宋灭亡后改编为保甲万户府，镇守衢州路，另有一些千户编入其他万户府。通事军主要由从北方逃到南宋的诸部族人组成。这些人在北方多为罪囚、驱口等，因擅长马战，且熟悉北方情况，南宋曾将其招募从军，用以抵抗蒙古。通事军的称谓，大概与这些人通蒙古语等北方语言有关。南宋灭亡后，元朝政府派人多方招募此类军人，后将其整编为通事汉军万户府，镇守江阴、许浦等处。

《中国古代国家的起源与王权的形成》

王震中（研究员）

专著 598 千字

中国社会科学出版社 2013 年 3 月

该书用“聚落三形态演进”说、“邦国—王国—帝国”说和“夏商周三代复合制国家结构”论，构筑了全书的理论体系；从三个层面论述了史前权力系统的演进这一国家起源研究中的焦点和难点问题；在肯定恩格斯关于阶级起源理论的基础上，提出并论证了父权家族和父家长权的出现是阶级起源的重要契机；提出夏商周三代王国时期的国家结构是“复合制国家结构”；创新性地把王权置于复合制国家结构的形态下来论述王权的特征；把夏商周三代复合制国家结构与早期华夏民族的形成联系起来，提出古代华夏民族经历了由“自在民族”发展为“自觉民族”两个阶段。该书把史前社会的变迁与史前权力的演进相结合、把国家形态和结构的进一步发展与王权的形成相结合，把对国家、社会、权力集中的表现形式与它们之间的互动关系相结合，来研究早期国家的起源。

《历程　制度　人——清朝皇权略探》

杨珍（研究员）

专著　480 千字

学苑出版社　2013 年 4 月

该书从清朝皇权发展历程、若干清朝宫廷制度的建立与变革、皇权发展历程和宫廷制度建立、变革中皇室及宫廷人员的遭际等方面，考察了清朝皇权的逐步集中、强化并达到极致的过程，并以此为主线，分“初始”“奠基”“求索”“突破”“中衰与消亡”等五个阶段，论述清朝皇权自产生至灭亡的历史。

郭沫若纪念馆

《郭沫若研究年鉴 2012》

蔡震（研究员）　李晓虹（研究员）主编

工具书　453 千字

人民出版社　2013 年 11 月

该书精选 2012 年度内发表的郭沫若研究成果，辑录郭沫若文献史料，汇集有关郭沫若研究的学术会议综述、学术动态、出版动态、文化活动报道等各个方面的信息。该书特设了“郭沫若诞辰 120 周年纪念”栏目，收录了 2012 年王伟光、马识途、章玉均、高翔等领导同志在北京举行的郭沫若诞辰纪念大会和在乐山召开的国际学术研讨会上的重要讲话。其他栏目分为“论文选粹”“史料辨正”“文摘”“学术会议”“资讯・动态”等专题。“论文选粹”栏目精选 2012 年度海内外公开发表的优秀论文，所选篇目既汇集年度研究文章之精要，又代表了 2012 年内郭沫若研究学术前沿的成果。“文摘”栏目辑录 2012 年度公开发表的论文或正式出版的研究专著的摘要。“学术会议”“资讯・动态”栏目汇集 2012 年度国内外郭沫若研究学术会议、学术活动、出版以及相关的文化活动的述评、报道、动态等信息。

《郭沫若与文化中国》

郭沫若纪念馆等　主编

论文集　483 千字

中国社会科学出版社　2013 年 9 月

该书是 2012 年在郭沫若的故乡四川乐山市举行的庆祝郭沫若诞辰 120 周年的国际学术研讨会会议论文集。此次研讨会由中国社会科学院历史研究所、四川省委宣传部等九家单位联合举办，郭沫若纪念馆、四川省郭沫若研究中心等承办。会议的议题包括“郭沫若研究的回顾与展望”“郭沫若与 20 世纪中国思想文化”“郭沫若与中外文化交流”“郭沫若文化与社会主义核心价值体系”等。该书收录的马识途的《郭沫若是有争议的人吗？》、高翔的《做无愧于历史和时代的马克思主义学问家》、章玉均的《文化先觉郭沫若与文化中国转型复兴之路》等论文，从不同的角度和领域解读郭沫若，阐释郭沫若与现代中国的各种复杂关系，代表了近年来郭沫若研究的最高水平。

《教材中的鲁迅》

陈漱渝（研究馆员）李斌（助理研究员）等

专著 445 千字

福建教育出版社 2013 年 9 月

该书介绍了自 20 世纪 20 年代至今教材中选用鲁迅作品的情况。这里所说的"教材"，主要指中国的中学教材，也有小学教材以及部分高等学校开设的有关鲁迅课程的教材的情况。附录部分还介绍了新加坡、马来西亚和中国台湾讲授鲁迅作品的情况。该书对自民国以来各个时期鲁迅作品在各种中小学语文教材（包括海外华文教材）中的传播与接受的情形进行了详细的资料整理，全面客观地再现了鲁迅作为一个经典文化符号在教材中的传播史和接受史，也在某种程度上反映出现代语文教学发展过程中内容文本的演进史。

《1948 年郭沫若香港期间创作的收录与散佚考释》

张勇（副研究员）

论文 11 千字

《鲁迅研究月刊》2013 年第 8 期

该文认为，1948 年郭沫若在香港期间创作的作品很少被收入到《沫若文集》中，特别是大量的政论文，即使收录了两篇还被郭沫若放在了《集外》之中。由此可以看出在郭沫若的内心深处，文学审美创作才是他永恒的生命，政治的话语和言论是他人生的另外一种存在形式。他始终在协调着政治意识与艺术审美追求的关系，其实这两种关系在郭沫若的内心之中一直是统一存在的。

《论抗战结束后郭沫若对沈从文的批评》

李斌（助理研究员）

论文 12 千字

《中国现代文学研究丛刊》2013 年第 7 期

该文考察 1946 ~ 1948 年郭沫若对沈从文的四次批评。该文认为，第一，郭、沈二人冲突的根本原因在于对如何建立民主自由强盛的新中国，以及知识分子为了实现这一目标应该有何作为这一问题的回答不同。第二，沈从文在议政中漠视其他力量的努力、牺牲与贡献，客观上推卸了专制政府的责任，违背了他本人所追求的民主原则。郭沫若就此展开的批评，获得了广大知识分子的支持，具有合理性。第三，总体上来说，郭沫若对沈从文的批评是合理的，只是《斥反动文艺》发表得不合时宜。第四，郭沫若和沈从文的冲突，反映了近代知识分子跨越专业界限，对民主自由与独立富强的新中国的建设途径的深入思考，体现了可贵的担当精神、战斗勇气和使命感，但同时也暴露了他们的狭隘和不彻底。

《郭沫若与吴芳吉的"诗友"交》

梁雪松（助理研究员）雨辰（研究员）

论文 5 千字

《鲁迅研究月刊》2013 年第 10 期

该文从吴芳吉有关文献资料中所发现的郭沫若作于 1920 年的佚诗《送吴碧柳赴长沙》及几则与二人相关的史料入手，梳理出当时郭沫若人际交往中的另一个朋友圈，即吴芳吉、陈建雷与郭沫若的交往。这一朋友圈的结成，与宗白华、田汉、郭沫若三人相互结识的经过与通信往来的情况如出一辙，时间也在前后脚之间。吴芳吉与郭沫若“诗友”之交也揭示了郭沫若这一时期文艺创作的一些思想倾向与主张。

近代史研究所

《中国近代史基本问题研究》

张海鹏（研究员）

专著 416 千字

中国社会科学出版社 2013 年 1 月

该书是中国社会科学院学部委员专题文集之一。该书的主要内容有：对中国近代史若干观点的评论；对近代中国历史特点和转折问题的研究；对孙中山、辛亥革命历史和近代爱国主义问题的研究；对近代中国历史选择社会主义道路的研究；对中国近代史理论和方法问题的研究；对胡绳、刘大年、罗尔纲等前辈学者的研究；对台湾问题的研究；对中日关系历史问题的研究。

《近代思想文化论集》

耿云志（研究员）

专著 453 千字

中国社会科学出版社 2013 年 1 月

该书收录作者 1985 ~ 2011 年关于近代思想文化方面的部分论文。其中侧重于近代思想史方面的有 11 篇；侧重于近代文化史方面的有 13 篇。讨论的问题主要有：革命与改革的问题；文化的古今之争与中西之争的问题；社会与文化转型过程中的内在机制与外部条件的问题；中国近代思想文化发展的基本趋向问题。关于近代中国思想文化发展的基本趋向的问题，是贯穿全书的中心问题。该书认为，近代中国思想文化发展的基本趋向是个性主义与世界化。个性主义是追求人的解放，而人的解放就意味着创造力的解放。这是国家、民族发展的根本动力问题。世界化则是彻底走出自我封闭，与世界各民族建立良性互动，吸收一切于我有益的东西以发展自己、提升自己，同时将自己的优秀文化贡献于世界。

《影艺的政治——民国电影检查制度研究》

汪朝光（研究员）

专著 192 千字

中国人民大学出版社 2013 年 9 月

该书收录了 10 篇作者曾经发表在中国历史学和电影学研究学术刊物上的文章，既有对民国时期电影检查制度整体性、脉络性的介绍，又有对上海、汉口、哈尔滨等地方电影检查的区域性研究，还有对美国电影在华境遇的个案研究，是一部详尽介绍民国时期电影检查制度产生、发展直至消亡过程的学术著作。作者将不同时期的民国电影检查制度置于当时历史视野下，探讨了其在不同阶段、不同地域的具体情况、实际运作、社会效果及其理论意义，对民国电影的控制与导向、电影市场进行了深入剖析，并对民国时期电影研究的学术史进行了梳理。

《陈独秀全传》

唐宝林（研究员）

专著 996 千字

社会科学文献出版社 2013 年 7 月

该书回答了人们关于陈独秀的种种问题和疑惑，也为中共党史研究提供了新的观点和视角。该书运用大量第一手资料，以珍贵秘档，详尽梳理了陈独秀一生思想发展的脉络，并展现了他与国共两党，与中国革命复杂纠结的历史关系。

《蒋介石传》

严如平（研究员） 郑则民（研究员）

专著 800 千字

中华书局 2013 年 7 月

该书大量引用蒋介石日记，选择、甄别第二历史档案馆及台湾公布的档案，再现蒋介石早年从事政治活动、访问苏联、组织抗战、治理台湾等历史细节。该书从近代国家独立、民族统一、社会发展的角度出发，对不同时期的蒋介石进行重新认识、重新评判，不仅仅从《蒋介石日记》看他的内心世界，还结合他一生的主要事迹，深入分析，为读者还原一个真实、客观、丰满的蒋介石。

《“新知识”背后：近代中国读书人》

马勇（研究员）

专著 257 千字

福建教育出版社 2013 年 8 月

近代中国的主要问题就是怎样引领中国走向世界。西学在近代中国成为最时尚的知识，新知识分子也成为那个时代最令人仰慕的“公知”。他们的为人处世、思想品质，乃至私生活往往为人们过度美化。与此同时，许多“旧知识人”则被严重妖魔化。该书通过对大量历史细节的发掘梳理，分析“新知识人”在向近代中国传播新知识的同时，其背后有一种“恶的”推动力，也有不太为人所知的经济利益驱动因素。该书以独特的视角揭示晚清政治和思想的激烈碰撞，反映一个时代的风云，更加清晰、全面地呈现历史的完整细节和真实面目。

《追寻真实的民国》

曾业英（研究员）

专著 235 千字

九州出版社 2013 年 9 月

该书所选的 11 篇文章，大多在《历史研究》《近代史研究》等专业刊物，以及中国社会科学院近代史研究所中华民国史研究室组织编写的《中华民国史》一书中发表过。作者在书中回答了许多问题，如：“蔡锷与小凤仙的关系”“蒋介石为什么能取得 1929 年讨桂战争的胜利？”“国民党‘剿共’军在哪些方面不如共产党和红军？”“如何分辨历史当事人记述中的历史‘虚假’与‘真实’？”等。

《中国近代乡村的危机与重建：革命、改良及其他》

徐秀丽（编审） 王先明（教授）主编

论文集 1080 千字

社会科学文献出版社 2013 年 9 月

该书为近代史研究杂志社与南开大学历史学院于 2012 年 7 月联合主办的第二期“中国近代史论坛”的成果结集。此期论坛以“中国近代乡村的危机与重建：革命、改良及其他”为主题，既体现出对这一期论坛议题“中国近代乡村研究的理论与实证”的延续与拓展，也凝聚着史学界对当代“三农”问题和新农村建设问题的现实关怀。这期论坛对近代中国乡村危机的表现、成因、破解之道及近代中国乡村的重建之路进行了深入研讨，重现乡村社会演变的内在脉络，打通政治史、经济史、社会史以及革命史的区隔，全面考量中国近代历史的连续和断裂，以期对中国乡村的长期演变获得更丰富、更切实的了解和认识。

《中国学术之近代命运》

刘巍（副研究员）

专著 270 千字

北京师范大学出版社 2013 年 6 月

该书以经史之学为中心，通过关键论题、关键人物、关键著作的有机结合，从富于个性的视角探讨西力东侵、西学东渐背景下中国近代学术变迁之大势：经学史学之更替、子学之凌驾经学、“汉宋之争”之折变、“国史”创制之新局诸端，为重建中国学术之学统，提供了一种历史教训。

《北洋时期的基层司法》

唐仕春（助理研究员）

专著 459 千字

社会科学文献出版社 2013 年 6 月

该书从历史学的视角观察法学问题，沿着时间坐标展开画卷，全方位呈现北洋时期基层司法制度的变迁、推行和运作。该书认为，司法源于社会，其命运常常并非由其本身来决定，而为社会因素所左右。司法独立理念、共和观念、收回法权、政治分立、司法经费、司法人才、诉讼状况等因素在不同的社会情境下形成不同的组合模式，推动或制约司法与行政的分立。

《抗日战争时期人口内迁研究》

程朝云（助理研究员）

专著 231 千字

中国社会科学出版社 2013 年 6 月

该书希望在人口迁移史与抗战史的双重框架下，借鉴已有研究成果，利用原始史料、报刊以及亲历者的回忆等资料，对抗战时期人口内迁进行整体研究，对战时人口内迁的一些基本概念再做细致梳理。在宏观展现这场人口内迁运动的同时，力求使“人口”这一概念立足于鲜活的“人”，使抗战中生命个体的真实感受得以展现，如此更能使读者了解战时人口内迁对于抗战的意义，了解中国人民为争取抗战胜利所做的艰难而不屈的努力。

《近代日本对钓鱼岛的非法调查及窃取》

李理（副研究员）

专著 335 千字

社会科学文献出版社 2013 年 6 月

该书完整披露了日本国立公文书馆收录的关于 1885 年至 1995 年之间日本图谋窃取中国钓鱼岛的原始文献史料，在最大程度地保持文献原始性的基础上，充分考虑到文献的利用性，对于即使不懂日语的读者而言，也可以完整阅读和利用这些文献。该书所收录的文献全面而真实地反映了历史，通过这部分原始档案文献的翻译整理，可以清晰地了解日本窥视、图谋窃取中国钓鱼岛的整个历史过程。

世界历史研究所

《20世纪美国环保运动与环境政策研究》

徐再荣（研究员） 张红菊（副研究员）

高国荣（副研究员）

专著 426千字

中国社会科学出版社 2013年10月

该书从自下而上和自上而下相结合的视角，同时借鉴环境科学、政治学、经济学和社会学等跨学科研究成果，综合考察20世纪美国环保运动和环境政策的缘起、形成和发展进程，分析美国环保运动和环境政策之间的互动关系，总结美国环境保护的经验教训。

该书认为，美国环保运动和环境政策的演进与美国社会、经济和政治的发展和演变紧密相关。20世纪美国的环保历程不仅是政府对市场的干预范围日益扩大和干预方式不断调整和创新的过程，而且也是美国公民对环境保护的政治参与不断扩大的过程。

《民族国家与欧洲一体化（1945～1973）》

姜南（副研究员）

专著 180千字

中国社会科学出版社 2013年8月

该书认为，从欧洲民族国家发展的漫长过程看，欧洲一体化的发展得益于民族国家对一体化的态度和民族国家之间的关系。在欧洲一体化过程中，大国尤其是英法德等国对于一体化的作用不容低估。在欧洲一体化的初期，法德关系决定着欧洲一体化的命运和走向，其重要意义不言而喻。在法德终于实现和解，欧洲一体化艰难起步之后，欧洲的另一个大国英国加入共同体的问题，长期占据着一体化事务中的重要地位。在英国加入共同体的过程中，法国因为两次否决英国的申请而使英国加入共同体的时间推迟了十年之久。以上事实证明，英法德之间的关系在一定程度上决定了共同体的发展方向和速度，民族国家对一体化起着推动或阻碍的作用。

《第二次世界大战后英国科技人才流失到美国的历史考察》

张瑾（助理研究员）

专著 333千字

中国社会科学出版社 2013年7月

该书通过考察第二次世界大战后英国科技人才流失到美国的历史现象，剖析了英国科技人才流失到美国的深层原因，梳理了两国科技人才相关政策的发展和变化，进而探讨了英美两国人才战略的差异，分析了人才流动和人才战略与国势兴衰的关系。

该书以近年来备受重视的人力资本为视角，把英国科技人才的流动历史置于人力资本的理论基础上进行系统的剖析，并通过历史考察来验证人才流动对经济发展的重要性，从而使理论与实际紧密结合。

《后现代主义和历史认识理论》

于沛（研究员）

论文 15千字

《历史研究》2013年第5期

20世纪90年代初，后现代主义在中国史学界的影响凸显。一些人公开提出“用后现代主义史学理论推进中国史学的发展”，中国史学将发生一场“革命”，中国史学的出路寄希望于“后现代主义”等。该文论述了从后现代思潮到“后现代史学”；“后现代史学”对历史认识的“解构”；指出“后现代史学”轻率地颠覆传统的历史观，否定历史的客观实在性，否定历史矛盾运动的客观规律性，随心所欲地去解读历史，这无论对实证主义史学，还是对马克思主义史学，都是一种倒退。我们要坚持对马克思主义的自觉自信，在与“后现代史学”的碰撞中，发展马克思主义历史认识理论。

《超越全球史与世界史编纂的其他可能》

张旭鹏（副研究员）

论文 10 千字

《历史研究》2013 年第 1 期

该文对当前的全球史进行了反思和批评。首先，全球史采用的是一种单一的主导叙事，而单一的主导叙事又往往总是种族中心主义的。其次，全球史的核心概念“互动”对于不同文化之间的交往中所体现出的冲突与斗争、统治与反抗缺乏关注。在此基础上，该文提出了世界史编纂的两种其他模式。一种是后殖民视角下的世界史研究，另一种是跨民族史与区域史。两种模式都是对全球史偏重整体性和一致性，而忽视地方差异和多样化的一种纠正。

《再论田中角荣在中日邦交正常化中的作用》（『日中国交正常化における田中角栄の役割の再考』）

张跃斌（副研究员）

论文 16 千字

《環日本海研究年報》第 20 号，2013 年 3 月

（『环日本海研究年报』第 20 号，2013 年 3 月）

田中角荣在首相任内完成了中日邦交正常化，但关于他在其中的历史作用，日本学界的观点并不一致。该文主要从田中角荣个人的政治轨迹出发，归纳出其介入中日关系的三个阶段：即建立在意识形态偏见之上的中国认识；作为选举战略一环的中日关系问题；作为一项事业的中日邦交正常化。借助以上的整理和分析，田中个人介入中日关系的历史脉络得以厘清，其个人因素在实现中日邦交正常化过程中的独特性和重要性也得到了证明。

《西方全球史中的帝国主义》

董欣洁（副研究员）

论文 12 千字

《史学理论研究》2013 年第 2 期

该文考察了西方全球史对帝国主义的研究，从其如何界定帝国主义、把帝国主义作为竞争性社会组织和作为不同地区人类互动路径的三个方面的分析入手，认为西方全球史对帝国主义的研究从批判逐渐趋于宽松，而其把帝国主义视作竞争性组织和互动路径的做法，从开阔学术视野的角度而言自有其积极意义，但是难以对不同历史事件或进程做出科学、准确的判断与解释，这暴露出西方全球史在基本历史文化立场上的局限；以往学界甚少关注西方全球史对帝国主义的研究，而其对把握西方全球史的发展不可或缺，该文对此做出了深入分析和探讨。

《近二十年来美国环境史研究的文化转向》

高国荣（副研究员）

论文 21千字

《历史研究》2013年第2期

近20年来，环境史与社会文化史的融合日益明显。主要表现为自然被视作一种社会建构，种族、性别、阶级、族裔等社会分层因素被作为分析工具引入环境史研究。该文探讨了文化转向在环境史领域的主要表现、这一趋向的兴起背景及利弊得失。

关于环境史研究的文化转向，国外学界还缺乏研究，国内学界对这一现象还缺乏了解，该文在国内首次对该问题进行了系统梳理和分析，力图厘清环境史发展的线索和脉络，有助于国内学界了解和把握国外环境史研究的前沿动向。该文提出，文化转向整体上有利于环境史研究的发展。

台湾研究所

《尽早开启政治对话协商，开创两岸关系和平发展新前景》

余克礼（研究员）

论文 9千字

《台湾研究》2013年第5期

该文认为，从20世纪90年代中期以来，无论是台湾的历任主政者，还是台湾社会中的主流民意都曾明确地主张，两岸应正式结束敌对状态，签订和平协议，建立军事互信机制。在两岸关系和平发展进入巩固深化的关键时期，两岸政治对话协商与谈判，既是两岸关系正常、持续、深入发展的必然要求，更是两岸主流民意的深切期待。因此，它既不能回避，又应及早进行。两岸双方都应以两岸人民的切身利益为依归，以实现中华民族的伟大复兴为己任，展现出最大的诚意和决心，正视并努力设法解决两岸长期存在的政治分歧问题。基于此，两岸应努力增进维护一个中国框架的共同认知，强化两岸政治互信基础，积极营造政治谈判的氛围，适时以结束两岸敌对状态为突破口，开启两岸政治对话协商与谈判，打开两岸已僵持了60多年的政治局面，实现两岸关系的全面正常化，造福于两岸同胞。

《海峡两岸关系的新态势与新趋向之观察》

朱卫东（研究员）

论文 12千字

《全球化》2013年第1期

该文认为，今后一个阶段，在推进两岸政治关系上，两岸双方不能无所作为，而应该积极作为，既然政治议题无法搁置、回避不了，就应努力营造有利于开展两岸政治谈判的环境与条件，使台湾当局和越来越多的台湾民众认识到，两岸政治商谈中台湾不会被“矮化、吞并”，也根本不存在什么“亲中卖台”问题，越早商谈，对台湾越有利；两岸只要不断累积政治互信、展现诚意和善意，完全有智慧找到彼此虽不满意但可接受的解决办法。同时，也要让美国充分认识到，两岸政治谈判有利于台海地区的和平稳定，也是符合美国亚太利益的。当然，即使是推动两岸政治对话商谈，仍应本着“先易后难、把握节奏、循序渐进”的思路，在两岸的共同协商下逐步稳妥地推进，在正确的时候做正确的事。

《关于开展两岸产业合作合理分工与布局的内涵探讨》

张冠华（研究员）

论文 11 千字

《台湾研究》2013 年第 6 期

该文认为，在全球经济发生深刻变革、两岸经济步入新的转型升级期的形势下，两岸经济关系也在发生着一场重大变革。一方面，两岸经济关系基本实现了常态化、制度化、机制化，正逐步向自由化推进；另一方面，两岸经济发展差距缩小，两岸在继续保持互补互利总体格局的同时，部分产业发展出现一定的趋同性、竞争性。于是，近年来台湾岛内关于推动两岸产业分工、避免重复投资与恶性竞争的呼声日益增大，在两岸产业合作中推动产业的合理分工布局问题逐步提上两岸议事日程。但两岸产业合作的合理分工与布局的概念与内涵为何，目前两岸及各界对其认识并不尽一致，该文就此进行了探讨。

经济学部

经济研究所

《中国海外投资促进体系研究》

裴长洪（研究员）

专著 578 千字

社会科学文献出版社 2013 年 5 月

该书认为，全球金融危机的发生，为中国海外投资提供了一个历史性的契机，中国应抓住这一机遇，高度重视并加快发展中国海外投资步伐，提升中国对外开放水平。中国政府也有责任和必要从国家宏观经济发展战略的高度，对企业海外投资行为进行合理规划和规范引导，并根据海外投资发展的动态特征，及时制定、调整和实施相关法律法规和政策措施，对本国企业海外投资活动进行鼓励、扶持和引导，加强监管和保护，确保海外投资的持续、健康发展，从而在企业获取微观经济利益的同时，最大限度地实现国家宏观经济战略目标。

海外投资（Outward Investment）作为该书的核心概念，是指各类具有独立投资决策权，并对投资结果承担责任的投资主体，包括跨国公司、跨国金融机构、官方或半官方机构和居民个人，将其拥有的货币、实物或其他形式的资产投入国外以实现价值增值的行为。它既指投资者通过新设并购等形式在境外设立金融或非金融企业或取得既有金融或非金融企业的所有权、控制权、经营管理权等权益的直接投资行为；也包括购买外国企业的股票、政府或企业的债券，或向国外发放贷款等方式，以获取股息、利息或差价收益等的间接投资行为。该书以海外直接投资为主要研究对象，兼顾海外间接投资的研究。

《减贫与包容：发展经济学研究》

朱玲（研究员）

专著 373 千字

中国社会科学出版社 2013 年 1 月

该书以一条逻辑主轴将对不同群体、不同侧面的研究贯穿起来，形成了一个完整的关于发展的框架。书中的一条逻辑主线，可以总结为弱势群体如何从经济增长中受益。经济增长表现为可供分配的果实增多，但如何分配增长的果实，就是收入分配的研究内容。按照市场经济理论，竞争机会均等对于市场参与者远比结果均等重要。但市场参与者之间由于家庭背景、成长环境及其他社会经济因素的影响不同，竞争起点必然有差别，因而人们面临的机会和获得的结果也就不同。

从这一方面，在获得健康、知识、信息、收入以及拥有尊严地参与社群生活等方面，穷人、妇女、老人、残疾人和少数民族等群体通常处于市场中的不利境地。而政府干预和公共服务供给的一个重要作用就是帮助在竞争起点处于弱势的这些群体和个人克服发展障碍，增强他们获得机会的能力，同时还要为尚未具备市场参与能力和失能的群体提供社会保护。基于对发展的这种理解，作者从穷人、妇女、老人、残疾人和少数民族等弱势群体入手展开了实证研究，通过基于田野调查的经验研究来确认他们最紧迫的需求，评估现有的发展计划、扶贫项目和社会保障制度对这些群体的影响，并提出备选的政策改善方案。

该书第一篇首先给出了对发展理论和政策的理解，对包容性发展、社会公平、应对极端贫困、突破贫困陷阱等进行了阐述。第二篇“粮食安全与小农的未来”对全球化背景下中国农业发展与农民贫困问题进行了分析。第三篇“扶贫项目与救济救灾”对中国政府实施的几项针对弱势群体的社会保障项目的运行机制、管理机制以及项目效果等进行了评估。第四篇“农村合作医疗和农民养老”主要针对的是农村社会保障体系的建设。第五篇“社会经济政策的性别影响”对中国一些社会经济政策制定、实施过程中的影响进行了性别分析。第六篇“劳动与社会保护”，首先对中国计划经济下的社会保护政策进行了评析，并对俄罗斯和德国的劳动市场改革与社会保护进行了介绍。

《经济危机整体论——马克思主义经济危机理论再研究》

裴小革（研究员）

专著 301 千字

中国社会科学出版社 2013 年 4 月

该书在前人研究基础上，对马克思主义经济危机理论进行再研究，探讨马克思主义经济危机理论的体系和视角、历史作用和科学方法。该书之所以把马克思主义经济危机理论称为“经济危机整体论”，一方面是为了表示这个理论所起作用的全面性，另一方面是为了表示这个理论研究内容的全面性。

在经济理论体系方面，该书指出，马克思并不像有些研究者理解的那样，只在专门研究金融问题的《资本论》第三卷的某些章节才研究了经济危机，他的《资本论》前三卷共同构成了一个研究经济危机问题的体系和视角，这个体系和视角对生产过程、流通过程和总过程的研究，对生产、分配、交换、消费的研究，构成了一个对经济危机问题的整体性研究框架，经济危机问题在这个整体性框架中得到了充分重视和研究。

在应对方法方面，该书指出，自金融危机和债务危机爆发以来，美国、欧元区和日本经济受金融危机的冲击，发展迟缓，失业率长时间居于历史高位。国际上针对中国的贸易摩擦频仍，强压人民币升值的呼声日涨。中国化的马克思主义经济危机整体论为转变经济发展方式、标本兼治地应对当前的西方金融危机和债务危机，提供了理论基础。

《历史上西北民族贸易与民族地区经济开发》

魏明孔（研究员）等

专著 250 千字

中国社会科学出版社 2012 年 12 月

该书以西北地区为基点，以章节的形式分别从朝贡贸易、民族贸易、民族贸易与城镇发展及自然资源开发、唐宋时期西北地区农耕民族与吐蕃茶马互市的演变等方面叙述了西北地区的社会经济发展概况。该书从分析唐宋内地与吐蕃茶马互市的发展脉络中发现，唐宋时期西北地区与吐蕃茶马互市的几点差异或演变，既有当时的民族环境、军事环境等方面的影响，也有中国社会不同发展阶段变化的因素，其原因复杂。该书对西北地区历史上的经济发展中的诸多问题做出了更确实准确、清晰的阐释，并提出了一些新思路。

《中国经济高速增长中的信贷扩张与金融扭曲》

张磊（副研究员）

专著 170 千字

社会科学文献出版社 2013 年 7 月

该书通过建立一个引入资本品生产不确定性和信贷约束的干中学世代交叠模型来刻画出口导向型工业化经济增长方式同动员性货币、金融体制之间的相互匹配关系，并由此解释中国改革、开放以来货币、金融扭曲没有阻碍经济增长和金融发展的体制成因。中国改革开放初期由于面临突破低收入贫困陷阱，实现经济起飞的艰巨任务，亟须发展动员性货币、金融体制激励银行信贷扩张，动员储蓄，对所有合格借款人提供充分的信贷支持。根据该书提出的模型，一个经济体只有在资本积累规模达到临界值时，所有合格借款人才能参与金融网络，申请贷款激励。低收入贫困陷阱所造成的资本积累不足和投资回报低下意味着后起经济体如果一开始就选择完全市场化金融体制（实质是信贷分离均衡），可能无法为所有的合格借款人（企业家）提供充分的信贷支持。相反，动员性货币、金融体制在性质上属于由国家提供金融中介免于破产的隐性担保、信贷利率管制和信贷利率补贴相配合复制低利率信贷集中性均衡，却可以做到这一点，突破金融发展的需求约束瓶颈，实现经济增长和金融发展的良性互动。具体地讲，中国的储蓄动员是通过银行信贷扩张方式进行的。一方面，通过存、贷利率管制，特别是相应的利差政策对国有银行提供免于破产的国家隐性担保起到了补充银行资本金的作用；另一方面，具有兼顾通货膨胀控制和经济增长双重目标的货币政策造成货币供给在很大程度上是内生的，起到了保证银行体系准备金充足的作用。很显然，这两者相结合就能够确保动员性货币、金融体制实现国家隐性担保下的信贷扩张。

《进口贸易结构与经济增长：规律与启示》

裴长洪（研究员）

论文 18千字

《经济研究》2013年第7期

该文研究了一国经济增长在增速与减速的不同背景下，进口贸易结构发生变化的一般规律，以及两者间相互关系。

该文将进口结构划分为266个子类，其中货物贸易共255个子类，服务贸易共11个子类。在266个子类划分及运用的基础上，将进口商品分为初级品、中间品、资本品和消费品，将服务贸易进口结构划分为传统型服务、信息化服务、金融保险服务、其他服务。根据59个经济体的大样本数据，该文发现，经济增长与进口贸易结构变化存在着明确的正向关联性，优化进口贸易结构是改善经济供给面的重要内容；对于一国宏观经济管理部门而言，除了强调需求管理以外，进口贸易结构调整也是一种重要的管理手段。在进口贸易结构的调整中，要重视不同类别进口数量与结构的优化以实现经济增长预期。从我国产业条件及进口贸易的实际情况出发，应在优化资本品进口结构的基础上，适当增加资本品进口比重，相对缩小初级品进口比重的增长速度，稳定并着力优化中间品进口结构，适当增加消费品进口比重；同时灵活配置服务品进口数量和结构，注重增加从外部获得更优质的知识产权类服务及其他服务，从而有利于增加我国新的生产要素供给，改善我国经济增长的潜在条件。

《中国经济转型的结构性特征、风险与效率提升路径》

中国经济增长前沿课题组

论文 18千字

《经济研究》2013年第10期

基于拓展的增长核算框架，该文对结构性减速的六个机制进行了剖析，即：人口结构转型导致减速；生产率的产业再分布导致减速；分配效应导致减速；投资减速导致整体经济增长减速；资本效率递减的减速效应；全要素生产率改进空间狭窄的减速效应。

为了缓解经济增长速度下降所导致的宏观风险，我们需要在制度、政策上做好准备，借助人力资本水平提高、技术进步和改革，改善供给效率，提高潜在增长率。一是深化改革；二是提高资本效率；三是建立适合我国国情的社会保障体系。

《如何压缩贫富差距？——美国百年历史的经验教训》

杨春学（研究员）

论文 18千字

《经济学动态》2013年第8期

该文认为，市场收入分配的结果在很大程度上取决于支配市场的游戏规则。在市场经济中，每个人所获得的收入，取决于他所拥有的资源（包括物质财富、人力资本等）、他对如何运用这些资源的选择和努力、市场对这些资源所确定的价格。从这类表征看，市场决定的收入分配状态似乎很公平，是市场力量的“自然产物”。但是，如果我们进一步考察，就很容易发现，收入分配的变化并不完全是市场力量自发变化的结果，特别是在收入分配状况改善的过程中更是如此。在此过程中，非市场的力量也发挥着重要的作用。在非市场力量中,最重要的是影响“资本与劳动讨价还价”的法律和社会政策。“资本雇佣劳动”是市场经济的铁律。在讨价还价过程中，资本天然是强势的一方。若无法律制度的健全保护，劳动是不可能与资本公平地讨价还价的。不仅如此，资本之间也存在非公平的力量对比，若无法律、制度等非市场力量的介入，大资本同样会在竞争中强力打压小资本。

该文还认为，社会政策取决于各种力量的博弈，但最终的选择权在政府。虽然社会政策是各种力量博弈的结果，但是，富有阶层对政治权力天然就拥有不当的巨大影响力。幸运的是，最终决定社会政策的政治精英和政府在某种程度上具有相对的独立性，他们拥有这种不当影响力的能力。美国的历史表明：当精英和市场精英结盟并支配着政策选择的时代，实施的必然是有利于富人的政策，从而必然导致收入和财富不均等程度的加剧；当政治精英受制于大民众的时代，所实施的政策必然会削弱收入和财富的不均等程度。

《当前公有制促进共同富裕的三个着力点》

胡家勇（研究员） 武鹏（助理研究员）

论文 11 千字

《经济学动态》2013 年第 9 期

我国经济社会发展已步入新阶段，实现共同富裕已成为当下经济发展和深化改革的一项重要任务。公有制经济，特别是国有经济存在的重要依据之一就是它具有促进社会公平的效应，但这一点目前并没有得到很好的实现。坚持公有制的主体地位，必须发挥它在促进共同富裕上的作用，在当前条件下，需要抓住三个着力点和重要环节：

一是合理提取和配置国有企业红利，防止国有资本收益内部化、私有化，将更多的国有资本及其收益用之于民；二是提高国有资本及其收益充实社会保障资金的力度，着力构建社会安全网；三是合理处置国有土地出让收益，满足保障房建设等民生项目的资金需求。

《中国劳动力市场的户籍分割效应及其变迁——工资差异与机会差异双重视角下的实证研究》

陈雪娟（副研究员）

论文 15 千字

《经济研究》2012 年第 12 期

该文从机会与工资双重视角，识别了户籍分割效应在不同群体中的分布，不仅测度出了各年工资溢价在各分位点上的水平和结构，还得到了户籍对部门进入和岗位进入方面机会的影响，并以进入概率差异测度了城乡户籍就业机会不均等程度，阐明了机会差异和工资差异之间、户籍分割与部门分割和岗位分割等之间的内在联系，从而立体式地测度并呈现了户籍制度对中国劳动力市场的分割效应及其时序变迁，深度回应了“十二五”规划所着重提到的农民工平等就业问题。

该文指出，户籍是中国城镇劳动力市场多元分割的关键，尽管市场化改革中农村户籍者在岗位进入方面受到的机会歧视有所减弱，但部门进入方面的机会歧视依然较大，户籍的机会歧视还有部分转化为教育壁垒等而隐蔽起来；户籍分割与其他分割的结合，使城乡户籍劳动力面临着不同的工资决定机制，导致工资差异未能有效缓解，甚至屡显扩大迹象，尤其在中高分位点；这种差异及其变动，主要是户籍溢价所致；机会差异与工资差异内在关联，比之工资差异影响更为根本。

该文的政策含义在于：尽管市场化改革以来户籍制度的直接歧视作用有所弱化，但它与部门分割、岗位分割甚至教育分割等的结合，使城乡分割有固化的可能，发展的自发溢出作用难以有效消融这种二元分割。因此，促进农民工平等就业、实现同工同酬等“十二五”目标的落实，在健全劳动力市场用工制度、破除一些工资方面的直接歧视之外，还应尽快消除各种导致户籍机会歧视的制度根源。当前，尤其需要从切断户籍与部门进入和岗位进入的联系、缩小城乡教育差距等基本层面着手。

工业经济研究所

《全球竞争格局变化与中国产业竞争力》

金碚（研究员） 刘戒骄（研究员）

张其仔（研究员）等

专著 286 千字

经济管理出版社 2013 年 1 月

该书深入分析了国际竞争格局和国际产业分工变化及其对中国产业发展的影响，研究了新形势下如何改善中国产业国际分工地位、提升中国制造业国际竞争力等问题，力图形成具有中国独创性的产业发展理论、产业竞争理论和产业分工理论，更好把握我国产业发展规律，更有效地为完善相关政策提供参考。

《经济发展方式转变：产业升级与空间布局》

郭朝先（副研究员） 张其仔（研究员）

白玫（副研究员）

专著 426 千字

社会科学文献出版社 2012 年 11 月

该书重点研究了经济发展方式转变进程中的产业转型升级和地区布局优化问题。全书共分为三篇：第一篇“产业变迁与产业升级”研究中国和主要发达国家产业变迁和产业升级历史轨迹，提出中国产业结构优化升级路线图；第二篇“地区关系与空间布局”对中国地区间经济关系变化进行了测度，阐释这种变化的内在机理；第三篇“政策变量与政策措施”分析政策变化轨迹，刻画政策冲击的效果，分析经济发展方式转变带来的机遇与挑战。该书对中国产业结构“绿色化”程度、“粗放式”增长方式是否延续、“刘易斯拐点”何时到来、“利润侵蚀工资”程度、产业重心“东移”程度、污染产业是否“西进”、保增长与促经济增长方式转变能否兼顾等问题给予了明确回答。

《中国制造业集聚与空间分布不平衡研究——基于贸易开放的视角》

叶振宇（副研究员）

专著 270 千字

经济管理出版社 2013 年 5 月

该书从贸易开放视角出发，分析了改革开放以来中国制造业空间分布在集聚过程中走向不平衡的原因和特征。一方面，建立了一个含比较优势的“两国三地区”新经济地理模型，理论解释了制造业空间分布不平衡的原因，并用中国的数据进行检验。另一方面，从企业、行业、地区等维度深入分析了中国制造业空间分布不平衡的特征；同时，也考察了制造业生产率变动，以此判断制造业空间分布是否应该调整以及哪些行业要重点调整。国际经验表明，当一个国家从贸易保护战略转向贸易自由化战略之后，制造业空间分布格局随之发生明显调整，并导致地区差距变动。进一步，根据研究发现和既有成果，该书提出了优化中国制造业布局的 4D 政策设计理念——密度（Density）、距离（Distance）、分割（Divisiorl）和需求（Dernand）。

《非价值量的价值化——经济、社会与环境高质量增长的工具》

李钢（研究员）等

专著 286 千字

社会科学文献出版社 2012 年 11 月

随着和谐社会建设的推进，中国社会正在实现科学发展观指导下的“高质量增长”；高质量增长更加关注人与自然的和谐，更加关注社会公平，更加关注当代与后代的可持续发展，更加关注物质文明与精神文明的协调，更加关注个体的幸福感。在这种背景下，是否会促进经济增长已经不是一项政策是否应推出的唯一维度。该书将一项政策对环境、物价、就业、社会公平的影响统一转换为价值量，实现对非价值量的价值化转化，从而可以最终用一个量纲来衡量一项政策的“好坏”，进而进行政策决策。

《中国盐业总公司考察》

黄群慧（研究员） 钟宏武（副研究员）等

专著 350 千字

经济管理出版社 2013 年 7 月

盐，既是民生必需品，又是现代化工基础原料，盐的特殊性铸就了中国盐业总公司的独特使命和崇高追求。这家与新中国一起成长的中央企业，在很长一段时间里，以行业领导者和管理者的身份，团结带领全国盐行业积极发展盐业生产。2000 年政企分开，成为中央企业之后，中盐通过两轮“两步走”战略，走上了向世界一流盐与盐化工企业迈进的发展之路。

该书以中盐的两轮“两步走”战略实施为背景，以 2004 ~ 2011 年中盐发展路径为主线，深入剖析中盐“由政到企、由虚变实、由弱变强”的三大转变，打破“唯盐是举”的单一格局，成功实现企业转型的轨迹和经验。中盐的发展历程，亦是观察古老盐行业在新时期蜕变求生、奋发图强的最佳样本。

《“第三次工业革命”与中国经济发展战略调整——技术经济范式转变的视角》

黄群慧（研究员） 贺俊（副研究员）

论文 18 千字

《中国工业经济》2013 年第 1 期

以智能化、数字化、信息化技术的发展为基础，以现代基础制造技术对大规模流水线和柔性制造系统的改造为主要内容，以基于可重构生产系统的个性化制造和快速市场反应为特点的“第三次工业革命”，是一场嵌入在技术、管理和制度系统中的技术经济范式的深刻变革。随着这场工业革命的不断深化，制造和制造业的经济功能可能被重新定义，国家和企业竞争力所依赖的资源基础和要素结构、从而全球产业竞争格局可能被重构，过去刻画价值链经济特征的“微笑曲线”可能变成“沉默曲线”甚至“悲伤曲线”，传统“雁阵理论”所预言的后发国家产业赶超路径可能被封堵，不利于发展中国家的“中心—外围”世界分工体系可能被进一步固化，国家间产业竞争范式将由企业间竞争和供应链间竞争转向产业生态系统间的竞争，系统的适应性和动态能力成为一国获得产业长期竞争力的关键。为了迎接“第三次工业革命”以及未来与发达工业国家在价值链各环节的“全面竞争”的挑战，未来中国需要在转型升级战略、全球竞争战略、技术创新战略、产业发展战略、国家信息战略等多方面进行适时调整。

《改革的机制决定其成效》

金碚（研究员）

论文 20千字

《经济研究》2013年第2期

当前，中国又一次走到了重要历史关头：必须继续推进改革开放，才能解决所面临的各种复杂问题和矛盾，再续国运昌盛，全面建成小康社会。深化改革的经济社会基础已发生深刻改变。历经30多年的改革开放，中国取得了经济和社会发展的巨大成就；今天，国家发展了，继续推进改革的经济社会基础也已经发生了深刻变化。

《产业生态系统与战略性新兴产业发展》

李晓华（研究员）

论文 19千字

《中国工业经济》2013年第3期

基于商业生态系统、国家创新系统等既有理论，该文提出了产业生态系统的概念。与生态学家或环境学家将产业生态系统看做类似于自然生态系统的物质、能量和信息循环体系不同，该文将产业生态系统定义为对某一产业的发展产生重要影响的各种要素的集合及其相互作用的关系，包括创新生态系统、生产生态系统与应用生态系统三个子系统，以及要素供给、基础设施、社会文化环境、国际环境、政策体系等辅助因素。产业生态系统具有相互依赖、复杂连接、自我修复、共同演化等特征。产业的发展是整个产业生态系统共同作用的结果，各国在战略性新兴产业上的竞争实际上就是产业生态系统的竞争。那些能够率先建立起完整的产业生态系统的国家将会在战略性新兴产业的发展中占据先机。培育和发展战略性新兴产业不能仅支持产业的某一个方面，而是要促进其所处生态系统的完善与协调。

《市场要素、组织要素与中国制造业的出口优势——基于地区—行业交叉数据的实证分析》

杨丹辉（研究员）

论文 18 千字

《财贸经济》2013 年第 6 期

该文将市场要素和组织要素纳入要素禀赋理论的框架，尝试对该框架进行扩展，分析市场要素与组织要素的相对充裕度和密集度对区域出口优势及贸易格局的作用机制，利用中国各省市区 28 个制造业行业的交叉数据，验证了市场要素和组织要素的地区——行业交叉项对区域出口优势的影响。结果显示，市场要素对地区出口优势具有正向作用，而组织要素具有负向作用。同时，不同地区、不同行业对组织要素投入的反应存在一定差异，组织要素投入对发达地区优势行业的出口优势有较显著的促进作用，相对欠发达地区的弱势行业则更期待市场要素的投入。

《企业伪社会责任行为研究》

肖红军（副研究员）

论文 20 千字

《中国工业经济》2013 年第 6 期

尽管企业伪社会责任行为已经成为一种全球性普遍现象，但这一问题并没有得到理论界和学术界的充分关注和足够重视，目前的理论研究十分缺乏。该文对企业伪社会责任行为的内涵、假设、动因、危害、曝光和治理进行了系统全面的研究，分别从动机层面和言行分离层面对企业伪社会责任行为进行了界定，分析了伪社会责任与社会责任在动机、行动、沟通和绩效等四个构面上的差异及其相互联系；揭示了企业伪社会责任行为的三个方面假设，即对人性假设、企业与社会关系、企业社会责任的矛盾认知；构建了企业伪社会责任行为动因的深思熟虑（PORE）模型，从压力、机会、借口和曝光四个维度剖析了企业伪社会责任行为的动因；指出了企业伪社会责任行为可能产生四个方面的危害，即损害企业的可持续竞争力、导致市场的逆向选择、造成整体社会福利损失、威胁社会责任运动发展；通过实证研究发现，企业伪社会责任行为曝光会引起资本市场对企业的经济惩罚；分别从内部治理和外部治理两个视角提出了对企业伪社会责任行为的压力治理、机会治理、借口治理和曝光治理的针对性策略。

农村发展研究所

《农村绿皮书：中国农村经济形势分析与预测（2012～2013）》

中国社会科学院农村发展研究所、国家统计局农村社会经济调查司

专著 268 千字

社会科学文献出版社 2013 年 4 月

该书全面、系统地描述和分析了 2012 年中国农村经济运行状况、特点、存在的问题以及与国民经济的关系等；对 2013 年中国农村经济走势做出基本判断和预测；围绕森林、草原、湿地、荒漠和耕地等生态环境建设展开专题研究。

《改革开放以来农村土地制度变革的法律、政策与实践回顾》

张晓山（研究员）

论文 5 千字

《中国经济史研究》2013年第3期

该文从法律、政策和实践等多个层面回顾改革开放以来农村土地制度演进中存在的问题，指出农村土地的“集体所有”在产权上有许多不清晰的地方：“集体所有”落实到哪一个层级的集体不清楚；“集体所有”由谁来代表集体行使所有权的各项权能不清楚；法律赋予农村集体成员所享有的成员权与用益物权之间存在矛盾；这就使农村土地资源所有者不能成为土地制度变革的主体和主导力量，从而也就影响了他们合法合理地分享土地增值收益。该文认为，进一步明确土地产权是落实农村土地所有者主体地位的一项基础性工作，并归纳总结了土地确权工作中，各地基层的改革探索实践：如明确农村集体经济组织的成员资格；明确将“集体所有”的集体落实到原生产队一级；创新农村土地制度，解决在农村土地问题上集体成员的个人权利与财产权利之间的矛盾；摸清农村以各类土地资产为主体的集体资产的全部家底，并将产权明确到农户。该文指出，在土地制度变革的探索中法律和政策层面上都存在一些亟待解决的问题。未来的政策导向应深化乡村治理结构的改革，让农民平等地参与土地资本化进程，在新型城镇化进程中建立政府、社会资本和农民集体共同开发、合作共赢的机制，使农民能分享城镇化的红利。

《中国农村发展的成就与挑战》

李周（研究员）

论文 12千字

《中国农村经济》2013年第8期

该文认为，改革以来，中国农业增长显著加快。1990年代末中国农产品进入总量平衡、丰年有余阶段后，增速略有减缓，但产量稳定性明显提高，主要农产品人均占有量继续增加。家庭承包制是改革初期农业超常规增长的主要因素。农业进入常规增长阶段后，增长主要依靠良种、农机、灌溉、测土配方施肥、地膜覆盖和农产品生产向优势产区集中等因素推动。在上述因素的共同作用下，农业全要素生产率对农业增长的贡献率越来越高。随着农民就业范围的扩大，其对经济增长的贡献也在增大，并带来农民收入的快速增长和农民福利的逐渐改善。最近10来年，国家“三农”政策显著改进，农村发展环境有所改善。但农村发展也面临农业竞争力下降、耕作强度降低、规模经营和农民合作难以推进等一系列挑战。

《农业生产性服务业发展的瓶颈约束：豫省例证与政策选择》

杜志雄（研究员）

论文 10千字

《东岳论丛》2013年第1期

该文对21世纪以来河南省农业生产性服务业由产中服务逐步向产前和产后服务延伸、服务化程度明显提高对农业发展的引领和支撑作用不断增强的现状以及其发展仍然面临的体制和制度环境、政策、金融、人才等几方面的瓶颈约束等问题进行了深度分析；并提出了要改革与完善有利于农业生产性服务业的发展体制与制度环境，构建促进农业生产性服务业发展的财政和税收政策体系，促进和加快农村地区金融业发展，加强农业生产性服务业人才队伍建设，培育多元化的服务主体，整合服务资源等政策选择和建议。

《中国特色的农民合作社制度的变异现象研究》

苑鹏（研究员）

论文 10千字

《中国农村观察》2013年第3期

该文实证分析了中国特色的农民合作社的变异现象。指出合作社的主流形态呈现所有者和业务相关者同一的特征，成员关系走向非零和博弈的业务相关者的联盟，合作社治理走向大股东控制，合作社领办人由自利的农村精英取代具有合作精神的企业家，合作文化由互助走向互惠。该文从制度环境、内部制度安排和合作文化等多维度解释了合作社变异的原因，深化了对中国特色的合作社本质属性的认识。

《农村基本经营制度的演进轨迹与发展评价》

国鲁来（研究员）

论文 10千字

《改革》2013年第2期

该文对我国现行农村基本经营制度——双层经营体制的确立和发展进行梳理，并根据条件的变化和经济体制改革以来的实践经验分析表明，农村基本经营制度的完善和创新有必要采取以下措施：根据外部环境和社员个人条件的变化，不断调整、完善合作社的组织制度；对农村社区集体经济组织的功能予以重新认识和定位，实现功能的重组和创新；培育新型经营主体，促进生产与市场的有效衔接；推进农村社区集体产权制度改革，壮大集体经济实力，探索集体经济的有效实现形式。

《影响农民参加新型农村社会养老保险的因素》

崔红志（副研究员）

论文 10千字

《中国青年政治学院学报》2013年第3期

该文基于对我国6个新农保试点县（市）的10个乡镇、18个行政村的405户农户的问卷调查数据和深度访谈，对影响农民参加新农保的因素进行了分析。该文认为，新农保的保障水平低、新农保经办服务体系建设滞后、农民对政府的信任程度低、农民对新农保制度可持续性的担忧以及农民地域流动和身份转换与社会养老保险便携性差之间的矛盾等外部环境，抑制了农民参保缴费和选择较高档次的缴费标准。

《时间利用对个人福祉的影响初探——基于中国农民福祉抽样调查数据的经验分析》

檀学文（副研究员）

论文 20千字

《中国农村经济》2013年第10期

该文利用中国农民福祉抽样调查数据，描述了农民时间利用的统计学特征，着重分析了包括闲暇在内的时间利用指标对其主观福祉的影响。统计分析显示，中国农民时间利用具有明显的发展中国家特征。非农就业劳动时间对于农民是负担而不是直接需要，基于日志的时间利用变量对农民主观福祉基本上没有显著影响。该文认为，上述研究结果正好体现了中国农民时间利用的发展中国家特征，即在收入水平不够高的情况下，人们更加追求收入的提高和物质生活条件的改善，而将精神生活和闲暇活动置于次要的地位。

财经战略研究院

《中国价格改革研究》

杨圣明（研究员）

专著 418 千字

中国社会科学出版社 2013 年 3 月

该书是价格改革专题文集，收录了作者 20 世纪 80 年代至今，特别是中国改革开放以来，有关价格改革的各个主要方面的研究成果。选集围绕物价管理、价格双轨制、通货膨胀等问题展开讨论，有多篇文章为首次公开发表，具有理论与实践意义。

《马克思、恩格斯、列宁、斯大林论国际贸易》

杨圣明（研究员）等

专著 290 千字

中国社会科学出版社 2013 年 7 月

该书将经典作家关于国际贸易的理论归纳为九个方面的问题：国际贸易的产生和发展、世界市场、国际价值、世界货币与汇率、国际贸易制度与政策、对几种贸易学说的评述、国家间的贸易关系、服务与服务贸易、与贸易有关的国际投资。在上述每个问题中，条目以马克思、恩格斯、列宁、斯大林这样的顺序以及著作发表的时间先后进行排列。条目内的原文注释仍然保留，成为当页的脚注。

《中国扩大内需与稳定外需战略》

于立新（研究员） 冯远（副研究员）

专著 291 千字

社会科学文献出版社 2013 年 7 月

该书认为，内外需协调发展是我国避免“中等收入陷阱”的关键环节，长期以来单靠外需拉动经济增长的战略思路，已不再适应新时期经济社会发展的需要，而必须从战略高度把握内外需良性互动的发展规律，并根据规律来制定新阶段中国“转方式，调结构”的发展战略与改革路径。内需是外需发展的稳定器，外需是内需发展的助推器，保持内外需协调互动关系既要坚持全面动态的战略发展观，又需要借鉴国际经验。在扩大内需时应坚持两个基本原则：一是内需的努力扩大与合理预期相结合原则，二是有效供给与有效需求相结合的原则。在稳定外需方面也要贯彻两个基本原则：一是外需的努力稳定与积极拓展相结合原则；二是积极推进“走出去”及自由贸易区战略，与加快国内产业结构升级相结合的原则。在今后相当长时期内，中国应坚持内外需并重的开放型经济发展方针，将努力扩大内需与积极争取外需相结合。除理论研究外，该书还剖析了当前困扰我国国民经济健康稳定发展的结构性瓶颈问题，重点研究了内外需与消费、服务贸易、生产性服务业、收入分配及城镇化的实践互动作用，关注和解决这些结构性矛盾，可以为未来制定中国社会经济改革方案与互利共赢开放战略提供有益的参考建议。

《金融服务产业集群研究——兼论中国区域金融中心建设》

王朝阳（副研究员）

专著 297 千字

社会科学文献出版社 2013 年 3 月

该书从集群角度对金融中心进行了重新阐释，并特别强调了区域金融中心和金融发达城市的区别。基于对我国金融体制发展演变、金融服务业产业发展与省区分布、副省级城市金融服务业发展水平比较等情况的客观分析，在评述产业集群政策相关理论的基础上，该书提出了关于进一步深化金融体制改革、促进金融发展和优化金融布局的对策建议。

《利益相关者视角下的古村镇旅游发展》

宋瑞（副研究员）

专著 183 千字

中国社会科学出版社 2013 年 11 月

该书从利益相关者视角出发，通过对四个典型案例的深入调查，以大量一手资料为依据，将质性研究和定量研究相结合，动态地剖析了不同古村镇旅游开发与管理模式下利益相关者之间的关系及其演变，并在此基础上提出实现古村镇旅游可持续发展的所有主体、监管主体、决策主体、经营主体、监督主体、消费主体“六体互动”模式。

《中国消费率问题研究》

王雪峰（助理研究员）

专著 202 千字

社会科学文献出版社 2013 年 8 月

该书主要内容如下：一是对中国消费率问题的认识。消费率处于较低水平是其长期波动下降的结果，是消费率问题的表现而不是问题的本身。二是最优消费率或消费率高低判定的标准。实证分析结果表明：消费率决定理论模型对中国消费率的变动具有很强的解释能力。三是消费率合理区间的确定问题。在消费率决定理论模型的基础上提出依据社会居民对通货膨胀的容忍度决定消费率合理区间的思想。四是消费率波动下降的成因问题。五是扩大内需、促进消费、提高消费率的对策建议。

《复杂多变经济形势背景下的宏观政策抉择》

高培勇（教授）

论文 10 千字

《财贸经济》2013 年第 2 期

在国际金融危机趋向长期化和中国经济震荡中前行的背景下，2013 年的中国宏观经济政策布局呈现了一系列值得注意的变化：由以往单纯致力于发挥逆周期调节作用而同时指向于发挥逆周期调节和推动结构调整两个方面作用；由以往致力于单一目标、双重目标和三重目标而同时指向于稳增长、调结构、控物价和防风险四重目标。从而，不得不在双重作用、多重目标之间徘徊。不仅宏观调控空间变窄，而且目标排序或作力重点难免摇摆不定。故而，在“积极稳健配”的宏观经济政策格局中，稳健货币政策的作用受到牵制，积极财政政策将作为主力部队而扮演“主攻手”——通过增赤、减税和扩支三个支点实施扩张性操作，并且将扩张性操作的重心放在“营改增”的推进上。

《外部性、运输网络与城市群经济增长》

李煜伟（副研究员） 倪鹏飞（研究员）

论文 12 千字

《中国社会科学》2013 年第 3 期

该文利用网络分析工具和新经济地理理论对新古典区域经济增长模型进行修正，通过对交易费用的细分构建外部性和运输网络下的城市群经济增长模型，并利用 1990 ~ 2008 年中国部分城市数据和向量自回归模型（VAR）进行实证检验，得出以下结论。在运输网络影响下，中心城市依靠要素集聚获得增长，非中心城市快速接近中心城市。运输网络的改善，将加速中心城市的要素集聚。同时，在保留部分新增要素的情况下，增加节点集聚系数，降低非中心城市间的运输成本，利于非中心城市对外部性的应用，加速其经济增长，促进与中心城市的协同增长。因此，在建设交通运输基础设施时，不仅要重视非中心城市与中心城市的互联互通，更要重视非中心城市间的相互联结。

《转移支付、财政分权对公共服务供给的影响——基于公共服务分布和区域差异的视角》

田侃（副研究员） 亓寿伟（讲师）

论文 9.2 千字

《财贸经济》2013 年第 4 期

该文分析了 1978 ~ 2009 年我国公共服务的均等化程度，从地方公共服务供给结果和成本两个角度考察了东、中、西部地区中央转移支付和财政分权对不同类别公共服务供给水平的影响差异。分析结果表明，目前我国地区间公共服务的供给水平差异相对较小，但供给的整体水平还相对较低。转移支付显著促进了中部地区低水平公共交通基础设施发展，抑制了中、东部地区公共医疗卫生服务发展，而对西部地区公共医疗卫生服务则有显著促进作用。同时，转移支付促进了西部地区公共基础教育发展，对中、东部地区则具有抑制作用。财政分权对公共交通基础设施有显著促进作用，特别是发展水平较高的东部地区，但是抑制了东部和西部地区公共医疗卫生服务的发展，而且西部地区公共基础教育也受到抑制，同时财政分权程度的提高降低了西部地区科教文卫支出的水平。

《ICT 基础设施：投资方式与最优政策工具》

荆林波（研究员）等

论文 12 千字

《经济研究》2013 年第 5 期

该文强调 ICT 基础设施对经济发展具有战略性作用，并以中国电信市场为建模背景，构建理论模型深入研究 ICT 基础设施的投资方式，回答了 ICT 基础设施投资是否应该由市场主体完全承担，以及政府如何选择最优政策工具的问题。该文认为，完全由市场主体承担 ICT 基础设施投资无法实现最优效率水平；使用基础设施资本时产生的外部性会导致私人收益和社会收益之间发生差异，需要政府进行干预；政府只依靠所得税还无法恢复最优效率水平，而依靠最优补贴则能矫正多种扭曲，并修复基础设施投资激励，将社会配置效率恢复到最优。同时，该文也提供了政府改进政策手段的理论依据。

《流通体制改革战略思路与对策研究》

依绍华（副研究员）

论文 10 千字

《财贸经济》2013 年第 5 期

该文结合“十二五”以来将扩大内需作为经济长期发展战略的背景，从政策环境、管理体制、统一市场等方面，提出流通体制改革目标：“无缝衔接”的管理体系；良好的宏观政策环境；完善的法律体系；统一高效的市场体系。在此基础上，指出流通产业目前面临的问题及原因，进而提出对策措施，包括：提升流通产业地位；改革税收体系，降低流通成本；对中小流通企业进行政策倾斜和扶持；完善政策法律体系；实施创新战略，提高产业竞争力。

《结构变迁、要素相对价格及农户行为：农业补贴的理论模型与微观经验证据》

钟春平（教授）等

论文 15 千字

《金融研究》2013 年第 5 期

该文认为，基于资源在不同部门的配置机理及结构变迁特征，补贴可以在一定条件下改变要素的相对价格，进而影响资源在不同部门之间再配置。理论模型表明，农业收入补贴和价格补贴能改变相对价格，从而影响劳动供给。但如果补贴较低，无法改变农业生产和非农生产的比较收益，补贴以收入效应为主，可提高农户的福利水平，而替代效应和产出效应不明显。为印证理论模型结论，选取安徽省岳西县进行重点调查，通过入户调查方法，获取家户的微观调查数据，结果表明，农业补贴提高了农户福利，但对农业生产影响有限。采用顺序逻辑模型的检验进一步证实，农业补贴部分提高了要素投入、单位产量和农户的福利水平，但农业生产技术效率没有显著提升。影响农户生产投入和积极性的主要原因在于农产品价格相对较低，补贴不足以弥补生产资料价格上涨，要素的相对收益仍然存在差异，使得农户对农业生产的投入依然不会有太大的改善。

《旅游业低回报高投资之谜探析》

戴学锋（研究员）

论文 13 千字

《财贸经济》2013 年第 10 期

对旅游企业效益进行分析可以发现，投资旅游业的经济回报率并不高。现有统计数据显示，旅游企业的净资产收益率平均水平在很多年份甚至低于银行贷款利率。但与此同时，近年来中国旅游投资却呈现出范围广、规模大、总额高、增长快的特点。旅游业低回报、高投资这一悖论的原因何在？该文认为，旅游业现金流稳定，旅游资产运作效益高，旅游业广告效应明显，旅游业外部收益巨大，政府加大旅游业投资等是导致这一悖论的原因。

《税制改革前景：与 1994 年改革的比较研究》

杨志勇（研究员）

论文 10 千字

《税务研究》2013 年第 11 期

该文从与 1994 年改革比较的视角，展望税制改革前景。1994 年税制改革基本框架仍是有效的，但经济社会环境的变迁，决定了税制改革只能从更加综合的视角加以推进。税制改革方案的选择应在尊重税收基本规律的前提下，有效发挥税收调节作用。

《生产性服务业：打造中国产业升级版的“利器”》

夏杰长（研究员）

论文 4千字

《光明日报》（理论版）2013年9月6日

只有经过生产性服务业的参与，农业和制造业产品才能形成较高的价值并最终顺利到达消费者手中。该文阐述了生产性服务业助推农业产业化、制造业产业化的机制，并提出了深化分工合作、加强产业融合、推动产业集聚等实现路径。

金融研究所

《亚洲金融合作及其在国际经济体系中的角色》

李扬（研究员） 王国刚（研究员）主编

论文集 274千字

经济管理出版社 2012年11月

该书汇集了中国社会科学院金融研究所和韩国资本市场研究院合作课题“亚洲金融合作及其在国际经济体系中的角色”的部分研究成果。课题研究的范围不仅涉及对现行国际经济体系的分析评价，更着力于探讨亚洲金融合作及其对国际经济体系改革的意义，并重点探讨亚洲在正在展开的国际经济格局的变革中可能发挥怎样的积极作用。全书收入了中、韩学者的20篇研究论文，分为亚洲金融合作与国际货币体系改革、金融监管改革与亚洲金融市场和人民币国际化与亚洲货币合作等三篇组成。

《影子银行体系：自由银行业的回归？》

周莉萍（助理研究员）

专著 260千字

社会科学文献出版社 2013年5月

该书试图从理论角度讨论金融市场的“新宠”——影子银行体系。该书围绕影子银行体系的本质、特征、运行机制和监管思路等典型问题，对次贷危机之后的影子银行体系研究进行综述；从金融创新视角界定中国的影子银行体系范畴；在深入剖析其在国内的成因之后，提出中国影子银行体系与金融创新的方向。

《中国消费金融市场的发展：中日韩消费金融比较研究》

王国刚（研究员）主编

专著 250千字

社会科学文献出版社 2013年7月

该书认为，消费金融是一个国家金融体系的重要组成部分，在促进消费结构升级、提升金融机构绩效、推动经济发展转型等方面都具有积极作用。该书全面分析了我国消费金融的发展历程、现状和前景，并对中日韩消费金融发展的主要特征进行了总结和比较，对我国消费金融发展提出了建议。

《强制私营健康保险：双目标逻辑》

阎建军（副研究员）等

专著 270千字

社会科学文献出版社 2013年7月

该书旨在解释21世纪后主要国家医疗保障制度改革为何趋同——走向“第三条道路”。该书采取二维坐标分类方法,将医改“第三条道路”的内涵界定为强制私营健康保险,形成既非社会保险也非商业保险的新机制。该书以机制设计理论为主线,建立三边医疗市场的分析框架,推导私营健康保险在现代医药卫生体系的作用及其控制医药费用膨胀的内在机理。从自愿私营健康保险的局限出发,探讨政府强制与私营保险如何有机结合,实现基本医疗保障的全民覆盖。进一步分析了主要国家走向强制私营健康保险之路,指出代议制框架里的政治左右摇摆调整机制,是医改两种福利思想实现融合与妥协、最终走向中间道路的重要因素。该书认为,中国医改应当超越左与右,避免在“政府失灵”或者“市场失灵”等表层问题中打转,探索走向强制私营健康保险之路。

《金融危机对全球保险业的影响》

郭金龙(研究员)等

专著 210千字

经济管理出版社 2013年8月

该书深入分析了全球金融危机爆发的深刻根源,危机传导的机理,剖析金融危机从虚拟经济向实体经济传递的机制,探讨危机对全球虚拟经济和实体经济的冲击,特别是金融危机对全球保险业的影响以及对我国保险业的影响,提出我国保险业应对金融危机的思路和对策。该书认为,在金融全球化背景下,各国金融市场联动性的不断增强,发达国家金融市场的持续动荡,必将对我国国内金融业和保险市场产生一定的冲击和负面作用。我国保险业应从这次全球金融危机中认真吸取经验和教训,明确保险的“保障”本质,实现保险经营的理性回归。保险业应当充分认识对外开放、投资渠道拓宽、创新和多元化的利与弊,在做好风险防控、保障市场安全的根本前提下,继续稳步推进保险业的改革与发展。

《金融学原理(第五版)》

彭兴韵(研究员)

教材 565千字

格致出版社、上海三联书店、上海人民出版社

2013年7月

该书作者根据近年来金融实践与理论的一些新发展、新变化,在《金融学原理(第四版)》的基础上增加了影子银行、宏观审慎监管、量化宽松货币政策、金融衍生品、村镇银行、小额等诸多内容。该书由总论、机构与市场、金融调控、金融发展与稳定等4篇24章组成。

《中国货币政策目标的实现机理分析:2001～2010》

王国刚(研究员)

论文 17千字

《经济研究》2012年第12期

该文对2001～2010年10年间中国货币政策的最终目标和中间目标的实现机理进行了分析探讨,认为10年间尽管发生了3次幅度较高的物价上涨,但它们均非由货币政策较宽松引致。因此,在推进国民经济持续快速发展过程中,中国货币政策有效防止了货币发行过多所引致的严重通货膨胀的发

生；中间目标数量逐步向“新增贷款”等指标收敛，显示了符合中国特色的货币政策调控的中间目标趋于成熟。要进一步完善中国货币政策调控目标需要解决好三方面问题：一是以CPI中的非食品类指数走势为稳定物价和保持币值稳定的基本政策抓手；二是按照交易货币和储藏货币各自的特性，重新调整货币口径；三是逐步将人民币汇率纳入中间目标的调控范畴。

《金融支持农村经济增长的实证分析》

王松奇（研究员） 郭江山（助理研究员）

论文 20千字

《金融评论》2012年第6期

该文基于中国1978年到2010年的年度数据，研究了金融支持、结构优化与新农村建设的关系，发现农村经济水平提升与农村产业结构优化、农村消费结构改善密切相关，信贷资金和财政资金实际上是通过农村产业结构和农村消费结构而作用于农村经济增长的。

《社会目标、雇员规模与民营化定价》

李广子（助理研究员） 刘力（教授）

论文 20千字

《金融研究》2013年第1期

该文利用中国上市公司民营化样本，从控制权转让价格与民营化后公司雇员规模变化关系的角度考察了民营化中的定价问题。该文认为，民营化价格越高，民营化后上市公司雇员规模下降幅度越大，反之则越小；并且，这种关系对于低素质雇员规模来说尤其明显，对于高素质雇员规模不明显。该文将其归结为原国有控股股东追求社会目标的结果，即原国有控股股东通过低价出售控制权，以换取新民营控股股东在上市公司民营化后增加雇员或减少裁员。该文的研究为深入理解我国民营化改革的定价过程提供了新的视角。

《储蓄不足、全球失衡与中心—外围模式》

殷剑峰（研究员）

论文 13千字

《经济研究》2013年第6期

该文认为，在过去的40年中，全球发生的是储蓄率的持续下降而不是所谓的“全球储蓄过剩”，因此不应该将全球经济失衡简单地归咎于高储蓄率国家。该文聚焦于决定全球宏观经济动态的两类国家：储蓄率持续下降的高收入国家和储蓄率持续上升的上中等收入国家。基于两类国家和全球人口结构变化的两个典型事实，该文建立了一个两国交叠世代模型，以分析全球储蓄率下降以及在此背景下全球经济失衡的机制。基于此模型的计量检验表明，高收入国家和上中等收入国家并非对等的经济体，前者的储蓄行为决定了全球的储蓄率变动，而上中等收入国家的人口结构变化，尤其是幼儿抚养比下降所带来的人口红利为前者的储蓄率下降提供了条件。两类国家储蓄行为的非对等性是全球化时代新的“中心—外围”模式的反映。此次危机正是作为中心的高收入国家“过度特权”和其“特权”不可持续的结果。走出危机之路看来只能是高收入国家提高储蓄率，但是这个过程肯定很痛苦，其对全球经济的影响也是高度不确定的。

《促进城镇化发展的金融支持体系改革和完善》

黄国平（副研究员）

论文 12 千字

《经济社会体制比较》2013 年第 4 期

该文认为，城镇化过程中的基础设施建设、公共产品（服务）供给、农村劳动力转移等都需要大量资金的支持，因此应充分发挥金融业的资金融通功能和优势，使其成为城镇化进程的重要推动力。中国城乡差距较大的二元经济特征，导致资金更易流向大中型城市，农村区域和小城镇金融支持的缺失与落后对中国城镇化进程、农业现代化发展和农村剩余劳动力转移形成严重制约。该文认为，农村金融服务体系的构建和完善，已经成为我国城市化建设中金融支持的当务之急。金融部门在推动城镇化建设中，应以推动工业化和农业现代化为载体，促进城镇基础设施完善，公共服务体系品质提升，产业结构升级和居民生活水平提高。

《中国金融发展报告（2013）》

李扬（研究员） 王国刚（研究员）主编

研究报告 215 千字

社会科学文献出版社 2012 年 12 月

该报告对 2012 年中国金融发展和运行中的各方面主要情况进行概括和分析，对所发生的一些主要金融事件进行研讨和评论。与往年不同，该报告的基本结构采取了总报告和分报告的体例。全书由 1 个总报告和 11 个分报告组成，总报告对 2011 年我国货币政策的实体经济背景、货币政策与金融运行和货币政策操作进行了全面的分析与讨论。11 个分报告由“中国金融业的发展”和“金融市场运行”两部分组成，在“中国金融业的发展”部分，主要分析、讨论了 2012 年中国银行业、证券业、保险业的发展以及金融监管改革与创新；在“金融市场运行”部分，主要分析、讨论了 2012 年中国货币市场、银行理财产品市场、债券市场、股票市场、期货市场、外汇市场的发展状况，并对国际收支状况进行了分析。

《金融蓝皮书：中国商业银行竞争力报告：2011 ～ 2012》

王松奇（研究员）主编

研究报告 364 千字

社会科学文献出版社 2012 年 12 月

该报告按照竞争力分析框架，聚焦中国商业银行的经营状况，对中国商业银行竞争力的基本格局进行了分析，对全国性商业银行、城市商业银行以及部分农村金融机构的竞争力进行了评价，并点评了不同类型银行的特点，提出了中国商业银行竞争力提升中需要解决的问题。同时，还介绍了在华外资银行、国内政策性银行和农村金融机构的最新进展。

《支付清算蓝皮书：中国支付清算发展报告（2013）》

杨涛（研究员）主编

研究报告 200 千字

社会科学文献出版社 2013 年 4 月

该报告是中国社会科学院金融研究所支付清算研究中心推出的系列年度报告的第一部。报告旨在系统地跟踪国内外支付清算领域的最新成果，全面分析国内外支付清算行业与市场的发展状况，充分把握国内外支付清算领域的制度、规则和政策演进，并且深入发掘支付清算相关变量与宏观经济、金融及政策变量之间的内在关联。

《影子银行与银行的影子》

殷剑峰（研究员）王增武（副研究员）主编

研究报告 370 千字

社会科学文献出版社 2013 年 6 月

该报告认为，金融创新在任何时候都须以实体经济的健康发展为基础，信用的扩张必须以实体经济再生产的持续扩大为前提。这就要求实体经济的体制改革应该先于以放松管制和自由化为主要内容的金融改革，而对于实体经济的体制改革，其要旨又是去除经济中普遍的软预算约束和道德风险。该报告由主题报告和专题研究两部分组成。主题报告部分包括以下内容：(1) 银行理财产品市场引领国内财富管理市场发展；(2)“银行的影子”与“影子银行”：银行理财的信用扩张机制；(3)“银行的影子”：银行同业业务；(4)“影子银行”与“银行的影子”：证券公司的定向资管业务；(5)“影子银行”与“银行的影子”：保险资产管理行业的发展及信用扩张分析；(6) 中国式的“影子银行”：信托业发展与信用扩张机制；(7)“影子银行”：证券投资基金业发展；(8)“影子银行”：股权投资基金；(9) 地方政府债务规模测算与偿债能力分析。专题研究部分包括以下内容：(1) 金融消费者的投诉途径：以银行业为例；(2) 银行理财产品综合评价体系。

《金融监管蓝皮书：中国金融监管报告（2013）》

胡滨（研究员）主编

研究报告 300 千字

社会科学文献出版社 2013 年 9 月

该报告由“总报告”“分报告”和“专题研究”三部分组成。“总报告”为两篇：第一篇为“十二五期间金融监管改革：背景、问题与发展”，在回顾以往金融监管政策发展历程的基础上，对“十二五”期间金融监管体系的走向进行了展望。第二篇为“中国金融监管：年度进展”，对 2012 年度中国金融监管进行系统总结、分析和评论，并对 2013 年中国金融监管发展态势进行预测。“分报告”为分行业的监管年度报告，具体剖析了 2012 年度中国银行业、证券业、保险业以及外汇领域监管的年度进展，呈现给读者一幅中国金融监管全景路线图。“专题研究”部分是对当前中国金融监管领域重大问题的深度分析，主要涉及银行业流动性监管、新股发行、信托业监管、宏观审慎政策、微型金融机构评级等，同时也对世界各国的金融监管体系变迁及其对中国的启示进行了系统梳理。

数量经济与技术经济研究所

《中国金融稳定：内在逻辑与基本框架》

何德旭（研究员）等

专著 458 千字

社会科学文献出版社 2013 年 3 月

该书是国家社会科学基金重大招标项目

“构建金融稳定的长效机制——基于美国金融危机的经济学分析”课题的成果之一，并入选国家哲学社会科学成果文库。

该书主要内容包括“金融稳定的宏观理论分析”“金融稳定的微观理论分析”“金融稳定的风险来源及影响因素：理论及经验研究归纳”“金融风险传染与金融稳定：基于金融网络的考察”“促进金融稳定的相关对策”“国内外研究现状的总体评价”等。

《加快经济发展方式转变论》

汪同三（研究员）齐建国（研究员）等

专著 814 千字

社会科学文献出版社 2013 年 1 月

该书是国家社会科学基金重大招标课题“加快转变经济发展方式研究”的最终成果。

该书主要内容涵盖了“经济发展方式转变的理论阐释”“经济发展方式转变的背景分析”“经济发展方式转变的行动路径”，这其中蕴含的基本脉络是：以什么样的理论指导经济发展方式的转变，在什么样的背景下实现经济发展方式的转变，怎样实现经济发展方式的转变。

《实现节能减排目标的经济分析与政策选择》

郑玉歆（研究员）齐建国（研究员）等

专著 360 千字

社会科学文献出版社 2013 年 6 月

该书主要围绕两方面内容展开研究：一是对经济增长与降耗减排的关系，实现经济增长与节能减排双重目标的可行途径，节能减排目标的经济影响等一些具有规律性的问题进行理论结合实际的探讨；二是对“十一五”期间降耗减排问题进行全面而深入的追踪性研究，通过对降耗减排形势的现状、问题、原因的分析，得出了有益的政策启示。该书运用大量的定量分析工具对节能减排举措的有效性、节能减排目标的可行性以及对经济的影响等问题进行了多视角的研究。

《向量自回归模型的理论方法及应用实例》

张延群（研究员）

专著 233 千字

中国社会科学出版社 2013 年 4 月

该书是一本关于向量自回归模型（VAR）理论和应用实例的专著。全书分为理论篇和实证篇。理论篇简要地回顾 VAR 模型的起源和形成。对 VAR 模型的统计理论进行综述。特别讨论了 VAR 模型中的识别问题。实证篇是作者 2007 年以来以 VAR 模型为计量工具的 12 个专题研究成果。所涉及的计量分析工具包括协整 VAR、结构 VAR、二阶单整〔I（2）〕协整 VAR、全球向量自回归模型（GVAR）、面板协整模型等，研究的对象和内容涉及中国货币供给决定、中国货币政策的有效性、中国货币政策中介目标的选择、中国潜在通货膨胀率的度量、中国通货膨胀因素分解、中国房地产泡沫的度量、中国和世界经济的相互影响等。

《微观模拟模型与收入分配政策评价》

万相昱（副研究员）

专著 220 千字

中国社会科学出版社 2013 年 5 月

收入分配是我国构建和谐社会的重要方面，精确评价和有效设计收入（再）分配政策是科学发展观的重要体现。由于现实经济系统的微观异质、网络交互和经济演化等复杂性特征，必须对其相关研究方法进行拓展。该书提供了一个微观模拟模型系列（CNSM），用于对我国收入分配政策的作用效果进行系统全面的分析和预测。从模型构建角度看，CNSM 由四个独立的子模型构成，它们基于不同的经济状态与经济行为假设，从而能够对公共政策的结构性改革或参数调整在不同人口结构、不同经济层面、不同地理区间以及不同时间维度上的作用效果做出定量评价。

《中国生产率变化与经济增长源泉：1978～2010 年》

李平（研究员） 钟学义（研究员）
王宏伟（研究员）等
论文 28 千字
《数量经济技术经济研究》2013 年第 1 期

该文利用中国 1979～2010 年总量和省级面板数据，运用纯要素生产率法和 Solow 余值法分别测算了中国总体和省级生产率变化及其对经济增长的贡献率。该文认为，改革开放以来，中国生产率变化趋势出现了涨跌互现的波动情形，生产率提高促进了中国经济较快发展，但资本投入仍然是中国经济增长的首要来源，东、中、西部经济差距主要是由资本投入贡献不同造成的。2000～2010 年中国生产率增长呈现下降趋势，出现高资本投入、低生产率和高增长的现象。

《中国股票市场的风险与安全隐患》

何德旭（研究员）等
论文 13 千字
《上海金融》2013 年第 3 期

该文是国家社会科学基金重点课题“系统性金融风险与宏观审慎监管研究”的阶段性成果。

该文主要介绍了在全球重要股票市场中，我国股票市场表现出显著的暴涨暴跌特征，这种风险特征具有很强的内生性，主要表现在：上市公司内部人控制与外部人控制问题并存制约着公司的成长性，证券公司自主创新能力不足进而综合竞争能力弱，散户主导的投资者结构使得追涨杀跌的羊群效应显著，政策因素对整个市场的运行机制与效率具有显著的影响。随着我国股票市场的对外开放，我国面临的金融安全形势也更加严峻。因此，分析我国股票市场蕴含的风险与安全隐患对于推动其健康发展至关重要。

《循环经济与绿色发展——人类呼唤提升生命力的第四次技术革命》

齐建国（研究员）
论文 16 千字
《经济纵横》2013 年第 1 期

该文介绍了已有的三次技术革命，在解放人的体力和脑力、带来极大的物质财富的同时，也给人类最基本的生存环境带来了负面影响。因此，人类正急迫等待和呼唤以提高人的生命力为核心的第四次技术革命的到来。绿色技术是提高人的生命力的技术统称。绿色发展以绿色技术为基础，聚焦于提高人的生命力的持续健康发展，是人类在物质财富达到一定丰裕程度时的必然选择。绿色发展就是要寻找一种既增加物质财富，又不损害生态环境质量的模式和发展路径。从这个角度看，绿色发展就是循环经济模式、低碳技术应用、生态建设和创造保持人类身心健康的精神环境的总称。以物质高效、安全、循环利用为外在表现形式的现代循环经济模式，具有促进绿色发展的协同效应，与中国应对经济持续高速增长带来的资源可持续供给压力和生态环境保护压力的客观需求高度契合，已经成为中国转变经济发展方式、建设资源节约型和环境友好型社会、实现绿色可持续发展的重要实践途径。

Forecast and International Comparison of the Chinese Economy for the Next Decade（《未来十年中国经济预测与国际比较》）

李雪松（研究员） 娄峰（副研究）等

论文 20 千字

Journal of Emerging Markets（《新兴市场期刊》）

2013 年春季第 1 期

未来十年是中国经济进一步扩大规模和调整结构的关键时期。该文综合考虑了未来影响中国经济潜在增长的若干主要因素及其传导机制，应用中国宏观经济计量模型，对未来十年中国经济规模和结构变化进行了预测，并与世界若干发达经济体与新兴经济体进行了比较。在基准情景下,2011 ~ 2015 年、2016 ~ 2020 年和 2021 ~ 2025 年三个时期中国的年均潜在增长率分别为 7.9%、7.3% 和 6.6%。中共十八大报告中提出的到 2020 年“实现城乡居民人均收入比 2010 年翻一番”的收入倍增计划在悲观情景、基准情景和乐观情景下均可以实现。从经济规模比较看，在基准情景中尽管按照购买力平价衡量的中国 GDP 将在 2017 年超过欧盟和美国，但按照汇率法衡量的中国 GDP 要在 2025 年才能接近欧盟或美国的经济规模。从人均经济规模看，在基准情景中基于购买力平价法的中国人均 GDP 将在 2018 年达到世界平均水平，但 2025 年只相当于美国的 38% 或欧盟的 56%；基于汇率法的中国人均 GDP 将在 2023 年达到世界平均水平，但 2025 年只相当于美国的五分之一或欧盟的三分之一。面对发达经济体可能低速增长的国际环境以及新增劳动力将逐渐减少的国内情况，未来十年中国经济要实现乐观情景增长，必须加强研发和教育投入，提高投入效率和全要素生产率，推进技术进步和制造业的转型与升级；加快推动财税金融体制改革和收入分配体制改革，推进城镇化和第三产业发展。

《经济学论文模型泛化现象解析与思辨》

李金华（研究员）

论文 11 千字

《经济学动态》2013 年第 3 期

该文主要论述了在进入 21 世纪后，许多经济学期刊特别是权威经济学期刊，带有数量模型的学术论文都占据了相当大的比重。因模型的广泛应用引起了学术界的普遍关注，随之也遭致了不少诟病。这种模型泛化现象本质上是经济学学术论文中数量模型研究与应用的一种乱象，其表现多种多样。在现今学术期刊注重论文学术水平、学术规范的大背景下，有必要以科学的精神和理性的态度认识这一现象。经济学研究需要有认真科学的态度，经济学家需要有严谨务实的学风，经济学论文应该追踪理论前沿、引领学术方向，关注社会现实、解决具体问题，尊重客观事实、彰显科学精神。

《碳强度与总量约束的绩效比较：基于CGE模型的分析》

张友国（研究员）

论文 20千字

《世界经济》2013年第7期

选择强度约束还是总量限制作为温室气体减排目标，是后《京都议定书》时代有关气候变化协议的一个重要议题。该文用一个简单的理论框架比较了碳排放强度约束和总量限制的绩效，发现由于不确定性的存在，基于预期的经济和技术发展水平而制定等价的碳排放强度约束和总量限制最终会产生不同的经济—环境影响。该文进一步结合可计算一般均衡模型和蒙特卡洛方法，模拟了要素—能源替代不确定情形下这两种约束对中国经济总量、碳排放总量、碳排放强度及边际碳减排成本的影响。通过数值模拟，该文认为，中国的碳强度约束是一个合适且有诚意的温室气体减排目标，国际气候变化协议应当允许发展中国家采用可调节的碳强度减排目标。

人口与劳动经济研究所

《中国人口与劳动问题报告No.14——从人口红利到制度红利》

蔡昉（研究员）

研究报告 293千字

社会科学文献出版社 2013年11月

该书以国家统计局的《2012年全国农民工监测调查报告》开篇，分析了我国劳动力市场上的这一重要组成部分的动向及对经济发展的影响。并按年龄结构提出了“新生代农民工”的概念，同时分析了他们的工作与消费习惯对劳动力供给和经济发展的影响。该书还对人口老龄化的问题进行了深入探讨。

《中国劳动与社会保障体制完善与发展道路》

蔡昉（研究员） 高文书（研究员）

专著 548千字

经济管理出版社 2013年5月

该书讨论了包容性与经济社会发展、经济发展阶段与就业政策、劳动力流动与农民工市民化以及劳动力市场制度建设等内容。在社会保障方面，该书阐述了社会保险事业整体发展以及养老保险、医疗保险、农村养老保险和最低生活保障制度等单项社会保障制度的发展；在收入分配方面，该书讨论了工资增长与形成机制、居民收入增长与分配；在扶贫开发方面，该书讨论了农村扶贫成效与发展，以及人力资本培养问题；在人口变化趋势方面，该书阐述了人口发展与政策趋势以及如何应对人口老龄化问题。

《避免“中等收入陷阱”——探寻中国未来的增长源泉》

蔡昉（研究员）

专著 235千字

中国社会科学出版社 2012年11月

该书从“长期发展的岔路口”入手，通

过分析二元经济发展、刘易斯转折点、人口红利、未富先老、中等收入陷阱、全要素生产率、人力资本积累等，来探寻中国经济未来的增长源泉，从而提出以下观点：以顶层设计、全面配套的方式推进改革，从改变政府职能入手，实现从直接介入经济活动到创造有利于竞争的宏观政策环境，以及承担更多的社会管理和基本公共服务供给职能的转变。

《中国生育政策调整》

王广州（研究员）　胡耀岭（副教授）
张丽萍（副研究员）
专著　163 千字
社会科学文献出版社　2013 年 2 月

中国人口快速增长的态势已经得到有效控制，人口再生产类型发生了根本转变。目前对生育政策调整的研究主要有完全放开二孩、有条件放开二孩、保持现行生育政策的总体稳定和继续实施严格计划生育政策四种主张。目前生育政策调整需要回答以下五个方面的重大问题：(1) 目前育龄妇女的生育水平是多少？（2）出生性别比持续升高的严峻形势是否好转？（3）长期坚持现行生育政策的后果是什么？（4）目前育龄妇女意愿生育水平是多少？（5）现行生育政策调整的主要方案与影响？该书通过大量实证数据和计算机仿真模拟，对中国的实际生育状况、生育意愿的不确定性进行了深入研究，提出了中国生育政策调整的迫切性和可行性。

《人口老龄化与“中等收入陷阱”》

田雪原（研究员）
专著　472 千字
社会科学文献出版社　2013 年 4 月

该书从分析人类发展史上一系列“发展陷阱”切入，论述了“中等收入陷阱”是包括中国在内的发展中国家当前面临的风险最大的“发展陷阱”，总结了走出或落入该“陷阱”国家正反两方面的经验。其中，把握人口年龄结构走向老龄化和步入老龄化以后的社会经济发展，是极其重要的一条。

《中国经济增长如何转向全要素生产率驱动型》

蔡昉（研究员）
论文　20 千字
《中国社会科学》2013 年第 1 期

该文认为，随着以劳动力短缺和工资持续提高为特征的“刘易斯转折点”的到来，以及以人口抚养比不再降低为表现的“人口红利”的消失，中国经济逐步进入从二元经济发展阶段向新古典增长阶段的转变时期。在这个转变过程中，资本报酬递减现象开始出现，靠大规模的政府主导型投资以保持经济增长速度的方式，不再具有可持续性。从经济增长理论、国际经验和中国现实等角度进行的研究发现，中国亟须通过政策调整，形成国内版的“雁阵”模型和“创造性毁灭”的政策环境，获得资源重新配置效率，并且从技术进步和体制改善中获得更高效率，以实现中国经济增长向全要素生产率支撑型模式的转变。

《制造业企业对劳动力市场变化的反应：基于微观数据的观察》

都阳（研究员）

论文 20 千字

《经济研究》2013 年第 1 期

该文利用金融危机前后中国制造业企业调查数据，考察了企业对劳动力成本冲击和金融危机造成的需求冲击的反应。根据劳动力需求函数，估计结果表明，制造业企业的劳动力需求产出弹性值较高，达到 0.75 ~ 0.78。对低技能工人的需求工资弹性为 -0.40，对高技能工人的需求工资弹性为 -0.53。而且，不同类型工人之间的替代弹性为 0.26。经验分析表明，企业已经对要素价格信号的变化产生反应。在未来，如果能够保持劳动力市场灵活性，确保不同类型的企业有公平的竞争环境，要素市场的变化就有可能推动中国经济实现转型和升级。

《产业转移的潜在收益估算——一个劳动力成本视角》

吴要武（研究员）

论文 32 千字

《经济学（季刊）》2013 年第 10 期

该文认为，改革开放以来，东部地区一直是中西部劳动力跨省迁移的目的地。随着劳动力短缺和工资成本持续上升，劳动密集型产业在东部地区失去比较优势，开始向中西部地区转移。把跨省迁移者与省内迁移者的收入差异视为厂商转移资本的（最大）收益，该文估算了中西部地区跨省迁移者与省内迁移者的收入差异，进而估算东部产业向中西部地区转移时可能的收益空间。尽管跨省迁移者与省内迁移者的收入差异显著，但推算的总收益规模约为 805 亿 ~ 1573 亿元，对引导东部劳动密集型产业向中西部转移来说，这个收益似乎不如原先设想的那么大。这意味着，政府和学术界期待的在地区间实现产业转移的模式，不能单纯依靠市场力量来实现。

《"飞雁模式"发生了吗？——对 1998 ~ 2008 年中国制造业的分析》

曲玥（副研究员）蔡昉（研究员）张晓波（副教授）

论文 12 千字

《经济学（季刊）》2013 年第 3 期

该文采用中国制造业规模以上企业数据，从县级经济体的水平上考察了中国制造业是否发生"飞雁模式"的转移。该文认为，产业聚集的效应在 2004 年以前一直发挥着促使产业向东部沿海地区集聚的重要作用，而在这之后该效应的效果逐渐下降，表现为制造业特别是劳动密集型产业出现向中西部内陆地区移转的趋势。此时，企业的综合经营成本上升和要素成本的提高逐渐成为诱致产业转移的重要因素。

《收入分配问题与要素资本化——我国收入分配问题的"症结"在哪里？》

张车伟（研究员）程杰（助理研究员）

论文 12 千字

《经济学动态》2013 年第 4 期

该文认为，把中国的收入分配问题置于国际视野下观察会发现，初次分配后的收入差距中，中国和大多数发达国家并无太大不同，但再分配后，发达国家收入差距大大降低，而中国的收入差距状况基本上没有什么变化；无法通过再分配手段缩小收入差距是当前中国收入差距难以缩小的重要原因。然而，中国收入分配问题并不仅仅是收入差距过大，更关键的问题还在于分配不公，其来源主要是要素资本化过程中的收益没有被合理分享，部分人群过度占有公有资产收益，损害了全体国民的利益，也造成了社会阶层的分化。解决收入分配问题需要在优先消除分配不公的基础上，通过完善再分配手段逐渐缩小收入差距，从而形成既公平又合理的收入分配格局。

《中国传统家庭合与分的制度考察》

王跃生（研究员）

论文 19 千字

《社会科学》2013 年第 7 期

该文认为，历史上不同时期，存在着对民众居住方式有着不同影响的制度。概言之，既有抑制亲子分爨、兄弟分家和鼓励大家庭维系的制度，也存在有利于小家庭成长的制度环境。在多数时期，法律、政策、宗规族训、惯习等对分家的限制虽有作用，但较少刚性，并且元明清时期法律对分家的限制作出了让步。由于非福利社会中家庭养老是子代不可推托的义务，父母在世时尽管兄弟不分家的复合型家庭难以普遍保持，但直系家庭是近代之前的重要形式。总体看，历史上的家庭形态构成为直系家庭、复合家庭和核心家庭并存。直系家庭和核心家庭这两类中小型家庭高于复合型大家庭，当然在不同社会阶层中会有差异。

《人口流动对中国城乡居民健康差异的影响》

牛建林（副研究员）

论文 20 千字

《中国社会科学》2013 年第 2 期

该文认为，城乡流动对农村常住人口的总体健康状况具有重要影响：一方面，城乡流动经历对流动者健康状况存在损耗效应；另一方面，城乡流动现象通过选择机制使处于不同健康状况的居民在城乡之间重新布局：在流动初期，农村地区年轻、健康的个体更倾向于流出户籍所在地，在流动末端，健康状况明显变差的个体最先返回户籍所在地农村。在户籍限制真正消除前，城乡人口流动不可避免地将一部分健康风险和疾病负担转移给农村，这不仅制约农村地区社会经济的发展和居民生活质量的提高，一定程度还加剧了城乡卫生资源配置与需求的矛盾。

《中国城镇化格局变动与人口合理分布》

张车伟（研究员） 蔡翼飞（助理研究员）

论文 15 千字

《中国人口科学》2012 年第 6 期

该文利用不同来源数据研究发现，中国城镇化格局变化主要表现为 20 世纪 90 年代以来“镇”人口扩张对城镇化的作用不断增强，2000 年后，呈现出人口聚集“市化”和“镇化”共同驱动的特征。从 20 世纪 90 年代初至今，城镇人口向东部地区集聚趋势未发生根本改变。近十几年城市群吸引人口和经济聚集能力不断增强，正成为推动城镇化的重要力量。基于城市人口规模与位序关系的研究发现，目前中国城市人口规模越大，城市人口扩张速度越快，同时城市人口分布趋向于符合齐普夫定律，表明人口在不同规模城市间的分布逐渐趋于合理，但华中地区的大城市、华南地区的中小城市发育仍显不足。该文认为，不同空间维度城镇化发展面临的问题与任务是不同的，应实施有差别的促进政策。

《中国流动人口变迁及政策启示》

郑真真（研究员）

论文 15 千字

《中国人口科学》2013 年第 1 期

该文用 2010 年全国人口普查结果与此前人口普查或人口抽样调查结果进行比较分析，发现流动人口的性别、年龄和受教育程度等结构既在一定程度上保持了以往的特点，又出现了明显的变化。更多流动人口在流入地长期居留，并且其性别结构更趋于平衡，受教育程度有所提高，非农就业尤其是服务业的就业比重明显上升。从因“务工经商”而流动的年龄模式看，男女几乎同时加入流动行列。“新生代”农民工与老一代相比，具有明显不同的特点。在城镇化进程中，相应公共政策的制定和完善应当考虑流动人口构成的变化及新特点。

城市发展与环境研究所

《走共享型融合发展之路——莱芜市统筹城乡发展研究》

王伟光（研究员） 魏后凯（研究员）主编

研究报告 321 千字

社会科学文献出版社 2013 年 8 月

莱芜市作为山东省统筹城乡发展改革试点城市，以统筹城乡发展作为加快转变经济发展方式的重要突破口，提出了“六个一体化、三个集中、两股两建和四个体系”的创新发展思路，实施了“民生优先、城乡互动、融合发展、创新引领、开放带动”五大战略，初步构建了城乡体制基本接轨、产业相互融合、社会协调发展、差距明显缩小的发展新格局，形成了具有莱芜特色和示范带动效应的“共享型融合发展模式”。该书对莱芜市统筹城乡发展的背景、基础、做法和经验进行了深入的研究总结，建立共享发展指数，对莱芜市以及山东省 17 个省辖市共享发展程度进行量化测算；分析研究了莱芜市统筹城乡发展的模式特征和城乡一体化发展状况、莱芜市共享型融合发展的机制特征和产权制度改革的做法；研究了“莱芜模式”的本质及其借鉴意义，提出了进一步推进莱芜市城乡统筹发展的思路、重点任务和政策措施。

《2013 中国人类发展报告：可持续与宜居城市——迈向生态文明》

潘家华（研究员） Luis Gomez-Echeverri（研究员） Goerild Heggelund（研究员）主编

研究报告 170 千字

中国对外翻译出版有限公司 2013 年 8 月

该报告对中国探索可持续的城镇化道路、建设人文宜居城市展开讨论。报告聚焦于中国的“城镇化转型”和“生态文明建设”两大主题，指出中国的城镇化已经取得了举世瞩目的成绩，但是未来仍面临诸多新的机遇和挑战。未来的城镇化必须由速度扩张转向质量提升，在城镇转型的过程中同时促进人类发展。展望未来，中国所面对的应对气候变化、消除不平等以及应对人口快速老龄化等关键性问题，都将和新兴城市的发展息息相关。该报告还预测，按照目前的趋势发展下去，在2010年到2030年间，中国还将新增3.1亿城市居民，城镇化水平将达到70%。届时，中国的城市人口总数将超过10亿。

《重构中国低碳城市评价指标体系：方法学研究与应用指南》

潘家华（研究员） 庄贵阳（研究员）
朱守先（副研究员）主编
专著 199千字
社会科学文献出版社 2013年7月

该书借鉴了欧洲能源奖以及瑞士能源城市项目经验，并基于中国城市低碳发展实践经验，重构了中国低碳城市评价指标体系。指标体系由指标清单、低碳城市评估报告和城市行动计划三大部分组成。三者相辅相成，指标清单分为主要指标体系和支持指标体系两大评价工具；评估报告是产出结果，是对试点城市低碳建设行动的阶段性总结；行动计划是建议，是城市在下一轮低碳建设中改进的依据。通过在德州、昆明、保定三个城市的成功测试与评估，以期指导中国城市低碳发展评价的实践。

《城市管理的理论与实践》

宋迎昌（研究员）
专著 312千字
社会科学文献出版社 2013年4月

该书从理论和实践两方面对城市管理进行了系统研究，特别是以城镇化为主线，梳理了中西方城市管理模式演变的全过程，发现了蕴含其中的基于城镇化进程的城市管理模式演变的客观规律。该书结合中国实践，对中国城市土地管理、城市规划管理、城市经济管理、城市人口管理、城市环境管理、城市社区管理等进行了较为深入的研究，对指导地方经济社会发展、推进城市管理体制改革有一定的参考价值。

《中韩房地产研究》

李景国（研究员） 尚教蔚（副研究员）
李恩平（副研究员）
专著 269千字
社会科学文献出版社 2013年11月

该书总结、归纳、评价了从宏观视角和微观视角分析房地产的定量方法，并用定量和定性相结合的方法系统分析了中、韩两国房地产发展变化的过程、特点、问题及原因。该书对两国主要借鉴因素与房价之间的关系进行了比较研究。该书认为，韩国经济对房地产的依赖程度较低；中、韩两国通货量与房价之间相关性都较强，但中国只是单向的通货量变动率对住宅价格变动率带来影响；韩国CPI变动率与房价变动率之间显示出相互的Granger因果关系，中国则是CPI变动率对商品住宅价格变动率的单边Granger因果关系；汇率变动率对房价变动率带来的Granger因果的程度中国低于韩国。该书对两国政府调控和稳定房地产市场的政策进行了总结梳理，分析了房地产制度和政策的演变，探讨了政策演变的路径特点及阶段划分，对两国政策进行了绩效评估，总结提出了韩国房地产政策的启示。该书还分析了两国住房保障政策的演变及其背景、住房保障制度建设、主要政策及其特点。

《中国农民工的住房问题研究》

董昕（助理研究员）

专著 291 千字

经济管理出版社 2013 年 7 月

该书对 1978 年以来的农民工住房问题进行了系统梳理，并对中国农民工住房的现状以及农民工住房消费特征进行了分析，通过不同衡量指标对农民工的住房支付能力加以综合判断，以城乡统筹的视角对农民工住房消费的影响因素进行了实证分析。该书还在回顾和评价农民工住房政策的基础上，探讨了农民工住房保障的方式、资金来源等问题。最后提出了农民工住房政策的相关建议。

《与承载能力相适应 确保生态安全》

潘家华（研究员）

论文 5 千字

《中国社会科学》2013 年第 5 期

该文从经济社会发展与生态承载力的关系角度出发，认为建设美丽中国的一个基本前提是社会经济活动不能超出生态系统的承载容量范围，这就要求在建设美丽中国的过程中，人口资源环境必须相均衡，经济社会生态效益必须相统一，不仅要使生态的天然供给处于最佳状态，更需要控制对生态的需求，也就是生态足迹必须低于生态承载能力。该文认为，技术和经济手段可以在一定程度上提高生态供给，但生态承载能力具有有限性特征，生态足迹不可能实现无限增加。从根本上看，降低生态足迹需要改变生产和生活方式，其中最重要的是消费方式的转变。

《中国农业转移人口市民化进程研究》

魏后凯（研究员） 苏红键（博士）

论文 11 千字

《中国人口科学》2013 年第 5 期

有序推进农业转移人口市民化是以人为本、新型城镇化的首要任务。科学把握市民化进程是有序推进市民化的前提。该文在明确界定市民化的内涵与标准的基础上，对当前农业转移人口的增长状况和市民化进程进行了科学评估，并进一步提出了推进市民化的政策建议。该文认为，当前，中国农业人口转移处于快速稳定增长阶段，从政治参与、公共服务、经济生活、综合素质等方面判定的 2011 年中国农业转移人口市民化综合程度仅有 40% 左右。考虑到中国农业转移人口规模大、市民化程度低、面临的障碍多，要分层次、分类型、多途径推进市民化。

《新能源消费补贴的微观分析》

李庆（副研究员）

论文 11 千字

《财贸经济》2012 年第 12 期

该文通过对能源消费补贴三种方式和情景的微观分析，梳理和比较不同能源消费补贴方式的作用机理：现金补贴方式直接产生收入效应，既会增加新能源消费，也会增加传统能源消费；在用能总量不饱和市场实施价格补贴可以增加新能源消费，传统能源消费不受影响；在用能总量饱和市场实施价格补贴可以增加新能源消费，同时降低传统能源消费，兼具收入效应和替代效应。该文认为，有针对性地选择能源消耗补贴方式不仅有利于积极推动新能源消费，提高新能源的市场竞争力，而且有助于改变传统的用能结构，减少环境污染和温室气体排放。

《适应规划：概念、方法学及案例》

郑艳（副研究员）　潘家华（研究员）

廖茂林（助理研究员）

论文　11 千字

《中国人口·资源与环境》2013 年第 3 期

在全球气候和环境变化的大背景下，国际社会近些年来积极推动基于适应性管理理念的适应规划决策及实践。针对国内日益迫切的政策需求，该文对适应规划的概念、内容和方法学进行了详细介绍，指出适应规划的理念是适应性管理，适应规划的内容包括规划目标、参与主体、构成要素等。该文还以宁夏农业适应气候变化为例，对如何开展适应对策评估进行了示例分析。

《城乡融合型城镇化——中国新型城镇化战略模式研究》

李红玉（副研究员）

论文　11 千字

《学习与探索》2013 年第 10 期

近十多年来，中国经历了工业化、城镇化快速推进时期，国力显著增强，由数量扩张向质量提升的整体战略转型成为当前发展的重要任务，以城乡融合型城镇化为特色的新型城镇化建设就是这一新时期战略转型的核心内容。该文研究了城乡融合型城镇化的内涵和科学基础、城乡融合型城镇化的基本特征及判别标准，认为体制机制逐步接轨、城乡经济社会融合发展、基础设施一体化建设是城乡融合型城镇化的主要特征，提出了判别城乡融合型城镇化的十二项标准，最后总结提出了推进城乡融合型城镇化的战略思路和途径建议。

《东北地区振兴战略实施效果评析》

盛广耀（副研究员）

论文　10 千字

《社会科学辑刊》2013 年第 2 期

该文对东北振兴战略实施 10 年的政策效果进行了评价，对东北地区未来发展进行了讨论。东北振兴战略实施以来，东北地区固定资产投资持续高速增长，以国企改革为重点的体制机制创新取得了积极进展，经济恢复了良好的增长趋势，人民生活和社会保障水平大幅提高。但同时，也存在着经济地位仍在下降、经济增长质量和效率不高、结构调整有待深入、节能减排和环境治理形势严峻等问题。应该认识到，东北老工业基地的“结构性衰退”实际尚未真正到来，需要进一步建立支持老工业基地振兴的长效机制，提高经济增长的质量和效率、调整产业结构、加强节能减排和环境治理等是发展东北老工业基地重点解决的问题。该文客观评价了东北振兴战略的政策效果以及发展中的问题，有助于国家更有针对性地推动东北老工业基地进一步发展。

社会政法学部

法学研究所

《为了中国民法》

梁慧星（研究员）

论文集 432千字

中国社会科学出版社 2013年1月

该书收入了作者20世纪八九十年代有关民法研究的多篇专题论文，大多数曾经发表在《法学研究》等刊物，时间从1981年到1992年。这些论文中有些是关于该问题国内最早的研究性论文，具有历史价值和学术意义。此外还收入了作者有关我国制定物权法过程中以及有关民法典编纂的数篇论争性文章，部分文章在当时产生了很大的社会影响。文集最后还收入了作者关于中国民法学的历史回顾和展望的文章，读者从中可以了解我国民法学研究的历史和希望。

《国家制度和无政府状态》

[俄]巴枯宁 著 马骧聪（研究员） 任允正（研究员）韩延龙（研究员）译

译著 282页

商务印书馆 2013年1月

该书是俄国革命家、著名无政府主义者巴枯宁的主要著作，展现了他的无政府主义思想——巴枯宁主义的思想体系。全书贯穿着一个主题思想：反对一切形式的国家。作者通过对19世纪重要的政治、经济、军事、文化事件的评述，反复论证了无政府主义的主要论点：国家是主要祸害。作者主张，无产阶级一旦掌握了国家，就应当立即把它当作人民群众的永久监狱加以破坏。他的无政府主义理想是：破坏一切国家，消灭资产阶级文明，在一切国家的废墟上完全自由地按照自下而上的原则，建立毫无区别的包括一切语言、属于一切民族的人的自由生产协作社、公社和区域联合会的兄弟同盟。

《中国法治发展报告No.11（2013）》

李林（研究员）主编　田禾（研究员）执行主编

研究报告 455千字

社会科学文献出版社 2013年2月

该报告回顾总结了2012年度中国法治发展取得的成就和存在的不足，并对2013年中国法治发展形势进行了预测和展望。专题报告分析了2012年中国的立法、犯罪形势、不动产征收、城市防灾减灾、计划生育、证券监管与上市公司利润分配、中国海洋环境保护、海外投资的风险对策等问题。国情调研报告围绕政府透明度、司法透明度、检务透明度、公职人员亲属营利性行为管制、政府采购法制实施状况、中国条约法修改、企业个人信息保护等进行了调研，提出了制度完善的建议。还研究了地方人大监督、社会管理创新、法治建设进展等内容，分析了部分地方企业出口风险与司法保护、工业化与城镇化中的土地要素以及多元化纠纷调节机制的相关实践。

《司法透明国际比较》

李林（研究员） 田禾（研究员）主编

专著 340 千字

社会科学文献出版社 2013 年 2 月

司法透明是实现司法正义乃至维护法治的基础。近年来，随着信息化进程的加快，各国各地区法院都注重利用互联网等新兴手段，提高司法透明水平。在这一浪潮的推动下，中国司法也在摸索前行，变得日益公开和开放。为了助推中国司法透明的进程，中国社会科学院法学研究所法治国情调研组对世界部分国家和地区司法透明的情况进行了调研。该书以图文并茂的形式直观展示境外司法透明的实践，运用实证方法分析中国内地司法公开的进展和面临的问题，为我国法院加强网站建设、推动司法透明提供了参考。

《物权法的实施》（两卷本）

孙宪忠（研究员）等

专著 1200 千字

社会科学文献出版社 2013 年 3 月

该书分为两卷。第一卷《物权确定》为主报告，围绕市场交易和民众生活需要解决的“物权确定”问题展开，具体包含不动产登记法律制度、动产交付、动产善意取得、中国政府投资企业财产权利、城镇小区建筑物区分所有权、中国农村土地权利现状的调查、中国农村土地物权制度的历史、现状及其改革、土地承包经营权的确认问题等 13 个专题。第二卷《城镇拆迁与物权》为分报告，包含政府经营土地的法律关系分析，政府经营土地、经营城市中的物权问题等。

《斑马线上的中国：法治十年观察》

邓子滨（研究员）

学术普及读物 180 千字

法律出版社 2013 年 8 月

该书是作者十年来有关法治具体问题的随笔、杂文的结集，反映了作者关于法治的深刻观察和思考。作者认为，法治是一种许诺。人们通常认为，“走在斑马线上是安全的”。可是，若不能真诚落实法治，斑马线将成为死亡线，死因则是对制度的信赖。这是国家和国民最不能承受的。斑马线是具体而生动的全民法治课堂，应当在这里学会建设无需权力的秩序，也由此提升人的尊严和自治。作者以斑马线为象征，观察对象从测谎仪到摄像头，从安检到城管，从公捕公判到因言获罪，作者分析了十年来的法治热点话题，带动读者思考。

《刑事诉讼法学》（上、下）

王敏远（研究员）主编

教材 1162 千字

知识产权出版社 2013 年 6 月

该书以 2012 年修改后的《刑事诉讼法》内容为主线，与市面上类似刑诉法教材相比，该书具有两个特点：系统性与开放性。其系统性，一方面体现在各章的专题研究涵盖了刑事诉讼法学的主要内容；另一方面则体现在对中外相关制度的比较、对实践的关注以及学界对这些问题研究的主要观点。其开放性，主要体现在每一章的最后部分——“问题与思考”。这个具有很高附加值的部分为读者的进一步研究提供了方向和方法。

《构建和谐社会的法治基础》

李林（研究员）等

专著 653 千字

社会科学文献出版社 2013 年 7 月

该书围绕和谐社会的实质是民主法治社会，构建社会主义和谐社会必须完善并夯实其法治基础这个主旨，深入探讨了和谐社会的法理基础、法治文化、法治价值、法律体系、法治机制以及法律制度构建等重大问题。全书提出了和谐社会的五项法治标准，审视了法律在构建和谐社会中的功能，论述了法律体系及其划分标准，以及不断完善中国特色社会主义法律体系的建议。对于通过法治途径推进我国社会主义和谐社会建设，对于落实依法治国基本方略、加强我国法治社会建设、深化我国和谐社会法治基础的理论研究，具有学术价值。

《死刑的全球视野与中国语境》

刘仁文（研究员）

专著 320 千字

中国社会科学出版社 2013 年 10 月

该书分四部分对死刑这一重大法律和政策问题作了系统考察和研究。包括对全球废除死刑的趋势和严格限制死刑的国际法标准以及国外的一些具体做法作了介绍；从立法到司法、实体到程序，回顾、展望和评论了中国近年来的死刑改革；从死刑与宪法、死刑与宗教、死刑的成本等多个视角对死刑进行了深层次的追问；挖掘了中国古代死刑制度中的人道因素，提出对现行死刑执行方法和执行体制等进行人性化改革的建议。

《〈大清新刑律〉立法资料汇编》

高汉成（副研究员）主编

学术资料 848 千字

社会科学文献出版社 2013 年 10 月

1911 年颁布的《大清新刑律》是中国刑事立法近现代化的起点，是第一部与当代刑法有直接历史因缘关系的刑法典。因《大清新刑律》制定而引发的“礼法之争”，对刑法的指导思想、立法的基本原则和基本刑法制度等进行了系统讨论，其中所涉及的死刑、轻刑等许多问题，至今仍在刑法学界热烈讨论中。因此，加强对《大清新刑律》的研究将大有益于明晰中国刑法现代化的目标和价值标准。该书第一次在国内外系统搜集和整理了记录新刑律制定过程的历史资料并简体横排出版，主要包括 1907 年刑律草案、1907 年刑律草案签注、1910 年修正刑律草案、钦定大清刑律，以及 1907 ～ 1911 年间围绕着《大清新刑律》的制定而出现的上谕、奏折和资政院的审议等内容，基本涵盖了新刑律的完整立法过程。

《知识产权：反观、妄议与臆测》

唐广良（副研究员）

专著 400 千字

知识产权出版社 2013 年 11 月

该书是作者自 1987 年师从郑成思研究员学习知识产权法以来对该领域的一些基本问题所形成的认知与体会的总结。该书分三编，第一编是对中国的对外开放与知识产权保护的动态观察，第二编是对知识产权保护未来情况的多维度预期，第三编是对知识产权领域几个关键术语及相关制度的探析和深度思考。作者试图从几个不同的视角展开论述，以期展示并分享其个人对与知识产权法律制度相关的几个关键性问题的理解、感悟与判断。

《依法治国与深化司法体制改革》

李林（研究员）冀祥德（研究员）主编

论文集 764 千字

方志出版社 2013 年 11 月

党的十八大和十八届三中全会明确提出深化司法体制改革的任务，新一轮司法改革序幕正在徐徐拉开。2013 年初，中国社会科学院法学研究所组织召开“深化司法体制改革理论研讨会”，邀请国内众多专家学者，围绕如何在推进法治中国建设的进程中构建公正、独立、高效的中国司法模式，如何运用法治思维科学配置司法职权、有效预防司法腐败，如何不断提高司法的公信力和权威性、充分保障人权和基本自由等重大理论与实践问题进行深入研讨。该书即是对此次研讨会论文集的精选汇编。另外，该书还收入了改革开放以来有关司法改革问题的多篇重要讲话和学界论文。

《法律理学：跨越法学与理学》

胡水君（研究员）

论文 22 千字

《政法论坛：中国政法大学学报》2013 年第 1 期

该文认为，中国法理学正处于重铸和衔接古今中西学术的历史关口，需要经历一个从法学向理学跨越的历史过程。将中国文化传统与近代西学系统综合起来看，在“古今中外”时空背景下，中国法理学既可成为基于经验认知的法律科学、基于理性认知的法律哲学，也可成为基于“德性之知”的法律理学。中国法理学欲在 21 世纪开其气象，显其规模，需要同时开通并维护法律科学、法律哲学和法律理学向前生发的认知渠道，由此立足古今普适之道造就政治和社会的经验、理性和道德基础，重构“内圣外王”。

《民法典与特别民法关系的建构》

谢鸿飞（研究员）

论文 23 千字

《中国社会科学》2013 年第 2 期

该文认为，民法典当前面临的最大挑战来自特别民法的兴盛。特别民法依其功能类型可分为补充型、政策型与行政型三种。各国民法典与特别民法的关系有两种模式：法典解构与法典重构。消费者法与劳动法是否纳入民法典，是两者关系的核心。法典解构不调整消费关系与劳动关系，动摇了民法典作为市场经济基本法的地位，但保持了民法典的纯粹性；法典重构与传统民法典的价值取向抵牾，且难与传统民法体系兼容，但维护了民法典的地位。中国未来民法典既应成为纯粹的私法，又应纳入并整合政策型特别民法，真正成为市场经济与家庭生活的基本法，且能有实质创新并可垂范久远。

《职代会的定位与功能重塑》

谢增毅（副研究员）

论文 18 千字

《法学研究》2013 年第 3 期

该文认为，职代会制度是我国颇具特色的一项职工参与制度。随着市场经济体制的建立以及企业治理制度的变革，职代会的地位和作用发生了变化，需要重新审视职代会的正当性。目前，有关职工参与的各种理论从不同角度论证了职代会的正当性，职代会对完善公司治理、加强公司监督、维护公司利益也具有积极作用。我国应通过完善职代会设立规则、职权设置，使传统的职代会与市场经济体制下的现代公司治理机制相契合，让职代会成为职工与企业协商沟通的主要平台，在新的体制环境下发挥协商和监督等功能。

《劳动教养制度改革的路径选择——以实证调研为基础的分析》

熊秋红（研究员）

论文 36 千字

《法学家》2013 年第 5 期

尽管改革劳动教养制度已经成为人们的共识，但如何改革却是众说纷纭。该文认为，通过实证调研，了解理论界和实务界对于劳教制度改革的基本态度，寻求在改革方向与方案上的共识，对于解决劳教制度改革所面临的困境具有基础性作用。该文的实证调研表明，通过立法规范劳教的适用范围、建立公正的司法程序、降低劳教的严厉程度等改革建议获得了相当高的认同度，而对将劳教轻罪化、保安处分化、改革为教养处遇等改革方案，被调查者的选择未表现出明显的倾向性。通过比较法研究，加之对各种改革方案的综合分析，可以发现，对于劳教制度改革，目前有两种可供选择的方案——制定违法行为教育矫治法和将现有的劳教对象作行政化和刑事化分流处理。相比较而言，前者更具可行性。劳教制度改革应当关注国际人权公约的要求，并以提升人权保障水平为基本方向；劳教制度的改革具有综合性，兼具实体和程序两个层面，二者不可偏废；在拟定具体的改革举措时，应当以实证研究为基础，考虑世界范围内相关法律制度发展的总体趋势和带有普遍性的做法，并注意我国法律体系内部的协调性。

《私法规范文本解释之价值判断》

邹海林（研究员）

论文 26 千字

《环球法律评论》2013 年第 5 期

该文认为，法律解释是解释主体基于价值判断选择解释对象和运用解释方法的结果。法律解释之价值判断围绕具体的案件事实以及与具体的案件事实直接相关的法律文本展开。在私法领域，对事实文本予以解释并赋予其法律上的意义，要比解释相应的私法规范的法律文本更有价值。因为价值判断的主观认识，法律解释的结论总是相对的。文义解释是法律解释的起点，在一系列法律解释方法中居于绝对优先地位，尊重法律文本的文义，自身就是价值判断的产物。法律文本未经由文义解释，就不能作论理解释。论理解释对于澄清因为文义解释而产生的歧义具有意义，但其并不单纯为消除文义解释的“歧义”而被利用。论理解释的诸方法究竟应当在什么场合使用，并不取决于该方法的使用有无先后位序，而取决于法律文本解释者的价值判断，论理解释方法对于调节法律文本解释的文义偏差的作用也是相对的。

国际法研究所

《反补贴法与国际贸易：以 WTO 主要成员方为例》

黄东黎（研究员） 何力（教授）

专著 347 千字

社会科学文献出版社 2013 年 1 月

该书认为，反补贴法律制度作为贸易救济的主要法律制度之一，在第二次世界大战后多边贸易体制中扮演着极其重要的角色。它起源于北美洲，特别是应美国和加拿大完善市场竞争规则之需要，被导入 GATT-WTO 规则体系中形成了补贴与反补贴的国际法制度，又被各国及经济体所接受，成为其国内对外贸易规制的主要法律制度之一。该书选择美国、欧盟、加拿大这三个对中国进口产品提出反补贴调查最多的世界贸易组织成员，以及亚洲地区最发达的经济体——日本为研究对象，对其补贴与反补贴制度进行研究，以期厘清世界贸易组织主要成员补贴与反补贴的法律制度，也使我国能够借鉴其在补贴与反补贴制度、实践及政策制定方面的经验。

《国际组织的司法管辖豁免研究》

李赞（副研究员）

专著 390 千字

中国社会科学出版社 2013 年 5 月

该书认为，国际组织活动日益频繁，功能日益扩大。在与有关的国家和私人进行交往时，国际组织不得不经常面对自身是否享有司法管辖豁免和如何在国内法院实现这种豁免的问题。国际组织豁免问题曾作为“国家与国际组织关系”研究的一部分，停留在国际法委员会的日程上长达 30 年之久。但 1992 年国际法委员会决定暂时搁置对此问题的编纂工作。近年来不少国际法学者和部分国际法委员会委员开始重新考虑并呼吁继续展开和深化对国际组织司法管辖豁免问题的研究。鉴于此，该书将就国际组织的司法管辖豁免，即国际组织在国内法院是否享有豁免和如何实现这种豁免的问题进行研究。该书主要从国际组织司法管辖豁免的合法性和正当性两方面加以论证。合法性即指国际组织司法管辖豁免的法律渊源，正当性即指国际组织通过其司法管辖豁免的职能性限制、强制性放弃和任择性争端解决机制以实现国际组织与成员国关系的平衡。期望通过对国际组织司法管辖豁免问题进行比较深入的理论探讨，能为该问题的学术研究、国际缔约甚至有关国内立法有所助益。

《国际金融法学的新发展》

廖凡（研究员）

专著 319 千字

社会科学文献出版社 2013 年 11 月

该书以中国国际金融法学的新发展为主题，对 21 世纪以来中国国际金融法学的重要著作和文献进行回顾和总结，对理论界和学术界的重要主张和观点加以评析，并对某些具有普遍性和代表性的重要问题进行专题讨论，以期客观、完整地勾勒出近年来国际金融法学这门新兴学科的发展面貌，为同行学者及相关领域研究人员提供参考，也为今后对本学科研究状况可能进行的进一步整理和综述提供前期准备。该书主要内容包括国际金融法的基本理论、金融全球化与国际金融法的新发展、国际货币法研究的新发展、国际金融交易法研究的新发展、国际金融监管法研究的新发展、国际金融组织法研究的新发展、国际金融法研究的新角度与新方法，以及全球金融危机背景下的反思与探索。

《欧盟妇女劳动权利保护的法律制度研究》

郝鲁怡（副研究员）

专著 252 千字

中国社会科学出版社 2013 年 11 月

该书认为，在欧盟区域内，妇女是弥补劳动力短缺、拉动经济增长的重要生力军，所以增加妇女就业数量以及促进男女平等就业机会成为欧盟经济与社会政策的核心内容。欧盟通过建立以平等原则为中心，以禁止性别歧视原则、协调工作与家庭生活原则为两翼的法律制度体系，旨在保障男女共同就业基础上谋求妇女地位的实质平等。该书选取妇女劳动力就业与转移双重视角，不仅透视了欧盟在促进男女平等以及妇女就业权利保护方面的相关法律、政策及软法性措施，并且对同工同酬、男女平等权、社会保障权、迁徙权等理论问题进行了深入解析。同时就我国相关法律制度中存在的问题进行了评析与反思，从理论与制度两个层面提出对策与构想，从而为倡导与发展我国妇女劳动权利保护新机制做出有益的探索。

《系统重要性金融机构国际监管的发展与趋势》

廖凡（研究员）

论文 20 千字

《国际经济法学刊》2013 年第 1 期

该文认为，系统重要性金融机构是指那些由于其规模、复杂性和系统关联性，其陷入危机或无序倒闭将使更大范围内的金融系统和经济活动受到严重扰乱的金融机构。对系统重要性金融机构进行有效监管是全球金融危机以来国际金融监管改革工作的重要组成部分。金融稳定理事会联合其他相关国际金融组织制定的一系列文件奠定了系统重要性金融机构国际监管的基础，其基本内容可以概括为确立认定标准和评估方法、提高监管强度和有效性以及建立和实施适当处置机制这三个方面。迄今为止的监管工作采取了由国际到国内、由银行到非银行金融机构的渐进式思路，目前正在向更为多样化和复杂化的方向发展。结合国际趋势和中国现实，该文认为，至少应当从以下三个方面建立和完善我国的相关制度：首先是立法引入“系统重要性金融机构”的概念，并明确其评估标准和额外监管要求；其次是明确对系统重要性金融机构的统一监管权；最后是尽快建立针对系统重要性金融机构的特别处置机制。

《中国条约法修改报告》

朱晓青（研究员）

研究报告 13 千字

《中国法治发展报告》第 11 卷 2013 年 2 月

该文认为，作为我国的条约法律，《缔

结条约程序法》为我国的条约缔结活动提供了明确的法律依据。但是，随着我国批准或加入条约的速度和数量的逐年上升，颁布施行已二十余年的《缔结条约程序法》已不能满足我国对外条约法律活动快速增长的客观需要；加之《缔结条约程序法》仅就程序问题做出了规定，且其中的诸多规定又较为模糊，导致该法实施中存在诸多问题或困惑，因此，《缔结条约程序法》亟待修改。而该法的修改，首先就是要对缔结条约的不合法、不合理程序进行清理。此外，虽然条约的实体性问题关涉的是国际条约与国内法的关系问题，并非《缔结条约程序法》规定的内容，但对这一问题的了解，尤其是对于其中的条约在我国国内适用的基本状况的了解不仅是评估《缔结条约程序法》实施效果的重要依据，也是修改《缔结条约程序法》时应考量的重要因素。该文认为,观念原因是引致《缔结条约程序法》存在明显不足的重要影响因素，因此，若要完善《缔结条约程序法》，首先需要尊重国际立法的特殊性，并在《宪法》中明确条约与国内法的关系，这样才能构造以《宪法》为核心的国际法立法与国内法立法体系，使国际法和国内法在立法程序上有机衔接。

《GATT 第 20 条一般例外权利性质分析》

刘敬东（研究员）

论文 12 千字

《北方法学》2013 年第 1 期

该文认为，GATT 第 20 条“一般例外”条款的核心是，豁免成员方为保护人类生命健康以及保护可用竭资源等目的而采取违反 WTO 规则或其所作承诺的贸易限制措施，在 WTO 体制尚无具体环境规则的情形下，该条款是 WTO 成员方可资援引以实现环境保护目的的重要协定条款。但根据上诉机构的裁决，在出口税方面，中国政府却无权引用“一般例外”，这在 WTO 成员中绝无仅有，其后果十分严重。我们必须认真分析和解读上诉机构报告，运用公认的国际法原理反驳上诉机构这一裁决，在法理上对“一般例外”条款正本清源，争取上诉机构早日改变目前所持的错误观点，维护中国在 WTO 中的合法权益。

《WTO 未来之路在何方？——浅析 WTO 改革》

刘敬东（研究员）

论文 15 千字

《法学杂志》2013 年第 4 期

该文认为，面对国际关系的历史性变化以及当前国际金融危机，WTO 理应改革自身体制适应新的形势，推动国际贸易在新世纪的发展和繁荣。尽管改革思路和方案内容不同，但对于 WTO 改革的必要性，国际上有着广泛的共识：WTO 体制已不适应新的国际关系特点，自身存在的制度性缺陷已严重阻碍 WTO 发挥多边贸易体制功能。但对于 WTO 改革的指导思想，发展中成员与发达成员之间、学者之间尚有争论。结合当前形势以及可行性考虑，WTO 应当在广泛征求意见的基础上，围绕总干事以及秘书处的职权、透明度、现行决策机制这三项基本制度尽快开展必要的改革。

《关于制定联合国〈老年人权利公约〉的初步研究》

柳华文（研究员）

论文 19千字

《中国国际法年刊》(2012年卷) 2013年4月

该文认为，人口老龄化是一个国际性的社会趋势。联合国重视老年人权利保障，通过了多个联合国文件，并采取多种措施倡导老年人权利。联合国在老龄领域的核心工作维度包括性别视角、发展视角、人权视角和老年人权利视角。针对现有的联合国人权文书框架在老年人权利保障方面存在的不足和空白，联合国、其他国际政府间组织和非政府组织以及各国政府正在讨论如何加强老年人权利保障，包括起草一个联合国《老年人权利公约》。2010年联合国成立老龄问题不限成员名额工作组，使得该公约的起草工作开始提上讨论日程。起草公约既面临机遇，也面临挑战。中国通过宪法、老年人权益保障法等加强老年人权利保护。中国政府重视并积极参与联合国关于老年人权利保护的讨论。该文认为，中国可以为未来公约的起草工作做出自己特殊的贡献。

《法院地法的纵与限：兼论中国国际私法的态度》

沈涓（研究员）

论文 30千字

《清华法学》2013年第4期

该文认为，法院地法在国际私法中呈现出多种表述，每一种表述都有着不同特性。表述为内国强制性规则的法院地法具有对外国法的排他性，需要克制对适用这类规则的范围的不当宽纵。将法院地法表述为内国法的冲突规范通常是单边规范，限制这种单边规范的数量，可避免对法律适用属地主义的回归和法律选择普遍性的破坏。将法院地法直接表述为法院地法的冲突规范体现的是司法管辖权的优势，这时，选择法院地法仅为不当扩大内国法的适用范围时，当限；选择法院地法若为尽可能使法律适用结果有利于当事人时，可纵。不动产所在地法是法院地法的一种特殊表述，在此方面，对法院地法“限”的必要应该体现在继承领域。选择适用法院地法，实现立法管辖权和司法的便利不是理性的理由，法院地法和法律关系之间的密切联系和当事人利益的特殊需要才应是考量法院地法是否应该被选择适用的标准。

《中国国家财产在美国的执行豁免：以沃尔斯特夫妇诉中国工商银行为例》

李庆明（副研究员）

论文 13千字

《武汉大学学报》(哲学社会科学版) 2013年第4期

该文认为，美国《外国主权豁免法》规定了外国国家及其财产的管辖豁免和执行豁免。在执行程序中，国家及其机构和部门均可以主动提出执行豁免的抗辩。国家及其机构（含国有企业）具有各自独立的法律人格、财产，法院不能扣押外国国家机构（含国有企业）财产以执行针对外国国家的判决。美国沃尔斯特夫妇要求扣留中国工商银行、中国银行、中国建设银行等三家银行的纽约分行中相应的中国政府财产，用以执行之前针对中国政府的缺席判决，不符合美国《外国主权豁免法》以及联邦法院的司法先例，自然遭到拒绝。

《国际组织公务行为的确定：国际组织豁免的先决条件》

李赞（副研究员）

论文 19 千字

《云南大学学报》（法学版）2013 年第 4 期

该文认为，国际组织豁免是国际法上的重要制度。在国际法上，国际组织享有职能性豁免，即意味着国际组织只能就其从事的公务行为享有豁免。因此，界定国际组织公务行为的范围是其享有豁免的前提条件。国际组织是与国家不同的国际法主体，适用于国家的管理权行为与统治权行为这一分类法，不适用于国际组织；国际组织只能采取公务行为和非公务行为这一分类法。在确定国际组织是否以公务能力行事方面，职能性标准依然是必须考虑的重要因素。至于何为有权决定国际组织公务行为的机关，有关成员国与国际组织的主张往往完全相左。但一般而言，由行政首长作为有权机关来决定职员是否以公务能力行事、由决策与权力机构来决定行政首长是否以公务能力行事，是合适的做法，也更有利于国际组织职能的履行和目的的实现。

《〈残疾人权利公约〉与残疾人权利保障》

曲相霏（副研究员）

论文 13 千字

《法学》2013 年第 8 期

该文认为，根据 2012 年 9 月 28 日联合国残疾人权利委员会通过的对中国实施《残疾人权利公约》首次报告的结论性意见，以及中国保障残疾人的现状和法律法规的新发展，可以比较全面地分析我国在保障残疾人权利方面的进步与不足。与《公约》的要求相比，我国的《精神卫生法》在保障精神障碍人的人身安全与自由方面仍然不够完善。尽管强制住院治疗的标准已经由医学标准转变为法律标准，但是强制住院治疗的决定仍然是医学决定而非司法决定，强制住院治疗没能进入司法程序。同时，该制度的实施还面临着巨大的现实障碍。另外，按比例安排残疾人就业制度解决不了残疾人就业歧视的深层问题，制度本身不完善，在现实中遭到普遍抵制，长远考虑甚至对残疾人带来不良影响。残疾人保障金制度也存在大量问题。中国发展残疾人特殊教育的政策与《公约》发展主流学校的包容性教育的理念不符。对残疾人的歧视也是残疾人接受高等教育的一个障碍。

《“海娜号”事件表明我海事软实力尚弱》

张文广（副研究员）

文章 4 千字

《经济参考报》2013 年 9 月 25 日

该文认为，“海娜号”事件是一场普通的商业纠纷，沙钢在韩国扣押“海娜号”于法有据，纠纷解决选择适用英国法并在伦敦仲裁，这是航运业的习惯做法。海航应对策略的失误、媒体报道的偏差、公众对游客安全的担忧，上述因素共同作用，导致“海娜号”事件不断升温，险些演变成一场外交事件。该文从国际法、韩国国内法和我国《海商法》《海事诉讼特别程序法》等角度对“海娜号”事件进行了全方位的解读。该文指出，国民海事法律意识缺乏、航运业发展环境不利、海事软实力薄弱的问题要引起我们的重视。没有公众海洋意识的进一步提升，没有海事司法的保驾护航，我国“海洋强国”战略很难实施。该文建议，我国应当加大海事司法公开的力度，进一步完善中国的海事诉讼与仲裁制度，努力成为亚太地区乃至世界范围内的国际海事争端解决中心。

政治学研究所

《民主的中国经验》

房宁（研究员）

专著 310 千字

中国社会科学出版社 2013 年 11 月

该书旨在研究和总结中国近现代政治发展的历程和在现代中国政治制度建构中形成的经验，探讨中国特色社会主义民主理论，系统说明当代中国政治体制改革、民主政治建设和政治发展的内在规律性。该书系统研究和总结近代以来中国民主政治发生、发展的历史环境、自然条件和社会基础；概括和介绍中国特色社会主义民主政治制度以及特征；描述和总结中国民主政治建设的四大基本经验；提炼和梳理中国特色社会主义民主理论框架；分析和探讨未来中国政治体制改革和民主政治建设的趋向和路径。概括起来说，该书旨在总结中国民主政治建设的基本理论成果和实践经验，推进中国政治学说和中国民主理论的建构和发展，同时也对外介绍、说明当代中国的政治发展。

《中国人想要什么样民主》

张明澍（研究员）

专著 340 千字

社会科学文献出版社 2013 年 4 月

该书以调查资料为依据描述中国民众的政治态度，结论与此前大多数研究有所不同，其内容主要有如下七个方面：(1) 中国人民主观念的特点是：①德治优先于法治、信赖人多于信赖制度；②重视实质和内容超过重视形式和程序；③解决腐败和群众监督政府优先于保障公民自由和权利；④协商优先于表决；⑤要中国自己的民主而不是外国的民主。(2) 中国政治文化的基本特征是伦理主义政治文化，不同于西方的科学主义政治文化。这种政治文化较多希望用人的内在修养和品德、而不是外在规则约束政治行为，作为建构政治制度的基础。(3) 中国公民的政治态度出现中间化趋势（与经济上的中产化相应）。(4) 受高中教育是政治观念向西方化发展的转折点。(5) 年轻人在“想”和“说”方面更加西方化，年龄较大的人在实际政治参与方面（“做”）比年轻人积极。(6) 参与意识与参与行为之间差距大。(7) 当前的趋势是：由伦理主义和理想主义驱动的政治参与程度降低；从经济利益出发参与政治的程度提高。

《东亚民主生成的历史逻辑》

周少来（研究员）

专著 253 千字

中国社会科学出版社 2013 年 8 月

该书以东亚主要国家殖民化、现代化与民主化的大历史为宏观背景，从政治发展和民主化的动力机制分析视角，特别突出和解剖了各国政党互动的中介性动力机制，并以此作为解析和研究东亚民主进程的机制核心。该书研究在“分阶段、分类型”历史分析架构下，在每一个阶段和历史类型中，以每一个国家政治发展中的政党互动和博弈为中轴展开，论述经济发展、社会结构、阶层分化、利益集团和公民社会时，也是以其能否对政党博弈施加影响为主线。以此来关注和突出东亚民主生成的政党动力和制度性标志。该书认为，在东亚民主的历史生成中，各种民主因素或体制的引进、孕育、生长，甚至混乱、冲突、窒息，直到民主化的转型与民主成熟等，都和各国政党及其制度的生成、发育和成熟息息相关。东亚民主的未来也与各国多党竞争体系的稳定和制度化成熟状况密切相关。

《中国式共识型决策：“开门”与“磨合”》

王绍光（教授） 樊鹏（副研究员）

专著 316 千字

中国人民大学出版社 2013 年 6 月

该书通过收集大量政府公报、文件、报告等资料，通过对参与新医改决策过程的官员、政策专家、有组织利益团体代表进行深度访谈，展现了中国重大社会政策形成的一个完整“画面”。该书以决策的参与结构为线索划分章节，对决策过程中各方面的参与、互动机制进行了全面、细致的研究，提出中国的中央决策模式已经由过去的“个人决策”“集体决策”向民主化、科学化水平更高的“公共决策”转变，而且已经形成了一种可以称之为“共识型”的重大公共政策决策模式。该书是中国政治学本土经验研究的代表，它不仅用经验事实为中央提出的“三个自信”提供了支撑，而且构建了具有中国意义、符合中国特色社会主义内在要求的理论，为人们理解中国政治体制、理解中国崛起背后的体制因素，提供了线索。

《广东井镇农民工群体素描》

王红艳（助理研究员）

专著 258 千字

中国社会科学出版社 2013 年 6 月

该书作者深入农民工群体集聚地区——广东井镇（即东莞常平镇），考察了井镇农民工群体的工作场景、生活休闲场景、权益保障场景、未来愿景以及心理倾向，并在此基础上提出了“气生根”群体新概念，形成了几个判断：其一，在持续流动中，井镇农民工群体内部分化为“不定须状型”群体、“攀援缠绕型”群体和“钻地支柱型”群体；其二，井镇农民工群体总体上是维护社会稳定和助推地方经济发展的重要力量；其三，井镇农民工群体中存在几个值得重视乃至应该警惕的问题，无形的消极心理倾向可能比某些扰乱社会和经济秩序的具体事件更具危险性。

《基层公务员心理状况实证研究》

郑建君（助理研究员）

专著 313 千字

中国社会科学出版社 2013 年 12 月

该书系统阐述了公务员队伍管理的两大基本路径，即制度推进与心理建设，并从学科、方法和功能三个角度构建了基层公务员研究的立体框架结构。该书为党建及公务员研究提供了新的观察分析视角，也为基层公务员队伍建设实践提供了有益的数据支持和参考依据。

《论县级政府职能及其转变条件——“国家政权建设”分析视角》

周庆智（研究员）

论文 17 千字

《华中师范大学学报》2013 年第 5 期

该文以“国家政权建设”历史演进的规范性含义为出发点，从县级政权组织的政治功能和行政地位的变化，以及县级公共权力的性质规定和职能配置，来阐明县级政权组织的历史基础和现实发展条件。该文解析主导中国县级政权发展的两大功能：财税汲取和社会动员能力；深入剖析中国县级政权面临的制度结构性困境，即公共性与合法性的缺失导致其治理原则与治理方式出现危机；明确中国县级政权向现代公共组织性质转变的现实可能和发展方向。

《公共服务体系“非公化”须谨慎——基于德国医院体系改革成效的经验分析》

樊鹏（副研究员）

论文 15 千字

《经济社会体制比较》2013 年第 3 期

该文使用了大量一手的德文资料数据，考察了德国医院体系“非公化”改革情况，对德国社会办医的实际效果进行了分析和评估。在过去十余年间，德国医疗服务体系“非公化”改革作为整个欧洲医疗服务体系私有化改革进程和趋势的一部分，其社会办医比重得到较大幅度提高，尤其是私营医院比重明显提升，其激励政策和手段也被不少推行类似改革的国家和地区所效仿。虽然改革大大促进了民间投资和私立医院体系发展，但其医疗服务体系公共产品整体供应能力却出现明显滑坡。

《新民主主义革命的理论关于民族资产阶级的思想及其启示》

林立公（副研究员）

论文 12 千字

《政治学研究》2013 年第 6 期

该文的研究对象是新民主主义革命理论中关于中国民族资产阶级的思想，旨在通过这一研究，明晰新民主主义革命时期中国民族资产阶级与当代私营企业主阶层的异同，以提炼出其对于认识当代私营企业主阶层的启示。该文认为，从社会主义初级阶段基本国情出发，保障公有制经济主体地位、保护工人阶级根本利益，是发展非公有制经济、维护私营企业主阶层合法利益的前提，统一战线是私营企业主阶层政治工作的基本渠道。

《地方政府信息公开现状与完善——以地级市为例》

孙彩红（副研究员）

论文 6 千字

《中国行政管理》2013 年第 12 期

该文对我国地市级政府的信息公开实际状况进行研究，以多个地级市政府为例，通过对其重要公开出版物等文献和文本的分析，评述了《政府信息公开条例》实施以来，地级市政府在信息公开领域的进展以及明显缺陷。该文认为，要推进政府信息公开的实质性进展和突破，在公开范围上，全面扩展重点信息公开内容；在公开质量上，纵向延伸信息公开深度；在公开效果上，注重以提高公众满意度为目标；加大信息公开结果的监督力度并与考核挂钩，为政府管理透明化和科学化提供重要保障。

《公共治理与公共服务——昆山市基本公共服务调研报告》

周庆智（研究员）编

研究报告 256 千字

社会科学文献出版社 2013 年 12 月

昆山市在构建服务型政府，完善公共服务体系，大力推进基本公共服务均等化方面作出努力，初步建立起统筹城乡和区域、覆盖全民、高效低廉的基本公共服务制度体系。该书对昆山的基本公共服务建设和发展做了比较全面的阐述，对昆山基本公共服务的制度创新因素做出全面的梳理、归纳和分析，并分别就昆山的公共就业服务、社会保障、保障性住房、义务教育、基本医疗卫生、公共文化体育、福利救助服务的供给和均等化水平七个方面加以介绍和概括。该书力图为当今中国正在进行的建立覆盖城乡的基本公共服务体系，总结经验，展示前景，并提供范本。

民族学与人类学研究所

《中国社会保障收入再分配状况调查》

王延中（研究员）主编

专著 366 千字

社会科学文献出版社 2013 年 3 月

社会保障制度本身具有重要的收入再分配功能。国际经验表明，社会保障对缩小收入差距具有显著作用，作用甚至大于税收的作用，因而成为很多国家调节收入差距的重要手段。中国已基本建立社会保险、社会救助、社会福利为重点的新型社会保障体系，但中国居民收入分配差距却在不断扩大，截止到 2011 年基尼系数已经接近 0.5。这引起了社会的高度关注和争论。2011 年和 2012 年，中国社会科学院“中国社会保障发展与收入分配状况”国情调研项目组在全国 10 余个省进行了入户调查。

《民国时期语言政策研究》

黄晓蕾（助理研究员）

专著 283 千字

中国社会科学出版社 2013 年 6 月

该书以权威语言机构为节点将民国时期的语言政策划分为四个历史阶段，不同阶段的语言活动被放置于具体的历史背景中考察并分析其社会功能，试图寻找民国时期语言政策中语言内容和社会功能之间的相关性；在每一历史阶段中，主要从语音文字、术语新词层面详尽分析描述其语言形式和社会功能，并兼及语体层面，试图探求民国时期各项语言政策内容之间的相关性。

《中国民族语言文字研究史论》

朝克（研究员）李云兵（研究员）等

专著 2523 千字

中国社会科学出版社 2013 年 3 月

该书是2003～2008年中国社会科学院B类重大项目“中国民族语言文字研究史”的最终研究成果。

该书第一卷·北方卷研究中国北方民族语言文字研究的历史，包括蒙古语族语言文字研究史、突厥语族语言文字研究史、满通古斯语族语言文字研究史和朝鲜语言文字研究史。

该书第二卷·南方卷研究中国南方民族语言文字研究的历史，包括藏缅语族语言文字研究史、壮侗语族语言文字研究史、苗瑶语族语言文字研究史、仡央语群语言研究史、中国南亚语系语言文字研究史、中国南岛语系语言研究史以及南方民族诸多古文字研究史。

该书第三卷·索引卷按语系、语族、语支、语言的层级分列以往国内外学者研究中国民族语言文字的成果的相关文献。其中，有大量民族文字文献，是对中国古往今来民族语言文字研究成果的回顾和展望。

《中国语言地图集》（第2版）

中国社会科学院语言研究所 中国社会科学院民族学与人类学研究所 香港城市大学语言资讯科学研究中心合作编制

商务印书馆 2012年12月

该书是在1987年版《中国语言地图集》的基础上，根据最近二十多年来中国汉语方言和少数民族语言调查研究的最新成果编制而成的。该地图集利用中国语言方言数据库，用地图软件绘制地图。地图集包含79幅大型彩色语言地图，其中A类图是5幅中国语言总图，B类图是36幅汉语方言分区图和分省区汉语方言分布图，C类图是38幅中国少数民族语言分类图和分省区少数民族语言分布图。每幅地图都配有详细的文字说明。地图图幅及文字说明内容较1987年版增加一倍以上。

地图集由张振兴总负责，汉语方言地图主编是熊正辉和张振兴，少数民族语言地图主编是黄行和道布。国内50多位汉语方言学家和少数民族语言学家参与了语言地图的调查研究、地图绘制和文字说明撰写。

《西夏文教程》

史金波（研究员）

教材 560千字

社会科学文献出版社 2013年9月

该书为国家社会科学基金特别委托课题“西夏文献文物研究”的研究成果。该书共分15讲，首先介绍西夏历史和西夏文文献，然后讲解西夏文字构造、西夏语音、词汇、语法，特别注重难度很大的语法现象的解释，同时解读各种类型的西夏文文献，总结基本翻译技巧，其中有大量例字、例词和例句，以及较多的西夏文文献图版。该书是国内外第一部西夏文教材。

《民国时期蒙古教育政策研究》

孙懿（研究员）

专著 265千字

黑龙江教育出版社 2013年5月

清末至民国，正是中国处于国力衰微的时期，面对严峻复杂的国际和国内形势，边疆问题也呈现出不同的态势，从而使不同时期的蒙古教育政策各具不同的特点，该书就清朝后期、北洋政府时期、抗战之前、抗战时期等不同时段，中央政府对蒙古的教育政策进行阐述和分析，对蒙古教育政策进行了阐述。

《基于动态腭位图谱的蒙古语辅音研究》

哈斯其木格（助理研究员）

专著 350 千字

中国社会科学出版社 2013 年 12 月

该书基于大型语音参数库，对蒙古语标准音辅音进行生理和声学角度的分析研究，对蒙古语辅音发音姿态、发音过程、收紧部位、辅音系统的分布特点以及语流音变规则等进行了论述。该书由八章、参考文献和附图集组成。该书从发音方法角度分类介绍了蒙古语个体辅音的声学和生理特征、语流变体等，主要分为塞音、塞擦音、擦音、鼻音、边音、颤音和近音；论述了蒙古语腭化辅音；介绍了蒙古语辅音丛的组合规律和过渡特点。

《韩国华侨历史与现状研究》

王淑玲（研究馆员）

专著 186 千字

社会科学文献出版社 2013 年 2 月

该书在丰富的文献资料和详细的统计数字以及自己调查的访谈资料基础上阐述了韩国华侨的历史进程，并从韩国华侨的职业、经济、教育、社团等角度，对韩国华侨的历史和现状进行了考察。该书的创新性主要表现在以下几个方面：第一，对 1880 年以来华人移居韩国的历史做了比较全面的梳理，指出古代移居韩国的华人大多已融合到韩国的民族中，而现在所说的韩国华侨主要是近现代以来的事情。第二，韩国虽然是我国近邻，但是在韩国的华侨人数与东南亚一些国家比较，韩国华侨的人数是比较少的，主要是受到韩国侨民政策的限制。第三，20 世纪 50 年代末至 60 年代初期，韩国民族主义盛行，针对外国侨民制定了一系列的限制政策，例如对取得国籍的限制、经济上的压制政策等。

社会学研究所

《当代中国城市化及其影响》

李培林（研究员）等

研究报告 465 千字

社会科学文献出版社 2013 年 9 月

该书以全国性大规模问卷调查资料为基础，从居民消费、就业、教育、养老方式、阶层结构、社会融入、社会问题等多个角度，全方位审视当前中国的城市化进程，为记录中国社会变迁提供了丰富而翔实的资料，也为城市化研究进行了有益的探索。该书认为，中国城市化进程已成为继工业化之后又一发展新引擎，其对推进区域梯度发展、缩小城乡差距、实现城乡一体化发挥着巨大作用。随着城市化的推进，城市人口聚集经济效益显著提高、市民消费不断增长、土地资源增值明显、服务业发展空间拓展，但目前我国城市化滞后于非农化和工业化、人口城市化滞后于土地城市化、城市土地集约效益薄弱、“城市病”和“乡村病”显现等问题依然突出。我们应充分发挥城市化对经济社会发展的引领作用，不断提高大城市的集约能力，扩展城市群网络，注重小城镇的特色发展，加快农民工市民化步伐，从而走出具有中国特色的城乡统筹发展、民生普遍改善、生态环境优化的新型城市化道路。

《底线公平福利模式》

景天魁（研究员）

论文集 370 千字

中国社会科学出版社 2013 年 6 月

该书是作者完整论述底线公平理论的专题文集。2002 ~ 2012 年的十年间，该书作者陆续提出了底线公平概念和基本原则、底线公平制度体系及其机制，形成了底线公平理论。该书还从底线公平理论视角，总结了我国福利建设的本土经验，讨论了西方福利国家的经验教训，提出并论述了底线公平福利模式的基本特征和制度机制框架，并将这一福利模式运用到社会福利建设实践中，提出了进一步推进我国社会福利建设的政策建议。

《当代中国社会心态研究》

杨宜音（研究员） 王俊秀（副研究员）

专著 312 千字

社会科学文献出版社 2013 年 7 月

该书对社会心理学领域研究具有开创性的意义。该书系统梳理了社会心态概念的内涵和外延，分析了影响社会心态的各类心理机制和主要效应。该书主要包括以下三个子领域：(1) 现实生活感受，包括安全感、信任感、公平感、认同感、参与感和支持感；(2) 社会情绪体验；(3) 社会信念、价值取向、信念和思维方式与行动策略，包括物质主义价值观、社会公正动机和中庸思维方式及处世法则。

《中国社会心态研究报告（2012 ~ 2013）》

王俊秀（副研究员） 杨宜音（研究员）主编

研究报告集 347 千字

社会科学文献出版社 2013 年 1 月

该书采用社会心态的指标体系，从社会需要、社会认知、社会情绪情感、社会价值观和社会行动几个方面研究宏观社会心态。既有定量的调查研究，也有定性的资料分析和访谈法，研究成果内容广泛，包括心理健康、生活满意度、社会信任、社会支持、公平感、风险认知、自尊、奥运会评价和行为、择偶观念等方面的调查，也有针对特定群体的综合调查，如农民工和信访人员的调查。该书对社会心态的发展态势和问题进行了分析，涉及社会需求满足、社会信任、阶层认同、群体分化、社会情绪和社会价值观念几个方面；也针对社会心态的这些问题，提出了政策建议。

《境遇与态度：80 后青年的社会学研究》

李春玲（研究员）主编

研究报告集 350 千字

社会科学文献出版社 2013 年 11 月

该书以 80 后为主要研究对象。80 后是第一代在完全没有计划体制保护下，需要依靠自己努力立足的一代。他们经历了改革从发轫至今的逐步深化，见证了中国的经济腾飞，卷入了中国的全球化进程。改革的一系列进程构筑了他们的“公共生命历程”。这种宏观社会结构变迁历程与微观个人生命历程之间独特的互嵌模式，成为形塑80后群体的关键力量。全书从总论、80后群体的内部差异、80后大学生的生活境遇及80后青年的社会政治态度这四个部分，全方位展现了这一代人在社会变迁背景下的生活境遇及他们的应对和态度，试图从具体承载者的角度，为社会转型提供另一种表述。对理解社会快速变迁下的中国青年，具有现实意义。

《2013年温州发展蓝皮书》

王春光（研究员）等主编

研究报告集 400千字

社会科学文献出版社 2013年3月

该书以分析温州社会、经济、政治、文化和生态的总体发展和变化为主要内容，并提出相应的发展展望和政策建议。该书认为，温州经济发展在过去5年的低迷后出现回暖增长；作为全国民政改革试验区和全国农村改革试验区，温州社会组织、社工以及社会服务等方面取得了显著的效果，城乡关系向均衡方向发展。但是，总体上，温州发展还处在艰难的转型阶段，亟须政府、社会和市场之间形成相互合作的强有力机制，才能顺利地实现转型和可持续发展。

《生态移民与发展转型：宁夏移民与扶贫研究》

李培林（研究员）王晓毅（研究员）主编

研究报告集 409千字

社会科学文献出版社 2013年6月

该书为中国社会科学院国情调研重大招标项目的最终成果。

该书系统研究了宁夏生态移民对缓解宁夏南部山区贫困和改善宁夏生态环境的作用，对宁夏生态移民所面临的问题进行了系统分析，并基于翔实的调查，提出了解决宁夏生态移民中社会管理问题的重要对策建议。该书提出了不仅要关注移出地区的生态环境改善问题，而且要关注移入地区的生态环境的承载能力。提出解决移民的就业问题和增加移民的资产是稳定移民的关键因素。该书对宁夏生态新移民的经验进行了总结，对于全国的生态移民具有参考意义。

《转型期的中国城市家庭——基于五城市的实地调查》

马春华（副研究员）李银河（研究员）

唐灿（研究员）等

专著 400千字

社会科学文献出版社 2013年3月

该书主要讨论的是，在中国社会从传统向现代转型、从农业社会走向工业社会、城市化进程不断推进的过程中，中国城市家庭变迁的趋势和特点及可能的原因。该书认为，中国城市家庭在传统因素和现代因素的碰撞中，虽然表现出一些西方家庭变迁的特点，但是更多地形成了自己独特的特点，逐渐完成着自己独特的现代转型。中国人对于“家庭”一词实际上是存在着多重定义的，在讨论家庭变迁的时候更应该关注家庭关系的变动，中国城市家庭变迁呈现“多元模式”，是由“多种因素”共同推进的。这些都推动了国内家庭社会学的研究。过去中国家庭社会学研究讨论家庭变迁时过分注重结构的变动，讨论变迁的因素时过分注重经济因素的作用。这些对于制定和出台相关的家庭政策也有着基础性作用。

《娲皇宫志：探索一种人类学写文化体裁》

鲍江（副研究员）

专著 322 千字

社会科学文献出版社 2013 年 6 月

从一般人类学理论与方法上来讲，该书以河北涉县娲皇宫个案研究，提出综合方志与民族志，以实现人类学写文化体裁创新的一种可能。方法上融人类学入方志，融方志入人类学，两个路径相反相成。融人类学入方志，一方面，从客位视角厘清娲皇宫相关诸多象征体系及其关系；另一方面，从主位视角再现娲皇宫相关者思想。融方志入人类学，以娲皇宫一方之志为津梁，提出一种跨象征体系的相处之道——文化冲突与文化圆融，实现对单一象征体系进行深描的人类学象征论的拓展，并开创文化遗产的民族志研究。影视人类学理论与方法上，该著以娲皇宫个案研究，综合学术史上三大民族志电影流派观察电影、非虚构电影与分享人类学，提出一种新的音像民族志形式——留白电影加对话电影，前者为人类学者就田野工作现场的非虚构观察电影，后者为留白电影返回田野工作现场放映，展开人类学者与田野人物对话的记录。

《中国人的文化心理之管窥》

陈午晴（副研究员）

论文集 240 千字

中国农业出版社 2013 年 7 月

该书为作者的个人文集。所谓文化心理，可以说是人们生命历程中渗透了文化意义的心理活动与行为。全书分上篇和下篇。上篇通过 7 个基本论题探求中国人独特心理和行为的文化特性；下篇针对中国人一些负面的文化心理现象进行分析、诠释、反思或批判，议题涉及文化观念、文化性格、文化偏好、文化习俗、集体表征、角色扮演以及私人关系等。

《品味与物质欲望：当代中产阶层的消费模式》

朱迪（助理研究员）

专著 230 千字

社会科学文献出版社 2013 年 10 月

该书以全球化、城市化和扩大内需为背景，使用了大规模调查数据和作者在北京收集的个案访谈数据，从日常消费、物质文化和品味三个维度考察了中产阶层的消费模式和消费倾向，尤其关注新出现的消费倾向在当代特殊的社会文本中的实践。通过揭示中产阶层的生活水平和生活方式，能够探讨一些未来的消费和社会发展趋势，并为扩大消费、城市化和相关制度改革提出政策建议。

社会发展战略研究院

《中国社会发展年度报告（2013）》

李汉林（研究员）

研究报告 408 千字

中国社会科学出版社 2013 年 12 月

2013 年，中国社会科学院社会发展战略研究院根据社会管理与社会建设重大问题研究的要求，在 2012 年的基础上继续开展了关于社会态度与社会发展的社会调查。在此次调查的数据基础上，撰写了《中国社会发展年度报告（2013）》。该报告包括十二份专题研究报告：《包容性社会发展》《社会景气与社会信心》《城市居民生活质量》《城市基本公共服务包容性》《社会管理绩效》《政府社会责任》《公众对政府的信任》《公共参与和政府评价》《民众的环境满意度》《社会包容状况》《边疆社会中的社会包容与均衡发展》《国际比较：中国社会发展阶段分析》。

《社会景气与社会信心研究》

李汉林（研究员） 魏钦恭（助理研究员）

专著 185 千字

中国社会科学出版社 2013 年 4 月

在社会发展和社会结构转型过程中出现问题与紧张的时候，缺乏相应的监测和分析工具，使长期以来在解决这些问题上处于一种头痛医头、脚痛医脚的被动境地。为了摆脱这种局面，使我国能够在社会发展的事实基础上作出正确的判断、分析与选择，对社会景气与社会信心进行持续监测与研究成为必然。该书提出了“社会景气”和“社会信心”的研究策略，并将中国社会发展状况的研究和评估纳入到一个总体性的框架内，突出了主观态度对社会发展的影响。全书的主要内容包括研究的背景、研究的内容与方法、对中国社会景气状况的分析、对满意度状况的分析、对相对剥夺感状况的分析、对政府信任状况的分析、对中国社会信心状况的分析等。

《被代理的社会：脱嵌与发展》

萬道顺（研究员）

专著 331 千字

中国社会科学出版社 2013 年 6 月

该书认为，改革开放后，国家与社会之间的联系是通过“自己人代理”机制实现的。国家利用“自己人”有效控制了社会脱嵌过程和社会组织发展，社会在被代理下发展，虽然效率不足，但风险得到有效控制。该书认为，“自己人代理”机制是我国改革开放后国家与社会关系发展的具体经验和创新，在理论上形成了与“乡绅社会”“单位社会”等中间结构的对话，在组织治理思想上构成了外部制度设置应对组织“内部人控制”的反制。“自己人代理”模式产生的根源是差序格局基础上的“信任自己人的闭循环”，它需要向法定机构转变。

《中国可持续消费研究报告（2012）》

钟宏武（副研究员） 张蒽（助理研究员）等

研究报告 227 千字

经济管理出版社 2013 年 1 月

在可持续发展和企业社会责任已经成为全球潮流的背景下，可持续消费也日益成为时代要求和中国趋势。该研究报告依托覆盖北京、上海、广州、武汉、成都、沈阳等中国六个主要城市的可持续消费在线调查，探寻中国可持续消费现状，反映了中国消费者可持续消费认知和可持续消费行为，反映了消费者对企业社会责任信息的关注度以及企业履责行为与消费者购买倾向特征和消费者支付意愿之间的关系等，并依托调查数据构建中国可持续消费指数，提出推动中国可持续消费发展的政策建议。

《中国国际社会责任与企业角色》

钟宏武（副研究员） 张蒽（助理研究员）

魏秀丽（副教授）

专著 200 千字

中国社会科学出版社 2013 年 12 月

近年来，中资企业在海外积极履行社会责任，在自然灾害救助、兴建基础设施、扶危济贫救困、支持教育文化、援助医疗卫生等方面积极行动，回馈东道国人民，赢得了当地政府、社区和媒体的好评。但是，中资企业履行海外责任依然面临着不少问题与挑战。跨国公司在海外开展社会责任活动的经验值得中资企业借鉴。中资企业要进一步提升海外社会责任项目的价值；中国政府要提升海外援助的影响力，为中资企业履行海外社会责任创造更加良好的外部环境。

《制度如何思考》

[英] 玛丽·道格拉斯 著 张晨曲（助理研究员）译

译著 100 千字

经济管理出版社 2013 年 12 月

该书是英国著名社会人类学家玛丽·道格拉斯学术生涯晚期的一本演讲集。玛丽·道格拉斯在这本演讲集中核心谈论的是有关认知的社会控制。她以制度的产生和影响作为中心问题和主线，谈到了深层次的合作与团结的问题。该书涉及人类学、社会学、组织学和宗教学，是玛丽·道格拉斯最具影响力、跨学科的学术专著。

《社会流动与社会樊篱》

高勇（副研究员）

研究报告 140 千字

《中国城乡社会变迁研究》

中国社会科学出版社 2013 年 6 月

该研究报告通过细致的数据分析，揭示改革开放以来中国社会流动领域中的诸多变化：在教育分配层面上，中国城市中教育的不平等程度并未减少，相反有逐渐扩展的趋势；“管理精英”与“技术精英”的代际转化率在改革后迅速提高并持续发展；精英直接继承模式在改革前最强，在改革后迅速降低，而在 20 世纪 90 年代后又有回升；在 1991 年之后，精英直接继承模式和精英间接转化模式同时都在增强，因而使得不平等程度得到了强化；人们的社会地位层级认同在 2000 年之后出现了明显的“向下偏移”。导致“向下偏移”态势出现的主要原因，并非是个体的收入、教育、职业权力等地位要素发生了相对下移，而是个体对于地位结构的认知发生了改变，即地位结构认知越来越向不均衡的“金字塔形”转变。该研究报告还借鉴了经济学模型的方法，尝试对社会流动进行机制性的解释，认为市场经济的引入与代际流动的变化趋势并无直接线性关联，结果如何要取决于这一引入过程中的诸多变量，例如居民内部收入差距程度、人力资本投资效率、教育机会的扩展程度、人力资本投资回报率、劳动力市场中的种种制度安排。只有深入到这一过程内部，才能深化我们对代际流动现象的理解。

《发展过程中的满意度》

李汉林（研究员）魏钦恭（助理研究员）
张晨曲（助理研究员）
论文 20 千字
《社会学评论》2013 年第 1 卷第 1 期

满意度不仅是人们心理上的一种主观感受，群体乃至社会整体层面的满意度水平亦能反映出一个社会在特定发展阶段的公平、公正状况；人们的满意度不仅是个人期望是否得以满足的体现，而且深受社会结构的影响。该文从社会与个体两个层面出发，设计了用以测量社会发展过程中民众满意度状况的量表，结果显示当下人们对个体层面相关事项的满意度高于对社会总体层面相关事项的满意度。在此基础上，该文从社会参与、社会关系、社会保护、社会经济地位几个方面进行了更为深入的分析，以期了解影响人们满意度高低的相关社会因素，进而为政府解决特定问题以及通过特定的制度安排来提高人们的满意度，提供了事实基础。

《占有、经营与治理：乡镇企业的三重分析概念》

渠敬东（研究员）
论文 65 千字
《社会》2013 年第 1 期、第 2 期

该文系统梳理了社会学领域中具有代表性的几项产权研究，试图从占有、经营、治理三个经典理论概念出发，分析乡镇企业的生成结构和运行机制。该文认为，乡镇企业在占有关系上汇合了公有制、共有制和私有制等多重因素；在经营关系上则充分利用双轨制的体制环境，将土地承包、企业承包经营和财政包干结合起来；在治理关系上将体制的、知识的和民情的等多向度的治理机制相融合，解放了家庭、宗族、习俗等各种传统资源，并以此寻求实践中的改革与创造。乡镇企业作为社会运行的多重因素和多重环节的交集点，不仅蕴涵着丰富的制度创新空间，也充分反映出改革时代的制度精神。

《地位层级认同为何下移：兼论地位层级认同基础的转变》

高勇（副研究员）
论文 20 千字
《社会》2013 年第 4 期

地位层级认同的“向下偏移”是一个在学理上和政策上都非常重要的现象。该文认为，地位层级的主要认同基础已由对具体社会单元的归属感转变为对收入等市场要素的占有，这是地位认同“参照系”的重大转变。要真正理解地位层级认同的“向下偏移”，就必须理解社会地位“参照系”的变动，而不仅仅是个体地位“参照点”的变动。建立在收入等市场要素占有基础上的地位参照系具有缺乏稳定性、没有具体边界等特点，因此导致原先的“中层认同”趋向于瓦解，新的“中层认同”又难以建立，地位层级认同出现整体性下移。要想建立起新的“中层认同”，不仅需要提升个体收入和福利，而且要在社会生活层面上通过种种制度方式建立起社会归属和公民认同。

《诚信与问责：我国社会部门再建构》

葛道顺（研究员）
论文 20 千字
《社会发展研究》2013 年第 2 期

该文从社会部门的失信问题切入，探讨了社会部门的诚信机制和问责体系。在社会部门的发展过程中，自律、互律、他律和法律既是诚信建设的元素和路径，也是社会问责的体系和参照。在我国，目前社会部门的自律、他律和法律都存在文本缺失，对社会部门的公信力产生了较大的负面影响。为避免失信成为一种制度本能，需要对社会部门的诚信和问责体系进行再建构，其中完善法律文本是不可或缺的第一步。

《国家能力增强与社会活力激发：当代国家—社会关系的变迁》

高勇（副研究员） 吴莹（副研究员）

论文 20千字

《社会发展研究》2013年第2期

该文主张将国家与社会的议题置于中国百年来的近代史发展视野当中，研究国家力量增强和社会活力激发这两个进程之间的动态关系和内在张力，而不是仅仅将国家与社会视为业已形成的两个实体。建设现代国家与激发民众活力的过程，包括了在实践中密不可分、彼此支撑的三个方面：塑造民众的身份认同，以这种身份认同来勾连国家与民众；调整社会的组织体系，以此促进国家动员能力，建立社会激励体系；确立国家与社会互动的主导策略和手段，以此解决社会治理问题。

《文化、历史中的“民族精神”：陶云逵与中国人类学的德国因素》

杨清媚（副研究员）

论文 26千字

《社会》2013年第2期

该文通过民国时期人类学家陶云逵这一个案，梳理了德国“文化”概念经过中国学者的思考和运用进入中国社会科学的历程。作为第一位运用“文化”理论进行实地经验研究的中国学者，陶云逵在实证研究中思考如何保存“文化”自身的神圣性，肯定人的精神价值，对各文化之间如何相互沟通和理解问题展开深入的讨论。这些讨论不仅在人类学内部有意义，而且构成了人类学、社会学与哲学和历史学对话的可能。该文跟随陶云逵的理论和实证研究脚步，呈现他在文化理论和方法论上的探索，并试图指出，陶云逵对“文化”如何制约“国家”的政治经济权力提出有力的现实证据和历史证据。

《社会变迁过程中的环境问题与可持续发展——评赫尼斯的〈热门话题与冰冷的反应：气候变化与观念转变〉》

张晨曲（助理研究员）

书评 5千字

《社会发展研究》2013年第2期

赫尼斯教授的《热门话题与冰冷的反应：气候变化与观念转变》一书，通过大量的事实来说明环境问题与可持续发展紧密相连，气候变化与人们的行为、行为取向、价值观念息息相关，并呼吁自然科学与社会科学联合起来开展这方面的研究，用学术力量改变人们的行为与观念，拯救我们的家园，拯救我们的地球。该文分别从事件驱动社会态度和观念的转变、自然灾害事件转化为社会突发事件的方式、灾难和破坏程度取决于政府调控社会的能力以及社会科学与自然科学结合起来共同应对气候变化与环境问题的挑战等几个方面对《热门话题与冰冷的反应：气候变化与观念转变》进行了评析。

《资本缺失条件下中国农产品市场的兴起》

艾云（助理研究员）　周雪光（教授）

论文　18千字

《中国社会科学》2013年第8期

该文通过中国北方一个农业镇农产品市场的个案研究，针对“资本缺失下的市场交易”这一现象提出一个理论解释，指出不同形式的资本如社会资本、政治资本和经济资本可以在一定条件下相互转化，并着重讨论了两种不同但互为关联的机制：“礼物交换”的互惠机制和市场权力基础上的“强征性信用”机制。在这两种机制的作用下，农户、商贩和厂家克服资金匮乏困难，实现市场交易，从而为农产品市场的兴起提供了条件。

《城乡关系演变的研究路径——一种社会学研究思路和分析框架》

折晓叶（研究员）　艾云（助理研究员）

论文　45千字

《社会发展研究》2013年第2期

该文主要以新旧世纪之交前后六十余年为背景，以城乡关系转型得以实现的制度路径为线索，描述和分析了过往关于城乡关系演变的种种研究路径。将分析的重点放在城乡关系演变各阶段所面临的主要问题，以及在面对这些问题时理论和现实提出的新的研究需求。该文尝试提出一个有关城乡关系变迁的制度研究取向的分析框架，其中对应着城乡关系转型的主要问题，反映着基层的和上层的、乡村的和城市的、权力的和市场的等等两方互动和博弈的复杂过程，特别包含着乡村一方的回应策略和规则。这一分析框架把研究的着重点带入到多重制度逻辑相互作用下“机会结构”“互动机制”和“行动策略”之间的相互关联上来，该文据此提出了相应的研究议题和分析概念。

新闻与传播研究所

《中国新媒体发展报告（2013）》

唐绪军（研究员）主编

蓝皮书　400千字

社会科学文献出版社　2013年6月

该书梳理了2013年中国新媒体发展的概况与态势，盘点了移动互联网、微信、微博客、大数据与云计算、社交媒体、三网融合、宽带中国、移动应用App等热点，全面解析了中国新媒体的传播社会影响，论述了中国新媒体发展中出现的热点与焦点，深刻阐述了新媒体对我国政治经济社会文化等发展的作用与能量，并对新媒体的发展做出了具有前瞻性的展望及具有建设性的发展建议。尤其是针对微博出现的谣言及产生的原因、治理办法提出了独到的建议，受到了中宣部、国务院新闻办、国家互联网信息办公室的重视。同时，网络反腐的作用、办法及其对策的提出也受到了国家有关部门的关注。网络谣言、网络舆情以及微博用户的构成状况等话题引发了社会及媒体的讨论。

《马克思主义新闻传播史论的研究历程——中国学界文选》（第1卷·1980～1989）

宋小卫（研究员）　向芬（副研究员）主编

论文集 483 千字

中国社会科学出版社 2013 年 9 月

马克思主义新闻观对于我国新闻事业的发展以及新闻传播学科的建设具有长远的指导意义和特殊的重要性，它是辩证唯物主义和历史唯物主义科学世界观在新闻领域的体现。新中国成立以来特别是改革开放至今，我国学界有关马克思主义经典作家新闻活动及相关论述的研究、有关中国共产党新闻实践及其理论表达的研究已积累了较为丰富的治学成果。为便于广大读者对这一研究领域学理文献的了解，该书编者编成多卷本的《马克思主义新闻传播史论的研究历程——中国学界文选》，其中第一卷收录 20 世纪 80 年代的研究成果。

《中国新闻传播的发展——现状与趋势研究报告（2012～2013）》

宋小卫（研究员） 孟威（研究员）

殷乐（研究员）主编

研究报告集 529 千字

中国社会科学出版社 2013 年 9 月

该书是首部描述中国新闻传播内容生产、供给与获享情况及发展趋势的跨年度报告。该书主要是对 2012 年至 2013 年 6 月之间中国新闻传播的现状描述、热点问题分析及发展趋势预判。全书由制度环境、行业基础、内容供给、表达样态、公众获享、学理研究六部分内容构成。

《围观研究初探》

王怡红（研究员）

论文 20.9 千字

《新闻与传播研究》2013 年 8 月

该文以围观行为为研究对象，主要从围观发生的公共领域、行动动力、意图性、传播行为表现、围观的社会构成及围观作为关系交往活动等 6 个方面入手，对围观的概念和围观产生影响力的必要条件及其社会存在方式展开初步探讨。研究的主要内容有：探讨中国人围观概念的构成与概念的使用方式，尝试建立围观研究的意义框架；探讨围观建构了怎样的公共领域或共享的交流空间；摸索围观作为传播行为的主要表现方式；研究围观发生的传播意图或行动动力；揭示社会构成与文化个性对围观的现实建构的影响；讨论围观是否会发生人际关联或关系交往，其关系呈现的主要形态。

《媒介与人权教育——探讨从人权框架进行新闻报道的可能路径》

卜卫（研究员）

论文 10 千字

《当代传播》2013 年第 6 期

该文辨析了人权框架和新闻框架，指出，既然新闻是一种基于某种框架的建构；既然社会上存在着各种框架竞争，并由此形成了公共领域，那么，就涉及权利的新闻事件，特别是边缘群体、社会公正、发展等议题，就应该而且也可能从人权的框架进行报道或诠释，大众媒介可以通过这种贴近现实的人权教育促进我国的社会建设。该文总结了 1995 年以来我国在促进从人权框架报道新闻的主要经验：在媒体记者中发展参与式培训；社会组织的媒介监测运动；发展具有人权敏感的报道策略和伦理指南等。该文提出，要通过制度改造（建设）来强化媒体的社会责任。

《社会化媒体环境下广播与微博的互动》

黄楚新（副研究员）

论文 9千字

《现代传播》（中国传媒大学学报）2013年第8期

该文论述了以微博为代表的社会化媒体给广播发展带来的机遇和挑战，分析了广播与微博在社会化媒体环境下是如何实现互动的、互动中存在的问题以及该采取的策略。该文认为，微博拓展了广播电台的内容生产互动，如拓展了广播信息采编源头，同时，广播提升微博信息权威性。微博与广播整合共享资源信息，在信息的传播、丰富新闻表现形式、拓宽新闻传播渠道、扩大互动群体等方面实现互利。微博帮助广播电台在网络群体中实现品牌形象的打造，从而实现广播品牌形象的提升以及适应新一代年轻人的喜好。面对社会化媒体带来的挑战和机遇，广播和微博的良性互动需要传媒机构的思维转变和从业人员素质的不断提高。

《中国电影的第三条道路》

张建珍（副研究员） 吴海清（教授）

论文 12千字

《电影艺术》2013年6月

在当前关于中国电影改革的争论中，人们大多把中国电影的问题归结为市场与管制的问题，认为市场化改革是中国电影未来发展的唯一路径。这种新自由主义市场观无视中国电影历史和电影作为公共文化形式的复杂性。中国电影历史和电影的文化性质，决定了中国电影发展的路径应该综合考虑市场与管制，考虑电影作为商品、电影作为文化、全球化与民族电影这三个影响中国电影发展的独特而重大的关系，并在历史和价值之间考察中国电影改革的路径。

该文在分析上述路径选择所存在的问题的基础上，提出中国电影的发展路径应采取多元分进的发展路径，即根据中国电影上述三大关系所构成的结构的多元化等来分析促进中国电影的发展道路，并提出“社会市场化”是中国电影改革所应采取的路径。

《品道午餐学术沙龙演讲集（第一辑）》

姜飞（研究员） 张丹（副研究员）主编

演讲集 250千字

社会科学文献出版社 2013年10月

该书汇集了自2009年7月21日以来中国社会科学院新闻与传播研究所主办的“品道午餐学术沙龙”45篇中的18篇，反映了国际新闻与传播学界的新成就、新知识，以及学术研究的新观念、新思维和新角度。

《新媒体“闯关”后该向何方突进》

孟威（研究员）

论文 4千字

《中国报业》2013年7月（上）

新媒体给报业生存带来严峻挑战，如何链接新技术重获生机成为理论和业界的热点话题。该文分析了“二维码”应用于报业转型后的新变革，认为狂飙过后，传统报业意欲在“融媒”环境中走出困境，确立竞争优势，持续传播品牌价值，需思索并解决“增强用户黏度”“创造精彩内容”“突破营销困局”三个关键问题。

论文提出，要深化媒介与用户的互动联系，提高二维码认同率和使用主动性，培养和再造用户群阅读、使用习惯，增强报纸贴近性和影响力；要以深度创意推动产品创新，要赋予“内容为王”新内涵——以“内容”为核心开拓“渠道”、打造“品牌”、完善“服务”，将新闻做到极致。要围绕新媒体个性化、用户中心特点，跟进应用潮流，强化风格特色，形成核心竞争力；要发掘广告、虚拟商城、线上预订线下营销潜力，着力解决移动支付、终端技术障碍等问题，形成稳固的盈利来源，开创新媒体商业蓝海。

《微博舆论引导与危机防范研究》

雷霞（助理研究员）

论文 7 千字

《现代传播》2013 年 10 月

该文认为，微博成为影响舆论的重要平台之一，并且越来越受到重视，“微民”的崛起以及微博的聚合效应等特征无一不为舆论引导工作增加新的挑战与难度，但在看到挑战与难度的同时，更要注意到微博平台是一个可利用的高效信息传播与互动的平台，因此，要更加有效地利用微博平台来进行舆论引导工作，同时，进行舆论热点预测，从而为危机防范提供参照。

《网络观发展与新媒体执政能力提升——关于党的十八大报告中“互联网”的政治传播学解读》

刘瑞生（副研究员）

论文 5 千字

《新闻与写作》2013 年第 1 期

作为人类有史以来最强势的媒体，互联网彻底改变了中国的社会生态和中国共产党的执政环境，如何科学认识互联网、积极发展互联网和运用、管理互联网以不断提升新媒体的执政能力，成为了中国共产党在网络政治新时代最重要的课题。该文从网络发展与政治传播的角度，解读党的十八大报告中的网络观念变化与新媒体执政能力提升的关系。

《多屏时代的新闻生产与消费态势》

殷乐（研究员）

论文 6 千字

《青年记者》2013 年 12 月

运用多终端获取新闻并进行多维互动正成为全球新态势。新闻终端的变革已经并将继续对新闻的内容和表达产生深远影响，对既有的新闻传播理念也产生很大的冲击。该文结合国内外最新数据和研究，围绕移动、交往和参与三个关键词来分析多屏时代的新闻生产与消费态势。一是提出对于传统媒体而言，新闻 App 将成为转型发展的重点之一，而突破就在于能否利用大数据对用户偏好和行为的分析，做好个性化互动，体验好的新闻服务；二是提出社交媒体新闻圈的扩张是当代新闻传播的一个重要态势，分析了社交媒体新闻圈的传播特征；三是深入分析了基于网络平台的集体智慧与信息对话。

国际研究学部

世界经济与政治研究所

《2013年世界经济形势分析与预测》

王洛林（研究员）张宇燕（研究员）主编
孙杰（研究员）副主编
专著 416千字
社会科学文献出版社 2013年1月

该书作为年度形势报告，其主旨是为读者了解2013年的世界经济形势和把握2014年世界经济的发展趋势提供分析和参考。该书认为，世界经济增长速度在2012年整体放缓。发达经济体面临高失业和高债务等严重的经济和社会问题，传统宏观货币和财政政策空间几乎用尽，再加上人口老龄化和“二战”后婴儿潮大批进入退休年龄的影响，美国和日本经济低速增长，欧元区经济则出现负增长。受外需急剧下降以及国内经济调整的影响，一些新兴市场与发展中经济体放缓了经济增长步伐。全球贸易增速明显放缓和争端日益频繁，大宗商品价格逐步走低，股市受非常规政策影响非自然上涨，全球治理和区域一体化有亮点但进展缓慢。展望2013年世界经济，美国“财政悬崖”、欧洲债务危机久拖不决、流动性过剩、贸易保护主义和地区安全等诸多因素值得关注，全球经济的中低速增长将成为新的常态。

《全球政治与安全报告》(2013)

李慎明（研究员）张宇燕（研究员）主编
李少军（研究员）副主编
专著 365千字
社会科学文献出版社 2013年1月

该书作为国际政治领域的年度形势报告，其宗旨是根据形势发展，以专题的形式阐述一年来国际政治与安全的现状，进行原因解释并提出预测。该书全面阐释了国际形势的总体发展，提供了有关大国关系与国际机制、全球重大冲突与军事形势、中东北非局势、全球恐怖主义与反恐斗争、网络安全与治理、全球能源政治、水资源治理、全球移民问题以及国际组织与政党政治等方面的专题报告。该书重视思想理论研究动态，综述了国外对资本主义困境的反思，说明了国际关系研究的新进展。美国重返亚洲和中美形成成熟的大国关系、国际秩序中各种机制影响的上升、对全球治理问题的深化，构成了形势的要点。该书还分析了中国面对的领土争端升温的周边环境和维护国家主权的外交新挑战。

《国际金融体系：改革与重建》

高海红（研究员） 张明（副研究员）
刘东民（副研究员） 徐奇渊（副研究员）
专著 368千字
社会科学文献出版社 2013年8月

该书是国家社会科学基金重点课题“二十国集团面临的全球治理问题研究”的成果。

该书以国际金融危机为主线，系统分析了国际金融体系的演变、问题和趋势，全面展示了中国所处的外部金融环境，并阐述了中国的政策选择。该书认为，中国积极参与全球金融治理、推动国际金融体系变革的过程，既是中国以新兴大国的角色承担相应国际责任并维护自身利益，也是促进国内经济金融改革的过程。中国在参与制定全球规则的同时，自身也受到全球规则的制约。作为一个负责任的大国，中国在推动国际金融体系变革的过程中，必然要加速推进国内金融体系的改革与开放。

《国际视角下的中国——世界经济与政治研究所青年学者优秀论文集》

张宇燕（研究员）编

论文集 565 千字

社会科学文献出版社 2012 年 11 月

新中国成立 60 多年，尤其是改革开放 30 多年来的快速发展，使得中国已经崛起为一个举足轻重的世界大国。世界需要了解中国，中国也需要了解世界。长期以来，中外学术界之间似乎存在着一个无形的鸿沟：国外学者对于中国的研究似在雾里看花，而中国学者则多半是描述性，或者报道性为主，缺乏深入的分析。如何运用规范的方法，来研究中国所面临的挑战以及中国对世界的影响呢？该书从新生代青年科研人员的视角给出了回答。

《暴力的限度——战争法的国际政治分析》

徐进（副研究员）

专著 290 千字

中国社会科学出版社 2012 年 11 月

该书揭示了主导 150 年来战争法形成与发展的真实因素，特别是 19 世纪下半叶战争法诸公约迅速建立的原因，从而拓宽了国际规范的研究范围，为沟通国际关系与国际法两个相互分立的学术领域作出了一定贡献。在国际关系学界多关注国际规范如何塑造和约束国家身份、利益或行为的情况下，该书反其道而行之，将国际规范视为因变量，着重考查了国际规范的合法性发生嬗变的原因，促使国际规范研究者的触角向反方向延伸，从而在一定程度上丰富了我们对国际规范的认识。

《中国外汇冲销的实践与绩效》

王永中（副研究员）

专著 210 千字

世界图书出版公司 2013 年 1 月

该书对中国外汇冲销操作的有效性、成本与可持续性进行了系统论证和评价测算。在研究方法上强调运用理论模型构建和计量经验检验等规范方法，对中国外汇冲销的有效性、成本与可持续性问题进行研究。

《地区主义与地区秩序——以南太平洋地区为例》

徐秀军（副研究员）

专著 229 千字

社会科学文献出版社 2013 年 6 月

该书认为，自 20 世纪 60 年代起，地区主义在发展中国家广泛兴起。在长期的地区主义实践中，发展中国家逐步形成了多层次、开放性、经济和安全优先的地区主义发展路径，并且正朝着综合性、多功能、外向型的方向发展。这一路径的形成主要取决于发展中国家所拥有的地区秩序的双层结构。从地区内部看，对于发展中国家而言，地区主义的发展有其特有的战略考虑。在政治上，通过对话与协商维护国家独立与主权平等，维护国内稳定和地区安全；在经济上，通过贸易、金融、货币等政策的协调，来化解内部经济矛盾与冲击。从对外联系看，尽管很多时候外部大国介入地区事务能够增进地区利益，但由于在客观上存在的对外不对称依赖关系，这种介入很可能会成为组建排他性的地区政治经济集团的制约因素。总之，由于地区内的优先政治经济考虑以及对地区外力量的借重与依赖，在可以预见的未来，发展中国家地区主义难以发展成为欧洲式的政治经济联盟。

《日本危机管理体制研究》

王德迅（研究员）

专著 421 千字

中国社会科学出版社 2013 年 5 月

该书综合分析了日本危机管理体制的基本结构和运行状况，分别考察了日本自然灾害、事故灾害、健康、环境、企业、经济、社会、涉外等领域危机管理机制的运行情况。在此基础上，该书以案例分析的方式研究了日本在应对“3・11”地震、福知山线脱轨事故、驻秘鲁大使馆人质事件、“纳霍德卡”号油轮溢油事故、校园欺凌问题等典型危机事件过程中的经验和教训。

《全球智库观点 No.1——影响全球决策的声音》

张宇燕（研究员）编

专著 494 千字

社会科学文献出版社 2013 年 8 月

该书为中国社会科学院世界经济与政治研究所编译的《全球智库观点》的第一本，反映了世界著名的经济学家、金融学家及政治家对全球治理、美国大选、欧债危机、中国崛起等世界重点、热点问题的最新看法和观点。

《全球安全治理与中国的选择》

李东燕（研究员）

论文 12 千字

《世界经济与政治》2013 年第 4 期

该文阐述了对现有全球安全治理概念、框架及特征的认识与理解，提出了中国扩大参与全球安全治理的必要性与可能性选择。该文认为，与结盟、联盟等其他多边安全合作方式相比，“全球安全治理”提供了一种更包容、更灵活的多边安全合作框架，有助于全球和地区安全问题的解决，也有助于缓和大国间存在的安全困境。该文分析了中国与全球安全治理的利益相关性和责任相关性，并探讨了在全球安全治理框架下中国与其他国家和国际组织开展多种形式安全合作的可能性思路，包括通过“联合国＋G20”“联合国＋上海合作组织＋印度、日本”等多边框架，就维持和平行动、打击跨国犯罪行动、人道主义救援行动等全球安全治理议题开展多边合作及演练的可能性。该文也阐述了对中国在全球安全治理中地位和作用的看法，认为尽管中国与其他国家或国际组织之间难免存在利益和价值上的分歧，但安全治理以共同提高、合作共赢为特征，不以相互削弱为目的。因此，不同行为体可以发挥各自的作用，中国可以在全球安全治理中发挥更大的建设性作用。

《人民币有效汇率指数：基于细分贸易数据的第三方市场效应》

徐奇渊（副研究员） 杨盼盼（助理研究员）
刘悦（博士）

论文 10 千字

《世界经济》2013 年第 5 期

该文认为，有效汇率指数的测算通常考虑直接进口竞争、直接出口竞争及第三方市场竞争三个部分。IMF（国际货币基金组织）的研究显示，在有效汇率指数的构建中，第三方市场竞争因素甚至比前两者更重要。但是在涉及人民币有效汇率的文献中，只有个别考虑了“第三方市场效应”。根据贸易引力模型的结论，忽略第三方市场效应将使权重体系产生系统性偏差。此外，IMF 和 BIS（商业信息系统）直接对出口贸易的金额进行加总的方法，低估了同质商品生产国之间的竞争关系，并使得有效汇率指数的权重过度依赖于贸易规模。该文基于 HS2002 的 6 位码数据，使用竞争压力指数，对人民币第三方市场竞争效应的有效汇率权重体系、指数进行了修正。该文的研究，有助于理解中国出口竞争力的影响因素；同时，也有益于对中国出口贸易、经常项目余额与汇率关系等方面的经验研究。

《人民币实际汇率变化如何影响工业行业就业？》

毛日昇（副研究员）

论文 22 千字

《经济研究》2013 年第 3 期

该文基于汇率变化对就业市场影响的扩展理论框架，探讨了人民币实际汇率变化影响就业市场的传导机制和渠道；通过构建人民币在产业层面的实际有效汇率指数，采用 4 位码工业行业面板数据，评估了实际汇率变化通过不同渠道对中国工业行业净就业的影响作用，检验了行业的贸易开放、市场竞争结构、劳动要素密集度、所有制结构与人民币汇率变化对就业影响作用之间的系统性关系。该文认为，人民币实际汇率升值通过直接的出口开放和进口渗透渠道同时会对工业行业净就业水平产生显著的负面影响。行业的市场竞争结构、劳动密集度与实际汇率调整对就业市场的影响存在显著的系统性关系，随着行业平均净利润水平的提升，实际汇率升值对工业行业净就业水平的影响会显著降低。国有工业部门就业市场对于汇率变化并未呈现显著的刚性特征，其净就业水平同样受到了人民币实际汇率变化的显著影响，并且实际汇率升值对国有工业企业净就业水平的负面影响作用要显著高于对私营企业的作用。

《制度非中性与金砖国家合作》

徐秀军（副研究员）

论文 22 千字

《世界经济与政治》2013 年第 6 期

该文认为，在本质上，国际制度反映的是国际行为体的利益博弈与诉求。由于制度是非中性的，不同利益主体在同一制度框架中的收益却不相同。当今时代的全球治理是一个制度网络体系，而现行最主要的、影响力最大的全球治理机制都是在发达国家（集团）的主导下建立的，因此发达经济体是现行全球治理的既得利益者，分享全球治理最大份额的收益，而以金砖国家为代表的新兴经济体在其中处于一种相对不利的地位。为了改变这种不公平、不合理的利益分配格局，减少全球治理非中性带来的不利影响，金砖国家走到了一起并建立了新的合作机制，以推动世界格局从传统的统治与服从的强权型特征向符合时代要求的平等参与和互利共赢的民主型特征转化。同样，由于金砖国家合作机制的非中性，不同的行为体从金砖国家合作中获取的收益也会不同，这甚至可能带来部分行为体之间潜在的利益冲突。为此，金砖国家合作应具有足够的开放性和包容性，积极探索“BRICS + N”等新的开放性的合作模式，最大限度地包容其他利益攸关方的关切，推动国际制度规则体系的渐进变迁，以尽可能地减少因世界格局的剧烈转换带来的冲击。

《中国国际投资头寸表失衡与金融调整渠道》

肖立晟（副研究员）　陈思翀（副教授）

论文　22 千字

《经济研究》2013 年第 7 期

该文估算了中国 1998 年至 2011 年间基于市场价值的中国国际投资头寸表季度数据，并运用 Gourinchas & Rey（2007a）的现值模型量化分解了中国外部失衡调整中金融和贸易两种调整渠道的贡献度。结果表明，中国持续的外部失衡中存在显著的估值效应损失，在 2011 年末达到 4212 亿美元，占对外净资产总额的 25%；金融调整渠道能显著地解释约 12% 的外部失衡动态变化，并且与贸易调整渠道之间存在显著的正相关关系。这意味着在我国外部失衡持续为正值的条件下，不但我国未来净出口增长率会下降，而且还将经历更低的对外净资产回报率。因此该文认为，在短期内应改善我国外汇储备币种结构，在中期推进人民币国际化进程，在长期推动国际货币体系改革。

《论霸权的权力根源》

冯维江（副研究员）　余洁雅（硕士）

论文　20 千字

《世界经济与政治》2012 年第 12 期

该文从权力的视角来理解霸权的行为逻辑。霸权可能是良性的，可能是恶性的。良性霸权在运用权力的时候则应当注重权力的生产性、包容性和程序正义性。霸权的权力来源有两类：一类是基于利诱或胁迫的硬权力，要通过向权力范围内各成员提供公共产品而获得；另一类是基于认同的软权力，能由非霸权成员国对霸权结构作出的关系专用性投资来度量。公共产品投入与关系专用性投资之间的关系并非简单正相关关系，认为投入无形公共产品等同于提升软权力的观点，能对一国决策产生战略性误导。一个已经积聚了相对丰裕的权力资源的国家如果想增加自身硬权力和软权力，当按照以下原则行事：第一，根据各国对既有霸权国的资产专用性投资的情况，分析既有霸权国的软权力范围，从而避免在这一范围内徒劳地投入公共产品。第二，与既有霸权国权力范围之外的潜在成员交往时，应当长期保持诚信，并且注意其他成员的福利能够按照中性帕累托改进的标准不断提升。第三，在提供公共产品时，要注意提供那些兼具较强公益性与公害性的产品。第四，在软权力提升议题上应当有更持久的耐性。多数情况下，新兴霸权软权力的获得不是它自身努力争取到的，而是旧霸权自我败坏而流失掉的，由于霸权惯性的存在，这个过程可能历时日久。

俄罗斯东欧中亚研究所

《新编乌克兰语汉语词典》

黄曰炤（译审）主编

工具书 2120 千字

商务印书馆 2013 年 6 月

该词典是一部综合性中型双语词典，共收录词条约 80000 条，其中包括乌克兰标准语的常用词、最常用的科技名词、口语、某些古词语及方言。词典还收入文艺作品、政论文章、科普读物中最常见的词组。该词典不仅面向广大乌克兰语学习者，同时也能部分满足研究人员、翻译工作者、文艺工作者、商业人员以及其他各类专业人员的需要。

《独联体国家投资环境研究》

李建民（研究员）

专著 770 千字

社会科学文献出版社 2013 年 11 月

“走出去”是全球化条件下实施中国经济发展战略的路径选择，是中国经济融入国际市场的必由之路，伴随着中国企业“走出去”步伐的加快，需要从战略高度对国际投资环境进行研究。而以俄罗斯为主导的独联体地区自然资源丰富，工业基础雄厚，拥有技术熟练而又相对便宜的劳动力资源，是中国“走出去”战略的重要目标地。该书以俄罗斯及独联体国家的投资环境为研究对象，全面、系统、详细地论述了这一地区的投资环境和各项法规政策，为中国企业在该地区的投资活动提供了重要的路径选择、政策信息、市场动态和基础数据；同时，该书还就独联体国家的资源潜力、中长期经济发展战略和前景、吸引和管理外资的政策、存在的市场风险等问题展开研究，论证了中国企业对独联体投资的重点领域，并对中国企业如何把握投资机遇和规避投资风险提出了具体可行的建议。

《俄罗斯国家转型研究》

陆南泉（研究员）等

专著 232 千字

社会科学文献出版社 2013 年 8 月

该书对俄罗斯的政治、经济和社会转型做了全面的解读，对俄罗斯转型中的主要问题和成果做了扼要与客观的评价。该书认为，尽管俄罗斯在转型过程中面临诸多要解决的政治、经济和社会问题，如民主政治不成熟、官员和司法腐败现象严重、寡头垄断等问题，转型的任务远未完成，但可以肯定的是，俄罗斯的改革已经跨越了制度性门槛，初步建立了民主政治制度和市场经济制度的基本框架，向民主政治制度和市场经济制度的转型已经不可逆转。书中对叶利钦、普京和梅德韦杰夫时代的改革和面临的问题均有描述。对于普京执政以来俄罗斯的走向问题，该书认为，普京提出主权民主的思想，有其时代背景，普京在承认自由、民主和市场经济是全人类的共同价值观的前提下，强调主权民主应该适应俄罗斯的国情与传统。因此，普京不会把俄罗斯带回斯大林模式时代。

《俄罗斯经济二十年：1992 ~ 2011》

陆南泉（研究员）主编

专著 638 千字

社会科学文献出版社 2013 年 10 月

该书分三编，共十四章。第一编论述俄罗斯 20 年来经济体制转型；第二编分析俄罗斯 20 年来经济发展进程；第三编为俄罗斯 20 年来主要经济指标汇编（各表所列资料均根据俄罗斯官方历年出版的统计年鉴编制）。该书认为，俄罗斯经济转型起始阶段，即叶利钦时期的经济体制的转型是要摆脱在斯大林时期建立起来的、已失去发展动力的高度集中的计划经济体制模式，建立市场体制模式。俄罗斯在叶利钦时期通过激进的改革方式，形成了市场经济体制的框架，但这是极其不成熟的。叶利钦时期的经济转型，不仅没有达到振兴经济的目标，反而使经济出现了严重的转型危机。普京执政的八年间，俄罗斯各领域中的消极因素日益得到抑制，政治秩序混乱、无序状态有了根本性的好转，经济发展保持了良好态势。在俄罗斯转型 20 年间，其粗放型的经济增长方式并未发生实质性变化，俄罗斯要改变经济发展模式与经济结构，面临一系列的制约因素，这将是长期的和复杂的历史过程。同时，在经济转型过程中，俄罗斯没有很好地解决经济增长方式、经济发展模式的转变与经济结构调整这三个问题。俄罗斯经济现代化的主要问题是要着力解决由资源型向创新型转变，这将是一个缓慢的过程，因为俄罗斯由于受多种因素的制约，创新型经济发展缓慢，在相当长一个时期内经济发展无法摆脱能源等原材料部门，这必然使俄罗斯经济难以在短期内实现现代化，保证稳定和可持续发展。

《论苏联、俄罗斯经济》

陆南泉（研究员）

专著 497 千字

中国社会科学出版社 2013 年 8 月

该书从理论、路线与基本政策三个相互联系与相互作用的方面，考察了苏联经济体制的形成过程以及改革失败的种种原因。该书具体分析了斯大林经济体制模式形成、最后确立与日益巩固的原因；认为赫鲁晓夫改革失败的原因是赫氏没有对斯大林模式在经济、政治、社会生活等方面进行根本性的重大改革；对勃列日涅夫时期给出了历史定位：一是苏联停滞和积累危机因素并走向衰亡的时期，二是悄悄重新斯大林主义化是勃列日涅夫时期的另一个重要特征；指出戈尔巴乔夫改革失败的客观因素是阻碍机制与阻力对改革的影响日益增大；对叶利钦时期出现严重经济转轨危机的原因不能简单归结为“休克疗法”。特别重视阻碍苏联历次经济体制改革的经济理论因素，指出苏联长期以来对待马克思主义持教条主义的态度，不能根据变化了的情况与时俱进地发展马克思主义，而是不断地批判“市场社会主义”，坚持产品经济观等，使得经济改革不可能朝着市场经济方向前进。作者同时指出，在向市场经济转型时，不能对西方市场经济理论不顾具体条件而盲目地搬用。

《俄罗斯发展报告（2013）》

李永全（研究员）主编

研究报告 335 千字

社会科学文献出版社 2013 年 8 月

该书研究领域涵盖俄罗斯的政治、经济、外交和历史四个方面，涉及俄罗斯地方选举、移民政策、所有制结构演变与私有化进展情况、人口发展状况、独联体次地区一体化进展、俄罗斯的亚太外交、俄罗斯与叙利亚危机、俄罗斯形象等问题的研究。该书认为，2012 年俄罗斯发展的最大特点是普京作为国家总统重返克里姆林宫。普京仍然奉行保持政治和社会稳定的执政方针，保稳定促发展成为其执政基本原则。并在保持稳定的前提下，在政治制度尤其是政党制度方面做了一些调整，在经济领域，在求实和创新过程中探索现代化之路。外交上最大的亮点是面向亚太地区的战略调整以及在独联体地区的强势一体化进程。欧亚主义迅速复兴，且影响日益扩大，欧亚一体化任重道远。远东开发或成为新的经济增长点，中俄关系前景广阔，深化合作潜力巨大。

《上海合作组织发展报告（2013）》

李进峰（研究员）主编

研究报告 499 千字

社会科学文献出版社 2013 年 9 月

该书是《上海合作组织发展报告》问世以来的第五部。该书分为总论、重要会议、地区形势与热点问题、探讨与建议、上海合作组织各领域合作的新进展、成员国与观察国现状及其与上海合作组织关系以及附录等部分。2013 年度报告还增加了观察员国阿富汗以及对话伙伴国土耳其、白俄罗斯、斯里兰卡基本情况介绍。报告分析了当前上海合作组织所面临的国际和地区形势以及复杂的地缘政治经济格局变化，深入解读了地区热点问题和重大事件对上海合作组织发展的影响，对上合组织发展中遇到的一些重大问题，如一体化问题、关税同盟与上合组织关系等问题进行了深入细致探讨，提出了有重要参考价值的建议。报告还梳理分析了 2012 年至 2013 年初上海合作组织在反恐、军事、经济、交通、能源、教育、文化和农业等领域合作现状及取得的积极进展，对成员国、观察员国和对话伙伴国发展现状及其与上海合作组织的关系进行了系统客观的描述，对上海合作组织及各成员国未来发展趋势进行了预测。

《中亚黄皮书：中亚国家发展报告（2013）》

孙力（研究员）吴宏伟（研究员）主编

研究报告 430 千字

社会科学文献出版社 2013 年 9 月

该书由五个板块和大事记组成，包括总报告、热点与关注点、中亚国家与世界、中亚国家与中国、国别形势。与 2012 年《中亚国家发展报告》有所不同，该书增加了外高加索格鲁吉亚、亚美尼亚和阿塞拜疆三国的形势分析和介绍。作者运用定量与定性相结合的研究方法，从宏观和微观的角度对2012年以来中亚地区形势、热点问题、重大事件以及各国基本国情进行了深入分析，并对2013年中亚国家政治经济发展趋势进行了展望。

《中东欧转型20年》

朱晓中（研究员）主编

专著 332千字

社会科学文献出版社 2013年12月

该书是十多位中外资深学者和新生代学人共同完成的一本有关中东欧国家转型的研究型学术著作。中东欧国家转型涉及宏大的理论畛域，横亘政治学、经济学、人类学、历史学、社会学和哲学。中外学者试图对发生在欧洲大陆的这一具有世界影响的社会运动进行审视、梳理和理性分析。该书具有两个特色：其一，讨论的问题广泛，既有转型的一般问题，也有转型个案（如匈牙利、阿尔巴尼亚、波兰、捷克与斯洛伐克）；其二，既讨论了转型过程，也讨论了入盟后中东欧国家的发展。该书更以较多篇幅讨论了近年来在国内持续升温的中国与中东欧国家关系问题。作者们从不同的侧面集中对20年来中东欧国家的政治、外交转型，中东欧国家与中国关系等方面进行了介绍和分析，并对中东欧的转轨与欧洲化进程问题、入盟之后中东欧国家的发展等问题进行了深入分析和探讨。

《区域经济社会发展：俄罗斯的探索与实践》

高际香（副研究员）

专著 315千字

社会科学文献出版社 2013年5月

该书以俄罗斯地区经济社会发展为整体研究对象，综合运用区域经济学、城市经济学、产业经济学、财政经济学、社会学、人口学、经济地理学、政治学等相关理论，对俄罗斯八大联邦区经济社会发展概况、中央与地区关系、地区人口与人口跨区域流动、城市发展、俄罗斯农村地区与农业发展、区域政策演变与区域发展战略选择、落后地区发展战略与政策等方面进行了系统的研究，从不同层面和不同视角，勾勒出俄罗斯地区经济社会发展的全貌。作者对俄罗斯地区经济社会发展的主要特点进行了总结，还深入探讨了几个关系俄罗斯地区经济社会发展的重大问题，并对中俄地区间合作的前景进行了展望。

《吉尔吉斯斯坦独立后的政治经济发展》

张宁（副研究员）等

专著 195千字

上海大学出版社 2013年5月

该书对独立后吉尔吉斯斯坦的政治经济发展情况做了全面系统的研究：第一章“自然资源和基础设施”主要介绍吉尔吉斯斯坦的气候和水资源、矿产资源和基础设施。第二章“政治发展”主要介绍阿卡耶夫、巴基耶夫和阿塔姆巴耶夫三任总统执政期间的吉国国内政治形势，以宪法修改以及议会和总统选举为线索，对总统、总理和议会三者关系捋出发展脉络。第三章“政党和社会组织”主要介绍吉尔吉斯斯坦的政党、民族关系和宗教基本情况。政党竞争、南部吉尔吉斯族和乌兹别克族矛盾、恐怖和极端势力，这三者是影响吉稳定和发展的重要因素。第四章“经济发展”和第五章“财政与金融”主要介绍吉尔吉斯斯坦经济发展历程和现状。第六章“国际关系”主要介绍吉尔吉斯斯坦的对外政策以及吉与俄、美、周边国际的关系发展。

《金融转型——俄罗斯及中东欧国家的逻辑与现实》

王志远（副研究员）

专著 250千字

社会科学文献出版社 2013年5月

该书从货币和金融改革的视角来研究转型国家的金融自由化问题，将中国、俄罗斯及中东欧国家作为转型国家的典型样本，采用了历史与逻辑相结合、规范分析与实证分析相结合、比较分析与案例分析相结合的方法，建立起了一个宏观的货币、储蓄、外汇分析框架，从宏观货币金融的角度来阐述转型国家金融深化的合理性与内在性，总结转型国家金融自由化战略中的经验和教训，从而为中国的金融转型提供了难能可贵的借鉴与启示。

《苏联历史几个争论焦点的真相》

吴恩远（研究员）

专著 49千字

社会科学文献出版社 2013年5月

该书共分七个部分，内容包括：所谓列宁的“德国奸细”问题与十月革命的发动；关于列宁—斯大林体制；关于工业化失败论；关于“大清洗”问题；关于苏联卫国战争；关于“停滞时期”的苏联社会经济发展状况与“苏联解体必然论”；关于戈尔巴乔夫等人是否应对苏联解体承担主要责任。

《普京重任总统后再次治理俄罗斯历史教科书问题》

张盛发（研究员）

论文 20千字

《俄罗斯东欧中亚研究》2013年第6期

俄罗斯历史教科书问题是困扰俄罗斯社会的“顽疾”。在前两任总统期内，普京曾多次干预历史教科书问题，但未能产生如愿的效果。2012年第三次就任总统后，普京再次治理历史教科书问题。普京建议编制统一的俄罗斯历史教科书，阐述了他对历史教科书的基本立场：对俄罗斯主要的、基本的历史时期要有统一的观点，对具体的历史事件可有不同的评价。对于普京的建议，俄政府和统一俄罗斯党闻风而动，迅即呼应并予以落实，俄社会各界则作出了不同的反应。普京此次建议的背景同他强调对青年学生进行爱国主义教育、反对外国把价值观强加给俄罗斯和维护俄罗斯的国际形象有关。普京建议的目标不仅仅在于统一俄罗斯的历史教科书，而是要以此为契机建立国家层面的意识形态和统一的俄罗斯思想。从前景看，普京要实现其统一俄罗斯历史教科书目标的努力将是困难的。

《普京政府对朝鲜半岛及朝核危机的政策》

郑羽（研究员）

论文 11千字

《俄罗斯东欧中亚研究》2013年第4期

该文阐述了21世纪以来普京政府对叶

利钦时代的俄罗斯朝鲜半岛政策的调整，解读了俄罗斯在该地区的利益构成，详细分析了俄罗斯在关于朝核问题的六方会谈中的立场，并认为，对于朝鲜半岛的局势和东北亚未来的和平与稳定，俄罗斯仍需要积极发挥作用，目的是在六方会谈的模式上建立一个多边合作的安全机制，完全消除冷战的机制。该文最后梳理了针对2013年初出现的新一轮朝核危机，俄罗斯政策主张的地区战略形势与本国外交战略的背景。

《论俄罗斯的和解战略》

顾志红（研究员）

论文 8千字

《俄罗斯东欧中亚研究》2013年第4期

2008年俄格战争之后，俄罗斯实施和解战略，缓和与邻国的紧张关系。和解战略是俄罗斯近几年外交的主要内容之一，体现了俄罗斯务实和非冲突性的基本外交原则。俄罗斯通过推行和解战略，极大地改善了与波兰和波罗的海国家的关系，创造出相对良好的周边环境。俄罗斯推行多年的和解战略至2013年已初见成效。需要特别强调的是，俄罗斯的和解战略丝毫不意味着在关系到俄罗斯国家利益，包括经济利益方面的让步，俄罗斯对乌克兰天然气价格方面的强硬立场充分说明了这一点。因此，俄罗斯和解战略的目标可以归结为营造良好的周边环境，促进本国的经济发展，获取更多的经济利益。这是讨论俄罗斯和解战略最基本的出发点。

《塔吉克斯坦塔吉克人传统社会组织结构探析》

吴宏伟（研究员）张昊（编辑）

论文 8千字

《新疆师范大学学报》2013年第1期

该文认为，塔吉克斯坦塔吉克人传统社会结构为地缘与血缘两种社会组织结构并存模式。在微观层面，以血缘关系为主；而在宏观层面，地缘关系则占据主导地位，血缘组织和地缘组织相互结合。血缘性组织以家庭、家族、氏族为主要单位，地缘性组织则以马哈拉、地域集团为代表。无论是血缘性组织还是地域集团在塔吉克人当代社会中都有很大影响，特别是地域集团是塔吉克斯坦政治发展的主导因素之一。

《俄罗斯经济的发展阶段及宏观经济政策调整前景》

李中海（研究员）

论文 9千字

《俄罗斯学刊》2013年第6期

该文认为，准确客观地认识一个国家所处的经济发展阶段，有助于对其经济政策走向做出科学判断。从工业化不同阶段的标志值来看，当前俄罗斯仍处在工业化后期阶段，工业化进程远未结束。苏联时期工业化的特殊性以及苏联解体后的经济危机决定了俄罗斯工业化道路的反复性。续工业化和再工业化是俄罗斯经济发展难以回避的阶段，这不仅是俄罗斯实现经济增长和发展的保证，也是产业结构调整和升级的需要。为继续工业化和再工业化，俄罗斯政府应制定并实施积极的产业政策，促进制造业的快速发展。

《后苏联空间一体化前景暗淡》

程亦军（研究员）

论文 9千字

《俄罗斯学刊》2013年第1期

该文认为，长期以来，俄罗斯始终以重新整合后苏联空间为己任。然而，由于当年国内政局动荡、经济衰退，外部又面临着北约、欧盟不断东扩的巨大压力，完全无暇、无力来制定和实施相关计划。如今，国际金融危机和欧债危机极大地改变了世界政治经济形势，为俄罗斯创造了自苏联解体以来最宽松的外部环境，从而使重新整合后苏联空间成为可能。同时，持续增长的国民经济也使俄罗斯有了底气与自信。但是，鉴于后苏联空间的长期分化和俄罗斯有限的财力，实现这一目标的希望极其渺茫。

《近年国内苏联史研究状况综述》

白晓红（研究员）

论文 15千字

《俄罗斯学刊》2013年第2期

该文认为，中国的苏联史研究不可避免地受到对象国研究状况的影响。近年来，中国的苏联史学者，继承我国历史编纂学的优秀传统，力图超越俄罗斯国家苏联史研究中的政治色彩，在吸收俄罗斯最新研究成果的基础上，充分运用苏联历史档案文献、苏共中央文件、原始史料和网络资料，努力接近历史本来面目，在研究内容和方法上有所突破，对苏联历史的许多重要问题进行了深入研究，出现了很多大部头专著、通史类研究成果。

《奥巴马政府战略重心东移对美俄关系的影响》

孙哲（教授） 徐洪峰（副研究员）

论文 10千字

《美国研究》2013年第1期

该文认为，战略重心向亚太东移是奥巴马第一任期内美国国家安全战略的重要转变之一。这一转变是在全球经济中心从大西洋地区逐渐转移到亚太地区及中国迅速崛起的背景下发生的，有经济发展、地缘政治、军事安全，以及价值观和意识形态等诸多方面的考虑和原因。美俄两国在亚太地区各自拥有能够利用的外交资源。奥巴马政府的战略重心东移将暂时转移对俄罗斯的部分关注，总体上将为美俄关系缓和提供一个较为有利的外部环境，同时，也有望为俄罗斯提供一个新的、较长期的战略喘息期。中国是美国认为在亚太地区需要规制的主要大国。在中美两国的竞争和合作中，作为双方的力量平衡者，俄罗斯一方面可以在参与中美合作中获取亚太地区共同快速发展的经济红利，另一方面，也可以在中美竞争中，获得利用双方矛盾分别与中美两国进行博弈的机会。

《普京新时期远东开发的定位和目标》

李建民（研究员）

论文 11千字

《国际经济评论》2013年第3期

2011年以来，远东开发问题在俄罗斯升温。远东资源潜力巨大，沙俄、苏联、当代俄罗斯都对远东进行过开发。普京新时期远东开发的定位是，把东部地区作为未来发展的能源基地，确保俄能源大国地位，使远东成为连接欧亚的门户和桥梁，成为高加工产品的生产和出口基地，建立粮食出口基地和通道，实施加速战略，缩小东西部差距。财力紧缺和劳动力不足是开发远东面临的巨大难题，如何落实开发计划，如何提供资金和政策支持来加快远东地区发展，是俄政府面临的紧迫问题。该文认为，新一轮远东开发目标宏大，任重道远。从开发模式看，只能量力而行，“点状开发”是现实选择，不大可能全面铺开；从资金来源看，中央政府无力大包大揽，应是国家—私人—外资相结合；从管理体制看，指令性计划早已退场，将是政府主导下的市场化运作；从开发方式看，必须走国际合作之路，特别是加强与亚太近邻的经济合作；从开发理念看，不能以高能耗、高物耗、高污染为代价，而是要在环境可持续发展的前提下实现经济增长。未来加强中俄在远东地区的合作，对双方及全球经济将产生深远影响。

《苏联社会主义研究》

吴恩远（研究员）等

专著 406 千字

中国社会科学出版社 2013 年 12 月

该书依据苏联社会主义革命和建设重大历史发展阶段沿革，搜集国内外有关最新研究成果和最新资料，并加以评述，力图科学总结苏联社会主义的历史经验教训。该书就苏联历史、苏联共产党历史中与之相互联系、相互影响的大事件进行了研究：十月革命是一场“世纪争论”，时至今日，国内外学界仍然继续着当年列宁和苏汉诺夫、普列汉诺夫等的争论，该书搜集了国内外围绕十月革命探讨的最新资料，证明了十月社会主义革命的必然性。新经济政策的实施与中断，当年曾经引起苏共甚至国际共运内部一片哗然。那场争论很快因新经济政策取得的巨大成就而停息。该书认为，任何理论和实践都必须随着时代的发展而变化。衡量这个问题的标准只有一个，那就是实践。苏共二十大召开五十余年来，对它的研究又重新成为学界热点，该书搜集了俄罗斯学者关于“秘密报告”如何出笼、苏共二十大评价的最新史料。戈尔巴乔夫与苏联解体是国内外学者乐此不倦的争辩话题。该书认为，从法律的角度来看，总得落脚到究竟谁来承担苏联解体责任的问题，因此，所谓“斯大林模式”“苏联体制”应当对苏联解体承担主要责任这个命题在法律角度是不能成立的，而时任苏联总统的戈尔巴乔夫作为国家主体的“法人代表”，在“维护苏联公民权利”“保持苏联领土完整”方面应当承担法律责任。

欧洲研究所

《欧洲发展报告（2012 ~ 2013）》

周弘（研究员）主编

专著 451 千字

社会科学文献出版社 2013 年 4 月

久拖不决的欧洲债务危机对欧洲和世界都产生了重大的影响。因此，该书将“欧洲债务危机的多重影响”作为“主题报告”。

近几年，欧盟对中东、北非和伊朗的政策颇引人注目；欧盟的科技创新不断升华，欧盟应对气候变化的政策和机制也日臻完善。因此，该书将上述3个题目列为“专题篇”。该书的“欧盟篇”从六个层面（政治、经济、法制进程、社会、科技政策和外交）入手，分析欧盟的内政外交。“国别篇”则力求反映作为一个整体的欧盟及30多个欧洲国家在2012年出现的各种变化。

《中欧关系蓝皮书：中欧关系研究报告（2014）》

周弘（研究员）主编

专著 470千字

社会科学文献出版社 2013年12月

中国和欧盟宣布建立“全面战略伙伴关系”已历十年。在这十年期间，中欧关系经历过起伏，但总体呈向前不断推进态势。双方既有战略合作、相互促进发展的表现，亦有竞争和矛盾，但在渐变向好中孕育着突进的机遇。该书对中欧关系十年的发展历程，从政治、经济、文化等视角作出全面解读，并就全球治理中的中欧关系、中国与欧盟国家双边关系等不同层面上的发展状况进行了专题研究，同时还将中欧关系与欧美关系作了比较研究。

《认识变化中的欧洲》

周弘（研究员）主编

专著 440千字

社会科学文献出版社 2013年8月

该书从“欧洲的联合”“欧洲的危机”“欧洲的未来”“欧盟的对外战略”和“三边关系中的中国和欧洲”等视角，聚焦欧洲的变化，集中反映了中国学者对当代欧洲变化的分析和评论。

《中国援外60年》

周弘（研究员）熊厚（副研究员）

专著 359千字

社会科学文献出版社 2013年6月

中国对外援助历时60多年，是中国对外战略的重要支柱。中国的对外援助为支持世界弱小民族反对帝国主义和殖民主义、实现民族独立和经济发展并深化中国与发展中国家的互利往来起到了非常重要的作用，并形成了鲜明的中国特色。近年来，随着中国经济实力的快速提升，中国对外援助规模逐渐扩大，援外活动日益频繁，引起了国内外各界的广泛关注。该书从历史和地域两个维度，结合丰富的案例，对中国对外援助的理念、原则、政策和方式进行解析，有助于人们了解中国的对外援助。

《欧盟国家经济改革的理论与实践》

裘元伦（研究员）张敏（研究员）

专著 388千字

社会科学文献出版社 2013年6月

该书从理论与实证角度探讨了欧盟国家历次经济改革的经济理论渊源和实践经验。在战后欧洲国家经济重建过程中，受凯恩斯主义、社会市场经济理论、新自由主义等多种因素影响，欧洲国家经历了经济奇迹、陷入长期滞涨和低增长徘徊等周期性变化。当前的欧债危机对欧盟国家经济造成重创。该书重点研究了20世纪90年代以来欧盟国家宏观、微观层面的经济政策与理论的调整与变化，剖析了欧盟国家产业结构演变、社会保障制度、资本市场、劳动力市场、科技政策、环保领域等诸多方面的政策改革实践。为应对欧债危机，欧盟加快了经济改革与经济治理的步伐。欧洲一体化已经取得巨大进展，欧盟国家拥有巨大的经济实力和发展潜力，欧洲人具有的不断改革的意识和丰富的改革经验，都预示着欧洲的前途并不黯淡。

《欧盟气候变化治理模式研究：实践、转型与影响》

傅聪（副研究员）

专著 296 千字

中国人民大学出版社 2013 年 10 月

气候变化是人类迄今为止面临的规模最大、范围最广、影响最深的挑战之一。欧盟不仅积极开展内部气候变化治理，还努力推动全球气候机制构建，向外输出欧盟气候治理模式。

该书以治理理论为研究框架，对欧盟气候治理背景、实践、治理模式和转型、治理绩效及对外部世界的影响进行较为系统、全面的理论与实证分析。通过对欧盟气候治理的思考和总结，揭示出其治理模式的示范性和对外影响力。考虑到欧盟将我国视为全球气候治理中的重要合作伙伴，中国面临着巨大的国际减排压力和国内绿色发展瓶颈；该书还为我国在开展气候治理、参与国际合作中如何借鉴欧盟经验提出了建议。

《欧洲议会中的党团政治》

张磊（助理研究员）

专著 273 千字

北京大学出版社 2013 年 4 月

该书以西方学术界现有的量化研究为起点，以对欧洲议会议员和工作人员的访谈为补充，横跨选举研究、内部政治运作研究和议会与欧盟其他机构的关系研究几个方面，综合运用结构功能主义、案例研究、访谈和文献分析等方法，展示议会党团在欧洲议会中的组织方式、人事任命能力、凝聚力（一致投票的程度）、利益表达和聚集能力以及竞争态势，揭示党团在欧洲议会内部政治过程中所扮演的角色，论述欧洲议会中党团政治的重要问题（比如党团如何在欧洲议会中发挥核心作用、党团如何显示出相当高的投票凝聚力、党团的竞争和结盟如何以意识形态为基础等），从而揭示欧洲议会的性质。

《中东欧国家区域经济合作转型》

贾瑞霞（助理研究员）

专著 220 千字

中国发展出版社 2013 年 6 月

该书从实践和理论层面探讨中东欧国家从经互会到欧洲联盟的区域经济合作转型的原因及其区域经济合作的进展。中东欧国家的区域经济合作转型折射了区域主义理论与实践的互动，也在一定程度上为区域主义提供了新的理论素材。中东欧国家区域经济合作转型是对国际格局变化以及全球化的理性应对。在国际金融危机、欧债危机背景下，中东欧国家受到的波及也从一个侧面反映出这些国家参与欧盟区域经济合作面临的压力与挑战。全球区域经济合作的发展及开放趋势为中东欧国家与中国开展经济合作提供了机遇，也为中国推动并参与区域合作提供了有益的借鉴。

《欧洲联盟与中国——基本文件与评注：1949～2008》（上、下册）

[英]弗朗西斯·斯奈德 著 李靖堃（研究员） 叶斌（助理研究员） 刘衡（助理研究员） 译

译著 1172千字

社会科学文献出版社 2013年3月

中国和欧盟均为世界上重要的经济和政治力量，双方之间拥有很多共同利益，不仅互为彼此最重要的贸易伙伴之一，而且在其他诸多领域，特别是在诸如气候变化、全球金融稳定、不扩散、发展援助等一系列全球性问题上均需要对方的合作。中欧关系的深入发展取决于双方共同的政治意愿和经济上的互补性等因素，而与中欧关系有关的各种政策文件和法律文本则为中欧关系奠定了牢固的基础。但是，关于中欧关系的文件浩如烟海，且散见于各种不同的来源，查找起来十分困难。著名欧盟法学者弗朗西斯·斯奈德撰写的该书是第一部专门的中欧关系法律文件汇编和评论。将该书译为中文，不仅对国内的中欧关系研究学者有参考意义，而且有助于推动对中欧关系的研究。

《统一大市场：结构型顽疾中的欧洲治理转型》

周弘（研究员）

论文 11千字

《学术前沿》（人民论坛）2013年第14期

该文认为，要想了解欧洲的发展前景，首先需要考察欧洲主权债务危机的源起，危机给欧洲带来的冲击以及欧洲的应对之策。关于欧债危机大致有“重债国财政道德缺失论”“欧元区宏观经济失衡论”“欧元区制度架构缺失论”“金融危机后遗症论或危机输入论”“资本主义制度顽疾论”等几种判断，对应这些判断有不同的政策选择。欧洲选择的是“政策组合”，发展的方向是深化和扩大市场，采取的主要方式是治理转型。

《“跨大西洋贸易与投资伙伴关系”的进展与影响》

江时学（研究员）

论文 6千字

《欧洲研究》2013年第6期

该文认为，“跨大西洋贸易与投资伙伴关系”（TTIP）主要涉及欧美之间的贸易和投资，由以下三方面的内容组成：降低贸易壁垒、降低“关税边境后的壁垒”以及在服务、投资和政府采购等领域扩大开放度。TTIP的影响和利弊主要涉及以下几个方面：一是对多边贸易制度安排的影响；二是对国际贸易规则的影响；三是对欧美贸易伙伴的影响；四是对欧美双边关系及其国际地位的影响。作为世界上最大的两个经济体，欧美在自由贸易和投资领域的一体化程度的上升，既会进一步强化跨大西洋关系，也将大大提升欧美的国际地位。但TTIP的谈判不会一帆风顺。

《欧洲转型：趋势、危机与调整》

程卫东（研究员）

论文 7千字

《欧洲研究》2013年第1期

欧洲在其历史长河中正经历一个重要的转型时期。第二次世界大战后，欧洲地位一落千丈，由此开始痛苦的转型，它通过一体化进程逐步走向联合壮大。在欧洲经济一体化取得巨大成就、经济全球化急剧扩张、高科技迅猛发展以及冷战结束带来国际格局嬗变的背景下，欧洲转型出现新的契机，并出现了许多新迹象。而世界金融危机和欧洲主权债务危机进一步推动了欧洲转型，并凸显其新的发展动向。该文探讨了冷战结束后欧洲转型的动因、表现及其影响，尤其是欧债危机以来欧洲转型的新动向和新特征。

《论欧盟关于后2020全球气候协议的基本设计》

刘衡（助理研究员）

论文 6千字

《欧洲研究》2013年第4期

该文认为，2009年哥本哈根气候大会“失败”后，欧盟经历了目标从“条约”到“框架”的转变。随着2011年“德班平台”的通过和2012年《京都议定书》第二承诺期的确定，欧盟经过三年调整，逐步形成了自身关于后2020全球气候协议的基本设计。欧盟与基础四国在协议的实现路径、法律效力、属人范围和生效时间上取得了一些原则共识；在制度模式、义务设置、属事范围和谈判机制上存在根本分歧。重新解释“共同但有区别责任和各自能力原则”是欧盟对协议的关键诉求，将成为欧盟寻求突破的基本点。自2013年起，欧盟已从协议谈判的战略调整转入战略进攻，中国将面临更大压力，对此宜慎重应对。

《欧洲城镇化历史经验的启示》

田德文（研究员）

论文 7千字

《当代世界》2013年第6期

城镇化是经济结构与社会利益重新布局、创造和分配的过程，在这个过程中，政府职能会发生急剧的扩大与转变，政府必须做好“尽精微、致广大”的全面设计、安排与管理，才能确保城镇化的效率和质量。在这方面，世界上最早实现城镇化的欧洲国家有很多经验和教训值得我们借鉴。该文对英国、德国和法国的城镇化历史进程进行了比较研究，聚焦城镇化过程中的政府职能问题，强调城镇化须以产业升级为基础、建立完善的法律框架和建立“以人为本”的城市管理理念等欧洲经验对我国的借鉴意义。该文认为，我国城镇化建设应充分发挥制度优势，积极调整政府职能，做好“政府搭台、经济唱戏、以人为本”的顶层设计，推进我国的城镇化进程沿着更好、更快的路径发展。

《欧洲国家科技创新能力研究》

张敏（研究员）

论文 7千字

《全球科技经济评论》2013年第3期

2000年颁布的“里斯本议程”是欧盟为发展知识经济、加大研发投入而提出的21世纪第一个十年发展战略。为尽快达到里斯本战略目标的“争取在2010年使欧盟成为以知识为基础的、世界上最具竞争力的经济体”，欧盟及其成员国日益重视研发投入和科技创新能力建设。从三个层面解析欧盟科技创新能力：一是概述影响欧盟科技创新能力的综合创新指数及其指标体系；二是分析欧盟成员国创新能力的演变特征，比较创新领先国家与创新较弱国家的优势与劣势，从国际视角分析欧盟在全球科技创新中的地位；三是指出当前及今后欧盟科技创新能力的提升取决于三大因素，即欧盟国家的研发投入规模及研发强度、欧洲研究区建设和欧洲科技一体化发展及欧盟成员国企业创新活力。

《欧债危机下欧盟银行规制与监管体系的转型与创新》

胡琨（助理研究员） 刘东民（副研究员）

论文 5千字

《欧洲研究》2013年第3期

该文认为，随着欧盟银行业一体化的持续深入，离散的欧盟银行监管体系日益受到“三元悖论”的挑战，即高度一体化的金融体系无法在成员国保留银行监管权的前提下确保稳定。欧债危机爆发后，改革银行监管体系，以维护金融体系稳定在欧盟成为共识，欧盟银行监管理念与模式从“母国控制”原则转向“审慎监管”原则，成员国放弃银行监管权，极富创造性的欧盟银行新监管体系逐渐成形。

《英国欧盟政策的现状及其未来走向》

李靖堃（研究员）

论文 7千字

《当代世界》2013年第3期

在欧洲一体化问题上，英国历来被视作一个“坏小子”，它与欧盟的关系时常出现各种各样的波折，甚至是激烈的矛盾，特别是在撒切尔夫人执政时期。1997年英国工党上台执政之后，采取了积极的对欧政策，二者关系总体平稳。但在2010年保守党与自由民主党联合政府上台之后，英国与欧盟关系中的不和谐之处越来越明显，甚至出现了要求英国退出欧盟的声音。2011年以来，英国国内的疑欧情绪日益高涨，这不仅表现在保守党内部，而且表现在英国独立党的异军突起，以及国内民众的对欧态度方面。英国未来的欧洲政策将何去何从，不仅将决定英国的未来，而且将对欧洲乃至世界格局产生重大影响，因而令全世界瞩目。该文通过分析决定英国欧洲政策的深层原因，试图回答英国的欧洲政策究竟将走向何方这一问题。

《站在十字路口的英国欧洲政策》

李靖堃（研究员）

论文 7千字

《欧洲研究》2013年第1期

2013年1月，英国首相卡梅伦发表演说时提出，若保守党赢得下届大选，则将在2017年底之前就英国是否退出欧盟举行全民公投。此举是英国政府就这一问题首次作出明确表态，也表明英国的欧洲政策正处于一个重大的转折点，因而令世界瞩目。甚至有人认为，英国将就此退出欧盟。在这一背景下，该文从英国欧洲政策的历史、英国的经济利益、政治诉求、国内国外的制约因素等多个方面对英国的欧洲政策进行了全面分析，并认为，无论从哪个方面来看，英国退出欧盟的可能性都不大，但未来英国与欧盟的关系仍将充满各种矛盾和问题。同时，英国的欧洲政策也在很大程度上取决于欧洲一体化自身的成就和进展。

《欧盟“再工业化”战略解析》

孙彦红（副研究员）

论文 6千字

《欧洲研究》2013年第5期

“再工业化”是危机形势下欧盟在产业结构调整方向上的新战略性定位，也是当前欧洲正在发生的经济结构转型的核心内容之一。该文集中考察了欧盟“再工业化”战略，包括其出台背景、主要内容、实施框架、落实的基础与困难等。该文认为，“再工业化”的提出标志着欧盟已将工业的地位提升至战略考量层面，这一转变基于欧盟对“新工业革命”发展趋势的战略判断，同时也体现了其寻求通过结构性手段促进经济复苏与可持续增长的意图。针对当前工业与宏观经济现状，欧盟为“再工业化”战略设计了一套包括“四大支柱”与“六大优先领域”的实施框架，旨在重启工业投资并使之与产业结构升级相结合。整体而言，欧盟“再工业化”战略的实施具备了一定的基础，也面临着诸多不容忽视的挑战，其执行效果与影响尚待观察。

《欧盟社会治理研究述评》

蔡雅洁（助理研究员）

论文 9千字

《欧洲研究》2013年第3期

该文认为，社会政策、公民参与和移民治理是当前欧盟在社会层面上推进治理的三个重要领域，学界对这三个议题的研究不但勾勒出了欧盟在上述领域内进行治理的理念举措、制度设计与政策实践，同时也对其经验得失进行了分析与探讨。梳理中外学界既有研究中有代表性的著述，既可以了解欧盟在社会治理的不同领域内所建构的基本框架，又能够探知学界在上述议题研究中的理论取向。

《欧盟知识产权保护的理念机制与战略规划》

蔡雅洁（助理研究员）

论文 7千字

《人民论坛》2013年第6期

该文认为，欧盟及其成员国特别注意知识产权保护，并将之视为欧洲经济增长的发动机；欧盟知识产权保护的立法以维护其内部单一市场为目的，由欧盟层面的法律和成员国层面的法律两部分组成；2011年5月欧盟提出的知识产权保护战略规划，集中指向数字化时代的知识产权保护，提升了欧洲在世界范围内的经济竞争力。

《欧债危机下欧盟经济治理与财政一体化的立法进展》

叶斌（助理研究员）

论文 12千字

《欧洲研究》2013年第3期

欧洲主权债务危机暴露出欧盟在经济治理上，尤其在财政监管上存在重大缺陷。长期以来，对《马约》中早已达成的预算和财政纪律，欧盟缺乏具有执行力的法律监管框架。在危机压力下，欧盟通过包括“六部立法”和“财政契约”在内的一系列法律措施，开始了加强经济治理、强化财政纪律和加大惩罚机制的进程。尽管“财政契约”仍然是加强版的经济与货币联盟，却表现出了财政一体化的端倪。该文通过聚焦2011年以来的欧盟经济治理与财政监管立法进展，对欧盟新一轮制度建设进行全面梳理。当前，欧盟在危机之下被迫进行的制度建设，其影响和意义将远远超出经济治理的范围。欧盟正处在继续推进宪政的关口。

西亚非洲研究所

《中东黄皮书：中东发展报告No.15（2012～2013）》

杨光（研究员）主编

研究报告 413千字

社会科学文献出版社 2013年11月

该书以“中国与中东国家政治经济关系发展”为主题，分为主报告、专题报告、地区形势、市场走向和资料文献五个部分，全面反映了2012～2013年中东地区的形势变化和热点问题，对中东国家的货物贸易、建筑工程承包和投资金融市场的趋势进行了分析，介绍了国内外中东研究的最新成果，收集和整理了2012年中东地区大事记等背景资料。

《非洲黄皮书：非洲发展报告No.15（2012～2013）》

张宏明（研究员）主编

研究报告 421千字

社会科学文献出版社 2013年7月

该书以“中国与非洲区域经济合作的机遇与路径”为主题，下设“中国与非洲区域经济合作的机遇与路径”和“新世纪中非合作关系的回顾与展望”两个专题，前者旨在契合中国政府在中非合作论坛第五届部长级会议上提出的“支持非洲一体化建设，帮助非洲提高整体发展能力”的倡议；后者系上期《非洲发展报告》专题之接续，目的是使读者对21世纪中非各领域合作的进展有一个比较全面、系统的了解。

《中国与非洲经贸合作发展总体战略研究》

杨立华（研究员）等

专著 350千字

中国社会科学出版社 2013年10月

该书聚焦于中非战略合作与可持续发展这一主题，以系统研究为基础，同时注重前沿性研究，以当前世界发展变革的国际视野分析中非合作的大环境、大趋势和大战略，在理论、政策和实践层面回应中非合作面临的新挑战。

《非洲踏寻郑和路》

李新烽（研究员）

专著 590千字

中国社会科学出版社 2013年9月

该书以中国视角叙写中非友谊，展示了非洲大陆的多姿多彩，记录了非洲人民的多灾多难，让读者感悟了非洲大陆的前进脚步。为读者进一步认识非洲、了解非洲、研究非洲，开辟了一个新的窗口。

《中东库尔德民族问题透视》

唐志超（研究员）

专著 440千字

社会科学文献出版社 2013年6月

该书通过大量历史史料，系统梳理了库尔德问题的历史发展过程，全面评析了土耳其、伊拉克、伊朗和叙利亚四国的库尔德问题，并对主要国际行为体（美国、俄罗斯、欧盟、中国、以色列以及阿盟）库尔德政策进行了逐一研究。该书在多方面有所突破和创新，如对叙利亚和伊朗的库尔德问题研究、世界大国的库尔德政策、“阿拉伯之春”对库尔德问题的影响等。

《阿拉伯联合酋长国现代化进程研究》

仝菲（副研究员）

专著 230千字

社会科学文献出版社 2013年6月

该书从阿联酋现代化的起源、联邦各酋长国的现代化特点及问题、阿联酋的经济现代化、阿联酋的政治现代化问题、阿联酋的社会现代化进程、阿联酋现代化进程与可持续发展问题等多个方面对阿联酋发展现代化进行了系统的研究。

《西亚非洲法制》

王琼（助理研究员）

专著 500千字

法律出版社 2013年8月

该书勾勒了西亚非洲法制5000年来的发展历程，揭示了西亚非洲法制发展历程的基本线索；划分了西亚非洲法制的发展阶段；解析了西亚非洲法制的若干法制体系和类型；分析研究了西亚非洲法制发展的社会背景和特点；分述了现代西亚非洲70余个国家法制的概况。

《国际油气市场结构变化及其对中国与西亚油气输出国关系的影响》

杨光（研究员）

论文 12千字

《西亚非洲》2013年第6期

该文认为，能源联系是中国与西亚国家关系的基本内容，国际能源市场的变化是观察双方关系的新视角。国际石油市场板块化和国际石油天然气市场去板块化已经并将继续对中国与西亚主要油气出口国家关系产生重大影响。国际能源市场正在发生的这两大结构性变化，意味着在核心利益上西亚国家与西方国家的疏远和与中国的接近，因而可以为中国与西亚主要石油输出国关系的发展注入正能量。这不仅使双方在能源安全面的战略性相互依赖更加紧密，而且会大大推动双方在经贸领域方面的合作，并使中国在促进中东地区的和平与稳定方面发挥更大的作用。

《叙利亚危机缘何难以平息》

王建（副研究员）

论文 10千字

《西亚非洲》2013年第5期

该文认为，叙利亚危机迄今未能平息是由国内外多种因素决定的。阿拉维派的团结和军队的忠诚是巴沙尔政权生存之根本，一方面，叙利亚教派间的历史积怨使阿拉维派惧怕逊尼派的复仇，唯有团结一致方能保住巴沙尔政权，维护自己的利益和安全；另一方面，以阿拉维派士兵为中坚的叙利亚军队成为巴沙尔政权生存的保证。与阿拉维派的团结和忠诚相反，叙利亚反对派则是为争夺领导权而内讧不断，伊斯兰极端组织和恐怖主义组织与其他反对派在意识形态和追求目标上的不同使其不仅不能团结一致，反而是自相杀戮。伊朗和黎巴嫩真主党全力支持巴沙尔，美国出于自身战略考虑迟迟未实施直接的军事介入，这是叙利亚目前陷入僵局的外部因素。从叙利亚目前局势和各方的利益诉求来看，叙利亚危机只能走政治解决的道路。

《美中东战略收缩及其地缘政治影响》

唐志超（研究员）

论文 12 千字

《现代国际关系》2013 年第 11 期

该文认为，奥巴马政府中东政策的主导思想是实行战略收缩，力图从中东脱身。战略收缩主要体现在美对中东军事、经济和外交资源投入减少和干预减弱。这不仅使美在该地区的主导地位开始动摇，也在该地区造成权力真空和地缘政治失衡。美在中东的战略收缩是美全球战略调整的重要组成部分，与其亚太“再平衡”政策相互关联、相互制约。

《中国对非洲投资合作的主要模式及挑战》

姚桂梅（研究员）

论文 12 千字

《西亚非洲》2013 年第 5 期

该文认为，“资源—信贷—项目”一揽子合作模式和经贸合作区模式是中国对非洲投资实践中形成的具有战略性、独有的合作模式。两种合作模式兼顾非洲发展需求和中国经济优势，以制度为依托，以国家权力为保障，对推动中非经贸合作深入发展、实现互利双赢发挥着引领和示范的作用。中非双方需通力合作，创新思维，迎接挑战。而顺应非洲需求、加快与非洲当地经济社会的融合，以更加开放的心态，开展国际合作，是中国对非投资合作持续发展的必由之路。

《美国对非洲战略的新变化》

贺文萍（研究员）

论文 10 千字

《新视野》2013 年第 6 期

该文认为，奥巴马在竞选连任第二届总统的前夕，出于拉拢非裔美国选民以及加强美国在非洲影响力的需要，公布了对撒哈拉以南非洲的新战略。该战略把“民主、自由”的“价值观外交”以及“和平与安全”的“军事外交”摆在首位，这样做，其隐而不宣的另一战略意图是通过这两个美国仍享有“比较优势”的领域来阻止甚至遏制中国在非洲影响力的扩大。但是空洞和抽象的“民主、自由”言辞说到底只是漂亮的口号，非洲国家更希望和欢迎投资和经贸合作等“实实在在的帮助”。

《非洲经济增长动力探析》

李智彪（研究员）

论文 28 千字

《西亚非洲》2013 年第 5 期

该文认为，非洲经济在进入 21 世纪以来一直保持年均 5% 以上的增速，这在非洲独立以来的经济发展史上是少有的现象。这一轮增长周期不仅持续时间长、覆盖范围广，还引发非洲经济社会领域一系列积极变化。就增长动力而言，非洲本土旺盛的消费需求是核心动力，资源要素、市场化改革、通信领域革命、外部资金支持、南南合作等也是重要的动力源。所有这些增长动力源有望在未来较长时间继续发挥作用，加上其他增长潜能被挖掘释放，非洲经济目前的增速将延续或进一步提高。

《中非关系中的“软实力”问题》

李文刚（副研究员）

论文 12 千字

《西亚非洲》2013 年第 5 期

该文认为，从一个贫穷落后的发展中国家跃升全球第二大经济体的发展经验，成为中国在非洲软实力的主要来源之一，中国对非外交政策和中国文化从一开始就彰显着中国软实力的魅力。与欧美发达国家相比，中国在非软实力还有不小差距，即使与新兴国家印度、巴西等相比，亦无多少优势可言。中国提升在非软实力迫在眉睫，意义重大，任重道远。软实力进入中国官方话语体系后，在国家和社会各界的共同努力下，提升中国在非软实力将有利于中非关系的可持续发展。

《海湾国家石油美元投资模式》

姜英梅（副研究员）

论文 11 千字

《阿拉伯世界研究》2013 年第 1 期

该文阐述了 20 世纪七八十年代和 21 世纪初的石油美元回流和投资机制及途径。该文认为，第一次石油美元回流促进了国际资本大流动和国际债务激增；21 世纪新石油美元回流与第一次石油美元回流不同，有助于全球金融体系稳定，但也可能助长资产泡沫。目前，海湾国家石油美元出现“向东看”趋势，但中国吸引海湾石油美元仍存在许多问题。

《中东地区安全与大国干涉的影响》

王京烈（研究员）

论文 12 千字

《西亚非洲》2013 年第 6 期

该文认为，西方大国为实现自身利益不择手段地干预中东国家，其主要方式有 5 类，即政治挤压、经济制裁、军事打击、颠覆敌对政权、新媒体干预等。大国干预往往导致被干预国局势急剧动荡、破坏了原有的社会发展进程，暴力和恐怖主义事件频发，甚至成为极端主义分子和恐怖主义分子比较集中的地区。这已经成为一种“有深远负面影响的模式”，对中东地区安全形势有着极为重要的影响。

《印度对非文化外交探析》

徐国庆（副研究员）

论文 12 千字

《南亚研究》2013 年第 3 期

该文认为，新时期，出于加强与在非印度后裔的联系，及推进印度对非外交关系等因素的考虑，印度日趋重视对非洲的文化外交。印度对非文化外交的内容不但包括传播印度传统文化、加强印非对各自的研究，而且包括支持非洲能力建设、密切媒体互动等形式。通过展示印度文化自身，发挥官方与民间的综合优势，印度在加强与特定非洲国家文化联系的同时，与非洲整体的文化外交亦取得一定的进展。

《第五届“非洲发展东京国际会议”与日本对非洲战略》

张永蓬（研究员）

论文 10千字

《亚非纵横》2013年第5期

该文认为，“非洲发展东京国际会议”和对非援助是日本对非政策的两个基本工具。第五届东京国际会议突出表明，日本正在形成系统的对非战略，对非合作力度和范围明显加大，并将对中非关系及中国对非战略产生影响。

拉丁美洲研究所

《转型中的机遇：中拉合作前景的多视角分析》

吴白乙（研究员）等

专著 269千字

经济管理出版社 2013年4月

该书集中回答了一个基本问题，即“拉美地区能否为中国进一步利用‘两个市场、两种资源’提供有力支撑”。全书的第一章重点讨论拉美地区的市场潜力与贸易和投资环境；第二章专门围绕中拉货币领域合作及其对人民币国际化的意义进行探讨；第三章和第四章侧重实证研究，分别选择拉美能源、人力资源两个领域，对深化中拉合作关系的前景进行分析；第五章讨论的对象——拉美“政治文化和制度特性”既抽象又具体；第六章讨论了拉美地区安全状况及其主要挑战；第七章讨论了拉美在全球和中国外交格局中的地位与作用，重点就如何加强未来中拉之间安全和外交合作方面进行了前瞻性的分析。

《跨越中等收入陷阱：巴西的经验教训》

［巴西］费尔南多·奥古斯都·阿德奥达托·韦洛索［巴西］莉亚·瓦尔斯·佩雷拉

郑秉文（研究员）主编

研究报告 596千字

经济管理出版社 2013年4月

该书中所有文章都围绕“中等收入陷阱”的主题展开讨论。我们看到与从贫困到中等发达阶段的成功转型相比，后者向更高水平的跨越则少之又少。这一主题本身就颇具争议，甚至对于“中等收入陷阱”是否存在也受到不少学者的质疑。无论如何，中巴两国同处中等收入阶段，并以向第一世界成功跨越来巩固自身在国际社会中的主角地位，因此，中等收入陷阱的挑战可作为深入探讨的一个好的出发点。

《拉丁美洲和加勒比发展报告2012～2013》

吴白乙（研究员）主编

皮书 438千字

社会科学文献出版社 2013年5月

该书对2012年拉丁美洲和加勒比地区诸国的政治、经济、社会、外交等方面的发展情况作了系统介绍，对该地区相关国家的热点及焦点问题进行了总结和分析，并对2013年的发展前景作出预测。改革需要温和的理性，同样也需要政治决断，关键在于其领航者。墨西哥革命制度党在下野12年后，以“变革”为口号，在2012年选战中获胜，创造了一个老牌大党“东山再起”的政治神话。该报告展现该党在不同时代条件下为应对内外环境压力作出适应性调整和转型的主要脉络与基本经验，其重要启示在于：建立现代治理制度的先进意识和相对集中的权威，是新兴国家在高速发展阶段对先进政党的客观要求；政治发展不会一劳永逸，只有不断推进自身改革，才能保持政党活力，并带领国家攻坚克难。

《面向发展的公共财政：加强收入与支出之间的联系》

中国社会科学院拉丁美洲研究所集体翻译

译著 333 千字

知识产权出版社 2013 年 5 月

国家在推动经济平等发展中发挥着重要作用。为此，国家应该获得相应的资源，用于提供适当规模和较高质量的公共产品和服务。政府的税收能力和公共管理能力之间存在紧密联系，因为纳税可以促进公民关注和监督政府管理，同时又促使执政者在其工作中更加透明和高效。

该书试图弄清楚这一问题并且强调各级政府加强税收与支出决策之间的联系，并使其更加透明的必要性。报告介绍了财政制度在加强这一联系方面所起的各种作用，其中包括提高税收在收入与利润中的比重，使税收结构更加平衡。同时，应当避免因非税收收入（如开发自然资源带来的收入）比例过高而造成的负面影响，尤其是缺乏透明度的做法，背离了民众为国家筹资的必要性。同样重要的是，应当减少偷税漏税行为，因为它使税收体系变得更加不公，并导致税收道德堕落。此外，需要改善和提高社会支出计划再分配的效率和能力。最后，要有适当平衡的预算体制，在立法与行政之间进行良好协调，从而为各方利益的协调提供空间。

《2013 年拉丁美洲经济展望：面向结构调整的中小企业政策》

中国社会科学院拉丁美洲研究所翻译

译著 206 千字

知识产权出版社 2013 年 5 月

未来短期内，拉丁美洲经济将以较快速度增长，而且具有在必要情况下实施反周期政策的空间。然而未来中期内，拉丁美洲将面临较为复杂的局面。外需减弱将导致该地区许多国家增长模式的局限性凸显，该模式是建立在低附加值产品和自然资源出口的基础之上。拉美各国政府目前应当采取措施——与短期宏观经济政策相一致——来优化产业结构，并通过多样化及引入知识来解决结构性差异的问题。拉美国家中小企业可以成为结构转型和提高生产率的重要推动者。为此，需要转变面向中小企业的公共政策理念。只有在基础设施政策、公共服务供应和产业政策之间加强连贯性、关联性和协调性，才能使中小企业政策更加有效。尤其是融资、人才培训、创新和技术传播系统的政策以及生产关联方面的政策有助于中小企业克服其面临的障碍。

《第一位印第安总统——埃沃·莫拉莱斯传》

［阿根廷］马丁·西瓦克 著　芦思姮（研究实习员）译

译著 227 千字

知识产权出版社 2013 年 5 月

记者马丁·西瓦克多年来跟随埃沃·莫

拉莱斯走遍世界各地，亲历了他与卡扎菲、克林顿、查韦斯的会面。此外，也分享了莫拉莱斯难得一见远离“政治硝烟”的时光：踢足球、与同伴们聚餐，从而更加深入地了解到了这位非凡总统的领袖魅力。该书在偶数章节里描述了总统的个人成长史，奇数章节里刻画了其执政这些年所经历的风风雨雨。

《从第一行开始——查韦斯随笔》

[委内瑞拉] 乌戈·查韦斯 著 刘波（博士）范蕾（助理研究员） 王帅（研究实习员）译

译著 389 千字

知识产权出版社 2013 年 3 月

《从第一行开始——查韦斯随笔》是委内瑞拉总统查韦斯的思想随笔。书中的这些思想火花已成为指导玻利瓦尔革命的理论灵感之源泉。该书编撰了上百份历史文献，展现出委内瑞拉国内玻利瓦尔革命的发展进程，是查韦斯总统对国家历史、政治、经济、国际形势、社会主义建设和人民政权的发展以及社会主义道德等问题进行的深入思考。查韦斯对革命力量发出深情的号召，对干涉其他国家内政者予以强烈的抨击，为拉美一体化进行了坚定而卓越的努力。

《中拉能源合作：经验、问题与未来选择》

吴白乙（研究员）

论文 10 千字

《当代世界》2013 年第 4 期

该文认为，正在急剧变动的世界能源格局之下，中国未来的能源战略必须要统筹国内、国际两大能源发展大局，立足当前、着眼长远，按照互利合作、多元发展、协同保障的新能源安全观，充分利用全球能源资源。中国能源“走出去”战略，旨在加大力度开拓境外油气来源，有效利用国际市场机制和自身的资金及灵活多样合作模式等优势，提高经济外交的网络化程度，在全球范围内缔结一大批能源合作伙伴关系，实现多元化外部供给，最大程度地缓解和改善中国的石油安全困境。

《人民币国际化与拉美作为区域对象的考察》

柴瑜（研究员）

论文 18 千字

《世界经济与政治》2013 年 4 月

该文认为，货币国际化的理论研究较多集中在货币供给方，国际货币供给的实现条件与机制是研究的重点。但在国际经济领域，货币是由市场上所有国家公共和私人代理人的决策和行动决定的。由于货币竞争格局的变化，交易网络的扩大，货币需求方与经贸伙伴之间的关系日趋复杂，针对特定地理区域的货币需求维度的研究亟待充实。中国与拉美国家的经贸往来在近十年中实现了跨越式发展。从国际货币寡占市场结构出发，以拉美地区作为人民币国际化对象区域，该文认为，人民币在拉美地区流通域的扩展不仅面临着自身竞争力的约束，从需求角度更受到拉美地区宏观经济增长、通货膨胀、汇率政策及政府治理等因素的影响。综合目前人民币的影响力与拉美地区国家的发展状况，人民币实现货币替代的可能性并不强。在人民币国际化的起步阶段，中拉金融合作是扩大人民币在拉美影响力的有效途径。增强与拉美地区贸易投资联系，在拉美扩大人民币交易网络等都将促进人民币在拉美地区的国际化。当然，中国经济的持续发展与人民币自身的稳定性是其中最根本的因素。

《拉美现代福利体制的形成与历史演变》

房连泉（副研究员）

论文 12千字

《拉美国家现代化进程及其启示》

知识产权出版社 2013年1月

拉美国家现代福利体制的发展历史可划分为两个时期：20世纪80年代以前为传统福利体制形成与发展期；80年代以来为新自由主义体制的改革期。该文分析拉美福利体制前后两个阶段的基本特征与改革动因，并总结改革的基本成效。至今，拉美国家的“自由主义”福利体制改革已有20多年的历程。从改革效果上看，这场改革取得了一定成效，但表现出很大的局限性。改革成效主要体现在经济效率上：国家的财政负担下降，社会保障基金的私营化管理对繁荣资本市场和促进经济增长作出了很大贡献，私营部门的参与相应提高了社会保障服务的质量和效率。改革的局限性主要体现在对社会发展的负面影响上：不少拉美国家在社保私有化改革后，参保人口覆盖面呈下降趋势，收入分配差距拉大；公共资源的使用和分配更加不公。

《政治转型与“东山再起”：墨西哥革命制度党的启示》

王鹏（副研究员） 谌园庭（助理研究员）

论文 20千字

《拉丁美洲和加勒比发展报告（2012～2013）》

社会科学文献出版社 2013年5月

该文认为，革命制度党曾连续执政71年之久。面对政绩困局和债务危机，它被迫在20世纪80年代启动政治改革。这场改革推动革命制度党和墨西哥政治体制实现“双重转型”。该党从长期执政的“霸权党”转型为议会民主政党；政治体制从“党国架构”转型为竞争性的多党民主体制。正是由于这一主动实施的改革，墨西哥能够在第三波民主化浪潮中确保自身在和平、稳定的环境中渐进转型，而未像一些拉美国家那样遭受政变、革命、内战的重创。革命制度党实际上为墨西哥创造了一种“低成本”的转型模式。2000年，墨西哥通过选举实现1929年以来的首次政党轮替。在失去执政地位之后，革命制度党加快自我改造的步伐，在基层组织、社会联系以及地方政权等方面与其他政党展开竞争，最终凭借其制度创新能力赢得2012年总统选举，实现“东山再起”。

《中墨关系（1950～1960）：基于中国外交档案的分析》

孙洪波（副研究员）

论文 14千字

《拉丁美洲研究》2013年第4期

该文认为，中墨关系史研究是中拉关系史研究中的一个独特案例，其独特性不仅在于墨西哥的国土面积、人口规模、经济总量、文化传统等诸多要素在拉丁美洲地区具有的鲜明特性，而且在地缘政治经济上还涉及墨美之间存在的既复杂又不对称的相互依赖关系。由此，中墨关系史研究中提出了“美国因素”的命题。墨西哥是最早向中国释放试探建交这一政治信号的拉丁美洲国家。20世纪五六十年代，墨中友好协会的成立，民间交往的扩大，半官方接触的出现，都是中墨关系发展中的重大突破。然而,墨方一直“估量”和“盘算”发展对中国关系的利益，实际上，它较为看重对中国的商品出口的经济利益。尽管墨西哥政府多次试探与中国建交，但传递的政治信号极其微弱，两国政治关系并未出现根本性突破。

《委内瑞拉反对派对当前中委关系的看法》

袁东振（研究员） 王鹏（副研究员）

研究报告 3千字

《拉美研究报告》2013年第7期

该文认为，委内瑞拉反对派与查韦斯政府的执政理念不同，政策主张差距较大。在中委关系问题上，双方既有共识，又有分歧，对当前中委合作模式有不同解读。委反对派虽主张将对华合作作为委外交政策的重要目标，但质疑当前中委合作的模式，把中国与查韦斯政府的关系解读为政治合作，并对中委关系提出新的期盼和诉求。

《太平洋联盟的建立、发展及其地缘政治影响》

贺双荣（研究员）

论文 15.6千字

《拉丁美洲研究》2013年第1期

由秘鲁总统阿兰·加西亚倡议成立的太平洋联盟自2011年4月正式成立后快速发展。它的建立和快速发展是该地区一体化分化和重组的结果，也表达了这些国家对巴西主导的南美一体化发展的不满，希望拉美一体化重回经济，特别是自由贸易的轨道，同时也有太平洋联盟国家自身战略及政治上的考量。此外，亚太地区地缘政治的变化也是促使其成立的重要因素之一。太平洋联盟是目前拉美最具影响力和经济开放的一体化组织。随着合作的快速推进及新成员国的加入，太平洋联盟的实力地位还将进一步壮大。太平洋联盟的成立将对南方共同市场、拉美和西半球一体化格局产生重要影响。

《拉美国家的一体化与民主化——从巴拉圭政局突变和委内瑞拉加入南共市谈起》

杨建民（副研究员）

论文 14千字

《拉丁美洲研究》2012年第6期

2012年6月22日，巴拉圭总统卢戈遭议会弹劾被迫下野。南方共同市场（南共市）宣布中止巴拉圭的南共市成员国资格。6月29日，南共市正式批准委内瑞拉为其正式成员国。巴拉圭政局突变为南共市的扩大提供了机会。然而，这并非预设的阴谋，因为南共市其他3个成员国作出了中止巴拉圭成员国资格的决定所依据的并非临时制定的规则，而是南共市一体化以来逐渐明晰的民主化条款——1998年签署的《乌斯怀亚议定书》。而委内瑞拉加入南共市的艰难历程也是因巴西和巴拉圭右翼议员在质疑其民主性。该文认为，民主化已成为当前拉美国家参与一体化的基本条件，美洲国家组织和南共市都为我们提供了类似案例。当前，一体化是拉美各国追求的目标，但需要注意的是，实行完全有效的民主体制已成为加入一体化的先决条件，这个特点越来越明显，已成为研究一体化不可忽视的重要问题。

《阿根廷的功能性收入分配及相关影响因素》

林华（副研究员）

论文 12 千字

《拉丁美洲研究》2013 年第 4 期

该文从功能性分配的角度对阿根廷收入分配格局变化及其原因进行了分析。该文认为，长期以来企业主收入占较大份额、雇员工资收入占较小份额的初次分配格局在阿根廷一直没有改变，而且改善与恶化总是交替出现，无法形成一个稳固的趋向合理的态势。劳动生产率和实际工资水平的增速差异是导致阿根廷劳动收入份额变化的直接原因。功能性分配和规模性分配的联系在于前者是后者的基础，只有在提高工资性收入的同时缩小个体收入的差距才能促进整个收入分配格局的改善。对收入分配的各种构成和变化进行全面把握和深入解析，并制定出更加行之有效的收入分配政策，是研究功能性和规模性收入分配相关性的意义所在。

《巴西经济改革成效及其启示》

杨志敏（研究员）

论文 12 千字

《当代世界》2013 年第 7 期

该文认为，回顾巴西近百年走过的发展道路，似乎繁荣和危机总是在交替出现，因此被形象地称为“钟摆型”发展道路：一场经济繁荣之后迎来一次经济危机；一次危机过后面临发展道路的抉择、经济政策的调整。20 世纪 80 年代后期尤其是 90 年代初开始，巴西开始了以新自由主义为核心内容的经济改革进程，而 2003 年卢拉领导的劳工党上台执政后，巴西的经济改革进入了一个新的发展阶段。

亚太与全球战略研究院

《亚太蓝皮书：亚太地区发展报告（2013）》

李向阳（研究员）主编

研究报告 300 千字

社会科学文献出版社 2013 年 1 月

该书延续原有的体系，以亚太或中国周边战略环境为主线。该书指出：第一，2012 年是中国周边环境发生重大变化的一年。以钓鱼岛争端为标志，中国周边环境将进入一个特殊的转型期。第二，作为美国“重返亚太”战略的一个重要组成部分，TPP 的谈判尽管尚未结束，但它对亚洲区域经济合作格局的影响已经显现。第三，亚洲新兴经济体 2012 年经历了自国际金融危机以来的最低增速。第四，伴随中国的崛起，大国的亚洲战略正在进行全面的调整。

《中日韩自贸区面临的挑战》

李向阳（研究员）

专著 255 千字

社会科学文献出版社 2013 年 12 月

2010 年 10 月，中国社会科学院亚太与全球战略研究院举办了“社科论坛：超越障碍、面向未来”国际学术研讨会，参会人员为中日韩三国研究中日韩自贸区问题的专家学者。该书为会上专家学者发表的论文汇集而成的论文集。该书的每篇论文都从不同的角度对中日韩自贸区建设过程中可能面临的问题及如何超越障碍进行了较为深入的研究。

《当代周边国家的中国观》

许利平（研究员）主编

专著 250 千字

社会科学文献出版社 2013 年 4 月

随着中国和平崛起，中国的周边政治环境呈现出越来越复杂的局面。与此同时，随着经济交往和文化交流的深入，周边国家对于中国国家形象的认知也在不断发生变化。周边国家如何看待中国？周边国家的中国观如何形成，有何特点、其发展趋势如何？周边国家的中国观在未来 10 年会产生何种影响？我国政府和社会各界应当如何塑造积极的中国形象？这对制定我国周边外交政策具有重要的参考价值，并对我国企业走出去和文化走出去战略具有一定的理论意义和实践意义。

《后危机时代亚洲经济增长与战略调整》

赵江林（研究员）

专著 319 千字

社会科学文献出版社 2013 年 2 月

该书以 2008 年全球金融危机爆发前后为背景，主要对危机前后亚洲主要国家的经济增长现状及其走势进行初步的总结与归纳，同时对亚洲主要国家未来一定时期的经济发展战略进行了梳理，在此基础上着重探讨了亚洲各国经济发展战略调整对亚洲地区产生的影响；同时考虑域外大国如美国和俄罗斯对亚洲的重要性，该书也对这两个亚洲之外的世界大国进行了探讨和分析。

《中国周边贸易环境监测指数报告（2012～2013）》

赵江林（研究员） 张中元（助理研究员）

专著 323 千字

社会科学文献出版社 2012 年 12 月

该书基于量化角度对中国周边贸易环境进行评估和预测，以期揭示中国周边贸易环境对中国近中期出口的影响。该书设计了由 10 个指标构成的中国周边贸易环境监测指数，分别反映了中国周边贸易环境的潜力、效率和竞争程度，上述 10 个指标均经过验算，并被证明能够代表影响中国周边贸易环境的主要因素。

《中国周边安全形势评估（2013）》

张洁（副研究员）

专著 160 千字

社会科学文献出版社 2013 年 1 月

该书认为，2012 年中国周边安全形势的主要特征是：第一，中美竞争加速周边国家的分化；第二，海上争端推动中国海洋政策调整。为应对中国权势在亚太的扩散，美国实施“再平衡”战略管控东亚格局。中国的近邻日本、菲律宾坚定靠向美国，俄罗斯、印度等左右逢源，远邻澳大利亚悄悄改了风向。中国周边国家在美国挤压下进入战略再定位过程，中国周边外交迈向新的历史阶段。周边地区的海上争端在 2012 年达到了新高峰，面对菲律宾、日本的挑衅，中国海洋安全政策进行了大幅调整，即从过去韬光养晦转变为积极主动维权，牢牢把握实际控制。海洋政策的进步是中国外交转型和新政的关键所在，发展海上力量是确保中国在周边地区实现维权与维稳双重目标的战略性举措。2013 年，中国面临三大挑战：中美关系、海上争端与中南半岛格局的变化。

《大国的亚太战略》

周方银（研究员）主编

专著 320 千字

世界知识出版社 2013 年 6 月

该书在中国实力迅速上升、美国战略重心东移、亚太地区秩序进入重要调整期这一时代背景下，对大国的亚太战略进行了深入系统研究。它有助于更好地理解新形势下亚太地区合作的发展方向、动力、路径及其影响，有助于更深刻地认识当前中国发展的地区环境，在此基础上，更好地应对国际环境变化过程中出现的各种挑战。也有助于更好地理解大国亚太战略的互动，并在这一过程中做出明智有效的政策选择，在大国互动过程中，营造一个相对有利的亚太地区秩序架构与中国周边发展环境，为中国未来的长期发展创造有利的战略空间。

《非中性产权制度与大国兴衰：一个官商互动的视角》

高程（副研究员）

专著 320 千字

世界知识出版社 2013 年 6 月

该书以历史经验为例，探讨了不同的产权制度对于大国经济长期增长和国际竞争力的影响。该书认为，具有生产性的阶层或集团的财产权利受到国家保护，其财产利益在国内外得以扩张，是一国实现长期增长和确立国际竞争优势的关键。为此，该书建立了一个大国长期增长的分析框架。居于该框架核心位置的是统治阶层与商人阶层的关系，以及由它们相互结合方式所决定的非中性产权制度。通过剖析英国、美国和晚明中国这三个典型国家的历史经验及教训，作者对上述结论进行了阐释和论证。

《新兴经济体面临的机遇与挑战》

李向阳（研究员）

论文 4 千字

《求是》2013 年第 7 期

该文认为，在率先摆脱国际金融危机实现强劲复苏之后，新兴经济体正面临新一轮的困境：从巴西、阿根廷、墨西哥到南非、土耳其，从印度到中国，经济增速普遍放慢。就短期而言，经济增速放慢的直接诱因是国际金融危机留下的后遗症；但长期来看，这种放慢很可能是结构性的。新兴经济体潜在增长率有可能下调，难以恢复到国际金融危机前的高速增长状态。因此，新兴经济体的出路在于调整其经济增长模式，实现新的可持续增长。

《从规则视角看美国重构国际秩序的战略调整》

高程（副研究员）

论文 21 千字

《世界经济与政治》2013 年第 12 期

该文从规则视角分析了美国重构国际秩序的战略调整。美国对国际规则的塑造，从注重追求相对经济收益的正和博弈，逐渐向以权力竞争和巩固相对国际影响力为目标的零和博弈变化，在核心领域主导国际组织和规则的主要形式将由“全球模式”转型为“俱乐部模式”，成员参与方式则由基于多元化的鼓励加入转变为根据美国的需求有条件准入。该文对国际制度理论研究和中国的实践具有一定理论和政策价值。美国国际规则战略的调整使中国逐渐从西方规则体系的“鼓励融入者”转变为钳制对象。中国对自身角色的战略定位需要做出相应调整，在双边和多边层次上主动作为，打破美国通过重塑规则垄断国际交易渠道以孤立中国的趋势。

《美国的亚太同盟体系与中国的应对》

周方银（研究员）

论文 22 千字

《世界经济与政治》2013 年第 11 期

二战后，美国在亚太地区构建了一个以其为中心、具有一定等级性的同盟体系。在“重返亚太”的背景下，美国进一步强化了其亚太同盟体系。中国在崛起过程中，需要寻找对美国亚太同盟体系的应对和共处之道，这会直接影响中国崛起的总体外部安全环境以及本地区安全格局的发展方向。中国要以积极的方式，降低美国亚太同盟体系在地区安全结构中的消极作用，避免在这个地区形成传统的大国划分势力范围互相对抗的局面。一方面，要对周边国家执行具有差异化的政策，加强经济手段和安全手段的配合使用；另一方面，通过加强与美国在安全领域的合作，弱化同盟体系的作用。同时要以更加具有包容性的视角和思路，看待本地区的安全挑战，解决本地区的安全关切，推动更具包容性和建设性的地区安全机制和架构的建设。中国应对美国亚太地区同盟体系的有效性，会对周边安全环境的性质产生较为根本性的影响。

美国研究所

《美国能源安全政策与美国对外战略》

周琪（研究员） 赵行姝（副研究员）

张帆（副研究员）等

专著 510 千字

中国社会科学出版社 2012 年 12 月

美国的能源政策通过国家金融体制与美国的对外战略联系在一起。该书重点探讨了美国能源安全政策与美国对外战略的关系，从地缘政治和国际战略视角来研究美国能源安全政策；详细考察了美国地区和国别的能源政策；论述了能源安全与国际关系，美国在国际能源市场上的需求和供应，美国能源安全政策的演变，美国能源政策决策过程以及美国对波斯湾地区、中亚、俄罗斯、西半球、非洲以及中国的能源政策和外交战略及其演变。

《美国对华政策中的涉疆问题》

顾国良（研究员） 刘卫东（副研究员）

李枏（副研究员）

专著 290 千字

社会科学文献出版社 2012 年 12 月

该书论述了美国对新疆政策的渊源和演进脉络，特别是美国在冷战结束之后对新疆的思维、基本政策考虑及采取的具体做法，并就影响美国政府决策的国内因素进行阐释、分析，最后对美国关于新疆的政策考虑、未来政策可能发展趋势做出了客观评估。

《美国蓝皮书：美国问题研究报告（2013）——构建中美新型大国关系（2013）》

黄平（研究员） 倪峰（研究员）主编

专著 533 千字

社会科学文献出版社 2013 年 6 月

该书展望了奥巴马政府第二任期的内外施政，对 2012 年年中以来美国内政外交各方面的情况进行了系统的梳理和分析。

该书认为，美国面临的核心挑战仍主要来自内部，在对外政策领域，其连续性将大于变化。反观奥巴马第一任期的施政，从美方的角度来看，在美国总体实力相对不济、国际局势复杂多变的情况下，奥巴马通过所谓“巧实力”外交，维系了美国的霸权地位。近年来，由于中美两国实力差距的逐步缩小以及美国战略重心转向亚太，“中美关系处在一个新节点上”，呈现出复杂的特征。未来中美关系很可能继续呈现总体基本稳定，同时竞争面增大的态势。两国关系真正步入良性发展轨道，根本出路在于双方共同构建新型大国关系。对此，中方前瞻性地提出了中美建立新型大国关系的主张，并初步得到了美方的积极回应。

《奥巴马连任后的美国内外政策评估》

周琪（研究员）

论文 23 千字

《外交评论》2013 年第 1 期

奥巴马总统在连任之后不仅仍将面临一个政治上严重分裂的美国公众，而且面临着一个民主党不占优势的国会，这将使他的第二任期在解决避免坠入“财政悬崖”、实施医保改革法、推动气候变化政策以及制定新的移民法等国内问题方面遇到极大的困难。在对外政策方面，奥巴马政府将继续把战略重心放在亚洲。该文对促成奥巴马政府做出战略调整的各种因素、其亚太战略的延续性与新变化以及对中美关系的负面影响进行了分析，指出奥巴马政府进行战略“再平衡”的首要目标是为了维持美国在亚太地区的主导地位。

《奥巴马政府第二任期对外政策走向》

倪峰（研究员）

论文 10 千字

《新视野》2013 年第 2 期

该文认为，奥巴马第二任期伊始，挑选克里、哈格尔、布伦南等务实温和派人士组成了新的外交政策核心团队，一些具体的政策由此可能会发生变化，但总体的发展走向还是比较清晰的，有两个基本的判断：一是美国的外部行为将受到内政问题的巨大牵制；二是对外政策的连续性将大于变化。在亚太政策方面可能呈现三种基本的趋势：一是从过去过多、过深地介入中国与周边国家的领海和领土争端转向寻求与中国进行非接触性竞争；二是从第一任期的注重太平洋向太平洋—印度洋两洋兼顾的方向转变；三是从第一任期集中展示军事和外交力量开始转向强调经济。

《美国技术移民与人才引进机制研究》

姬红（研究员）

论文 21 千字

《美国研究》2013 年第 3 期

该文认为，美国是世界上头号人才引进大国。它通过制定相关的移民法律和政策，为人才引进铺平了道路。在法律和政策实施的过程中，大量引进的高素质科技人才为美国保持其强大的科技竞争力起到了巨大的作用。与此同时，发展中国家则经历了前所未有的人才流失。近年来这种状况发生了变化，美国开始遭遇“人才逆向流动”。这引起了全美上下的反思。

《美国对华战略的漂流：适应抑或防范》

樊吉社（研究员）

论文 20.5 千字

《外交评论》2013 年第 1 期

该文认为，奥巴马第一任期的美国对华政策经历了两个阶段，由最初重点推进中美关系以换取中国在诸多美国关切议题上的合作，转变为从政治、经济和军事等方面高调重返亚洲，展现约束中国崛起的姿态。美国的对华政策没有解决“适应”还是“防范”中国崛起的问题，尽管言辞上宣称要适应中国的崛起，行动上却采取多种防范措施。这种政策矛盾重重，蕴含着损害中美战略稳定的巨大风险，中美关系也因之进入到一个战略漂流期。

《美国联盟体系的制度分析》

王玮（助理研究员）

论文 14 千字

《美国研究》2013 年第 4 期

该文探讨了美国对盟友的安全承诺的限度。美国拥有一个广泛的联盟体系，对待联盟义务，美国有模糊立场和规避责任的总体倾向，但对于不同的盟友，其真实表现又存在极大差异，而这种行为上的差异具有制度性的根源。该文认为，联盟是战略需要和社会认同的产物，联盟义务的水平和可信度自然会因为盟友的重要性和认同感的不同而有所不同。以共同利益和身份认同为基础而具有牢固制度纽带的联盟，能够经受住强烈的变革压力而保持它的总体结构，并不断自我调整以适应持续变化的国际形势。反之，联盟若只是建立在利益关系基础之上，缺乏内在的社会认同，就难以发展出有效的制度纽带，因此，在利益关系发生变化之后，联盟将很难甚至无法适应新的形势。

《中美关系：在合作与竞争中前行》

袁征（研究员）

论文 12 千字

《国际安全研究》2013 年第 1 期

该文认为，奥巴马第一任期内的中美关系总体来讲还是比较平稳的，但也出现了起伏。回顾过去四年中美关系发展的轨迹，有助于我们判断未来中美关系的走向。随着奥巴马的连任成功，未来美国对华政策的基本框架不会有根本性的改变，连续性要大于变化，中美之间既有利益交汇点，也有明显的分歧和矛盾。各种因素纠结其中，使得中美关系出现非常复杂的局面。未来中美关系还将是合作与竞争并存的状态。不过，随着中美力量对比进一步拉近，双方关系处在一个非常微妙的阶段。未来美国对华政策的两面性会进一步凸显，中美关系的复杂性决定了中国必须以两手对付美国的两手。而加强协商与沟通、妥善处理相互之间的分歧和矛盾将成为中美关系能否良性发展的关键。

《新世纪以来的美国对外援助政策》

周琪（研究员）

论文 37 千字

《世界经济与政治》2013 年第 9 期

该文认为，冷战刚刚结束时，对外援助对美国外交战略的意义减弱了。但 2011 年“9·11”恐怖主义袭击之后，美国开始重新重视对外援助。小布什总统认为，贫困可以成为滋生恐怖主义的温床，因此减轻全球贫困有助于同恐怖主义作斗争，为此小布什政府把发展援助当做对付恐怖主义的手段，并创造了一些新的对外援助项目和方法，如“千年挑战账户”。奥巴马总统同样重视发展援助，认为美国的安全同第三世界国家的发展密切相关，而且他更加重视把对外援助当做美国的软权力来使用。奥巴马政府对外援助政策的要点包括以下四点：(1) 不再以数量而是以效率来评估美国的发展援助；(2) 援助的目标是使受援国最终不再依赖于援助；(3) 消灭贫困需要基础广泛的经济发展和制度转型；(4) 要求援助国和受援国有更多的责任分担和问责。奥巴马政府在很大程度上延续了小布什政府的援助项目和方法，并明确表示要大幅度地增加对外援助。然而，在美国经济受到金融危机和经济危机打击的情况下，奥巴马很难兑现其把对外援助翻一番的承诺。

《“跨太平洋伙伴关系”及其对中国的影响》

仇朝兵（副研究员）

论文 24.4 千字

《美国问题研究报告 2013：构建中美新型关系》

2013 年 4 月

美国积极塑造和主导“跨太平洋伙伴关系”(TPP)，谈判的直接目的是进一步打开亚太市场，扩大美国产品出口，促进国内就业，进而引领和塑造新的世界贸易规则。美国成功主导 TPP 之发展，将会对东亚经济一体化、亚太地区的贸易结构以及战略与安全态势产生深刻影响，有助于维护美国在亚太地区的地位和影响，短时期内可能会对中国造成一定程度的战略压力。中国需要以平衡的眼光认识 TPP 的发展及其对中国的潜在影响。

《在道德与利益之间——试析美国民间环保组织的影响力困境》

赵行姝（副研究员）

论文 16.3 千字

《国际展望》2013 年第 4 期

回顾美国民间环保组织（ENGOs）的历史发展可以发现，尽管曾取得过重大的进展，但它始终未能推动美国出台全国性的强制减排目标或气候立法。这说明 ENGOs 的影响力提升面临着重大困境。导致这一困境的根本原因在于，随着气候变化议题讨论的深入，ENGOs 一开始所拥有的道德权威正逐渐丧失，特别是在化石能源密集型利益集团日益将斗争的焦点从道德与利益的博弈转化为公共利益内部不同类型利益间的博弈的情况下。随 ENGOs 的道德权威地位下降而来的是，先前并不明显的经费不足和技术可信度不高等问题都得以暴露。在争夺影响力的游说斗争中，化石能源密集型利益集团所拥有的压倒性资源优势，使其得以确保在国会中的主导影响力。而气候变化科学的不确定性和复杂性给利益集团之间的博弈提供了弹性空间，进一步削弱了ENGOs的政策影响力。

日本研究所

《日本、世界、时代——值得我们关注的若干问题》

冯昭奎（研究员）

专著 312千字

中国社会科学出版社 2013年1月

该书以认识“世界中的日本”“时代中的日本”为主旨，收入了作者自选的有关日本问题、世界问题和时代问题的论文22篇，分别编入“环境、人口、移民问题”“科技革命”“经济发展与改革开放”“中美关系”“中日关系”“日本经济研究”这6个值得人们关注的问题之中。其中关于“中日关系”问题的6篇论文论述了中日关系从历史上的“中强日弱”“日强中弱”走向当今具有“强强型”特征的中日关系的历史演变过程；论述了建立符合“和平、发展、合作”世界潮流的中日关系的极端必要性与中国应采取的对策；论述了以“友好外交”“国民外交”“经济外交”“谦虚外交”“和平外交”为主要特色的邓小平对日外交思想及其与中日关系现实的对照；回顾了20世纪50年代至今中日经济关系的发展变化并阐述了中国走和平发展道路的必然性；讨论了中日关系中的美国因素与美国“重返亚洲”对中日关系的影响等。

《日本蓝皮书：日本研究报告（2013）》

李薇（研究员）主编

专著 366千字

社会科学文献出版社 2013年5月

该书以民主党执政终结、自民党重新上台以及中日钓鱼岛主权争端为中心，对2012年日本的政治、外交、经济、社会文化作了回顾、分析与展望，并收录了该年度日本大事记。

《日本经济蓝皮书：日本经济与中日经贸关系研究报告（2013）》

王洛林（研究员）张季风（研究员）

专著 403千字

社会科学文献出版社 2013年5月

该书以“总报告”为基础，以分析现状与发展趋势为起点，以中日邦交正常化40年来的双边经贸关系和日本参与TPP、中日韩FTA谈判为中心，同时兼顾日本制造业所面临的挑战、养老金财政风险、创新体系的效果分析、核电战略走向等内容，以中国借鉴日本经验为目的，对日本经济以及中日经济合作的最新动态进行了全方位的分析。

《民主的法治化路径研究——以民主失误的法治化补救为视角》

张晓磊（助理研究员）

专著 25.1千字

中共中央党校出版社 2013年6月

该书从民主失误的法治化补救的视角分析论证了民主的法治化路径问题，是法学和政治学领域中对民主与法治理论的一种创新性解读，同时也是法学和政治学的交叉学科——法政治学领域中的一次理论创新。引言中作者对“民主的失误”“法治化补救”等概念作了限定性阐释，同时论证了研究民主失误的法治化补救在民主与法治问题、法学理论、政治学理论上的理论和实践价值。前两章主要分析了民主失误的主要表现、产生原因以及民主失误的法治化补救的可能性等问题，为论证民主失误的法治化补救的路径寻找理论支撑。第三章到第六章从法律保障权利以补救民主失误、法律制约权力以补救民主失误、法律以正当程序补救民主失误、法律以违宪审查补救民主失误四个角度分析了几个可能的民主失误的法治化补救的路径。第七章从历史角度对民主失误的法治化补救问题做了认真的梳理，按照时间发展顺序先后对雅典城邦时期、城市共和国时期、自由主义民主制时期的民主失误与法治化补救问题作了创新性解读，另外还特别分析了日本的民主失误的法治化补救问题。最后，作者对中国民主失误的法治化补救问题作了总结性和前瞻性分析，从中国民主失误的主要表现和思想渊源、中国民主失误的法治化补救的路径、研究中国民主失误的法治化补救的独特意义三个角度进行了论证。

《日本选举制度与政党政治》

张伯玉（研究员）

专著 300 千字

中国经济出版社 2013 年 7 月

该书抓住 20 世纪 90 年代中期以来日本众议院选举导入并实施新选举制度后政党政治发生的变化，结合有关选举制度的基本理论，深入分析了新选举制度在日本独特的社会风土实践中体现出来的特性，及其对日本政党制形态、民主模式，以及政党政治的变化、政党势力消长等的影响。

《日本国土综合开发论》

张季风（研究员）

专著 378 千字

中国社会科学出版社 2013 年 8 月

该书分上、下两篇，共 14 章。上篇以战后初期资源开发以及日本第一次至第五次全国综合开发规划为线索，突出日本国土开发“规划性”的特点，勾勒出战后日本国土综合开发的基本轮廓；下篇针对我国西部大开发可能遇到和正在遇到的问题，并结合日本国土开发自身的发展规律和体系特色，将日本国土开发过程中的法制、规划体系建设、资金筹措与运用、高速交通体系建设、城市体系与东京问题、国土开发与环境保护、北海道开发等六个专题列为专章进行具体分析，最后，对战后日本国土综合开发进行综合评价，并提出对我国西部大开发和国土综合开发的若干启示和建议。

《21 世纪的日本：战略的贫困》

冯昭奎（研究员）

专著 403 千字

中国社会科学出版社 2013年8月

该书以泡沫经济、信息化、中日关系这三个问题为切入口，有重点地对日本的国家战略问题进行了分析，包括从泡沫经济切入，分析日本经济战略的贫困；从信息化问题切入，分析日本在从工业化向信息化过渡时期的转折战略的贫困；从中日关系切入，分析日本外交战略的贫困。在讨论日本问题的过程中，从“日本与世界”“日本与亚洲”的高度，对信息技术革命、和平与发展、中日关系中的美国因素等重大国际问题进行了论述。

《社会发展与现代田园主义》

蒋立峰（研究员）主编

专著 526千字

中国社会科学出版社 2013年10月

该书以科学理论为指导，以忧患意识、危机意识为出发点，选择有代表性的五个西方国家英国、美国、法国、日本、瑞典为剖析对象，从人口、城市化、阶级分化、环境保护、社会稳定和国民素质教育等方面对五国的各自特色分别展开论述，归纳总结其在社会发展和政策选择方面的经验教训，以供借鉴。

《艺道与日本国民性——以茶道和将棋为例》

张建立（副研究员）

专著 431千字

中国社会科学出版社 2013年11月

该书以日本传统艺道——茶道和将棋为例，主要运用历史学、心理文化学和社会心理学的方法，探讨了日本国民性的特色，并进而运用通过分析日本艺道所得出的日本国民性特点，对当代日本政治、外交、经济、社会、文化问题进行了深度解析。

《文化、文学与中日关系》

崔世广（研究员）主编

论文集 387千字

中国社会科学出版社 2013年12月

为了以史为鉴、展望未来，2011年9月18日，中国社会科学院日本研究所和日本社会文学会联合举办了“九一八事变80周年：从社会、文化与文学思考中日关系”国际学术研讨会。该书就是在与会学者提交的会议论文的基础上，又收录了一些学者的若干篇论文编辑而成的。该书共收录了24篇论文，主要就三个方面的内容进行了研究：一是关于当前中日文化关系和日本社会文化的研究，主要探讨了中日两国相互认识的现状与课题、中国民众眼里的日本与中日关系、日本人的历史认识问题，以及“3·11大地震”后日本新闻媒体的报道方式和日本人对政府与皇室的印象等；二是关于中日文学关系的研究，主要探讨了1930年代无产阶级文学的政治性与世界性、易卜生及惠特曼文学在中日两国的接受和影响、竹内好与国民文学论争，以及永井荷风、夏目漱石、芥川龙之介等日本近代著名作家的中国印象等；三是关于近代日本人的对外认识及中国认识的研究，主要探讨了日本著名思想家横井小楠、福泽谕吉、吉野作造以及石桥湛山等的对外观和中国观等。

马克思主义研究学部

马克思主义研究院

《30位著名学者纵论党的十八大》

中国社会科学院马克思主义研究学部

论文集 333千字

中国社会科学出版社 2013年5月

该书为中国社会科学院马克思主义研究学部为研究宣传党的十八大，邀请国内30位著名专家撰写的论文集，属于中国社会科学院马克思主义研究学部与中国社会科学出版社合作出版的系列丛书——《马克思主义研究学部纵论丛书》之一。

全书共分精神领会、旗帜道路、科学发展和国际战略四篇，汇集文章30篇。

十八大报告系统阐述了坚持和发展中国特色社会主义一系列重大理论和实践问题，丰富和发展了中国特色社会主义理论体系，是新的历史条件下夺取中国特色社会主义新胜利的政治宣言，具有极强的思想性、理论性、政治性、战略性和可操作性，是一篇马克思主义理论创新的纲领性文献。30位专家围绕这篇纲领性文献的内容与精神，分别从经济、政治、文化、社会、生态文明、理想信念和国际战略等多领域就其提出的一系列新思想、新观点、新要求、新举措进行了研读阐发。30篇文章看似独立，其实里面包含着一定的逻辑与层次，整体形成了一本具有很强系统性和可读性的研究与宣传十八大的高级读物。在逻辑上，有总有分，如王伟光的《马克思主义中国化理论创新的纲领性文献》等、刘海藩的《扎实推进社会主义文化强国建设》等。在层次上，有理论阐释，如钟哲明的《对几个理论概念的马克思主义思考》等，也有对策建议，如吴宣恭的《实现十八大的收入倍增计划，走向共同富裕》等；有探讨形而上的理想信念问题，如李崇富的《论加强共产主义理想信念教育》等，也有研究形而下的中国特色社会主义道路的具体性问题，如田心铭的《必须坚持人民主体地位——夺取中国特色社会主义新胜利的首要“基本要求”》等；有科学判断国际形势的，如卫建林的《世界正在发生深刻复杂变化》，也有提出如何研究世界社会主义发展的，如程恩富的《世界社会主义运动的若干战略与策略》。

总之，该论文集对于运用十八大精神教育和引导全党全国人民树立道路自信、理论自信和制度自信，推动中国特色社会主义现代化事业始终沿着正确的轨道前进，具有重要意义。

《完善和发展中国特色社会主义制度》

中国社会科学院中国特色社会主义理论体系研究中心

执笔：邓纯东（编审）

论文 4千字

《人民日报》2013年12月28日第7版

党的十八届三中全会强调，全面深化改革的总目标是完善和发展中国特色社会主义制度，推进国家治理体系和治理能力现代化。中国特色社会主义制度是新中国成立以来特别是改革开放以来我们党和国家在实践中逐步形成的，集中体现了社会主义的特点和优势。全面深化改革，努力开拓中国特色社会主义更加广阔的前景，必须始终坚持并不断完善和发展中国特色社会主义制度。该文从“努力使中国特色社会主义各项制度更加成熟更加定型”“以制度建设推进国家治理体系和治理能力现代化”“不断增强完善和发展中国特色社会主义制度的自信和自觉”三个方面进行了系统阐述。

《当代中国发展进步的活力之源》

程恩富（教授）

论文 5千字

《人民日报》2013年9月4日第7版

该文对习近平同志关于改革开放的重要论述进行了科学的解读。一是从我国发展的时空坐标中，对把握“活力之源”的本质进行了论述；二是围绕激发改革开放新活力，阐述了在当前深化改革阶段正确处理好五大关系的重要意义；三是从践行群众路线的观点出发，阐述了激发改革开放新活力需要奠定的基本立场和方针；四是从强调深入调查研究、摸清历史新阶段的基本国情出发，分析了新一轮改革激发改革开放新活力的工作思路和方法。

《坚持、发展、研究、创新马克思主义》

靳辉明（教授）

论文 10千字

《毛泽东邓小平理论研究》2013年第6期

该文作者结合自己的成长经历谈了个人的马克思主义理想信念的形成和发展过程，以及个人对马克思主义理论的态度：坚持、发展、研究、创新，在坚持中发展马克思主义，在研究中不断进行理论创新。

《马克思主义国家观和国家认同问题》

李崇富（研究员）

论文 12千字

《中国社会科学》2013年第9期

在当今经济全球化、世界多极化的背景下，国家认同问题是世界各国特别是第三世界广大发展中国家都程度不同地存在和需要解决的一个现实问题。针对学术争鸣中大多停留于“国家认同一般”的抽象议论，该文强调“马克思主义国家观是研究国家认同的理论基础”，主张运用马克思主义阶级观点，来具体看待和分析国家认同问题。文章剖析了资本主义国家中资产阶级和无产阶级对其国家认同的复杂情况；重点论述了我国现阶段国家认同主体的结构和态度，是多层次并在不断变动的，其总体结构呈现为橄榄形。其中，自觉而坚定地认同我们社会主义祖国的人，是相对的少数；那些对国家认同发生动摇或以其言行在否定国家认同乃至丧失国格和人格直至演变为有政治问题的人，只是极少数；而介于两者之间的，即对国家认同问题缺乏充分考虑、认识肤浅而有基本的国家认同（包括少部分人有所淡化）的中间层的人，则是绝大多数。

《再生产结构与资本主义经济周期的演化路径》

胡乐明（教授） 刘刚（教授）

论文 22千字

《经济学动态》2013年第11期

该文以马克思的再生产理论为基础，借鉴阿瑟·布赖恩的演化分析思想，为资本主义经济周期提供了一个动态的结构论解释。部门间供求关联和报酬递增机制导致经济增长在不同阶段形成“多重再生产平衡结构”。经济系统违背再生产平衡结构所遭遇的“价值革命”和“资本消失”，构成强制经济系统遵守再生产平衡结构的“结构引力”。部门间跨期结构约束与生产周期异质性之间的矛盾导致经济系统围绕“再生产平衡结构”形成动态的“发散—收敛”过程。正是“多重再生产平衡结构”的“结构引力”的交替作用导致经济运行交替出现不同再生产平衡结构的“自我强化”和“锁定效应”，从而形成周期性经济波动。以经济系统内生的“发散—收敛”过程为具体路径，资本主义经济不断经历不同层级的“结构重塑（重复）”，形成不同波长的周期性波动。每一层级的“结构变迁”和“周期性波动”以次级的“变迁”和“波动”为具体路径。技术、积累体制、利润率和外部市场等因素，通过激化或缓和部门间结构约束与异质性生产周期之间的矛盾影响经济系统的周期性波动。分析这些具体的影响因素及其发挥作用的动态路径，可以实现与不同经济周期理论的对话，并为经济周期的治理提供相应的政策启示。

《马克思主义学者与马克思主义中国化——以半殖民地半封建概念的形成、掌握为例》

龚云（研究员）

论文　12千字

《马克思主义研究》2013年第9期

把马克思主义普遍原理与中国具体实际相结合，实现马克思主义中国化，是中国共产党人和马克思主义学者共同的历史使命。中国共产党的认识和马克思主义学者的研究共同构成了马克思主义中国化的统一过程，二者互为促进，互相推动，共同推进了马克思主义中国化，形成了中国化马克思主义。马克思主义中国化不仅仅是马克思主义政治家的责任，也是马克思主义学者的重要使命。在马克思主义中国化的历史进程中，马克思主义学者扮演了重要的角色。马克思主义中国化第一次飞跃的重要理论成果——毛泽东思想，是党的认识与马克思主义学者互动的结果，是中国共产党集体智慧的结晶，其中也包括了马克思主义学者的贡献。毛泽东思想的重要概念——半殖民地半封建社会的论证、传播就是一个例证。“半殖民地半封建社会”这个概念的形成是中国共产党人集体智慧的产物，不仅包含了以毛泽东为代表的直接从事革命武装斗争的马克思主义政治家的贡献，也凝聚了从事学术研究、以学术为革命武器的马克思主义学者的心血。以李达、王学文、潘东周、陈翰笙、范文澜、胡绳、李鼎声（即李平心）为代表的马克思主义学者对“半殖民地半封建社会”这个概念的论证、传播发挥了积极作用。“半殖民地半封建社会”概念的论证、传播，说明了马克思主义学者关于中国马克思主义学术史的研究是马克思主义中国化的重要组成部分，推进了马克思主义中国化的进程。应该充分重视和发挥马克思主义学者在马克思主义中国化中的作用。

《美国虚假复苏舆论与2013年国际动荡危险》

杨斌（研究员）

论文 8千字

《探索》2013年第1期

美国官方高估经济增长的办法是低估通货膨胀，这样既掩盖了经济衰退又淡化了通货膨胀问题，倘若沿用克林顿政府时期处理通货膨胀的统计方法，经重新计算就会发现近年来美国陷入了“停滞膨胀”，当前美国的通货膨胀率为6%左右，而国内生产总值增率为-2%左右。美国官方公布的国内生产总值指数，如制造业指数、就业、房地产价格、能源消费，等等，都没有发现正常复苏中应有的持续增长趋势，而是仅有断断续续的时而衰落和时而反弹现象，一旦出现短期反弹就会被官方和媒体大肆宣扬，误导人们形成美国经济正在强劲复苏的错误印象。美国官方和财团操控的主流媒体宣扬的利好消息，虽然可能是人为扭曲的统计数据或泡沫性复苏假象，但却有利于华尔街垄断财团设置新的资产泡沫陷阱，麻痹人们忽视当前的经济风险隐患并参与金融投机，有利于华尔街在经济动荡前夕设局做空市场并牟取暴利。2012年11月29日，美国参议院通过了在钓鱼岛问题上偏袒日本的法案条款，与前些时候美国国务院表态希望避免事态升级并卷入中日争端明显不同，很大原因是美国的军工垄断财团面对“财政悬崖”的威胁，正急切采取近乎疯狂的举措制造国际紧张局势并转嫁危机，2013年甚至有可能制造出人预料的突发事件和战争危险，对此中国应有充分准备并制定妥善的应对策略。

《世界格局重构下发展中国家的角色转变、历史定位与模式调整》

刘海霞（副研究员）

论文 11.5千字

《当代世界与社会主义》2013年第2期

2008年发端于发达国家的金融危机对发展中国家也造成了重创，但它们很快就走出了金融危机的阴影。相对于发达国家长期的经济不振，以“金砖国家”为代表的发展中国家逆势崛起，对外投资规模、国际竞争力、经济总量和国际话语权都有很大提高，改变着世界政治、经济、金融以及利益分配格局，并成为引领全球经济复苏的希望所在，在国际舞台上由被动接受的从属角色转变为改变世界格局的重要国际行为体。然而，由于发达国家的“剥夺性积累”、国际气候谈判的政治博弈、数字鸿沟的加剧以及发展中国家自身存在的问题等原因，发展中国家所取得的成绩并没有改变它们在世界格局中仍整体处于外围、半外围的历史地位，上升空间受到多重限制。受制于世界格局重构的影响，适时调整自己的发展方式，积极应对金融危机的后续影响，争取更大的发展空间，就成了当务之急：东亚要由出口导向型调整为主要依靠国内和地区需要拉动经济的发展方式；拉美依赖“初级产品出口”的发展方式受到挑战，加快了“去美国化”的步伐；非洲需加快经济一体化建设进程，建立符合本国国情的发展模式。发展中国家实力的增强和转型对世界格局的影响意义重大，就像胡锦涛在2012年3月28日接受金砖国家媒体的联合书面采访时所言，一大批新兴市场国家和发展中国家“是全球共同发展的重要组成部分，有利于世界经济更加平衡、国际关系更加合理、全球治理更加有效、世界和平更加持久”。

《中国特色社会主义理论“新思想 新观点 新论断”研究丛书》（共六本）

邓纯东（编审）主编

专著 1250 千字

中共中央党校出版社 2013 年 8 月

该丛书分别从中国特色社会主义道路、中国特色社会主义经济建设、中国特色社会主义政治建设、中国特色社会主义文化建设、中国特色社会主义社会建设与中国特色社会主义生态文明建设这几个方面，针对党的十八大报告对中国特色社会主义道路、理论与制度所提出的一系列新思想、新观点、新论断进行了系统的阐释。

该丛书被列为“十二五”国家重点图书。

《大转折：后危机时代的世界》

刘志明（副研究员）

专著 230 千字

经济科学出版社 2013 年 3 月

该书主要研究后国际金融危机时期世界大变革大调整的潮流与趋势。

该书第一篇主要论述了国际金融危机对世界政治、经济的全方位、深层次影响，并从世界对金融危机的反思中，展现了世界人民在变革国际金融经济体系、经济发展模式，调整国际格局、大国关系，以及重塑资本主义制度和复兴世界社会主义等方面的强烈诉求与主张。第二篇主要研究后危机时代世界经济领域发生的再平衡调整与发展模式变革这两个重大问题。第三篇主要研究后危机时代世界政治领域发生的不可避免的国际格局大调整与全球治理大变革问题。第四篇则从社会制度文化的角度研究了后危机时代世界对资本主义制度与社会主义制度的重新认识。

该书指出，在后危机时代的世界大变革大调整进程中，我们未来承担西方所谓的“国际责任”的压力空前加大，我们必须清醒地认识并坚持自己“发展中国家”的地位，必须向世界科学地阐明按照“权利与义务平衡”的原则承担国际责任的正义性和公平性，我们要在继续努力消弭“中国威胁论”不良影响的同时，小心提防西方舆论鼓吹“增长与责任”原则背后制约我国又好又快发展的阴谋陷阱，为我国的进一步发展营造良好的国际环境。

What is Socialism with Chinese Characteristics ?（《什么是中国特色社会主义？》）

赵智奎（研究员）

专著 150 千字

湖南人民出版社 2012 年 12 月

该书通俗、生动地阐述了什么是中国特色社会主义。该书认为，中国特色社会主义是中国共产党坚持马克思主义一般原理和中国的具体实践相结合，进行社会主义革命、建设和改革所选择的道路、模式和方法；中国特色社会主义是科学社会主义的新的理论形态；中国特色社会主义是马克思主义中国化的伟大成果。

《19世纪西方民主理论论析》

辛向阳（研究员）

专著 410千字

山东人民出版社 2013年3月

该书深入研究了19世纪民主理论的发展进程与特点。首先，系统总结了马克思主义的民主理论。马克思恩格斯一生在为无产阶级的解放事业而奋斗，他们不断探究民主的真谛，围绕着民主的含义、特征、本质、历史等多个方面构建了十分完整的民主理论体系。马克思主义创始人认为，在阶级社会中，民主具有强烈的阶级性，民主总是与一定阶级紧密联系在一起的，没有超阶级和超国家的民主。马克思主义创始人还认为，民主制具有一般的社会性和公共性，即具有维护社会发展的基本秩序和履行一定的公共职能。

其次，以19世纪空想社会主义、托克维尔、密尔、德国古典哲学家、工人运动中的改良主义、无产阶级国际组织等为研究对象，深入分析了19世纪的重要思想家们的民主理论的特点。这些思想家都具有强烈的理想主义色彩，期望用自己的民主理论来为社会构建起一个理想的政治架构；19世纪的重要思想家们的民主理论都与现实政治生活有着极为密切的联系，是与各种各样的革命、运动以及其他政治事件紧密联系在一起的；19世纪的重要思想家们的民主理论都充满着内在的紧张感，这些理论之间相互进行着斗争，在斗争中推动理论的完善。

《欧洲社会主义研究》

刘淑春（研究员） 马细谱（研究员）

于海青（副研究员）等

专著 433千字

中国社会科学出版社 2013年12月

该书是中国社会科学院“世界社会主义重大历史与现实问题研究”重大课题的最终成果之一。

该书主要分析了苏东剧变以来尤其是21世纪以来独联体和欧洲地区共产党和左翼学者的组织变迁及其关于世界社会主义重大历史与现实问题的最新研究成果。全书按俄罗斯、中亚、原东欧、新东欧、西欧五大地区谋篇布局，以一条主线贯穿其中，即通过梳理这一地域共产党人和左翼学者关于当代资本主义和时代的认识、关于马克思主义的认识、关于社会主义的认识、关于本国社会主义道路的探索和关于共产党自身建设的探索，反映他们对“为什么要坚持社会主义？”“马克思主义是否过时？”“什么是社会主义？”“怎样建设社会主义？”“怎样建设共产党？”等问题的回答，进而对坚持走中国特色社会主义道路的中国共产党人提供借鉴和启示。该书依据大量一手资料，通过分析研究认为，苏东社会主义遭遇的挫折为世人重新认识社会主义、探索社会主义新的发展路径创造了契机。独联体和欧洲地区六十多个共产党组织及其他左翼学者的理论探索和实践活动，使世人有理由坚信社会主义的前途是光明的。

《亚太与拉美等地区社会主义研究》

冯颜利（研究员）

专著 350千字

中国社会科学出版社 2013年11月

该书重点研究了亚太与拉美等地区的社

会主义问题，并按照越南、老挝、朝鲜、古巴、南美的巴西与智利、美国、加拿大、日本、澳大利亚等九章分别阐述其社会主义的理论与现实问题，如不同的社会主义模式，各自超越资本主义的力量和超越资本主义的形式与方法等。该书有以下两方面主要特色：一是着力展现亚太与拉美等地区社会主义的重大理论与现实问题，展现各自发展社会主义的机遇、挑战与启示；二是尽量收集这些地区社会主义理论与现实问题的最新资料，主要是21世纪以来的第一手资料，行文着力将资料性、学术性与理论性相结合。

《践行党的群众路线学习读本》

中国社会科学院马克思主义研究院 编

学术普及读物 170千字

红旗出版社 2013年6月

群众路线是党的根本工作路线，是我们党的正确领导方法和工作方法。党的十八大报告提出，“围绕保持党的先进性和纯洁性，在全党深入开展以为民务实清廉为主要内容的党的群众路线教育实践活动，着力解决人民群众反映强烈的突出问题，提高做好新形势下群众工作的能力”。在党的群众路线教育实践活动部署开展之际，中国社会科学院马克思主义研究院组织专家精心编写了该书。

该书包含“群众路线的基本理论和基本思想”“贯彻群众路线的优良传统和经验借鉴”“新形势下影响党群关系的新问题新挑战”“贯彻落实群众路线的基本要求”四个部分，细分为100个重点小专题，科学系统地阐述了党的群众路线、群众观点、新时代群众工作中的新挑战等核心内容。

当代中国研究所

《中国共产党“三农”思想政策史》

武力（研究员） 郑有贵（研究员） 王丹莉（副研究员）

专著 1380千字

中国时代经济出版社 2013年9月

该书叙述了自中国共产党成立至2013年“两会”92年里中国共产党关于“三农”问题的思想认识和方针政策。系统梳理和论述了中国共产党在民主革命、社会主义革命和建设以及改革开放新时期三个历史阶段的曲折探索和伟大成就。填补了中共党史和中国近现代经济史这方面研究的空白。

作为国家出版基金资助项目和“十二五”国家重点图书出版规划项目，该书出版后，立即得到学术界的普遍好评：中共党史专家李捷评价：“该书集专门史、通史和思想政策史三者于一身，对革命、建设和改革时期的三农思想政策进行了完整的梳理。”经济史学家董志凯教授评价：“这是一部全面展示中共关于农民问题政策思想的集大成巨作。”

《中国经济数字地图（2012～2013）》

武力（研究员） 隋福民（副研究员）

王丹莉（副研究员）

专著 300千字

中国时代经济出版社 2013年6月

该书主要介绍2012～2013年上半年这段时间中国经济体制改革、宏观经济运行、产业结构演变、企业发展、对外贸易以及城乡关系、收入分配、生态环境等方面的情况。该书的特点是依靠数据和解读数据来说明2012～2013年度中国经济状况和预测未来发展趋势。

《当代中国法治国家建设的理论与实践》

刘维芳（副研究员）

专著 240千字

中国社会科学出版社 2013年6月

该书以新中国法治建设的历史进程为大背景，综合运用中外对比、理论与实践相结合的方法，通过总结西方法治建设的历史经验，探究苏联法治建设的历史教训，以及考察和分析中国社会主义法治建设的历史和现实，对当前社会主义法治国家建设的若干问题进行了透视和思考。作者认为：中国的法治国家建设道路，是“中国道路”的重要组成部分，是中国“制度创新”的一个重要方面，它既应该借鉴国外的经验，尊重法治建设的一般规律，更需要尊重自身的历史文化传统，尊重中国的国情和社会发展阶段，具有中国特色和中国气派。

《稳中求进的步伐：中国金融渐进式改革》

钟瑛（研究员）

专著 220千字

科学出版社 2013年2月

该书较为系统地反映了改革开放以来中国金融的变革轨迹与运行状况，体现与解析其“转轨”特征，探讨中国成功的渐进式改革与金融制度变迁之间的逻辑联系。

该书从历史演进轨迹的角度考察，运用现代经济学理论分析阐释经济转轨时期的中国金融制度变迁过程，旨在为深入分析这一过程提供一个新的理论框架，以有助于了解和把握中国金融的未来发展趋势。

《农业高新技术产业化创新机制研究》

钟瑛（研究员）

专著 180千字

科学出版社 2013年3月

该书是关于创新、创新激励与中国农业高新技术产业化发展的理论与实践探讨。该书结合发展中国家经济发展以及中国体制转轨的实际，着重分析和研究了中国农业高新技术产业化发展的一般原理与创新机制。

对于农业高新技术产业化创新机制的理论探讨，目前学术界还缺乏系统深入的研究，该书借鉴发展经济学、新制度经济学的前沿成果，将其融入创新理论中，提出了一个融创新行为、创新机制与创新过程为一体的分析框架，以期开阔农业高新技术产业化的理论研究思路。

《小康之路·经济篇》

王丹莉（副研究员）

专著 80千字

北京时代华文书局 2013年12月

该书以对新中国经济史的探讨为基础，较为系统地梳理和阐释了1949年以来特别是改革开放以来新中国的经济发展和建设小康社会的历程，并分析了这一进程中所取得的成就和存在的问题，以在经济层面上全面地展示中国的“小康之路”。

《共和国重大文化事件》

夏杏珍（研究员）

专著 300千字

九州出版社 2013 年 1 月

该书以从“双百”方针到“二为”方向为主线，重点研究文化方针政策的制定、贯彻和演变，系统梳理了当代中国文化发展的轨迹，从中总结出可资借鉴的经验教训。该书力求做到理论与实际相结合，历史与逻辑相统一，比较客观全面地展现了新中国文化建设的历史和成就。

《当代中国历史发展与党在社会主义初级阶段基本路线》

张星星（研究员）主编

论文集 584 千字

当代中国出版社 2013 年 9 月

该书是当代中国研究所、中华人民共和国国史学会与中共南宁市委、市人民政府、广西壮族自治区地方志办公室在广西南宁联合主办的第十二届国史学术年会的论文集，共收入大会致辞、主旨报告、会议总结和参会论文 62 篇。该书集中围绕“当代中国历史发展与党在社会主义初级阶段基本路线”的会议主题，深入总结当代中国特别是改革开放 30 多年的发展历程和宝贵经验，深入探讨了正确认识社会主义初级阶段基本国情，坚持把马克思主义基本原理与中国具体实际和时代特征相结合；牢牢扭住以经济建设为中心这一兴国之要，坚定不移走科学发展道路；坚持以四项基本原则为立国之本，坚定不移走中国特色社会主义政治发展道路；坚持以对外开放为强国之路，更加自觉、更加坚定地推进改革开放；坚持中国特色社会主义事业宏伟目标和总体布局，建设富强民主文明和谐的社会主义现代化国家等问题。

《铭刻当代中国史册的辉煌十年》

张星星（研究员）

论文 5 千字

《当代中国史研究》2013 年第 1 期

该文以中共十八大报告为指导，认为当代中国进入新世纪新阶段以来，在经济、政治、文化、社会等建设方面取得了举世瞩目的辉煌成就，书写了当代中国史册绚丽多彩的一页，成为铭刻当代中国史册的辉煌十年。该文也客观分析新世纪新阶段历史的阶段性特征和发展中的不足与问题，认为中国之所以能够不断战胜前进中的困难和挑战，重要原因之一就是党和国家能够清醒地分析和认识工作中的不足与问题，并以高度的忧患意识和果断的有力措施不断加以解决。该文还分析了新世纪新阶段十年对当代中国历史的继承和创新，从宏观的历史视野为正确认识新世纪新阶段十年历史的定位，作出了富有新意的探讨。

《“双轮驱动”：中国经济体制改革的最大成就》

武力（研究员）

论文 7 千字

《中国经济史研究》2013 年第 3 期

该文认为，中国改革开放所取得的成就从体制变革的角度看，主要得益于充分发挥了政府和市场两个动力和“两只手”的作用，这是中国特色社会主义理论、道路和制度在经济领域最本质的因素，这两个动力的关系还需要进一步调整和完善，以便释放出更多的正能量，保证中国经济的可持续发展。

《邓小平南方谈话的两个论断不可分割》

郑有贵（研究员）

论文 7千字

《毛泽东邓小平理论研究》2013年第6期

该文针对把邓小平关于计划和市场都是经济手段的论断与社会主义本质的论断分割开来，甚至着意断章取义的问题，对在市场手段运用上中国特色社会主义不同于新自由主义主张的三个问题进行了探讨，认为市场手段的运用要服务和服从于社会主义，不能否定以公有制为主体、多种所有制经济共同发展的基本经济制度，不能排斥政府在发展经济中的作用。

《新中国成立初期的农田水利建设》

王瑞芳（研究员）

论文 21千字

《中国经济史研究》2013年第1期

该文认为，新中国成立后，中国共产党和中央政府在优先治理江河水灾的同时，加大了农田水利建设的投入，不仅修复了遭受战争破坏的原有水利灌溉设施，而且新建了一些农田水利工程。随着“一五”计划的实施及大规模经济建设的开展，水利建设的重点逐渐转向有计划、有步骤地兴修新的农田水利工程，逐步提高抗御水旱灾害的能力，不断扩大农田水利灌溉面积。新中国成立初期的农田水利建设取得了突出成效，并逐渐确立了以兴修小型水利工程为主的农田水利建设的方向。

《邓小平对社会主义意识形态建设的历史贡献》

欧阳雪梅（研究员）

论文 11千字

《毛泽东邓小平理论研究》2012年第12期

在新中国确立毛泽东思想在意识形态领域的主导地位后，如何科学认识和维护毛泽东思想的指导地位，就成为社会主义意识形态建设中重要的一环。邓小平致力于维护毛泽东思想的指导地位：反对把毛泽东思想庸俗化；反对“两个凡是”的教条主义，率先提出要完整准确把握毛泽东思想的科学体系；科学评价毛泽东的历史地位，重新概括出毛泽东思想的科学内涵，维护了毛泽东思想的权威；在新的历史条件下继承和发展毛泽东思想，创立了邓小平理论，在社会主义意识形态建设中起到了承上启下的作用，保证了社会主义意识形态的连贯与发展，为改革开放和中国特色社会主义建设事业提供了精神动力和思想保证。该文以唯物史观为指导，研究邓小平在重大历史转折时期，为巩固社会主义意识形态、保证社会主义方向所作出的巨大努力，具有一定的学术价值和实践意义。

《新时期以来农户的兼业化发展及其原因分析》

李文（研究员）

论文 11千字

《当代中国史研究》2013年第2期

该文认为，农户兼业化是农业经营比较效益低、机会成本高的条件下农户的自主选择，前提是农户拥有了择业的自由，非农业同样具备了劳动力需求。在我国，由于人地关系比较紧张，受农户是否放弃承包土地受家庭决策支配、农民外出就业不稳定以及城乡二元结构尚未打破等多因素的影响，农户兼业化会愈演愈烈并伴随城市化的始终。总体上看，农户兼业化经营的正面效应大于负面效应，但其对农业现代化进程的影响是值得深思的。

《中俄关系二十年：稳步发展的战略协作》

黄庆（研究员）张萍（副教授）

论文 11 千字

《俄罗斯学刊》2013 年第 3 期

该文认为，1992 年，中俄两国友好国家关系正式确立。20 多年来，中俄关系经历了跨越式发展的叶利钦时期，也经历了全面、务实推进的普京、梅德韦杰夫时期，中俄战略协作关系稳步发展，在政治、经贸、军事、文化等各个方面都取得了引人瞩目的成就。在当前复杂多变的国际大背景下，中俄关系具有坚实的战略协作基础，但也面临着缺乏深层互信、经贸合作长期滞后等重要问题。2012 年，普京第三次入主克里姆林宫，中共十八大选举出新一届中央领导集体。2012 ~ 2013 年度，中俄新一届领导人实现了互访，为中俄战略协作把脉。未来十年，中俄关系的发展存在巨大潜力与机遇。

《陈云的马克思主义观研究》

宋月红（研究员）

论文 12 千字

《北京党史》2013 年第 5 期

该文认为，对于什么是马克思主义、怎样对待马克思主义的科学回答，是马克思主义中国化的思想认识基础与前提。陈云作为党的第一代和第二代中央领导集体的重要成员，学习、信仰和坚持马克思主义，直接参与了马克思主义中国化的第一次和第二次历史性的飞跃，并形成“不唯上、不唯书、只唯实，交换、比较、反复”的思想方法、工作方法和领导原则。陈云对于马克思主义的正确态度、科学认识和实践经验，是马克思主义中国化的宝贵精神财富。

信息情报研究院

《关键期的选择——山东经济文化强省建设研究》

曲永义（研究员）等

专著 530 千字

经济科学出版社 2013 年 7 月

该书系山东省政府资助的重大研究项目“山东经济文化强省建设研究”的最终研究成果。

近年来，山东省委、省政府深入贯彻落实科学发展观，调动各方面的积极性，团结带领全省人民，加快推进山东经济文化发展。2012 年 6 月召开的山东省第十次党代会进一步提出，要“实现经济文化强省建设新跨越，在推动科学发展、全面建设小康社会征程上走在前列，谱写山东人民美好生活新篇章”。发挥优势、接长短板，加快推动山东省由经济大省向经济强省、文化资源大省向文化强省跨越是一项长期的战略性任务。面对新阶段、新形势，为更好地推进山东经济文化强省建设，迫切需要对经济文化强省战略及其实现路径进行深入研究探索。该书通过对深化山东省经济文化强省相关理论和重大实践问题的研究，提出在新的历史起点上推进山东省经济文化强省建设的战略思路、路径选择和重大举措，为促进山东科学发展、和谐发展、率先发展提供理论依据和政策建议。

《俄罗斯的私有化》

张树华（研究员）等

专著 68 千字

社会科学文献出版社 2013 年 5 月

20 世纪 80 年代末和 90 年代初，苏联及东欧社会主义国家相继发生巨变。在俄罗斯，所谓的“改革派”精英认为，建立西方社会那样的自由市场，改变公有制，确立私有制，就能得到西方援助，快速解决国内经济面临的所有问题，从而跻身于发达国家之列。因此，他们不惜以激烈的“休克疗法”来迅速推动经济私有化，自称实现了世界历史上的“一个奇迹 ”，完成了“一场不流血的财产大革命”。那么，私有化这个被西方鼓吹的灵丹妙药，在俄罗斯得到了预期的效果吗？它对俄罗斯的社会经济产生了哪些影响？国家和民众为此得到了什么又付出了什么？该书以历史的眼光和翔实的资料全面客观地介绍了私有化 20 年来在俄罗斯发生、发展、演变的来龙去脉。

《现代社会生活方式的文化根源》

肖俊明（笔名：萧俊明）（研究员）主编

论文集 275 千字

社会科学文献出版社 2013 年 12 月

2010 年，中国社会科学院推出了“中国社会科学论坛”，“现代社会生活方式的文化根源”研讨会是其中之一。研讨会邀请 10 位中外知名学者就现代社会生活方式与文化根源的有关问题做主题发言。该论文集汇集了学者们向大会提交的论文。

选择“生活方式”和“文化”作为此次论坛的主题主要是基于对文化的理解。首先，文化不应是一个抽象的普遍概念，而应该是活生生的生活经验。这些生活经验的意义和价值总是通过特定的生活方式体现出来。其次，具体的和特殊的文化也是多样的。强调文化多样性的意义在于促进不同文化之间的相互理解、相互对话、相互尊重。再次，强调文化的特殊性和多样性也是拒绝文化上的普遍主义。换句话说，拒绝文化上的普遍主义或普遍价值也正是为了尊重差异包容多样。尊重差异包容多样并不是以一种文化相对主义来对抗文化普遍主义，而是要倡导和谐，寻求共识。和谐社会，无论从国家范围来讲，还是从全球范围来讲，都是人类生活的理想境界。特别是在我国当前要建设文化强国的大好形势下，对这一论题展开跨学科和跨文化的讨论具有理论意义和现实意义。

《中国道路的现实与未来》

中国社会科学院国际中国学研究中心编

论文集 260 千字

中国社会科学出版社 2013 年 11 月

该书所收录的论文分为两大类，一类与我国重要公共议题和公共政策有关，如目前的环境政策建设、土地流转、中国经济制度创新评论、中国财政政策分析等；另一类与中国软实力和国家形象建设相关，如中国发展模式评述、海外孔子学院与文化外交、中国在周边国家和地区中的形象建设等问题。

《西方社会的阶级不平等——西方左翼学者的视角》

姜辉（研究员）

论文 7千字

《科学社会主义》2013年第3期

该文认为，与主流观点不同，西方左翼学者强调“阶级问题具有持续的重要性”，“后工业社会”中阶级不平等仍然存在，“阶级社会还未消亡，而真正的无阶级社会还没有诞生”，而事实上，西方的阶级关系和阶级不平等是一种被掩盖的真相，应更多关注如何改善由阶级状况决定的经济分配和社会机会方面的不公平。

《工人阶级还是不是社会主义运动的主体——对西方工人阶级与社会主义运动之关系的研究》

姜辉（研究员）

论文 15千字

《马克思主义研究》2013年第12期

该文认为，当今时代，西方社会的工人阶级还是不是推动社会变革的主要力量，还是不是社会主义运动的主体？一方面，工人阶级“主体危机论”观点已成为西方社会占主流的思想观念；另一方面，资本主义危机的发展促使阶级冲突的斗争尖锐化和激化。在这种社会环境和形势下，重塑工人阶级主体地位，成为历史转折时期西方社会主义者的关键性历史任务。工人阶级主体地位重新确立的必要前提是工人阶级阶级意识的重新形成和塑造，这是从“自在阶级”走向“自为阶级”的必然环节。而全球工人阶级的形成和团结，是在全球化条件下社会主义运动发展的必要基础和前提。

《俄罗斯向何处去：衰落、转型与重生》

张树华（研究员）

论文 12千字

《人民论坛·学术前沿》2013年第8期

该文认为，经历了十多年的政治动荡，俄罗斯社会开始对国家、民主、自由等问题进行反思。2000年以来，普京的世界观及其务实的治国理念直接影响了俄罗斯的走向，俄罗斯人认为普京是稳定、发展和秩序的象征。然而，由于2008年国际金融危机的重创，俄罗斯内政外交政策再次面临重大调整。是走一条自主的、依靠自身力量的国家主义发展道路，还是重复欧洲的成功之路，成为摆在俄罗斯政治精英面前的艰难选择。

《中国智库研究的文献计量学分析》

杨丹（研究员）

论文 17千字

《图书馆、情报与文献学研究的新视野（6）》

中国书籍出版社 2013年6月

当今中国社会的繁荣使智库的咨询作用日益凸显。因而也给智库研究带来了机遇和需求。该文以“智库”“思想库”两个在智库研究中常用的关键词，对中国知网数据库的论文进行搜索，并利用文献计量学方法对数据进行分析，从中可以看出中国智库研究的发展状况。该文认为，中国的智库研究起于20世纪80年代，2000年之后发展迅速，未来发展趋势良好。早期的智库研究是从对美国智库组织的介绍开始，之后关注问题研究。社会科学院系统发挥了良好的智库功能。

《西方民主测量的局限性和迷惑性：概述与分析》

肖俊明（笔名：萧草）（研究员）

论文 24千字

《国外社会科学》2013年第6期

该文从概念和方法上对西方民主测量的五个传统四种类型进行了简要概述，然后选择若干具有代表性的民主指数进行分析，指出其量化弊端和意识形态偏见，揭露了西方民主测量的迷惑性和欺骗性。

《韩国学与韩国国家形象》

朴光海（研究员）

论文 7千字

《韩国学教育与研究的当前课题论文集》

民族出版社 2013年10月

该文以中国的韩国学为例，对其传播和塑造韩国国家形象的路径、渠道、方法、策略、作用及意义进行了梳理和分析。韩国通过韩国学这个“软渠道”，一方面推动了韩国学的发展，另一方面借助韩国学的传播和发展塑造了国家形象，可谓是取得了“一石二鸟”之功效。

《中国的城市化与社会深层的户籍问题》

平战国（副译审）

译文 6.5千字

《海外学者视野中的中国城市化问题》

中国社会科学出版社 2013年4月

据数据显示，截至1980年，我国城市数量为233个，城市化水平仅为20%。随着改革开放的不断深入，国内的城市化步伐日渐加快，然而，与之相伴的城乡二元化结构问题也日渐凸显。这一现象不仅受到国内学者的瞩目，同时也引发了海外学者的关注。该文结合日本的城市化经验，从“户籍制度及其历史进程”“户籍制度的弊端与制度改革的尝试”“解决三农问题的举措”“城市化的推进与消费市场的培育”等诸方面对我国的户籍制度及其衍生问题进行了详尽的分析，并为我国解决城市化过程中所面临的诸问题提供了建设性见解。

《文化哲学中的黑色存在》

［美］刘易斯·R. 戈登著 李红霞（助理研究员）译

译文 15千字

《第欧根尼》2013年第1期

该文探讨文化哲学和黑色存在之间的一些关系，广义而言是指非洲哲学与文化哲学之间的关系。由于历史上黑人受到种族主义的歧视，与西方哲学主要关注本体论或认识论的问题不同，非洲哲学或黑人哲学更关注文化哲学的问题，即有关人性的标准、自由的界定以及如何在这两个方面运用理性的问题，这就是非洲哲学或黑人哲学反思的三个主要焦点：(1) 哲学人类学；(2) 有关自由的哲学；(3) 有关理性的元批判。针对哲学经典中以及当前学术界依然存在的涉及非洲或黑人问题时的非理性偏见，该文认为，需要从认识论和方法论的层面，消除方法上的殖民主义，即运用现象学意义上的未预设方法的方法，来达成去殖民还原。

《艺术史与翻译》

[英] 莱恩·博伊德·怀特 [英] 克莱迪娅·海德 著 贺慧玲（助理研究员）译

译文 14 千字

《第欧根尼》2013 年第 1 期

该文是在《翻译中的艺术》这本电子杂志（刊登世界视觉艺术领域的优秀论文的英文译文）创刊时对一些见识作出的反思。

19 世纪末当艺术史在学术界风靡时，它尤其受语言影响。它的研究对象是根据语言划分而被表述的，往往反映着国家疆界。艺术写作学派以主要欧洲语言发展起来。按照标准的历史编纂学，在早期，德语是艺术史学科的主要语言，但在 20 世纪下半期被英语所代替。

该文既强调广为接受的艺术写作经典，也强调了语言区域之间的等级关系。而从后殖民的视角来看，这些立场均受到质疑。一种不同的解读认为，虽然主要语言占据霸权地位，但艺术史却仍是更加分散的、多样的，并以多种语言书写的。虽然英语霸权与多样性相悖，但它作为一门全球语言，却为跨越语言边界进行交流提供了契机。该文讨论了艺术史翻译政策：英语霸权的利弊，翻译及其规避如何影响知识的流动和思想的交流，通过翻译是否能使艺术史更加多元和多语等问题。

《艺术与美学：从现代到当代》

[斯洛文尼亚] 阿莱什·埃里亚韦茨著

萧俊明（研究员）译

译文 15 千字

《第欧根尼》2013 年第 2 期

该文概述了艺术与美学的关系在过去 40 年中的发展。该文以艺术家在 20 世纪 60 年代确认的与哲学美学相关的变化作为起点，认为就艺术及其哲学中的转变而言，20 世纪 80 年代代表了一个历史关头。然后，作者谈论了三种艺术和美学理论——始于 90 年代的尼古拉·布里奥的“关系美学”，从 21 世纪第一个十年开始的雅克·朗西埃的美学工程，以及最新近的由特里·史密斯阐发的“当代艺术理论”。认为这三种艺术或美学理论不仅反驳了那种认为被理解为艺术哲学的美学再一次与当代艺术和艺术世界分离的流行看法，而且体现了它们在当代艺术讨论中的实际影响。

《哲学与艺术：美学的景观变化》

[美] 柯蒂斯·L．卡特著 杜鹃（助理研究员）译

译文 23 千字

《第欧根尼》2013 年第 2 期

该文的第一部分考察哲学和艺术在 20 世纪的相互作用是如何在 20 世纪的四位主要美学家，即瓦尔特·本雅明、莫里斯·梅洛－庞蒂、吉勒·德勒兹以及阿瑟·丹托的美学理论中得到反思的。哲学家的理论关系到与各自探讨美学问题的进路最直接相关的艺术发展。第二部分考察在改变现今当代艺术进程的过程中所选的非哲学的社会及技术发展。其中包括全球化、艺术市场、社会/

政治问题、通俗文化、虚拟现实以及先锋派的新表现。该文确认了一些为了美学未来发展理应考虑的关键因素，以期当今及未来的美学家将开始思考美学在谈及艺术的新发展时需要做出哪些变化。

其 他 单 位

办公厅

《一样的挑战，一样的转变——写在英国人文与社会科学学术成果编辑出版与国际传播培训项目之后》

刘玉杰（编审）

调研报告 9.8 千字

中国社会科学院国际合作局编《中国社会科学院“人文与社会科学学术成果编辑出版与国际传播培训”项目培训总结汇编》2013 年 9 月

2013 年 6 月 23 日至 7 月 13 日，该文作者随中国社会科学院“人文与社会科学学术成果编辑出版与国际传播培训项目”代表团赴英国访问了剑桥大学出版社、伦敦城市大学、英国艺术与人文科学研究理事会、牛津国际出版研究中心、英国版权许可总署、苏格兰斯特灵大学、苏格兰出版总局、帕尔格雷夫麦克米伦出版社、斯特灵大学国际出版研究中心等大型国际出版传媒机构、大学出版院系、版权机构等，与英国资深出版人、著名专家学者就“英国大学在出版物专业化中的作用及英国学术期刊的集约化出版模式”“劳特利奇出版社如何成为全球性出版社”“数字化世界中的学术出版”“英国人文社科出版情况及新趋势下学术出版的创意及创新”“国际出版物进出口版权贸易”等前沿问题进行了广泛的富有针对性和可操作性的研讨。通过参访和研讨，作者认为，在数字化时代，我国在人文社科成果的编辑出版与国际传播方面，面临着与英国等出版大国同样的挑战，同样需要转变观念、转变生产方式。该文是作者参观访问后撰写的研究报告。

该报告分四个部分：

第一部分阐述了英国学术出版机构的现状；概述了剑桥大学出版社、牛津大学出版社和麦克米伦出版社等英国一流出版机构的悠久历史、出版物种类、特色优势、管理模式、同行评审、质量把关、应用技术、学术期刊的集约化出版等方面的情况和特点；介绍了这些出版机构在经营理念、市场开拓、产品营销、数字 / 电子出版、社会化服务、读者群及销量、国际合作等方面的成绩、经验和做法。第二部分探讨了学术出版如何“走出去”的问题。第三部分研究了“学术出版面临的挑战与机遇”问题。第四部分建设性地提出了中国社会科学院的学术出版如何“走出去”、增强国际竞争力的几点思考：(1) 走集团化之路；(2) 举国际化大旗；(3) 搞“研”“学”“产”一体。作者建议，中国社会科学院可以成立专门机构，整合院内外优势力量，潜心研究数字出版环境下人文社科学术出版的国际传播问题。

该文被该书的总报告大篇幅采用。

《“沐浴”巴斯》

刘玉杰（编审）

文化散文 2.8 千字

《中国社会科学报》2013 年 9 月 5 日 B04“后海”

该文是作者于 2013 年 6 月随中国社会科学院代表团赴英国访问期间参观位于英格兰西南部的著名旅游小镇巴斯后写下的文化散文。

巴斯位于英格兰埃文郡东部，是英国唯一列入世界文化遗产的城市。她是一个被田园风光包围着的古典优雅的小城，被誉为英国最漂亮典雅的城市之一。

作者以细腻的笔触、舒缓的语言，通过对巴斯小镇旖旎而秀丽的乡村风光、古朴而浑厚的石头房子、典雅而恢宏的古建筑、经典而醇厚的民风、轻松而悠闲的市民的描写，为读者勾勒出一个古朴而经典的、充满异域情调的小镇的美丽景致与独特魅力。它如田园油画般精美，如古老童话般梦幻。使人仿佛穿越时光隧道，来到梦境中的中世纪。

作者从一个古老神奇的传说谈到“巴斯”名称的由来，再引用英国著名作家狄更斯在他的《匹克威克外传》中对巴斯古代风情及传奇故事的描写，叙说了巴斯这座久负盛名的小城的传奇而悠久的历史。又从世界经典名著《傲慢与偏见》《诺桑觉寺》和《劝导》的作者简·奥斯汀与巴斯的不解之缘谈开去，引经据典，追溯延展，呈现了这座小城的丰厚与独特之处。

该文从形式上看是游记性散文，但不是纯然的游记散文，而是站在世界历史文化的旅程中，以秀丽的山水风光为载体，在娓娓道来的文字中将读者带入文化意识的河流，在历史叙述中渗透生命哲理，在抒情描写中融注历史理性，从而凸显了山水胜迹背后的文化内涵，表达了作者对历史和文化的理性思考和深刻体会，抒发了作者对历史与文化的独特感受。

该文被刊载在《中国社会科学报》“后海”版推出的“特刊”“大道行思，取则行远——学者的文化行走”的头题。

监察局、直属机关纪委

《反腐倡廉蓝皮书》

李秋芳　主编

论文集 230 千字

社会科学文献出版社 2013 年 12 月

该书总结归纳了党的十八大以来反腐倡廉建设在正风肃纪、管住公共权力和公共资金、多元综合监督、“老虎和苍蝇一起打”等方面的新举措和新变化；提出“能否收到理想的治标与治本效果，关键在于反腐战略的高度和治腐行动的力度”；建立扫除“四风”的长效机制亟须提上日程，为防止利益冲突须尽快规制“礼尚往来”行为，网络微博反腐既应得到重视又须依法有序管理，惩治腐败须抓大不放小，保持对腐败行为的零容忍；从根本上治理腐败，必须坚定不移地全面深化改革。

《王阳明廉政思想与行为研究》

中国廉政研究中心、国际阳明学研究中心编

论文集 320千字

中国社会科学出版社 2013年10月

该书从反腐倡廉角度研究王阳明的著作，深入分析了王阳明跌宕起伏的人生和监察执法实践，概括提炼了王阳明心学中的廉政思想、为官治吏的反腐举措和为人处世的高尚品格，指出了其廉政思想与行为对当前反腐倡廉建设的借鉴意义和局限，介绍了王阳明所处的政治环境和社会风气及其对后世的深远影响。

《中国社会科学院廉政研究论坛文集》

中国廉政研究中心编

论文集 310千字

长春出版社 2013年5月

廉政研究论坛创办于2006年，经过多年不断发展，已经成为中国社会科学院廉政研究的“拳头”产品，在国内外具有广泛的影响力。在这种情势下，该书将廉政研究论坛2006年至2012年的论文汇编成册，一是为以后的廉政研究提供资料，二是总结经验，夯实廉政研究的基础。

《上海合作组织区域定位与安全合作的优先方向》

孙壮志

论文 9.8千字

《兰州大学学报》(社会科学版) 2013年第2期

该文认为，区域定位是上海合作组织发展的重要基础，决定了多边合作的基本内容与主要层次。解决区域定位问题，有助于上海合作组织多边合作明确长期目标，解决最迫切的地区性问题，切实保障各国的稳定和发展，推动多边机制的不断完善，同时可以为开展与其他地区组织的合作以及增加新的成员提供一个客观依据。由于上海合作组织主张大小国家平等，通过协商解决矛盾冲突，尊重不同国家的历史传统和价值取向，推动互利合作以实现共赢，这些原则和理念适合中亚的现实情况，得到了中亚国家的广泛认可。针对形势的发展变化和中亚各国具体的利益诉求，上海合作组织应该调整安全合作的优先方向，启动新的多边合作机制。

《中亚安全格局与多边机制的作用》

孙壮志

论文 9.6千字

《新疆师范大学学报》(哲学社会科学版)

2013年第6期

中亚地区安全格局一直呈现多元、多层次的特点。在复杂的国际大背景下，刚刚经历金融危机冲击的中亚各国，又遇到了新的问题和挑战，在地区事务中有影响力的大国也调整了政策。地区安全格局发生了微妙的变化：大国地缘政治竞争呈现全方位化；中亚国家之间的疏离倾向越来越显性化；阿富汗问题前景难测，导致周边安全环境持续恶化。由于中亚地区面临的威胁具有内外结合、多领域共生等特点，迫切需要建立成熟的多边安全机制，帮助中亚国家进一步提高抵御安全风险的能力，同时在出现危机的时候能够联合应对。上海合作组织作为最早关注中亚地区面临的各种安全挑战的区域机制，开展了富有成效的合作，具有广阔的前景。

《上海合作组织安全合作的基本特征与优先方向》

孙壮志

论文 9.5 千字

《上海合作组织发展报告（2013）》

社会科学文献出版社 2013 年 9 月

作为一个新型地区组织，上海合作组织主张大小国家平等，通过协商解决矛盾冲突，尊重不同国家的历史传统和价值取向，推动互利合作以实现共赢，这些原则和理念适合中亚的现实情况，得到了中亚国家的广泛认可。上海合作组织的多边安全合作起步较早，合作领域不断扩大，具有一系列鲜明的特点，成员国的安全合作开放透明、协商一致、不针对第三方、不谋求建立军事同盟，倡导以“互信、互利、平等、协作”为核心的新型安全观。中亚是上合组织开展合作的基本区域，近几年安全形势发生一系列复杂变化，针对地区形势的发展变化和中亚各国具体的利益诉求，上合组织应该调整安全合作的优先方向，进一步完善法律基础，启动新的多边合作机制，加强与其他国际组织的协调。

《中国因腐败造成的人才损失现状与治理》

蒋来用

论文 25 千字

《中国人才发展报告（2013）》

社会科学文献出版社 2013 年 10 月

人才资源是国家最为宝贵的财富。腐败会直接导致人才损失，也会带来间接性的人才损耗。中国高度重视并切实采取行动防治腐败，从多方面努力减少腐败产生的人才损失，但中国当前经济发展所处阶段不利于腐败控制，短期内会面临一些难以克服的困难和矛盾。从防止人才损失角度而言，反腐败应重在预防，要把以预防为主作为非专门反腐败机构的首要策略。

《国（境）外公务接待的治理及其启示》

蒋来用

论文 8 千字

《廉政文化研究》2013 年第 2 期

国（境）外治理公款大吃大喝主要依托政府和社会两股力量：政府一般采用预算控制、区别对待客人、议会和审计监督、明确接待标准、严格财务管理、制定吃请禁令、管制吃喝行为等措施；新闻媒体监督、非政府组织参与、宗教信仰和饮食习惯等则是制约公款大吃大喝不可缺少的社会因素。国（境）外公务接待的治理措施对我国严肃整治公款大吃大喝有重要的借鉴意义和启示作用。

《防止“吃喝风”反弹关键靠长效机制》

蒋来用

文章 4 千字

《中国监察》2013 年第 21 期

治理公款大吃大喝取得了明显成效，但吃喝场所转地下、名头隐藏深、方式更隐秘、转“内销”、违规处理较难、疑虑担心多等现象值得特别关注和警惕。防止奢靡“吃喝风”反弹，需要拧紧预算“阀门”、完善公务接待标准、禁止不正当宴请、规范结算支付、完善财务审核制度、定期公示公款接待信息、实行公务定点接待、严格内部餐厅管理、加强监督检查、严格违规问责，领导机关及领导干部要继续做表率，形成“经常抓”和“长期抓”的长效机制。

《反特权是反腐败的永恒主题》

高波

文章 3.5 千字

《中国纪检监察报》2013 年 3 月 5 日

特权现象作为凌驾于人民群众和公共利益之上的异化权力形态，自古有之，今亦未止。就执政党而言，其主要表现在党内出现不受监督的“特殊党员”，享受不受制约的“特殊权力”，谋求不受管控的“特殊利益”。大量腐败案例表明，特权是腐败的前奏，腐败是特权的续曲。二者虽不能画等号，但存在量变到质变的紧密联系。反腐败必先反特权，这是腐败治理的共同规律，也是共产党人的政治使命。

《治标如何为治本赢得时间——从“贺卡禁令”和中医治道说开去》

高波

文章 3.3 千字

《中国纪检监察报》2013 年 11 月 19 日

传统中医将标本关系视为基础性概念，辨析风气正邪及防控疾患亦有十分丰富的认识论和方法论。该文认为，治理腐败这种人类社会久治难愈的顽症，也不妨从博大精深的中医治道吸取智慧，进而深化对反腐倡廉决策部署的理解并切实提高执行力。

《“网络反腐”如何发挥正能量》

高波

文章 3.9 千字

《中国监察》2013 年第 2 期

“网络反腐”是指腐败行为的知情人或受害者利用互联网进行信访举报、控告揭发或申诉维权等。主要包括两类情况：举报人向纪检监察机关和政府“官网”反映问题；举报人在“外网”上向网民直接披露“涉腐”信息。近年来，一批贪官经“网曝”落马，成为“草根维权、权利反腐”的热门形态。但“网络反腐”也会泥沙俱下，造成社会舆情高频振荡。当前，应高度重视、妥善应对，扬长避短、兴利除弊，使网络真正成为反腐倡廉的有效渠道。

研究生院

《论北魏孝文帝迁都洛阳的军事意义及影响》

袁宝龙（馆员）

论文 12 千字

《中原文化研究》2013 年第 1 期

该文从孝文帝迁都洛阳时期的军事形势、迁都的内在原因、迁都的军事意义以及由此造成的影响等四个方面展开研究论述。从当时的历史环境和军事环境来看，北魏位于柔然与南朝的中间地带，腹背受敌。至孝文帝执政时期，北魏政权的军事策略由此前的“先北后南”转变为“先南后北”，即主要作战对象由北部的柔然转变为南朝政权，孝文帝试图通过对南战争来完成统一事业，同时摆脱北魏王朝腹背受敌的军事困境，故其迁都洛阳的主要目的是配合其军事策略的改变。迁都洛阳使南北双方的政治中心进一步接近，在客观上促进了统一进程，同时削弱了统一战争中的民族因素，促进了民族融合。

《2012 中国民营企业竞争力报告——转型升级与竞争力指数（No.6）》（中国民营企业蓝皮书）

刘迎秋（研究员）主编

专著 389 千字

社会科学文献出版社 2013 年 1 月

该书通过对全国 19 个省市开展的民营企业“转型升级与竞争力”问卷调查和实地考察取得的一手资料进行统计实证，对我国现阶段民营企业转型升级的现状、决定因素、实现途径、面临的困境、企业家和政府的作用以及海外民营企业成功转型升级经验等进行了深入分析，得出了六个结论：必须摆脱对传统发展路径的依赖，必须以赢得市场为首要目标，必须以创新作为永恒动力，必须抓住企业家才能和专门技能人才这个关键，必须不断提升企业治理与管理水平这个重要基础，必须强调政府的引导和服务这个重要保障。在此基础上提出了六项政策建议：进一步拓宽民营企业市场准入范围、降低民营企业市场准入门槛，促进社会公平，实现平等竞争；采取措施，切实提高民营企业创新及其科技成果转化能力；建立符合我国经济社会发展实绩、功能互补、资源共享、联动发展、共同协作的公共技术服务平台，促进科技成果转化，强化民营企业转型升级；进一步完善财税扶持制度，促进民营企业技术创新和转型升级；积极构建多层次融资体系，以有效解决民营企业融资难题；拓展政府服务内容，提升政府服务水平，促进民营企业转型升级。

《政府绩效管理过程反思》

董礼胜（教授） 刘选会（讲师）

论文 10 千字

《中国行政管理》2012 年第 12 期

该文在概括政府绩效管理内容变迁的基础上，对政府绩效管理过程进行了深入分析和反思，同时探讨了该研究对我国政府绩效管理的启示意义。该文认为，政府绩效管理过程实际上充满了理性设计和现实要求之间的冲突，每一个环节都存在不同的问题。该文的分析有助于我们冷静思考政府绩效管理所面临的困难，同时也有助于我们认识政府绩效管理的复杂性以及目前我国学界在政府绩效管理研究方法上的不足，从而进一步地推动我国政府绩效管理的深入发展。

《宏观与微观双重视角下中国社会福利制度的路径选择》

赵一红（教授）

论文 1.1 千字

《社会科学》2013 年第 1 期

该文以福利视角为切入点，以中国作为“后发型”现代化国家为研究背景，论述了一个良性循环社会所需要的一种符合自身社会发展的福利视角。提出从何种角度来看待社会福利发展，在一定程度上决定着社会福利承担何种角色；每一种福利视角都将提供不同的福利目标。传统与现代、政府与社会组织、社区服务与社区照顾等看似不同范式的结构，却能够共同给予福利视角以不同解释。从这些不同范式结构考察福利供给主体、福利供给对象、福利供给目标、福利供给模式等，将透视出中国社会福利发展的特点，从而总结了中国社会福利制度本土化的发展路径。

中国社会科学院图书馆（调查与数据信息中心）

《人文社会科学领域文献计量学研究》

蒋颖（研究馆员）

专著 394 千字

社会科学文献出版社 2013 年 10 月

该书主要包含以下内容：人文社科领域文献计量学研究概述，阐述了文献计量学的发展、人文社科领域文献计量学研究的特点及关注的热点问题；分析了人文社科领域的文献交流特点，特别指出了该领域文献计量学研究的特殊性；介绍了人文社科文献计量分析的各类数据源，并对其特点和优劣进行了分析比较；分别列出了当前的一些研究热点，包括人文社会科学学术评价、期刊评价与核心期刊研究、网络计量学研究、可视化技术等；以三项实证分析为例，开展了面向学科的文献计量学研究；阐述了人文社科领域文献计量学的发展趋势及存在的挑战。

《美欧智库比较研究》

褚鸣（副研究员）

专著 208 千字

中国社会科学出版社 2013 年 6 月

该书研究了美国智库的发展概况与样本选择，美国样本智库的基本情况，美国样本智库的类型、组织基础和功能，美国智库发展的社会基础，美国智库发挥影响的途径与方式，2001 ～ 2010 年美国媒体引述智库状况分析等内容。该书认为，美国顶尖智库的活跃程度和媒体影响力比欧盟顶尖智库的活跃程度和媒体影响力要高一些，这与它们处于不同的政治环境有一定的关系。之所以一部分美国和欧盟的智库类研究机构能够一直保持强势，其要点是追求在一些主要的支撑点或者能力方面处于领先地位，其中主要包括获取资源、定位服务、保证质量和扩大影响力四个方面。

《数字图书馆版权利益平衡机制研究》

任宁宁（研究馆员）

专著 208 千字

经济管理出版社 2013 年 4 月

版权利益的“失衡”影响着不同性质数字图书馆的发展。如何使数字版权由“失衡”达到相对“平衡”，创建一个有利于不同性质数字图书馆生存、发展的数字环境，需要加以研究和探索。该书从国外到国内，从微观到宏观，对数字图书馆在发展和建设中所涉及的一系列数字版权问题作了全方位的探索。如数字图书馆的概念、性质；不同性质数字图书馆发生了怎样的版权危机；版权利益平衡的理论渊源、内容和原则；数字环境下国际和各国版权制度变革的主要内容；各种实现版权利益平衡的模式等。借鉴各国立法的成熟经验和做法，以及国际数字版权制度的发展趋势，提出了完善我国版权制度若干法律制度的设想，以及不同性质数字图书馆加强技术管理和自律管理的建议、策略。

《国外下一代图书馆自动化系统的实践与发展趋势研究》

包凌（副研究馆员）赵以安（副研究馆员）

论文 12 千字

《图书馆学研究》2013 年第 9 期

该文介绍了下一代图书馆自动化系统产生的背景及其在国外的实践情况，主要包括 Alma、Sierra、Kuali – OLE、WMS、Intota 和 Open Skies 等 6 个系统的研发现状、开发方式、部署方式、功能及其他特点，通过研究现有系统的开发情况，提出未来图书馆自动化系统的发展趋势。以 Alma、WMS 为代表的下一代图书馆自动化系统，为图书馆整合资源、改善工作、提高服务质量提供了平台，为用户使用和参与图书馆建设提供了很大的方便，同时为图书馆的技术进步提供了契机。

《我国人文社会科学合作的地域倾向研究——基于经济学期刊论文的计量分析》

苏金燕（副研究馆员）

论文 11 千字

《现代图书情报技术》2013 年第 10 期

以 CNKI 中经济学科 150 种核心期刊 10 年的论文数据为统计样本，采用统计分析法，利用 SPSS、GeoDa 等软件对我国人文社会科学合作的地域倾向性进行分析。研究发现，我国不同地区之间的人文社会科学合作确实存在地域倾向，高、中、低科研生产力地区均倾向于与高科研生产力地区合作；科研生产力和地理距离是影响我国科学合作的重要因素，科研生产力与科学合作强度呈正相关关系，科学合作强度随科研生产力的增大而增大；地理距离与科学合作强度呈负相关关系，科学合作强度随地理距离的增加而减小。

《文摘期刊的评价功能及其适用度研究》

王力力（副研究馆员）

论文 9.5 千字

《情报资料工作》2013 年第 6 期

该文在着重阐述文摘期刊具有的择优摘转、同行评议、注重时效、引领学术、计量分析等功能特性的基础上，从定性评价和定量评价两个方面论述了文摘期刊的评价作用，即文摘期刊的推优性与文摘期刊自身影响力反映出来的定性评价功能，和对文摘期刊论文进行“文摘率”“论文摘转频次”“文摘期刊耦合”等量化指标所反映出来的定量评价功能。然而学术评价是一项十分复杂与严谨的学术活动，简单化和硬性地使用量化指标来评价学术成果是很危险的，由此，文章认为文摘期刊可作为一种辅助性的评价手段适度参与到学术评价当中。

中国社会科学杂志社

《近代的初曙：18 世纪中国观念变迁与社会发展》（修订再版）

高翔（研究员）

专著 515 千字

故宫出版社 2013 年 6 月

该书堪称关于 18 世纪中国乃至整个清代观念文化史方面的第一部研究专著，对 18 世纪中国知识界的观念形态以及与之密切相关的士林风气、学术动向和政治状况做了系统、深入的分析，结合康乾时期社会经济和政府管理模式的变化，考察了 18 世纪中国社会发展水平。该书对一系列学术界长期关注，并争论不休的重大问题，提出了自己的看法。例如：该书对18世纪文字狱重新梳理，以实证的方法，否定了片面夸大乾隆朝文字狱数量及其危害的做法；对有清一代时代精神，该书提出17世纪是经世，18世纪是求实，19世纪是变革的基本观点；对清前期中国近代化问题，主张以综合的、发展的眼光予以考察，提出并论证了近代化的三个标准。

《论新兴大国崛起的理论准备》

林跃勤（副研究员）

论文 12千字

《南京社会科学》2013年第7期

该文从逻辑的、学理的和历史比较的视角论证了理论准备对于后发大国崛起过程中有效应对内外挑战、持续赶超和成功崛起的思想指导、战略定位、政策制定、路径选择的支撑意义和保障作用，剖析了以金砖国家为代表的新兴经济体崛起进程中的理论支撑不足的事实、困惑和原因，探讨了新兴大国加强和创新理论准备、更好指导崛起进程应持的态度、途径和方法。

第五编

学术人物

XUESHURENWU

一　中国社会科学院博士学位研究生指导教师(2013～2014)

系　别	学科专业	姓　名	出生年月	主要研究方向
哲学教学研究部马克思主义研究系	国外马克思主义研究	冯颜利	1963.08	国外马克思主义研究中的公正思想
	科学社会主义与国际共产主义运动	吕薇洲	1970.06	国外马克思主义与社会思潮研究
	科学社会主义与国际共产主义运动	李崇富	1943.09	科学社会主义、马克思主义哲学
	马克思主义发展史	李慎明	1949.10	民主政治
	马克思主义基本原理	余　斌	1969.04	马克思主义经济学原理
	科学社会主义与国际共产主义运动	冷　溶	1953.08	中国特色社会主义
	马克思主义中国化研究	辛向阳	1965.03	中国特色社会主义理论
	马克思主义发展史	罗文东	1967.12	中国特色社会主义理论、当代资本主义理论与世界社会主义运动
	马克思主义中国化研究	金民卿	1967.08	文化与意识形态理论
	国外马克思主义研究	郑一明	1962.10	西方马克思主义、马克思主义哲学史
	马克思主义中国化研究	赵智奎	1950.01	邓小平理论、马克思主义哲学

续表

系　别	学科专业	姓　名	出生年月	主要研究方向
	马克思主义基本原理	胡乐明	1965.10	马克思主义经济理论、现代西方经济理论
	马克思主义发展史	侯惠勤	1949.02	马克思主义发展史、当代意识形态研究
	科学社会主义与国际共产主义运动	姜　辉	1969.11	国外马克思主义
	马克思主义中国化研究	夏春涛	1963.11	马克思主义中国化发展历史、当代中国马克思主义理论前沿问题研究
	马克思主义基本原理	程恩富	1950.07	中外马克思主义经济学、中外社会主义市场经济理论与政策
哲学教学研究部哲学系	马克思主义哲学	王伟光	1950.02	历史唯物主义
	科学技术哲学	王延光	1955.09	医学哲学与生命伦理学
	美学	王柯平	1955.05	美学与诗学
	伦理学	甘绍平	1959.08	应用伦理学、西方伦理学
	外国哲学	叶秀山	1935.06	欧洲哲学史
	科学技术哲学	朱葆伟	1949.01	科学技术的价值论与伦理学问题
	逻辑学	刘培育	1940.04	逻辑因明学
	外国哲学	江　怡	1961.05	语言哲学
	马克思主义哲学	孙伟平	1966.01	价值论研究、马哲中国化
	外国哲学	孙　晶	1954.01	东方哲学
	逻辑学	杜国平	1965.10	现代逻辑、应用逻辑与逻辑应用
	中国哲学	李存山	1951.05	儒家哲学及中国现当代哲学
	外国哲学	李　河	1958.08	解释学、文化批判理论
	马克思主义哲学	李景源	1945.07	认识论与历史观
	科学技术哲学	杨通进	1964.02	环境伦理学、科技伦理学
	外国哲学	杨　深	1952.02	近现代欧洲哲学

续表

系别	学科专业	姓名	出生年月	主要研究方向
	伦理学	余涌	1961.10	应用伦理学
	逻辑学	邹崇理	1953.07	现代逻辑
	外国哲学	张慎	1954.12	德国近现代哲学
	中国哲学	陈静	1954.09	汉唐哲学、老庄哲学
	中国哲学	陈霞	1966.04	道家与道教文化研究
	外国哲学	尚杰	1955.09	法国当代哲学
	外国哲学	周晓亮	1949.10	16～18世纪西方哲学
	伦理学	赵汀阳	1961.06	中西伦理学比较
	美学	章建刚	1952.12	美学原理、艺术史、伦理学
	外国哲学	谢地坤	1956.12	欧洲大陆哲学、德国哲学
	马克思主义哲学	魏小萍	1955.12	马克思主义哲学史、当代国外马克思主义哲学
哲学教学研究部世界宗教研究系	宗教学	王卡	1956.12	道教学、中国哲学
	中国哲学	卢国龙	1959.11	中国哲学
	宗教学	邱永辉	1961.04	当代宗教
	宗教学	何劲松	1962.08	汉传佛教及佛教艺术
	宗教学	卓新平	1955.03	基督宗教、西方宗教学、中西宗教文化比较
	宗教学	金泽	1954.05	宗教学、宗教人类学
	宗教学	郑筱筠	1969.08	南传佛教
	宗教学	魏道儒	1955.10	佛教
经济学教学研究部经济系	西方经济学	王红领	1952.09	技术创新
	经济思想史	王诚	1955.10	外国经济思想史、宏观经济理论
	西方经济学	左大培	1952.08	西方经济学理论、经济模型分析
	经济思想史	叶坦	1956.10	中国经济思想史、东亚经济思想比较研究

续表

系　别	学科专业	姓　名	出生年月	主要研究方向
	发展经济学	朱　玲	1951.12	收入分配、贫困问题和乡村发展、发展经济学
	西方经济学	朱恒鹏	1969.09	微观经济学
	西方经济学	刘小玄	1953.01	微观经济学、产业组织理论
	经济史	刘兰兮	1954.06	中国商业史、中国近代企业史
	西方经济学	刘树成	1945.10	数量经济学、宏观经济学
	西方经济学	刘霞辉	1962.10	经济增长理论、中国经济增长问题
	政治经济学	闫　坤	1964.08	宏观经济与财政政策
	政治经济学	李铁映	1936.09	社会主义市场经济理论
	经济思想史	杨春学	1962.11	当代西方经济学说、新制度经济学与公共选择理论
	政治经济学	张　平	1964.07	中国经济增长、收入分配、资本市场理论
	西方经济学	张晓晶	1969.09	宏观经济学
	西方经济学	赵志君	1962.02	经济增长理论、宏观经济政策
	经济史	赵学军	1968.07	中华人民共和国经济史
	政治经济学	胡家勇	1962.11	社会主义市场经济理论
	西方经济学	袁钢明	1953.09	宏观经济学、企业理论
	经济史	徐建生	1966.05	中国近代经济史
	西方经济学	剧锦文	1959.10	现代产权与企业理论、资本市场理论
	经济史	董志凯	1944.08	中华人民共和国经济史
	西方经济学	韩朝华	1953.09	微观经济学、企业制度
	政治经济学	裴小革	1956.10	马克思主义经济学基本理论、中国经济改革与发展
	发展经济学	魏　众	1968.03	劳动力市场、收入分配研究
	经济史	魏明孔	1956.09	区域经济史

续表

系别	学科专业	姓名	出生年月	主要研究方向
经济学教学研究部工业经济系	产业经济学	吕政	1945.07	工业发展理论与政策
	产业经济学	吕铁	1962.12	产业成长与产业政策
	产业经济学	刘戒骄	1963.03	产业组织理论与政策
	会计学	杜莹芬	1964.09	公司理财、企业并购
	产业经济学	李海舰	1963.09	工业利用外资
	企业管理	沈志渔	1954.06	企业制度、企业改革
	产业经济学	张世贤	1956.04	工业投资与融资
	产业经济学	张其仔	1965.05	产业竞争力
	区域经济学	陈耀	1958.05	区域经济与政策
	企业管理	罗仲伟	1955.10	企业战略管理
	产业经济学	金碚	1950.04	产业组织
	产业经济学	赵英	1952.09	产业政策与技术创新、国家经济安全
	产业经济学	郭克莎	1955.07	产业经济学、经济增长
	企业管理	黄速建	1955.11	企业管理、公司理财
	企业管理	黄群慧	1966.08	企业理论与战略管理、管理理论与管理学方法论
	产业经济学	曹建海	1967.12	投资与消费的关系
经济学教学研究部农村发展系	农业经济管理	王小映	1966.10	土地资源管理
	农业经济管理	朱钢	1958.11	农村财政
	农业经济管理	任常青	1965.06	农村金融
	农业经济管理	杜志雄	1963.02	农村发展融资
	农业经济管理	李成贵	1966.09	农村发展理论与政策
	农业经济管理	李国祥	1963.08	农产品市场与贸易
	农业经济管理	李周	1952.09	资源与环境经济、农村发展理论与政策
	农业经济管理	李静	1966.03	农村金融

续表

系　别	学科专业	姓　名	出生年月	主要研究方向
	农业经济管理	吴国宝	1963.12	贫困与发展
	农业经济管理	张元红	1964.02	农村产业经济
	农业经济管理	张晓山	1947.10	农村组织与制度
	农业经济管理	苑　鹏	1962.08	农村组织与制度
	农业经济管理	胡必亮	1961.09	农村金融
	农业经济管理	党国英	1957.06	农村发展理论与政策
	农业经济管理	韩　俊	1963.11	农村发展理论与政策
	农业经济管理	谭秋成	1965.08	中国农村工业化与城市化
	农业经济管理	潘晨光	1954.09	农村人才与人力资源管理
经济学教学研究部财政与贸易经济系	旅游管理	王诚庆	1958.08	城市发展与旅游经济
	国际贸易学	王洛林	1938.06	国际投资
	国际贸易学	申恩威	1957.01	国际贸易与跨国公司
	产业经济学	史　丹	1961.04	能源经济、工业发展
	国际贸易学	冯　雷	1954.06	国际投资
	国际贸易学	江小涓	1957.06	国际投资
	国际贸易学	杨圣明	1939.07	国际服务贸易
	财政学	杨志勇	1973.08	财税理论与政策
	金融学	何德旭	1962.09	金融理论与政策
	产业经济学	宋　则	1951.12	市场理论与流通创新
	产业经济学	张群群	1970.10	市场组织与价格制度
	国际贸易学	赵　瑾	1965.03	WTO与中国外经贸发展
	产业经济学	荆林波	1966.04	信息服务与供应链
	国际贸易学	夏先良	1963.06	国际知识产权
	旅游管理	夏杰长	1964.03	旅游与现代服务业
	金融学	倪鹏飞	1964.03	城市房地产金融

续表

系　别	学科专业	姓　名	出生年月	主要研究方向
	财政学	高培勇	1959.01	财税理论与政策
	金融学	裴长洪	1954.05	国际金融与投资
经济学教学研究部金融系	金融学	王　力	1959.09	区域金融、资本市场
	金融学	王松奇	1952.03	国际金融理论与政策
	金融学	王国刚	1955.11	金融市场
	金融学	李　扬	1951.09	货币理论与货币政策
	金融学	周茂清	1954.03	金融市场
	金融学	胡　滨	1971.05	金融监管与金融法律
	金融学	殷剑峰	1969.12	宏观金融与政策
	金融学	郭金龙	1965.04	现代金融体系和保险、保险与社会保障
	金融学	彭兴韵	1972.04	宏观经济与货币政策
经济学教学研究部数量经济与技术经济系	技术经济及管理	王宏伟	1970.11	技术创新与经济增长
	数量经济学	王国成	1956.11	博弈论
	技术经济及管理	齐建国	1957.06	技术创新、知识经济
	技术经济及管理	李　平	1959.06	技术创新、能源经济
	数量经济学	李　军	1963.04	经济数量分析方法及应用
	技术经济及管理	李　青	1964.09	区域经济学
	数量经济学	李金华	1962.11	国民经济核算、经济统计理论与方法
	技术经济及管理	李京文	1932.10	技术经济学理论与方法、宏观经济预测
	数量经济学	李雪松	1970.09	经济模型理论与应用
	数量经济学	李　群	1961.12	人力资源与经济发展
	数量经济学	汪同三	1948.07	经济模型与经济预测
	技术经济及管理	汪向东	1954.03	信息化理论与实践、互联网经济与应用

续表

系　别	学科专业	姓　名	出生年月	主要研究方向
	会计学	张国初	1942.06	会计、技术经济与管理
	数量经济学	张昕竹	1964.05	管制经济学与管制政策、激励理论与应用
	技术经济及管理	张　晓	1957.03	环境与发展的经济分析
	数量经济学	张　涛	1973.08	经济模型与经济预测
	数量经济学	郑玉歆	1945.11	生产率研究
	数量经济学	赵京兴	1950.01	增长理论及应用
	数量经济学	樊明太	1963.11	数量经济学与政策模拟
经济学教学研究部投资经济系	国民经济学	王一鸣	1959.08	宏观经济、区域经济
	国民经济学	刘立峰	1965.05	公共部门投资
	国民经济学	杨　萍	1965.09	宏观经济、资本市场
	国民经济学	肖金成	1955.09	投资经济、区域经济
	国民经济学	张长春	1962.11	政府投资、宏观经济政策
	国民经济学	陈东琪	1956.08	政治经济学、宏观经济分析、资本市场与投资
	国民经济学	罗云毅	1949.05	宏观经济与投资
	国民经济学	曹玉书	1948.09	投资理论与实践、产业经济发展
	国民经济学	臧跃茹	1964.11	经济体制改革
经济学教学研究部政府政策与公共管理系	国民经济学	马建堂	1958.04	国民经济发展与政策
	国民经济学	王延中	1963.04	社会保障
	国民经济学	文学国	1966.04	反垄断与竞争政策、私募股权基金
	国民经济学	厉无畏	1942.11	国民经济发展与政策
	国民经济学	刘迎秋	1950.08	国民经济发展与政策
	国民经济学	李连仲	1949.10	国民经济发展与政策
	国民经济学	李剑阁	1949.12	国民经济发展与政策

续表

系　别	学科专业	姓　名	出生年月	主要研究方向
	国民经济学	李晓西	1949.03	国民经济发展与政策
	国民经济学	杨建龙	1969.02	国民经济发展与政策
	国民经济学	何家成	1956.05	国民经济发展与政策
	国民经济学	邹东涛	1949.10	国民经济发展与政策
	国民经济学	张承惠	1957.05	国民经济发展与政策
	国民经济学	岳福斌	1953.01	国民经济发展与政策
	国民经济学	郑秉文	1955.01	社会保障
	国民经济学	郑新立	1945.04	国民经济发展与政策
	国民经济学	辜胜阻	1956.01	国民经济发展与政策
	国民经济学	曾培炎	1938.12	国民经济发展与政策
	国民经济学	谢伏瞻	1954.08	国民经济发展与政策
	国民经济学	谢朝斌	1963.04	国民经济发展与政策
经济学教学研究部人口与劳动经济系	人口学	王广州	1965.10	人口分析技术与应用
	劳动经济学	王美艳	1975.07	劳动力市场与劳动关系
	人口学	王跃生	1959.12	人口与社会变迁
	人口学	田雪原	1938.08	人口理论
	劳动经济学	吴要武	1968.11	城镇劳动力市场
	劳动经济学	张车伟	1964.10	就业与收入分配
	人口学	张展新	1955.07	社会分层
	人口学	郑真真	1954.12	人口统计
	劳动经济学	都　阳	1971.04	中国劳动力市场
	人口、资源与环境经济学	蔡　昉	1956.09	人口、资源与环境经济学

续表

系　别	学科专业	姓　名	出生年月	主要研究方向
经济学教学研究部城乡建设经济系	区域经济学	仇保兴	1953.11	城市发展
	区域经济学	陈　淮	1952.02	城市化理论、房地产经济
经济学教学研究部城市发展与环境研究系	可持续发展经济学	庄贵阳	1969.09	低碳经济、气候变化政策
	城市经济学	李景国	1957.01	区域与城镇规划
	城市经济学	宋迎昌	1969.11	城市与区域发展
	可持续发展经济学	潘家华	1957.06	资源与环境经济学
	城市经济学	魏后凯	1963.12	城市与区域经济、产业集群
法学教学研究部法学系	民商法学	王家福	1931.02	民法总论、物权法
	经济法学	王晓晔	1948.10	经济法、竞争法
	诉讼法学	王敏远	1959.11	刑事诉讼法学
	宪法学与行政法学	冯　军	1965.12	行政法、传媒法
	国际法学	朱晓青	1955.09	国际公法
	刑法学	刘仁文	1967.09	中国刑法学、外国刑法学
	法学理论	刘作翔	1956.09	法律文化理论、法理学、法治理论
	国际法学	刘楠来	1933.05	国际海洋法、国际人权法
	民商法学	孙宪忠	1957.01	民法总论、物权法
	法学理论	李步云	1933.08	马克思主义的法律理论
	宪法学与行政法学	李　林	1955.11	宪政民主理论、立法学、人权理论
	知识产权法学	李明德	1956.03	知识产权法
	经济法学	李顺德	1948.04	知识产权法
	法律史	杨一凡	1944.04	中国法律史
	法学理论	吴玉章	1955.09	法律学、西方法理学
	宪法学与行政法学	吴新平	1951.10	宪法基本理论

续表

系　别	学科专业	姓　名	出生年月	主要研究方向
	民商法学	邹海林	1963.08	保险法、破产法、民法债权、担保法
	国际法学	沈　涓	1962.08	国际私法
	民商法学	张广兴	1954.03	债权法
	宪法学与行政法学	张明杰	1962.03	信息公开法
	刑法学	陈泽宪	1954.07	国际刑法、中国刑法
	经济法学	陈　甦	1957.12	公司法、证券法
	宪法学与行政法学	周汉华	1964.10	行政法学、政府管制
	刑法学	屈学武	1949.07	中国刑法学、国际刑法学
	国际法学	赵建文	1956.01	国际法基本制度
	法学理论	信春鹰	1956.10	法理学、港澳台法学
	国际法学	莫纪宏	1965.05	宪政、国际人权法
	法学理论	夏　勇	1961.11	法理学、人权、大众传媒法
	法律史	徐立志	1951.06	中国近现代法制史
	国际法学	陶正华	1942.05	国际公法、国际经济法
	经济法学	崔勤之	1944.02	公司法
	民商法学	梁慧星	1944.01	民法总论、民法债权和法学方法论
	诉讼法学	熊秋红	1965.10	刑事诉讼法学
	诉讼法学	冀祥德	1964.02	刑事诉讼法学、司法制度
法学教学研究部政治学系	政治学理论	史卫民	1952.10	比较政府体制、政府理论
	政治学理论	杨海蛟	1955.03	政治学理论与当代中国政治建设
	政治学理论	张树华	1966.09	比较政治、政治比较与国别政治
	政治学理论	陈红太	1957.10	比较政府体制、政府理论、中国政治
	政治学理论	董礼胜	1955.03	行政管理

续表

系别	学科专业	姓名	出生年月	主要研究方向
法学教学研究部社会学系	社会学	王春光	1964.03	农村社会学
	社会学	苏国勋	1942.02	社会理论
	社会学	李春玲	1963.01	社会分层
	社会学	李培林	1955.05	企业组织与社会发展
	社会学	杨宜音	1955.12	社会心态
	社会学	张翼	1964.12	社会保障
	社会学	陈光金	1962.05	社会结构与变迁、农村社会学
	社会学	陈婴婴	1952.06	社会调查、社会分层
	社会学	罗红光	1957.01	社会人类学
	社会学	赵一红	1963.09	发展社会学
	社会学	夏传玲	1964.02	组织社会学
	社会学	景天魁	1943.04	发展社会学
法学教学研究部民族学系	民族学	王希恩	1954.06	民族理论、民族问题
	中国少数民族史	乌兰	1954.04	古代蒙古史及蒙古文文献
	专门史	史金波	1940.03	西夏学、中国民族史、中国民族古文字学
	人类学	色音	1963.07	人类学、民俗学
	语言学及应用语言学	江荻	1954.10	藏族计算语言学、汉藏语理论
	中国少数民族语言文学	孙伯君	1966.03	梵汉对音、西夏学、契丹文献学、女真文献学
	人类学	何星亮	1956.08	宗教人类学、中国少数民族文化
	中国少数民族语言文学	周庆生	1952.04	社会语言学、语言政策、语言人类学
	人类学	孟慧英	1953.03	宗教人类学
	民族学	郝时远	1952.08	民族理论、民族学、民族史、海外华人

续表

系　别	学科专业	姓　名	出生年月	主要研究方向
	专门史	聂鸿音	1954.11	西夏学、民族古典文献学
	语言学及应用语言学	徐世璇	1954.01	藏缅语族语言研究
	语言学及应用语言学	黄　行	1952.06	汉藏语研究
	中国少数民族语言文学	朝　克	1957.09	东北亚诸民族语言以及阿尔泰语系诸民族语言文化关系
	民族学	曾少聪	1962.12	世界民族研究
法学教学研究部社会发展系	社会学	折晓叶	1950.01	社会组织与制度变迁
	社会学	李汉林	1953.11	社会结构与社会组织
	社会学	沈　红	1965.05	发展社会学
	社会学	渠敬东	1970.01	社会理论
文学教学研究部文学系	比较文学与世界文学	叶舒宪	1954.09	文学人类学
	中国古典文献学	刘跃进	1958.11	中国古典文献(先秦至唐)
	中国民间文学	安德明	1968.10	口头艺术的民族志研究
	比较文学与世界文学	孙　歌	1955.05	中日比较文化研究、东亚文化研究
	中国古代文学	李　玫	1957.01	中国古代戏曲史
	中国现当代文学	杨　义	1946.08	中国现代文学
	中国古典文献学	杨　镰	1947.02	中国古典文献（宋元明清）
	中国古代文学	吴光兴	1963.09	魏晋南北朝隋唐五代文学
	中国现当代文学	张中良	1955.02	中国现代文学
	比较文学与世界文学	陆建德	1954.02	英国文学
	中国古代文学	范子烨	1964.05	魏晋南北朝文学
	文艺学	金惠敏	1961.11	文学理论与当代文化思潮
	中国现当代文学	赵京华	1957.11	中国现代文学研究
	中国现当代文学	赵稀方	1964.01	中国现代文学
	文艺学	党圣元	1955.09	中国古代文论

续表

系　别	学科专业	姓　名	出生年月	主要研究方向
	文艺学	高建平	1955.03	比较美学
	文艺学	彭亚非	1955.04	中国古代美学
	比较文学与世界文学	董炳月	1960.09	近现代中日文学关系、现代日本思想文化
	中国古代文学	蒋　寅	1959.06	中国诗学
	中国现当代文学	黎湘萍	1958.08	中国当代文学（台港文学）
文学教学研究部外国文学系	比较文学与世界文学	叶　隽	1973.07	德语文学
	比较文学与世界文学	史忠义	1951.06	中西比较诗学、中西比较文学
	俄语语言文学	刘文飞	1959.11	俄罗斯文学与文化
	比较文学与世界文学	李永平	1956.05	德语文学
	法语语言文学	余中先	1954.08	法国当代文学
	比较文学与世界文学	陈中梅	1954.01	古希腊文学
	比较文学与世界文学	陈众议	1957.10	西班牙语文学
	俄语语言文学	周启超	1959.04	俄罗斯文论、比较诗学
	英语语言文学	黄　梅	1950.02	英国小说
	英语语言文学	程　巍	1966.05	英美文学
	英语语言文学	傅　浩	1963.04	英语诗歌及诗论、文学翻译
文学教学研究部少数民族文学系	民俗学	尹虎彬	1960.05	民俗学
	民俗学	巴莫曲布嫫	1964.04	口头传统
	中国少数民族语言文学	张春植	1959.02	朝鲜族移民文学、朝鲜族现当代文学
	中国少数民族语言文学	阿地里•居玛吐尔地	1964,02	突厥与民族文学、口头史诗理论
	中国少数民族语言文学	斯钦孟和	1954.07	蒙古文学
	民俗学	朝戈金	1958.08	民间文艺学、史诗学

续表

系别	学科专业	姓名	出生年月	主要研究方向
文学教学研究部新闻学与传播学系	新闻学	卜　卫	1957.03	信息传播的影响
	新闻学	尹韵公	1956.10	新闻史、新闻理论
	新闻学	李仁臣	1941.10	新闻业务研究
	新闻学	宋小卫	1958.03	新闻理论、媒介消费保障与受众权益理论
	新闻学	唐绪军	1959.02	媒介经济学
文学教学研究部语言学系	汉语言文字学	方　梅	1961.04	语法学
	汉语言文字学	刘丹青	1958.08	语言类型学、汉语语法学、汉语方言学
	汉语言文字学	许嘉璐	1937.06	训诂学
	汉语言文字学	麦　耘	1953.08	方言学、汉语历史音韵学
	语言学及应用语言学	李爱军	1966.09	声学语音学
	汉语言文字学	李　蓝	1957.11	方言学
	汉语言文字学	杨永龙	1962.07	汉语历史语法
	汉语言文字学	吴福祥	1959.10	汉语历史语法
	汉语言文字学	沈家煊	1946.03	英汉对比语法、现代汉语语法、语义和语用研究
	汉语言文字学	张伯江	1962.11	句法语义学
	汉语言文字学	张国宪	1954.11	现代汉语语法
	汉语言文字学	孟蓬生	1961.02	文字与训诂学
	语言学及应用语言学	胡建华	1962.11	句法学与语义学、儿童语言获得、理论语言学
	语言学及应用语言学	顾曰国	1956.10	语用学、话语分析、修辞学、语料库语言学
	语言学及应用语言学	曹广顺	1952.03	中古、近代汉语语法史
	汉语言文字学	董　琨	1946.10	汉语文字学、汉语史

续表

系　别	学科专业	姓　名	出生年月	主要研究方向
	汉语言文字学	程　荣	1952.09	词典学
	汉语言文字学	谭景春	1958.04	词典学
文学教学研究部语言文字应用系	语言学及应用语言学	苏金智	1954.02	社会语言学
	语言学及应用语言学	李宇明	1955.06	应用语言学、语言理论
	媒体语言学	姚喜双	1957.01	广播电视语言
历史学教学研究部历史系	历史文献学	卜宪群	1962.11	秦汉史
	中国古代史	万　明	1953.03	明史
	中国古代史	王震中	1957.01	先秦史（史前与夏商）
	中国古代史	孙　晓	1963.09	秦汉史、经学史
	专门史	李锦绣	1965.09	唐代西域史
	中国古代史	杨　珍	1955.06	清代政治史
	中国古代史	杨振红	1963.12	战国秦汉史、简帛学
	历史文献学	吴玉贵	1957.11	历史文献学、隋唐史
	历史文献学	宋镇豪	1948.01	古文字学、中国上古史、甲骨文献学
	中国古代史	陈祖武	1943.10	清代学术史
	中国古代史	陈高华	1938.03	元史、中亚史、绘画史、海外交通史
	中国古代史	林甘泉	1931.10	秦汉史、中国封建社会经济史、史学理论
	中国古代史	高　翔	1963.10	清代政治史、清代社会文化史
	中国古代史	黄正建	1954.07	唐史
	史学理论及史学史	彭　卫	1959.02	史学理论与中国古代史学史、秦汉史

续表

系　别	学科专业	姓　名	出生年月	主要研究方向
历史学教学研究部近代史系	中国近现代史	于化民	1958.03	中国革命史、中国现代政治史
	中国近现代史	马　勇	1955.12	中国现代化史
	中国近现代史	王建朗	1956.11	中国外交史
	中国近现代史	左玉河	1964.10	中国近代思想文化史
	中国近现代史	刘小萌	1952.03	清史
	中国近现代史	李长莉	1958.02	中国近代社会文化史
	中国近现代史	李细珠	1967.06	中国近代政治史
	中国近现代史	汪朝光	1958.10	中华民国史
	中国近现代史	张海鹏	1939.05	中国近代政治史、台湾史
	中国近现代史	罗检秋	1962.07	中国近代思想文化史
	中国近现代史	金以林	1967.12	中华民国史
	中国近现代史	郑大华	1956.08	中国近代思想史、中国近代文化史
	中国近现代史	闻黎明	1950.09	中国现代政治史
	中国近现代史	姜　涛	1949.07	中国近代社会史、中国近代政治史
	中国近现代史	耿云志	1938.12	中国近代思想史、文化史、政治史
	中国近现代史	崔志海	1963.12	晚清政治史、中国近代思想史
	中国近现代史	虞和平	1948.09	中国现代化史、现代化理论、中国近代社会经济史
历史学教学研究部世界历史系	世界史	毕健康	1967.06	中东近现代史
	史学理论及史学史	于　沛	1944.05	西方史学思想史
	世界史	吴必康	1954.05	西欧近现代史
	世界史	张顺洪	1955.02	英帝国史
	世界史	武　寅	1950.03	日本史
	世界史	易建平	1957.12	古代政治制度比较研究、文明与国家起源比较研究

续表

系　别	学科专业	姓　名	出生年月	主要研究方向
	世界史	赵文洪	1958.03	西欧中世纪和近代早期史
	世界史	俞金尧	1962.05	近现代西方经济社会史
	史学理论及史学史	姜　芃	1950.11	外国史学理论
	世界史	徐建新	1953.06	日本古代史
	世界史	黄立茀	1951.09	苏联政治理论社会史
历史学教学研究部考古系	考古学及博物馆学	王　巍	1954.05	夏商周考古、东亚考古
	考古学及博物馆学	白云翔	1955.12	秦汉考古
	考古学及博物馆学	冯　时	1958.10	古文字学
	考古学及博物馆学	刘庆柱	1943.08	秦汉考古
	考古学及博物馆学	安家瑶	1947.08	隋唐考古
	考古学及博物馆学	李裕群	1957.09	佛教考古
	考古学及博物馆学	张雪莲	1957.12	碳十四考古年代学、古人类食物结构研究
	考古学及博物馆学	陈星灿	1964.12	中国史前考古、考古学的历史、理论与方法
	考古学及博物馆学	赵志军	1956.05	植物考古学
	考古学及博物馆学	袁　靖	1952.10	动物考古
历史学教学研究部中华人民共和国国史系	中国当代史	王瑞芳	1963.04	中国当代经济史、中国当代农业经济史
	中国当代史	朱佳木	1946.06	中华人民共和国史
	中共党史	刘国新	1950.12	中共党史
	中国当代史	李　文	1963.07	中国当代社会史
	中共党史	李正华	1964.06	中国当代史
	中国当代史	张星星	1955.04	中国当代政治史
	中国当代史	武　力	1956.11	中国当代经济史

续表

系　别	学科专业	姓　名	出生年月	主要研究方向
历史学教学研究部中国边疆历史系	中国边疆史地	于逢春	1960.04	中国疆域史
	中国边疆史地	厉　声	1949.08	中国边疆史、西域史
	中国边疆史地	邢广程	1961.10	周边国家政治与中国边疆
	中国边疆史地	李　方	1955.01	中国西北边疆史
	中国边疆史地	李国强	1963.01	中国海洋疆域、西南边疆历史与现状
国际教学研究部世界经济与政治系	世界经济	孙　杰	1962.10	国际金融
	国际关系	李东燕	1960.09	当代全球政治
	世界经济	何　帆	1971.04	中国宏观经济、国际金融
	世界经济	何新华	1962.03	世界经济统计
	世界经济	宋　泓	1965.07	国际贸易
	世界经济	张宇燕	1960.09	国际政治经济学
	世界经济	张　斌	1975.10	宏观经济分析
	世界经济	姚枝仲	1975.06	国际贸易与投资、宏观经济
	国际关系	袁正清	1966.10	国际关系理论、国际组织
	世界经济	高海红	1964.04	国际金融
	世界经济	涂　勤	1966.03	国际金融
	世界经济	鲁　桐	1961.12	国际商务
国际教学研究部美国研究系	世界经济	王孜弘	1960.07	美国经济
	国际关系	周　琪	1952.11	国际关系
	国际关系	赵　梅	1962.10	美国文化
	世界经济	胡国成	1949.02	美国经济史、当代美国经济
	国际关系	倪　峰	1963.08	美国政治
	国际关系	黄　平	1958.02	美国经济社会

续表

系　别	学科专业	姓　名	出生年月	主要研究方向
国际教学研究部日本研究系	国际关系	吕耀东	1965.07	日本外交
	国际政治	李　薇	1954.04	日本政法、日本民商法
	世界经济	张淑英	1954.12	日本经济
	国际政治	高　洪	1955.02	日本政治
	国际政治	崔世广	1956.06	日本政治文化、当代日本文化与社会思潮
国际教学研究部欧洲研究系	世界经济	王　鹤	1948.11	欧洲经济、欧洲经济一体化
	国际政治	孔田平	1965.08	转轨经济比较研究、中东欧经济
	国际政治	田德文	1964.12	欧洲社会文化
	世界经济	江时学	1956.09	拉美经济
	国际关系	吴　弦	1952.04	欧洲一体化、欧盟成员国关系
	国际政治	周　弘	1952.10	国际政治、国际问题研究
	国际政治	程卫东	1968.10	欧盟宪政、欧洲市场一体化法律制度
	世界经济	裘元伦	1938.05	欧洲经济
国际教学研究部俄罗斯东欧中亚研究系	国际政治	朱晓中	1957.03	中东欧国家对外关系
	国际政治	孙壮志	1966.05	中亚地区社会政治
	国际政治	李建民	1953.04	俄罗斯、独联体经济
	国际政治	吴　伟	1957.10	国际政治与国家关系
	国际政治	张盛发	1957.01	国际关系史、苏联政治和苏联外交
	国际政治	郑　羽	1956.08	俄罗斯外交与中俄关系
	国际政治	姜　毅	1963.01	俄罗斯外交

续表

系别	学科专业	姓名	出生年月	主要研究方向
国际教学研究部亚洲太平洋研究系	世界经济	朴光姬	1963.03	亚太经济、能源
	国际关系	朴键一	1962.01	东北亚国际关系
	国际政治	李　文	1957.01	亚太政治
	世界经济	李向阳	1962.12	世界经济理论
	世界经济	张蕴岭	1945.05	国际经济关系、区域一体化
	世界经济	赵江林	1968.08	亚太经济
	世界经济	黄晓勇	1956.11	亚太地区经济合作
国际教学研究部拉丁美洲研究系	国际政治	刘纪新	1951.02	拉美政治
	国际政治	吴白乙	1959.01	拉美政治
	世界经济	吴国平	1952.09	拉美经济
	世界经济	宋晓平	1952.08	拉美经济、区域经济合作
	国际政治	张　凡	1961.06	拉美政治、拉美国际关系
	国际政治	袁东振	1963.10	拉美政治
	世界经济	柴　瑜	1968.10	拉美经济
	国际政治	徐世澄	1942.05	拉美政治、拉美国际关系
国际教学研究部西亚非洲研究系	国际政治	王林聪	1965.05	中东政治发展、中东社会发展
	国际关系	李智彪	1961.09	非洲国际关系
	国际政治	李新烽	1960.07	非洲政治
	世界经济	杨　光	1955.03	西亚非洲经济发展
	国际政治	张宏明	1959.02	非洲政治
	国际关系	贺文萍	1966.10	非洲政治发展

二　2013年度晋升正高级专业技术职务人员

丁国旗(1968年7月～　) 河南荥阳人，研究员。1991年10月至1994年12月，在职参加河南大学汉语言文学专业全国高等自学考试，本科毕业；1998年9月至2001年8月，在郑州大学文化与传播学院学习，获得硕士学位；2001年9月至2004年6月，在中国人民大学中文系学习，获得博士学位。2004年7月至2007年6月，在北京化工大学文法学院工作，历任讲师、副教授；2007年7月至今，在中国社会科学院文学研究所工作，任副研究员。

现从事文艺学研究，主要学术专长是文学基础理论研究。主要代表作有：《马尔库塞美学思想研究》(专著)；《论艺术——承诺与守望》(专著)；《祈向“本原”——对歌德“世界文学”的一种解读》(论文)；《我们的文化自信从何而来？》(论文)；《怎样看待延安〈讲话〉的理论遗产？》(论文)。

陈才智(1971年6月～　) 辽宁沈阳人，研究员。1989年9月至1996年7月，在辽宁大学中文系学习，先后获得文学学士、硕士学位；1997年9月至2000年7月，在中国社会科学院研究生院文学系学习，获得文学博士学位。1996年8月至1997年7月，在沈阳师范大学中文系工作，任讲师；2000年7月至今，在中国社会科学院文学研究所工作，任副研究员。

现从事中国古代文学研究，主要学术专长是唐代文学与文献研究。主要代表作有：《元白诗派研究》(专著)；《张祜与元白诗派的离合》(论文)；《元人王恽对白居易的接受》(论文)；《元白唱和诗论述》(论文)；《元和体名义辨析》(论文)。

施爱东(1968年1月～　) 江西信丰人，研究员。1985年9月至1989年6月，在中山大学大气科学系学习，获得理学学士学位；1993年9月至1996年6月，在中山大学中文系学习，获得文学硕士学位；1999年9月至2002年6月，在中山大学中文系在职学习，获得文学博士学位。1989年7月至1992年9月，在江西省信丰县水利电力局工作，任助理工程师；1992年10月至1993年8月，在广东省番禺市隆辉工业村工作，任生产部主任；1996年7月至2005年5月，在中山大学中文系工作，任讲师；2002年9月至2005年5月，在北京师范大学文学院博士后流动站从事研究；2005年6月至今，在中国社会科学院文学研究所工作，任副研究员，现任民间文学研究室副主任。

现从事民俗学研究，主要学术专长是民间文学研究。主要代表作有：《倡立一门新学科——中国现代民俗学的鼓吹、经营与中落》（专著）；《中国现代民俗学检讨》（专著）；《“中国龙”的发明》（论文）；《灾难谣言的形态学分析——以5·12汶川地震的灾后谣言为例》（论文）；《叠加单元：史诗可持续生长的结构机制——以季羡林译〈罗摩衍那·战斗篇〉为例》（论文）。

张　剑（1971年5月～　）河南遂平人，编审。1991年8月至1993年7月，在河南省教育学院中文系进修学习；1995年8月至1998年7月，在中国社会科学院研究生院文学系学习，获得文学硕士学位；2001年9月至2004年7月，在中国社会科学院研究生院文学系在职学习，获得文学博士学位。1988年7月至1990年7月，在河南省遂平县第五小学工作；1990年8月至1991年7月、1993年8月至1995年7月，在河南省遂平县第二初中工作；1998年8月至2005年4月，在首都经济贸易大学工作，历任讲师、副教授；2005年4月至今，在中国社会科学院文学研究所《文学遗产》编辑部工作，任副编审。

现从事编辑工作，主要学术专长是古代文学编辑。主要代表作有：《宋代家族与文学研究》（专著、合著）；《翁心存日记》（古籍整理）；《宋才子传笺证》（北宋后期卷）（专著、主编）；《宋代以降家族文学研究的理论、方法及文献问题》（论文）；《姜夔词序问题新辨》（论文、责任编辑）。

贺　骥（1964年1月～　）湖北黄石人，研究员。1982年9月至1986年7月，在武汉大学外文系学习，获得文学学士学位；1986年9月至1989年7月，在北京大学西语系学习，获得文学硕士学位；2006年9月至2012年6月，在四川大学文学与新闻学院在职学习，获得文学博士学位。1989年8月至1993年2月，在《北京周报》社德文部工作；1993年3月至1995年9月，在中国国际旅行社总社接待三部工作；1995年9月至今，在中国社会科学院外国文学研究所工作，历任助理研究员、副研究员。

现从事德语文学研究，主要学术专长是德国古典文学。主要代表作有：《从文学场的斗争逻辑看歌德的自主美学》（论文）；《歌德的魔性说》（论文）；《贝恩与政治》（论文）；《霍夫曼斯塔尔的文化批判》（论文）；《从〈诗与生活〉看霍夫曼斯塔尔的早期诗学》（论文）。

刘新文（1972年5月～　）江西莲花人，研究员。1992年9月至1996年7月，在江西师范大学教育系学习，获得教育学学士学位；1996年9月至1999年7月，在北京师范大学哲学系学习，获得哲学硕士学位；1999年9月至2002年7月，在中国社会科学院研究生院哲学系学习，获得哲学博士学位。2002年7月至今，在中国社会科学院哲学研究所工作，历任助理研究员、副研究员，现任哲学研究所逻辑学研究室副主任，其间，2007年6月至2009年7月，在清华大学哲学系博士后流动站从事研究。

现从事逻辑学研究，主要学术专长是现代逻辑研究。主要代表作有：《图式逻辑》（专著）；《谢弗函数研究》（专著）；《论命题与括号》（论文）；《论逻辑常项的归约》（论文）；《证明复杂性》（论文）。

龚　颖（1966 年 3 月～　）　女，江苏南京人，研究员。1984 年 9 月至 1988 年 7 月，在山东师范大学外国语学院学习，获得文学学士学位；1988 年 9 月至 1990 年 8 月，在北京外国语大学日本学研究中心学习，获得文学硕士学位；1995 年 4 月至 1999 年 3 月，在日本东北大学文学研究科在职学习，获得文学博士学位。1990 年 8 月至今，在中国社会科学院哲学研究所工作，历任研究实习员、助理研究员、副研究员，其间，2012 年 12 月至 2013 年 12 月，在日本东京大学做访问学者。

现从事伦理学研究，主要学术专长是伦理学史研究。主要代表作有：《“似而非”的日本朱子学——林罗山思想研究》（专著）；《〈自由之理〉与〈自由之权利〉——密尔〈论自由〉两种日文译本的比较研究》（论文）；《哲学与政治之间：近二十年京都学派研究概述》（论文）；《伦理学在日本近代的历史命运：1868 ～ 1945》（论文）；《东亚视野中的林罗山思想研究——以“四端七情”说为中心》（日文论文）。

黄慧珍（1967 年 4 月～　）　女，河北吴桥人，编审。1985 年 9 月至 1989 年 7 月、1989 年 9 月至 1992 年 7 月，在东北师范大学政教系学习，先后获得哲学学士、硕士学位；1995 年 9 月至 1998 年 7 月，在中国人民大学哲学系在职学习，获得博士学位。1992 年 7 月至 2001 年 11 月，在北京印刷学院社科部工作，历任助教、讲师、副教授；2001 年 11 月至今，在中国社会科学院哲学研究所工作，历任副教授、副编审，其间，2004 年 9 月至 2008 年 7 月，在复旦大学哲学系从事博士后研究，2011 年 9 月至 2012 年 9 月，在美国哈佛大学做访问学者。

现从事编辑工作，主要学术专长是马克思主义哲学编辑。主要代表作有：《信仰与觉醒——生存论视域下的信仰学研究》（专著）；《财产权批判的政治观念与历史方法》（论文、责任编辑）；《终极信仰视野下的三种人类文化价值模式》（论文）；《信仰及其危机和转机——从真理和价值的角度看》（论文）；《从“觉”和“醒”的视角反思东西方文明》（论文）。

李花子（1966 年 1 月～　）　女，朝鲜族，吉林和龙人，研究员。1986 年 9 月至 1990 年 7 月，在北京大学历史系学习，获得历史学学士学位；1994 年 6 月至 1997 年 2 月，在延边大学历史系学习，获得历史学硕士学位；1998 年 3 月至 1998 年 9 月，在韩国中央大学史学科学习；1998 年 9 月至 2003 年 8 月，在韩国首尔大学人文学院学习，获得文学博士学位。1990 年 7 月至 1992 年 9 月，在延边医学院图书馆工作，任助理馆员；1992 年 9 月至 1998 年 3 月，在延边大学师范学院历史系工作，历任助教、讲师；2004 年 2 月至今，在中国社会科学院历史研究所工作，历任助理研究员、副研究员。

现从事中朝关系史研究，主要学术专长是中朝边界史研究。主要代表作有：《明清时期中朝边界史研究》（专著）；《韩中国境史研究》（译著）；《康熙年间长白山定界与图们江上流堆栅的走向》（论文）；《康熙年间穆克登立碑位置再探》（论文）；《中朝边界踏查记：长白山土堆群的新发现》（研究报告）。

卞修跃（1966 年 10 月～　）　安徽寿县人，编审。1985 年 9 月至 1989 年 7 月，在南开大学历史系学习，获得历史学学士学位；2001 年 9 月至 2004 年 7 月，在中国社会科学院研究生院近代史系在职学习，获得历史学博士学位。1989 年 7 月至今，在中国社会科学院近代史研究所工作，历任助理编辑、编辑、副编审。

现从事编辑工作，主要学术专长是中国近代史编辑。主要代表作有：《抗日战争时期中国人口损失问题研究》（专著）；《中国近代通史（第二卷）：近代中国的开端（1840～1864）》（专著、合著）；《抗战时期的国立八中追忆》（学术资料、责任编辑）；《侵华日军暴行心理之解剖》（论文）；《战时国民政府对中国抗战损失调查的组织与实施——以中国抗战人口损失为中心的考察》（论文）。

刘　萍（1965 年 2 月～　）　女，四川蒲江人，编审。1981 年 9 月至 1985 年 7 月，在西南师范大学历史系学习，获得历史学学士学位；1988 年 9 月至 1991 年 7 月，在北京师范大学历史系学习，获得历史学硕士学位。1985 年 7 月至 1988 年 8 月，在西南师范大学汉语言历史文献研究所工作，任助理编辑；1991 年 7 月至今，在中国社会科学院近代史研究所工作，历任编辑、副编审，现任《近代史资料》编译室副主任。

现从事编辑工作，主要学术专长是中国近代史编辑。主要代表作有：《被侮的女性：战时日军性奴隶制度》（专著）；《中华民族抗日战争全史》（专著、合著）；《中国抗日战争史》（专著、合著）；《三十七年游戏梦——黄介民回忆录》（学术资料、责任编辑）；《辛亥革命资料选编》（学术资料）。

马新民（1953 年 7 月～　）　河南淮滨人，编审。1973 年 9 月至 1976 年 9 月，在南开大学历史系学习。1971 年 9 月至 1973 年 9 月，在河南省淮滨县红旗大队插队下乡；1976 年 9 月至今，在中国社会科学院世界历史研究所工作，历任编辑、副编审。

现从事编辑工作，主要学术专长是世界历史编辑。主要代表作有：《日本文化与现代化》（专著、合著）；《亚洲史研究》（论文）；《试论日本近代早期的社会平等观》（论文、责任编辑）；《十月革命前俄国对朝鲜的移民政策》（论文、责任编辑）；《对东亚经济圈的历史考察》（论文、责任编辑）。

王义康（1965 年 5 月～　）　陕西洋县人，研究员。1992 年 9 月至 1995 年 7 月，在陕西师范大学历史系学习，获得历史学硕士学位；1999 年 9 月至 2002 年 7 月，在南开大学历史系学习，获得历史学博士学位。1995 年 7 月至 1999 年 9 月，在陕西师范大学历史系工作，任助教；2002 年 7 月至 2004 年 7 月，在首都师范大学历史系博士后流动站从事博士后研究；2004 年 6 月，在首都师范大学历史系工作，任副研究员；2004 年 7 月至2009年8月，在国家博物馆工作，任副研究馆员，其间，2007年9月至2008年10月，在甘肃省敦煌市政府工作，任副市长；2009年9月至2011年8月，在国家博物馆工作，任研究馆员；2011年8月至今，在中国社会科学院中国边疆史地研究中心工作，任研究馆员。

现从事专门史研究，主要学术专长是西北史研究。主要代表作有：《唐代边疆民族与对外交流》（专著）；《萨珊银币东输与唐代突厥内附诸侯》（论文）；《突厥世系新证——唐代墓志所见突厥世系》（论文）；《唐代羁縻府州研究述评》（论文）；《唐代东北经营与突厥》（论文）。

苏金花（1972年1月～　）　女，甘肃兰州人，研究员。1991年9月至1993年6月，在西北师范大学历史系学习；1996年9月至1999年6月，在西北师范大学敦煌学研究所敦煌学专业学习，获得历史学硕士学位；1999年9月至2002年6月，在中国社会科学院研究生院经济史专业学习，获得经济学博士学位。1993年7月至1995年7月，在甘肃省兰州市第四十一中学工作；1996年7月至1996年8月，在甘肃省兰州市雁滩中学工作；2002年7月至今，在中国社会科学院经济研究所工作，历任助理研究员、副研究员。

现从事经济史研究，主要学术专长是中国古代经济史研究。主要代表作有：《中部边远山区的发展之路》（专著、第一作者）；《累世同居家庭模式探析》（论文）；《唐五代敦煌绿洲农业的特点及其评价》（论文）；《唐五代敦煌水利管理论略》（论文）；《唐五代敦煌的粮食作物结构及其演变》（论文）。

马　珺（1972年3月～　）　女，江苏邳州人，研究员。1990年9月至1997年7月，在安徽财贸学院学习，先后获得经济学学士、硕士学位；1997年9月至2000年7月，在中国社会科学院研究生院财政学专业学习，获得经济学博士学位。2000年7月至今，在中国社会科学院财经战略研究院工作，历任助理研究员、副研究员，现任税收研究室副主任，其间，2005年8月至2006年8月，在美国乔治·梅森大学公共选择研究中心做访问学者。

现从事财政学研究工作，主要学术专长是财政税收理论与政策研究。主要代表作有：《财政学：两大传统的分立与融合》（论文）；《公共物品问题：文献述评》（论文）；《论公共物品的供给机制》（论文）；《公共品概念的价值》（论文）；《公共物品的需求与供给》（译著）。

曾　刚（1975年8月～　）　四川江油人，研究员。1993年9月至1997年7月，在四川大学对外经济贸易系学习，获得经济学学士学位；1997年9月至2003年7月，在中国人民大学财政金融学院学习，先后获得金融学硕士、博士学位。2003年9月至今，在中国社会科学院金融研究所工作，历任助理研究员、副研究员，现任银行研究室主任，其间，2006年10月至2009年10月，在长江证券股份有限公司博士后工作站从事博士后研究；2008年7月至2009年7月，在美国耶鲁大学做访问学者。

现从事金融学研究工作，主要学术专长是货币、银行学研究。主要代表作有：《货币流量分析理论研究——基本框架及对几个方面的考察》（专著）；《西方现代社会的经济变迁》（译著）；《中国商业银行发展研究》（专著、副主编）；《中国金融产品与服务报告》（专著、合著）；《资本充足率变动对银行信贷行为的影响》（论文、第一作者）。

李文军（1966年10月～　）安徽枞阳人，研究员。1984年9月至1988年7月，在河海大学水利技术经济专业学习，获得工学学士学位；1993年8月至1996年7月，在中国社会科学院研究生院技术经济专业学习，获得经济学硕士学位；1999年8月至2002年7月，在中国社会科学院研究生院技术经济及管理专业学习，获得管理学博士学位。1988年7月至1993年8月，在安徽水利电力学校工作，任助教；1996年7月至1998年4月，在国家劳动部工资研究所工作；1998年5月至1999年9月，在北京中银网信息技术有限公司工作；1999年11月至今，在中国社会科学院数量经济与技术经济研究所工作，历任助理研究员、副研究员，其间，2003年3月至2003年9月，在美国南加州大学做访问学者。

现从事技术经济及管理研究工作，主要学术专长是产业技术经济研究。主要代表作有：《商业银行的效率与竞争力》（专著、第一作者）；《人民币汇率与中国对外贸易》（专著、第一作者）；《人民币汇率变动的贸易效应——基于分国别（地区）面板数据的分析》（论文、第一作者）；《住房体制改革以来房地产业发展对经济增长的影响》（论文）；《我国高增长行业的判别与分析》（论文）。

胡水君（1974年12月～　）湖北仙桃人，研究员。1992年9月至1996年7月，在中南政法学院法律系学习，获得法学学士学位；1996年9月至2002年7月，在中国人民大学法学院学习，先后获得法学硕士、博士学位。2002年7月至2003年5月，在中共湖北省委政法委员会工作；2003年5月至2003年9月，在北京市社会科学院工作；2003年9月至2005年9月，在中国社会科学院法学研究所博士后流动站从事博士后研究；2005年9月至今，在中国社会科学院法学研究所工作，历任助理研究员、副研究员，其间，2009年1月至2010年1月，在美国哥伦比亚大学做访问学者。

现从事法学研究，主要学术专长是法理学研究。主要代表作有：《法律与社会权力》（专著）；《内圣外王：法治的人文道路》（专著）；《中国法治的人文道路》（论文）；《民主政治下的为民之道：对政治、行政及其关系的一个分析》（论文）；《〈法学研究〉三十年：法理学》（论文）。

刘洪岩（1976年12月～　）黑龙江庆安人，研究员。1994年9月至1998年7月，在黑龙江大学法学院学习，获得法学学士学位；2001年9月至2003年7月，在俄罗斯莫斯科大学法律系学习，获得法学硕士学位；2003年7月至2006年2月，在俄罗斯科学院国家与法研究所学习，获得法学博士学位。1998年9月至2001年9月，在黑龙江大学法学院法理研究室工作，任助教；2006年3月至2008年7月，在黑龙江大学法学院环境与资源研究室工作，任副教授；2008年7月至2010年11月，在中国社会科学院法学研究所博士后流动站从事博士后研究；2010年11月至今，在中国社会科学院法学研究所工作，任副研究员，现任经济法研究室副主任。

现从事法理学、环境与资源法研究，主要学术专长是比较法研究。主要代表作有：《中俄生态经济合作中的立法保障问题研究》（专著）；《俄罗斯生态安全立法及对我国的启示》（论文）；《生态法的自然观及理念》（论文）；《俄罗斯生态立法的价值选择及制度重构》（论文）；《俄罗斯公民参与的法律解读及评析》（论文）。

廖　凡（1977年5月～　）　四川资中人，研究员。1995年9月至1999年7月，在中国青年政治学院法律系学习，获得法学学士学位；1999年9月至2005年7月，在北京大学法学院学习，先后获得法学硕士、博士学位；2001年8月至2002年5月，在美国南方卫理公会大学法学院学习，获得法学硕士学位。2005年7月至今，在中国社会科学院国际法研究所工作，历任助理研究员、副研究员，其间，2006年9月至2007年9月，在美国哥伦比亚大学做访问学者。

现从事国际法研究，主要学术专长是国际经济法研究。主要代表作有：《国际货币金融体制改革的法律问题》（专著）；《经济全球化与国际经济法的新趋势》（论文）；《国际货币体制的困境与出路》（论文）；《国际货币基金组织投票权与治理结构改革述评》（论文）；《金融集团监管在中国：从事实监管到法律监管》（论文）。

张明澍（1955年12月～　）　山西原平人，研究员。1979年9月至1983年6月，在中国人民大学法律专业学习，获得法学学士学位；1983年7月至1986年6月，在中国社会科学院研究生院政治学专业学习，获得法学硕士学位；1995年9月至1996年9月，在英国布里斯托大学在职学习，获得法学硕士学位。1974年4月至1976年2月，在什邡县和兴公社插队；1976年3月至1979年2月，在中国人民解放军80302部队服役；1986年8月至今，在中国社会科学院政治学研究所工作，历任研究实习员、助理研究员、副研究员，现任政治文化研究室主任，其间，1992年9月至1993年8月，在美国俄勒冈大学政治学系进修。

现从事政治学理论研究，主要学术专长是政治学理论、政治文化研究。主要代表作有：《中国人想要什么样民主》（专著）；《中华人民共和国政治制度史》（专著）；《从无产阶级专政到建设法治国家——坚持与发展马克思主义的成功范例》（论文）。

贠　杰（1972年5月～　）　河南陕县人，研究员。1989年9月至1994年7月，在河南省新乡医学院学习，获得医学学士学位；1995年9月至1998年7月，在北京大学政治学与行政管理系学习，获得法学硕士学位；2003年9月至2009年7月，在中国社会科学院研究生院经济系在职学习，获得经济学博士学位。1994 年 8 月至 1995 年 8 月，在河南省三门峡市物资局进行基层锻炼；1998 年 7 月至今，在中国社会科学院政治学研究所工作，历任研究实习员、助理研究员、副研究员，现任行政管理学研究室主任，其间，2008 年 5 月至 2009 年 5 月，在英国诺丁汉大学中国政策研究所做访问学者。

现从事行政管理学研究，主要学术专长是政府管理与改革、公共政策分析。主要代表作有：《公共政策评估：理论与方法》（专著）；《浙江“省管县”财政体制及其对我国行政体制改革的启示》（论文）；《公共管理中的危机管理问题》（研究报告）。

丁　赛（1969 年 2 月～　）　女，山东日照人，研究员。1987 年 9 月至 1991 年 7 月，在北京工业大学经济管理专业学习，获得经济学学士学位；1996 年 9 月至 1999 年 1 月，在中国人民大学经济学院在职学习，获得经济学硕士学位；2001 年 9 月至 2004 年 7 月，在中共中央党校经济学部学习，获得经济学博士学位。1991 年 9 月至 2001 年 8 月，在北京西城经济科学大学工作，任讲师；2004 年 7 月至今，在中国社会科学院民族学与人类学研究所工作，任副研究员。

现从事少数民族经济研究，主要学术专长是收入分配方向和经济计量分析研究。主要代表作有：《西部农村少数民族劳动力转移——基于民族地区农村微观数据的分析研究》（专著）；《宁夏回族自治区收入分配的民族差异及其变化》（论文）；《民族地区城镇劳动力市场中的性别就业与工资差异——以宁夏回族自治区为例》（论文）；《中国城镇的分层，收入分配及收入分配差异》（英文论文、第二作者）。

黄成龙（1968 年 9 月～　）　羌族，四川茂县人，研究员。1985 年 9 月至 1989 年 6 月，在中央民族学院民语三系学习，获得语言学学士学位；2000 年 12 月至 2004 年 10 月，在香港城市大学中文、翻译及语言学系在职学习，获得哲学博士学位。1989 年 7 月至今，在中国社会科学院民族学与人类学研究所工作，历任研究实习员、助理研究员、副研究员，其间，2002 年 7 月至 2002 年 12 月，在澳大利亚 La Trobe 大学语言类型学研究中心做访问学者，2005 年 10 月至 2007 年 6 月，在台湾“中研院”语言学研究所从事博士后研究。

现从事中国少数民族语言研究，主要学术专长是类型比较语言学、语法学研究。主要代表作有：《羌语的施事者及其相关标记》（论文）；《羌语子句的关系化手段》（论文）；《羌语的话题标记》（论文）；《羌语与藏语的共享形态》（英文论文）；《藏缅语存在类动词的概念结构》（论文）。

刘晓春（1964 年 12 月～　）　女，鄂伦春族，黑龙江黑河人，研究员。1983 年 9 月至 1987 年 6 月，在中央民族大学经济系学习，获得经济学学士学位；1992 年 9 月至 1998 年 6 月，在中央民族大学经济学院学习，先后获得法学硕士、博士学位。1987 年 8 月至 1992 年 8 月，在黑龙江省卫生管理干部学院工作，任讲师；1998 年 7 月至今，在中国社会科学院民族学与人类学研究所工作，历任助理研究员、副研究员。

现从事少数民族经济研究，主要学术专长是经济人类学、区域经济学研究。主要代表作有：《鄂伦春人文经济》（专著）；《中国少数民族经济史概论》（专著）；《中国社会科学院国情调研丛书：东北人口较少民族优秀传统文化》（专著、第四作者）；《鄂伦春乡村笔记》（专著）；《民族村寨旅游的思考》（论文）。

孙 懿（1961年12月～ ） 女，辽宁彰武人，研究员。1985年9月至1988年9月，在中央民族大学夜大汉语言文学专业学习；1996年9月至1999年7月，在中央民族大学民族学系在职学习，获得硕士学位。1980年1月至今，在中国社会科学院民族学与人类学研究所工作，历任馆员、助理研究员、副研究员。

现从事民族理论、民族政策研究，主要学术专长是民族教育研究。主要代表作有：《中国少数民族干部队伍建设的理论与实践》（专著）；《民国时期蒙古教育政策研究》（专著）；《中国特色解决民族问题的道路理论内涵和实践特点》（论文）；《国家观教育与构建和谐社会》（论文）；《少数民族干部队伍建设问题探讨》（论文）。

葛道顺（1966年2月～ ） 江苏江宁人，研究员。1984年9月至1989年7月，在杭州大学心理学系学习，获得理学学士学位；1988年9月至1991年6月，在中国社会科学院研究生院社会学系学习，获得法学硕士学位；2006年9月至2013年4月，在上海大学社会学院在职学习，获得法学博士学位。1991年7月至2012年10月，在中国社会科学院社会学研究所工作，历任研究实习员、助理研究员、副研究员，其间，2008年8月至2009年8月，在英国牛津大学社会政策与社会工作系做访问学者；2012年10月至今，在中国社会科学院社会发展战略研究院工作，任副研究员，现为社会发展战略与政策研究室副主任。

现从事社会发展研究，主要学术专长是社会发展与政策评估研究。主要代表作有：《被代理的社会——脱嵌与发展》（专著）；《中国基金会发展解析》（专著、第一作者）；《社会评估：理论、过程和技术》（译著）；《中国社会组织发展：从社会主体到国家意识》（论文）；《社会工作制度：变迁中的建构》（论文）。

高 华（1954年7月～ ） 女，福建福州人，研究员。1979年2月至1983年2月，在中国人民大学二分校国际政治系学习，获得法学学士学位；1984年9月至1987年7月，在中国人民大学国际关系政治系学习，获得法学硕士学位。1970年12月至1979年1月、1983年3月至1984年8月，先后在中国人民解放军海军701工厂工作；1987年7月至1994年4月，在中国社会科学院俄罗斯东欧中亚研究所工作，历任研究实习员、助理研究员；1994年4月至今，在中国社会科学院世界经济与政治研究所工作，任副研究员。

现从事国际政治研究工作，主要学术专长是国际战略研究。主要代表作有：《透视新北约——从军事联盟走向安全－政治联盟》（专著）；《北狼动地来——北约战略调整与欧盟共同防务及其对中国安全环境的影响》（专著、合著）；《坚冰已经打破，航道正在开通——中国与北约开始接触对话》（论文）；《走向21世纪的北约》（论文）。

张　浚（1973年7月～　）女，江西南昌人，研究员。1990年9月至1994年7月，在中国人民大学国际政治系学习，获得法学学士学位；1994年9月至1997年7月，在中国人民大学国际政治系学习，获得法学硕士学位；2002年9月至2005年7月，在中国社会科学院研究生院欧洲政治专业在职学习，获得法学博士学位。1997年7月至今，在中国社会科学院欧洲研究所工作，历任研究实习员、助理研究员、副研究员。

现从事欧洲国际关系研究工作，主要学术专长是欧盟对外关系研究。主要代表作有：《结构基金及欧盟层面的市场干预——兼论欧盟的多层治理和欧洲化进程》（论文）；《从亚欧会议进程看发展国际关系的“欧洲模式”》（论文）；《欧盟的软力量》（论文）；《外援在中国》（论文、合著）。

李靖堃（1971年6月～　）女，河北乐亭人，研究员。1989年9月至1993年7月，在河北师范大学外语系学习，获得文学学士学位；1995年9月至1998年7月，在中国社会科学院研究生院欧洲系学习，获得法学硕士学位；2000年9月至2004年7月，在中国社会科学院研究生院欧洲系在职学习，获得法学博士学位。1993年7月至1995年8月，在河北省承德市第一中学任教；1998年7月至今，在中国社会科学院欧洲研究所工作，历任研究实习员、助理研究员、副研究员，现任欧洲政治研究室主任。

现从事国际政治研究工作，主要学术专长是欧洲政治研究。主要代表作有：《欧盟法律创新》（专著、合著）；《欧洲联盟与中国（1949～2008）：基本文件与评注》（译著、合译）；《英国欧洲政策的特殊性：传统、理念与现实利益》（论文）；《从经济自由到社会公正——欧盟对自由流动劳动者社会保障的法律协调》（论文）；《欧洲经济宪法的发展及其对共同市场的规制——以自由竞争与自由流动为例》（论文）。

唐志超（1970年8月～　）江苏灌南人，研究员。1991年9月至1995年9月，在南京师范大学中文系学习，获得文学学士学位；1995年9月至1998年7月，在北京大学国际关系学院学习，获得法学硕士学位；2008年9月至2012年8月，在中国现代国际关系研究院在职学习，获得法学博士学位。1998年7月至2012年10月，在中国现代国际关系研究院西亚非洲研究所工作，历任研究实习员、助理研究员、副研究员，其间，2005年9月至2006年9月、2010年5月至2010年10月，先后在荷兰莱顿大学做访问学者；2011年6月至2011年12月，在河南新乡市政府挂职锻炼；2012年10月至今，在中国社会科学院西亚非洲研究所工作，任副研究员，现任中东研究室主任。

现从事国际政治研究工作，主要学术专长是中东政治、外交与安全研究。主要代表作有：《中东库尔德民族问题透视》（专著）；《列国志·约旦》（专著）；《试析奥巴马第二任期中东政策走向》（论文）；《中阿新型伙伴关系持续快速发展》（论文）；《奥巴马政府中东政策初析》（论文、第一作者）。

陈志刚（1972年10月～ ） 江西信丰人，研究员。1990年9月至1992年7月，在江西赣南师范学院政教系学习；1996年9月至1999年7月，在厦门大学哲学系学习，获得哲学硕士学位；1999年9月至2002年7月，在北京大学哲学系学习，获得哲学博士学位。1992年7月至1996年8月，在江西信丰油山中学工作，任教研组长；2002年7月至2006年3月，在中华书局工作，历任编辑、总编室主任助理、副编审；2003年10月至2006年10月，在中国社会科学院社会学研究所博士后流动站从事博士后研究；2006年3月至今，在中国社会科学院马克思主义研究院工作，任副研究员，现任马克思主义中国化研究部党建党史研究室主任。

现从事马克思主义中国化研究，主要学术专长是社会发展理论研究。主要代表作有：《现代性批判及其对话——马克思与韦伯、福柯、哈贝马斯等思想的比较》（专著）；《党员数量结构的新变化及其新挑战》（论文）；《马克思现代性批判思想的逻辑演变》（论文）；《现代性视阈中的中国共产党90年的辉煌成就》（论文）；《党建科学化的四个向度》（论文）。

李春华（1961年11月～ ） 女，黑龙江望奎人，研究员。1979年9月至1983年7月，在东北师范大学政治教育系学习，获得哲学学士学位；1999年9月至2002年7月，在黑龙江大学哲学系在职学习，获得哲学硕士学位；2002年9月至2005年7月，在中国人民大学哲学系学习，获得哲学博士学位。1983年7月至2002年9月，在哈尔滨大学（现哈尔滨学院）社科部工作，历任讲师、教研室主任、副教授；2005年9月至2007年3月，在中国防卫科技学院海淀校区工作，任基础教学部主任；2007年3月至今，在中国社会科学院马克思主义研究院工作，任副研究员，现任思想政治教育研究室主任。

现从事思想政治教育研究，主要学术专长是马克思主义理论教育研究。主要代表作有：《新时期中国共产党文化创新研究》（专著）；《文化生产力：丰富和发展马克思生产力理论的新视角》（论文）；《文化的“化人”与思政的“育人”》（论文）；《当前思想政治教育的重大基本问题探析》（论文）。

蔡礼强（1973年8月～ ） 河南夏邑人，教授。1992年9月至1994年7月，在商丘师专（现商丘师范学院）历史系学习；1996年9月至1997年7月，在西北大学文博学院进修；1997年9月至2000年7月，在西北大学文博学院学习，获得历史学硕士学位；2000年9月至2003年7月，在中国社会科学院研究生院学习，获得历史学博士学位。1994年9月至1996年7月，在夏邑县业庙四中工作；2003年7月至今，在中国社会科学院研究生院工作，任副教授，现任MPA教育中心执行副主任。

现从事公共管理学、中国近代思想史研究，主要学术专长是民间组织、晚清宪政思想研究。主要代表作有：《晚清大变局中的杨度》（专著）；《政府向民间组织购买公共服务研究报告》（论文）；《从“孟连经验”到“四群”教育：群众工作创新的“云南模式”》（研究报告）；《非营利组织孵化器研究》（论文、第一作者）；《从废约自办到官商合办：杨度与清末粤汉铁路》（论文、第一作者）。

梁　华（1974 年 11 月～　）女，河北唐山人，编审。1993 年 9 月至 1997 年 7 月，在河北大学信息资源管理系学习，获得文学学士学位；1997 年 9 月至 2003 年 7 月，在南开大学经济研究所经济史专业学习，先后获得经济学硕士、博士学位。2003 年 7 月至今，在中国社会科学院中国社会科学杂志社工作，历任编辑、副编审。

现从事编辑工作，主要业务是经济史编辑。主要代表作有：《外国在华直接投资与近代中国经济发展》（专著）；《碳预算方案：一个公平、可持续的国际气候制度框架》（论文、责任编辑）；《近代时期官办、官督商办煤矿的政府约束因素分析》（论文）；《清代矿业投资政策演变分析》（论文）；《近代外国在华直接投资与民族资本的竞争》(论文)。

第六编

规章制度

GUIZHANGZHIDU

一 中国社会科学院高级专业技术职务资格评审工作暂行办法

社科〔2013〕人字54号

第一章 总 则

第一条 为缓解高级专业技术职务评聘压力，拓宽专业人员发展空间，更好地发挥职称评审工作的效能，根据国家有关政策并结合我院实际，特制定本办法。

第二条 我院实行以“评聘合一”为主体、高级专业技术职务资格评审为辅助的专业人员评价与使用机制，在具备相应条件又有实际需求的单位开展高级专业技术职务资格评审工作。

第三条 在院党组、院务会议的统一领导下，院按照宏观调控、分类管理、条件准入、积极稳妥的原则，开展高级专业技术职务资格评审工作。人事教育局负责政策制定、管理协调、监督检查，有关单位负责本单位资格评审工作。

第二章 资格评审

第四条 高级专业技术职务资格反映专业人员的学术或专业能力、水平和素养，不与岗位聘用、工资待遇等挂钩。

第五条 高级专业技术职务资格评审在研究（教学）、出版编辑系列的正、副高层级开展。

第六条 院对高级专业技术职务资格评审实行比例控制。正高资格评审名额原则上不得高于院核定的正高级专业技术岗位数的10%；副高资格评审名额原则上不得高于院核定的副高级专业技术岗位数的15%，正、副高资格评审名额不得调剂使用。

对有特殊情况的单位，采取一事一议的方式，经院长办公会议审议批准后，可适当调整比例。

第七条 有关单位应依据本单位实际需求和人才队伍结构，制定资格评审名额使用规划。

第八条 高级专业技术职务资格评审工作与全院专业技术职务评聘工作同步进行，统一要求、统一程序。

第九条 在编在岗的专业人员根据自愿原则申报高级专业技术职务资格，在评审前须与本单位签订资格评审协议。

第三章　资格使用

第十条　高级专业技术职务资格使用有效期限为5年。资格有效期满，如本人要继续拥有资格身份，须重新申报。

第十一条　高级专业技术职务资格获得者可以使用相应的专业技术职务称号进行学术交流或申报科研项目等。各单位自主决定其享有的其他学术权利。

第十二条　高级专业技术职务资格获得者按实际聘用的岗位兑现基本工资、津补贴等待遇；退休时按实际聘用岗位办理退休手续。高级专业技术职务资格不与创新岗位聘用挂钩。

第十三条　在申报高级专业技术职务时，高级专业技术职务资格获得者须重新参加并通过相应级别职称评审委员会的评审。评审委员会对高级专业技术职务资格人员和按常规申报高级专业技术职务人员，一视同仁，不论资排辈。

第十四条　具有副高级专业技术职务资格但未聘至相应级别岗位的人员，不能申报正高级专业技术职务或相应资格。

第四章　程序和要求

第十五条　申报资格评审权限单位应符合以下要求：

（一）具备申报资格人数与高研空岗数之间的比例超过8∶1；

（二）制定了高级专业技术职务资格的参评条件或符合本单位学科特点的权威期刊目录；

（三）所务会议三分之二及以上成员同意开展资格评审。

第十六条　申报单位须按本办法要求制定具体工作方案，方案主要包括：

（一）开展资格评审工作的基本条件；

（二）高级专业技术职务资格评审总数、使用规划；

（三）资格评审的具体操作程序。

第十七条　工作方案由申报单位党委（党组）研究同意后报人事教育局审核，经院批准后实施。

第十八条　未获院批准擅自开展资格评审工作的单位，院将暂停其副高级专业技术职务评审权限。

第五章　附　则

第十九条　本办法适用于院属研究单位、研究生院及社科杂志社。院职能部门、其它直属单位职称评审按现行规定执行，出版社专业技术职务资格评审办法另行规定。

第二十条　本办法由人事教育局负责解释。

第二十一条　本办法自颁布之日起施行。

注：此办法于2013年5月16日印发。

二　中国社会科学院管理岗位人员交流办法(试行)

社科人字〔2013〕14号

第一条 为贯彻落实中央关于深化干部人事制度改革的有关精神，培养高素质、复合型管理人才，造就综合素质好、适应能力强的管理队伍，更好完成哲学社会科学创新工程确定的各项任务，参照《党政领导干部交流工作规定》，结合我院实际，制定本办法。

第二条 本办法所称的管理岗位人员交流，是指按照管理权限，根据工作需要和个人表现，对管理岗位人员在院属单位之间或单位不同部门之间进行的岗位调整。

第三条 管理岗位人员交流坚持培养和使用、组织安排和个人申请相结合的原则。

第四条 交流对象包括：

（一）因岗位和工作的特殊性需要交流的；

（二）因工作急需交流的；

（三）因多岗位锻炼需要交流的；

（四）因在一个岗位或一个单位工作时间较长的；

（五）按照规定需要回避的；

（六）其他原因需要交流的。

第五条 管理岗位人员在院属同一单位工作满20年或同一岗位工作满10年的，一般应进行交流。

第六条 管理岗位人员有下列情形之一的，可暂缓或不在院属单位间进行交流：

（一）距法定退休年龄不满3年的；

（二）因健康原因不宜交流的；

（三）近三年年度考核有基本合格及以下等次的；

（四）涉嫌违纪违法正在接受审查尚未作出结论的；

（五）其他原因不适合交流的。

第七条 交流工作按照管理权限，分级负责组织实施。

（一）院党组研究决定三四级管理岗位人员的交流，人事教育局负责落实相关工作；

（二）人事教育局负责协调院属单位间五级及以下管理岗位人员的交流，统筹考虑人员进出数量、岗位层级等方面的总体平衡，与各单位共同组织实施；

（三）院属单位内部管理岗位人员的交流由各单位自行决定并组织实施。

第八条 院属单位间五级及以下管理岗位人员交流一般按下列程序办理：

（一）人事教育局对全院交流工作做出统一部署；

（二）党委（领导班子）集体研究提出交流人员推荐名单及岗位，也可由院属单位之间先行沟通提出交流意向，报人事教育局；

（三）人事教育局根据管理岗位人员的总体状况，结合各单位的推荐情况，提出拟交流方案；

（四）交流岗位拟定后，党委（领导班子）或人事部门与交流人员谈话，听取本人意见；

（五）需交流提职的，按有关规定进行考察；

（六）交流方案形成后，报院领导审批；

（七）办理相关手续。

第九条 院属单位内部五级及以下管理岗位人员交流一般按下列程序办理：

（一）单位领导或人事部门拟定交流方案；

（二）党委（领导班子）集体研究决定；

（三）党委（领导班子）或人事部门与交流人员谈话，听取本人意见；

（四）办理相关手续。

第十条 确因需要必须进行交流的，交流人员应服从组织决定。无正当理由不服从组织安排的，按照有关规定，就地调整工作岗位。

第十一条 同等条件下在选拔聘任、教育培训、出国深造、竞聘创新岗位等方面，优先考虑交流人员。

第十二条 人事部门、纪检监察部门负责对交流工作进行监督检查，受理有关举报、申诉，制止、纠正违反本办法的行为，对有关责任人提出处理意见。

第十三条 院代管单位、院属企业，参照本办法执行。

第十四条 本办法由人事教育局负责解释。

第十五条 本办法自 2013 年 5 月 16 日院务会议审议通过起施行。《中国社会科学院管理干部职位轮换（轮岗）暂行办法》同时废止。

注：此办法于2013年5月16日印发。

三　中国社会科学院科研成果后期资助实施办法（试行）

社科研字〔2013〕7号

为完善科研资助体系，优化科研经费配置，激励科研人员多出高水平研究成果，制定本办法。

第一条 由党中央、国务院领导同志交办，或部级党政部门以正式文件形式委托，经院党组、院务会议或主管院领导批示落实的应急研究任务，资助标准为：

（一）理论文章：在中央三报一刊（人民日报、光明日报、经济日报、求是杂志）公开发表2000～3000字，每篇2000元；3000～5000字，每篇3000元；5000字以上，每篇4000元。

（二）对策研究报告：经院《要报》系列报送的每篇2000元。

第二条 以“中国特色社会主义理论体系研究中心”名义在中央三报一刊公开发表的理论文章，每篇5000元（“中心”资助2000元、科研局资助3000元）；凡年终在中宣部评选中入选的，“中心”酌情追加2000～3000元。

第三条 非创新岗位在编人员完成的学术论文、理论文章和对策研究报告，资助标准为：

（一）在最新版《中国人文社会科学核心期刊要览》（中国社会科学院文献计量与科学评价研究中心）学科排名前十位期刊及所在研究所主办学术刊物上公开发表的学术论文，每篇2000元；其中，在《中国社会科学》及各学科排名前三位学术期刊上公开发表的学术论文，每篇4000元。

（二）在中央三报一刊公开发表的理论文章、经院《要报》系列报送的对策研究报告，按本办法第一条标准执行。

第四条 公开出版的学术著作（包括专著、译著、古籍整理、研究报告），按照《中国社会科学院哲学社会科学创新工程学术出版资助管理办法（修订）》除给予出版资助外，另以稿酬补贴的方式给予成果后期资助，标准为：

（一）未获立项资助、经评审列入系列《文库》的专著，100～200元／千字；其他著作，50～100元／千字。

（二）获得立项资助、经评审列入系列《文库》的专著，100元／千字；其他著作，50元千字。

（三）未获立项资助、经评审给予出版资助的成果，50 元 / 千字。单卷本成果的稿酬补贴一般不超过 10 万元；多卷本成果酌情增加，最高不超过 20 万元。

第五条 科研成果后期资助按研究任务的不同性质组织落实：

（一）由党中央、国务院领导同志交办，或部级党政部门以正式文件形式委托，经院党组、院务会议或主管院领导批示落实的应急研究任务，按一事一议的方式，由科研局报主管院领导审批落实。

（二）非创新岗位在编人员科研成果后期资助每年集中审核一次。基本程序是：(1) 科研人员填报《中国社会科学院科研成果后期资助申报书》，并提交上一年度公开发表或上报的科研成果；(2) 研究所学术委员会审议；(3) 科研局审核；(4) 院务会议或主管院领导批准。

（三）公开出版的学术著作（包括专著、译著、古籍整理、研究报告）的后期资助，按照《中国社会科学院哲学社会科学创新工程学术出版资助管理办法（修订）》执行。

第六条 科研成果后期资助经费支出渠道：

（一）中央交办应急研究任务后期资助经费，从院交办委托课题经费中列支。

（二）非创新岗位在编人员科研成果后期资助经费，从院创新工程经费支出。

（三）学术著作出版后期资助经费，从院创新工程学术出版资助经费支出。

第七条 由院《要报》编辑部、中国特色社会主义理论体系研究中心负责落实的相关研究任务，仍按原有组织方式和经费渠道执行。

第八条 本办法由院科研局负责解释。

第九条 本办法经院务会议批准后施行。院之前颁布的有关管理文件与本办法不一致的，以本办法为准。

注：此办法于2013年7月18日印发。

四　中国社会科学院创新工程学术期刊“五统一”监督管理办法

社科监字〔2013〕1号

第一条 为进一步保证我院学术期刊统一管理、统一经费、统一印制、统一发行、统一入库的实施，依据我院关于创新工程学术期刊“五统一”的文件精神，制定本办法。

第二条 学术期刊的主办单位、编辑部、出版发行单位、数据库管理单位要严格执行我院对学术期刊实行“五统一”的各项规定。主办单位要把握正确的办刊方向，维护政治纪律，加强对编辑人员的教育管理和对职业道德以及期刊经费使用的监督检查；出版发行单位、数据库管理单位要做好服务，积极拓展市场，扩大期刊的社会影响。

第三条 学术期刊是我院的无形资产，要认真保护。未经主管主办单位同意，不得出卖或转让主办权；合作办刊须经主办单位批准，报主管单位备案，主办单位应对财务管理负责。编辑部、出版发行单位、数据库管理单位有责任保护期刊的知识产权。

第四条 编辑部、编辑人员要遵守《中国社会科学院编辑人员职业行为规范》，积极组稿，认真履行编、审职责；积极组织和参加有利于期刊发展的学术活动。

第五条 经院主管单位批准后，学术期刊可依法刊登与本学科相关的学术广告和公益广告，广告内容由期刊主办单位确定，广告收入上交，按照比例返还，返还部分用于期刊的学术活动支出。

第六条 严格执行《中国社会科学院学术期刊经费管理办法》。学术期刊的各项收入须按照收支两条线规定，全部纳入单位财务统一管理，不得设立“小金库”、账外账；创新工程经费、国家社科基金期刊专项经费要严格按照预算执行，不得超范围、超标准使用，不得改变经费性质；不得将期刊收入用于发放福利和津补贴。学术期刊的合订本、专集均单独核定预算。

第七条 出版发行单位、数据库管理单位要严格实行专款专用、专项核算，不得挤占、挪用期刊经费。出版发行单位提供服务的各项费用不得高于社会提供服务的平均水平。

第八条 要本着勤俭节约、实事求是的原则编制经费预算，使用办刊经费，结余经费按照拨付渠道退回。确因特殊需要拟追加经费的，由编辑部经主办单位按照有关程序提出申请。

第九条 对学术期刊经费和数据库管理经费的使用情况，由院安排年度审计，审计结果作为创新岗位评价的重要依据，审计不合格的退出创新工程，经整改验收合格后重新申请进入。由院对拨付的学术期刊印制、发行等经费的使用情况进行检查。

第十条 按照《中国社会科学院创新工程学术期刊试点实施办法（试行）》等规定，每年对学术期刊进行考评。

第十一条 院学术期刊主管单位负责对出版发行单位和数据库管理单位进行考评。对出版发行单位考评的主要内容有期刊印制质量、发行收入、发行时间、宣传推广和对编辑部的服务情况等；对数据库管理单位考评的主要内容有期刊数据的管理情况、学术成果的传播情况、对编辑部的服务情况等。对考评不合格的给予处罚，并限期改正。

第十二条 出版发行单位经邮局等发行渠道覆盖不到的，鼓励编辑部通过出版发行单位增加自主销售（发行），销售收入按学术期刊“五统一”发行收入返还方案执行。

第十三条 编辑部、出版发行单位、数据库管理单位及其工作人员发生违纪违法行为的，造成国有资产（金）流失的，损害期刊声誉的，对直接责任人给予党纪政纪处分或者组织处理，并追究相关责任单位和领导的责任。

第十四条 本办法适用于已进入创新工程和实行“五统一”管理的学术期刊，出版发行单位和数据库管理单位。

第十五条 本办法由监察局协同科研局、财计局负责解释，自发布之日起施行。

注：此办法于2013年7月18日印发。

五　中国社会科学院新闻宣传工作管理办法

社科办字〔2013〕50号

为加强对我院新闻宣传工作的协调和管理，规范科研成果对外发布活动，保证新闻宣传质量，确保成果发布取得良好的社会影响，稳妥处理不实新闻报道情况，特制定本办法。

（一）管理机构与职责

1．新闻宣传管理工作机构

根据我院目前的实际情况，全院新闻宣传工作应在院党组的统一领导下进行。由办公厅担任新闻宣传管理工作的领导机构，院新闻办公室担任新闻宣传管理工作的实施机构。

2．新闻发言人及其主要职责

我院设新闻发言人1～3人，其职责是：按照院党组和院领导的要求，协调院属单位策划举办新闻发布活动，负责或安排专人向新闻界发布本院重要工作和重大活动的新闻；接受新闻媒体采访，对有关报道进行回应和澄清；按上级新闻宣传主管部门指示，指导院新闻办公室统一协调院属各单位的新闻发布工作。

3．新闻办公室工作职责

院新闻办公室设在办公厅。其职责是：及时领会和掌握中央宣传部和国务院新闻办公室（中央外宣办）关于新闻宣传工作的指示精神，并及时向院属媒体准确传达；协助新闻发言人、院科研局开展科研成果发布活动；负责收集整理各单位新闻宣传计划，了解计划执行情况，做好新闻发布活动申报备案工作；负责全院新闻宣传情况统计工作；负责与新闻界的日常联系工作，为新闻界提供报道线索、采访对象及新闻背景材料，安排和接待记者采访；承办主要新闻采访活动的审批手续；对有关我院的失实和歪曲报道进行调查，并协助新闻发言人根据实际情况采取有效应对措施；负责重要新闻宣传影像资料的协调和管理工作；协助院属各单位开展新闻宣传工作。

（二）新闻发布管理制度

1．院属各单位对外发布科研成果，应严格执行科研局颁布的《关于举办科研成果发布活动的若干规定》(2012 年 3 月 8 日院长办公会议审议通过，3 月 13 日印发各单位）和《中国社会科学院皮书类成果发布管理办法（试行)》(2013 年 7 月 19 日印发各单位)。

2．对外发布科研成果（包括皮书类成果)，一般以研究院、所（成果责任单位）或课题组名义进行。如需以“中国社会科学院”名义发布成果，须事先由主办单位报院新闻办公室审核，经院务会议批准后，由科研局负责组织。

3．未经院务会议批准，不得随意以中国社会科学院名义发布科研成果。院属各单位主要负责人对本单位发布科研成果负有领导、审核和监管职责。对违反规定擅自以中国社会科学院名义对外发布成果或因把关不严造成不良社会影响的，相关责任人要承担责任。

4．对外发布科研成果实行申报备案制度。成果责任单位应事先填报科研成果发布申报备案表和皮书类成果发布申报备案表，送科研局有关部门审核，并报院新闻办公室备案。成果发布会至少要提前五个工作日完成申报备案相关手续。凡未申报备案擅自对外发布科研成果并造成负面影响的，相关责任人要承担责任。科研局有关部门和院新闻办公室在审核、备案过程中发现问题，应及时向上级领导反映情况，解决有关问题。

5．成果发布会的主办单位有责任引导媒体准确报道，防止片面和断章取义的宣传报道。一般以研究院、所或课题组名义进行的成果发布会，应由主持人专门向媒体说明不得随意以中国社会科学院名义（如使用“中国社科院报告认为”等字眼）报道和评论发布的科研成果，正确引导舆论导向。

6．院属各单位应加强对学者、工作人员的教育和管理，增强在新闻发布活动中爱护社科院的意识。学者、工作人员的个人意见，应通过内部组织渠道进行反映。对违反规定擅自对外发布不实言论并因此给我院造成不良社会影响的，相关责任人要承担责任。

（三）新闻宣传联络员工作制度

院属各单位（所局、院属实体性研究中心）都应确定一名新闻宣传联络员，负责本单位新闻宣传管理工作。联络员一般应由综合管理部门或科研处负责人兼任。

联络员主要职责是：负责落实本单位新闻宣传任务，组织本单位新闻宣传工作；协助本单位领导制定新闻宣传计划并报院新闻办和科研局有关部门备案；负责本单位新闻宣传情况统计的上报工作；代表本单位接受院里下达的新闻宣传任务；代表本单位办理重要新闻、采访活动的请示、送审工作。

（四）新闻宣传情况统计工作制度

院属各单位应认真做好本单位的新闻宣传统计工作。统计范围包括：本单位在中央新闻媒体上发表的理论文章、时事分析、专题访谈、新闻消息、通讯报道等。中央主要新闻媒体包括新华社（包括新华社《内参》)、人民日报、《求是》杂志、光明日报、经济日报、中央人民广播电台、中国国际广播电台、中央电视台、中国日报、中国青年报、环球时报等。在《中国社会科学报》上发表的新闻稿件和理论文章，由该报负责统计。

各单位在每季度第一个月的第一周，应将上一季度新闻宣传情况统计汇总上报院新闻办公室，院新闻办核实、汇总后，上报院办公厅；各单位在每年院工作会议之前，应将本单位落实新闻宣传计划的情况写成书面材料，交院新闻办公室汇总后，上报院办公厅。

本办法自院务会议批准之日起施行。中国社会科学院2002年8月1日下发的《中国社会科学院新闻宣传工作管理办法》（社科办字〔2002〕8号）同时废止。

注：此办法于2013年8月22日印发。

六　中国社会科学院交办委托课题管理办法（修订）

社科研字〔2013〕9号

为更好地发挥思想库、智囊团作用，努力完成党中央、国务院领导同志和院党组交办委托的科研任务，进一步加强和规范交办委托课题的管理，2013年8月22日院务会议重新修订本办法。

第一条 本办法所称“交办委托课题”是指：

（一）根据党中央、国务院领导同志的具体指示和党中央、国务院文件的明确要求立项的课题；

（二）尚未列入当年科研计划，时效性较强，根据院党组以及院领导的指示立项的课题；

（三）部级党政部门以正式文件形式委托我院组织研究的课题。

第二条 院设立专项经费资助交办委托课题。申请交办委托课题，必须出具直接证明交办委托事实的书面材料。部级党政部门委托课题的证明材料，是指部级党政部门的正式文件。

第三条 交办委托课题分为三类：

院党组交办课题：院党组根据本办法第一条的规定确定的重要课题；

院领导交办课题：分管院领导根据工作需要直接交办的课题；

应急交办研究任务：根据本办法第一条的规定经分管院领导批示落实的短期研究任务。

第四条 院党组交办课题一般由一位院领导牵头。院党组也可根据需要直接选定课题主持人、组建课题组、确定资助经费。

第五条 分管院领导根据工作需要直接交办的课题原则上一年不超过3项。

第六条 交办委托课题经费资助标准为：

应急交办研究任务，一般实行后期资助，资助标准按照《中国社会科学院科研成果后期资助实施办法（试行）》执行；

党中央交办的、带有调查性质的课题，由院党组交办，经费资助一般不超过10万元；

党中央、国务院各部委和院领导交办的课题，由分管科研工作的副院长审批，经费资助一般不超过 3 万元。

第七条 承担交办委托课题的单位一般应为院属研究单位。

第八条 申请交办委托课题经费，应填写《中国社会科学院交办、委托课题资助申请书》，根据研究的实际需要编制经费预算，经研究所审核后，由科研局提出资助意见，报院审批。

第九条 课题组可将 20% 交办委托课题经费，用作课题组成员不宜公开发表成果的稿酬补贴。

第十条 交办委托课题资助经费实报实销，经费管理严格按照《中国社会科学院哲学社会科学创新工程研究经费管理办法(试行)》及实施细则执行。交办委托课题完成后如有经费结余，由院收回。

第十一条 交办委托课题成果完成后，课题组应在两个月内通过所在单位提交结项申请书和交办委托者对课题成果的评定意见，办理结项手续。必要时，由科研局组织有关专家进行结项鉴定。科研局每年底向院党组汇报当年院党组交办课题完成情况及成果的影响。

第十二条 交办委托课题成果通过院《要报》上报获得中央领导肯定性批示的，可免于鉴定。

第十三条 未能按要求完成交办委托课题者，两年内不得申报承担新的院交办委托课题和其他院级课题。

第十四条 本办法由院科研局负责解释。

第十五条 本办法自院务会议批准之日起施行。2012 年 7 月 19 日颁布的《中国社会科学院交办委托课题管理办法（2012 年第二次修订）》（社科研字〔2012〕18 号）停止执行。

注：此办法于2013年8月22日印发。

七 中国社会科学院公派留学管理办法（试行）

社科人字〔2013〕44号

为规范我院公派留学管理，根据《中国社会科学院人才强院战略实施方案》和《中国社会科学院哲学社会科学创新工程实施意见（2011～2015年）》等文件要求，制定本办法。

第一章 总 则

第一条 公派留学是指申请人经单位审批同意，以我院在职人员身份，到国（境）外从事3个月（含）以上的进修、访问、合作研究、博士后研究、攻读学位等留学活动。

第二条 按照“统一标准、分类管理”的原则，人事教育局和国际合作局负责公派留学的规划及留学人员统一管理，院属各单位根据项目分类推荐出国人员并对其实施具体管理。

第二章 公派留学分类

第三条 根据经费来源和主管部门的不同，公派留学分为国家公派留学和院公派留学。

第四条 国家公派留学人员，是指由国家提供全额资助或由国家有关部门与有关国（境）外机构签订的涉及留学方面的合作协议（项目）提供资助，列入国家公派留学计划，由国家留学基金管理委员会派出的留学人员。

我院负责国家公派留学的部门为人事教育局。人事教育局根据国家留学基金管理委员会每年下发的年度选派计划和申报指南，部署我院有关遴选工作。

第五条 院公派留学人员，是指由我院提供全额资助或由国际合作局以及院属各单位与有关国（境）外机构签订的相关合作协议（项目）提供资助，列入院公派留学计划，由国际合作局派出的留学人员。

第三章　选派条件

第六条 申请公派留学人员应具备以下基本条件：

（一）热爱祖国，遵纪守法，爱岗敬业，承诺留学回国后为国家建设和我院发展服务；

（二）在我院连续工作 1 年（含）以上的正式在编在岗工作人员；

（三）具有相应的学术水平和业务素质以及良好的外语水平，是所在单位的业务骨干或重点培养对象；

（四）申请留学的专业领域与本职工作相关；

（五）身心健康。

第七条 公派留学人员除具备上述基本条件外，同时须符合所申请留学项目的具体要求。

第四章　申请程序

第八条 申请国家公派留学的程序：

（一）申请人员根据人事教育局发布的项目申报信息，向所在单位提出申请；

（二）申请人员所在单位审核申请人员资格及其所报的项目申请材料，向人事教育局报送单位推荐公函和项目申请材料；

（三）人事教育局对推荐人选进行复核，确定候选人，经院审批同意后报国家留学基金管理委员会；

（四）国家留学基金管理委员会组织专家评审，确定录取人员。

第九条 申请院公派留学的程序：

（一）院属各单位根据留学项目主管部门发布的项目申报信息，结合本单位人才培养计划研究确定出国候选人，向留学项目主管部门报送单位推荐公函及候选人申请材料；

（二）留学项目主管部门根据具体项目要求，审核并确定录取人员名单或向有关国（境）外机构推荐候选人员名单。

第五章　薪酬报偿和资助

第十条 薪酬报偿

（一）基本工资正常发放。

（二）连续出国 3 个月（含）以上、年度内累计出国 6 个月（含）以上人员，不发放出国期间的科研（管理）津贴、09 补贴、岗位津贴、交通补贴、伙食补贴和报偿；未经审批同意超过规定研修期限回国人员，停发本年度报偿，已经发放的予以追回。

根据院长办公会议审议通过的《关于“与国际知名智库交流平台项目”派出人员与创新工

程关系的规定》(社科〔2012〕国际字 89 号),“国际知名智库交流平台项目”出国人员报偿正常发放。

(三)完成研修任务并按期回国的,自到岗工作下月起,恢复发放津补贴和创新报偿。聘至创新岗位的,发放智力报偿。

第十一条 资助费用

(一)外语培训费

申报国家公派留学和中国社会科学院优秀管理干部出国(境)研修培训项目,参加指定外语培训机构培训并被录取人员,凭有效票据、录取证书,可报销有关培训费。

国家公派留学人员的小语种培训费由国家留学基金管理委员会报销,英语培训费由所在单位报销;中国社会科学院优秀管理干部出国(境)研修培训项目外语培训费由所在单位报销。

(二)国外研修费

国家公派出国留学及中国社会科学院优秀管理干部出国(境)研修培训项目按国家留学基金资助标准执行。

院公派其他项目按留学项目主管部门及项目规定执行。

第六章　派出管理

第十二条 留学人员派出前须缴纳保证金,签订《出国留学协议书》并办理公证手续。

第十三条 国家公派留学人员或我院纳入国家留学基金管理委员会管理项目的留学人员根据国家留学基金管理委员会要求签订协议书和缴纳保证金。

第十四条 院公派留学人员须与其所在单位签订协议书并缴纳保证金。

协议书由所在单位自行拟制,内容一般应包括:出国期限、进修内容、留学期间所在单位提供的待遇、延期和违约条款、担保人、回国后工作安排等。

保证金金额原则上由所在单位自行确定,项目有特殊规定的按规定执行。学成按期回院工作者由所在单位退还本人。

第十五条 留学人员所在单位应加强对留学人员的管理,在留学人员派出前,开展行前谈话,进行外事纪律教育,明确留学任务;在留学人员派出后,指定专人联系留学人员,对其学习和生活给予指导和帮助,及时沟通有关情况及信息。

第十六条 留学人员在外研修期间,应主动与所在单位及留学项目主管部门保持联系,定期汇报国外学习情况,认真完成研修计划,按期回院服务,不得从事与留学身份不符的活动。

第十七条 公派留学人员原则上不得延期出国、变更留学身份、放弃留学资格。如有上述情况者,两年内不得再申请公派留学,并退还所在单位为其支付的外语培训等有关费用。

第七章　回国管理

第十八条　出国人员原则上不得延期回国或提前回国。确因特殊情况需要延期或提前回国者，应提前两个月向所在单位提出书面申请并经所在单位同意报留学主管部门审批。

第十九条　国家公派留学人员延期或提前回国申请须报人事教育局审批，并将人事教育局审批公函报驻外使（领）馆教育处（组），经国家留学基金管理委员会批准同意后方能执行。

院公派留学人员申请须经留学项目主管部门审批同意方能执行。

第二十条　留学人员回国后，须在 10 个工作日内向所在单位人事部门报到，并在 1 个月内提交回国总结。总结经所在单位负责人签字后报留学项目主管部门及人事教育局。

第二十一条　留学人员回国后未按时到所在单位人事部门报到，视为未经审批同意延期回国；未按时报送回国总结，取消本人再次申请留学项目的资格。

第二十二条　逾期不归

（一）未经所在单位及留学项目主管部门同意，擅自延长留学期限者视为逾期不归人员。

（二）逾期 14 天（含）以上仍未回院的留学人员，按我院聘用制有关规定予以辞聘，并办理辞聘手续。所在单位将辞聘结果告知本人，同时在权威媒体予以发布。

（三）未办理辞聘手续的逾期不归人员，我院不受理其豁免申请，不为其出具任何证明。

第八章　附　则

第二十三条　本办法由人事教育局负责解释。

第二十四条　本办法自发布之日起施行。

注：此办法于2013年8月22日印发。

八 中国社会科学院关于加强院属单位领导班子建设的若干规定

为贯彻落实中央关于改进工作作风、密切联系群众的要求，健全践行党的群众路线的长效机制，现就加强院属单位领导班子建设作出如下规定。

1. 严把领导干部选拔任用政治关。凡方向不正、品行不端、作风不好的，一律不予任用；凡出现政治违纪问题、不适宜担任现职的，一律予以免职。把领导干部政治素质和行为表现、意识形态工作情况，作为考察领导干部的重要内容。

2. 对查实的领导干部其他违纪违法问题，依纪依法予以处理。院属单位出现违纪违法案件，除追究直接责任人的责任外，还要追究负有管理职责的主要领导干部责任。

3. 坚持党性原则基础上的团结。对因长期不团结而严重影响工作的，采取组织调整措施。领导班子成员拨弄是非、搞非组织活动，通过匿名信、小字报、短信、网络、微博、微信等形式散布不实信息的，经查实后依纪进行处理，违法的依法追究责任。

4. 坚持贯彻执行民主集中制。严格按照《所党委工作条例》和《所长工作条例》要求，建立健全党委会、所（局）务会、所（局）长办公会等会议制度，集体研究决定重大事项。加强对院属单位领导班子贯彻执行民主集中制情况的经常分析和考核评估，检查班子日常运转和决策执行情况。对贯彻执行民主集中制不力、个人擅自决定重要事项、造成重大偏差和决策失误的领导班子和个人要追究责任。

5. 坚持严格党内生活，坚持“三会一课”等组织生活制度。各种方式的党内生活都要有实质性内容，都能有针对性地解决问题。开好年度院属单位领导班子民主生活会，开展严肃认真的批评和自我批评。批评应出于公心、态度诚恳、讲究方法，克服主观因素影响，摒弃成见偏见，防止从个人恩怨、利害得失、远近亲疏出发看人待事，坚决反对党内生活随意化、庸俗化倾向，坚决反对党内生活中的自由主义、好人主义。

6. 广泛听取群众意见。研究决定涉及本单位事业发展和干部职工切身利益的重大问题，要认真听取群众意见，做好干部职工的思想政治工作。对重大决策、科研管理、人事管理、经费管理、党的建设、领导干部廉洁自律等方面的情况，须采取适当方式在本单位公开，接受群众监督。

7．认真履行岗位职责。把更多精力用到加强对本单位管理工作上。院属单位领导干部须确保 24 小时手机畅通，每个工作日至少有 1 人到单位值班。严格执行所局领导干部离京请销假制度和因公临时出国管理制度，院属单位主要领导干部原则上不安排同期出差出访。尽量压缩出差时间，一次一般不超过 3 天。

8．每年初由国际合作局根据本职工作需要和院外事工作需要，对职能部门和直属单位的主要负责人出国出境作出统一安排，报秘书长协调审核后，由院务会议批准。

9．除全院统一安排的重要活动外，领导干部一律不得参加与业务工作无直接关系的活动；严格限制接受报酬的实质性社会兼职。原则上，不论兼职多少，只能领取一处的工资、津补贴，因工作需要兼职的，需报院人事教育局批准。

10．领导干部要严格执行经费管理各项规定，坚持科学管理、民主理财、集体决策的原则，实行经费支出审核审批“一支笔”制度。不得违规使用创新工程经费和其他各项经费，严禁巧立名目违规发放津补贴等费用。

11．领导干部不得配备专车或变相固定用车，对公车运行费用实行定额管理，建立公务用车油耗台账制度，按季度统计并公布单车行驶里程和耗油量状况；严格按照国家有关规定配置办公用房，办公用品要简朴实用；出差住定点饭店或内部宾馆，不住超规格房间。

12．人事教育局负责本规定执行情况的工作督查和干部考核。凡违反本规定并造成不良后果的个人，下一年度进入创新工程时一票否决，并实行责任追究制度。

注：此办法于2013年9月18日印发。

第七编

统计资料

TONGJIZILIAO

一　中国社会科学院2013年在职各类人员情况

项目 人数 单位	合计	专业人员						管理人员	工勤人员
		小计	正高级	副高级	中级	初级	未定级		
总　　计	3 937	3 242	884	961	1 037	182	178	562	133
文学研究所	129	118	43	39	29	1	6	11	0
民族文学研究所	44	41	11	11	14	2	3	3	0
外国文学研究所	93	85	27	29	25	2	2	8	0
语言研究所	86	77	27	26	22	1	1	4	5
哲学研究所	142	127	50	44	22	4	7	11	4
世界宗教研究所	75	71	20	23	23	3	2	4	0
考古研究所	153	136	39	46	45	3	3	12	5
历史研究所	131	123	41	40	36	3	3	8	0
近代史研究所	127	110	33	37	36	4	0	11	6
世界历史研究所	85	76	21	22	25	2	6	9	0
中国边疆史地研究中心	34	32	10	9	9	1	3	2	0
经济研究所	138	116	43	40	22	7	4	14	8
工业经济研究所	93	85	25	23	27	5	5	7	1
农村发展研究所	76	70	23	23	21	3	0	6	0
财经战略研究院	84	80	21	20	29	5	5	4	0
金融研究所	46	45	14	13	18	0	0	1	0
数量经济与技术经济研究所	71	63	24	21	17	0	1	8	0

续表

项目 人数 单位	合计	专业人员						管理人员	工勤人员
		小计	正高级	副高级	中级	初级	未定级		
人口与劳动经济研究所	48	47	12	15	15	1	4	1	0
城市发展与环境研究所	39	37	12	8	11	0	6	2	0
法学研究所	101	92	29	31	25	2	5	9	0
国际法研究所	31	30	7	10	10	2	1	1	0
政治学研究所	43	42	10	12	16	3	1	1	0
民族学与人类学研究所	153	142	46	45	46	4	1	11	0
社会学研究所	78	73	15	28	25	2	3	5	0
社会发展战略研究院	11	8	4	3	1	0	0	3	0
新闻与传播研究所	43	39	9	11	16	2	1	3	1
世界经济与政治研究所	121	111	28	34	37	7	5	7	3
俄罗斯东欧中亚研究所	93	80	26	27	22	3	2	11	2
欧洲研究所	50	42	14	11	16	1	0	8	0
西亚非洲研究所	57	51	14	19	12	3	3	6	0
拉丁美洲研究所	55	48	13	15	13	5	2	7	0
亚太与全球战略研究院	59	56	11	16	24	1	4	3	0
美国研究所	57	52	14	15	19	0	4	5	0
日本研究所	51	46	13	14	15	3	1	5	0
马克思主义研究院	134	126	29	34	60	1	2	8	0
当代中国研究所	94	69	8	16	16	3	26	18	7
信息情报研究院	34	32	9	9	12	1	1	2	0
研究生院	145	92	18	17	36	14	7	38	15
中国社会科学院图书馆	109	96	7	33	41	12	3	13	0
中国社会科学出版社	88	66	12	13	14	11	16	10	12
社会科学文献出版社	38	33	6	7	12	5	3	4	1

续表

项目 人数 单位	合计	专业人员						管理人员	工勤人员
		小计	正高级	副高级	中级	初级	未定级		
中国社会科学杂志社	59	52	12	12	24	2	2	6	1
服务中心	124	13	0	1	4	6	2	58	53
郭沫若纪念馆	18	10	0	1	5	2	2	7	1
中国人文科学发展公司	20	3	0	0	3	0	0	14	3
中国地方志指导小组办公室	49	38	4	6	7	5	16	11	0
院领导	15	11	10	1	0	0	0	4	0
办公厅	53	18	3	3	6	6	0	35	0
科研局	37	29	7	7	8	6	1	8	0
人事教育局	34	11	1	3	4	3	0	23	0
国际合作局	33	23	4	6	10	3	0	8	2
财务基建计划局	37	13	0	2	6	5	0	21	3
离退休干部工作局	21	3	0	2	1	0	0	18	0
直属机关党委	28	11	2	1	7	0	1	17	0
纪检组、监察局	21	4	1	0	0	3	0	17	0
基建工作办公室	15	10	0	0	5	5	0	5	0
创新工程综合协调办公室	10	6	0	3	2	1	0	4	0
信息化管理办公室	24	22	2	4	11	3	2	2	0
1. 研究单位	3 008	2 716	799	845	838	95	139	250	42
2. 院直属单位	625	387	57	88	150	55	37	152	86
3. 院直机关	304	139	28	28	49	32	2	160	5
4. 女职工	1 616	1 398	234	414	543	115	92	194	24

二　中国社会科学院2013年在职人员年龄结构

项目 人数 单位	合计	年龄结构									
		25岁及以下	26～30岁	31～35岁	36～40岁	41～45岁	46～50岁	51～55岁	56～60岁	女	60岁以上
总　　计	3 937	36	258	550	577	617	662	535	571	132	131
文学研究所	129	0	4	21	14	19	21	20	27	9	3
民族文学研究所	44	0	3	10	8	3	7	8	5	1	0
外国文学研究所	93	0	8	8	18	14	14	11	15	4	5
语言研究所	86	0	1	9	12	17	13	17	12	2	5
哲学研究所	142	2	7	18	15	19	32	15	23	7	11
世界宗教研究所	75	0	0	8	10	17	14	15	11	3	0
考古研究所	153	0	9	13	30	25	32	23	18	3	3
历史研究所	131	3	5	12	30	24	21	15	16	3	5
近代史研究所	127	2	6	17	23	13	27	22	14	1	3
世界历史研究所	85	1	4	16	13	17	11	7	12	3	4
中国边疆史地研究中心	34	1	1	7	5	3	5	7	5	1	0
经济研究所	138	1	12	14	16	20	17	20	31	5	7
工业经济研究所	93	1	2	16	13	11	18	14	13	1	5
农村发展研究所	76	0	2	10	5	7	20	17	13	1	2
财经战略研究院	84	1	5	20	15	11	9	9	9	2	5
金融研究所	46	0	1	9	11	16	3	3	2	0	1

续表

项目 人数 单位	合计	年龄结构									
		25岁及以下	26~30岁	31~35岁	36~40岁	41~45岁	46~50岁	51~55岁	56~60岁	女	60岁以上
数量经济与技术经济研究所	71	0	4	2	8	16	11	12	13	3	5
人口与劳动经济研究所	48	0	2	12	9	5	8	4	7	1	1
城市发展与环境研究所	39	0	1	3	8	7	12	3	5	2	0
法学研究所	101	0	6	17	21	13	13	16	13	1	2
国际法研究所	31	0	2	6	9	5	3	2	4	2	0
政治学研究所	43	0	1	9	3	12	5	6	6	0	1
民族学与人类学研究所	153	0	4	13	21	33	42	14	22	6	4
社会学研究所	78	0	6	14	16	8	12	7	13	7	2
社会发展战略研究院	11	0	1	3	1	2	2	1	1	0	0
新闻与传播研究所	43	0	2	11	4	7	8	3	8	3	0
世界经济与政治研究所	121	0	14	15	24	18	16	15	14	8	5
俄罗斯东欧中亚研究所	93	2	7	8	11	26	12	8	17	6	2
欧洲研究所	50	0	1	5	15	9	7	6	4	1	3
西亚非洲研究院	57	0	1	6	11	7	13	9	10	3	0
拉丁美洲研究所	55	2	5	6	14	8	5	8	4	2	3
亚太与全球战略研究院	59	0	3	14	12	8	11	5	4	1	2
美国研究所	57	0	2	7	10	12	13	5	6	1	2
日本研究所	51	0	1	6	6	10	10	5	12	6	1
马克思主义研究院	134	0	5	23	31	32	15	8	14	5	6
当代中国研究所	94	1	3	12	13	23	24	10	8	1	0
信息情报研究院	34	0	1	5	9	5	5	5	3	2	1

续表

项目／人数／单位	合计	年龄结构									
		25岁及以下	26~30岁	31~35岁	36~40岁	41~45岁	46~50岁	51~55岁	56~60岁	女	60岁以上
研究生院	145	4	28	14	16	16	17	15	27	6	8
图书馆	109	2	15	14	6	9	24	18	20	8	1
中国社会科学出版社	88	1	6	15	6	14	15	16	9	1	6
社会科学文献出版社	38	0	3	9	3	2	7	5	8	2	1
中国社会科学杂志社	59	0	2	13	15	11	9	4	3	0	2
服务中心	124	4	6	6	6	14	16	39	33	1	0
郭沫若纪念馆	18	1	4	3	1	0	1	2	5	2	1
中国人文科学发展公司	20	0	0	0	0	2	4	9	5	0	0
中国地方志指导小组办公室	49	3	11	8	3	5	10	4	5	0	0
院领导	15	0	0	0	0	0	1	0	6	0	8
办公厅	53	1	5	8	7	3	7	16	6	0	0
科研局	37	1	4	8	3	5	5	6	5	1	0
人事教育局	34	0	9	9	3	4	5	3	1	1	0
国际合作局	33	0	2	4	1	8	8	4	6	0	0
财务基建计划局	37	1	6	3	1	7	6	9	3	1	1
离退休干部工作局	21	0	6	1	1	1	4	4	2	0	2
直属机关党委	28	1	4	8	2	4	6	0	2	0	1
纪检组、监察局	21	0	3	6	3	2	2	2	3	1	0
基建工作办公室	15	0	1	4	2	2	2	2	2	0	0
创新工程综合协调办公室	10	0	0	2	0	4	1	1	2	1	0
信息化管理办公室	24	0	1	10	4	2	1	1	4	0	1

续表

项目 人数 单位	合计	年龄结构									
		25岁及以下	26～30岁	31～35岁	36～40岁	41～45岁	46～50岁	51～55岁	56～60岁	女	60岁以上
1. 研究单位	3 008	20	153	413	497	507	521	379	419	107	99
2. 院直属单位	625	12	65	84	57	70	94	109	114	20	20
3. 院直机关	304	4	40	53	23	40	47	47	38	5	12
4. 女职工	1 616	22	151	281	261	277	273	193	132	132	26

三　中国社会科学院2013年在职各类专业人员学历结构

项目/人数/类别	专业人员总数	学历结构							
		研究生	博士	硕士	大学	大专	中专	高中	初中及以下
总　　计	3 242	2 389	1 473	872	619	192	9	21	12
其中：正高级	884	728	480	238	148	5	0	0	3
副高级	961	764	506	242	154	41	1	1	0
中级	1 037	740	398	325	184	98	3	8	4
初级	182	39	0	37	89	38	4	11	1
未定级	178	118	89	30	44	10	1	1	4
1. 研究人员	2 288	2 000	1 348	633	261	16	0	2	9
研究员	739	631	442	184	103	2	0	0	3
副研究员	731	658	465	182	70	3	0	0	0
助理研究员	677	601	364	233	61	10	0	2	3
研究实习员	35	20	0	20	15	0	0	0	0
研究未定职	106	90	77	14	12	1	0	0	3
2. 编辑人员	411	256	98	145	109	42	1	2	1
编审	108	75	30	41	32	1	0	0	0
副编审	118	73	27	41	32	13	0	0	0
编辑	123	79	29	47	23	20	0	0	1
助理编辑	23	5	0	4	9	6	1	2	0
编辑未定职	39	24	12	12	13	2	0	0	0

续表

项目 人数 类别	专业人员总数	学历结构							
		研究生	博士	硕士	大学	大专	中专	高中	初中及以下
3. 翻译人员	33	20	2	15	12	1	0	0	0
译审	7	4	0	3	3	0	0	0	0
副译审	11	8	2	6	3	0	0	0	0
翻译	12	7	0	5	4	1	0	0	0
助理翻译	3	1	0	1	2	0	0	0	0
翻译未定职	0	0	0	0	0	0	0	0	0
4. 教学人员	76	56	20	36	16	4	0	0	0
教授	23	16	8	8	6	1	0	0	0
副教授	17	15	8	7	2	0	0	0	0
讲师	26	22	4	18	4	0	0	0	0
助教	5	2	0	2	3	0	0	0	0
教学未定职	5	1	0	1	1	3	0	0	0
5. 工程技术人员	47	8	0	7	33	5	1	0	0
高级工程师	7	1	0	1	5	0	1	0	0
工程师	24	5	0	4	16	3	0	0	0
助理工程师、技术员	16	2	0	2	12	2	0	0	0
工程未定职	0	0	0	0	0	0	0	0	0
6. 图书·文博·资料人员	280	43	4	34	134	86	4	12	1
研究馆员	7	2	0	2	4	1	0	0	0
副研究馆员	69	7	3	4	39	22	0	1	0
馆员	141	24	1	18	59	51	2	5	0
助理馆员、管理员	48	7	0	7	25	9	1	5	1
图书未定职	15	3	0	3	7	3	1	1	0

续表

项目 人数 类别	专业人员总数	学历结构							
		研究生	博士	硕士	大学	大专	中专	高中	初中及以下
7. 会计人员	84	1	0	0	46	30	2	4	1
高级会计师	3	0	0	0	2	1	0	0	0
会计师	25	0	0	0	14	10	0	1	0
助理会计师、会计员	43	1	0	0	19	18	2	3	0
会计未定职	13	0	0	0	11	1	0	0	1
8. 经济人员	13	3	1	0	4	5	0	1	0
高级经济师	2	1	1	0	0	1	0	0	0
经济师	5	2	0	0	1	2	0	0	0
助理经济师、经济员	6	0	0	0	3	2	0	1	0
经济未定职	0	0	0	0	0	0	0	0	0
9. 统计人员	1	0	0	0	1	0	0	0	0
高级统计师	0	0	0	0	0	0	0	0	0
统计师	1	0	0	0	1	0	0	0	0
助理统计师、统计员	0	0	0	0	0	0	0	0	0
统计员未定	0	0	0	0	0	0	0	0	0
10. 卫生技术人员	9	2	0	2	3	3	1	0	0
主任医师	0	0	0	0	0	0	0	0	0
副主任医师	3	1	0	1	1	1	0	0	0
主治医师	3	0	0	0	1	1	1	0	0
医师、医士	3	1	0	1	1	1	0	0	0
卫生未定职	0	0	0	0	0	0	0	0	0

四 中国社会科学院2013年在职各类专业人员年龄结构

项目 人数 单位	合计	年龄结构									
		25岁及以下	26～30岁	31～35岁	36～40岁	41～45岁	46～50岁	51～55岁	56～60岁	女	60岁以上
总　　计	3 242	16	177	487	532	541	563	384	426	121	116
其中：正高级	884	0	0	0	22	94	247	161	261	71	99
副高级	961	0	2	70	216	262	206	90	106	45	9
中级	1 037	1	87	320	257	153	79	90	44	3	6
初级	182	5	58	36	12	10	14	37	9	1	1
未定级	178	10	30	61	25	22	17	6	6	1	1
1. 研究人员	2 288	3	100	341	453	432	391	206	275	72	87
研究员	739	0	0	0	19	87	202	134	213	55	84
副研究员	731	0	2	60	197	225	147	54	46	16	0
助理研究员	677	0	66	233	211	104	31	16	13	0	3
研究实习员	35	1	15	10	5	1	1	2	0	0	0
研究未定职	106	2	17	38	21	15	10	0	3	1	0
2. 编辑人员	411	4	24	61	36	53	82	56	78	21	17
编审	108	0	0	0	1	7	32	22	37	12	9
副编审	118	0	0	7	13	22	34	13	24	9	5

续表

项目 人数 单位	合计	年龄结构									
		25岁及以下	26~30岁	31~35岁	36~40岁	41~45岁	46~50岁	51~55岁	56~60岁	女	60岁以上
编辑	123	0	9	36	18	20	13	13	12	0	2
助理编辑	23	0	6	3	1	1	0	8	3	0	1
编辑未定职	39	4	9	15	3	3	3	0	2	0	0
3．翻译人员	33	0	1	5	2	6	9	5	5	2	0
译审	7	0	0	0	0	0	2	3	2	0	0
副译审	11	0	0	0	1	3	4	1	2	2	0
翻译	12	0	1	2	1	3	3	1	1	0	0
助理翻译	3	0	0	3	0	0	0	0	0	0	0
翻译未定职	0	0	0	0	0	0	0	0	0	0	0
4．教学人员	76	1	8	9	13	9	13	5	11	2	7
教授	23	0	0	0	2	0	7	2	6	2	6
副教授	17	0	0	0	5	3	5	2	2	0	0
讲师	26	1	4	8	6	5	1	0	1	0	0
助教	5	0	3	1	0	0	0	0	1	0	0
教学未定职	5	0	1	0	0	1	0	1	1	0	1
5．工程技术人员	47	1	6	15	3	6	3	7	5	0	1
高级工程师	7	0	0	0	0	3	0	1	2	0	1
工程师	24	0	1	8	3	2	2	6	2	0	0
助理工程师、技术员	16	1	5	7	0	1	1	0	1	0	0
工程未定职	0	0	0	0	0	0	0	0	0	0	0

续表

项目 人数 单位	合计	年龄结构									
		25岁及以下	26~30岁	31~35岁	36~40岁	41~45岁	46~50岁	51~55岁	56~60岁	女	60岁以上
6. 图书·文博·资料人员	280	5	28	41	15	21	50	73	44	20	3
研究馆员	7	0	0	0	0	0	4	0	3	2	0
副研究馆员	69	0	0	3	0	6	16	17	25	15	2
馆员	141	0	5	29	14	12	22	44	14	3	1
助理馆员、管理员	48	2	21	5	1	3	5	9	2	0	0
图书未定职	15	3	2	4	0	0	3	3	0	0	0
7. 会计人员	84	2	9	12	7	12	12	25	5	3	0
高级会计师	3	0	0	0	0	0	0	0	3	2	0
会计师	25	0	1	2	4	6	6	6	0	0	0
助理会计师、会计员	43	1	7	6	2	3	5	17	2	1	0
会计未定职	13	1	1	4	1	3	1	2	0	0	0
8. 经济人员	13	0	1	0	2	2	2	4	2	0	0
高级经济师	2	0	0	0	0	0	0	1	1	0	0
经济师	5	0	0	0	0	1	1	2	1	0	0
助理经济师、经济员	6	0	1	0	2	1	1	1	0	0	0
经济未定职	0	0	0	0	0	0	0	0	0	0	0
9. 统计人员	1	0	0	0	0	0	0	1	0	0	0
高级统计师	0	0	0	0	0	0	0	0	0	0	0
统计师	1	0	0	0	0	0	0	1	0	0	0

续表

项目 人数 单位	合计	年龄结构									
		25岁及以下	26～30岁	31～35岁	36～40岁	41～45岁	46～50岁	51～55岁	56～60岁	女	60岁以上
助理统计师、统计员	0	0	0	0	0	0	0	0	0	0	0
统计未定职	0	0	0	0	0	0	0	0	0	0	0
10. 卫生技术人员	9	0	0	3	1	0	1	2	1	1	1
主任医师	0	0	0	0	0	0	0	0	0	0	0
副主任医师	3	0	0	0	0	0	0	1	1	1	1
主治医师	3	0	0	2	0	0	0	1	0	0	0
医师、医士	3	0	0	1	1	0	1	0	0	0	0
卫生未定职	0	0	0	0	0	0	0	0	0	0	0
其中：女	1 387	9	112	253	241	233	240	152	121	121	26

五　中国社会科学院2013年科学事业经费预决算情况

单位：万元

项目 单位	预算	决算支出				决算为预算的%
		合计	基本合计	工资	项目支出	
文学研究所	3 552.47	4 059.27	2 388.36	627.41	1 670.91	114
民族文学研究所	1 348.50	1 395.04	710.78	223.65	684.26	103
外国文学研究所	2 438.87	2 564.78	1 473.51	357.26	1 091.27	105
语言研究所	2 564.10	4 956.67	3 632.90	393.03	1 323.77	193
哲学研究所	4 422.40	5 128.67	2 844.47	635.39	2 284.20	116
世界宗教研究所	1 998.88	2 404.05	1 247.80	367.79	1 156.25	120
考古研究所	7 128.62	7 050.17	2 919.04	811.88	4 131.13	99
历史研究所	3 430.85	3 857.90	2 228.09	619.22	1 629.82	112
近代史研究所	3 306.12	4 188.44	2 398.32	575.24	1 790.12	127
世界历史研究所	2 274.07	2 564.74	1 484.66	396.71	1 080.08	113
中国边疆史地研究中心	723.46	968.35	563.77	171.36	404.59	134
经济研究所	3 719.24	4 962.85	3 279.48	661.29	1 683.37	133
工业经济研究所	2 207.17	4 037.20	2 916.81	607.93	1 120.39	183
农村发展研究所	2 043.33	2 571.50	1 483.95	345.87	1 087.55	126
财经战略研究院	2 401.56	4 174.37	2 873.52	422.41	1 300.86	174
金融研究所	947.23	5 955.93	5 388.71	323.92	567.22	629
数量经济与技术经济研究所	1 646.31	3 065.54	2 247.59	378.49	817.95	186

续表

单位：万元

项目 单位	预算	决算支出				决算为预算的 %
		合计	基本合计	工资	项目支出	
人口与劳动经济研究所	1 070.58	2 079.14	1 492.84	232.54	586.30	194
城市发展与环境研究所	907.97	3 165.38	2 639.76	163.52	525.62	349
法学研究所	2 595.47	4 467.78	3 147.31	890.20	1 320.47	172
国际法研究所	536.15	687.63	337.52	229.79	350.11	128
政治学研究所	1 035.87	1 073.56	603.63	192.80	469.93	104
民族学与人类学研究所	4 287.07	4 839.30	2 971.95	611.68	1 867.35	113
社会学研究所	2 455.45	3 071.29	1 547.42	364.34	1 523.87	125
新闻与传播研究所	1 058.67	1 277.34	804.30	198.70	473.03	121
社会发展战略研究院	512.05	812.73	370.09	83.12	442.64	159
世界经济与政治研究所	3 394.49	3 982.66	2 306.91	552.69	1 675.75	117
俄罗斯东欧中亚研究所	2 472.24	2 876.03	1 818.37	561.26	1 057.66	116
欧洲研究所	1 125.22	1 273.93	663.79	197.35	610.13	113
西亚非洲研究所	1 466.80	1 501.32	819.23	226.22	682.09	102
拉丁美洲研究所	1 519.55	1 726.03	1 047.43	288.62	678.61	114
亚太与全球战略研究院	1 609.48	1 786.27	1 021.06	250.29	765.21	111
美国研究所	1 246.63	1 352.79	686.02	280.06	666.77	109
日本研究所	1 061.64	1 101.08	568.83	234.57	532.26	104
马克思主义研究院	2 971.42	3 479.68	1 749.86	584.34	1729.82	117
当代中国研究所	3 294.41	3 656.98	1 609.68	592.90	2 047.30	111
郭沫若纪念馆	424.71	526.74	358.66	79.38	168.08	124
研究生院	14 160.85	25 754.17	10 123.43	1 934.08	15 630.75	182
图书馆	9 118.86	8 862.93	3 047.17	675.95	5 815.76	97
中国社会科学出版社	2 040.63	2 088.60	994.43	0.00	1 094.17	102

续表

单位：万元

项目 单位	预算	决算支出				决算为预算的 %
		合计	基本合计	工资	项目支出	
中国社会科学杂志社	6 679.66	7 816.41	1 824.52	505.56	5 991.90	117
服务中心	2 368.86	6 809.02	6 129.26	1 702.76	679.77	287
信息情报研究院	503.85	392.96	154.19	42.34	238.77	78
中国社会科学院（本级）	41 688.87	62 003.89	13 901.68	2 181.49	48 102.21	149
中国地方志指导小组办公室	1 917.67	2 543.32	610.82	274.86	1 932.49	133
合　计	159 678.31	224 914.41	103 431.89	22 050.27	121 482.52	141

六 中国社会科学院2013年邀请来访人员统计

表1 中国社会科学院2013年邀请来访人员按交流学科划分统计

国际合作局 / 交流学科	合计		亚非处		美大处		欧洲处		欧亚处		国际处		联络处	
	批次	人次	批次	人次	批次	人次	批次	人次	批次	人次	批次	人次	批次	人次
法学	7	31	0	0	1	1	5	22	0	0	1	8	0	0
国际问题	40	123	12	45	8	17	8	15	10	20	2	26	0	0
经济学	53	194	13	50	6	8	17	39	3	4	14	93	0	0
马克思主义	1	4	0	0	0	0	0	0	1	4	0	0	0	0
民族学	0	0	0	0	0	0	0	0	0	0	0	0	0	0
社会学	13	37	2	6	3	14	7	13	1	4	0	0	0	0
史学	37	126	8	17	4	4	14	22	7	11	3	71	1	1
图书资料	0	0	0	0	0	0	0	0	0	0	0	0	0	0
文学	10	45	1	1	2	2	6	32	0	0	0	10	0	0
语言学	5	12	0	0	2	2	2	3	0	0	1	7	0	0
哲学	4	8	1	1	0	0	2	6	1	1	0	0	0	0
政治学	6	23	2	2	2	2	0	0	1	2	0	0	1	17
宗教学	2	2	0	0	0	0	1	1	1	1	0	0	0	0
新闻出版	3	4	0	0	1	1	1	1	0	0	0	0	1	2
综合	11	34	3	4	0	0	2	6	4	8	1	15	1	1
其他	17	45	2	18	11	21	3	4	0	0	1	2	0	0
总计	209	688	44	144	40	72	68	164	29	55	24	232	4	21

表 2　　中国社会科学院 2013 年邀请来访人员按交流方式划分统计

国际合作局 / 交流方式	合计		亚非处		美大处		欧洲处		欧亚处		国际处		联络处	
	批次	人次	批次	人次	批次	人次	批次	人次	批次	人次	批次	人次	批次	人次
学术访问	128	245	30	57	24	39	48	83	23	49	1	14	2	3
工作访问	16	31	0	0	10	20	6	11	0	0	0	0	0	0
国际会议	40	254	5	16	4	11	3	4	5	5	23	218	0	0
双边会议	12	100	5	33	0	0	5	49	1	1	0	0	1	17
合作研究	4	11	0	0	0	0	4	11	0	0	0	0	0	0
讲学	2	6	1	1	0	0	1	5	0	0	0	0	0	0
进修	6	40	3	37	1	1	1	1	0	0	0	0	1	1
其他	1	1	0	0	1	1	0	0	0	0	0	0	0	0
总计	209	688	44	144	40	72	68	164	29	55	24	232	4	21

七　中国社会科学院 2013 年派遣出访人员统计

表 1　　中国社会科学院 2013 年派遣出访人员按交流学科划分统计

交流学科＼国际合作局	合计		亚非处		美大处		欧洲处		欧亚处		国际处		联络处	
	批次	人次	批次	人次	批次	人次	批次	人次	批次	人次	批次	人次	批次	人次
法学	37	45	4	4	7	7	13	14	1	1	1	1	11	18
国际问题	241	345	89	143	50	67	49	58	31	44	4	9	18	24
经济学	273	444	82	130	70	94	75	113	11	31	13	14	22	62
马克思主义	24	45	2	6	8	16	7	14	4	6	1	1	2	2
民族学	17	25	4	7	2	2	5	7	0	0	0	0	6	9
社会学	48	79	15	17	8	15	16	33	0	0	5	8	4	6
史学	168	292	45	67	15	30	31	41	18	39	2	2	57	113
图书资料	5	9	2	3	0	0	2	2	1	4	0	0	0	0
文学	73	106	17	32	5	6	18	32	12	15	2	2	19	19
语言学	55	96	12	21	11	13	8	16	3	4	0	0	21	42
哲学	11	21	3	5	0	0	4	12	0	0	1	1	3	3
政治学	21	40	4	7	2	2	5	7	1	4	0	0	9	20
宗教学	35	61	11	13	2	6	9	18	0	0	0	0	13	24
新闻出版	38	82	6	6	9	12	8	25	2	6	1	7	12	26
综合	77	258	17	29	12	32	16	76	17	70	9	35	6	16
其他	8	21	0	0	0	0	3	8	0	0	0	0	5	13
总计	1 131	1 969	313	490	201	302	269	476	101	224	39	80	208	397

表 2　　中国社会科学院 2013 年派遣出访人员按交流方式划分统计

国际合作局 / 交流方式	合计		亚非处		美大处		欧洲处		欧亚处		国际处		联络处	
	批次	人次	批次	人次	批次	人次	批次	人次	批次	人次	批次	人次	批次	人次
学术访问	1	920	114	217	78	144	146	245	54	152	5	5	94	157
工作访问	42	76	10	10	11	13	8	23	5	13	0	0	8	17
国际会议	418	591	143	183	78	96	75	103	35	46	29	40	58	123
双边会议	113	224	35	62	16	31	22	40	2	3	2	7	36	81
合作研究	25	39	4	11	3	3	12	13	5	10	1	2	0	0
讲学	15	17	4	4	0	0	1	1	0	0	0	0	10	12
进修	27	0	3	3	15	15	5	51	0	0	2	26	2	7
总计	1 131	1 969	313	490	201	302	269	476	101	224	39	80	208	397

八 中国社会科学院图书馆系统2013年藏书情况

项目 单位	合计（万册）	新购图书（册）		新购期刊（种）	
		中文	外文	中文	外文
院图书馆	188.04	13 994	6 842	1 424	875
法学分馆	23.92	0	0	118	62
民族分馆	45.19	1 114	153	191	57
国际研究分馆	22.34	322	1 770	585	439
研究生院分馆	35.44	15 099	512	1 144	86
经济研究所	70.56	705	633	415	107
考古研究所	30.16	2 454	270	146	120
历史研究所	60.42	2 196	30	388	0
近代史研究所	60.96	2 343	666	294	61
世界历史研究所	11.03	161	242	104	96
中国社会科学杂志社	5.67	836	0	407	26
中国边疆史地研究中心	1.79	215	0	72	0
当代所	8.77	2 984	57	191	0
总计	564.29	42 423	11 175	5 479	1 929

九　中国社会科学院各出版社2013年图书出版情况

表1　　中国社会科学出版社2013年图书出版情况

项目 分类	版本图书种数（种）		总印数（万册）	总印张（千印张）	定价总金额（万元）
	合计	其中：新出			
图书总计	1937	1719	930.89	174 936.531	44 776.778
使用“中国标准书号”部分合计	1937	1719	930.89	174 936.531	44 776.778
马克思列宁主义、毛泽东思想	50	50	6.49	1 492.836	411.23
哲学	165	149	28.635	6 479.288	1 765.77
社会科学总论	60	55	8.885	2 104.931	510.845
政治、法律	652	541	721.26	128 549.986	30 692.6
军事	1	1	0.4	124	23.2
经济	280	266	40.76	7 139.013	2 031.32
文化、科学、教育、体育	117	117	15.44	2 914.113	772.67
语言、文字	84	80	9.38	1 894.45	559.208
文学	268	231	51.14	9 873.563	2 410.49
艺术	45	43	6.12	1 172.138	738.51
历史、地理	162	136	35.2	11 977.363	4 409.925
自然科学总论	5	5	0.65	104.25	29
数理科学和化学	1	1	0.08	10	3.04
天文学、地理科学	2	2	0.2	41.25	10.8
生物科学	2	1	0.65	63.5	24.4
医药、卫生	6	5	1.08	103.85	38.6
农业科学	0	0	0	0	0
工业技术	14	14	1.9	335	171.35
环境科学	15	14	1.52	261.375	75.72
综合性图书	8	8	1.1	295.625	98.1

表 2　　社会科学文献出版社 2013 年图书出版情况

项　目 分　类	版本图书种数（种）		总印数（万册）	总印张（千印张）	定价总金额（万元）
	合计	其中：新出			
图书总计	1407	1214	486.11	75 758.19	26 068.96
使用“中国标准书号”部分合计	1407	1214	486.11	75 758.19	26 068.96
马克思主义、列宁主义、毛泽东思想、邓小平理论	24	19	12.68	1 881.87	530.46
哲学、宗教	71	64	15.47	3 698.84	2 102.71
社会科学总论	84	72	19.85	3 877.32	1 204.31
政治、法律	394	359	100.35	19 709.46	6 447.81
军事	5	4	0.98	151.42	48.98
经济	376	340	85.19	18 858.04	6 235.41
文化、科学、教育、体育	113	104	24.95	5 370.40	1 889.58
语言、文字、文学	59	55	9.01	2 128.09	1 238.83
艺术	25	23	3.66	646.45	259.19
历史、地理	154	121	37.31	9 801.32	3 628.95
自然科学总论	2	2	0.45	78.88	28.55
数理科学和化学	1	1	0.50	125.00	22.50
天文学、地球科学	9	8	1.86	328.30	118.09
生物科学	2	2	0.40	63.60	20.80
医药、卫生	41	7	153.25	5 694.14	1 383.67
工业技术	25	15	15.10	2 384.11	593.23
交通运输	4	1	1.70	129.30	40.60
环境科学、安全科学	16	15	3.21	769.67	246.60
综合性图书	2	2	0.20	62.00	28.70

表 3　　　　经济管理出版社 2013 年图书出版情况

项目 分类	版本图书种数（种）		总印数（万册）	总印张（千印张）	定价总金额（万元）
	合计	其中：新出			
图书总计	575	528	209.40	35069	11 356.58
使用“中国标准书号”部分合计	575	528	209.40	35069	11 356.58
哲学	4	4	1.50	217	46.20
社会科学总论	27	21	8.50	1773	449.64
政治、法律	36	35	11.80	1994	799.00
军事	1	1	0.30	36	8.70
经济	415	382	147.10	25051	8 416.38
文化、科学、教育、体育	39	36	17.10	2674	651.32
语言、文字	11	9	3.90	647	170.70
文学	6	6	2.50	382	118.90
艺术	1	1	0.30	36	8.40
历史、地理	4	3	1.40	209	78.70
数理科学、化学	1	1	0.50	84	19.90
医药、卫生	4	4	1.80	277	61.40
农业科学	5	5	1.80	257	59.10
工业技术	12	12	6.00	888	296.70
环境科学	9	8	4.90	545	171.54

十 中国社会科学院2013年期刊一览表

序号	名称	主办单位	主编	地址	邮编
1	《世界历史》（双月刊）	世界历史研究所	张顺洪	北京东城区王府井大街东厂胡同1号	100006
2	《近代史研究》（双月刊）	近代史研究所	徐秀丽	北京东城区王府井大街东厂胡同1号	100006
3	《中国史研究动态》（月刊）	历史研究所	刘洪波	北京东城区建国门内大街5号	100732
4	《中国史研究》（季刊）	历史研究所	彭 卫	北京东城区建国门内大街5号	100732
5	《当代中国史研究》（双月刊）	当代中国研究所	张星星	北京西城区地安门西大街旌勇里8号	100009
6	《中国边疆史地研究》（季刊）	中国边疆史地研究中心	李大龙	北京东城区建国门内大街先晓胡同10号	100005
7	《中国地方志》（月刊）	中国地方志指导小组办公室	于伟平	北京朝阳区潘家园东里9号	100021
8	《史学理论研究》（季刊）	世界历史研究所	于 沛	北京东城区王府井大街东厂胡同1号	100006
9	《抗日战争研究》（季刊）	近代史研究所、中国抗日战争史学会	高士华	北京东城区王府井大街东厂胡同1号	100006
10	《考古学报》（季刊）	考古研究所	刘庆柱	北京东城区王府井大街27号	100710

续表

序号	名称	主办单位	主编	地址	邮编
11	《考古》(月刊)	考古研究所	王　巍	北京东城区王府井大街27号	100710
12	《世界哲学》(双月刊)	哲学研究所	周晓亮	北京东城区建国门内大街5号	100732
13	《中国哲学史》(季刊)	哲学研究所	李存山	北京东城区建国门内大街5号	100732
14	《哲学研究》(月刊)	哲学研究所	谢地坤	北京东城区建国门内大街5号	100732
15	《哲学动态》(月刊)	哲学研究所	余　涌	北京东城区建国门内大街5号	100732
16	《第欧根尼》(半年刊)	信息情报研究院	肖俊明	北京东城区建国门内大街5号	100732
17	《马克思主义研究》(月刊)	马克思主义研究院、马克思主义研究学部	程恩富	北京东城区建国门内大街5号	100732
18	《国外社会科学》(双月刊)	信息情报研究院	张树华	北京东城区建国门内大街5号	100732
19	《世界宗教研究》(双月刊)	世界宗教研究所	卓新平	北京东城区建国门内大街5号	100732
20	《世界宗教文化》(双月刊)	世界宗教研究所	金　泽	北京东城区建国门内大街5号	100732
21	《日本学刊》(双月刊)	日本研究所、中华日本学会	李　薇	北京东城区张自忠路3号东院	100007
22	《俄罗斯中亚东欧研究》(双月刊)	俄罗斯东欧中亚研究所	常　玢	北京东城区张自忠路3号东院	100007
23	《欧亚经济》(月刊)	俄罗斯东欧中亚研究所	常　玢	北京东城区张自忠路3号东院	100007

续表

序号	名称	主办单位	主编	地址	邮编
24	《拉丁美洲研究》（双月刊）	拉丁美洲研究所	郑秉文	北京东城区张自忠路3号东院	100007
25	《国际经济评论》（双月刊）	世界经济与政治研究所	张宇燕	北京东城区建国门内大街5号	100732
26	《欧洲研究》（双月刊）	欧洲研究所	周　弘	北京东城区建国门内大街5号	100732
27	《美国研究》（季刊）	美国研究所、中华美国学会	黄　平	北京西城区鼓楼西大街甲158号东楼303、306室	100720
28	《当代亚太》（双月刊）	亚太与全球战略研究院、中国亚洲太平洋学会	李向阳	北京东城区张自忠路3号东院	100007
29	《西亚非洲》（双月刊）	西亚非洲研究所	杨　光	北京东城区张自忠路3号东院	100007
30	《南亚研究》（季刊）	亚太与全球战略研究院、中国南亚学会	李向阳	北京东城区张自忠路3号东院	100007
31	《当代韩国》（季刊）	社会科学文献出版社、韩国研究中心	汝　信	北京西城区北三环中路甲29号院3号楼华龙大厦B座1606室	100005
32	《世界经济》（月刊）	中国世界经济学会、世界经济与政治研究所	张宇燕	北京东城区建国门内大街5号	100732
33	《世界经济与政治》（月刊）	世界经济与政治研究所	张宇燕	北京东城区建国门内大街5号	100732
34	《文学评论》（双月刊）	文学研究所	陆建德	北京东城区建国门内大街5号	100732
35	《世界文学》（双月刊）	外国文学研究所	余中先	北京东城区建国门内大街5号	100732

续表

序号	名称	主办单位	主编	地址	邮编
36	《文学遗产》（双月刊）	文学研究所	刘跃进	北京东城区建国门内大街 5 号	100732
37	《外国文学动态》（双月刊）	外国文学研究所、译林出版社	苏　玲	北京东城区建国门内大街 5 号	100732
38	《外国文学评论》（季刊）	外国文学研究所	陈众议	北京东城区建国门内大街 5 号	100732
39	《民族文学研究》（季刊）	民族文学研究所	汤晓青	北京东城区建国门内大街 5 号	100732
40	《方言》（季刊）	语言研究所	麦　耘	北京东城区建国门内大街 5 号	100732
41	《当代语言学》（季刊）	语言研究所	沈家煊 顾曰国	北京东城区建国门内大街 5 号	100732
42	《中国语文》（双月刊）	语言研究所	沈家煊	北京东城区建国门内大街 5 号	100732
43	《民族语文》（双月刊）	民族学与人类学研究所	黄　行	北京海淀区中关村南大街 27 号	100081
44	《中国劳动经济学》（季刊）	人口与劳动经济研究所	蔡　昉	北京朝阳区曙光西里 28 号中冶大厦	100028
45	《中国经济学人》（英文）（双月刊）	工业经济研究所	金　碚	北京西城区阜外月坛北小街 2 号	100836
46	《中国农村观察》（月刊）	农村发展研究所	李　周	北京东城区建国门内大街 5 号	100732
47	《中国农村经济》（月刊）	农村发展研究所	李　周	北京东城区建国门内大街 5 号	100732
48	《金融评论》（双月刊）	金融研究所	王国刚	北京朝阳区曙光西里 28 号中冶大厦	100028

续表

序号	名称	主办单位	主编	地址	邮编
49	《中国人口科学》（双月刊）	人口与劳动经济研究所	蔡　昉	北京朝阳区曙光西里28号中冶大厦	100028
50	《中国经济史研究》（季刊）	经济研究所	刘兰兮	北京西城区阜外月坛北小街2号	100836
51	《经济学动态》（月刊）	经济研究所	杨春学	北京西城区阜外月坛北小街2号	100836
52	《财贸经济》（月刊）	财经战略研究院	高培勇	北京西城区三里河东路5号中商大厦8层	100045
53	《经济研究》（月刊）	经济研究所	裴长洪	北京西城区阜外月坛北小街2号	100836
54	《数量经济技术经济研究》（月刊）	数量经济与技术经济研究所	李　平	北京东城区建国门内大街5号	100732
55	《中国工业经济》（月刊）	工业经济研究所	金　碚	北京西城区阜外月坛北小街2号	100836
56	《经济管理》（月刊）	工业经济研究所	金　碚	北京西城区阜外月坛北小街2号	100836
57	《世界经济与中国》（英文版）（双月刊）	世界经济与政治研究所	余永定	北京东城区建国门内大街5号	100732
58	《中国财政与经济研究》（英文版）	财经战略研究院、社会科学文献出版社	高培勇	北京西城区三里河东路5号中商大厦8层	100045
59	《社会学研究》	社会学研究所	李培林	北京东城区建国门内大街5号	100732
60	《环球法律评论》（双月刊）	法学研究所	刘作翔	北京东城区沙滩北街15号	100720
61	《法学研究》（双月刊）	法学研究所	梁慧星	北京东城区沙滩北街15号	100720

续表

序号	名称	主办单位	主编	地址	邮编
62	《政治学研究》（双月刊）	政治学研究所	房　宁	北京朝阳区曙光西里28号中冶大厦	100028
63	《青年研究》（双月刊）	社会学研究所	单光鼐	北京东城区建国门内大街5号	100732
64	《世界民族》（双月刊）	民族学与人类学研究所	王延中	北京海淀区中关村南大街27号	100081
65	《民族研究》（双月刊）	民族学与人类学研究所	郝时远	北京海淀区中关村南大街27号	100081
66	《新闻与传播研究》（月刊）	新闻与传播研究所	唐绪军	北京朝阳区光华路15号楼1号楼泰达时代中心10层	100026
67	《社会科学管理与评论》（季刊）	科研局	晋保平	北京东城区建国门内大街5号	100732
68	《中国社会科学院研究生院学报》（双月刊）	研究生院	文学国	北京房山区良乡高教园区中国社会科学院研究生院	100015
69	《财智生活》（月刊）	经济研究所	裴长洪	北京西城区阜外月坛北小街2号	100836
70	《中国城市年鉴》（英文版）（年刊）	经济研究所	程安东	北京东城区东四南大街演乐胡同116号	100010
71	《中国城市年鉴》（年刊）	经济研究所	程安东	北京东城区东四南大街演乐胡同116号	100010
72	《中国经营报》（周双）	工业经济研究所	李佩钰	北京海淀区西四环北路6号院1号楼	100089
73	《精品购物指南》（周双）	工业经济研究所	张书新	北京海淀区民族学院南路甲19号	100081

续表

序号	名称	主办单位	主编	地址	邮编
74	《商学院》(月刊)	工业经济研究所	王立鹏	北京海淀区西四环北路6号院1号楼	100089
75	《职场》(月刊)	工业经济研究所	王立鹏	北京海淀区西四环北路6号院1号楼	100089
76	《风尚志》(半月刊)	工业经济研究所	王月新	北京海滨区中关村大街甲28号B座7层	100086
77	《中国哲学年鉴》(年刊)	哲学研究所	谢地坤	北京东城区建国门内大街5号	100732
78	《科学与无神论》(双月刊)	马克思主义研究院	杜继文	北京东城区建国门内大街5号	100732
79	《中国地方志年鉴》(年刊)	中国地方志指导小组办公室	田　嘉	北京朝阳区潘家园东里9号	100021
80	《中国文学年鉴》(年刊)	文学研究所	杨　义	北京东城区建国门内大街5号	100732
81	《中国新闻年鉴》(年刊)	新闻与传播研究所	钱莲生	北京朝阳区光华路15号院1号楼泰达时代中心10层	100026
82	《世界经济年鉴》(年刊)	世界经济与政治研究所	陈国平	北京东城区建国门内大街5号	100732
83	《商业评论》(月刊)	美国研究所	胡国成	北京东城区张自忠路3号东院	100007
84	《台湾研究》(双月刊)	台湾研究所	余克礼	北京海淀区中关村东路21号	100091
85	《今日中国论坛》(双月刊)	政治学研究所	蔡　华	北京东城区沙滩北街2号	100727
86	《环球市场信息导报》(月刊)	图书馆	杨沛超	北京东城区建国门内大街5号	100732

续表

序号	名称	主办单位	主编	地址	邮编
87	《第欧根尼》（半年刊）	图书馆	肖俊明	北京东城区建国门内大街5号	100732
88	《程序员》（半月刊）	图书馆	黄长著	北京东城区建国门内大街5号	100732
89	《当代韩国》（季刊）	社会科学文献出版社	汝　信	北京西城区北三环中路甲29号院3号楼华龙大厦B座1606室	100005
90	《中国社会科学》（双月刊）	中国社会科学杂志社	高　翔	北京朝阳区光华路15号院1号楼泰达时代中心11—12层	100026
91	《历史研究》（双月刊）	中国社会科学杂志社	高　翔	北京朝阳区光华路15号院1号楼泰达时代中心11—12层	100026
92	《中国社会科学》（英文版）（季刊）	中国社会科学杂志社	高　翔	北京朝阳区光华路15号院1号楼泰达时代中心11—12层	100026
93	《中国社会科学文摘》（月刊）	中国社会科学杂志社	高　翔	北京朝阳区光华路15号院1号楼泰达时代中心11—12层	100026
94	《国际社会科学》（季刊）	中国社会科学杂志社	王利民	北京朝阳区光华路15号院1号楼泰达时代中心11—12层	100026
95	《中国社会科学报》（周双）	中国社会科学杂志社	高　翔	北京朝阳区光华路15号院1号楼泰达时代中心11—12层	100026

十一 中国社会科学院2013年主管学术社团一览表

序号	学会名称	负责人	挂靠单位	成立时间
1	中国当代文学研究会	白 烨	文学研究所	1978
2	中国近代文学学会	王 飚	文学研究所	1988
3	中国鲁迅研究会	赵京华	文学研究所	1979
4	中国现代文学研究会	张中良	文学研究所	1979
5	中国中外文艺理论学会	高建平	文学研究所	1994
6	中华文学史料学学会	陈才智	文学研究所	1990
7	中国《江格尔》研究会	斯钦巴图	民族文学研究所	1991
8	中国蒙古文学学会	斯 钦	民族文学研究所	1989
9	中国少数民族文学学会	朝戈金	民族文学研究所	1979
10	中国维吾尔历史文化研究会	图鲁甫巴拉	民族文学研究所	1996
11	中国外国文学学会	陈众议	外国文学研究所	1979
12	全国汉语方言学会	刘丹青	语言研究所	1981
13	中国语言学会	沈家煊	语言研究所	1980
14	中国考古学会	王 巍	考古研究所	1979
15	中国明史学会	商 传	历史研究所	1989
16	中国秦汉史研究会	周天游	历史研究所	1983
17	中国魏晋南北朝史学会	李 凭	历史研究所	1984
18	中国先秦史学会	宫长为	历史研究所	1982
19	中国殷商文化学会	王震中	历史研究所	1989

续表

序号	学会名称	负责人	挂靠单位	成立时间
20	中国中外关系史学会	耿　昇	历史研究所	1981
21	中国郭沫若研究会	蔡　震	历史研究所	1983
22	中国抗日战争史学会	李宗远	近代史研究所	1991
23	中国史学会	张海鹏	近代史研究所	1949
24	中国孙中山研究会	汪朝光	近代史研究所	1984
25	中国现代文化学会	金以林	近代史研究所	1989
26	中国中俄关系史研究会	栾景河	近代史研究所	1979
27	中国朝鲜史研究会	姜　南	世界历史研究所	1979
28	中国德国史研究会	景德祥	世界历史研究所	1980
29	中国第二次世界大战史研究会	张晓华	世界历史研究所	1980
30	中国法国史研究会	端木美	世界历史研究所	1979
31	中国非洲史研究会	毕健康	世界历史研究所	1980
32	中国国际文化书院	张顺洪	世界历史研究所	1989
33	中国拉丁美洲史研究会	王文仙	世界历史研究所	1979
34	中国美国史研究会	孟庆龙	世界历史研究所	1979
35	中国日本史学会	汤重南	世界历史研究所	1980
36	中国世界古代中世纪史研究会	徐建新	世界历史研究所	1991
37	中国世界近代现代史研究会	俞金尧	世界历史研究所	1991
38	中国苏联东欧史研究会	黄立茀	世界历史研究所	1985
39	中国英国史研究会	吴必康	世界历史研究所	1980
40	中国中日关系史学会	徐启新	世界历史研究所	1984
41	全国台湾研究会	周志怀	台湾研究所	1988
42	国际易学联合会	孙　晶	哲学研究所	2004
43	中国辩证唯物主义研究会	孙伟平	哲学研究所	1982
44	中国伦理学会	孙春晨	哲学研究所	1980

续表

序号	学会名称	负责人	挂靠单位	成立时间
45	中国逻辑学会	邹崇理	哲学研究所	1979
46	中国马克思主义哲学史学会	魏小萍	哲学研究所	1979
47	中国现代外国哲学学会	江　怡	哲学研究所	1979
48	中国哲学史学会	李存山	哲学研究所	1979
49	中华美学学会	徐碧辉	哲学研究所	1980
50	中华全国外国哲学史学会	谢地坤	哲学研究所	1980
51	中国宗教学会	卓新平	世界宗教研究所	1989
52	中国《资本论》研究会	裴小革	经济研究所	1981
53	中国比较经济学研究会	杨春学	经济研究所	1986
54	中国城市发展研究会	旷建伟	经济研究所	1984
55	中国经济史学会	刘兰兮	经济研究所	1986
56	中国经济思想史学会	钱　津	经济研究所	1980
57	中国工业经济学会	吕　政	工业经济研究所	1979
58	中国企业管理研究会	黄速建	工业经济研究所	1981
59	中国区域经济学会	金　碚	工业经济研究所	1990
60	中国城郊经济研究会	徐小青	农村发展研究所	1986
61	中国国外农业经济研究会	杜志雄	农村发展研究所	1978
62	中国林牧渔业经济学会	刘玉满	农村发展研究所	1979
63	中国生态经济学会	何迺维	农村发展研究所	1984
64	中国西部开发促进会	赵　霖	农村发展研究所	2006
65	中国县镇经济交流促进会	权兆能	农村发展研究所	1992
66	中国成本研究会	揣振宇	财经战略研究院	1980
67	中国市场学会	荆林波	财经战略研究院	1991
68	中国数量经济学会	李　平	数量经济与技术经济研究所	1979

续表

序号	学会名称	负责人	挂靠单位	成立时间
69	中国城市经济学会	潘家华	城市发展与环境研究所	1986
70	中国法律史学会	吴玉章	法学研究所	1979
71	中国红色文化研究会	刘润为	政治学研究所	1985
72	中国政策科学研究会	谢和军	政治学研究所	1994
73	中国政治学会	李慎明	政治学研究所	1980
74	中国民族古文字研究会	聂鸿音	民族学与人类学研究所	1980
75	中国民族理论学会	王希恩	民族学与人类学研究所	1980
76	中国民族史学会	史金波	民族学与人类学研究所	1983
77	中国民族学学会	何星亮	民族学与人类学研究所	1980
78	中国民族研究团体联合会	王延中	民族学与人类学研究所	1979
79	中国民族语言学会	周庆生	民族学与人类学研究所	1979
80	中国世界民族学会	郝时远	民族学与人类学研究所	1979
81	中国突厥语研究会	黄　行	民族学与人类学研究所	1980
82	中国西南民族研究学会	何耀华	民族学与人类学研究所	1989
83	中国社会心理学会	杨宜音	社会学研究所	1982
84	中国社会学会	李培林	社会学研究所	1979
85	新兴经济体研究会	万　军	世界经济与政治研究所	1978
86	中国世界经济学会	邵滨鸿	世界经济与政治研究所	1980
87	中国俄罗斯东欧中亚学会	李静杰	俄罗斯东欧中亚研究所	1981
88	中国欧洲学会	周　弘	欧洲研究所	1984
89	中国亚非学会	张宏明	西亚非洲研究所	1962
90	中国中东学会	杨　光	西亚非洲研究所	1982
91	中国拉丁美洲学会	王立峰	拉丁美洲研究所	1984
92	中国南亚学会	李　文	亚太与全球战略研究院	1978
93	中国亚洲太平洋学会	张蕴岭	亚太与全球战略研究院	1994

续表

序号	学会名称	负责人	挂靠单位	成立时间
94	中国世界政治研究会	黄　平	美国研究所	1982
95	中华美国学会	胡国成	美国研究所	1988
96	全国日本经济学会	黄晓勇	日本研究所	1978
97	中华日本学会	刘德有	日本研究所	1990
98	中国历史唯物主义学会	李崇富	马克思主义研究院	1981
99	中国社会主义经济规律系统研究会	毛立言	马克思主义研究院	1979
100	中国无神论学会	习五一	马克思主义研究院	1978
101	中华外国经济学说研究会	程恩富	马克思主义研究院	1979
102	中国社会科学情报学会	黄长著	中国社会科学院图书馆（文献信息中心）	1986
103	中华人民共和国国史学会	朱佳木	当代中国研究所	1992
104	中国地方志学会	邱新立	中国地方志指导小组办公室	1981
105	孙冶方经济科学基金会	李建阁	经济研究所	1983

第八编

大事记

DASHIJI

中国社会科学院2013年大事记

一　月

1月1日　全国政协副主席、院党组书记、院长陈奎元在北京出席全国政协2013年新年茶话会。

1月4日　全国政协副主席、院党组书记、院长陈奎元，常务副院长王伟光在北京出席全国宣传部长会议。

1月6日　《中国史话》丛书首批200种出版座谈会在北京召开。全国政协副主席、院党组书记、院长陈奎元，常务副院长王伟光，副院长李捷、武寅、李扬，秘书长黄浩涛，新闻出版总署副署长邬书林等有关部门领导出席会议。

△院党组副书记王伟光主持召开第265次院党组会议。会议传达学习了全国宣传部长会议精神。会议强调，要把全国宣传部长会议精神贯彻落实到中国社会科学院2013年度工作会议和全年各项工作中去，切实发挥好中国社会科学院作为宣传思想战线主阵地和主力军的作用。

△常务副院长王伟光主持召开2013年度第1次院务会议。审议通过了院晋升专业技术二级岗位人员名单等事宜。

△常务副院长王伟光主持召开2013年度第1次院长办公会议。

1月9日　常务副院长王伟光、秘书长黄浩涛在北京会见河北省廊坊市市长聂瑞平一行，双方就在燕郊进一步合作事宜进行了交流。

1月10日　常务副院长王伟光主持召开2013年度第2次院长办公会议。会议审议了《中共中国社会科学院党组关于贯彻落实〈十八届中央政治局关于改进工作作风、密切联系群众的八项规定〉的意见》送审稿、《“学部委员创新岗位”个案办理意见》《2013年创新单位准入条件审核意见》等事宜。

1月11日　全国政协副主席、院党组书记、院长陈奎元在北京出席全国政协党组会议。

△常务副院长王伟光、副院长高全立出席学部工作局组织召开的学部委员创新岗位签

约仪式。

1月17日　常务副院长王伟光主持召开2013年度第3次院长办公会议。会议审议了中国社会科学院贯彻十八大精神创新工程重大研究项目选题，学术期刊实施创新工程试点申报工作和2012年度创新单位综合评价结果等事宜。会议听取了马克思主义研究院2012年度《马克思主义理论学科建设与理论研究实施方案（2009～2014）》工作情况等。

1月18日　常务副院长王伟光主持召开2013年度第2次院务会议。会议审议了全院2012年创新单位综合评价和评优结果等事宜。

△中国社会科学院与江苏凤凰出版传媒集团联合举办《台湾史稿》出版发布会。副院长武寅、国务院台湾办公室副主任孙亚夫出席会议并致辞。

1月21日　院党组书记、院长陈奎元主持召开院第266次院党组会议，集体学习中共中央总书记习近平1月5日在新进中央委员会的委员、候补委员学习贯彻党的十八大精神研讨班上的重要讲话。

△常务副院长王伟光、副院长武寅会见河北省社会科学院院长周文夫一行。

1月22日　常务副院长王伟光在北京出席第十八届中央纪委第二次全体会议。

1月23日　常务副院长王伟光在北京出席国务院第8次全体会议。

△中国社会科学院召开学习中共中央总书记习近平在新进中央委员会的委员、候补委员学习贯彻党的十八大精神研讨班上的重要讲话理论研讨会。常务副院长王伟光、副院长李慎明、秘书长黄浩涛出席会议。

1月24日　院党组副书记王伟光主持召开院第267次院党组会议。会议传达学习了中共中央总书记习近平在十八届中纪委二次全会上的重要讲话。

△常务副院长王伟光主持召开2013年度第3次院务会议。会议审议了2012年度创新单位首席管理考核优秀人选等事宜。

△常务副院长王伟光主持召开2013年度第4次院长办公会议。会议审议了学术期刊实施创新工程试点签约工作程序及《中国社会科学院和河南省人民政府关于共同推进中原经济区建设的合作协议》《中国社会科学院期刊发行收入返还及使用试行方案》等事项。

1月25日　全国政协副主席、院党组书记、院长陈奎元看望杨绛先生。秘书长黄浩涛，办公厅、外国文学研究所主要负责人陪同看望。

1月28日　副院长武寅出席中国社会科学院和中日友好协会主办、日本研究所承办的中日邦交正常化40周年回顾与展望国际研讨会并致辞。

1月28日至2月1日　全国政协副主席、院党组书记、院长陈奎元出席全国政协十一届常委会第二十次会议。

1月29日　中国社会科学院举办创新工程2013年创新单位及学术期刊试点签约仪式。常务副院长王伟光，副院长李慎明、高全立、李捷、武寅、李扬，中央纪委驻院纪检组组长李秋芳，秘书长黄浩涛出席签约仪式。

1月31日　中国社会科学院召开党风廉政建设领导小组会议。常务副院长王伟光、副院长李慎明、中央纪委驻院纪检组组长李秋芳、秘书长黄浩涛出席会议。

二　月

2月4～5日　中共中央政治局委员、国务委员兼国务院秘书长马凯，中央政治局委员、国务委员刘延东，中共中央政治局委员、中宣部部长刘奇葆分别看望慰问中国社会科学院经济研究所恽希良、外国文学研究所杨绛和原副院长汝信。常务副院长王伟光陪同看望。

2月6日　陈佳贵同志遗体送别仪式在八宝山殡仪馆举行。陈佳贵同志因病医治无效，于2013年2月2日在北京逝世，享年69岁。

2月19日　中国社会科学院经济学部在北京召开2013年经济形势座谈会。常务副院长王伟光出席会议并讲话。副院长高全立、李捷、武寅、李扬，中央纪委驻院纪检组组长李秋芳，秘书长黄浩涛出席会议。

2月21日　常务副院长王伟光主持召开2013年度第5次院长办公会议。会议审议了《中国社会科学院2013年创新工程工作要点》《关于2013年国情调研立项工作的请示》《科研大楼办公用房搬迁调整原则》等事宜。

△党组副书记、常务副院长王伟光出席全国人大代表、政协委员座谈会并讲话。

2月22日　中国社会科学院民族学与人类学研究所和中国社会保障30人论坛主办，院劳动与社会保障研究中心、社会科学文献出版社和中国人民大学中国社会保障研究中心承办的中国社会保障30人论坛(2013)年会在北京举行。副院长李扬出席并致辞。

2月25日　中国社会科学院学部委员大会在北京召开。会议总结学部2012年工作、布置2013年工作，并举行《中国社会科学院学部委员专题文集》发行仪式。常务副院长、学部主席团主席王伟光出席会议并讲话。副院长高全立、武寅，秘书长黄浩涛出席会议。

△常务副院长王伟光会见日本驻华大使木寺昌人一行。

△中国社会科学院和塔吉克斯坦驻华大使馆主办、俄罗斯东欧中亚研究所承办的“中塔关系：历史、现状与前景”学术研讨会在北京召开。副院长李扬、外交部副部长程国平出席研讨会。

2月25～27日　副院长李慎明出席十一届全国人大常委会第三十一次会议。

2月27日　副院长李扬主持召开第二批《中国社会科学博士后文库》评审会议。全国人大常委会法制工作委员会副主任信春鹰出席会议。

2月27日至3月5日　中央纪委驻院纪检组组长李秋芳率团在香港、澳门访问。

2月28日　全国政协副主席、院党组书记、院长陈奎元出席中央宣传思想工作领导小组会议。

△中国社会科学院、国家文化安全与意识形态建设研究中心和老挝国家社会科学院、越南社会科学院哲学所在北京举办第一届世界社会主义国际论坛暨第七届国际思想家论坛。副院长李慎明、古巴共和国驻华大使白诗德出席开幕式并致辞。

△中国社会科学院社会科学文献出版社、国务院发展研究中心管理世界杂志社、福建师范大学、福建东南竞争力研究院等单位联合举办《世界创新竞争力发展报告（2001～2012）》黄皮书、2013年《中国省域竞争力》蓝皮书发布暨区域发展战略研讨会。副院长李慎明出席并致辞。

三　月

3月1日　全国政协副主席、院党组书记、院长陈奎元，院党组副书记、常务副院长王伟光在人民大会堂出席纪念毛泽东等老一辈革命家为雷锋同志题词50周年座谈会。

3月7日　常务副院长王伟光主持召开2013年度第6次院长办公会议。会议审议了《中国社会科学院2013年度创新工程重大选题》《2013年度中国社会科学院工作会议筹备工作方案》《2013年度中国社会科学院反腐倡廉建设工作会议筹备工作方案》等事项。

△秘书长黄浩涛会见沙特阿美高级副总裁阿卜杜拉·阿卡亚尔一行。

3月11日　常务副院长王伟光主持召开中国社会科学网专题工作会议。

3月13日　常务副院长王伟光在中央党校为“中组部、中宣部、中央党校、教育部、解放军总政治部哲学社会科学教学科研骨干研修班”作题为“关于坚持和发展中国特色社会主义”的报告。

3月14日　常务副院长王伟光主持召开2013年度第7次院长办公会议。会议审议了《中国社会科学院贯彻落实十八大精神重大研究项目工作方案》《中国社会科学院2012年度创新工程第四批学术出版资助项目》《关于海南省人民政府邀请我院作为海南建省办经济特区25周年座谈会主办单位的请示》《中国社会科学院创新岗位竞聘上岗实施细则》。会议听取了创新工程综合协调办公室关于创新工程基本框架及相关工作要点的汇报。

△常务副院长王伟光会见上海市社会科学院党委书记潘世伟一行。

3月14～16日　中央纪委驻院纪检组组长李秋芳率队在福建省开展反腐倡廉专题调研。

3月15日　副院长武寅会见福建省泉州市市长黄少萍一行。

3月18日　“21世纪初中国少数民族地区经济社会发展综合调查”项目启动会议在北京举行。常务副院长王伟光，副院长李捷、武寅、李扬，国家民族事务委员会副主任丹珠昂奔出席会议。

3月21日　院党组书记、院长陈奎元出席《中国治国理政全书》编委会主任会议。

△常务副院长王伟光主持召开2013年度第4次院务会议。会议审议了《中国社会科学院2013年预算方案》《2010～2012年度中国社会科学院先进集体和先进个人评选结果》《中国社会科学院第五届离退休人员优秀科研成果奖评审结果》等事宜。

△常务副院长王伟光主持召开2013年度第8次院长办公会议。会议审议了《中国社会科学院贯彻落实十八大精神重大研究项目工作方案》《中国社会科学院关于表彰院直机关单位2012年度“文明窗口”的决定》《关于在2013年院工作会议期间开展机关作风评议活动的请示》等事宜。

3月25日　常务副院长王伟光、副院长李慎明主持召开中宣部交办调研课题的课题组会议。

3月26日　中国社会科学院当代中国研究所举办向中央党校赠送《中华人民共和国史稿》仪式。副院长李捷出席并讲话。

△副院长李扬在北京会见德意志银行集团代表团一行。

3月27日　中国社会科学院青年人文社会科学研究中心召开换届工作会议，选举产生第三届理事会成员。

3月28日　常务副院长王伟光主持召开2013年度第9次院长办公会议。会议审议了《中国社会科学院贯彻落实十八大精神重大研究项目工作方案》《关于中国社会科学院宣传片和画册基础文字资料的请示》等事宜。

3月28～29日　中央纪委驻院纪检组组长、中国社会科学院中国廉政研究中心理事长李秋芳在四川省成都市出席四川省社会科学院举办的中国廉政研究中心四川调研基地揭牌仪式。

四　月

4月2日　副院长李扬出席中国社会科学院欧洲研究所和中国欧洲学会共同举办的“欧洲研究所大使论坛——新形势下的中欧关系”研讨会。

4月6日　副院长李捷出席首届中国社会科学院马克思主义哲学论坛开幕式并讲话。秘书长黄浩涛出席开幕式。

4月7～10日　中央纪委驻院纪检组组长李秋芳率队在吉林省开展反腐倡廉专题调研。

4月11日　院党组书记、院长陈奎元主持召开第268次院党组会议（院党组谈心会暨党员领导干部民主生活会）。中纪委、中组部、中宣部、中央国家机关工委的相关人员参加了会议。

△常务副院长王伟光主持召开2013年度第10次院长办公会议。会议听取了人事教育局“关于聘用人员答复意见情况”汇报。审议了《关于社科网“五定方案”（草案）审核意见》《关于建设苏联历史档案专题库和中俄关系历史档案专题库的报告》《研究生院2013年经费预算方案》《图书馆2013年经费预算方案》等事宜。

△副院长高全立会见黑龙江省社会科学院党委书记艾书琴一行。

4月12日　常务副院长王伟光在北京出席全国哲学社会科学规划领导小组会议。

△中国社会科学院在研究生院举办2013年春季义务植树活动。常务副院长王伟光、秘书长黄浩涛、副秘书长及院属单位的有关人员参加植树活动。

△副院长李慎明出席中国社会科学院拉丁美洲研究所与委内瑞拉驻华使馆举办的查韦斯著作《从第一行开始》新书首发式暨研讨会并致辞。

4月13日　副院长李慎明出席首届马克思主义史学理论论坛开幕式并讲话。原副院长、论坛主席朱佳木致开幕词。

4月14日　副院长李扬会见皮德森国际经济研究所所长波尔森一行。

4月15日　常务副院长王伟光主持召开落实中央交办任务会议。副院长高全立、武寅，中央纪委驻院纪检组组长李秋芳，秘书长黄浩涛出席会议。

4月16日　常务副院长王伟光会见贵州省副省长何力一行。

4月17日　副院长李扬会见印度社科理事会主席索拉特一行。

4月18日　常务副院长王伟光主持召开2013年度第11次院长办公会议。会议审议了《中国社会科学院与甘肃省战略合作框架协议书》《关于审批创新工程资助大中型学术会议的请示》《中国社会科学网“五定方案”》《2013年度中国社会科学院国际交流合作项目经费预算方案》《2013年度创新工程资助国际交流合作项目经费预算计划》《创新工程聘用编制外人员相关办法及有关问题的请示》。会议听取了办公厅等单位有关工作的汇报。

△副院长高全立主持召开“百千万人才工程”国家级人选推选会议。副院长武寅出席会议。

4月19日　常务副院长王伟光会见“全球国际”主席德本勋爵一行。

4月23日　院党组书记、院长陈奎元主持召开院领导干部大会。中组部副部长潘立刚宣读中央关于中国社会科学院主要领导职务调整的决定，陈奎元同志不再担任中国社会科学院院长、党组书记职务，王伟光同志任中国社会科学院院长、党组书记，赵胜轩同志任中国社会科学院副院长、党组副书记（正部长级）。中宣部常务副部长雒树刚同志出席并讲话。院领导班子成员、老领导，所局以上领导干部，中组部，中宣部有关部门负责人170余人参加会议。

4月24日　党组书记王伟光主持召开第269次院党组会议。会议传达学习了有关文件和中央领导同志有关批示精神。会议研究决定了院党组成员分工；讨论了有关人事工作和《中国社会科学院领导班子四项自律要求》；审议了《中国社会科学院领导班子议事规则和会议制度》等事宜。

△院长王伟光主持召开2013年度第5次院务会议。会议审议了《关于改选经济学部主任的报告》《关于“宣传思想文化系统调研”课题立项资助的请示》《关于中国社会科学院开展2013年度专业技术职务评审工作的实施意见》《中国社会科学院专业技术职务资格评价和岗位聘用工作暂行办法》《关于2013年度创新岗位审核工作相关问题的请示》。会议听取了人事教育局《关于我院推选“百千万人才工程”国家级人选工作情况的汇报》。会议研究了召开2013年度院工作会议暨反腐倡廉建设工作会议等近期主要工作。

4月25日　中国社会科学院和国务院发展研究中心、海南省委省政府在海南省海口市共同主办纪念海南建省办经济特区25周年座谈会。院长王伟光出席会议。

△副院长武寅出席2013年中国房地产高峰论坛暨《房地产蓝皮书：中国房地产发展报告No.10》发布会并致辞。

4月27～28日　中国社会科学院召开2013年度工作会议暨反腐倡廉建设工作会议。会议的主题是：高举中国特色社会主义伟大旗帜，以马克思主义、毛泽东思想和中国特色社会主义理论体系为指导，深入贯彻落实党的十八大精神，深刻领会掌握十八大以来习近平同志一系列重要讲话精神，统一思想，提高认识，全面推进哲学社会科学创新工程，努力构建哲学社会科学创新体系，为繁荣发展哲学社会科学，坚持和发展中国特色社会主义做出贡献。院长王伟光，副院长赵胜轩、李慎明、高全立、李捷、武寅、李扬，中央纪委驻院纪检组组长李秋芳，秘书长黄浩涛出席会议。

五　月

5月2～11日　院长王伟光率中国社会科学院代表团在秘鲁、墨西哥、美国访问。

5月4日　副院长赵胜轩、李扬出席全国社会调查网成立大会。

5月7日　党组副书记赵胜轩主持召开第270次院党组会议。会议审议了《关于院党组中心组2013年上半年理论学习的安排意见》等事宜。

△副院长李扬会见美国联邦储备局理事鲍威尔一行。

5月13日　国务院召开全国电视电话会议，动员部署国务院机构职能转变工作。院长王伟光、副院长赵胜轩在主会场出席会议。

△《居安思危·世界社会主义小丛书（第二辑）》《2012～2013世界社会主义黄皮书》发布暨“帝国主义新特点和社会主义新实践”学术研讨会在北京召开。院长王伟光出席会议并讲话。副院长、世界社会主义研究中心主任李慎明主持开幕式。原中央顾问委员会秘书长李力安、中组部原部长张全景、中联部副部长于洪君、国防大学副政委李殿仁、军事科学院参谋长黄星、中央政策研究室原副主任卫建林、中央党史研究室原副主任沙健孙、中央编译局副局长王学东出席会议。

△副院长李扬会见塔吉克斯坦科学院副院长奥里莫夫一行，并签署两院合作备忘录。

5月14日　国家社科规划办2013年度社科基金项目评审会议在北京召开。院长王伟光，副院长李慎明、李捷、武寅、李扬出席会议。

5月15日　院长王伟光主持召开专题会议，研究职能部门实施创新工程方案。副院长赵胜轩、高全立，秘书长黄浩涛出席会议。

5月16日　希腊共和国总理安东尼斯·萨马拉斯在中国社会科学院作题为“中国—希腊战略关系：新开始与新前景”的演讲。院长王伟光对萨马拉斯总理的来访表示欢迎。

△院长王伟光主持召开2013年度第6次院务会议。会议审议了《中国社会科学院皮书类成果发布规定》、2013年度创新工程第一批（1～3月）学术出版资助项目、第二批《中国社会科学博士后文库》出版资助项目、《中国社会科学院年鉴管理办法》等事宜。

5月19日　陆学艺同志遗体送别仪式在八宝山殡仪馆举行。陆学艺同志因病于5月13日逝世，享年80岁。

5月20～29日　副院长李捷率中国社会科学院代表团在芬兰、瑞典、土耳其访问。

5月21日　中国社会科学院召开2013年度离退休老干部工作会议。院长王伟光、副院长高全立出席并讲话，秘书长黄浩涛主持会议。

△副院长赵胜轩在人民大会堂出席吴官正同志新书《闲来笔潭》读书座谈会。

5月23日　院长王伟光主持召开专题会议，讨论《中国社会科学院职能部门和部分直属单位创新工程实施方案》等事宜。

△副院长赵胜轩会见北京市社会科学院院长谭维克一行。

5月24日　中国社会科学院举办学习航天精神共筑中国梦想报告会，邀请航天英雄杨利伟、刘洋作报告。

5月27日　中共中央政治局委员、中宣部部长刘奇葆到中国社会科学院调研，强调要深入学习和全面贯彻落实党的十八大精神，瞄准世界学术发展前沿，立足当代中国学术实际，大力推进哲学社会科学创新体系建设，促进学科体系、学术观点、科研方法创新，努力建设中国特色、中国风格、中国气派的哲学社会科学。调研期间，刘奇葆考察了金融研究所、人口与劳动经济研究所、马克思主义研究院、历史研究所等单位，听取了院长王伟光的工作汇报，充分肯定了中国社会科学院的工作。中宣部常务副部长雒树刚和副院长赵胜轩、李慎明、武寅、李扬，秘书长黄浩涛陪同调研。

5月30日　院党组书记王伟光主持召开第271次院党组会议。会议作为院党组中心组理论学习会，深入学习了中共中央总书记习近平等中央领导同志的重要讲话精神。

△院党组书记王伟光主持召开院第272次院党组会议暨2013年度第7次院务会议。会议研究讨论了党的十八大重大交办课题工作，听取了关于2012年院职能部门作风评议结果的汇报。会议审议了《中国社会科学院职能部门和部分直属单位创新工程实施方案》《关于对创新工程综合协调办公室和人才交流培训中心进行合署办公有关意见的请示》《关于进一步做好毕业生聘用和管理工作的若干意见》等事宜。

5月31日　中国社会科学院召开全院干部大会，部署推荐考察院领导班子工作。院长王伟光主持会议并作动员讲话。中共中央组织部、中共中央宣传部考察组成员参加会议。

六　月

6月2～6日　院长王伟光率中国社会科学院代表团在墨西哥访问。

6月3日　副院长李扬会见德国科学基金会主席施佩德一行。

6月5～14日　秘书长黄浩涛率中国社会科学院代表团在波兰、匈牙利、意大利访问。

6月6日　中国社会科学院和云南省人民政府在云南省昆明市共同举办　“中国—南亚国家智库论坛”。副院长李扬出席并致辞。

6月8日　院长王伟光主持召开专题会议，讨论职能部门和部分直属单位进入创新工程方案。

△副院长李扬主持召开《年鉴》工作会议，并就《年鉴》装帧设计、《年鉴发展工程管理办法》及《年鉴发展工程实施方案》等工作进行了研究布置。

6月13日　院党组书记王伟光主持召开第273次院党组会议。会议通报了中组部、中宣部考察组对院拟任副院长、拟任秘书长人选的考察情况。

△中国社会科学院召开院职能部门与部分直属单位创新工程动员大会。院长王伟光，副院长李慎明、武寅、李扬出席会议。副院长赵胜轩主持大会并作会议总结。副院长高全立作动员讲话。

△院长王伟光会见世界经济论坛执行主席施瓦布教授一行。

△副院长李捷会见芬兰议长埃罗·海内卢奥马一行。

△副院长李捷出席中国社会科学院法学研究所举办的《法治发展与法治模式：中国与芬兰的比较》新书发布仪式暨“议会在法治建设中的作用”研讨会并致辞。

6月13～14日　副院长赵胜轩在黑龙江省哈尔滨市出席黑龙江省社会科学院俄罗斯研究50年高层论坛并致辞，出席第六届东北亚论坛开幕式并致辞，出席中国社会科学院研究生教学实践基地揭牌仪式。

6月14日　院长王伟光在北京出席文化体制改革座谈会。

△副院长李捷出席中国社会科学院文学研究所成立60周年纪念大会并致贺词。

6月16日　副院长李扬会见欧洲政策研究中心首席执行官拉努一行。

6月17日　中国社会科学论坛“智库：面对变化中的世界”国际研讨会在北京举行。院长王伟光，联合国教科文组织助理总干事皮拉尔·阿尔瓦雷斯·拉索，国际社会科学理事会主席、南非人文科学理事会主席奥利弗·希萨娜，美国宾夕法尼亚大学智库项目组主任詹姆斯·麦甘出席开幕式并致辞。

△副院长赵胜轩在人民大会堂出席中国共产主义青年团第十七次全国代表大会。

6月18日　院长王伟光会见联合国教科文组织助理总干事皮拉尔·阿尔瓦雷斯·拉索一行。双方就加强中国社会科学院与联合国教科文组织在人文社会科学特别是社会变革管理领域的合作和交流事宜达成了广泛共识。

6月19日　院长王伟光、副院长李扬会见联合国秘书长潘基文及随行人员。

6月20日　院党组书记王伟光主持召开第274次院党组会议。会议审议了《关于对中国社会科学网划归中国社会科学杂志社涉及人事方面若干问题的意见》《中国社会科学院关于深入开展党的群众路线教育实践活动实施方案（讨论稿）》等相关工作。

△院长王伟光主持召开2013年度第8次院务会议。会议审议了《中国社会科学院皮书类成果发布管理办法（试行）》《关于设立“陈佳贵经济管理青年基金”的请示》《关于建立“中国社会科学院文化研究中心闽南文化研究基地”的请示》等事宜。会议听取了人事教育局关于第四届人才引进专家评审情况的汇报。

6月20～21日　由北京市社会科学院举办的全国地方社会科学院院长座谈会在北京召开。院长王伟光，副院长赵胜轩、武寅出席会议并讲话。

6月21日　中国社会科学院、中国建设银行股份有限公司、中国黄金集团公司和华安基金管理有限公司在上海共同举办“黄金白银500年——2013中国社会科学院上海论坛”。副院长李扬出席并作主题演讲。

6月24日　院长王伟光会见新疆维吾尔自治区社会科学院院长高建龙一行。

△中国社会科学院举行欢送秘书长黄浩涛到中央党校任职座谈会。院长王伟光主持会议。副院长赵胜轩、高全立、李捷、武寅、李扬出席会议。副秘书长和有关单位负责人参加会议。

6月25日　副院长李扬会见瑞典高等研究院院长维特纳克与瑞典银行基金会会长布罗姆韦斯特一行。

6月26日　副院长赵胜轩会见蒙古国科学院院长一行。

6月27日　院长王伟光在北京出席中国生态文化协会举办的第六届中国生态文化高峰论坛并发表主题演讲。

6月28日　院长王伟光主持召开欢迎张江调任中国社会科学院副院长座谈会。副院长赵胜轩、李慎明、高全立、武寅、李扬出席会议。

△院长王伟光在北京会见辽宁省委常委、秘书长陈超英一行。

七　月

7月2日　院党组书记王伟光主持召开第275次院党组会议。王伟光宣读了中共中央关于批准张江、李培林同志任中国社会科学院副院长，免去李慎明、高全立、武寅同志中国社会科学院副院长职务的通知；中共中央关于批准免去李慎明同志中国社会科学院党组副书记职务的通知；中共中央组织部关于张江、李培林、高翔同志任中国社会科学院党组成员，免去高全立、武寅、黄浩涛同志中国社会科学院党组成员职务的通知。对此次中共中央、中央组织部的任免决定，党组成员表示坚决拥护和服从。会议研究决定了党组班子成员的工作分工和新一届党组班子工作要求。会议传达学习了近期中央有关重要会议精神，对院相关单位贯彻落实工作作出部署。

△院长王伟光，副院长赵胜轩、李捷、张江、李培林，秘书长高翔在北京出席中国社会科学院国际片环境整治项目竣工剪彩仪式，并在俄罗斯东欧中亚研究所会议室主持召开座谈会。会议听取了国际研究学部各研究所关于贯彻落实院工作会议精神、创新工程进展等情况的汇报。副秘书长、有关单位负责人参加相关活动。

7月2～11日　副院长李扬率中国社会科学院代表团在瑞士、法国、英国访问。

7月3日　院长王伟光会见巴西新任驻华大使莱昂一行。

7月4日　院党组书记王伟光主持召开第276次院党组会议。会议传达学习了中共中央总书记习近平在近期召开的中央政治局专门会议上的重要讲话。

△院长王伟光主持召开2013年度第9次院务会议。会议听取了中国边疆史地研究中心关于发展战略构想的汇报和创新工程综合协调办公室关于职能部门和部分直属单位进入创新试点准入条件审核情况的汇报。

△院长王伟光主持召开2013年度第12次院长办公会议。会议审议了《关于成立中国社会科学院社会景气研究中心的请示》《关于与国际知名智库交流平台项目2013年度学者出访预算的请示》《关于开展新疆反恐维稳应急研究的建议》。会议听取了办公厅、国际合作局相关工作落实情况，图书馆关于古籍整理、图书分馆建设和科研局等单位关于期刊“五统一”改革情况的汇报。

7月10日　中国社会科学院召开党的群众路线教育实践活动动员大会。院党组书记、院党的群众路线教育实践活动领导小组组长王伟光出席会议并作动员讲话。中央第20督导组组长、全国人大常委内务司法委员会主任委员马馼出席会议并代表中央督导组讲话。院党组副书记、院党的群众路线教育实践活动领导小组副组长赵胜轩主持会议。院党组成员李捷、张江、李扬、李培林、高翔，中央第20督导组副组长、中国侨联原副主席林明江出席会议。

△院长王伟光会见德国莱布尼茨科学联合会主席一行。

7月11日　院长王伟光、副院长李培林在教育部出席国务院学位委员会召开的全国研究生教育工作会议暨国务院学位办第13次会议。

7月12日　中国社会科学院研究生院举行2013届研究生毕业典礼。院长王伟光出席并讲话。副院长张江、李扬出席典礼。

7月14～28日　副院长李捷应西藏自治区党委邀请率中国社会科学院调研组在西藏调研。

7月16日　院长王伟光出席国家哲学社会科学学术期刊数据库上线仪式并讲话。中宣部常务副部长雒树刚、副部长王晓晖出席仪式。

7月17日　院长王伟光，副院长赵胜轩、张江，秘书长高翔在研究生院望京原校区和密云绿化基地、东坝、中国学者之家等地考察。

△副院长李培林会见参加中国社会学会2013年学术年会的美国和俄罗斯外宾。

7月18日　院长王伟光主持召开2013年度第10次院务会议。会议审议了《2013年暑期专题工作会议筹备方案》《院专项工作领导小组组成人员调整方案》《中国社会科学院科研成果后期资助实施办法（试行）》《关于院职称工作领导小组有关意见的请示》《关于信息情报研究院曲永义岗位聘用事宜的有关意见》《关于向中央编办报送我院事业单位分类意见的请示》《中国社会科学院学术期刊“五统一”监督管理办法》《关于职能部门和部分直属单位创新方案审核意见》。会议研究了有关人事工作。

△院长王伟光会见世界合作基金会主席、意大利前总理和前欧盟委员会主席罗马诺·普罗迪一行。

7月19日　中国社会科学院举办职能部门和部分直属单位2013年下半年度创新工程试点签约仪式。院长王伟光，副院长赵胜轩、张江、李扬，秘书长高翔出席。

7月21日　院党组书记王伟光主持召开第277次院党组会议。此次会议也是党组中心组理论学习会。会议再次集中学习讨论了中央关于在全党深入开展党的群众路线教育实践活动的意见、中共中央总书记习近平在中央政治局专门会议上的讲话以及其他相关文件。会议研究了全院开展群众路线教育实践活动的具体任务和措施。

7月23日　院党组书记王伟光主持召开院党组成员征求意见座谈会。

7月24日　院长王伟光主持召开2013年度第11次院务会议。会议审议了《院长征基金调整方案》等相关事宜。

7月26日　中国社会科学院召开党的群众路线教育实践活动专题报告会。党组书记王伟光，党组成员张江、李培林出席，党组副书记赵胜轩作专题报告。党组成员高翔主持会议并部署有关工作。

7月28～29日　院长王伟光、副院长赵胜轩在北京出席中央宣传思想工作领导小组务虚会议。

7月30日　院党组副书记赵胜轩主持召开党的群众路线理论与实践研讨会。

△副院长李扬出席《城市蓝皮书2013》发布会。

7月31日　副院长李扬会见希腊驻华大使瓦西里奥斯·科斯蒂斯，出席希腊总理安东尼斯·萨马拉斯赠送中国社会科学院柏拉图雕像的接收仪式。

八　月

8月1日　院党组书记王伟光主持召开第278次院党组会议。会议传达学习了中央领导同志关于加强意识形态工作的重要批示，并就全院贯彻落实批示精神有关工作作出部署。会议审议了2012年度考核测评和“一报告两评议”情况的报告等事宜。

△院长王伟光主持召开2013年度第12次院务会议。会议审议了《院创新工程重大研究项目立项资助的请示》和《国际法研究》《城市与环境研究》《社会发展研究》申请刊号等事宜。

△院长王伟光主持召开2013年度第13次院长办公会议。会议听取了院部立体车库有关情况的汇报等事宜。

△院长王伟光出席《理解中国》丛书编委会成立暨第一次工作会议并讲话。

8月2～6日　院长王伟光在新疆维吾尔自治区调研考古研究所考古发掘工作基地。

8月9日　副院长李扬会见联合国大会主席耶雷米奇一行。

8月10～13日　中国社会科学院召开党的群众路线教育实践活动专题会议。院党组书记王伟光，院党组副书记赵胜轩，院党组成员李捷、张江、李扬、李培林、高翔出席会议。

8月11日　院党组书记王伟光主持召开第279次院党组会议（党组中心组理论学习会议）。院党组成员在深入学习中央关于开展党的群众路线教育实践活动相关重要文件和中共中央总书记习近平一系列重要讲话精神基础上，结合全院实际和分管工作，以贯彻党的群众路线为主题再次进行了专题研讨和交流。中央党的群众路线教育实践活动第20督导组组长马駇参加会议，并就中国社会科学院教育实践活动提出指导性意见和建议。

8月15日　院长王伟光主持召开院专题会议，研究建立创新单位综合评价指标体系等工作。

8月16日　副院长李扬出席中国社会科学院人口与劳动经济研究所举办的“中国社会科学论坛——农民工市民化与更高质量的城镇化”并致辞。

△副院长张江会见河北省三河市委书记张金波一行。

8月16～18日　院长王伟光、秘书长高翔在吉林省延吉市出席第七届中国社会科学前沿论坛。

8月17～18日　副院长李捷在中央党校出席坚持和发展中国特色社会主义暨纪念中国科学社会主义学会成立30周年年会。

8月19～20日　院长王伟光、副院长赵胜轩在北京出席全国宣传思想工作会议。副院长李捷、张江、李扬、李培林，秘书长高翔列席会议。

8月20日　副院长李扬会见福特基金会会长由比纳斯一行。

8月21日　院长王伟光会见越南社会科学院院长阮春胜一行。

8月22日　院党组书记王伟光主持召开院第280次院党组会议。会议研究了党的群众路线教育实践活动有关工作，审议了《中国社会科学院信息化体制机制改革方案》等相关事宜。

△院长王伟光主持召开2013年度第13次院务会议。会议审议了《中国社会科学院交办委托课题管理办法》《中国社会科学年鉴管理规定（试行）》《关于创新工程学术期刊试点工作有关问题的请示》《关于西藏社科院提出加大援藏力度的答复意见》《中国社会科学院新闻宣传工作管理办法》《关于提高挂职干部生活补贴的请示》《中国社会科学院公派留学管理办法（试行）》《关于参与主办“中国科研信息化发展研讨会”的请示》《关于新版〈郭沫若全集〉编委会组成及有关事项的请示》。会议研究了“中华战略智库联合会”申请挂靠和与南开大学开展合作等相关事宜。

8月23日　中国社会科学院与上海市人民政府在上海共同举办“世界考古·上海论坛”。院长王伟光、副院长李扬出席并为获得2013年全球十大考古发现的团队颁奖。

8月23～25日　副院长李扬在甘肃省兰州市出席2013年全国皮书工作会议并致辞，并作题为“经济发展新阶段”的专题报告。副院长李培林出席会议。

8月26日　院党组书记王伟光主持召开第281次院党组会议。会议审议了《图书馆和调查与数据信息中心合并的编制机构方案》；研究讨论了党的群众路线教育实践活动院党组班子对照检查材料起草事宜和其他有关问题。

△中国社会科学院党组召开扩大会议，传达学习全国宣传思想工作会议精神，对院党的群众路线教育实践活动工作进行再次动员部署。院党组书记王伟光作学习动员讲话。院

党组副书记赵胜轩主持会议并作会议总结，对开展党的群众路线教育实践活动第二环节工作进行动员部署。院党组成员李捷、张江、李扬、李培林、高翔出席会议。

8月27日　院长王伟光会见甘肃省社会科学院院长王福生一行。

△院长王伟光在北京出席联合国开发计划署驻华代表处举办的《中国人类发展报告2013》发布会并致辞。国家发展和改革委员会副主任解振华，联合国副秘书长、联合国开发计划署长海伦·克拉克在发布会上作主题发言。《中国人类发展报告2013》是中国社会科学院城市发展与环境研究所和联合国开发计划署的合作项目。

8月28日　中国社会科学院与南开大学在北京签署《中国社会科学院经济学部与南开大学合作建设中国特色社会主义经济协同创新中心协议》。副院长李培林出席仪式。

8月29日　院长王伟光会见古巴科技环境部部长埃尔瓦·佩雷斯一行。

8月30日　院长王伟光出席部分中央和国家机关党组（党委）党的群众路线教育实践活动领导小组组长座谈会。

8月31日　中国社会科学院社会学研究所在北京举办社会学与中国社会建设暨陆学艺学术思想研讨会开幕式。副院长李捷、李培林出席会议并致辞。

△中国社会科学院、全国博士后管理委员会、中国博士后科学基金会在北京共同举办“第二届中国财经科学博士后论坛——深化改革、创新发展”。副院长李扬出席并致辞。

九　月

9月2日　院长王伟光，副院长赵胜轩、张江，秘书长高翔在河北省三河市燕郊镇出席“中国学者之家”奠基仪式。

9月4日　副院长赵胜轩、李扬、李培林，秘书长高翔出席创新工程综合协调办公室专题会议。会议讨论了2013年创新工程评价考核相关文件和创新工程下步工作规划。

△副院长李培林出席中国社会科学院俄罗斯东欧中亚研究所举办的《俄罗斯发展报告（2013）》黄皮书发布会暨研讨会。

9月5日　院党组书记王伟光主持召开第282次院党组会议。会议听取了人事教育局关于中国经营出版传媒集团有关事宜的汇报。

△院长王伟光主持召开2013年度第14次院务会议。会议研究了落实国务院批复的《中国社会科学院2013年重点任务工作方案》的具体工作。会议审议了《院领导办公用房面积调整方案》《中国社会科学院贯彻落实全国宣传思想工作会议精神重点任务分工方案》

《中国社会科学创新工程年鉴管理规定（试行）》《中国社会科学创新工程年鉴发展规划》《中国社会科学院2014年度创新工程研究领域招标指南》《中国社会科学院2014年度研究所创新工程研究任务指南》《关于对院属事业单位分类工作开展专项调研情况的报告》等相关事宜。

△院长王伟光在中央党校为"中组部、中宣部、中央党校、教育部、财政部、总政治部联合举办的哲学社会科学教学科研骨干研修班"作题为"关于中国特色社会主义和中国梦"的报告。

9月6日　院长王伟光，副院长李扬、李培林在北京出席社会科学文献出版社新版《列国志》编辑委员会第一次会议。

△院长王伟光会见韩国驻华大使权宁世一行。

△副院长李扬会见英国爱丁堡皇家学会会长约翰·威尔金斯一行，并签订双边合作协议。

9月9日　中国社会科学院当代中国研究所、江苏中远助学帮老基金会在北京联合举办纪念毛泽东诞辰120周年暨《毛泽东读书十法》《毛泽东是怎样读二十四史的》《忧患百姓忧患党》《中华人民共和国史稿》出版座谈会。副院长李捷出席并讲话。

9月10日　中国社会科学院召开进一步加强马克思主义理论学科建设与理论研究工作会议。院长王伟光，副院长李捷、李培林，秘书长高翔出席会议。

△副院长赵胜轩出席中国社会科学院研究生院2013～2014学年开学典礼并讲话。

△副院长李培林会见波兰科学院院长迈克尔·克莱伯一行。

9月11日　副院长李培林出席中国社会科学院人口与劳动经济研究所在浙江省杭州市举办的第八届中国经济学博士后论坛。

9月11～12日　院长王伟光率中国社会科学院代表团在辽宁省大连市出席2013夏季达沃斯论坛。王伟光与世界经济论坛主席施瓦布在大连国际会议中心共同签署了中国社会科学院和世界经济论坛关于开展科研合作与学术交流的谅解备忘录并讲话。论坛期间，王伟光还先后会见了泛美开发银行行长路易斯·阿尔伯特·莫雷诺和VISA公司亚太区总裁柯如龙。

9月16日　中国社会科学院与吉林省政府联合在北京举办长白山论坛。院长王伟光出席并致辞。

9月17日　中国社会科学院与约旦国王阿卜杜拉二世访华代表团举行圆桌研讨会。院长王伟光会见约旦国王阿卜杜拉二世一行并出席会议。副院长李扬主持会议。

△中国社会科学院和新疆社会科学院在新疆乌鲁木齐市联合举办全国社会科学院系统中国特色社会主义理论体系研究中心第十八届年会暨理论研讨会。副院长李捷出席并讲话。

9月18日　院长王伟光主持召开2013年度第15次院务会议。会议审议了《中国社会科学院2013年报刊出版馆网库名优建设工作经验交流会筹备方案》《中国社会科学院专项工作领导小组（委员会）人员组成名单》《中国社会科学院关于改进机关工作作风的若干规定》《关于审定〈中国社会科学院2014年度创新工程研究项目指南〉的请示》《中共西藏自治区委员会与中国社会科学院党组合作研究西藏重大现实问题协议》《中国社会科学院关于加强科研学风、文风、作风建设的若干要求》《中国社会科学院关于加强领导班子建设的若干规定》等事宜。会议讨论了建设中国社会科学院北方研究基地等事宜，听取了关于中国社会科学网改版工作进展情况的汇报。

9月20日　副院长李扬出席中国社会科学院经济研究所在北京举办的加快完善社会主义市场经济体制和加快转变经济增长方式研讨会。

9月22日　院党组书记王伟光主持召开第283次院党组会议。会议传达学习了中央有关文件，研究了院党组成员分工个别调整问题和中国地方志指导小组换届及成立国际品牌研究院事宜。

9月22～23日　当代中国研究所召开中国毛泽东诗词研究会、中华诗词学会举办的毛泽东诗词和诗论对中华诗词创作的启示和意义学术研讨会暨中国毛泽东诗词研究会第十三届年会。副院长李捷主持并讲话。

9月23日　中国社会科学院召开2012年优秀对策信息奖表彰大会。院长王伟光，副院长赵胜轩、李捷、李培林，秘书长高翔出席会议并为先进集体和获奖作者颁奖。

9月23～24日　副院长李扬率中国社会科学院学术代表团在台湾访问。

9月26日　院党组书记王伟光主持召开第284次院党组会议。会议听取了关于中国社会科学院事业单位分类工作开展情况和关于马克思主义理论骨干人才培养有关问题及关于全院党的群众路线教育实践活动近期有关工作的汇报。会议审议了《关于郭沫若纪念馆从历史研究所分立管理的请示》等事宜。

△院长王伟光主持召开2013年度第16次院务会议。会议听取了关于全院档案统一管理工作进展情况，全院典藏文献整理情况和关于2013年院创新工程重大研究项目、贯彻落实十八大精神重大研究项目进展情况的报告。会议审议了《中国社会科学院博士后工作总体建设规划（2013～2015）》《中国社会科学院博士后研究人员考核办法》《中国社会科学院创新工程研究经费年度总额拨付管理办法》等事宜。

9月27日　副院长李捷会见浙江嘉兴学院党委副书记吕延勤一行。

△副院长李培林会见甘肃社会科学院党委副书记、院长王福生一行。

9月29日　副院长李捷会见江西赣州社科联主席张志刚一行。

9月30日　于光远同志遗体送别仪式在北京医院举行。于光远同志因病医治无效，于9月26日在北京医院去世，享年98岁。

△院党组书记王伟光主持召开第285次院党组会议。会议审议了《关于加强经济管理出版社、中国经营报社、精品购物指南报社管理的决定》《中国经营出版传媒集团管理委员会规则》《中国经营出版传媒集团管理委员会名单》。会议研究了院党组理论学习中心组学习秘书调整事宜，讨论了有关人事问题和院重大问题综合研究中心、院世界社会主义研究中心相关工作。

十 月

10月5～11日 副院长李扬随全国人大代表团在日内瓦出席各国议会联盟会议。

10月8日 院长王伟光在北京出席中宣部组织召开的党的群众路线教育实践活动专题会议。

10月9日 院长王伟光主持召开中央纪委驻院纪检组组长张英伟履职欢迎会，副院长赵胜轩、李捷、张江、李培林，秘书长高翔出席。

10月10日 院党组书记王伟光主持召开第286次院党组会议。会议传达学习了《关于认真学习贯彻习近平总书记重要讲话精神切实开好专题民主生活会的通知》。

△院长王伟光主持召开2013年度第17次院务会议。会议审议了《中国社会科学院创新工程学术出版资助评审委员会章程》《中国社会科学院学术出版资助评审委员会名单》《中国社会科学院关于处理学术不端行为的办法》（修订稿）、《中国社会科学院学术道德委员会组成人选》《关于加强党的意识形态工作建设马克思主义坚强阵地的意见》《研究生院马克思主义教育系学位评定委员会组成人员名单》等事宜。

△院长王伟光主持召开2013年度第14次院长办公会议。会议听取了办公厅、科研局、人事教育局、国际合作局、财务基建计划局、基建工作办公室、研究生院、图书馆（调查与数据信息中心）相关工作落实情况和科研局关于院属出版社2012年度图书出版质量审读情况的汇报等相关工作。

10月15日 院长王伟光、副院长赵胜轩、秘书长高翔出席创新工程评价考核专题会议。

△中国社会科学院、伊朗伊斯兰文化与联络组织主办，中国社会科学院西亚非洲研究所、海湾研究中心承办的“第三届中国—伊朗学术研讨会暨中国与伊朗关系的历史与现实”在北京召开。副院长李培林出席研讨会。

10月16日 中国社会科学院拉丁美洲研究所古巴、巴西、墨西哥和加勒比研究中心主任聘任仪式在北京举行。院长王伟光出席并为四位受聘的中国前驻古巴大使刘玉琴、巴西大使陈笃庆、墨西哥大使曾钢和哥斯达黎加大使李长华颁发了研究中心主任聘书。

△副院长李扬出席中国社会科学院农村发展研究所主办的生态文明背景下的现代农业发展国际研讨会并致辞。

10月17日 院党组书记王伟光主持召开第287次院党组会议。会议审议了《院党组关于贯彻落实〈十八届中央政治局关于改进工作作风、密切联系群众的八项规定〉的意见》（修订稿）。会议听取了关于院属各单位民主生活会准备情况和教育实践活动第三环节整改措施制定和落实情况的汇报。会议决定，11月29日召开院党组群众路线教育实践活动专题民主生活会。会议研究了中国地方志指导小组换届工作。

△院长王伟光主持召开2013年度第18次院务会议。会议审议了《中国社会科学院关于加强党和国家重要思想库建设的若干意见》《中国社会科学院学术道德委员会章程》等事宜。

10月18日　副院长赵胜轩在人民大会堂出席中国工会第十六次全国代表大会开幕式。

10月21～23日　院长王伟光在澳门出席“中国经济运行与政策国际论坛——新一轮改革大潮下的中国经济”国际研讨会。

10月21～25日　副院长赵胜轩在北京出席十二届全国人大常委会第五次会议全体会议。副院长李扬列席21日的会议。

10月22日　副院长张江、秘书长高翔会见辽宁省大连市金渤海岸管委会主任石传东一行。

10月23日　副院长李培林出席“中国社会科学论坛·第三届中亚论坛暨中国与中亚：新起点、新动力”国际研讨会。

10月24日　院长王伟光主持召开2013年度第19次院务会议。会议审议了《第八届（2012年）院优秀科研成果奖评委名单》等事宜。

10月25日　院长王伟光，副院长赵胜轩、张江，秘书长高翔会见北京市委常委、常务副市长李士祥一行。

10月28日　中国社会科学院在北京召开创新工程工作会议。院领导班子成员王伟光、赵胜轩、李捷、李扬、李培林、张英伟、高翔出席会议。

10月29日　院党组书记王伟光主持召开院党组民主生活会，党组成员赵胜轩、李捷、张江、李扬、李培林、张英伟、高翔和中央第20督导组组长马馼等出席会议。

10月31日至11月3日　院领导班子成员和学部委员在宁波开展国情考察活动。

十一月

11月1日　中国社会科学院马克思主义研究院等单位在北京举办中国社会科学院首届科学社会主义论坛。副院长李捷出席并作题为“中国特色社会主义是对科学社会主义的遵循和发展”的主旨演讲。

11月4日　院长王伟光出席《应对气候变化报告2013》绿皮书发布会并讲话。

11月9日　副院长李扬出席中国社会科学论坛2013社会学论坛并致辞。

11月9～12日　院长王伟光、副院长李培林出席中国共产党十八届三中全会。

11月11日　副院长李扬出席中国社会科学院和全国博士后管委会、全国博士后科学基金会在湖北省恩施市共同举办的中国博士后文化发展论坛并致辞。

11月13日　中国社会科学院召开传达党的第十八届三中全会精神和党的群众路线教育实践活动院党组专题民主生活会情况通报暨第三环节工作动员会。院领导班子成员王伟光、赵胜轩、张江、李扬、李培林、张英伟、高翔出席会议。

11月14日　院党组书记王伟光主持召开第288次院党组会议。会议审议了《关于中国社会科学院学习贯彻十八届三中全会精神工作方案》《关于第五届中国地方志指导小组换届工作的请示》等事宜。

△院长王伟光主持召开2013年度第20次院务会议。会议审议了2013年创新工程学术出版资助项目、创新工程重大科研成果发布项目、2013年度学术著作翻译出版（中译外）资助项目和外文期刊（新期刊）出版资助立项项目的审议结果和《关于科研与学术交流大楼项目后期拆迁补偿款和安置房调配授权审批的请示》《2013年我院晋升正高级专业技术职务人员名单》等事宜。

11月15日　院长、学部主席团主席王伟光主持召开学部主席团2013年度第一次会议。副院长李培林出席会议。会议对学部2013年工作进行了总结，并对学部委员增选工作方案、院创新工程重大科研成果发布项目、第八届院优秀科研成果奖等议题进行了通报。

11月19日　中国经营出版传媒集团成立大会在北京举行。院领导班子成员王伟光、李捷、张江、李扬、李培林、张英伟、高翔出席会议。

11月19～25日　副院长赵胜轩率中国社会科学院代表团在西班牙、巴西访问。

11月20日　中国社会科学院中国特色社会主义理论体系研究中心召开学习贯彻党的十八届三中全会精神座谈会。院长王伟光、副院长李捷出席会议。

11月21日　院党组书记王伟光主持召开第289次院党组会议。会议审议了《关于对成立中国社会科学评价中心事宜的若干意见》《关于中国边疆史地研究中心更名事宜的请示》《关于对科研局内设机构调整事宜有关意见的请示》《中国社会科学院2013年度发展党员工作自查报告》《关于2013年部分研究所科研人员创新岗位准入成果要求的规定》。会议讨论了中共青海省委与中国社会科学院合作举办“学习习近平总书记系列重要讲话和十八届三中全会精神研讨会”事宜。

11月22日　院长王伟光会见土耳其驻华大使一行。

△副院长李扬出席中国社会科学院陆家嘴基地和上海国际金融研究会举办的2013新兴金融论坛并发表主旨演讲。

△副院长李培林会见日本明治大学校长福宫先生一行。

11月23日　由中国史学会、俄罗斯历史学会联合主办，中国社会科学院近代史研究所承办的“1943：战后新格局的奠基”国际学术研讨会暨中国史学会与俄罗斯历史学会合作备忘录签字仪式在北京举行。院长王伟光出席会议并讲话。秘书长高翔出席会议。

△副院长李培林会见日本社会学会会长一行。

11月25～27日　副院长李捷在新加坡出席中组部和新加坡公共服务署联合举办的“中国—新加坡论坛”，并作题为“不断加强领导干部的社会公德建设”的专题发言。

11月26日　中国社会科学院与中央外宣办举行工作会议，就发挥社会科学院独特优势，建设国家学术外宣基地事宜进行专题研究。院长王伟光主持会议。中央外宣办主任蔡名照讲话。会议听取了副院长李扬关于将中国社会科学院建设成为国家学术外宣基地的汇报。副院长赵胜轩、张江，秘书长高翔出席会议。

△院长王伟光，副院长李扬、李培林，秘书长高翔和新闻出版广电总局副局长、国家版权局副局长阎晓宏在中国社会科学出版社出席首届中国社会科学学术出版论坛暨中国社会科学出版社建社35周年座谈会并讲话。

11月27日　院长王伟光主持召开2013年度第21次院务会议。会议审议了《2014年度院工作会议暨反腐倡廉建设会议筹备工作方案》《创新工程重大科研成果发布项目》等事宜。

△中国社会科学院中国社会科学出版社与中国核工业集团公司在北京联合举办《核铸强国梦——见证中国“两弹一艇”的研制》一书出版座谈会。副院长赵胜轩和中国核工业集团公司董事长、党组书记孙勤出席并讲话。

11月28日至12月5日　院长王伟光率中国社会科学院代表团在澳大利亚、新西兰访问。

11月30日　中国社会科学院与全国博士后管理委员会、中国博士后科学基金会在湖南科技大学主办首届全国马克思主义理论博士后论坛——“纪念毛泽东诞辰120周年：不断推进马克思主义中国化”。副院长李捷出席并作题为“我们应当如何拓展和深化马克思主义中国化研究”的学术报告。

十二月

12月3日　副院长赵胜轩在北京出席全国人大常委会法律委员会全体会议。

12月11日　院党组书记王伟光主持召开第290次院党组会议。会议审议了《中国社会科学院党的群众路线教育实践活动整改措施文件汇编》《关于举办中国社会科学院所局级领导干部学习贯彻习近平总书记系列讲话精神培训班的工作方案》《中国社会科学院在干部教育培训中进一步加强和改进党性教育的落实意见和措施》等事宜。

△院长王伟光主持召开2013年度第22次院务会议。会议审议了《中国社会科学院与海

南省政府合作开展海南考古框架协议》《中国社会科学院贯彻落实十八届三中全会决定研究选题》《中国社会科学院经济学部贯彻落实十八届三中全会改革决定的研究项目安排》等事宜。

12月12日　副院长李培林出席中国社会科学院拉丁美洲研究所举办的社会保障国际论坛暨《中国养老金发展报告2013》发布会并讲话。

12月13日　中国社会科学院2013年报刊出版馆网库名优工程建设工作经验交流会在中国社会科学出版社召开。院领导班子成员王伟光、赵胜轩、李扬、李培林、张英伟、高翔出席会议。王伟光、高翔讲话。赵胜轩主持上午的大会。

12月16日　中宣部常务副部长雒树刚和院领导班子成员王伟光、赵胜轩、李捷、张江、李培林、张英伟、高翔出席中宣部主办、中国社会科学院承办的哲学社会科学话语体系建设座谈会。雒树刚、王伟光、李捷在会上讲话。李培林主持会议。

12月17日　中国社会科学院召开传达中央经济工作会议精神会议。院长王伟光出席并讲话。院领导班子成员赵胜轩、张江、李扬、李培林、张英伟、高翔出席会议。

△副院长李扬出席中国社会科学院经济学部在北京举办的“中国社会科学论坛——失衡与再平衡”并致辞。

12月18日　院领导班子成员王伟光、赵胜轩、张江、李培林、张英伟、高翔出席中国社会科学院召开的毛泽东思想的继承与发展学术研讨会。

△院长王伟光，副院长李扬、李培林，秘书长高翔在中国社会科学杂志社出席《中国社会科学》第四届编委会第一次全体会议。

12月18～26日　副院长李捷率团在老挝、柬埔寨宣讲中共十八届三中全会精神。

12月19日　副院长张江主持召开院马克思主义文学批评、文学理论学科建设工作会议。

12月20日　院长王伟光出席中国社会科学院国际研究学部举办的2013年国际热点焦点问题报告会。

△中国地方志指导小组五届一次会议在北京召开。院长、中国地方志指导小组组长王伟光出席会议并讲话。副院长、中国地方志指导小组常务副组长李培林主持会议并介绍了第五届指导小组换届工作情况。

12月23日　院长王伟光、副院长张江出席中国社会科学院研究生院建院35周年座谈会暨校史馆揭幕仪式。

12月23～27日　中国社会科学院所局级领导干部学习贯彻习近平总书记系列讲话精神第一期培训班在研究生院举行。院长王伟光出席开班式并为学员作题为“牢牢把握意识形态工作的领导权、管理权和话语权”的专题辅导报告。副院长张江主持报告会。

12月24日　院长王伟光主持召开会议，审议了院“三项经费”检查工作领导小组办公室《关于创新工程研究经费检查整改情况及需要研究确定事项的报告》。副院长赵胜轩、张江、李培林，中央纪委驻院纪检组组长张英伟出席会议。

12月25日　院长王伟光、副院长张江、秘书长高翔在河北省三河市燕郊镇就建设中国考古博物馆基地事宜与廊坊市委、三河市委主要负责同志会谈，达成院地合作意向。

12月26日　院长王伟光，副院长赵胜轩、张江出席中国社会科学评价中心成立揭牌仪式。秘书长高翔主持。

△院党组书记王伟光主持召开第291次院党组会议。会议研究了有关人事工作等事宜。

△院长王伟光主持召开2013年度第23次院务会议。会议审议了《中国社会科学院欧洲问题研究中心变更为中国社会科学院国际发展合作与福利促进研究中心的请示》《我院保密及安全保卫工作存在的突出问题及建议》《关于在院部安装门禁系统的建议》《〈中国社会科学院宣传画册〉清样》《中国社会科学院院史展布展方案》《2014年度院创新工程重大研究项目拟立项项目》《关于2014年度院创新工程“学者资助计划”项目立项的请示》和中国社会科学院第八届优秀科研成果奖评审结果。会议听取了图书馆“关于中国社会科学院古籍普查登记任务完成情况”和创新工程综合协调办公室“关于《创新工程综合协调会议纪要》第12期内容的通报”等事宜。

△院长王伟光主持召开2013年度第15次院长办公会议。会议听取了科研局、社会科学文献出版社关于学术期刊“五统一”进展情况的汇报和办公厅、财务基建计划局、图书馆、研究生院、信息化管理办公室、院中国特色社会主义理论体系研究中心、中国人文科学发展公司有关工作的汇报。

12月26～27日　院长王伟光，副院长赵胜轩、李捷出席全国纪念毛泽东同志诞辰120周年学术研讨会。

12月27日　中国社会科学院中国廉政研究中心主办，办公厅、科研局、监察局、社会科学文献出版社承办的《中国反腐倡廉建设报告No.3》蓝皮书发布会暨第七届廉政研究论坛在学术报告厅举行。中央纪委委员、中国廉政研究中心理事长李秋芳作主旨报告。副院长李培林作总结讲话。中央纪委驻院纪检组组长张英伟主持会议。

12月28日　中国社会科学院和平发展研究所举行成立大会。副院长李捷出席并讲话。

△中国社会科学院举办离退休人员2014年新年联欢会。

12月31日　中国社会科学网新版上线仪式暨2013年编委会全体会议在北京召开。院长、中国社会科学网编委会主任王伟光出席并讲话，启动新网上线仪式，为新任编委颁发聘书。秘书长、中国社会科学网编委会副主任高翔主持会议。